U0370510

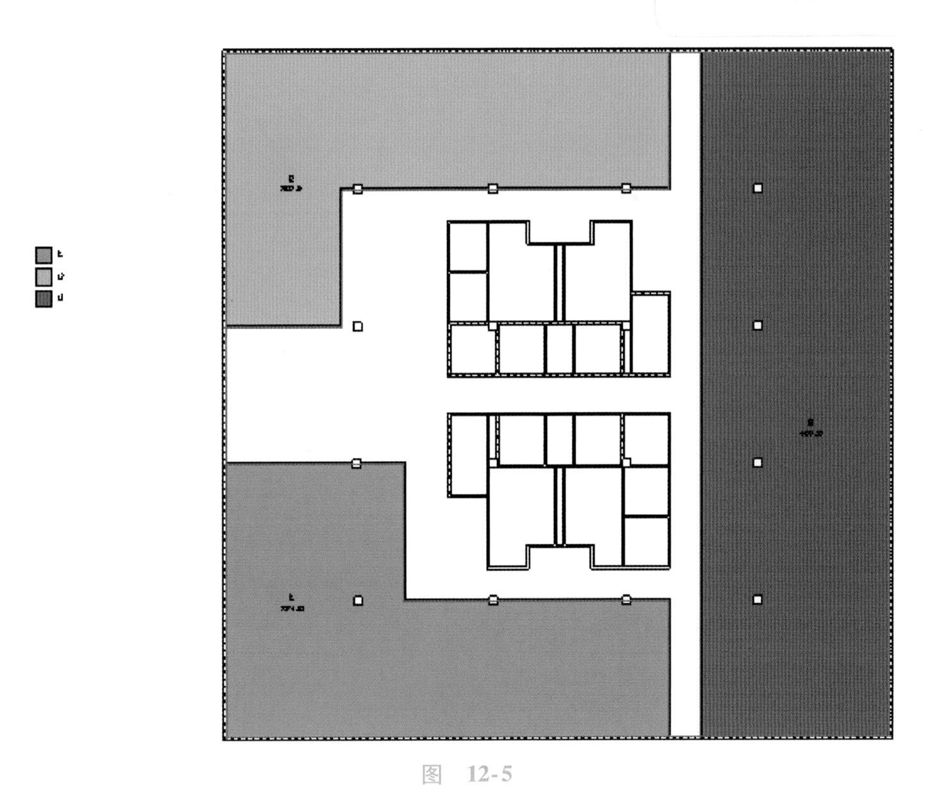

图 12-5

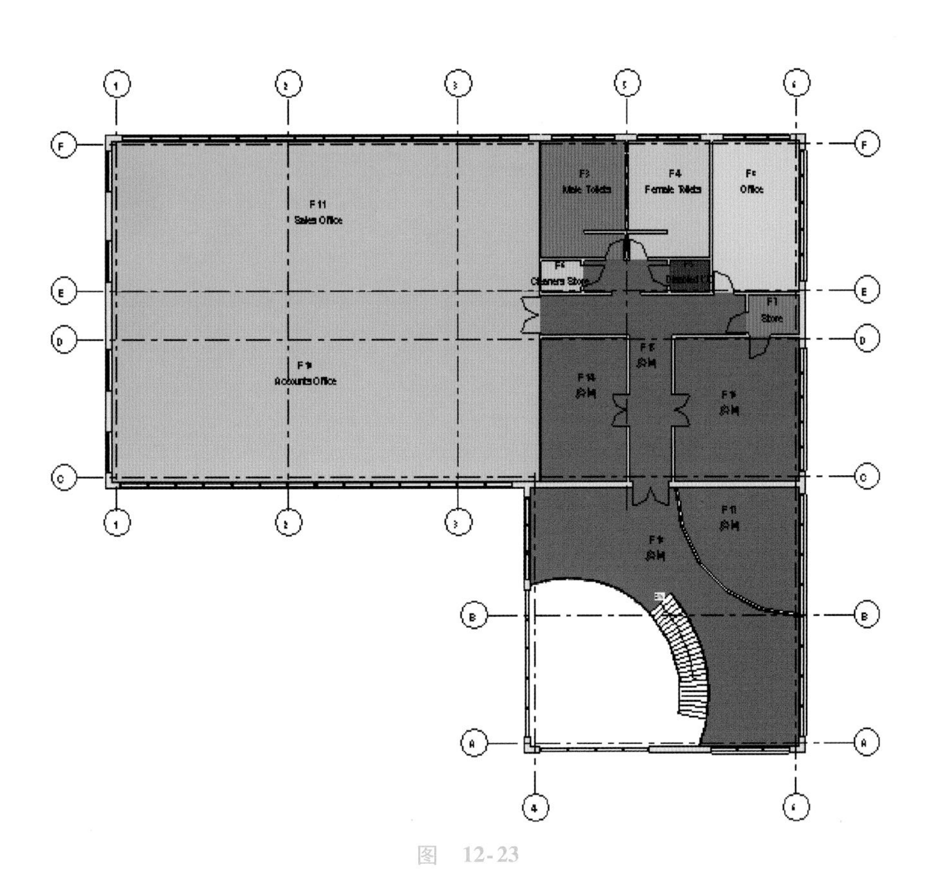
F11
Sales Office
Accounts Office
F4
Female Toilets
Office
Cleaners Store
F1
Store
A
B
C
D
E
F
1
2
3
4
5

图 12-23

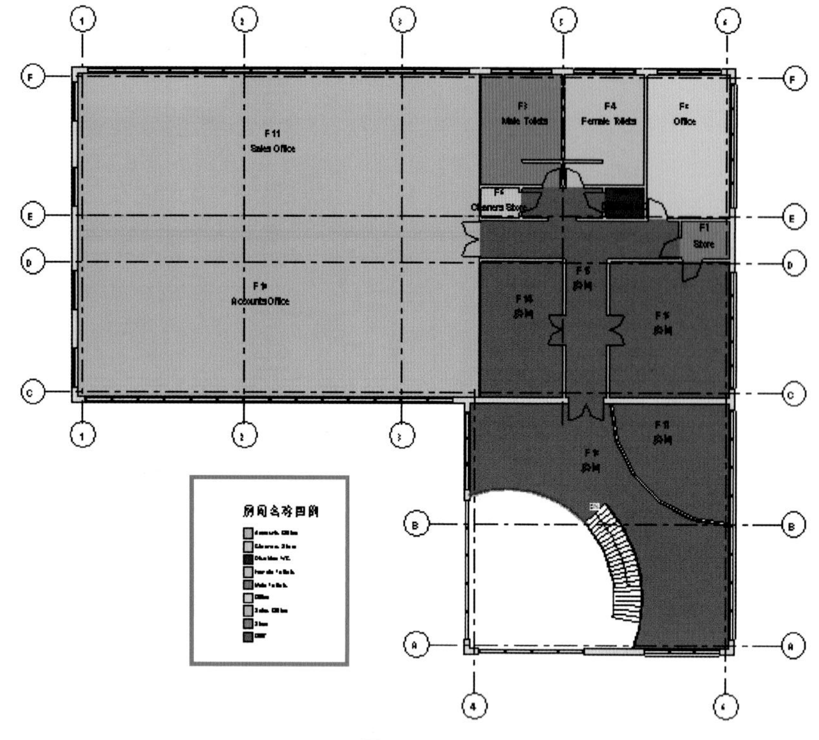

图 12-25

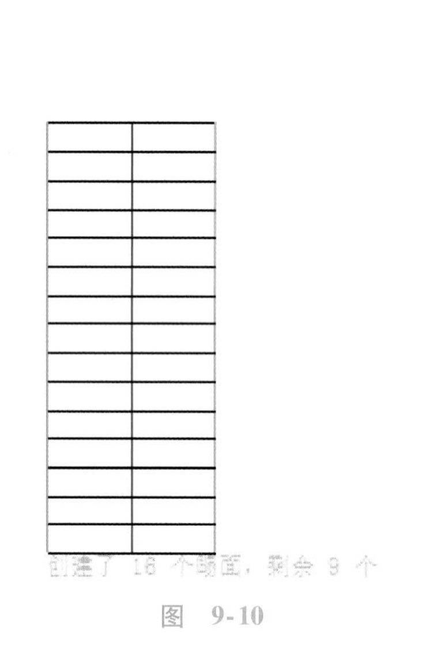

图 9-10

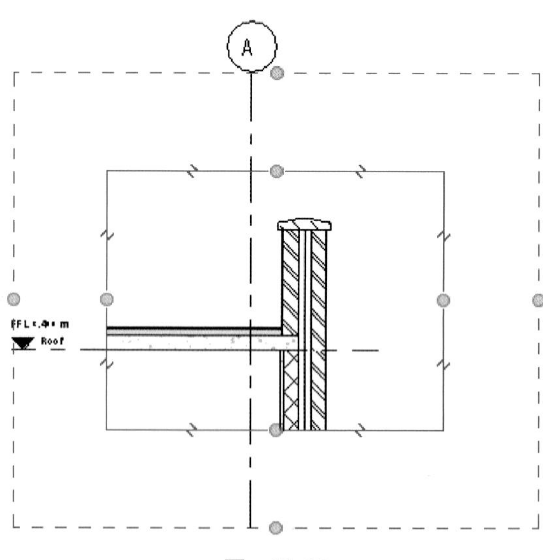

图 13-26

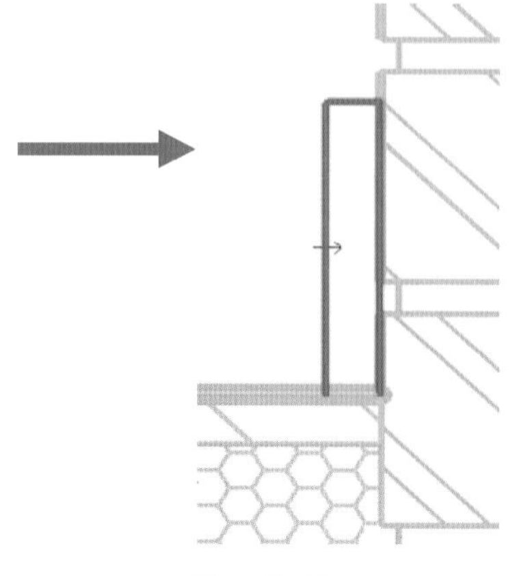

图 13-40

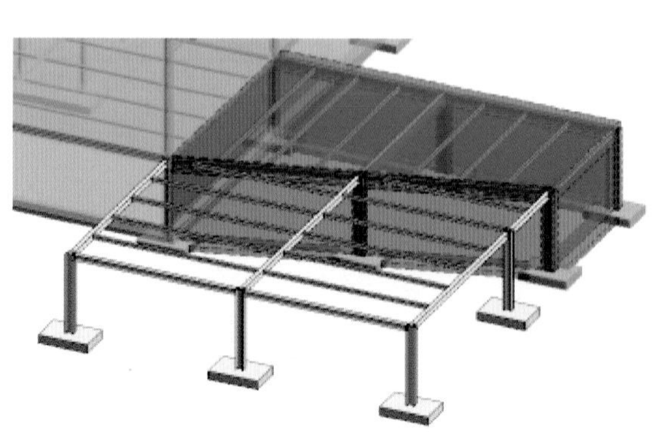

图 22-9

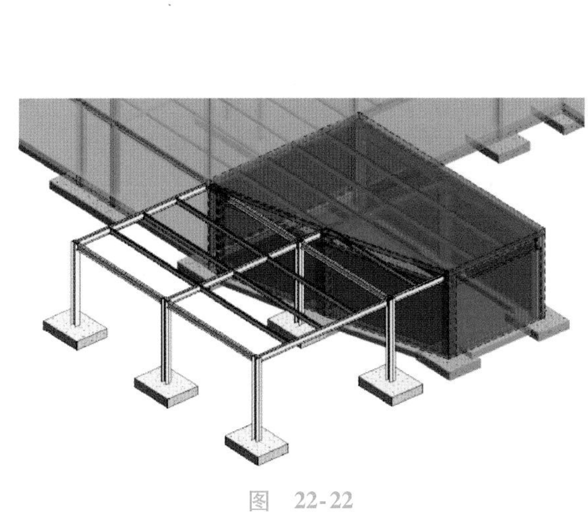

图 22-22

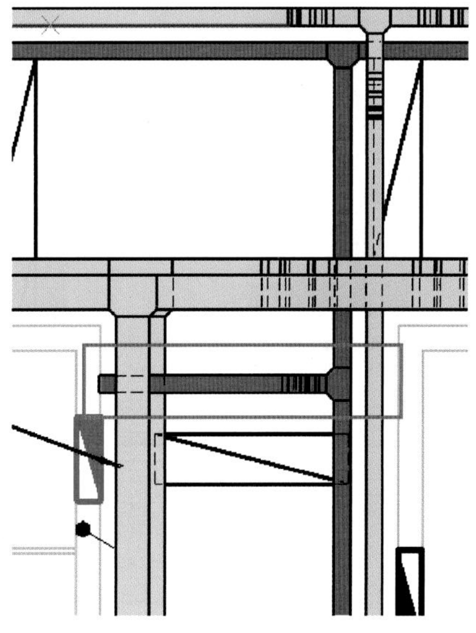

图 28-63

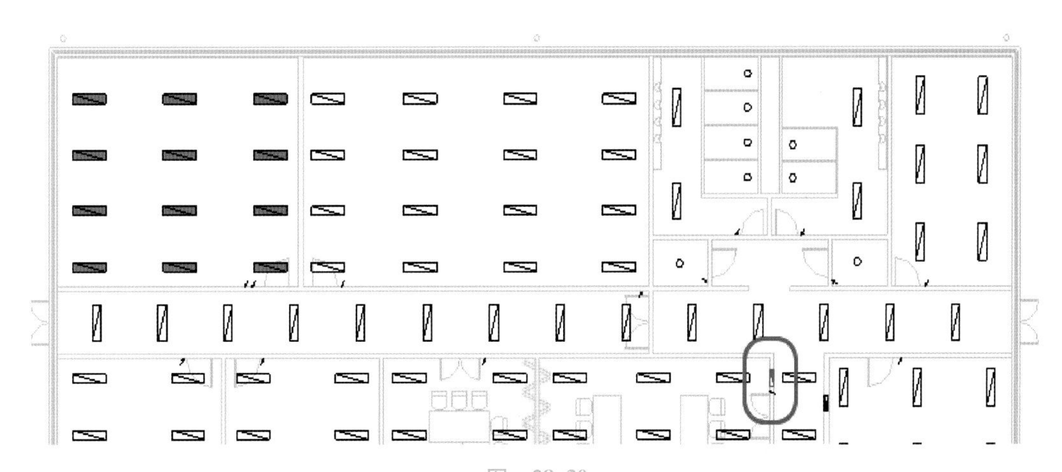

图 28-30

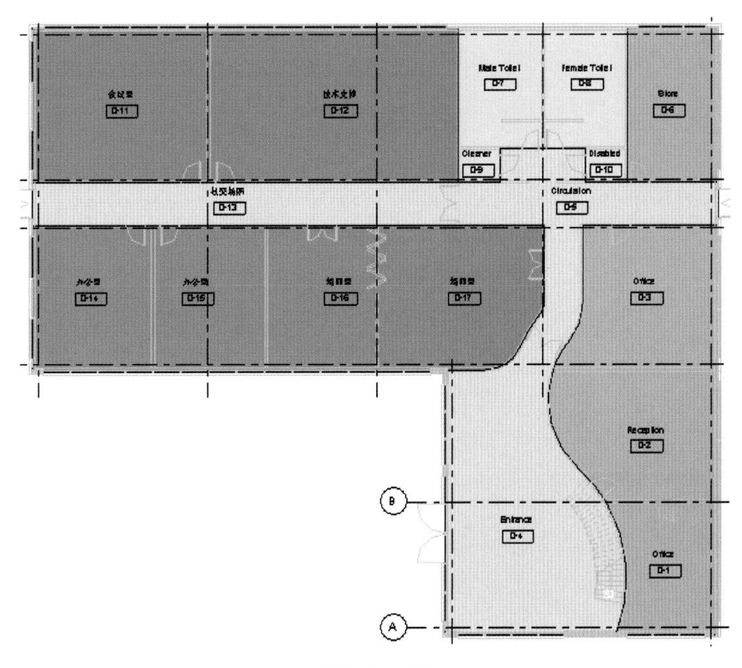

图 30-48

图 30-49

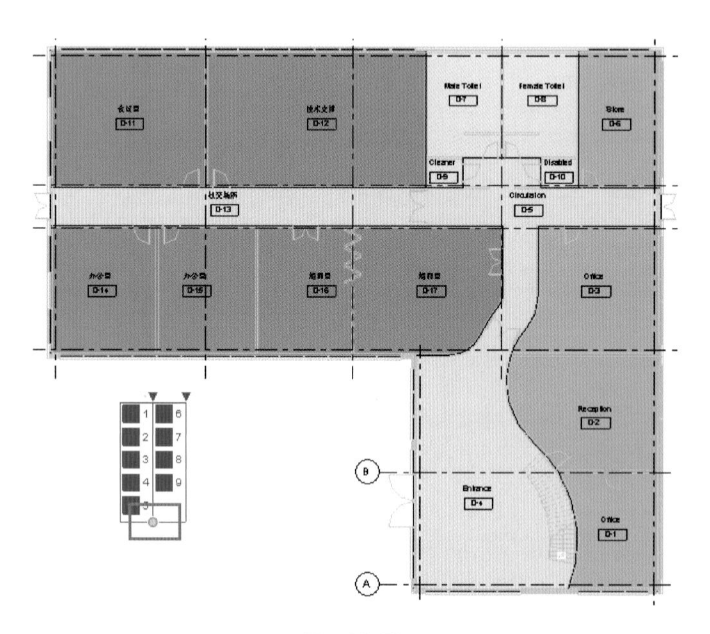

图 30-50

图 33-80

国际BIM系列精品课程先进译丛

Autodesk Revit 2017 建筑设计基础应用教程

工业和信息化部人才交流中心BIM与建筑工业化人才培养系列教材

[英] 皮特·罗德里奇（Peter Routledge）
保罗·伍迪（Paul Woddy） 编著
北京采薇君华教育咨询有限责任公司 组译
郭淑婷 魏绅 译
黄晓佳 特邀审校

机械工业出版社
CHINA MACHINE PRESS

随着信息技术的高速发展，建筑信息模型（Building Information Modeling，BIM）技术正在引发建筑行业的变革。本书由 Autodesk Revit 软件核心开发团队成员编写，以 Autodesk Revit 2017 为基础，在练习中通过一个完整的项目讲解了其基本操作方法。

本书共分为五篇：第 1 篇 Revit 基础，第 2 篇 Revit Architecture，第 3 篇 Revit Structure，第 4 篇 Revit MEP，第 5 篇族。

本书配套了相应的教学视频，不仅对学习中的难点、重点进行了讲解，而且对国内外 Revit 的使用方法及规则上的不同进行了解析。读者可扫描封面的二维码下载 APP 后进入 APP 中进行视频试看和购买。也可加专家答疑 QQ 群 600932324 进行学习的沟通和交流。

本书可作为设计企业、施工企业，以及地产开发管理企业中 BIM 从业人员和 BIM 爱好者的自学用书，也可作为普通高等院校、大中专院校工民建专业、土木工程等相关专业的教学用书。

图书在版编目（CIP）数据

Autodesk Revit 2017 建筑设计基础应用教程/（英）皮特·罗德里奇（Peter Routledge）编著；（英）保罗·伍迪（Paul Woddy）编著；北京采薇君华教育咨询有限责任公司组译. —北京：机械工业出版社，2017.8
（国际 BIM 系列精品课程先进译丛）
书名原文：Autodesk Revit Architecture 2017
ISBN 978-7-111-57428-6

Ⅰ.①A…　Ⅱ.①皮…②保…③北…　Ⅲ.①建筑设计-计算机辅助设计-应用软件-教材　Ⅳ.①TU201.4

中国版本图书馆 CIP 数据核字（2017）第 167837 号

机械工业出版社（北京市百万庄大街 22 号　邮政编码 100037）
策划编辑：刘思海　责任编辑：刘思海　曹丹丹
责任校对：刘　岚　封面设计：鞠　杨
责任印制：李　飞
北京汇林印务有限公司印刷
2017 年 8 月第 1 版第 1 次印刷
210mm×285mm · 31.75 印张 · 2 插页 · 938 千字
0001—2900 册
标准书号：ISBN 978-7-111-57428-6
定价：99.80 元

凡购本书，如有缺页、倒页、脱页，由本社发行部调换

电话服务	网络服务
服务咨询热线：010-88361066	机 工 官 网：www. cmpbook. com
读者购书热线：010-68326294	机 工 官 博：weibo. com/cmp1952
010-88379203	金　书　网：www. golden-book. com
封面无防伪标均为盗版	教育服务网：www. cmpedu. com

本书译审委员会

序

当前，中国工程建设行业正在从高速增长转到中速增长，经济增速放缓正在倒逼工程建设行业转型。低要素成本驱动的发展方式已难以为继，技术创新将是工程建设行业发展的动力，工程建设行业已逐步开始从要素驱动、投资驱动向创新驱动转变。那么，怎样才能在提高建设效益的同时完成更高品质、更复杂的工程呢？有效的解决方案就是以信息化技术为基础的集约化和精细化项目运营，而支撑此过程的基础必然是涵盖项目建筑全生命周期的庞大信息和数据，这些信息和数据包括项目中所有构件的几何信息（GI 信息）与非几何信息（非 GI 信息），而承载这些信息的载体就是现在建筑行业一直推行的 BIM 技术。

BIM 技术作为工程建设行业信息化的重要组成部分，具有三维可视化、数据结构化、工作协同化等优势，给行业发展带来了强大的推动力，有利于推动绿色建设，优化绿色施工方案，优化项目管理，提高工程质量，降低成本和安全风险，提升工程项目的管理效益。BIM 技术给工程建设行业带来了革命性甚至是颠覆性的变化。一方面，BIM 技术的普及将彻底改变整个行业信息不对称所带来的各种根深蒂固的弊病，可以用更高程度的数字化整合优化全产业链，实现工厂化生产、精细化管理的现代产业模式；另一方面，BIM 技术使整个施工过程的全面应用或施工过程的全面信息化，有助于形成真正高素质的劳动力队伍。我认为，BIM 技术是提高劳动力素质的方法之一，而这种劳动力的改造对于中国的城镇化将是一个有力的支撑。

如何快速推广、普及 BIM 技术的应用，使其对工程建设行业、乃至整个社会经济发展产生巨大效益，首要的解决方案就是 BIM 专业人才的培养。

北京采薇君华教育咨询有限责任公司作为一家新型国际化的教育咨询公司，着眼世界前沿的技术研究，以研究引领协同，整合国内外优秀的教育资源，服务于教育。《国际 BIM 系列精品课程先进译丛》是由英国经济丰富的 BIM 专家团队精心打造，由北京采薇君华教育咨询有限责任公司引进并组织国内名校专家和行业精英翻译的一套国际化 BIM 学习丛书。本套丛书充分考虑到了教育的规律和人才的可持续发展，通过国际化 BIM 工程图纸，以先理论后操作演练的方式，给大家呈现了丛书的特色，展现了其是一套完整且高效的 BIM 人才培养教材。相信读者能够获益良多，并能将学习到的知识应用到实践中，为我国工程建设行业信息化发展做出更大的贡献！

顾勇新
中国建筑学会副秘书长

preface

前 言

伴随着全球建筑业工业化、信息化浪潮的不断推进，BIM 技术以其先进的管理优势正逐渐取代 CAD 技术成为新的市场宠儿。在中国，BIM 技术的应用和普及也在稳步地推进中，从政府到相关企业，都在为这场建筑业新的技术革命做着不懈的尝试和努力。住房和城乡建设部分别于 2011 年和 2016 年发布《2011—2015 年建筑业信息化发展纲要》和《2016—2020 年建筑业信息化发展纲要》，鼓励和引导建筑业相关企业积极应用 BIM 技术实施项目建设。国家和地方相继出台相关标准和指导意见，规范和指导企业的 BIM 技术应用，使 BIM 技术成为时下建筑业最热门的应用技术。

英国作为全球建筑业 BIM 技术应用领先的国家，其国际经验和战略思维值得我们积极学习和借鉴。为此，北京采薇君华教育咨询有限责任公司秉承“国际化，产学研用本土一体化”的原则打造了“国际 BIM 系列精品课程先进译丛”。本套丛书由英国白蛙公司融合多位名师逾 20 年的从业和教学经验编著而成，并已服务于众多国际知名学府（英国曼彻斯特大学、诺森比亚大学等）和大型国际公司（Aedas、ARUP 等）。其中理论结合实践的教学方法深受好评。北京采薇君华教育咨询有限责任公司引进并组织国内名校专家和行业精英进行翻译，结合本土化的经验，使其在保持国际先进教学理念和知识体系的同时，更符合国内人才的学习特点。本套丛书结合国际实际工程案例，融合先进的教学技巧，使读者在学习软件的同时还能够学习到国际先进的项目实施经验。随书附赠教学视频，方便读者深刻领会知识要点。

本书主要讲解 Autodesk Revit 2017 的相关功能和多专业设计过程中的技术流程和技术要点。本书各单元以理论结合练习的方式进行讲解，理论部分全面介绍了 Revit 在使用中的技术要领及在工程实践中容易产生的使用误区，使读者能够在学习软件的同时提早规避误区，养成良好的使用习惯，准确对接实际工程；练习部分针对重要的知识点进行强化练习，使读者能够在动手操作中巩固理论知识要点，同时配套练习操作视频，读者可以边看边操作，保证知识的吸收效果。本书主要分为 5 篇：第 1 篇为 Revit 基础，主要介绍 BIM 理论和 Revit 的操作界面、操作方法、项目设置及模型创建的思路；第 2 篇为 Revit Architecture，介绍了建筑专业设计必备的各构件图元的创建、编辑方法和图纸发布要点，同时强调了 Revit 多专业协作的技术要领；第 3 篇为 Revit Structure，介绍了结构设计的工作方法和原则及结构构件图元创建的相关知识要点；第 4 篇为 Revit MEP，主要讲解机电设计的工作方法和原则及机电构件图元创建的技术要点；第 5 篇为族，主要讲解在 Revit 中划分的族类型及其相应创建方法和使用要点。

在此，特别感谢中建一局集团第二建筑有限公司赛菡、杨莅宇，北京采薇君华教育咨询有限责任公司张东坡、隋志坤、陈曦，在本书编译审校过程中的辛勤付出。

由于译者水平有限，书中不足之处，欢迎广大读者批评指正，北京采薇君华教育咨询有限责任公司官网链接为 www. saiwill. com。

译 者

Contents

目录

第2篇 Revit Architecture

第3篇 Revit Structure

第4篇 Revit MEP

第5篇 族

第1篇

Revit基础

单元1
BIM 概述与 Revit 介绍

单元概述

本单元主要介绍 BIM 及其应用软件 Revit，让读者认识 BIM，帮助读者解决在应用 BIM 的过程中产生的误解和疑问，让读者了解 BIM 给建筑工业化、信息化发展带来的深远影响，同时也会着重强调一些在新技术应用过程中应该注意的问题。

单元目标

1. 理解 BIM 理论。
2. 了解 BIM 相较于 CAD 的优势。
3. 了解 BIM 的发展过程。
4. 了解 Revit 及其在 BIM 体系中的定位。

1.1 BIM 概述

1.1.1 BIM 简介

关于 BIM 较为一致的观点为“Building Information Modeling（建筑信息模型）”，当然，也有一种观点为“Building Information Management（建筑信息管理）”，这两种观点虽然有些不同，但在逻辑上都是正确的，因为 BIM 不仅仅是一个“华丽的 3D 模型”，它还是一项全新的管理理论：通过建筑信息模型集成数字化信息，仿真模拟建筑物所具有的真实信息，实现建筑的全生命周期管理。

1.1.2 BIM 的特点

（1）BIM 提供了可视化的思路　BIM 将传统的二维线条式构件形成三维立体模型，实现了建筑全生命周期的管理在可视化环境中进行。

（2）BIM 帮助解决项目协调的问题　利用 BIM 相关工具（如 Revit），使多专业（建筑、结构、给排水、暖通和电气）协同设计，通过碰撞检测及时发现问题进行修正，提高设计效率和质量；依托互联网和 BIM 相关平台（如云平台），使建设项目各阶段（规划、设计、施工和运维）在同一系统中协同工作，提高建设效率和质量的同时为运维管理提供了大量的信息数据。

（3）BIM 实现模拟建筑物所具有的真实信息　利用 BIM 模型，不仅能够模拟设计的建筑物模型，还可以模拟真实世界中无法进行的项目，如节能模拟、日照模拟、紧急疏散模拟等。

（4）BIM 能够高效高质量地实现项目优化　项目优化主要受三方面的因素制约：信息、复杂程度和时间。BIM 模型集成了建筑物的真实信息，包括几何信息、物理信息、规则信息，还提供了建筑物变化的过程信息。BIM 及与其配套的各种优化工具提供了对复杂项目进行优化的可能，运用 BIM 技术能够实现在有限的时间内更好地优化项目和做更好的优化目标。

（5）BIM 有效提高了出图效率和质量　利用 BIM 相关软件（如 Revit），模型可快速生成指导施工所需的图纸（平面图、立面图、剖面图）和明细表，而且相互产生关联，做到一处修改、处处修改，例如：平面图一处修改，立面图和剖面图自动修改。在减少人为因素造成的设计错误的同时帮助设计师从繁杂的施工图绘制工作中解脱出来，把更多的时间和精力投入到更有意义的设计工作中去。

（6）BIM 为项目集成应用提供了基础　BIM 不仅仅支持单独应用，还支持集成应用，而且伴随着建筑业技术的不断进步，也在越来越多的应用中体现出来，如 BIM 与数字化加工技术的集成应用，依托 BIM 集成的数字化信息输入到生产设备中能快速准确地生产制造出建筑物所需的建筑构件。

（7）BIM 能够增强信息的集成和交互性　通过围绕建筑信息模型进行的项目实施工作，能够最大

化地保证信息的完备性和一致性，也能够使信息有效地关联起来，从而提高信息沟通的效率和管理水平。

1.1.3 BIM 与 CAD

任何一项技术的革新都会经历一个过程，就像建筑业从画图板时代跨入 CAD 时代，从业人员开始用先进的计算机辅助设计提高工作效率和质量。随着建筑工业化和信息化的不断推进和人们对建设高质量、高效率、高效益建筑的要求，已经超出了 CAD 所能实现的范畴，BIM 正是诞生在这样的大背景下。有人认为从 CAD 到 BIM，仅仅是换了一款软件工作而已，但是要明确：BIM 是一种理论，而不是一个软件，没有任何一个软件能够完全实现 BIM 理论，也不会有这样的软件。BIM 的核心是“I（Information）”，信息的集成化管理是关键所在，也是其相较于 CAD 最大的优势。BIM 革新了 CAD 的信息交互方式，对管理水平产生着深远影响的同时也为更加多元化的应用提供了基础。

1.1.4 BIM 的发展过程

“滴水穿石，非一日之功”，任何一项新的革命性技术的应用与普及都需要经历一段发展过程。BIM 的应用发展过程可划分为如图 1-1 所示的四个阶段。

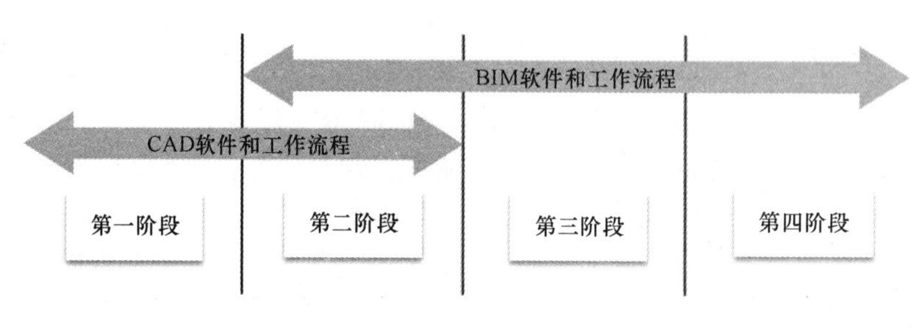

图 1-1

1. 第一阶段：应用 CAD 二维视图

CAD 已经在全球得到广泛应用，我们实现了“甩图板”革命，这里不做过多赘述。

2. 第二阶段：应用 CAD 三维视图

从图 1-1 中会发现，在 CAD 和 BIM 的应用上有一定的技术重叠，就是在这一应用阶段容易让很多读者产生 BIM 就是三维 CAD 的误解。传统的 3D 可视化软件能够实现设计者想要的三维视图，但这只是一个“华丽的 3D 模型”，甚至只是一张效果图，空有其表，仅仅从中能得到视觉信息，却无法得到更多。相较于 CAD 三维视图，BIM 同样可以实现可视化，而且可以高效高质量地实现可视化，甚至可以实现建筑全生命周期的可视化管理。这就是我们在这一阶段要明确区分的：BIM 是一种全新的管理理论，而不仅仅是作为一项新的三维可视化技术来使用。

3. 第三阶段：点式应用 BIM

既然决定将缺失的信息加入到这个“华丽的 3D 模型”中去，那么就开始正式融入 BIM 体系。但使用 BIM 进行生产交付只是发挥其小部分功能，而且收益有限，我们将这一阶段称之为“点式应用阶段”。如图 1-2 所示，建筑设计师单独使用 BIM 技术，但还是要与其他专业设计师和工程管理人员通过传统的图纸或者电子

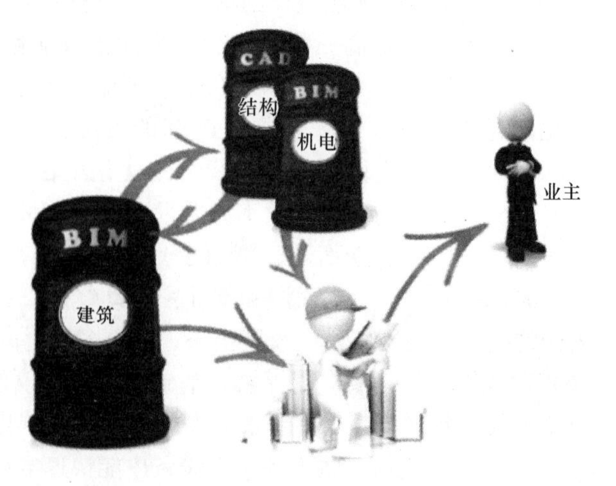

图 1-2

版图纸进行沟通交流。这一阶段的 BIM 应用以摸索和尝试应用为主，并且存在被传统环境孤立的情况，但这也是技术革新的必经之路。“万事开头难”，当我们通过点式的应用来获取更多的对于新技术的理解和认识，并且从中获益，渐渐地就会带动周边环境，进而推动整个行业的发展和进步。

4. 第四阶段：协同应用 BIM

如图 1-3 所示，当所有的项目参与方都选择应用 BIM 进行管理，BIM 的协同工作效益就会最大化体现了，这就是我们不断追求的目标。

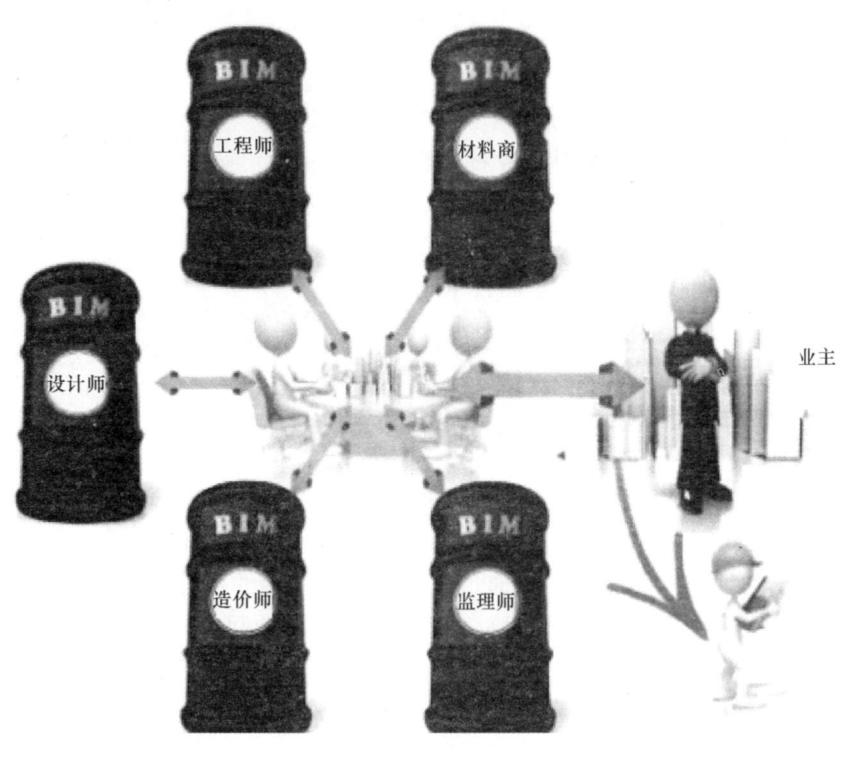

图 1-3

基于 BIM 及其集成应用，项目相关参与方能够各司其职、各负其责。投资者可以快速、高效地做出投资决策；设计师可以通过 BIM 相关软件进行协同设计、沟通和交流，及时地发现问题进行修正，更好地指导施工；项目建设相关管理人员能清晰地理解设计意图并高质量地进行项目管控，将建筑信息模型作为主要的信息传递媒介和交付成果，从而实现信息的全面集成和无纸化交互；运维管理人员可以依托 BIM 集成的信息库进行运营维护管理。这样的模式不仅提高了建设项目质量和建设周期，缩短了建设成本，还会产生一系列附加效益。例如，在 BIM 应用的过程中，从业人员会逐渐专注于自己所擅长的领域，一些人会专注于概念设计，也有一些人会倾向于后期设计、视觉设计或者模型信息维护等，随着时间的推移和技术的熟练，将会产生一个全新的更具专业化水平的团队。再例如，新技术的应用与普及也会给很多企业带来大量的机会，通过提供更新更高质量的服务提升自身企业的市场竞争力，从而获取更多的利益。

在 BIM 理论中，模型是唯一的，“一次建模，建筑全生命周期使用”，那么在这一阶段模型归属权的讨论就涉及知识产权保护的问题了。以 Revit 为例，设计师为了更快捷地建造模型，而花费很多时间去制作一个数据丰富且高效的“族”库，却很难避免这些“族”库信息落入竞争者的手中。放弃制作这个数据库并不是一个理想的解决办法，而是应该考虑如何去规范商业行为来保护自己的知识产权。

数据格式也是市场在未来要受到严格审查的一个方面。前文说过，仅仅依靠一个或者一类软件是无法实现 BIM 理论的，当我们在建筑全生命周期的管理中应用了很多分门别类的软件的时候，文件格式的交互性就尤为重要，因为这涉及信息在交互过程中的完整性问题。目前全球主流的交互文件格式

“IFC 格式”很有希望引领并解决这个问题。

1.1.5 BIM 的发展驱动

BIM 固然带来了先进的管理思路和多元化的技术手段，但是相对于人们已经熟练掌握的 CAD 技术，还是需要经过一个思想和认识转变，人们要学习和尝试全面应用的过程。面对建设项目参与方众多的建筑行业现状，不可避免地要涉及 BIM 发展驱动者的问题，如图 1-4 所示。

图 1-4

BIM 发展的首要驱动者通常是政府，因为不论在任何国家或地区，政府通常都是建筑行业最大的客户。在欧洲国家（特别是斯堪的纳维亚、英国）及美国各州，近年来逐步加强了对 BIM 技术的普及与应用，并在许多公共建设项目中强制使用 BIM 技术。

企业也是 BIM 发展的有力推动者，因为在企业参与的建设项目中，投资方有技术应用决策权，参建方也可以引导投资方使用更为先进和能够为各方带来更大利益的技术，这对于新技术的使用和推广有着举足轻重的作用。

硬件和软件技术的不断改进和创新也为 BIM 的应用起到了推波助澜的作用。因为不管我们将 BIM 应用于建筑全生命周期管理还是仅仅应用于三维视图展示，都离不开硬件和软件的支持。

教育机构主要对 BIM 应用型人才的培养起着重要的作用，尤其是能够培养将 BIM 技术很好地融入项目管理中的人才，当然这也包括软件应用人才。

在英国，BIM 技术的应用所带来的收益吸引了越来越多的企业采用 BIM 技术。通过模拟分析、成本测算，他们能更快更精准地得到最优方案；通过协同设计，他们的设计成果能够更好地指导施工；通过协同管理，他们可以更高效率、高质量、高效益地完成建设项目。这就是为什么建筑企业都期待一个更精简和高效的建设过程，也是为什么他们之中的大多数在未来的项目中需要 BIM 技术的原因。

1.1.6 BIM 的应用模式

BIM 不会改变固有的行业职能分配，却会改变信息管理和项目管理的方法。那么在 BIM 应用与传统的交付模式（例如 DBB：设计/招投标/建造）的融合过程中，模型管理和信息维护的职责等问题会被无限放大。实践证明，以信任合作为基础的 IPD（集成项目交付）模式，正在逐渐成为国内外建设行业新的交付模式的探索和发展方向。以 BIM 技术为基础的 IPD 模式，将实现项目信息的高度交互，并且在促进项目各专业人员整合的同时达到跨专业职能团队间的高效协作，这将是项目管理模式的重大创新和变革。

1.2 Revit 介绍

BIM 的核心是信息，而建筑模型则是集成信息的基础。Revit 就是 Autodesk 公司旗下基于 BIM 理论的一款三维参数化设计软件，也是全球范围内应用最为广泛的 BIM 软件之一，它通过参数化建模的方式集成数字化信息，通俗易懂，操作简便，实现协同设计。

1.2.1 Revit 软件专业划分

（1）Revit Architecture 建筑专业

（2）Revit Structure 结构专业

（3）Revit MEP 机电专业（给排水、暖通、电气等）

1.2.2 Revit 软件的突出特点

作为一款基于 BIM 理论的软件，Revit 不仅秉承了 BIM 的特点，其软件本身也有着突出的特点。

（1）构件化 有别于 CAD 软件，Revit 创建的模型具有现实意义，即包含建筑物所具有的真实信息。设计人员在创建模型的过程中，要建立好三维设计思维和 BIM 的概念，如创建墙体模型时，它不仅有尺寸的界定，还具有详细的构造层以展现墙体施工工艺中层级的划分，同时，也包括材料信息、时间及阶段信息等。

（2）参数化 这是 Revit 的一个重要特征。Revit 通过定义类型参数、实例参数、共享参数等对构件的属性信息进行精确控制。同时，还可以通过参数化关联的特性，对相关联的构件进行智能调整，以保证模型相关视图的一致性，相关信息的一致性，从而解放逐一修改视图的繁琐程序，提高工作效率和质量。

（3）阶段设置 Revit 通过引入阶段设置的概念提供了时间模拟的条件，实现 4D 模拟设计施工的应用。

单元 2
用户界面、视图控制和
视图创建

单元概述

本单元主要介绍 Revit 软件用户界面及其相关功能的应用。首先，我们通过创建新的二维和三维视角并利用这些视角探索导航的方式，来了解如何运用不同的方法审查模型；然后，通过创建新的平面图、立面图、剖面图和透视图并发布这些视图来学习视图的创建；最后，通过练习为读者讲解视图创建工具的基本使用方法。

单元目标

1. 了解用户界面。
2. 熟悉项目导航。
3. 掌握视图创建和控制的方法。
4. 掌握平面图、立面图和剖面图的创建方法。
5. 熟悉尺寸标注工具的使用。

2.1 用户界面

2.1.1 用户启动界面

打开 Revit 软件后，在默认情况下软件会显示近期所使用文件的可见视窗。此界面提供了最新编辑的项目文件的快捷打开方式，也可以通过项目定义模板打开其他文件或创建新文件，还可以选取 Autodesk网上资源并获取帮助，如图 2-1 所示。

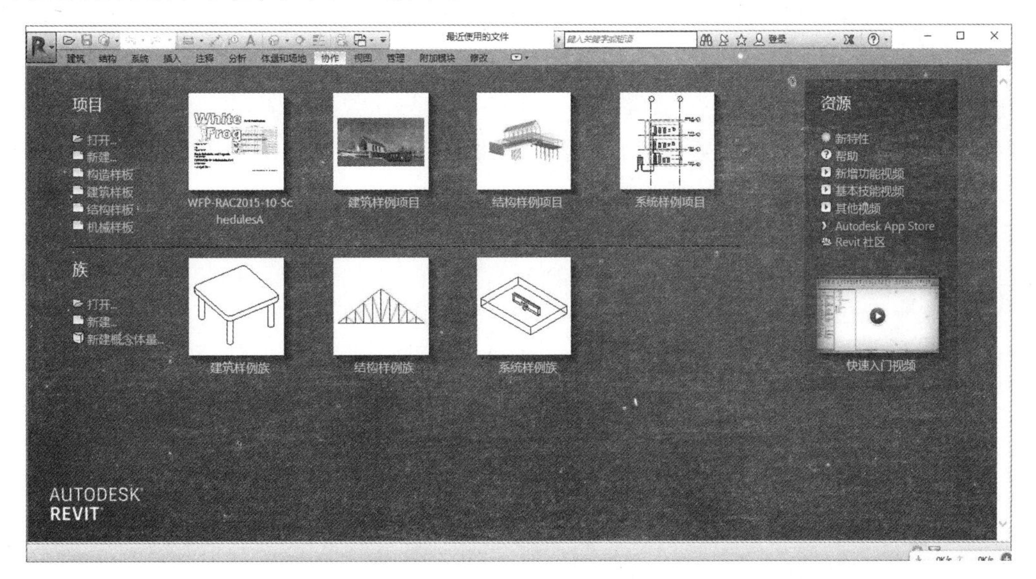

图 2-1

当在保留 Revit 对话的情况下关闭文件时，它将返回这个界面。所有标准的应用工具如打开、保存、另存为、导出、打印等，都可以通过单击屏幕左上角的【R】（应用程序菜单）来显示。这里也包含着大量之前使用文件的记录和多种扩展工具。

与应用程序菜单同时运行的是快速访问工具栏（图 2-2），它提供了最常用的工具库，其内容是可以自定义的，也可以移动到功能区下方的任务栏显示。

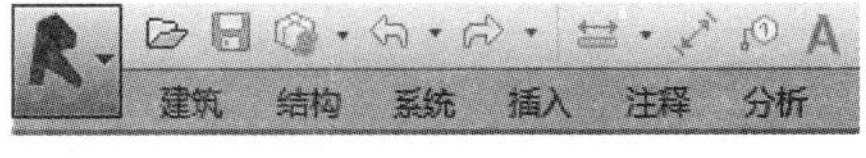

图 2-2

2.1.2 文件管理

1. 打开文件

在 Revit 中，打开文件的方式有以下几种：

1）在【最近使用的文件】窗口中的【项目】或【族】中，单击所需文件，如图 2-3所示。

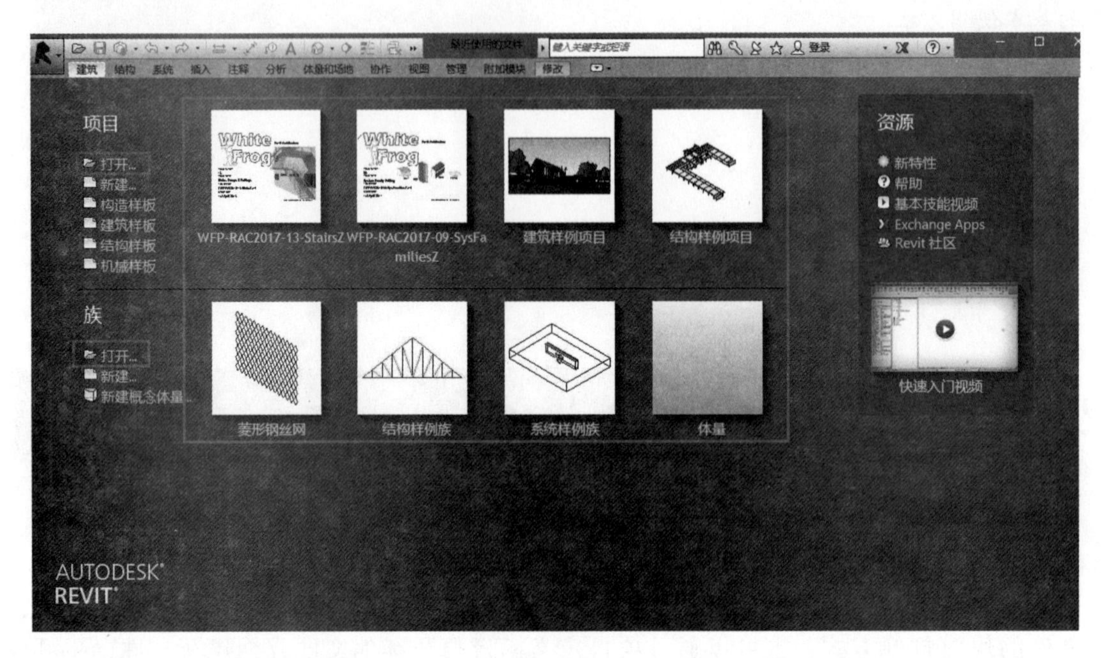

图 2-3

2）按 <Ctrl + O> 键。

3）单击应用程序菜单，直接选择【打开】（默认为打开项目），也可以在【打开】的下拉菜单中选择一个文件类型，如图 2-4 所示。

4）单击应用程序菜单，在【最近使用的文档】窗口中的【Revit Project】（项目）或【Revit Family】（族）下选择所需文件，如图 2-5 所示。

5）在快速访问工具栏上选择【打开】按钮，如图 2-6 所示。

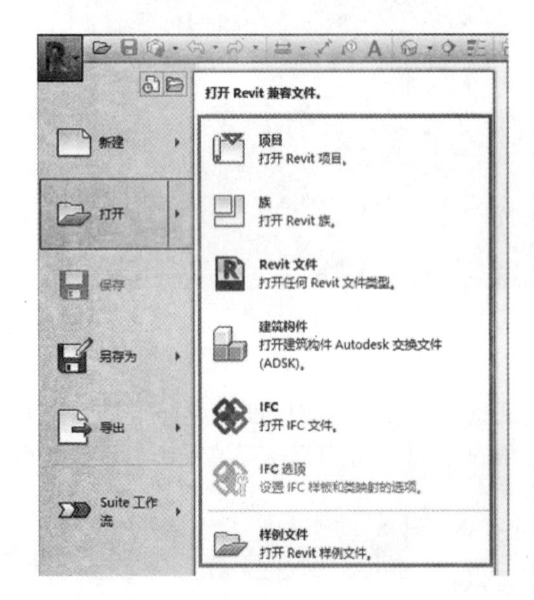

图 2-4

图 2-5

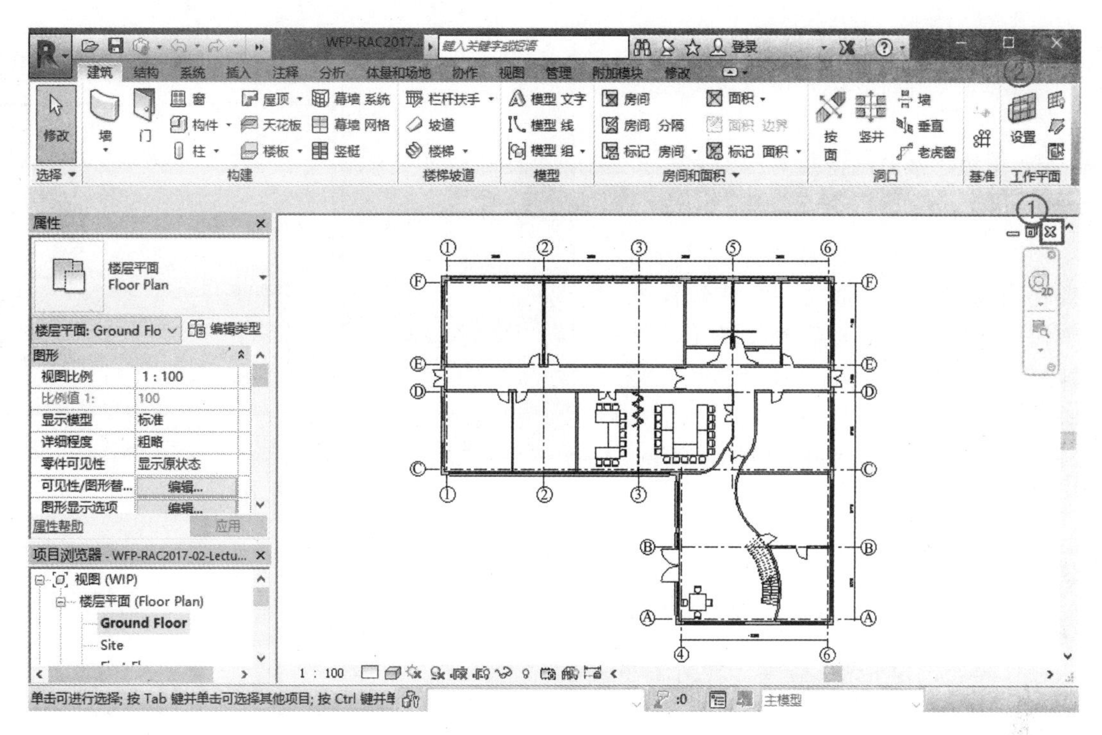

图 2-6

2. 关闭文件

在 Revit 操作界面中，存在两个【关闭】按钮，如图 2-6 所示。单击图中按钮①，关闭的是当前打开的视图，当一个文件所有打开的视图都被关闭后，该文件也会随之关闭；单击图中按钮②，关闭的是 Revit 软件，项目中所有打开的文件也随之关闭。

3. 创建文件

在 Revit 中，如果需要创建一个新文件，用户可以在【最近使用的文件】窗口中的【项目】或【族】面板中选择【新建】；也可以在应用程序菜单中单击【新建】（默认为新建项目），或者在【新建】的下拉菜单中选择一个文件类型，如图 2-7 所示。

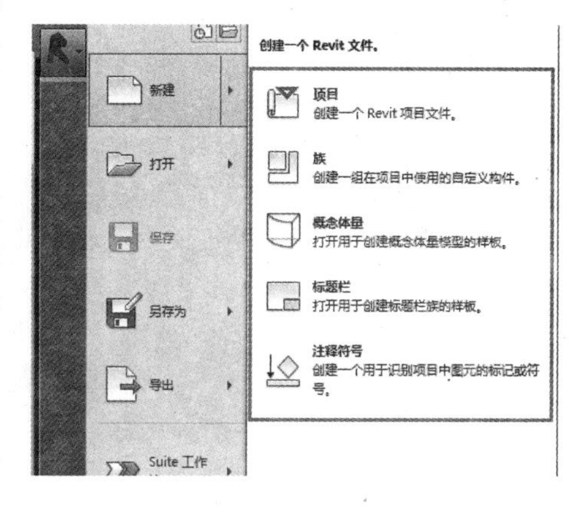

图 2-7

选择【新建】【项目】后，可以对【项目】和【项目样板】进行创建。项目样板（图 2-8）提供项目的初始状态，基于样板的任意新项目均包含样板文件中的所有族、设置（如单位、填充样式、线样式、线宽和视图比例）及几何图形。Revit 软件中会提供几个默认的样板文件，也可以创建自己的样板。创建项目时（图 2-9），除可以选择 Revit 中已有的样板文件外，还可以单击【浏览】按钮指定其他样板文件。项目样板的文件后缀为 *.rvt，不能直接在样板文件上建模。

图 2-8

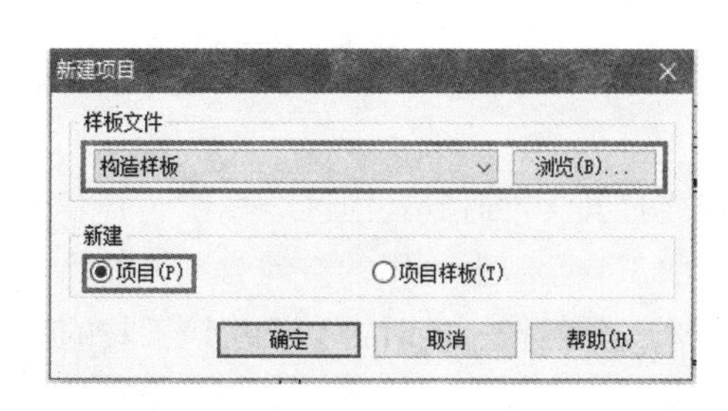

图 2-9

4. 保存和重命名文件

在保存 Revit 文件时，用户可以进行以下操作：

1）在应用程序菜单中选择【保存】。

2）按 <Ctrl + S> 键。

3）在快速访问工具栏中选择【保存】。

若要将当前文件以其他文件名或位置进行保存，需要在应用程序菜单中选择【另存为】（图 2-10），选择适当的文件类型及位置进行保存。

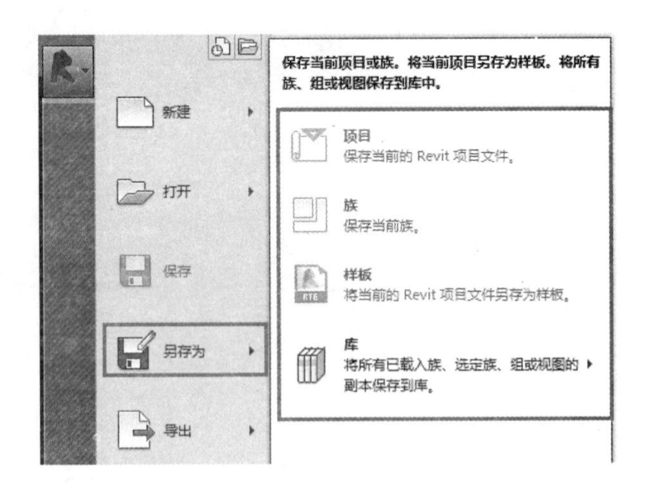

图 2-10

2.1.3 用户操作界面

1. 用户主界面介绍

用户操作界面包含了诸多板块，如图 2-11 所示。

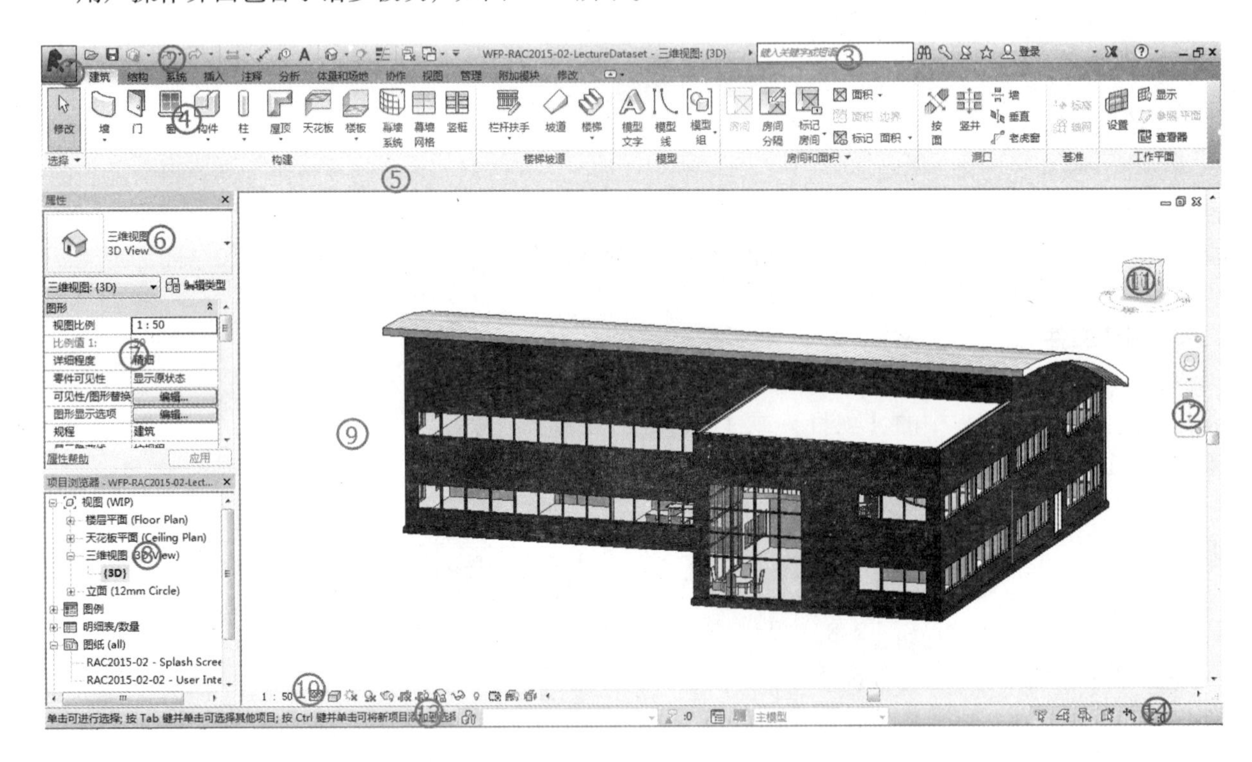

图 2-11

①—应用程序菜单 ②—快速访问工具栏 ③—信息中心 ④—功能区 ⑤—选项栏 ⑥—类型选择器 ⑦—属性面板 ⑧—项目浏览器 ⑨—绘图区域 ⑩—视图控制栏 ⑪—View Cube ⑫—导航栏 ⑬—状态栏 ⑭—选项设置

创建或打开文件时，功能区会显示它提供创建项目或族所需要的全部工具。调整窗口的大小时，功能区中的工具会根据可用的空间自动调整大小，使所有按钮在大多数屏幕尺寸下都可见。当光标放在任意一个工具的按钮上时，会出现该工具的提示界面（图 2-12），包含该工具的名称及其基本描述。如果该工具有被定义的快捷键，则会显示在工具名称后的括号内，接着会扩展为一个对该工具的操作和功能更为详细的解释视图，通常会含有一个图示或者一小段视频（图 2-13）。

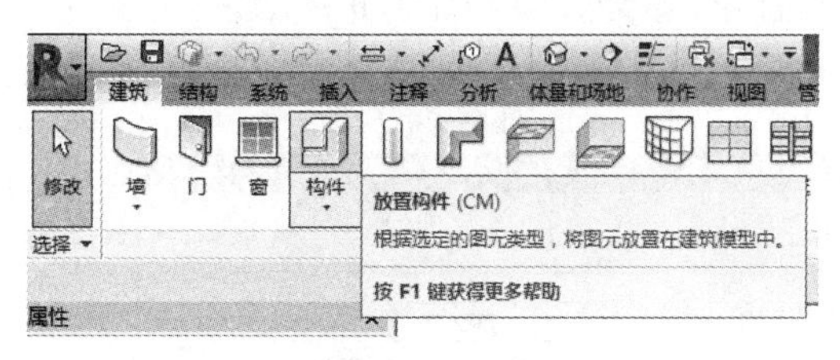

图 2-12

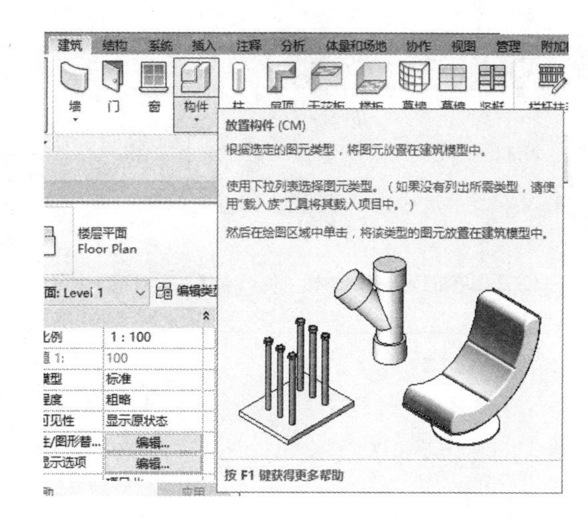

图 2-13

2. 主界面功能区介绍

在功能区菜单系统中使用的菜单和按钮见表2-1。

表2-1 在功能区菜单系统中使用的菜单和按钮

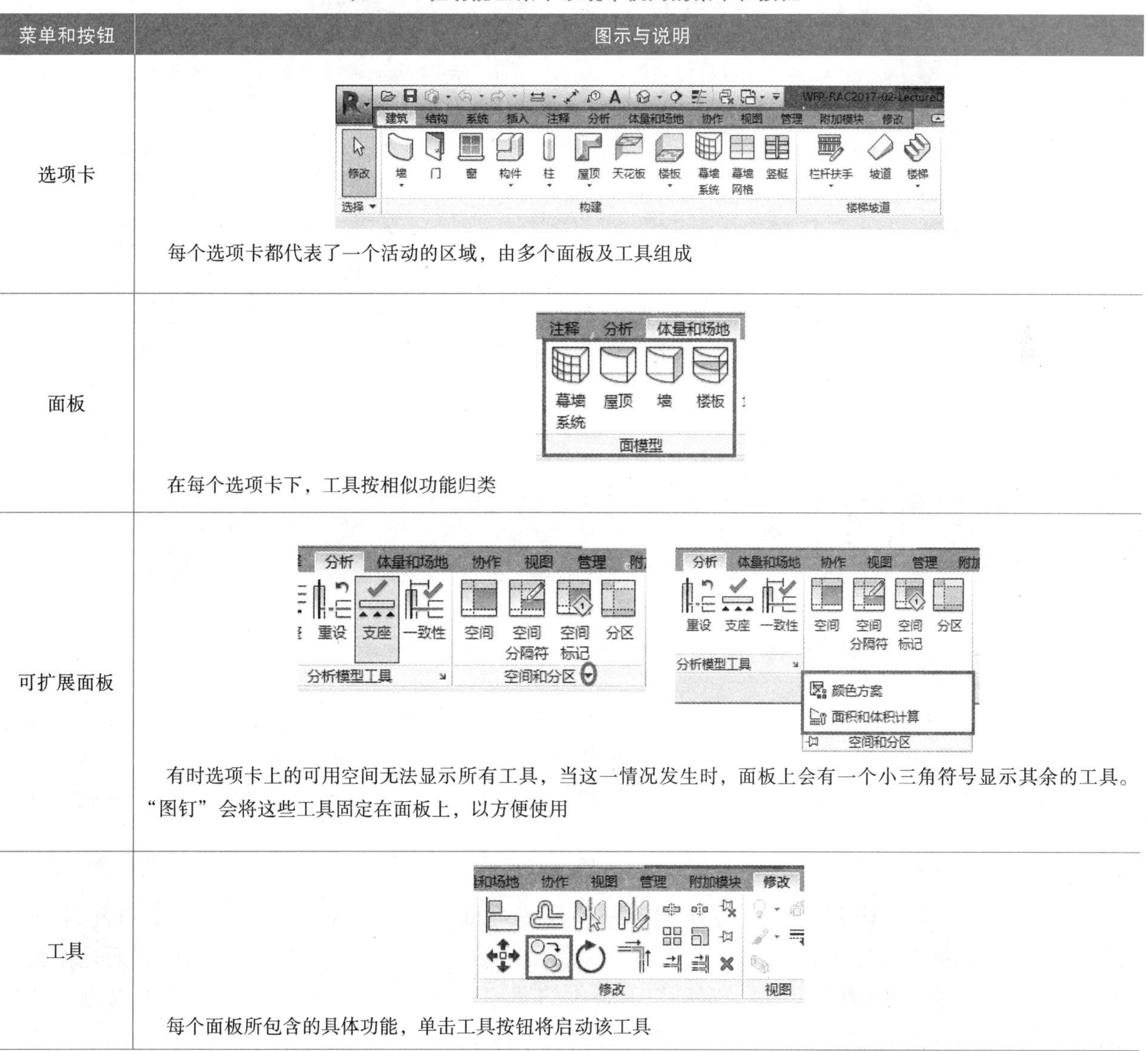

菜单和按钮	图示与说明
选项卡	每个选项卡都代表了一个活动的区域，由多个面板及工具组成
面板	在每个选项卡下，工具按相似功能归类
可扩展面板	有时选项卡上的可用空间无法显示所有工具，当这一情况发生时，面板上会有一个小三角符号显示其余的工具。“图钉”会将这些工具固定在面板上，以方便使用
工具	每个面板所包含的具体功能，单击工具按钮将启动该工具

（续）

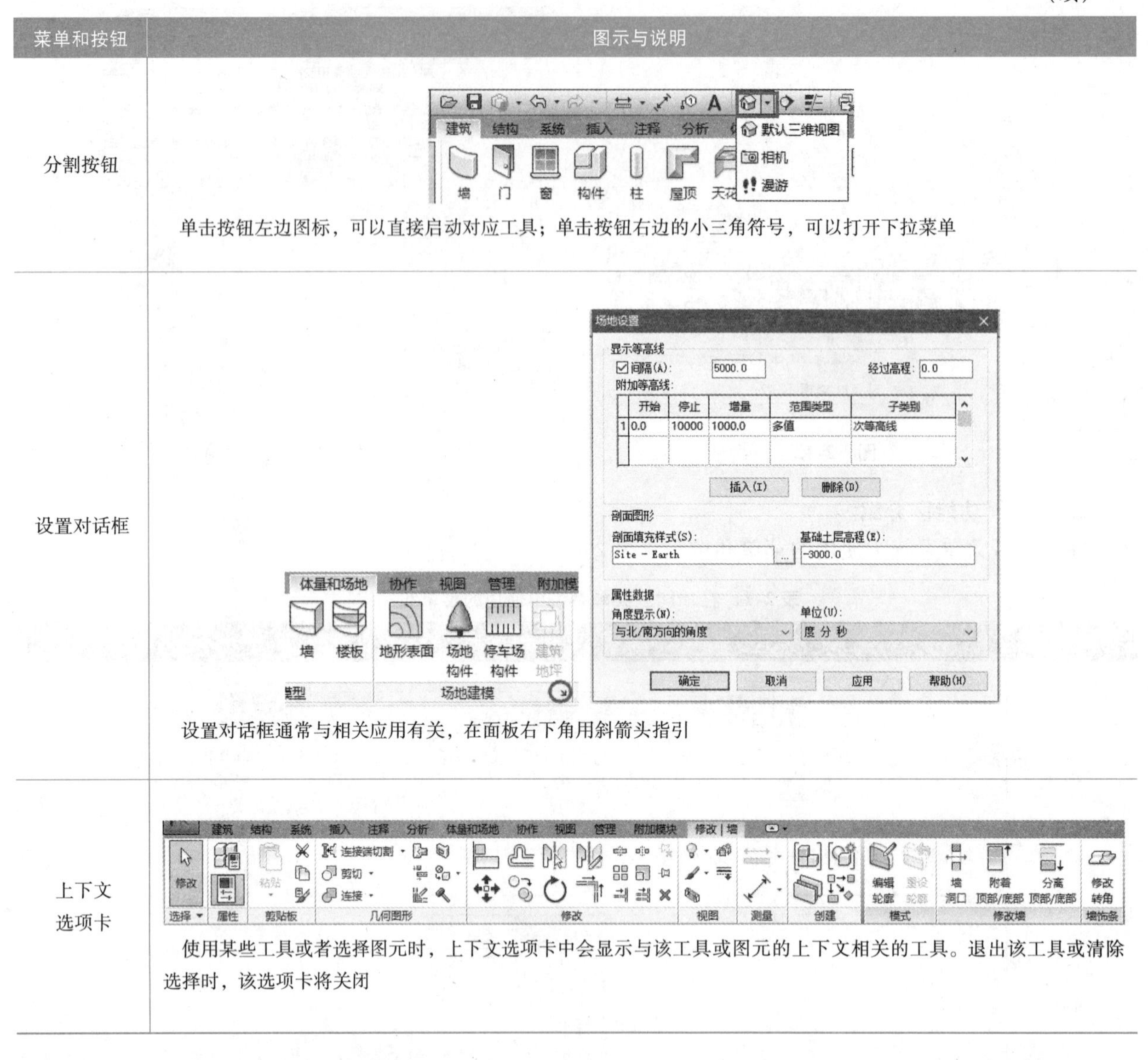

菜单和按钮	图示与说明
分割按钮	单击按钮左边图标，可以直接启动对应工具；单击按钮右边的小三角符号，可以打开下拉菜单
设置对话框	设置对话框通常与相关应用有关，在面板右下角用斜箭头指引
上下文选项卡	使用某些工具或者选择图元时，上下文选项卡中会显示与该工具或图元的上下文相关的工具。退出该工具或清除选择时，该选项卡将关闭

2.2 视图控制

2.2.1 使用项目浏览器

在【视图】选项卡【用户界面】面板的下拉菜单中可以打开【项目浏览器】面板，项目浏览器就像一个文件管理器，可以通过它访问一个项目内的各种可用视图和所有族以及已加载的内容，如图2-14所示。在【项目浏览器】中，视图的排序和分组是可以按照视图类型、规程或阶段等准则进行设定的。

1. 切换或关闭视图

在【项目浏览器】内双击可以打开相应的视图，当前使用中的视图在浏览器中以粗体显示（图2-15）。我们可以同时打开多个视图，打开一个新视图不会导致之前使用的视图关闭，而是作为背景。Revit 可以通过【视图】选项卡【窗口】面板中的【切换窗口】切换当前视图，也可以通过【关闭隐藏对象】关闭所有非当前视图，方便用户切换或关闭视图，如图2-16 所示。

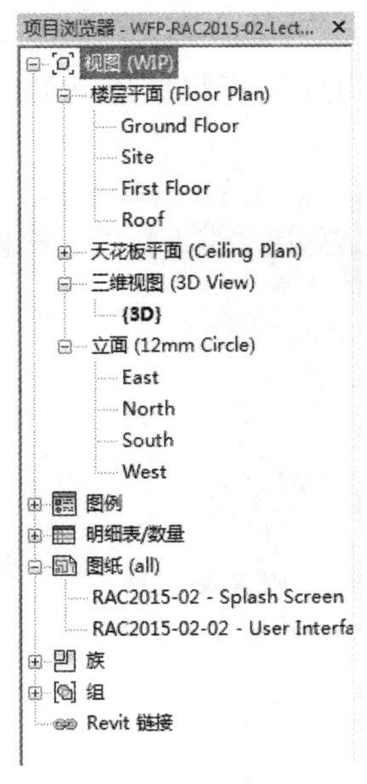

图　2-14

图　2-15

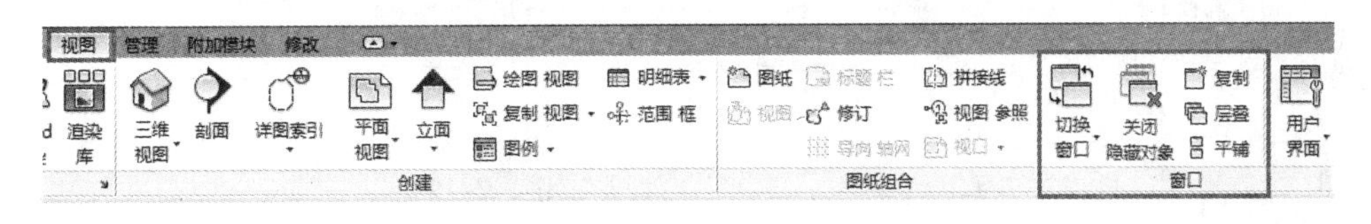

图　2-16

2. 复制创建视图

当需要用一个视图的多种变化来代替数据展示时，可以在项目浏览器中通过复制现有视图的方式创建新视图，以便使用每个视图展示不同的可视内容。复制一个视图只需在项目浏览器中选中该视图，然后右击，选择【复制视图】（图2-17）即可，但要确保不要与已有视图重名。【复制视图】包含以下三个选项。

1）复制：生成一个相同属性的视图，但是只会复制三维模型的数据，文本、面积和注释之类的二维标注将不会被复制。

2）带细节复制：包含【复制】所述内容的同时，还包含复制注释及其他二维标注。

3）复制作为相关：如同【带细节复制】，可以生成一个精准的子视图。在默认的项目浏览器组织结构中，相关视图显示在主视图下。子视图包含了父视图的链接，在子视图中添加标注时，父视图也会随之变化，反之亦是如此。

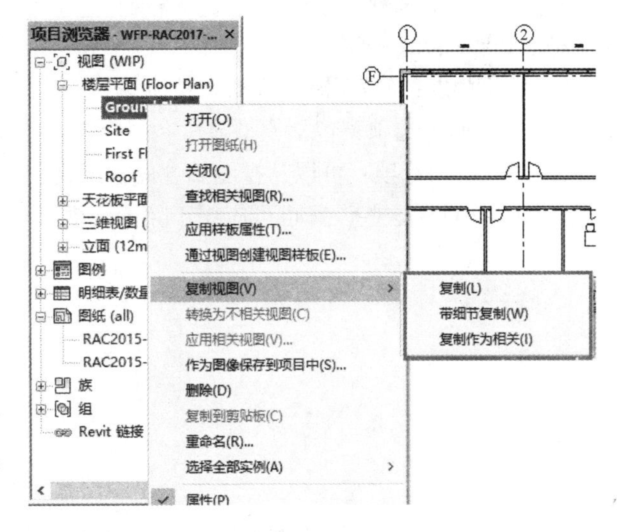

图　2-17

2.2.2　使用视图属性

在【视图】选项卡【用户界面】面板的下拉菜单中可以打开【属性】面板（图2-18）。在没有突出显示某一构件或特定视图的属性时，【属性】面板中将显示为当前视图，具体视图的属性可通过项目浏览器查看。在【属性】面板中定义的选项只会被应用于其指定的视图中，而不影响其他已有或将生

成的视图，以下选项要根据视图的类型和种类进行设置：

1）可见性/图形替换：可以在当前视图中取消某类构件的可视性，也可以对构件外观设置，如图 2-19所示。

图 2-18

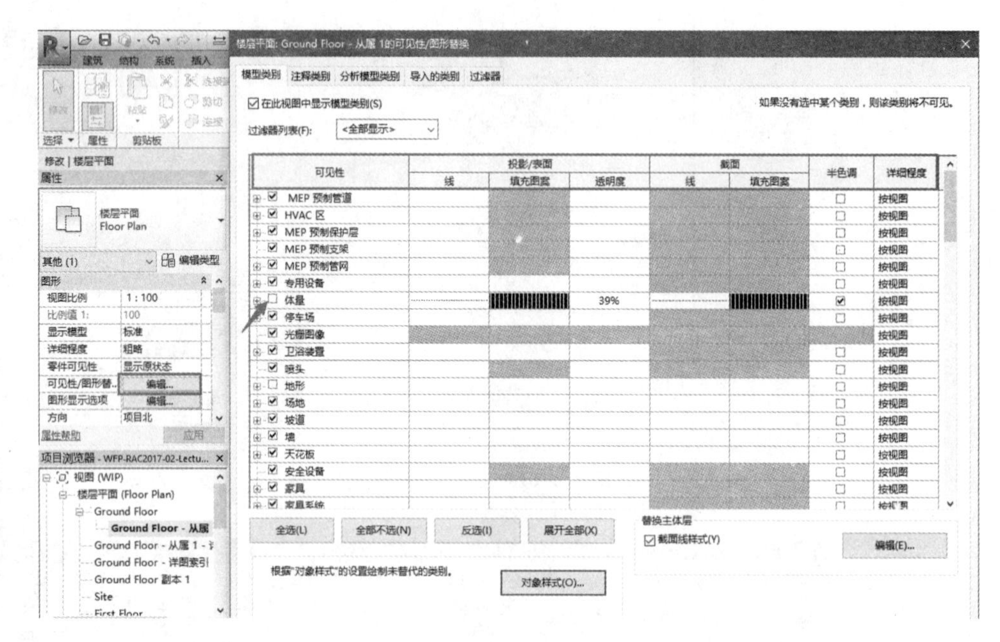

图 2-19

2）基线：基线可以提供任意来自上层或下层的平面图信息，在创建新构件的同时能够参考另一个视图的信息。

3）视图范围：可以控制显示在平面图内的视图范围（详见 2.3.2 章节）。

4）规程：定义规程，可控制规程专有图元在视图中的显示方式。如将规程选择为【机械】，当前视图中非机械图元将被隐藏。

5）详细程度：分为粗略、中等、精细三个类别，选择不同的显示方式构件的外观会在图形上产生变化。

6）图形显示选项：包括模型显示、阴影、勾绘线照明和摄影曝光，可以对图形自定义。

① 图形显示选项：可以从视图属性面板或视图控制栏启动，能对视觉【样式】和【透明度】进行设置（图 2-20），这些设置也可应用于除了线框以外的其他视觉样式，如图 2-21 所示。

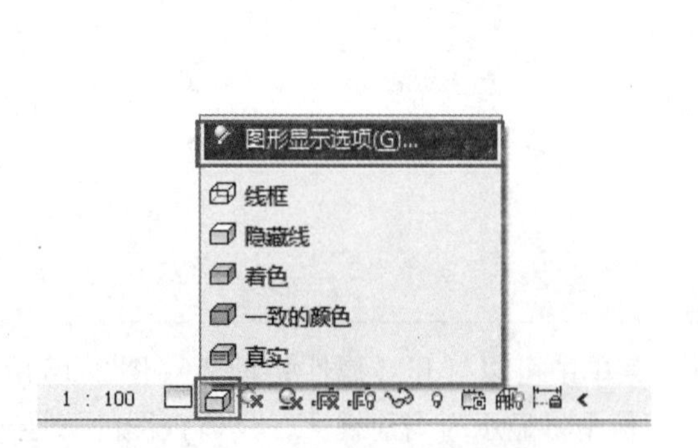

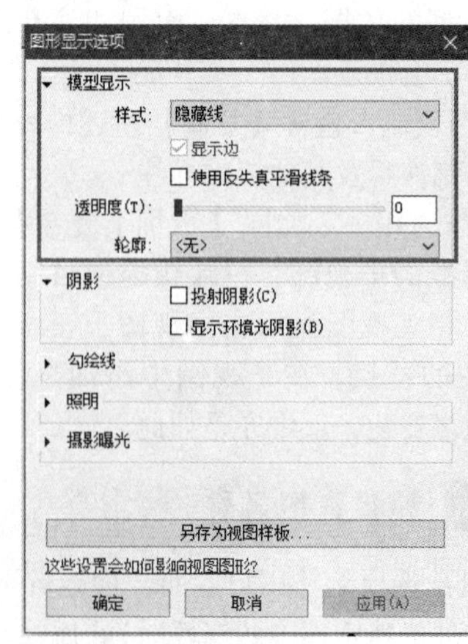

图 2-20

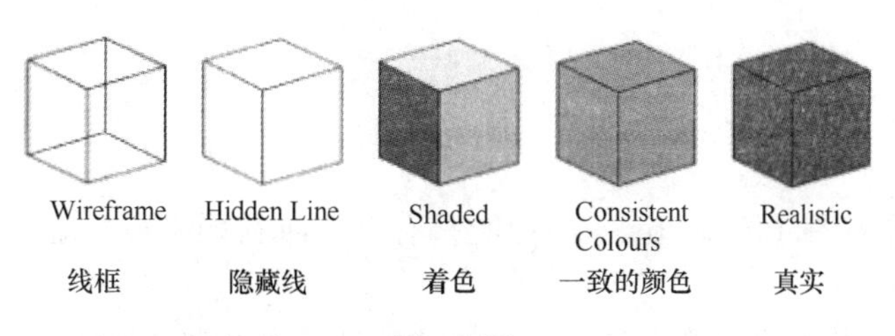

图　2-21

② 阴影：只要模型的视觉【样式】没有设置为【线框】，就可以应用于二维或三维视图来显示视图景象的深度，如图 2-22 所示。

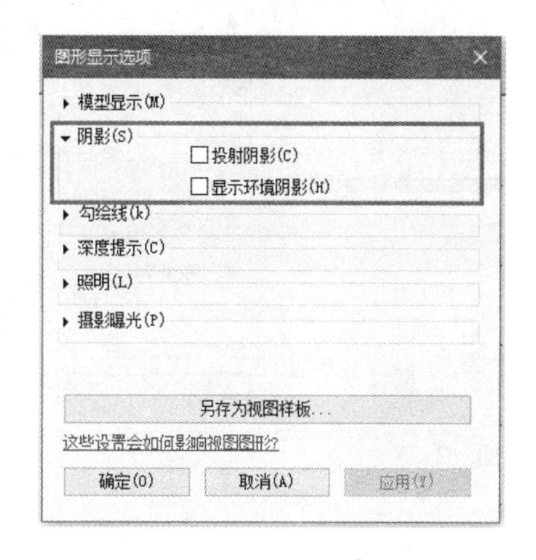

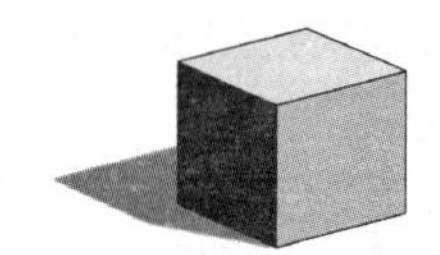

图　2-22

③ 勾绘线：若想呈现出手绘素描效果的视图，【图形显示选项】中也提供了制作勾绘线的功能，这一效果在设计概念和细节的早期阶段很有用，如图 2-23 所示。

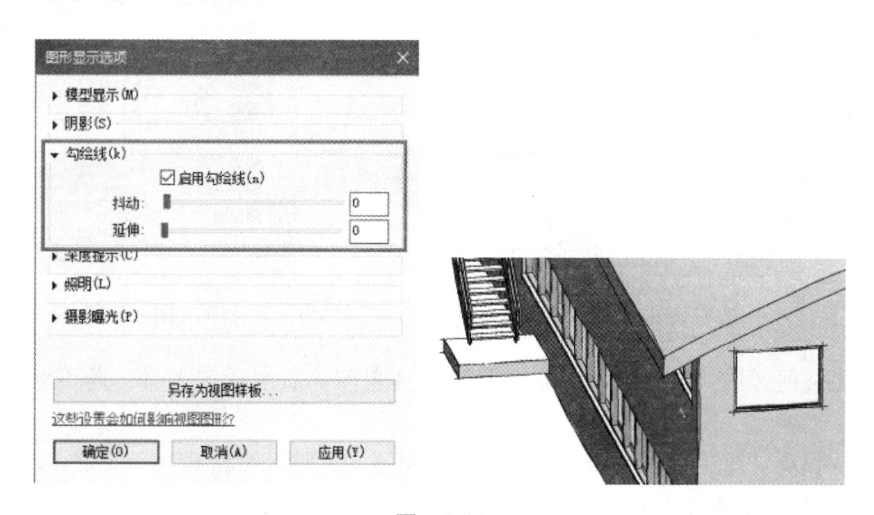

图　2-23

2.2.3 使用视图控制栏

要更改【详细程度】和【图形显示选项】，也可以通过视图下方的视图控制栏快速访问（图 2-24）。快速访问工具栏中的具体工具取决于视图类型。

1）日光设置：可以提供【地点】与【时间】的光照信息，如图 2-25 所示。

图 2-24

2）锁定/解锁的三维视图（图 2-26）：该功能只有在三维视图中可以显示和使用，用于对当前三维视图的方向进行锁定。

3）裁剪视图：用户在裁剪视图前应确保裁剪区域是打开的（图 2-27）。这是一个在图纸上创建局部视图很实用的工具。

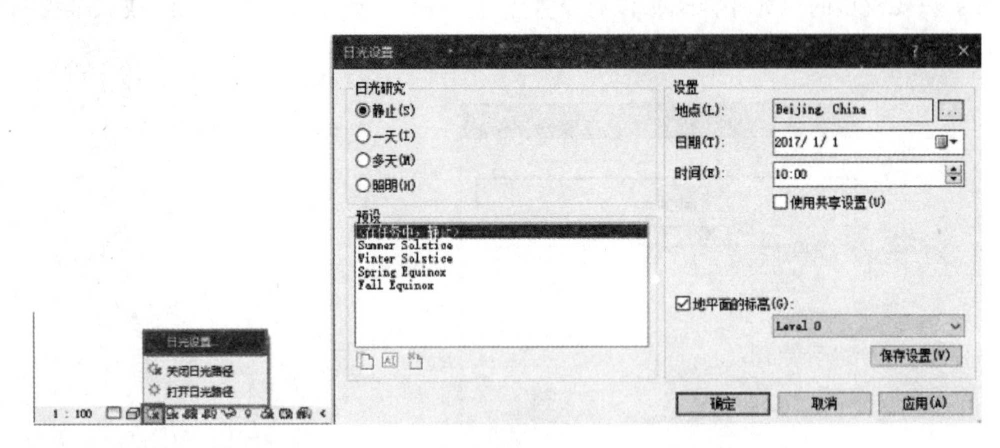

图 2-25

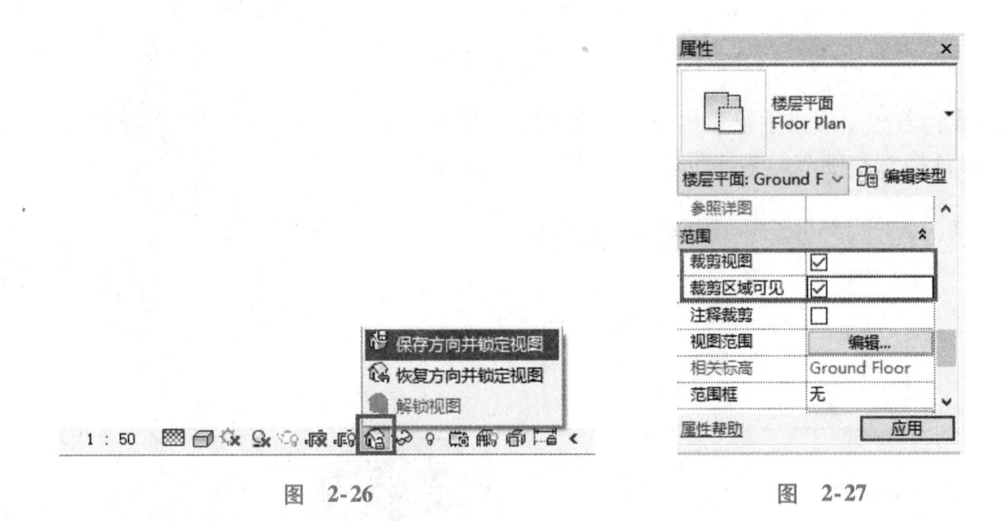

图 2-26　　　　图 2-27

4）显示/隐藏裁剪区域：在使用【裁剪视图】工具之前，需激活该工具；若不激活，则无法正常工作。

5）临时隐藏/隔离：此工具可以在不影响打印输出视图的情况下隐藏某一个或一类图元。

6）显示隐藏图元：此工具可以显示隐藏的图元。

7）显示约束：该工具是 Revit 2016 及更高版本具备的功能，其能在很大程度上快速地帮我们查找到被锁定约束的对象。在以前的版本中约束是看不见的，只有在选择其中的构件时才会显示锁定（图 2-28），使用【显示约束】工具可在当前视图中直接显示所有被约束的构件，如图 2-29 所示。

另外两个工具是临时应用工具，用于加强与模型的交互，而不影响成果的输出。虽然对于建模和复杂区域画图有辅助作用，但用户最好在使用完之后将其关闭，因为此工具会产生过度建模或生成无用细节的结果。

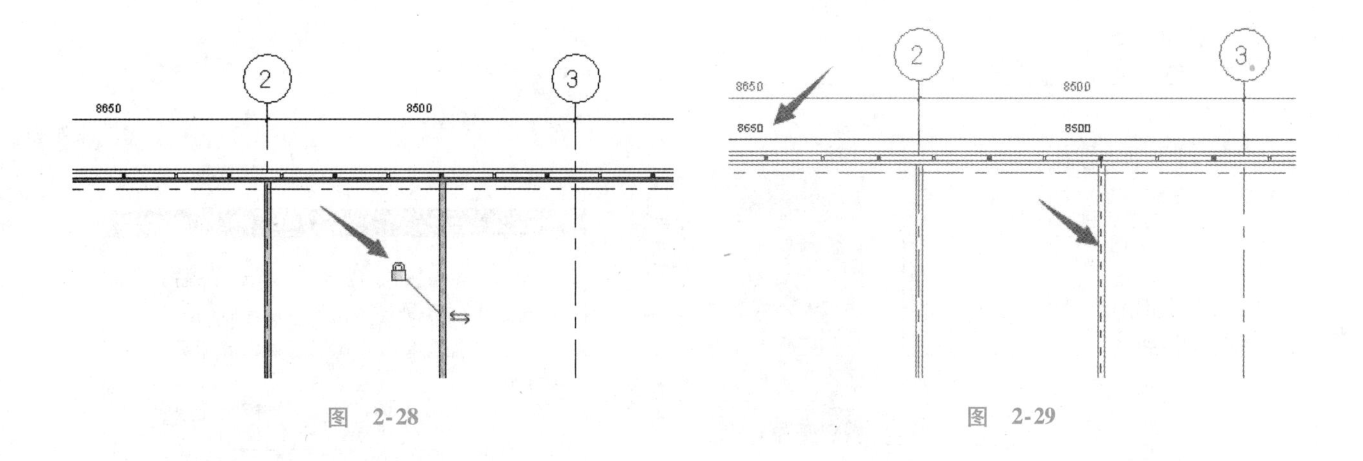

图 2-28　　　　图 2-29

2.3 视图创建

2.3.1 视图样板

除了对视图的后期调整之外，应用于视图的绝大部分的可用调整和设置，可以通过【视图样板】（图2-30）工具被捕捉并重新应用到其他视图上。这是一个非常有效的传输设置方法，可以很快地创建视图。在定义好一个视图的属性之后，这些特性可以被存储并应用到项目中类似的视图上，而且可以在项目之间转换并被保存到样板中。

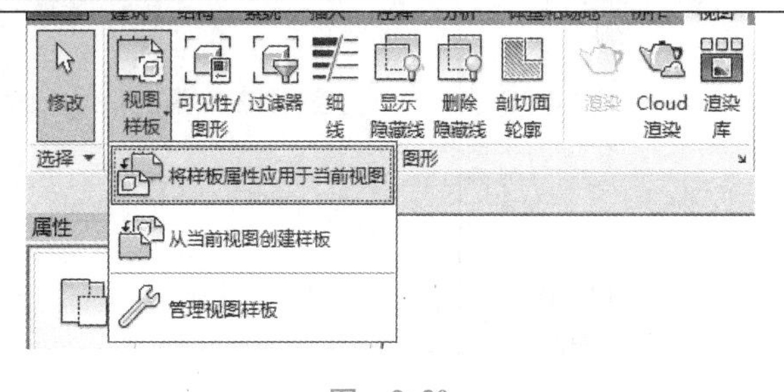

图 2-30

2.3.2 创建视图

除了复制已有的视图，用户也可以选择创建新的视图。创建视图对于理解如何使用 Revit 软件很重要，因为基于 BIM 创建的信息与基于 CAD 创建的信息并不相同。在传统的 CAD 平台上，图纸和画图内容是一样的，而基于 BIM 创建模型和审视模型是两个完全不同的活动。这并不意味着在创建模型时，图纸没有任何更新，但它们是不同的，创建视图通常只是为了建模并表达其内在的交流，使用后便没有了价值。而对于在某一视点中所做的修改，都将即时在视图中进行更新。

1. 楼层/天花板平面和视图范围

创建楼层平面和天花板平面的方法有很多，现在我们假设某个模型至少存在部分内容，并且该模型已有用来标注建筑楼板的标高，可以通过使用【视图】选项卡下【创建】面板中的【平面视图：楼层平面】和已经存在的标高生成一个平面视图，在【属性】面板中的【视图范围】可以看到，它包括视图范围内的物体所产生的平面内容和在视图属性中所界定的内容，如图2-31所示。

楼层平面和天花板平面都是水平剖面图，其剖面线的位置与相关标高位置对应。该剖面剖切了模型中主要范围以内或穿过主要范围的所有图元。例如，有一座拥有50层楼的建筑模型和该楼第25层的平面视图，视图范围将告诉计算机在决定视图显示时，只需呈现第25层的内容即可，第25层以上和以下范围内的内容将不显示。

天花板平面的运行方式与楼层平面相同，但是前者的主要范围【底】部更像镜子一样反映相关信息，否则这些信息会出现在剖切面以上，并呈现在视图之外。如图2-32所示，所有顶棚都必须放置在蓝色条区域内才可正确呈现。如果要求采用较低的天花板，那么剖切面的参数也应相应下调。

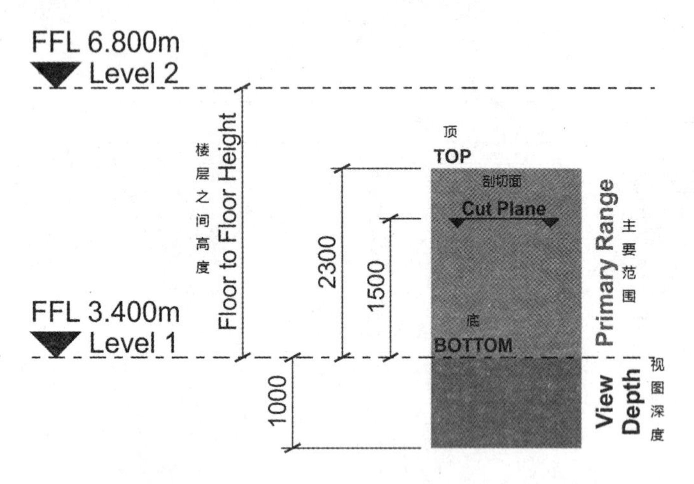

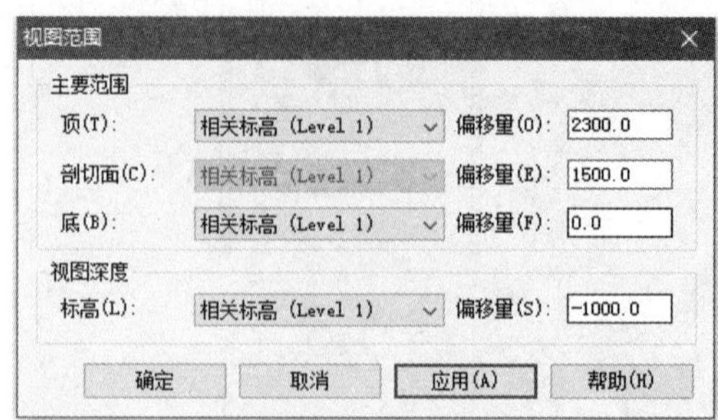

图　2-31

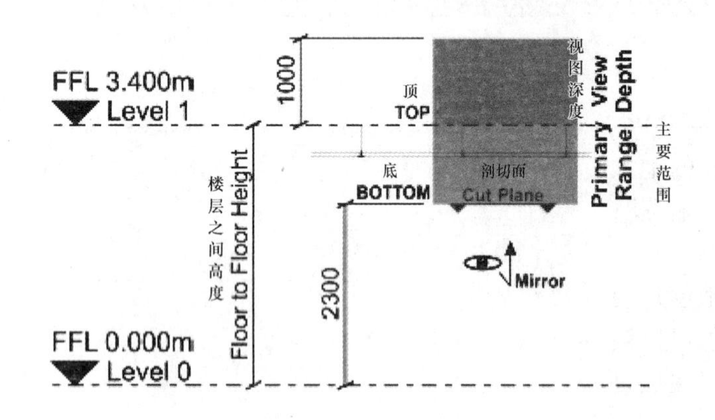

图　2-32

视图范围可应用于整个建筑平面，同时也可以应用于具体区域，剖切面可以在区域内局部地调低或调高。该功能是通过【平面区域】（图 2-33）工具实现的，该工具用来呈现视图剖切面以上或以下不能完全显示的图元，如标高比较高的浴室窗或夹层楼等。

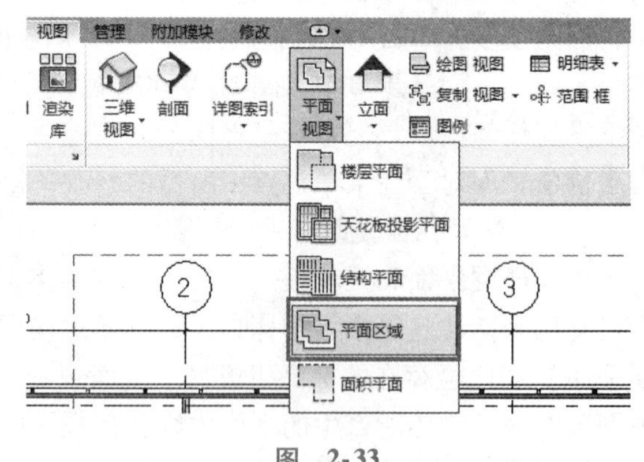

图　2-33

2. 标高的创建和修改

标高工具与建筑平面的创建息息相关（在默认情况下，标高被设定后相应的楼层平面和天花板平面也将被创建）。需要注意的是标高与其对应的视图是相对独立的，在创建标高时可以选择不自动创建平面视图，同时平面视图也可以在不影响标高的情况下被删除。

通过【建筑】选项卡下【基准】面板中的【标高】工具可以在立面视图中绘制标高，手动绘制的标高将自动创建平面视图，相关视图的名称起初会与标高的名称相同，但是无论是平面视图还是标高名称都可以后续进行更改，在此基础上，系统会提示用户自动调整相应的标高或视图以确保名称一致。

如图 2-34 所示为在标高绘制中的显示，按照标高顺序，平面视图会被罗列在项目浏览器中。可以通过【视图】选项卡用户界面下拉菜单中的【浏览器组织】设置项目浏览器中的排序和过滤（图 2-35）来参照相关标高排列视图。

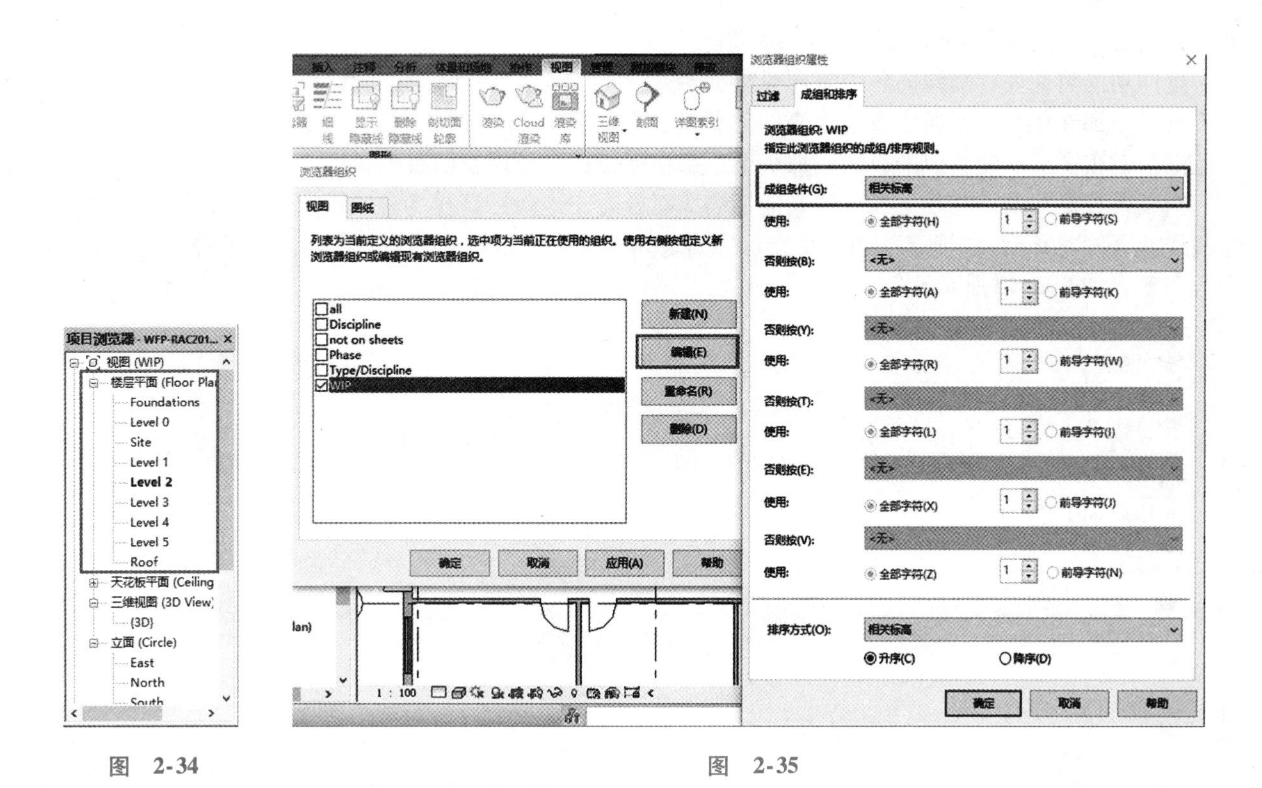

图　2-34　　　　　　　　图　2-35

相关值属于立面视图数据（图2-36），对该值进行调整将移动标高和所有与该标高相对应的图元。相关值以具体项目数据基准或以项目和其对应模型为核心建立的共享基准为基础。这些共享基准建立在场地模型基础上，并将影响建筑模型。

标高可进行二维或三维的设置。在选定了标高线以后，首末端将出现一个标记（图2-37），指示相关变化是二维还是三维的。

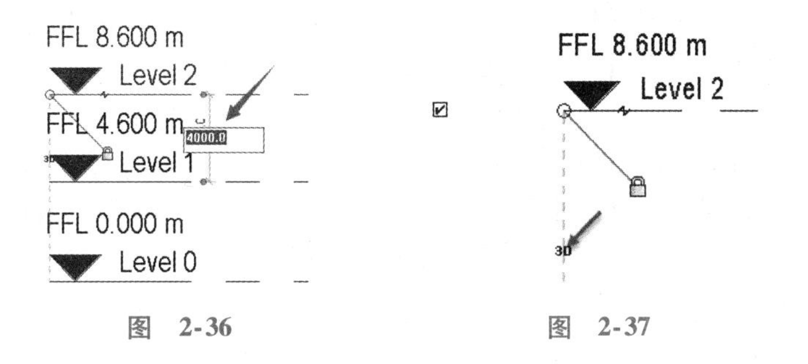

图　2-36　　　　　　　　图　2-37

1）处于二维状态时，对标高线所进行的改变只会影响到本视图，而不会影响到项目其他同部位图形的表现。

2）处于三维状态时，将影响处于所有共面视图之中的标高的图形表现，共面视图与当前视图平行，三维变化甚至会决定在哪个视图上标高可见。

需要强调的是，三维状态的标高线是可以沿着建筑模型的相关平面充分延伸的，但这些标高延伸线是不可见的。在图2-38中，该建筑左边的楼层平面标高0.000m表示为Ground 1，而根据其地形需要，右边的标高应上升到0.500m表示为Ground 2。那么剖面A只能显示Ground 1上的标高，剖面C只能显示Ground 2上的标高，而剖面B是从建筑中间

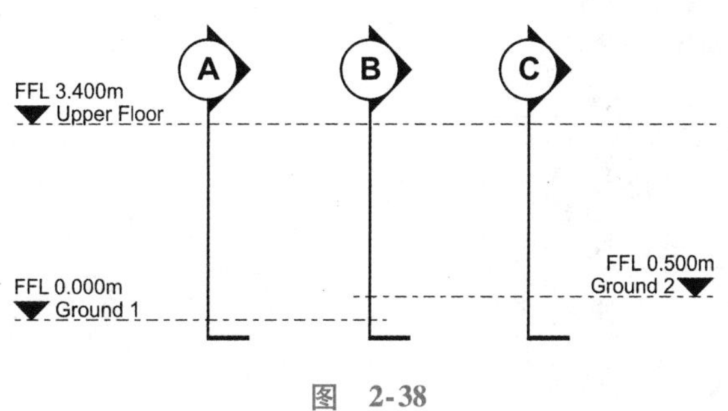

图　2-38

剖切，则可以同时显示 Ground 1 和 Ground 2。

延伸功能将促使标高线向各个方向延伸到模型的边缘。如果某个标高存在，却在剖面图或立面图中不可见，那么用户可以通过设置标高线三维范围的方式进行延伸。假设视图中不存在覆盖，或不存在范围框对视图或图元造成的影响，那么上述操作能使标高呈现在所有的视图中。

当某条标高线端点与其上或下的其他标高线对齐时，这些标高线将自动锁定对齐（图 2-39），之后这些线就会同时移动。“锁定”图标将指示标高之间的关系，如果需要，用户可以通过解锁分别对标高进行调整，如图 2-40 所示。

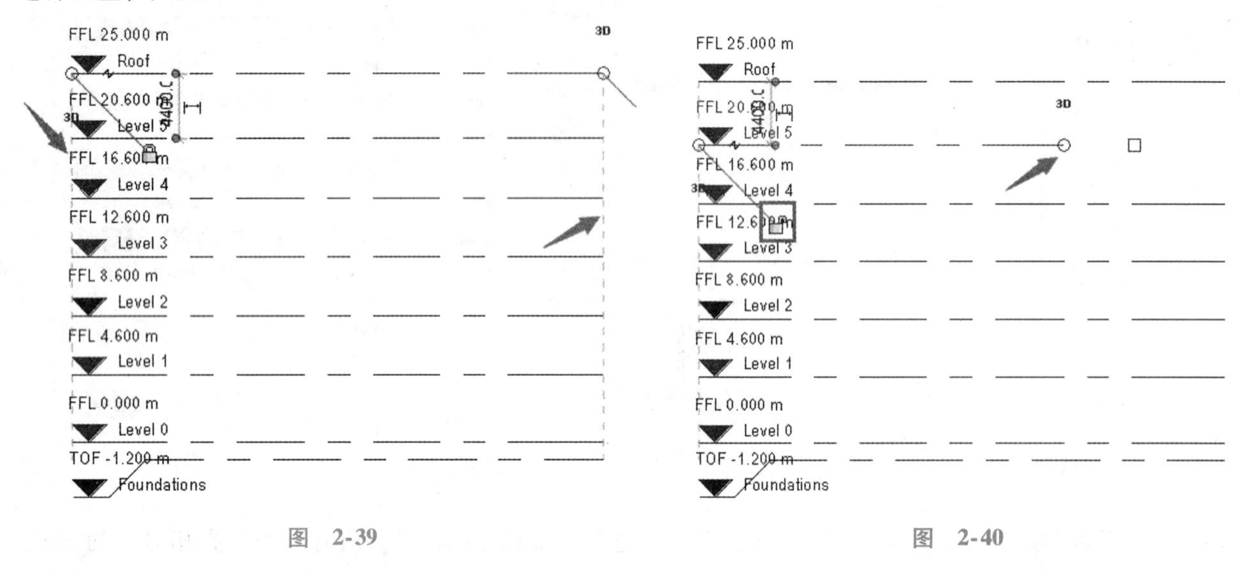

图 2-39　　图 2-40

如果新定义的标高名称被改变，那么 Revit 将在之后的标高创建中遵循新的命名规则。需要强调的是：Revit 可以遵守简单的数字和字母命名模式，如 1、2、3、…或 A、B、C、…甚至是标高 1、标高 2、标高 3、……但名称中却不能包含 0，例如，如果某个标高被命名为标高 01，那么 Revit 将会把下一个标高命名为标高 2。

选中某个标高线后，一个方形选择框（图 2-41）会出现在该标高线的首尾，用来切换是否隐藏编号，所以，每个标高线的首尾将会有一个或两个甚至没有编号。

如图 2-42 所示，在默认情况下，当平面图与相应标高对应时，这些标高的标头将呈蓝色显示，并指示可可转到与此标高相对应的楼层平面；在没有生成相应的平面视图时，标高的标头将呈黑色。需要强调的是：如果与标高相对应的楼层平面被删除，而天花板平面依然存在，那么标头将依旧呈蓝色，但却不能再转到天花板平面上。如果存在多层楼层平面，那么无论相关平面是如何创建的，Revit 都将转到最先创建的一层的楼层平面。

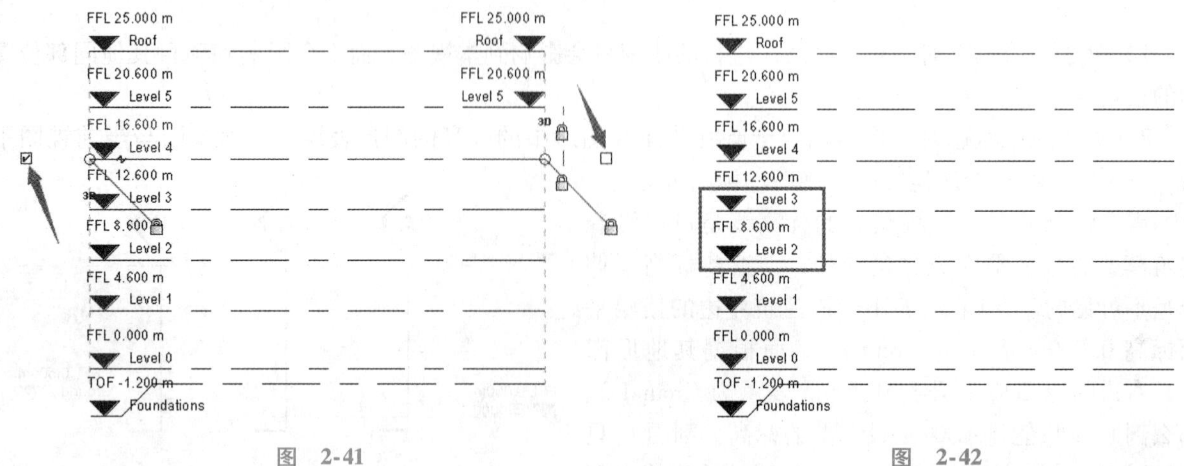

图 2-41　　图 2-42

如果标高被复制或阵列，那么平面视图将不会自动生成，而使用【视图】选项卡下【创建】面板中的【平面视图】下拉菜单中的【楼层平面】来完成创建。

如果标高线紧密叠加或与其他编号重叠在一起，可以添加弯头以偏移编号，避免图面拥挤，如图2-43所示。

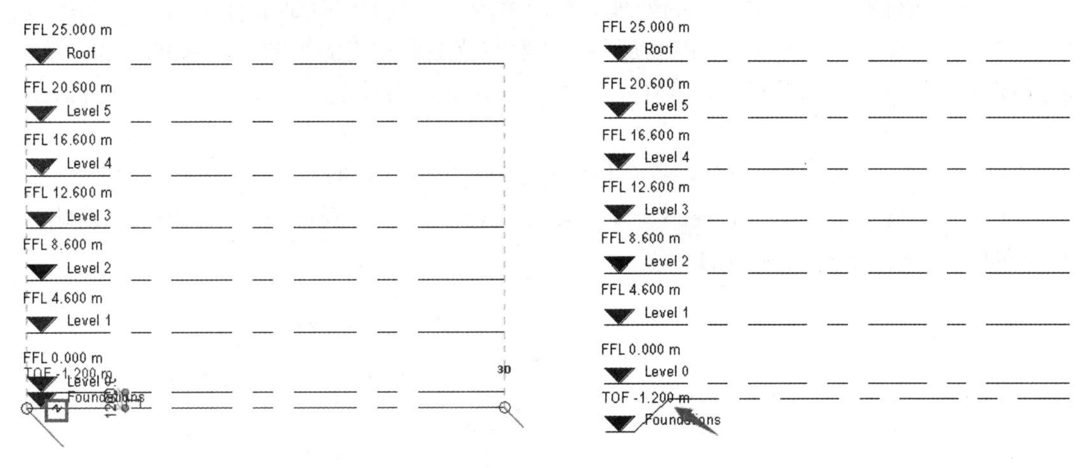

图 2-43

3. 轴网的设置和修改

通过【建筑】选项卡下【基准】面板中的【轴网】可以在平面视图中绘制轴网。轴网和标高都是数据图元中的范例，并且有着相似的操作方法，学习标高时的要点同样适用于轴网。

1）可以控制轴网的长度和范围。

2）通过勾选框控制轴网编号。如图2-44所示，图中只勾选了顶部勾选框，因此只有顶部轴网编号可见。

3）可以依次对齐并锁定轴线。

4）轴网必须穿过某个标高，使得该轴网和相应的标高在视图中可见，如图2-45所示。

5）通过添加弯头进行轴网线偏移，以避免图面拥挤。

6）以简单的字母或数字命名模式，并可自动命名后续轴网。

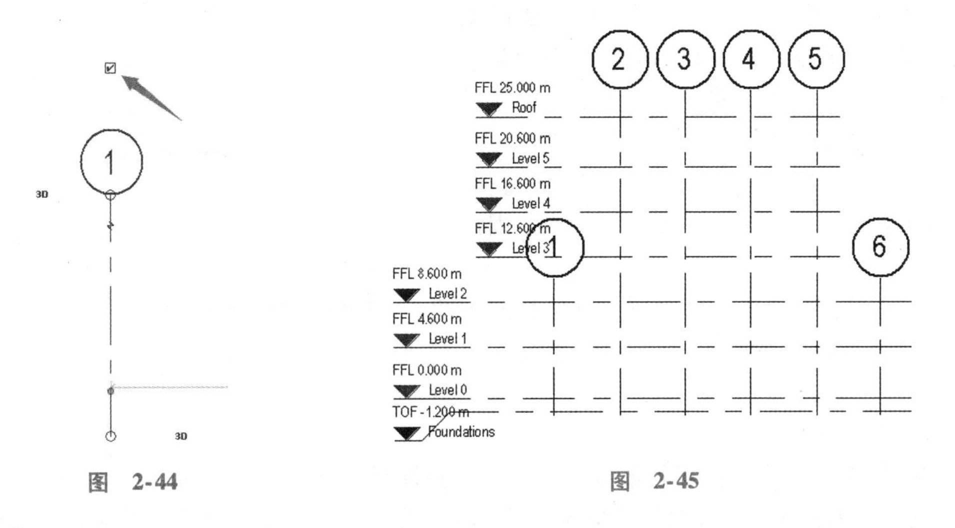

图 2-44　　图 2-45

4. 范围框

和标高一样，轴网创建过程的重点是信息控制，以促使任何视图中都只呈现对应信息，同时，能呈现的信息应以恰当的方式表现出来。如上文所述，基准图元（标高、轴网、参照平面）在特殊视图中的可视性可以由该对象能否延伸到视图范围内来控制。

然而，具体的视图环境却往往不会像本文描述中的那样简单明了。因此，我们经常需要在不同的视图中去观察不同长度的基准图元，同时我们也有各种清理视图的方法。当然，可以关闭单个图元（如轴网和标高），也可以改变某个三维数据图元的二维长度。但是，上述这两种方法都需要人工编辑，而且在编辑模型的工作中，特别是需要在一系列不同的视图中进行同样的修改时会耗费过多时间，针对这个问题，Revit 软件有一个非常实用的处理工具即范围框。它是一个理论上存在的三维范围框，范围框会框住建筑的一部分，并且被用于控制那些剖切面与范围框相交的视图中的基准图元的可见性。

单击【视图】选项卡下【创建】面板中的【范围框】即可启动范围框工具，该工具有以下两种使用方法：

1）如图 2-46 所示，范围框可以在平面视图中进行界定，并通过调整边界应用于立面图。在图 2-47 中通过半色调展示了在创建 Level 3、Level 4 和 Level 5 时，受到轴网中的三维范围影响，楼层平面的轴网线在默认情况下是怎样显示的。

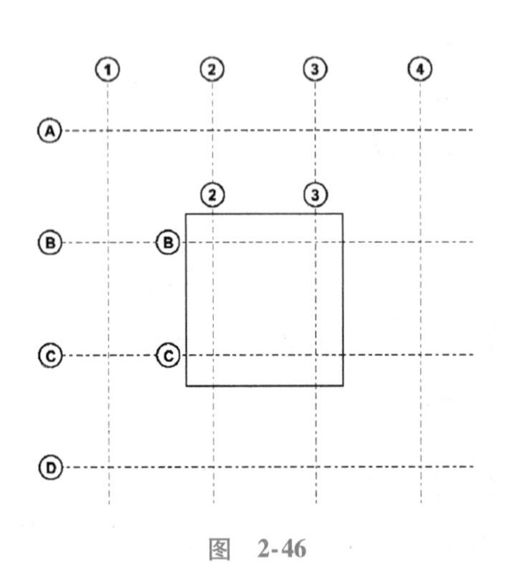

图 2-46

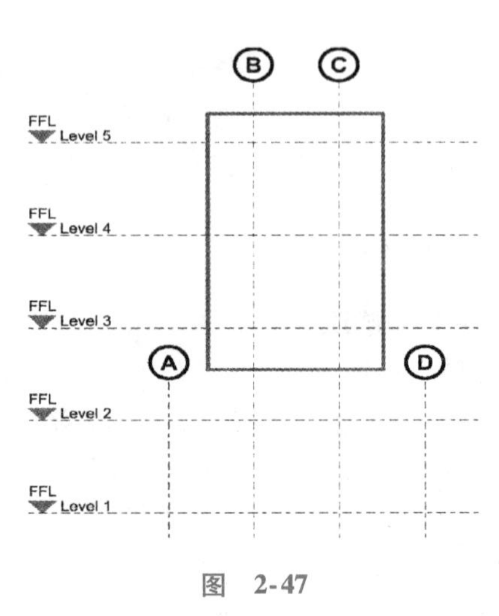

图 2-47

如图 2-48 所示，通过二维方式（该方式只会影响与之相关的视图）自动在经过界定的范围框中修剪轴网线，可以用来快速准备视图。

2）范围框工具的另一种用法是将基准图元（标高、轴网、参照平面）分配到相应的范围框中。通过该方法，基准图元将进行调整，并受到相应的视图限制。所有的范围框都在平面中创建，同时，其垂直高度既可被界定为当前工作面的高度，也可在范围框内被设定为可视情况下所进行的操作和定义。如图 2-49 所示，范围框被选定为视图属性，从而去除了分配到其他范围框中的轴网。

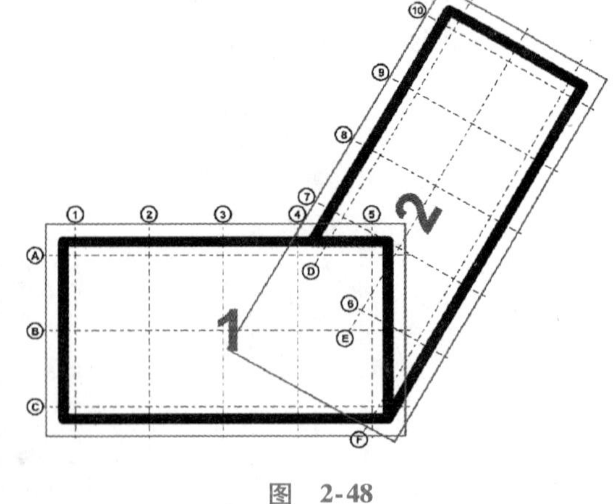

图 2-48

任何没有分配到范围框中的基准图元都将按照预期呈现，并在没有其他定义的情况下，出现在所有的视图中。

5. 剖面图和立面图

单击【视图】选项卡下【创建】面板中的【剖面】即可绘制剖面，剖面的类型有以下两种。

1）建筑剖面视图：穿过部分建筑或整体建筑的垂直切面，适用于绝大多数情况，创建的视图显示在【项目浏览器】的【剖面】中，如图 2-50 所示。

2）详图剖面视图：可以从剖面视图创建详图索引，然后使用几何图形模型作为基础，添加详图构件。创建的视图显示在【项目浏览器】的【详图视图】中，如图 2-51 所示。

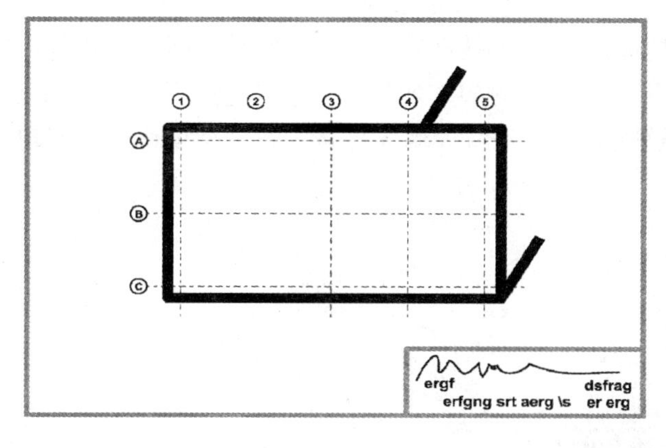

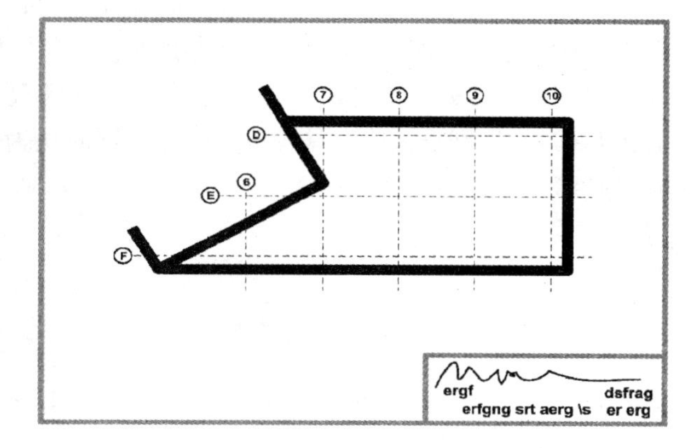

图　2-49

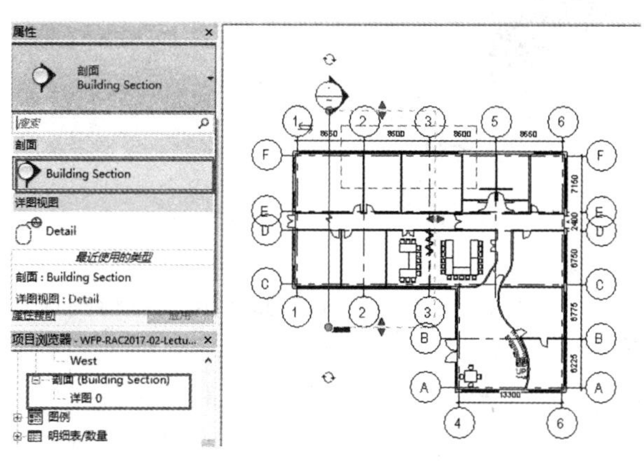

图　2-50

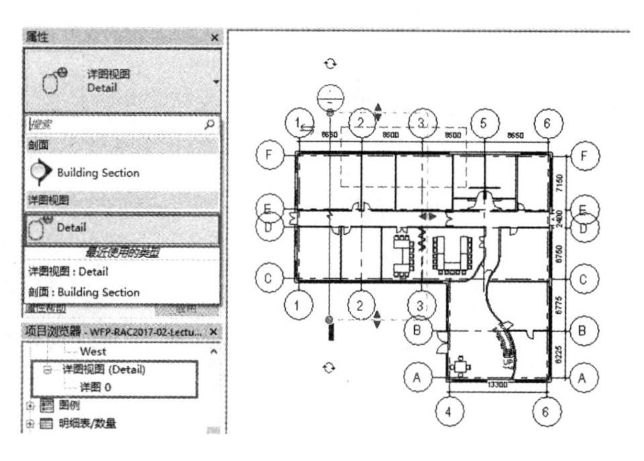

图　2-51

简而言之，剖面图有以下原则，其中的大多数原则也同样适用于立面图。

1）剖面图将自动、快速地呈平行显示，或与墙体和轴网一类的图元垂直对齐。

2）多条剖面线可用于同一视图中，最终形成剖面图或草图。复制剖面视图操作将使与其相关的剖面线也同时被复制。

3）剖面线提供了剖面标头和末端选项，这些选项允许用户切换剖面形式。

4）可以界定剖面属性，因此剖面线将在视图范围比给定值更粗略的情况下界定剖面属性。

其他与剖面线相对应的控制见表2-2。

表2-2　其他与剖面线相对应的控制

控制名称	作　用
翻转剖面	翻转剖面的可视方向
裁剪控制范围	可以控制边界（边界范围内包括了剖面视图中的图元）
断行 （图2-52 剖面A）	在不影响视图的前提下，在剖面线上打开一个缺口，在缓解视图拥挤时很有用
拆分线段 （图2-52 剖面B）	如果不需要直线剖面，在剖面图或立面图中引入偏移或折线

剖面和立面都可经过裁剪以降低视图深度，同时，远裁剪平面将指示视图在模型中看起来有多远。需要注意的是：如图 2-53 所示，包含在由裁剪平面构成的立方体中的图元将被看作视图刷新，甚至在这些图元被更接近剪切平面的图元隐藏起来的情况下也一样。例如，如果该建筑中包含了家具设备，那么 Revit 将识别出这些家具设备的存在，同时认为这些家具设备将被墙体隐藏。在大型项目中，该功能将发挥重要作用。

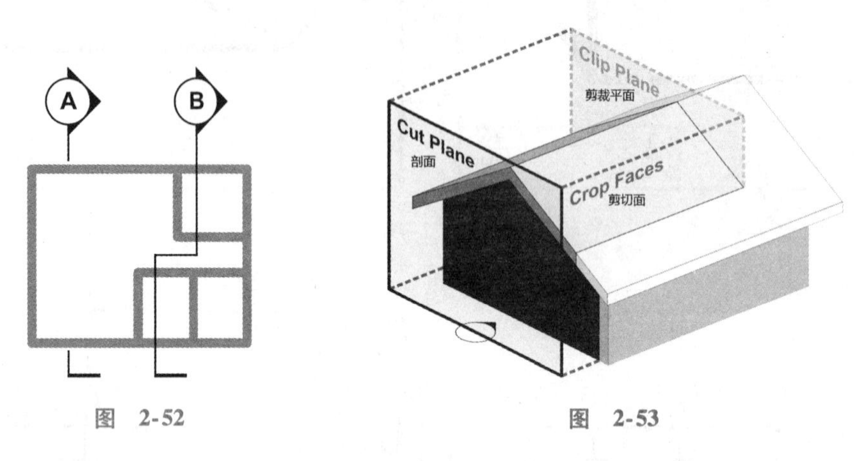

图 2-52　　　　图 2-53

6. 三维视图→相机

模型中的三维视图可分为透视三维视图与正交三维视图。

1）透视三维视图可以通过【三维视图】下拉菜单中的【相机】或【漫游】来创建，在绘图区域上方的选项栏中勾选【透视图】，透视图可以为相机提供近距离概念，越远的构件显示得越小，越近的构件显示得越大。透视三维视图并非工作视图，其视图内容和视角可以通过控制相机和目标位置以及视图深度或远裁剪平面进行界定。在默认情况下，修剪区应该被用来构成图形框架。此外，透视三维视图的相机和目标定位同样可以通过其他视图（如二维立面图）进行控制。具体操作是在【项目浏览器】中选中对应相机的三维视图，单击鼠标右键，执行【显示相机】命令，该操作将暂时显示表示当前视图中图元的符号（图 2-54），并允许更多控制处理操作。

图 2-54

2）正交三维视图（图 2-55）是场景的虚拟表现，用于显示三维视图中的建筑模型，在正交三维视图中，不管相机距离的远近如何，所有构件的大小均相同。正交三维视图也可以通过【三维视图】下拉菜单中的【相机】或【漫游】来创建，但要在绘图区域上方的选项栏中取消勾选【透视图】。一个默认的三维视图可以通过单击 View Cube 上的【主视图】工具（图 2-56）来打开和创建，如果默认的三维视图被重命名或删除，那么接下来【主视图】工具将会运行生成新的三维视图。在处理正交三维视图的时候，最有效的方法是同时按住 <Shift> 键和鼠标的滚轮以围绕该模型旋转相机。如果在操作期间已选中了某个构件，那么相机将围绕该构件旋转，而非围绕整个模型旋转。

上述透视图原则同样适用于【漫游】，该功能将提供额外的路径功能（图 2-57），沿着设定的路径移动相机可创建室内外漫游，查看动态展示设计的整体及局部细节。该路径可以在平面图中也可以在立面图中被调整。每个相机的目标都可以面向物体，并对其进行关注，同时，这些相机也制作了路径和动画的关键帧。用户在每个关键帧中进行操作，调整目标，检查相机设定（如恰当的裁剪平面和修剪）。在以视频格式播放或输出的时候，Revit 可顺利传输这些处于线框、隐藏线、阴影和渲染格式的关键帧。

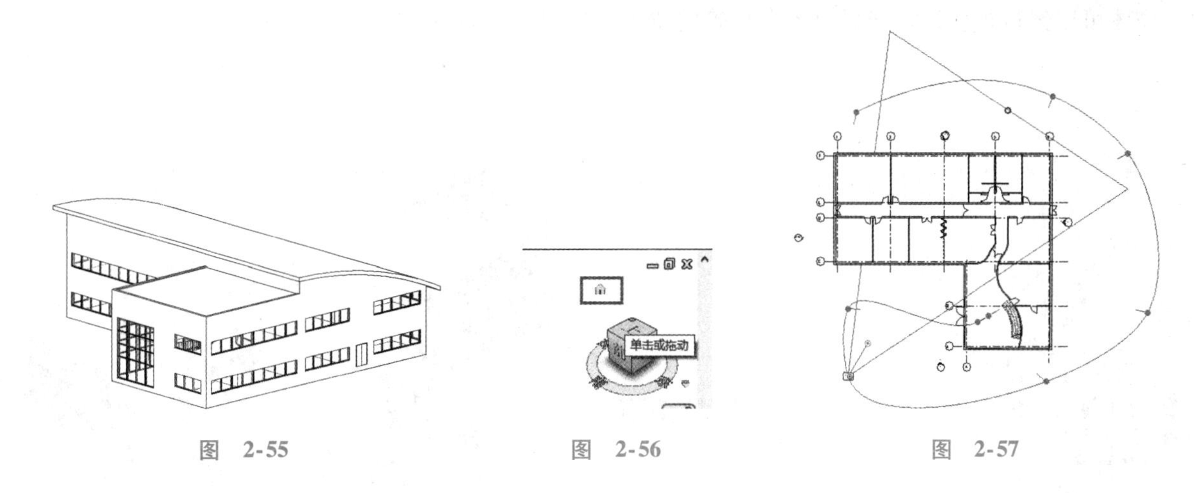

图　2-55　　图　2-56　　图　2-57

7. 剖面框

剖面框的操作与二维视图和三维视图中的修图区的操作相似，其也同样适用于二维视图和三维视图。在【属性】面板中勾选【剖面框】（图 2-58），将在视图中出现一个立方体，该立方体在第一次开启时就会覆盖模型的整个范围。同时，它也可以旋转，或通过单击剖面框中的蓝色控制点以拖进和拖出每个面来修剪三维模型物体，如图 2-59 所示。

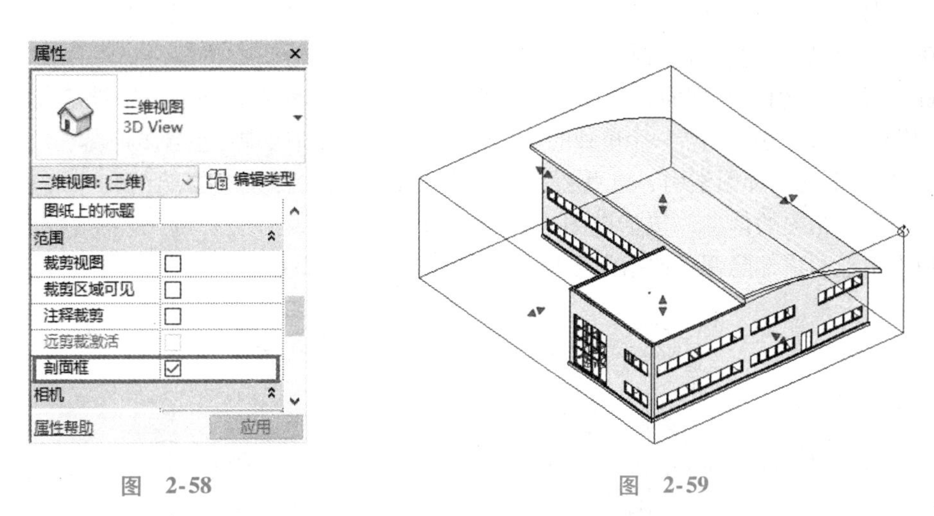

图　2-58　　图　2-59

控制栏快捷菜单中包含了相关选项，使三维视图可以适应项目内的其他视图，如楼层平面或立面。这个功能在很多方案中都很有用，举例如下：

1）二维视图中的玻璃不是透明的，但在三维视图中却是透明的。如果用户希望生成一个有透明玻璃的立面图，就可以选择隐藏玻璃，或使三维视图适用于所要求的立面。这将允许存在部分透明，但

是视图底侧却将损失诸如轴网和标高一类的图元。通过锁定三维视图，再添加划线、标签、维度和文本等，其他形式的注释也可以添加在该方案中。

2）生成一个关于具体施工细节的三维视图的快捷方法是使三维视图适用于立面图或插图编号。剖面框自动与二维视图中的修剪区和裁剪平面的范围对齐。

全导航控制盘（图 2-60）在透视三维视图中对透视进行处理时非常有用。一般而言，在正交三维视图中使用 <Shift> 键和鼠标的滚轮组合工作起来更有效。

8. 位移视图

三维透视图中的一个独特功能是通过【置换图元】工具在图元的正确方位中移动相关图元，以创建分解视图（又称爆炸图）。这项功能可用于移动突出的图元或聚集任何方向的图元，从而创建一个诸如塑料飞机或汽车模型的视图。位移路径可从需要移动的图元的角落开始，以显示物体来自哪里，因此，物体可以经过重新设定最后放置在正确的位置，如图 2-61 所示。

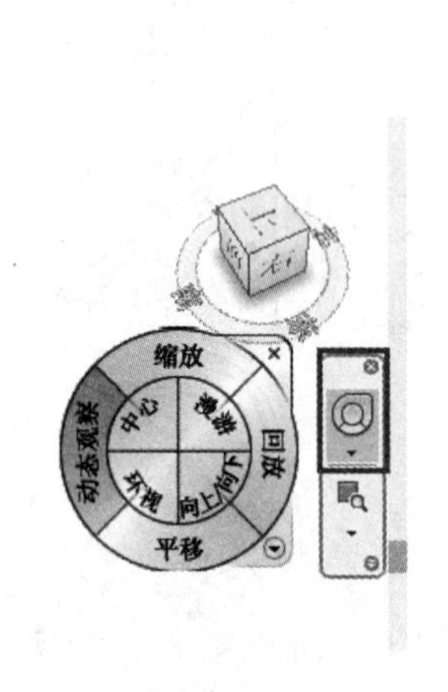

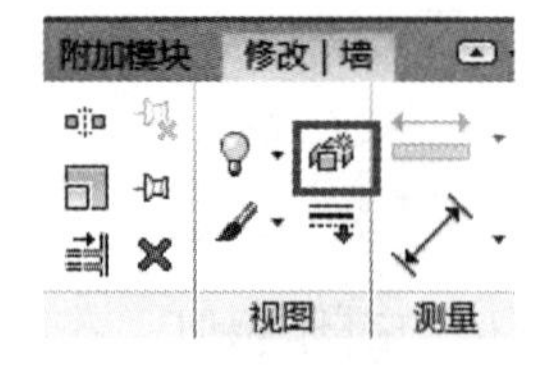

图 2-60

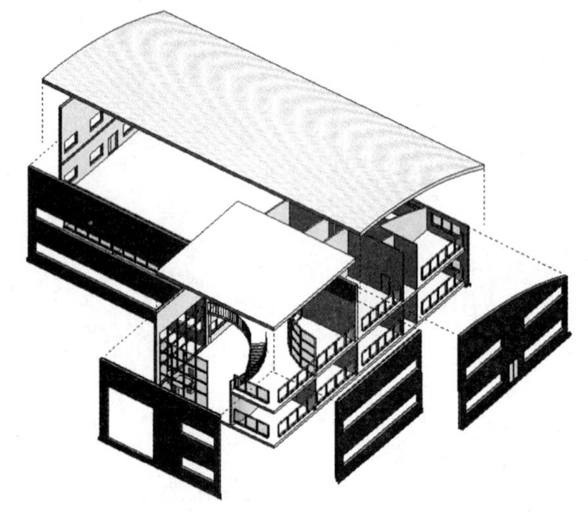

图 2-61

9. 详图索引视图

详图索引一般从剖面视图或平面视图中创建，用户能够将一些特定的建筑细节放大进行查看。创建以后可以在【项目浏览器】中以两种方式存档：

1）父视图：详图索引会与剖面、平面或立面视图一起出现，前者是在后者中被定义的。

2）详图视图：详图索引存档于一个单独的详图视图文件夹，文件夹中可包含多种视图类型的详图索引。

图 2-62 中矩形框表示详图索引，这些虚线与视图的剪裁区域有关（虽然没有圆角）。详图索引顶部显示与发布版图纸相关的信息，包括详图索引和自动链接到该编号的超链接。可以定义详图索引的属性，使详图索引框和顶部隐藏于比指定数值更大的范围，如图 2-63 所示。

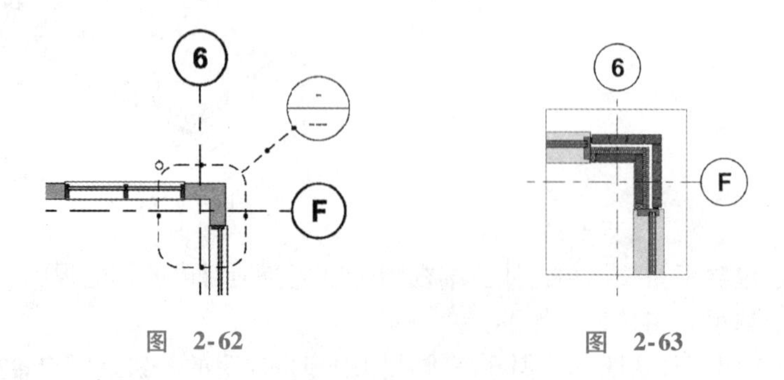

图 2-62　　图 2-63

另一个从同一个视图中创建和管理多个详图索引的方法是在【项目浏览器】中选中视图后右击，

在弹出的对话框中选中【复制视图】→【复制作为相关】，如图 2-64 所示。

10. 绘图视图

在创建详图索引、剖面图和立面图时，默认的工作流程是创建出一个新视图，其中包含与该三维模型信息相对应的二维视图。在所有的情况下都可选择参考【绘图 视图】（图 2-65），其是插入文件中的一张空白视图。可在【绘图 视图】中添加详图构件和边框，但这并不影响项目内的其他信息。

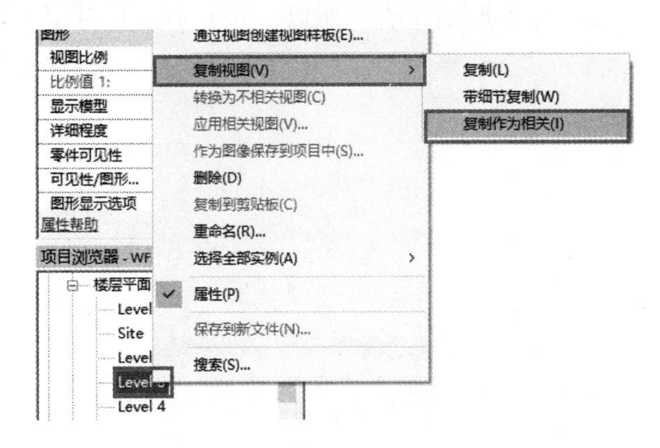

图　2-64

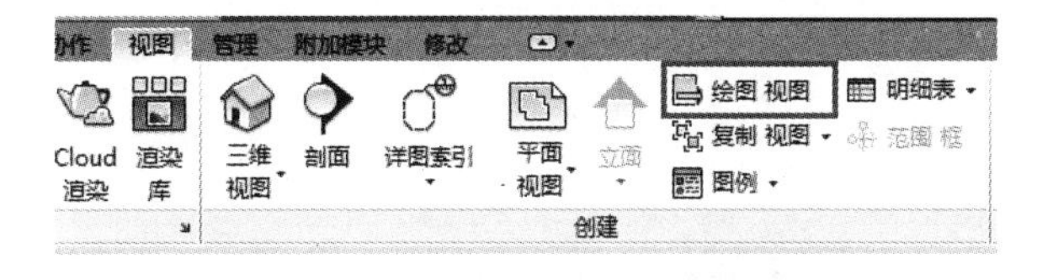

图　2-65

11. 起始视图

如图 2-66 所示，起始视图显示了文档的概要信息，在涉及多用户的大型项目中是一个很好的应用。创建起始视图有几个原因，其中一个原因是 Revit 允许指定一个项目的起始视图，而且选择图中的启动画面能加快打开一个大型项目的速度。在浏览项目时，起始视图也能缩小。

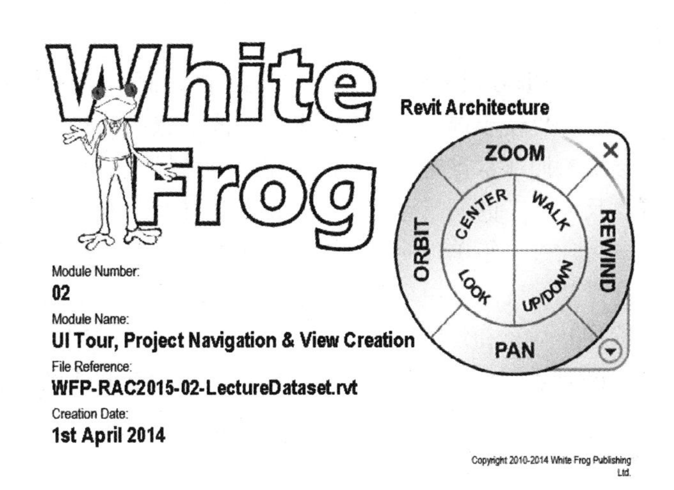

图　2-66

12. 尺寸标注

在定义构件的时候，可以借助【注释】选项卡中的一些尺寸标注工具（见表 2-3）调整放置位置和大小，并提供关于模型的反馈。

表 2-3　尺寸标注工具

工　具	介　绍
对齐尺寸标注	其是建筑中的主要图元（包括墙、地板、屋顶和天花板），它们承载着可载入族并形成了封闭空间的边界，同时也承载依据用户定义规则而生成的构件（如栏杆、重复细节、梁结构）。系统族集合了多种构件和设置，并应用逻辑操作创建适用于背景的对象
角度尺寸标注	对象会自动辨认与之平行或垂直的图元，并与可视距离内的其他对象对齐。如果附近没有与之平行或垂直的图元，该对象就会把倾斜角度增加 5°，而距离的增加则取决于缩放比例。所有的这些设置都可以在【捕捉设置】中进行修改
临时尺寸标注	在选中对象进行编辑时，会出现临时尺寸，取消选中对象后，临时尺寸就会消失。改变临时尺寸的数值，对应的对象将发生相应的移动。若想移动某一对象，必须将其选中。除非指定了某一受影响的对象，否则不能选择其临时尺寸的数据进行修改。临时尺寸会按照等级顺序参考最近范围内的平行对象，但可以通过拖曳控制节点去设定距离，以改变参照信息，这些信息会被 Revit 记录下来，下一次选中同一对象时会应用。可单击用于切换的符号，把临时尺寸变为永久尺寸，使尺寸标注出现在纸上
线性尺寸标注	这个实用的工具能让用户快速测量两点之间的距离，不管两点之间对象的类型和方向如何。测量得出的结果会在模型中显示，用户可以选择测量一连串点之间的距离，最终得出距离总长

临时尺寸标注虽然在模型的放置和询问中很有用，但并不会发布在图纸上，因此在发布图纸中做注释并无多大作用。所以需要进行永久尺寸标注，其即使在相应的对象不再高亮显示时也会出现，在导出或打印的视图中都可以显示，便于与外部参与方交流。

永久尺寸标注既可由临时尺寸标注直接转换（图 2-67），也可通过尺寸工具进行手动设置。【尺寸标注】中的【对齐】（图 2-68）是最常用的工具，用于测量两个平行面的距离或者一个面与另一图元的所在点或某个角的距离，测量时产生的标注线与最先选取的参照面垂直。所以，同一个工具可用于创建垂直、水平或任意角度的面。

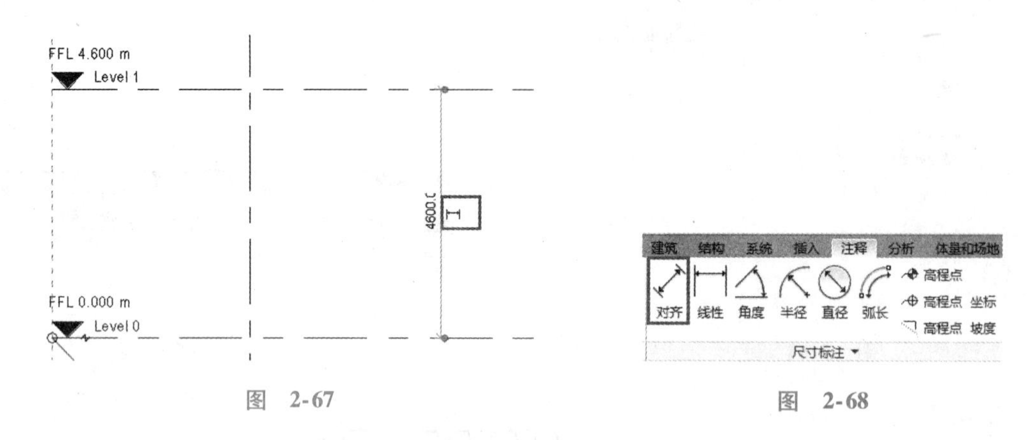

图 2-67　　　图 2-68

由于 Revit 在尺寸标注的时候看的是面，而不是具体的点，所以避开角落点密集处或交点处，选择别的位置，更便于选中正确的参照面，降低选错的几率。

拾取参照非常重要，这将决定最终尺寸标注的旋转情况。如图 2-69 所示，按 1 ~ 5 的顺序单击，将选择该尺寸参考的面或点，最后一次单击（图 2-69 中的 6）将完成尺寸标注的放置。这个尺寸标注的创建既可通过一组单独的尺寸实现，也可作为一个连续的字符串实现。

在默认情况下，用户需要逐一选取参照，但【对齐尺寸工具】提供了另外一种选择。选择【对齐尺寸标注】后，在绘图区域上方的选项栏中将【拾取】设置为【整个墙】，单击后面的【选项】按钮，在弹出的对话框中对所需参照进行勾选，然后单击【确定】按钮，如图 2-70 所示。这样可以通过单击就标出整个墙体的尺寸，且包含洞口及相交墙和相交轴网，如图 2-71 所示。

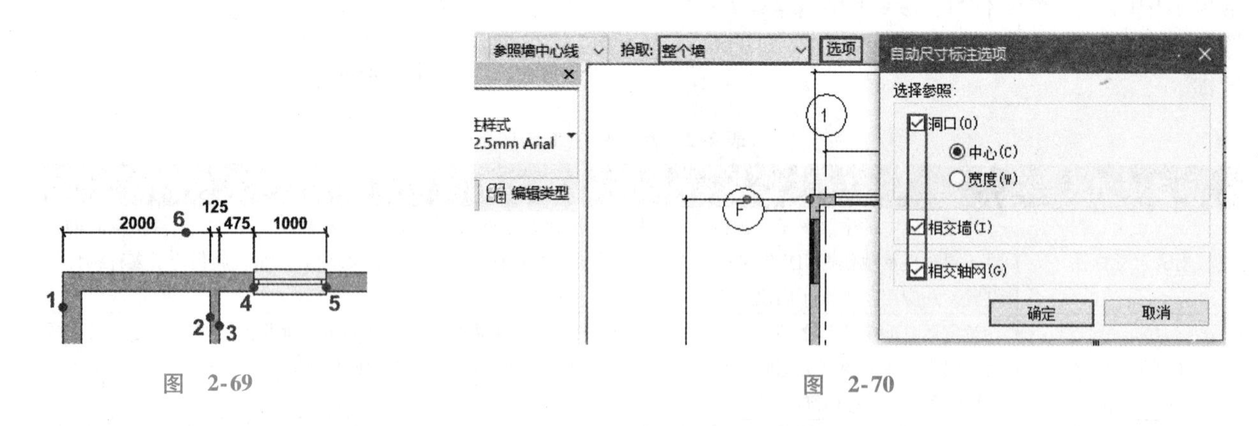

图 2-69　　　图 2-70

除了体现模型中的信息这一明显特性外，尺寸还可用于形成规则，以协助图元进行放置并维持整个项目内图元之间的相对位置。和临时尺寸标注类似，永久尺寸标注会控制与之相关的几何图元，在结构没有调整的情况下，尺寸不能被修改。当改变一个尺寸的数值时，相应的图元会移动，这会间接影响其他图元，或受到用户所定义的多类型规则的限制。永久尺寸标注可采取以下方法。

1）尺寸值锁定：在高亮显示时，尺寸中的每一个数值旁边都会有一个挂锁的符号（图 2-72），单击该符号当前的数值就会被锁定，如果两个图元在尺寸标注上同时被锁定，那么它们之间的距离将保持恒定，但可以像一个整体一样移动。

2）尺寸相等：该工具只有在包含三个或三个以上参照的尺寸标注字符已被选中的情况下才会出现，通过单击【EQ】，使尺寸值保持均等，这样一来相应的图元也会移动，如图2-73所示。如果该尺寸的一个或多个数值已经被锁定，或者等分工具想要调整受其他参数工具控制的图元宽度时（如墙厚度或窗宽度），等分工具就不能起作用，这时上述的尺寸字符就不能实现等分。

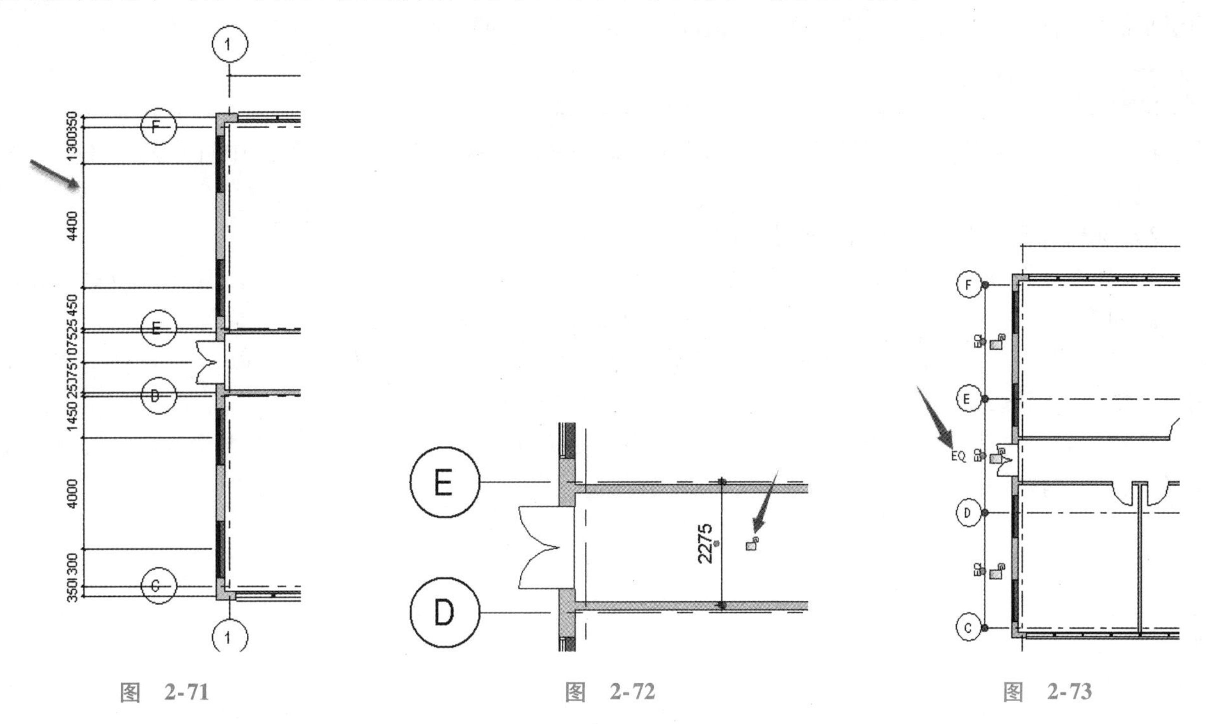

图　2-71　　　　图　2-72　　　　图　2-73

调整尺寸数值时，首先必须选中想要调整的图元。如果直接选择尺寸数值，就会使文字发生移动，或者发起一个为数值添加【前缀】或【后缀】的对话框（图2-74）。用户甚至可以把数字替换为一个或多个词，如“可变”或“待现场确认”等，但却不能替换为其他数值。图2-75中的例子可演示这一原则：假设我们要扩大两个球之间的距离，那么左边的球需向左移动，或者右边的球向右移动，再或者两个球同时移动。Revit不能猜出我们想通过哪种方式操作，所以我们必须选中想要移动的对象，用这种方式告诉它。此处我们选中右边的球，尺寸值就会变蓝，表明可以进行改动。然后可以选择尺寸值，对数字进行修改，最终结果变为【3000】，右边的球会进行相应的移动，最终达到想要的效果。

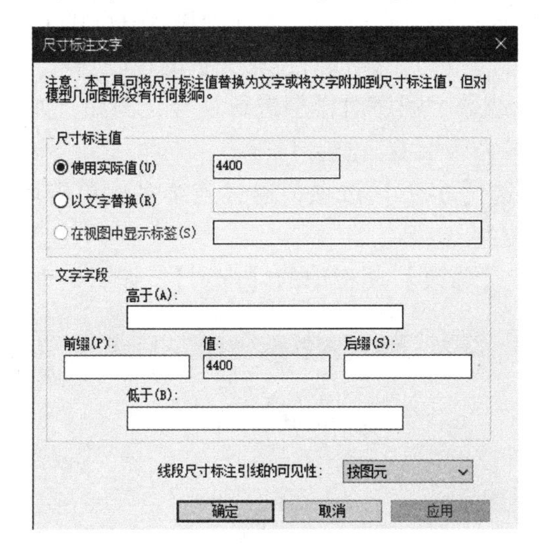

图　2-74

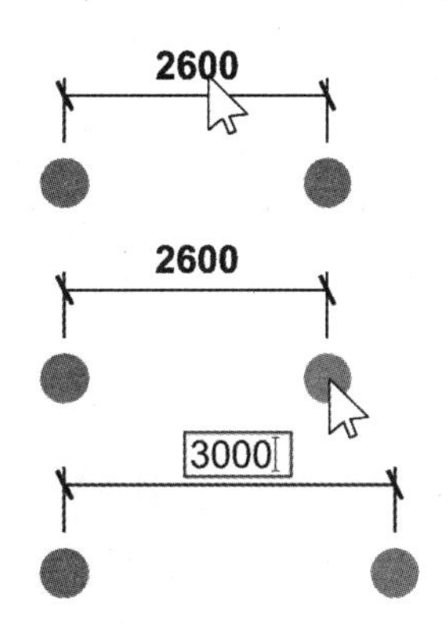

图　2-75

2.4 单元练习

本节练习中，将学习如何对轴网和标高进行布局，并运用于模型对象中。在这个过程中，将学习楼层平面的创建、尺寸标注、参数规则、范围框，以及复制和阵列。

2.4.1 标高设置

1）打开项目起始文件 WFP-RAC2015-02-UITourA. rvt，并在【项目浏览器】中打开其中任意一个立面视图。

2）选择【建筑】选项卡【基准】面板中的【标高】。

3）如图 2-76 所示，在对齐现有标高的左边端点处时，会出现一个临时尺寸，输入【4000】确定新标高的起点；向右移动光标，再次在对齐现有标高的终点处单击确定终点，完成标高创建，连续按两次 <Esc>键，退出编辑状态。在默认情况下，使用标高工具创建一个标高时，Revit 会自动生成一个相应的楼层平面图或天花板平面图。

注意：如果再次单击时的位置与现有标高的右边尽头处同轴（图 2-77），那么两个标高之间就相互关联了，若调整其中一个的长度，另一个也会受影响。

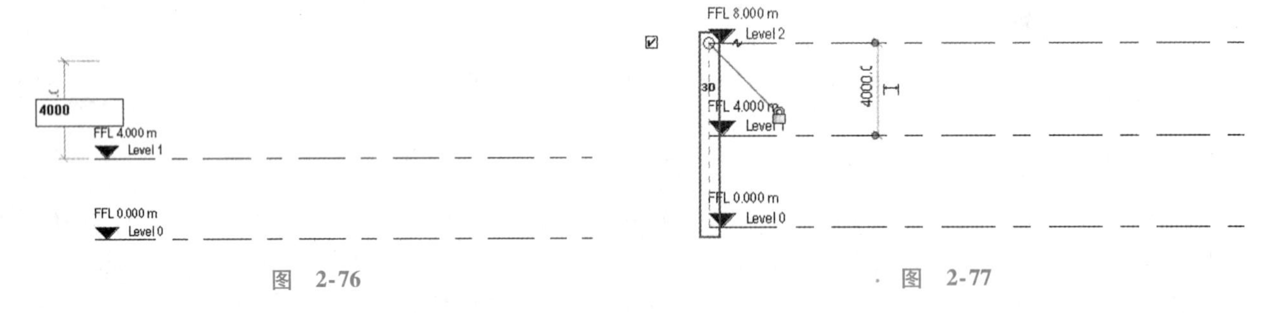

图 2-76　　图 2-77

接下来通过复制现有标高的方式创建一个新标高。不管标高最初是如何创建的，都不会影响该标高的操作行为。

4）选中最新创建的标高【Level 2】，并从【修改 | 标高】上下文选项卡【修改】面板中选择【复制】。

5）在屏幕的任意一处单击，然后把光标垂直向上移动，在临时尺寸中输入【4000】设定新标高的层高。用户可以在选项栏中勾选【约束】选项（图 2-78），确保对位移矢量的控制。

注意：可以看到 Revit 会自动按照简单的字母或数字顺序对楼层进行编号，例如，如果第一层楼层命名为楼层 A，那么后面的楼层就会自动依次命名为楼层 B、楼层 C 等。

对于具有很多楼层的建筑而言，我们可以勾选【多个】选项，通过连续多次单击增加更多楼层。更简单快捷的方法是阵列一层或多层标高并加以复制。

6）选中新复制创建的标高【Level 3】并选择【修改】面板中的【阵列】，如图 2-79 所示。

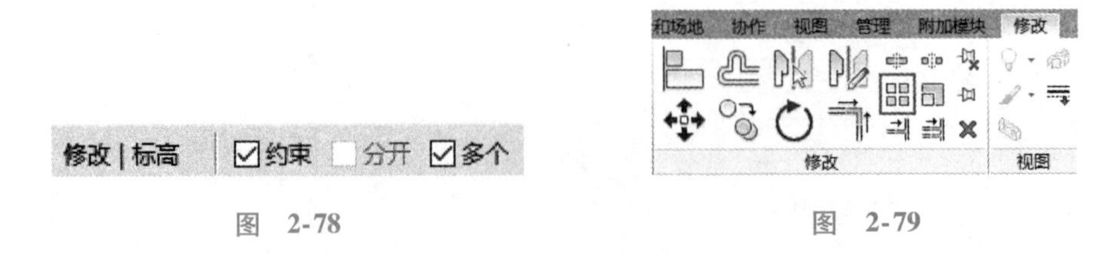

图 2-78　　图 2-79

【阵列】工具的选项栏如图 2-80 所示。前两个图标表示允许在线性排列（呈直线）和径向排列

（呈圆环或弧线）之间切换。在标高排列方面，只能用线性排列，但轴网可用径向排列。如果用户想在排列好图元后改变它们的项目数，可勾选【成组并关联】选项（这里并不需要）。最后，可以通过勾选【移动到：第二个】选项来规定第一和第二个对象之间的距离，然后再把这一距离也应用到其余的对象之间；或者我们可以通过勾选【移动到：最后一个】选项来规定总距离，然后各对象之间的距离会平均分配，如图 2-81 所示。

图　2-80　　　　图　2-81

7）取消勾选【成组并关联】选项，在【项目数】后的文本框中输入【4】，在【移动到】选项处选择【第二个】，并确保【约束】选项已勾选。

8）单击绘图区域中的任意一处，将光标垂直上移一段距离，然后输入【4000】，规定为每个标高之间的距离，再按回车键。

注意：如图 2-82 所示，现在已创建了【Level 0】至【Level 6】，其中几层会显示蓝色三角符号，余下的会显示黑色三角符号。

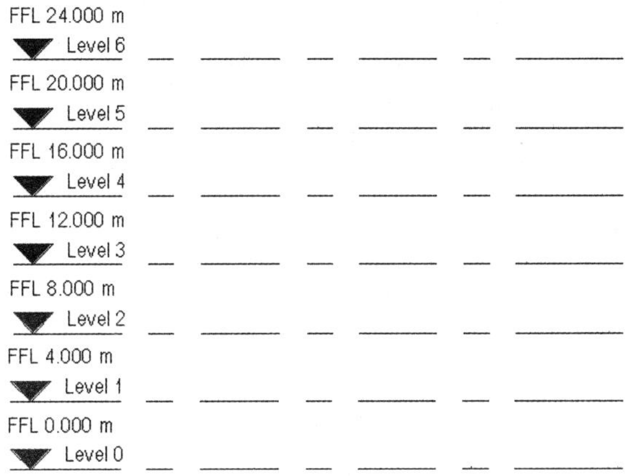

图　2-82

9）用【复制】或【标高】工具在标高【Level 0】下方添加一层标高。按住 <Ctrl> 键，单击标高【Level 3】~【Level 6】，首先选择【修改 | 模型组】上下文选项卡【成组】面板中的【解组】，将阵列生成的标高组解组，然后选中标高【Level 6】，再单击对应的标注文字，将其重命名为【Roof】（屋面层），如图 2-83 所示。

10）重复上述步骤，将最低的标高【Level 7】重命名为【Foundations】（基础层），如图 2-84 所示。

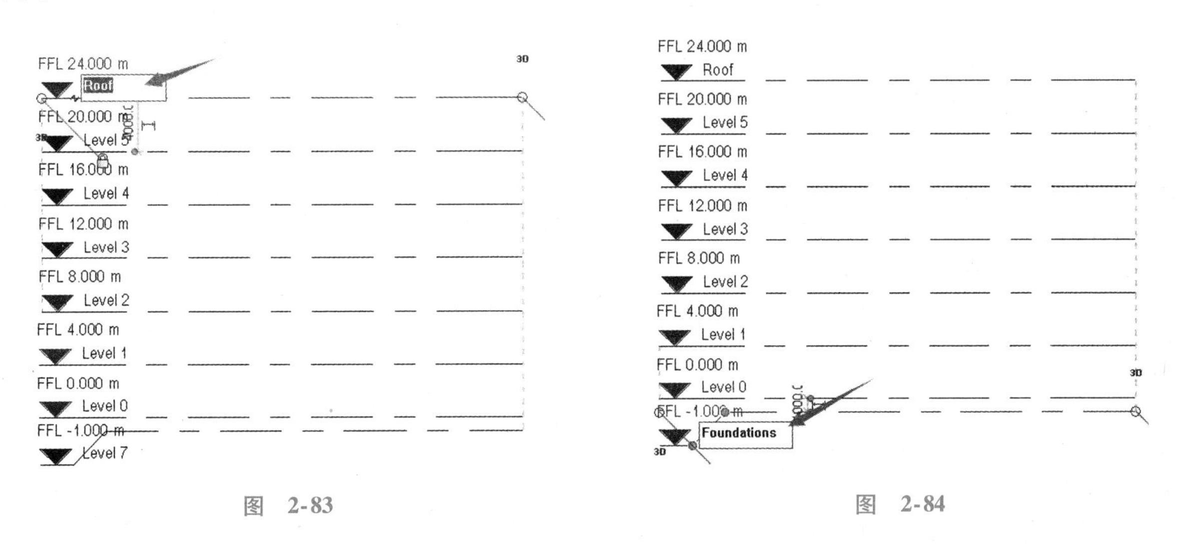

图　2-83　　　　图　2-84

注意：在默认情况下，使用【标高】工具创建标高时会自动创建该层平面视图，而通过【复制】和【阵列】创建的标高，并没有自动生成楼层平面视图，所以自动生成平面视图的标高标注会呈现蓝色，未自动生成平面视图的标高标注会呈黑色。楼层平面视图需要手动通过选择【视图】选项卡【创建】面板【平面视图】工具创建。

11）在【视图】选项卡【创建】面板【平面视图】下拉菜单中选择【楼层平面】。在弹出的对话框中将仅列出没有生成相应平面视图的标高。如果用户想为不在列表中的标高创建视图，只要取消勾选列表下的【不复制现有视图】即可，如图2-85所示。

12）在列表中选中【Foundations】，按住 <Shift> 键，同时单击列表中最下面的标高【Roof】（屋面层），选中所有四层标高，这将创建所需的平面视图。查看立面图，我们可以看到所有的标高标注都变为蓝色三角符号，如图2-86所示。

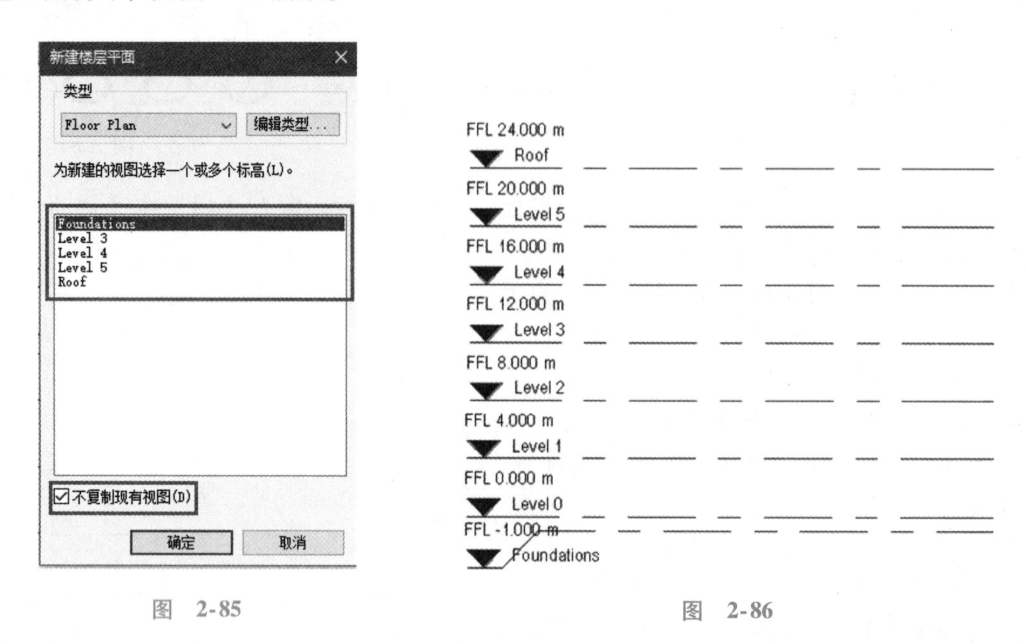

图 2-85

图 2-86

13）打开立面视图并保持其为当前视图。在快速访问工具栏中选择【关闭隐藏窗口】（图2-87）。这样就把多余的视图先关闭了，只打开当前的立面视图。

图 2-87

14）保持标高【Level 0】在0.000m，选中【Foundations】（基础层）标高，将标高值改为-1.200m。选中标高【Level 1】，将尺寸数值改为4600。

2.4.2 轴网设置

下面将学习如何在平面视图中创建轴网。

1）在【项目浏览器】中打开【楼层平面：Level 0】平面视图。

2）在【建筑】选项卡【基准】面板中选择【轴网】，在绘图区域左边从下而上绘制【轴线1】。

3）复制【轴线1】，应用至右边，借助【阵列】工具以确保6条轴线之间的间距为【6000】，如图2-88所示。

4）再次使用【轴网】，在上述竖向轴线的下面从右至左绘制横向的轴线，重命名为【轴线A】。

5）单击【修改】或者连续按两次 <Esc> 键退出轴网编辑。

6）通过手动绘制或者用【复制】或【阵列】创建【轴线B】~【轴线G】，间距设为5500，生成的轴网如图2-89所示。

该练习中的建筑底座很大，上部的塔身相对小一些，所以这些轴网并非适用于所有的标高。现在我们将学习调整轴网的可见性。

7）在【项目浏览器】中打开【立面：South】视图，并选中【轴线1】。如果直接往下拖曳

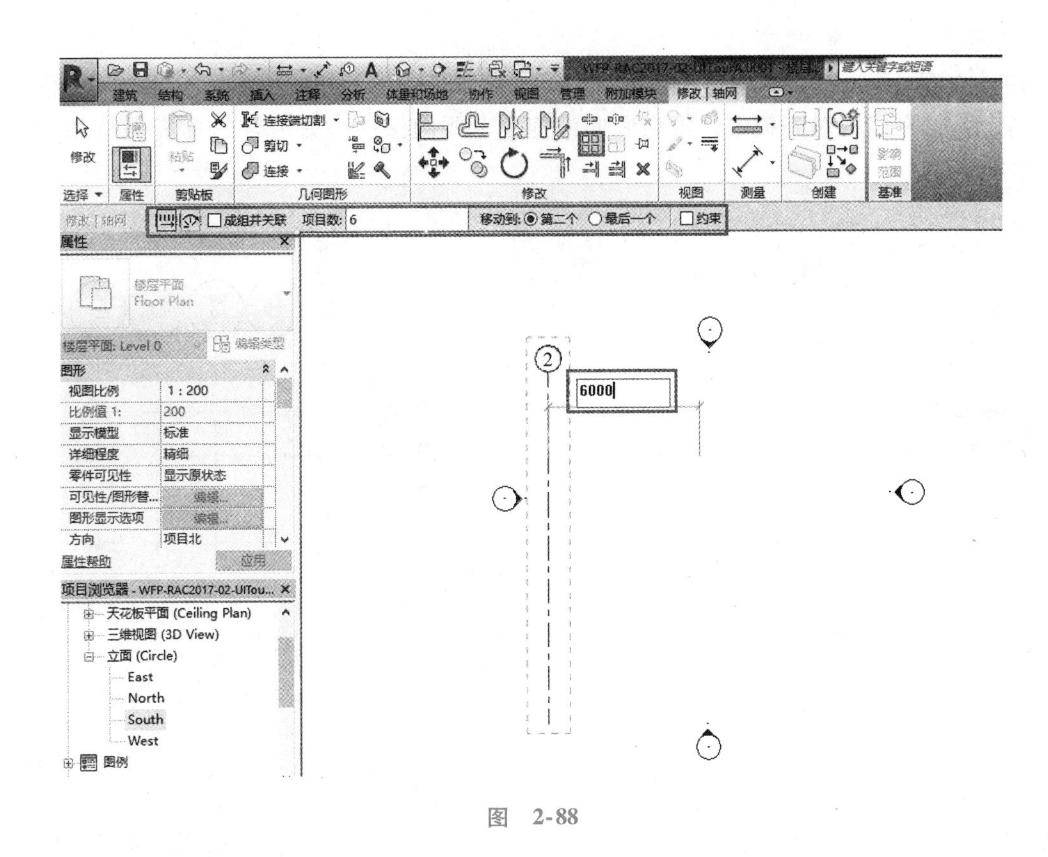

图　2-88

【轴线 1】标头，那么 6 个轴网将全部同时移动，如图 2-90 所示，因为在默认情况下或者轴网对齐时，轴线的顶部和底部是锁定在一起的。如果只希望调整其中一个轴线的长度，就必须先解除该轴线的对齐约束锁定再向下拖曳。

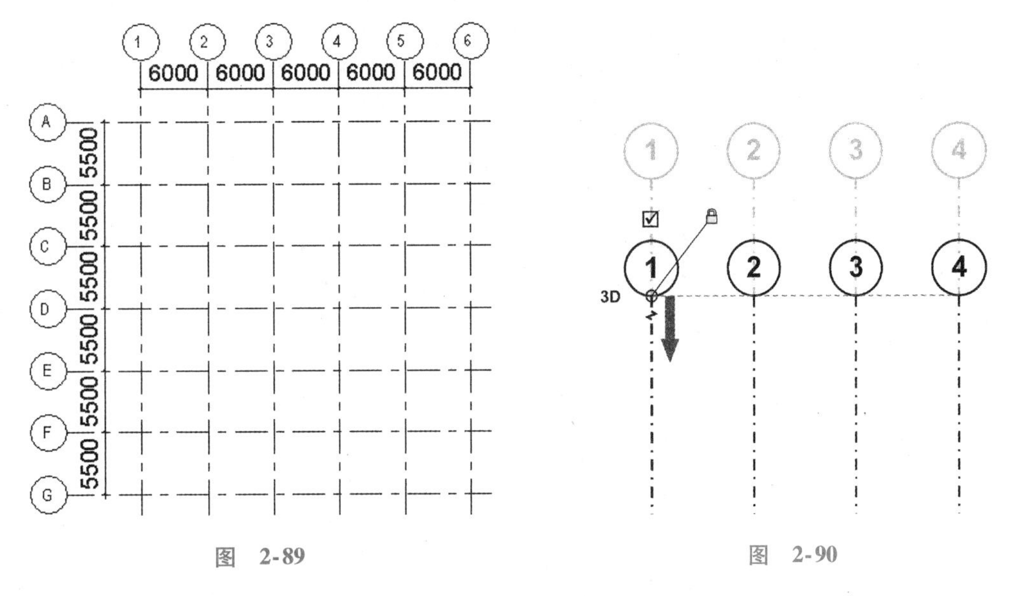

图　2-89　　　　图　2-90

8）解除轴号标记旁边挂锁的锁定，选中轴号标记与轴线相交处的小圆圈，将其向下拖曳。对【轴线 6】采取上述相同操作，使其轴线标头与【轴线 1】的轴线标头对齐。

注意：当移动的轴线与另一轴线标头在同一直线上时，会出现一条蓝色的对齐虚线。一旦两个轴线对齐会自动重新锁定对齐约束，并且直到再次解除对齐约束和分别移动以前，两者会共同移动。

9）选中【轴线 1】或【轴线 6】，将标头向下拖曳至标高【Level 2】与【Level 3】之间，依次选择上面四层标高，解除它们的对齐锁定，将它们向内拖曳，要确保这一新组合的标高保持相互对齐，如图 2-91 所示。

10）在【立面：West】视图中对【轴线 A】、【轴线 F】和【轴线 G】重复上述操作，依次选择上面四层标高，解除它们的对齐锁定，将它们向内拖曳，要确保这一新组合的标高保持相互对齐，如图 2-92所示。

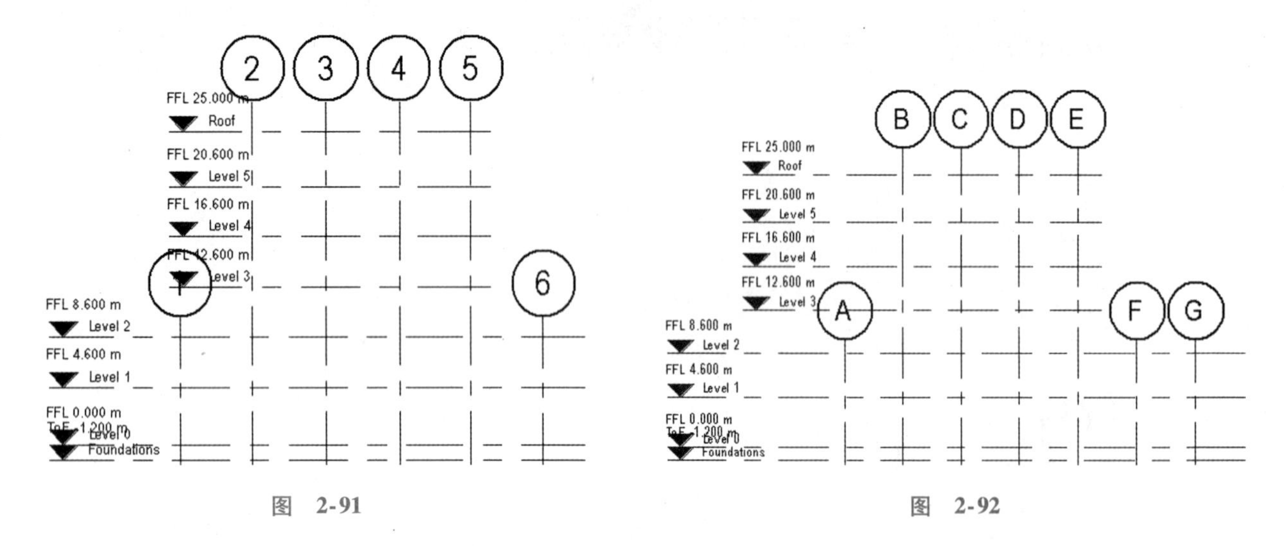

图 2-91　　　　图 2-92

通过上述操作，现在可以在恰当的视图中看到合适的标高和轴网了，但上层标高中的轴网都太长了，要进行缩短有几个办法，但必须小心地操作，确保这些轴网在需要延伸至整座建筑的低层标高处不会被缩短。这就意味着需要一个针对特定视图的解决方法，但如果有很多视图，而又不想对每个视图的轴网全都进行手动操作，这时就需要用到【视图】选项卡【创建】面板中的【范围　框】工具了（图 2-93）。我们将在平面视图中定义范围框的属性和范围。

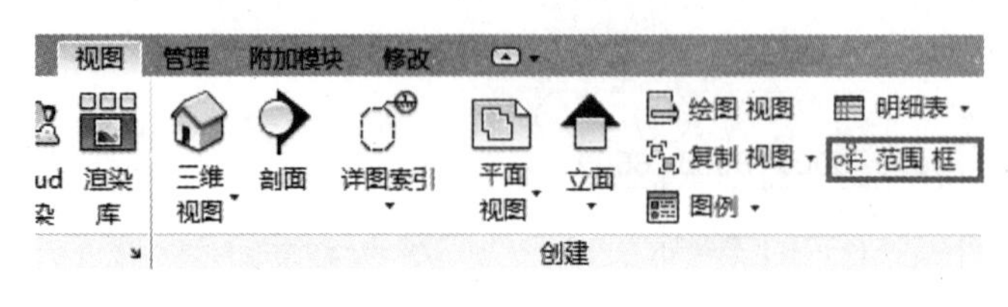

图 2-93

11）在【项目浏览器】中打开【楼层平面：Level 3】视图。在【视图】选项卡【创建】面板中选择【范围　框】。如图 2-94 所示，在选项栏中将【高度】设为【1400】，将其命名为【Tower Scope Box】。在轴网的交点 B2 ~ E5 周围画一个矩形框，如图 2-95 所示。

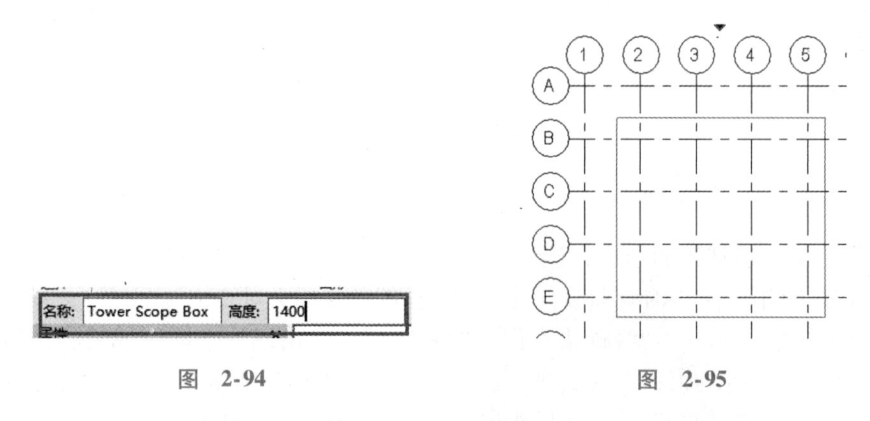

图 2-94　　　　图 2-95

12）单击【修改】或者连续按两次 <Esc> 键退出编辑模式。

13）单击绘图区域空白处启动楼层平面属性面板，在【属性】面板【范围】板块中找到【范围框】，并从其下拉菜单中选择【Tower Scope Box（塔范围框）】，如图2-96所示。

图　2-96

14）重复上述步骤，将范围框应用至标高【Level 4】【Level 5】和【Roof】。

通过这些操作步骤，已经依照概念恰当地设置好了带有标高和轴网的视图和可见性。当然，在实际项目中布局的要求不一定在一开始就能清晰地确定，其可以随着设计方案的不断深入及时调整。

单元 3

图元的选取与处理

单元概述

本单元介绍 Revit 图元的概念及对图元进行选取和编辑的方法。具有 AutoCAD 软件学习背景的读者，起初会发现 Revit 的工作流程与其他软件有所不同，而本单元将指导读者找出主要区别，同时归纳出 Revit 与 CAD 工具的相似之处。

单元目标

1. 了解图元的概念并掌握各种图元的选取方法。
2. 了解基本的编辑工具并掌握图元编辑、设置的方法。
3. 了解 Revit 中参数的概念，以及对族有初步的了解。

3.1 图元概念

图元，即图形元素，是可以编辑的最小图形单位。图元是图形软件用于操作和组织画面的最基本的元素。Revit 中主要有三种类型图元：模型图元、基准图元和视图专有图元。

1）模型图元：表示建筑的实际三维几何图形，可细分为主体图元与模型构件。

① 主体图元：通常在项目现场构建的建筑主体图元，如墙、屋顶等。

② 模型构件：建筑主体之外的其他所有类型的图元，如门、窗等。

2）基准图元：可以帮助定义项目定位的图元，如轴网、标高、参照平面等。

3）视图专有图元：帮助对视图中的模型进行描述和归档，可细分为注释图元与详图。

① 注释图元：指对模型进行标记、注释并在图纸上保持比例的二维构件，如尺寸标注和注释记号等。

② 详图：指在特定视图中提供有关建筑模型详细信息的二维设计信息图元，如详图线、填充区域和二维详图构件等。

3.2 图元的选取

3.2.1 单击选取法

先从基本的选取方法入手，移动光标到图元上方时，图元被选中且变为蓝色，如图 3-1 所示。光标旁会自动出现提示框以显示图元信息。屏幕左下角的状态栏中也会显示相同信息。该信息与图元颜色加亮结合出现，以确定所选图元无误。

单击选中所需图元，图元将变成半透明的蓝色，随即启动其【属性】面板，如图 3-2 所示，该面板包含多种修改所选图元的工具，在多数情况下，图元周围还将出现一些蓝色的控制选项，如尺寸大小和双向控制箭头，如图 3-1 所示。

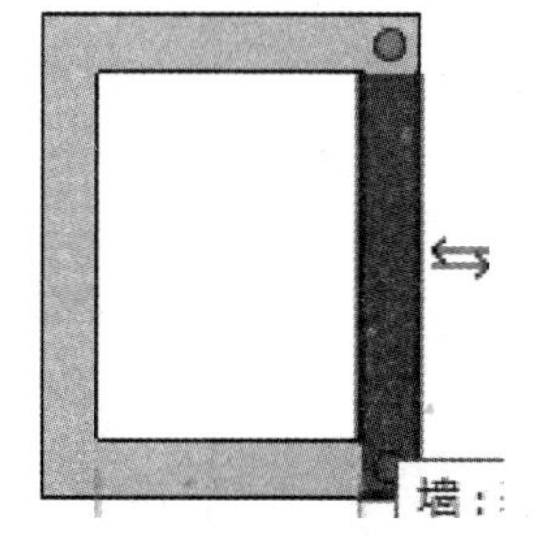

图　3-1

3.2.2 多图元选取法

在正常环境下，选中一个图元后再选择第二个图元时，对第一个图元的控制将会取消，若想同时选中多个图元，这里也会介绍几种方法，按上述单击选取法选中图元后，再按住 <Ctrl> 键，同时选取

多个图元，如图 3-3 所示。与此对应的，利用 <Shift> 键可移除误选的图元，如图 3-4 所示。同时按住 <Ctrl> 键和 <Shift> 键，可随意添加或移除选择集中的图元。值得一提的是上述方法可与其他选取法合用，例如，单击鼠标的同时，可按住 <Ctrl> 键并同时使用链条选取法（后文讲述）。

图 3-2

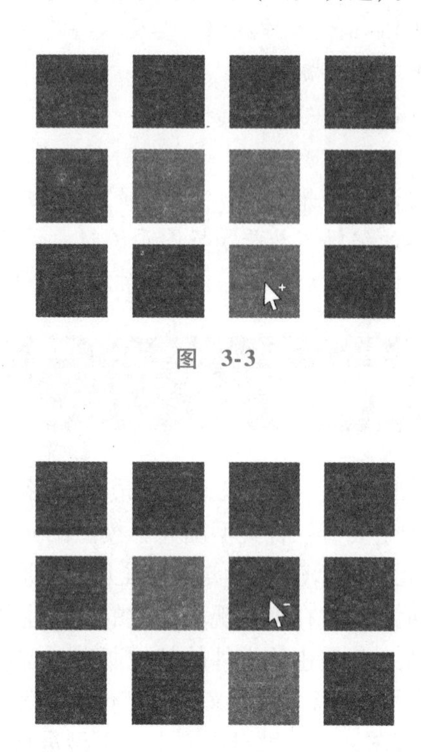

图 3-3

图 3-4

3.2.3 链条选取法

需要选取首尾相连或组成链条的墙体或线条时，可利用 <Tab> 键，使用链条选取法。操作过程需要一定的时间去熟悉，但按以下步骤操作便会非常简单，如图 3-5 所示。

1）鼠标光标移动到某一对象上方。

2）按 <Tab> 键。

3）单击选中。

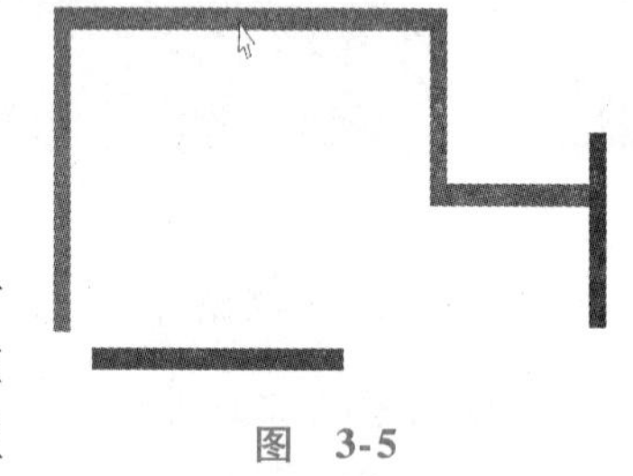

图 3-5

注意： 不用先选中图元或者长按 <Tab> 键。事实上，在 Revit 中一般不长按某一按键或鼠标键，特例除外。本书刚给大家介绍了按住 <Shift> 键和 <Ctrl> 键选取图元的方法，似乎与上述说法自相矛盾，但其实这些方法在 Revit 中只是特例。

模型越复杂越难在 Revit 中完整选取一段连续墙体，如三面墙体成链状排布时，Revit 会自动选取成链路线，选择不同的路线很可能造成意外的结果。也就是说，在实际操作中，除了制作草图模型过程中用于选取如楼层或屋顶周长外，链条选取法并不怎么实用。

3.2.4 拖曳框选取法

在屏幕上无图元区单击鼠标，按住鼠标左键从左向右对角方向拖曳光标，创建拖曳框，完全处于框内的图元即被选中，如图 3-6 所示。同样按照 AutoCAD 中的做法，重复以上操作，只不过从右向左拖曳光标，创建拖曳框，只要有接触的图元，即使不完全处于框内也会被选中，如图 3-7 所示。

注意： 当单击鼠标试图运用拖曳选取法时，若鼠标处于某图元上，那么该图元会发生移动。若经常发生，可使用屏幕右下方工具栏中的【选择时拖曳图元】选项（图 3-8），选取与移动图元便分成了两个独立步骤（后文会做详细介绍）。

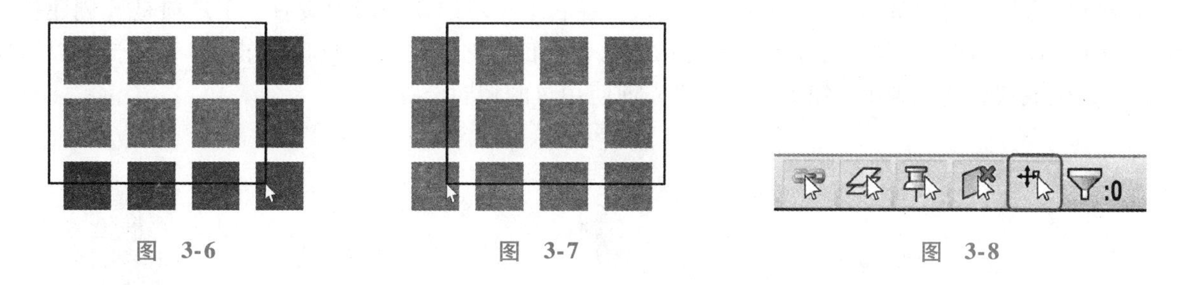

图 3-6　　图 3-7　　图 3-8

3.2.5 非单击选取方法

以上方法均需要单击对象或至少利用鼠标自定义选取框进行选取。除此之外，还有很多基于逻辑的选取方法。

1. 选择全部实例选取法

Revit 工作流程最大的好处之一便是在给定场景下不必预先放置特定图元，相反会更多地使用占位符或通用图元来表示某一构件的存在和位置，但不精确表示其样式或外观。因此，如果想要在特定位置放一扇门，可先放一扇通用门，可能目前只放一扇通用单扇或双扇门，但这只是一种通用门，在某阶段可以作出决定，应用到模型中用制造商指定的具体选择替代通用图元。

在该工作流程的支持下，可以先在模型中找到某一图元，然后右击弹出选项菜单，其中有【选择全部实例】选项，在【整个项目中】或仅限【在视图中可见】的选项中选取同一类图元的所有实例，如图 3-9 所示。一旦选中，所有被选图元将一并被替代图元取代。

2. 项目浏览器选取法

无须在模型中选取构件，使用【项目浏览器】即可用同样的方法选取图元。按以上工作流程，可以随心所欲地改变所需图元的样式，而不用在模型中四处寻找，此外，浏览项目中加载的构件列表位于【项目浏览器】树形菜单中，包含所有载入族，在使用中或未在使用中的都包含在内，在该列表中选取视图中的图元，单击鼠标右键，可见与上述在模型或视图中相同的【选择全部实例】选项，如图 3-10所示。

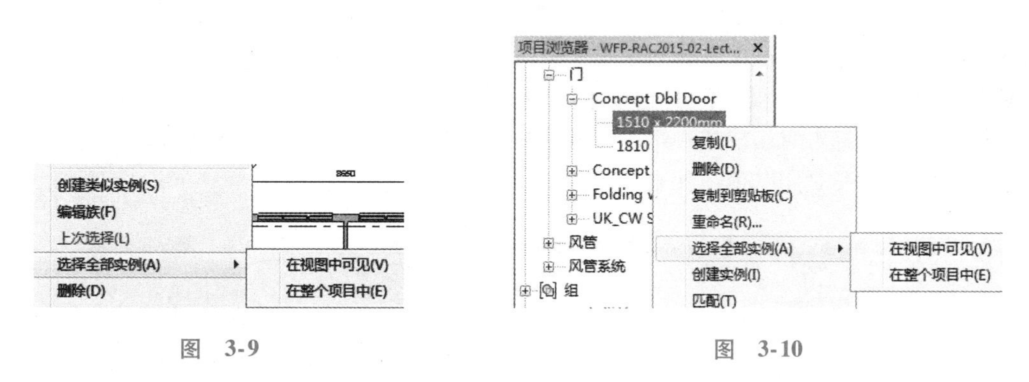

图 3-9　　图 3-10

3. 过滤器选取法

Revit 中提供两种打开【过滤器】对话框的方法。同时选中多个图元时，【修改 | 选择多个】选项卡的【选择】板块中有一漏斗图标的【过滤器】。在屏幕右下角处可见一相同漏斗图标，永久可见（尽管只在有图元被选中时可用），同样也显示被选中的图元数量。该功能非常有用，当不确定是否同时选中多个图元时尤是如此。不管使用两个按钮中的哪一个，都能弹出对话框，分类显示出当前所选中的构件列表，如图 3-11 所示。

4. 恢复选取图元与复制相似图元

再次回到右击鼠标弹出的菜单，有一个功能选项可允许重新选取刚刚选过的图元。若先前选中了

某一个或一组图元，但不小心取消了，很难再点中或图元数量太多，一一选取非常耗时，这种情况下该功能便非常有用，快捷键为 <Ctrl> 键 + 左箭头。在右击菜单中要强调的最后一个选项是【创建类似实例】（图 3-12），严格来说它并不是一种选取方法，但值得一提的是它的双重作用，第一，可以选择适当工具，生成现有图元副本；第二，可定义先前使用过的相同设置。

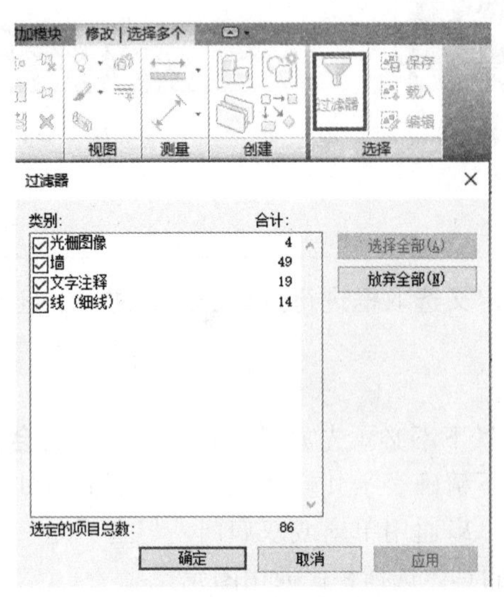

图 3-11

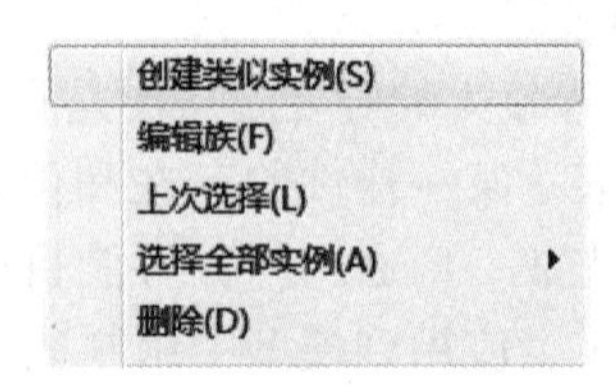

图 3-12

5. <Tab> 键选取法

当很多图元相互重叠时，很难选取其中的某一图元并对其进行处理或编辑。在测量墙体等组合构件时，用户或许希望测量墙体范围内某材料的特定表面，而不是中心线或墙体表面。在这类情况下，<Tab> 键非常有用。将光标置于相互重叠的图元上，Revit 将加亮一图元。反复按 <Tab> 键，可在图元和墙体或线条链间循环切换图元，直到选中想要的图元。

6. 图元 ID 选取法

尽管这种选取方法在使用中并不常见，但值得注意的是，每个模型图元都具有独一无二的 ID，在数据导出时会被转移到外部应用中。ID 不在图元属性中显示，但若需要可以获取 ID。一般来说，用户特定行为或软件发生故障时会产生警告对话框，此时，相关图元 ID 会出现在问题描述旁。也可通过手动操作看到图元 ID，方法是在【管理】选项卡【查询】面板中使用【按 ID 选择】（图 3-13）。利用这种方法也能使用户通过警告对话框或在第三方软件中审查模型时获取 ID 代码、选择对象进行研究和操作处理，甚至在发生错误时用其他图元来替代。

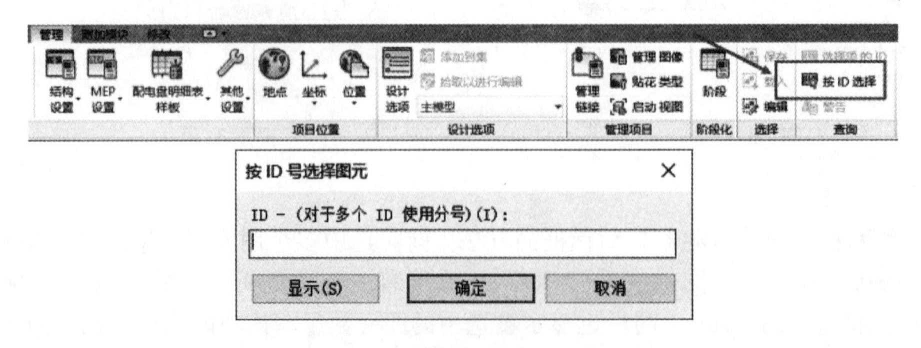

图 3-13

7. 选取设置

在屏幕右下角，漏斗图标旁边有一排图标，如图 3-14 所示。这五个图标通过控制图元基本选取行为，帮助自定义用户体验，可用于防止在选取很多相互重叠或十分靠近的图元时意外选中对象或本应选取图元却造成图元移动的情况。

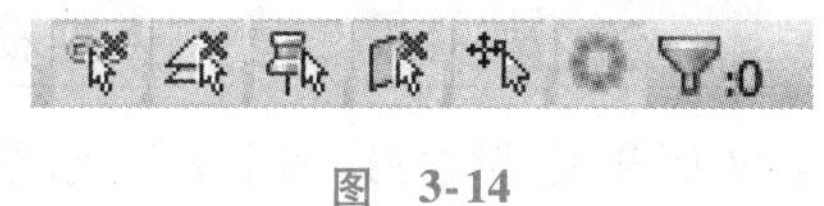

图　3-14

图3-14中左边第一个金链条图标用于控制链接模型或链接模型中的图元可否在当前Revit文件中被选中。在Revit中可以从某平面图看到下方半色调的其他平面图，左边第二个图标用来控制可否在当前平面视图中选中低层标高上的图元。

在Revit中，可钉住图元以作提醒，来修改其位置或类型，可手动修改也可通过自动横梁或幕墙网格布局等规定操作来完成，虽然可以修改或删除被钉住的图元，但操作时也会出现警告对话框。单击第三个图钉图标，便可限制意外点中被钉住的图元。选取图元的默认方法是单击图元边缘，第四个图标就是用来关闭此规定的，允许用户既可单击图元表面也可单击边缘。第五个图标用来执行分离选中与移动两个操作。默认运行规则非常麻烦，一些进行选中操作的用户仅因单击按钮时间稍长，便使模型中的图元发生移动。

3.3 图元的处理

前面介绍了各种选取图元的方法，接下来了解一些可对构件进行编辑的工具。

3.3.1 图元属性

若在模型中选中一面墙体，【属性】面板会显示该墙的属性，【类型选择器】也会提供很多墙体类型。若随后选中一扇门或窗，【属性】面板和【类型选择器】中显示的数据也会随之改变，如图3-15所示。【类型选择器】可显示图元的名称和图像，当需要对选中的图元类型进行修改时，可在此进行选择。

图元属性对话框总是默认可见的，但若使用【修改】选项卡中的【属性】（图3-16），即可随意开关【属性】面板、使用用户界面中的选项或选中图元单击鼠标右键，弹出的菜单中也有相应的开关选项。在默认状态下，该对话框位于屏幕左侧，可向右、向上或向下拖曳，甚至可悬浮在屏幕顶端。

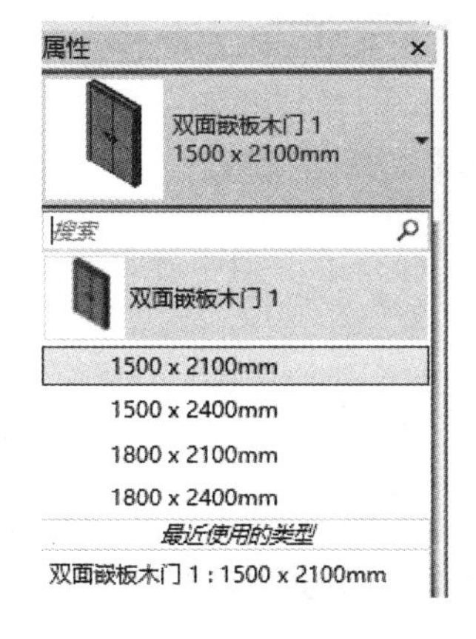

图　3-15

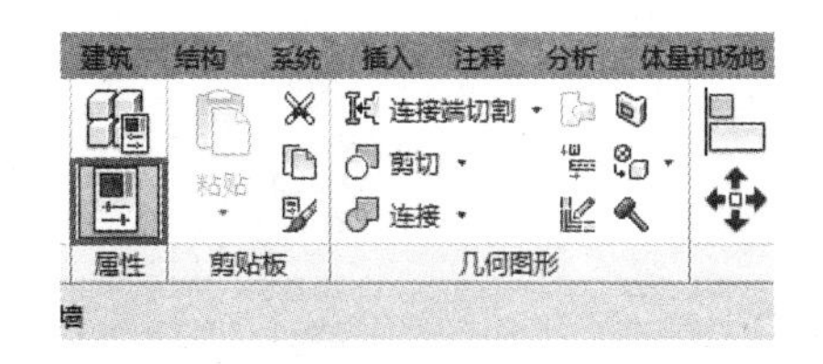

图　3-16

Revit中所有图元的【属性】面板布局都是一样的，会列出族名称、类别名称及实例参数（族详见族讲解单元），包括尺寸、识别数据和图形等抽象名称，对话框会自动显示每个或一组对象的属性。当同时选中多个对象时，面板中只显示共有参数。单击【属性】对话框顶部的【编辑类型】按钮可对类型属性进行编辑，也可直接通过【修改】选项卡中的类型属性进行编辑。

3.3.2 类别、族、类型和实例

实例和类型属性这两个名词到底指什么？可以通过图 3-17 来理解图元之间的层级划分，对新用户来说，Revit 中的图元分级看上去可能相当复杂，但这是一个贯穿始终的应用原则，因此会在整个软件中不断得到强化。归类理念贯穿于 Revit 的核心，从放置对象的工具、编辑选项、控制对象外形、图元以 CAD 和数据库格式导出的方式到量化模型时使用的明细选项。

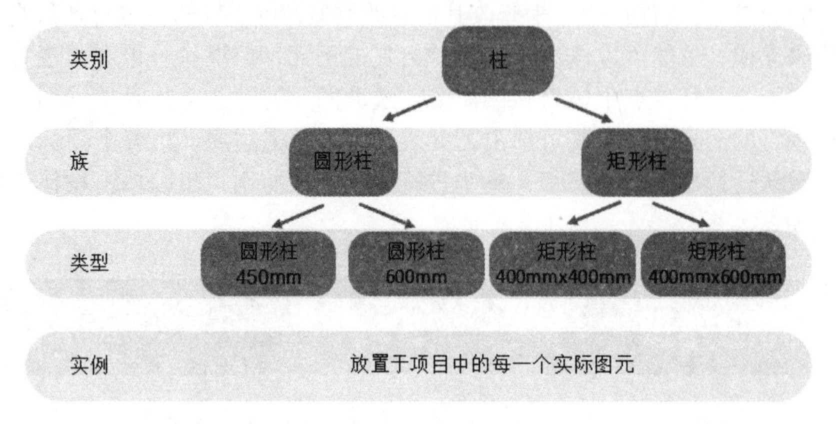

图 3-17

3.3.3 参数

可能碰到的参数有项目参数和共享参数。二者都是用户创建族时创造出来的参数，项目参数只用于特例环境下，而共享参数则是可以添加到族或项目中的参数定义。

在编辑墙体、地板、屋顶或天花板等系统族时，可编辑类型属性中【结构】的参数，如图 3-18 所示。

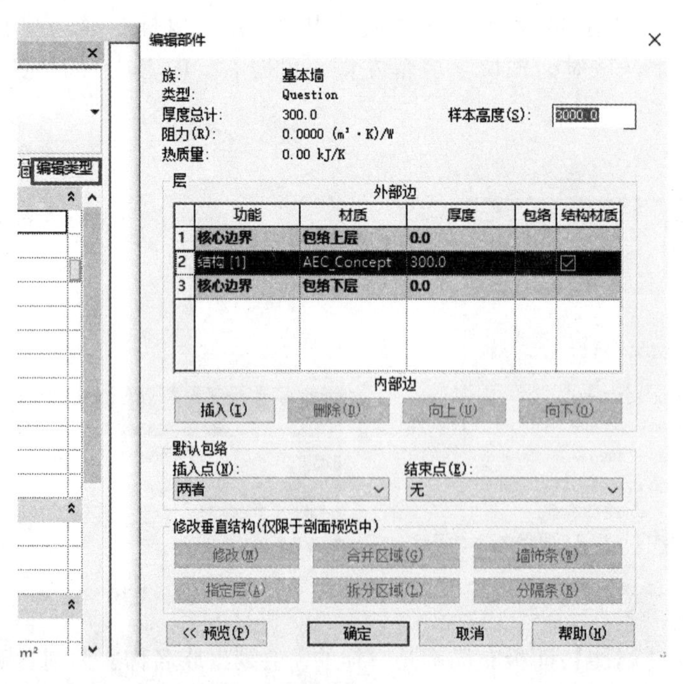

图 3-18

在后面的模型中会对这一对话框做更具体的说明，但总体来说，该对话框可使图元丰满化，定义其多层材料组成、指定厚度，并按要求进行堆积，且附带额外信息，如功能、性能及与其他图元的相互作用。

3.3.4 捕捉覆盖

在【管理】选项卡下【设置】面板中选择【捕捉】工具，弹出对话框，列出所有对象的捕捉选项及相应的快捷键。Revit 会在线条两端等特定位置自动捕捉，且显示图标表明捕捉类型。图 3-19 为几种常用图标。

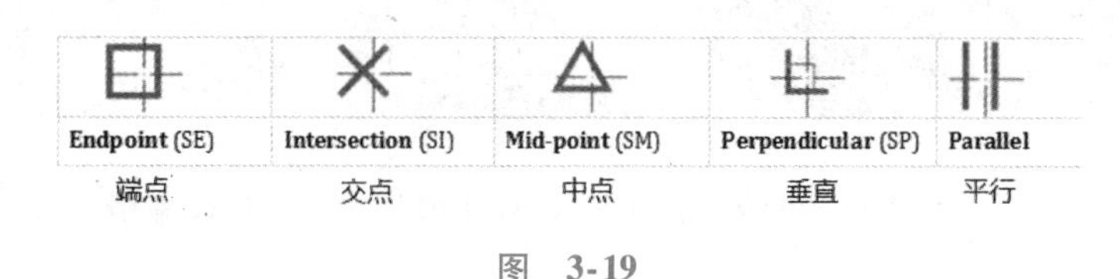

图　3-19

名称后的括号里为相应的快捷键，可以通过快捷键对对象捕捉类型进行快速选择，例如，若用户想以参考平面的交叉处作为起点绘制直线，但 Revit 却要从附近墙体的端点算起，此时就要按 <SI> 键使 Revit 忽视墙体末端而从交叉点算起。平行捕捉不能强制执行，但却是一个默认操作。平行图标出现后，与新聚焦图元处平行位置的图元将被标记出来。

3.3.5 双箭头、镜像和旋转

在放置过程中和放置后修改图元的最基本形式之一是对其进行定向，基于对象创建方式的具体因素，有几种不同的方法。门、窗等需要主体的图元仅可在主体范围内旋转和镜像处理，而无主体或独立的图元则可以任意旋转。在创建过程中，可添加镜像控制，实现灵活放置和控制，这些在项目环境中将显示为双向箭头。当对象被选中时箭头可见，只要该符号可见，按空格键就可随意在选项中切换。门对象可能拥有两套符号，相互垂直，可从四个方向处理和开启。

3.3.6 修改面板

当有图元被选中时，工具栏将自动转换到可编辑该图元类别的工具，此时工具栏上的【修改】面板将从灰色变为绿色。尽管具体内容会因图元类型而变，但布局涵盖了以下部分或全部工具，如图 3-20所示，随后会显示编辑该特定图元所需的具体工具。

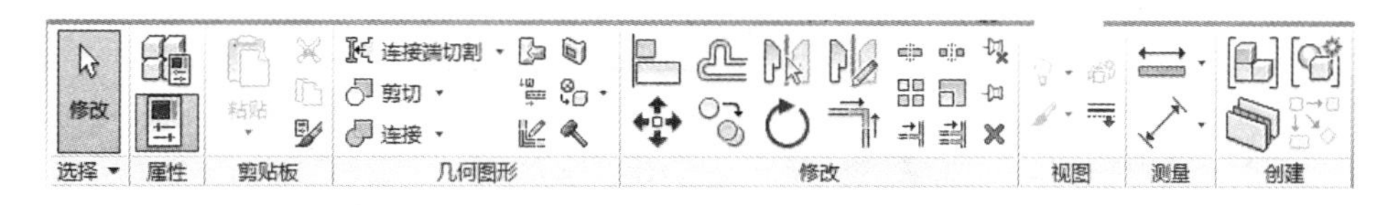

图　3-20

只有在项目中创建的族才可在项目中修改，如系统族和内建族。在族编辑器环境下才能对对门、柱等可载入族图元进行编辑。在项目中选中相关图元并单击【修改】标签中的【编辑族】按钮，即可进入【族编辑器】。

3.3.7 编辑节点

选中线条或墙体，在所选对象的两端将各出现一个蓝色实心圆点，表明此时可编辑节点对其进行重新定位。可将节点拖曳至新位置，覆盖、取消原有连接关系。一旦放开重新定位的圆点，该图元便会和周边其他图元建立新的连接关系，如图 3-21 所示。

当同时选中首尾相连的两面墙体或线条时，拐角处显示为空心蓝点而非实心。拖曳该空心点，两

图元的端点会随之移动但仍相互连接，只有选中的图元移动，其他图元不变，并在移动完成后重新定位，如图 3-22 所示。

图 3-21　　　　图 3-22

3.4 单元练习

本练习是理论上的操作，因为该练习着重图元使用环境以外的基本编辑功能，但这里学到的技能可应用于整个软件。

本练习中所涉及的工具均可在【修改】选项卡下的【修改】面板中找到（图 3-23），将对其一一列举。打开起始文件 WFP-RAC2015-03 ManipulationA. rvt，在【项目浏览器】中打开【楼层平面：Basic Editing Functionality】视图，在配套图解中，带圈数字表示了鼠标单击的位置，以辅助整个讲解过程。注意带圈数字是标在墙中部还是在其边缘，这代表了鼠标的单击位置，所以一定要小心谨慎，这将影响到结果。

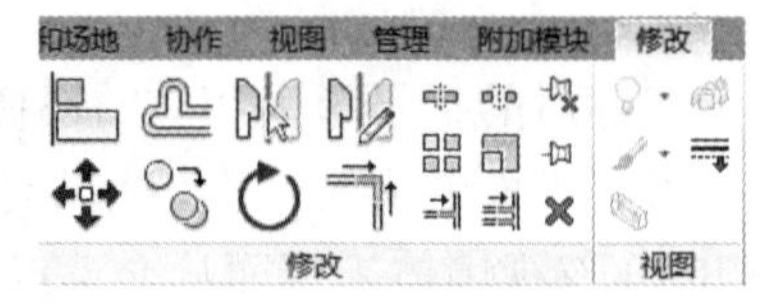

图 3-23

3.4.1 对齐

使用该工具时，首先要选择一个正确的参照物，然后找到想要移动的图元。参照物可以是一条线、一个基准面、网格、水平面或任意图元的直边。该工具可处理细节，因此要留心所有相关图元，使其表面或其他参照物可相应对齐。本练习第一次应单击墙体的外表面（①和②），第二次单击涉及旋转对象（③和④），上面和下面的墙体始终保持连接，如图 3-24 所示。

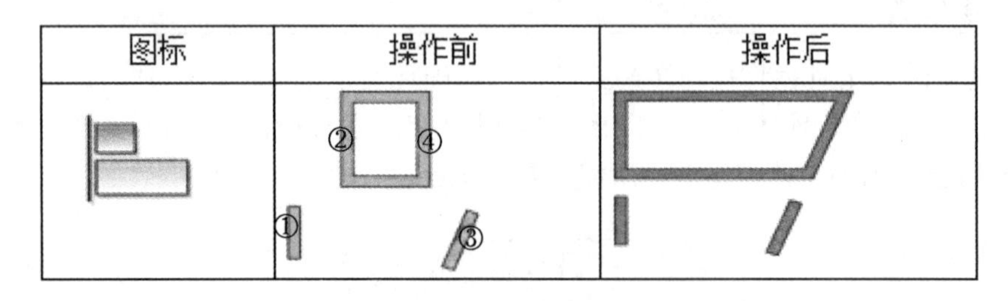

图 3-24

3.4.2 偏移

首先选择【偏移】工具，单击鼠标前先观察一下【选项栏】中诸如偏移距离等设置选项，图 3-25 中已标出了前四个单击位置，但单击时仍要精确。进行第五下单击的同时要借助 <Tab> 键，会形成关联偏移，所有首尾相连的墙体或线条都会整体发生偏移，这就消除了拐角修改是否正确的担心。此操作过程为鼠标置于墙体下表面⑤号的位置，按一下 <Tab> 键，以高亮显示整个曲面墙体，然后单击【确定】按钮。

【偏移】工具会造成一些意想不到的后果。如偏移某图元后取消指令，之后再偏移周围其他图元，就会出现图 3-26 中 A 和 C 的情况。然而如果用户仍处于偏移指令中（即未取消两次操作间的偏移指令），那么偏移图元将延伸形成拐角，偏移为正向，如图 3-26 中 B 所示；另外一种情况偏移为负向，如图 3-26 中 D 所示。鼠标的位置将决定偏移方向。还有一种结果就是当偏移墙体时，墙体上附着的门、灯具等图元也会被复制。

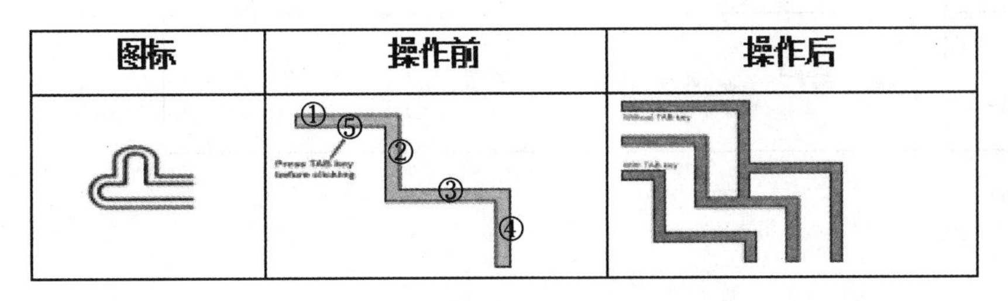

图 3-25

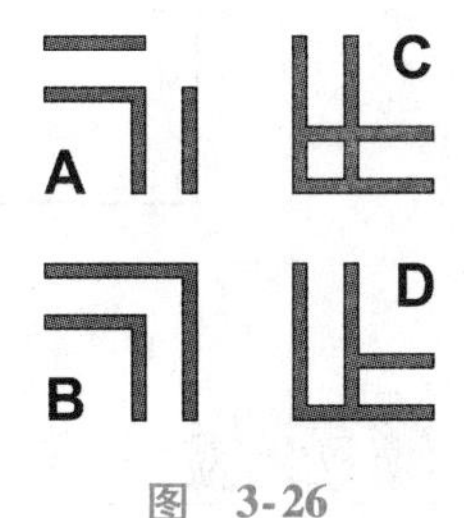

图 3-26

3.4.3 镜像-拾取轴

既可先选图元再选工具，也可以先选择工具，然后再找出图元，单击空格键确认。大多数人认为第一种先选图元的方法较为容易，因此在这里采用第一种方法。

选择图3-27中①、②两个图元，使用哪种选取方法均可，选择框或按<Ctrl>键选取，然后从【修改】面板中选择【镜像-拾取轴】工具。从这点看，该工具非常有效，只需单击操作便可识别参照物，做出镜像。若一些图元在特定位置，应单击或多次按<Tab>键，来拾取正确的参照物做镜面。

图标	操作前	操作后
	① ② ③	

图 3-27

3.4.4 镜像-绘制轴

【镜像-绘制轴】工具与【镜像-拾取轴】工具的不同之处是本操作中图元旁边无参照物，所以需要双击鼠标，定义矢量，形成对称中心，如图3-28所示。

图标	操作前	操作后
	① ②	

图 3-28

3.4.5 拆分

有几种不同的分离方法，但此处介绍的是最普遍、最常用的。该工具可将线条或墙体一分为二，分离后的图元相互平接。图3-29中①、②两部分被分离，中间部分被删除。可勾选【选项栏】中的【删除内部线段】选项加速此操作，可自动删除两分离段的中间部分。

注意：门、开口等图元需要依附于墙体，因此不需要用此工具在墙上开洞再进行门的安装。同时，运用此工具删去一部分墙体将导致房间分离成几个相邻空间，可能需要修复房间分离线，而需要依附的开口图元就不需要。

图标	操作前	操作后
	 ① ②	

图　3-29

3.4.6 移动

做到选中图元并将其拖曳到别处非常简单，但若需要和参照物对齐，或移动到特定位置就不是那么容易了，上述操作就不准确了，而【移动】工具则可帮助我们准确重新定位图元，既可通过具体移动矢量（移动矢量可代表任意两点的方向和距离）也可通过规定移动距离。拾取①号图元，选择【移动】工具，如图3-30所示。然后有以下两种方法，可以都试一试：

第一种方法，在两点（②和③）间绘制矢量，定义移动距离和方向，尺寸将附着显示。

第二种方法，选取移动起点（图中标有x的位置），按要求方向移动鼠标，然后输入距离。

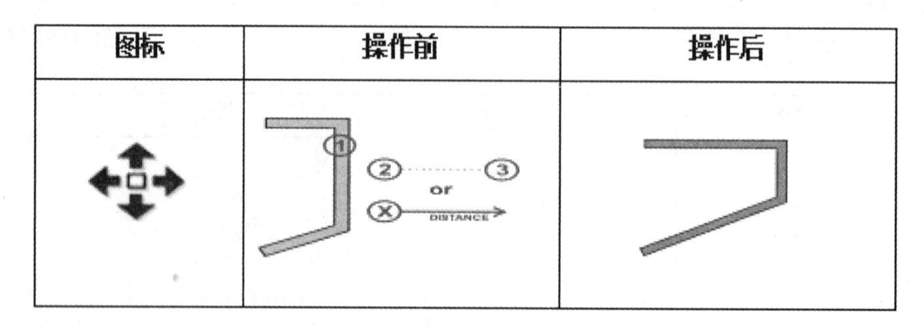

图　3-30

3.4.7 复制

不要将本功能与复制粘贴功能搞混，【复制】工具就是以上【移动】工具的复制品（图3-31），唯一的不同是本工具会在新位置复制图元，而原本的图元不移动。步骤与上述移动工具的步骤相同。

图标	操作前	操作后
	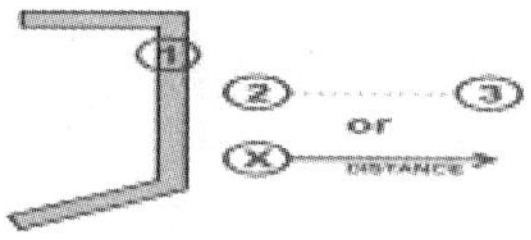 ① ② ③ or ⓧ DISTANCE	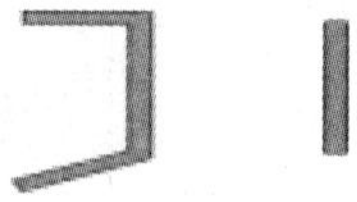

图　3-31

3.4.8 旋转

选中图3-32中所示的①、②、③和④图元并使用【旋转】工具，这将使所选图元周围出现一个虚线框，框中心为旋转中心。通过在选项栏输入数值定义旋转角度或在图上选取两点，分别与旋转中心相连，建立理想的角度。此例中，想要让图元围绕不同的位置旋转，必须重新定位旋转中心，可采用以下两种方法，既可以拖曳图3-32中间的⑤号点，也可使用选项栏中的【旋转中心】选项定义【地点】，此时空格键为快捷键。

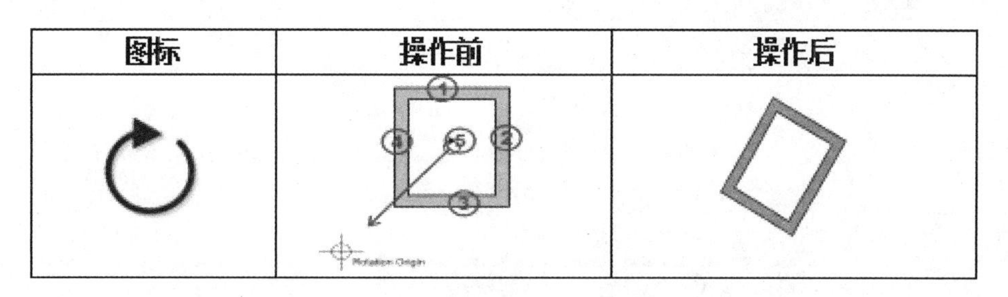

图 3-32

3.4.9 修剪/延伸为角

可以按要求延伸或裁短图元以形成整齐的拐角，如图 3-33 中操作后显示。必须成对选取图元，所有选中的图元都将被恰当修剪，因此二者的选择顺序无关紧要，先选①后选②，或先选②后选①均可，结果都是一样的。图 3-33 用两个例子来说明同一工具分别用于修剪或延伸均可形成拐角。

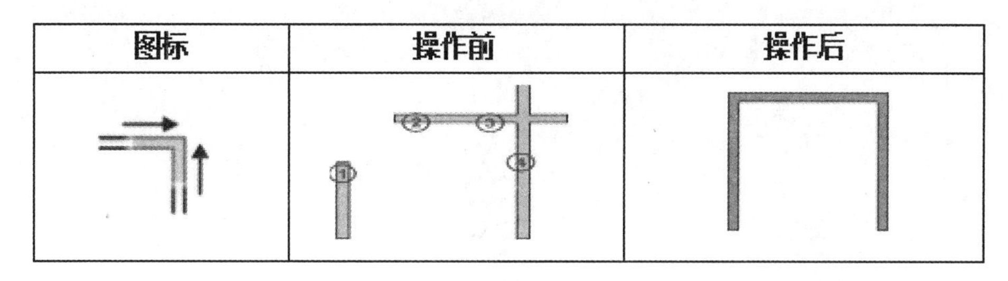

图 3-33

注意：该工具与 AutoCAD 工作流程相反，在 Revit 中单击④号图元，这是要保留的而不是要裁剪掉的，很多有经验的 AutoCAD 用户都意识到了这点。

3.4.10 修剪/延伸单个图元

该修剪功能与先前的【修剪/延伸为角】工具完全不同，在该工具中，一对被选图元（①和③）中的第一个被选中的图元仅用作参照物，且工具不会对其修改，而第二个图元将被延伸②或裁剪④以与参照物对齐。【修剪/延伸单个图元】将被放置在特定位置，以墙为例，用户既可以选择延伸平面也可以选择延伸中心线，如图 3-34 所示。

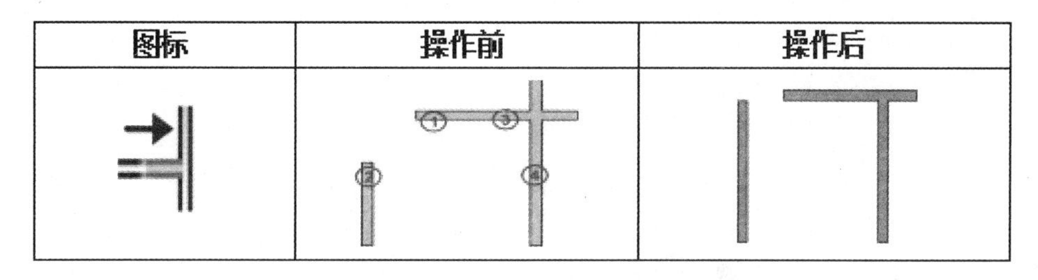

图 3-34

注意：与先前的【修剪/延伸为角】工具一样，单击④号图元，这是要保留的而不是要裁剪掉的。

如图 3-35 所示另一个【修剪/延伸多个图元】可以同时对多个图元参照同一个参照物进行延伸或裁剪，所以在上述例子中可使用该工具，选中①，再选②、④号图元进行操作，效果相同。

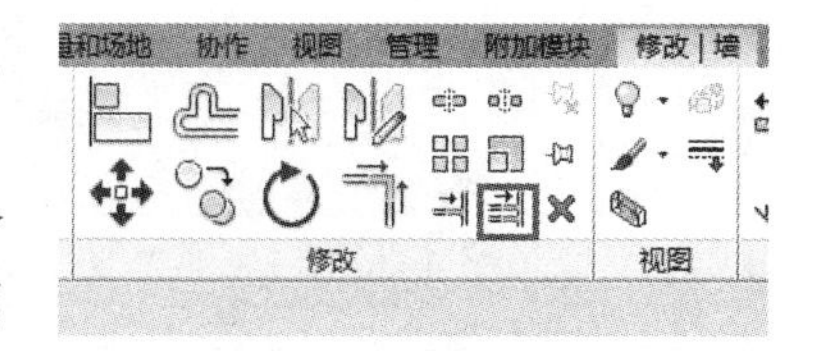

图 3-35

单元 4
项目与视图设置

单元概述

本单元主要介绍新建项目后项目设置中的项目信息、线宽、线样式、材质、项目单位、对象样式等参数信息的设置，以及项目视图中的视图样板、可见性和过滤器的设置方法。

单元目标

1. 了解项目设置所包含的内容。
2. 掌握项目信息、项目单位、材质和线样式等的设置方法。
3. 掌握视图设置方法。
4. 掌握视图样板设置方法。

4.1 项目设置

新建项目文件后，需要进行相应的项目设置才可以开始绘图操作。用户可以在【管理】选项卡中（图4-1）通过相应的工具对项目进行基本设置。通过项目设置，可以指定用于自定义项目的选项，包括项目单位、材质、填充样式、线样式等。

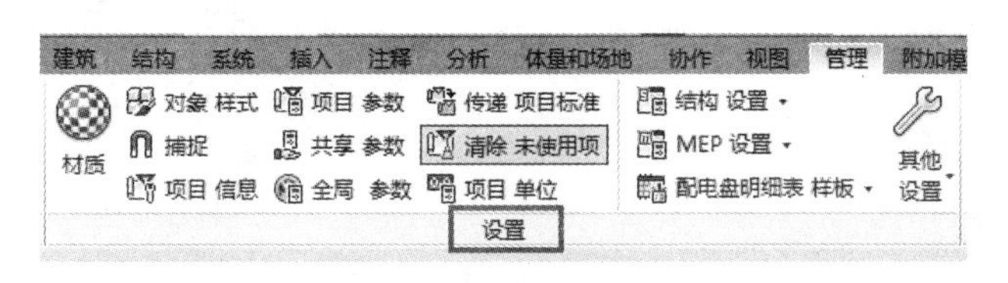

图　4-1

4.1.1 项目信息

用户可以自定义项目信息，包括项目名称、状态、地址和其他信息。项目信息包含在明细表中，该明细表包含链接模型中的图元信息，还可以用在图纸上的标题栏中。用户可以在【管理】选项卡下【设置】面板中（图4-2）打开【项目信息】设置对话框，如图4-3所示。

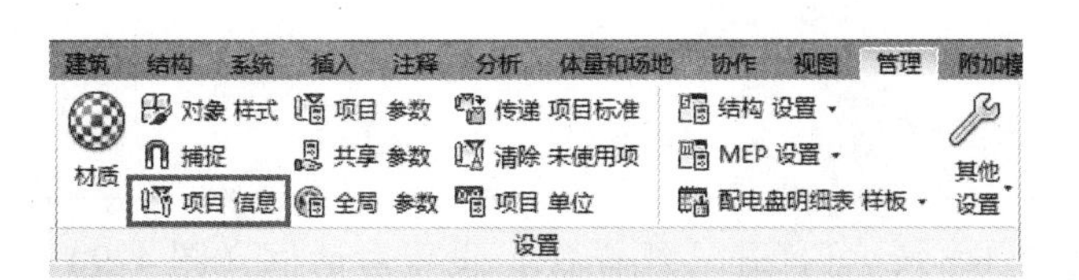

图　4-2

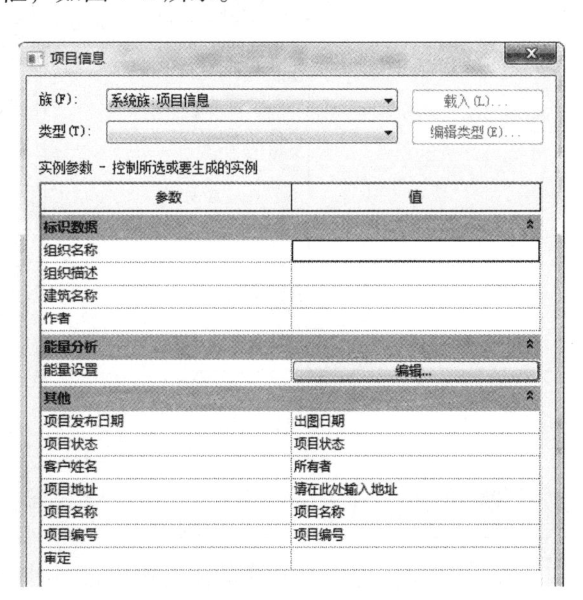

图　4-3

4.1.2 线宽

用户可以在【管理】选项卡下【其他设置】面板中（图4-4），打开【线宽】设置对话框（图4-5）。线宽对话框中显示了各种线宽规格，可对其进行调整以适应视图比例。这些线宽会应用于整个项目中的所有图形数据，所以不管【线宽3】何时被应用到某一图元上，Revit都将自动分配该线宽相应的比例。

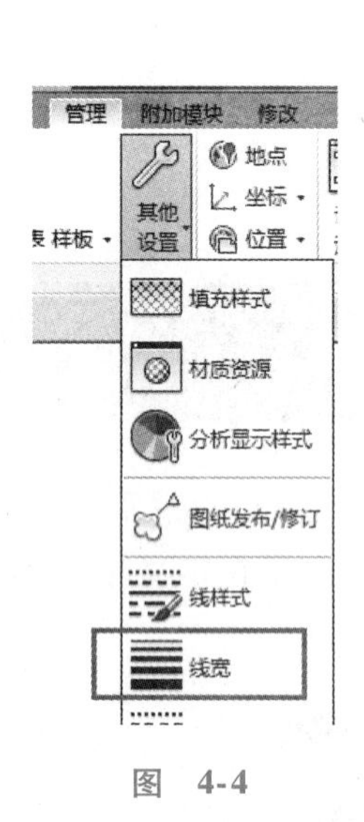

图 4-4

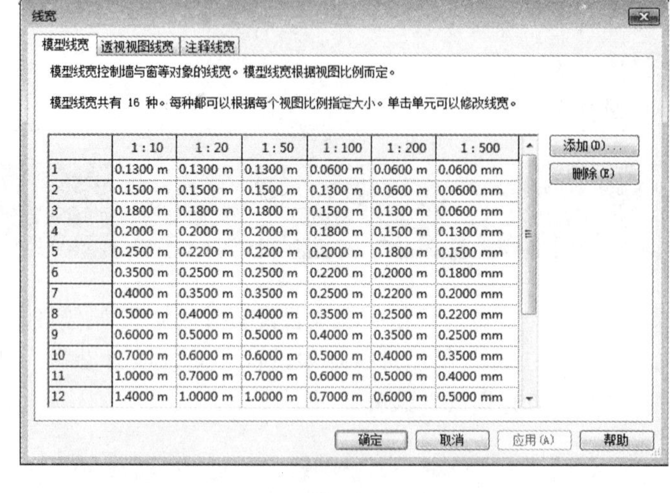

	1:10	1:20	1:50	1:100	1:200	1:500
1	0.1300 m	0.1300 m	0.1300 m	0.0600 m	0.0600 m	0.0600 mm
2	0.1500 m	0.1500 m	0.1500 m	0.1300 m	0.0600 m	0.0600 mm
3	0.1800 m	0.1800 m	0.1800 m	0.1500 m	0.1300 m	0.0600 mm
4	0.2000 m	0.2000 m	0.2000 m	0.1800 m	0.1500 m	0.1300 mm
5	0.2500 m	0.2200 m	0.2200 m	0.2000 m	0.1800 m	0.1500 mm
6	0.3500 m	0.2500 m	0.2500 m	0.2200 m	0.2000 m	0.1800 mm
7	0.4000 m	0.3500 m	0.3500 m	0.2500 m	0.2200 m	0.2000 mm
8	0.5000 m	0.4000 m	0.4000 m	0.3500 m	0.2500 m	0.2200 mm
9	0.6000 m	0.5000 m	0.5000 m	0.4000 m	0.3500 m	0.2500 mm
10	0.7000 m	0.6000 m	0.6000 m	0.5000 m	0.4000 m	0.3500 mm
11	1.0000 m	0.7000 m	0.7000 m	0.6000 m	0.5000 m	0.4000 mm
12	1.4000 m	1.0000 m	1.0000 m	0.7000 m	0.6000 m	0.5000 mm

图 4-5

4.1.3 线型图案

用户可以指定Revit中使用的线样式的填充图案。Revit提供几个预定义的线型图案，用户也可以创建自己的线型图案。在【管理】选项卡下【其他设置】面板中（图4-6），可打开【线型图案】设置对话框（图4-7），线型由一系列线、中心和圆点组成，线型图案可应用于整个模型环境。

图 4-6

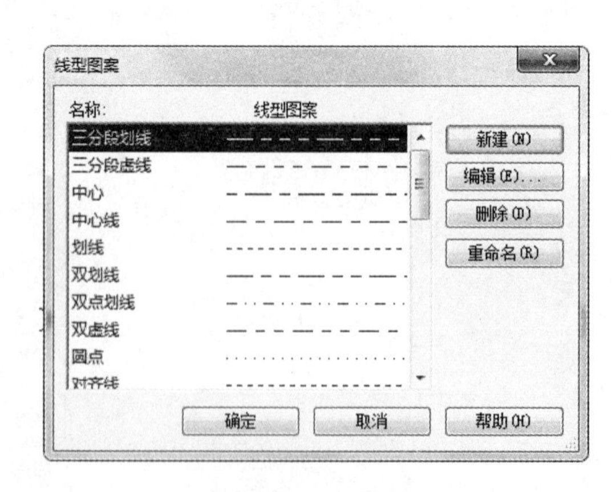

图 4-7

4.1.4 线样式

在【管理】选项卡下【其他设置】面板中（图4-8），可打开【线样式】设置对话框（图4-9）。线样式对话框包括上述线宽和线型图案，外加线颜色。用户可创建线样式以指定所有线条外形，可以添加和编辑自己的线样式，以满足客户的要求。

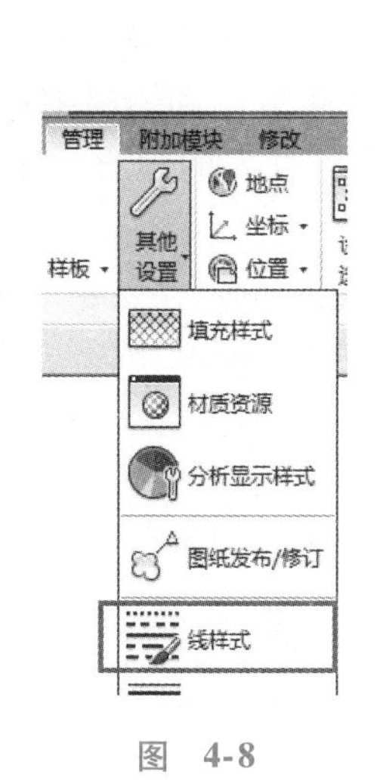

图 4-8

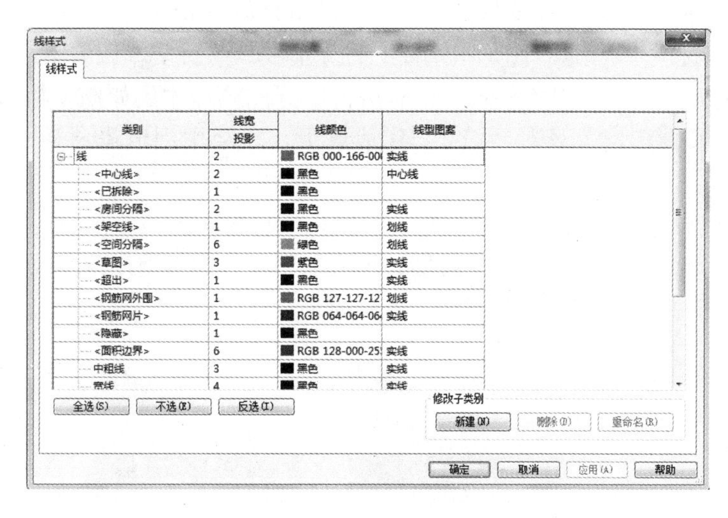

图 4-9

4.1.5 线处理

【线处理】工具在模型的2D和3D视图中都可用，允许修改具体视图中图元的线条，在视图中对对象的图形外观起到最终控制的作用。通常可用于加亮对象，通过加强位于最靠近前景的对象来显示深度，或移除相邻或相连对象间不必要的线条。

选取图元，拾取其线条，然后应用【修改｜线处理】（图4-10）选项，用户随后可选择限制或延长替代线条的长度，隐形线条样式选项可从表面上随意移除不必要的线条。

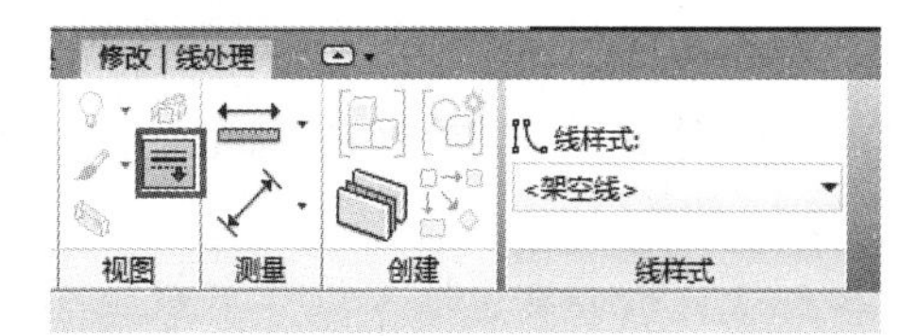

图 4-10

4.1.6 材质

材质控制模型图元在视图和渲染图像中的显示方式。用户可以在【管理】选项卡下【设置】面板中找到【材质】选项（图4-11），打开【材质浏览器】对话框，如图4-12所示。使用材质可以指定【图形】【外观】【物理】和【热度】等信息。

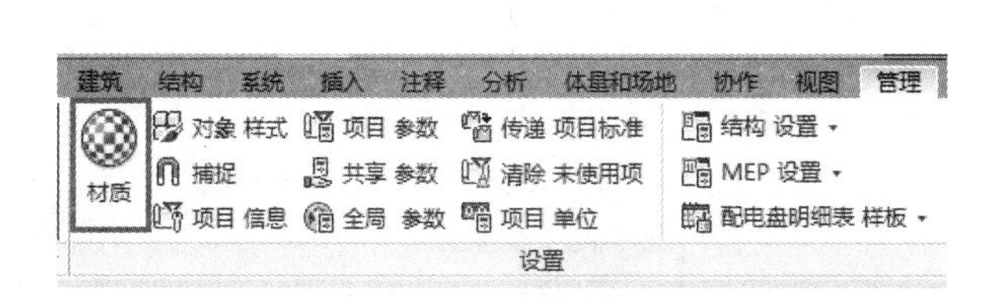

图 4-11

图 4-12

当某一材质应用到某一图元上时，可以设置图元的着色、填充图案、截面填充图案及真实渲染纹理和材质相关的元数据。在 BIM 理念中，元数据或材质相关信息与材质的图形方面一样重要。若只注重颜色和外形，那只是在建立 3D 模型，而不是使用 BIM。

（1）材质库-图形　图形很重要，首先需要理解材质库和渲染纹理库是两个不同概念，分配材质不总意味着自定义渲染对象外观，除非给材质分配纹理才是如此。材质库在各个视图和输出中对模型日常外观有重要影响。只有当渲染 3D 情景下，才会用到渲染材质库以获得更真实的效果，如图 4-13 所示。

材质库是材质和相关资源的集合。Autodesk 提供了部分库，其他库则由用户创建（图 4-14）。可以通过【创建新库】来组织新的材质，还可以与团队的其他用户共享库，并在 Autodesk Inventor 和 AutoCAD 中使用相同的库以支持使用一致的材质。

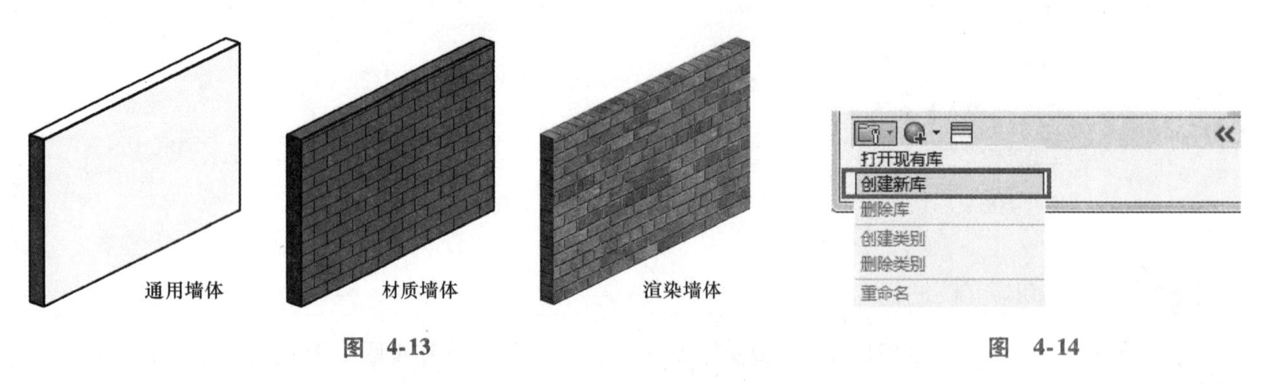

图　4-13　　　　图　4-14

渲染纹理只处理部件和物体表面的美学特征。正如前文所提，除非视图中要求显示渲染纹理，否则通常情况下，渲染纹理在 Revit 中是不可见的，但是写实模型图形样式的确会在操作视图中粗略显示其纹理。

标准样板通常包括大量样本材质库，另外门、家具等族也会添加额外材质到项目中。除此之外，用户可通过以上对话框创建新材质以满足制造商成品和规格要求。

（2）材质库-数据　除了材质的图形特征外，在【材质浏览器】对话框中【标识】（图 4-15）选项卡下提供文字的基本参数，这些参数包含【说明信息】【产品信息】和【Revit 注释信息】。

不管用户决定在 Revit 模型中储存数据的规模有多少，并不是所有信息在项目初期或者在建立构件时都是需要的。选中材质应用到图元上，并且只有作出会影响材质规格的决定时，此信息才进入到材质库中，因此可被分配到使用该材质的任一构件上加以应用。除了现有的标准字段外，用户自定义参数也可以添加到材质中（图 4-16），以获取所需信息。

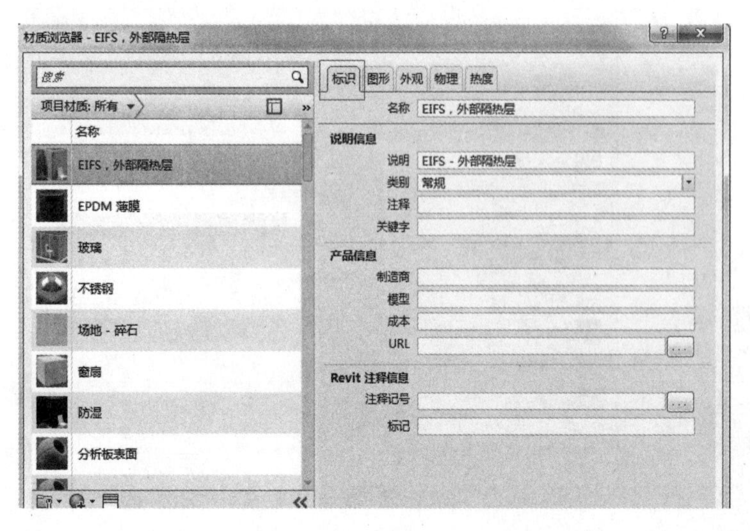

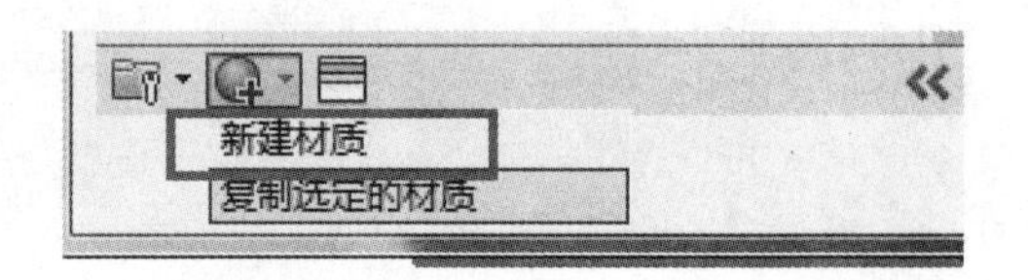

图　4-15　　　　图　4-16

4.1.7 对象样式

在创建构件过程中就对其进行了分类。这些分类被编码到了应用中，这就意味着无法创建新类别，而可按要求创建子分类。

在【管理】选项卡下（图4-17）【设置】面板中可以打开【对象样式】对话框（图4-18）。对象样式允许将各种特性应用到这些类别和子类别中，以定义该数据结构的默认图元的图形外观。自定义范围包括【线宽投影】【线宽截面】【线颜色】和【线型图案】【材质】，为表面图案和截面图案填充合适的颜色，甚至自定义为给定构件类型设置默认材质的选项。

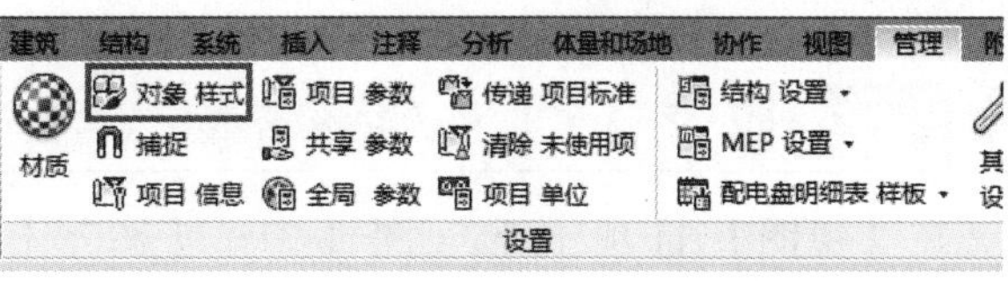

图　4-17

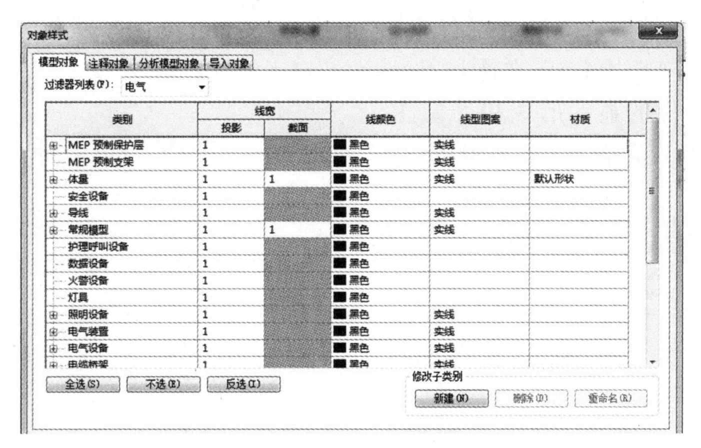

图　4-18

4.1.8 项目单位

项目单位可以指定项目中各种数量的显示格式，指定的格式将影响数量在屏幕上和打印输出的外观。可以对用于报告或演示目的的数据进行格式设置。项目单位可按规程（如公共、结构或电气）成组。修改规程时，可用不同的单位类型。

用户可以在【管理】选项卡下【设置】面板中（图4-19），打开【项目单位】对话框，如图4-20所示。在【项目单位】对话框中，可以预览每个单位类型的显示格式。

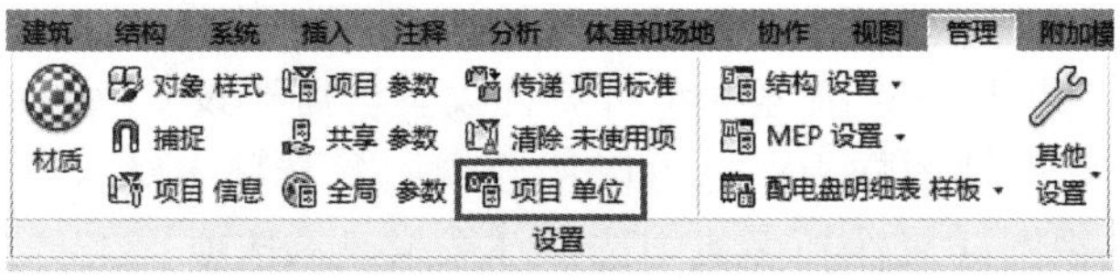

图　4-19

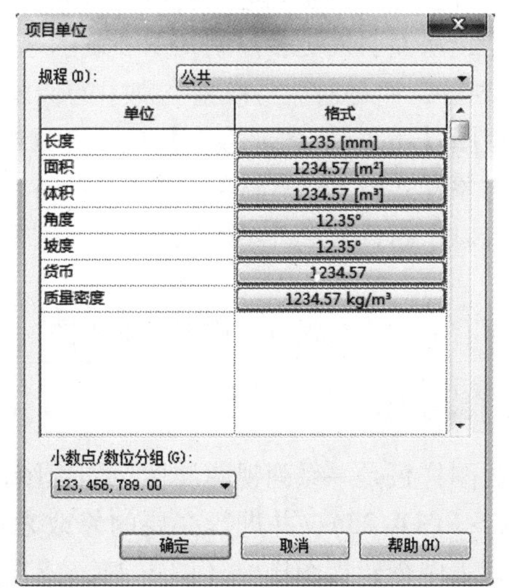

图　4-20

4.2 视图设置

4.2.1 视图可见性/图形替换

在【视图】选项卡下（图 4-21）【图形】面板中可以打开【可见性/图形替换】对话框（图 4-22）。还可以通过快捷键 <VV> 或 <VG> 启动视图【可见性/图形替换】对话框。

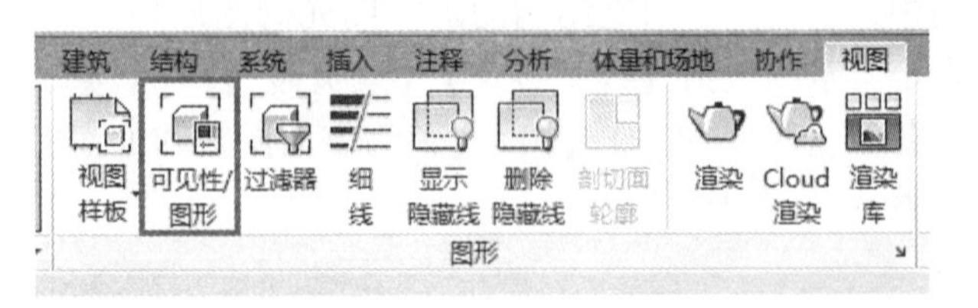

图 4-21

在某一布局中，【对象样式】对话框中图元类别的匹配选项分为【模型类别】和【注释类别】，分别由不同选项所控制。此外，还有【导入的类别】选项，以控制链接 CAD 文件和 Revit 文件等外部导入数据文件的显示形式和可见性。【过滤器】选项可以重新设置满足特定标准的图元，如墙体火灾评级为 30 分钟，颜色为红色。

图 4-22

随着软件中更多先进的功能引入到项目中，额外选项也越来越多，使设计选项和工作集可引入更多功能，从而引入更多控制视图外观的选项。正如单元 2 所提到的，模型类别和注释类别并不是 3D 和 2D 的划分，而是对象与模型类别中的墙体、门、柱与注释中的轴网、标高和符号等图元类别的对比。

视图【可见性/图形替换】选项允许对视图中构件的每一类别的视图和图形外观进行修改，允许修改在对象样式设置中默认的对象的线条和图案，以及半色调和透明度来减少本视图中次要图元的影响。同样可以重新设置每个视图中各个类别的细节的层级，如墙体作为主体，其他图元则处于更精细的层级。

所有上述修改仅可应用于当前视图，仅可通过创建视图样板将其应用到其他视图中。

4.2.2 视图样板

视图样板是一系列视图属性，如视图比例、规程、详细程度及可见性设置。可通过复制现有的视图样板（图 4-23），并进行必要的修改来创建新的视图样板；也可以从【视图】选项卡【视图样板】下拉列表中创建视图样板（图 4-24）或直接从视图【属性】面板中选择【图形显示选项】工具，打开【图形显示选项】对话框，设置视图属性另存为视图样板，如图 4-25 所示。【应用视图样板】中包括

【视图比例】【显示模型】【详细程度】【零件可见性】和【模型显示】等，如图 4-26 所示。

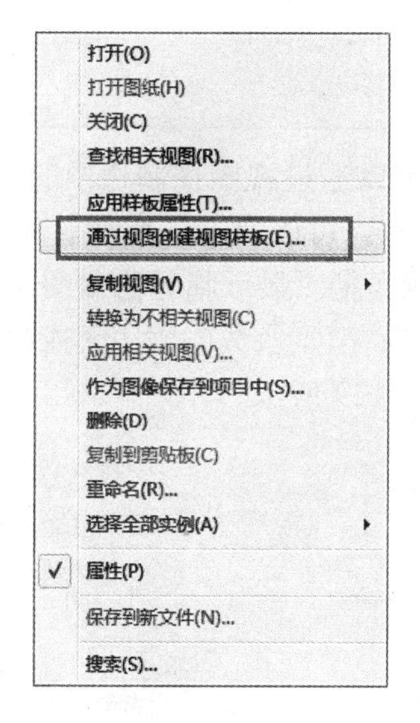

图　4-23

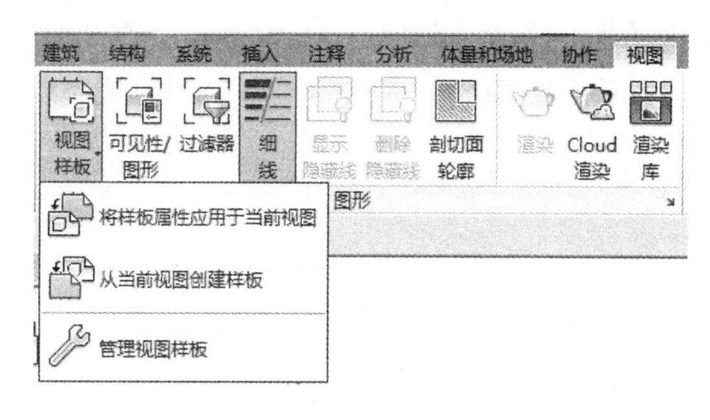

图　4-24

图　4-25

使用视图样板可以为视图应用进行标准设置，可以帮助用户确保遵守公司标准，并实现施工图文档集的一致性。样板旨在创建整个视图样式，如防火方案，其中的对象类别已被删除或处于半色调；设置细节层，且根据给定标准使用过滤器过滤颜色图元。视图样板可简单处理视图属性列表中的某个项目，而忽略其他方面。

在通常情况下，可用工作流程完全按照所要求的方式来准备视图，然后从中生成视图样式，以决定所应包含的属性。一旦样板被保存，可在不同层级创建新视图，该视图应用的视图样板可复制适用的设置。

图　4-26

注意：若在应用到一个或多个视图后视图样板进行更新，并不会自动更新这些视图，用户必须进行重新应用以做出相应修改。

4.2.3 显示/隐藏图元

Revit 可以永久或临时在视图中隐藏单个图元或几类图元。可以通过视图控制栏中的【临时隐藏/隔离】工具（图 4-27）或快捷键 <HH> 实现临时隐藏图元或类别；可以通过【修改】选项卡下【视图】面板内的【在视图中隐藏】（图 4-28）实现永久隐藏图元或类别。显示临时隐藏图元或类别可以通过控制栏中的【临时隐藏/隔离】实现重设临时隐藏图元或类别；显示永久隐藏图元或类别可以通过控制栏中的【显示隐藏的图元】实现重设隐藏图元或类别，如图 4-29 所示。

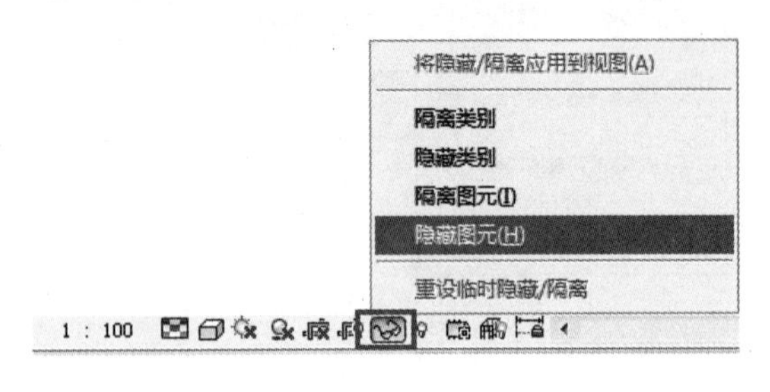

图 4-27

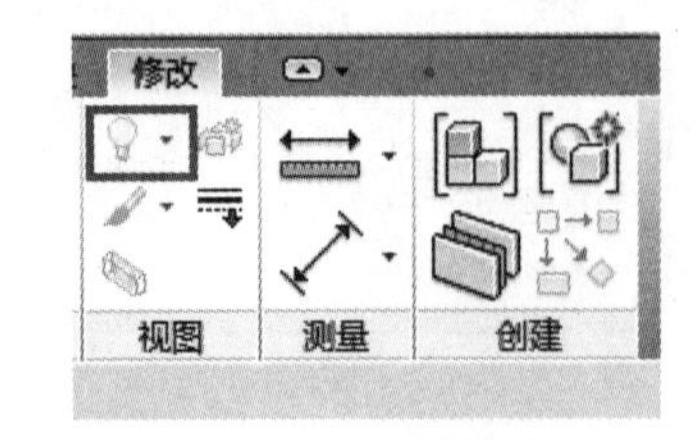

图 4-28

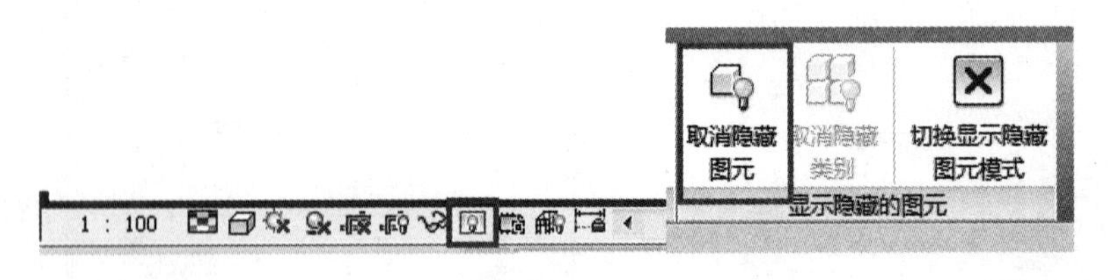

图 4-29

4.2.4 工作共享显示

使用工作集文件共享时，在视图控制栏中可通过【关闭工作共享显示】选项打开【工作共享显示设置】对话框，如图 4-30 所示。使用工作共享显示模式可直观地区分工作共享项目图元。可以使用工作共享显示模式来显示以下内容（图 4-31）。

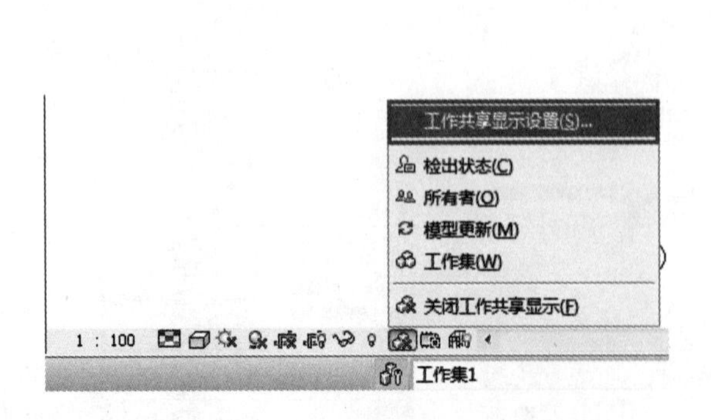

图 4-30

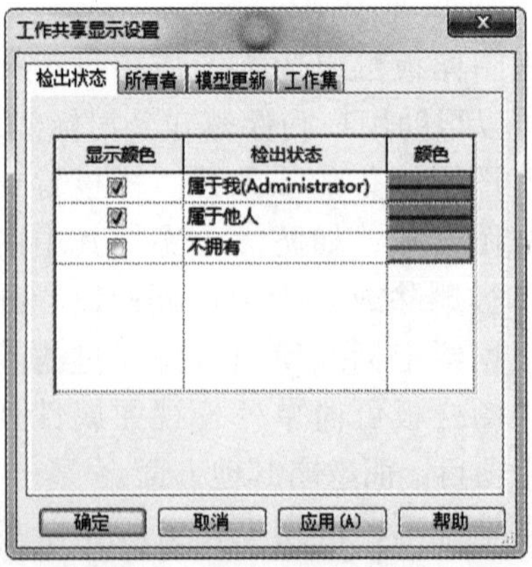

图 4-31

1）检出状态：图元的所有权状态。

2）所有者：图元的特定所有者。

3）模型更新：已与中心模型不同步或已从中心模型中删除的图元。

4）工作集：哪些图元指定给特定工作集。

注意：工作共享显示模式命令仅在项目中启用工作共享后，才会显示在视图控制栏上。

在启用工作共享显示模式时，会出现以下情况以显示样式：

1）线框保留为线框。

2）隐藏线保留为隐藏线。

3）所有其他显示样式切换为隐藏线。

4）阴影关闭。

当关闭工作共享显示模式时，原始显示样式设置将自动重设。工作共享显示模式使用假面及编辑模式。请注意，在编辑模式下，图元（如绘制线）可能会根据在工作共享显示模式下启用的颜色显示。可以根据需要启用或禁用工作共享显示模式，以避免与编辑模式混淆。工作共享显示模式可与【临时隐藏/隔离】工具一起使用。如果处于两种模式下，图元的颜色由工作共享显示颜色确定，图元的可见性受【临时隐藏/隔离】工具的影响。

注意：在工作共享显示模式中，可以更改显示样式或重新启用阴影。请注意，如果执行此操作，工作共享显示颜色可能无法以预期的方式显示。

4.2.5 视图图元替换

可以通过选取图元单击鼠标右键，在弹出的菜单中利用【替换视图中的图形】工具，可对选中的一个或多个对象应用图元替换设置，如图4-32所示。【视图专有图元图形】设置对话框与【图形显示选项】设置对话框中的选项相同，只是形式不同，如图4-33所示。【视图专有图元图形】对话框中可设置【投影线】【表面填充图案】【曲面透明度】【截面线】和【截面填充图案】等。

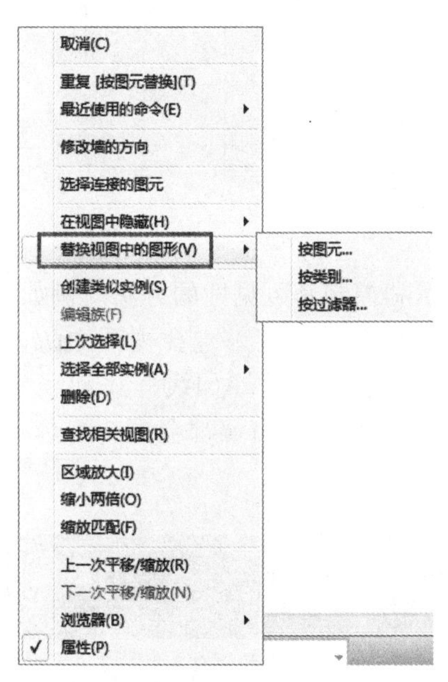

图　4-32

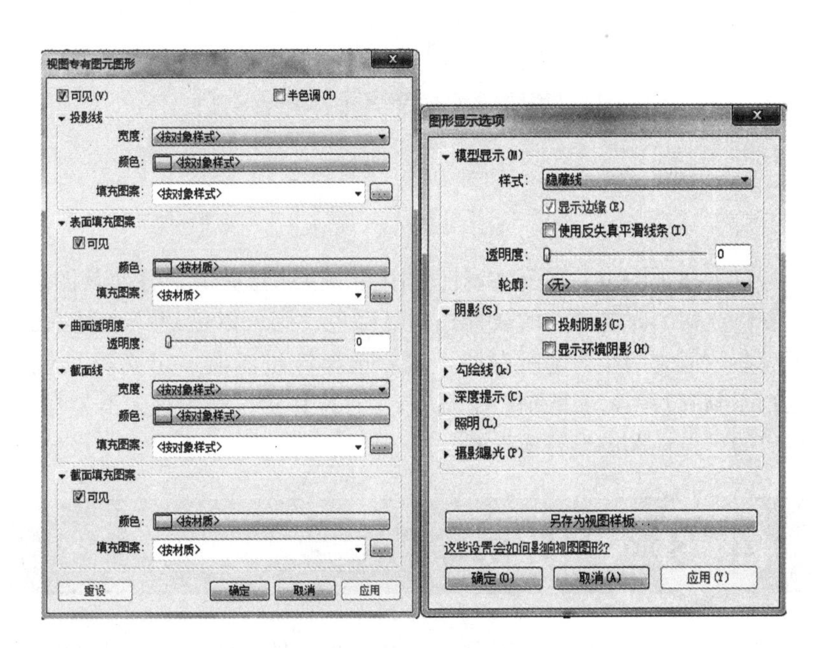

图　4-33

4.2.6 视图过滤器设置

视图过滤器可通过【视图】选项卡下【图形】面板中的【过滤器】（图4-34）打开设置对话框，如图4-35所示；也可以通过属性面板中【可见性/图形替换】工具设置对话框中【编辑/新建】按钮（图4-36）打开过滤器设置对话框。

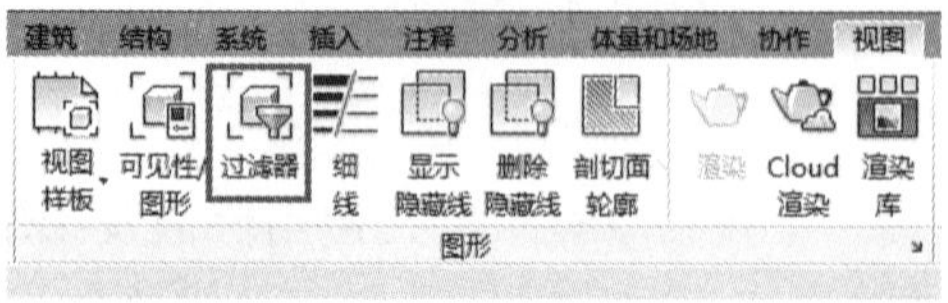

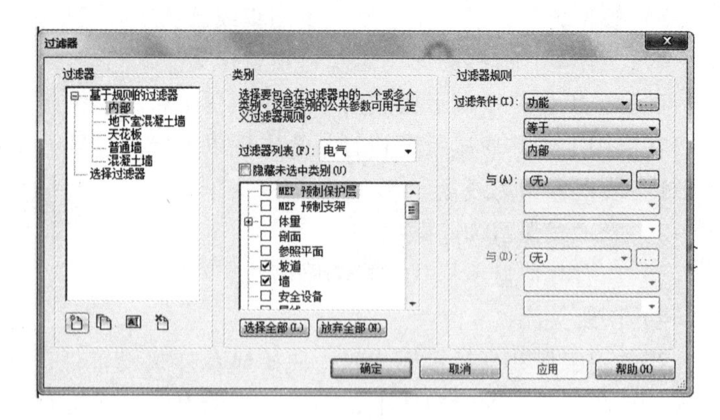

图 4-34

图 4-35

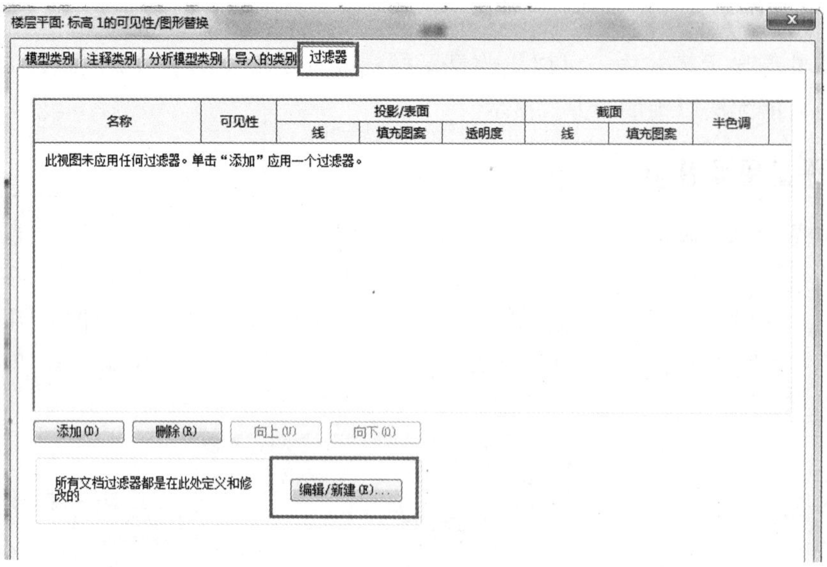

图 4-36

对于在视图中共享公共属性的图元，过滤器提供了替换其图形显示和控制其可见性的方法。例如，如需修改两小时防火墙的线样式和线颜色，则可以创建一个过滤器，使该过滤器能够选择视图中防火等级参数值为两小时的所有墙。然后选择该过滤器、定义可见性和图形显示设置（如线样式和线颜色），再将过滤器应用到视图。执行上述操作后，符合该过滤器中所定义条件的所有墙都会更新为具有相应的可见性和图形替换设置。

4.3 单元练习

本单元练习分为两个部分，为用户提供图元和视图控制操作的基本设置实例。理解影响制图和其他图形样式及视觉外观的因素非常重要。

4.3.1 控制图元视图

练习的第一部分是通过视图【可见性/图形替换】对话框来处理建筑平面图中模型图元的外观。

1）打开起始文件 WFP-RAC2015-04-VisControlA. rvt，在【项目浏览器】中打开【楼层平面：Ground Floor】视图，如图 4-37 所示。

2）在图元属性选项板中选择【可见性/图形替换】工具栏旁边的【编辑】按钮，如图 4-38 所示。

图　4-37

图　4-38

注意：以下大多数指令都可从图元属性选项板中操作，但为了展示其他选择，以下步骤从各种不同来源获得指令信息。

3）在【模型类别】选项卡中，取消勾选【家具】。单击【确定】按钮，家具变为不可见，成为隐藏状态，如图 4-39 所示。

楼层平面: Ground Floor的可见性/图形替换

模型类别 | 注释类别 | 分析模型类别 | 导入的类别 | 过滤器

在此视图中显示模型类别(S)　　如果没有选中某个类别，则该类别将不可见。

过滤器列表(F): <全部显示>

可见性	投影/表面			截面		半色调	详细程度
	线	填充图案	透明度	线	填充图案		
坡道							按视图
墙							按视图
天花板							按视图
安全设备							按视图
家具	替换...	替换...	替换...				按视图
家具系统							按视图
导线							按视图

图　4-39

4）选中其中一个轴网，然后单击鼠标右键，在弹出的快捷菜单中选择【选择全部实例】→【在视图中可见】，如图 4-40 所示。

这样做会选中当前视图中可见的同一样式的所有轴网，在这个例子中等同于模型中所有轴网，仅使用一种样式的轴网并所有可见。

5）再单击鼠标右键，在弹出的快捷菜单中选择【替换视图中的图形】→【按图元】，如图 4-41 所示。

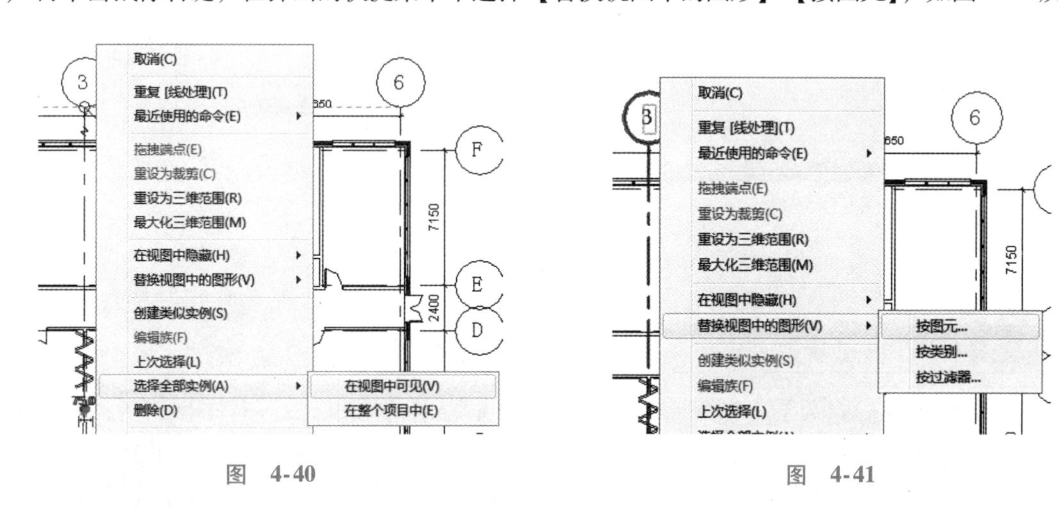

图　4-40　　　　图　4-41

6）将轴网颜色改为红色，单击【确定】按钮，如图 4-42 所示。完成操作后，如图 4-43 所示。

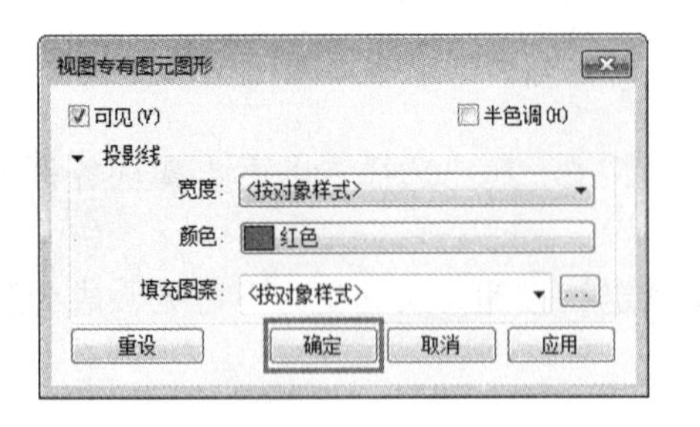

图 4-42

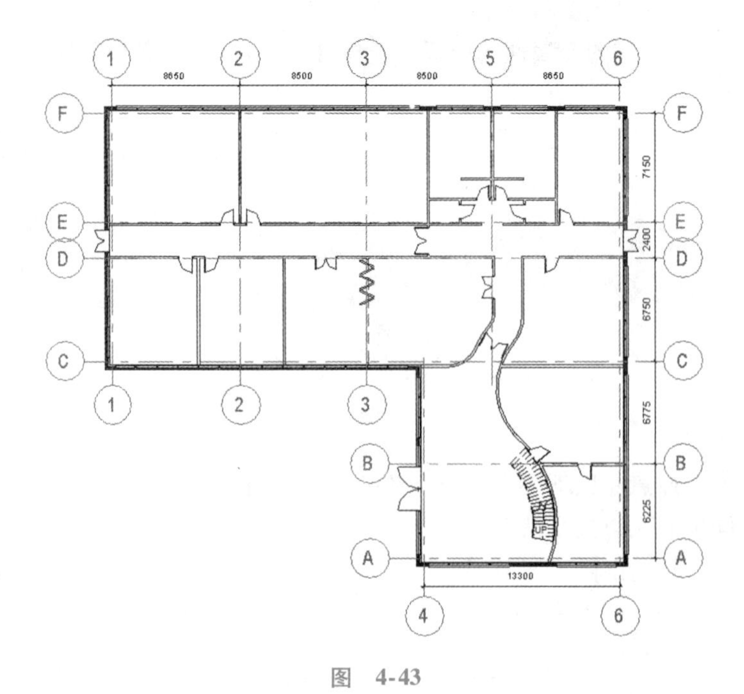

图 4-43

7）在屏幕底部的视图控制栏上将比例设置为【1∶100】，并将【详细程度】设置为【粗略】，如图4-44所示。

8）回到屏幕绘图区域，利用快捷键 < VV > 开启【可见性/图形替换】对话框。

9）在【注释类别】选项卡中，将【尺寸标注】勾选【半色调】，单击【确定】按钮，如图4-45所示。完成操作后，如图4-46 所示。

图 4-44

图 4-45

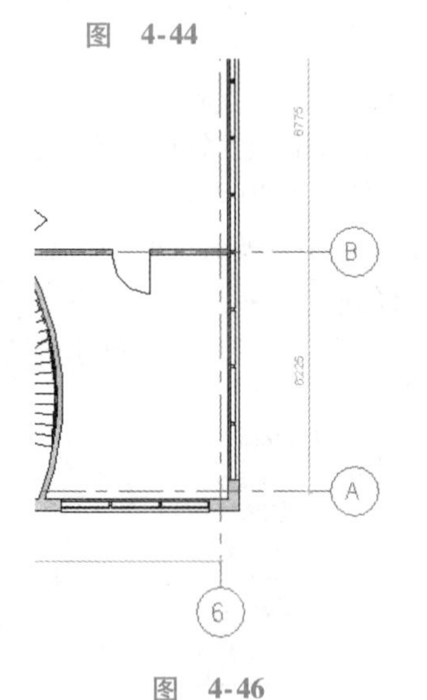

图 4-46

4.3.2 自动视图样式

在第一部分中，我们隐藏了一些图元，设定一些图元为半色调和对另一些图元进行了替换。在第二部分练习中，我们对设置进行保存并对一层平面图进行修改且将其应用到二层平面图中。

1）在【视图】选项卡下【图形】面板中，选择【视图样板】下拉菜单中的【从当前视图创建样板】，如图4-47 所示。

2）将视图样板名称设置为【WF Floorplan】，单击【确定】按钮，如图4-48所示。

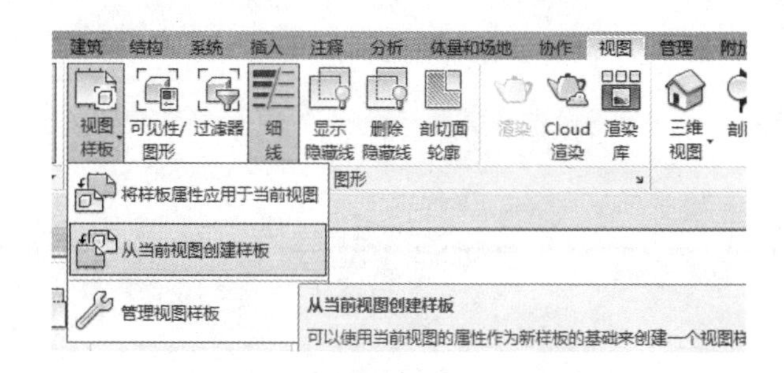

图　4-47

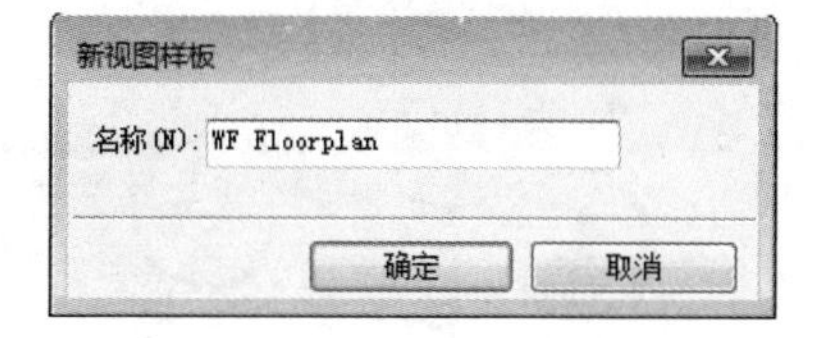

图　4-48

这样做可开启【视图样板】对话框（图4-49），显示所有可储存在视图样板的视图设置。

3）在【视图类型过滤器】下拉菜单中选择【楼层、结构、面积平面】，然后在列表中选择【WF Floorplan】，单击【确定】按钮，如图4-50所示。完成操作后，如图4-51所示。

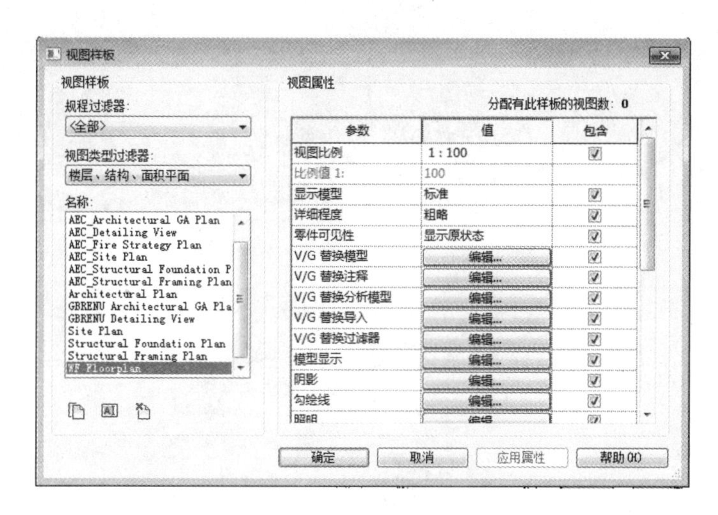

图　4-49

图　4-50

注意：目前二层平面图中家具为隐藏状态，先前的隐藏维度现在可见，且每层楼处于半色调状态。轴网未变红。这种差别是由于对维度和家具的修改是通过类别层面完成的且从创建视图样板中获得，而轴网的修改是在图元层面进行的且并未获得。

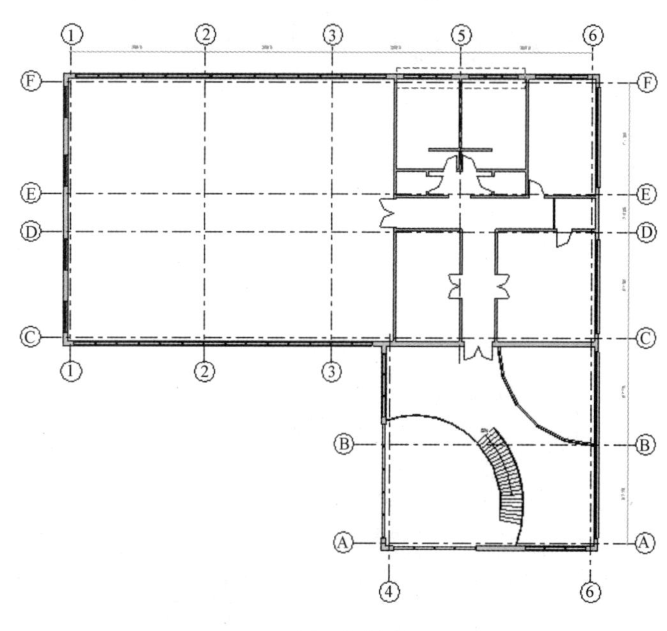

图　4-51

单元 5
模型的发展

单元概述

本单元将深入介绍模型建立与发展的术语和实践指导原则，同时对每个部分的影响进行解释，最后为更好地进行实践提供建议。我们发现了相关构件的形体复杂程度将影响到模型的规格和使用速度；也发现了以文本为基础的元数据和二维线条会对构件的使用造成很大影响。对此，凭借对三维形体的合理化应用，与元数据在组建分级过程中的有效使用，本单元将不对图元创造过程作阐述，而是致力于提高读者的BIM使用意识。

单元目标

1. 了解模型的发展进程。
2. 了解BIM对麦克里美曲线体现的工作流程的支持与“过度建模”的预警。
3. 了解LOD（模型精度）的级别和含义。
4. 学会控制图形显示的方法。

5.1 模型发展进程

5.1.1 空间维度

空间维度的数量在逐日增长，但在各参考资料中对维度的描写也不尽相同。基于BIM的实践需要，其所涉及行业内已对六种维度达成了共识。

1）1D：一个点。

2）2D：线条。2D是一种抽象的符号和字符表达方式，其基本的处理对象是几何实体，包括线、圆、多边形等，目前使用的各类方案图、初步设计图和施工图都是二维的。

3）3D：模型实体和表面。便于检查图纸的“错漏碰缺”，减少在施工过程中不必要的设计变更；让建筑物可视化，使项目参与各方沟通更顺畅；能够方便快捷地输出各种图纸、表格、图像、动画，用于现场交流、配合、施工及检查比对。

4）4D：在3D的基础上附加时间和顺序信息。按模型完整的模拟、细分施工步骤，让施工进度安排及过程可视化，更加准确地估算工程周期及进度；结合项目管理软件，导出/导入施工进度安排，生成甘特图等，优化施工方案；实时对进度进行分析，掌控各个阶段任务及资源，根据需要随时方便、快捷、合理地调整施工顺序。

5）5D：在4D的基础上附加成本信息。能够方便、快捷地统计各种构件、材料的数量以及成本；及时估算整体成本、阶段性成本；实时进度配合采购，让“零库存”施工成为可能；优化资金方案，控制风险。

6）6D：在5D的基础上附加设备管理信息。能够集成化管理项目中的所有设备的厂家、安装及使用信息；还能在运维阶段快捷地调用设备设施的关键信息；通过直观的信息记录及表达，减少因图纸偏差引起的问题。

上述六个维度会被或多或少地纳入Revit工作流程中，这取决于工作原则和方式的选择，以及客户和其他项目利益相关方的需要。

建筑师所制作的Revit数据通常被工程师用在分析应用中；被建筑造价师用在成本估算中；被承包商用在项目和修建阶段；并最终被用作整合模型的基础。总而言之，上述所有用途都可能会对模型的构建方式、类型、风格和其产生的信息格式产生影响。这些要求也意味着可能要对模型进行额外加工，否则某些建模工作会与其他部门的要求产生矛盾。建筑师按照自身观念在设计的开始阶段所建造的模

型与最终用于运维阶段的模型大不相同，同时也存在着很多不同的对象目标。从一开始就将所有可能的使用方式都纳入到某个图元既不可能实现，又不满足高成本效益的需求，但是 Revit 所提供的工作流程却可以实现构件之间的简单置换，同时可提供新的元数据以实现新用途。

5.1.2 BIM 与麦克里美曲线体现的工作流程

MacLeamy Curve（麦克里美曲线）（图 5-1）体现了一种工作流程，通过该流程，决策制定环节可以更进一步地发展，并因此降低设计变更所带来的成本。BIM 技术通过协同功能和加强虚拟设计观念与实际修建的联系，突出冲突并预警问题，最终为 MacLeamy Curve 背后的工作流程提供支持。

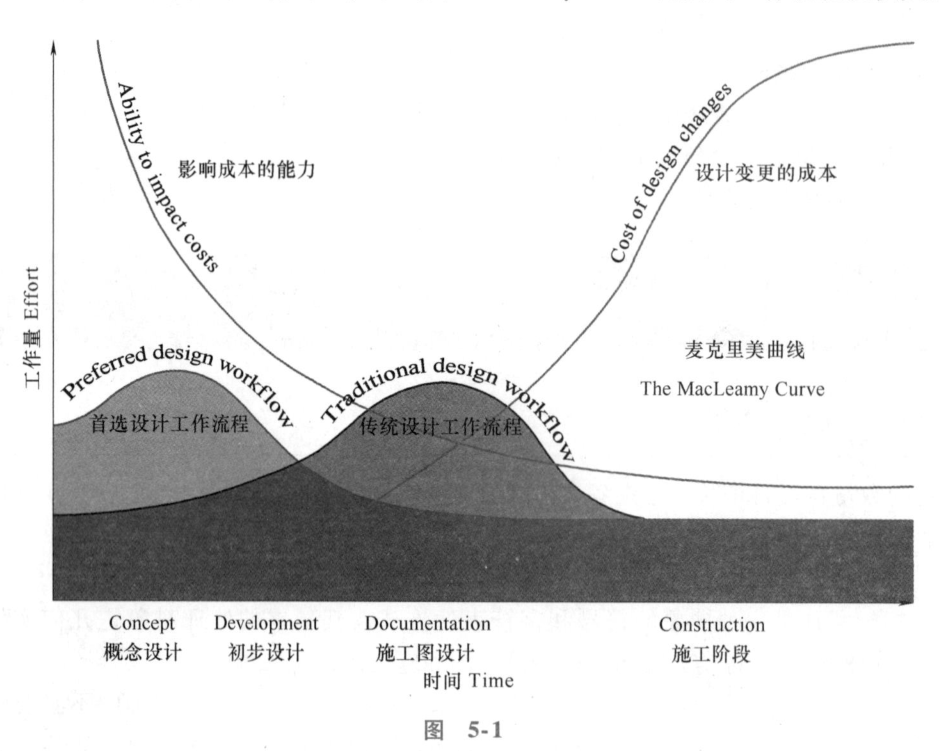

图 5-1

但是，麦克里美曲线体现的这种工作流程，这种寻求改善的愿望可能会让用户掉进一个最常见的陷阱，并可能导致过多的花费，也可能会让使用群体不再喜好 Revit 软件和协议。在使用 Revit 进行设计时，有一种错误的假设：所有的设计决策都必须在工作开始之前制定。尽管这有利于项目的整体发展，但它在投标阶段仍是不恰当的。对于自学者来说，一个常见的问题就是：太早考虑构件，使用 Revit时还像使用 CAD 或手工绘图那样，模糊不清并仍停留在概念阶段。这就是接下来我们要讨论的“过度建模”的问题。

5.1.3 过度建模

过度建模问题并不只发生在 BIM 领域，也常见于 CAD 用户之间。相关软件可以通过绘制形体或创建构件来为我们提供便利，可这并不意味着我们可以滥用这种便利。例如那些制造商，他们提供自己的电子数据库，其中甚至包括了印章、洗涤器、垫圈、螺纹栓和风扇叶片等。在通常情况下，用户并没有时间去理清上述种种琐碎图元，而顾及所有琐碎图元的结果是在图纸或模型中加入图形信息。

BIM 技术在消除以上问题的同时也突出了这类问题。BIM 具有消除这一问题的潜力，因为它与数据相协同，可在不需要图形识别的基础上为选定图元提供细节信息。

然而，实践能力差的用户会偏离 BIM 的本来理念，他们喜欢重复建立某个构件，并将其当作是虚拟的艺术，在一些网络共享平台上，这一现象屡见不鲜，建模者们愿意通过分享自己的作品来取得更多的关注。问题在于这种极端做法是不能推广的，同时也无利于模型发布或最终产品的增值。

对于风道末端之类的设备，人们倾向于在架子上复制金属散热片，甚至使其参数化，最后实现相关单元与金属散热片的数量相适（图 5-2）。如果把这种倾向实践到每个图元，那么硬件和项目预算都会不够充分。实际上，在视图范围内相关图元可能会被用到，但人们不会知道盒子上绘制的是简单线条，而非复杂的形体图。

图 5-2

5.1.4 项目发展流程

在尚未确定共同样板的基础上，可以使用示例样板。示例样板可以促进模型创建的速度，并为第 1 级构件提供相关数据库，所有的第 1 级构件都由基础材料组成，这些基础材料被普遍使用，且预先与概念相融合。同时，这些基础材料也被用于确定颜色、阴影与第 1 级构件的特点，最终无须研究衔接条件、颜色、材质、表面图案等要素也可以进行合理设计。

以 BIM 发展工作流程中的一个重要方法为基础，关注对早期观念原则的探索和对设计决策的后续校对与管理，最终将促进 BIM 数据的有效使用与循环使用。在实践中，这意味着在决定建筑形式的初期，人们将直接致力于满足设计要求和提交成功的设计方案，而非陷入不必要的细枝末节。

随着设计的发展，细节的相关性渐渐增强。此时，我们会以恰当的方式采集和储存与所选构件相联系的数据，这些数据仅会被录入一次，最终使得标记、说明与明细表都与统一信息源相关。任何后续变化都会影响核心数据，同时不同观点和报告的协调性可以得到保证。经过了一系列的建模工作，模型形态将得到考察，模型得到发展，模型构件也将经过选择。为了更好地完善决策制定的过程，该工作流程会通过单一用户或能够在短时间内做出大量形体模型的小组来加快建模工作的进展。然而，最重要的是相关方法考虑到通过较低的硬件要求来完成更大量更稳定的建模方式，这将延缓模型与复杂策略分离的过程。

第 1 级图元（模型等级概念详见下节）用于识别图元自身的性质，以致构件不会出现在完成的模型中，这是因为之前已有假设，用户选定了图元类型而非默认类型。我们可以通过多种方式来选择这些填充空间的图元类型，这样做的目的是在之后的设计中将其转换成制造商所指定的合适信息。

即使是最大的建模实践，单一、简单的样板都应为所有的项目类型而保留，准备好“族库”，通过项目具体目的和信息来补充基础样板。

例如，在投标阶段，某个团队可能会采用基础样板，同时对某一学校建立第 1 级模型。此时，他们可以载入单一的操作——把事先收集好的墙、楼板、屋顶构件和常规的门、窗、家具等载入到模型中。标准设定及日程表、图例说明和典型细节都可以略过。每个使用自己样板的专业团队都普遍采用这种方法。

5.2 构件的复杂性

5.2.1 构件的复杂性与图形分级的必要性

增强构件的复杂性，是指为构件增加形状外观的细节与信息参数，使其接近现实组装细节的程度。

我们在第 3 单元已经介绍 BIM 项目的场景是由各种类型的图元（构件由单个或若干个图元构成）构成的，为了让虚拟的模型接近现实的场景，就需要不断增加虚拟场景的图元类型与构件的复杂性。那么，在建设工程项目的 BIM 应用过程中，构件的复杂性是不是越高越好呢？不一定！

例如，构思良好的图元应足够灵活，并能满足给定的一系列标准，同时也不会发展成一种万能方法，一扇门拥有可更换的把手、可供选择的平板和可以从不同角度打开的功能，这些看似有用，但是在大型项目中是不允许这么做的，因为它不是解决问题的刚需。再如，构建具有二维细节信息的图元通常被视为一种很好的方式，但这种做法也应充分进行控制，以确保相关图元兼顾各个方面。

在上一小节我们对“过度建模”进行了预警，为了避免“过度建模”问题，在建设工程项目 BIM 应用过程中，针对不同项目阶段与不同应用要求，对建模深度、规则进行规定就非常有必要性。BIM 的功效在很大程度上由其所包含的构件决定，因此，将模型化图元的复杂程度保持在适用于项目状态的最低水平，对于 BIM 项目管理来说是至关重要的。在难以作出决定时，我们应该选择使用更少的三维形体，因为这将对硬件的性能有很大影响。

所以接下来，我们要引入一个模型分级的规范——LOD 概念。

5.2.2 模型分级的规范

我们会经常见到一个缩写词 LOD，全称为 Levels Of Detail。

LOD 既指过程关系，又指模型精度。LOD 在调查工作规范和在交付设计好的模型这两方面同等重要，LOD 也可能是项目执行计划（BXP）中的根本图元，因为它可以产生盈利和亏损甚至破产的区别。该模型分级组合的制定是为了区别在物体中所使用的三维形体层次，但更重要的是要能够从基于文本的数据内容中分离出图形的复杂性。

实际上还存在着其他的模型分级形式，它们强调的是对内容的命名和阐述，但目前为止没有一个分级模式得到了全世界的认可。那我们为什么要向读者介绍 LOD 分级规范呢？主要有两方面原因：第一，能够最终获得更多被认可的分级模式是那些可以区分三维形体、二维细节和协同数据的模式；第二，在国际上有各类资料对适用于模型的 LOD 提供指导，同时也致力于说明在每个层次上的可交换成果是怎样的。虽然这些资料并不完全一致，但却很类似并有着同一个目的，即确定在不同的项目阶段可担保且适用哪些方面的要素。

最常见的描述 LOD 的术语可能是第 0 级到第 5 级，也可能是美国建筑师协会规定的 LOD100 到 LOD500。只要所有的项目利益相关方充分了解每个层次的可交换成果，选择哪个体系或术语并不是强制的，LOD 级别及术语介绍见表 5-1。

表 5-1　LOD 级别及术语介绍

术　语	描　述
概念或符号 第 0 级 LOD100	概念设计，此阶段模型探讨项目整体的形状和形式。在此阶段，可以从三维模型中提炼出建筑面积和体量 1. 该级别下的构件在很大程度上受到建筑服务规定的限制，该规定下设备连接图优先于任何三维设计 2. 虽然在三维视图中可见，但该层图元是二维符号
概念性或一般性 第 1 级 LOD200	建筑的基础模型是由墙、底板、柱子和其他经归类的一般设备建立起来的 1. 可识别简单的占地图元及其很小的细节，如单面或双面门 2. 表面维度表示 3. 一般的制造信息和技术数据 4. 从持续有限的数据库中选择并制作图元，因此也称作“White 模型” 5. 第 1 级基础上的数据库可很快制作，因为它只包括了桌子、椅子和窗等图元 6. 在有限的数据库基础上，初期模型建立迅速且有效
定义 第 2 级 LOD300	随着设计决策的制定，一般空间占位体图元将会被明确的厂商指定的物体所取代，这些物体具有充分的协同信息，但是就其三维形体来说仍显简单 1. 构件包含所有相关的元数据和技术信息，并已被充分模型化，可以鉴别其图元和构件材料的类型和风格 2. 包含了构件属性和参数等二维信息 3. 满足大多数项目

（续）

术　语	描　述
协调和实施 第3级 LOD350	美国建筑师协会创建了具体的LOD标准来处理图元，这项标准和其他原则相配合使用，但目前有很多人认为该标准应包含在其他原则之中。简化的形体形式已能满足大多数BIM任务的需求，但是如果提出了视图美化与渲染要求，那么就有必要用更准确的物体替代基本图元 1. 如果通过注释进行编制，那么此级图元就相似于第2级的图元，不同之处在于它通过三维来呈现 2. 仅仅在足够规模的三维视图下，细节显示必要时使用，如高质量的内部房间渲染
制造 第4级 LOD400	物体是经置换或外加的，信息部分添加了制造和组装信息。这并不意味着相关物体形体精确度更高，而是说明信息经过补充，更与建造过程有关。在这个阶段，对于Revit模型来说信息会更详细，用户将倾向于使用其他软件，这些过于详细的信息也不适合于FM（运维），因此相关协议和工作流程将收集更多信息，并将其引入（维修）模型
设备管理 第5级 LOD500	模型经过升级，反映已完成建筑的竣工阶段，交付给客户的模型将是电子O&G（维修）手册，以用于设备管理

大多数通过Revit完成的设计工作都在第0级到第2级（或LOD100到LOD300）之间，一部分设计在通过Revit进行渲染或借助其他工具来渲染的情况下，达到了第3级。需要强调的是，应该保持在低级别内进行工作，而非直接进入更高级、更复杂的构建设计。

术语的名称并不重要，但要保证其原则是正确的，因为它会对其适用的各种服务的相关费用产生重大影响。这些服务包括对现有设备进行调查，将BIM数据交给制造商、承包人和客户，最终交付电子记录甚至是基于BIM的O&M手册。在讨论或安排费用时，要有一个详细的范围来更深入地说明相关图元应达到什么规模，在什么阶段和维度定义某些图元。

与曾经采用传统的人力建造方法相比，随着我们采用更高的信息深度，从BIM中得到的利处相对建造模型所消耗的成本将减少。反对者却认为，这将使得我们易犯人们常犯的错误。

上文所述的构建等级是对内置功能的补充，这些内置功能可促进对相关图元二维和三维部分可视复杂性的控制。粗略、中等、精细三个详细程度（图5-3）可应用于上文所述的每个等级，因此空心砖一类图元的可见性能够依照规模和视图要求得到很好的控制。

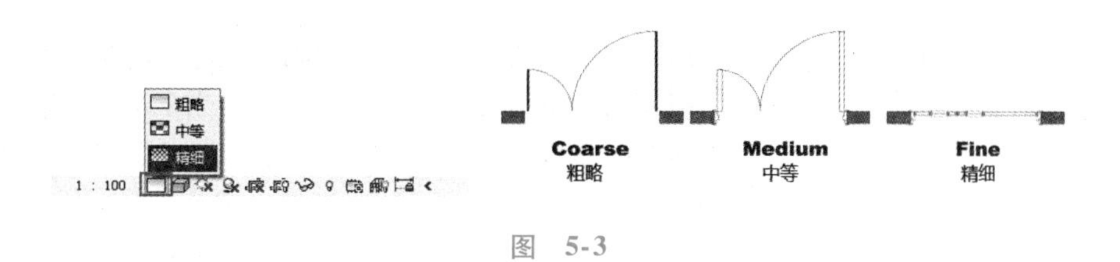

图　5-3

试着将不同的LOD融入单个构件的粗略、中等、精细三个概念中是错误的。实践表明，按照目前要求，相关物体应该尽可能简明化。这产生了数据库中一对多的关系，其中，第1级的椅子应该满足所有材质、模式、颜色和形状的椅子的要求；第2级的椅子应该以制造商关于尺寸的数据和背景数据为基础；第3级的视图应该是第2级视图的复制品，但它经过改善更加精确。采用这种解决方式的第1级数据库很小，第3级数据库也仅仅只是涵盖了需要的美化物体。因此，大多数数据库都存在于第2级。

5.3 控制图形显示

为了进一步确定合适的三维形体层次，用户必须考虑使用二维图形和与之相关的元数据。上述关

于门在粗略、中等、精细三个详细程度的图形不是从三维模型中产生的，而是完全来自于二维线条。

一个精心构思的族图元应该是一个三维形体的简化图形，通过它可以正确识别图元的规模或尺寸，在项目中常用的视图比例为1∶100或1∶50。这种三维形体可能不是最好的平面图示，但是它却能满足立面图示的需求。

用户在对族图元的显示进行控制时，除了可以设置族图元类别以外，还可以通过【修改 | 图元】选项卡下【可见性】面板中的【族图元可见性设置】对视图专用显示和详细程度进行设置，如图5-4所示。

在这里我们可以看到一个由简化三维形体构成的部分窗口样本（图5-5）。粗略的详细程度通常只显示图元的符号。

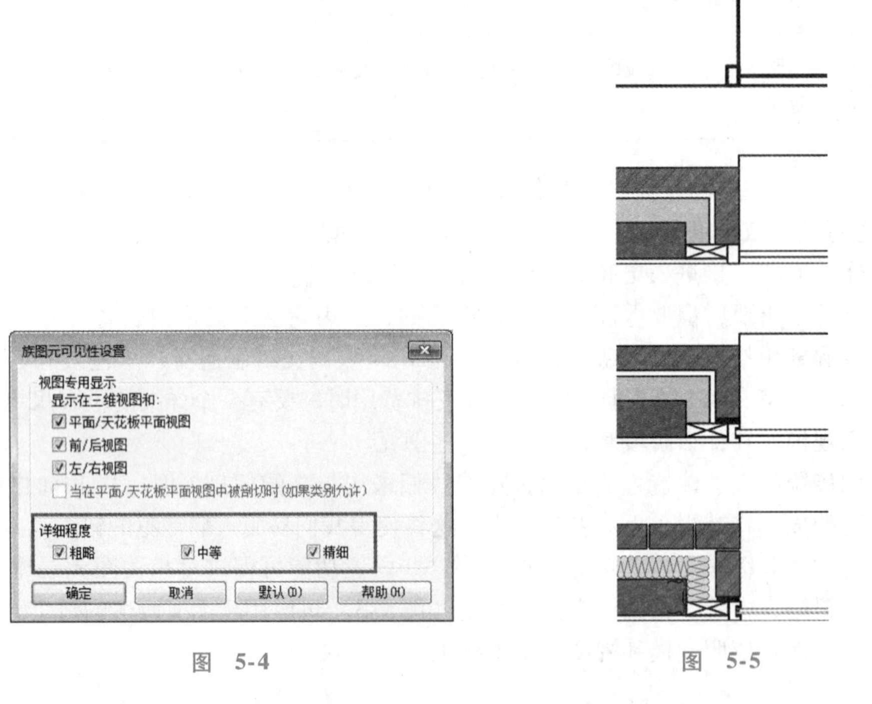

图 5-4　　　　图 5-5

在中等详细程度下，Revit可以在默认情况下显示墙面的材质结构，因此，适当地呈现更高的详细程度，可以展示窗在该环境下如何安置。值得注意的是，细节构件遮住了背景中墙构件的某些部分，即表示玻璃的单条线消失，或被表示双层玻璃板厚度的双线代替，但因为在这个层次的图形设计上不恰当，所以这条双线并没有延伸到框架，在这个阶段若不这样显示便是错误的。

在精细的详细程度内，墙构件仍未改变，但可推测视图已允许更进一步检查细节。因此，在框架与砌体之间可以看到玻璃窗的窗框和密封处的接头。

在整个窗口样本中，三维形体详细程度保持不变并且简单。与物体相关联的数据应标明制造商和目录代码，以及其他可能通过标记和安排展示信息而产生更精确的识别信息。

注意：上述样本视图中材料的包装是由依附图元（窗）和主体图元（墙）的组合控制的。因此，管理相关数据库很有必要，使用数据库可以快速且有效地提供项目所需的合适图元。

第2篇

Revit Architecture

单元 6
墙体的创建和处理

单元概述

本单元主要以墙体（图6-1）为例介绍系统族图元（详见族讲解单元）的布置。在创建和处理墙体这一基本构件时，我们将介绍很多关于Revit建模的关键原则，包括从图元编辑工具中选择和置换墙体类型到对设计原则的应用。

图　6-1

单元目标

1. 理解可使用墙体的不同类型。
2. 学习绘制墙体。
3. 学习限制墙体顶部和底部。
4. 掌握将墙体附着到屋顶、楼板、天花板。
5. 学习编辑墙体立面图形状与嵌入开启。
6. 了解墙体定线和朝向。

6.1 墙体的创建

6.1.1 基本墙体

墙体可作为诸如门、窗、照明器材等一类壁装、壁挂图元的主要附着图元。创建基本墙体（图6-2）是初学者了解Revit的首要任务之一，同时，墙体创建工具也是非常简单的入门工具。然而，和大多数Revit工具一样，在所创建的墙体上依然存在着复杂层，这也允许用户针对不同的项目进行不同的设置和处理。

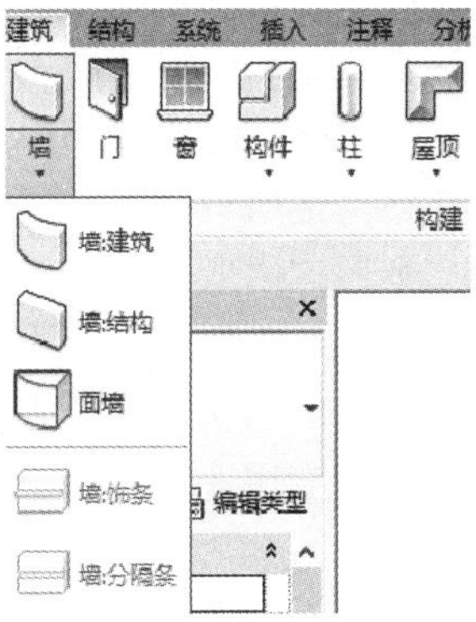

图　6-2

下列所述三种类型是我们可以创建的墙体，因为每种墙体所适用的基本原则不同，所以其具体使用方法会有所不同，使用所产生的结果也将不尽相同。

1. 基本墙

（1）通用类（图6-3）　这里提供一系列外部和内部尺寸墙体，这些墙体由单一材料组成，厚度适宜。此时的墙体模板用于确定早期的建筑形状和形式。

（2）复合类（图6-4）　这类墙体是通用类墙体概念的扩展，用于为项目添加更多细节。这类墙体根据给定指令和厚度对具体材料进行设置。该墙体的层次首先考虑装饰顺序，同时，其核心边界说明了墙体与屋顶、楼板一类其他系统族的相对关系。

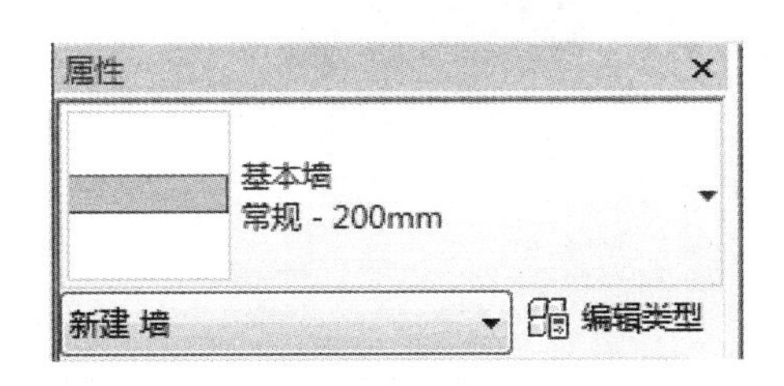

图　6-3

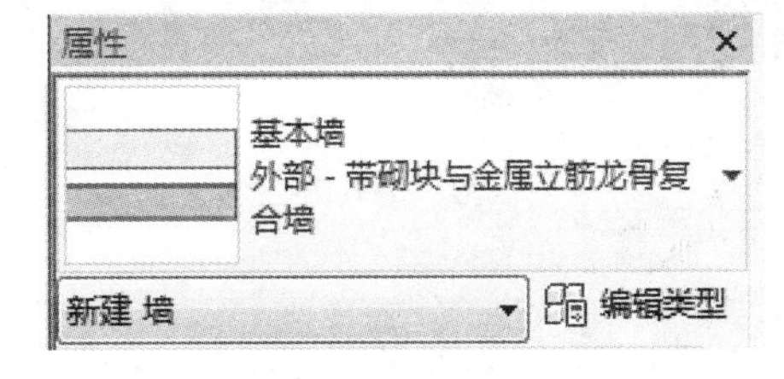

图　6-4

2. 幕墙（图 6-5）

Revit 拥有幕墙和幕墙系统，二者可以分别被简要描述为通过绘制并具有基本墙的功能的模型，以及用于墙面并发展出更多自由形状的模型。幕墙和幕墙系统都包含了其他模块中的更多细节，但都可以被归纳为由网格分割的平面构件（如果是曲面墙，则是曲面构件）。骨架被应用于网格之中，在网格之间的部分是嵌板。嵌板、骨架的种类及网格的间隔可以进行调节，以适用于不同的设计需求。幕墙也可被嵌入基本墙，并自动拆分和保持恰当的形状。

3. 叠层墙（图 6-6）

经过编辑，墙体类型可以形成更为复杂的立面风格，这种风格可以被很快应用。只有基本墙能够进行这样的编辑，同时，在为了进行后续的设计而拆分墙体之前，叠层墙只能被用于布局。

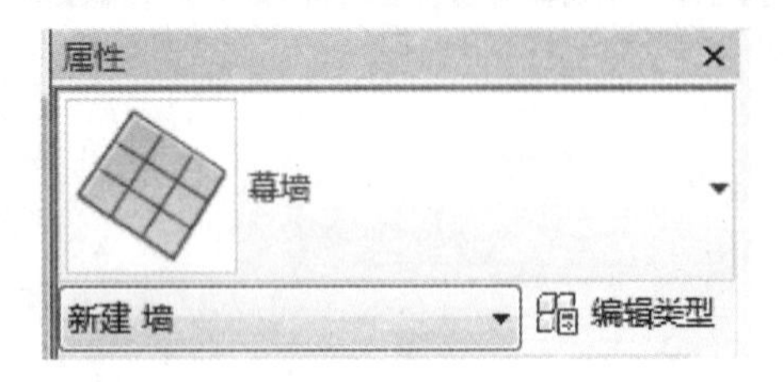

图 6-5

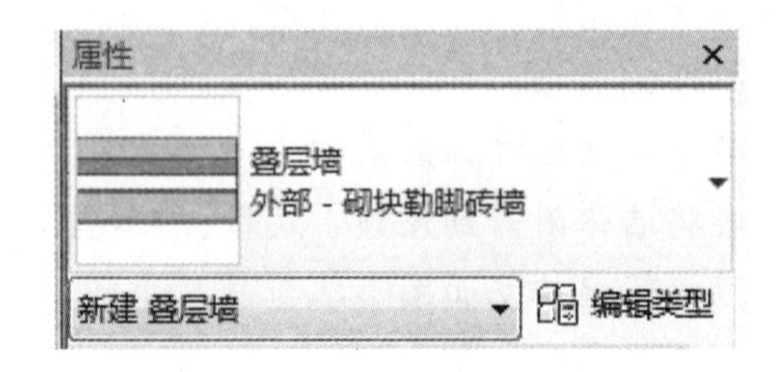

图 6-6

6.1.2 曲面墙体

上文所介绍的墙体都可根据设计绘制成直墙或曲面墙，但是所有的墙面都必须垂直竖立，且不允许添加坡度。如果我们想要绘制更复杂的墙体，并在立面图中添加坡度和曲面，那么就要用到下列方法创建墙体。

1. 面墙（图 6-7）

可以使用体量面或常规模型来创建墙，这种体量形态能够使墙体被应用于曲壳，基本墙可被应用于垂直或倾斜的形体的表面。

2. 内建墙（图 6-8）

在上述所有墙体都不合适的情况下，最后一个选择是使用墙体内建族，通过内建族，用户可以使用基本形式生成工具来绘制所需要的墙体，同时为该墙体指定材料。在本环节有三点很重要：首先，如果结果对象要有正确的对应明细表，并且能够嵌入门、窗或其他构件，那么该族类别必须是墙；其次，该墙体不会是复合墙，但可以指定结构用途和材质；最后，如果墙体表面是弯曲的两个方向，那么将不能应用一个表面图案。

图 6-7

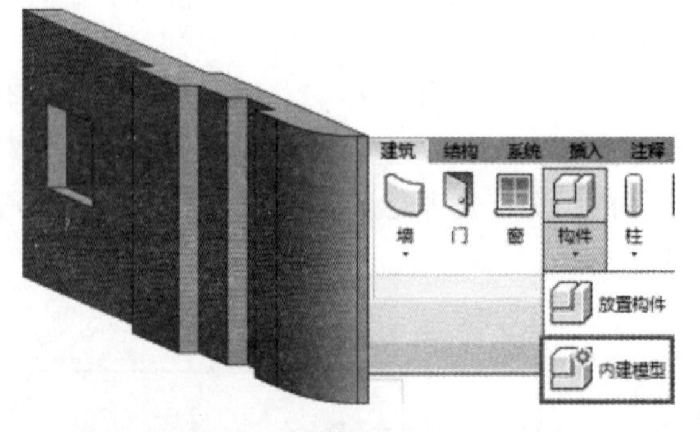

图 6-8

6.1.3 墙体高度的设置

标准墙体是从当前工作面定义的，通过设置属性面板中【底部偏移】与【顶部偏移】的值来控制墙体的高度。

【底部偏移】可以在墙体【属性】中进行设定，这可以使墙体底部相对当前工作面上升或下降；同时，如果墙体高度与工作面相关联，那么也可使用【顶部偏移】，如图 6-9 所示。上述底部偏移和顶部偏移可以被附着替代，但是图元属性会像没有附着一样仍显示其相关值，这有时会产生混乱。

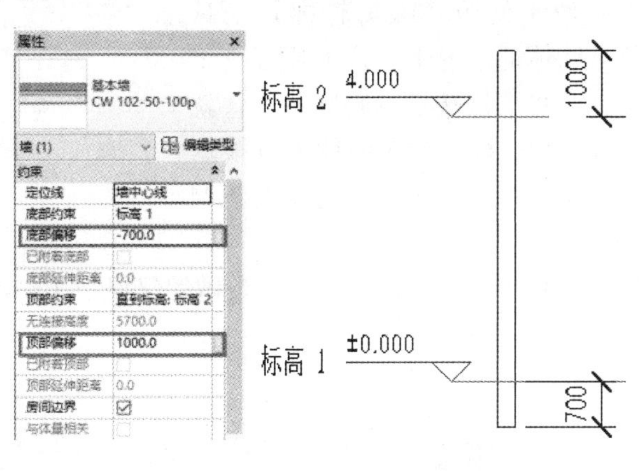

图 6-9

6.2 墙体的处理

6.2.1 将墙体附着到板上

墙体的底部或顶部可以附着在很多不同的图元上，例如屋顶、天花板、楼板，以及参照平面。以其所附着的图元为基础，墙体的相关表现将有些许不同，如图 6-10 所示。

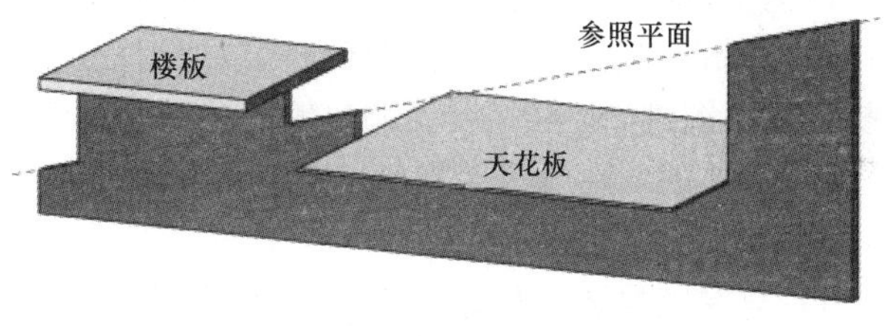

图 6-10

如图 6-11 所示，直接附着在相关图元以下的墙体，只有存在楼板的部分会受到附着的影响，墙体其他部分将保留相关图元属性所界定的值。物体的任何变化都会更新附着墙体的相关信息，这是一个非常实用的特点。

当楼板或者屋顶边缘建立完成，Revit 会检查在临近边缘的墙体是否有接近的未连接高度。如果有，那么 Revit 就会询问用户相关墙体是否应当自动附着到屋顶/楼板下。在适当的情况下用户可以接受自动附着（在 Revit 未附着成功时会收到警告信息）。限制在一定层面而并未达到附着高度的墙体将不能进行自动附着设置，这一类墙体需要用户进行人工附着操作（图 6-12）。

图 6-11

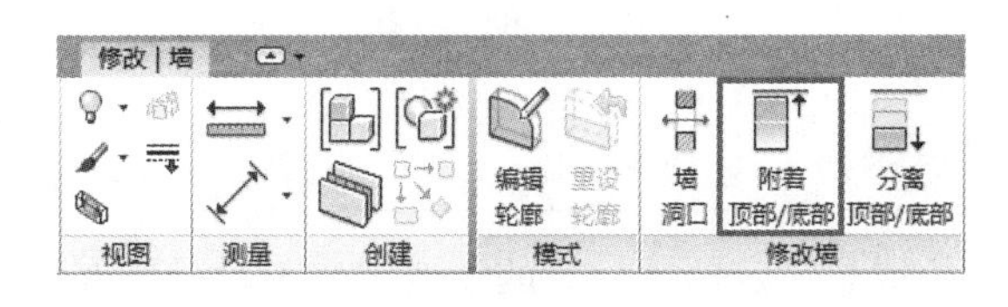

图 6-12

6.2.2 编辑墙体形状

虽然将墙体附着到屋顶会使墙体形状发生改变，但是我们也可以通过很多恰当的方法来改变墙体的立面形状。

其中，最明显的方法之一便是使用【编辑轮廓】工具（图 6-13），在模型中选定单个墙体的情况下，该工具可见于【修改 | 墙】选项卡中。该工具会将墙体转换成轮廓草图，就像创建屋顶或楼板时所见到的那样。接着，我们就可以根据需要设置墙体的轮廓。一旦完成草图，轮廓形状就会重新调整成 3D 墙体，如图 6-14 所示。

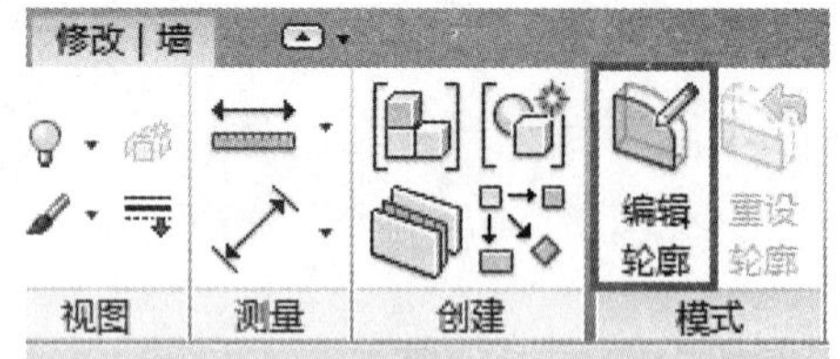

图 6-13

【编辑轮廓】工具也可用于在墙体上嵌入洞口，用户要做的仅仅是在原始轮廓草图上界定一个新形状，如图 6-15 所示。

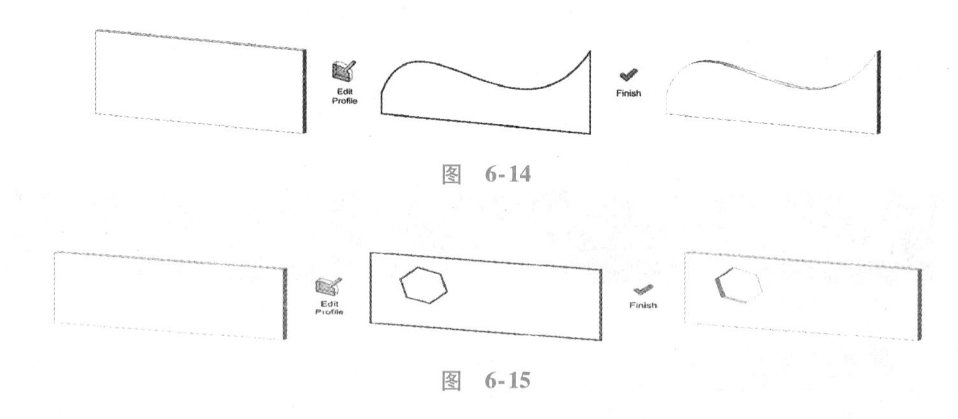

图 6-14

图 6-15

以上仅是其中一个在墙体上嵌入洞口的方式。其他方式还包括：

1）【墙洞口】工具（图 6-16）可以让用户选择墙体表面，并界定需要嵌入的洞口轮廓形状。和上文提到的草图绘制方法一样，洞口轮廓设置垂直于墙表面。

2）墙体的依附图元（如门、窗）可以嵌入墙体产生洞口，这是创建门窗的第一步，之后才能创建窗台等。

3）只要族类别被设定为墙体，内建族就可被界定为适用于在墙体上嵌入任何形状或形式的洞口的工具（这个洞口不必像使用【墙洞口】工具一样垂直于墙体表面），如图 6-17 所示。

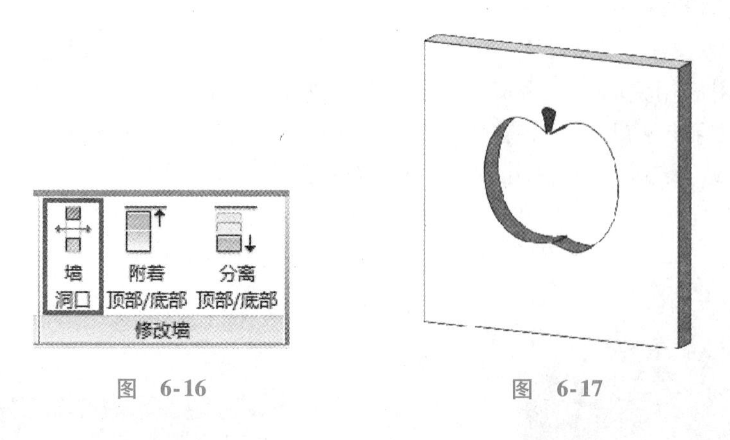

图 6-16　　图 6-17

6.2.3 定位线

墙定位线是决定墙体位置的重要定位工具，要在墙体建模之前提前设定好。如图 6-18 所示，Revit 提供了多种定位线选项，当墙体包含较多复杂层或内外装饰层不一致时，宜采用【核心层中心线】进行定位，以核心结构层中心线定位的方式会更为清晰明了，不需要顾虑复杂层的干扰。

在设置好墙体选项栏和【属性】后，可以进行绘制了。为了保证装饰层保持一致，在绘制过程中宜采用顺时针的方式，如图6-19所示。

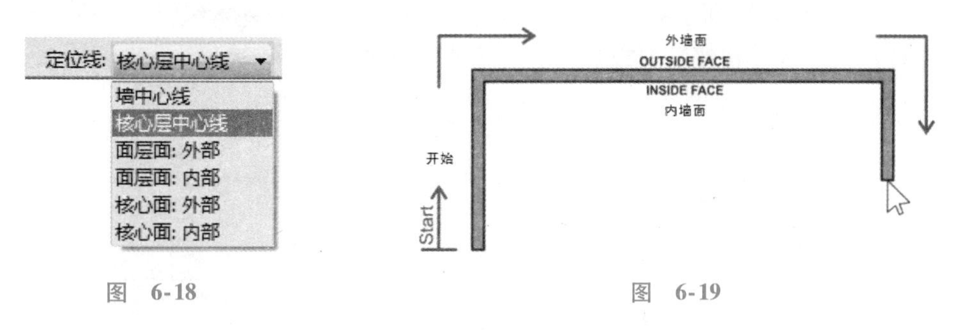

图　6-18　　　　　　　　　　图　6-19

墙体可以通过翻转的方式调整其装饰层方向。可以在绘制过程中使用空格键快速翻转，或在墙体绘制好后，选中该墙体使用空格键或单击反向箭头来实现，如图6-20所示。

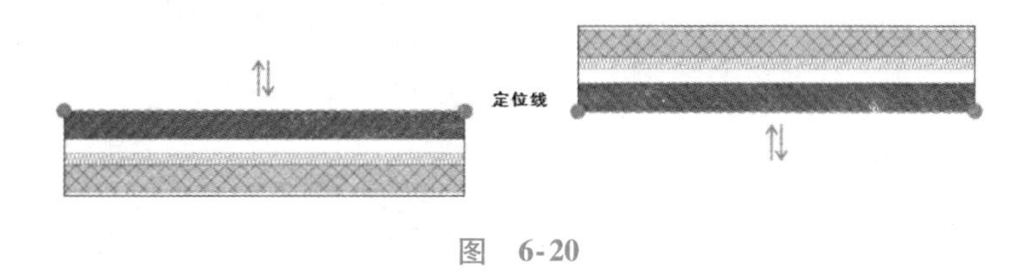

图　6-20

翻转操作前，在【属性】面板【定位线】中设置好翻转围绕的中心线是很关键的步骤，如图6-21所示。

就定位线而言，需要考虑的另一个因素是改变墙体类型所产生的影响。例如，如果一个厚度为100mm的墙体被转化成了400mm，那么对空间位置的影响将会由定位线指示出来，墙体围绕定位线而界定，定位线将保持不变，如图6-22所示。使用图元定位早期的概念模型，这些图元在之后会被按照模型发展方式置换成构件的时候，会显出它的关键之处。

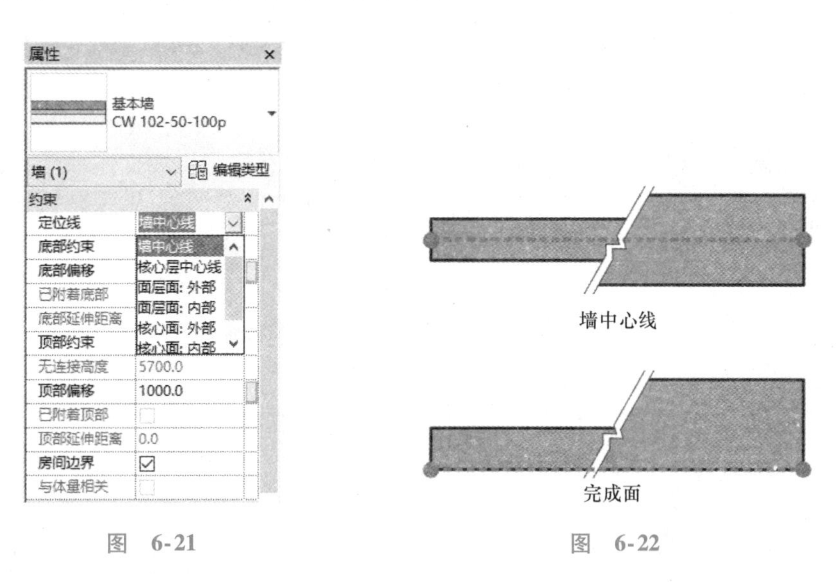

图　6-21　　　　　　　　　　图　6-22

6.3 单元练习

本单元主要练习墙体的创建及处理，在练习过程中帮助读者理解理论部分讲解的内容。

6.3.1 隔墙创建

1）打开起始文件 WFP-RAC2017-06-WallsA. rvt，并在【项目浏览器】中打开【楼层平面：Ground Floor】视图。我们将按图 6-23 所示添加呈红色的墙体，将墙体工具与基本编辑和处理工具结合。

2）在【建筑】选项卡【构建】面板中，单击【墙：建筑】（图 6-24）。

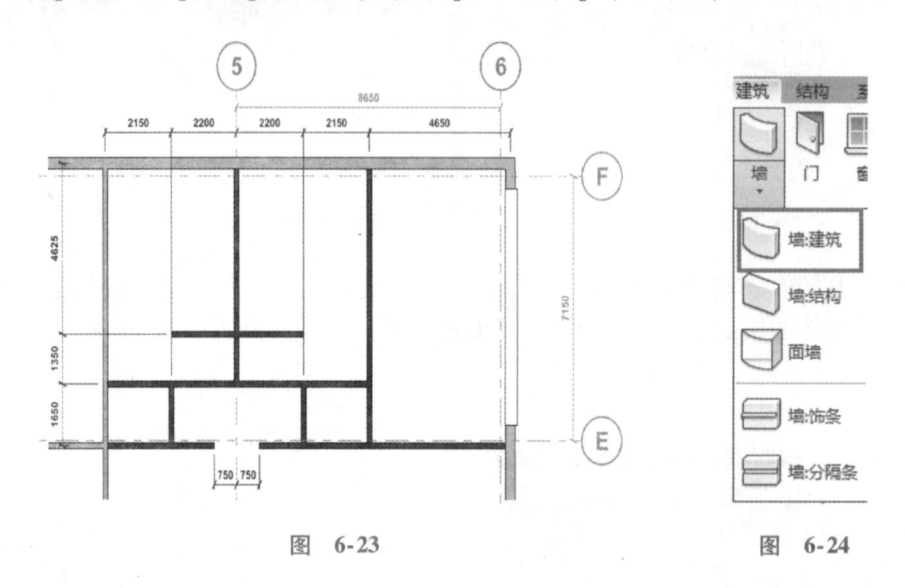

图 6-23　　　　图 6-24

3）在类型选择器中，选择墙体类型为【Concept- Int 150mm】，同时在选项栏中，将定位线设置为【墙中心线】，如图 6-25 所示。

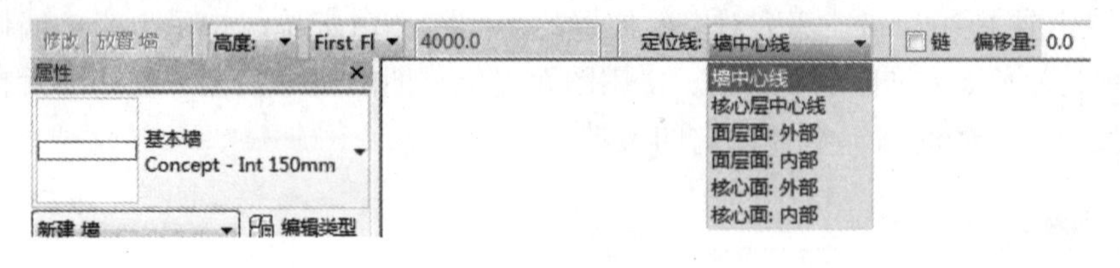

图 6-25

从图 6-26 中的墙体 A 开始绘制，因为其借助于周围图元所有的定位线工作都已完成。

4）使用【绘制】面板中的【直线】工具（图 6-27），在墙体上的点 A 与点 B 之间绘制一段内部墙体。

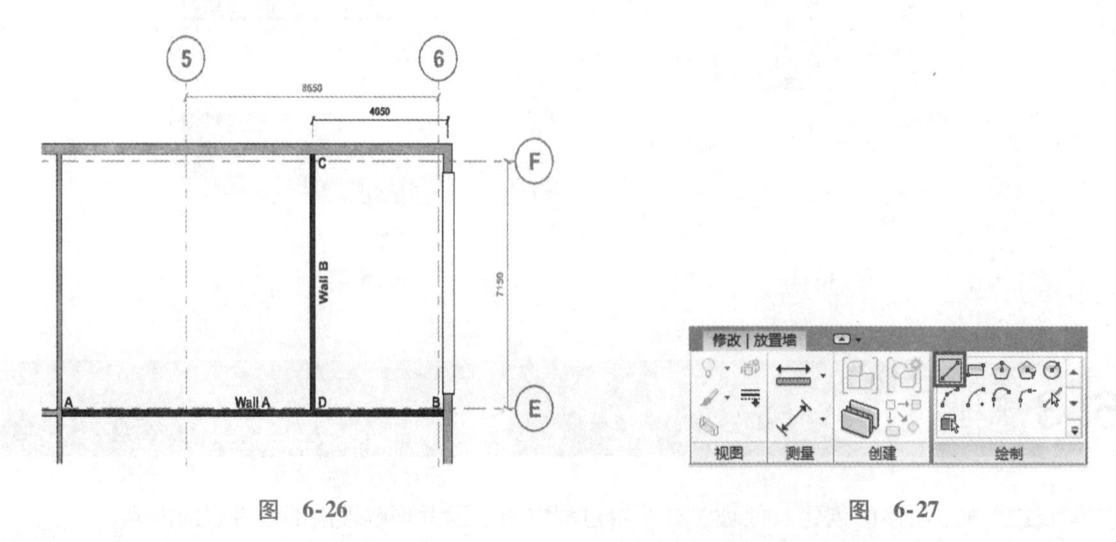

图 6-26　　　　图 6-27

5）将光标放置于外墙上接近轴线⑥的某处，Revit 会呈现尺寸监控功能，它将给出鼠标所在点到最近的墙体表面的距离，输入4500并确定，如图6-28所示。

6）按照图6-26所示，确定出墙体的C点位置，垂直向下移动光标到达位置D，确认并绘制这段墙体。

为了开启一个卫生间玄关，需要拆分墙体AD段。然而，在没有参照物或难以确定被拆分物上的相交点时，定位拆分点比较困难。在这个练习中，将使用“先大体定位再精确定位”的原则来解决这一难题，这也是Revit常用的建模方法（在大概的位置放置图元，之后再精确定位其相应尺寸）。

7）利用【拆分图元】工具（图6-29），在轴线5的一端拆分墙体AD段，删除内节段墙体（拆分位置的确切定位并不重要）。

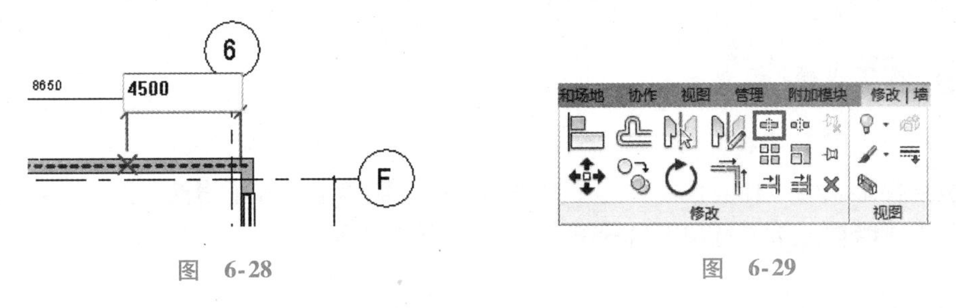

图　6-28　　　　图　6-29

8）在【注释】选项卡【尺寸标注】面板中选择【对齐】工具，沿X点到Y点依次标注尺寸，如图6-30所示。

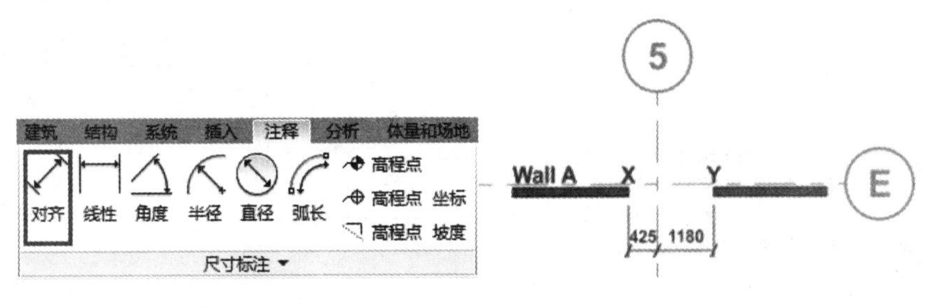

图　6-30

9）选择轴线⑤左端的墙体，将其尺寸值设置为750；再选择轴线⑤右端的墙体，设置相同尺寸，最终在墙体上形成了一个1500mm的开口。

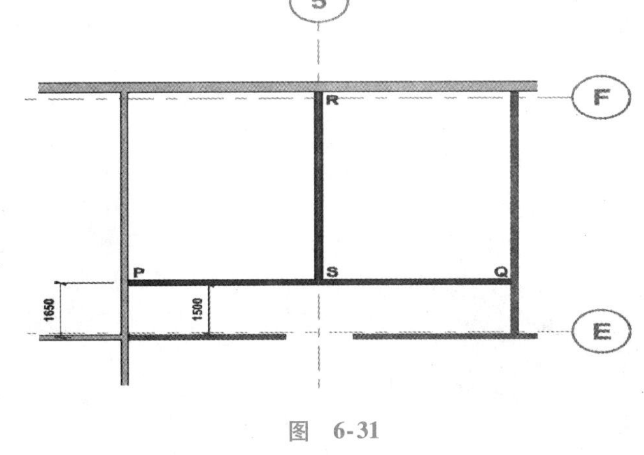

图　6-31

现在，将讲述与在拆分墙体时“先大体定位再精确定位”相同的方式，但这一次将依靠临时的偏移值帮助重新定位。

10）如图6-31所示，在P点和Q点之间绘制墙体，并调整其临时尺寸。**注意：**临时尺寸的参照点是可以调整的，需要重点提及的是在改变相关值之前，用户必须明确该尺寸从何处开始，并往何处发展。

11）围绕轴线⑤，在点R和点S之间绘制另一段墙体，在选项栏中将偏移量设为【1350】。

12）选择墙体交叉点S，将光标移至其右端，输入【2200】。

13）将偏移量调为0，在点T与点V之间绘制墙体，与当前墙体末端一致，如图6-32所示。

14）选中新建的两面墙体，在【修改|墙】选项卡【修改】面板中选择【镜像-拾取轴】按钮，

选定轴线⑤作为镜像中心轴，对选定墙体进行镜像复制，如图 6-33 所示。

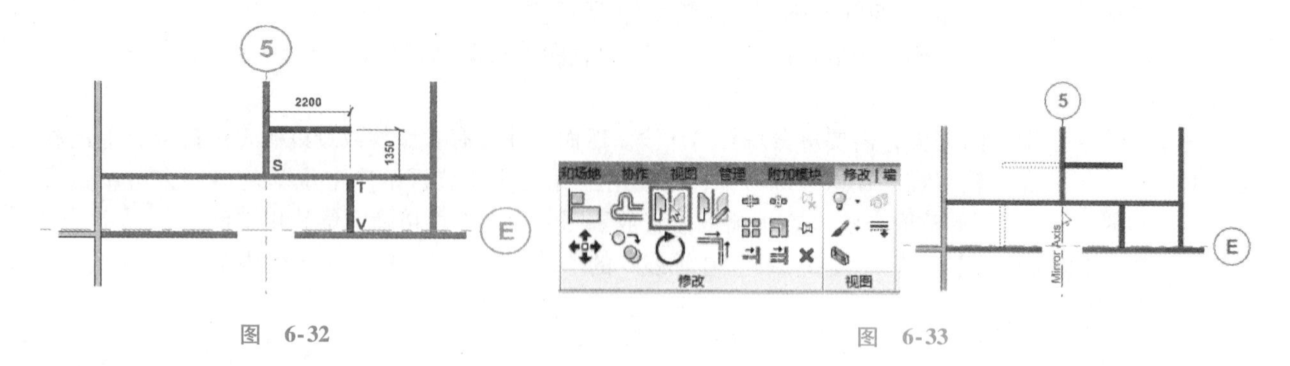

图　6-32

图　6-33

6.3.2 壁窗创建

1）在【项目浏览器】中打开【剖面：Section 1】视图。

2）选中呈立面形式的墙体。**注意**：为了更易于选择，墙体上添加了表面图案。

3）在【修改｜墙】上下文选项卡【模式】面板中选择【编辑轮廓】，修改墙体形状，并关闭出现的墙体附着信息。

4）使用【绘制】面板中的【矩形】，按图 6-34 所示确定壁窗尺寸和定位。

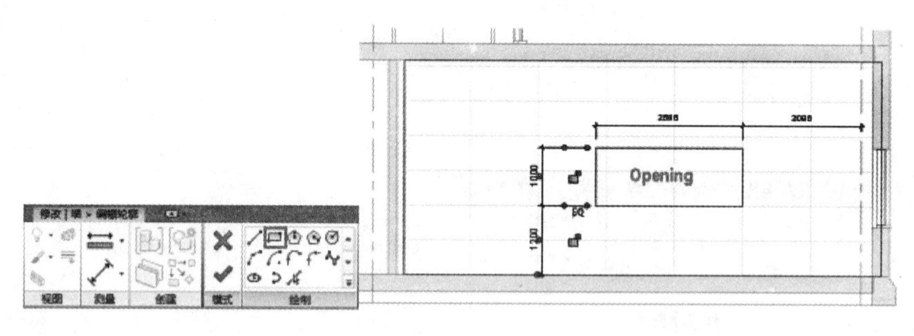

图　6-34

5）绘制完成后，选择【完成编辑】（图 6-35），完成练习。完成后的模型如图 6-36 所示。

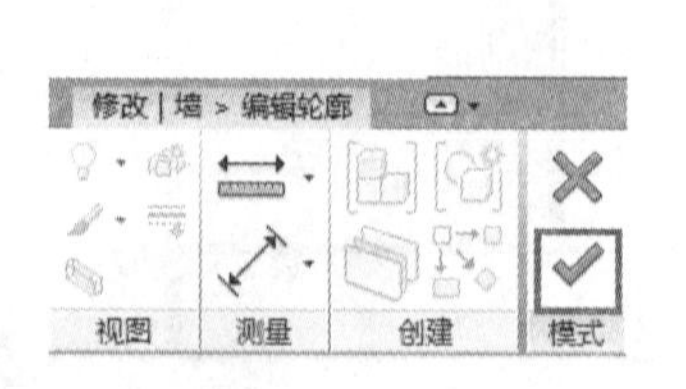

图　6-35

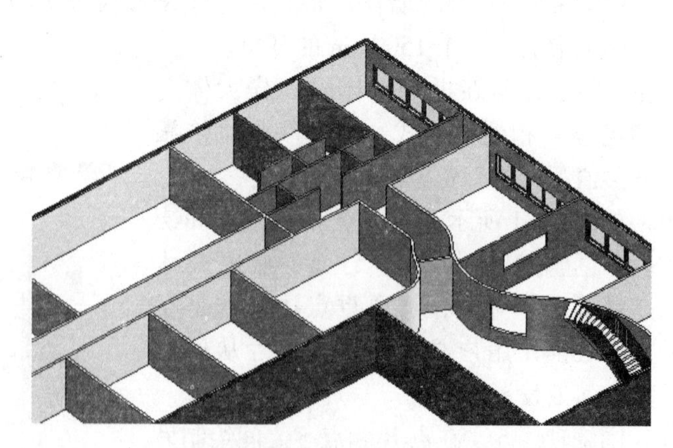

图　6-36

单元 7
楼板、 天花板和屋顶

单元概述

本单元主要介绍楼板、天花板和屋顶的概念（图 7-1），以及它们的创建方法。这些族群（族知识详见族讲解单元）由简化的几何平板组成，其中不包含复合材料或多物料成分。这样就能更多地关注各组成部分形式和功能的变化与利用价值，而不是它们的外观。

图 7-1

单元目标

1. 了解 Revit 中楼板、天花板和屋顶的概念，并掌握它们的创建方法。
2. 在不考虑墙体位置的情况下手动绘制轮廓线，每个板都能够穿过墙壁创建。
3. 绘制不同样式的板。
4. 在板上绘制洞口。

7.1 板的创建与编辑

7.1.1 草图绘制规则

楼板、天花板、屋顶等轮廓（或边界）的编辑都是通过草图绘制形式完成的，而草图绘制有一系列简单的规则，即软件使用过程中所有图形均采用闭合环路的概念，鲜有例外，各种情况见表 7-1。

表 7-1　草图绘制规则

示　例	说　明
☑	不管摆放方式如何，必须把一系列的线条参照所要求的图形首尾连接起来
☑	在图形上做洞口时，绘制图形要考虑到图形的周长
☑	一个三级图元是用来确定二级图元的。二级、三级图元和一级图元实质上是不相连的，但仍是同一图元的一部分
☑	如果这些一级、二级、三级图元互相接触到的话，那么整个对象是不能成功创建的。如果要求在图元的边缘留一个开口，那么要在图形和边缘间留一条细长的缝隙
☑	若将开口作为一个独立的图元，这两个图形就分别成为两个不同的草图，这样就可以成功地绘制图形

（续）

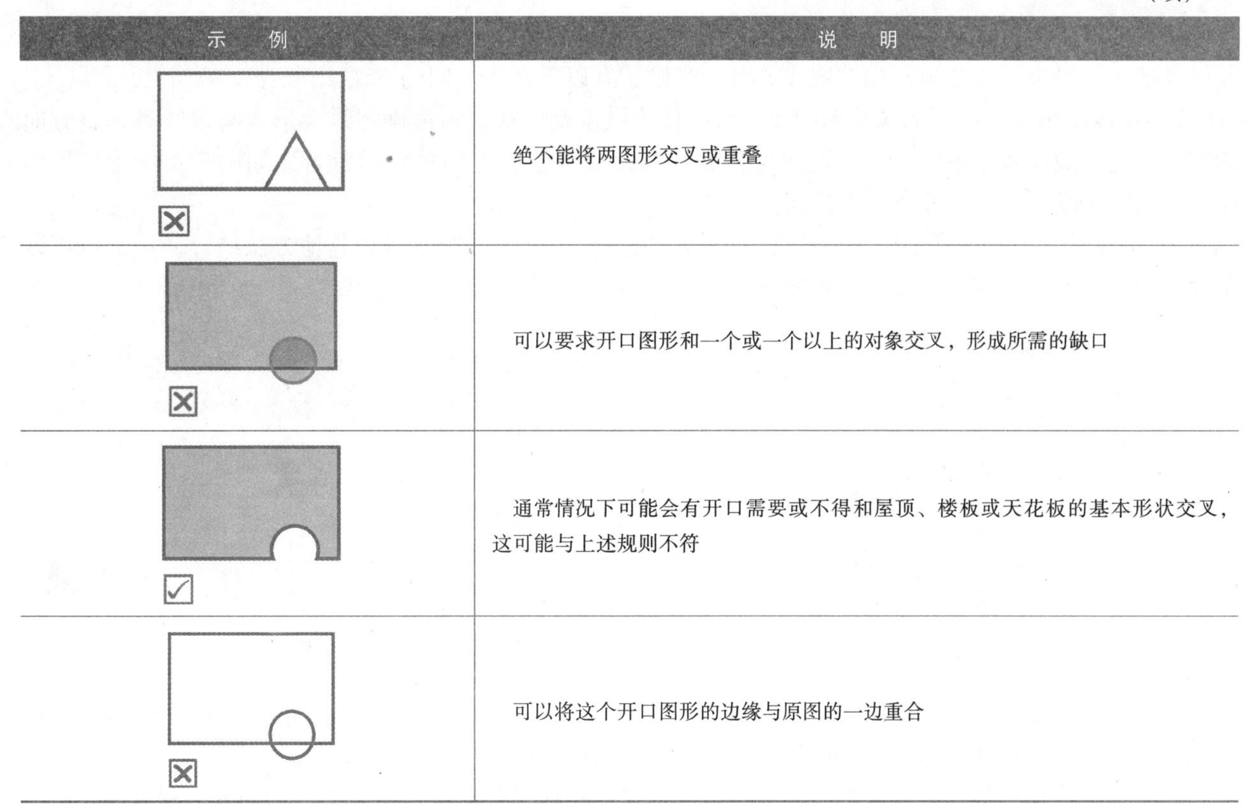

示例	说明
	绝不能将两图形交叉或重叠
	可以要求开口图形和一个或一个以上的对象交叉，形成所需的缺口
	通常情况下可能会有开口需要或不得和屋顶、楼板或天花板的基本形状交叉，这可能与上述规则不符
	可以将这个开口图形的边缘与原图的一边重合

7.1.2 板、墙壁及支柱之间的联系

建议在确定楼板、屋顶或天花板时，将它们的几何图形与现有已创建的数据联系起来，这样在布局调整时，所有相关图元都能够自动做出相应调整，因为每个工具的默认方法就是选择墙壁、支柱或房间面积。在不与周围其他图形联系的情况下，天花板的图形也是可以确定的，但需要手动调整图形的大小。在确定楼板或屋顶的形状时，默认的绘图工具是【拾取墙】，而在绘制天花板时的默认工具是【自动创建天花板】，该工具用来确定房间面积，并根据围墙的尺寸自动确定房间面积，创建天花板。

在确定某面墙是用来支撑楼板、屋顶还是天花板的时候，可以选择将受支撑结构的某些部分延伸到墙中，并将其与两个核心边界中的任意一个边界联系起来，如图7-2所示。

这些核心边界是在创建墙体结构过程中确定的，会在之后进行更加详细的介绍。对于以上墙体的检测结果会出现一个4层和6层的结构（图7-3），将核心边界放置在混凝土预制砌块的两侧。

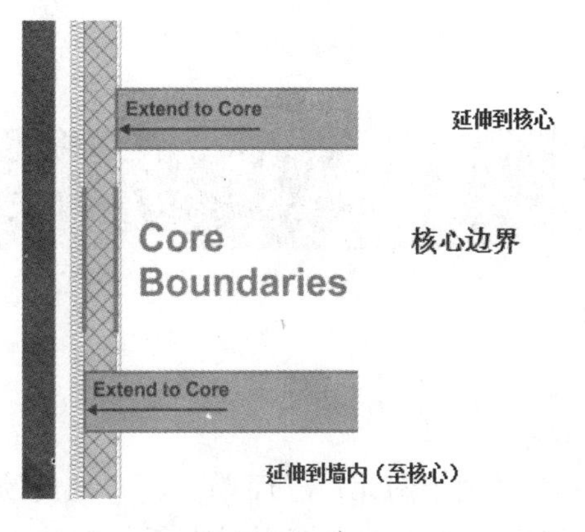

图 7-2

层

外部边

	功能	材质	厚度	包络	结构材质
1	面层 1 [4]	Masonry -	100.0	☑	☐
2	保温层/空气	Misc. Air La	75.0	☑	☐
3	保温层/空气	Insulation /	50.0	☑	☐
4	核心边界	包络上层	0.0		
5	结构 [1]	AEC_Conce	140.0	☐	☑
6	核心边界	包络下层	0.0		
7	衬底 [2]	Plasterboar	15.0	☑	☐

内部边

图 7-3

7.1.3 为板图元添加坡度

为楼板、屋顶或天花板添加坡度或梯度的时候，有以下几种不同的方法。

1）构成屋顶或天花板周长草图的线条可以作为坡度确定线，坡度确定线会形成与该线条垂直方向的坡度。这一坡度将会不断延长，直到与图形的对边或其他坡度的接触面重合，如图 7-4 所示。不确定坡度的线条受确定坡度线条的有效支配。

2）坡度箭头能够在帮助确定坡度的时候提供更多的灵活性，既可以和其他方法结合使用，也可以单独使用达成想要的结果，如图 7-5 所示。

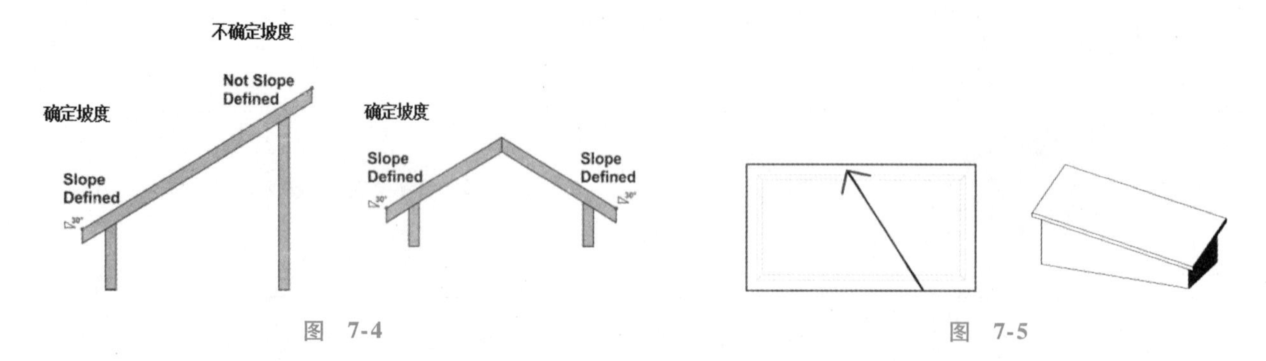

图 7-4　　　　图 7-5

图形编辑只能在不包含坡度控制机制的天花板上使用，图形的边和角可以自由调整。根据天花板形状的不同，调整可能会造成天花板的弯曲或者呈三角形划分。

以图 7-6 停车场的地表排水系统为例，可以在图中添加额外的点或线增加设计的复杂程度。

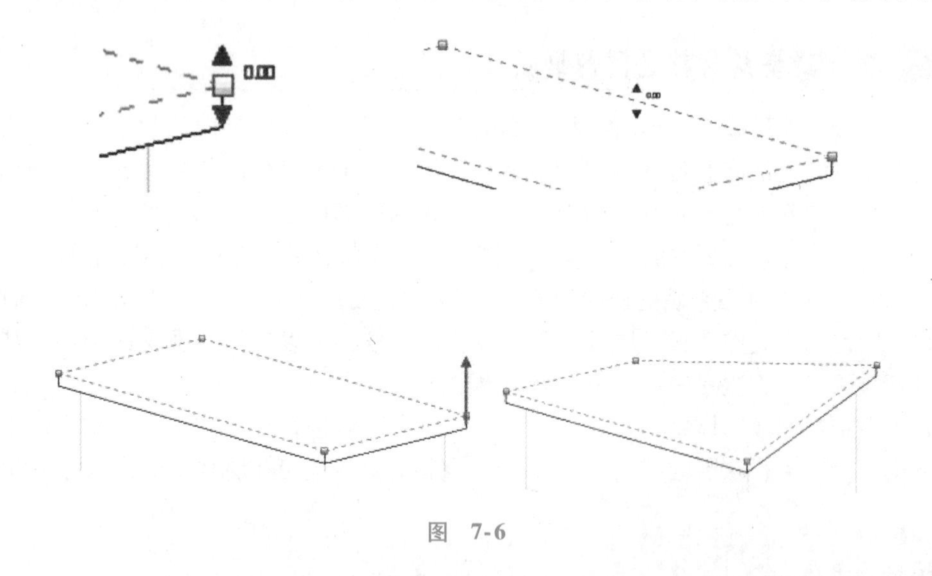

图 7-6

7.2 天花板的创建

天花板的创建方法有两种：

1）用画图形周长的方法或用来凿周围墙壁的画图方法。

2）【自动创建天花板】可以自动检测到确定房间内部面积的墙体。

【自动创建天花板】是默认工具，和在某一空间通过单击来确定图元一样简单。这一工具的使用非常简单，如果天花板的下表面没有应用其他表面材质，新用户可能会觉得图形没有任何变化，这样就可能重复创建几个天花板。因此，后面练习中的天花板不再采用白色材质，而是在表面添加了一些网格。手动创建天花板的方法通常用来更改【自动创建天花板】工具创建的图形，或者用来进行更加复杂的设计。

7.3 屋顶的创建

在屋顶附着墙体的时候，屋顶的悬挑可以具体设定，为悬挑添加坡度后，可以根据放样位置也就是墙面与屋顶下表面的交界位置，确定屋檐的位置。

迹线屋顶均是从屋顶的下表面开始确定的。其他的房檐条件是由【椽截面】和【封檐板深度】选项控制的（图7-7），可以用来添加基本的房檐细节设计，如图7-8所示。

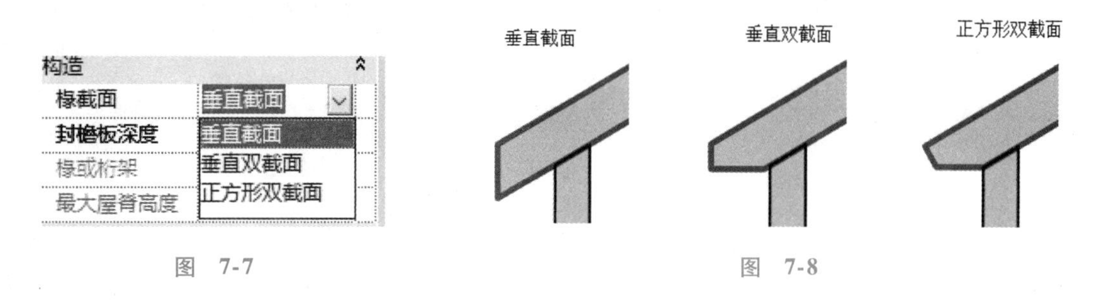

图 7-7　　图 7-8

屋顶设计图例见表7-2。

表7-2　屋顶设计图例

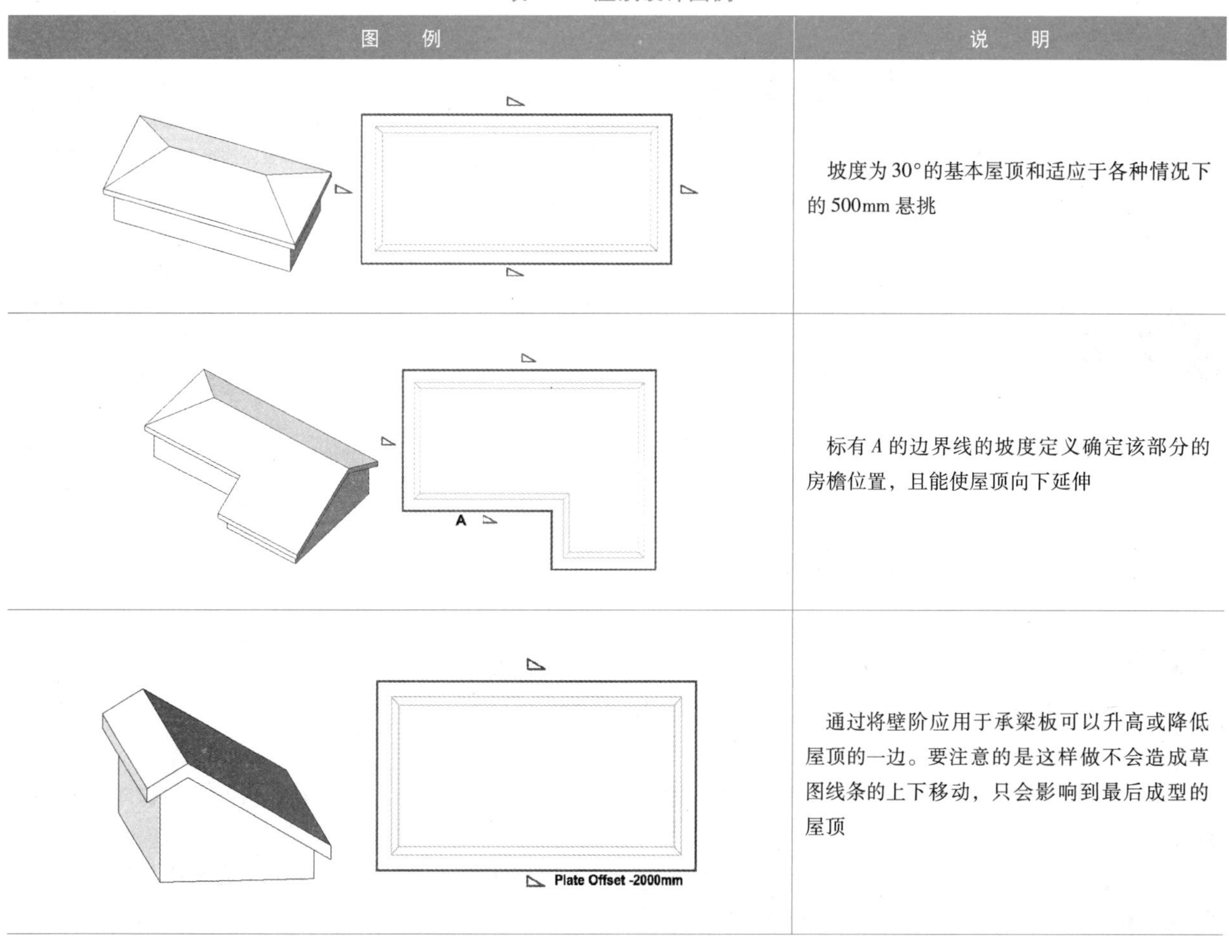

图　例	说　明
	坡度为30°的基本屋顶和适应于各种情况下的500mm悬挑
	标有A的边界线的坡度定义确定该部分的房檐位置，且能使屋顶向下延伸
	通过将壁阶应用于承梁板可以升高或降低屋顶的一边。要注意的是这样做不会造成草图线条的上下移动，只会影响到最后成型的屋顶

（续）

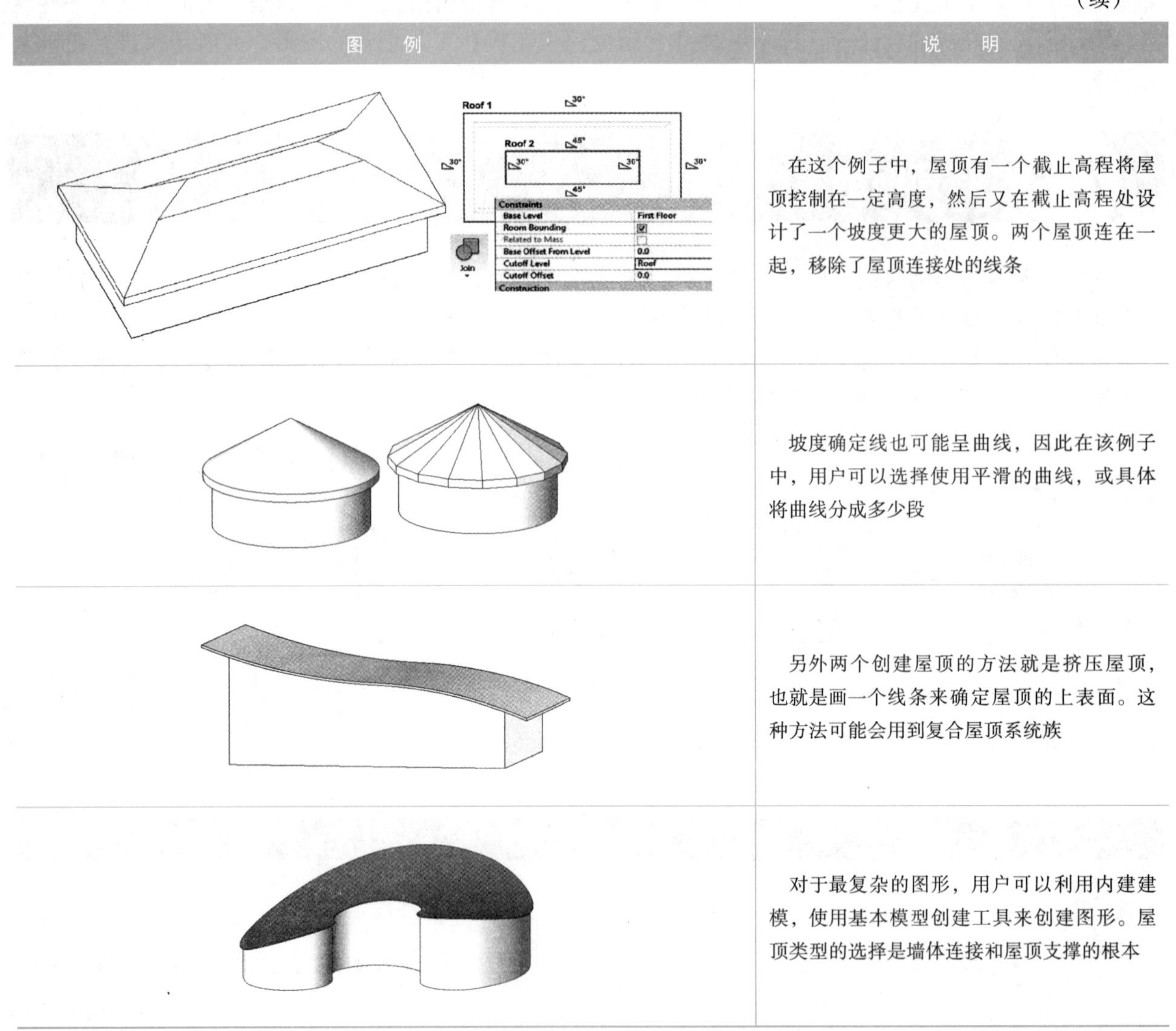

图例	说明
	在这个例子中，屋顶有一个截止高程将屋顶控制在一定高度，然后又在截止高程处设计了一个坡度更大的屋顶。两个屋顶连在一起，移除了屋顶连接处的线条
	坡度确定线也可能呈曲线，因此在该例子中，用户可以选择使用平滑的曲线，或具体将曲线分成多少段
	另外两个创建屋顶的方法就是挤压屋顶，也就是画一个线条来确定屋顶的上表面。这种方法可能会用到复合屋顶系统族
	对于最复杂的图形，用户可以利用内建建模，使用基本模型创建工具来创建图形。屋顶类型的选择是墙体连接和屋顶支撑的根本

7.4 单元练习

该练习的重要学习目标就是帮助用户了解 Revit 每种天花板类型的绘制原则，其中包括楼板、屋顶、天花板和墙体，以及其他的构件。还包括一些次要的内容，例如开口和空隙的创建。

7.4.1 楼板

1）打开起始文件 WFP-RAC2015-07-SlabsA. rvt，在【项目浏览器】中打开【楼层平面：First Floor】视图。

2）在【建筑】选项卡下【构建】面板中选择【楼板】，如图 7-9 所示。

3）在下拉菜单中选择【楼板：建筑】。

4）用来确定楼板边界的默认工具是【拾取墙】，该工具可以用来选择建筑物的墙，如图 7-10 所示。

5）依次选择外墙的内表面，然后用直线和弧线画出如图 7-11 所示的楼梯井的轮廓。左上角房间的长方形洞口暂不用考虑，会在后期进行切割。

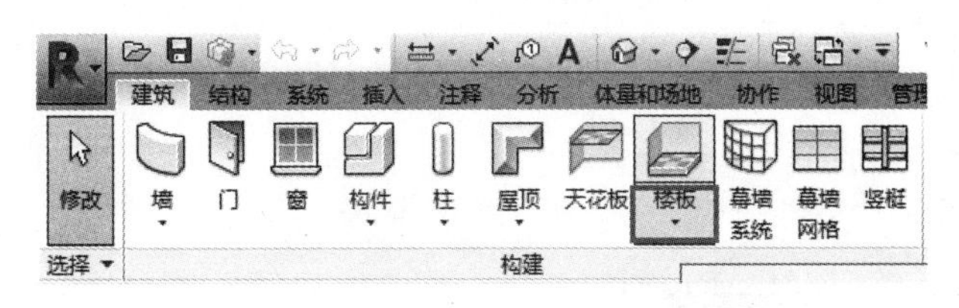

图 7-9

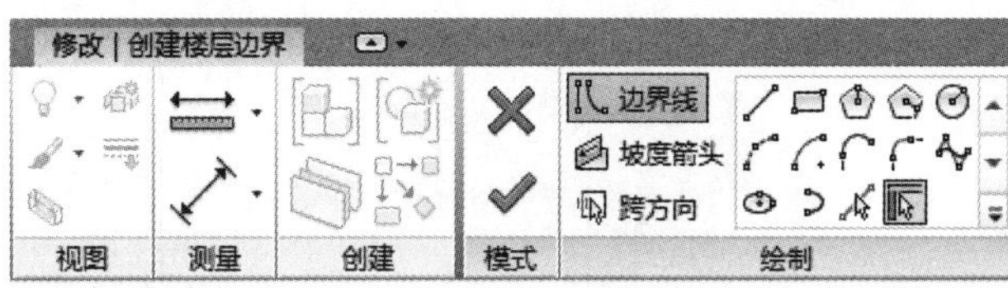

图 7-10

6）在【完成编辑模式】前请先确定图形为闭合环路。

7）这时会出现一个警告框，选择【否】选项，如图 7-12 所示。

8）第二个对话框中会问你是否要将墙体的重叠部分剪切掉，选择【是】选项，如图 7-13 所示。

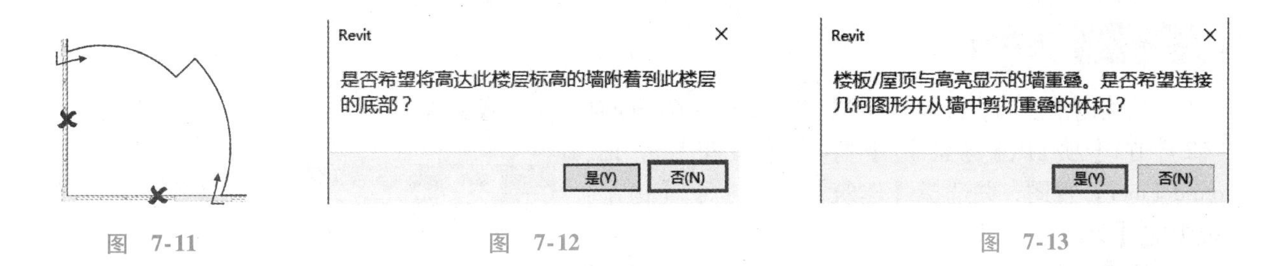

图 7-11　　图 7-12　　图 7-13

注意：在简单模型创建过程中，可以接受这样的选项，但在分析更加复杂的模型的时候，建议不接受这样的选项，因为过于简单的逻辑可能会带来负面影响。

7.4.2 屋顶

1）根据以上步骤进行操作或参考 WFP-RAC2015-07-SlabsB.rvt。

2）在【项目浏览器】中打开【楼层平面图：Roof】视图，在【建筑】选项卡下的【构建】面板中打开【屋顶】下拉菜单选择【迹线屋顶】，如图 7-14 所示。

3）在选项栏中，将【悬挑】设置为 500mm，然后使用【绘制】面板中的【拾取墙】选择图 7-15 中的 2、3 和 4 墙面，保证将悬挑设置在外部。然后使用【拾取线】工具，在选项栏中勾选【锁定】选项，选择图 7-15 中墙体 1 的外表面，使用【修剪/延伸为角】工具完成长方形的创建。

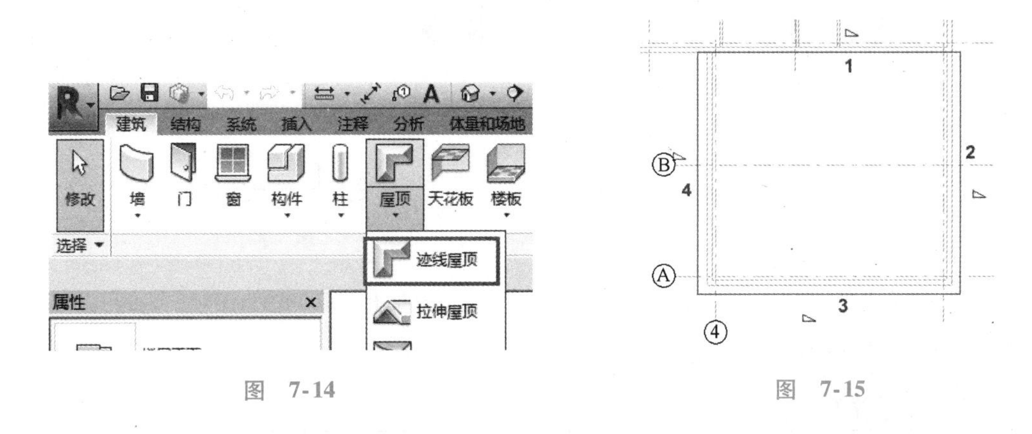

图 7-14　　图 7-15

4）选择图 7-15 中的 1、2 和 4 号绘图线条，在选项栏中取消勾选【定义坡度】选项。

5）将直线 3 的倾斜度设置为【5】，如图 7-16 所示。

6）完成屋顶的创建，打开【三维视图：{3D}】视图，选择屋顶下的三面外墙，使用【修改 | 墙】选项卡下【修改墙】面板中的【附着顶部/底部】工具，选中屋顶，将这三面墙延伸到屋顶下表面，如图 7-17 所示。

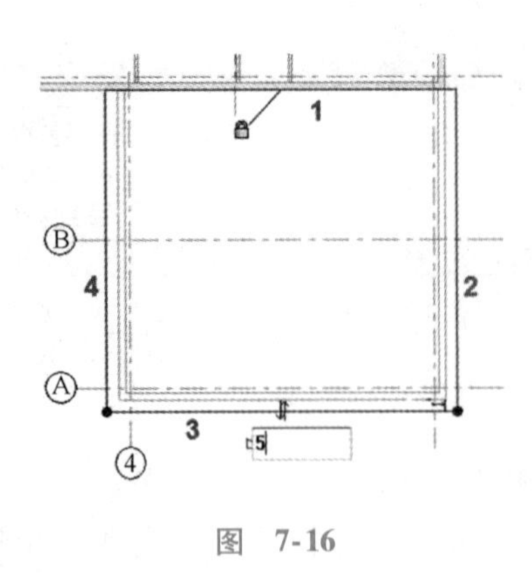

图 7-16

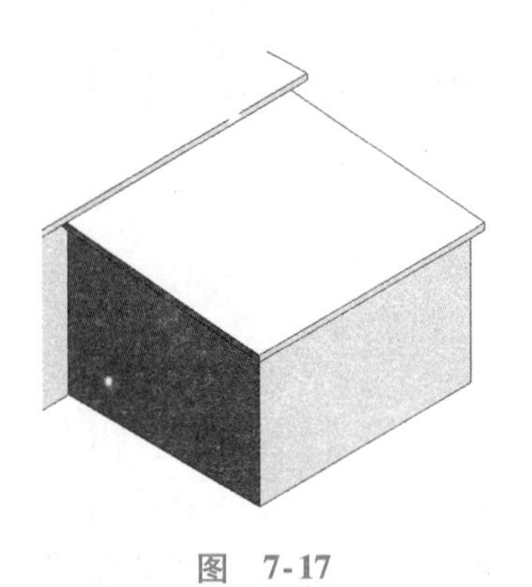

图 7-17

7.4.3 天花板

1）继续以上步骤，或打开 WFP-RAC2015-07-SlabsC. rvt 参考文件。

2）在【项目浏览器】中打开【天花板平面：Ground Floor】视图，并选择【建筑】选项卡下【构建】面板中的【天花板】，如图 7-18 所示。

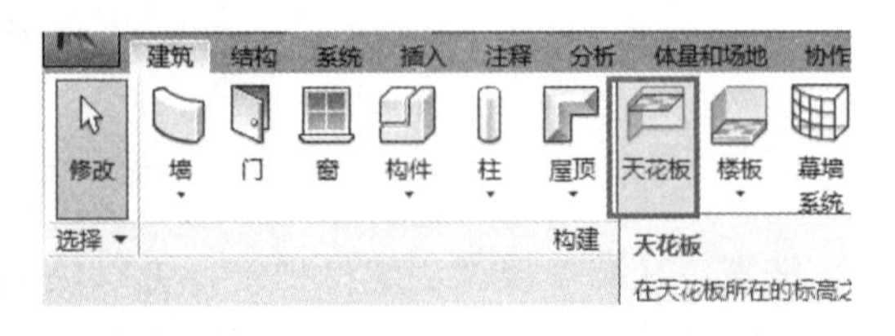

图 7-18

3）使用【修改 | 放置天花板】选项卡【天花板】面板中的【自动创建天花板】，在【类型选择器】中将天花板类型设置为【复合天花板：Concept-600 × 600mm Grid】，选择每个房间内部，如图 7-19 所示。

4）Revit 软件会从房间的中心自动规划天花板的网格，但有时候并不一定准确，图 7-20 中 B 和 C 网格之间的房间将网格旋转了 45°，先是把网格设置在正常状态，然后选择单个网格线条，最后使用【旋转】工具完成创建。

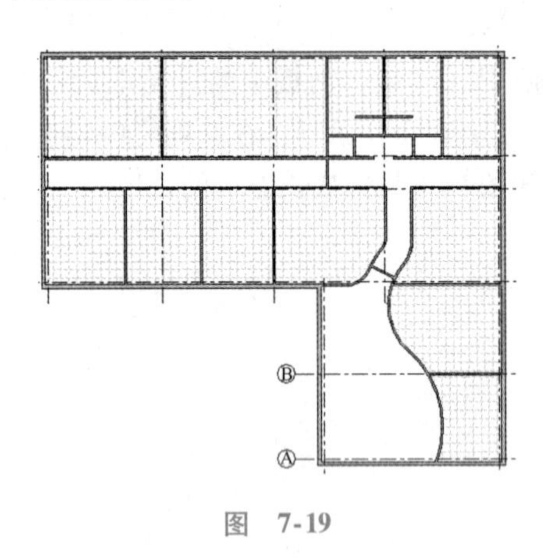

图 7-19

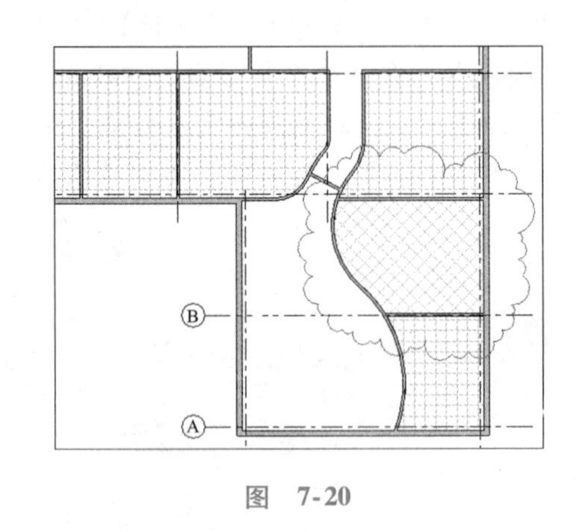

图 7-20

注意：在第一部分，天花板高度既可以通过改变临时或者永久尺寸来调整，也可以通过改变属性面板中楼板平面的自标高的高度来调整。

7.4.4 竖井开口

1）在【项目浏览器】中打开【楼层平面图：Ground Floor】视图，在【建筑】选项卡下【洞口】面板中选择【竖井】。

注意：竖井工具是一个单独的缺口物体，创建在设计图上，垂直贯穿整个模型，和所有与其接触的天花板、楼板和屋顶都有交叉。

2）在建筑物的左上角 F-1 轴网附近，使用【绘制】面板中的工具绘制一个长方形开口，开口的具体大小和位置对该练习无重要影响，如图7-21所示。

注意：完成长方形的绘制之后记得单击【完成编辑模式】按钮。

3）使用屏幕底部视图控制栏中的【显示隐藏的图元】工具来显示隐藏的图元，保证剖分线穿过之前已经绘制的开口，如果没有穿过的话需拖曳至相应位置。完成后关闭【显示隐藏的图元】，如图7-22所示。

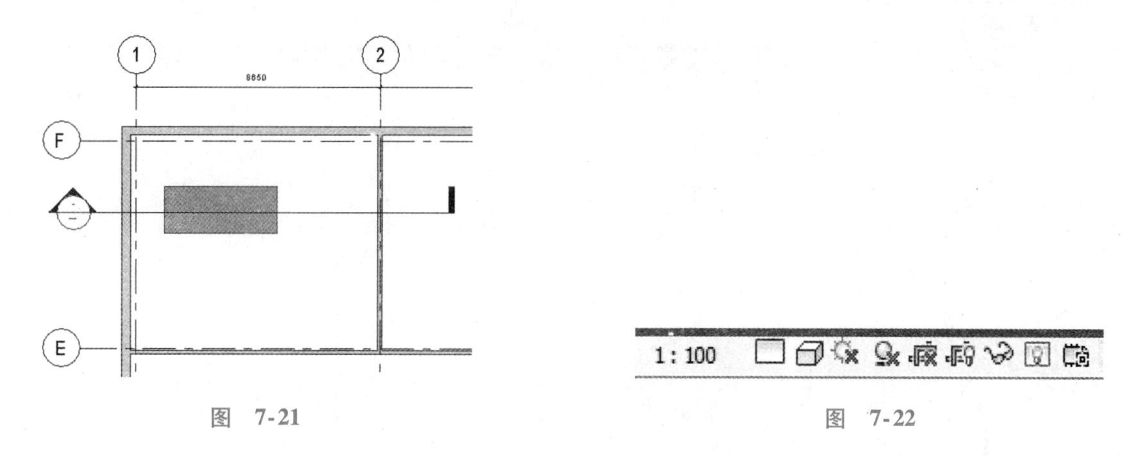

图　7-21　　　　图　7-22

4）在【项目浏览器】中打开【剖面：Section1】视图，光标移至轴网1和2之间使竖井高亮显示并单击进行选择。上下两端的造型操纵柄可以对竖井进行调整，使其穿过所要求穿过的天花板。

5）缺口一直从一层的天花板延伸到二层楼板，如图7-23所示。

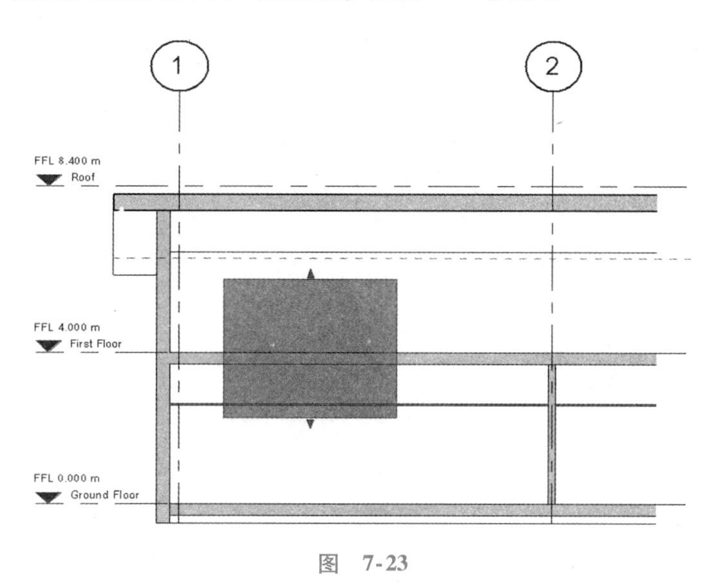

图　7-23

单元 8
门、 窗和构件

单元概述

本单元主要介绍 Revit 中门、窗的概念与创建方法，以及其他构件（图 8-1）的放置操作。模型发展方法贯穿整个单元，因为最初选择的构件是一级概念图元，是此类图元的占位符，后期制造商会依据客观情况和大量数据来替换（会在后期的时候通过以制造商为基础的对象被取代，其中包含丰富的元数据）。

图 8-1

单元目标

1. 了解 Revit 中门和窗的概念。
2. 掌握门和窗在项目中编辑、放置与载入的方法。
3. 掌握主题图元和依附图元的放置原理。
4. 掌握基本编辑工具，如移动、镜像、对齐、复制和粘贴。

8.1 门和窗的概念

门、窗是除墙体外另一种被大量使用的建筑构件，除常规门、窗之外，通过在常规墙中嵌套玻璃幕墙的方式也可实现特殊的门窗形式。在 Revit 中墙是门、窗的承载主体，门、窗可以自动识别墙并且只能依附于墙存在。

门按其开启方式通常分为平开门、双扇弹簧门、推拉门、折叠门、旋转门等（图 8-2）；窗的形式

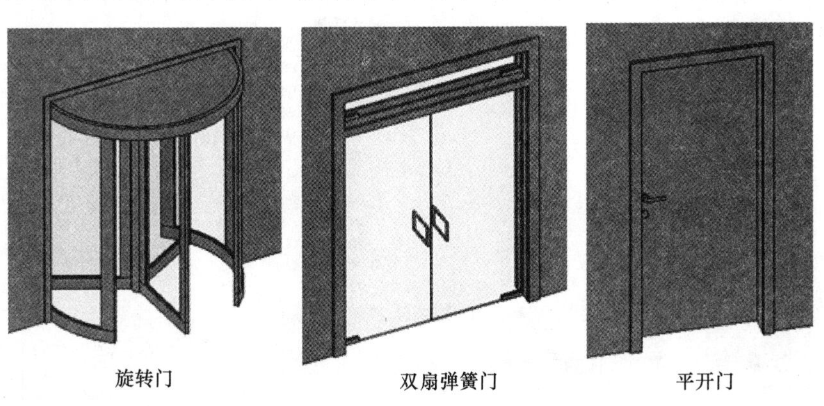

图 8-2

通常也按开启方式来定，窗的开启方式主要取决于窗扇铰链安装的位置和转动方式，一般分为平开窗、固定窗、悬窗、组合窗等（图 8-3）。

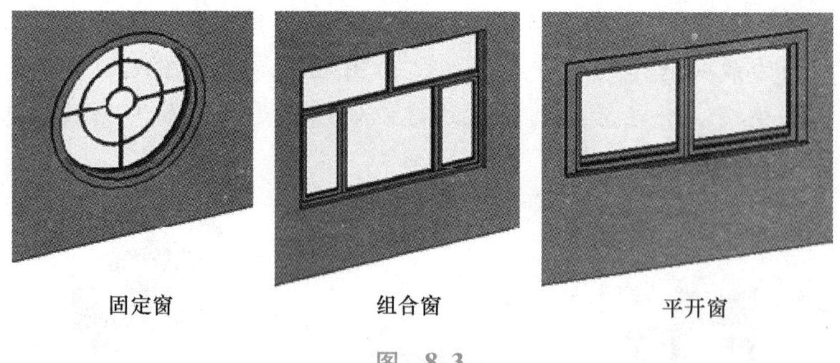

图 8-3

8.2 门和窗的创建

常规门、窗的创建非常简单，只需要选择需要的门、窗类型，然后在墙上单击捕捉插入点位置即可放置。门的类型与尺寸可以通过相关的面板或对话框中的参数来设置，从而得到不同的效果。其中，门和窗的创建与编辑的方法是相似的。

8.2.1 门的创建

使用门工具可以方便地在项目中添加任意形式的门。在 Revit 中，门构件与墙不同，门图元属于外部族，在添加门之前必须在项目中载入所需的门族，才能在项目中使用。

1）向 Revit 项目文件中载入门族的两种方法

① 使用【插入】选项卡下【从库中载入】面板中的【载入族】（图 8-4），打开【载入族】对话框，在【建筑】文件夹里找到【门】系统组库文件夹，如图 8-5 所示。

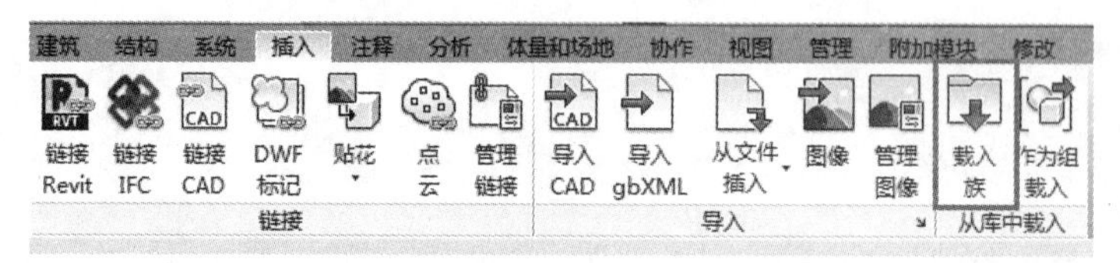

图 8-4

图 8-5

② 在【建筑】选项卡下【构建】面板中选择【门】(图8-6)，进入门绘制工作环境，在【修改|放置门】选项卡下【模式】面板中选择【载入族】(图8-7)，打开【载入族】对话框。

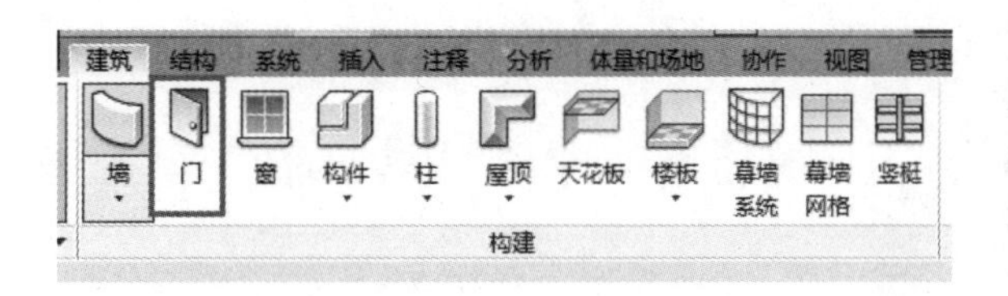

图　8-6

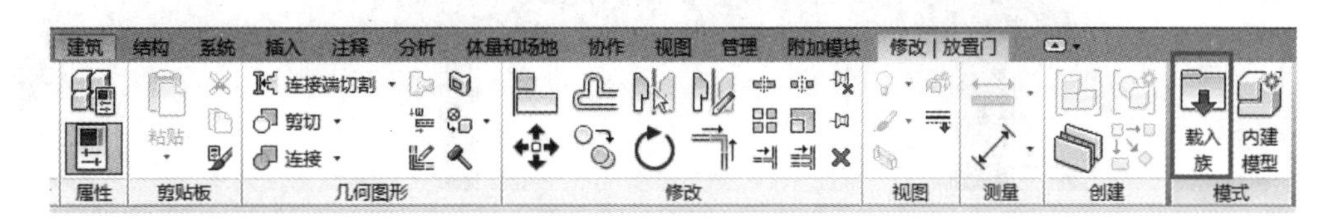

图　8-7

2）在【建筑】选项卡下【构建】面板中选择【门】，在主体墙上选择放置门的位置，单击创建门，或通过快捷键 < DR > 创建门，如图8-8所示。

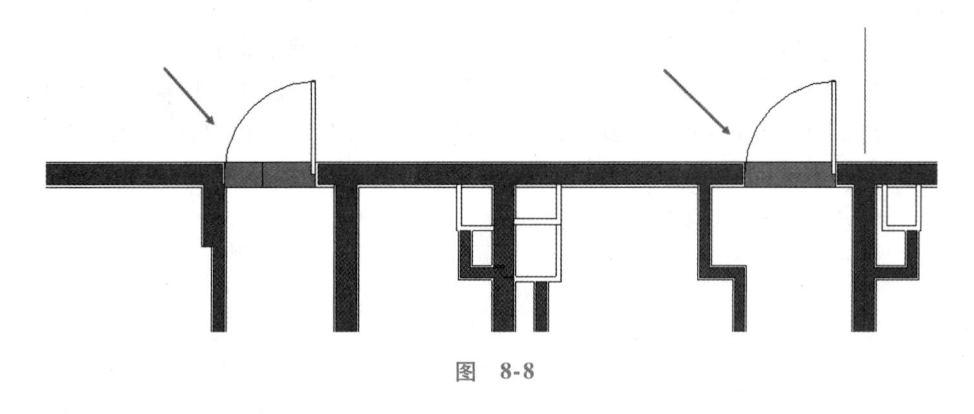

图　8-8

3）放置好的门可以通过按空格键或者单击双向箭头（图8-9）来改变门的开启方向。

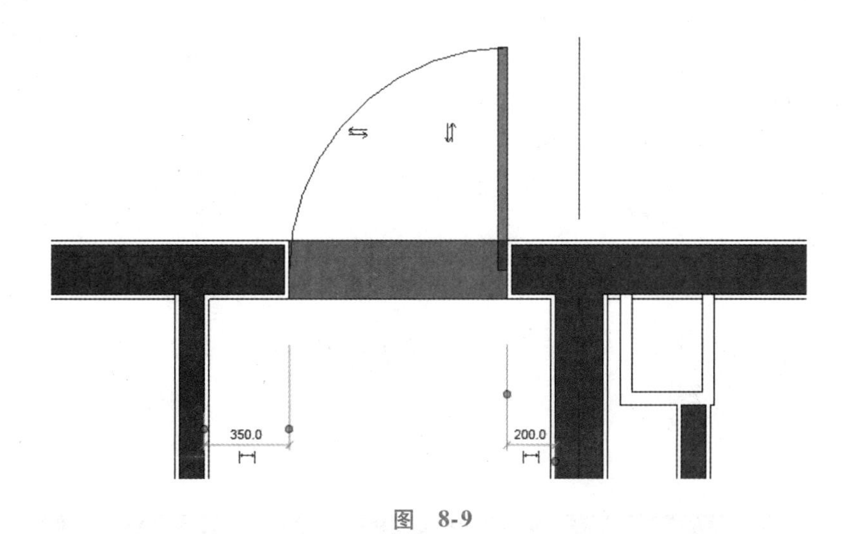

图　8-9

4）在【属性】面板中同样可以替换门的类型，如图8-10所示。

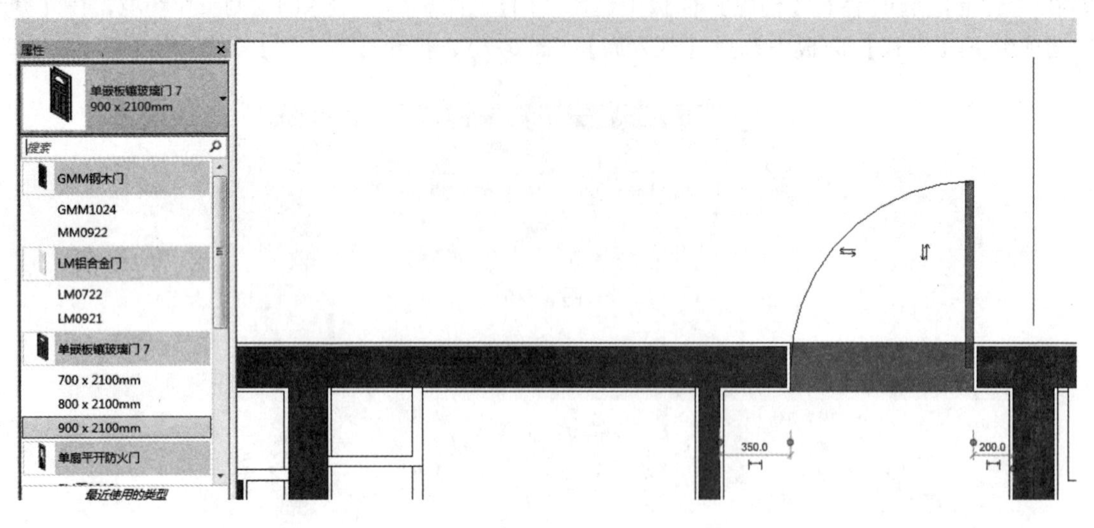

图 8-10

8.2.2 窗的创建

放置窗的方法与放置门的方法完全相同，相对于门来说放置窗稍有不同的是在放置窗时需要考虑窗台的高度。与创建门构件相同，创建窗构件必须将窗这一载入族载入当前项目中。

1）在【建筑】选项卡下【构建】面板中选择【窗】（图 8-11），在主体墙上选择放置窗的位置，单击创建窗，或通过快捷键 <WN> 创建窗。需要注意的是：如果默认窗台高度不符合要求，可在【属性】面板中【底高度】一栏改为符合项目要求的高度，如图 8-12 所示。

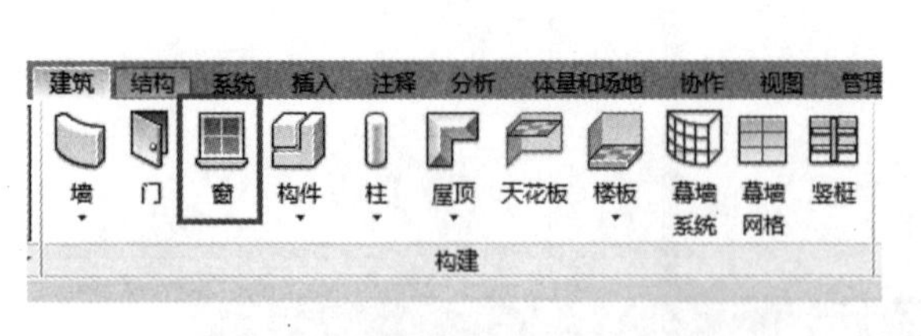

图 8-11

图 8-12

2）放置好的窗可以通过按空格键或者单击双向箭头（图 8-13）来改变窗的开启方向。

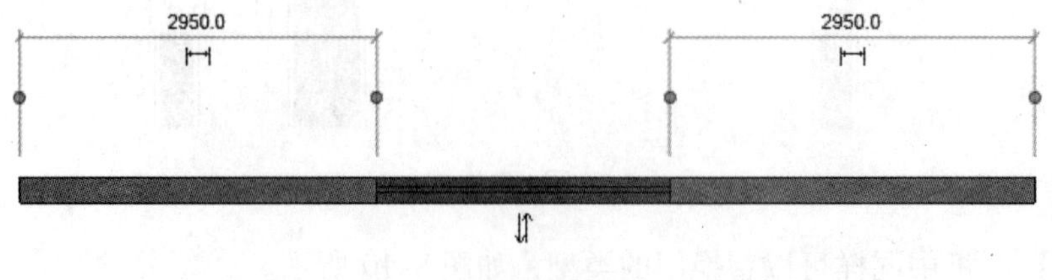

图 8-13

3）在【属性】面板中同样可以替换窗的类型，如图 8-14 所示。

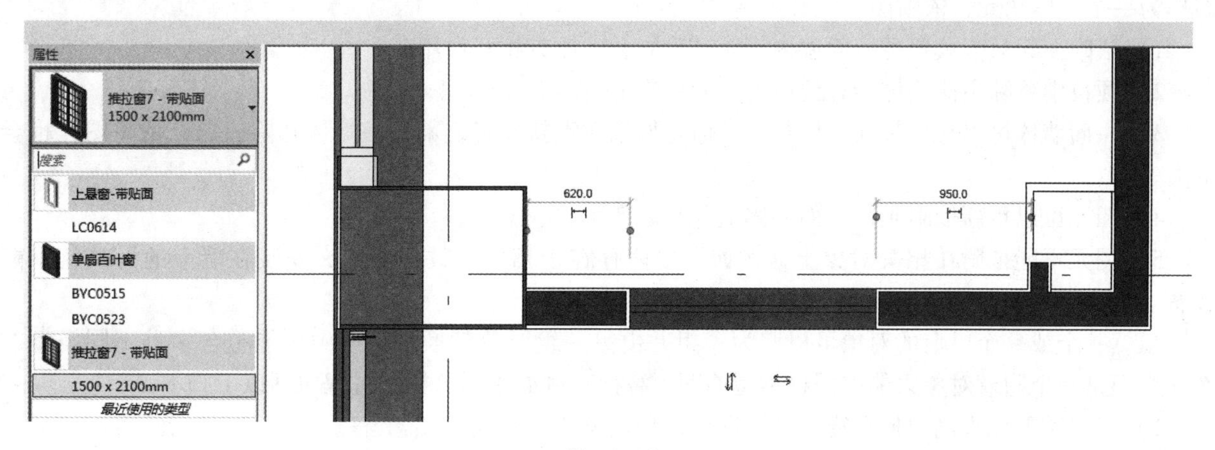

图　8-14

8.3 放置构件

族构件可以附着在系统族之上（族知识详见族讲解单元），或者可以在平面上附着，使它们能够有效地独立存在。如图 8-15 所示，两个坐便器的放置方法是一样的，左侧坐便器的标高依据当前确定的工作平面的水平高度而定，处于理想状态下。而右侧坐便器识别出楼板的存在，虽然与左侧坐便器在同样的水平高度上，但是存在偏移。这一特征只有当楼板在坐便器创建之前适用，且不会改变已有对象的高度。一旦确定就会保持已确定的对象之间的关联，因此当楼板上下移动的时候，坐便器的高度也会随之变化。但这一规律在同样的视图中并不适用于主体图元，如门。

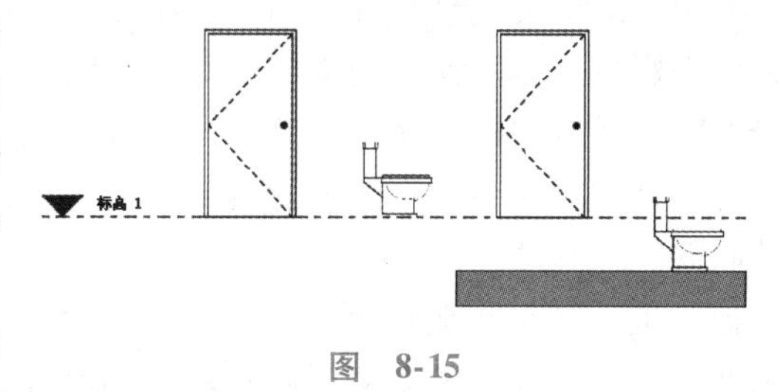

图　8-15

构件与主体之间的关联及其主体都是在创建之前通过族模板的选择确定的。可选模板的列表包含绝大多数情况和通用的模板，可以满足任何不可预见的要求，如图 8-16 所示。

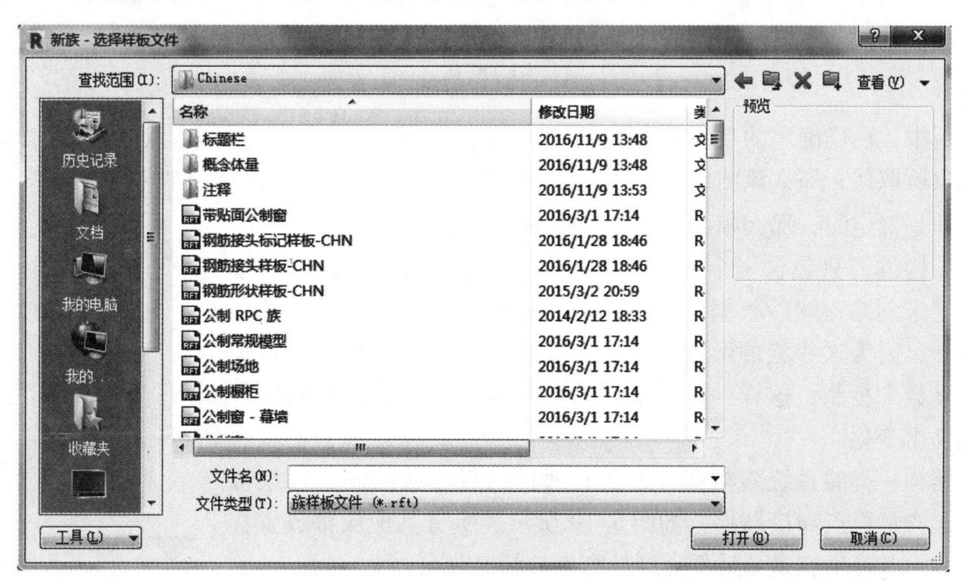

图　8-16

这种主体和依附的关系在图元存在的整个过程中都会存在，并决定着其表现样式。例如，将一面墙作为一个主体图元，依附图元就会遵循以下规则：

1）依附图元只能放置在一面墙内，而且只能和墙体有相互作用。

2）项目中移除主体墙体会导致依附图元一起消失。

3）一面墙体可以与另一面墙体替换，但是如果在重新放置之前将该墙体移除，那么依附图元也会消失。

4）图元可以重新依附到另一面墙体上并与之产生关联。

5）图元不能依附在相关对象上，例如，墙体存在于相关文件中，那么安装在墙上的灯具就不能放置。

虽然一个或一个以上的对象可以归为一组并由另一组对象替换，该组中可能包含多种不同类型的图元，但是一个附着对象只能由同种类型的图元替换。例如采用这样的过程包括以下脚本：

1）可以用幕墙来确定概念窗，确定后可以创建窗族来替代该概念窗。

2）窗由玻璃门替代。

3）在放置像门一类的依附图元时，光标所在门上的哪一平面决定了门的旋转方向。放置完成后，可以利用空格键或者蓝色箭头（图 8-17）来控制门侧扇与门的开启方向。

在对包含附着图元的系统族进行复制、阵列、镜像或移动操作时，依附图元也会被复制，因此当移动带有门的墙壁的时候，门也会被复制。

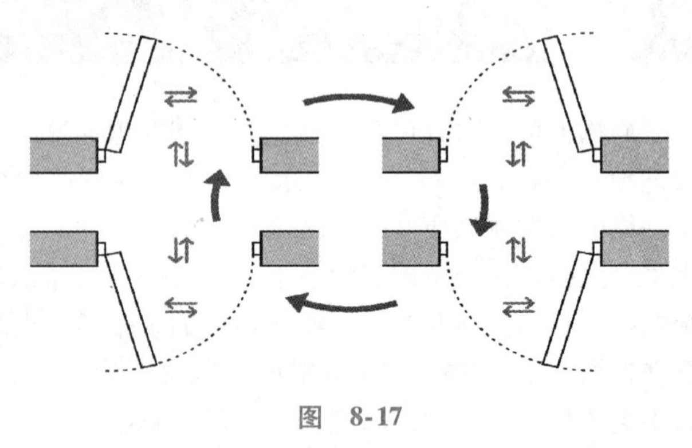

图 8-17

依附对象可能会通过凿洞或控制复合层的包装材料来影响主体图元，同样依附对象也能够通过自身调整来适应主体图元，但这种调整幅度很小，该族中的部件可能会与主体图元的表面或中心线产生关联并相应移动。不能从主体图元读取依附图元的参数，也不能从依附图元来读取主体图元的参数，因此某面墙上的门不能够反映出墙体的厚度，但是门的边框可以通过与墙面的关联进行调整以适应墙体厚度，如图 8-18 所示。

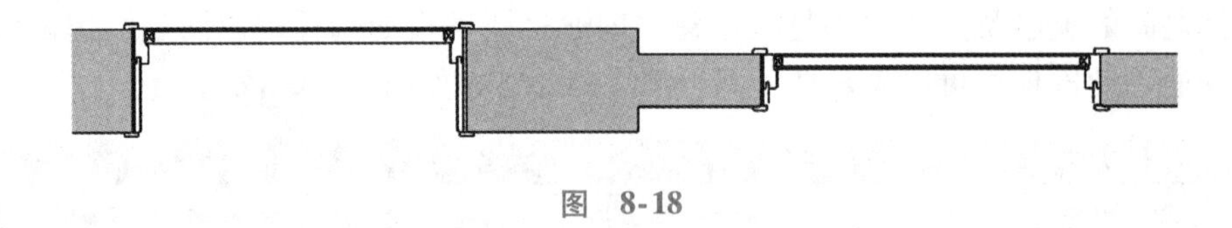

图 8-18

在族模板中，已经确定的参考平面确定了对象的端点和中心。如果某个固定尺寸的对象被另一个同类型的对象所取代，那么该图形的尺寸会自动定位新构件中的参考图形。如果某个族内的非标准参考图形的尺寸是确定的，那么相关的尺寸会在替换图元时被清除。

绝大多数构件都只包含一个放置点，如家具、窗、门等都能够通过单击鼠标左键来创建，然后根据这一原点进行调整。但是基于直线的一类族却是例外，因为这些族的形式的确定需要起点和终点两个点。这类族可以通过参数来控制，这样一来子部件的数量和大小也会根据对象长度的改变而发生变化。

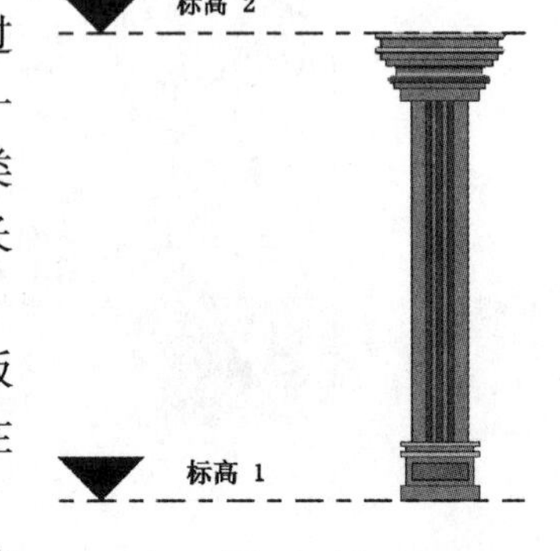

图 8-19

墙体和楼梯一类的系统族与圆柱及所有通过两级参数限制的族模板创建的族都包含最低点和最高点，如图 8-19 所示。所有其他族都放置在该工作平面内，其高度就是从最低点到最高点的距离。

为方便搜查现有的项目并获得其中的内容，可以将所有已加载的族保存在同一个文件夹中以便于再次使用。其中包含所有的注释和模型图元，这些图元不管是否在使用中都在项目数据库中。

8.4 单元练习

本单元练习分为两个部分，为用户提供了系统和等级依附对象的实例。在完成练习的过程中，需要熟悉族的放置及基本的编辑，同时还包括操作工具，如复制、镜像、对齐和粘贴等。

8.4.1 系统-依附图元

依附图元（或依附族）即利用包含小件主体的模板创建的图元，例如在开始创建新的门类型时需要选择门族，同时还会出现可以将门依附在上面的一面墙，用来安放各种各样的构件。这面墙在项目后期不会再进行处理，但却会因为要求主体墙的存在而限制构件的摆放。

需要指出的一点是像门、窗一类的族可以放置在所有的模型视图中，包括 3D 视图、平面图、立面图和剖面图。

1）打开起始文件 WFP-RAC2015-08-ComponentsA. rvt，在【项目浏览器】中打开【楼层平面(Floor Plan)：Ground Floor】视图，如图 8-20 所示。

2）在【建筑】选项卡下【构建】面板中选择【门】，如图 8-21 所示。

3）在【属性】面板类型选择器中选择门类型为【Concept Dbl Door 1510 × 2200mm】，如图 8-22 所示。

图　8-20

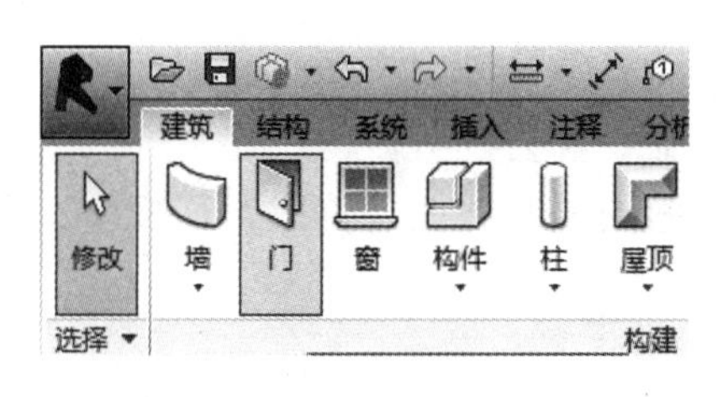

图　8-21

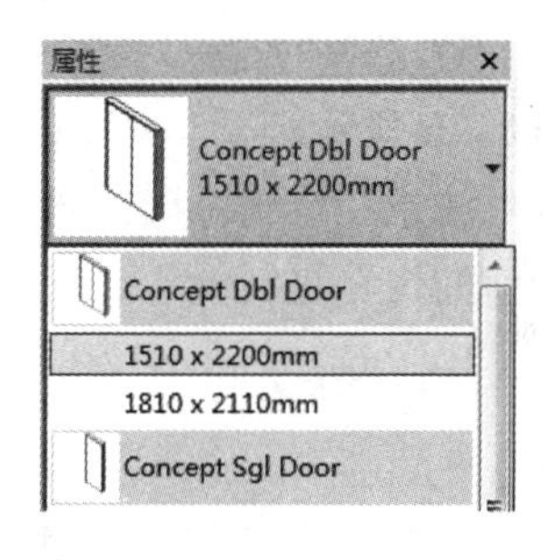

图　8-22

注意：在墙体外表面盘旋观察门旋转的方向，在墙体内表面移动注意门向墙体内表面方向旋转。在该方向盘旋的时候若按下空格键会把门枢从左侧切换到右侧，但这种变化在门这种对称的图元中很难看出来，如图 8-23 所示。

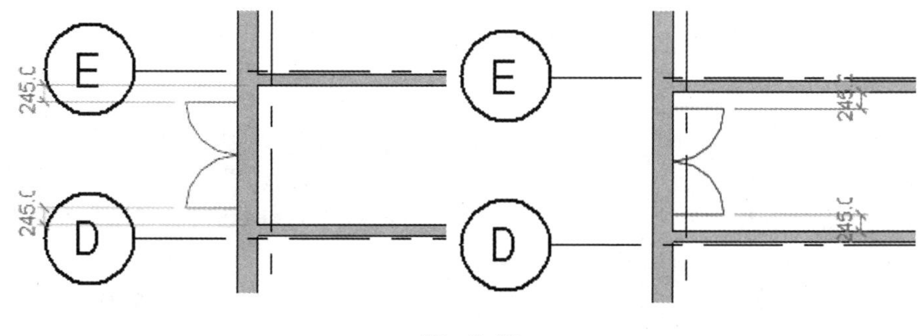

图　8-23

4）将门放置在墙体内部、走廊的中央，门向外敞开。

5）单击【修改】或连续按两次 < Esc > 键取消选择状态。

6）选中刚刚放置的门，此时会出现翻转控制箭头，如图 8-24 所示。

7）单击箭头调整门打开和旋转的方向。每按一下空格键都会在所有的四个选项中依次切换，不过在这种情况下只有一次按下空格键是有效的，因为门是对称图形。

注意：在安放门、窗的时候选择【在放置时进行标记】（图 8-25）。若无明确要求，可在后期将其移除。框中所标注的数字是门的标记，代表门的一种性质，并不是门的标签。这意味着在该项目中的任一阶段，都可以给门添加标签，这会在图元特性中可以看到。

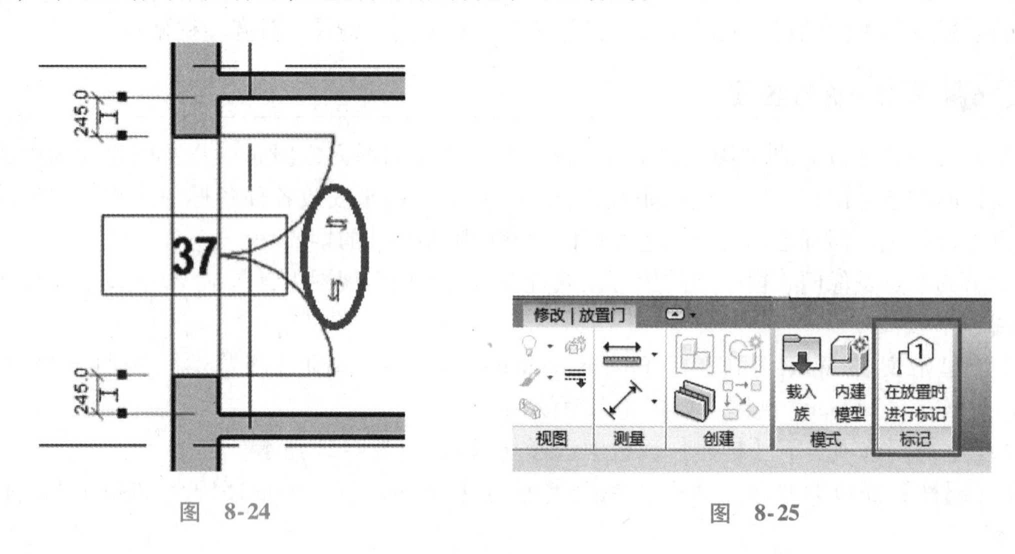

图 8-24　　　　图 8-25

8）在【项目浏览器】中选择并打开【楼板平面：Ground Floor】视图。

9）选中临近 C-1 轴网的现有窗，调整临时尺寸，移动窗，与墙体内表面的距离调整为【900】，如图 8-26 所示。

注意：调整临时或永久尺寸是调整与另一现有图元相对位置最好的方法，但是如果要求依据窗的当前的位置进行调整，那么该移动命令就会更明确。

10）选中视图中当前已有的窗进行复制，在【修改】面板中选择【复制】，如图 8-27 所示。

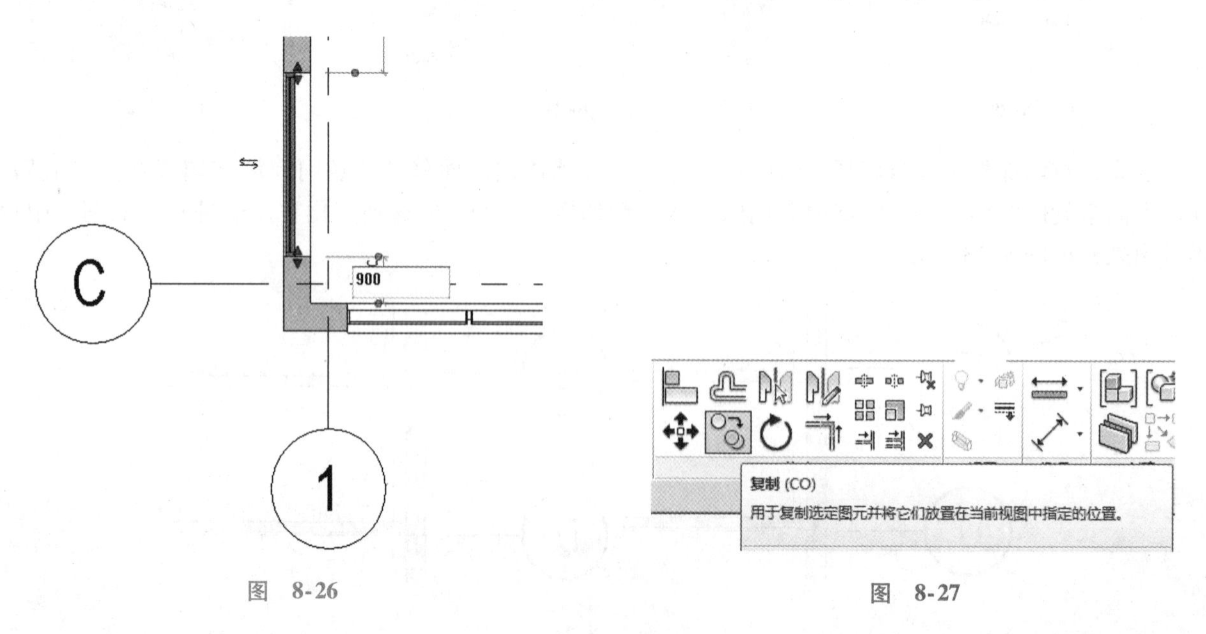

图 8-26　　　　图 8-27

11）单击屏幕任意位置，从该起点垂直向上移动。在数值中输入【3000】，然后按回车键确定，如图 8-28 所示，这样就可以设置复制命令中的距离大小。

注意：为防止复制位置不是垂直的，可在选项栏中勾选【约束】选项，如图8-29所示。

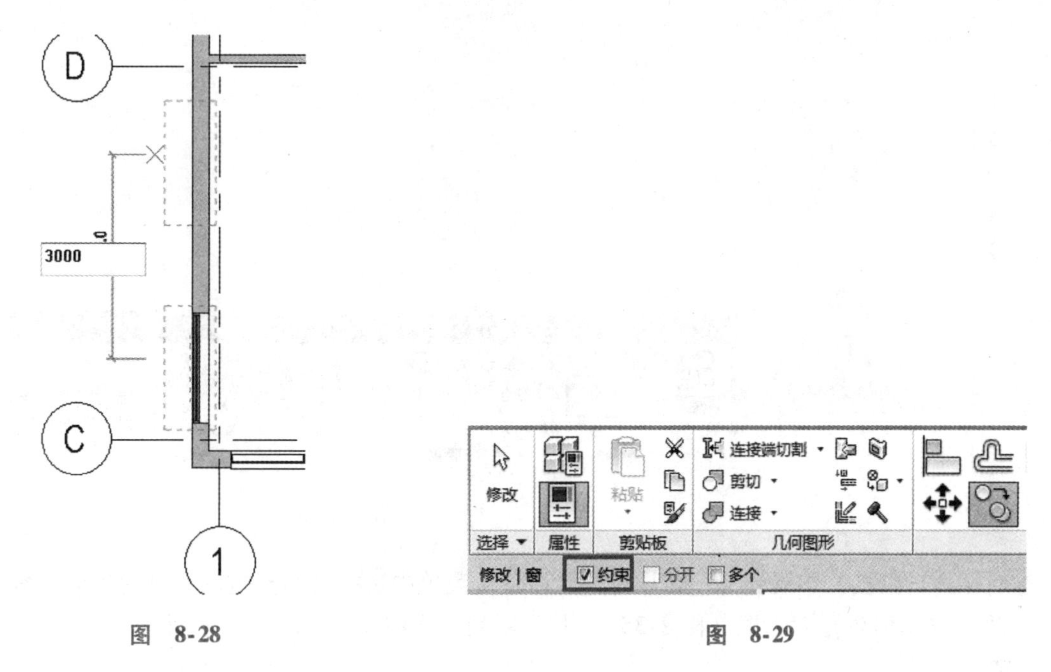

图 8-28　　图 8-29

12）单击视图中空白处取消选择。

13）选择任意一个放置好的窗，单击鼠标右键，在弹出的菜单中选择【创建类似实例】（图8-30）会启动窗工具。

14）保证窗类型不变，在【属性】面板中将【底高度】调整为【825.0】（图8-31），单击【应用】或按回车键确定。

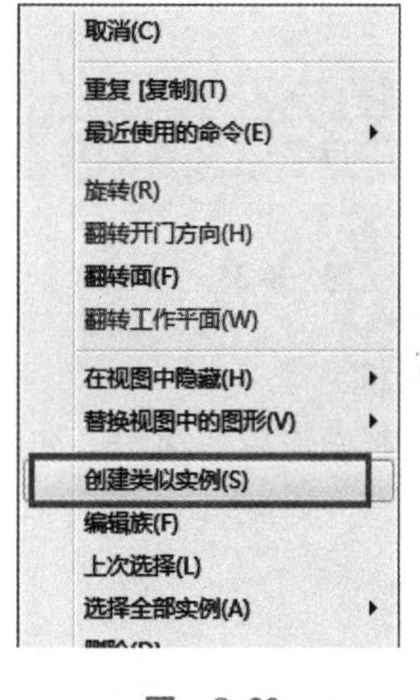

图 8-30

图 8-31

15）放置两扇新窗，位置在轴网E和轴网F中间，如图8-32所示。

注意：窗和门的放置一样，翻转墙体的外表面可以发现窗台仍然在墙体的内侧，但是翻转墙的内表面又会发现窗台会变到墙的外侧，箭头和空格键的功能完全相同。窗和门工具中，在【修改】选项卡下【标记】面板中都有【在放置时进行标记】工具，该工具选中后会在每个窗上都贴上一个默认的标记。这些工具只会在当前视图上加标记，但当前视图并不总是注释的最佳视图，因此有经验的用户不会选择该工具。

16）单击【修改】选项或连续按两次<Esc>键取消选择状态。

17）利用<Ctrl>键，全选该墙上的四扇窗。

18）在【修改｜窗】选项卡下【剪贴板】面板中选择【复制到剪贴板】，如图 8-33 所示。

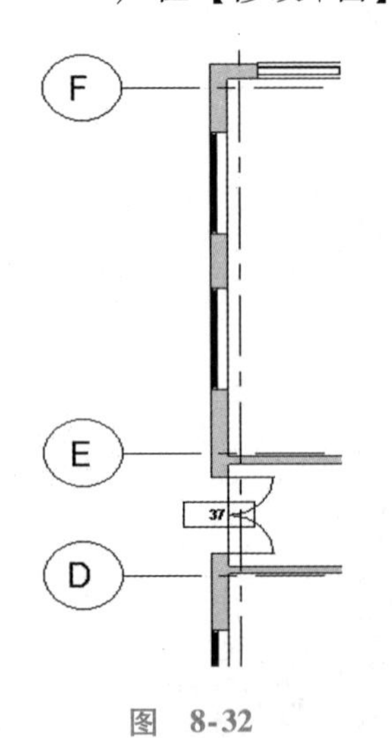

图 8-32

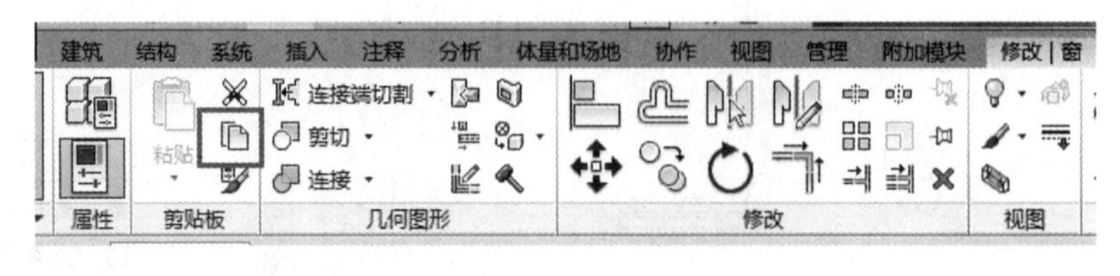

图 8-33

19）然后在【剪贴板】中展开【粘贴】工具，在下拉菜单中选择【与选定的标高对齐】（图 8-34）。这样将会启动【选择标高】对话框（图 8-35），其中罗列了当前模型中的所有平面。

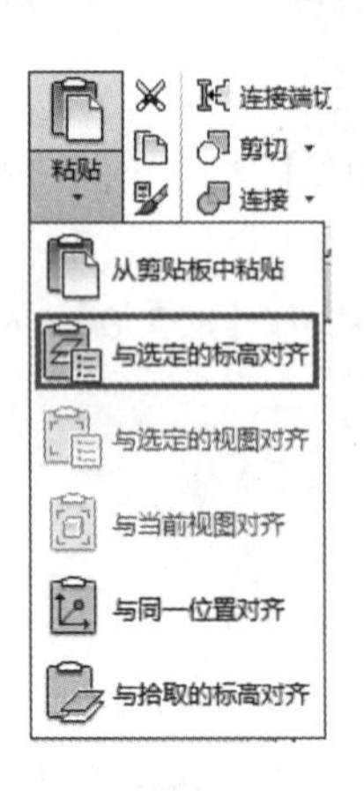

图 8-34

图 8-35

20）选择【First Floor】，单击【确定】按钮，关闭对话框。

21）在【项目浏览器】中打开立面图【West】，查看复制操作后的视图，如图 8-36 所示。

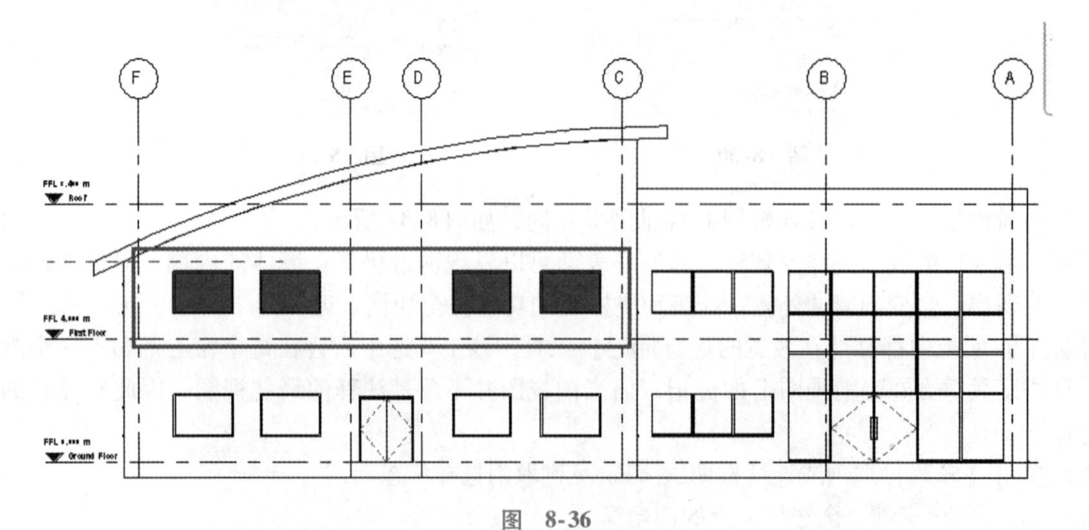

图 8-36

注意：在适用的情况下，如果需要同时复制几层楼上的图元，可以使用 < Ctrl > 和 < Shift > 键选择楼层标高。当将窗粘贴到屋顶层平面时，就会出现一个警告框，告诉我们由于该平面缺少主体墙体，因此无法将最左侧的两扇窗放置在屋顶平面，如图 8-37 所示。

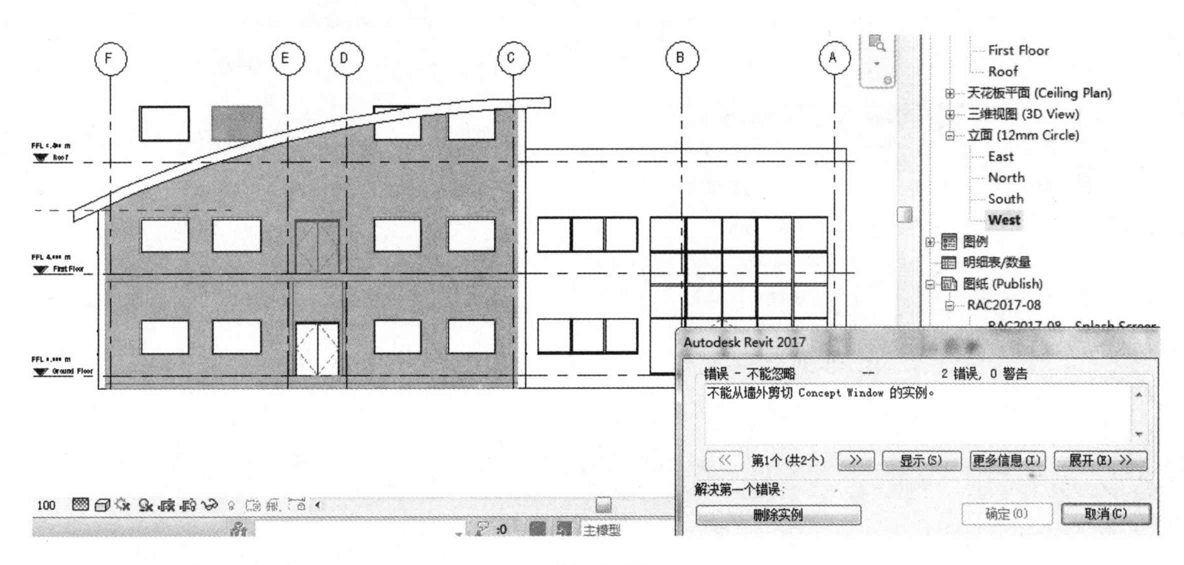

图 8-37

8.4.2 平面依附（独立）图元

平面依附族或者构件是通过非依附模板确定的平面依附图元，例如不包含主体部分的图元墙、楼板、天花板、屋顶、表面或直线。由于包含一些变量，它们可以安放在模型中的任何位置，因此它们有时候被称作独立图元。上面提到的那些变量使构件限制水平平面的使用，也可以允许将其应用于任何的工作平面和表面。

本练习中使用的桌子是利用家具族中的模板创建的，参数限制为默认值。这就意味着该构件只能放置在模型中的某个平面上（通常为水平平面），不管该构件处在何种视图下。这样就会造成该构件只能在平面或者 3D 视图下安放。

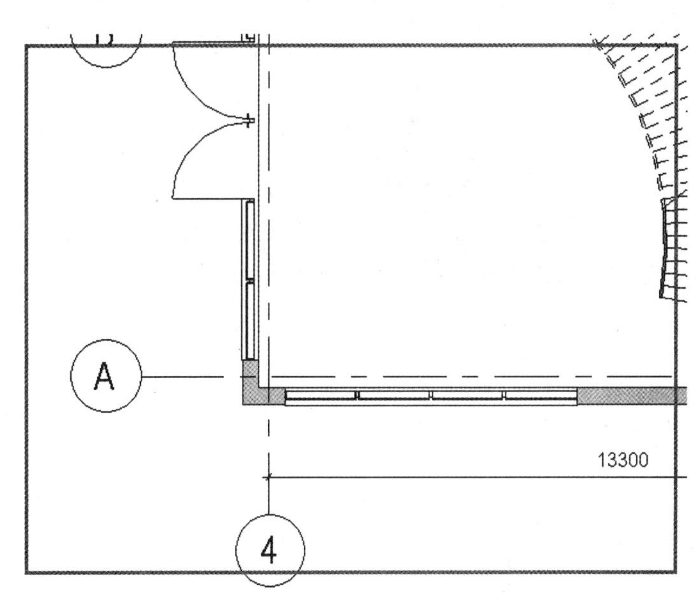

图 8-38

1）在【项目浏览器】中，打开【楼层平面：Ground Floor】视图。

2）放大视图范围到 A-4 轴网区域，如图 8-38 所示。

3）在【建筑】选项卡下【构建】面板中，选择【构件】下拉菜单中的【放置构件】，如图 8-39 所示。

4）在类型选择器中选择桌类型为【Concept Table-Grade 1 Conference Table】（图 8-40），将其安放到模型中，如图 8-41 所示的位置。

5）在【项目浏览器】中，展开【族】→【家具】，选择椅子类型为【Concept Chair-Grade 1】，如图 8-42所示。

6）选中并拖曳至桌子的左边位置放置，如图 8-43 所示。

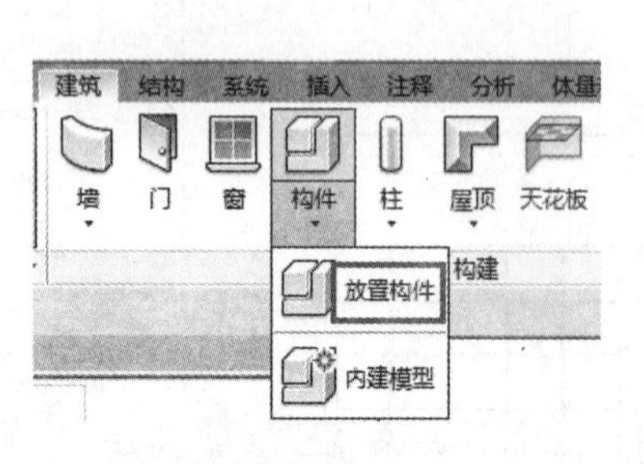

图 8-39

图 8-40

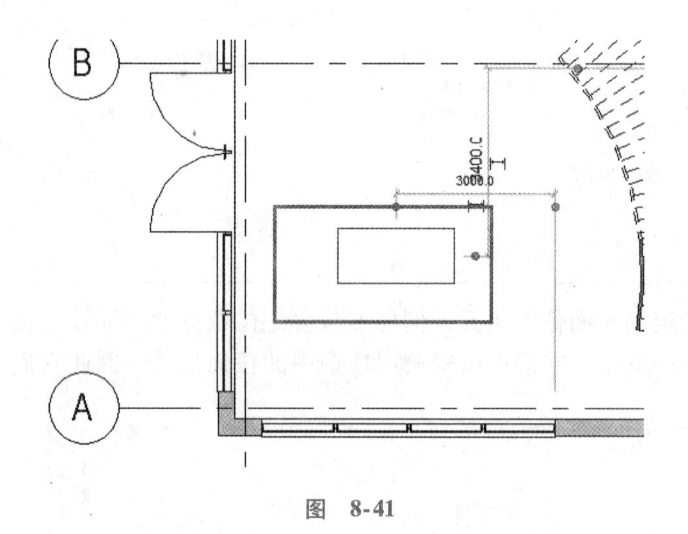

图 8-41

项目浏览器 - WFP-RAC2015-08-ComponentsA

图 8-42

注意：可以通过按空格键旋转椅子放置方向。

7）在【项目浏览器】下，展开【族】→【家具】，选中【Concept Chair-Grade1】，然后单击鼠标右键，在弹出的菜单中选择【创建实例】，如图 8-44 所示。

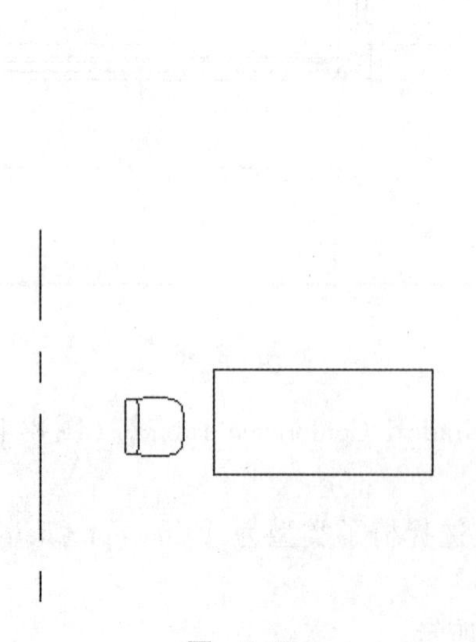

图 8-43

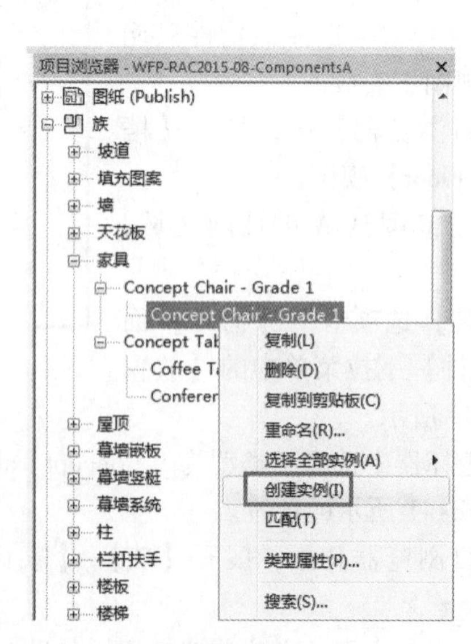

图 8-44

8）将椅子放到桌子上方，放置之前可以利用空格键进行定位，如图8-45所示。

9）选中左侧放置的椅子，在【修改】面板中选择【镜像-拾取轴】（图8-46），拾取桌子竖直方向的中心线，将椅子镜像复制到桌子右侧，如图8-47所示。

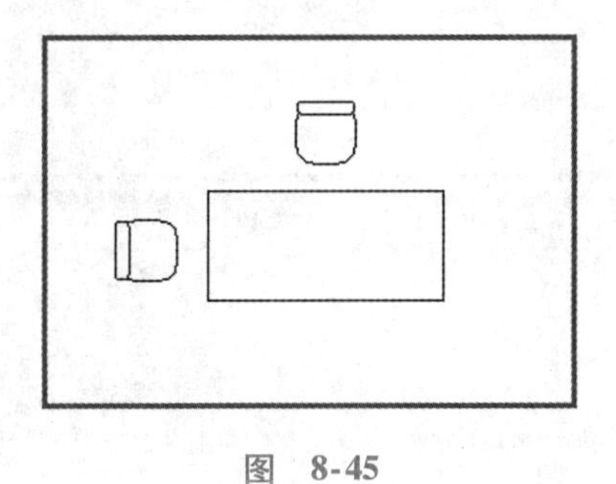

图　8-45

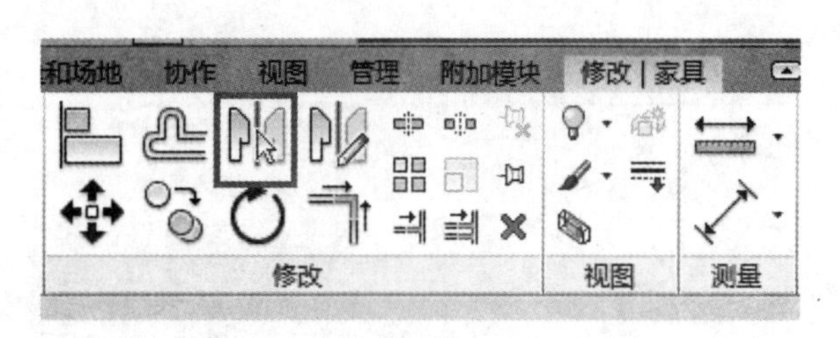

图　8-46

10）重复以上步骤，将上方椅子镜像复制到桌子下方，如图8-48所示。

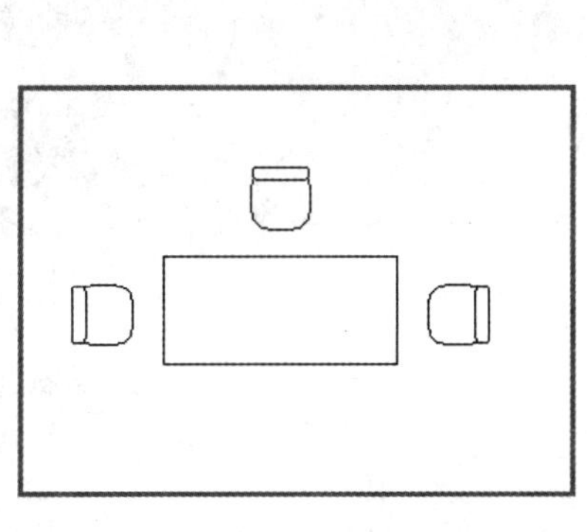

图　8-47

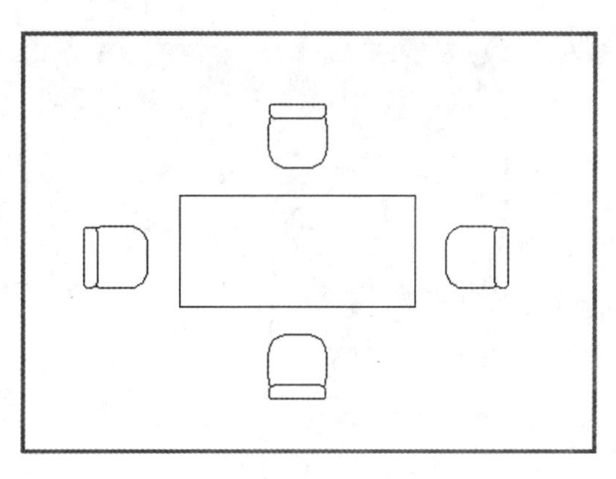

图　8-48

注意：放置好了以后，可以利用空格键对选定的家具进行旋转。如果同时选中四把椅子，那么使用空格键可以将每个椅子按照自身的插入点进行旋转。

单元 9

楼梯、 坡道和栏杆

单元概述

本单元介绍楼梯工具、坡道工具和栏杆工具的基本概念，以及如何使用 Revit 中这三种类型的工具去创建项目场景中的构件。可使用 Revit 中的楼梯工具，通过使用构件，大致按照现实世界中的构造方法创建楼梯；或者可以绘制其草图，在早期设计中从更为理论或概念的意义上创建楼梯。读者不仅要了解这些创建方法的优势，还需认识到其不足，才能设定出几乎适用于任何情况的楼梯，此处展示的楼梯和栏杆只说明了典型构造，并未包含所有可能性，之后的单元则对一些更为复杂的场景进行了调查。

单元目标

1. 了解楼梯创建的方法。
2. 掌握按构件自动创建和按草图手动创建楼梯的方法。
3. 掌握坡道创建的方法。
4. 掌握栏杆扶手创建的方法。

9.1 楼梯工具

Revit 中的楼梯工具是十分智能的。因此，当正确设定了用于工程中的楼梯和扶手类型时，该功能十分快速高效，但需要大量修改选项来操控单个楼梯图元的数据，以便在使用时匹配一个唯一实例。在开始之前应预先考虑一个楼梯的布局，使用参照平面来界定楼梯宽度和休息平台。

注意：如果在楼梯草图环境中定义参照平面，那么在草图完成之后参照平面是不可见的。这样便不会使绘图过于混乱，但首先应当注意的是，如果你将楼梯删除并重新开始，那么参照平面也会消失；其次，过多的参照平面不利于模型性能，因此不建议引入大量隐藏的参照平面。

可以通过定义楼梯的【类型属性】（图 9-1）使楼梯的踢面高度和踏板深度适合于楼层高度。其他选项则涉及构件的规格及楼梯的使用材料，所提供的类型适用于整体浇筑混凝土楼梯和钢筋消防逃生楼梯等。

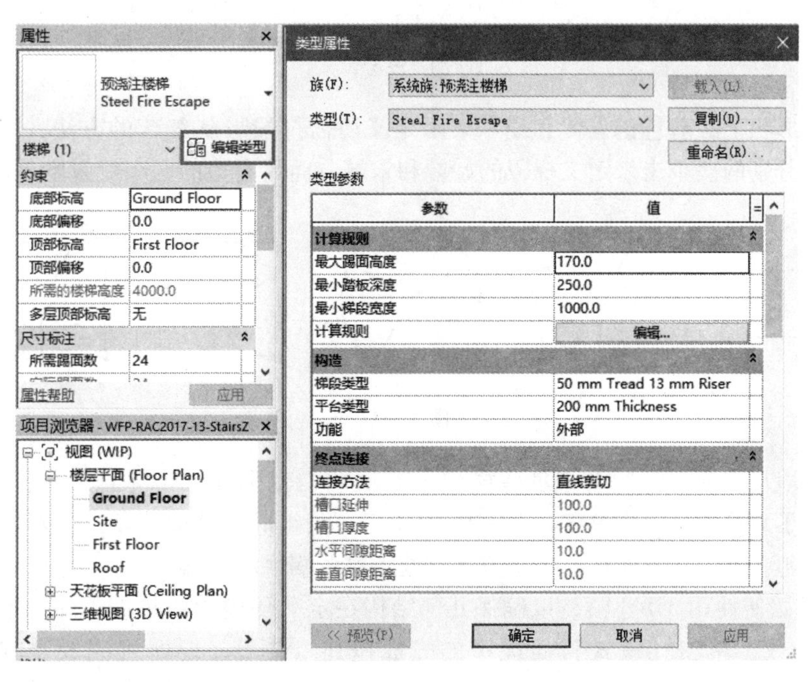

图　9-1

在【建筑】选项卡下【楼梯坡道】面板中选择【楼梯】时，用户可以选择两种创建楼梯的方式，如图 9-2 所示。

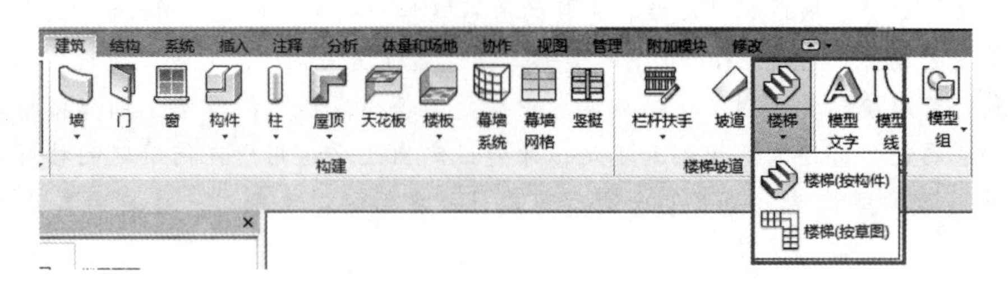

图 9-2

1. 楼梯（按构件）

这是一种自动化程度最高的创建方式，使用者只需从预制装配式楼梯中选出合适的样式并进行相关楼梯参数的设置，最后指定楼梯的起点与终点便可自动生成楼梯。

2. 楼梯（按草图）

这是一种手动创建楼梯的方法，需要通过绘制边界和踢面的草图来定义整部楼梯。Revit 仍然能够计算出所需规模并且适当地分布踢面。

9.1.1 楼梯（按按件）

在【修改 | 创建楼梯】选项卡中，Revit 提供了建造楼梯所需的精选构件类型，其中包括梯段、平台、支座及创建构件草图的选项（图 9-3），使用这些楼梯构件将组成完整的楼梯。这一过程提供了类型属性范围之内的所需选择，从而提高制作特点及细节设计方面的精确性，同时还提供楼梯计算的所有自动化功效。

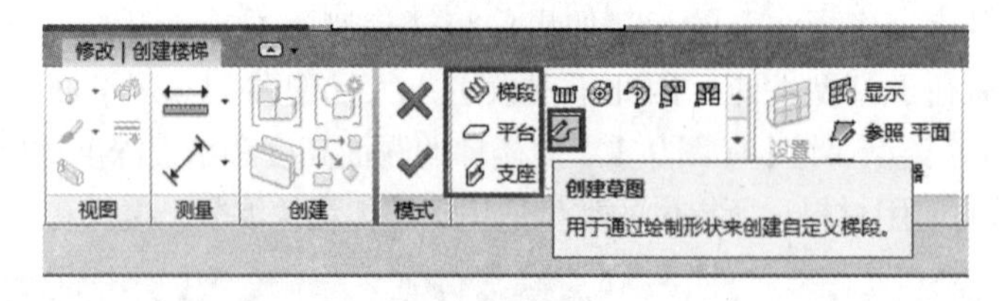

图 9-3

图 9-4 中五个形状上的蓝色正方体和线条表示定义所需梯段形状细节的方法，因此在最左边图形中简单的矩形上，分别两次单击来定义梯段的始端和末端，而最右边的两个变量则是通过单击放置。

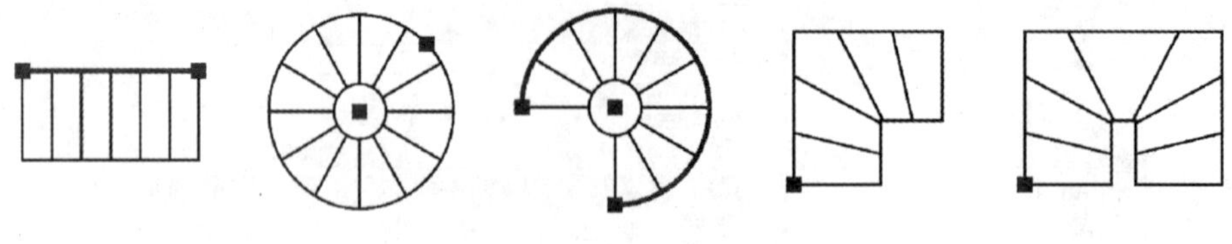

图 9-4

可使用以上梯段形状的任意组合来创建楼梯，Revit 将自动创建一个休息平台作为梯段间的连接。在这个案例中使用了直梯构件（图 9-5）来定义由 11 个踢面组成的直型梯段，再创建一个由 13 个踢面组成的梯段与之垂直，如图 9-6 所示，为了方便创建，这些踢面均被编号。

该楼梯从一开始便使用 3D 建模，以确保几何结构在定义环境内部是可行的。不对相关默认的栏杆扶手类型进行修改，单击【模式】面板中的完成按钮（图 9-7）即可完成楼梯创建，如图 9-8 所示。

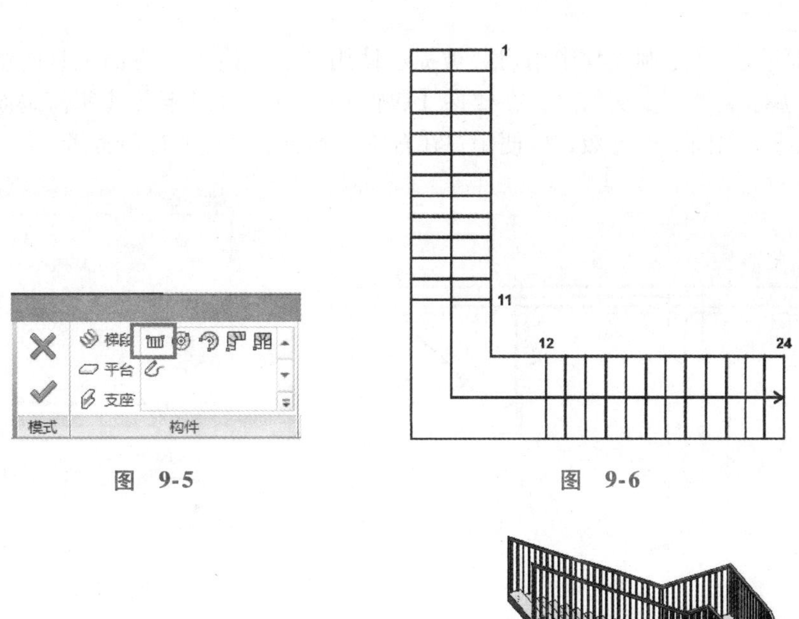

图　9-5　　　　图　9-6

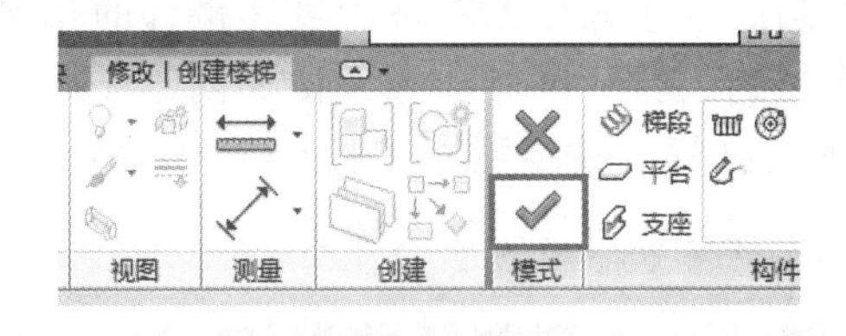

图　9-7

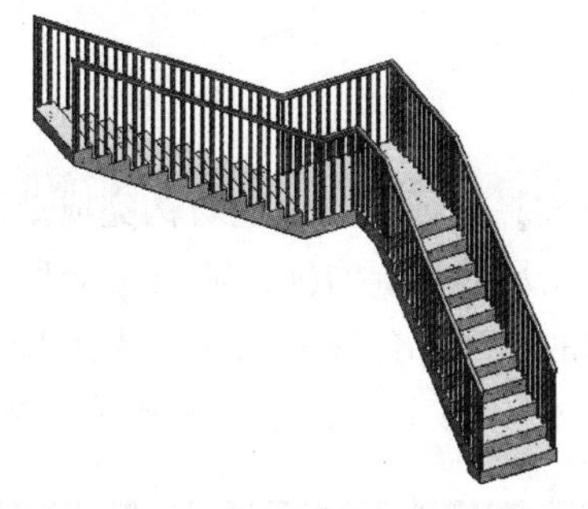

图　9-8

9.1.2　楼梯（按草图）

图9-9中所示构件适用于通过草图定义的楼梯。

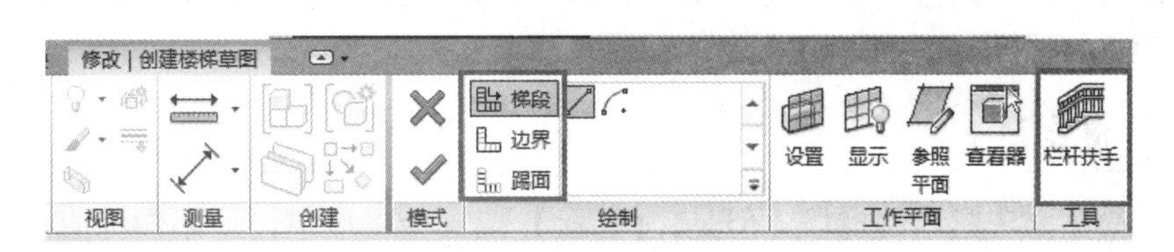

图　9-9

1. 踢面工具

踢面线表示每个踏面前缘。

2. 边界工具

楼梯草图中两条绿色边界线（图9-10）之间的空间可代表踏板的使用面积、梯边梁（如果存在）的内表面和一些栏杆扶手的边界。

3. 梯段工具

一旦定义了楼梯属性，梯段工具将自动生成合适的踢面和边界。梯段工具将创建一段直型台阶及台阶之间的休息平台。梯段工具可对剩余踢面数量进行倒计数以完成楼梯（图9-11），可以手动编辑踢面和梯段边界。

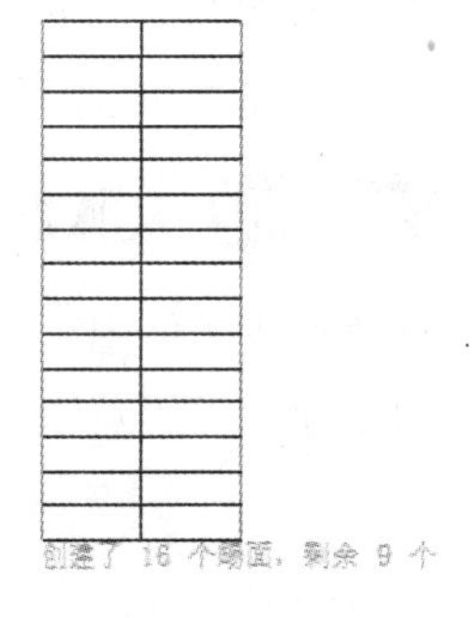

图　9-10

4. 栏杆扶手

在默认情况下，每部楼梯的两侧均应安置扶手。所安置扶手的类型可以预先定义，或完工之后通过【属性】面板中的类型选择器进行更改。在默认情况下，会在栏杆扶手上定义25mm的偏差。这说明了扶手中心位于标准50mm梯边梁中央，以及梯边梁和扶手均以边界线为起点的原因。

一旦进入草图环境，在绘制过程中用户会被提示使用梯段、边界和踢面工具的组合来定义楼梯的二维平面草图，且基于类型和实例信息，在楼梯【属性】面板中可以定义【所需踢面数】（图 9-12），这将在绘制楼梯时进行踢面的倒计数，以便用户在台阶达到所需高度时进行放置。

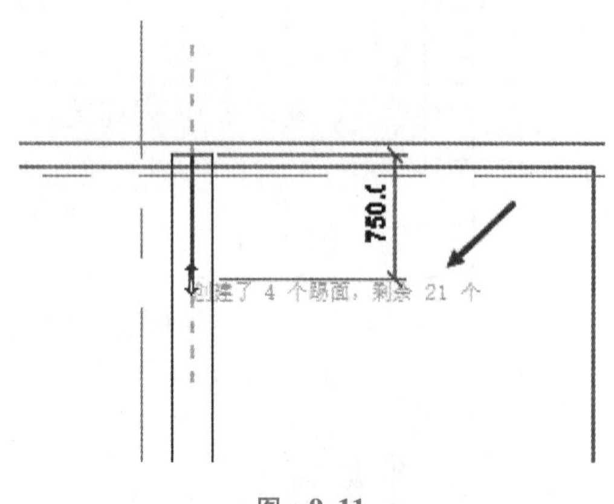

图 9-11

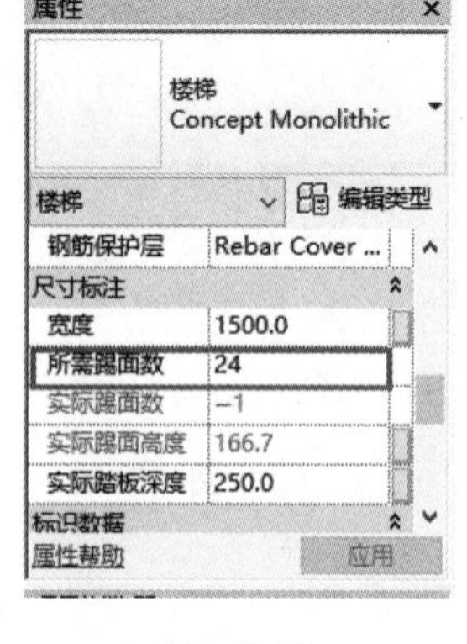

图 9-12

单击【模式】面板中的绿色对钩完成草图的绘制后，才能在三维视图创建楼梯的几何结构，在这一阶段若没有充足的塑造构件或缺乏关于所定义事物的经验，可能会导致楼梯创建失败。在很大程度上，如果楼梯的创建符合国家标准，那么 Revit 将通过楼梯（按草图）工具来完成其模型，并且通常在 Revit 未能形成楼梯的几何结构的情况下，要进行现场建设也将是不切实际的。

9.2 坡道工具

【建筑】选项卡【楼梯坡道】面板中的【坡道】工具与【楼梯（按草图）】工具十分类似，且以几乎相同的方式运行。楼梯通过比照所需高度查看踏板和踢面尺寸来计算梯段的总长度，而坡道采用所定义的坡度作为主要标准。

9.2.1 坡道绘制

添加坡道的最简单方法是绘制梯段。但是，【梯段】工具会将坡道设计限制为直梯段、带平台的直梯段和螺旋梯段。要在设计坡道时进行更多控制，可以使用边界和踢面工具绘制一段坡道。

9.2.2 坡道属性

宽度、坡度和最大长度，以及该坡道是否坚硬厚实，均以此属性来定义。

9.2.3 实体坡道

有效形成实体图元以便斜坡的底面仍保留在创建层面，且为了适应这种上升，该图元将变厚。通常适用于地面工程及较小的坡道，如图 9-13 所示。

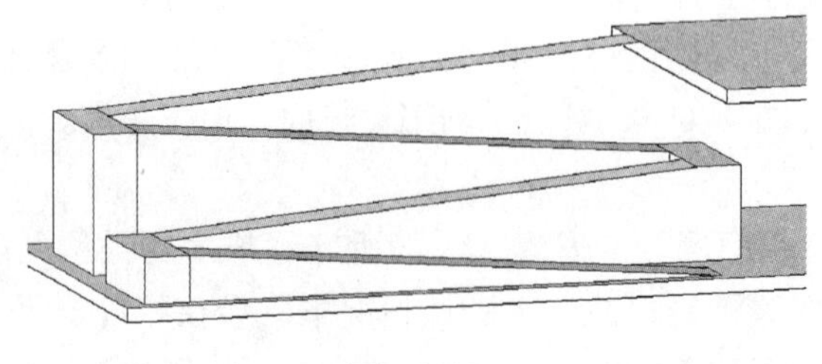

图 9-13

9.2.4　结构板坡道

应用于适合大多数地上需求的固定厚度的坡道，如图9-14所示。

9.2.5　栏杆扶手

与楼梯（按草图）相似，该坡道能够定义边缘的边界线，此处扶手为默认设置。

扶手通常会给斜坡剖面引入更多复杂性，如图9-15中蓝色所示的扶手剖面用于提供停车场两侧的平板结构，且能够遵循坡道的坡度和形状。

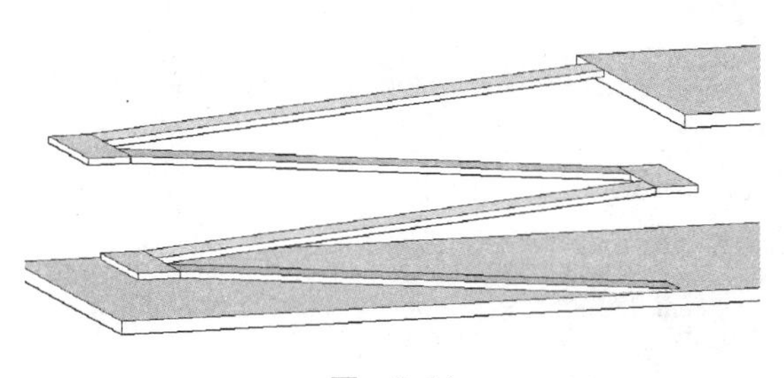

图　9-14

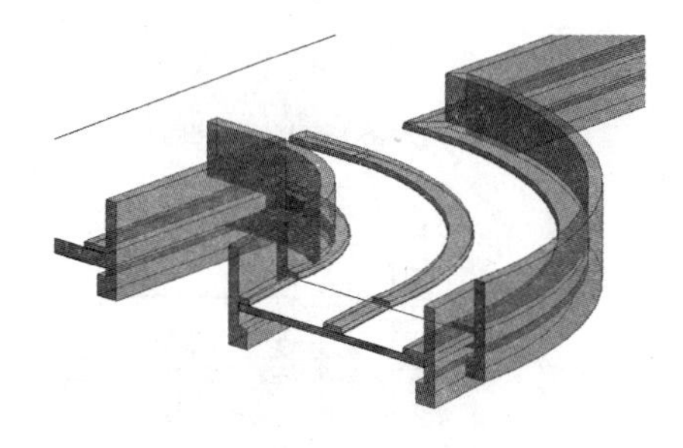

图　9-15

9.3　栏杆工具

9.3.1　栏杆创建

栏杆（图9-16）可单独放置在如楼梯或坡道这样的主体上，也可以在添加楼梯和坡道的同时放在楼梯坡道上。在默认情况下，栏杆将遵循由草图绘制的楼梯构件的边界或边缘所定义的路径进行放置。当处于独立状态时，先在绘图区域中绘制栏杆路径，然后应用所定义的模式。

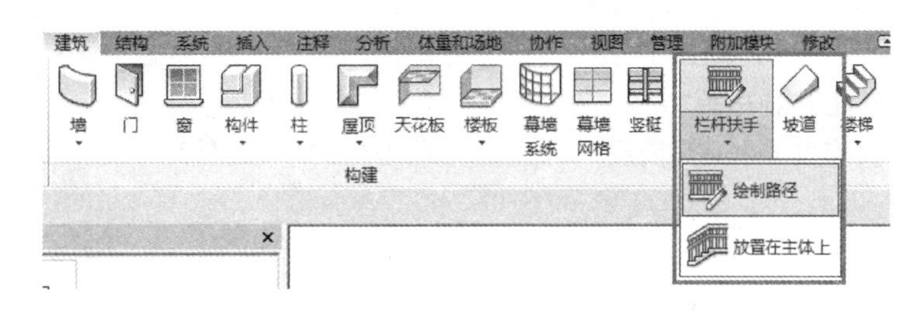

图　9-16

栏杆可以作为族图元进行创建，它由中间栏杆、平板、起点支柱、转角支柱和终点支柱等组成。

9.3.2　栏杆样式

预定义的栏杆族以一种重复的数值模式垂直进行排列。例如，在开始创建样式时，我们可以设置【栏杆族】为【A】型，【相对前一栏杆的距离】为【200.0】，在这个基础上【复制】两个栏杆类型；将第二个【栏杆族】设置为【B】型，【相对前一栏杆的距离】为【500.0】；第三个【栏杆族】设置为【A】型，【相对前一栏杆的距离】为【500.0】，然后应用该样式，如图9-17所示。

9.3.3　栏杆剖面图创建

栏杆必须预先定义为剖面族。它们预先被加载到该模型正在使用的方案中，其中一些可以以单独

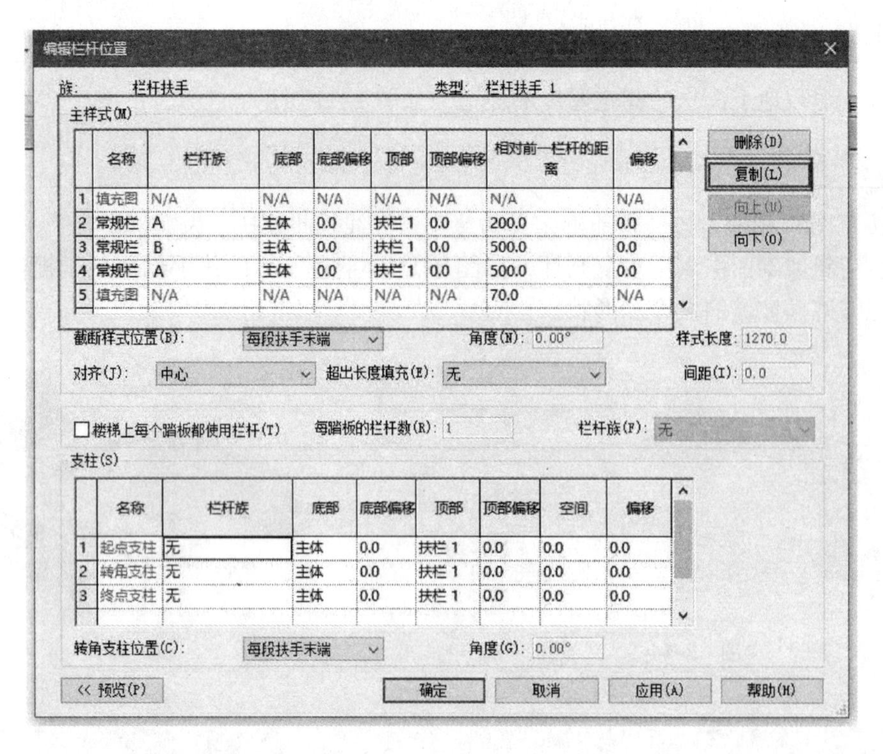

图 9-17

的扶手样式进行定义。Revit 提供了一些剖面族样板的变形，包括用于定义栏杆的变形。这并不是决定性的，但确实为新用户提供了一些有用信息。

9.4 单元练习

该练习提供了使用楼梯作为栏杆工具的实践案例，分为三部分：

1）使用【楼梯（按草图）】工具来放置一部带有栏杆的整体浇筑混凝土楼梯。

2）将独立的扶手放置于第一层。

3）使用【楼梯（按构件）】工具创建一部包括休息平台的外部楼梯。

9.4.1 楼梯（按草图）

1）打开项目起始文件 WFP-RAC2017-09-StairA. rvt。

2）在【项目浏览器】中打开【楼层平面：Ground Floor】视图。

3）在绘图区域的空白处右击，在弹出的菜单中选择【区域放大】（图 9-18），将方框所显示的区域放大，如图 9-19 所示。

4）从【建筑】选项卡【楼梯坡道】面板中打开【楼梯】的下拉菜单，选择【楼梯（按草图）】。

5）在【修改 | 创建楼梯草图】上下文选项卡的【绘制】面板中选中【梯段】，选择【圆心-端点弧】绘图工具，如图 9-20 所示。

6）如图 9-21 所示，选择参照平面标有 *A* 的十字交叉点来定义圆弧的中心点，然后选择标有 *B* 的十字交叉点来定义圆弧的半径和楼梯的起点，移动光标，拖曳梯段经过点 *C* 来定义楼梯梯段的长度，确定好楼梯位置后单击。

注意：梯段长度将受限于踢面之间的距离，以及达到理想高度所需的踢面数量。

7）从【项目浏览器】中打开【3D：Main Stair】视图。

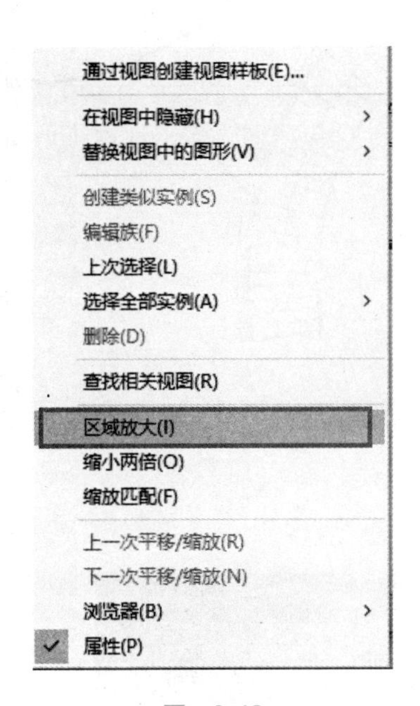

图 9-18

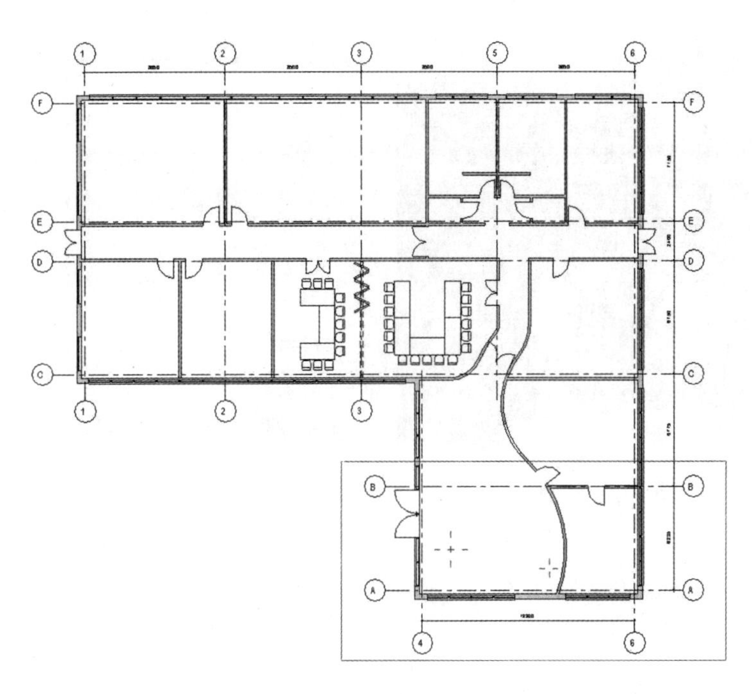

图 9-19

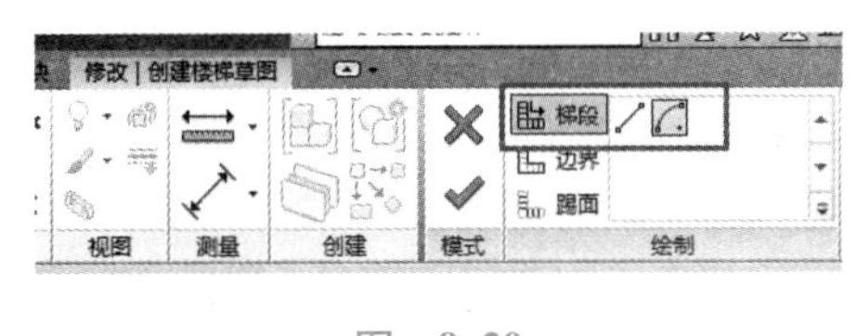

图 9-20

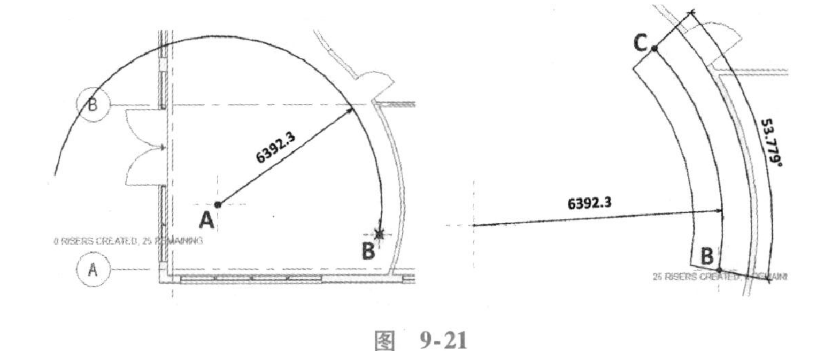

图 9-21

8）在【修改 | 创建楼梯草图】上下文选项卡的【模式】面板中单击绿色对号以完成楼梯编辑模式，如图9-22所示，在视图中查看楼梯。

这将创建一部整体浇筑混凝土楼梯，具有适用于任何一侧的默认扶手。应该注意的是，一侧扶手坐落于弧形墙内，另一侧实际悬于楼梯一侧之上，在项目浏览器中打开【楼层平面：First Floor】视图且放大顶部的楼梯踏板，这是因为默认的扶手被设定位于一根宽50mm梯边梁的中央，其内表面与楼梯梯段的边界一致，因此该扶手距边界存在25mm的偏差。要修正这种情况我们需要对扶手进行修改。

9）选中左侧扶手，并在【属性】面板中将【从路径偏移】设置为【25.0】。

10）在【项目浏览器】打开【楼层平面：First Floor】视图，放大楼梯区域。

11）选择与弧形墙相邻的右侧扶手，在【属性】面板的类型选择器中将扶手类型更改为【Wall-mounted Rail】，如图9-23所示。

这部楼梯的设置比较特殊，其是以踏板为终点的，而并非以踢面为终点，所以当前每个扶手都延伸得过高，接下来我们需要针对此问题进行调整。

12）在项目浏览器中打开【楼层平面：Ground Floor】视图，依次选中楼梯两边的扶手，在【模式】面板中选择【编辑路径】，如图9-24所示，拖曳线的端点，与倒数第二根栏杆位置对齐。

13）在项目浏览器中打开【3D：Main Stair】视图，查看扶手，如图9-25所示。

图 9-22

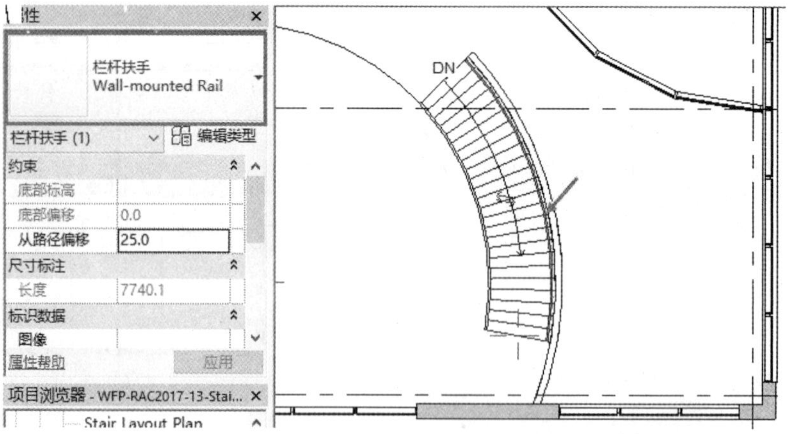

图 9-23

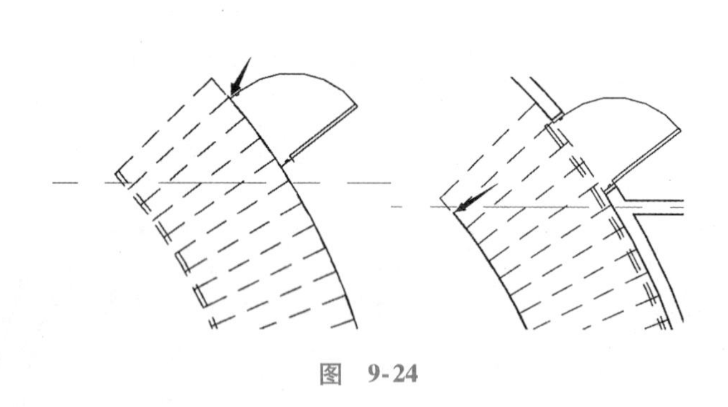

图 9-24

图 9-25

9.4.2 独立栏杆

接下来的练习中将在二层阳台上添置一部独立栏杆。

1）从【项目浏览器】中打开【楼层平面：First Floor】视图。

2）在【建筑】选项卡【楼梯坡道】面板中打开【栏杆扶手】的下拉菜单，选择【绘制路径】。

3）在【修改|创建栏杆扶手路径】上下文选项卡的【绘制】面板中选择【拾取线】。

4）如图 9-26 所示，选中阳台边缘，并拖曳端点至第二层阶梯的边缘。

5）单击【模式】面板中的绿色对号，完成栏杆的编辑模式。

6）在项目浏览器中打开【3D：Main Stair】视图，查看完成的结果，如图 9-27 所示。

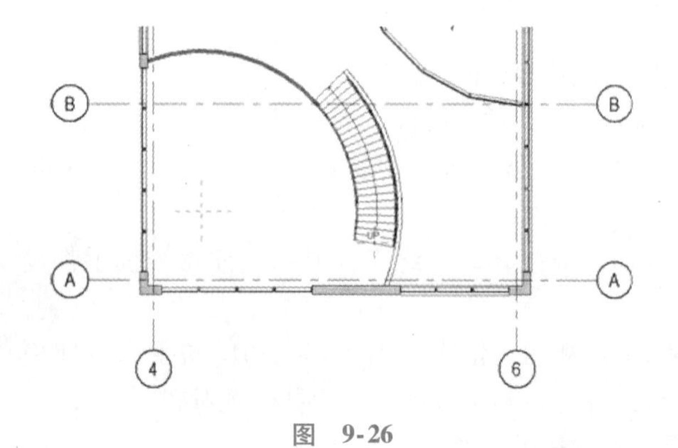

图 9-26

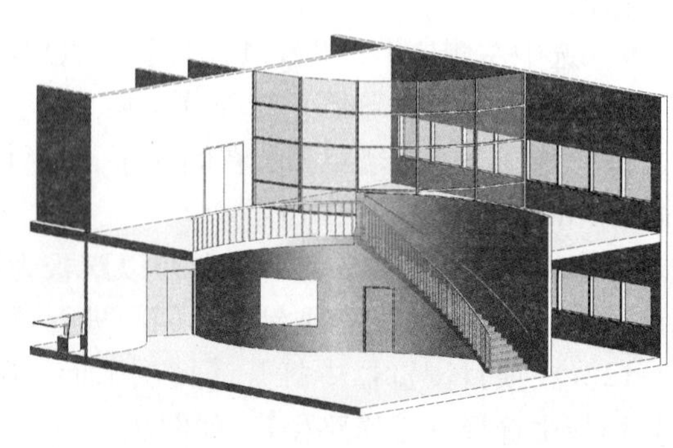

图 9-27

9.4.3 楼梯（按构件）

1）从【项目浏览器】中打开【楼层平面：Stair Layout Plan】视图。

2）在绘图区域右击，在弹出的菜单中选择【区域放大】，在需要放大的区域绘制一个矩形，如图9-28所示。

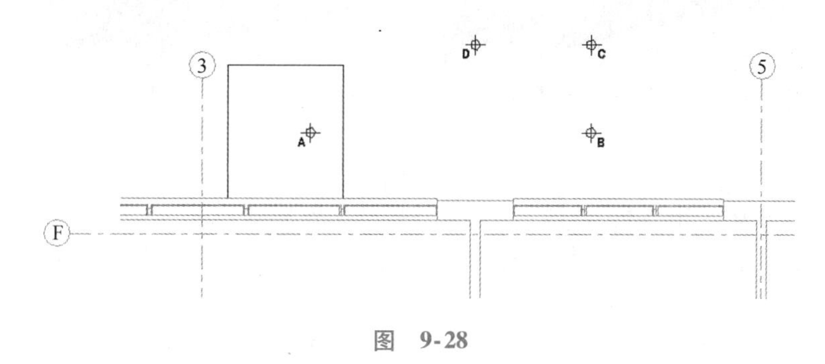

图 9-28

3）在【建筑】选项卡【楼梯坡道】面板中打开【楼梯】的下拉菜单，选择【楼梯（按构件）】，如图9-29所示。

4）在【修改|创建楼梯】上下文选项卡的【构件】面板中选择【梯段】，并选中【直梯】，如图9-30所示。

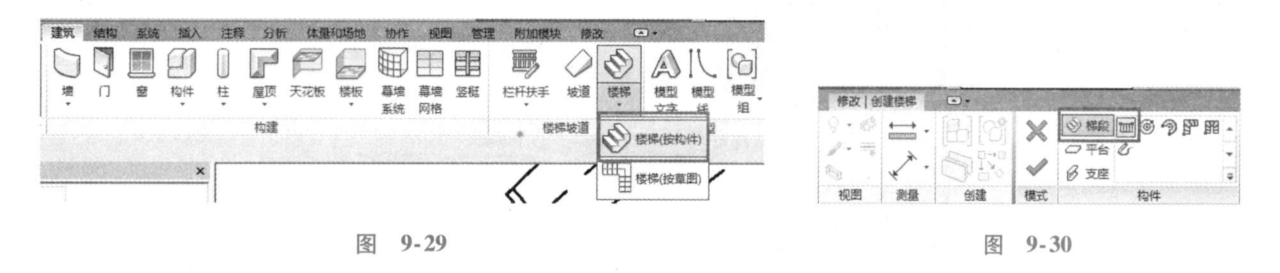

图 9-29　　图 9-30

5）如图9-31所示，将绘图区域上方选项栏中的参数进行设置。

图 9-31

6）在绘制楼梯时，按照A-B-C-D四点的顺序进行单击，绘制楼梯，如图9-32所示。

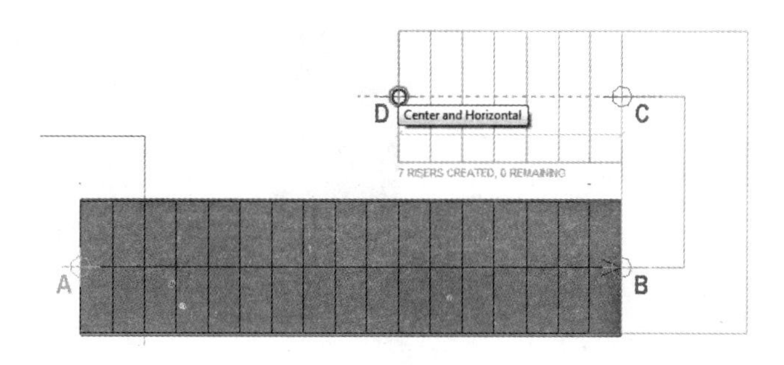

图 9-32

7）在【项目浏览器】中打开【3D：Fire Escape】视图。

如图9-33所示，在草图模式中楼梯是以二维形式显示的，只有在【完成】的状态下可见，而在构件模式中楼梯是用显示实际构件的三维形状来显示，从而更易于识别潜在的问题。

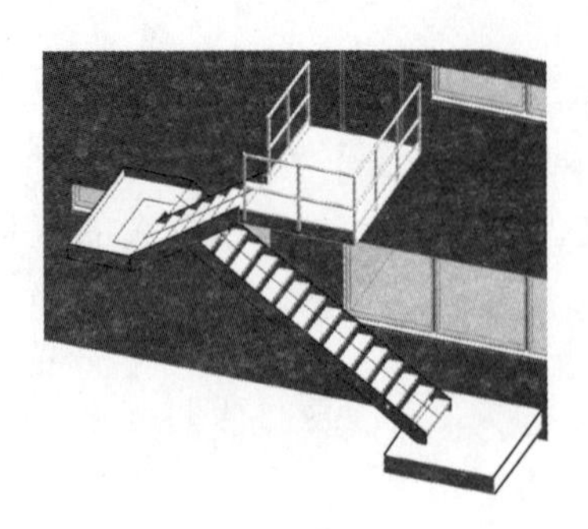

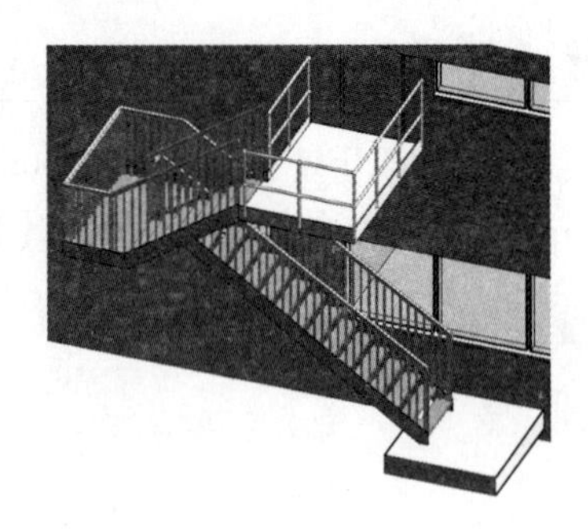

图 9-33

8）在【模式】面板中单击绿色对号，完成构件楼梯编辑模式。

9）选择创建好的扶手，在【属性】面板的类型选择器中将扶手类型从【Concept 1100mm】更改为【RailAndBall-Stairs】。

10）如图 9-34 所示，放大其中一个扶手栏杆的底部，并注意错误的放置。

11）修改这种情况，选择扶手【HRA】和【HRB】，在【属性】面板中重将【从路径偏移】更改为【0.0】，如图 9-35 所示。

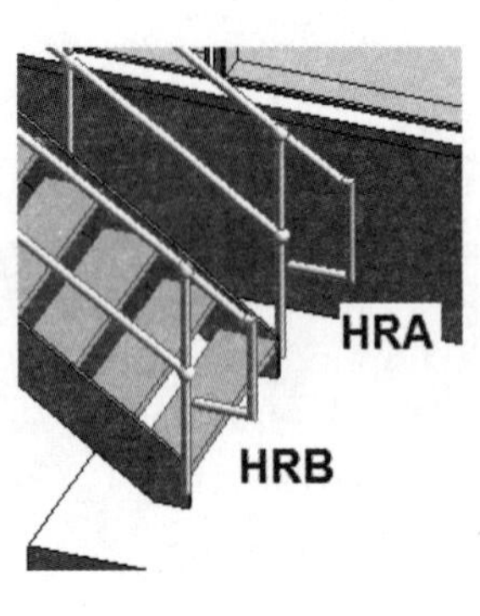

图 9-34

图 9-35

12）在【项目浏览器】中打开【楼层平面：Stair Layout Plan】视图，确认两侧扶手的位置现在均位于梯边梁的外表面，如图 9-36 所示。最后，打开【3D：Fire Escape】视图进行查看，如图 9-37 所示。

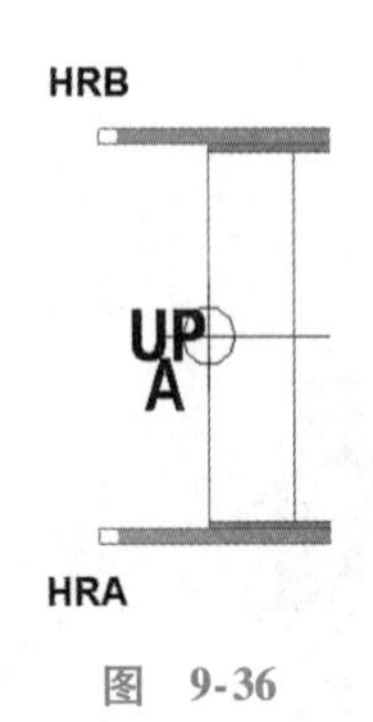

图 9-36

图 9-37

单元 10
体量和场地工具

单元概述

本单元主要介绍如何利用于概念体量工具创建模型，并掌握分析这些模型的能力，以及对房屋面积、体积和几何模型的初步理解，深入观察细节并进行设计，最终了解模型是如何快速变为建筑概念体量模型的(图10-1)。概念体量工具只能在概念设计环境下使用，不能作为为建筑模型添加定制特色的工具。

在本单元的练习中，将介绍模型工具的使用方法。创建概念体量模型，并对模型进行分析，最后利用建筑制造工具把墙、屋顶和楼板应用于体量模型表面，进一步完善建筑模型。

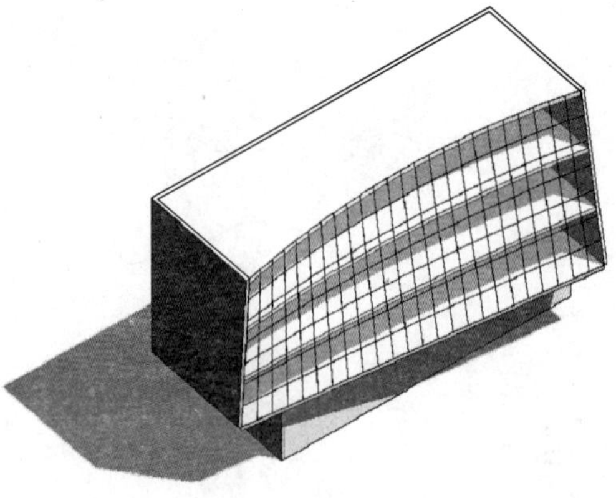

图 10-1

单元目标

1. 了解体量工具。
2. 掌握如何在项目中创建体量和外部体量族的创建。
3. 掌握使用建筑制造工具给体量模型添加实体图元（如墙、楼板、屋顶和幕墙）。
4. 了解场地工具。

10.1 体量工具

10.1.1 内建体量和体量族

体量可以在项目内部（内建体量）（图10-2）或项目外部（可载入体量族）创建（图10-3）（族知识详见族讲解单元）。内建体量用于表示项目独特的体量形状；在一个项目中放置体量的多个实例或者在多个项目中使用体量族时，通常使用可载入体量族。

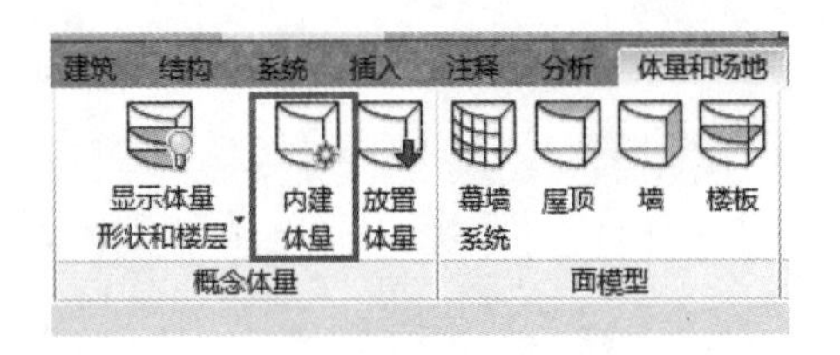

图 10-2

图 10-3

要创建内建体量和可载入体量族，请使用概念设计环境。在创建体量族时，可以执行以下操作：

1）将其他体量族嵌套到要创建的体量族中。

2）将几何图形从其他应用程序导入到体量族。

在项目中，可以执行以下操作：

1）放置某个体量族的一个或多个实例。

2）创建内建体量。

3）将体量实例连接到其他体量实例以消除重叠。因此，这些体量实例的总体积值和总楼层面积值会相应进行调整。

4）创建一个明细表，该明细表将显示体量的总体积、总楼层面积和总表面积。

5）将体量实例放置在工作集中，并指定给阶段，然后将其添加到设计选项中。

在项目环境下，可以加载并结合预先创建的体量，从而快速生成简单的几何模型（图 10-4）。最简单的方法就是充分利用 Revit 中的带有参数和可控制的默认资源库。

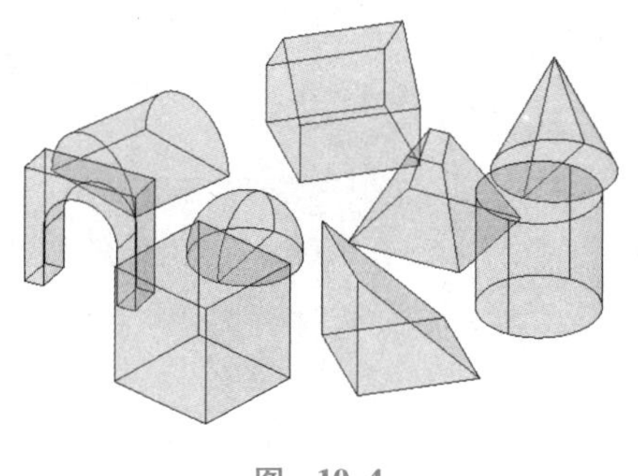

图　10-4

10.1.2 内建体量

内建体量是创建特定于当前项目上下文的体量，此体量不能在其他项目中重复使用。创建步骤为：

1）在【体量和场地】选项卡下【概念体量】面板中选择【内建体量】（图 10-5）。

2）输入内建体量族的名称（图 10-6）。

3）应用程序窗口显示概念设计环境，使用【绘制】面板上的工具创建所需的形状（图 10-7）。

4）完成体量创建（图 10-8）。

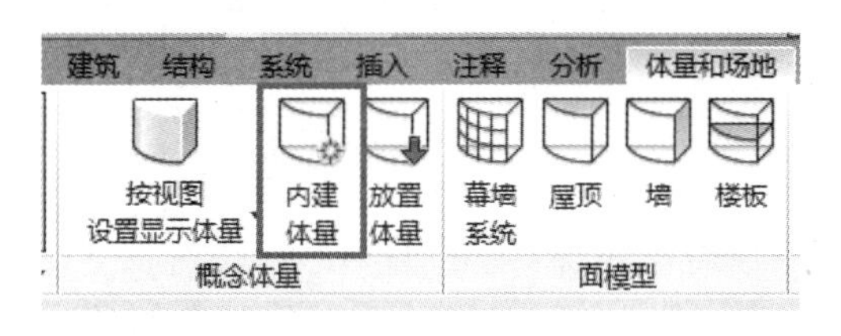

图　10-5

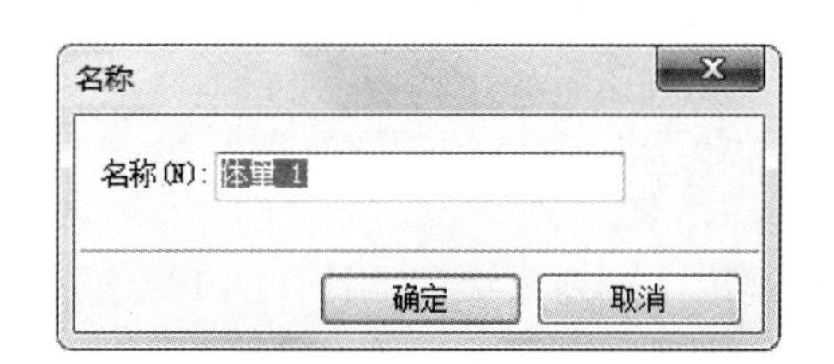

图　10-6

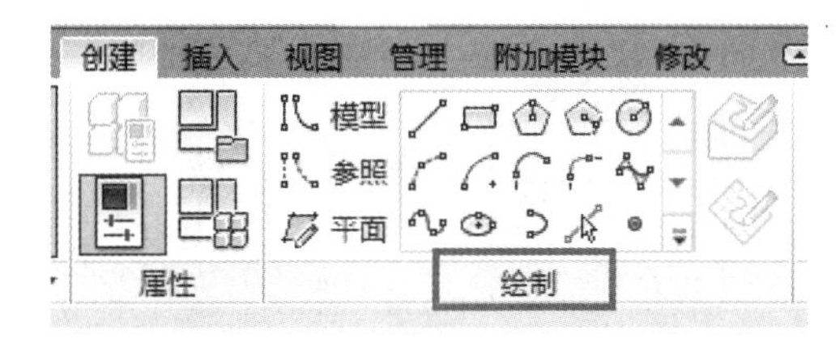

图　10-7

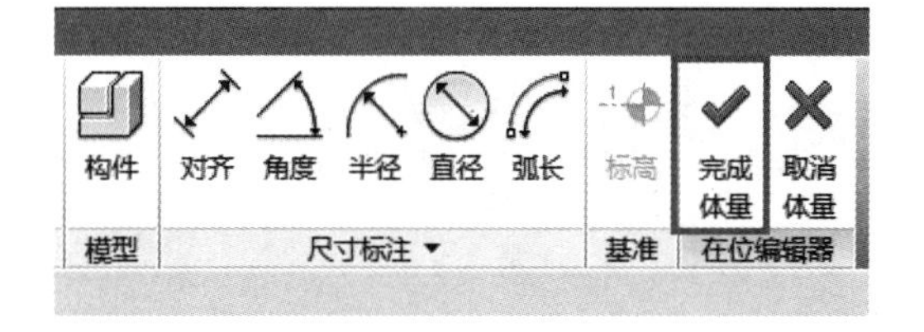

图　10-8

与几何模型的内建族创建方式相比，体量工具有许多不同之处。首先选择一个工具，其次描述其构件零件，在多个平面画线，最后一个模型创建工具就会基于已选线条选择最合适的创建方法。如图 10-9所示，使用内建族创建模型工具（拉伸、放样、融合等），可以将正方形和圆形融合后生成模型。正方形和圆形都被画在同一个平面上，然后再定义或拖曳两个表面之间的距离，生成三维体量模型。

如图 10-10 所示，使用体量工具创建模型不同点就在于创建模型的工具并不是自己选择的，而是分别在指定的标高平面描绘顶部线条轮廓和底部的线条轮廓，然后选中这些轮廓图案，单击【创建形状】按钮，系统自动决定生成模型的种类。

体量工具对形状的创建和处理提供了一个积极的、方便使用的概念化模型环境。而通过内建族模型，使用者可以创建拉伸、融合、放样等，但是他们并没有严格遵循最初的草图来调整最终的模型。体量工具创建形状步骤为：

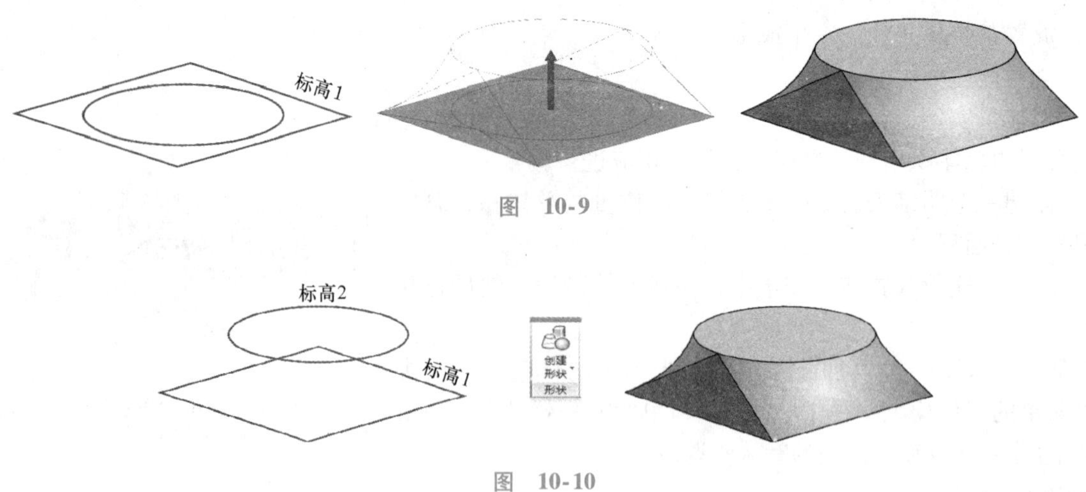

图 10-9

图 10-10

1）利用【修改】选项卡【绘制】面板中【模型】工具（图 10-11），绘制模型形状，如图 10-12 所示。

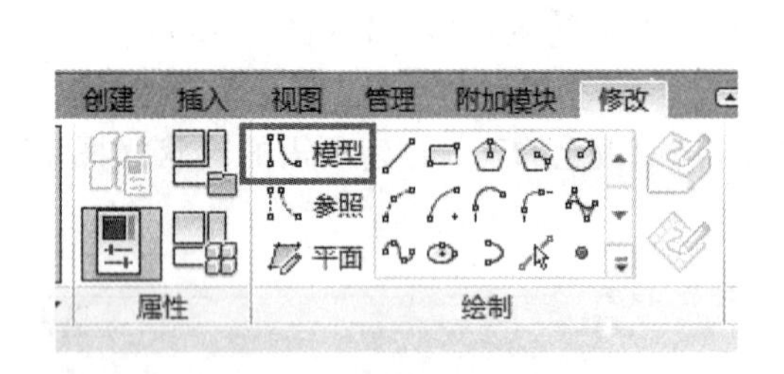

图 10-11

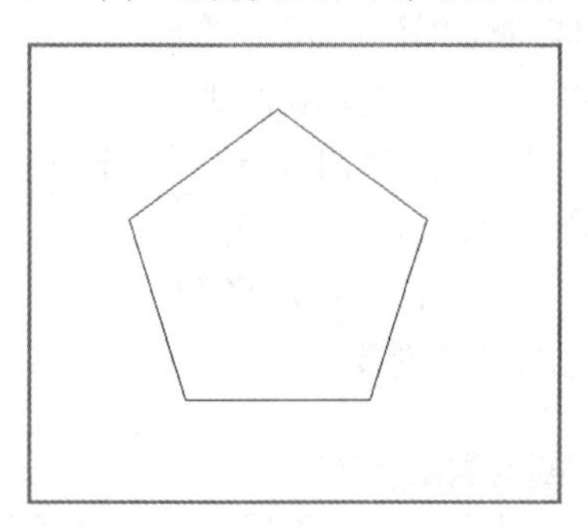

图 10-12

2）利用【创建形状】工具（图 10-13），生成体量模型，如图 10-14 所示。

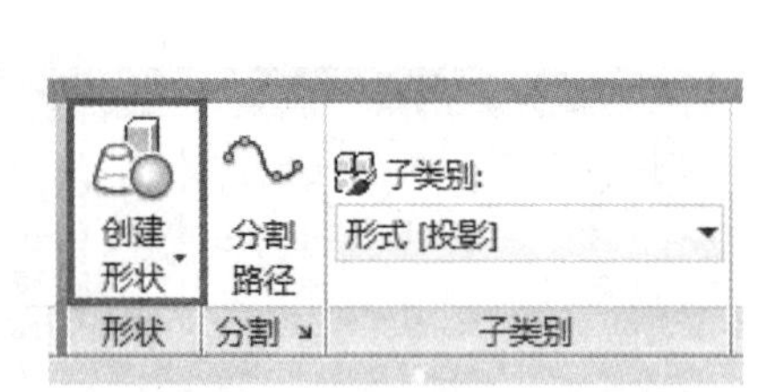

图 10-13

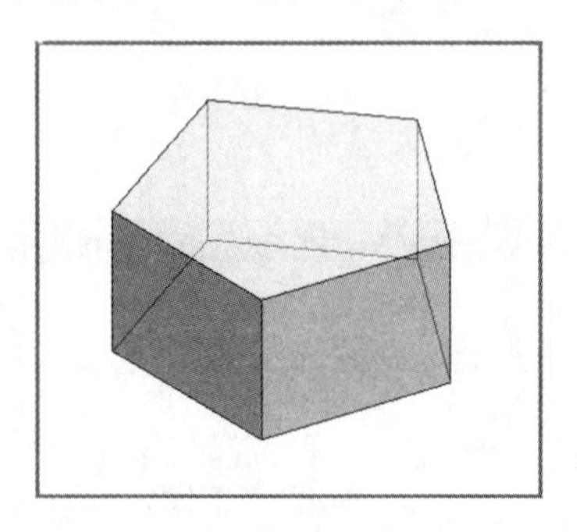

图 10-14

3）生成的体量模型表面也可以作为平面继续绘制体量。利用【在面上绘制】工具（图 10-15）拾取绘制平面，在模型表面创建柱体模型（图 10-16），生成体量模型，如图 10-17 所示。

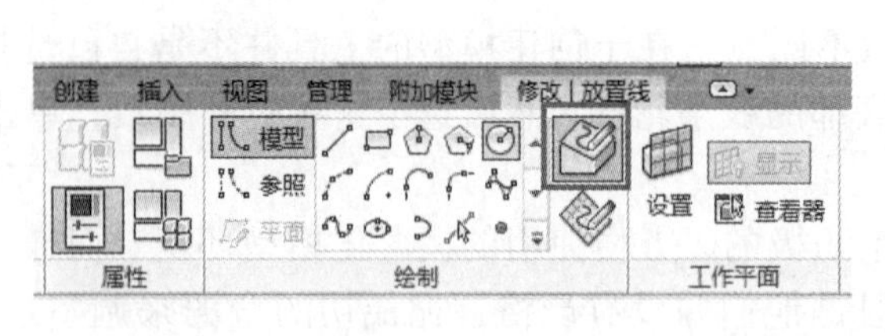

图 10-15

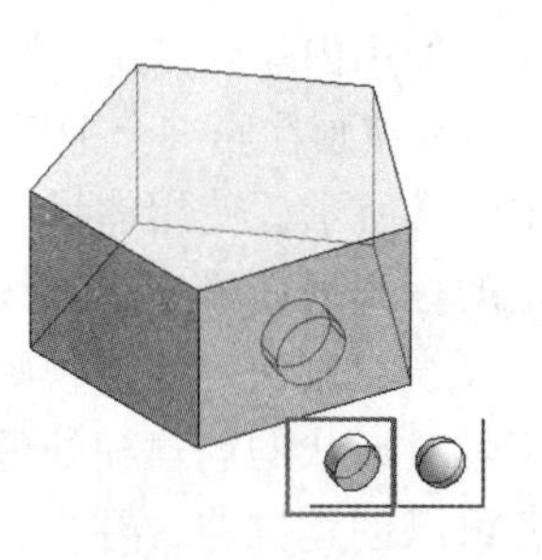

图 10-16

4）在3D模型中可以拾取、拖曳体量模型的点、边和面来调整模型最终的形状（图10-18），从而得到理想中的形状，如图10-19所示。

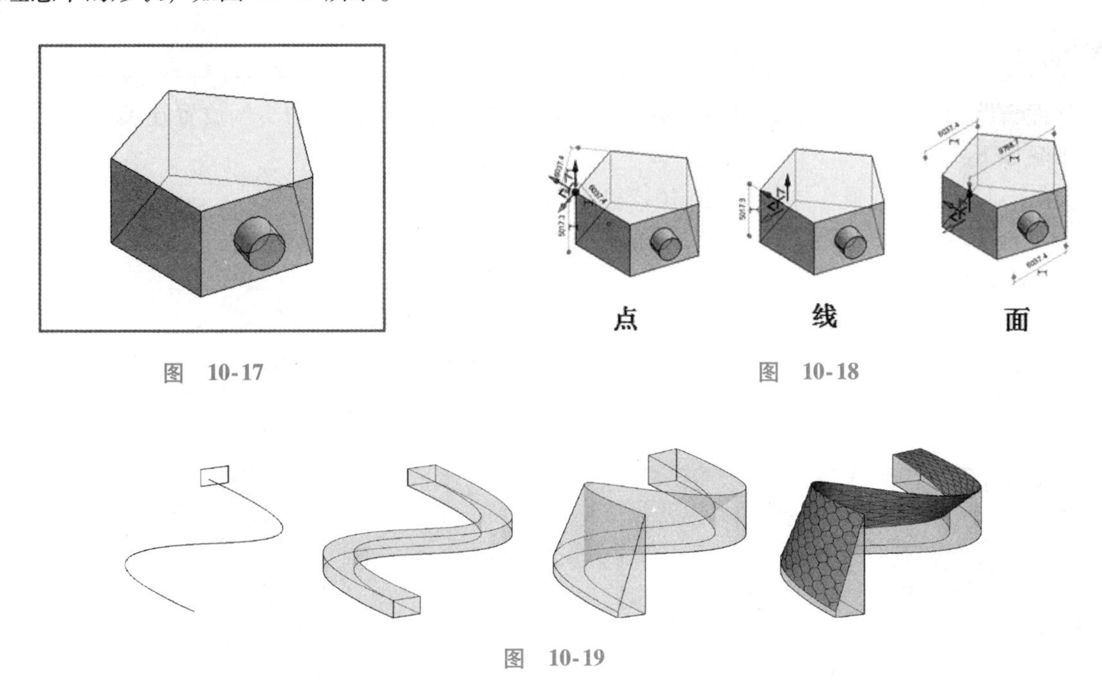

图　10-17

图　10-18

图　10-19

当选中两个或两个以上非封闭的线条时，模型创建工具会自动生成一个面，而非实心模型。许多参考平面都在平面中定义和命名，以方便生成工作平面。在每个平面中，使用【分割表面】工具（图10-20），可对平面或曲面进行分割，这使得线条看起来更加自然，而且也保留了可操控的节点，如图10-21所示。同时可以为表面填充图案（图10-22），表面的格式允许网格面板使用一系列固定的形状，如三角形、矩形、八边形等，可以在【属性】面板中替换填充图案（图10-23），同时也可以创建定制族样板填充图案来填充表面。

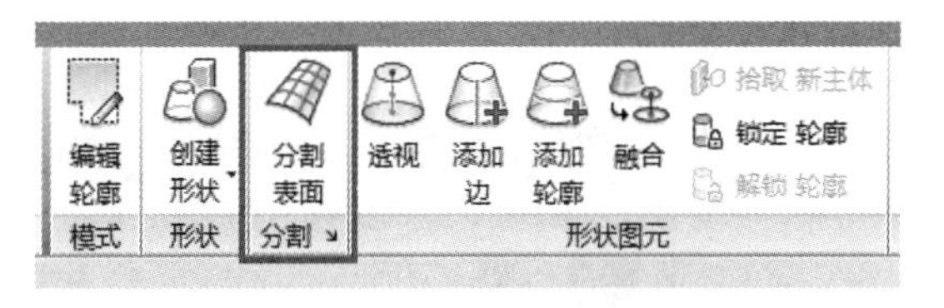

图　10-20

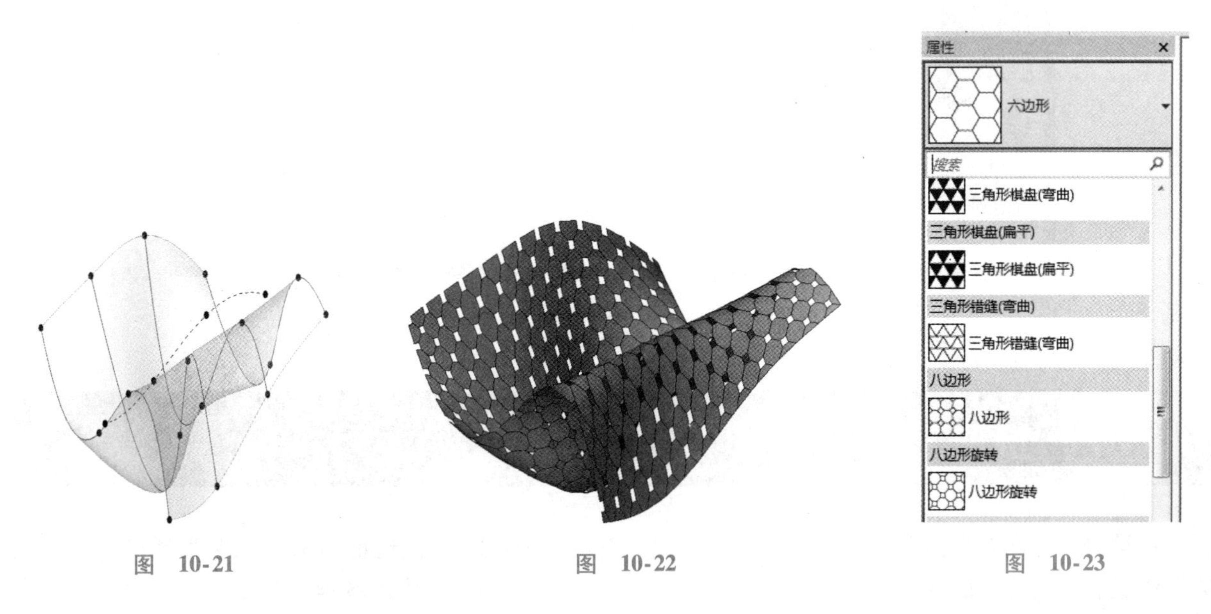

图　10-21

图　10-22

图　10-23

在概念设计期间，使用体量楼层划分体量以进行分析。体量楼层提供了有关切面上方体量直至下一个切面或体量顶部之间尺寸标注的几何图形信息。同样在体量模型设计完成后，可以为模型增加实例属性，创建幕墙系统、屋顶、墙和楼板，如图 10-24 所示。

10.1.3 体量族创建

在族编辑器中创建体量族后，可以将族载入到项目中，并将体量族的实例放置在项目中。创建体量族的步骤如下：

1）单击【新建】→【概念体量】（图 10-25）。

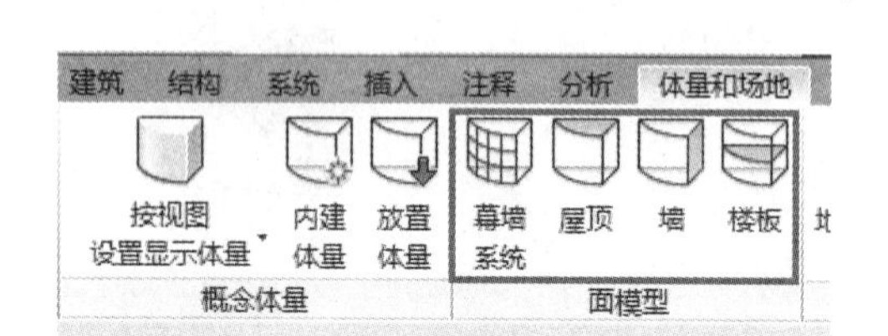

图 10-24

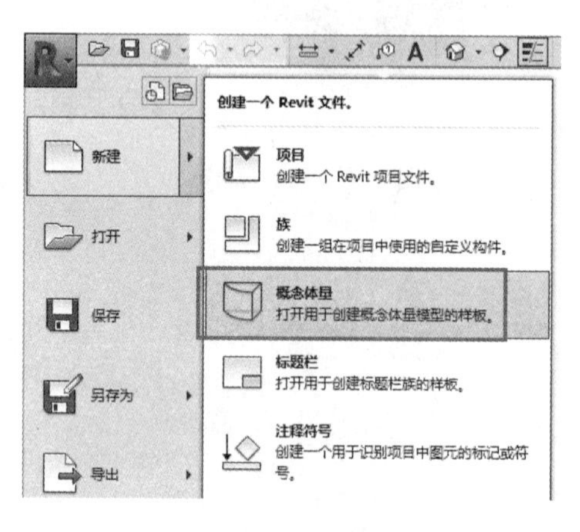

图 10-25

2）在【新概念体量-选择样板文件】对话框中选择【公制体量】样板文件（图 10-26），打开文件开始创建体量族。

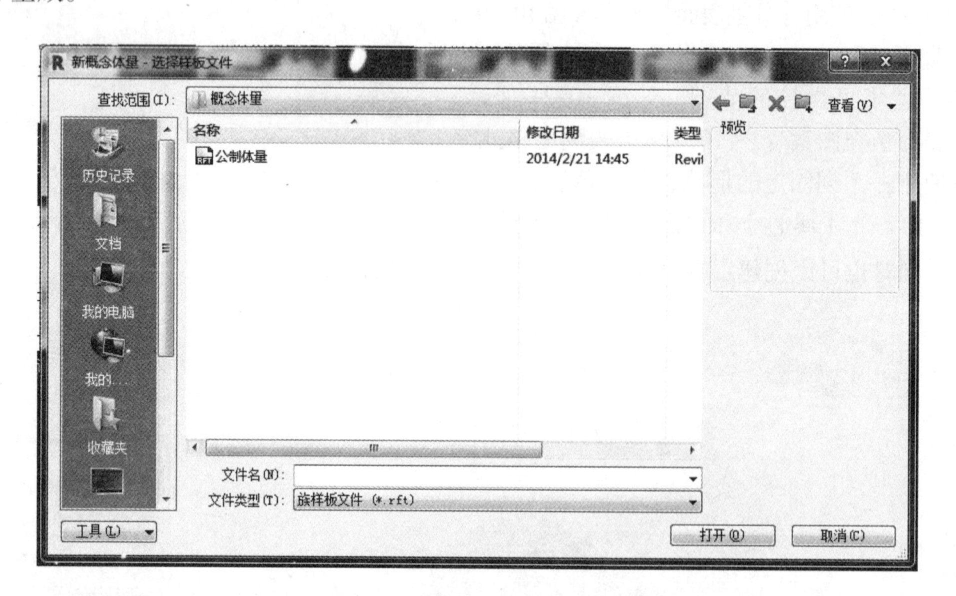

图 10-26

10.2 场地工具

在学习概念图及发展概念设计中，很重要的一点就是要适应建筑选址的周边地形和环境，包括地势、植被、所有建成的或者计划要建的建筑和选址的特点。而 Revit 中的场地工具，使用者可以用它来进行环境的建模。

10.2.1 环境建模

地形信息的来源可能是观测数据或者调查数据、现有的计算机辅助设计图，甚至是旧的打印设计图。不管信息来源是什么，建筑周边地区的数据水平对于设计进度十分关键。另外，以建筑为中心稍远一些地区的数据水平对于建立视线效果也是很重要的（图10-27）。

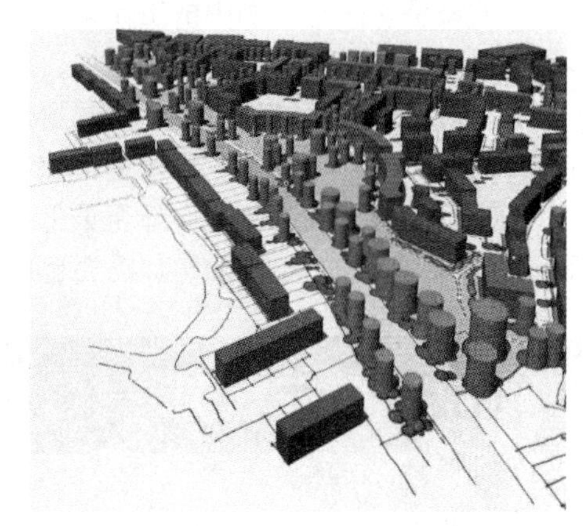

图　10-27

对于计划在建建筑周边的地区来说，细节信息和硬件条件一样重要。其他远距离的建筑物也需要建模来估量总体的尺寸，但是所需的信息精确度可以下调。

随着点云调查数据使用越来越频繁，上述很多问题得到了解答。虽然在这个阶段，我们仍然主要需要使用点云调查数据来测量和展示旧的及记录在册的建筑的准确信息，这也许会成为工作的一部分，对计划在建的建筑也有很大益处。

对于那些不熟悉点云数据的读者，接下来简要介绍一下点云数据。点云数据是基于激光扫描仪更为先进的衍生品，它可以高精度地记录扫描仪360°直线视野中的任何物体，并且每次扫描都能传送数十万个点。在原始文本格式下，这些点被储存为六个值，由逗号隔开。这些值分别指的是与原始调查定义有关的x、y和z坐标，以及代表其颜色值的r、g和b。这样就呈现出一个像素化的彩色3D图像。

能够用这种方式搜集信息已经很让人刮目相看了，但是云点数据最精华的部分在于它能够用这样的方式有效地处理海量数据，并且将引进Revit等产品。在垂直于现视图的点组中，Revit会分析点并计算既存平面，所以当定位诸如水平线、墙和窗等的时候，我们可以对其表面进行有效的跟踪调查数据。这是一个非常有效的工具，进一步证明了建筑信息模型（BIM）的先进性。

10.2.2 地形表面建模

在【体量和场地】选项卡下【场地建模】面板中，选择【地形表面】（图10-28）工具创建地形。地形建模在两个工作流程中提供并使用地表建模的调查数据。为了方便介绍，可以把这两个工作流程分为手动流程和自动流程。手动流程包括使用者进入正面图视图并且定位每个点，将高程点从2D或者截屏资源作为3D点导入Revit。

另外的自动流程允许从CAD数据中提炼3D等高线和高程线信息，并且将点分配至数据中相应的正确位置。由于传统的调查数据都是用CAD格式收集和传输的，常常导致只用于平面的过量点数和多余信息，所以是零海拔高度。因此，虽然很简单，但是也需要对结果进行一定的精简。基于选址的固件，如树木和其他植被可以放置在地形中（图10-29），Revit会自动调整设置高度，以高出表面。

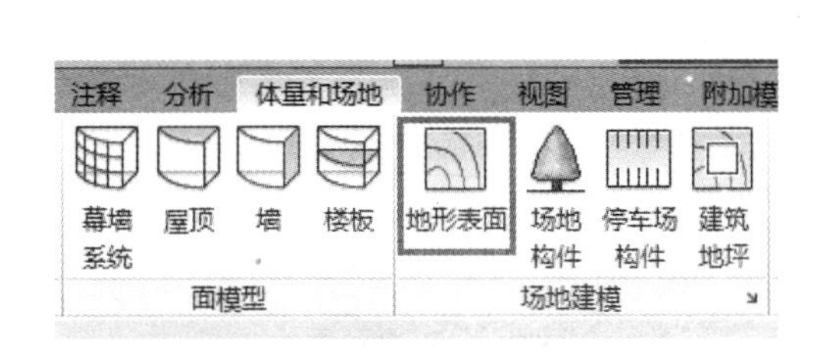

图　10-28

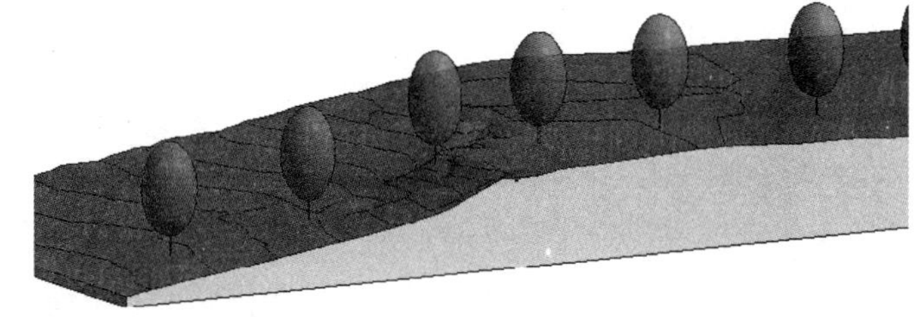

图　10-29

10.2.3 周边建筑和特点

一个项目包括其与现有建筑的交互，但是现有的结构与计划中的工作存在脱节。所以，要牢记不

要在 3D 建模，这将会导致 3D 视图很怪异，但是可以交付的只是一套平面图和海拔高程点，这些都不重要。我们可以将需要建模的毗连或周边建筑创建成简单的块状模型或者精准的以图元为基准的个体。

当一团简单的、可识别的形状足以应付的时候，需要使用概念化工具通过拉伸、融合和放样创建出所需的模型。对于计划中的工作来说，以独立的概念模型完成每个建模都是非常重要的。如果每个形状都以同一个编辑模块的部分添加，那么面积和体积将会被计算为一个整体。

如果对周边建筑的细节有更高的要求，要求正确表现出门、窗及可见的特点，那么标准工具就是最适合的工作流程。但是它们永远都在单独的建模文件中生成并链接至计划中的项目作为参考。这将现有建筑发生意外改变的机会降至最低，也意味着可以得到精确的数量。图形显示控制也可以用来展示相关模型，有的是纯色的，如需要也可以是双色的。

10.3 单元练习

本单元练习包含三个部分：

1）先创建几何图形，然后利用这些几何图形创建带楼层的概念体量模型。

2）探索房屋面积和体积的计算方式。

3）使用墙、地板、屋顶和幕墙等面模型覆盖体量模型表面。

10.3.1 内建体量模型

首先要保证能看到将要生成的体量。在默认情况下，所有视图中的体量物体可见都是关闭的。单击【属性】面板中【可见性|图形替换】旁的【编辑】按钮，在弹出的对话框中勾选【体量】，如图 10-30 所示。也可以通过【体量和场地】选项卡下，【概念体量】面板中【按视图设置显示体量】下拉菜单中的【显示体量　形状和楼层】工具打开更为快捷，如图 10-31 所示。

图　10-30

开启【显示体量】模式将显示屏幕上的体量图元，体量图元只有在视图中永久可见时才能打印或导出，如图 10-32 所示。

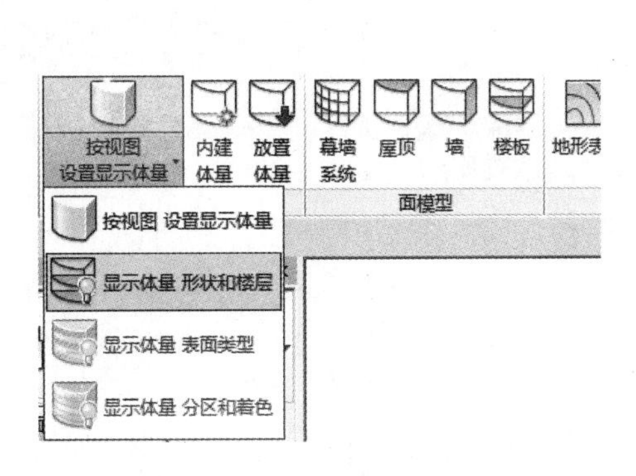

图 10-31

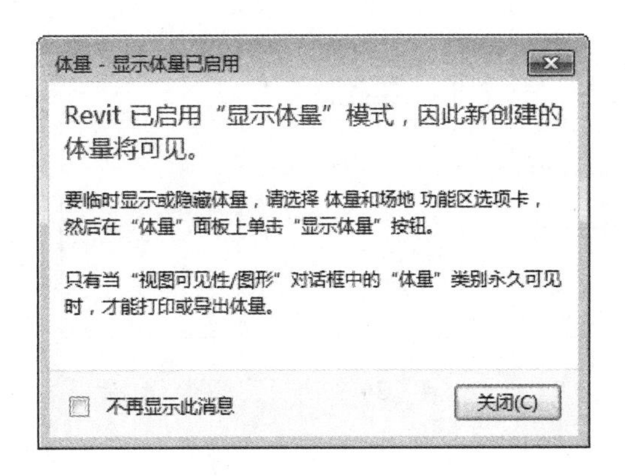

图 10-32

如果没有将体量设置为可见，那么当使用任何一个概念体量创建工具，Revit 会自动将体量的可见性打开。接下来，要画三个表面图形，创建两个模型，然后把它们都合起来生成一个体量模型。

1）打开起始文件 WFP-RAC2015-10-MassingA. rvt，在【项目浏览器】中，打开【楼层平面：Level 0】视图。

2）在【体量和场地】选项卡下【概念体量】面板中，选择【内建体量】（图 10-33）。

3）单击【关闭】按钮关闭对话框（图 10-34），体量名称默认为【体量 1】，单击【确定】按钮（图 10-35）。

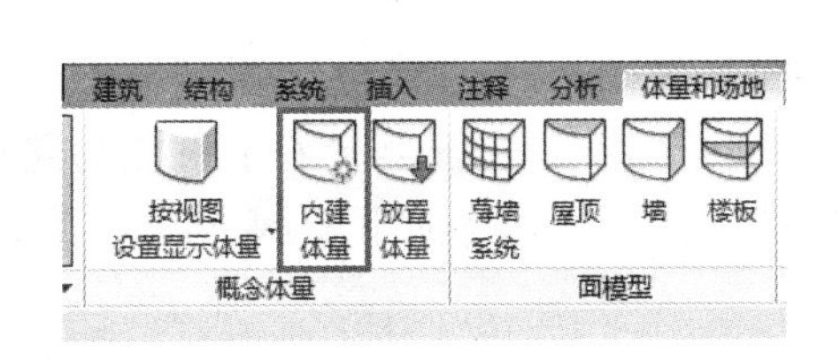

图 10-33

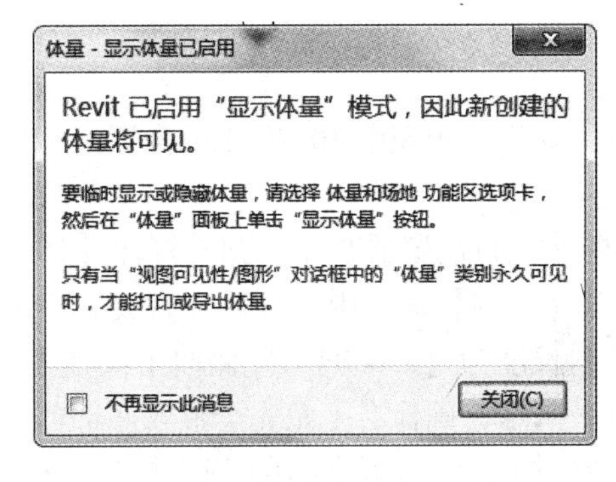

图 10-34

4）在【创建】选项卡下【绘制】面板中，选择【模型】中的【矩形】（图 10-36），在绘图区域绘制一个矩形，大小为：长 × 宽 = 30000mm × 10000mm，如图 10-37 所示。

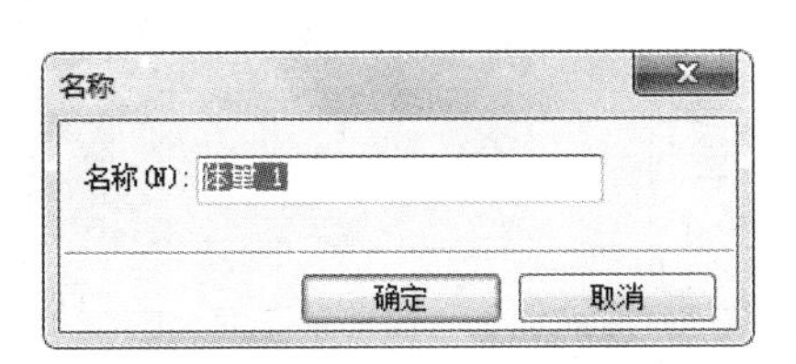

图 10-35

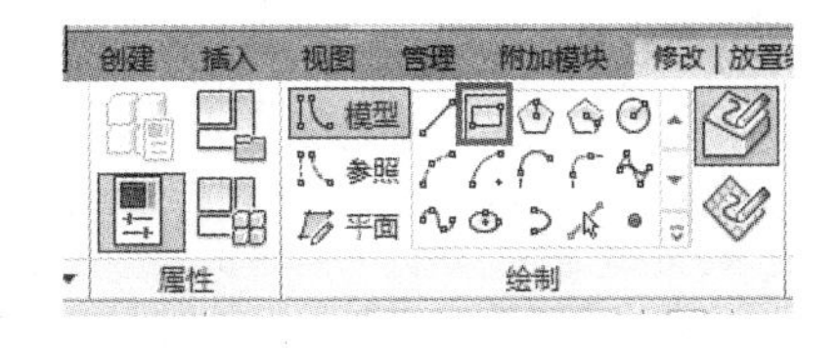

图 10-36

5）在【项目浏览器】中打开【三维视图：{3D}】视图，并且选中矩形形状（图 10-38）。

注意：在 Revit 常规操作中，形状只能作为一个整体被选中，而不是线条的组合，除非按 <Tab> 键进行切换，可以进行单独选择。

6）在【修改 | 线】选项卡下【形状】面板中，选择【创建形状】下拉菜单中的【实心形状】（图 10-39）。这时在绘图区域中会自动生成一个实心的矩形放样形状。

7）单击模型高度处的尺寸标注，在文本框中输入【5000.0】，把模型的高度进行调整，如图 10-40 所示。

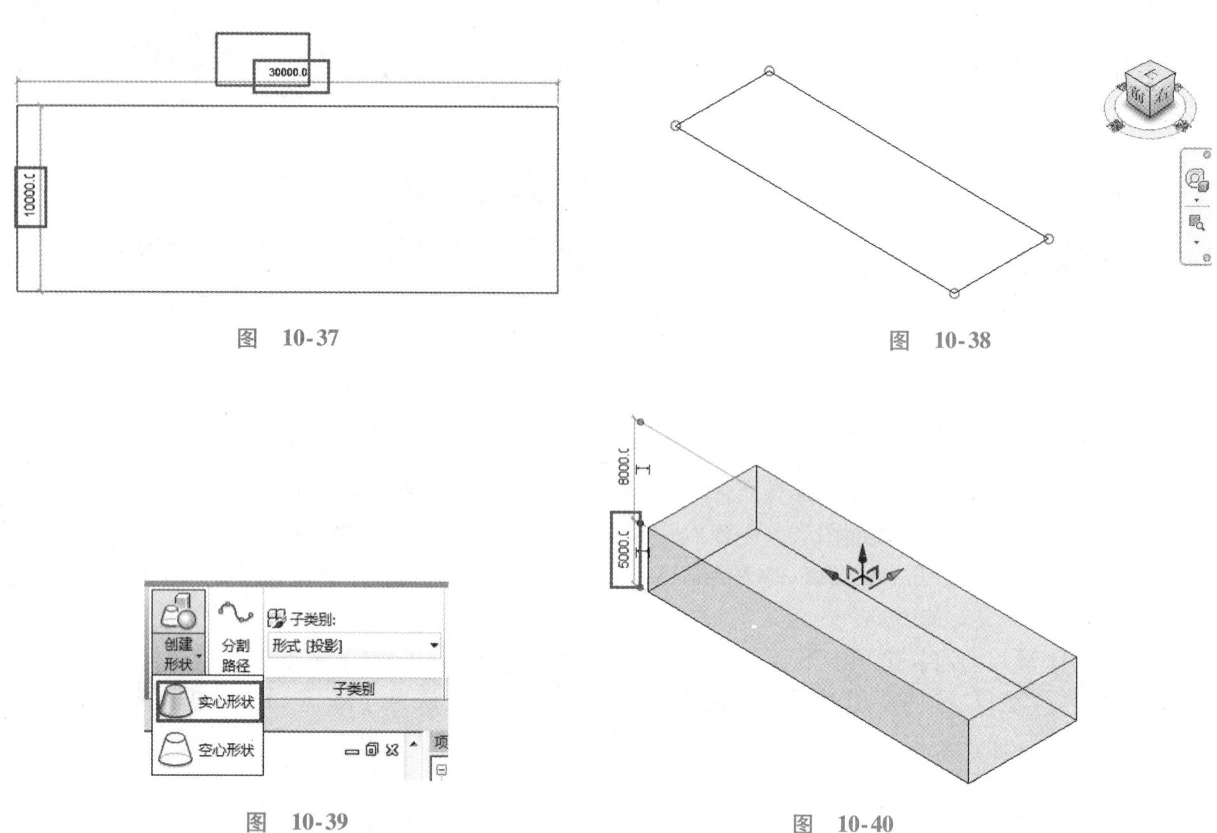

图 10-37

图 10-38

图 10-39

图 10-40

注意：如果不出现图 10-40 中的高度尺寸，可以利用 <Tab> 键切换选取模型上表面，就会出现高度尺寸标注。

8）在【项目浏览器】中找到并打开【楼层平面：Level 1】视图。

9）在【绘制】面板中，选择【直线】工具，绘制第一层的形状，捕捉体量右上端点为起点，水平向左绘制长度为【35000】，左侧向下绘制长度为【11000】，右侧从起点向下绘制长度为【15000】，如图 10-41 所示，确保右上角完全覆盖底部的矩形。

10）在【项目浏览器】中找到并打开【楼层平面：Level 4】视图。

11）利用【绘制】面板中的【直线】和【起点-终点-半径弧】工具绘制形状，如图 10-42 所示。

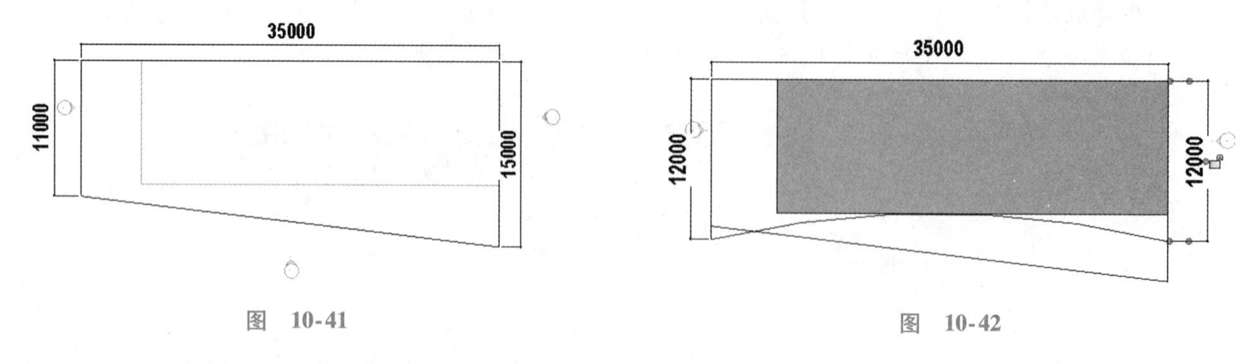

图 10-41

图 10-42

12）打开【三维视图 {3D}】视图，利用 <Ctrl> 键选中两个形状，如图 10-43 所示。

13）再次使用【形状】面板中【创建形状】下拉菜单中的【实心形状】，从两个形状中生成几何模型，如图 10-44 所示。

14）在【几何图形】面板中打开【连接】的下拉菜单，选择【连接几何图形】，分别选择要创建的两个体量模型，将这两个模型组合成一个整体，如图 10-45 所示。

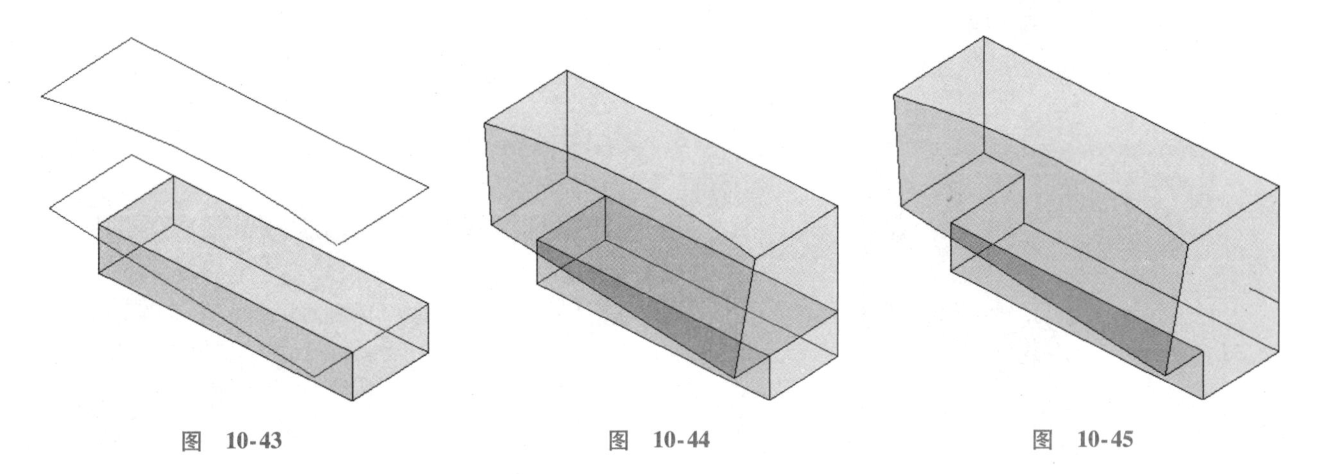

图 10-43　　图 10-44　　图 10-45

注意：有一点很重要，那就是在使用完成概念体量工具之前要定义所有的几何图形并且把它们合并起来。一旦完成一个体量模型，它就不能再和其他形状合并起来了。

15）在【在位编辑器】面板中，单击【完成体量】，退出编辑模式。

10.3.2 分析建筑体量模型

首先选中要合并进建筑设计的楼层。每个概念模型都被选中的楼层切割开。接下来，我们可以编辑目录，分析概念模型的楼层来得到楼层。在这个流程中创建的模型不是实体的，关闭体量可见性将会清楚该阶段的所有图元。

1）在【三维视图：{3D}】视图中，选择概念体量，然后在【修改|体量】选项卡下【模型】面板中，选择【体量楼层】（图10-46）。

2）在弹出的【体量楼层】对话框中，勾选每个楼层，然后单击【确定】按钮（图10-47），为概念体量模型添加楼板，如图10-48所示。

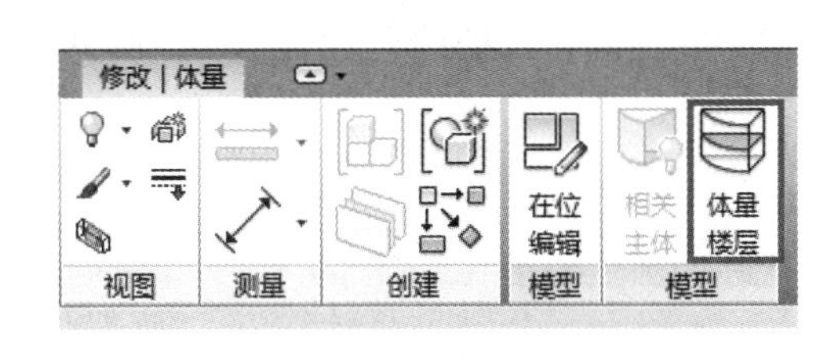

图 10-46

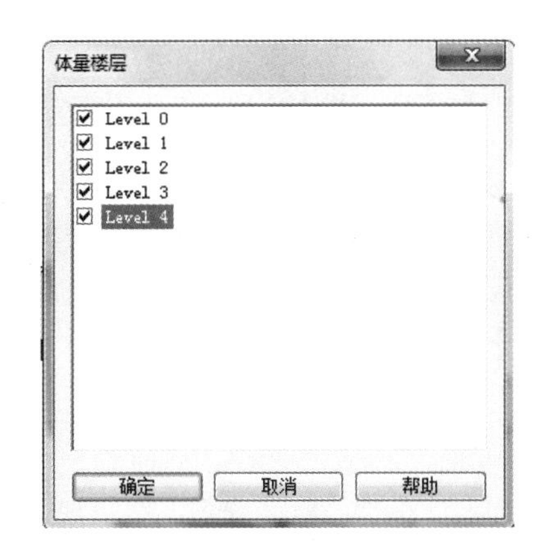

图 10-47

3）在【视图】选项卡下【创建】面板中，选择【明细表】下拉菜单中的【明细表/数量】（图10-49）。

4）在弹出的【新建明细表】对话框中，将【过滤器列表】设置为【建筑】，【类别】设置为【体量】→【体量楼层】，勾选【建筑构件明细表】，如图10-50所示。

5）完成后单击【确定】按钮，关闭对话框。

6）在弹出的【明细表属性】对话框中，在【字段】选项卡下【可用的字段】面板中选择【标高】，单击【添加】按钮，将其添加到【明细表字段】面板中；也可选中字段后双击鼠标左键，添加到【明细表字段】面板中。使用相同的方式，将【楼层面积】【楼层周长】【楼层体积】和【外表面

积】添加到【明细表字段】面板，如图 10-51 所示。

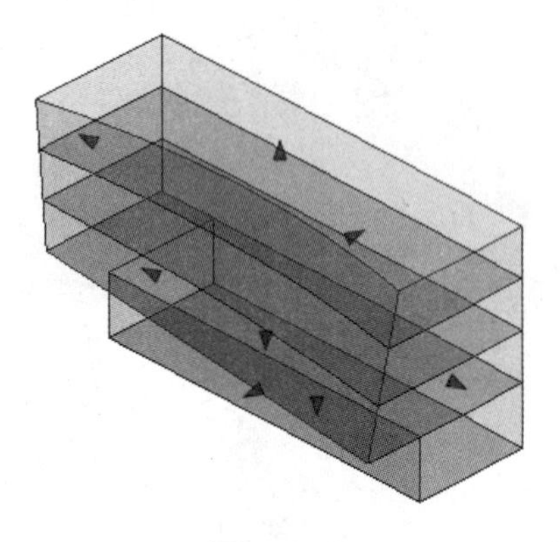

图 10-48

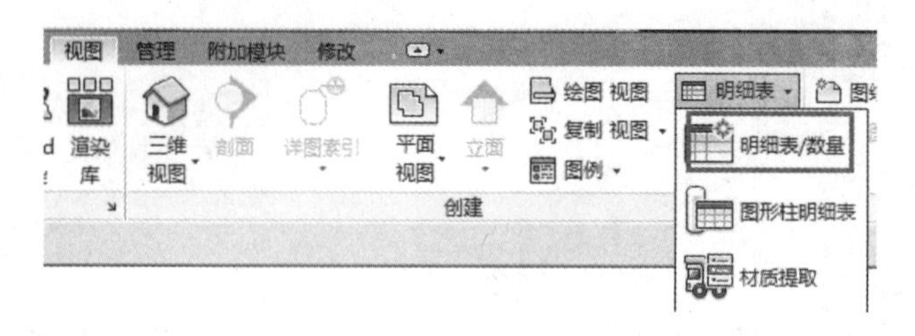

图 10-49

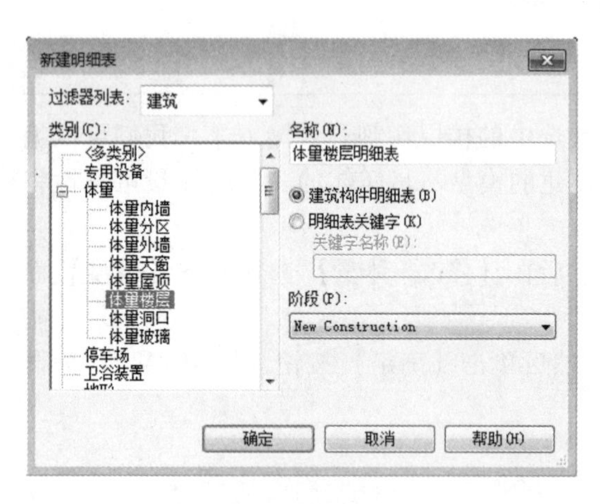

图 10-50

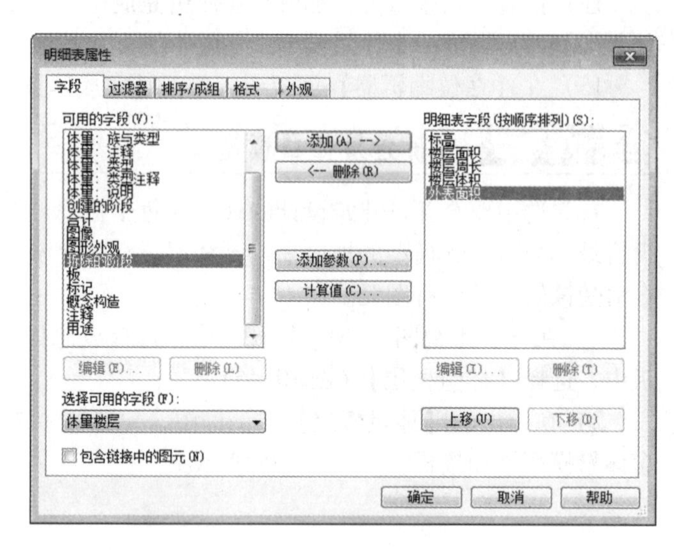

图 10-51

7）完成后单击【确定】按钮，关闭对话框。

8）这时绘图区域会出现【体量楼层明细表】（图 10-52），单击【属性】面板中【格式】工具右侧的【编辑】按钮，在弹出的【明细表属性】对话框中选中除了【标高】以外的全部字段，设置为【计算总数】，如图 10-53 所示。

<体量楼层明细表>

A	B	C	D	E
标高	楼层面积	楼层周长	楼层体积	外表面积
Level 0	300 m²	80000	1500.00 m³	555 m²
Level 1	455 m²	96228	1764.92 m³	387 m²
Level 2	427 m²	95470	1654.66 m³	384 m²
Level 3	400 m²	94833	1544.24 m³	754 m²

图 10-52

9）切换到【排序/成组】选项卡，勾选【总计】，在【总计】后的下拉菜单中选择【标题、合计和总数】，然后单击【确定】按钮（图 10-54）。这时在明细表中会出现各字段中数量总数的计算，如图 10-55 所示。

如果建筑模型有任何改动，如移除概念楼层或者调整概念模型，概念楼层目录就会自动更新，如

图10-56所示就以移除【Level 3】为例。

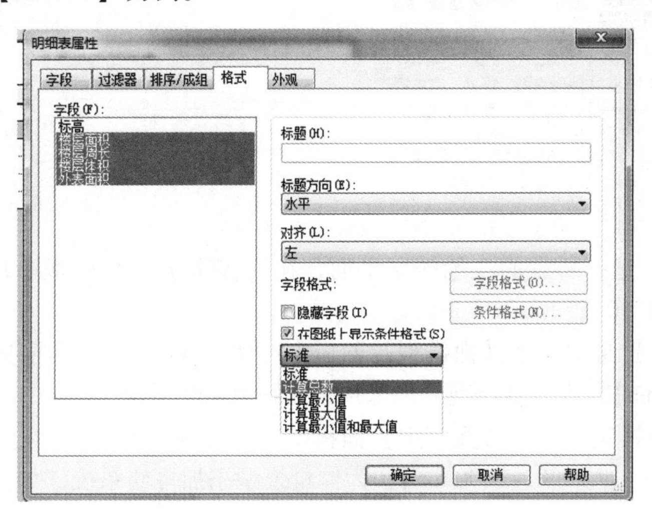

图 10-53

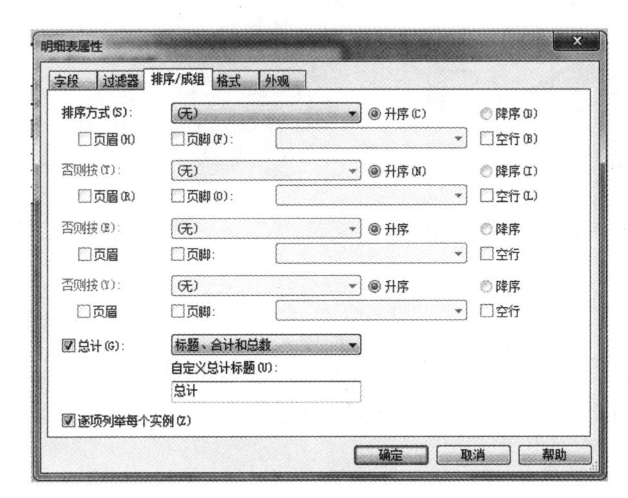

图 10-54

<体量楼层明细表>

A	B	C	D	E
标高	楼层面积	楼层周长	楼层体积	外表面积
Level 0	300 m²	80000	1500.00 m³	555 m²
Level 1	455 m²	96228	1764.92 m³	387 m²
Level 2	427 m²	95470	1654.66 m³	384 m²
Level 3	400 m²	94833	1544.24 m³	754 m²
总计: 4	1582 m²	366530	6463.81 m³	2080 m²

图 10-55

<体量楼层明细表>

A	B	C	D	E
标高	楼层面积	楼层周长	楼层体积	外表面积
Level 0	300 m²	80000	1500.00 m³	555 m²
Level 1	455 m²	96228	1764.92 m³	387 m²
Level 2	427 m²	95470	3198.89 m³	1138 m²
总计: 3	1182 m²	271698	6463.81 m³	2080 m²

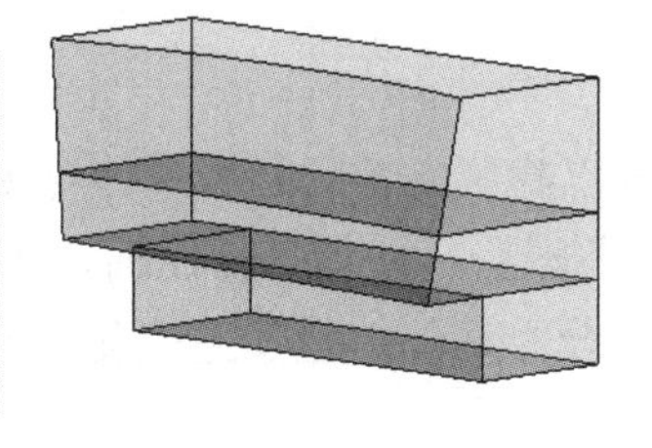

图 10-56

10.3.3 使用建筑创建工具

定义了建筑的形状之后就可以将一些建筑图元应用到概念体量表面上。这些图元包括楼板、墙、屋顶和幕墙。

1）打开【三维视图：{3D}】视图，在【体量和场地】选项卡下【面模型】面板中选择【楼板】（图10-57）。

2）在【修改|放置面楼板】选项卡下【多重选择】面板中选择【选择多个】（图10-58）。

3）确认【属性】面板的类型选择器中已经选择楼板类型为【楼板 Concept 300mm】。

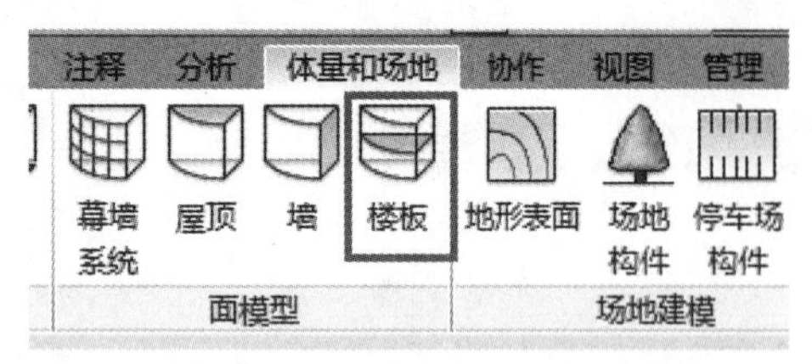

图 10-57

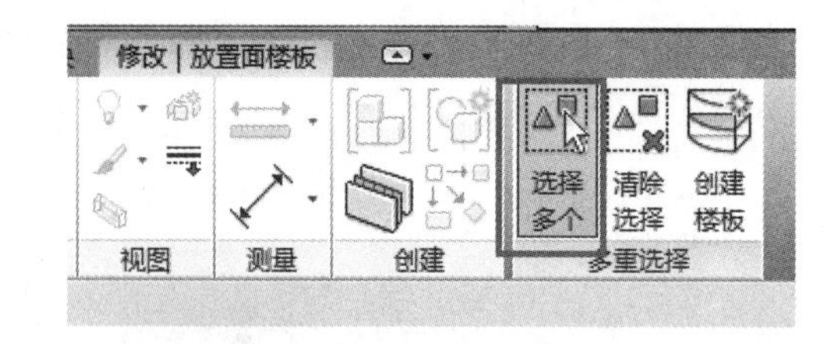

图 10-58

4）利用<Ctrl>键，选择所有的红色楼层平面，在【多重选择】面板中单击【创建楼板】，在楼层平面创建面楼板，如图 10-59 所示。

5）在【体量和场地】选项卡下【面模型】面板中选择【屋顶】，在类型选择器中确认屋顶类型为【基本屋顶 Concept-400mm】，为体量模型添加屋顶，如图 10-60 所示。

6）在【体量和场地】选项卡下【面模型】面板中选择【幕墙系统】，在类型选择器中确认幕墙系统类型为【幕墙系统 Concept 2000×2000mm】，为体量模型添加幕墙系统，如图 10-61 所示。

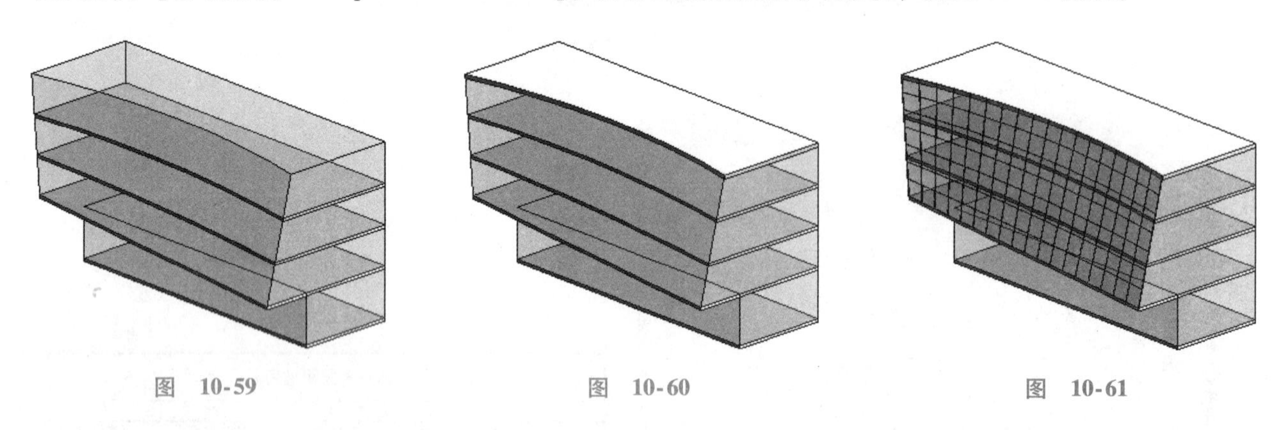

图 10-59　　图 10-60　　图 10-61

7）在【面模型】面板中选择【墙】，确认墙体类型为【基本墙 Concept-Ext 300mm】，在绘图区域上方的选项栏中将【定位线】设置为【面层面：内部】（图 10-62），然后在模型上单击鼠标，在体量四周表面添加墙体，如图 10-63 所示。

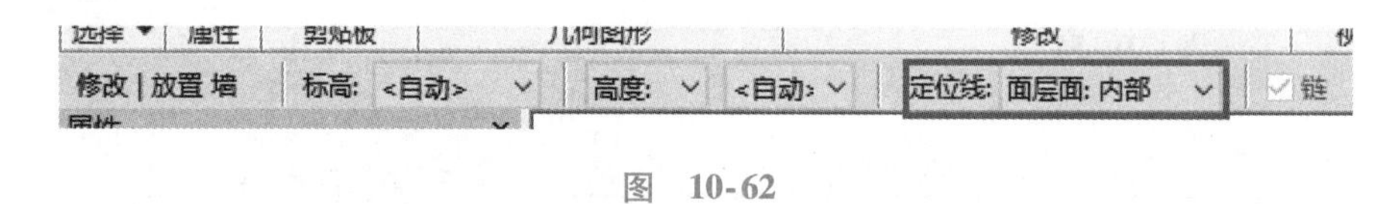

图 10-62

8）最后可以隐藏或者删除概念体量模型，把实体模型保留在视图中，如图 10-64 所示。

注意：如果概念体量模型有任何改变，但是这些由面创建的图元将不会自动更新这些变化，如图 10-65所示，模型底部体量发生变化，而实体图元墙体和楼板不随之改变。

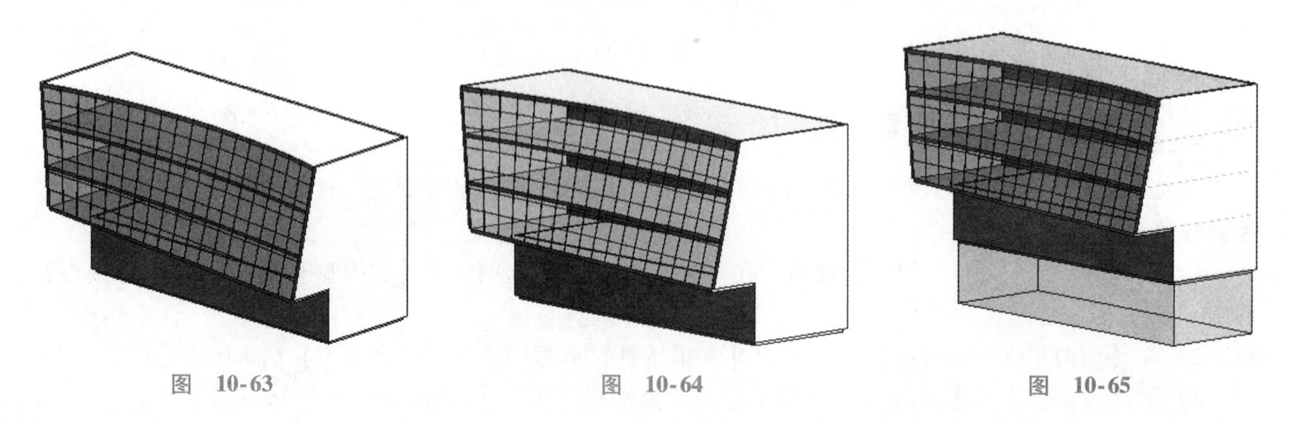

图 10-63　　图 10-64　　图 10-65

单元 11
基础幕墙

单元概述

本单元主要介绍幕墙和幕墙系统的创建方法。幕墙和幕墙系统是紧密相连的两项功能，然而其执行条件却完全不同。通过基本的操作对读者进行指导，并介绍构成一面幕墙所需的各种构件及其层级划分，从理论的构建模块到更多有机形体的实际操作术语和导航。

单元目标

1. 认识幕墙的基本图元。
2. 学习幕墙的创建方法。
3. 了解幕墙构建的基本原则。
4. 认识幕墙自动化和标准化。
5. 了解高级嵌板及竖梃的设计思路。

11.1 幕墙介绍

幕墙属于建筑外墙，是非承重墙，具有轻质美观、设计灵活、维修方便等特点。

在 Revit 中，构成幕墙的图元可分为理论图元和实体图元，理论图元虽然是不可见的，但却是生成实体图元不可或缺的基础。在幕墙创建的过程中也会有图元层级的划分，理解这些划分规则是十分重要的。

11.1.1 理论图元

1）墙（图 11-1）：墙是构建嵌板和竖梃等实体图元的基础，定义好墙的属性是构建实体的必要前提。

2）网格线（图 11-2）：是细分幕墙的基础图元，这些网格线同时也构成了竖梃的定位，常规的创建办法是先定位好网格线后生成竖梃。

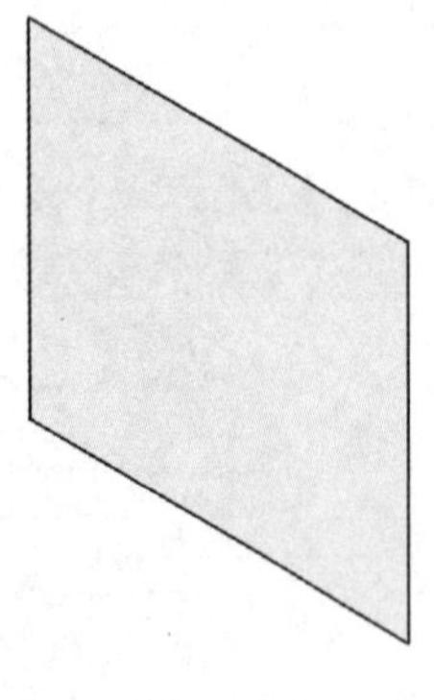

图 11-1

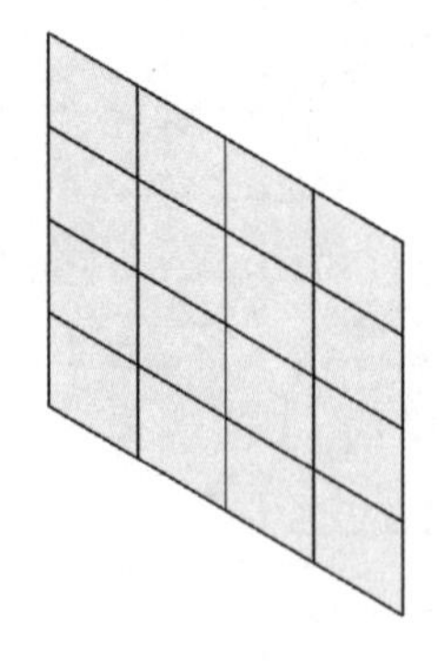

图 11-2

11.1.2 实体图元

1）竖梃（图 11-3）：当定位好的网格线生成竖梃，实体的框架已经形成，这些竖梃就是实际的构件，用户可以根据不同的设计需求设置相应的竖梃。

2）嵌板（图 11-4）：竖梃支撑的是嵌板，幕墙就是由一块或者多块嵌板组成的，这为设计的美观性和丰富性提供了条件，用户可以在属性中定义自己需要的嵌板类型。

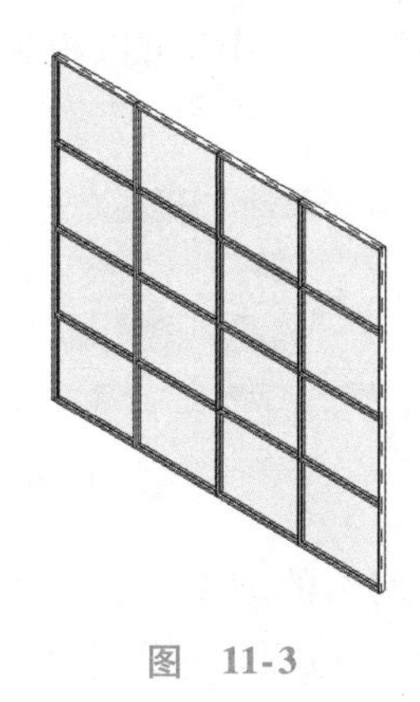

图 11-3

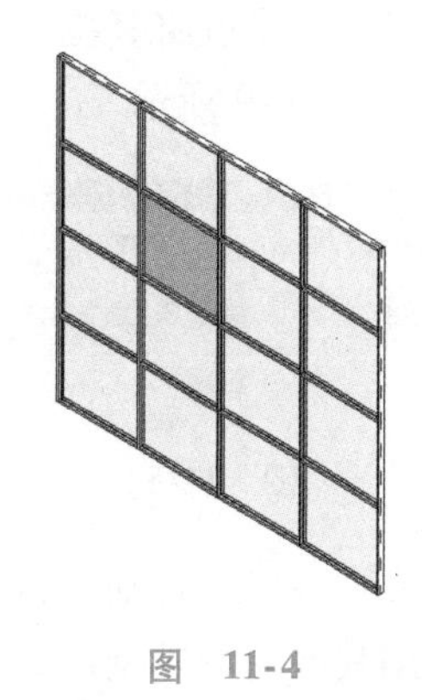

图 11-4

11.2 幕墙的创建

幕墙的创建分为手动创建和自动创建，这是 Revit 根据设计的复杂程度和需求提供的不同的方式，但因为构成的图元是一致的，因此创建的基本原则也是相同的。

11.2.1 手动创建幕墙

（1）创建幕墙　幕墙可以使用基本的【墙】工具（图 11-5）进行创建。这意味着在默认情况下，立面视图中的墙体是垂直的矩形，而在方案中可能是弧形的。在对幕墙的起点、终点及高度进行定义之后，幕墙将包括一个平面的玻璃窗格（即使所绘制的墙面是弧形的），然后通过创建网格线进行分割定位（这步操作也是创建弧形墙的关键），最终生成竖梃和嵌板。

（2）创建幕墙网格　网格线的创建是一个关键程序（图 11-6），通过网格线的定位方式能够快速、清晰地确定竖梃的位置及分割方式，同时，Revit 也为用户提供了多种快速定位分割的方法以方便操作，包括全部分段创建、单段创建及排除法创建，如图 11-7 所示。

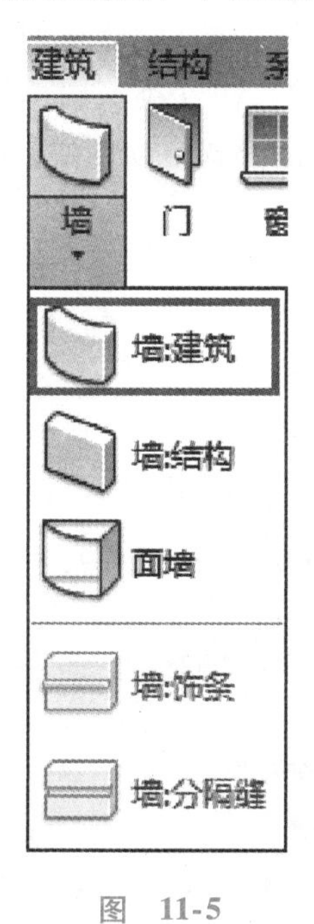

图 11-5

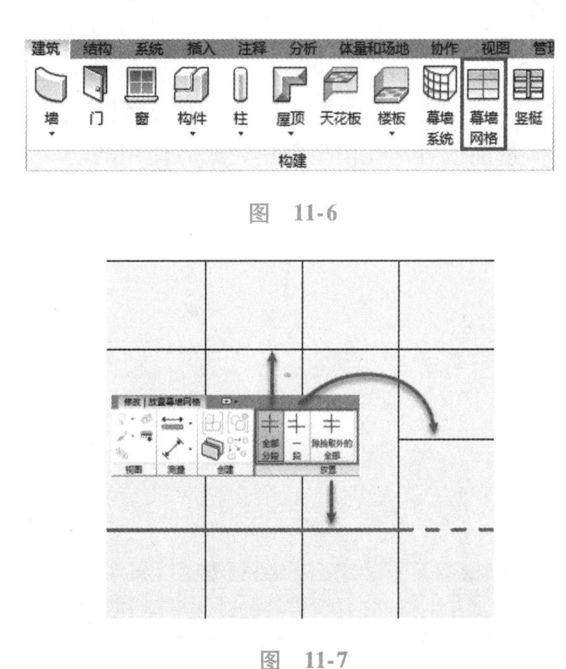

图 11-6

图 11-7

（3）创建幕墙竖梃　竖梃（图 11-8）是在网格线的基础上生成的。默认的布置方式是将竖梃沿网

格线的全长进行布置，也可以将竖梃仅置于一个单段或全部网格线上，用户可以根据设计的需要进行使用方式的选择，如图 11-9 所示。

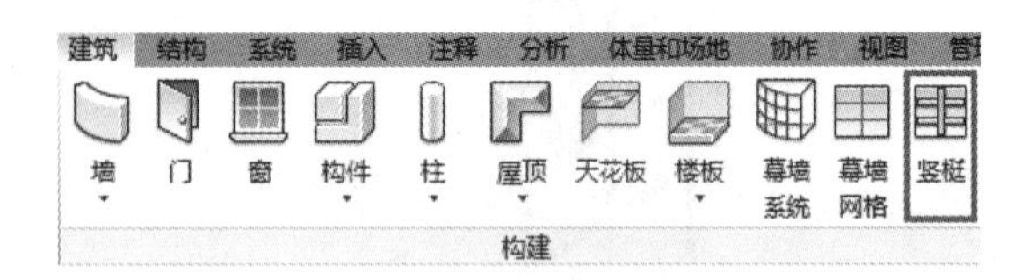

图 11-8

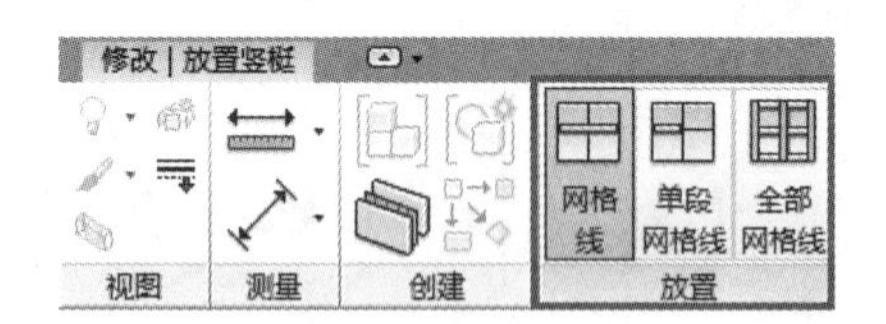

图 11-9

当竖梃布置完成，嵌板会自动分割形成。默认的嵌板类型是简单的玻璃嵌板，可用其他材质进行替换，甚至可以使用其他的墙类型。如图 11-10 所示，使用幕墙作为嵌板，可以用来表示嵌入或表示一部分是玻璃墙，一部分是实心墙。

幕墙可以嵌入符合规格的墙体中，通过切割几何工具形成所需的开口或设置为自动嵌入式布置。标准的门不可放置于幕墙嵌板内，但如果该嵌板由基本墙所代替便可以，这可能是出于实际需求这么做的原因。专门建造的幕墙门或窗嵌板可作为嵌板使用，从而代替系统嵌板来配合网格间空间所定义的尺寸，如图 11-11 所示。

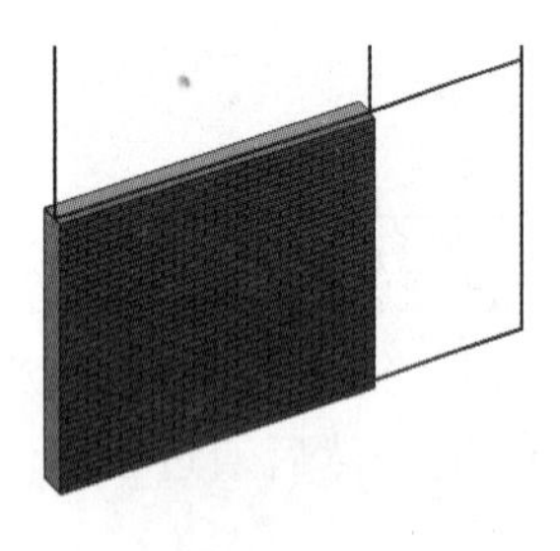

图 11-10

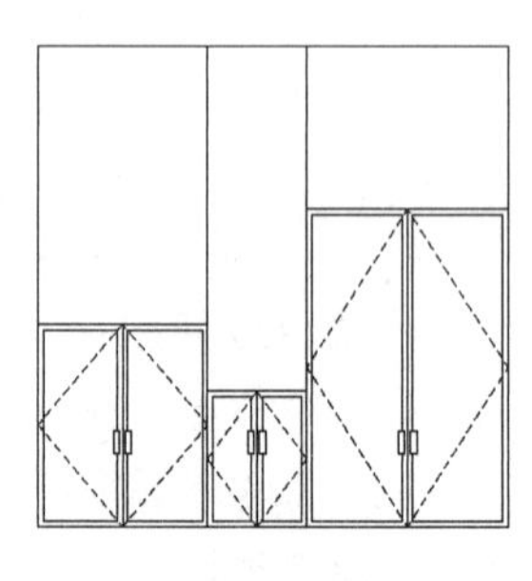

图 11-11

11.2.2 自动创建幕墙

一旦熟悉了手动创建幕墙的工作流程，就可以进一步学习【幕墙系统】（图 11-12）的创建方法了。【幕墙系统】是将手动创建幕墙的工作流程集成在【类型属性】设置中，在【类型属性】对话框中（图 11-13）预先设定好网格的尺寸定位及竖梃的类型，通过拾取工作面的形式自动创建，但这种方式通常是在体量面或者常规模型创建完成后使用的。

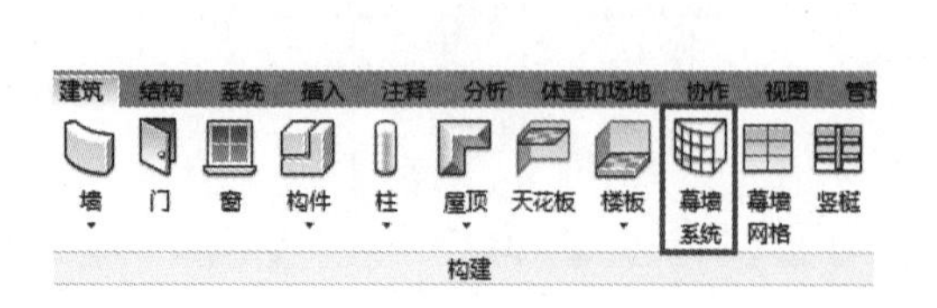

图 11-12

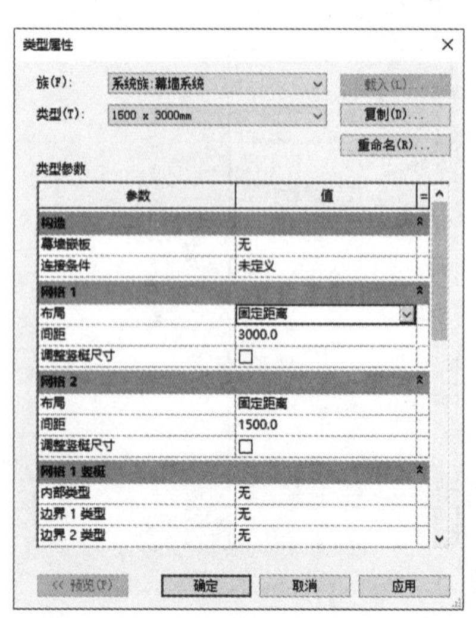

类型属性

族(F)：系统族：幕墙系统　载入(L)...

类型(T)：1500 x 3000mm　复制(D)...

重命名(R)...

类型参数

参数	值
构造	
幕墙嵌板	无
连接条件	未定义
网格 1	
布局	固定距离
间距	3000.0
调整竖梃尺寸	☐
网格 2	
布局	固定距离
间距	1500.0
调整竖梃尺寸	☐
网格 1 竖梃	
内部类型	无
边界 1 类型	无
边界 2 类型	无

<< 预览(P)　确定　取消　应用

图 11-13

11.2.3 复杂设计

针对复杂的幕墙设计，Revit 不仅提供了许多预制好的可载入族（族知识详见族讲解单元）供用户载入并应用到项目设计中，同时也提供了相应的族样板，以便用户自行设计开发所需的构件类型。

(1) 嵌板设计　设计新嵌板是改善幕墙外观及效用的有效方式之一。在如图 11-14 所示的例子中，这并不是一个简单的面板，其具有一个复杂的托架和之后添置的遮光构件，嵌板包括四分之一的托架，在该嵌板的每个拐角处有一个附加的托架，以及由部分托架支撑的帆布制成的半透明遮光罩。在通过硅胶连接将嵌板拼接在一起之后，分开嵌板才会出现支架。当结合网格和竖梃的嵌板自动排列时，效果就会快速而显著。

(2) 竖梃设计　如图 11-15 所示，竖梃的形状也可以经过自定义来满足不同要求。这些形状被创建为 2D 剖面形状，然后沿着嵌板之间的网格段数进行扫描。此方法往往只在与标准矩形竖梃结合并与之垂直时使用，以避免连接处斜接不当的问题。

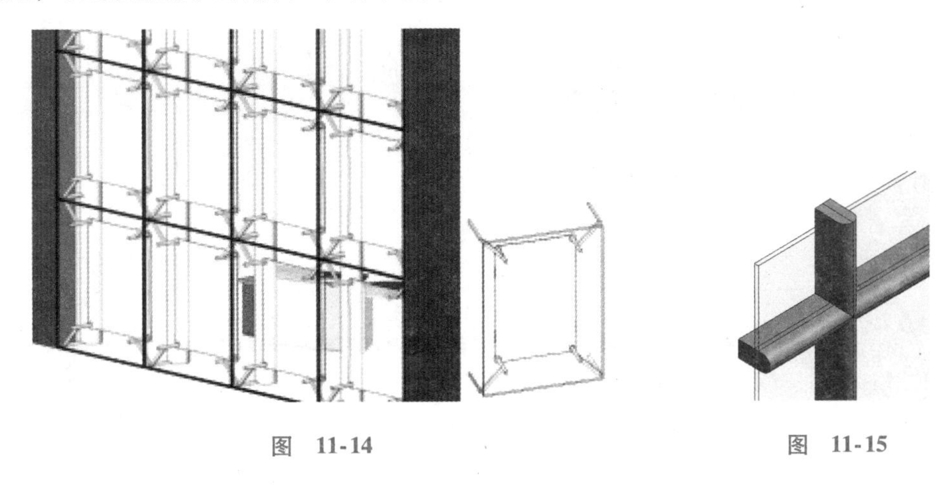

图　11-14　　　　图　11-15

在如图 11-16 所示的情况中，解决办法是利用与上述嵌板设计中相同的原理，弧形竖梃的一半围绕着每个嵌板的边缘，以便在其连接成一体时，两块相邻的嵌板边缘能够相连，在完全没有竖梃的情况下构成所需的形状。

(3) 复杂形状　由于具备了更多机体形状，幕墙创建工具为幕墙的系统特性和概念化的建模铺设了道路。【幕墙系统】工具符合以上规则，通过选择图元的表面考虑到了更多形状和形式中的灵活性。分割是由各个方向的网格布置、网格的更大频数以及嵌板间更细小的公差来定义的，如图 11-17 所示。

体量族编辑器允许创建更多自由格式的形状，这对常用的【幕墙系统】工具来说还存在不确定性。在这种情况下，另一种可选方案是将所应用模式直接用于形式表面。专门定义的幕板在这些表面模式范围内进行运作以创建完整的系统，如图 11-18 所示。

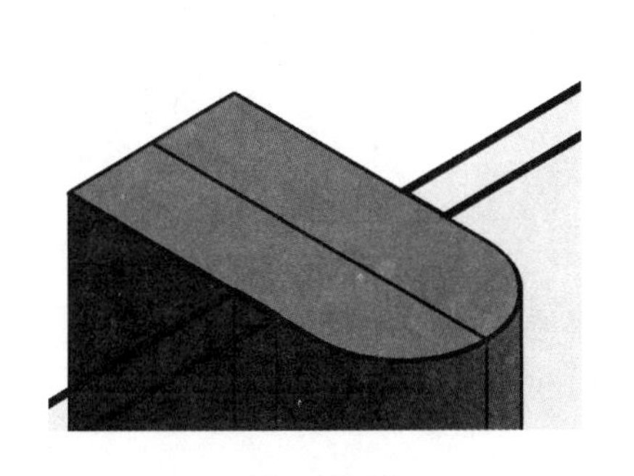

图　11-16

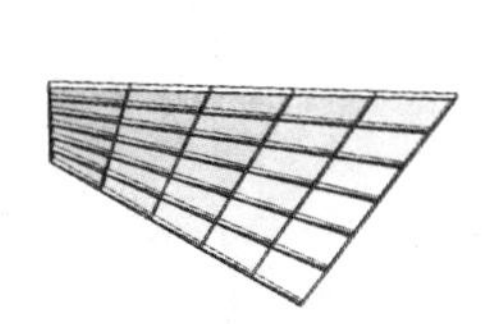

图　11-17

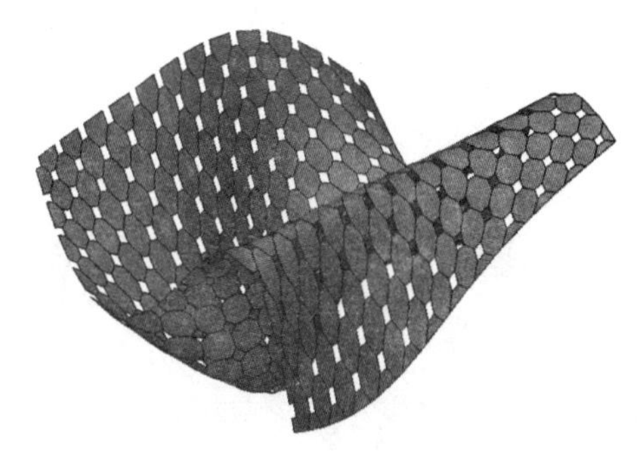

图　11-18

11.3 单元练习

本单元练习提供了幕墙的实际应用。通过使用幕墙工具来创建及布置幕墙，然后使用竖梃网格修改布局，最后用玻璃门替换嵌板的方式熟悉理论部分讲解的内容。

1）打开起始文件 WFP-RAC2015-11-CurtainWallsA. rvt。

2）在【项目浏览器】中打开【楼层平面：Ground Floor】视图。

3）在【建筑】选项卡【构建】面板【墙】下拉菜单中选择【墙：建筑】，并从【属性】面板类型选择器中选择墙类型为【幕墙：Concept Plain】。

4）将【属性】面板中【底部偏移】设置为【825.0】，【顶部偏移】设置为【2200.0】。

5）将【底部限制条件】设置为【Ground Floor】，【顶部约束】设置为【直到标高：Ground Floor】，如图 11-19 所示。

图 11-19

6）沿着预定好的参照平面设置一段幕墙，忽略可能出现的任何警告信息，如图 11-20 所示。

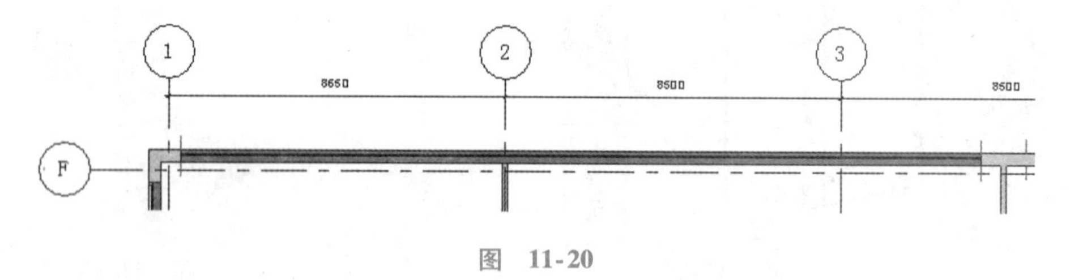

图 11-20

接下来我们将通过重新定义的值使幕墙自动化，从而创建新的幕墙类型。

7）选中新创建的幕墙，在【属性】面板中单击【编辑类型】以启动其【类型属性】对话框。

8）在【类型属性】对话框中选择【复制】该类型，并将其重命名为【带形窗】，设置完成后单击【确定】按钮以创建新的类型，如图 11-21 所示。

9）将新建的【类型属性】如图 11-22 所示设置。

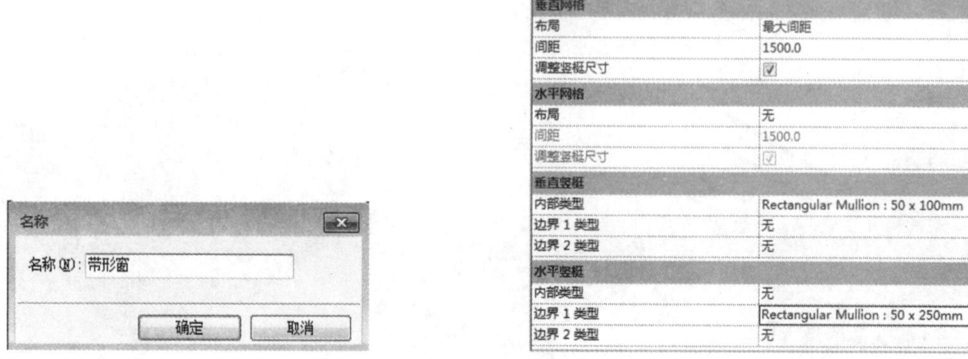

图 11-21

图 11-22

10）设置完成后，单击【确定】按钮，打开【3D】视图以查看相应变化，如图 11-23 所示。

在创建了我们所需的幕墙类型后，可以将此类型添加到该建筑的其他位置了。

11）打开【楼层平面：Ground Floor】视图。

12）按照预先设定好的参照平面，继续沿此建筑周边添加该类型幕墙。

在这种情况下，我们想要调整盥洗室幕墙大小，就可以通过调整其【限制条件】进行修改。

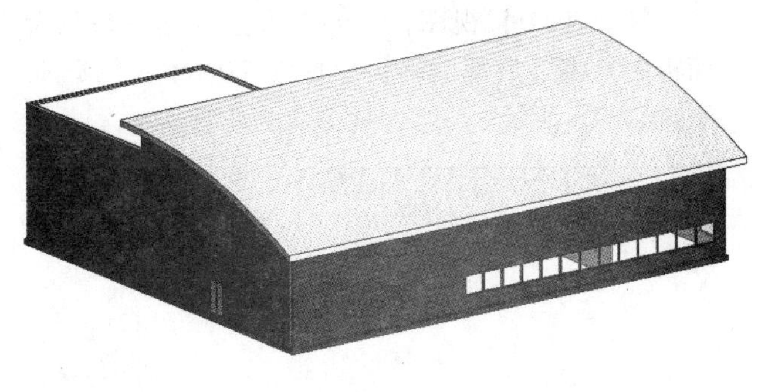

图 11-23

13）打开【3D】视图并旋转该模型来查看北立面墙，利用 < Ctrl > 键 + 单击鼠标左键的方式同时选中盥洗室的两面幕墙。

14）在其【属性】面板中，将【底部偏移】修改为【1800.0】，单击【应用】或者绘制界面空白处以应用修改，如图 11-24 所示。

接下来学习用快捷的方式将【Ground Floor】幕墙复制到【First Floor】。

15）打开【楼层平面：Ground Floor】视图。

16）利用 < Ctrl > 键 + 单击鼠标左键的方式全部选中新建的幕墙，如图 11-25 红色高亮部分所示。

17）单击【修改 | 墙】上下文选项卡【剪贴板】面板中的【复制到剪贴板】，接着单击【粘贴】工具下拉菜单中的【与选定的标高对齐】，打开【选择标高】对话框，如图 11-26 所示。

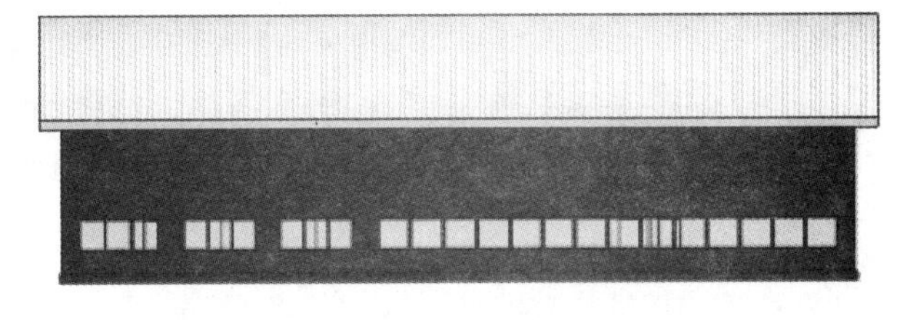

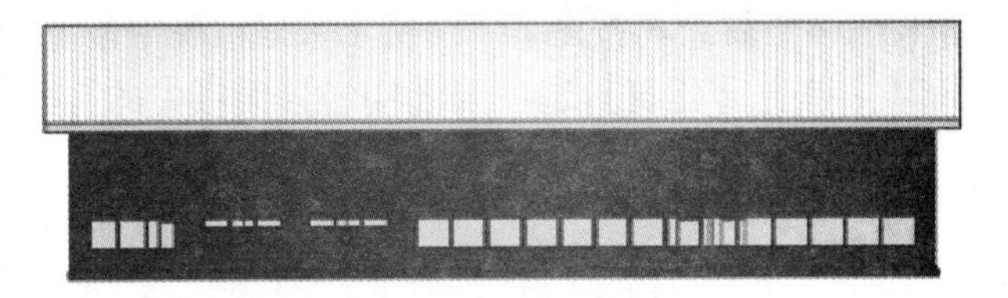

图 11-24

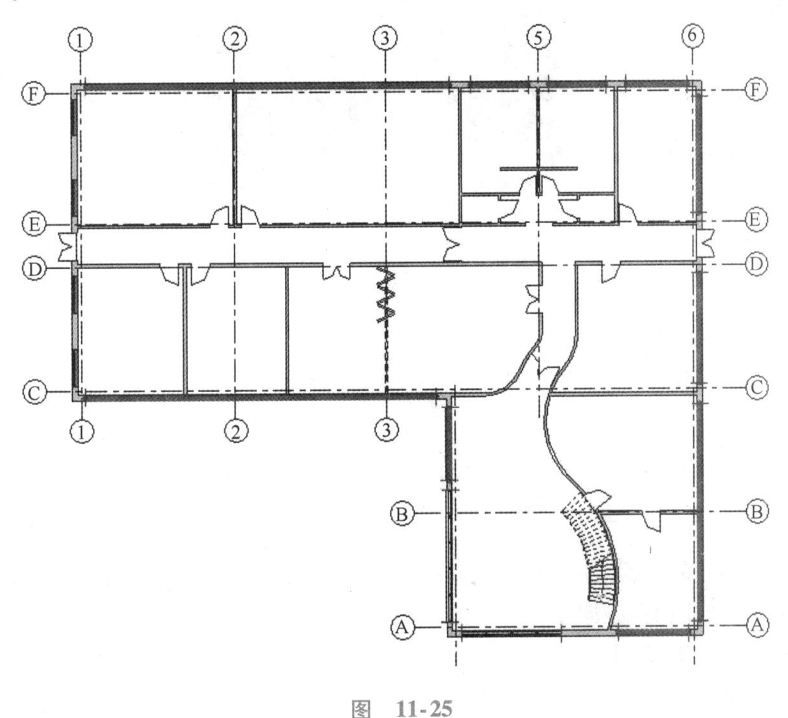

图 11-25

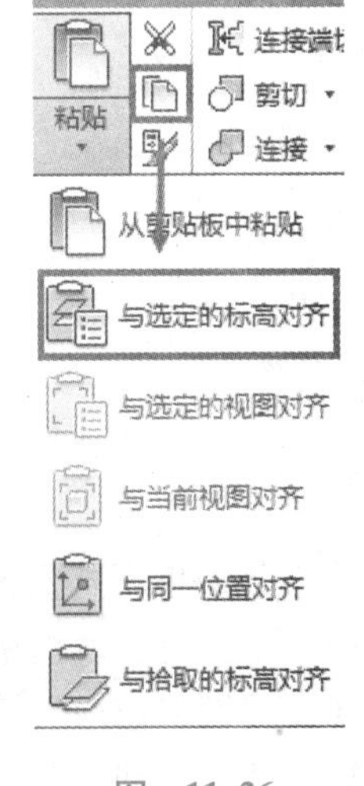

图 11-26

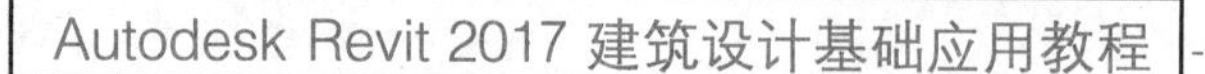

18）在【选择标高】对话框中选择【First Floor】（图 11-27），单击【确定】按钮完成操作。

19）打开【3D】视图，旋转查看建筑的平屋顶部分，并在接待区同时选中两面幕墙，在其【属性】面板中，将【底部偏移】设置为【0.0】，【顶部约束】设置为【直到标高：First Floor】，应用修改，如图 11-28 所示。

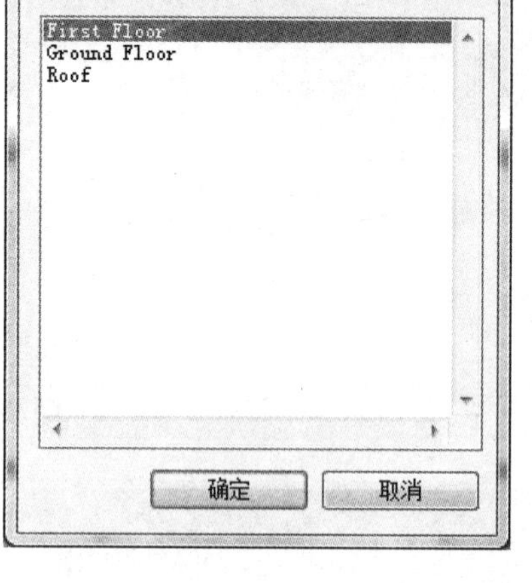

图 11-27

图 11-28

20）单击【建筑】选项卡【构建】面板中的【幕墙网格】，将水平网格置于上述修改的两面幕墙中，先大体放置，再按图 11-29 所示数据精确定位。

21）单击【建筑】选项卡【构建】面板中的【竖梃】。

22）选择【修改 | 放置竖梃】上下文选项卡【放置】面板中的【全部网格线】，如图 11-30 所示。

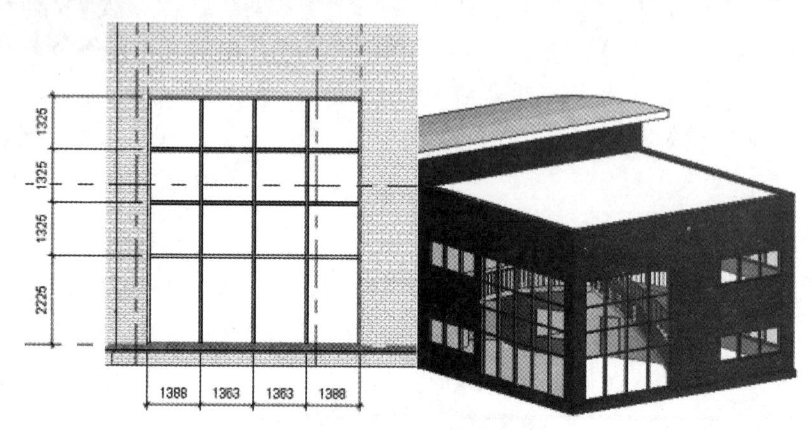

图 11-29

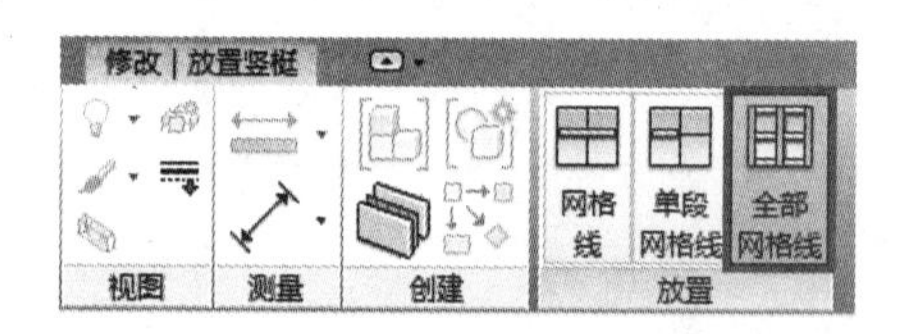

图 11-30

23）分别单击两面幕墙将竖梃应用于新创建的网格线。提示：利用键盘 < Ctrl > 键使光标悬停在其中的一个网格上，从而单击一次就能完成所有竖梃的布置。

现在我们将修改幕墙嵌板以创建一扇玻璃门。

24）选中一块嵌板（图 11-27 中蓝色部分所示）。提示：将光标悬停在嵌板上，利用 < Tab > 键帮助选择。

25）单击图针【禁止或允许改变图元位置】（图 11-31）以允许改变图元的位置，然后就可以将嵌板更改为门了。

26）保持选中该嵌板，在【属性】面板类型选择器中将其类型改为【UK_CW Sgl Glass- Style C】，如图 11-32 所示，完成设置。提示：如果需要的话使用空格键可以快速翻转门开启方向。

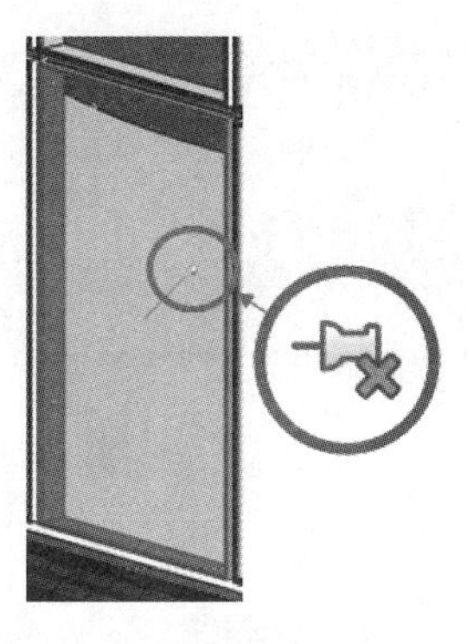

图 11-31

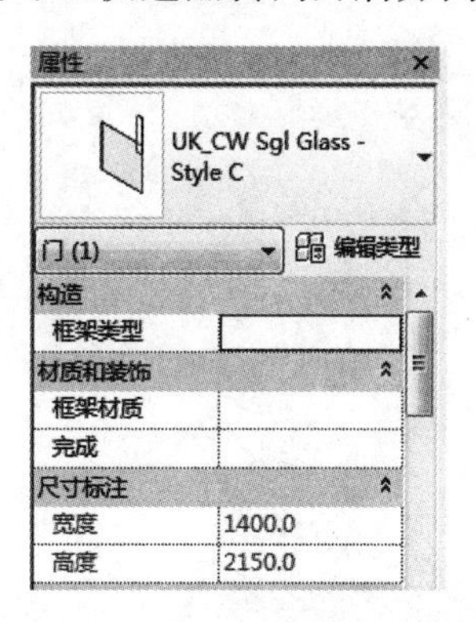

图 11-32

单元 12
房间数据及颜色方案

单元概述

本单元主要介绍 Revit 中的房间功能，以及如何利用各种工具对房间数据进行提取、分析和展示。Revit 一项很好的功能就是快速界定房间，并为这些房间附上使用面积和体积一类的标记；同时，熟练使用围绕房间、面积平面和相关颜色填充选项的其他工具，也是进行 Revit 工作的第一个成果，因为这些工具在项目进行的早期阶段就能向用户呈现一个快速、准确的结果。

单元目标

1. 在 Revit 术语中，区分“房间”“面积平面”“空间”和“区域”。
2. 掌握房间的放置和构成房间与房间之间边界的图元。
3. 掌握房间标记和明细表。
4. 会房间面积和体积的计算。
5. 会使用 Revit 以外的房间数据。
6. 掌握颜色方案和颜色图例。

12.1 创建房间

12.1.1 房间相关的术语

理解 Revit 中使用的各种术语非常重要。在 Revit 中，房间和面积平面就是相关于建筑的两种不同实体，我们在本单元中将着重关注这两种实体，并会简要提及空间和区域，因为它们也是 Revit 的功能，且主要运用于建筑设备工作流程。

它们的具体目的和表现都不同，但 Revit 功能名称相似，如果不理解它们，就很难在不产生语言逻辑混乱的前提下来讨论本单元的内容。因此，本单元将首先对“房间”“面积平面”“空间”和“区域”进行区分。

1. 房间

正如现实生活中的房间布置一样，Revit 中的房间也被分配到独立的位置上，并且也储存了关于该位置的相关信息。房间将储存带有诸如表面材料、占用、使用、部门等默认参数的建筑数据，并且从模型中提供诸如楼板面积、周长和房间体积一类的数据。这些数据可用于注释绘图，也可以给标记和明细表赋值。在房间经过分配，首次建模和识别后预备定位在某个位置的时候，可添加规格数据；在本该从模型中删除的房间中，规格数据仍然存在，并且会被再次分配时添加。

2. 面积平面

面积平面是根据模型中面积方案和标高显示空间关系的视图，注意，它是视图。

3. 空间

空间在建筑设备方面等同于房间，并同后者一样使用边界图元来界定参数。空间可以被自动应用在超过 230cm^2 的 MEP（MEP 是 Mechanical、Electrical、Plumbing 的缩写，即机械、电气、管道三个专业的英文缩写）工作流程中。为了实现对包括天花板内增压和上给供气分喉在内的冷负荷和热负荷的准确分析，空间应该被置于建筑模型内所有的面积平面中。空间数据与诸如每小时换气次数、湿度和温度一类的性能相关，并且可以被导出以用于设备尺寸的计算分析。创建的房间越多，相关的计算也就越复杂；因此，在非常大型的建筑中，如果相邻房间共享环境要求，且其内墙和外墙朝向也相同，那么这些房间就可以被合并为一个空间。

4. 区域

区域提供了对空间进行校对和分配通用环境条件的方法。在初次分配到用户界定区域内之前，所

有的空间都会被分配到默认区域；同时，在进行冷负荷和热负荷分析的时候，Revit 将同时参考储存在空间和区域中的数据。一般来说，区域被创建到针对机械设备的每个板块来校对空间，因此，如果空气处理机组为三个房间提供供给，那么它们将被分配到属于自己的区域中。

12.1.2 创建房间

在 Revit 中，房间不是由四面墙体组成，而是一个放在模型中的图元；房间被设计来识别和校对该位置的数据。房间的参数或边界通过模型中的实体或理论上的图元进行区别，同时，房间不能被放置在没有边界图元界定其参数的位置上。

在使用房间工具创建房间的时候，房间相关位置的边界构件将会被识别，同时用来组成房间图元的参数。下列图元将是 Revit 默认的边界图元，尽管它们在图元属性中会被覆盖。

1）包括幕墙（由任何方法创建）在内的墙体。

2）屋顶（由任何方法创建）。

3）楼板（由任何方法创建）。

4）顶棚（由任何方法创建）。

5）建筑柱。

6）房间分隔线。

注意，任何附着在主体上的图元，包括门、窗在内并需要在主体上嵌入的洞口，都将会受到房间工具的影响，所以，如果在墙体上设置开启，那么相关的房间将不会往该墙体外其他区域延伸并占据其相邻区域。如果开启通过拆分墙体或编辑墙体剖面形成，那么相关的两个区域将会被合二为一。

上述每个图元属性的设定都会被设置为默认的房间边界，但是为了有意划分其他图元，也可以不勾选相关选项。

在两个房间之间不存在物理阻碍的情况下，房间分隔线是房间边界。在房间内指定另一个房间时，分隔线十分有用，如起居室中的就餐区，此时房间之间不需要墙。房间分隔线在平面视图和三维视图中可见，如图 12-1 所示。

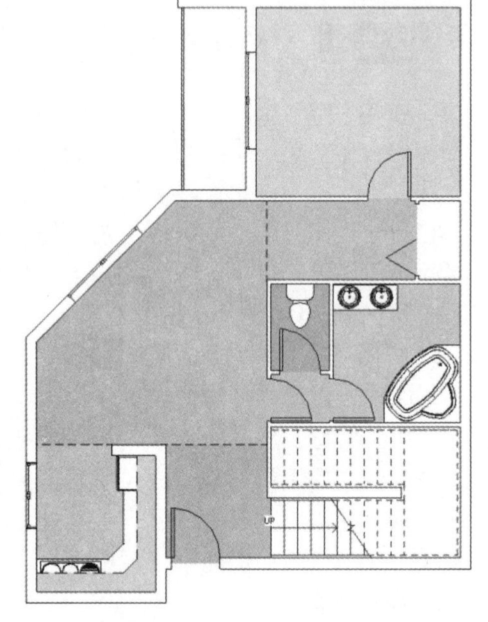

图 12-1

如果两个或两个以上的房间被放置到了同一区域，那么将会出现警告栏，以提醒用户并建议其更改设置。虽然 Revit 允许上述情况存在，但是明细表仍然会计入两个房间，后建的房间会在明细表中显示为冗余房间，但它是可以避免的。如果忽视这个问题，相关警告将会被储存下来，并且在未来的审查和分辨过程中，会主动发出警告。

相关房间被无意中放置在长廊两端，而非简单在同一长廊上标记两次时，该警告栏也会出现。同样，警告栏还会出现在现存的模型被更改和墙体一类的边界图元被移除的情况下。在这些案例中，解决方法便是放置一面新墙，以再分割空间，或者移除其中一个房间。

继续之前的方案，Revit 工作流程会考虑在房间数据不损失的前提下，对建筑部分或整体进行完全修改。如果在对设计进行重新建模期间，附有大量图元数据的房间被从模型中移除，它们将会以理论图元的形式保留在数据库中。一旦经过修改的布局被界定下来，房间工具就可用于重新定位现存的未分类房间，并完成所有的分配信息。

总之，创建房间之后，可以将房间从建筑模型中暂时或永久删除。

12.2 房间数据的应用

12.2.1 房间标记

在默认情况下，虽然标记房间图元和放置房间图元一样，但重要的是要理解房间图元和房间是两个不同的实体。房间可以脱离标记而存在，或者可以被标记很多次。

正如上述讨论，房间实体在模型中作为图元存在，而房间标记会对该图元进行询问，同时展示相关参数的值。具体参数将由用户自行决定——和所有标记一样，房间标记可用于在类别参数中查找相关值，并在用户选择的图例中，通过用户界定的字体、线条、填充区域或其他要求的图形外观呈现这些值。

如果要选定房间，可以在房间区域内移动光标，直到在初始房间或最初为识别房间所选取点的中央部分出现斜体十字准线。当选择该十字准线时，房间将呈阴影状态，【属性】面板也将显示与房间类别相关的参数。

12.2.2 房间明细表

有经验的 Revit 用户将使用明细表来录入和修改数据，这和在其他视图中的操作一样；同时，房间明细表可以结合多种方式为设计提供很大助力，如图 12-2 所示。

房间明细表						
编号	面积	体积	占用	涂层		
				楼板涂层	墙涂层	天花板涂层
5	115.37 SF	1673 CF	Shared	Ceramic Tile	White Painted	Acoustic Tile 2'x2'
27	1988.39 SF	28833 CF	Shared	Ceramic Tile	White Painted	Acoustic Tile 2'x2'
循环：2	2103.76 SF					
10	436.32 SF	6327 CF	Office	Ceramic Tile	Light Blue Painted	Acoustic Tile 2'x2'
13	313.14 SF	4541 CF	Office	Ceramic Tile	Light Blue Painted	Acoustic Tile 2'x2'
14	358.36 SF	5196 CF	Office	Ceramic Tile	Light Blue Painted	Acoustic Tile 2'x2'
15	350.66 SF	5085 CF	Office	Ceramic Tile	Light Blue Painted	Acoustic Tile 2'x2'
17	235.44 SF	3414 CF	Office	Ceramic Tile	Light Blue Painted	Acoustic Tile 2'x2'
18	235.44 SF	3414 CF	Office	Ceramic Tile	Light Blue Painted	Acoustic Tile 2'x2'
21	265.59 SF	3851 CF	Office	Ceramic Tile	Light Green Painted	Acoustic Tile 2'x2'
22	235.44 SF	3414 CF	Office	Ceramic Tile	Light Green Painted	Acoustic Tile 2'x2'
25	268.48 SF	3893 CF	Office	Ceramic Tile	Light Green Painted	Acoustic Tile 2'x2'
26	262.69 SF	3809 CF	Office	Ceramic Tile	Light Green Painted	Acoustic Tile 2'x2'
办公室：10	2961.54 SF					
28	193.44 SF	2805 CF	Office	Ceramic Tile	N/A	Acoustic Tile 2'x2'
开放式工作区：1	193.44 SF					
16	293.53 SF	4256 CF	Shipping/Receiving	Granite Tile	Wall Carpet	Acoustic Tile 2'x2'
19	163.62 SF	2372 CF	Shipping/Receiving	Granite Tile	Wall Carpet	Acoustic Tile 2'x2'
20	142.97 SF	2073 CF	Shipping/Receiving	Granite Tile	Wall Carpet	Acoustic Tile 2'x2'
23	165.37 SF	2398 CF	Shipping/Receiving	Granite Tile	Wall Carpet	Acoustic Tile 2'x2'
24	161.86 SF	2347 CF	Shipping/Receiving	Granite Tile	Wall Carpet	Acoustic Tile 2'x2'
接待处：5	927.35 SF					
6	58.30 SF	845 CF	Shared	Ceramic Tile	White Painted	Acoustic Tile 2'x2'
7	311.76 SF	4521 CF	Shared	Ceramic Tile	White Painted	Acoustic Tile 2'x2'
8	312.28 SF	4528 CF	Shared	Ceramic Tile	White Painted	Acoustic Tile 2'x2'
9	53.79 SF	780 CF	Shared	Ceramic Tile	White Painted	Acoustic Tile 2'x2'
服务：4	736.13 SF					
2	108.14 SF	1568 CF	Office Support	Laminate	White Painted	Acoustic Tile 2'x2'
3	79.04 SF	1146 CF	Office Support	Laminate	White Painted	Acoustic Tile 2'x2'
储藏室：2	187.18 SF					

图 12-2

1）房间明细表可提供关于房间面积、体积、参数等内容的最新信息。所有这些信息都来自于房间的属性。这些信息可通过更改以获得额外的信息。

2）房间图元数据甚至房间本身都可以被添加在明细表中，以便在模型中进行相关布置。例如，在房间中定位隔墙，同时将房间工具用于创建房间时，这些图元将取自事先界定好的目录，而非重新创建。

3）房间可以从模型中移除

无论在何处做出改变，房间数据的任何变化都会从各个方面显示出来。所以可以在房间明细表、房间图元属性中，或者通过相关的房间标记来界定修改。

12.2.3 房间面积

房间面积显示在房间的【属性】面板、标记和明细表中，Revit 执行以下操作计算房间面积。

1）找到房间边界。很多模型图元具有【房间边界】参数。对于某些图元（例如墙和柱），【房间边界】参数在默认情况下是启用的。对于其他图元，则必须在【属性】面板手动启用【房间边界】参数，如图 12-3 所示；要定义没有墙的房间的边界，可以使用【建筑】选项卡【房间和面积】面板中的【房间分隔】，创建的房间分隔线是房间边界；若要修改房间边界位置，可以在【建筑】选项卡【房间和面积】扩展面板中选择【面积和体积计算】，在弹出的对话框中对面积和体积计算时的边界进行选择，如图 12-4 所示。

图 12-3

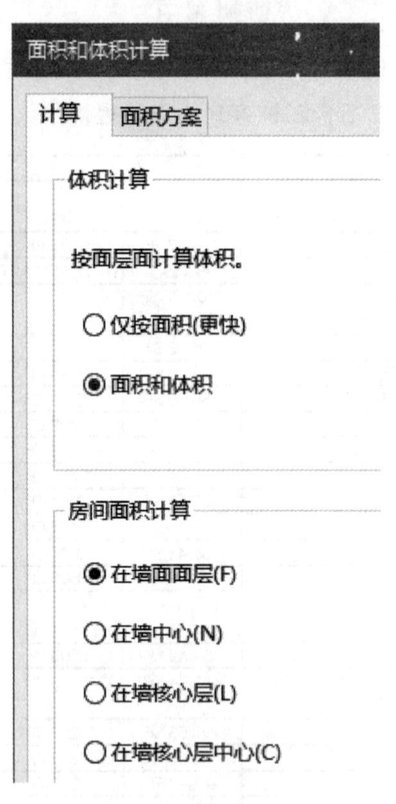

图 12-4

2）使用计算高度。计算高度是指房间底部标高上方的定义高度。Revit 在该高度测量房间的周长。如果建筑中有斜墙或其他非典型特征，可能需要调整计算高度，以便得出更精确的房间面积和体积。Revit 通过在定义的高度测量房间周长来确定房间的面积。**注意：**修改计算高度可能会影响计算机的性能。

12.2.4 房间体积

Revit 可以通过在面积和体积计算相关对话框中改变设置来计算房间体积，但是这种操作会产生大量的额外计算，因此，该方法在大型且其计算机硬件配置不高的项目中应谨慎使用。

房间体积即平面面积乘以房间图元的高度。在房间图元与其他的房间边界图元（例如天花板、屋顶或楼板）没有联系的情况下，这便是一种计算方法。

为了正确计算体积，重要的一点在于将房间上限设定为通过延展超过所指定的空间的最高点，如图 12-2 所示。如果相关设定被改变为体积计算，而非面积计算，那么房间属性也将会被屋顶、楼板、天花板这类边界图元覆盖。体积的边界由楼板、屋顶、斜墙、天花板这类图元构成。

在对升降机井、楼梯井或前厅进行界定的地方，房间可能会沿着建筑的全高度（由楼板至天花板）生成，并且每个楼板都会被标记，每个标记内容都为同样的房间信息。在这种情况下，为了防止产生如图 12-5 所示的效果，组成阳台、楼梯平台的楼板和天花板图元可能会被设置为非房间边界。

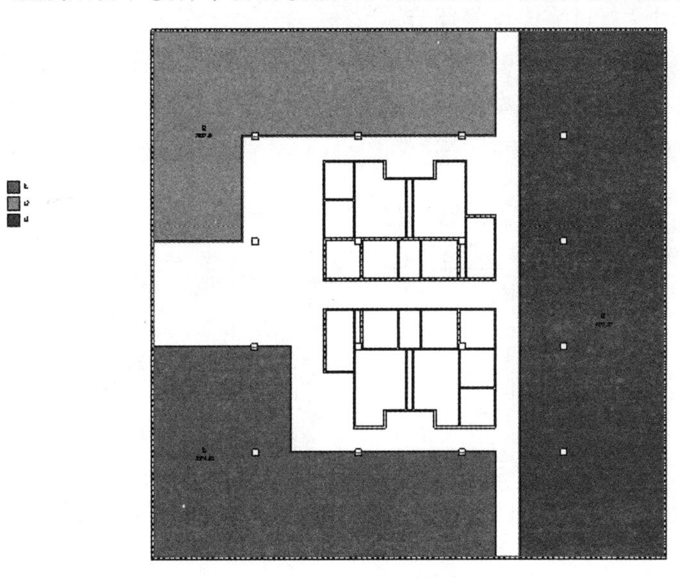

图　12-5

房间体积显示在房间的【属性】面板、标记和明细表中。在默认情况下，Revit 不计算房间体积。

当禁用体积计算时，房间标记和明细表会显示“未计算”作为“体积”参数。由于体积计算可能影响 Revit 的性能，因此应该只在需要准备和打印明细表或其他报告体积的视图时，才启用体积计算。在 Revit 中，可使用“房间”构件维护有关放置该构件的区域的信息。

房间用于存储影响项目加热和制冷的各种参数值。只有模型中的所有面积都由建筑模型中的房间构件定义且包括建筑模型的整个体积时，才能完成有效的能量分析。

将项目信息作为分析模型导出到 gbXML 文件时，必须在项目的整个体积中包括通常在建筑模型中不被视为房间的区域的体积，这包括如阁楼、竖井、槽等空间，以及天花板与上面的楼板之间的空间。此外，还应将建筑模型中的房间定义为围墙的中心线以及从楼板高度到楼板高度，从而使得建筑物内的空间之间没有间隙。可以在 gbXML 的【导出】对话框中检查着色的三维分析模型以检测间隙。如果分析模型中有间隙，则必须调整建筑模型中的房间属性，以纠正体积。

12.3 房间面积方案与颜色方案

12.3.1 面积方案

面积方案是可定义的空间关系。例如，可以用面积方案表示楼层平面中核心空间与周边空间之间的关系，可以创建多个面积方案。在默认情况下，Revit 会创建两个面积方案。

1）总建筑面积：建筑的总建筑面积。

2）出租面积：基于办公楼楼层面积标准测量法的测量面积。

不能编辑或删除“总建筑面积”方案，但可以修改“出租面积”方案。可以根据需要创建附加的面积方案，如应用了面积方案的面积平面。

12.3.2 颜色方案

颜色方案可应用于模型内的房间或面积，或可用于通过几乎所有的具体标准来对视图进行询问。这对交流设计意图有重要意义。

与房间相关联的默认参数允许用户在名称、占用数量的基础上进行颜色分析。同时，在每个房间被自动分配了不同颜色时，就可完成设置环节。

在通过面积、周长和用户界定的数值参数评估空间时，相关结果可以按一定范围显示，不同的范围分配了不同的颜色表示，在分析大型建筑的占用率时，这种方法的效果特别好，如图 12-6 所示。

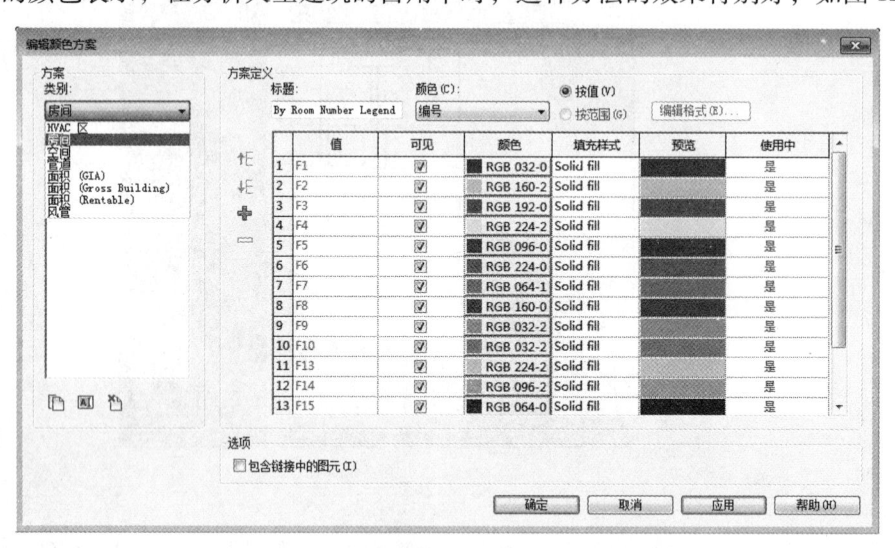

图 12-6

12.4 单元练习

12.4.1 放置房间

1）打开起始文件 WFP-RAC2015-12-RoomA. rvt，在【项目浏览器】中打开【楼层平面：First Floor Room Layout】视图，在绘图区域中可以看到房间布局已大致完成。

2）在【建筑】选项卡下选择【房间和面积】面板中的【房间】。

3）确保【修改/放置房间】选项卡下【标记】面板中的【在放置时进行标记】已经选上，如图 12-7 所示。**注意：**该选项将自动在房间图元插入点中放置标记，标记会从房间中提取相关数据并显示。

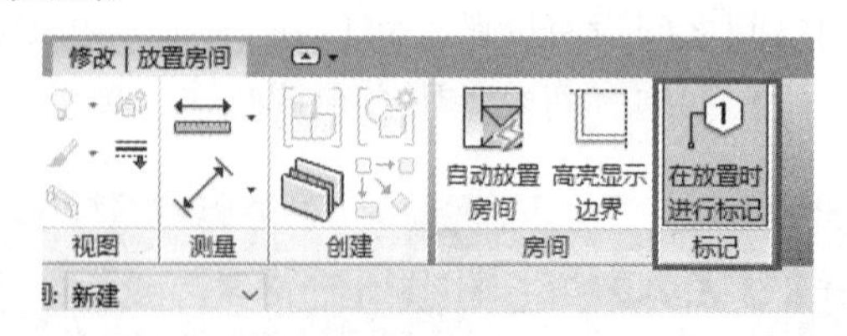

图 12-7

4）在绘图区域上方的【选项栏】中将【上限】设置为【Roof】屋顶，将【偏移】设置为【2100】（以适应弧形屋顶拱腹的最高点），在下拉菜单中选择【水平】，且不勾选旁边的【引线】选项，并在【房间】下拉菜单中选择【新建】，如图 12-8 所示。

注意：在这个环节，已经被放置的房间将呈浅蓝色，且房间中央显示对角交叉线，这让用户可以很容易地识别没有被分配房间的空间，如图 12-9 所示。

图　12-8

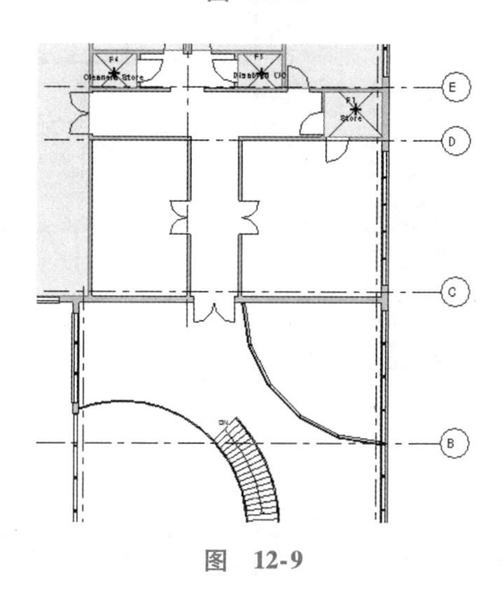

图　12-9

5）在平面图中，将鼠标移动到还没有标记的房间中，并单击中央部分。

6）在平面图中的剩余部分继续放置房间，直到所有的空间都被覆盖为止。

12.4.2　修改房间属性

修改和添加房间信息可直接通过选择对角交叉线进入房间属性，或间接通过编辑房间标记或明细表上的标签来完成。

1. 直接修改房间属性

选择【F10 房间】的十字对角线，选中这个房间，在【属性】面板的【标识数据】板块中将【编号】修改为【F13】，并将【名称】修改为【Archive room】。再对【F9 房间】进行同样的操作，但将其命名为【F14 Corridor】。

2. 通过编辑标记修改房间属性

1）在房间【F11】中选择房间编号，在文本框中将房间编号改为【F15】。

2）使用相同的方法，将房间名称改为【Conference Room】。

3. 通过编辑明细表修改房间属性

1）在【项目浏览器】中打开【明细表/数量：Room Schedule】视图。

2）在【视图】选项卡下选择【窗口】面板中的【平铺】（图 12-10），调整视图，直到能清晰地看到房间的明细表和楼层平面图，如图 12-11 所示。

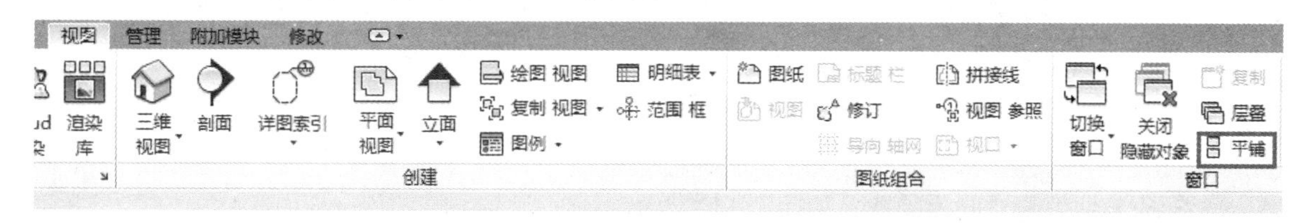

图　12-10

3）在明细表中选择任意房间，可以看到对应的房间会在平面图中显示出来。

4）明细表中的改变将会反映在平面图内，同样，平面图内的相关改变也会反映在明细表中。

5）将【F8 房间】改为【Gallery】，将【F9 房间】改为【Meeting Room】，如图 12-12 所示。在明细表中的【Name】区域的下拉菜单中，可以选择项目中所有被用于标注的房间名称，也可以直接在文本框中输入新的名称。

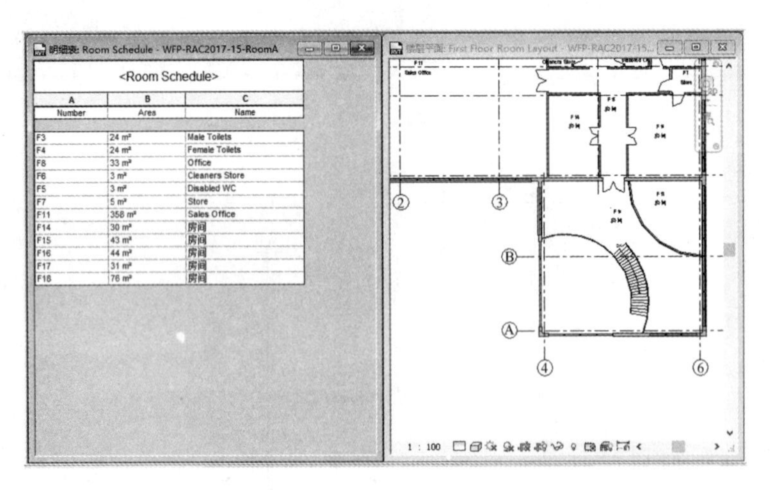

<Room Schedule>

A	B	C
Number	Area	Name
F3	24 m²	Male Toilets
F4	24 m²	Female Toilets
F8	33 m²	Office
F6	3 m²	Cleaners Store
F5	3 m²	Disabled WC
F7	5 m²	Store
F11	358 m²	Sales Office
F14	30 m²	房间
F15	43 m²	房间
F16	44 m²	房间
F17	31 m²	房间
F18	76 m²	房间

图 12-11

12.4.3 房间分隔

【房间分隔】工具可以对大型的敞开式平面布置空间进行再分割，即在不需要实体边界的基础上，将空间分成理论上的房间或区域。

1）如图 12-13 所示，在绘图区域中选中标记为【F11 Sales Office】的房间，按 <Delete> 键将其删除。

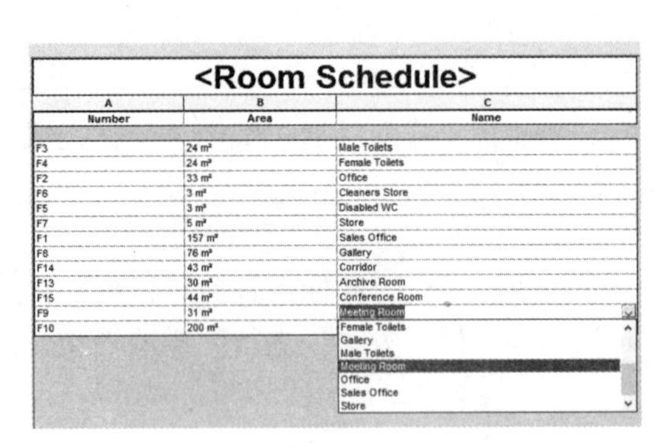

<Room Schedule>

A	B	C
Number	Area	Name
F3	24 m²	Male Toilets
F4	24 m²	Female Toilets
F2	33 m²	Office
F6	3 m²	Cleaners Store
F5	3 m²	Disabled WC
F7	5 m²	Store
F1	157 m²	Sales Office
F8	76 m²	Gallery
F14	43 m²	Corridor
F13	30 m²	Archive Room
F15	44 m²	Conference Room
F9	31 m²	Meeting Room
F10	200 m²	

图 12-12

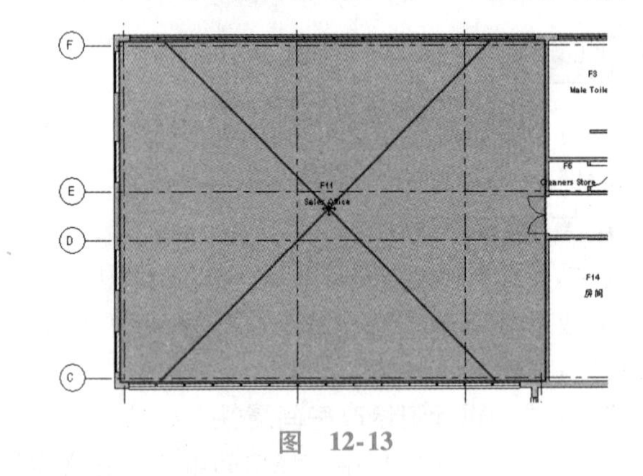

图 12-13

注意：上述操作将出现警告对话框，显示相关房间已经从模型中移除，但仍会保存在数据库中，等待放置。明细表也会显示房间并非是在当前分配到某个空间中的。

2）在【建筑】选项卡下选择【房间和面积】面板中的【房间分隔】，如图 12-14 所示。

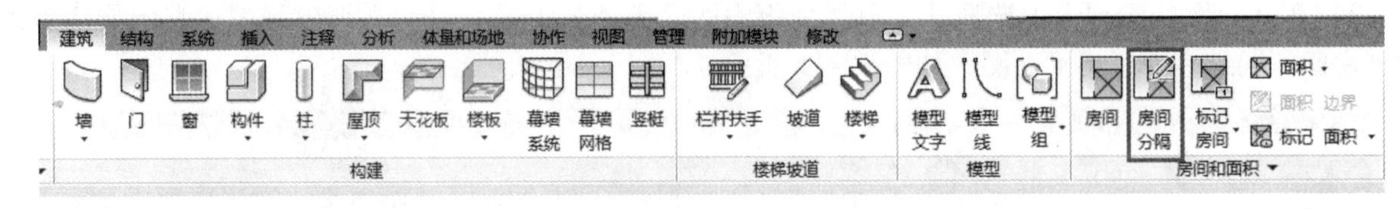

图 12-14

3）沿着轴线 E 绘制房间分隔线，如图 12-15 所示。

4）在绘图区域上方的选项栏中查看【房间】选项，其默认的设定是界定并放置一个新建房间，如图 12-16 所示，从下拉菜单中选择房间【F11 Sales Office】，允许其他所有设置。

5）将房间【F11 Sales Office】放入界定的空间的上半部分。

6）在绘图区域上方的选项栏中将【房间】设定改为【新建】，在该空间的下半部分放置最后一个房间。

7）将新建房间重命名为【F10 Accounts Office】，如图 12-17 所示。

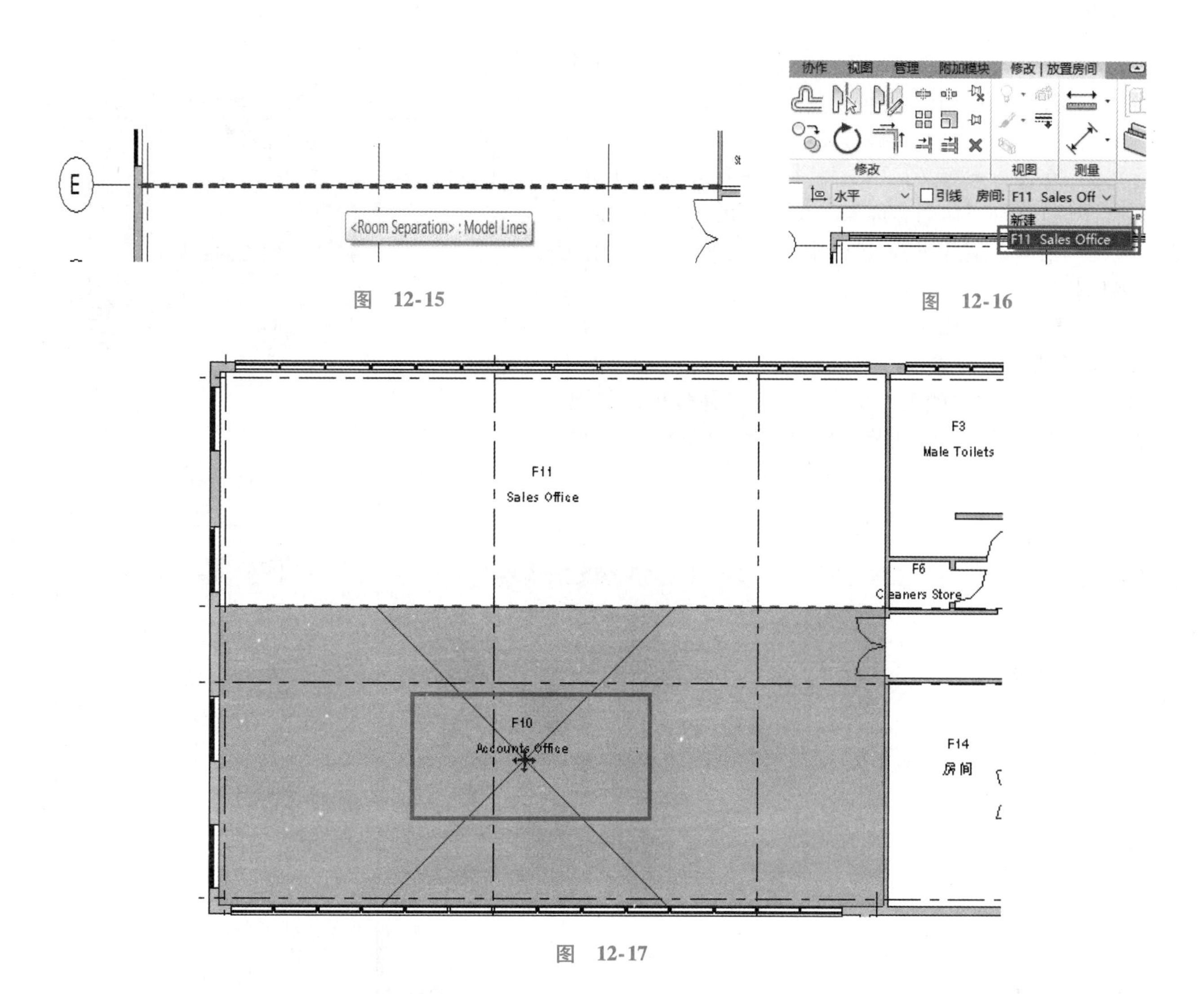

图　12-15

图　12-16

图　12-17

12.4.4 应用颜色方案

接下来我们将房间分配到所有的空间，并开始考虑附着在这些房间图元上的数据应该如何添加和修改时，一般情况下需要进行的下一个步骤是与其他人清楚交流并核对信息。我们可以通过使用标记来完成该过程，标记方法可以显示多种有用的数据；另一种可用的方法是颜色填充功能，这种方法会通过给定标准来分析信息，再将颜色应用在视图中。这种操作通常会在复制的视图内完成，这个被复制的视图也是为了该目的而特地创建的；但在此，我们仍将继续使用同一个视图。

1）切换到【楼层平面：First Floor Room Layout】视图。

2）在【建筑】选项卡下选择【房间和面积】面板下拉菜单中的【颜色方案】（图 12-18），弹出【编辑颜色方案】对话框。

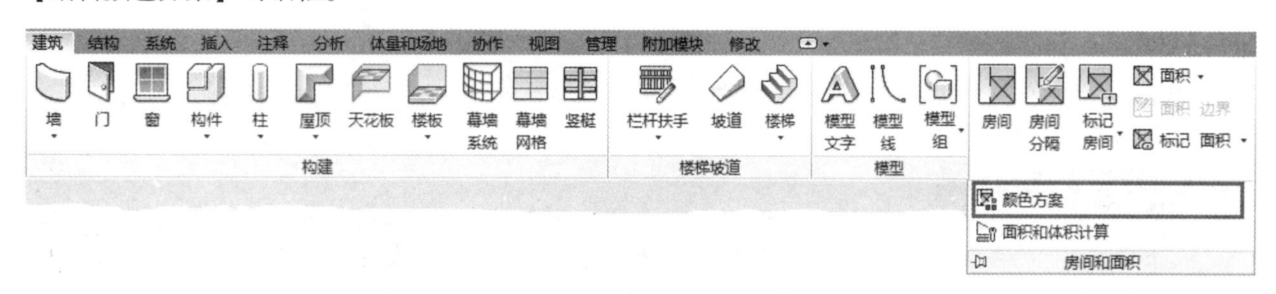

图　12-18

3）在【方案】下方单击【复制】按钮，在【新建颜色方案】对话框中将其命名为【通过房间名称定义】，完成后单击【确定】按钮，如图 12-19 所示。

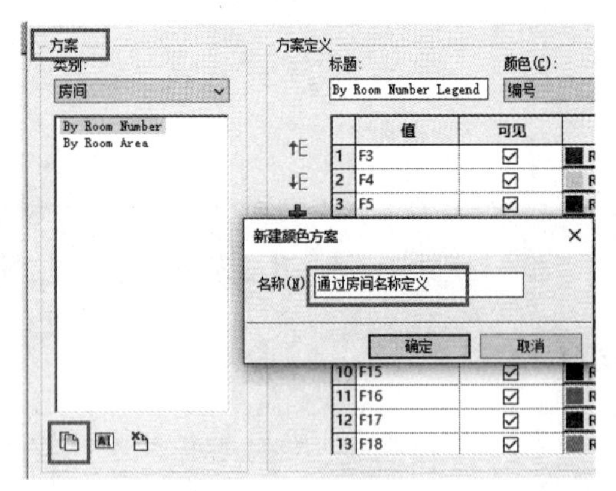

图 12-19

4）在【方案定义】中，将【标题】设置为【房间名称图例】（即以房间名称来定义），如图 12-17所示。

5）在【颜色】下拉菜单中，将着色标准更改为【名称】。

注意：上述操作将弹出警告栏，警告对相关值的改变可能会促使之前输入的信息丢失。在此案例中，由于这是一个新创建的颜色方案，所以这条警告可以忽视，如图 12-20 所示。但一个有用的建议是，用户应该记住，在 Revit 使用过程中，如果要保留原始信息，那么相关类别应该在视图或信息更改之前就复制好。

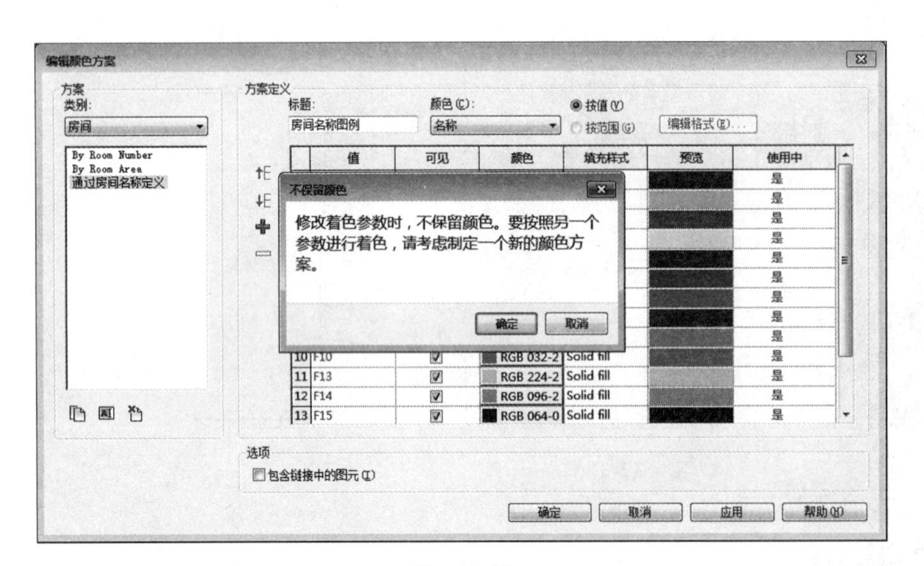

图 12-20

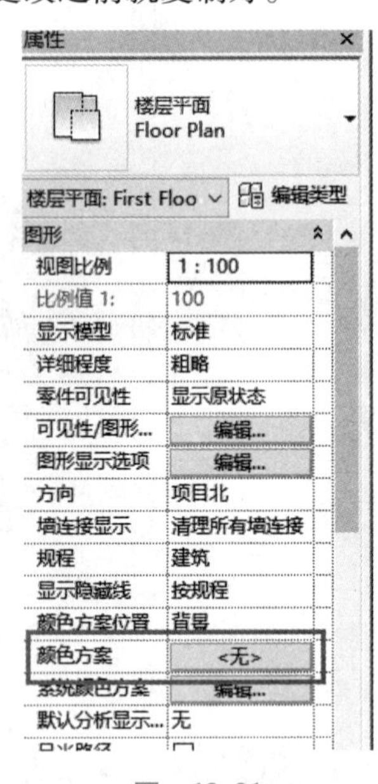

图 12-21

新的颜色方案将会自动被分配给名称区域中的每个特定值。该操作使用户有机会改变分配的颜色、填充模式等。

6）单击【确定】按钮以确认操作，并关闭对话框。接着，可以将颜色方案应用在【First Floor Room Layout】平面视图中。

7）在当前视图的【属性】面板中，单击【颜色方案】旁边的按钮（当前该按钮的显示为【<无>】），如图 15-21 所示，打开【编辑颜色方案】对话框。

8）在【方案】中，类别选择【房间】，然后选择【通过房间名称定义】，如图 12-22 所示。

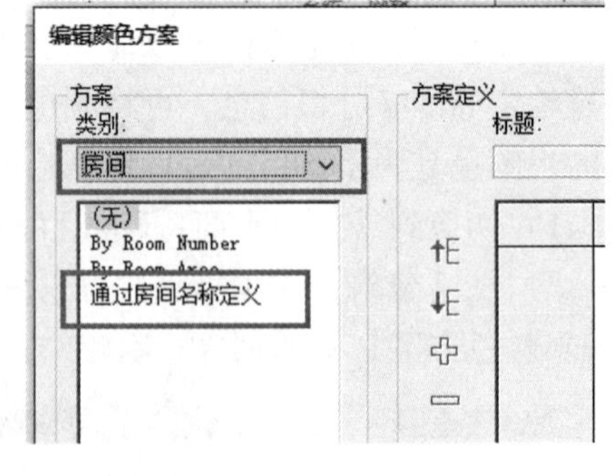

图 12-22

9）单击【确定】按钮，便可见应用在平面图中的颜色方案信息，如图 12-23 所示。

12.4.5 添加图例

接下来，我们将在【First Floor Room Layout】平面视图中添加图例。如果图例应用在没有相应的颜色方案与之关联的视图中，那么，因为图例已经放置在平面图中，所以该图例也将自动应用于颜色方案。

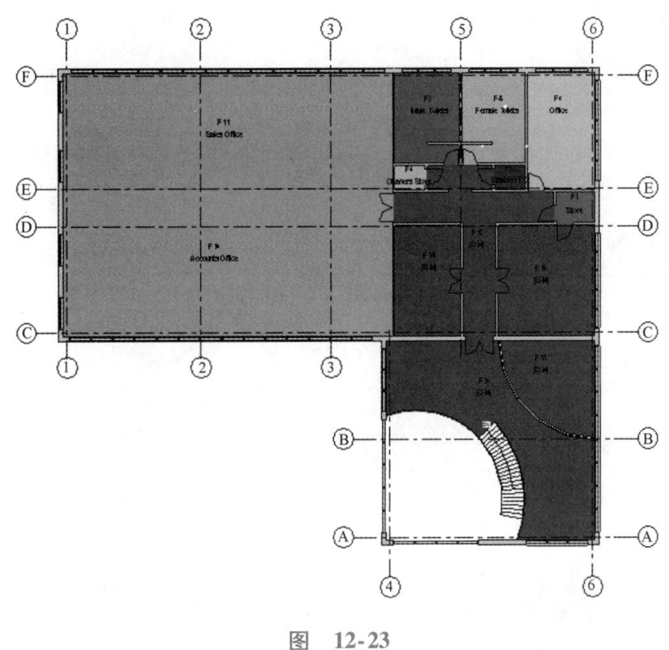

图 12-23

1）在【注释】选项卡下，选择【颜色填充】面板中的【颜色填充 图例】，如图 12-24 所示。

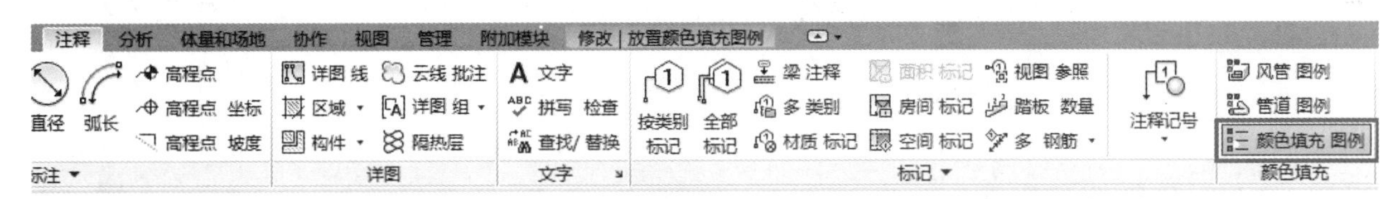

图 12-24

2）将光标移到绘图区域的合适位置并单击，放置颜色填充图例【房间名称图例】，如图 12-25 所示。

3）相关图例显示了所有已更新的颜色方案信息。**注意：**颜色和房间名称将反映用户在自己模型中设置的信息，并可能与模型所指出的信息不同。

4）对图例进行修改时，只需要在视图中，单击放置好的图例。在【修改/颜色填充图例】选项卡下，选择【方案】面板中的【编辑方案】，这时会再次打开【编辑颜色方案】对话框，对颜色方案进行修改。

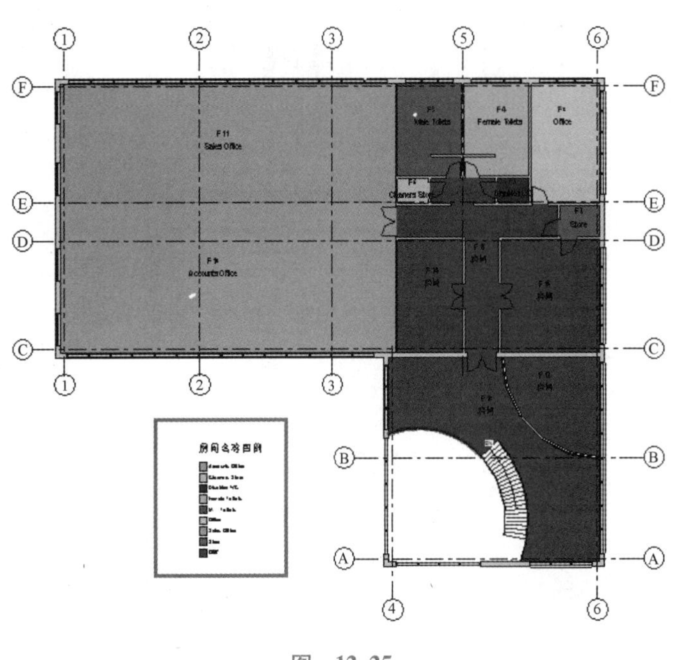

图 12-25

单元 13

二维详图与注释

单元概述

本单元主要介绍详图设计工具和注释工具。在利用 Revit 软件进行三维设计时，不是每一个构件或构件的细部特征都需要通过三维方式来实现。建筑师和工程师可以创建标准详图，将设计信息传递给施工方。在 Revit 中，有两种主要视图类型可用于创建详图：详图视图和绘图视图。其中详图视图包含建筑信息模型中的图元；而绘图视图是与建筑信息模型没有直接关系的图纸。

注释包括：尺寸标注、文字注释、注释记号和标记等。本单元将分别介绍这些注释工具的功能。

单元目标

1. 掌握详图索引视图的创建方法。
2. 掌握详图视图的编辑方法。
3. 掌握详图注释工具的使用方法。

13.1 详图索引视图

在施工图设计过程中，用户可以向平面视图、剖面视图、详图视图或立面视图中添加详图索引，并且在这些视图中，详图索引标记将链接至详图索引视图。在 Revit 中，用户可以在【视图】选项卡下【创建】面板中选择【详图索引】（图 13-1）来创建详图索引视图。

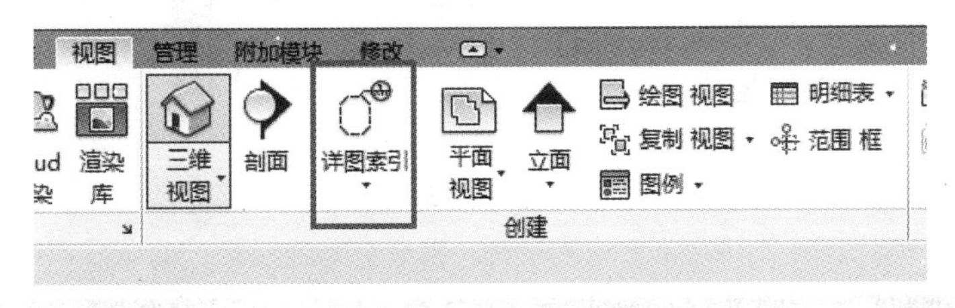

图　13-1

当需要提供有关建筑模型中某一部分的详细信息，或者提供有关父视图中某一部分的更多或不同信息时，用户可以创建相应样式的详图索引视图。该类视图可以较大比例显示另一视图的一部分，并显示有关模型指定部分的详细信息。

13.1.1 矩形详图索引视图

打开建筑模型的相应视图，然后在【视图】选项卡下【创建】面板中选择【详图索引】下拉菜单中的【矩形】，如图 13-2 所示。在视图相应位置创建矩形详图索引视图，如图 13-3 所示。

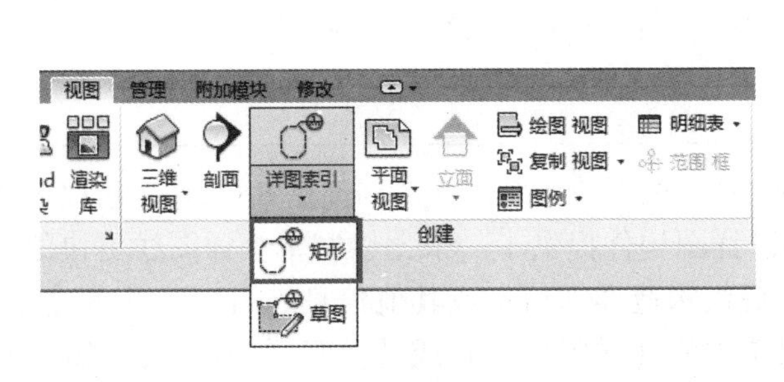

图　13-2

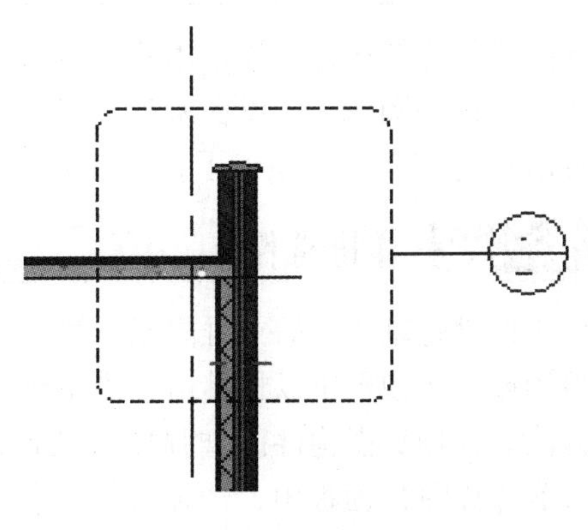

图　13-3

13.1.2 草图详图索引视图

打开建筑模型的相应视图，然后在【视图】选项卡下【创建】面板中选择【详图索引】下拉菜单中的【草图】，如图 13-4 所示。在视图相应位置可以手动绘制详图索引区域来创建详图索引视图，如图 13-5 所示。

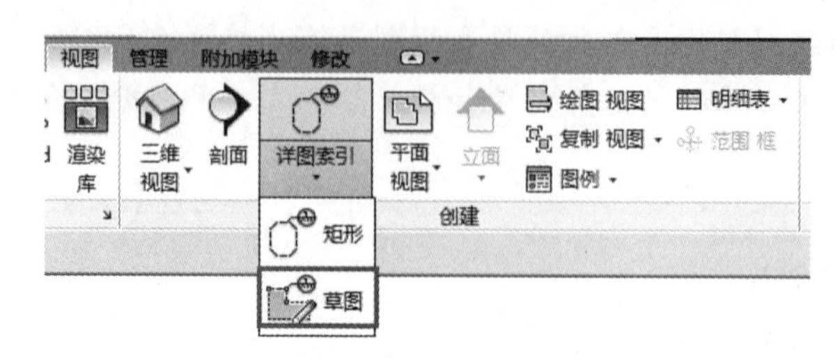

图 13-4

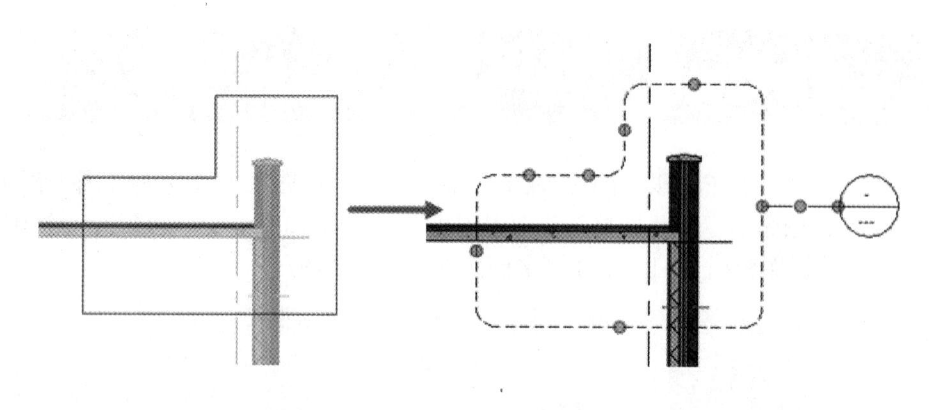

图 13-5

13.2 详图工具

不论是详图视图还是绘图视图，完成相应视图的初建后，都需要利用相应的详图工具绘制添加详图设计内容。在 Revit 中，用户可以通过各种详图设计工具和编辑工具进行深化设计。

在视图中创建详图，用户可以利用【注释】选项卡下【详图】面板中的相关工具。各主要工具用法介绍如下。

13.2.1 详图线

详图线是详图设计中最常用的二维设计工具，其创建和编辑方法与模型线完全一致。区别在于：模型线属于模型图元，可以在所有视图中显示；而详图线则属于视图专有图元，只在当前视图中可见。用户可以在【注释】选项卡下，【详图】面板中应用【详图 线】，如图 13-6 所示。

13.2.2 详图构件

详图构件是基于线的二维图元，类似于 AutoCAD 中的图块概念。详图构件是 Revit 族，可以放置在绘图视图或详图视图中以将其信息添加到模型中。详图构件提供了一个比绘制单个详图线更快的创建详图方法。使用详图构件以增强模型几何图像、提供构造详细信息或其他信息。用户可以在【注释】选项卡下【详图】面板中，选择【构件】下拉菜单中的【详图构件】或【重复详图构件】，如图 13-7 所示。

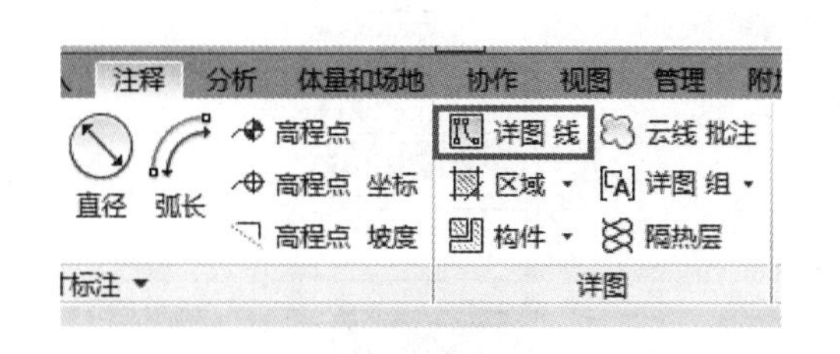

图　13-6

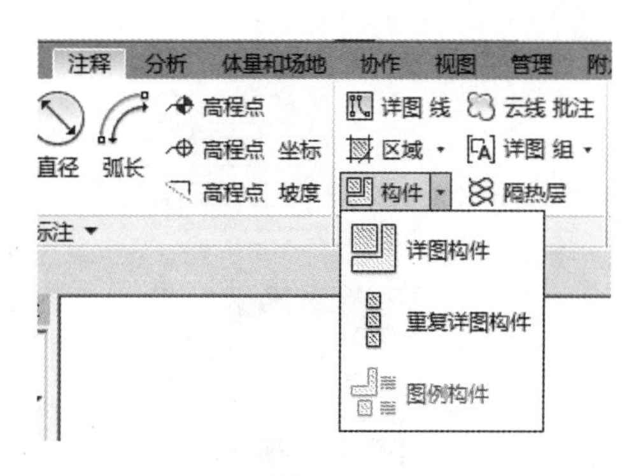

图　13-7

详图构件是视图的专有图元，仅在创建的当前视图中可见。用户可以将其放置在绘图视图或详图视图中，以将相应的信息添加到模型。单击【详图构件】，系统将打开相应的【属性】面板（图 13-8）；单击【重复详图】，系统同样会打开相应的【属性】面板（图 13-9）。

图　13-8

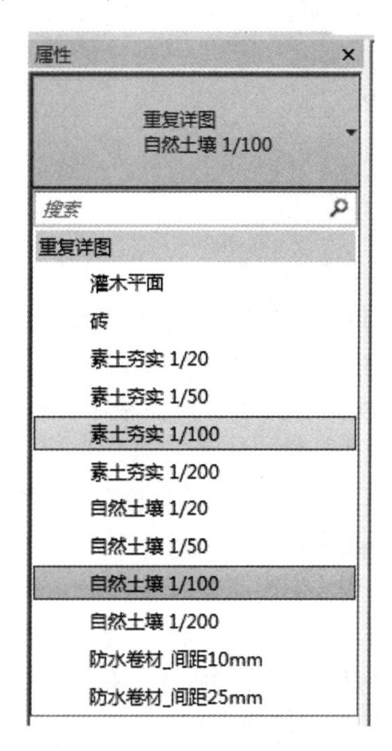

图　13-9

13.2.3 填充区域

填充区域工具可使用边界线样式和填充样式在闭合边界内创建视图专有的二维图形。此工具可用于在详图视图中定义填充区域或将填充区域添加到注释族中。用户可在【注释】选项卡下【详图】面板中，选择【区域】下拉菜单中的【填充区域】（图 13-10）。

填充区域包含填充样式。填充样式有两种类型：绘图和模型。绘图填充样式取决于视图比例。模型填充样式取决于建筑模型中的实际尺寸标注。在【属性】面板中单击【编辑类型】，弹出【类型属性】对话框，在【填充样式】一栏中单击【...】按钮打开【填充样式】对话框更改填充样式类型，如图 13-11 所示。

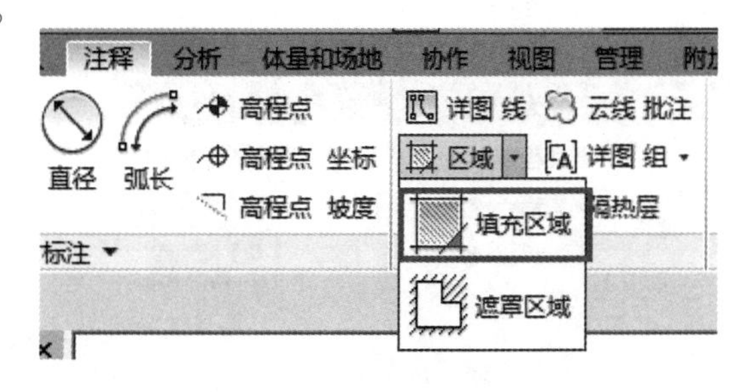

图　13-10

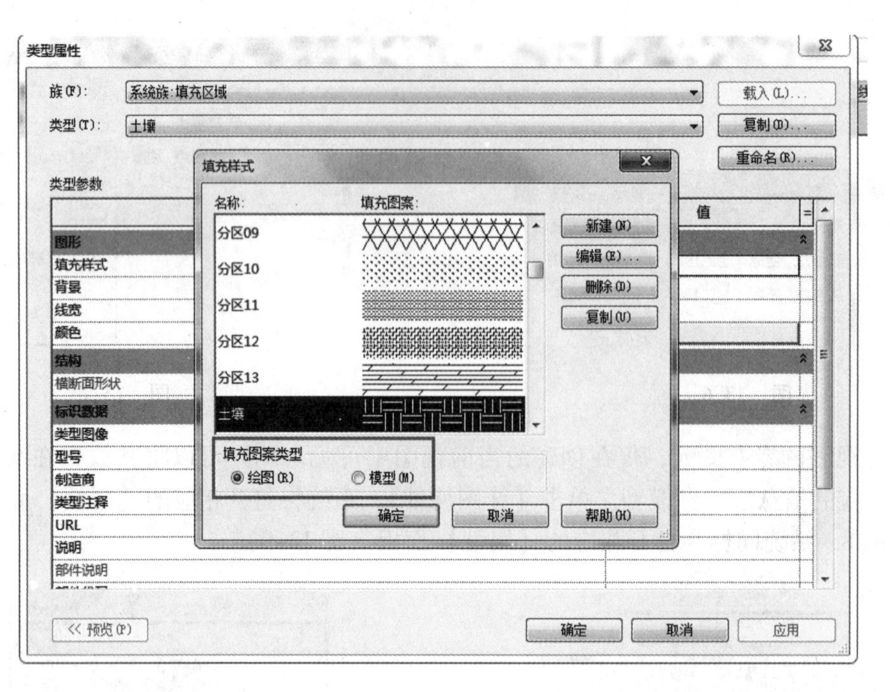

图 13-11

13.2.4 遮罩区域

在项目设计中，有时需要隐藏图元的局部而不是整个图元，此时即可创建相应的遮罩区域。遮罩区域是视图专有图形，可用于在视图中隐藏指定的图元。在【注释】选项卡下【详图】面板中，选择【区域】下拉菜单中的【遮罩区域】，如图 13-12 所示。

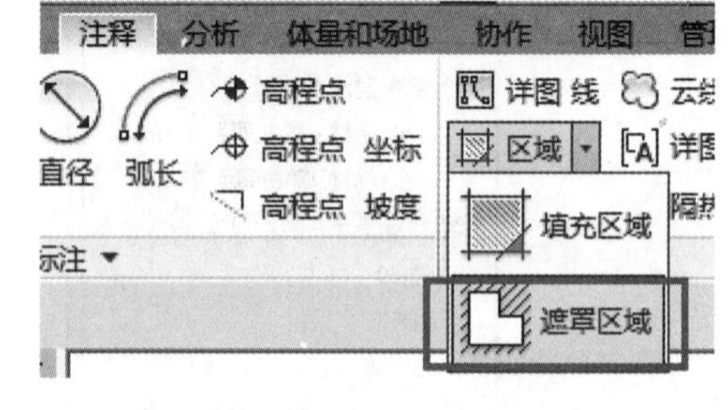

图 13-12

在以下情况下，遮罩区域可能会很有用：

1）需要隐藏项目中的图元。

2）正在创建详图族或模型族，而且在将族载入到项目中时需要图元的背景来遮罩模型和其他详图构件。

3）需要（从导入的二维 dwg 文件）创建在放置到视图中时可隐藏其他图元的模型族。

13.2.5 隔热层

在【注释】选项卡下，【详图】面板中还有【隔热层】（图 13-13）。在详图设计中，可以利用隔热层工具在详图视图或绘图视图中放置衬垫隔热层图形，如图 13-14 所示。

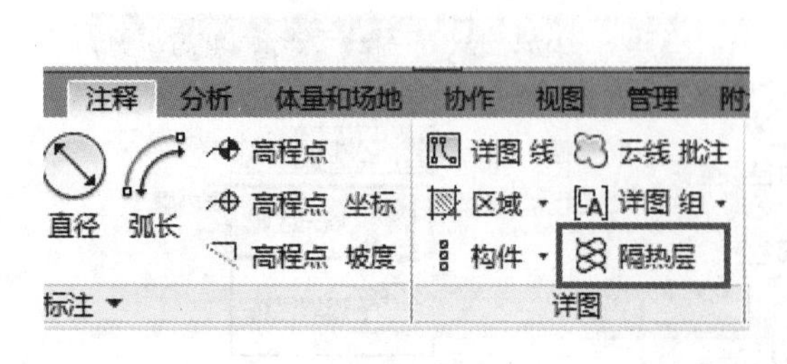

图 13-13

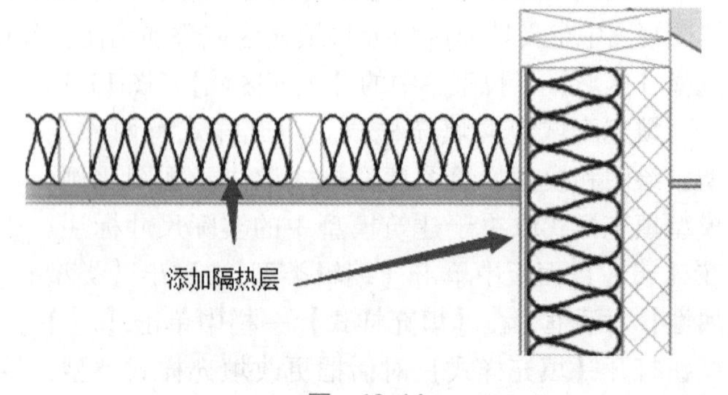

图 13-14

13.3 注释工具

在 Revit 中，注释工具包括：尺寸标注、文字注释、注释记号、标记和符号等。

13.3.1 尺寸标注

尺寸标注是在项目中显示的测量值。在【注释】选项卡下，【尺寸标注】面板中包含了很多尺寸标注功能，如图 13-15 所示。

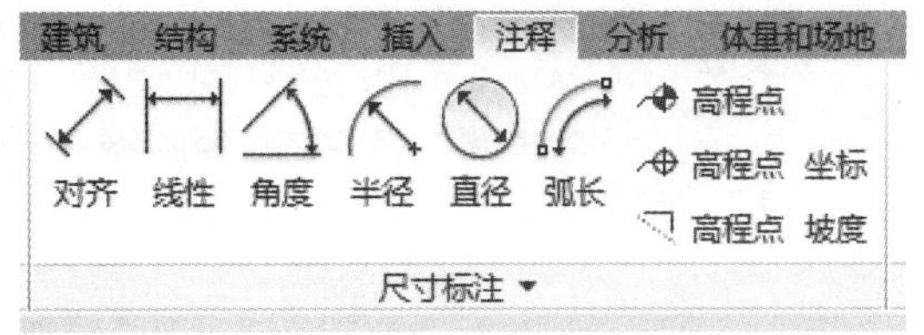

图 13-15

一般来说，有两种尺寸标注类型：

1）临时尺寸标注：当放置图元、绘制线或选择图元时在图形中显示的测量值。在完成动作或取消选择图元后，这些尺寸标注会消失。

2）永久性尺寸标注：添加到图形以记录设计的测量值，属于视图专有，并可在图纸上打印。

13.3.2 文字注释

文字注释是将说明性、说明、技术，或其他文字注释添加到工程图。在【注释】选项卡下，【文字】面板中可以单击【文字】进行注释（图 13-16）。在放置注释文本时可对其进行【引线】和【段落】的设置（图 13-17）。

图 13-16

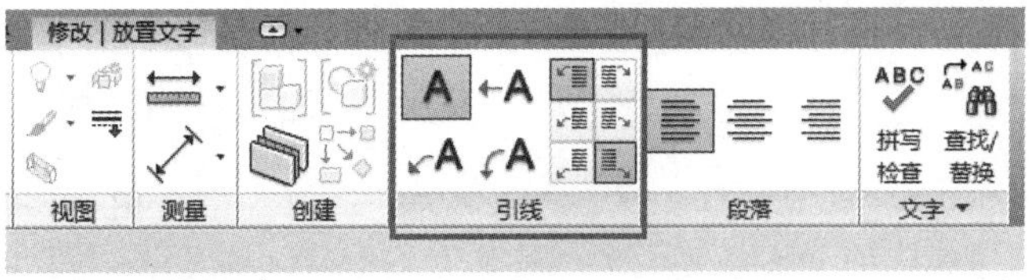

图 13-17

13.3.3 注释记号

在【注释】选项卡下，【标记】面板中可以单击【注释记号】（图 13-18）。所有模型图元（包括详图构件）和材质都可以使用注释记号参数。可以使用注释记号标记族标记这些图元中的每一个图元。可以使用【类型属性】对话框预先提供这些参数或者可以在放置标记时选择这些参数。

1）图元：【图元注释记号】可应用到整个图元（如墙、详图构件或门）中。

2）材质：可将【材质注释记号】指定给表面已填色的材质，或指定给已被指定给图元的构件图层的材质。不支持将【材质注释记号】用于隔热层绘图工具、详图构件线和填充区域，或者线框视图。当给材质指定一个注释记号值时，使用这些材质的对象将相应地继承注释记号值。

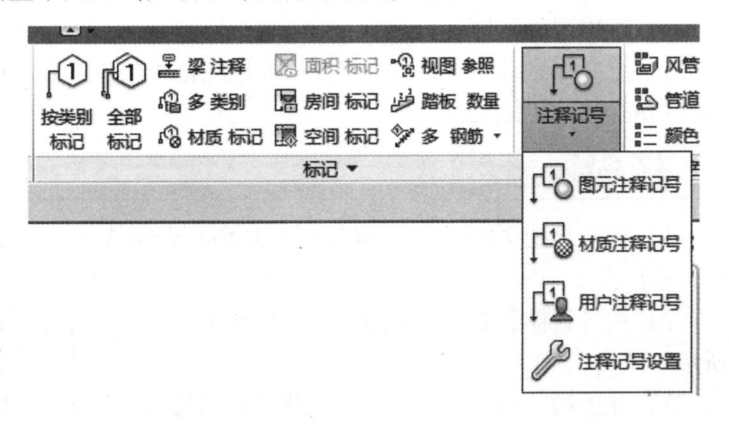

图 13-18

3）用户：【用户注释记号】选项提供了使用常用注释或短语来处理文档问题的方法。必须将这些附加的用户注释添加到所提供的注释记号文本文件中，或包含

在创建的注释记号文本文件中。

13.3.4 标记

在【注释】选项卡下，【标记】面板中包含【按类别标记】【全部标记】【材质标记】等，如图13-19所示。使用【标记】可以将标记附着到选定图元。标记是用于在图纸中识别图元的注释。族库中的每个类别都有一个标记。一些标记会随默认的 Revit 样板自动载入，而另一些则需要手动载入。如果需要，可以在族编辑器中创建自己的标记，方法是创建注释符号族。另外，可以为族载入多个标记。

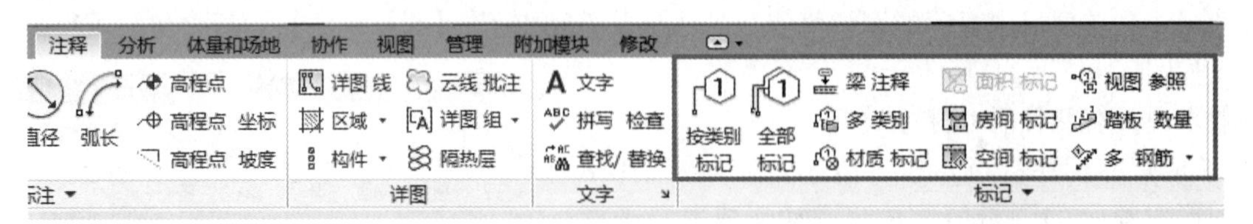

图 13-19

13.3.5 符号

符号是注释图元或其他对象的图形表示。在视图和图例中可以使用注释符号来传达设计详细信息。在【注释】选项卡下，【符号】面板中可以单击【符号】进行设置，如图13-20所示。

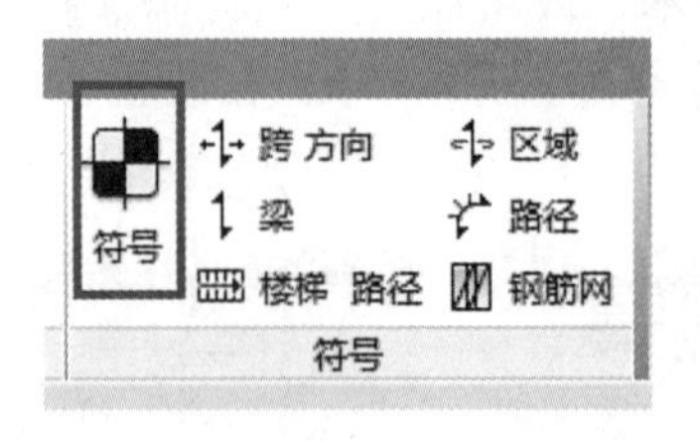

图 13-20

13.4 单元练习

本单元练习提供了大量实例来证明上文中的原理（包括很多注释工具），主要内容有：

1）创建一个栏杆标注。

2）添加一个重复详图。

3）使用详图构件工具。

4）使用切面工具。

5）绘制并修改详图线，然后使用大量注释和详图工具，例如区域、尺寸、文本及导线、标记和关键提示来详细说明标注。

13.4.1 创建标注

1）打开起始文件 WFP-RAC2015-13-DraughtingA. rvt，从【项目浏览器】中打开【剖面：Building Section】视图。

2）在【视图】选项卡下的【创建】面板中，选择【详图索引】下拉菜单中的【矩形】，如图13-21所示。

3）在轴网 A 屋顶周围定义一个详图索引视图，如图13-22所示。

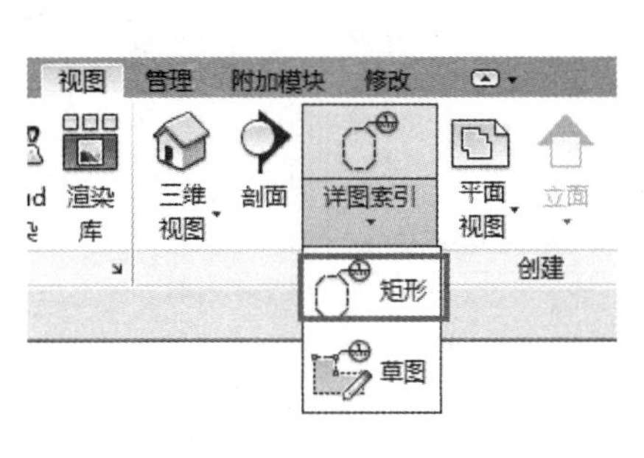

图　13-21

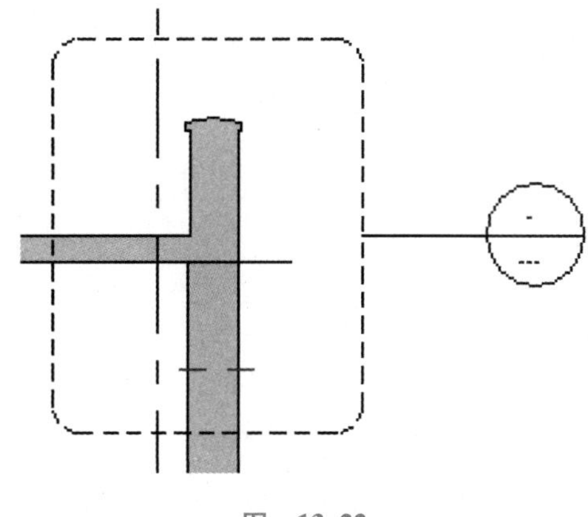

图　13-22

4）在【项目浏览器】中，选择【剖面】列表下的【Building Section-详图索引 1】，单击鼠标右键，在弹出的快捷菜单中选择【重命名】，如图 13-23 所示。将详图名称重命名为“屋顶详图”，并单击【确定】按钮关闭对话框，如图 13-24 所示。

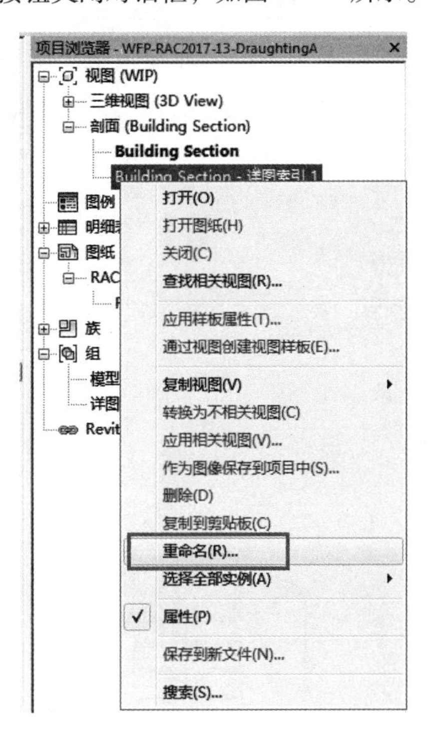

图　13-23

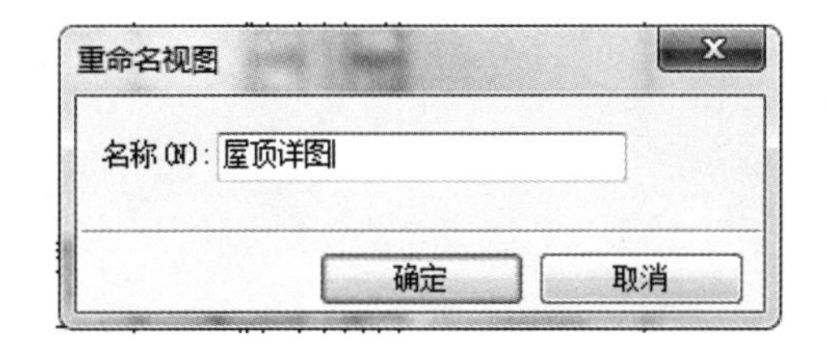

图　13-24

5）打开【屋顶详图】视图，在视图底部的【视图控制栏】中，进行以下设置：

① 将【详细程度】设置为【精细】。

② 将【视图比例】设置为【1∶10】。

③ 将【视觉样式】设置为【隐藏线】，如图 13-25 所示。

6）选择裁剪视图边界。蓝色高亮的虚线视图裁剪范围会出现于视图裁剪框的周围，如图 13-26 所示。

注意：蓝色的内部框是模型裁剪区域，实际上是该视图的可见区域，且蓝色的外部虚线框为注释裁剪区域，任何接触该框的注释在视图中均不可见。

7）在练习期间可能需要拖动该模型的标签及注释裁剪边界以确保正确包含任何尺寸、标签或文本。可能还需要延伸裁剪区域的底部以包括由绿色虚线构成的参考平面。

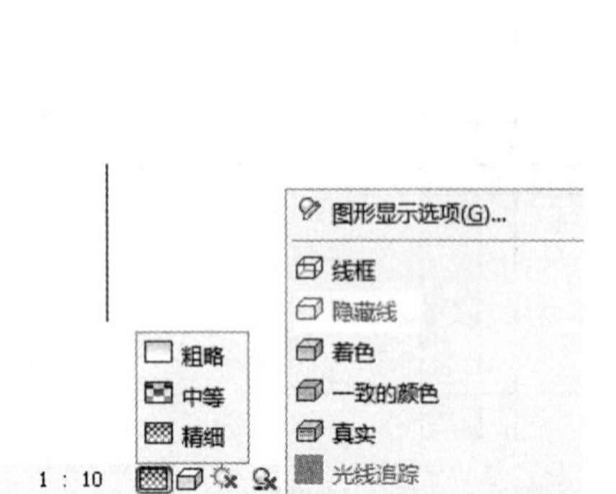

图 13-25

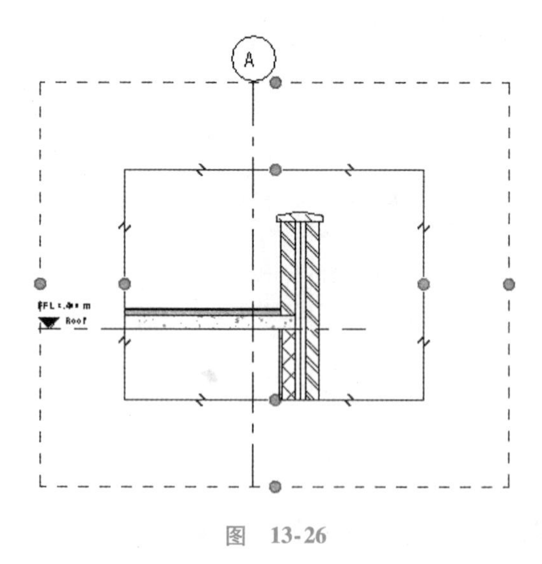

图 13-26

13.4.2 创建重复详图

1）在【注释】选项卡下的【详图】面板中，选择【构件】下拉菜单中的【重复详图构件】，如图 13-27 所示。

2）在【属性】面板中的类型选择器内，将详图类型重复详图定义为【Mortar Joint-Brick Section】（图 13-28）。在墙体核心边界左侧绘制一条路径，从参照平面线一直到女儿墙压顶下面，和屋顶板上方的砖面层到女儿墙压顶下面的位置绘制重复详图构件，如图 13-29 所示。**注意：**调整图 13-29 中的裁剪视图范围框，确保标高线下方的绿色参照平面线露出。

3）在【属性】面板中的类型选择器内，将详图类型更改为【Mortar Joint-Block Section】（图 13-30）并添加砌块层数，从参考平面线向上直到屋顶板的下面，如图 13-31 所示。

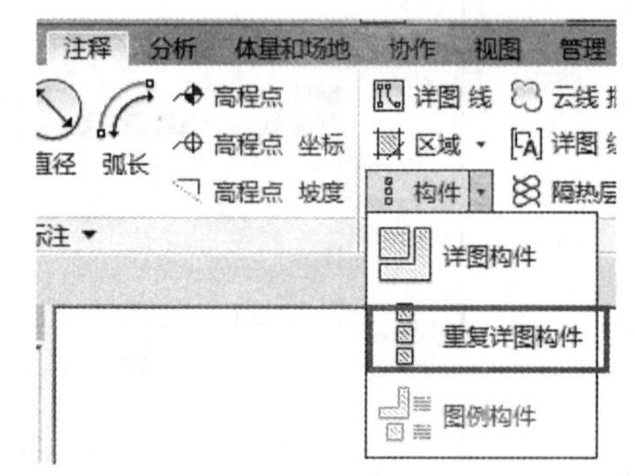

图 13-27

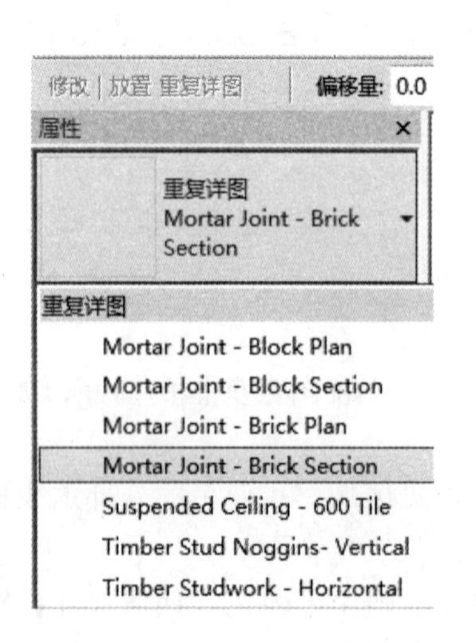

图 13-28

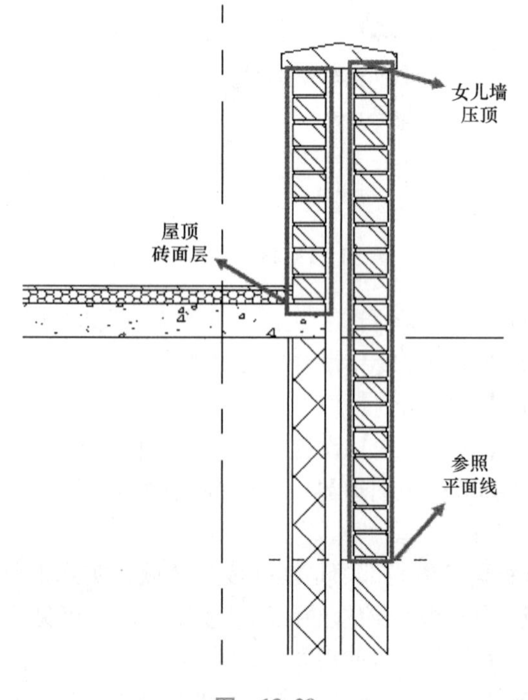

图 13-29

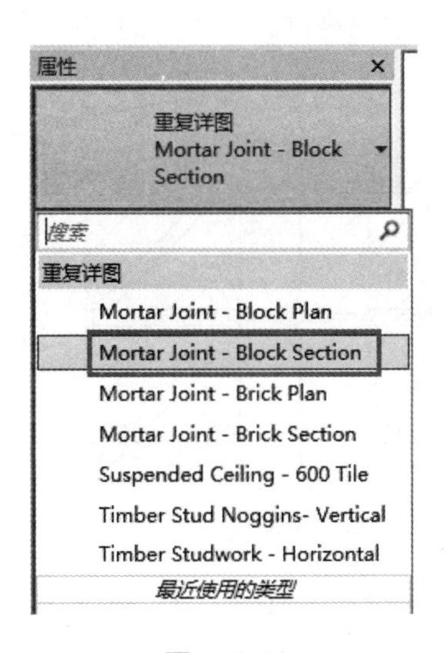

图　13-30

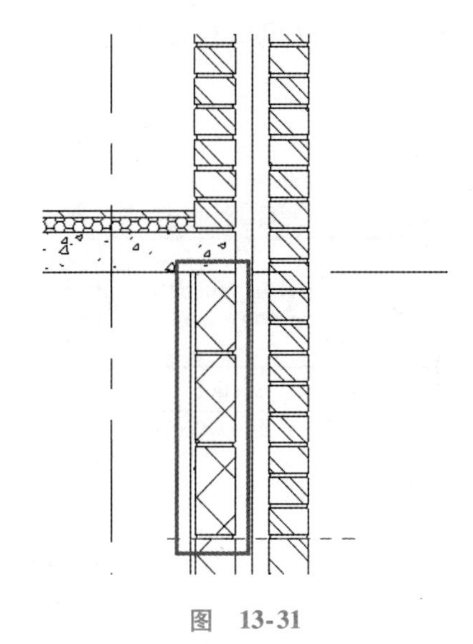

图　13-31

13.4.3 创建详图构件

1）在【注释】选项卡下【详图】面板中选择【构件】下拉菜单中的【详图构件】（图13-32），并将构件类型设置为【DC-Mortar Joint 10mm Block Mortar】，如图13-33所示。

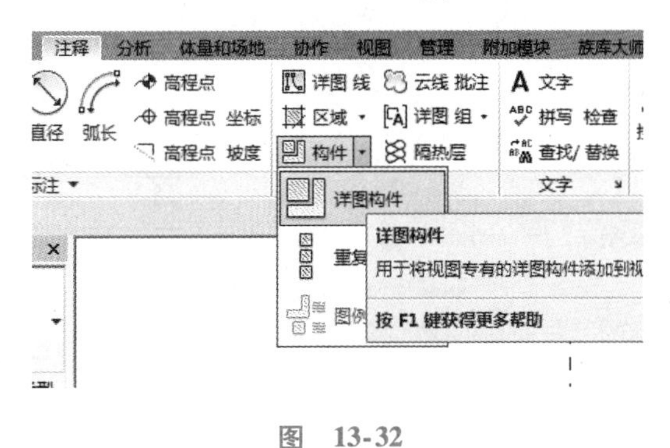

图　13-32

2）将详图构件放置于砌块砖的顶部（屋顶之下），如图13-34所示。

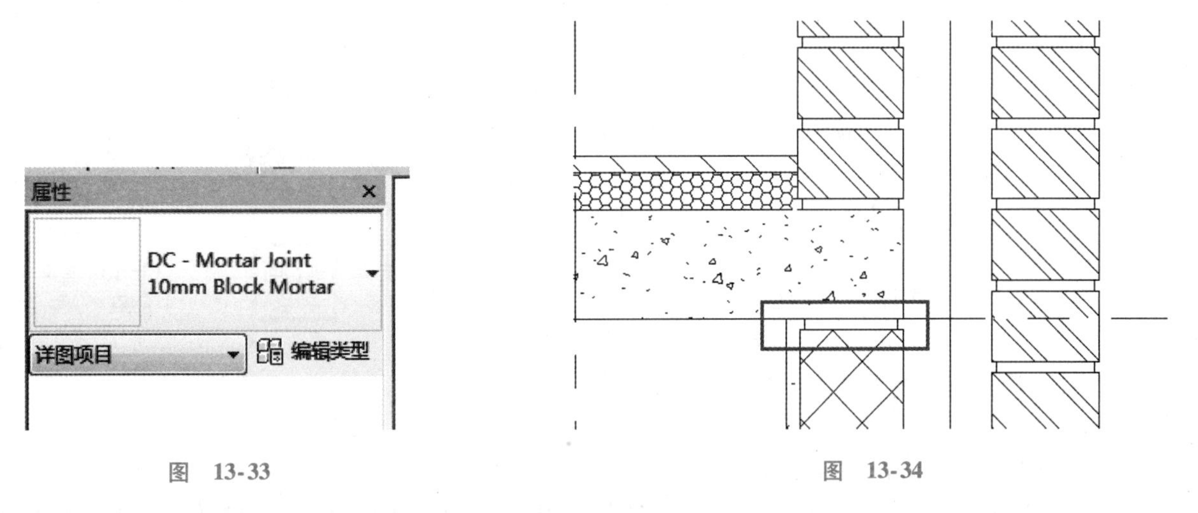

图　13-33　　　　图　13-34

3）在【属性】面板中的类型选择器内，将构件类型更改为【Dbl Tri Wall tie-Section】，如图13-35所示。

4）将图元放置于如图 13-36 所示的位置上。使用双向箭头或按空格键旋转图元的方向。

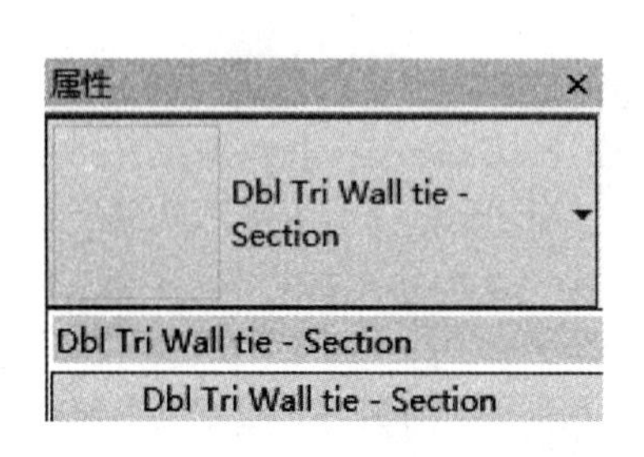

图 13-35

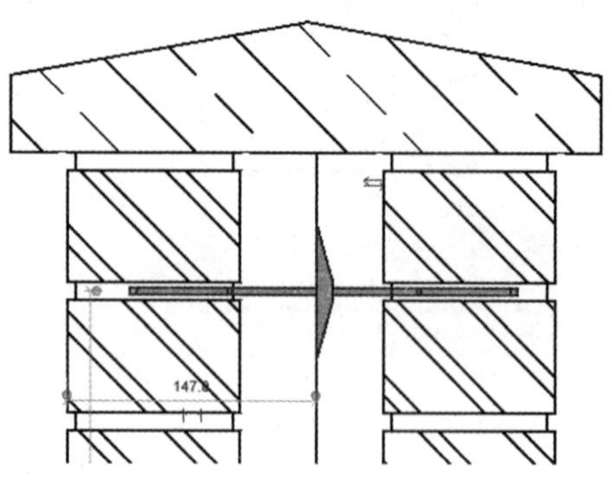

图 13-36

5）保证刚放置的图元为选中状态，在【修改/详图项目】选项卡下【修改】面板中，选择【复制】，如图 13-37 所示。分别垂直向下复制，距离为“450”和“900”，如图 13-38 所示。

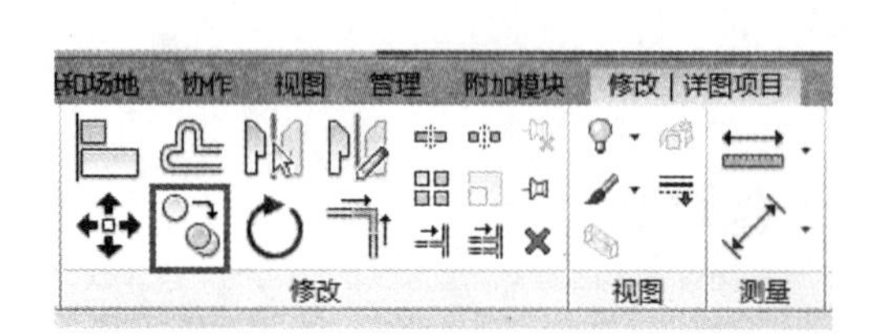

图 13-37

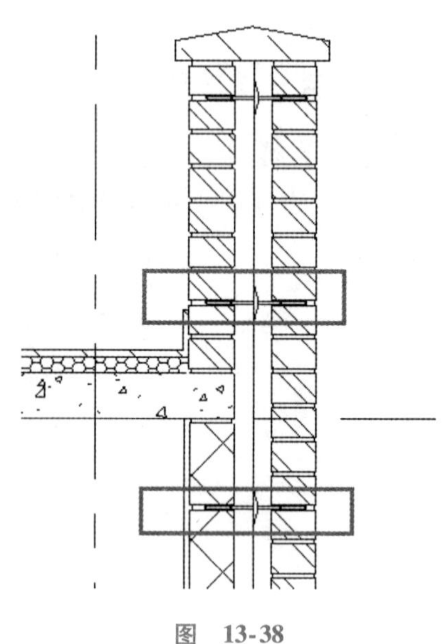

图 13-38

13.4.4 剖切面工具

使用【剖切面轮廓】可以修改在视图中剖切的图元的形状，例如屋顶、楼板、墙和复合结构的层。可以在平面视图、天花板平面视图和剖面视图中使用该工具。对轮廓所做的修改是视图专有的，也就是说，图元的三维几何图形以及在其他视图中的外观不会随之改变。

在下面练习中，将在屋顶结构的顶层绘制防水卷边。

1）在【视图】选项卡下【图形】面板中，选择【剖切面 轮廓】，如图 13-39 示。

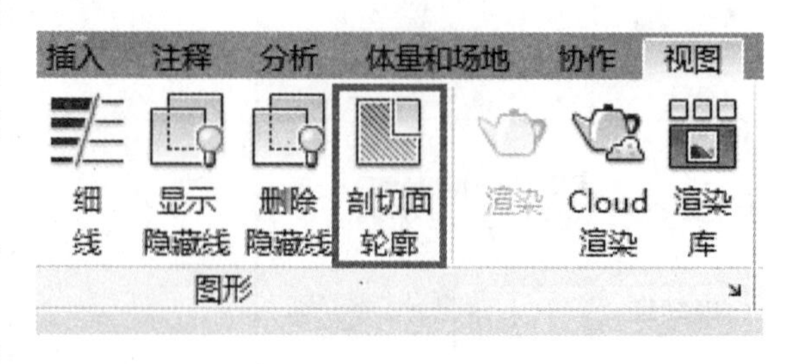

图 13-39

2）选中屋顶板最顶层，然后进入绘制草图环境。

3）如图 13-40 所示，绘制 90mm × 15mm 的支架，确保草图线条的起点和终点均位于该层的橙色边界线上，蓝色箭头指向该形状。

4）单击【完成编辑模式】，生成防水卷边，如图 13-41 所示。

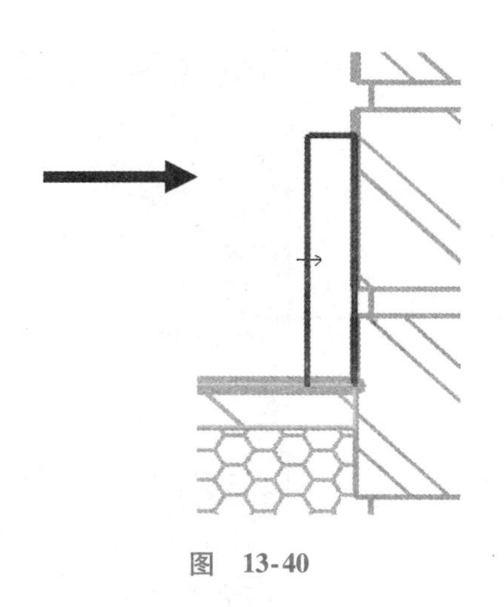

图　13-40

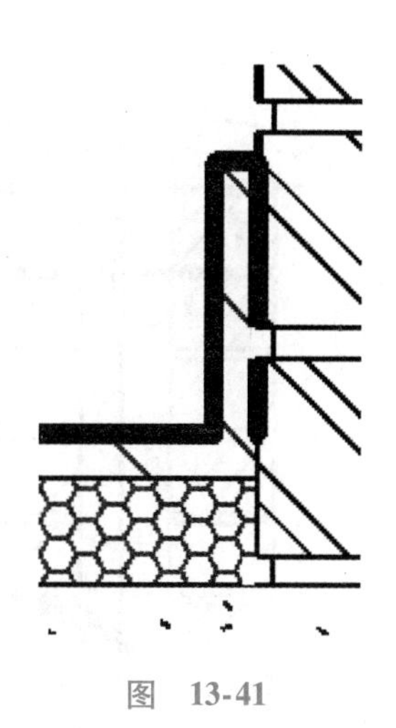

图　13-41

13.4.5　绘制详图线

首先使用现有的线条样式来绘制防水层（DPC）。

1）在【注释】选项卡下【详图】面板中选择【详图 线】，如图 13-42 所示。

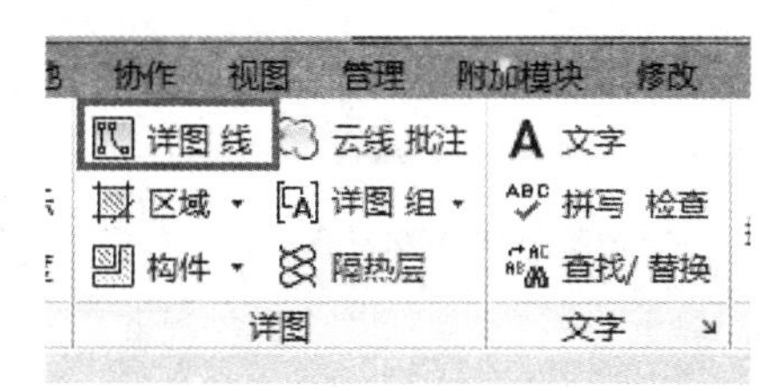

图　13-42

2）在【线样式】面板中，选择线条样式【AEC_10-DPC】，如图 13-43 所示。

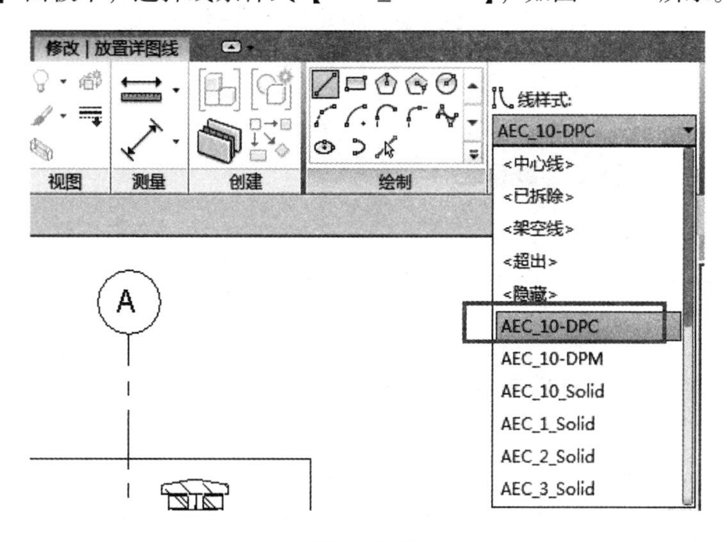

图　13-43

3）在房檐下方绘制 DPC 防水层和在平板支架上方绘制 DPC 防水层，如图 13-44 所示。

4）下面将定义一个新的线条样式来绘制防水从上方的排水孔。在【管理】选项卡下【设置】面板中，选择【其他设置】下拉菜单中的【线样式】（图 13-45），打开【线样式】对话框。

5）单击【线样式】对话框中的【新建】，创建一个新的子目录并将其重命名为【New_4_Dash-3mm】，单击【确定】按钮，如图 13-46 所示。

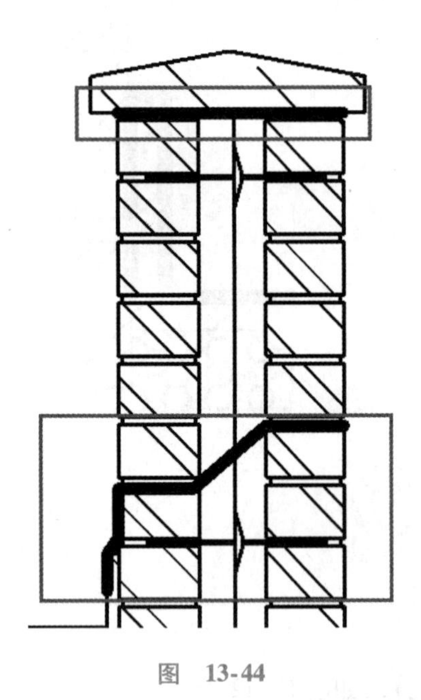

图 13-44

图 13-45

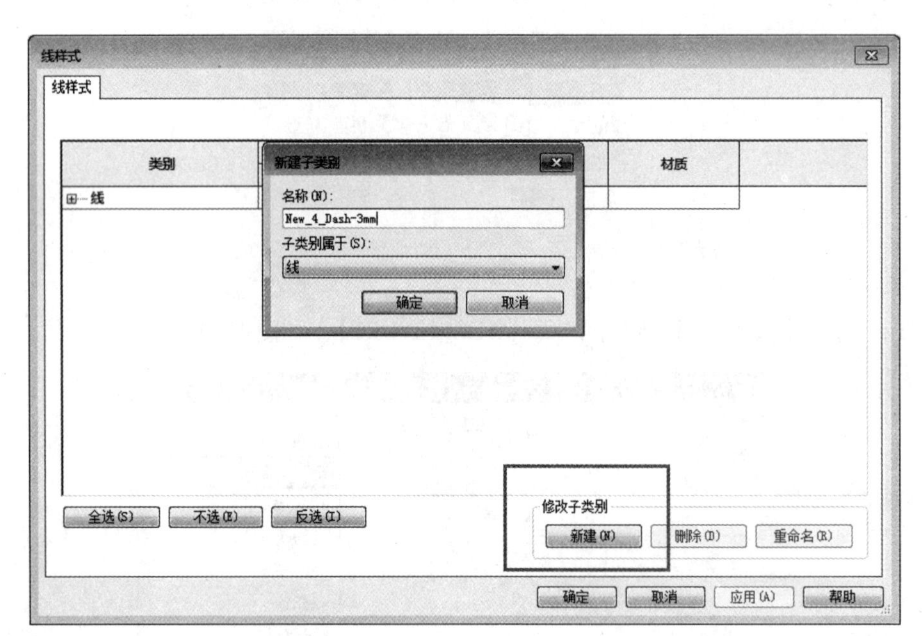

图 13-46

6）为新创建的线条样式设置参数属性。

①【线宽投影】为【4】。

②【线颜色】为【黑色】。

③【线型图案】为【AEC_Dash 3mm】，如图 13-47 所示。

New_4_Dash-3mm	4	黑色	AEC_Dash 3mm

图 13-47

7）单击【确定】按钮，关闭对话框。

8）在【注释】选项卡下，选择【详图线】，在【线样式】对话框中选择新创建的线条样式（图 13-48）绘制一个排水孔线条，直接穿过防水板上方的砖块，如图 13-49 所示。

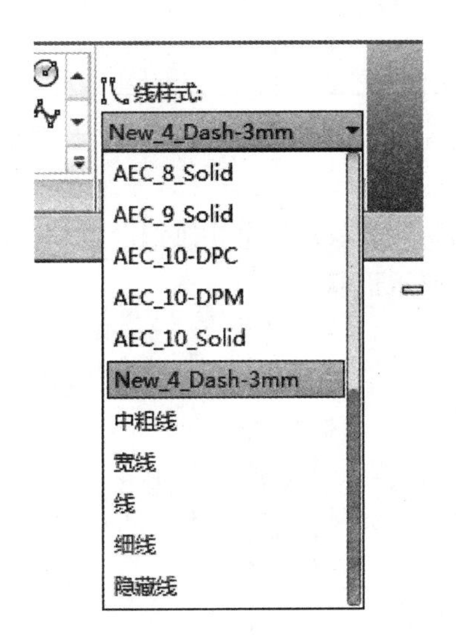

图　13-48

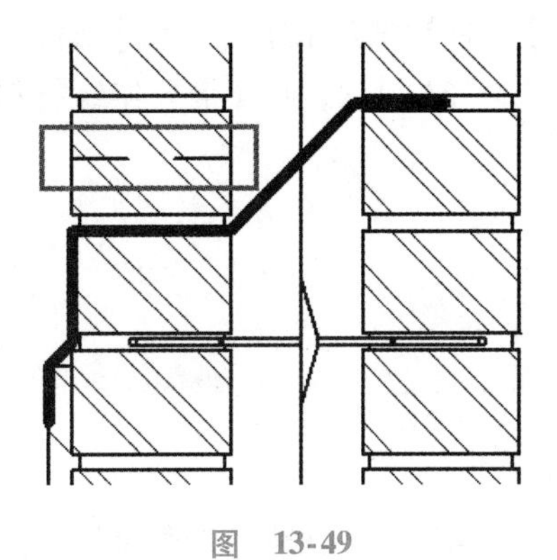

图　13-49

13.4.6 添加隔热层

1）在【注释】选项卡下【详图】面板中，选择【隔热层】，如图 13-50 所示。

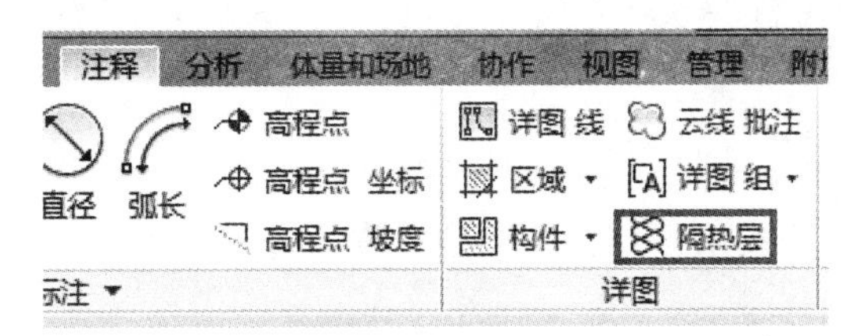

图　13-50

2）在选项栏上，将宽度设置为【45.0】mm，并放置于【到近边】，如图 13-51 所示。

3）在墙体中绘制一条隔热层，位置如图 13-52 所示。

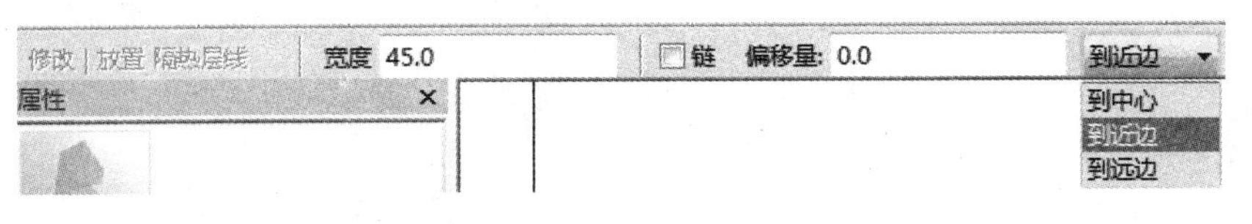

图　13-51

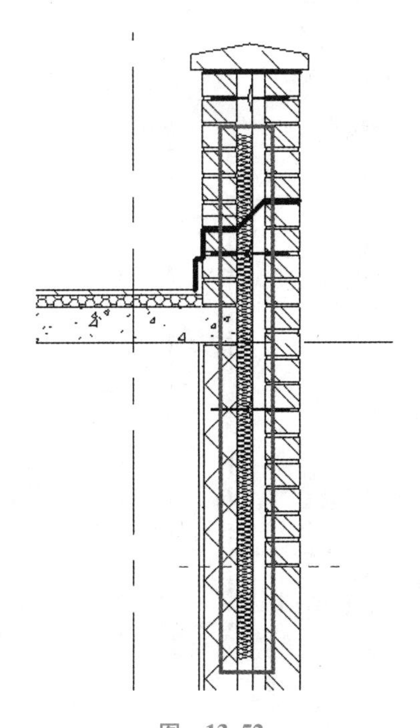

图　13-52

13.4.7 遮罩区域

绝缘层线条需要止于 DPC-防水层线条的下方，但该工具无法制作倾斜的顶部，因此我们需要使用【遮罩区域】工具遮罩顶部。

1）在【注释】选项卡下【详图】面板中，选择【区域】下拉菜单中的【遮罩区域】（图 13-53）。

2）如图 13-54 所示，在不需要绝缘材料的区域绘制一个遮罩形状。

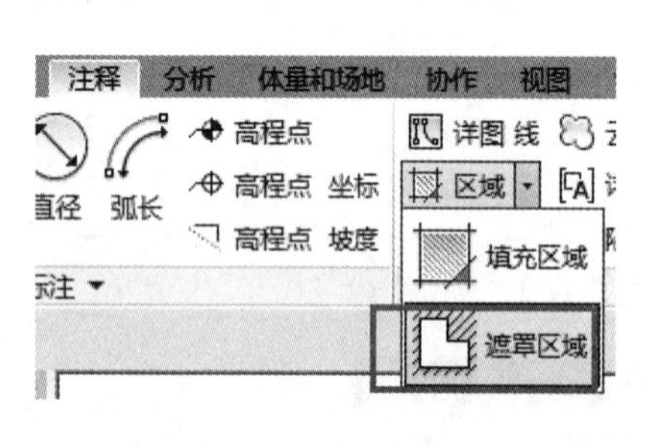

图 13-53

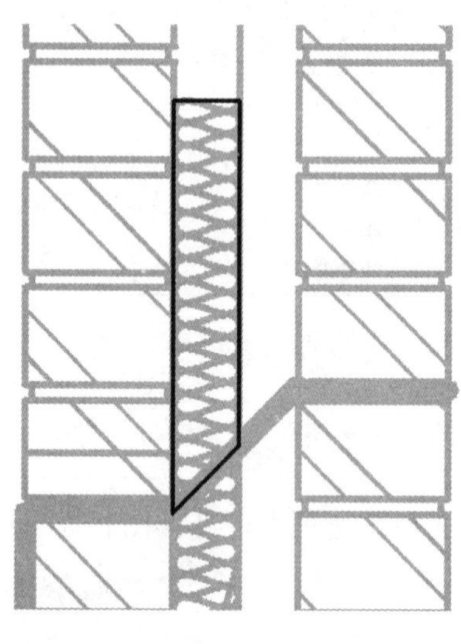

图 13-54

3）选择该形状的顶部和底部线条，并将线类型更改为【<不可见线>】，如图 13-55 所示。

4）单击【完成编辑模式】。

5）选中隔热层，在【修改】选项卡下【排列】面板中，选择【放到最后】下拉菜单中的【放到最后】，将其遮罩区域隐藏，如图 13-56 所示。

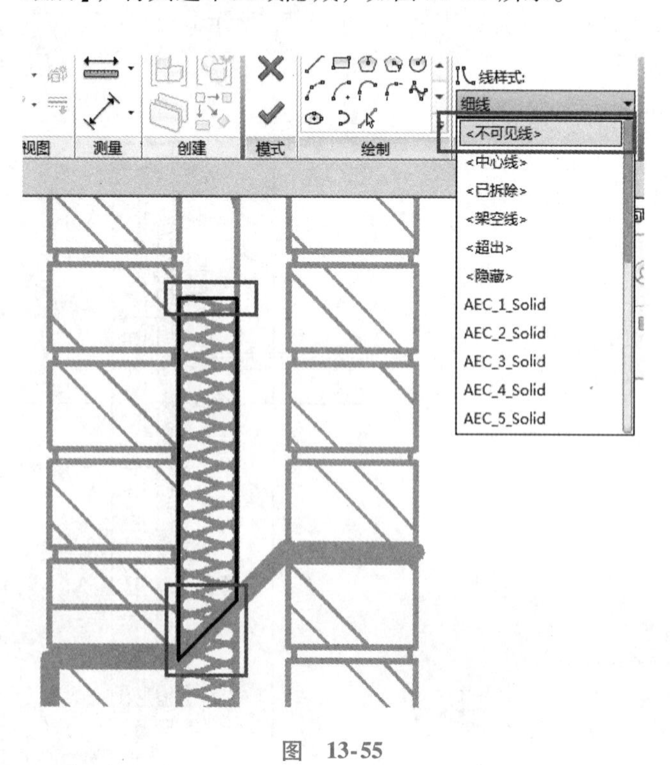

图 13-55

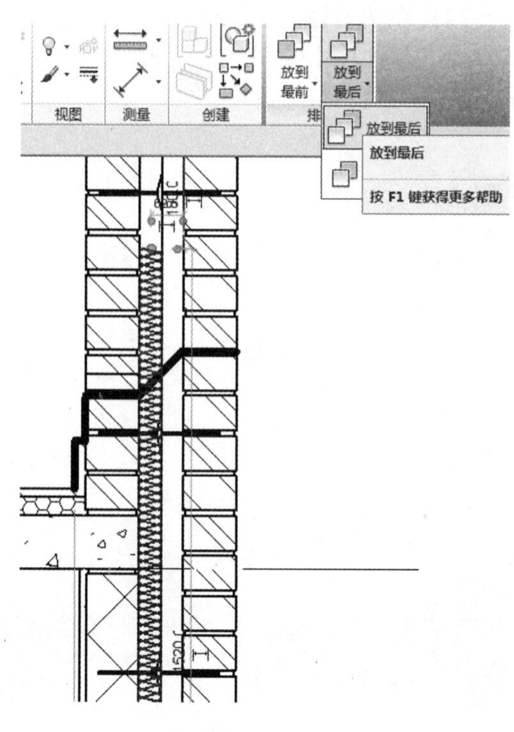

图 13-56

13.4.8 注释

1）在【注释】选项卡下【尺寸标注】面板中，选择【对齐】，如图 13-57 所示。

2）在如图 13-58 所示的位置处进行尺寸标注。

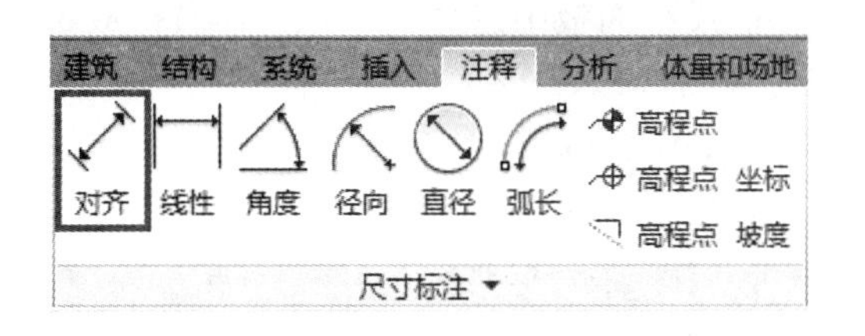

图 13-57

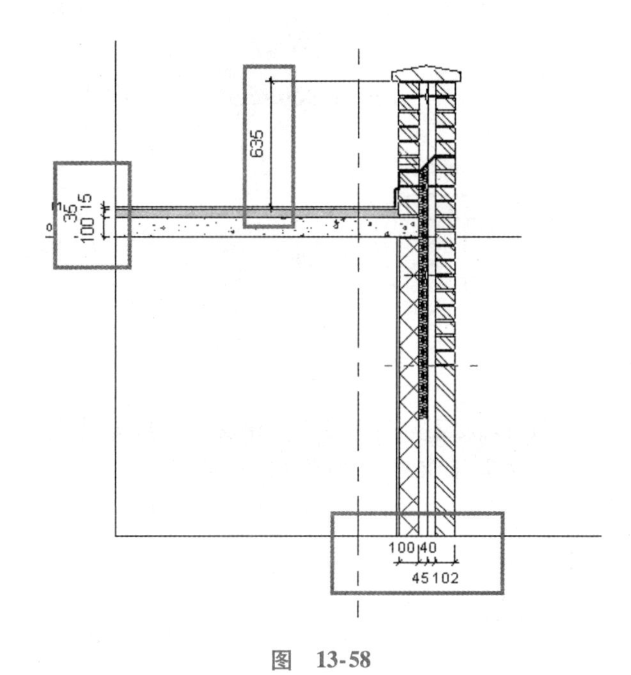

图 13-58

3）在【注释】选项卡下【标记】面板中，选择【注释记号】下拉菜单中的【材质注释记号】，如图 13-59 所示。

4）在如图 13-60 所示的位置上，进行材质注释。

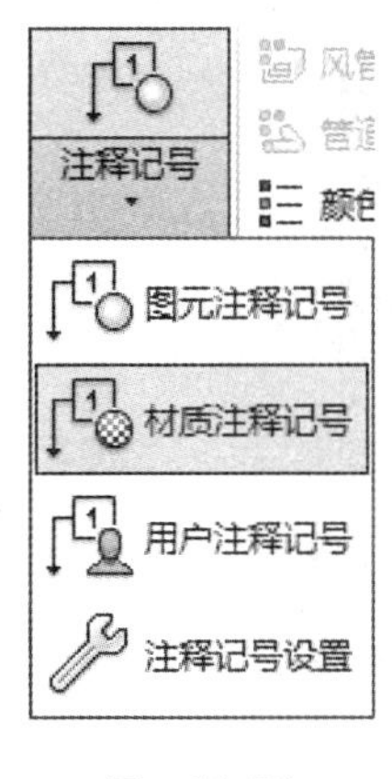

图 13-59

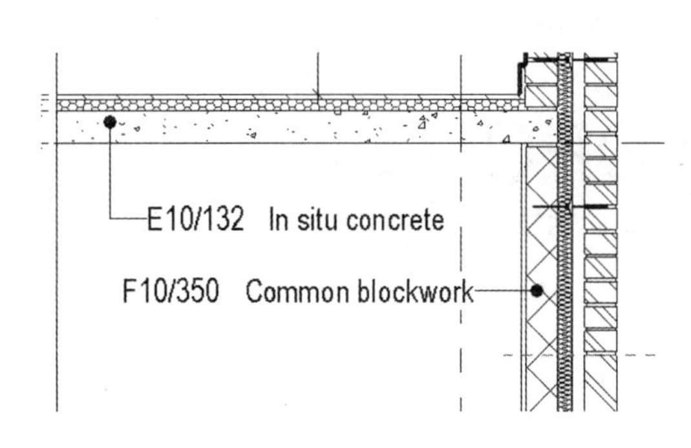

图 13-60

5）在【注释】选项卡下【标记】面板中，选择【材质 标记】，如图 13-61 所示。

6）选择砖墙的外侧并放置其标记，如图 13-62 所示。

图 13-61

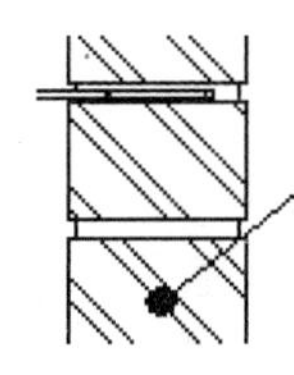

图 13-62

7）在【注释】选项卡下【标记】面板中，选择【多 类别】。在如图 13-63 所示的位置上，标记图元。

8）在【注释】选项卡下【文字】面板中，选择【文字】，如图 13-64 所示。

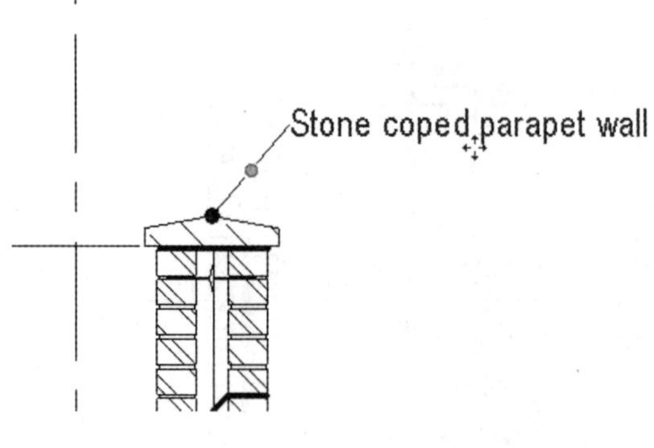

图 13-63

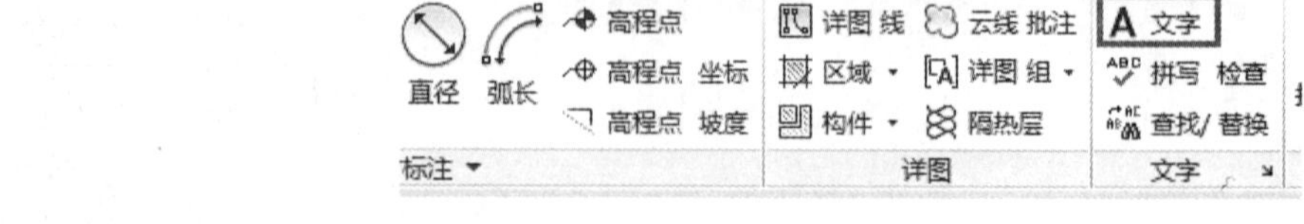

图 13-64

9）确保【类型选择器】中文字类型为【文字 3mm】，在【格式】面板中选择【一段 引线】，放置并输入文字【DPC】，如图 13-65 所示。

10）最终完成注释操作的效果，如图 13-66 所示。

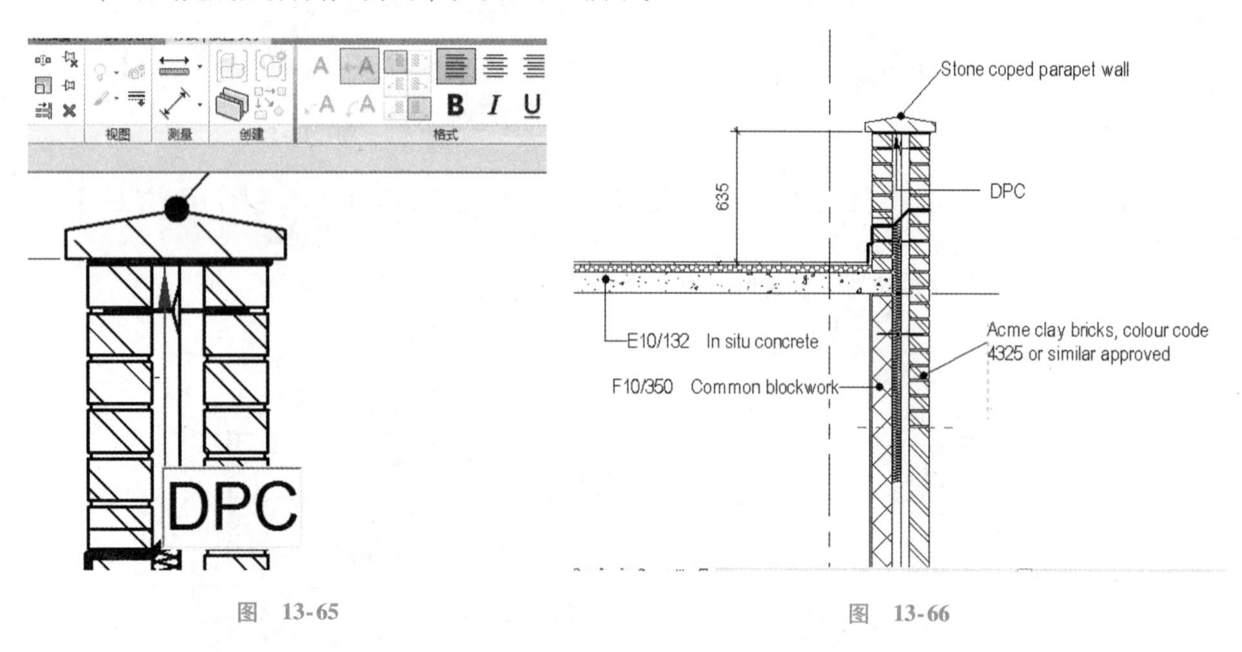

图 13-65

图 13-66

11）在【视图控制栏】中，选择【隐藏裁剪区域】（图 13-67），完成本单元练习。

图 13-67

单元 14
建明细表和图例

单元概述

BIM 集成的信息通过图解的方式呈现和控制，表现为平面图、剖面图、立面图、透视图等多种形式，或表现为明细表中的信息。几乎任何种类的图元都能在 Revit 中量化。本单元将学习如何列出构件的明细表和管理 BIM 中的非图示信息，并学习创建图例的知识。

单元目标

1. 认识明细表与视图的关联特性。
2. 学习创建和调整明细表。
3. 了解明细表发布到图纸时的设置要点。
4. 学习创建图例。

14.1 创建明细表

除少数构件外，所有类别的构件都可以用 Revit 中的明细表功能（图 14-1）在表格式的报告中量化。这些明细表都表明了 Revit 信息的双向关联性，即不论视图信息还是明细表信息修改，与其相对应的信息也会随之修改，因此明细表不仅可用于表示信息，还可用于编辑和控制信息。虽然在固定分类方面还存在一些限制，在真正定制最终报告方面也有一些局限，但这个工具极其强大，也常常是吸引用户转而使用 Revit 的有力优势。

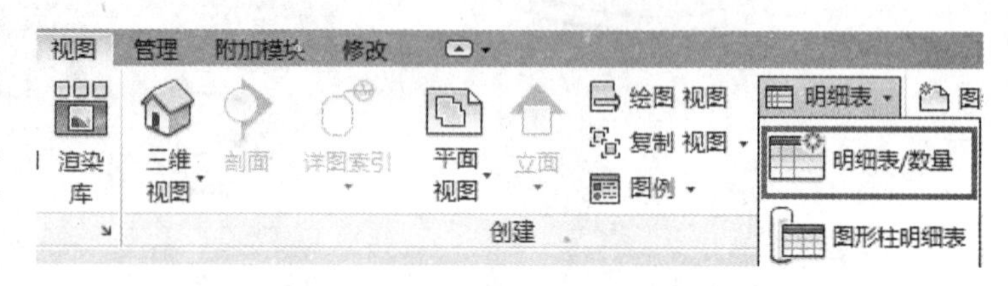

图 14-1

在 Revit 中创建的明细表可分为以下两类（图 14-2）。

1）【建筑构件明细表】：对模型内已有的图元进行计数，这种明细表只提供与每一构件相关的图元数据的一个窗口。

2）【明细表关键字】：有效定义一个类型明细表，以协助数据输入。这类明细表起初是空白的，为用户提供一个输入仍未与物体相联系的元数据的方式。然后，可以通过将一个构件与关键字明细表内一个已命名的类型相联系，将这些信息单独或整体地应用至构件中。

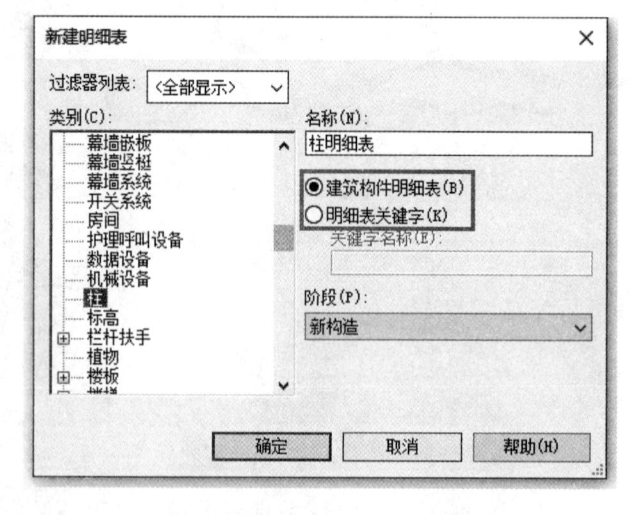

图 14-2

通常，明细表只限于在与某个特定构件类别有关的字段内上报信息。多类别的明细表上报的信息是各不同类别的构件所共有的，但在应用方面有局限性，主要是因为共有的特征比较少。例如不能在同一张图表中查看各类别所有材质的总重量和总长度，这就意味着不能生成一张表明整个项目所用钢总重量的明细表，因为柱子和梁分属不同的类别。不过，可以将数学公式用于 Revit 提供的自动化数字进行数据推断。

在【明细表属性】对话框（图 14-3）中可以对【字段】等进行设置和调整，以达到设计需求。在【字段】设置中可以对需要的字段进行添加或者删除，也可以新建所需的参数，【字段】的顺序可以通过上移或者下移进行调整，以满足需求。生成的明细表数据可按【可用的字段】中所定义的任何标准进行过滤，排序或成组，要这样做，明细表设置中必须包括字段，但是如果不要求在最终输出时显示某一字段下的数值，可以隐藏该列字段。例如，可以生成一个家具明细表，经过过滤，只显示底层的物品；也可以生成一个柱子明细表，只显示一段规定长度内的图元。

在生成明细表后，可以在【属性】面板（图 14-4）中随时对其调整，这也方便了不同设计需要的及时调整。

图 14-3

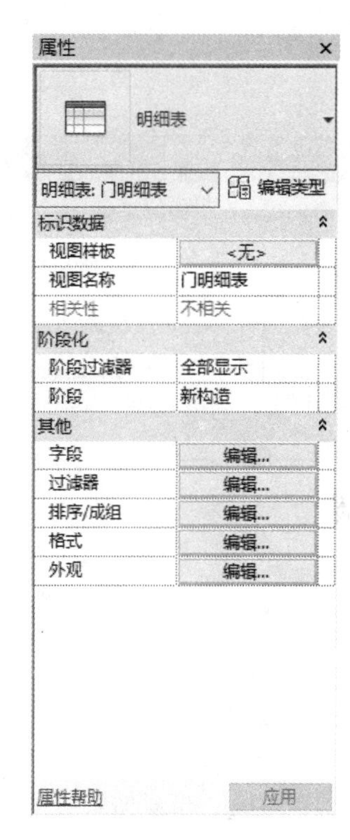

图 14-4

明细表的信息以列进行统计表达，当然如果需要的话也可以将不同的列进行【成组】，使其满足发布的需要，如图 14-5 所示。

可以为构件附加图像（图 14-6），图示可为实例图像（针对每一个构件都不一样）或类型图像（在所有相似物品中通用）。这一图像可在明细表中引出，呈现为缩略预览图、标志或其他形式的图示。值得注意的是，这些图像需要在族编辑器中才可应用，而不能通过明细表甚至是项目图元的属性加以应用。另外，该图像是计算机捕获的图示，而不是实际图元的视图，其优点是可以选取而不必指定，但缺点是需要手动操作创建图像并加以应用。

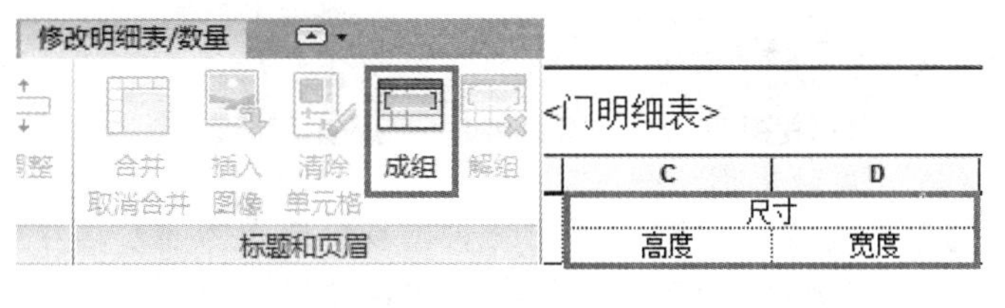

图 14-5

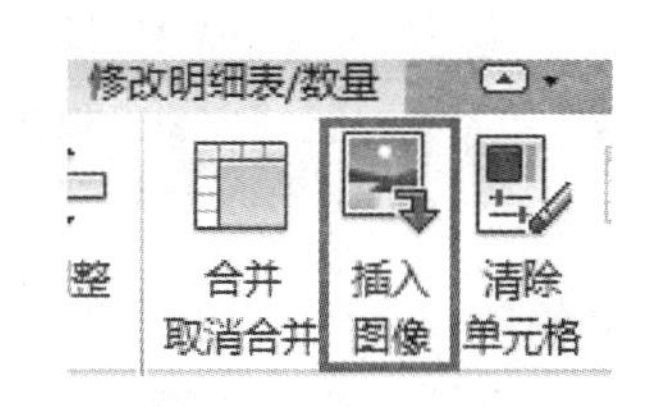

图 14-6

一旦明细表放置在图纸中以待发布，就会出现某些符号（图 14-7）。这些符号使我们能对数据进行操作，使其符合页面大小，并适合格式美观的要求。明细表调整符号的作用见表 14-1。

贸然宣称明细表能百分之百地与其他模型视图协调，可能会引发一些用户的错误理解或不良使用习惯。CAD 的工作流程是在待发布图纸上画出建筑的某一方位图，这一点在 Revit 中并没有，导致的结

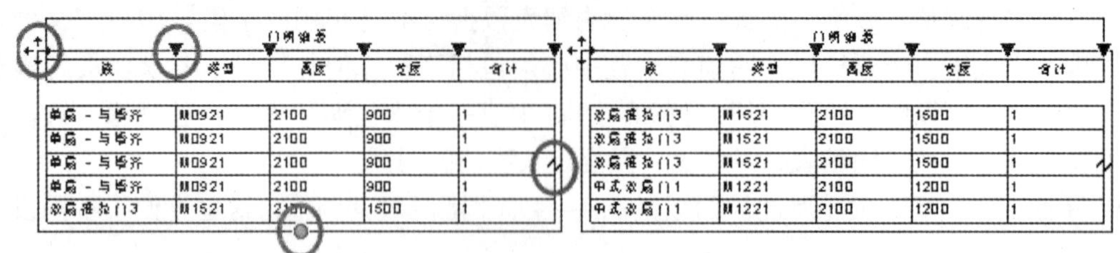

图 14-7

表 14-1 明细表调整符号的作用

符 号	作 用
(调整列宽符号)	通过左右移动，可以调整各列的宽度。字段中的文字会自动调整，每一行也会依据内容进行相应调整，所以调整各列宽度经常会改变明细表的长度
(拆分符号)	单击这个符号，可以将明细表拆分。明细表可以多次拆分，以优化其在一张图纸上的布局，也可以分布在多张图纸中
(行数调整符号)	通过上下移动，可以调整每一个拆分部分所包含的行数，分配拆分后明细表的行数布局
(移动符号)	如果对明细表进行了错误的拆分，或者不再需要进一步拆分了，可以借助这个符号，将一个拆分部分拖曳至另一个拆分部分处，对其再次合并。也可以用这个符号调整每个拆分部分在页面中的位置

果是计数时把本不该算在内的图元也算上了，明细表也因此不准确。一个要避免的不良使用习惯就是在不阅读警告信息的情况下贸然进行删除操作（这些警告在模型建立和操作过程中可能出现，且容易被用户忽略，虽然所有软件在使用过程中都可能出现，但在 Revit 中尤为突出）。这些警告可以随时复查和处理，而且理应在从 BIM 中输出或发布任何信息之前就加以处理。

虽然 Revit 的创建明细表功能非常强大，但也无法涵盖所有可能的环境。Revit 也不总是储存所有项目相关信息的最佳场所。可以利用明细表准备好已收集的信息，然后把信息输出至 Excel 等工具，使数据得以更好地分析和控制，便于数据以特定格式传输。但需要注意的是，这一过程打破了明细表和模型之间的协调，需要对工作流程进行人工管理以确保数据的变化在所有环节都得到准确的传输和反映。

需要强调的是，在明细表视图中，键盘快捷键将不起作用，如果使用，明细表中就会出现包含随机两字母缩写的单元格，为其他项目参与方的理解带来阻碍。

14.2 创建图例

图例的创建（图 14-8）是一个比较简单的过程，图例伴随明细表出现，以符号表示表中的项目，而不是在表中插入相关图像。作为一种选择，图例非常实用，是图纸中可视符号图示化的关键。

可以通过以下几种方式添加图例：

1）在【注释】选项卡下【详图】面板中，选择【构件】下拉菜单中的【图例构件】（图 14-9）。这种方法中，图元族和类型是在任务栏下拉菜单中选择的，其中包括所有载入至项目中的系统族和可载入族（详见族讲解单元）。设置完所要添加的物体以后，如果有多个方向可选，可以选择视图方向，如图 14-10 所示。【主体长度】有的作用取决于所选的构件类型。

图　14-8

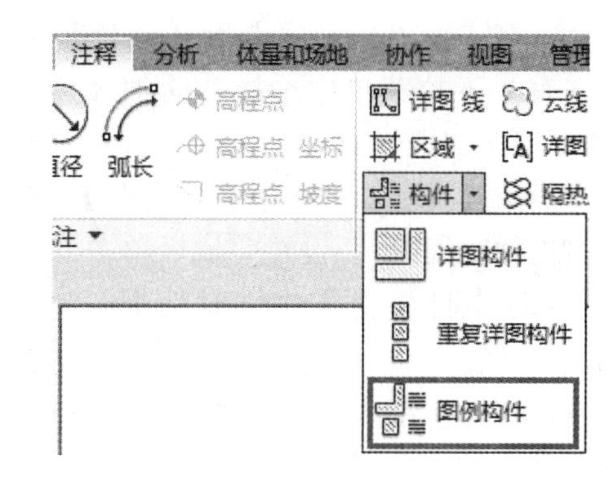

图　14-9

① 对于系统族，比如墙、地板和天花板，主体长度决定样板长度。

② 把可载入族插入至系统族中时（比如把门插入墙中），视图中将包括墙这一主体的长度，以提供背景参考，而且主体长度应该总是大于构件的宽度。

③ 幕墙嵌板会根据所给予的空间自动调整大小，所以一般不能脱离背景进行查看。在图例视图中，幕墙嵌板总呈现为方形，主体长度决定了方形的大小，比例不对就会出现问题。

2）从【项目浏览器】的【族】部分选择某个构件类型，将其拖曳至图例中，如图 14-11 所示。

图　14-10

图　14-11

图例和明细表不同，它和建筑模型毫不相关，却相当于保存在 BIM 文件夹中用于储存信息的一张单独的纸。图例上某一项目的有无并不代表该项目是否在模型中得到使用。图例与明细表的另外一个不同点是该视图不局限于某一类别的构件，而能够呈现出已载入项目文件中的任何构件的简单视图，不管是像门窗一样的可载入族，像“指北针”一样的符号，还是像一小段墙或地板截面的系统族。

图例的外观和布局并非自动生成的，而是提供一张白纸，我们可以把构件的缩略图拖曳至纸上，然后添加各种文字或边线，为发布做准备。值得一提的是，有些第三方工具确实在某种程度上实现了自动化图例的创建和调整，但本单元将不会展开讨论。

14.3 单元练习

自动创建明细表是 Revit 软件的一个强大的功能，接下来的练习将学习对模型中图元进行量化的一些操作，让读者认识如何对所含信息加以控制以及如何将信息在明细表中呈现。读者将对模型内容稍作修改，观察已生成的明细表将如何变化，同时也对明细表进行修改，观察模型本身又将如何变化，以达到理解明细表信息和视图信息双向关联性的特点。

14.3.1 创建明细表

1）打开起始文件 WFP-RA2015-14-SchedulesA. rvt。

2）在【视图】选项卡下【创建】面板中的【明细表】下拉菜单中选择【明细表/数量】，打开【新建明细表】对话框。

3）在【类别】列表中选择【门】，确保选中【建筑构件明细表】，设置完成后单击【确定】按钮以启动【明细表属性】对话框，如图 14-12 所示。

4）在【明细表属性】对话框中添加以下字段：合计、说明、族与类型、防火等级、高度、制造商、标记、类型、类型注释、类型图像及宽度，如图 14-13 所示。

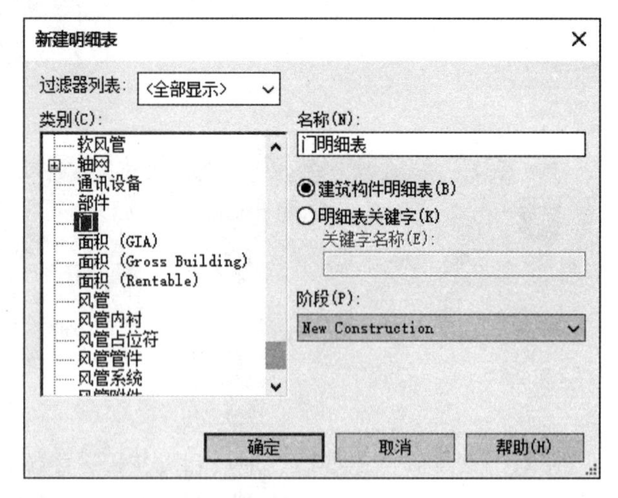

图 14-12

5）在【选择可用的字段】下拉菜单中选择【从房间】，并从【可用的字段】中【添加】字段【从房间：编号】，然后通过在【选择可用的字段】下拉菜单中选择【到房间】，并从【可用的字段】中【添加】字段【到房间：编号】，以增加新的字段，如图 14-14 所示。

图 14-13

6）单击【确定】按钮以生成这个阶段的明细表。

14.3.2 调整明细表

1）生成明细表后，单击【属性】面板【字段】的【编辑】按钮以启动【明细表属性】对话框，如图 14-15 所示。

2）可以通过【添加参数】或者【删除参数】以增减字段，也可以通过【上移参数】或者【下移

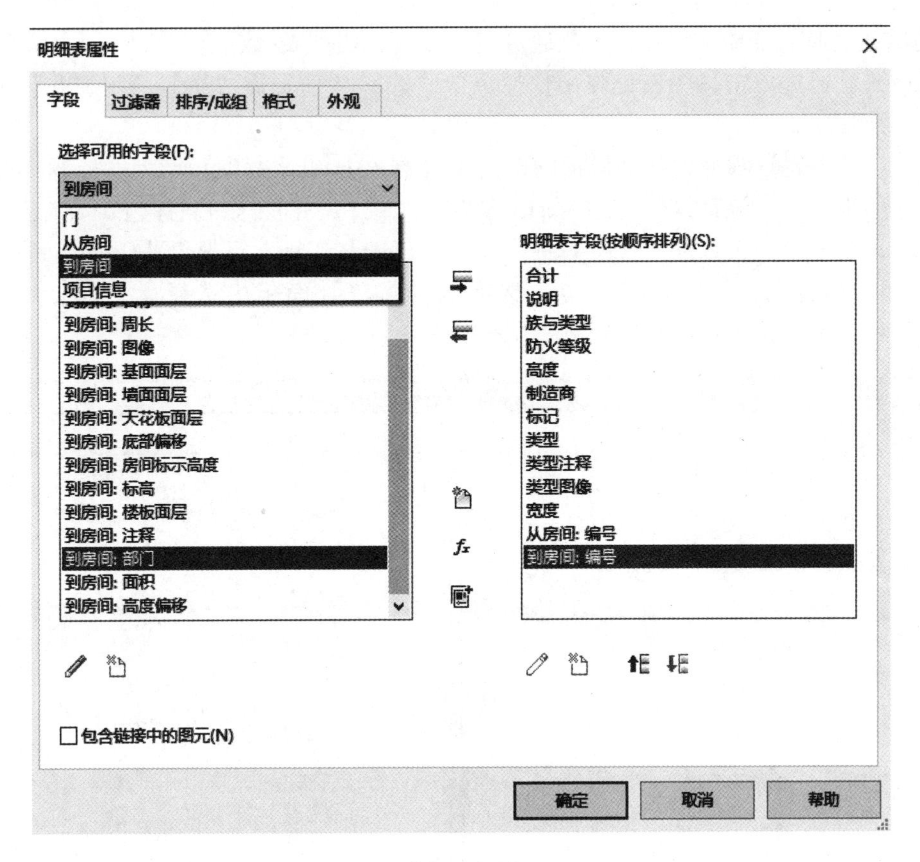

图　14-14

参数】以调整明细表字段顺序，如图 14-16 所示。

图　14-15

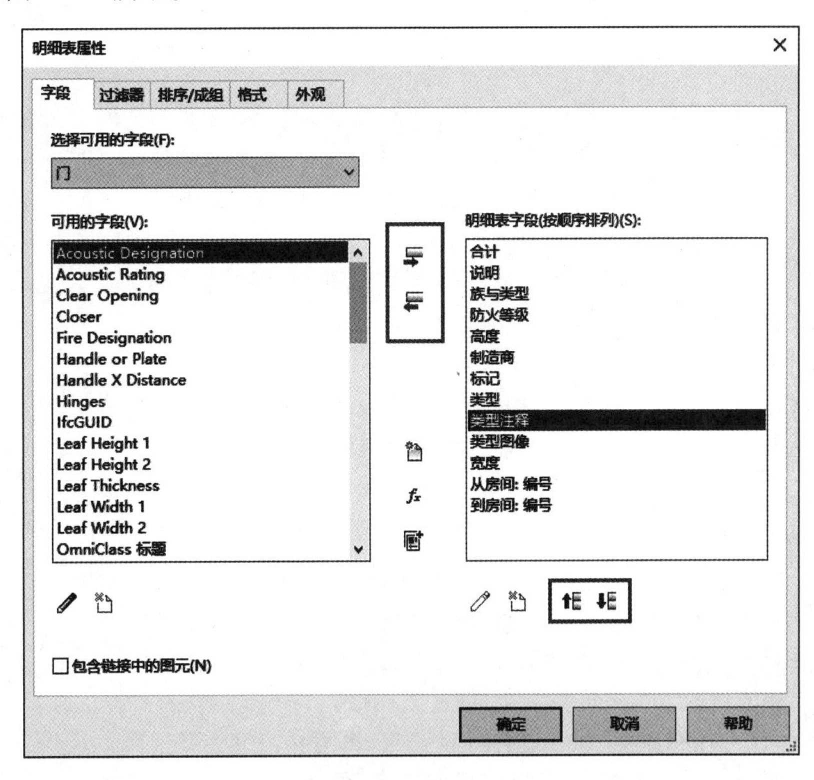

图　14-16

接下来要练习将两个相邻的标题成组，置于一个共同的组标题之下。一旦确定了字段，我们就可

以通过两种方式进行标题成组的操作：一是通过使用【修改明细表/数量】选项卡【标题和页眉】面板中的【成组】；二是通过单击鼠标右键弹出快捷菜单，选择【使页眉成组】。我们以【高度】和【宽度】两列标题为例进行练习。

3）回到【门明细表】界面，拖动鼠标同时选中【高度】和【宽度】两列的标题，然后通过使用【成组】创建新的组标题。最后，在生成的新单元格中输入【尺寸】这一新标题。

4）在【项目浏览器】中打开【楼层平面：Ground Floor】视图，只保留【Ground Floor】和【明细表】视图，关闭其他视图窗口。在【视图】选项卡【窗口】面板中选择【平铺】，使两个视图如图 14-17所示一样排好（两个视图的排列顺序并不重要）。

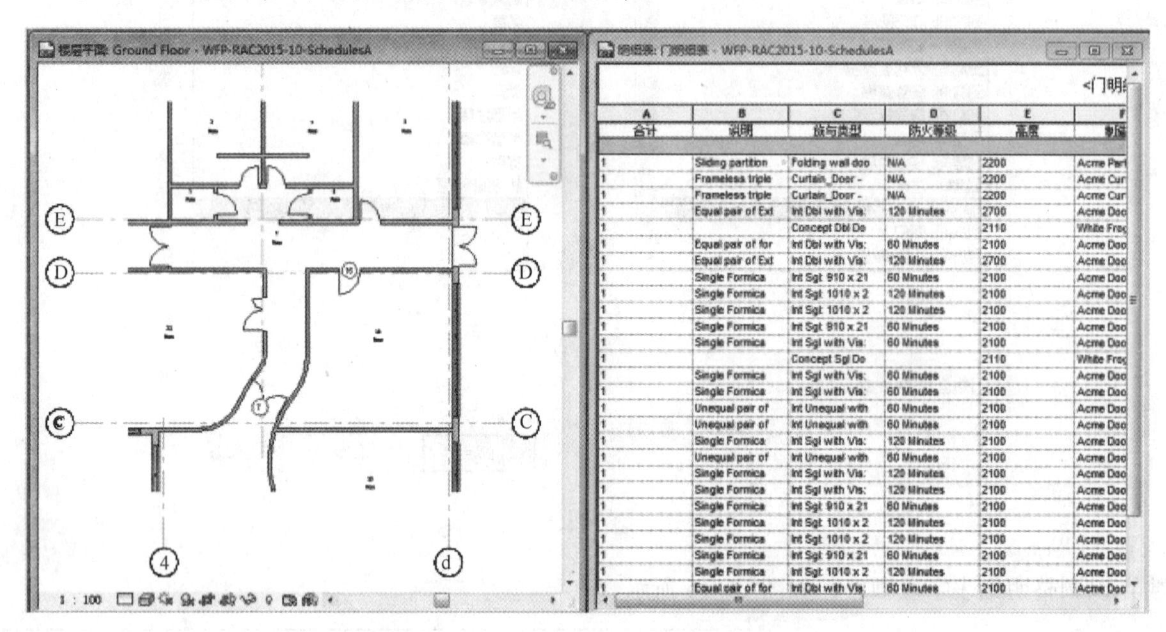

图 14-17

当用户需要编辑图元的属性和对恰当的字段做出评估时，把数据输入到模型中的过程会很费时，这时明细表可以非常有效地缩短时间。如上述步骤一样进行窗口平铺，有助于在明细表中查看讨论的是哪些图元。

在本单元练习的模型中，有两扇未进行具体设置的概念门，这在明细表中可以看到，两扇包含不同数值的门所在的行有留白，或者名称前加了“概念”的前缀。这在明细表中的显示比在绘图中要清晰。那两扇门已经贴上了红色的“门标记”标签。

5）在【楼层平面：Ground Floor】视图中选中门标记为 7 号的双开门。

6）在【属性】面板【类型选择器】中，把门类型改为【Int Dbl with Vis 1810 ×2100mm Double Leaf】（图 14-18）。注意观察明细表，绘图中的变化也会对明细表中的数据做出相应修改。反之亦然，下面我们将看到。

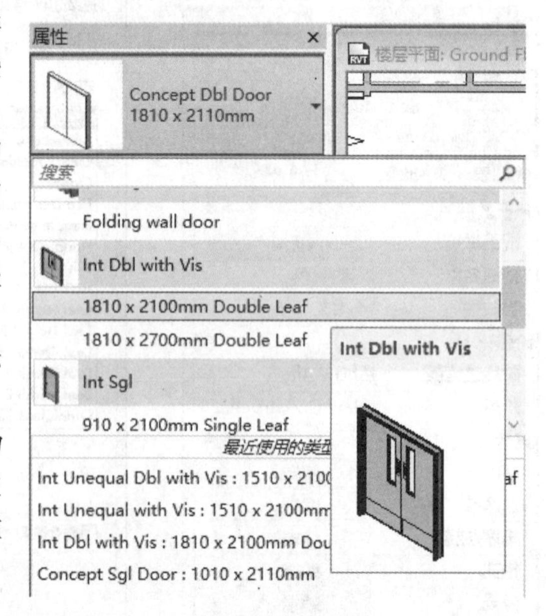

图 14-18

7）在明细表中，选中门标记为 15 号所在的一行，会发现，平面视图中 15 号门呈高亮显示了。

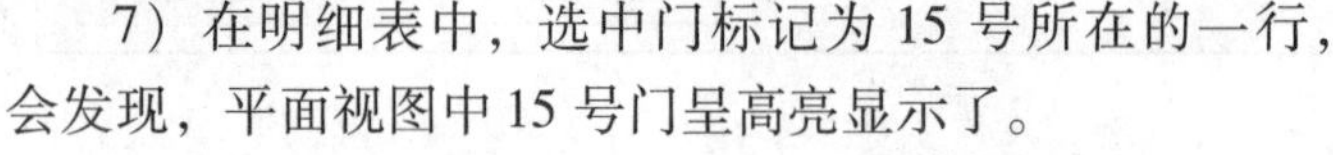

8）在【族与类型】一列，从下拉菜单中选择门类型【Int Sgl with Vis：1010 ×2100mm Single Leaf】，注意平面图的变化，如图 14-19 所示。

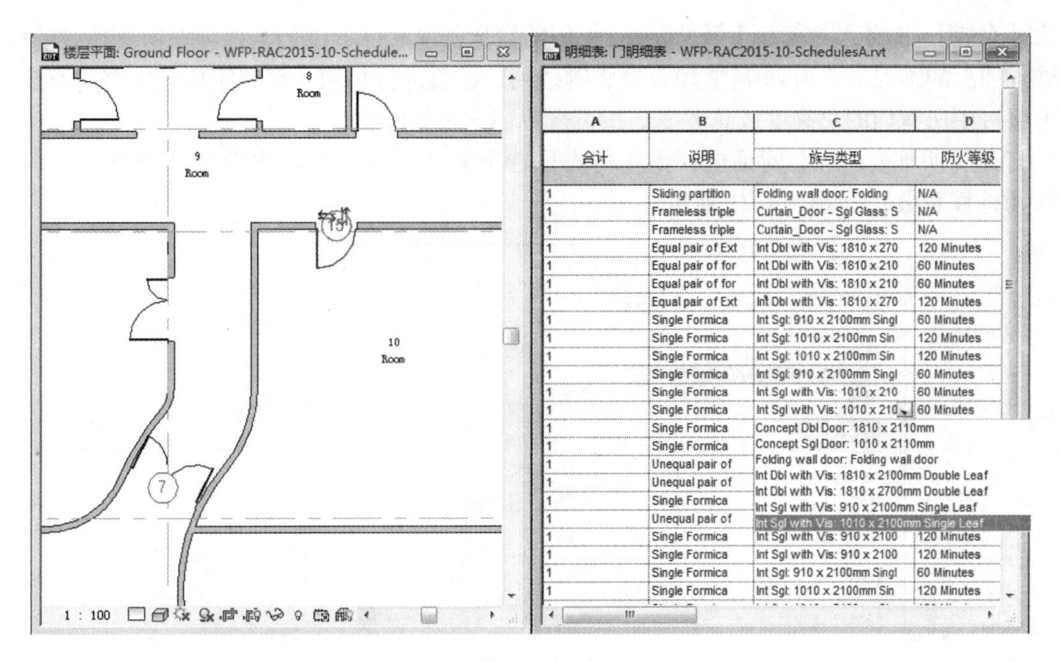

图 14-19

下面要练习按照某些标准将数据进行排序/成组，使明细表更便于阅读。

9）确保【明细表】视图最大化显示，在【属性】面板中单击【字段】选项卡中的【编辑】按钮以启动【明细表属性】对话框。

10）切换到【明细表属性】对话框中的【排序/成组】选项卡，在【排序方式】下拉菜单中选择【制造商】。

11）勾选【页眉】和【页脚】选项并选择【仅总数】，如图 14-20 所示。

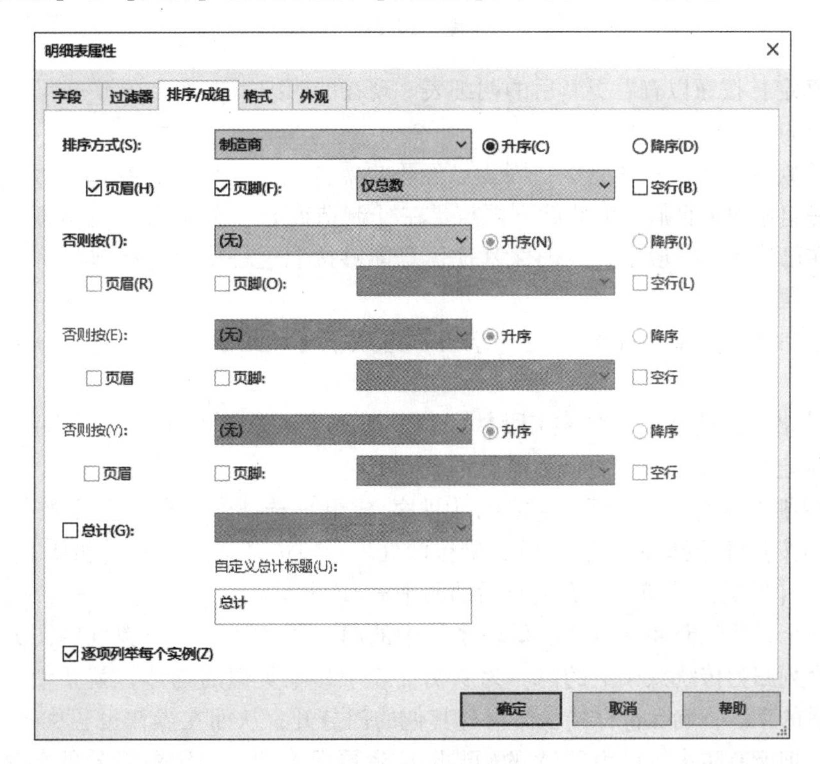

图 14-20

12）单击【确定】按钮以查看更新后的明细表。

虽然【页脚】选项已设定为【仅总数】，但门的数量并没有计算出来。因为在所有包含数值的字段都可以进行加总的情况下，Revit 需要知道要将哪些列的数值进行相加。有些字段相加并没有多大意义，比如得出项目中所有门的总高度或总宽度，接下来我们学习如何调整。

13）打开【明细表属性】对话框，在【格式】选项卡【字段】列表中选择【合计】，并在下拉菜单中选择【计算总数】，如图 14-21 所示。

图 14-21

14）单击【确定】按钮以查看更新后的明细表。现在的明细表应该会在每一组门的下面显示页脚，表示该组中所含门的数量。

现在可以把【族与类型】一列删除，因为已经不再需要它了。此外，我们已经把门按照制造商分了组，并且在每一组添加了页眉，因此就不再需要在【制造商】一列的每一行重复这些信息了。但这一列必须要保留在已选择的字段中，以确保其他信息能够按照这一字段进行排序和成组。不过我们现在可以把这一列隐藏起来。

15）打开【明细表属性】对话框，在【字段】选项卡【明细表字段】列表中选中【族与类型】，将其删除。

16）切换到【格式】选项卡，在【字段】列表中选中【制造商】，并勾选【隐藏字段】。

17）单击【确定】按钮，查看更新后的明细表。

18）打开【明细表属性】对话框，切换到【排序/成组】选项卡，在【否则按】处选择【类型】，且在下一个【否则按】处选择【类型注释】，确保两处均不勾选【页眉】和【页脚】。

19）再次单击【确定】按钮，查看更新后的明细表。

本模型包含一个折叠隔断和一扇开在幕墙系统中的门，两者都属于门类别的图元，可能在项目中出现，但一般不会划归为传统意义上的门。为从明细表中移除类似的物体，就要使用过滤器，并且必须要找到一个合适的字段，确保这样的物体可与其他的门分开，从而在操作过程中不会把其他门误删。这里有几种做法：把所有防火等级为 N/A 的门删除或者更保险的是确定各型号的名称以进行删除；另一个可达到相同效果的做法是创建一个名为“明细表中包含”的由用户定义【是或否】的参数，该做法对于其他用户而言也更易懂。不管采取哪一种方法，都需要谨慎，因为这样一来就使得明细表不再自动确保反映模型中所有图元的信息了。

20）打开【明细表属性】对话框，确保【字段】选项卡中添加了【型号】字段，切换到【过滤器】选项卡【过滤条件】处选择【型号】，标准设为【不等于】，接着在下拉菜单中选择【Elephant】。下面一栏中也进行类似的设置，最后一处在下拉菜单中选择【Run-and-Glide】，如图 14-22 所示，也将该型号进行移除。这步操作会将所有满足这些标准的门从明细表中移除。

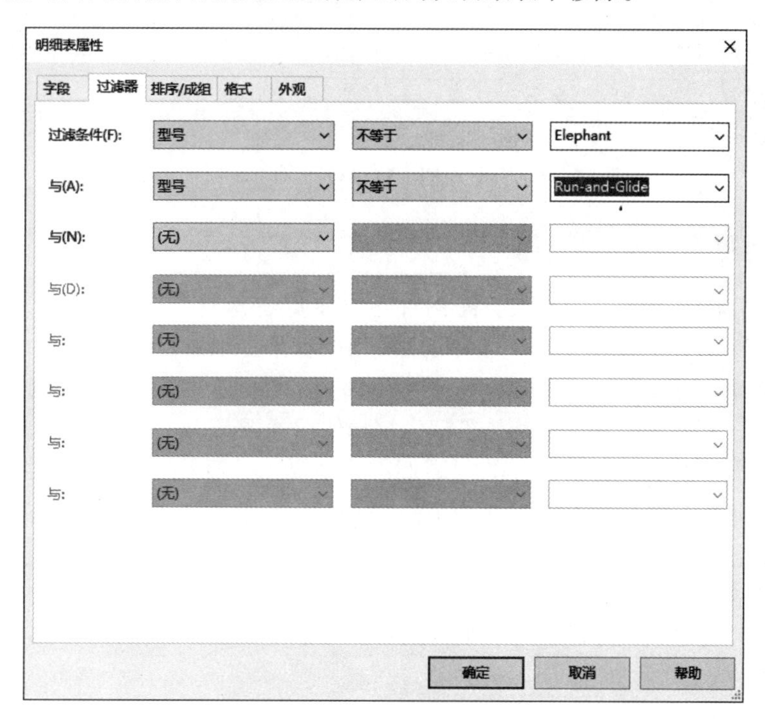

图　14-22

21）设置完成后单击【确定】按钮，会发现明细表精简了。

有时某些列标题并非是最恰当的，在供发布的版本中需要加以修改，但修改过程中不应影响这些信息所属的字段，我们来练习一下如何设置。

22）打开【明细表属性】对话框，在【格式】选项卡中选中字段【从房间：编号】，在右边【标题】处将其简化为【从房间】。

23）在【格式】板块中可实现【对齐】方式的设置，也可在明细表中修改标题达到同样的效果。

目前所生成的明细表的格式是一项一行，包含着与每一实例相关的表现为不同字段的信息。这个布局有利于我们确定具体的标准，比如【从房间/到房间】的数据和每一扇门的五金组合，同时也能使我们创建信息概要，以将类似的图元组合起来。

24）打开【明细表属性】对话框，在【排序/成组】选项卡中，勾选【总计】，并从下拉菜单中选择【标题和总数】，取消勾选【逐项列举每个实例】，如图 14-23 所示。

25）单击【确定】按钮查看更新后的明细表。现在的明细表提供了关于门的概要信息，包括每一类型的门的数量，并且在表的底部显示了门的总数，如图 14-24 所示。

注意：和各扇门相关的信息，例如【标记】【从房间】【到房间】的数据并没有在表中显示，因为组内各图元的信息必须保持恒定。这些字段一般在简要明细表中会删去。

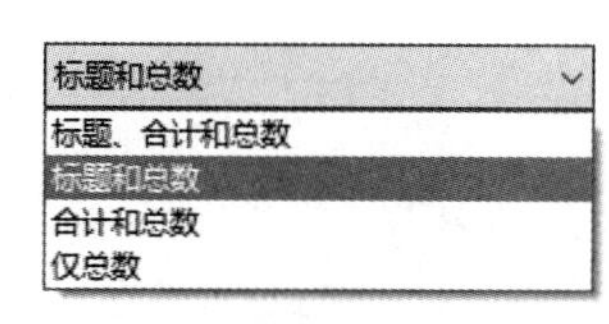

图　14-23

<门明细表>

B	C	D	E	F	G	H	I
					尺寸		
型号	类型注释	标记	从房间	到房间	高度	宽度	合计
Pringle Field	910 x 2100mm				2100	910	4
Pringle Field	1010 x 2100mm				2100	1010	6
Pringle Pond	910 x 2100mm				2100	910	3
Pringle Pond	1010 x 2100mm				2100	1010	4
Rubble Ocean	1810 x 2100mm				2700	1810	2
Rubble Pond	1810 x 2100mm				2100	1810	4
Unicorn Pond	1510 x 2100mm				2100	1510	5
							28
							28

图 14-24

14.3.3 图例操作

本练习的后半部分将学习图例的操作。图例有时候和明细表一起出现，作为替代在表中某行插入图像的做法；有时又是完全独立出现的，为项目中所用的符号提供解释。明细表的形式和外观很固定，而图例则是完全灵活的。明细表的数据是模型中所用图元的精确反映，而图例则完全有可能并不基于真实的情况，其中所显示的图元不一定就是模型中实际使用的图元。

项目起始文件包含了一个完成了部分的门图例，其中显示一系列门的立面和平面图示，门的名称也显示在下方。这部分练习的目标是在图例中添加一种门类型，并扩大视图的框架，把这种新类型并入其中，如图 14-25 所示。

此处门板所包含的线条、文字和标题都是用简单的 CAD 工具定义的，比如文字和画线工具，其中不涉及自动化的内容。可以利用复制命令将其中一个门板进行复制，然后通过修改形成一个新的门类型或族，这样就能有效地往图例中添加一种新的门类型。

1）在【项目浏览器】中找到并打开【图例：Door Legend】视图。

2）如图 14-26 所示，从 A 到 B 绘制一个选择框，从而全部选中代表下面一扇门的符号、线条和文字。

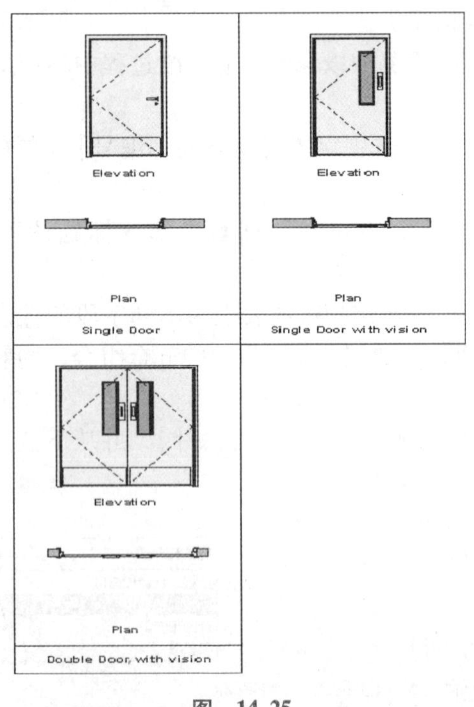

图 14-25

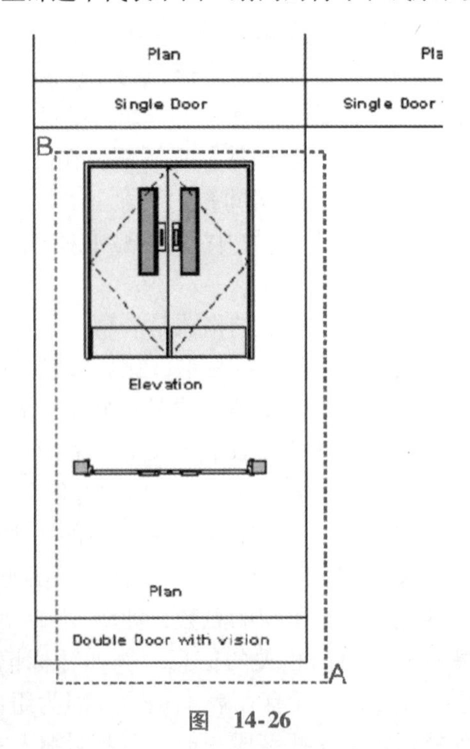

图 14-26

3）在【修改】选项卡下【修改】面板中选择【复制】。通过单击之前已有的几块门板的边角，将门的复件放在原件的右边，如图 14-27 所示。

4）把标题改为【Unequal Door with Vision】。

5）选中新门的立面图，并在【选项栏】中按图 14-28 所示修改其类型。

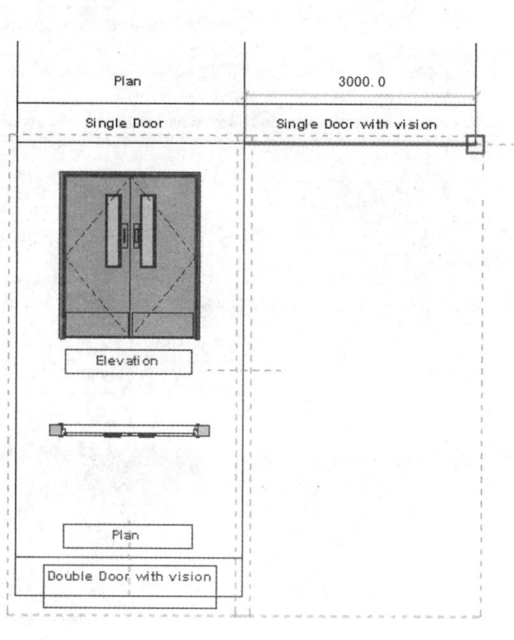

图　14-27

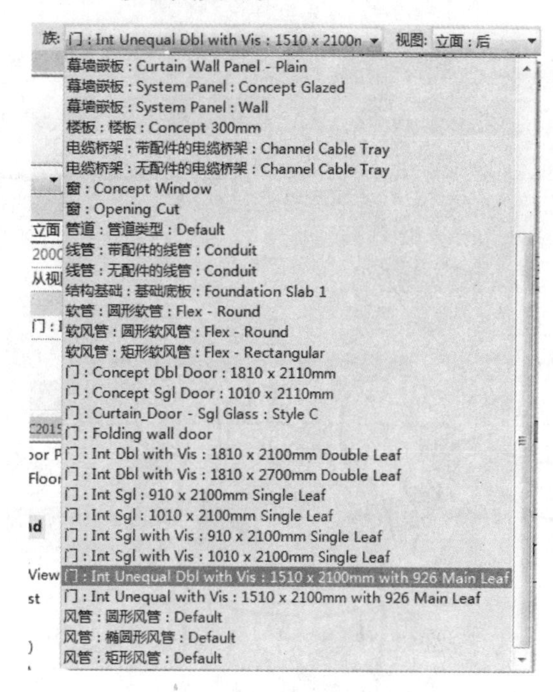

图　14-28

6）改变平面图，使之与前面的修改相匹配。应当注意，图例并不会像明细表一样自动更新，所以当模型中的门类型更换了以后，原来的类型不会从图例视图中删除。而且，这些门存在于图例中的时候，也不能将它们从模型中清除。

7）在【项目浏览器】中打开【图纸：RAC2015-10-01】。

8）把【明细表】拖曳至图纸中，并调整各列的宽度大小。

9）然后把门【图例】也拖曳至图纸中，按图 14-29 所示的位置安放。

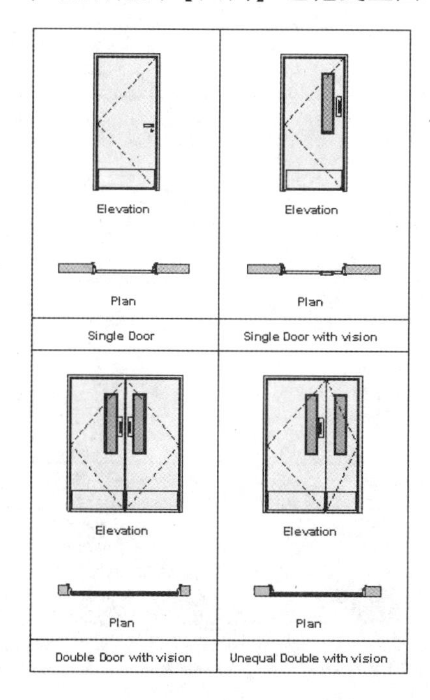

Door Schedule

Type Image	Model	Type Comments	Size Height	Size Width	Count	Description	Fire Rating
Acme Doors							
	Pringle Field	910 x 2100mm Single Leaf	2100	910	4	Single Formica PSM door finished in RED on American White Oak frame	60 Minutes
	Pringle Field	1010 x 2100mm Single Leaf	2100	1010	7	Single Formica PSM door finished in RED on American White Oak frame	120 Minutes
	Pringle Pond	910 x 2100mm Single Leaf with vision panel	2100	910	3	Single Formica PSM door with single glazing panel, finished in RED on American White Oak frame	120 Minutes
	Pringle Pond	1010 x 2100mm Single Leaf with vision panel	2100	1010	3	Single Formica PSM door with single glazing panel, finished in RED on American White Oak frame	60 Minutes
	Rubble Ocean	1810 x 2100mm External Double Leaf with vision panel	2700	1810	2	Equal pair of External grade formica PSM doors with single glazing panels, finished in RED on American White Oak frame	120 Minutes
	Rubble Pond	1810 x 2100mm Double Leaf with vision panel	2100	1810	4	Equal pair of formica PSM doors with single glazing panels, finished in RED on American White Oak frame	60 Minutes
	Unicorn Pond	1510 x 2100mm Double with 926 Main Leaf with vision panel	2100	1510	5	Unequal pair of Formica PSM doors with single glazing panels, finished in RED on American White Oak frame	60 Minutes

Grand total: 28

10 - Basic Schedules and Legends
WFP-RAC2015-10-Schedules.rvt
Door Schedule and Legend
RAC2015-10-01
Modular Training Programme
Revit Architecture
White Frog

图　14-29

单元 15
图纸的创建与发布

单元概述

本单元将通过创建图纸和相关视图，对文件进行归档，探讨发布数据的汇编和准备。本单元旨在讲解和展示涉及的问题，重点并不是创建和定制公司的标题栏，而是在现存图纸框内添加计划、安排、章节等，然后准备发布。

单元目标

1. 掌握 Revit 图纸的创建方法。
2. 掌握 Revit 图纸的发布方法。
3. 了解在图纸创建与发布中注意的要点。

15.1 图纸的创建

15.1.1 创建新图纸

使用【视图】选项卡【图纸组合】面板中的【图纸】创建新图纸。这时会弹出一个对话框（图 15-1），需要用户从预先载入的图纸边框的列表中进行挑选，或者从公司资料库或项目库中进行加载。没有必要从一开始就获取正确的图纸边框，因为在任何时候都可以在不丢失任何数据的情况下改变图纸边框，只需在【属性】面板中的【类型选择器】下拉菜单中选择正确的图纸边框即可。

在【属性】面板中，可以输入图纸名称、图纸编号、视图比例、审核者和绘图员等图纸边框中的信息，如图 15-2 所示。有些参数是项目范围内的，如图纸名称、图纸编号等，随着项目信息的完成，这些信息将被用于此项目当前和未来的所有图纸中。

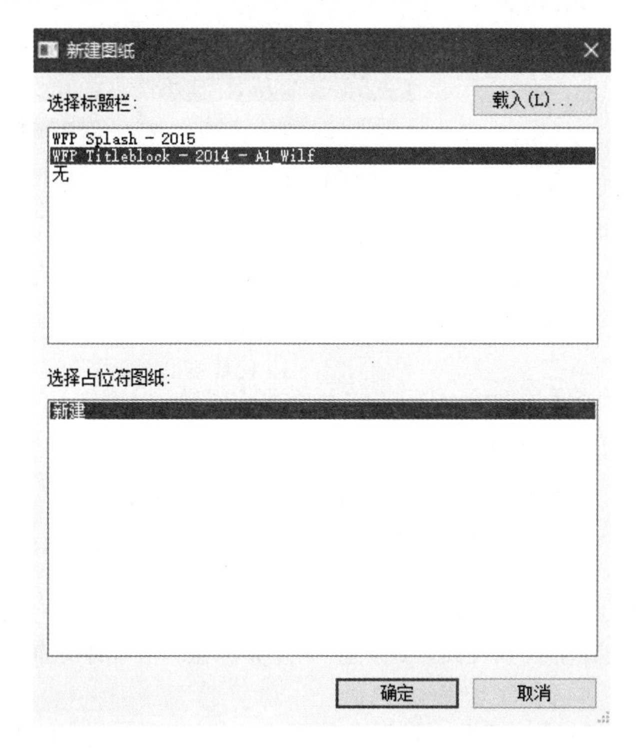

图　15-1

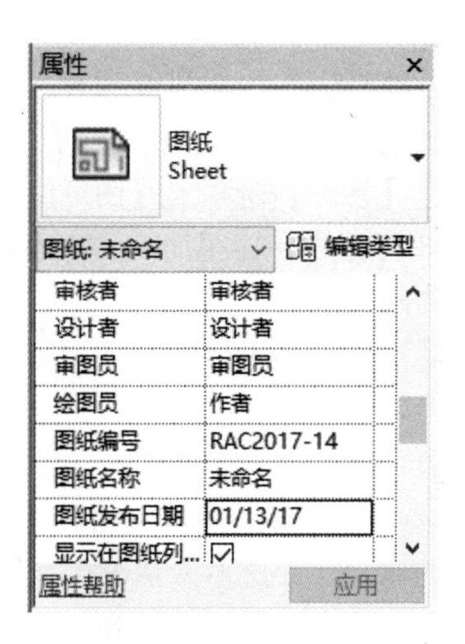

图　15-2

15.1.2 添加视图

将视图从【项目浏览器】的【视图】面板拖曳到绘图区域中（图 15-3），再单击将视图添加到图纸内，这就将图纸的信息放到了视图属性中，或将视图属性放入了图纸中。

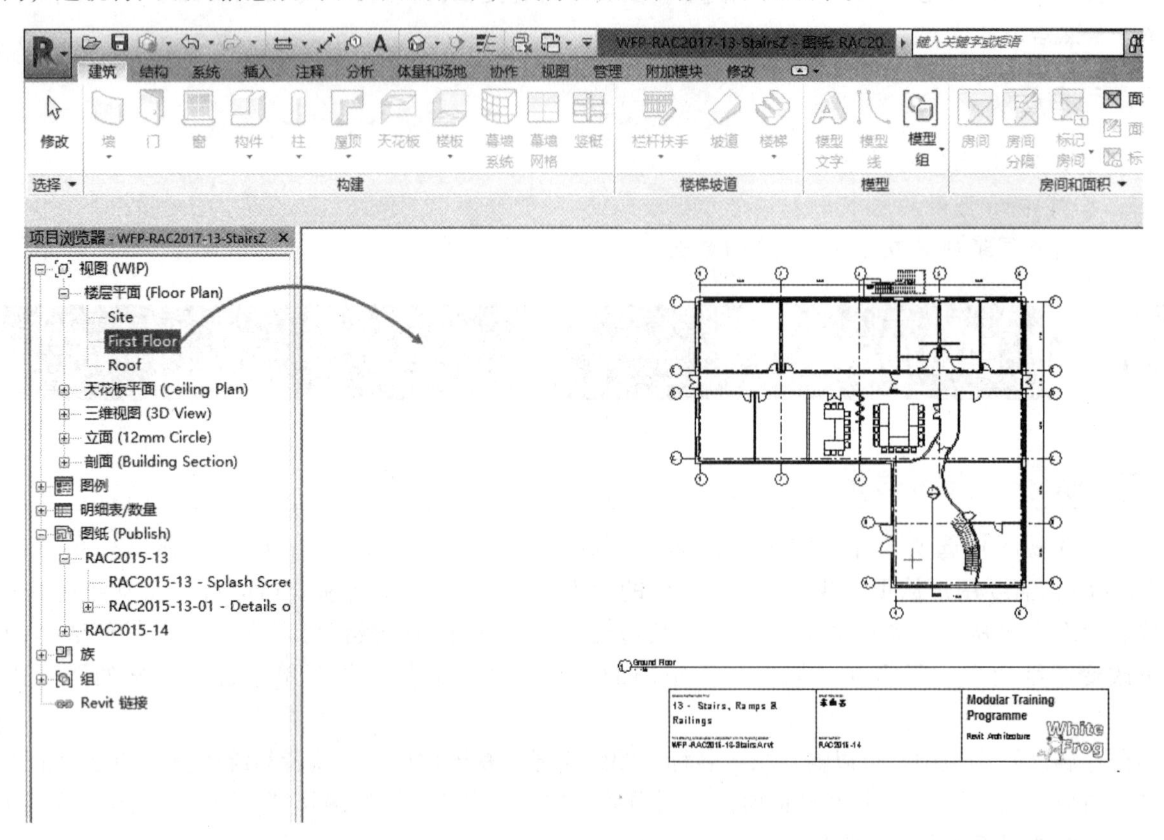

图 15-3

除了拖曳的方式，我们还可以通过使用【视图】选项卡中【图纸组合】面板中的【视图】将视图放入图纸中，这将提供可放置于项目之中的三维视图、明细表及图例列表等，如图 15-4 所示。

图 15-4

在使用项目浏览器时，可以明显地区别视图和图纸，视图不论以何种方式添加到图纸中，其都会从项目浏览器的视图区域消失，因此只能通过相关的图纸名称和编号从图纸区域进入视图，如图 15-5 所示。

通过【视图】选项卡【图纸组合】面板中的【导向 轴网】，可以在标题和视图的上方放置网格线，如图 15-6 所示。这些网格都有名称，可在另一个图纸视图中召集起来，保持多视图的一致性，由于主要靠眼睛放置视图，所以我们无法将它完全对齐。

放置视图时，需要定义各种视图的标识物和标题（图 15-7），以便说明可以在出版图纸的某个位置上找到视图。此信息不会被覆盖，除非手动输入一个自定义的标记，而这多少会违背协调原则。

在默认情况下，每个图纸中视图的下划线下都有一个包含视图名称和比例的标题栏（图 15-8）。每个添加到图纸中的视图都是按照顺序编号的，且圆圈中都给出了每个标号，如图 15-9 所示。

图　15-5

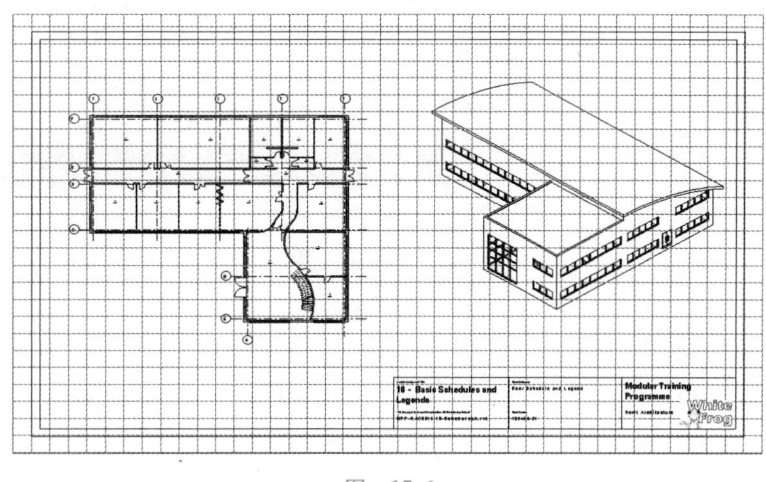

图　15-6

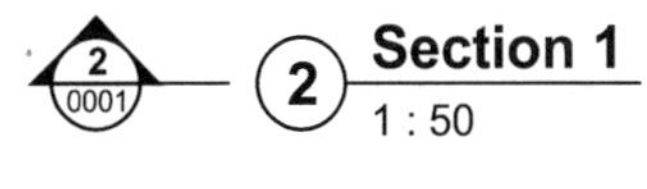

图　15-7

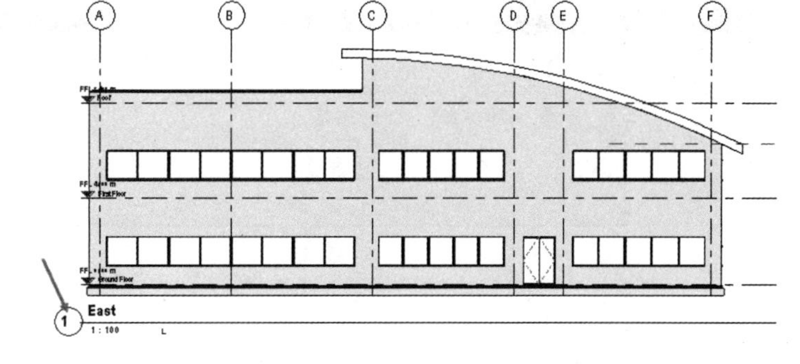

图　15-8

从圆圈中穿过的这条线延伸了相关视图的全宽，但是如果在将视图添加到图纸之后，对视图进行剪裁或者重新调整视图的大小，那么这条线的长度不会变化，需要手动调整。这并不是通过选择线条来完成的，而是通过选择视图，拖动出现在此线底端的节点而实现的。

在正常情况下，为了添加信息或者调整模型，可以打开相应的视图，通过单击视图或者使用【视口】面板中的【激活视图】（图 15-10）进行修改。激活视图考虑到需要对图纸视图进行微小的变动，这通常包括调整模型裁剪的尺寸（图 15-11）或者减少一些图元，完成操作后取消激活视图即可（图 15-12）。

图　15-9

图　15-10

不建议在一个激活的图纸中进行大范围的运作，因为这样做会对硬件的要求造成其他影响。尽管第一眼看起来这与 AutoCAD 中的图纸空间场景和模型空间场景很像，但并不能有效地替代工作方法。

除视图以外，还可以将明细表添加到图纸中。通过【视图】选项卡下【图纸组合】面板中的【视图】（图 15-13）能够将一个明细表放在不止一个图纸上，如图 15-14 所示。这种工作方式还适用于图例。

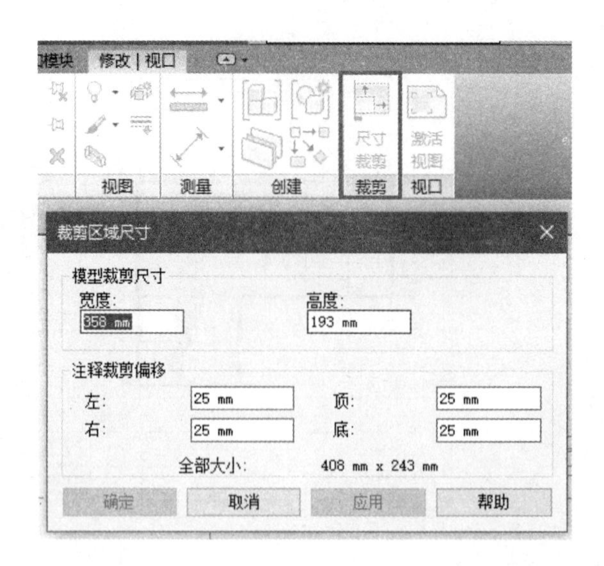

图 15-11

图 15-12

图 15-13

还有一种方式，可以在和以上显示的一样的图纸视图中复制标题图纸或图纸边框。这会导致两个图纸有相同的编号和名称，但是如果有文字附注指明的话，就不会出现问题。用以上两种方式中任意一种发布明细表都会导致视图中的数据没包含在单个边框内，但这并不会对发布选项造成影响。

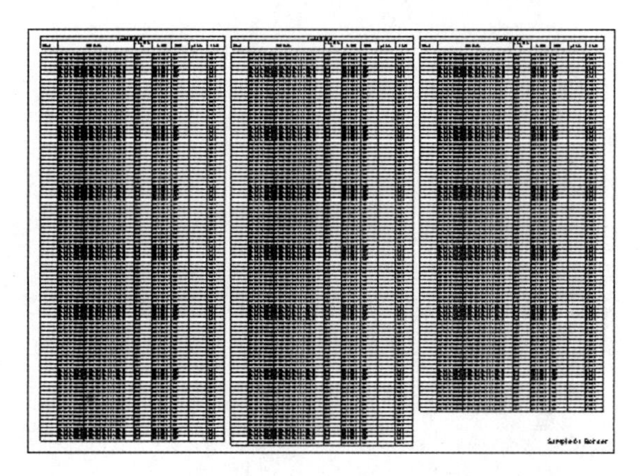
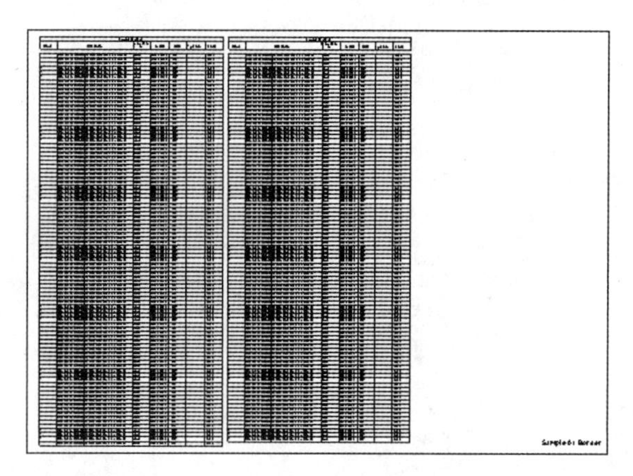

图　15-14

15.2 图纸的发布

在【应用程序菜单】中选择【打印】，Revit 通常注重打印视图的缩放比例，但是在这种情况下，不一定能打印出令人满意的图纸，而且用户必须要选择【当前窗口可见部分】，如图 15-15 所示。这种打印方法需要用户选取视图，以便制作每个图纸时边框的左下角都位于屏幕的左下角，而且这种打印方法没有批量打印的选项。

最佳的打印设置会随硬件设置和打印机/绘图机能力的差异而变化，但 Revit 会使用标准 Windows 打印驱动程序和协议。

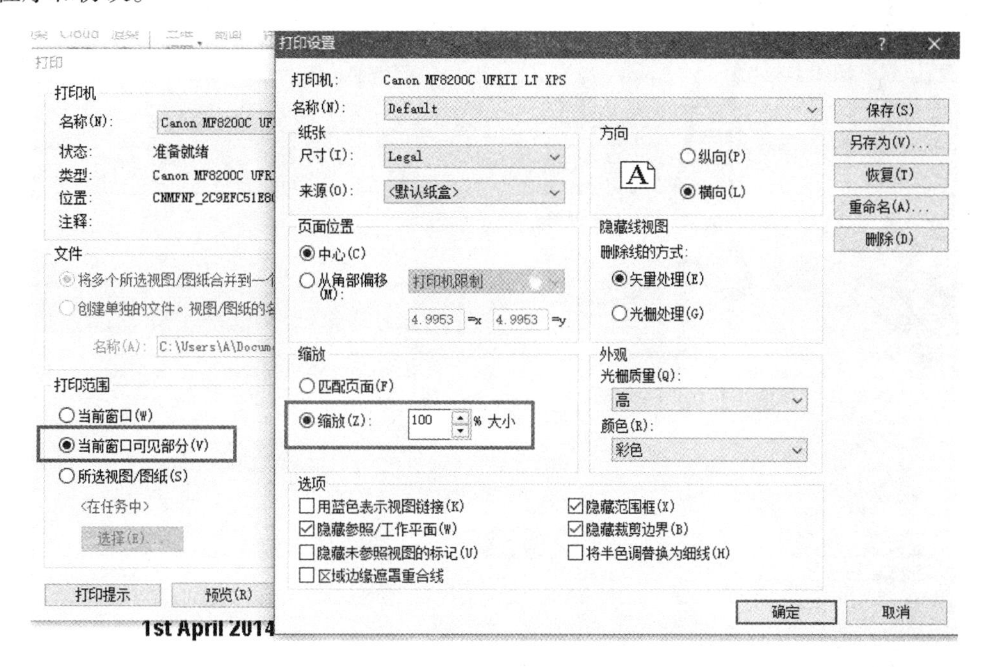

图　15-15

总结关于 Revit 中文件管理的实践经验，我们建议只将内部讨论文件从 Reivt 直接打印和绘制。所有准备用于正式问题和交流的图纸应当输出到一个不可编辑的格式中，比如 pdf 和 dwf。

这样做的原因是：在 Revit 中，所有与项目相关的文件（图纸、信息等），总是处于可编辑状态。由于 Revit 的团队合作原则，这种状态导致我们看到图纸在印刷的两个副本中每隔几分钟就会发生变化。这些不可编辑格式的文本可以用传统方法进行管理，而且 Revit 模型将被视为质量保证（QA）程序源文件。

单元 16
项目分工与协作

单元概述

本单元主要讲解在不同大小的项目中，Revit 为实现团队内部和项目各参与方之间良好的信息交互和协同工作，如何进行各专业之间的细分，以及如何使相关各方如何进行有效的沟通交流，从而让读者认识到使用 Revit 对项目产生的影响。

单元目标

1. 了解 Revit 对于项目的分工。
2. 认识 Revit 对于项目协作的解决方案。
3. 了解 Revit 项目分工容易走入的误区。

16.1 项目分工

16.1.1 项目分工

在实际的项目建设中，多专业、多参与方的协同工作是一个很难把控的环节，也是影响项目工期、质量及成本的关键要素。不同国家的建筑行业，一直在坚持不懈地致力于解决这一难题，这也是 BIM 诞生的一个推动因素。虽然 Revit 无法完全实现 BIM 理论中强调的协同工作的特点，但却为此提供了基础条件。考虑到项目复杂程度、时间、成本、项目人员知识水平、软硬件办公条件等因素，大型建设项目的模型往往需要经过合理划分和分配以达到有效的项目运行。在这种情况下建立一个在不同模型之间的合作系统就显得尤为重要了，这些工作往往需要设计师与 BIM 协调员共同拟定完成，并充分考虑到多方因素的影响，最重要的就是规范和方案的限制。如图 16-1 所示的案例大体基于真实项目构建，在这个项目中有两座外表相同的塔式建筑，坐落在同一个基座上。尽管它们的功能不同，但这两座塔的中央核心起初在设计属性上是相似的。不同的学科专业对于同一个模型的划分虽然可能有着不同的方法，但策略随着项目的进展也会得到逐渐改善，模型会被分解、合并以适应当时的情况和要求。

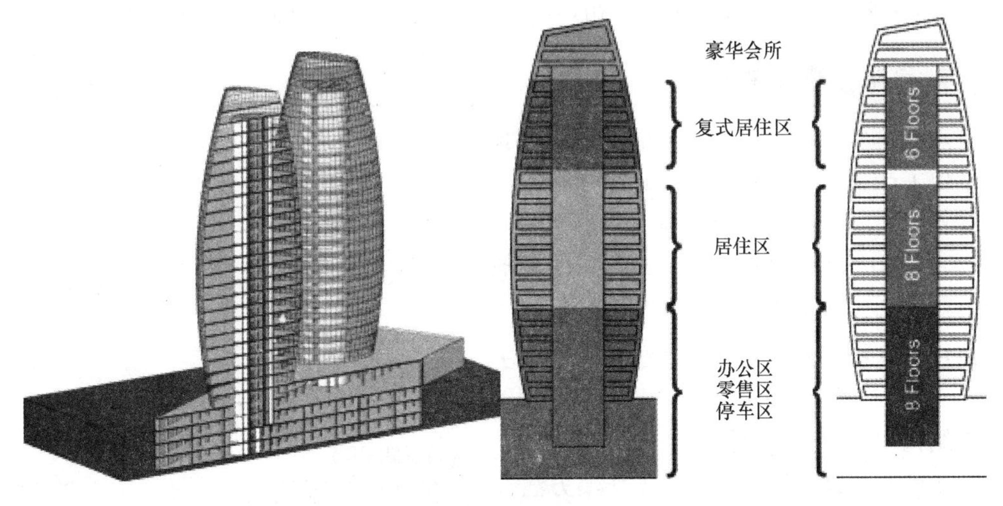

图 16-1

1. 建筑分工

如图 16-2 所示，在设计阶段初期，我们可以看到这两座塔的外表是相同的，而且设计方案尚在评估中，核心和地基都足够稳固以支撑这个设计，每一层的布局也都可进行很大程度的开发和利用，因此，建筑专业宜根据使用功能或设计标准来划分。

2. 结构分工

通常结构模型的划分是最简单的，因为它的图元相对较少，而且在其他学科专业细分后还能长时间保持单个文件。因为与分析工具有着强烈的联系，所以当一个结构模型的确需要细分时，细分常常是垂直型的，允许多种荷载能够从屋顶传递到基础。如图 16-3 所示，在这个案例中，这可能意味着整个项目都能够成为一个单个的模型，但是由于有重复和细微的差别，所以两个塔是两个不同的模型，而基座就是第三个模型文件。

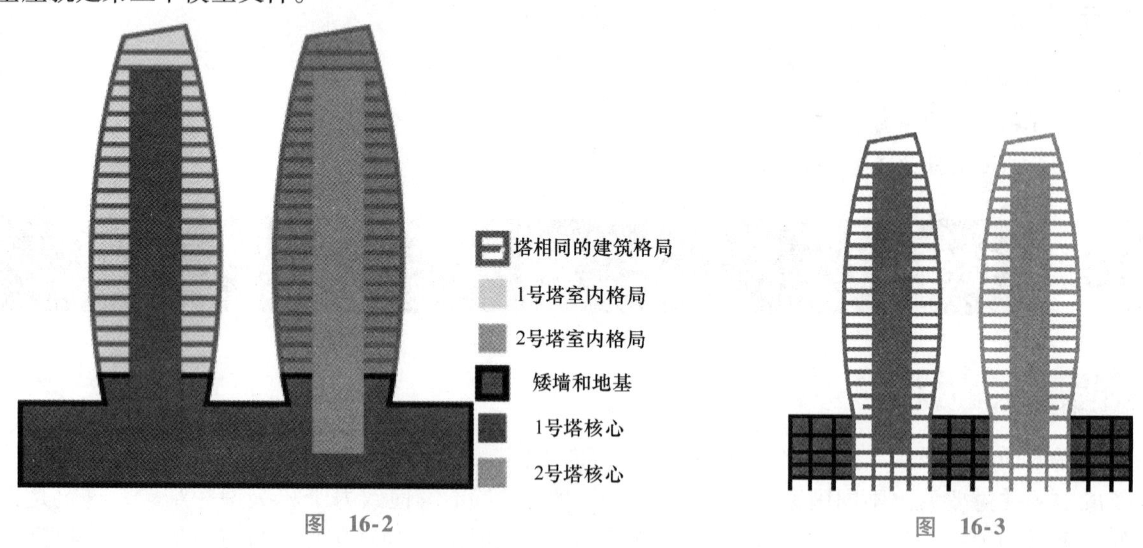

图 16-2

图 16-3

3. MEP（暖通、电气、给排水）分工

当检测 MEP（暖通、电气和给排水）的时候，很多外部因素都需要考虑。其中最大的一个因素就是常见的合同安排。当创建 BIM 是为了暖通、电气和给排水的时候，系统的复杂性和为建筑服务所使用的构件的数量意味着建立有效模型的门槛已经降低到能让更小的项目通过，而且分离的细度比起其他学科也好得多。例如，开发一个只追踪给水系统的模型或者将建筑的每个区域都作为一个独立的文件来建模，这样就不怎么需要去收集数据了。即使这个要求只是针对原理图㊀设计的，模型仍然能够在暖通、电气和给排水（MEP）工作流程中占据有价值的地位，而且在这个方案中，我们可以通过校勘建筑和结构模型来了解空间布局，这些都是服务条款规定的在模型中可以得到的，还有就是为了识别出需要由他人解决的问题和节点。

16.1.2 多地点模型共享

在市场上有多种工具可以用来协助解决一个团队在两个或两个以上的地点分开而又需要共享同一个模型时的工作共享难题。在世界上很多地方，由于因特网速度太慢（也称为潜在因素），所以当有大量数据通过古老的电话线传输时，标准的工作集方法不能成功或者持续使用。欧特克公司为这个问题找到了解决办法，那就是建立了一个 Revit Server 的添加工具，它向共享工作结构引进另一个层级。

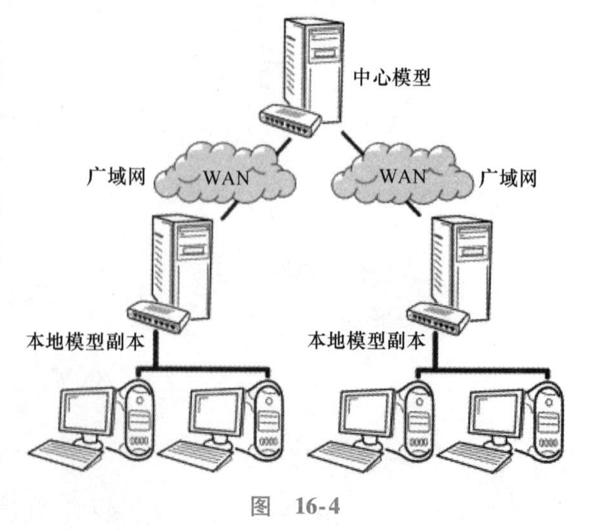

图 16-4

从用户的角度看，这个程序与标准工作集方法并没有多大区别，后者是用户将本地文件拷贝到各自的计算机，然后照常工作，看起来好像是与遥远服务器上（有可能在世界的另一端）的中央文件进行同步。

㊀ 原理图：机电专业专有名词，即表现系统设计原理的图纸，是系统设计阶段初期的概念设计图。

然而实际上，中央文件的一份本地拷贝文件将会存放在用户本地的网络当中，然后这才是他们同步的途径（虽然是在用户不知情的情况下进行的）。然后这个“本地的中央”就与“中央的中央”相互连接，并在后台安静地进行更新，如图 16-4 所示。但这并不会降低协同工作的难度。团队可能会发现仍然需要使用广域网优化技术来解决潜在的问题。这不会影响到已经讨论过的建议，不管参与方是独立的还是大型多专业协作。

16.2 项目协作

16.2.1 BIM 项目执行计划

1. 了解 BIM 执行计划（BxP）

几乎所有现行的 BIM 标准都会建议使用文件来记录与 BIM 相关的决定，并作为新手的项目指导。同时，这些推荐的内容都指向众所周知的 BIM 执行计划（BxP）。总的来说，执行计划可能是相对简单的数据对象，由一个项目直接复制到另一个项目。随着项目变得越来越复杂，有用信息不断进行挖掘，该执行计划对任何加入到团队内部的新成员都是十分珍贵的指导。就项目范围的交流来说，它在外部也能起到作用。早期的执行计划可能会特别冗长，但是随着时间的推移，每个项目的执行计划都建议作为协调 BIM 策略和协议的改善，它独自描述系统默认值产生的变量，与协议相结合并形成整体。任何一个熟悉公司标准的人都应该阅读这个项目所特有的内容。因此 BIM 协议就能通过提取 BIM 执行计划的共同观点来创造（或者由顾问提供）。

BIM 执行计划（BxP）是一个项目交流文件，它的内容常常构成 BIM 项目开始会议的议程，在这个会议上，所有的参与方都要对主题进行讨论。尽管内容可能不一样，但是一般的主题会包括以下几点：

1）每个参与方 BIM 文化的细节以及预测的 BIM 成果。

2）探索项目的利益相关者喜欢的软件工具，确保互用性得到测试和证实。

3）通过项目寿命获得几何复杂性的技术参数。

4）细分方法论证发展的细节。

5）任务分配策略以及图元的所有权/责任/债权。

2. BIM 执行计划（BxP）的好处

有如下几个好处：

1）它可以帮助施行 BIM 标准和协议，协助整个团队在项目实施过程中的技术应用。

2）为 BIM 理论形成一个稳固的基础以支持新用户、新客户和其他利益相关者。

3）提供项目中任何与公司标准有出入的细节信息。

4）记录并交流决定性的协同工作流程。

5）连续的 BIM 执行计划（BxP）可以为将来的项目形成良好的实践指导的基础。

运用 BxP 的一个好处就是使用 BIM 技术，可能会协助各方关于当前项目的想法和方法的交流。BxP 的基础几何形状应该模仿主要模型的结构，这样复杂的观点就可以用简单的方式展示出来。BIM 可能起源于早期集合的概念，可以用来展示大型项目的模型是如何细分的，解释建筑、结构以及 MEP 是如何根据不同的原则被细分的（建筑分成相似的楼面板；结构承载从屋顶到基础的荷载；MEP 则从开始到最后都跟随系统运行）。BIM 可以用于在主要模型上实施之前检测设计的概念，也可以用来协助培训新人，如图 16-5 所示。

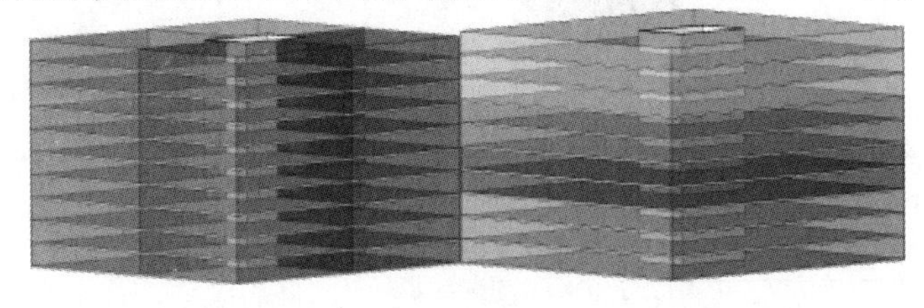

图　16-5

16.2.2 团队工作协议

每个 Revit 团队都会管理自己的模型，但只限于团队内部，对于工作的细分，他们有几个选择。Revit 的细分技术包含一些工具和方法，不仅针对团队内部也针对外部的利益相关者。影响团队协作质量和效率的主要因素包括：

1）团队结构。

2）Revit 技能和经验。

3）项目类型（大小和复杂性）。

4）时间和交付质量。

5）与他人的合作和交互性。

我们主要以下列三种情况作为主要讲述对象，大部分的项目都至少包含下列情况的其中之一。

1. 园区建筑

在不参考真实场地和规划图的情况下，建筑模型应该远程建立（即在远离实际场地的区域建立模型，然后将模型移动至规划场地区域），而且一个文件只能包含一个建筑。建筑周围的环境和真实场景应该由场地模型提供，如果一个项目包含多重建筑，那么应该为场地模型提供多重文件来构建整个模型。

园区概念指出一个人拿着场地模型，其他团队成员每人拿着一个建筑模型，这就是协作的基础前提。这是团队合作中最简单的形式，但是对于小型项目来说，它是十分有效和高效的，如图 16-6 所示。

不同的图纸放在不同的文件夹中也是一个可行的办法，这样的话很多建筑就可能成为相关图纸的来源，同时其他图纸则从一个综合的文件中产生，在那个文件中，多个模型被放在一起来构建一个更大的模型（比如场地模型）。交叉链接也是有可能的，这意味着场地模型能够放到建筑文件中，而建筑模型也可以放在场地文件中。地点通过合作共享的系统进行管理。

如图 16-7 所示，有一些做法为了利用档案容器（将各专业图纸将观点汇编成为图纸，这样所有的建模工作就在一个或者多个基础文件中，所有的图纸都来自一个几乎不包含其他内容的 Revit 文件而不是来自有着很多关联观点的 CAD 图纸。【链接】⊖的方法做到了这一点（尽管脱离了 BIM 工作流程，增加了模型传递的频率，管理起来也很困难）。

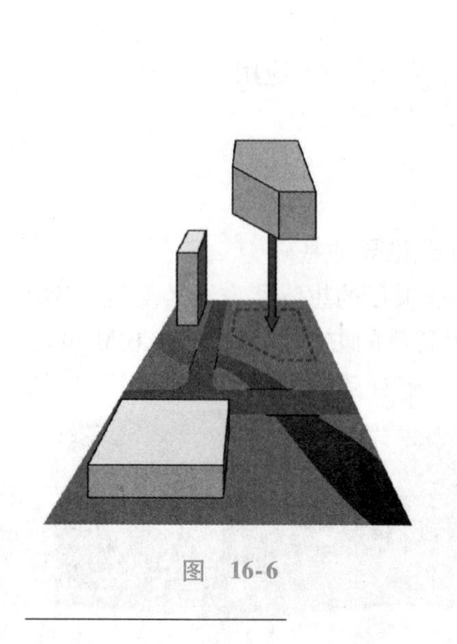

图 16-6

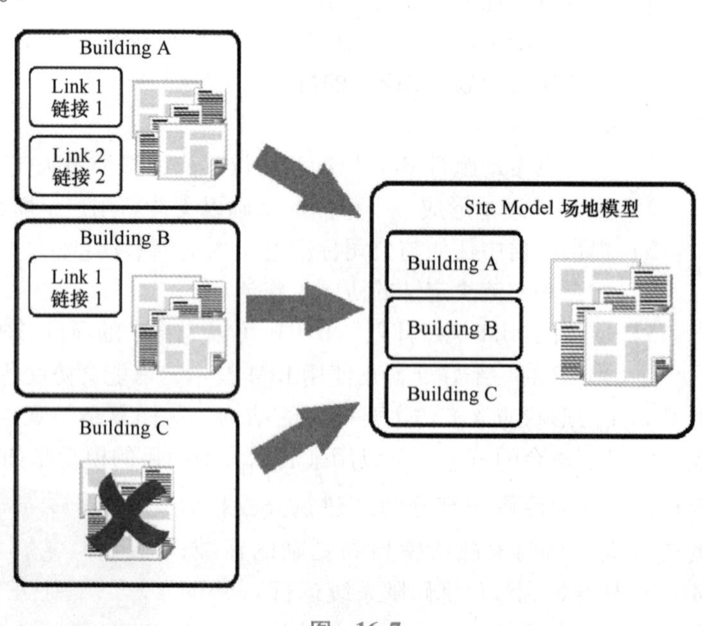

图 16-7

⊖ 通过链接，将不同专业、不同软件制作的文件联系起来。参见【插入】选项卡下的【链接】面板。

2. 预制建筑

在上文所述的基本原则上进行扩充，放大到大型建筑中可能要求用BxP来将模型分成容易管理的模块，可能与一些项目里的建筑使用同样的图元（例如房间设计）。公认的方法是让主任设计师创建主要模型，同时其他团队成员完成次要模型，根据要求加入族。族的开发应满足模型当前级别的需要，同时能组合起来形成建筑特定部分的设计，然后它们就可以作为群组或者相关联的文件放到主要模型中，如图16-8所示。

3. 任务分配和管理

工作集（图16-9）是Revit项目团队工作流程的一个关键部分，也是Revit软件最常被误解的一个点。在最基本的层面上，工作集通过将信息的附加层面分配给每个图元的方式，来控制组成图元的可见性，但是它也可以分配访问权限来允许两个或两个以上的人致力于同一个建筑模型。如果正确使用，它也是在有限硬件上可获得的大型建筑模型的管理方法。

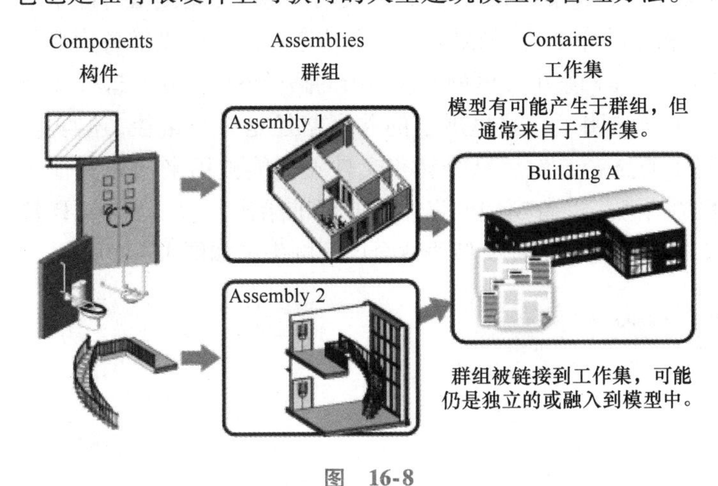

图 16-8

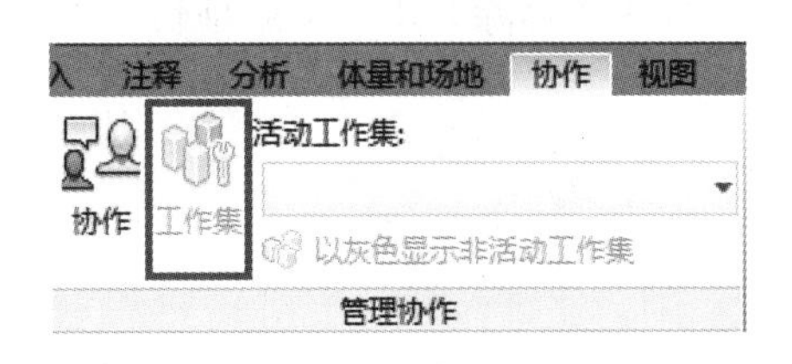

图 16-9

工作集并不提供管理团队工作的模型，但提供框架，让团队能够交流并操纵组成图元的编辑。创造工作集的典型工作流程如下：

1）在工作集启动之前，所有的项目都从单一文件开始。

2）将文件储存在一个普通路径下，添加CENTRAL这个后缀，并在使用者的硬盘上创建一个本地复件。

3）额外的工作集就像计算机辅助设计里的层级一样被创造出来。这个模型里面的对象会被分配给一个工作集，或者通过目录、路径任务分配等创建出来。其他团队成员也被邀请来拷贝一份复件到各自的计算机中。工作集启动后就绝对不要直接打开中央文件了。本地的复件就作为进入中央模型和所有需要它的模型的入口。

16.2.3 使用工作集

一旦工作集被建立起来，就会对本地文件进行一些改变和添加，用户应该定期进行保存。有时本地文件会与中央文件进行同步，这样所有的变化都会传递过来。任何持有复件的人都能够看到模型，还能对模型做出自己的修改。举个例子，如果用户A继续对文件进行改动但是不进行同步，那么用户A所做的修改只会保留在自己的计算机上。如果用户B做出改动然后进行了同步，那么用户A的模型就落后了。只要用户A进行同步，其对模型所做的改动就会提交上去，同时用户A也能收到其他人的更新。

16.2.4 工作集管理

除了能够允许多用户接触模型，中央文件也能控制对每个图元进行编辑的许可，因此两个人无法同时对同一个对象进行编辑。有两种方法能够获得该编辑许可。

1）取得一个工作集的所有权。用户能够成为整个工作集的所有者，这样就能确保本地文件无须为每一个命令征求许可，同时阻止其他用户对定性的构件做出任何改变。当本地文件与中央文件同步时用户可以选择放弃所有权，也可以选择保留所有权。

2）工作流程。允许团队成员正常操作常见的工作流程，在他们工作时收集许可，例如在墙上安装一扇门时，本地文件就会请求主机获取该墙的临时所有权，假如没有其他人借用或者拥有这面墙，那么许可就会被发放，命令即被执行，这样用户就同时拥有了墙和门。这些过程在后台进行得非常快，对工作流程的影响也小之又小。这些借用的许可会在同步时自动被消除。

16.2.5 正确的合作程序

1. 外部使用流程

信息会定时传送给其他项目参与者，内容包括进程和对设计做出的任何变动。这些更新提醒可能采取多种形式（从内部的笔记和缩略图到正式的绘图和改动命令）。如果只是为了传递信息，可以准备模型并将它上传到一个共享路径中，后续的版本被移动到存储档案中。模型应该在新的路径下被打开，这样才能保证所有的支持文件都存在且都是正确的。为了简洁明了，这里展示的共享路径是单个路径，但实际上为了分享给众多项目参与者，常常有很多同步的路径，然后这个转移文件夹就能被用来当做其他参与者的参考，通常都是为了得到正式更新提醒的信息。准备模型的程序按照标准给出，包括所有 2D 数据和视图的移除。BIM 策略项目文件将会定义模型转移和相关模型评估会议的频率，如图 16-10所示。

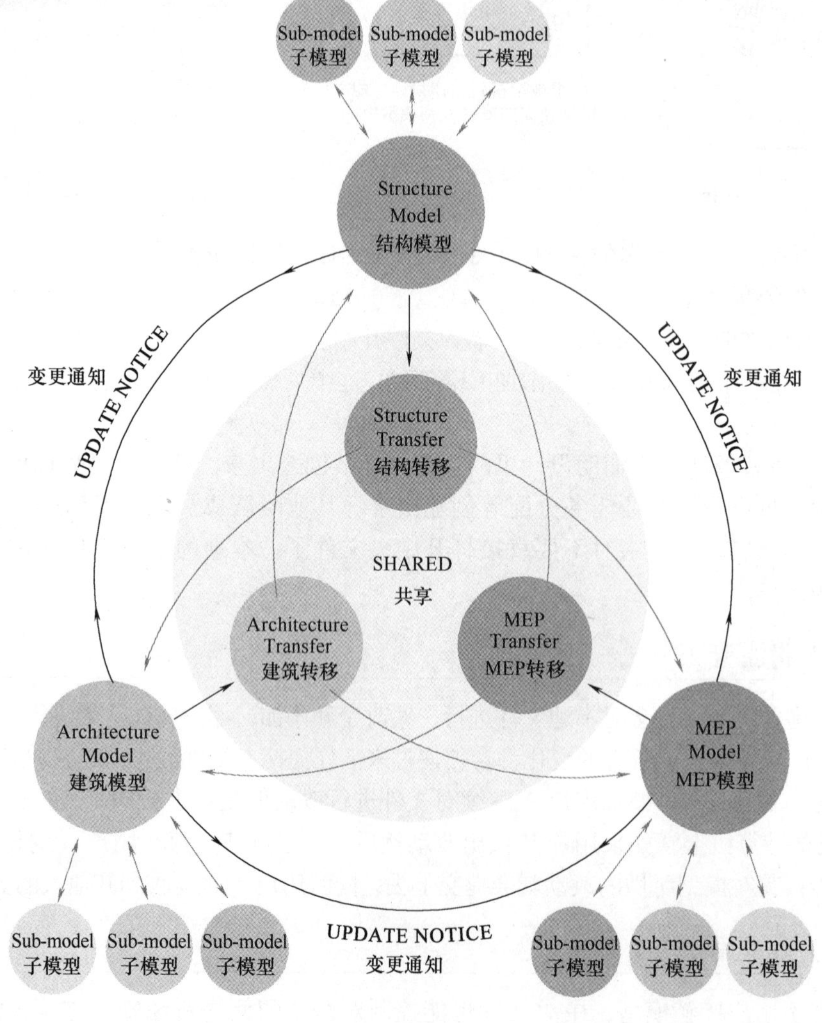

图 16-10

2. 内部使用流程（存在高风险）

这个工作流程与信息交互标准背道而驰，不应该在未与项目领导和 BIM 协调员商议的情况下使用。它只在一些公司内部使用，这样的公司多专业学科在一起办公，规定有时也不严格，在这种公司里，项目的时间限制需要数据更快的传输。一个暂时的对所有人可见的共享空间可以按照规律来增加，这样的话其他团队就可以跟得上最新进度。要注意这个工作流程并不会替代上文提到过的正确的合作程序，但是能够提供一个临时的解决办法来保证团队能够脚步一致地进行工作。在这种情况下任何从模型中搜集到的信息对接收方来说都是有风险的，如图 16-11 所示。

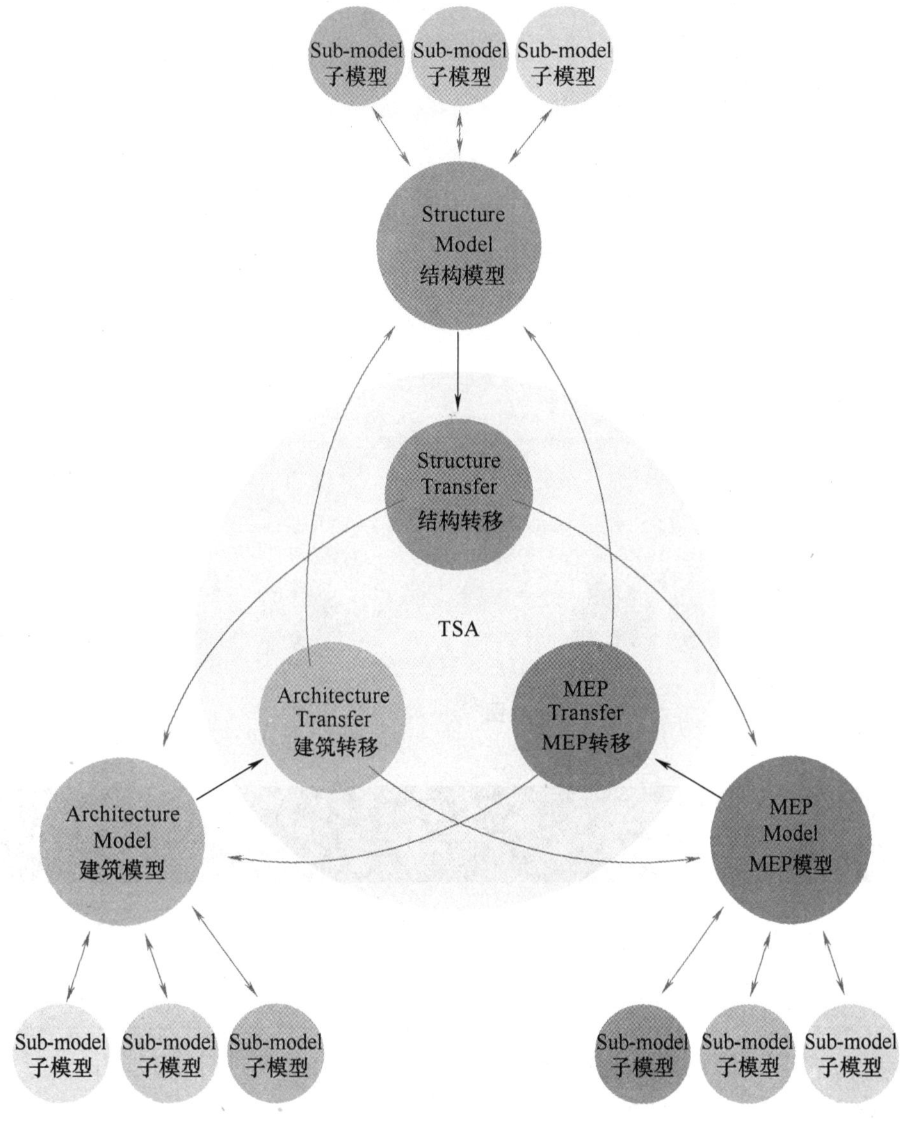

图　16-11

3. 使用误区

当面临进度要求很高而截止期限又临近时，新手常常犯的一个错误就是直接链接其他队伍或者指定的工作文件，如图 16-12 所示。尽管这是可能的，但并不是推荐的方式，其中一个重要原因就是这样在做决定时会在快速变化的数据基础上过于依赖没有得到认可的信息和结果。不管这个项目的脚步有多快，上述的过渡期共享程序都应该谨慎处理，这样才能减少一些不必要的麻烦。

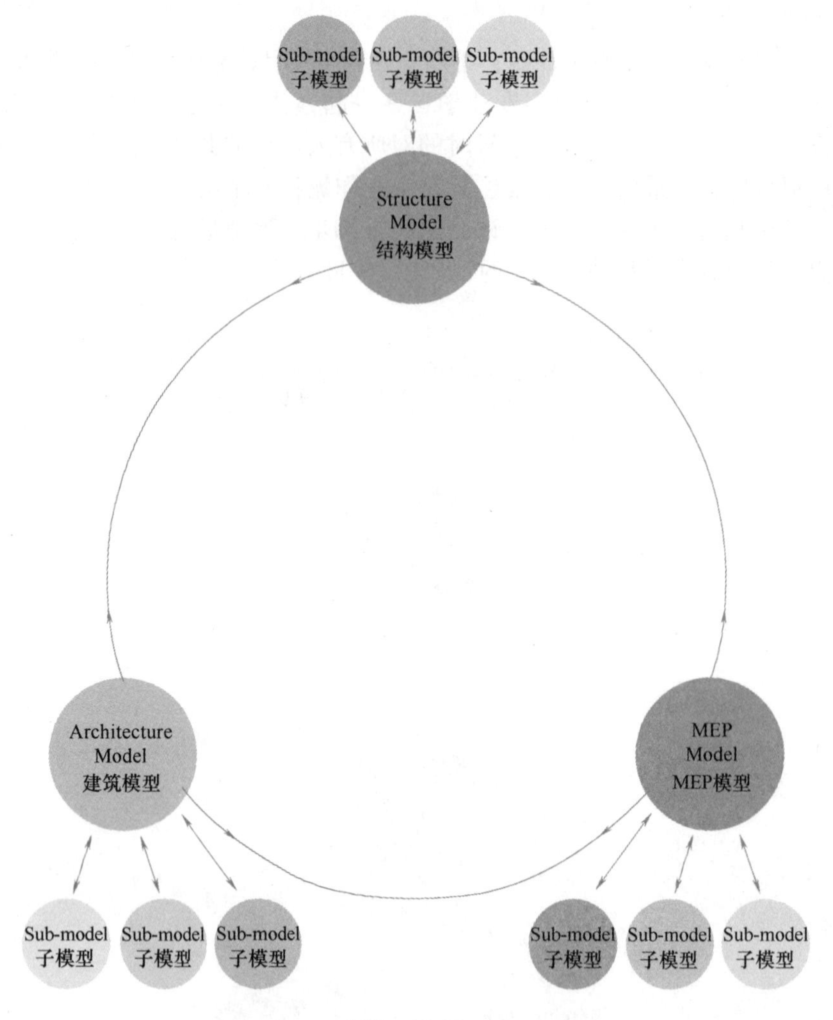

图 16-12

16.3 单元练习

本单元练习主要教读者如何创建正确的工作集并合理使用。

16.3.1 创建工作集

如果条件允许，请同一地点的读者聚集到其中一个读者的计算机进行以下操作：

1）打开起始文件 WFP-RAC2015-16-CollaboraationA. rvt。

2）在【项目浏览器】中打开【楼层平面：Ground Floor】视图。

3）选择【协作】选项卡下【管理协作】面板中的【协作】（图 16-13），弹出对话框。

4）选中【Collaborate within your network】，单击【OK】按钮以创建工作集（图 16-14）。

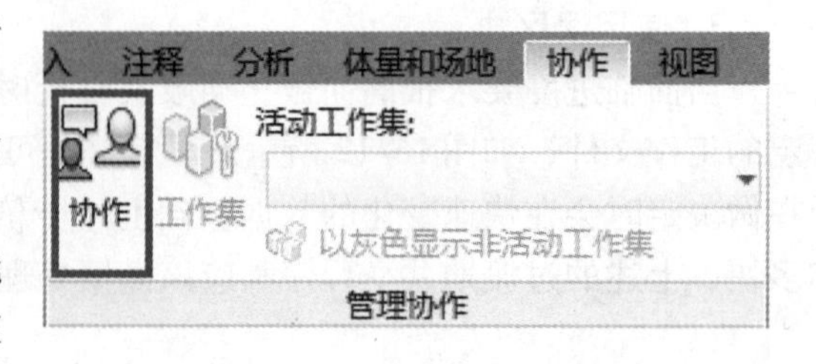

图 16-13

5）选择【协作】选项卡下【管理协作】面板中的【工作集】，以启动【工作集】对话框，如图 16-15 所示。

6）作为工作共享初始化的一部分，模型中每个图元里还加入了额外的参数，而且全都会显示它们本来所在的工作集的名字，并在合适的地方显示能够对它们进行

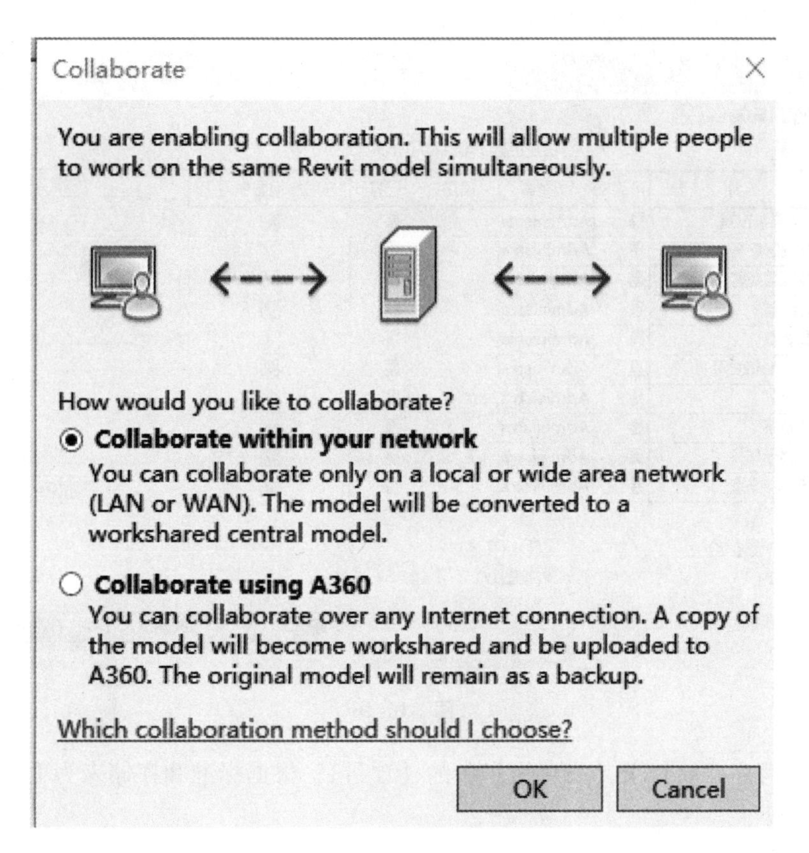

图　16-14

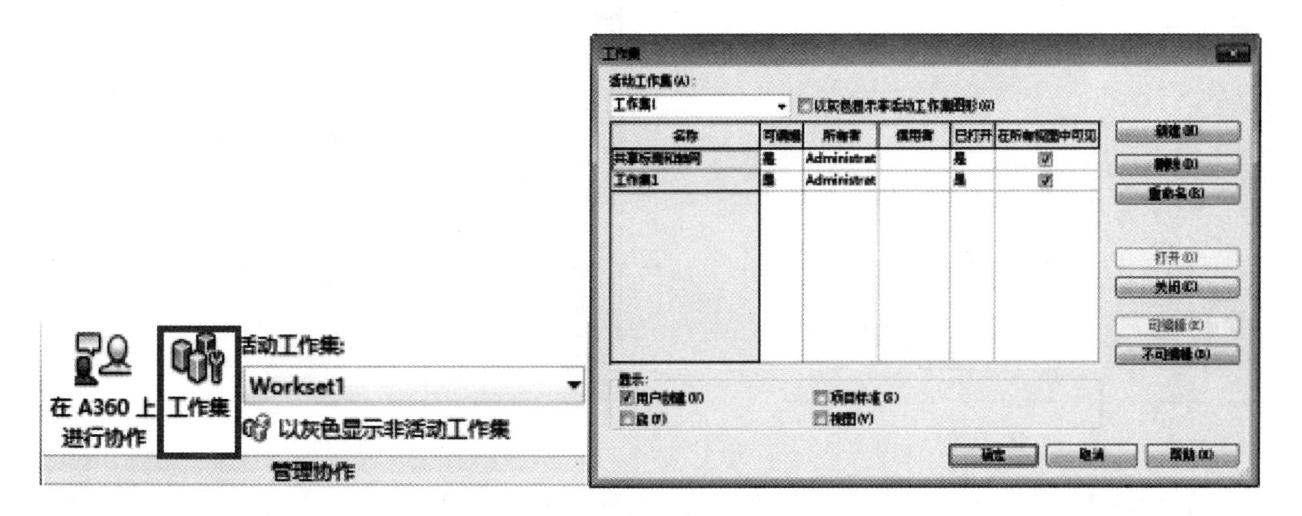

图　16-15

编辑的人员的姓名。当前在这个对话框中显示的信息仅仅是【用户创建】工作集（图16-15），对话框底端的用户创建是唯一被勾选的选项，将其他三个选项（【项目标准】【族】【视图】）也勾选（图16-16），以了解相关工作集内容。

要注意，在设计过程中，如果要添加一些门，这无须取得该工作集的所有权，但是用户要获得许可才能进行操作。许可由中央文件通过对话来控制，这是为了避免多人在同一时间对这些属性做出编辑。

7）既然我们已经了解了所有可以选择的工作集，那么现在我们取消勾选【项目标准】【族】【视图】三个选项，只保留【用户创建】工作集选项（图16-17），这将会是用户最常用的工作集。

8）单击【确定】按钮创建工作集并关闭对话框。工作集创建后，必须将文件保存为中央文件并保证中央文件里没有在进行的进程，所有的后期活动都要在本地副本中进行。

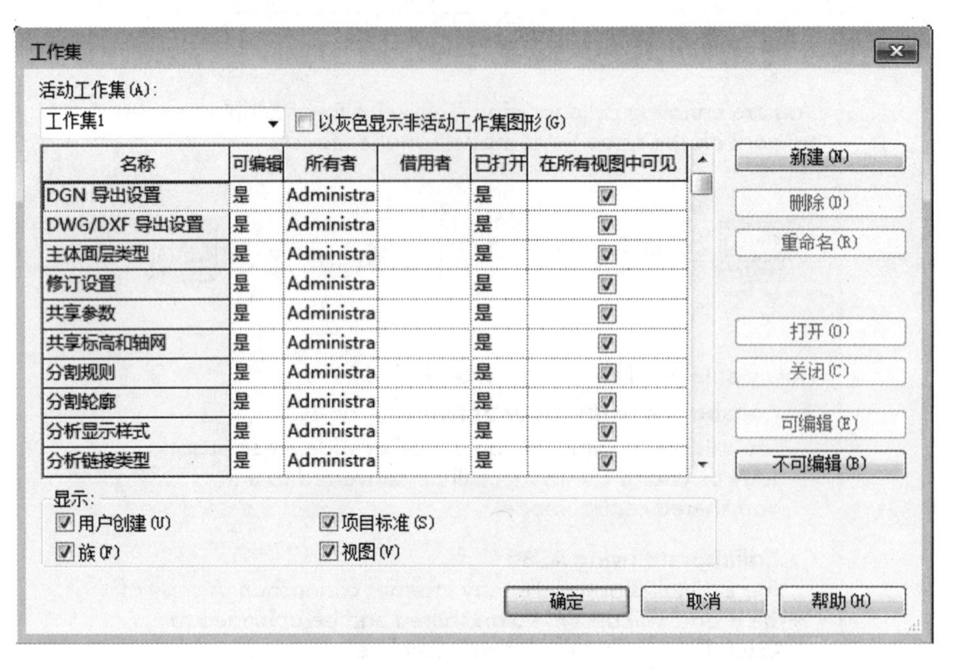

图　16-16

9）选择【应用程序菜单】下【另存为】中的【项目】，根据标准和存储来为项目命名，如图 16-18 所示。

显示:
用户创建(U)　项目标准(S)
族(F)　视图(V)

图　16-17

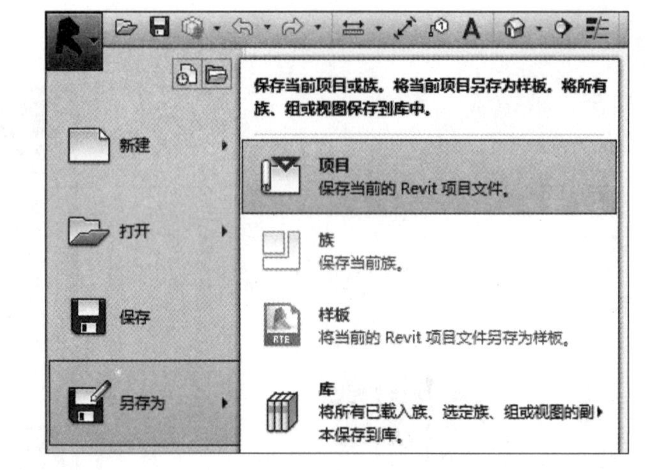

图　16-18

① 如果用户在一台允许于合适的地方储存这个模型的联机计算机上工作，那么可以在任何可进入的路径中存储模型。

② 如果用户的计算机没有联机，那么模型将保存在本机上。

10）将文件保存后，快速访问工具栏中的【同步】按钮变成了灰色，如图 16-19 所示，这个按钮指的是在本地保存文件（不管储存路径是哪里），但是由于现在它已经成为了中央文件，只有中央存储按钮，即【与中央文件同步】这个按钮才能进行以后的保存工作。

图　16-19

11）关闭文件。

16.3.2 创建本地文件并与中央文件同步

1）如果条件允许，请同一地点的所有读者回到自己的计算机前创建一个项目的本地副本，可以选择下列方法中的任意一个：

① 打开 Windows 资源管理器，将中央文件复制并粘贴在本地的一个文件夹中。

② 利用 Revit 的【打开】按钮选取中央文件。注意上方工具栏，现在 Revit 的文件名表示中央文件不会被打开但是本地副本会被自动创建并存储在系统默认的存储路径中（在 Revit 中设置）。

建议每天或者每隔一天创建一个新的本地文件来避免问题的积累。中央和本地文件由数据库中成千上万的数据串来相互连接。在平常的工作实践中，一些数据串可能会断裂，虽然对整个模型的整体化不会产生巨大影响，但是时间久了，随着越来越多的数据串损坏，就会造成很大的影响。通过每天更换新的连接，数据串也会得到刷新。

2）打开本地文件，一个对话框会出现以便让用户确认操作，关闭对话框并选择 Floor 计划视图的一面墙。

3）打开图元的【属性】面板，确认其数据，注意这面墙属于工作集 1，这个工作集的所有者与在该计算机上登录的用户相关联。如果用户想要将那面墙分配到一个特定的工作集中，可以单击工作集的名字然后从下拉菜单中选择另一个工作集。

4）从【协作】选项卡下【同步】面板中展开【与中心文件同步】的下拉菜单，选择【同步并修改设置】，如图 16-20 所示。

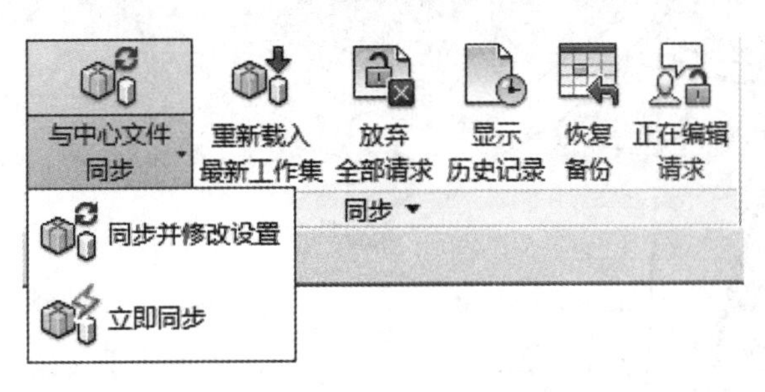

图　16-20

5）确保所有可选的取消选项都打上了钩，在本案例中只有用户创建的工作集在此时是相关且有效的。建议应经常与中央文件同步。

最后，每个人都打开中央模型的本地副本后，团队就可以开始工作了。

单元 17
Revit Archi 综合练习

单元概述

本单元将展示如何快速建立起一个3D模型（借助像墙、地板、屋顶、窗这样的简单工具，把模型逐步建立起来），便于后期把相关概念记录在图纸中以供发布。练习将具体说明如何在建模环境中“建造”起一栋小建筑（图17-1）。把墙、地板、窗户、门、屋顶等建筑构件或模型物体放置在2D和3D的视图中，以便在图纸上安放平面图和视图之前先对建筑进行设计。

图 17-1

首先用【墙】工具插入一些内墙和外墙；然后在墙下插入基础，在地上插入一些门和窗，再插入第一层标高，接着为这栋建筑加上楼板、天花板和屋顶；最后，设置一些房间信息，生成该建筑的剖面图，并把视图置于图纸之上。

单元目标

1. 了解如何进行物体放置。
2. 掌握墙体、楼板、基础、屋顶和天花板的创建方法。
3. 掌握门和窗的创建方法。
4. 掌握剖面视图的创建方法。
5. 掌握图纸和明细表的创建方法。

17.1 绘制外墙

1）打开项目起始文件 WFP-RAC2015-17-IntroA. rvt，在【项目浏览器】中打开【楼层平面：Ground Floor】视图，如图17-2所示。

图 17-2

2）在【建筑】选项卡下【构建】面板中选择【墙】下拉菜单中的【墙：建筑】，如图17-3所示。

3）在【属性】面板类型选择器中，选择墙体类型为【基本墙 Concept-Ext 300mm】，如图17-4所示。

4）在【属性】面板中，将【底部偏移】值设置为【-500】。

5）如图17-5所示，在绘图区域内绘制四面外墙。完成后在【项目浏览器】中，打开【三维视图：3D】视图浏览模型，如图17-6所示。

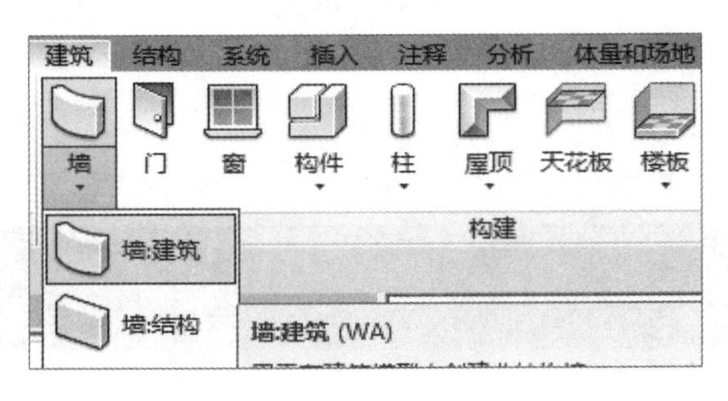

图 17-3

图 17-4

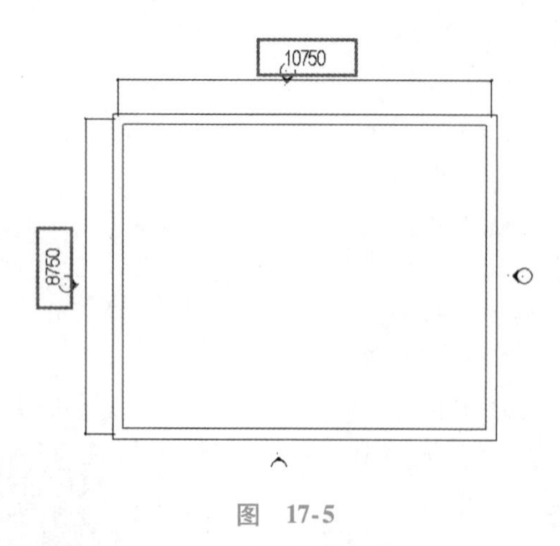

图 17-5

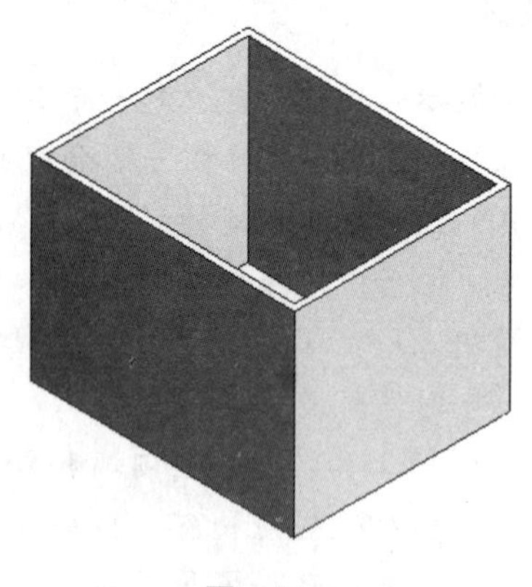

图 17-6

17.2 添加基础

1）保证当前视图是【三维视图：3D】视图，在【结构】选项卡下【基础】面板中选择【条形】，如图 17-7 所示。

2）在【属性】面板类型选择器中，选择基础类型为【条形基础 Concept 750 ×275mm】。

3）在任意一面墙的底部移动光标，当墙体变蓝时（图 17-8），按一下 <Tab> 键，这样四面墙都会高亮显示。

4）单击选中四面外墙，系统会自动为四面墙添加地基，如图 17-9 所示。

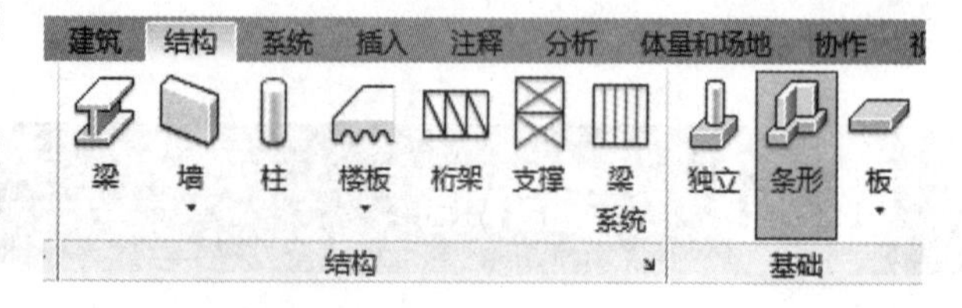

图 17-7

5）按住键盘上的 <Shift> 键，同时按住鼠标中间滚轮，将模型进行旋转，浏览模型。

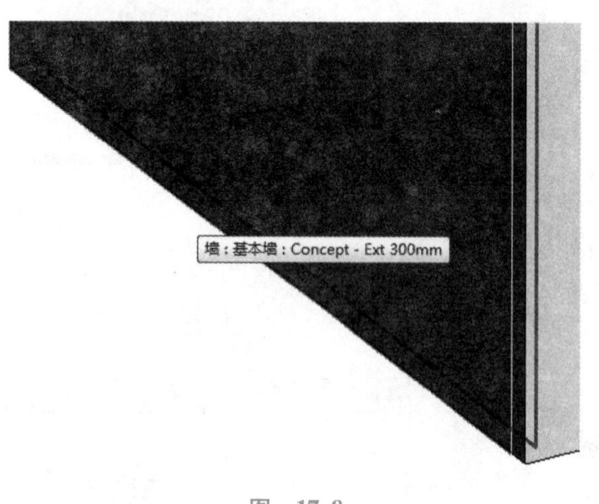

图 17-8

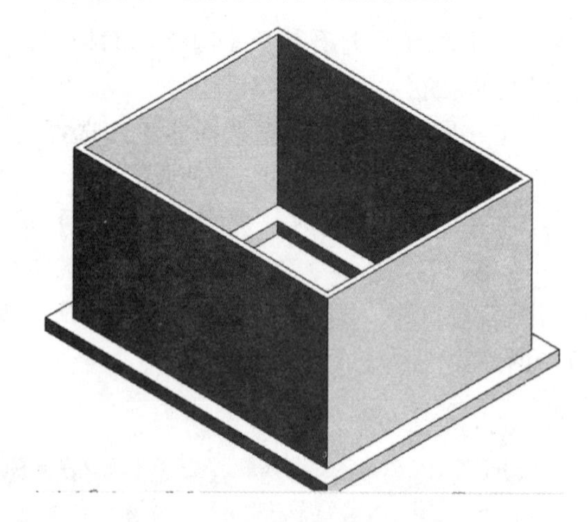

图 17-9

17.3 添加楼板

1）在【项目浏览器】中打开【楼层平面：Ground Floor】视图。

2）在【建筑】选项卡下【构建】面板中，选择【楼板】下拉菜单中的【楼板：建筑】，如图 17-10 所示。

3）在【绘制】面板中选择【拾取墙】，如图 17-11 所示。

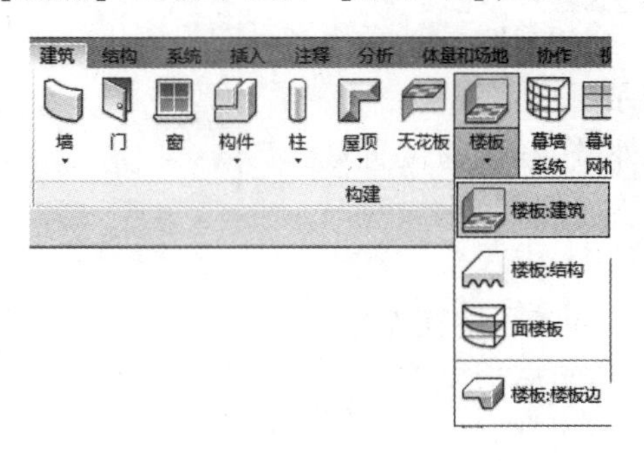

图 17-10

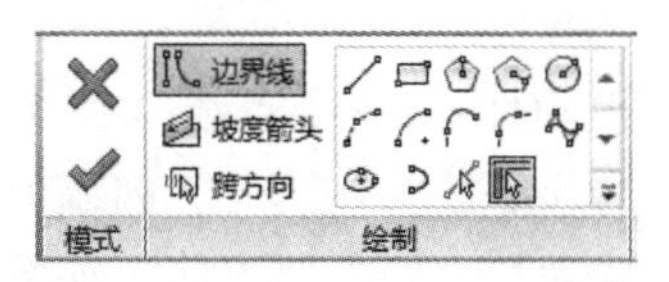

图 17-11

4）在绘图区域中选择四面墙的内表面，如图 17-12 所示。

注意：左侧墙上显示的两条与墙内表面平行的粉红色直线（图 17-13），表示楼板厚度；楼板边界线可以通过单击亮显的双箭头来切换到墙体的外表面。

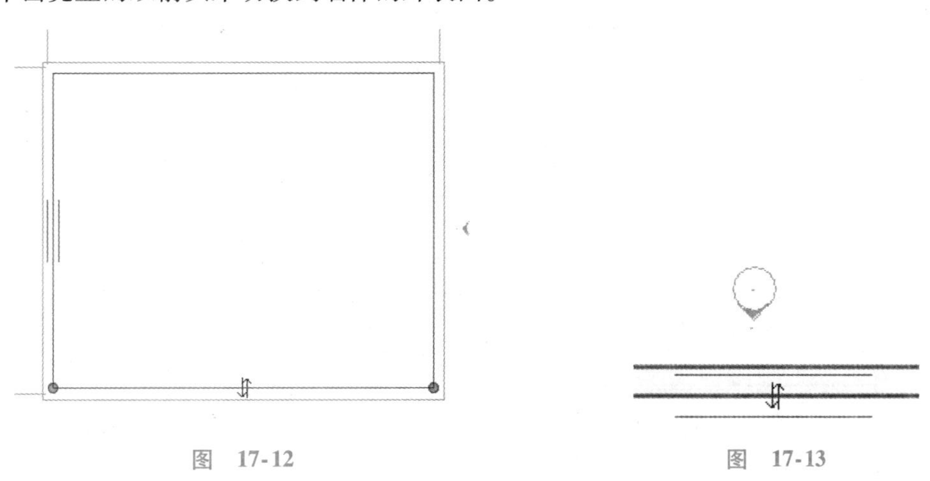

图 17-12　　图 17-13

5）单击【完成编辑模式】（图 17-14），生成楼板。在弹出对话框中选择【是】以构建几何结构，如图 17-15 所示。

图 17-14

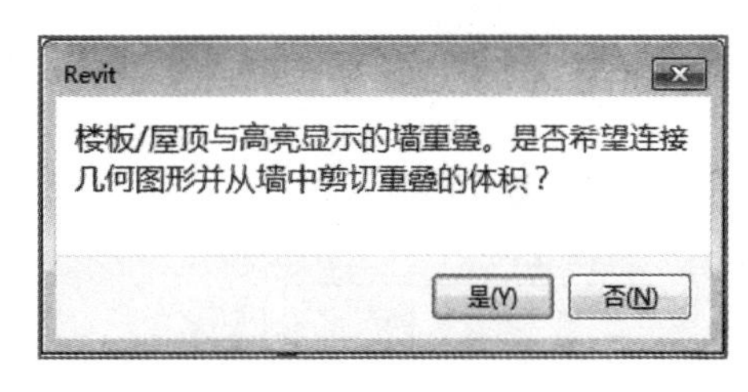

图 17-15

6）按两次 <Esc> 键，取消选择。

17.4 绘制内墙

1）在【项目浏览器】中打开【楼层平面：Ground Floor】视图，并在【建筑】选项卡下【构建】面板中，选择【墙】下拉菜单中的【墙：建筑】。

2）在【属性】面板类型选择器中，选择墙体类型为【基本墙 Concept-Int 150mm】，如图 17-16 所示。

3）在选项栏中，按照如图 17-17 所示，对参数进行设置。

4）在视图中捕捉左侧墙体和上方墙体的交点（图 17-18），然后水平向右移动光标，输入数值【4000】，如图 17-19 所示。

5）按回车键，将一面墙的起点放置在距离左外墙 4000 的位置处（图 17-20），然后竖直向下移动光标，与下方的外墙连接，如图 17-21 所示。

6）捕捉第一面内墙的中点线（图 17-22），输入 3900，按回车键，将第二面内墙的起点放置在第一面内墙上，与上方外墙距离为 3900，将光标水平向左移动与左侧外墙连接，如图 17-23 所示。

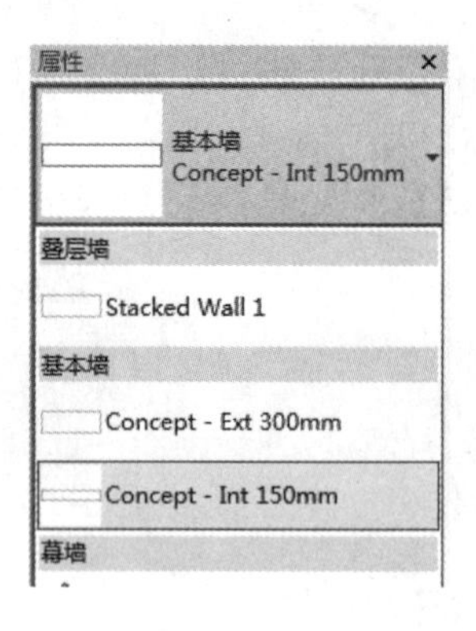

图 17-16

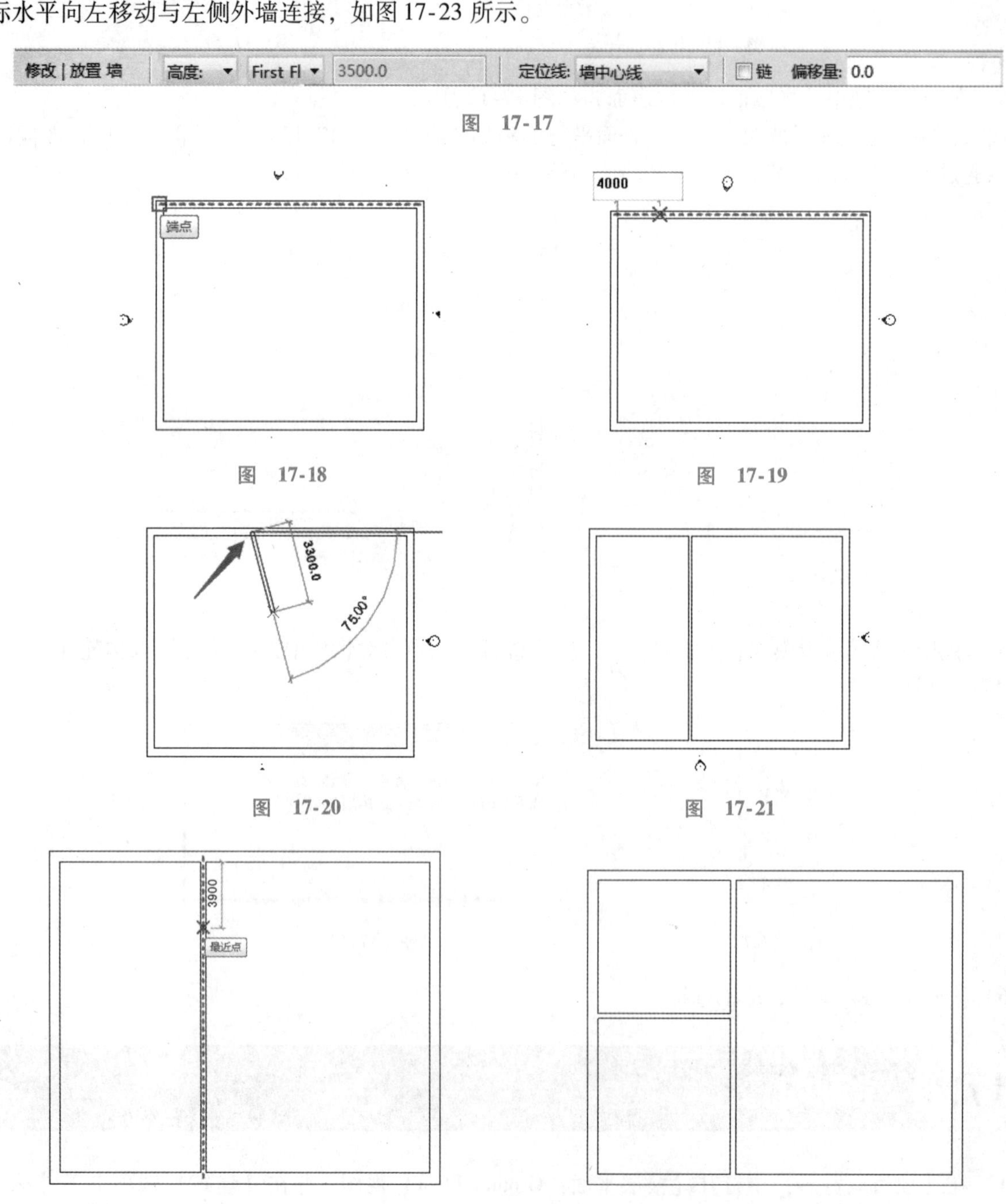

图 17-17

图 17-18

图 17-19

图 17-20

图 17-21

图 17-22

图 17-23

17.5 放置门、窗

1）在【建筑】选项卡下【构建】面板中，选择【门】。

2）在类型选择器中选择【Concept Sgl Door 910 ×2110mm】，如图 17-24 所示。

3）放置第一扇门，位置设在离水平内墙 500 处，放置第二扇门，位置设在离垂直内墙 500 处，如图 17-25 所示。

图 17-24

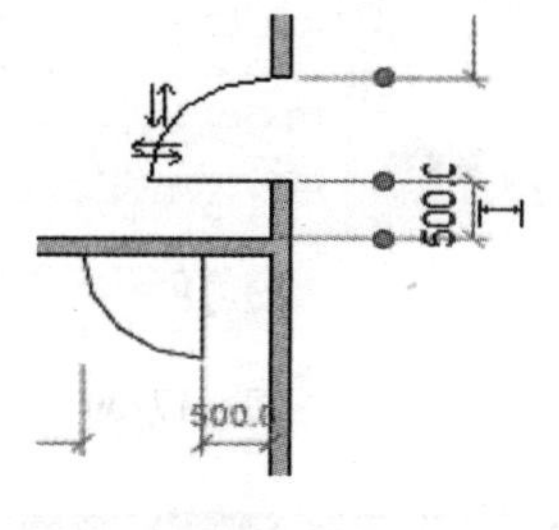

图 17-25

4）在外墙上放置第三扇门，且门的位置离底部外墙距离为【3600】，如图 17-26 所示。

注意：随着你把光标从墙的内部移至外部，门的位置也会相应变化。如果你没把位置放对也不必担心，可以在插入门之后单击双向箭头或利用空格键，改变门的位置和方向。

5）在【建筑】选项卡下【构建】面板中，选择【窗】，如图 17-27 所示。

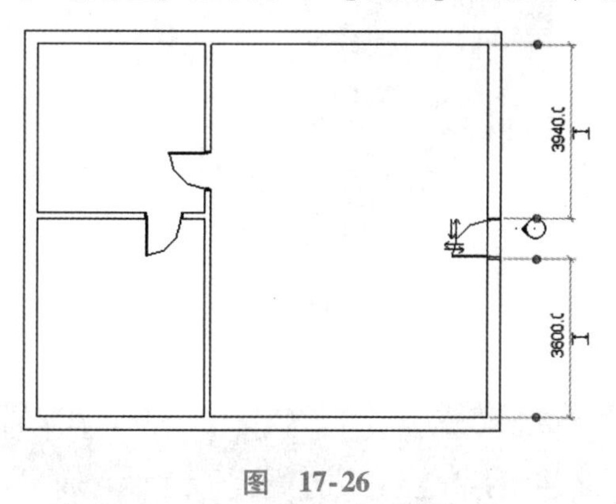

图 17-26

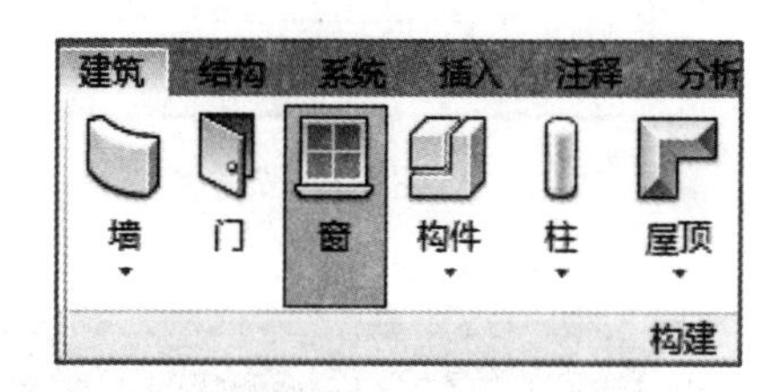

图 17-27

6）在【属性】面板类型选择器中选择窗类型为【Concept Window】。

7）将八扇窗放置于外墙上，如图 17-28 所示。

8）在视图中选择其中一扇窗户。单击鼠标右键，在弹出的快捷菜单中选择【选择全部实例】→【在整个项目中】，如图 17-29 所示。

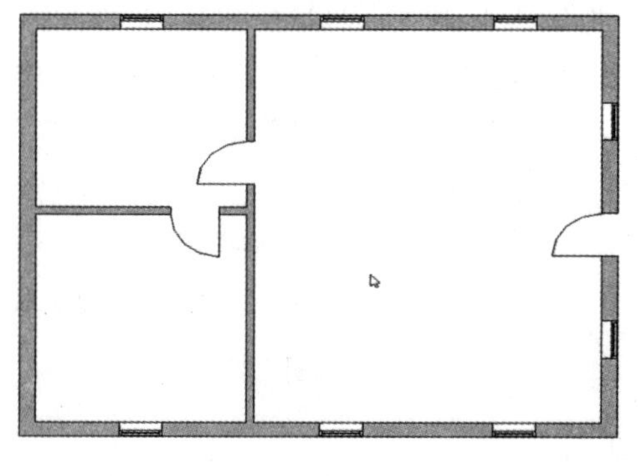

图 17-28

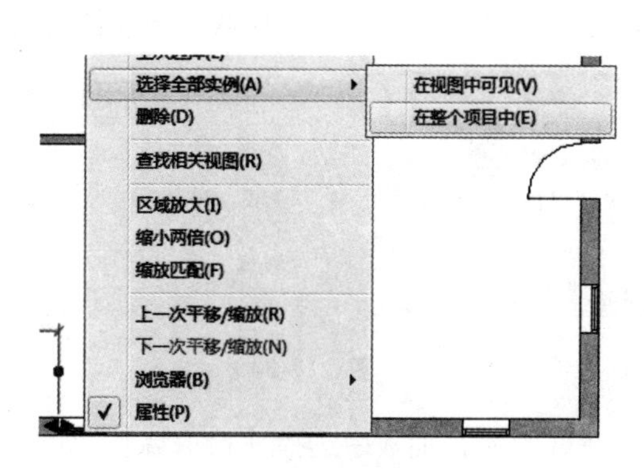

图 17-29

9）在【剪贴板】面板中选择【复制至剪贴板】，如图 17-30 所示。在【粘贴】下拉菜单中，选择【与选定的标高对齐】，如图 17-31 所示。

10）在【选择标高】对话框中，选择【First Floor】，然后单击【确定】按钮，关闭对话框，如图 17-32所示。

11）在【项目浏览器】中，打开【三维视图：3D】视图，旋转观察模型，如图 17-33 所示。

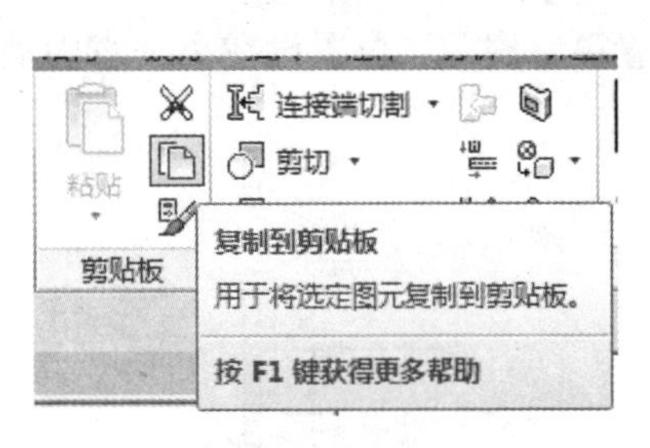

图 17-30

图 17-31

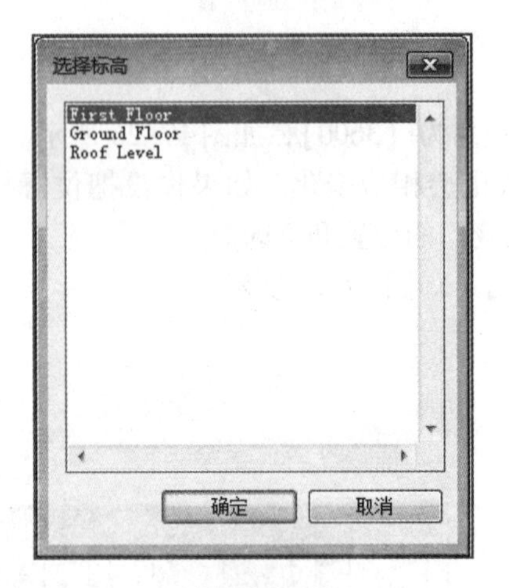

图 17-32

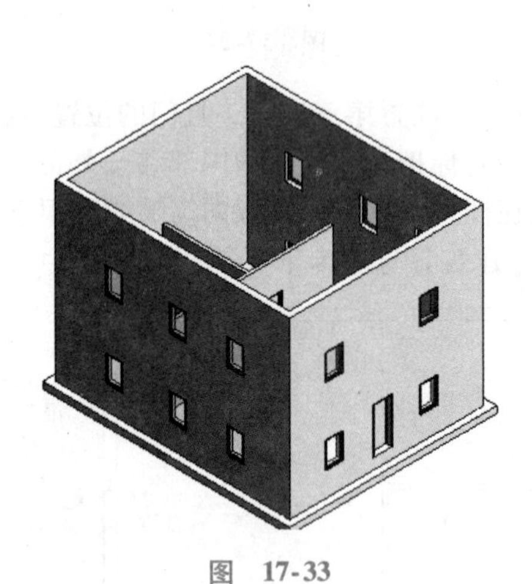
图 17-33

17.6 绘制楼板

1）在【项目浏览器】中打开【楼层平面：First Floor】视图。

2）在【建筑】选项卡下【构建】面板中，选择【楼板】下拉菜单中的【楼板：建筑】，如图 17-34 所示。

3）在【属性】面板类型选择器中选择楼板类型为【楼板 Concept 300mm】，如图 17-35 所示。

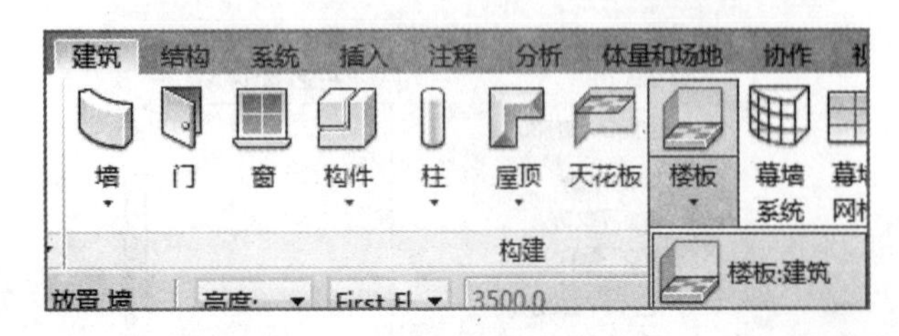

图 17-34

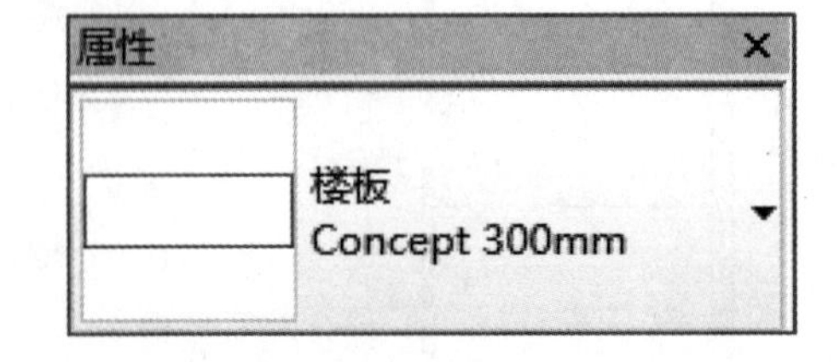

图 17-35

4）在【绘制】面板中选择【拾取墙】，如图 17-36 所示。

5）选中四面外墙内表面以放置楼板，单击【完成编辑模式】，生成楼板。在弹出的对话框中选择

【是】，完成楼板和墙的连接，如图 17-37 所示。

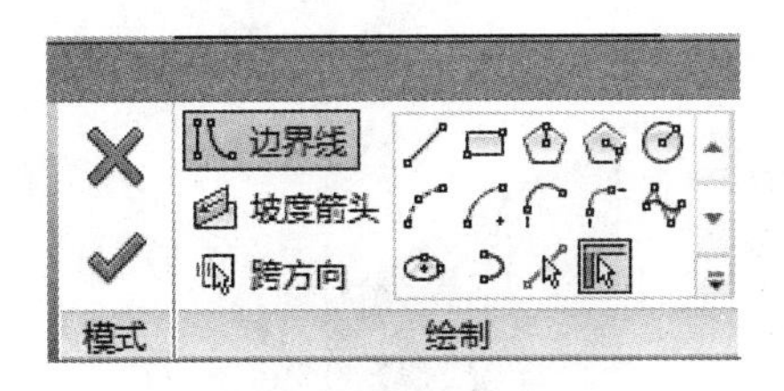

图　17-36

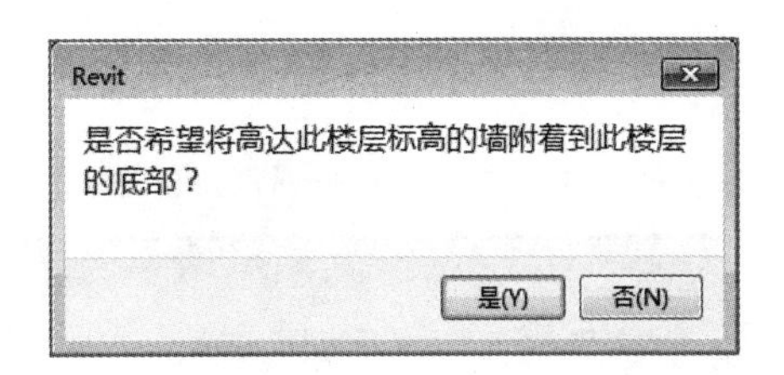

图　17-37

6）按两次 <Esc> 键，取消选择。

17.7 绘制屋顶

1）在【项目浏览器】中打开【楼层平面：Roof　Level】视图。

2）在【建筑】选项卡下【构建】面板中，选择【屋顶】下拉菜单中的【迹线屋顶】，如图 17-38 所示。

3）在【属性】面板类型选择器中选择屋顶类型为【基本屋顶 Concept-400mm】，如图 17-39 所示。

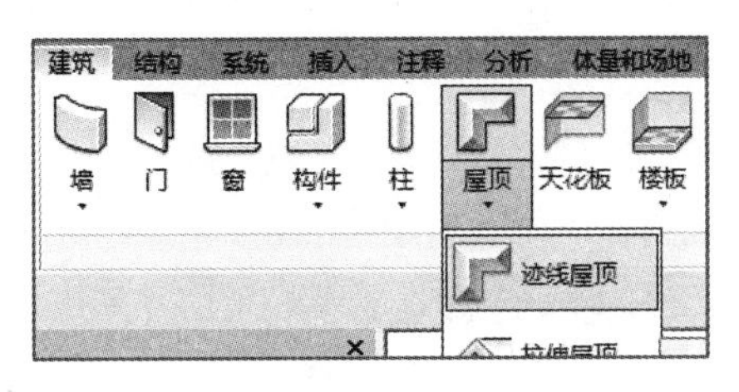

图　17-38

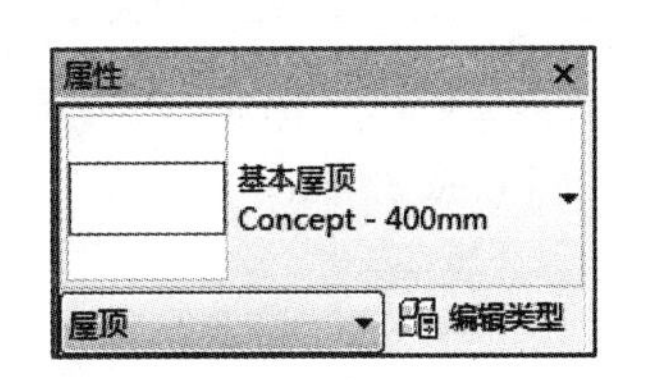

图　17-39

4）在选项栏处设置参数，如图 17-40 所示。

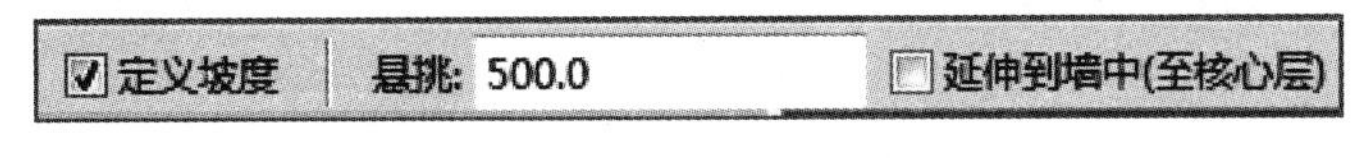

图　17-40

5）在【绘制】面板中选择【拾取墙】，如图 17-41 所示。

6）选中四面外墙，添加屋顶（图 17-42），单击【完成编辑模式】生成屋顶；在弹出的对话框中选择【是】（图 17-43），将外墙与屋顶连接。

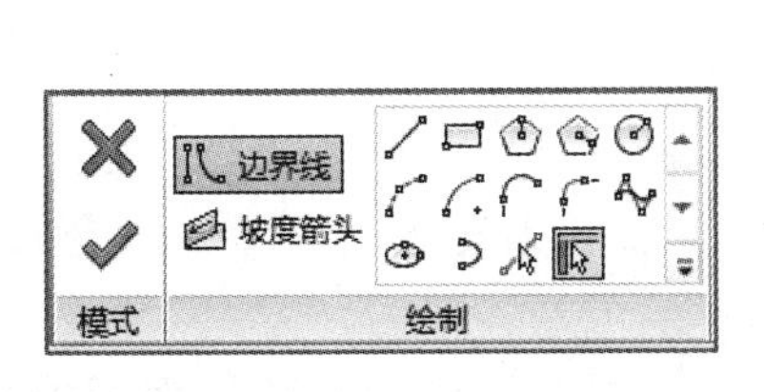

图　17-41

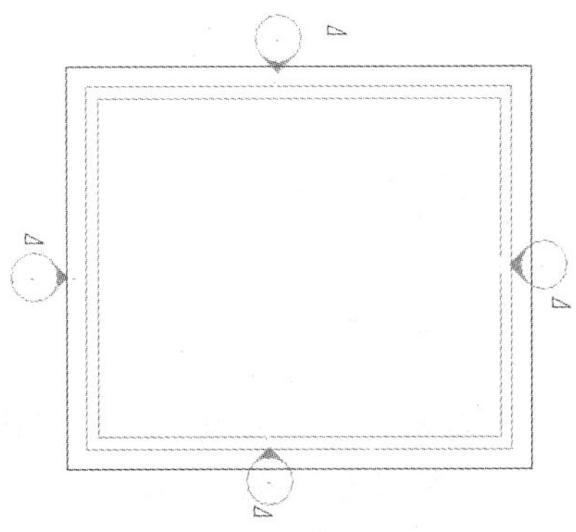

图　17-42

7）在【项目浏览器】中打开【三维视图：3D】视图观察模型，如图 17-44 所示。

图　17-43

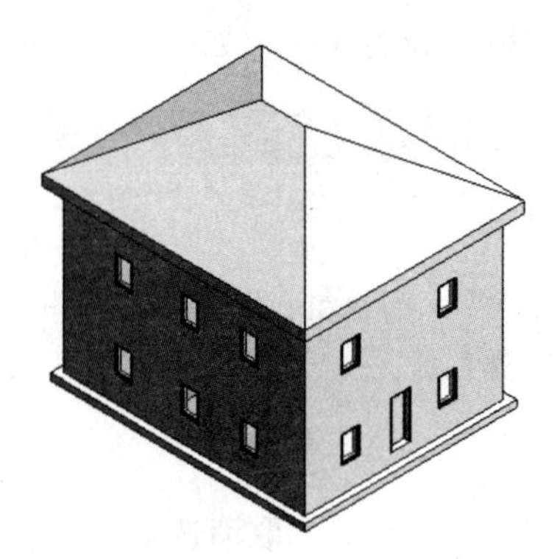

图　17-44

17.8 绘制天花板

1）在【项目浏览器】中打开【天花板平面：Ground Floor】视图，如图 17-45 所示。

2）在【建筑】选项卡下【构建】面板中，选择【天花板】，如图 17-46 所示。

图　17-45

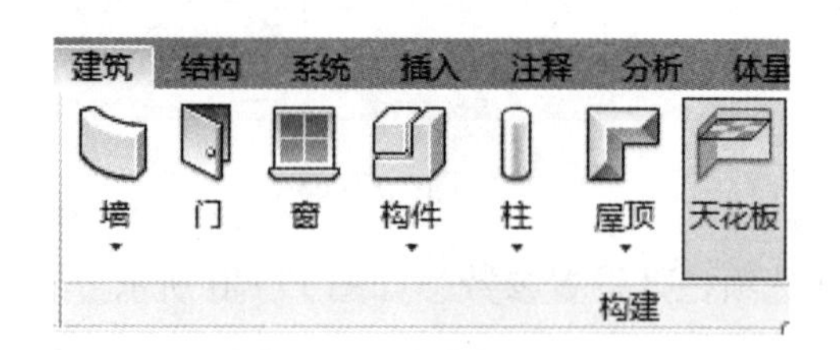

图　17-46

3）在【属性】面板类型选择器中，选择天花板类型为【复合天花板 Concept-600 × 1200mm grid】，如图 17-47 所示。

4）在【修改|放置天花板】选项卡下【天花板】面板中，选择【自动创建天花板】（图 17-48），在每个房间内部进行单击，添加天花板，如图 17-49 所示。

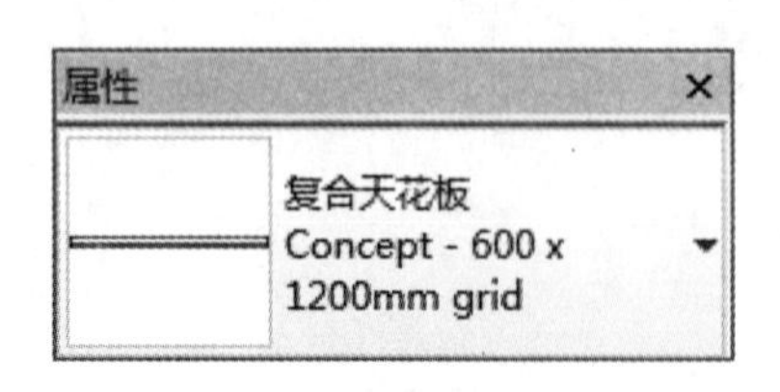

图　17-47

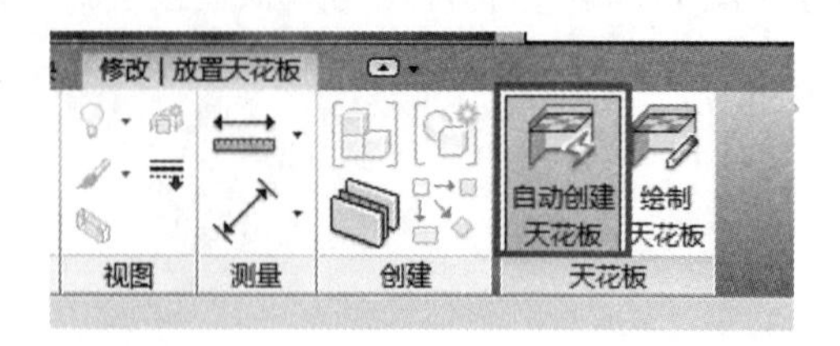

图　17-48

注意：在墙的内表面上方移动光标，会出现一道红线，表示天花板的边界。天花板一经放置，Revit会自动将顶棚镶板对齐至最佳位置。

5）在【项目浏览器】中打开【天花板平面：First Floor】视图。在【构建】面板中选择【天花板】（确保天花板类型为【复合天花板 Concept-600 × 1200mm grid】）。在四面外墙的内部单击，创建天花板，如图 17-50 所示。

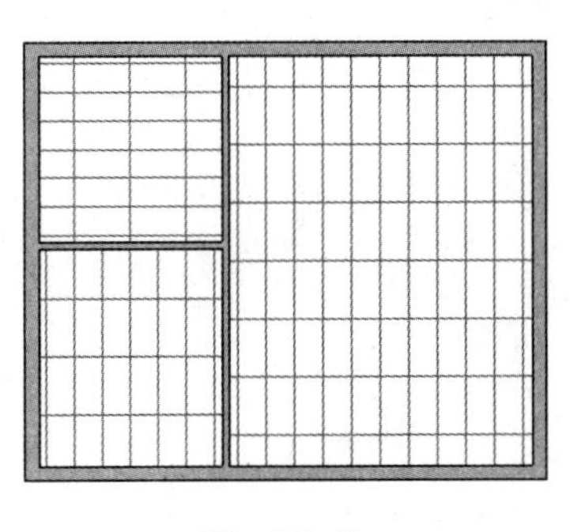

图　17-49

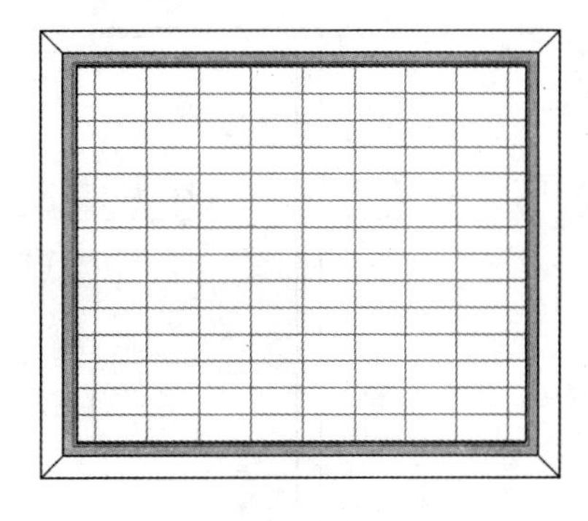

图　17-50

17.9 设置房间

1）在【项目浏览器】中打开【楼层平面：Ground Floor】视图。

2）在【建筑】选项卡下【房间和面积】面板中，选择【房间】，如图 17-51 所示。

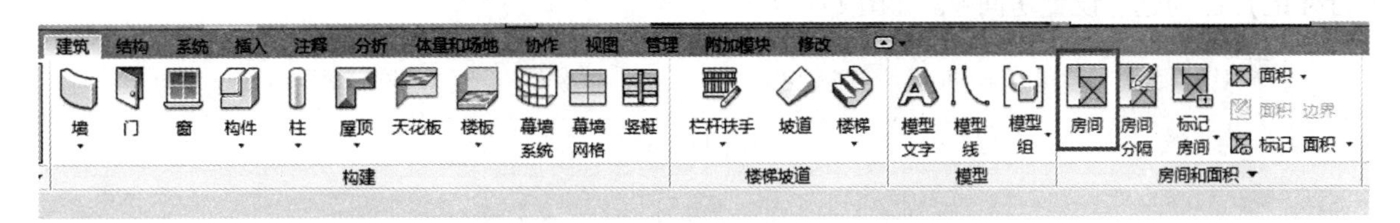

图　17-51

3）在选项栏中设置参数，如图 17-52 所示。

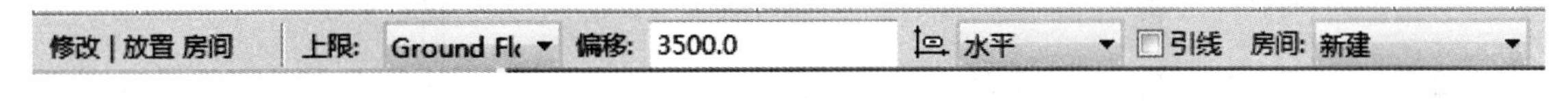

图　17-52

4）确保【标记】面板中的【在放置时进行标记】已勾选，如图 17-53 所示。

5）在房间内部单击，进行房间设置。首先在左边最上方的房间处单击，生成房间 1，如图 17-54 所示。然后设置房间 2 和 3，如图 17-55 所示。

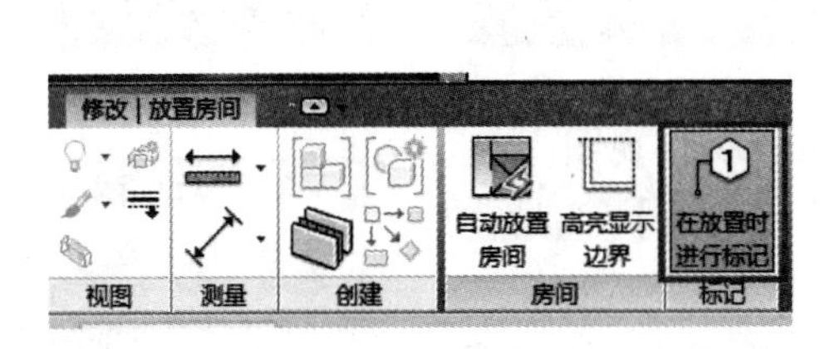

图　17-53

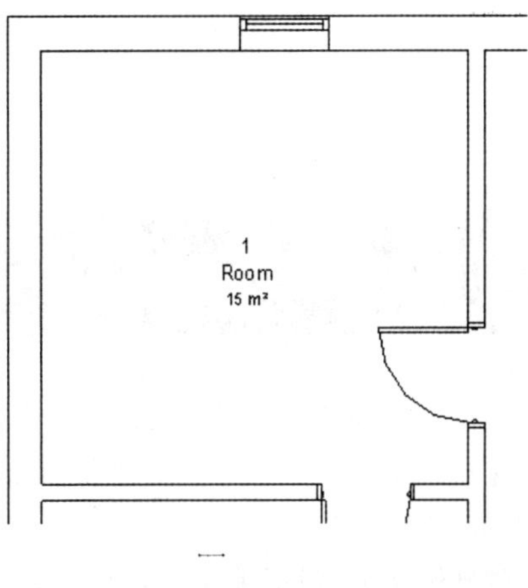

图　17-54

6）在【项目浏览器】中打开【楼层平面：First Floor】视图。在【建筑】选项卡下【房间和面

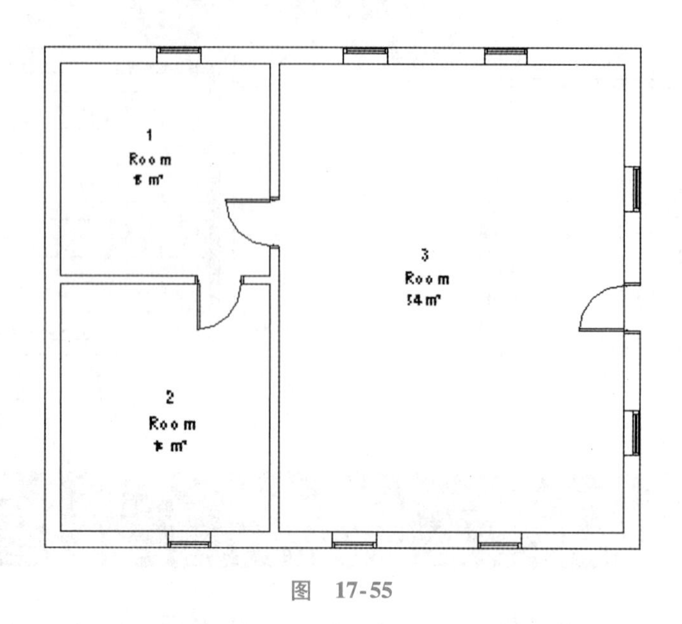

图 17-55

积】面板中，选择【房间】。修改选项栏中参数，如图 17-56 所示。确认【标记】面板中的【在放置时进行标记】已勾选。设置房间 4，如图 17-57 所示。

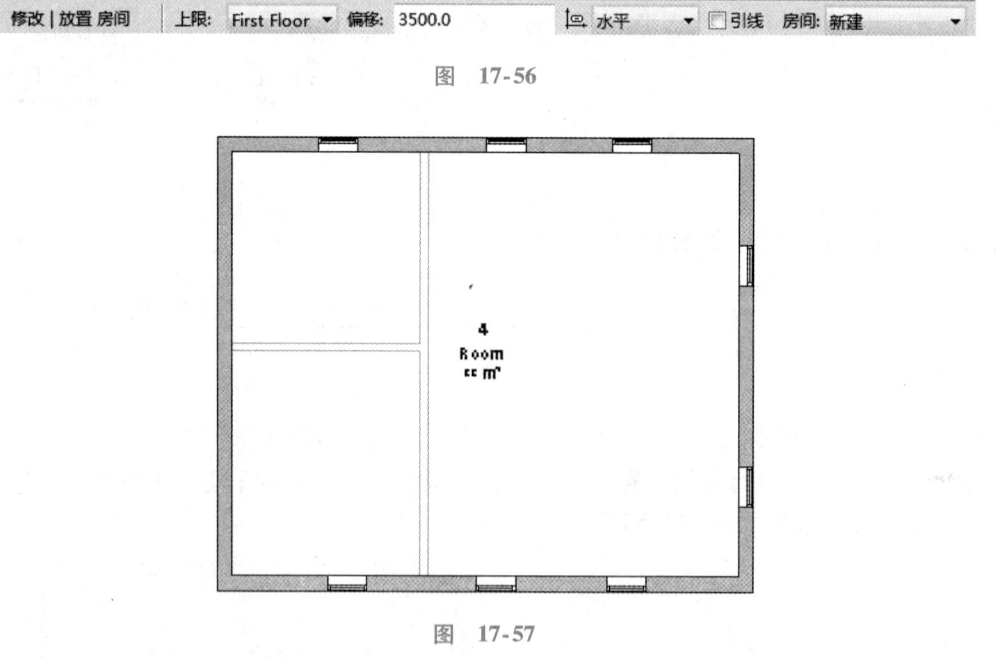

图 17-56

图 17-57

17.10 生成剖面图

1）在【项目浏览器】中打开【楼层平面：Ground Floor】视图。

2）在【视图】选项卡下【创建】面板中，选择【剖面】工具，如图 17-58 所示。

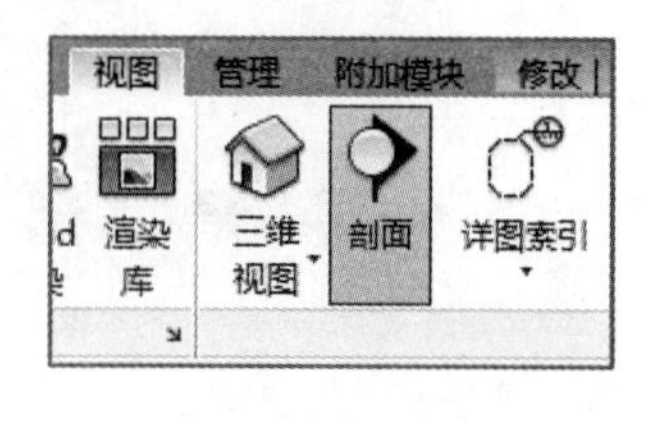

图 17-58

3）在左侧外墙的外面单击，选取的点大约定在建筑的中心处（确定起点）。向右平移光标，穿过右侧外墙到达外部，单击确定终点，如图 17-59所示。

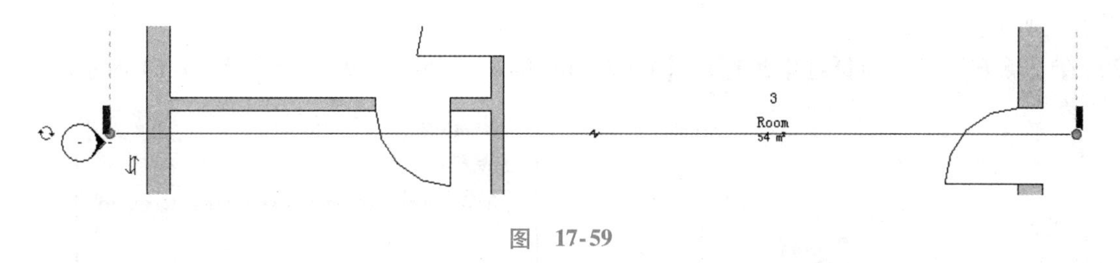

图　17-59

4）这样就沿着建筑的中心点生成了一个横向截面。单击上下箭头处的下箭头向下拉动，调整剪裁平面（截面深度）的大小，如图 17-60 所示。连续按两下 <Esc> 键取消选择。

5）在【项目浏览器】中打开【剖面：Section 0】视图。在剖面视图的【属性】面板中，向下滚动鼠标，在【范围】选项栏中取消勾选【剪裁区域可见】，如图 17-61 所示。

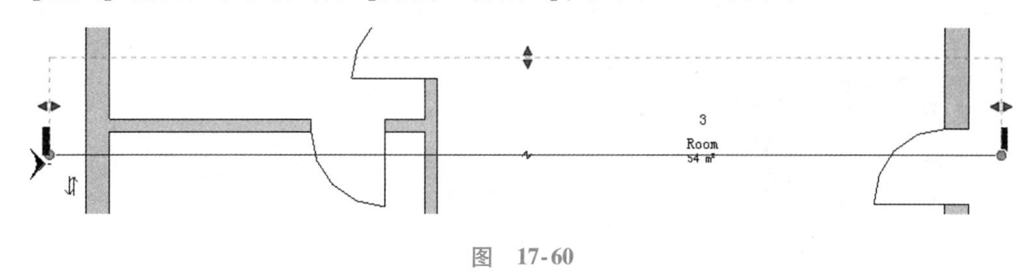

图　17-60

6）单击【应用】按钮，视图周围的边框就隐藏起来了，如图 17-62 所示。

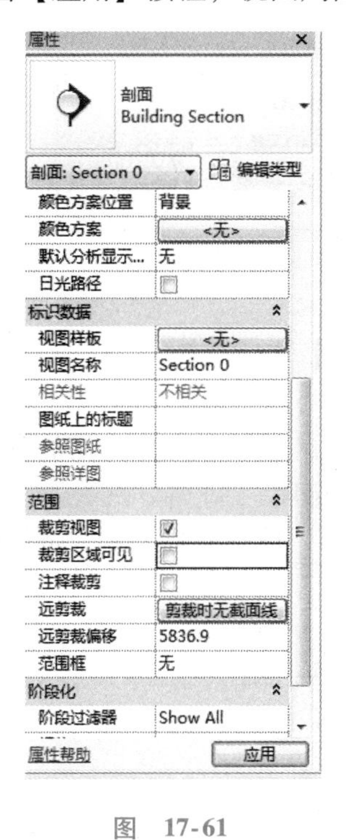

图　17-61

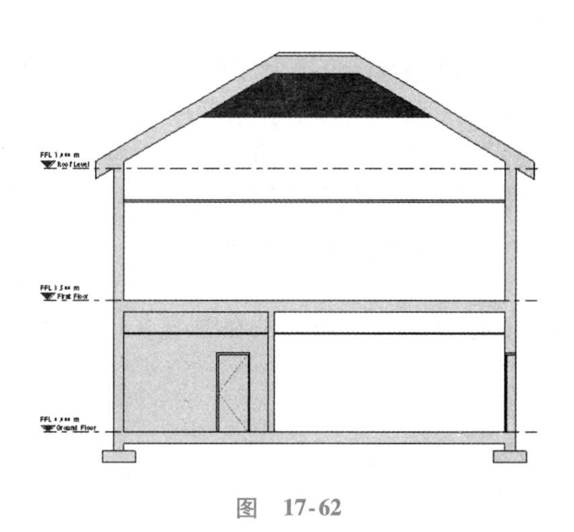

图　17-62

注意： 设置模型视图时，同时勾选【剪裁视图】和【裁剪区域可见】会很有帮助。可以通过调整裁剪范围框，使视图达到要求时再次把它们关闭即可（尤其在图纸上把视图描绘出来之前）。

17.11 创建图纸

1）在【项目浏览器】中选择【图纸】，单击鼠标右键，在弹出的快捷菜单中选择【新建图纸】，

如图 17-63 所示。

2）在【新建图纸】对话框中，选择【WFP Titleblock-2015-A1_Wilf】，如图 17-64 所示。

图 17-63

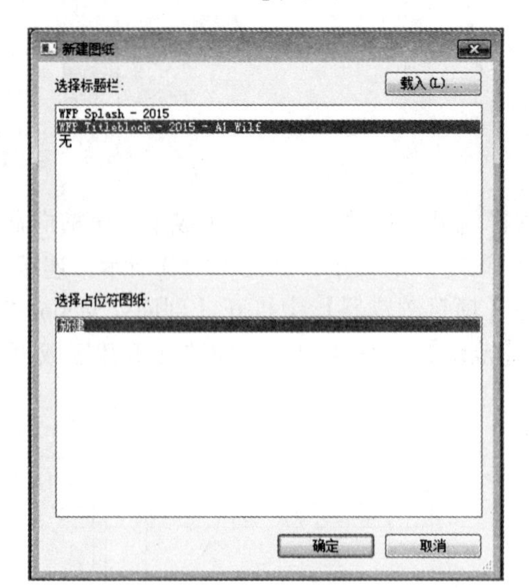

图 17-64

3）单击【确定】按钮，关闭对话框。

4）在场景视图中单击 White Frog 工程明细表，如图 17-65 所示。

00 - Introduction to Revit	未命名 RAC 2015-21	Modular Training Programme White Frog

图 17-65

5）检查视图类型是否已选择为【WFP Titleblock-2015-A1_Wilf】。

6）在【属性】面板下【图形】选项栏中，勾选【Centerline ON】和【Border ON】，如图 17-66 所示。**注意：**虽然不一定是必须的，但在图纸上放置视图和表格时，这样可以提供有用的参考。如果不想在图纸的终稿上看到中心线和边线，记得要再次取消勾选这两个选项。

7）在【项目浏览器】中选中【楼层平面：Ground Floor】视图，按住鼠标左键，将该图拖曳至图纸中。

8）将【Ground Floor】平面图放在图纸左下角的位置，如图 17-67 所示。

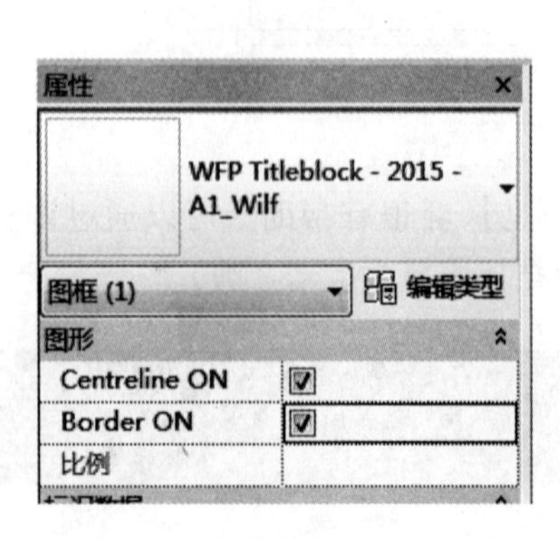

图 17-66

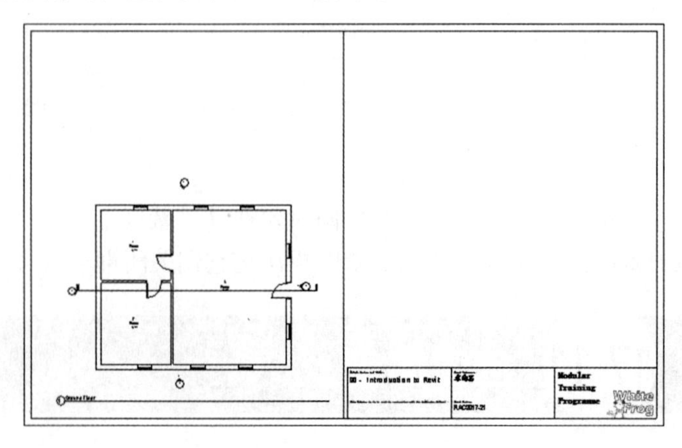

图 17-67

9）重复上述步骤，将【First Floor】平面图和【Section 0】剖面图拖曳至图纸中，如图 17-68 所示。

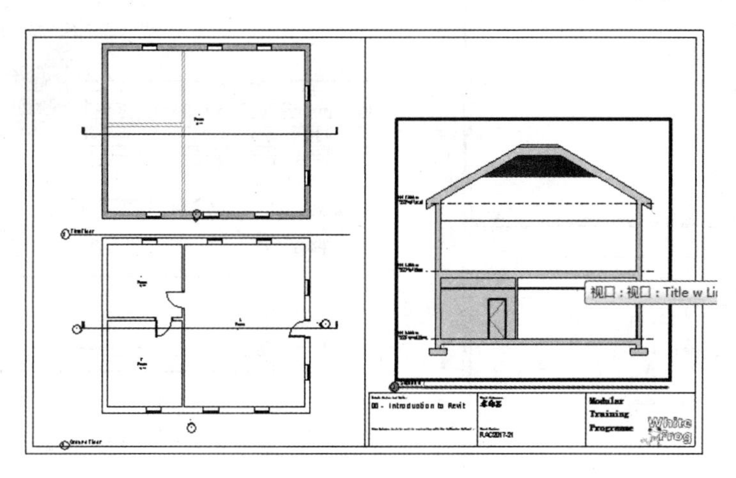

图 17-68

注意：在图纸中移动视图的过程中，会看到一些蓝色虚线，这些线只是暂时出现，有助于将视图和表格进行对齐。

10）在【项目浏览器】中展开【明细表/数量】，找到明细表【Room Schedule】并单击选中，将【Room Schedule】拖曳至图纸中，如图 17-69、图 17-70 所示。**注意**：放好进度表后，表中的列宽可以通过左右拖动蓝色的倒三角控键进行调节。

图 17-69

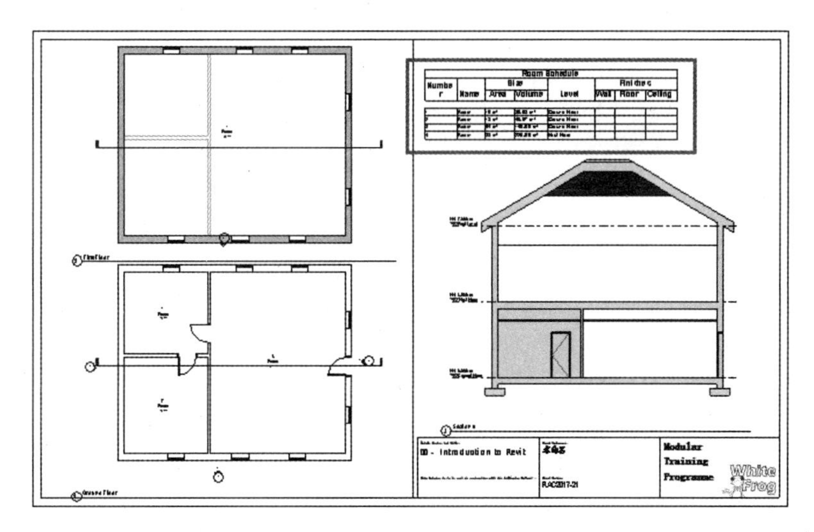

图 17-70

11）单击选中【三维视图：3D】视图并拖曳至图纸中，如图 17-71 所示。

12）单击图纸边框后高亮显示。在【属性】面板中取消勾选【Centerline ON】和【Border ON】，如图 17-72 所示。单击【应用】按钮，完成本单元操作。

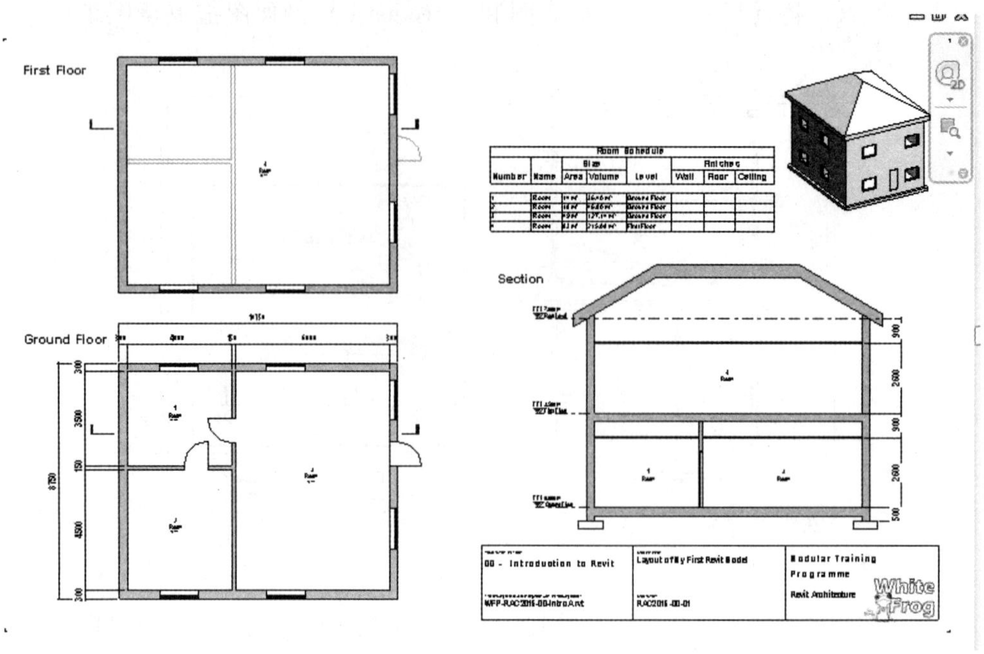

First Floor
Ground Floor
Room Schedule
Section
00 - Introduction to Revit
Modular Training Programme
Revit Architecture
White Frog

图 17-71

属性
WFP Titleblock - 2015 - A1_Wilf
图框 (1)
编辑类型
图形
Centreline ON
Border ON

图 17-72

第3篇

Revit Structure

单元 18
结构项目创建

单元概述

之前我们已经学习了 Revit 的项目范围和视图设置，本单元主要讲解在多专业协同工作背景下，结构项目的设置要点。本章将对不同的空间关系、呈现方式以及为 Revit 模型选择的图示效果进行详细的阐述，探索链接 Revit 模型的方法和一旦链接完成后怎样利用【复制/监视】和【协调查阅】进行控制并管理变化。

单元目标

1. 学习结构设置的要点。
2. 学习结构分析设置入门。
3. 学习链接文件的方式和技巧要点。
4. 了解多专业协调查阅的方法。

18.1 项目设置

18.1.1 项目单位设置

项目开始之前，首先要进行的操作之一就是设置好项目单位。Revit 针对不同的显示格式提供了不同的测量单位，还有数值舍入功能。这些设置控制的是数据在放样、参数和明细表中的表现形式。应该指出的是，这样做并不一定能控制尺寸标注的显示单位，不过显示单位可以和项目单位保持一致，或者不管项目单位如何，可另外重设显示单位。启动方式为单击【管理】选项卡下【设置】面板中的【项目 单位】，如图 18-1 所示。

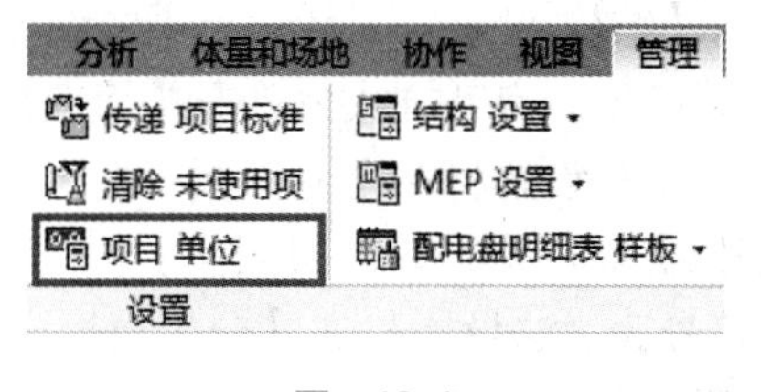

图　18-1

不同的单位及其格式按规程分组（图 18-2），每个单位都对应一个设置选项，用于启动其【格式】对话框，用户在【格式】对话框里可以对【舍入】、【单位符号】等进行设置，如图 18-3 所示。

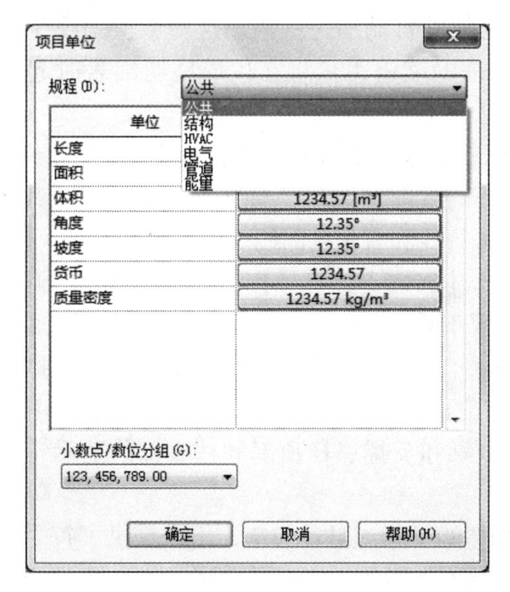

图　18-2

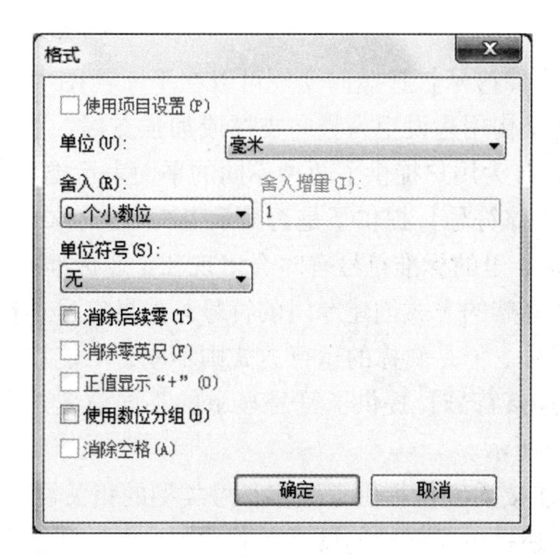

图　18-3

1. 公共单位

打开【项目单位】对话框，在【规程】下拉菜单里可以选择【公共】规程。Revit 将以下单位均视为公共单位：长度、面积、体积、角度、坡度、货币、质量密度。一旦选定单位，项目的整体格式也将设定，当然在尺寸标注、明细表或标签页上显示数据时，格式还可以重设。

2. 结构单位

在【规程】下拉菜单中选择【结构】规程（图 18-4）。因为 Revit 的数据可以链接到结构分析程序，所以尽早考虑到分析格式的种类和供审核的设计文件的单位很重要。用户可以为某个特定场景或项目类型进行设置和定义，然后将这些设置保存在空白项目中，这样一来，性质类似的新项目也可以使用这些设置，从而节省了时间和成本。

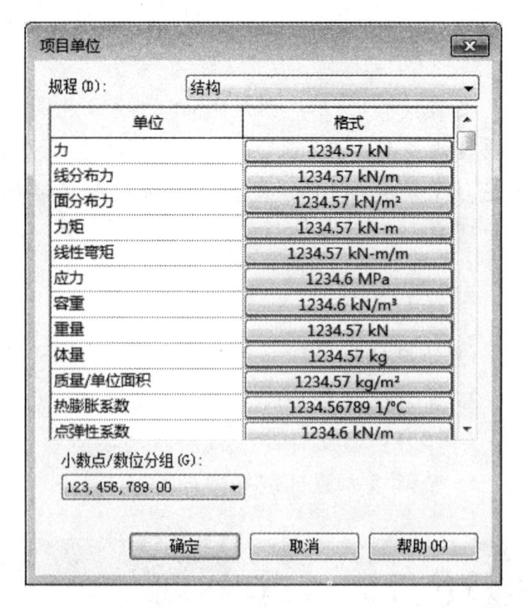

图 18-4

3. 其余选项

在【规程】中还包括【HVAC】【电气】【管道】【能量】选项，主要为 Revit MEP 的单位设置规程，这会在第四篇中做详细讲解。

18.1.2 结构设置

【结构 设置】对话框提供的设置可以应用于大多数结构图元，实现对图示和特定规程下的对象的精确控制。启动方式为单击【管理】选项卡下【设置】面板中的【结构 设置】，如图 18-5 所示。

很多设置将在企业模板中定义好，所以做出任何改动之前应该先告知相关的 BIM 协调员。决定对象外观的两个主要选项卡是【符号表示法设置】和【分析模型设置】，其他的标签设置的是和工程相关的数据。

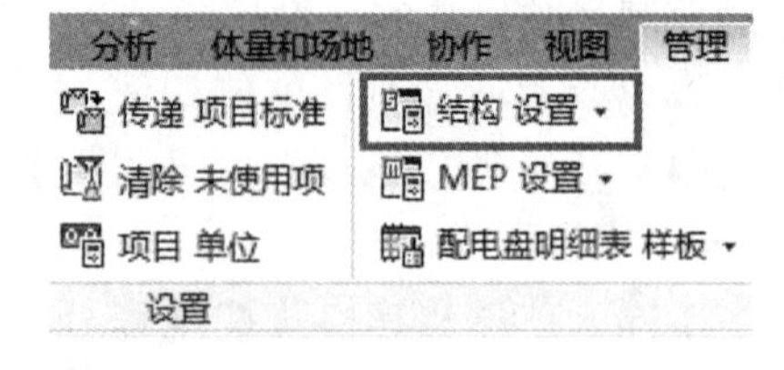

图 18-5

1. 符号表示法设置

在【符号表示法设置】选项卡中，包括【符号缩进距离】【支撑符号】【连接符号】【连接类型】等，如图 18-6 所示。

【符号缩进距离】设置好数值后，可规定不同构件之间的自动缩进距离。这些数值均属于全局设置，会影响到项目里所有的支撑、梁、桁架和柱。其中柱的缩进距离将在生成柱明细表时起到重要作用。

【支撑符号】让竖向支撑可以在平面视图中使用，以表示位置和设计状态。如图 18-7 所示，如果图元的结构用途设定为竖向支撑或加强支撑，就可以在平面视图上应用竖向支撑的符号。针对竖向支撑，Revit 为用户提供了两种不同的平面表示类型选择：平行线和有角度的线。

【支撑符号】提供了是否显示上/下方支撑的选项以及【加强支撑符号】的设置。需要强调的一点是：Revit 里的标准符号有时会出现和企业标准或市场要求不符的情况。在这种情况下，可以通过创建通用注释族的方式创建专门的符号。如果符号不符合要求，可以通过取消勾选显示上/下方支撑的方式关闭符号。但是斜撑的运行方式则不同，不能在上方或下方两种设定之间来回切换。

【连接符号】提供了符号显示的不同位置选项，例如梁和支撑、柱顶部和柱底部的显示符号。如图 18-8所示。

【连接类型】提供了更多符号类型的相关设置。例如弯矩框架或悬臂力矩，不仅提供了符号类型的选择，还提供了新建连接类型的选项。在默认情况下，Revit 分别使用实心三角和空心三角描绘弯矩框架或悬臂力矩，和前文所述的支撑符号类似，同样可以创建专门的符号以满足需求。柱体有三种连接

图　18-6

类型可选：剪力柱连接、力矩柱连接、柱脚底板符号。用户可以自行创建符号并运用，但需要注意的是，一个项目里最多只能有两种顶部连接和一个底部符号。

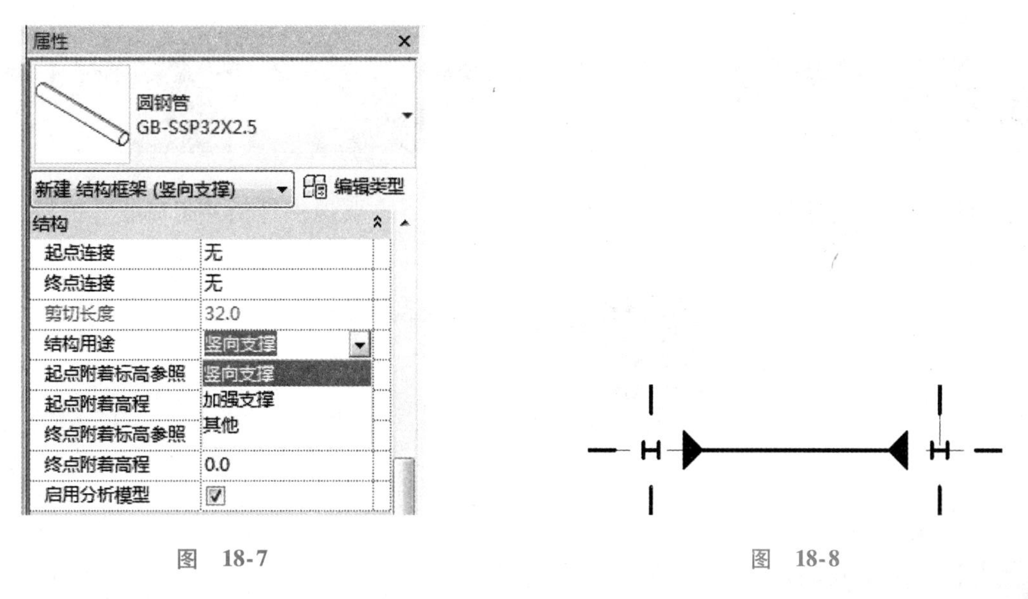

图　18-7　　　　　　　　　　　　　　图　18-8

以上所有设置控制的是结构框架的连接类型的符号显示，只有将【详细程度】设置成【粗略】并且应用连接后才可见。

2. 分析设置

除了【符号表示法设置】,【结构设置】对话框中其余的选项卡主要为项目的分析设置选项。如果想利用模型链接到分析软件，那么在该阶段应该充分考虑到分析的要求。在 Revit 中可以直接应用载荷，所以必须全面了解【荷载工况】【荷载组合】【分析模型设置】【边界条件设置】，如图 18-9 所示。

结构设置
符号表示法设置 荷载工况 荷载组合 分析模型设置 边界条件设置
自动检查
☐构件支座(M) ☐分析/物理模型一致性
允差
支座距离(S): 300.0
分析模型到物理模型的距离(P): 150.0
分析自动检测 - 水平(A): 300.0
分析自动检测 - 垂直(A): 300.0
分析链接自动检测(A): 300.0
构件支座检查
☑循环参照(C)
分析/物理模型一致性检查
☑分析模型的连通性(A)
☑分析模型是否向远离默认位置的方向调整(N)
☑分析梁和楼板是否重叠(L)
☑随释放条件的不同而可能出现的不稳定性(P)
☑分析模型是否在物理模型之外(T)
☐物理材质资源是否有效(P)
分析模型的可见性
☑区分线性分析模型的端点(D)
确定 取消 帮助

图 18-9

18.2 链接文件

链接文件是 Revit 进行多软件之间合作的一个常用手段，主要提供【链接 CAD】【链接 IFC】以及【链接 Revit】，如图 18-10 所示。

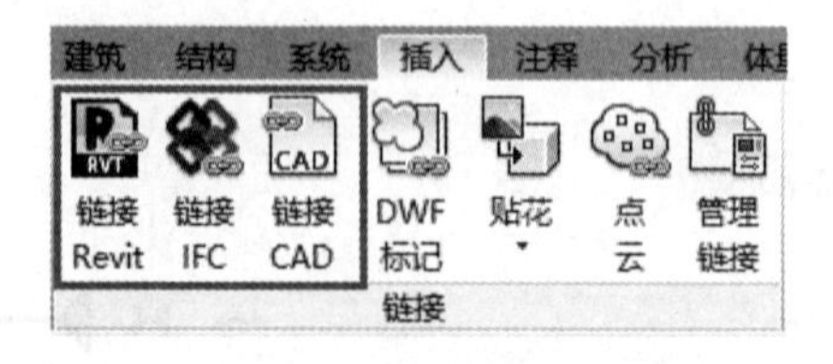

图 18-10

18.2.1 链接 CAD

初始阶段在建模环境中引进外部信息和之前的图纸十分有用。无论是二维还是三维，可以获取信息形成 Revit 图元基础，或留着作为上下文背景资料。

当计划将 CAD 数据并入 Revit 模型时，需要考虑以下几点：

1）CAD 数据可能是 Revit 项目里最大的不稳定源，所以在使用时一定要多加小心。

2）链接 CAD 数据时，切勿将其导入 Revit（不要选择【导入 CAD】）（图 18-11）。

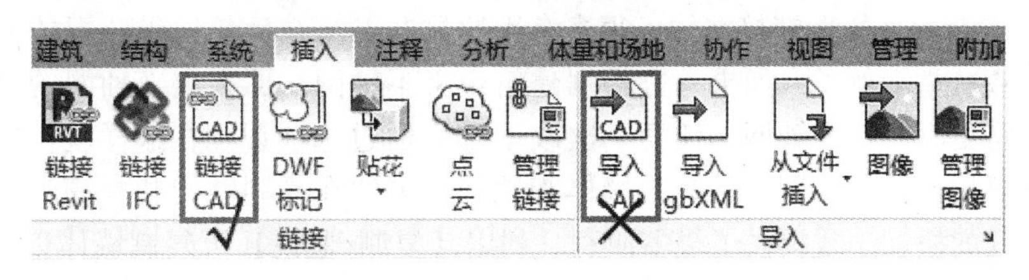

图　18-11

3）在导入 Revit 之前，CAD 文档应当在确认图层清洁后以最恰当的方式打开，这个过程可以把冗余的信息清理掉，去掉实际坐标。

4）CAD 数据在模型中的位置很重要（如引入的平面图要处在恰当的平面，立面图要在正确的面向角度以及信息需要在二维里还是在三维里等）。

链接 CAD 图纸到 Revit 的过程很简单，主要依赖的是 CAD 图纸信息的预期使用目的，所以很多选项都是默认设置。

注意：不要只是简单地在浏览器中打开图纸文件，还要考虑到如图 18-12 所示的设置。如果没有进行正确的设置，导入的信息将受到影响。必须在信息导入前进行设置，这样操作也容易撤销。

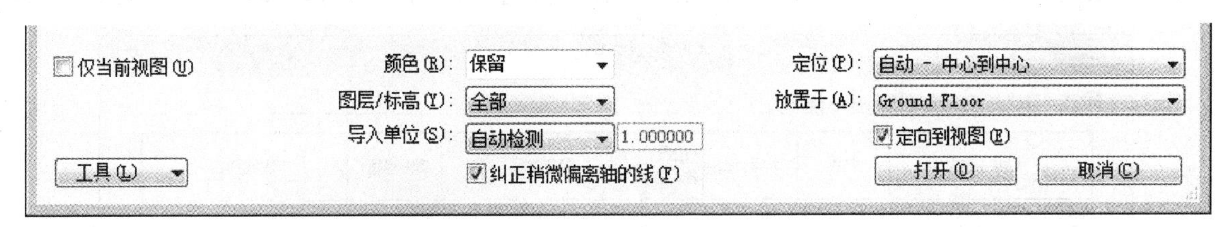

图　18-12

和视图相关的每个选项都很重要，在这个阶段尤其值得一提的是【仅当前视图】复选框，决定着导入的数据是二维视图还是三维视图（如果要提取地形信息、创建地形、请不要勾选此选项）；如果知道文档的单位，就需要完善【导入单位】下拉列表，因为自动检测功能依赖于 CAD 文档的正确建立。一旦在多个 Revit 文件之间建立起共享坐标，坐标位置就变得十分重要。

可以把 CAD 格式里的现有细节表达引进项目，表示之前建立或通过的较为复杂或典型的细节，不过这个操作和 BIM 原理相悖。这样做忽略了协同建模的很多优势，而且信息也变得呆板，但为了方便，这样操作很有必要。最好在后续工作中将这些细节逐个替换成 Revit 的版本，因为 Revit 的版本和 BIM 的操作环境关联性更高，互动性更强。但是期望有一个通用的项目会支持修改，或者在项目里使用 Revit 之前就把细节替换成 Revit 版本，都是不现实的。

18.2.2　链接 IFC

当不同软件之间进行多专业协同合作时，国际标准的 IFC 文件将会发挥重要作用。Revit 可以将其他软件生成的 IFC 文件链接引入，并进行后续的工作。

18.2.3　链接 Revit

通常情况下，项目开始时要生成建筑专业模型，为结构专业模型打好基础。根据默认设置，链接的模型在所有视图中均可见，而且在模型中数据对象将一直保持不可编辑的状态。可以像数据对象在现场模型中一样，根据类别控制图形设置，还可在场地模型中关闭或启动图形设置，而且不受同一类

别的限制（例如可以关闭补充模型中的地板，而在自己的模型里保留地板）。根据默认设置，只有三维形体在引入时带链接，但是可以在链接里选择显示和视图相关的设置以及信息。甚至在大型的多规程组里，各种风格的建筑都在组内部完成时，Revit 模型仍然保持独立数据对象状态，根据链接的形式联系在一起，共享一个坐标系统，以管理相对位置和场地。

【复制/监视】能有效地提取链接文件，很多有用的数据以及之后任何受监视的数据的变动能保持两个模型的协同一致。举个例子，如果一方根据建筑定义了轴网，那么定义轴网的操作可复制到其他模型，每次链接都将更新、检查轴网，任意一次改动都可通过选项识别，这样就可选择匹配修改，接受差值。这个流程可用于复制轴网、标高、墙体和地板，虽然在复制轴网和标高时有很多限制，但该操作还是为图元之间的协同一致提供了很多便利。利用【复制/监视】可复制墙体以承接墙上构件，这个方法虽然很有用，但是图元的所有权是个问题，相关方应该经过讨论后就墙体的所有权问题达成共识。

在链接 Revit 模型时，有以下几点值得注意：

1）如果对要链接的模型上运用了协作模式，在模型文件里禁止该功能可避免出现协作分工中所有权的相关问题（最好和模型设计者就输出模型的规格达成共识，确保模型完工后满足要求）。

2）起初用【自动-原点到原点】作为定位系统而不是默认的【自动-中心到中心】，直到建立认可的通用的坐标系统。

3）创建三维视图，视图【规程】设置为【协调】，以便查看左右链接数据。

4）利用【可见性/图形替换】控制想查看的信息和方式。

当两个规程模型之间建立起链接后，可通过【管理连接】对话框（图 18-13）维护并管理链接。

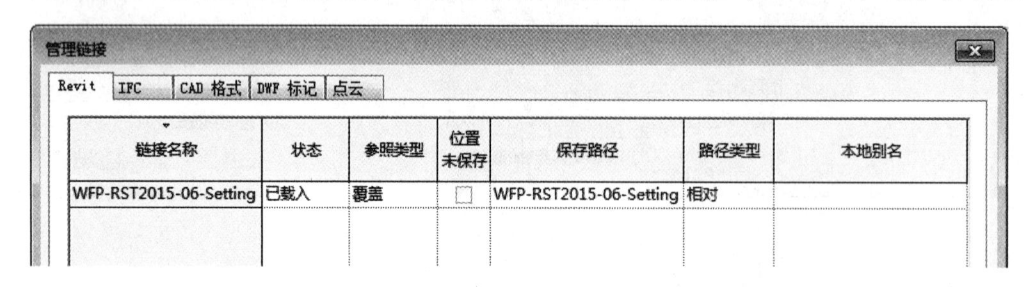

图 18-13

每次模型重新加载后，要检查有没有改动，每次都会跳出警告对话框强调对受监视图元所做的修改。如果不能解决这个问题，就会造成模型不协调。关闭警告对话框后，警告将不再重复出现。可利用【协调查阅】（图 18-14）检查对受监视图元所做的改动。

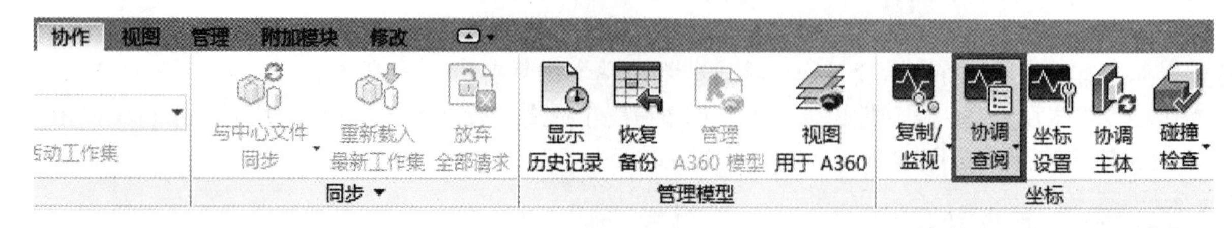

图 18-14

检查的变动有：

1）受监视的图元是否被改变、移动或删除。

2）是否在墙体或地板等受监视主体图元上添加、移动、改变、删除开口等图元。

一旦发生修改，就会触发警告，检查警告后，可采取以下任一步骤解决问题：

1）推迟：一旦选定推迟，每次打开文件或重新加载文件，Revit 都会出现警告，直到重新选择优先权。

2）拒绝：一旦选定，在注释区将出现恰当描述，解释拒绝的原因，接下来将进行协调性查阅。

3）接受差值：如果改动并没有给当前设计带来值得探讨和检查的大影响，就可选择该选项。

4）修改：一旦选定修改选项，Revit 将根据新的要求修改图元。

当协调性检查启动后，可以建立一个网页报表，保存所有改动、操作和相关评论的记录，或者和团队其他成员进行沟通，也可以在 Excel 中打开网页文件，改进并组织信息。

18.3 单元练习

本练习通过链接 Revit Architecture 模型到 Revit Structure 模型以及监视模型变化的实例来学习如何链接 Revit 模型，同时了解多专业协同设计中的注意要点。

18. 3. 1 进行基本设置

1）打开起始文件 WFP-RST2015-018-SettingsA. rvt。

2）在【项目浏览器】中选择【立面：East】视图。

3）在【属性】面板【规程】中选择【协调】（这一步将确保视图在所有规程里都可显示图元），如图 18-15 所示。

18. 3. 2 把 Revit Architecture 模型链接到当前项目

1）在【插入】选项卡下【链接】面板中选择【链接 Revit】。

2）在【导入/链接 RVT】选项卡中选中模型文件 WFP-RST2015-06-ArchitectModelA. rvt，【定位】设置为【自动-原点到原点】，单击【打开】按钮以在立面图查看链接模型，如图 18-16 所示。

图　18-15

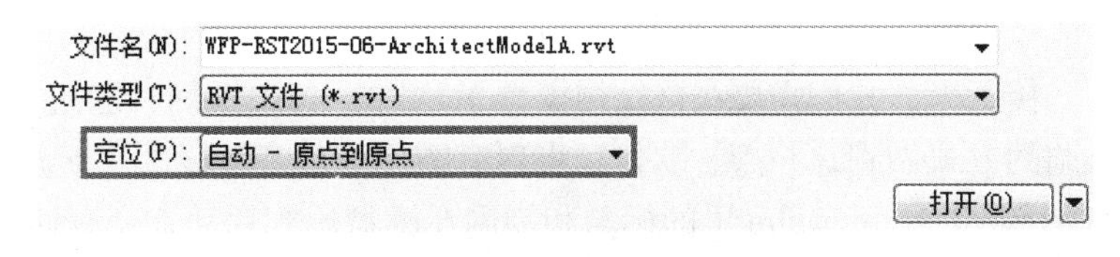

图　18-16

3）在【项目浏览器】中打开【三维视图：View 1-Analytical】，然后在【属性】面板中将【规程】设置为【协调】，得到如图 18-17 所示的模型。

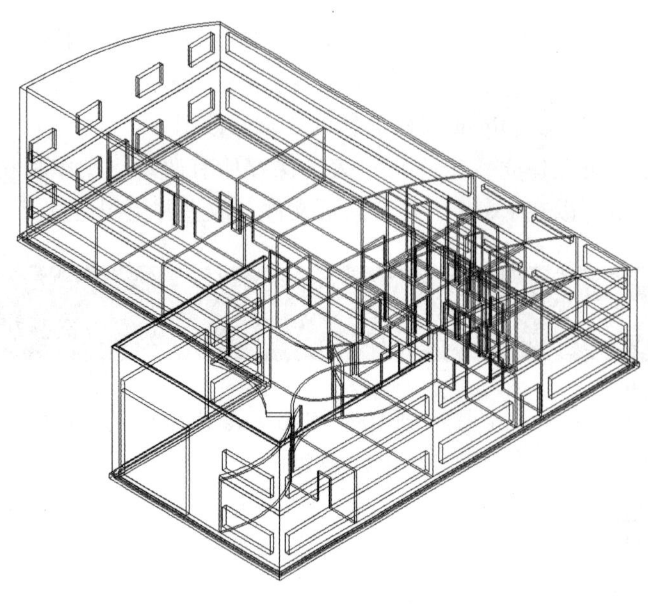

图 18-17

18.3.3 复制标高到结构模型并启动监视，在建筑【First Floor】层标高和结构【Level 1】层标高之间建立联系

1）在【项目浏览器】中打开【立面：East】视图。很难区分建模图元和代表轴网和标高的图元，所以创建一个视图，用半色调显示建模图元，这将会很有帮助。

2）在【属性】面板中将【显示模型】设置为【半色调】。可以看到，在该立面图里，和建筑模型一起引进的还有多个标高和轴网。在图 18-18 中，左边为建筑模型标高，右边的标高则属于活跃的结构模型。

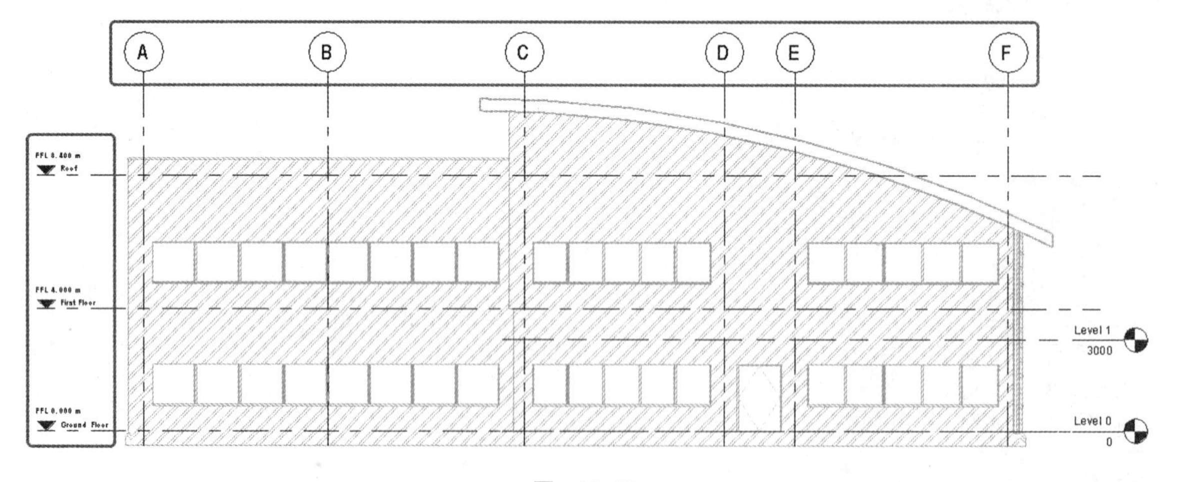

图 18-18

接下来，我们需要在该结构模型里建立标高和轴网，通过复制或检测建筑模型里相同的图元，用协调的方式做到这一点。首先，将现有的标高对齐链接的建筑模型的标高，在不同规程之间建立联系，如果 Revit Architecture 里的标高和轴网在模型后续变动，会有通知出现。在没有对齐的标高之间也可建立联系，比如建筑模型显示完成地板标高，结构模型显示钢结构标高或钢结构顶面。但是在本练习中，为了降低难度，复制的标高都处在同样的立面图中。

3）利用【修改】选项卡下【修改】面板中的【对齐】，首先拾取建筑模型的【First Floor】层标高，然后拾取标高【Level 1】，将其移动至【First Floor】层标高的位置（无须锁定挂锁）。无须统一所有的标高名称，虽然在实际操作中，这样做便于项目协调。在本练习中，我们将保持现在的命名方式，让讲解更简单易懂。

4）在【协作】选项卡下【坐标】面板中，选择【复制/监视】下拉菜单中的【选择链接】（图 18-19）。

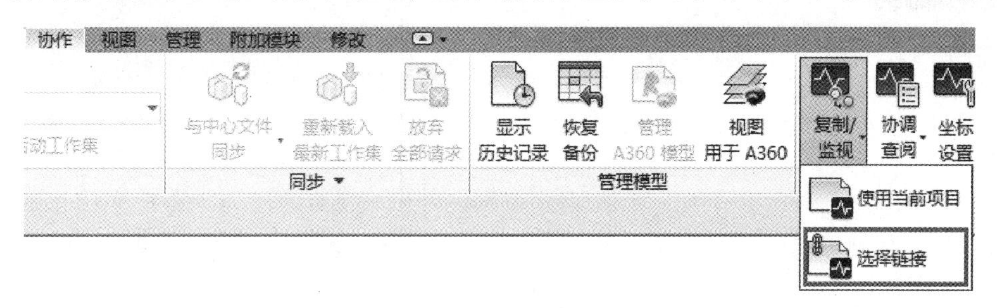

图　18-19

5）拾取活跃视图上链接的建筑模型的任意一部分，选定草图区域的模型，然后单击【复制/监视】选项卡。

6）在【复制/监视】选项卡下【工具】面板中，选择【监视】（图 18-20）拾取标高【Level 0】和标高【Ground Floor】，建立联系。

注意：拾取的顺序不重要。图元受到监视后，将出现相应的符号表示这种关系。

图　18-20

7）重复上述步骤，将标高【Level 1】和标高【First Floor】联系到一起。

8）继续在【复制/监视】选项卡下【工具】面板中选择【选项】以打开【复制/监视选项】对话框。此步骤只为了解相关可选设置并不做任何修改，这对话框中包括【复制/监视】里与复制功能相关的设置，这里需要提前定义【复制】工具的工作方式，例如是重复利用还是创建新的，是否要为标高和轴网的命名规范定义前后缀等，如图 18-21 所示。

9）了解完成后，单击【取消】按钮以关闭【复制/监视选项】对话框。

10）在【复制/监视】选项卡下【工具】面板中选择【复制】。

11）选定【Roof】标高，复制到结构模型（勾选选项栏上的【多个】可一次性选定多个标高）。

注意：如图 18-22 所示，在该阶段标头是黑色的，因为这个过程并没有生成平面图，而且标高的程度要和复制的建筑标高相匹配，而不是和之前活跃的结构模型的现成标高相匹配。这些问题将在作业流程阶段解决。

12）单击【复制/监视】选项卡下【复制/监视】面板中的【完成】按钮以完成复制。

注意：为保持一致，将遵循之前的命名规则，对新复制创建的【Roof】标高进行重命名。因为修改图元受监视，所以该操作会触发警告，但不会影响检测。调整标高线长，以匹配标高【Level 0】和【Level 1】，这个操作不会触发警告，因为不会影响到受监视的标高的表现。

13）如图 18-22 所示，拾取黑色的【Roof】标高，单击标头上的“Roof”，将其重命名为标高【Level 2】，可以忽略并关闭警告。

14）调整标高线长的方法有很多，最快速的方法是当标高仍然处于被选中状态时，单击鼠标右键，在弹出的快捷菜单中选择【全部实例】→【在整个项目中】，然后再用鼠标右键单击任意标高线，在下拉菜单中选择【最大化三维视图】。

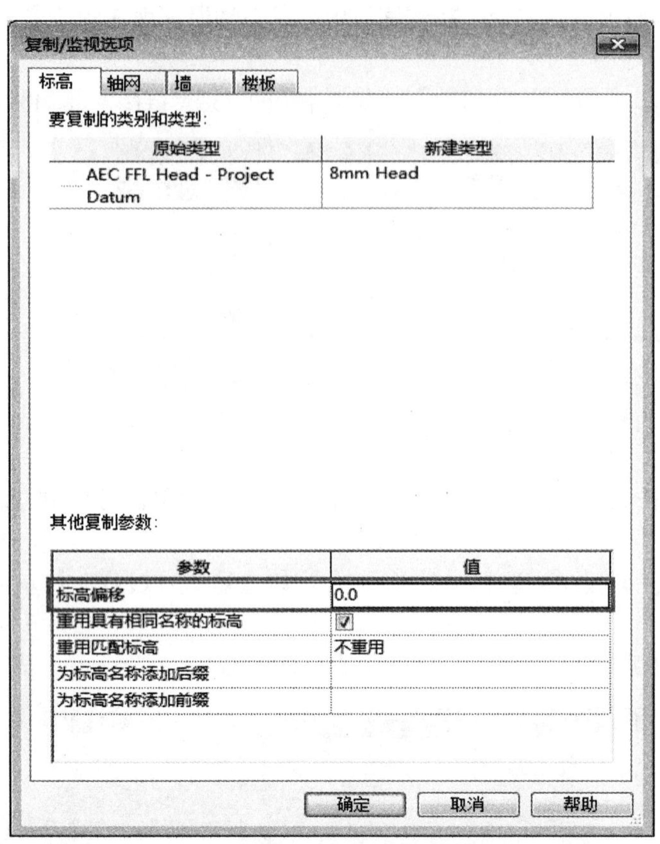

图 18-21

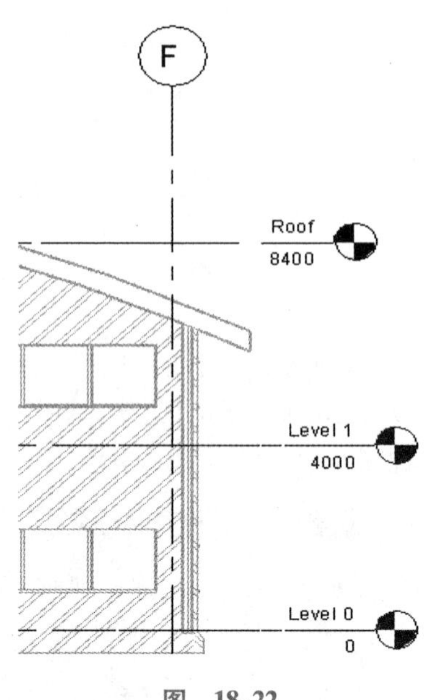

图 18-22

18.3.4 为新建标高创建平面图

1）在【视图】选项卡下【创建】面板中选择【平面视图】下拉菜单中的【结构平面】（图 18-23）。

2）在弹出的对话框中，确保【类型】选择为【Structural Plan】，选中标高【Level 2】，单击【确定】按钮创建视图，如图 18-24 所示。

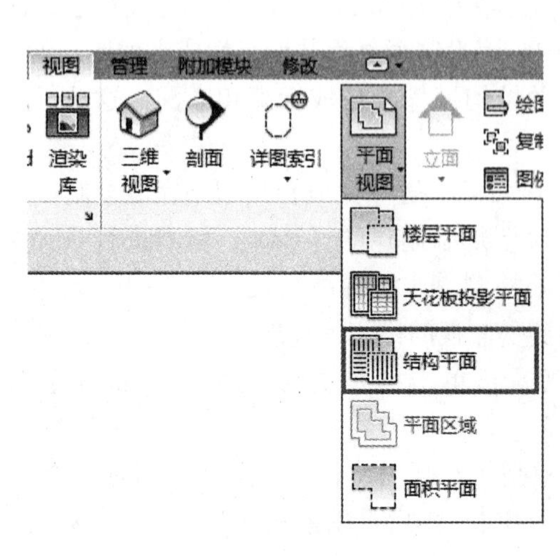

图 18-23

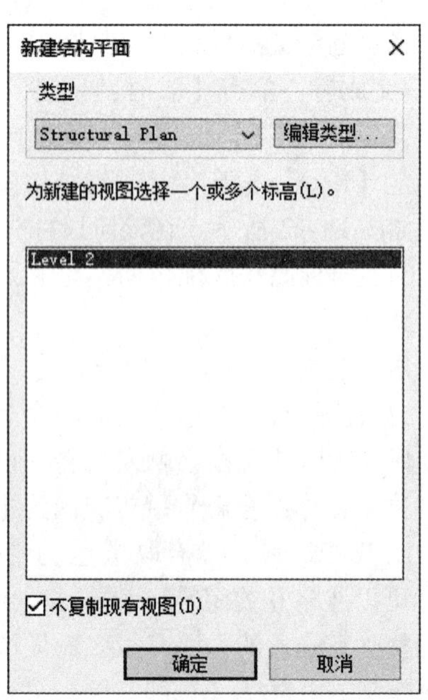

图 18-24

18.3.5 复制轴网

现在用【复制/监视】将建筑文件里的轴网复制到模型中。虽然这种操作和常规的作业流程相悖（因为轴网通常由结构组而非建筑组定义），但是工作原理没变，这种操作很实用。

1）在【项目浏览器】中打开【结构平面：Level 0】视图。

2）在【协作】选项卡下【坐标】面板中，选择【复制/监视】下拉菜单中的【选择链接】。

3）选定草图区链接建筑模型，单击【复制/监视】选项卡。选择【工具】面板中的【复制】，在【选项栏】里勾选【多个】。

注意：现在有两组【完成】和【取消】按钮，选项栏上的一组用于完成多选，而上方的彩色图标的一组主要用于完成复制/监视操作。

4）按住 <Ctrl> 键，逐个选定轴网，单击【选项栏】里的【完成】按钮。

5）单击【复制/监视】面板中的【完成】，完成轴网创建。

练习到这里就结束了，如果还想继续练习并展示监视标高和轴网的工作流程，可以保存并关闭该结构模型，打开建筑模型，微微地移动轴网，保存并关闭建筑模型，再次打开结构模型，用户会看到一个警告，建议用户做一次协调性检查，然后对所有与链接建筑模型相关的变动进行一次检查，并做出决定。

注意：【复制/监视】包含的内容不止标高和轴网，但是如果用户要扩展使用其他内容时，一定要谨慎操作。

单元 19
图元创建入门

单元概述

本单元将着重介绍墙、柱、梁和支撑等基本结构构件的布局。在创建和处理这些基本对象时，不论是利用图元编辑工具选取、转换类型还是应用设计规则，Revit 建模的基本原则都贯穿其中。在该阶段，我们刻意选取了概念化的图元、概念化的材料和通用尺寸，免去了解释几何体的成分和包络的优先顺序、尺寸、外观等因素的麻烦。

单元目标

1. 理解可使用墙体的不同类型。
2. 学习绘制墙体。
3. 了解建筑墙和结构墙的区别。
4. 学习创建柱、梁、支撑等结构基本构件。

19.1 墙体创建

19.1.1 基本墙体

墙体可作为诸如门、窗、照明器材等一类壁装、壁挂图元的主要附着图元。创建基本墙体（图 19-1）是初学者了解 Revit 的首要任务之一，同时，墙体创建工具也是非常简单的入门工具。然而，和大多数 Revit 工具一样，在所创建的墙体上，依然存在着复杂层，这也允许用户针对不同的项目进行不同的设置和处理。

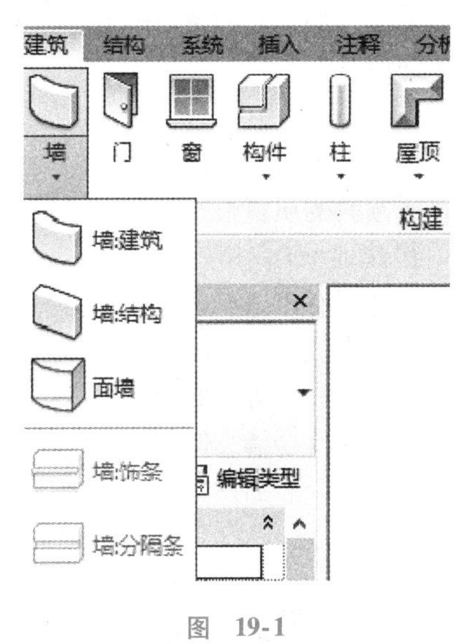

图 19-1

下列所述三种类型是我们可以创建的墙体，因为每种墙体所适用的基本原则不同，所以其具体使用方面会有所不同，使用所产生的结果也将不尽相同。

1. 基本墙

（1）通用类（图 19-2） 这里提供一系列外部和内部尺寸墙体，这些墙体由单一材料组成，厚度适宜。此时的墙体模板用于确定早期的建筑形状和形式。

（2）复合类（图 19-3） 这类墙体是通用类墙体概念的扩展，用于为项目添加更多细节。这类墙体根据给定指令和厚度对具体材料进行设置。该墙体的层次首先考虑装饰顺序，同时，其核心边界说明了墙体与屋顶、楼板一类其他系统族的相对关系。

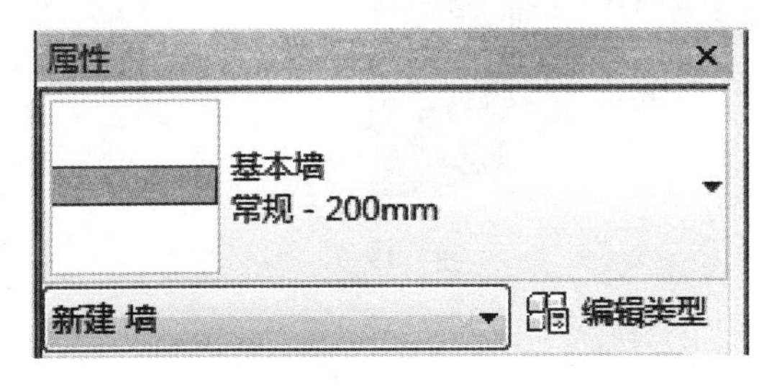

图 19-2

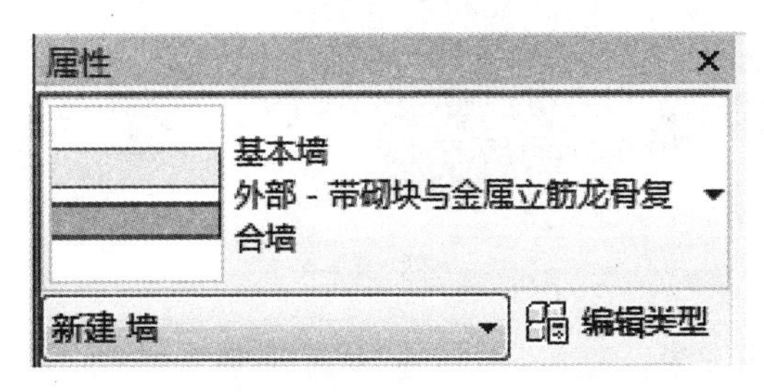

图 19-3

2. 幕墙（图 19-4）

Revit 拥有幕墙和幕墙系统，二者可以分别被简要描述为通过绘制并具有基本墙的功能的模型，以及用于墙面并发展出更多自由形状的模型。幕墙和幕墙系统都包含了其他模块中的更多细节，但都可以被归纳为由网格分割的平面构件（如果是曲面墙，则是曲面）。骨架被应用于网格之中，在网格之间的部分是嵌板。嵌板、骨架种类以及网格的间隔可以进行调节，以满足不同的设计需求。幕墙也可被嵌入基本墙，并自动拆分和保持恰当的形状。

3. 叠层墙（图 19-5）

经过编辑，墙体类型可以形成更为复杂的立面风格，这种风格可以被很快应用。只有基本墙才能进行这样的编辑，同时，在为了进行后续的设计而拆分墙体之前，叠层墙只能被用于布局。

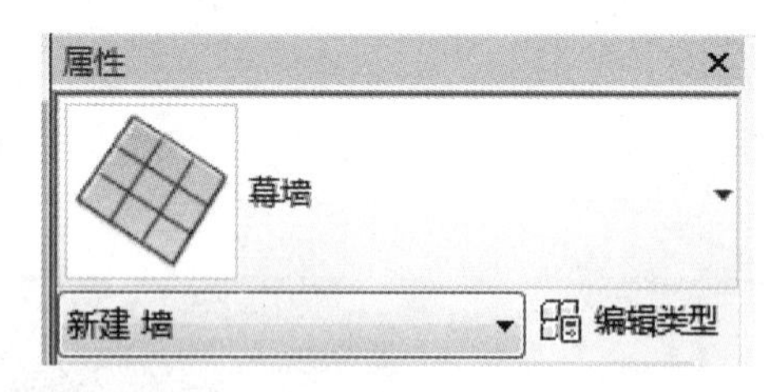

图 19-4

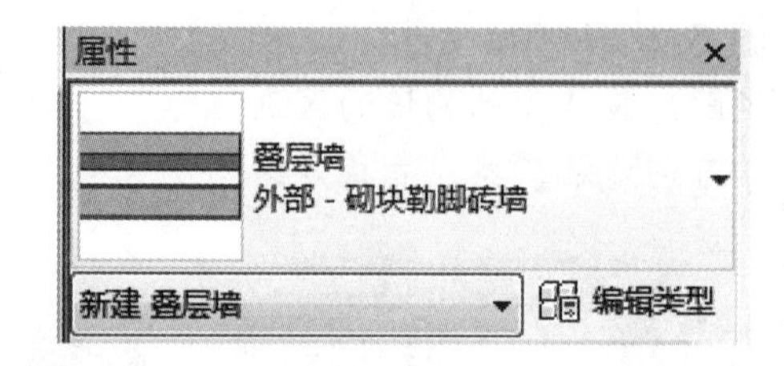

图 19-5

19.1.2 曲面墙体

上文所介绍的墙体都可根据设计绘制成直墙或曲面墙，但是所有的墙面都必须垂直竖立，且不允许添加坡度。如果我们想要绘制更复杂的墙体，并在立面图中添加坡度和曲面，那么就可以用下列方法创建墙体。

1. 面墙（图 19-6）

可以使用体量面或常规模型来创建墙，这种体量形态能够使墙体被应用于曲壳，基本墙可被应用于垂直或倾斜的质量形态的表面。

2. 内建墙（图 19-7）

在上述所有墙体都不合适的情况下，最后一个选择是使用墙体内建族。通过内建族，用户可以使用基本形式生成工具来绘制所需要的墙体，同时为该墙体指定材料。在本环节，有三点很重要：首先，如果结果对象有正确的对应明细表，并且能够嵌入门、窗或其他构件，那么该族类别必须是墙；其次，该墙体不会是复合墙，但可以指定结构用途和材质；最后，如果墙体表面是弯曲的两个方向，那么将不能应用同一个表面图案。

图 19-6

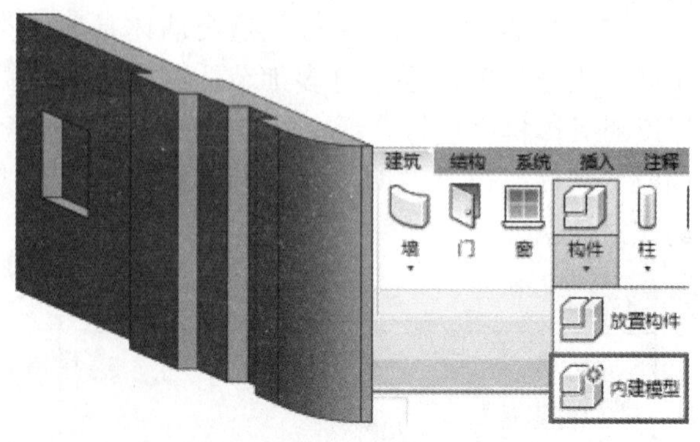

图 19-7

19.1.3 墙体高度的设置

标准墙体是从当前工作面定义的，通过设置【属性】面板中【底部偏移】与【顶部偏移】的值来控制墙体的高度。

【底部偏移】可以在墙体属性中进行设定，这可以使墙体底部相对当前工作面上升或下降；同时，如果墙体高度与工作面相关联，那么也可使用【顶部偏移】，如图 19-8 所示。上述底部和顶部偏移可以被附着的方式替代，但是图元属性会像没有附着一样仍显示其相关值，这有时候会产生混乱。

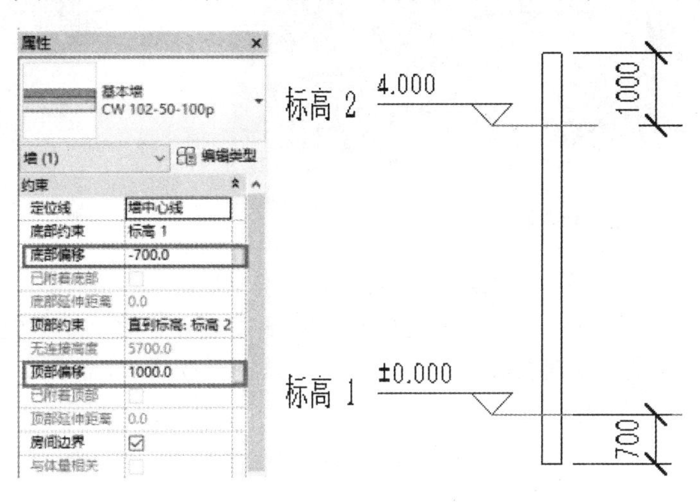

图 19-8

19.1.4 建筑墙与结构墙

用墙体工具放置墙体时：

1）如果放置的是建筑墙，则不管选择什么类型，其默认的结构属性均为非承重。

2）如果放置的是同类型的结构墙体，则其默认结构属性为承重。

不管哪种情况，属性都是只读形式，墙体放置完成后可修改。所有基本墙族下的墙体类型都有称之为结构用途的实例属性（图 19-9），结构用途定义墙体用途，这些用途有：

1）抗剪墙：即剪力墙，从内部抵抗剪力横向推力的刚性平面。

2）承重墙：支撑除自重之外的垂直荷载的墙体。

3）非承重墙：分隔空间且不承载除自重外任何垂直荷载的墙体。

4）复合结构墙：不止一种用途的墙体。

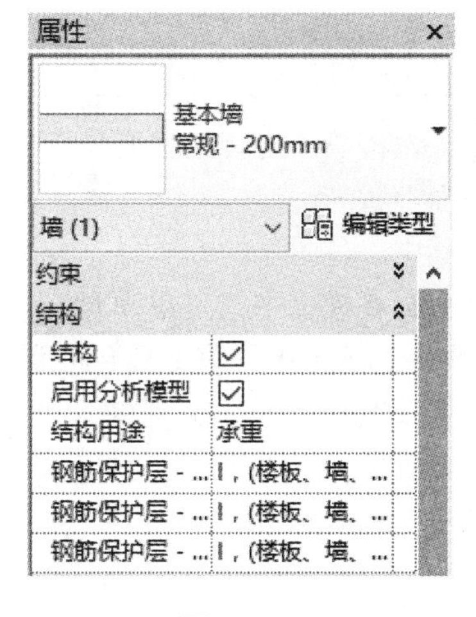

图 19-9

19.2 墙体处理

19.2.1 将墙体附着到板上

墙体的底部或顶部可以附着在很多不同的图元上，例如屋顶、天花板、楼板，以及参照平面。以其所附着的图元为基础，墙体的相关表现将有些许不同，如图 19-10 所示。

如图 19-11 所示，直接附着在相关图元以下的墙体，只有存在楼板的部分会受到附着的影响，墙体其他部分将保留相关图元属性所界定的值。物体的任何变化都会更新附着墙体的相关信息，这是一个

非常实用的特点。

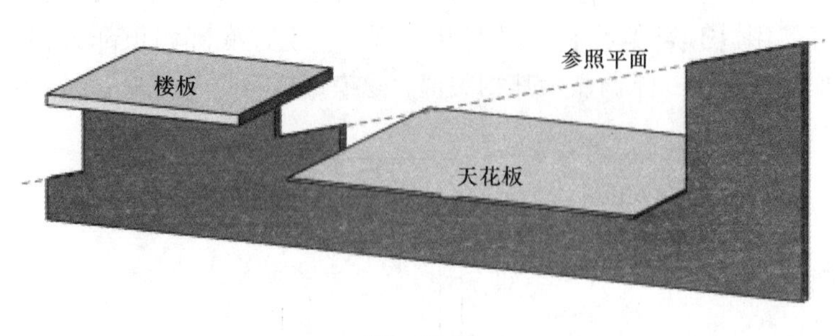

图 19-10

图 19-11

当楼板或者屋顶边缘建立完成，Revit 会检查在临近边缘的墙体是否有接近的未连接高度。如果有，那么 Revit 就会询问用户相关墙体是否应当自动附着到顶部/底部下。在适当的情况下用户可以接受自动附着（尽管在 Revit 未附着成功时会收到警告信息）。限制在一定层面而并不具有未附着高度的墙体将不被考虑使用这种自动附着设置，这一类墙体需要用户进行手动附着操作（图 19-12）。

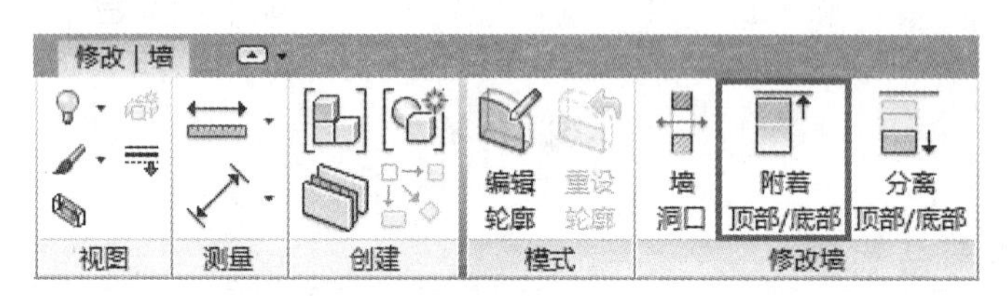

图 19-12

19.2.2 编辑墙体形状

虽然将墙体附着到屋顶会使墙体形状发生改变，但是我们也可以通过很多恰当的方法来改变墙体的立面形状。

其中，最明显的方法之一便是使用【编辑轮廓】（图 19-13），在模型中选定单个墙体的情况下，该工具可见于【修改】选项卡中。该工具会将墙体转换成轮廓草图，就像创建屋顶或楼板时所见到的那样。接着，我们就可以根据需要设置墙体的轮廓。一旦完成草图，轮廓形状就会重新调整成 3D 墙体，如图 19-14 所示。

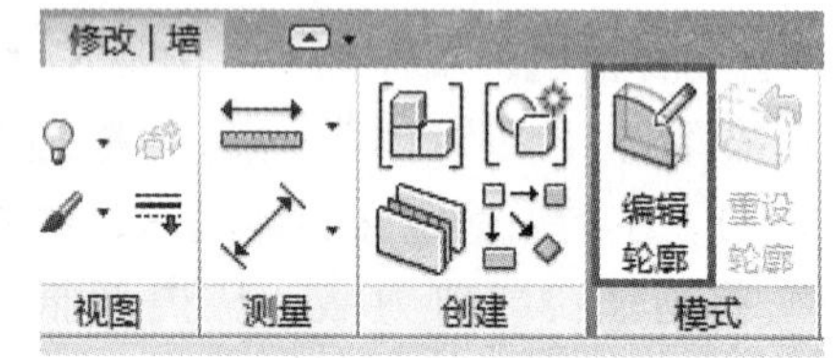

图 19-13

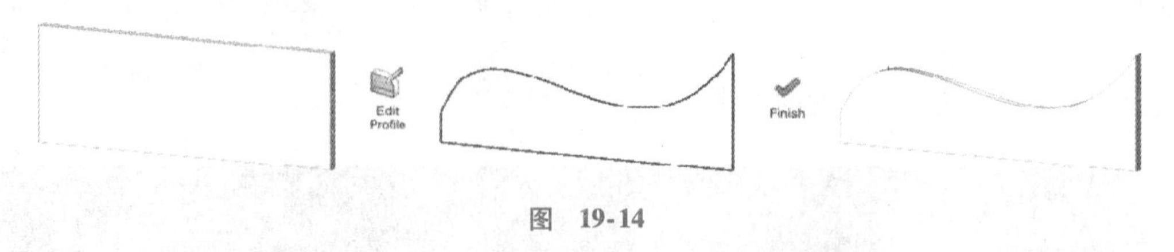

图 19-14

【编辑轮廓】也可用于在墙体上嵌入洞口，用户要做的仅仅是在原始轮廓草图上界定一个新形状，如图 19-15 所示。

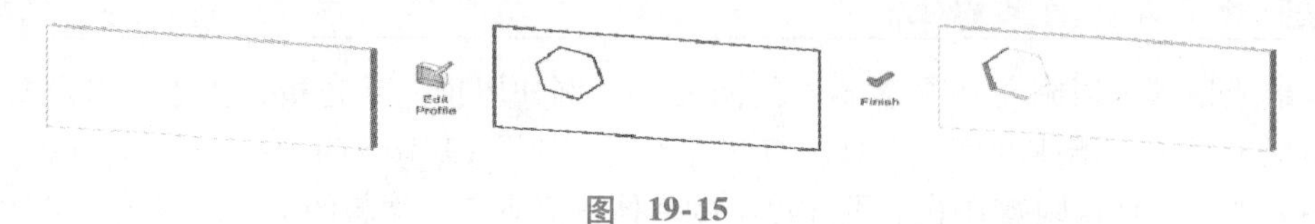

图 19-15

以上仅是其中一个在墙体上嵌入洞口的方式。其他方式还包括：

1)【墙洞口】(图 19-16) 可以让用户选择墙体表面，并界定需要嵌入的洞口轮廓形状。和上文提到的草图绘制方法一样，洞口轮廓设置垂直于墙表面。

2) 墙体的依附图元（如门、窗）可以嵌入墙体产生洞口，这是创建门窗的第一步，之后才能创建窗台等。

3) 只要族类别被设定为墙体，内建族就可被界定为适用于在墙体上嵌入任何形状或形式的洞口的工具（这个洞口不必像使用【墙洞口】一样，垂直于墙体表面），如图 19-17 所示。

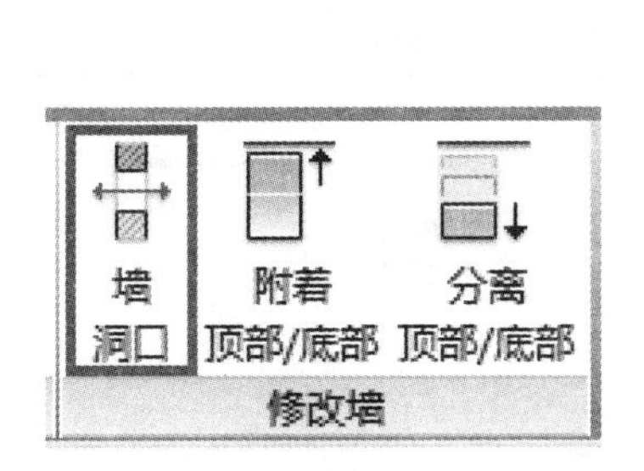

图　19-16

图　19-17

19.2.3　定位线

墙定位线是决定墙体位置的重要定位工具，要在墙体建模之前提前设定好。如图 19-18 所示，Revit提供了多种定位线选项，当墙体包含较多复杂层或内外装饰层不一致时，宜采用【核心层中心线】进行定位，以核心结构层中心线定位的方式会更为清晰明了，不需要顾虑复杂层的干扰。

在设置好墙体的选项栏和【属性】后，就可以进行绘制了。为了保证装饰层保持一致，在绘制过程中宜采用顺时针的方式，如图 19-19 所示。

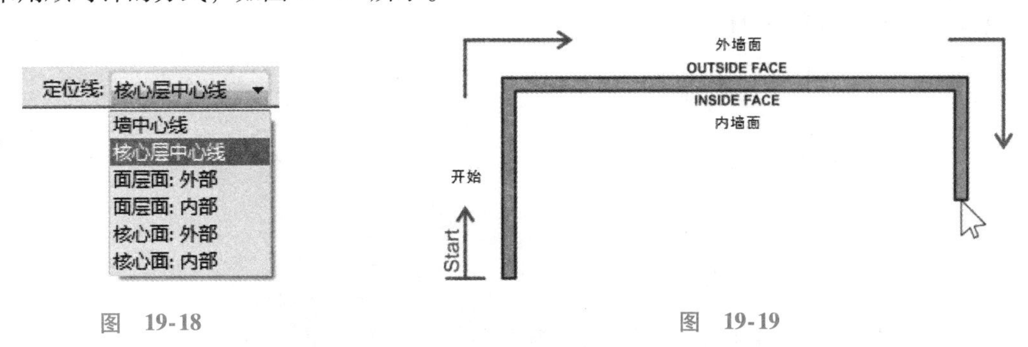

图　19-18

图　19-19

墙体可以通过翻转的方式调整其装饰层方向。可以在绘制过程中使用空格键快速翻转，或在墙体绘制好后选中该墙体，使用空格键或单击反向箭头来实现，如图 19-20 所示。

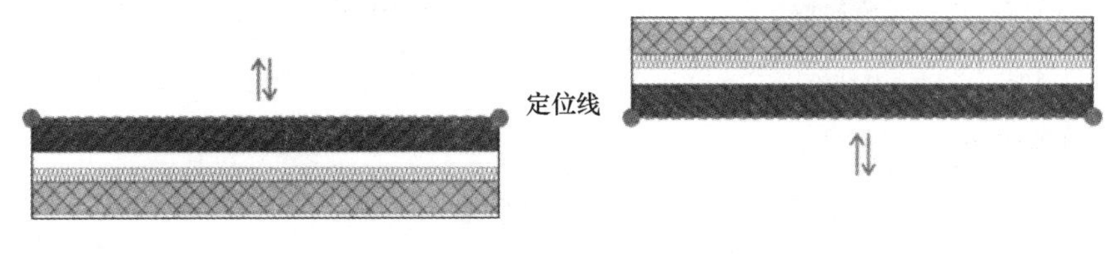

图　19-20

翻转操作前，在【属性】面板【定位线】中设置好【墙中心线】是很关键的步骤，如图 19-21 所示。

就定位线而言，需要考虑的另一个因素是改变墙体类型所产生的影响。例如：如果一个厚度为100mm的墙体被转化成了400mm，那么对空间位置的影响将会由定位线指示出来，墙体围绕定位线而界定，定位线将保持不变，如图19-22所示。使用图元定位早期的概念模型，同时这些图元在之后会被按照模型发展方式置换成构件的时候，这一点（就定位线而言，需要考虑的另一个因素是改变墙体类型所产生的影响）会变得很关键。

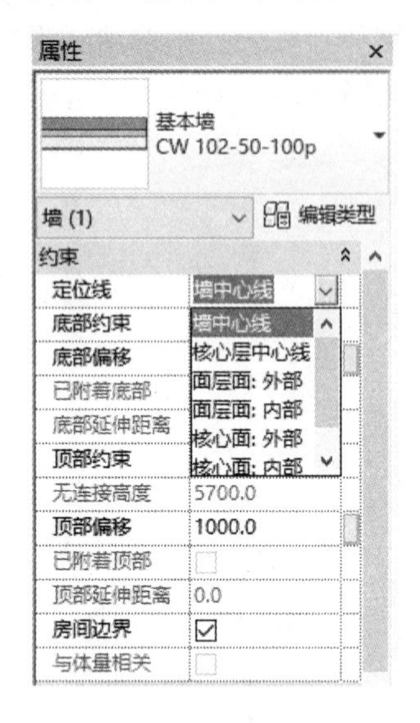

图 19-21

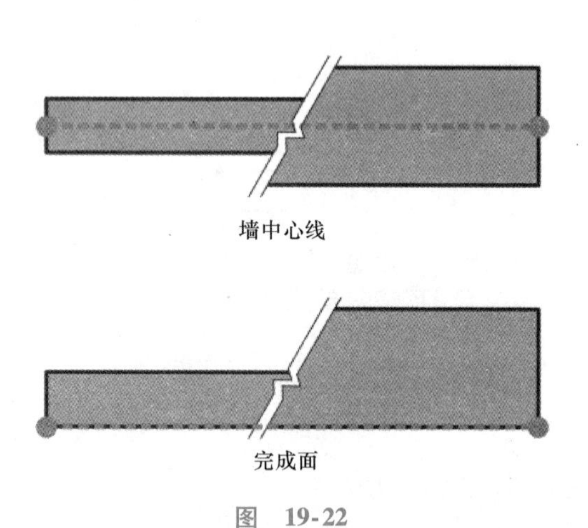

图 19-22

19.3 柱的创建

19.3.1 建筑柱与结构柱

Revit里有两种截然不同的柱，即建筑柱与结构柱，同时也有这两种柱子相互叠加的情况（图19-23）。

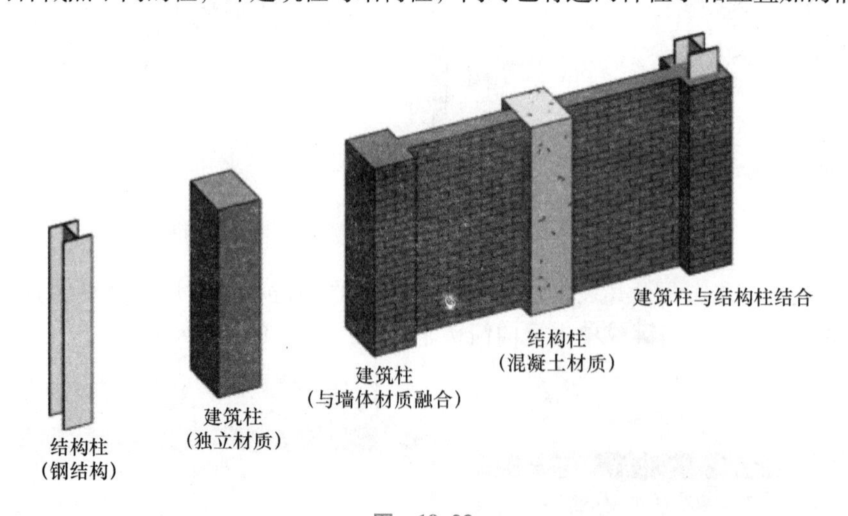

图 19-23

1）建筑柱（概念柱）：通常放置在墙体上诠释其成品形状，可对插入的墙体采用表面处理，使其材质保持统一。

2）结构柱（承重柱）：有分析模型，具有根据其外观和行业标准定义的特有属性。相较于建筑柱，结构柱只能采用指定的结构材料（如混凝土），当与墙体所用材料不一致时，无法采取墙体的饰面层处理，同时，梁、支撑、基础等可添加到结构柱上，而非建筑柱上。

19.3.2 结构柱的创建

相较于建筑柱的单点创建方法，【结构柱】的创建（图 19-24）增加了一些快速的手段。用户可以通过使用【在轴网处】功能，快速在所选中的轴网交界处生成柱，也可以通过使用【在柱处】功能提取已经创建的建筑柱并在内部生成结构柱，如图 19-25 所示。

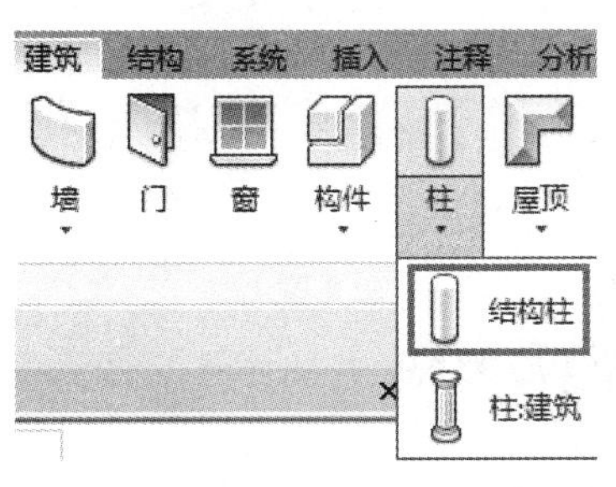

图　19-24

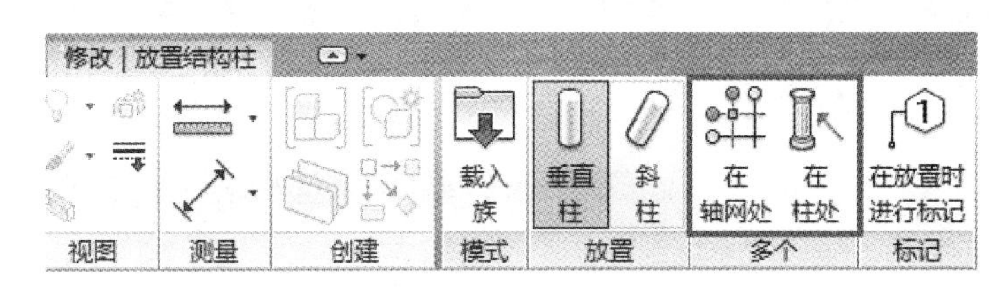

图　19-25

柱体也是仅有的几个具有底部和顶部关联的图元之一，结构柱还能成为垂直或倾斜构件，这在放置之初要预先设定好。垂直柱可以放置在三维视图和平面视图里，而斜柱可以放置在三维视图和立面视图里。放置斜柱时要注意以下几点：

1）柱顶的立面必须高于柱基。

2）柱体放置好后，把较高的立面的末端指定给柱顶，较低的给柱基，一旦定义完成，柱顶就不能设置在柱基之下了。

19.3.3 分析模型

分析模型的编辑主要为了更好地控制分析模型和允许处理模型构件的节点。改进投影参数后，每个框架梁、柱和底部都可以被独立投影。前面提到可以在设计初期阶段使用概念或柱和框架梁的一级结构构件。随着设计不断深入，设计决策主要围绕构件大小进行，任何与构件相关的数据都可以通过适当的方式收集、存储起来，这样只需要输入一次，任意标签、注释和明细表都会指向同一个信息源。分析框架是一个独立于形体框架或结构物理框架的实体，结构的分析模型主要由一系列的结构构件分析模型构成，包括结构里的每一个构件的分析模型。

以下结构构件都具备结构构件分析模型：结构柱、结构框架构件（如框架梁和支撑）、结构楼板、结构墙体。

任意一个结构构件的分析模型都包括：实例参数、物理材料属性、相对于结构构件自身的默认位置、放置或调整后的投影板位置。

19.4 梁和支撑

19.4.1 梁的创建入门

在 Revit 中，梁的创建主要分为【梁】创建和【梁系统】创建，如图 19-26 所示。针对梁的不同用途，其设置方法也稍有不同，【梁系统】的创建会在后面的单元做详细讲解。通过【梁】工具创建的梁主要为框架梁，设置完成后再将其按结构用途划分。我们提倡在创建梁之前把桁架或柱体等支撑添加到模型的做法。如果将梁放进平面图，必须先确保底部的剖切图设定在当前平面下方，否则梁将在视

图中不可见。

可以结合多种方式在模型中创建梁：

1）创建单个梁：选择起点和终点进行创建。

2）创建梁链（图 19-27）：上一个框架梁的终点是下一个框架梁的起点。

3）利用【在轴网上】（图 19-28）：利用 < Ctrl > 键或绘制一个拾取框同时选取多个网格。如图 19-29 所示，在 Revit 中，使用【在轴网上】方式创建梁的时候需要考虑如下条件：

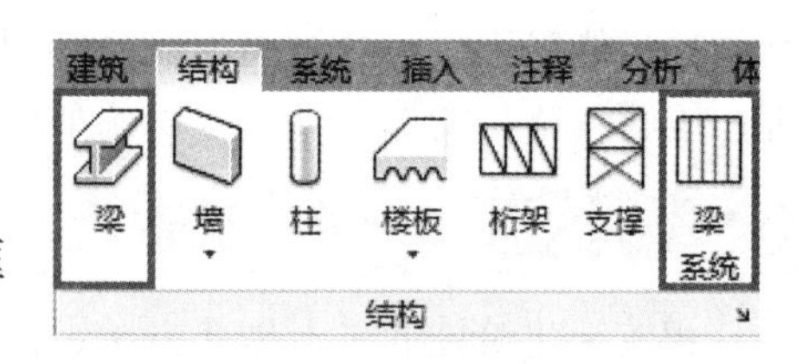

图 19-26

修改 | 放置梁　放置平面: 标高 : 标高 2　结构用途: <自动>　三维捕捉　链

图 19-27

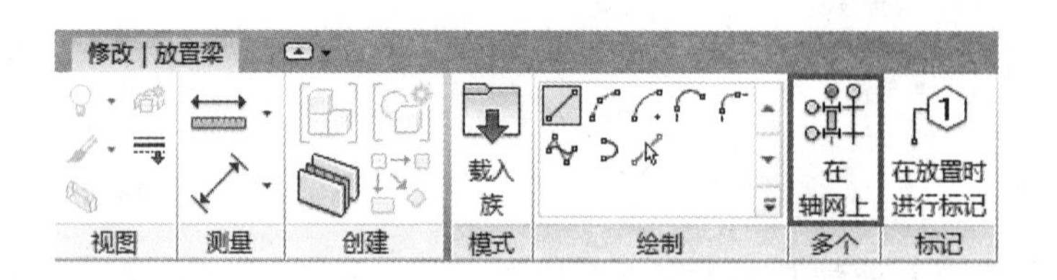

图 19-28

1）检查所有贯穿网格线的支撑物，如柱、墙、梁等。

2）如果墙体已经在网格线上，框架梁则不能安置在墙体上，墙体的两端用来支撑。

3）如果梁起到中间支撑的作用，则可以支撑所有网格线上新建的梁。

4）如果梁相交但不横穿网格线，可认为该梁为网格线上新建的用于支撑的梁。

梁被划分在 Revit 常用的结构框架范畴，通常作为结构构件创建，起承重作用。每个梁构件都通过具体的梁族参数界定，同时还可以修改多种实例属性以定义梁的功能，如图 19-30 所示。梁的属性有许多限制条件，如起点水平偏移、终点水平偏移、Y 轴偏移、Z 轴偏移等，除了手动输入编号以外，还可以利用修改结构框架面板的【限制】，选择对象并修改最终参考条件、依据（如原点、顶部、中心、底部）和偏移值，这些都可以在梁创建完成后通过【修改 | 结构框架】上下文选项卡进行设置，如图 19-31所示。

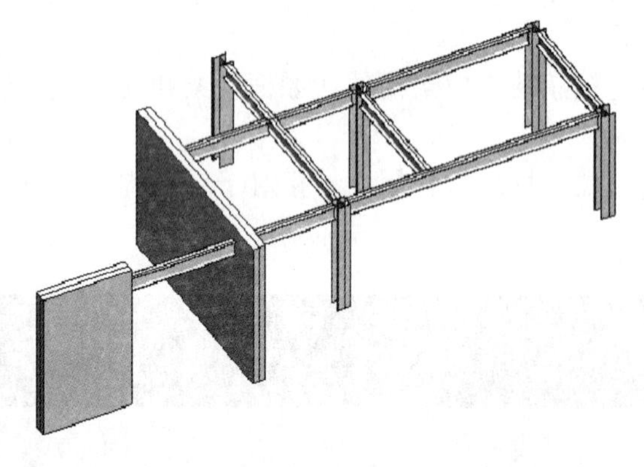

图 19-29

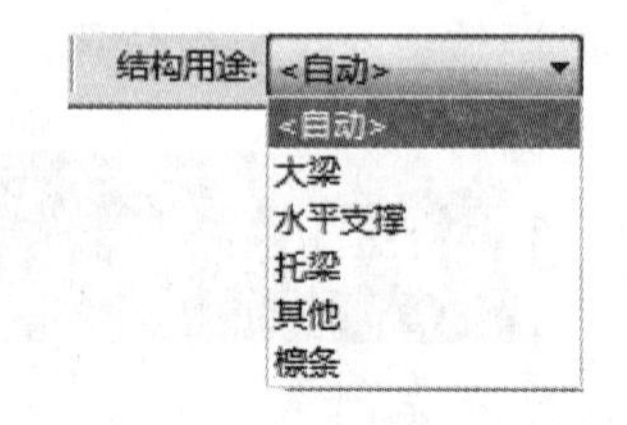

图 19-30

当同一种材质的混凝土构件无须干扰自动连接在一起时，在所有视图里便会呈现为一个独立的整体。虽然连接在一起，但是也可以在正常范围的限制里进行编辑甚至移除个别构件。

钢结构的连接方式则不同，为了增强钢结构构件连接的视觉表现力，个体与个体之间是切断的。这就是所谓的缩进功能（图 19-32），是梁形体在连接关系的连接点上呈现的视觉间隙。像钢结构一类

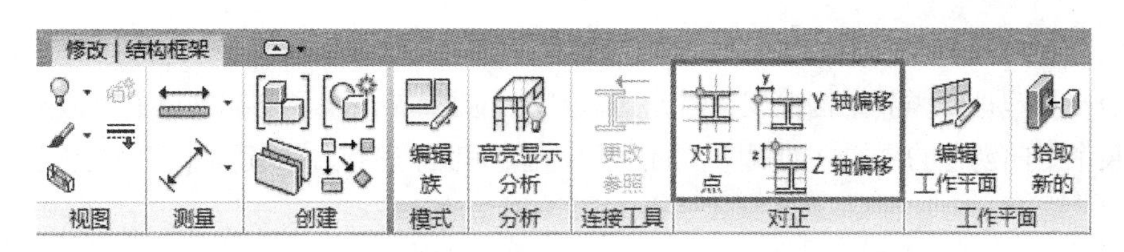

图　19-31

的加工材料需要考虑到空间和布局，所以在精细级别的视图中，就要对其进行切割来配合其他构件（**注意：**缩进会影响构件的切割长度，在进行材料估算时应考虑到这种影响）。混凝土梁在混合材料的连接图元上总是优先显示，迫使非混凝土梁后退或缩进。有一个通用规则：连接处最短的梁将延伸至所有连接的梁中最远的边界，其他的梁都会被缩进。

在连接梁时，对其进行连接处加工可以确保连接完成后准确的视觉呈现，但是视图的详细程度必须设置在中等或精细级别才能看见，如图 19-33 所示。

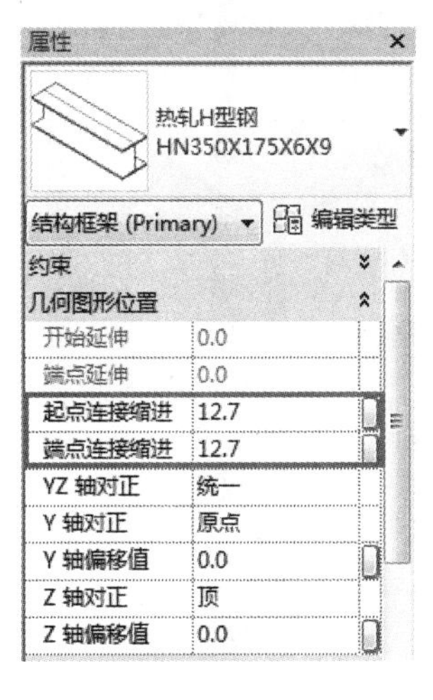

图　19-32

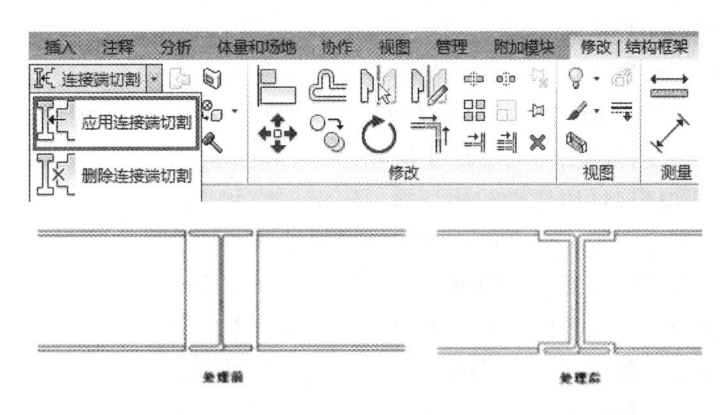

图　19-33

当形体或实体模型已经生成结构框架，分析模型就会同时出现在项目中，可将分析模型视为结构物理模型完整描述的简化三维表现形式。分析模型由结构构件、形体、材料属性和荷载构成，这些一起组成了结构体系。

在设置荷载时，只可选择分析模型。分析模型是唯一可以输出为分析和设计应用的模型，构件的实体形态不接受任何负载操作。如图 19-34 所示，编辑实体模型的同时，分析模型也在同步生成，无须输入任何指令，Revit 将自动维护分析模型。

图　19-34

19.4.2　支撑创建入门

【支撑】在【结构】选项卡中，如图 19-35 所示。其作用是添加对角线上的结构构件，这些结构构

件通常与柱和梁相连，起到支撑作用。

和梁一样，支撑也被归类到结构框架，因此共享同一个图元库。添加支撑到梁的方法和前面的类似，选定平面视图或某个专门创建的框架立面视图，通过确定起点和终点的方式创建。【框架立面】（图 19-36）

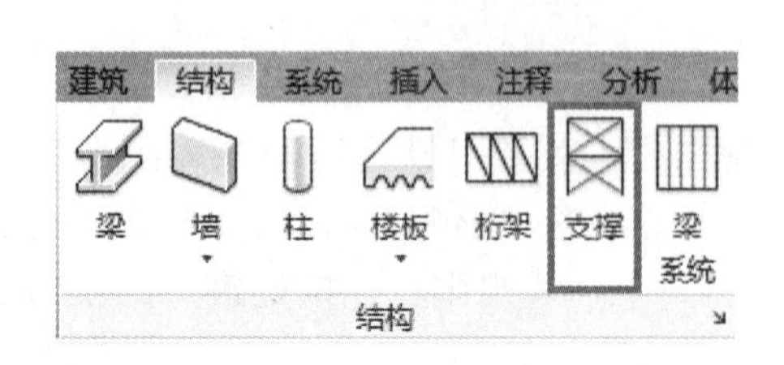

图 19-35

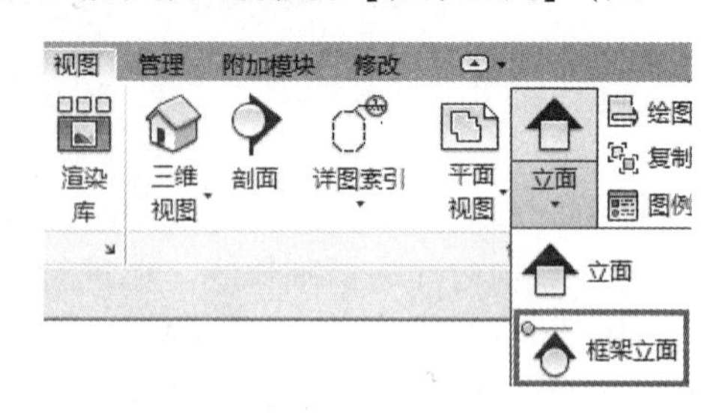

图 19-36

将自动把操作平面和视图范围设定在选定的网格或参照平面上，把剪裁区域限定在和选定的网格线相垂直的相邻的网格之间。

如图 19-37 所示，支撑把支撑构件固定在柱和梁上，并根据结构布局的变化进行参数调整。当支撑固定在梁上后，可以按照距离或比例具体说明固定操作的类型。支撑可以应用【复制】【移动】【镜像】【排列】【旋转】等工具进行操作。每个支撑的图元可以通过专门的支撑族的类型属性定义，修改其实例属性以定义结构用途、固定类型和距离。一旦在模型放置好支撑，就可设定其实例属性以修改、维持或控制支撑所在梁的位置。可根据其与梁终点之间的距离或长度比例，保持每个支撑的终点位置不变。如果附着的梁的位置和长度发生了改变，支撑将根据选定的支撑设置做出相应调整。

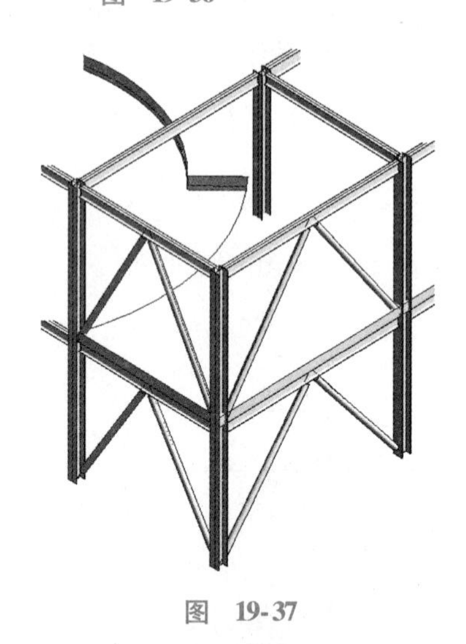

图 19-37

19.5 单元练习

本单元练习提供了一系列如墙体、柱、梁和垂直支撑等基本图元的建模实例。在逐步完成练习的过程中，不断熟悉创建墙、柱和梁的过程，创建完成后了解它们之间的关系、活动方式以及如何运用垂直支撑。

19.5.1 在模型中创建曲面墙

1）打开起始文件 WFP-RST2015-19-ModelBasicsA.rvt。

2）在【项目浏览器】中打开【结构平面：Ground Floor】视图。

3）放大网格线 B4 到 A7 相邻的区域。

4）在【结构】选项卡下【结构】面板中，选择【墙】下拉菜单中的【墙：结构】（图 19-38）。

5）如图 19-39 所示，在选项栏把默认设置修改为：【高度】（忽略可能出现的警告），【First Floor】，【定位线】为【墙体中线】和取消勾选【链】。

6）确保类型选择器已经选择【基本墙 Concept-Int 150mm】（如果没有选择，可在下拉菜单中进行选取）。

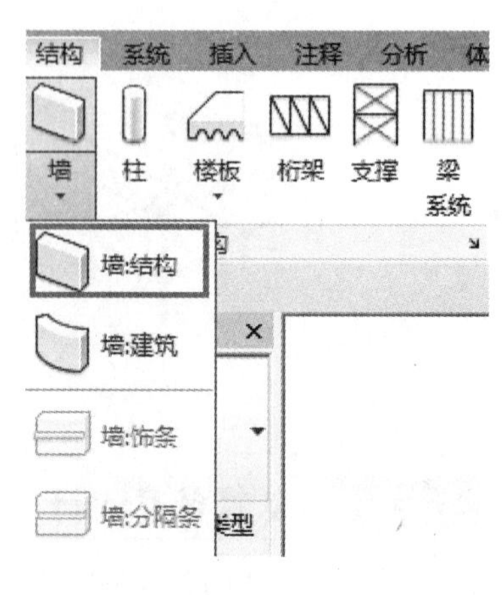

图 19-38

图　19-39

7）如图 19-40 所示，在【属性】面板中确认设置好以下限制条件：【底部约束】为【Ground floor】，【底部偏移】为【0.0】，【顶部约束】为【直到标高：First Floor】，【顶部偏移】为【1100.0】，确保【结构用途】已设置为【承重】。

8）在【修改 | 放置结构墙】上下文选项卡【绘制】面板中选择【圆心-端点弧】。

9）如图 19-41 所示，首先拾取交叉点 A（圆心），然后拾取起点 B，最后拾取终点 C，连续按两次 <Esc>键退出编辑，完成此段墙体的创建。

图　19-40

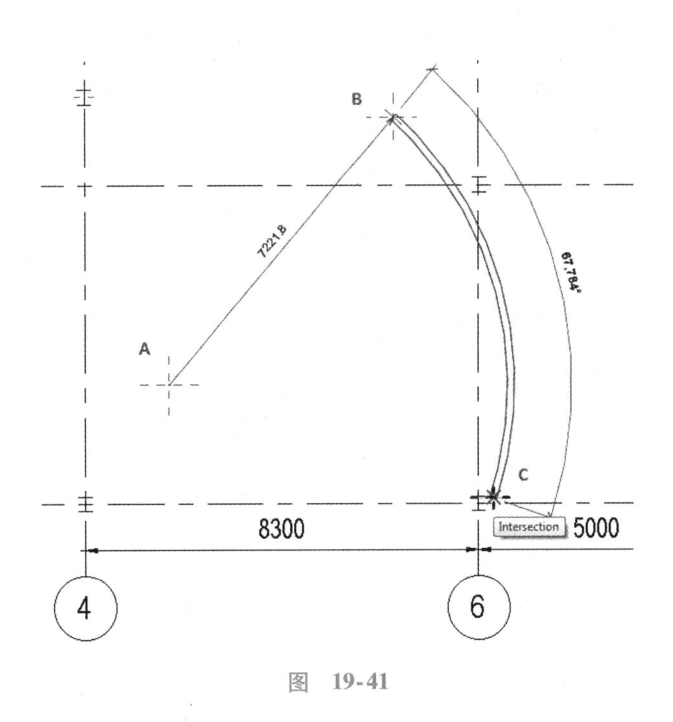

图　19-41

19.5.2 创建柱体

1）在【项目浏览器】中打开【结构平面：Foundation】视图。

2）放大网格线 C4 到 A19 相邻区域。

3）在【结构】选项卡【结构】面板中选择【柱】。

4）如图 19-42 所示，将选项栏里的字段设置为：【高度】【Roof 3】。

图　19-42

5）在类型选择器里选择柱类型为【Concept Structural Steel Column 300x300mm】（如果还未选定，可从下拉菜单中进行选择）。

6）确认【放置】面板里选择【垂直柱】，【多个】面板里选择【在轴网处】，如图 19-43 所示。

7）拾取网格线 A 并利用 <Ctrl> 键同时选择位于 B、C、4、6 和 19 的网格线，单击【完成】（图 19-44），按 <Esc> 键退出。

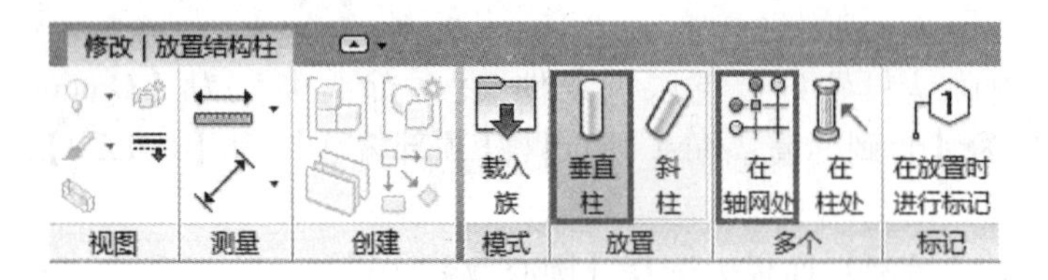

图 19-43

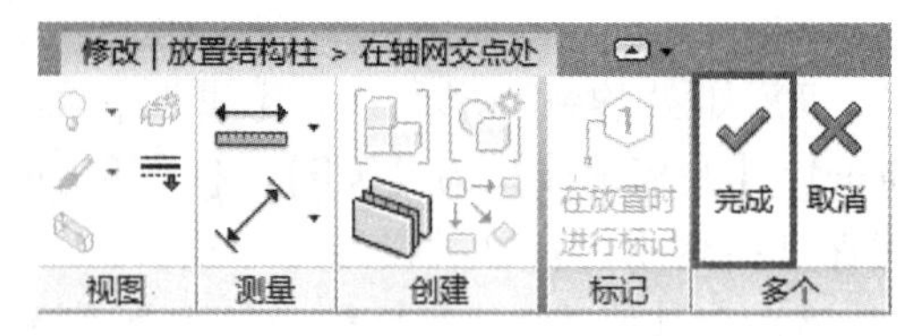

图 19-44

8）选中 B 轴和 4 轴交界的柱，利用【移动】将其上移 1800，如图 19-45 所示。

9）在【项目浏览器】中打开【三维视图：3D】查看柱体。

10）利用 <Ctrl> 键同时选定新建的 6 个柱体，如图 19-46 所示。

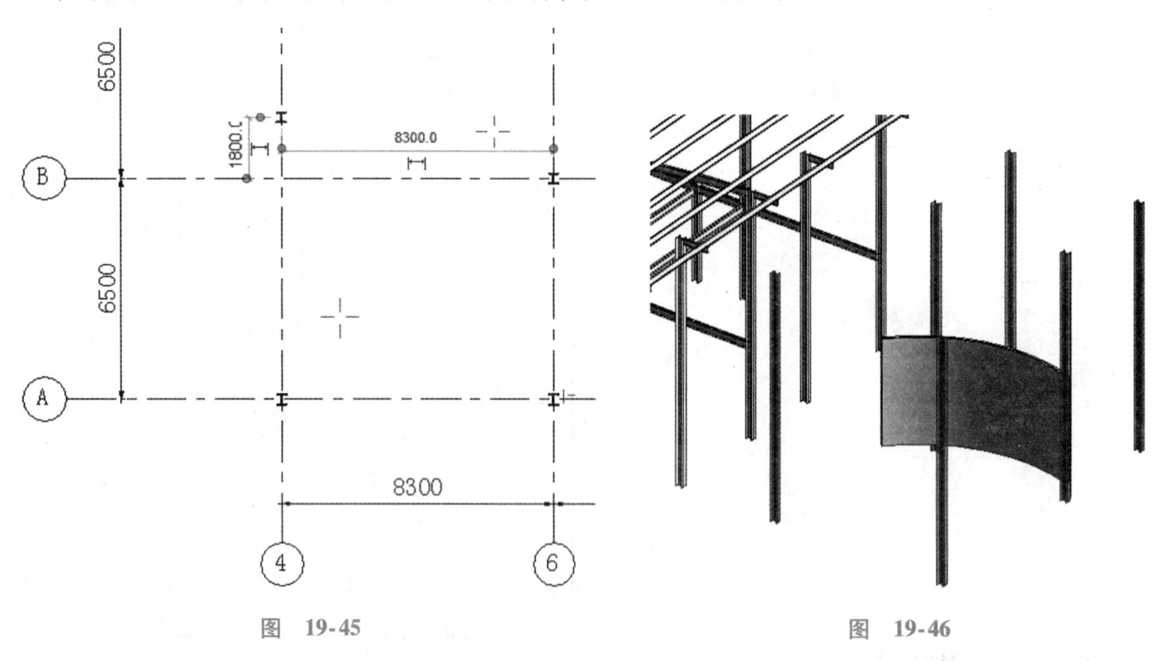

图 19-45

图 19-46

11）在【属性】面板上将其【顶部标高】改为【Roof 2】，单击【应用】按钮或将光标移动至空白处以应用修改，如图 19-47 所示。

12）在【项目浏览器】中打开【结构平面：First Floor】。

13）放大网格线 C4 到 A19 的邻近区域。

14）在【结构】选项卡【结构】面板中选择【梁】。

15）确保选项栏里的字段设置成为：【放置平面】为【标高 Roof 2】，【结构用途】为【自动】，勾选【链】。

16）确保类型选择器里的梁类型为【Concept Structural Steel Beam 300×165mm】（如果没有选定，可从下拉菜单中进行选择）。

17）在【修改 | 放置梁】上下文选项卡【多个】面板中选择【在轴网处】。

18）利用 <Ctrl> 键依次拾取网格线 C、A、4、19，单击【完成】以创建梁。

19）取消选项栏里【链】的勾选，继续放置剩下的梁，如图 19-48所示。

图 19-47

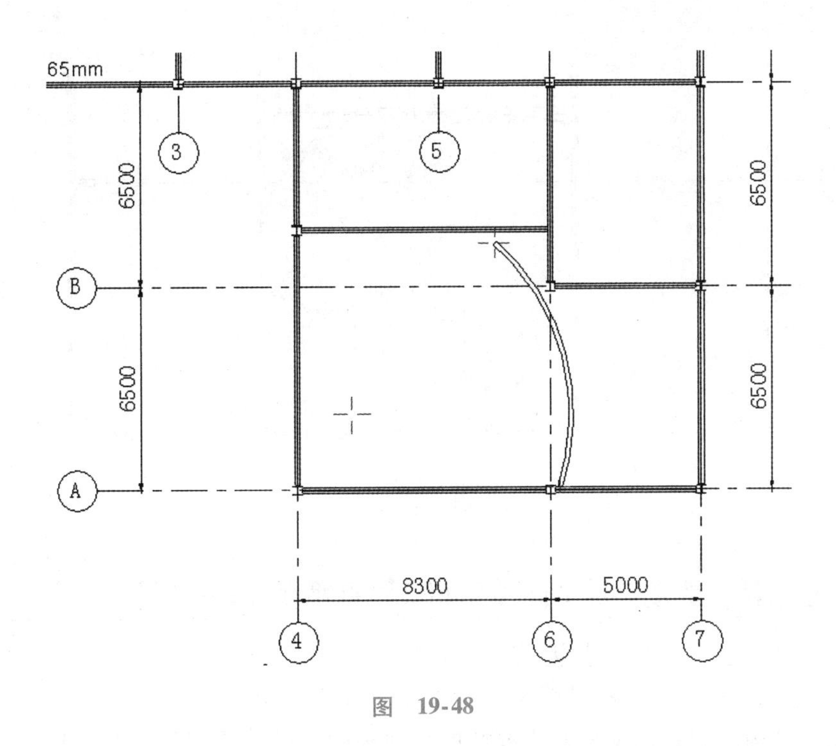

图　19-48

19.5.3 完成二楼布局

梁放置界面仍然处于活跃状态，如果已经关闭的话，请再次打开梁放置工具。

1）在【结构】选项卡下【结构】面板中选择【梁】。

2）在类型选择器的下拉菜单中，选择梁类型为【Concept Steel Square Section 150×150mm】。

3）在选项栏里确保字段设置为：【放置平面】为【First Floor】，【结构用途】为【自动】。

4）在【绘制】面板中选择【圆心-端点弧】。

5）要放置梁，首先拾取交叉点 A（圆心），然后偏移 45°，输入 5700，确定起点 B 和半径，将光标向左移拾取 4 轴交叉点上的 C 点，完成此段梁放置，如图 19-49 所示。

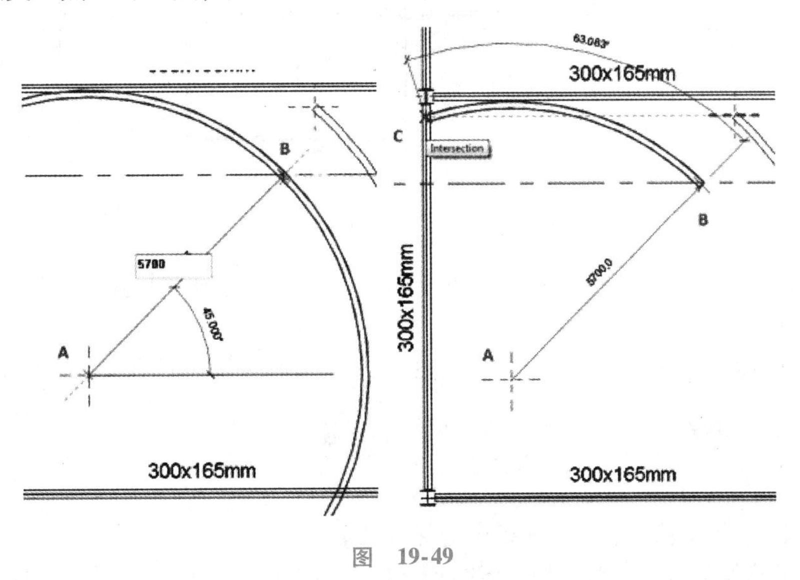

图　19-49

6）继续放置梁，在【绘制】面板中将【圆心-端点弧】改为【直线】，按图 19-50 所示完成此段梁的放置（角度为 45°，【结构用途】为【托梁】）。

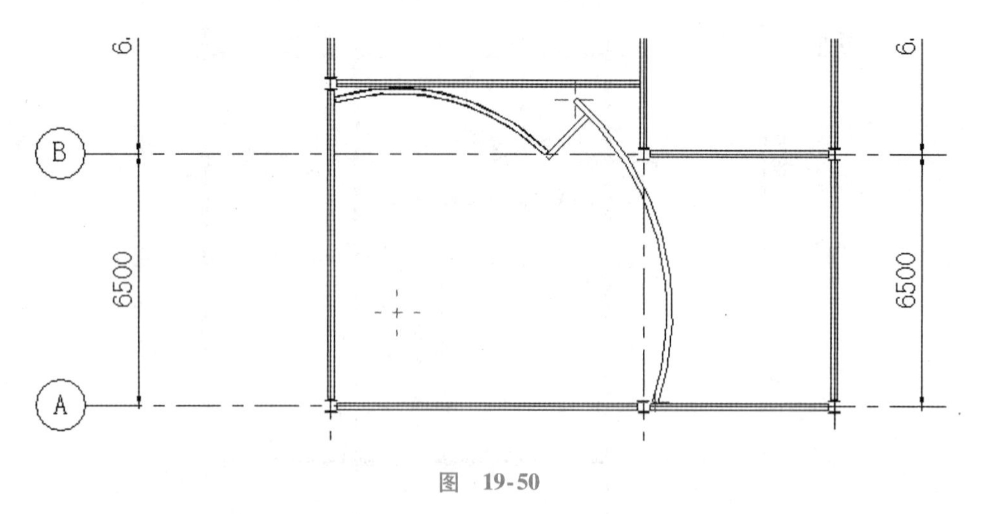

图 19-50

19.5.4 将二楼的梁复制到平面【Roof 2】和平面【Roof 3】

1）打开【结构平面：First Floor】视图。

2）利用<Ctrl>键同时选中 4 根沿着 3～19 轴与 C 轴相交的梁。

3）在【修改|结构框架】选项卡下【剪贴板】面板中选择【复制到剪贴板】，在同一面板中选择【粘贴】下拉菜单中的【与选定的标高对齐】，如图 19-51 所示。

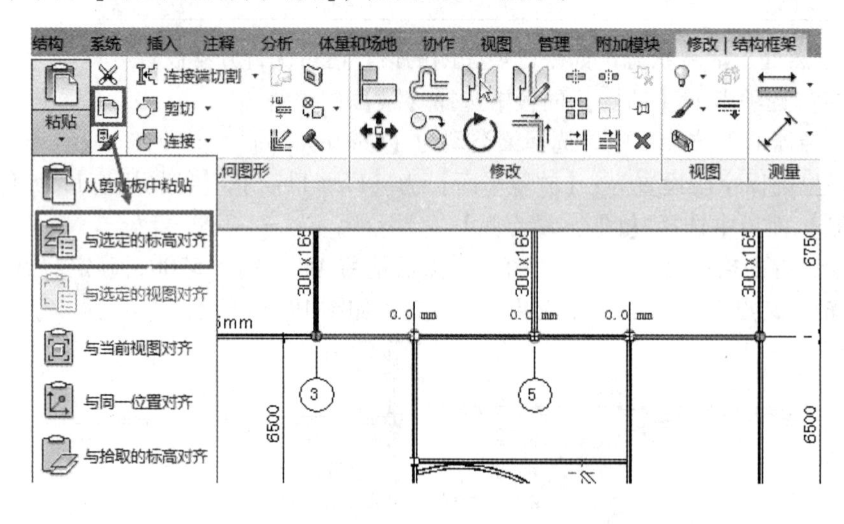

图 19-51

4）按住<Ctrl>键的同时选定【Roof 2】和【Roof 3】，单击【确定】按钮以完成复制，如图 19-52 所示。

5）回到【结构平面：First Floor】视图，按上述方法将图 19-53 所示的梁复制到【结构平面：Roof 2】。

19.5.5 将【Roof 2】平面其余的梁放置完成

1）打开【结构平面：Roof 2】。

2）在【结构】选项卡下【结构】面板中选择【梁】。

3）在选项栏里确保字段设置为：【放置平面】为【Roof 2】，【结构用途】为【自动】。

4）确保类型选择器里的梁类型为【Concept Structural Steel Beam 300×165mm】。

5）按图 19-54 所示放置其余两个梁。

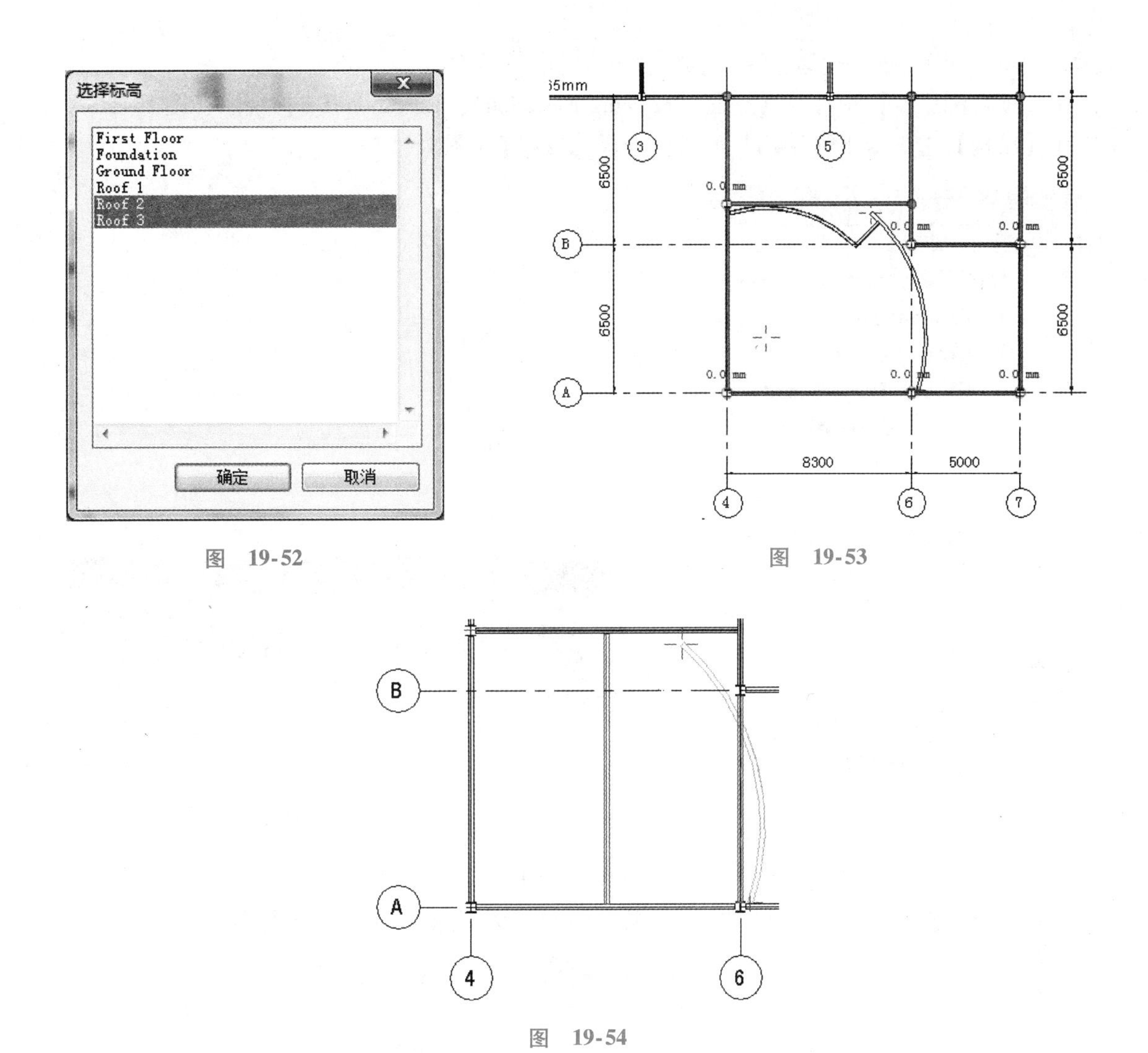

图　19-52

图　19-53

图　19-54

19.5.6 创建 A6～A7 轴段的支撑

打开三维视图确认每个草图里的框架（柱和梁）都是完整的，最后再把支撑加入模型。把支撑加入 A6～A7 和 A7～B7 之间，练习就完成了，但在这之前需要为每一个轴线创造一个框架立面图。

1）在【项目浏览器】里打开【结构平面：First Floor】视图。

2）放大网格线 A6 到 B7 的临近区域。

3）在【视图】选项卡下【创建】面板中，选择【立面】下拉菜单中的【框架立面】，如图 19-55 所示。

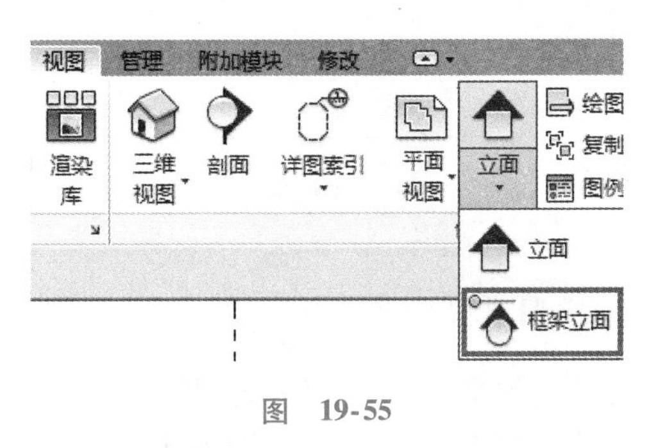

图　19-55

4）拾取轴线 A 以创建其框架立面

注意：光标从网格线的一边移至另一边会改变框架立面图的方向。

5）在【项目浏览器】中打开【立面（Framing Elevation）：Elevation 0-a】视图（图 19-56）。

6）在【结构】选项卡下【结构】面板中选择【支撑】（图 19-57）。

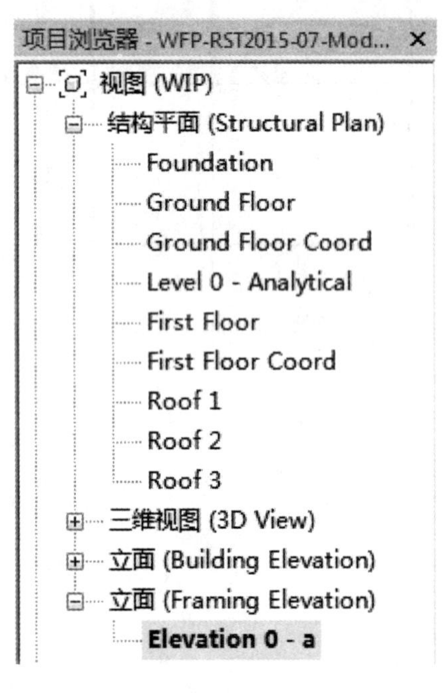

图 19-56

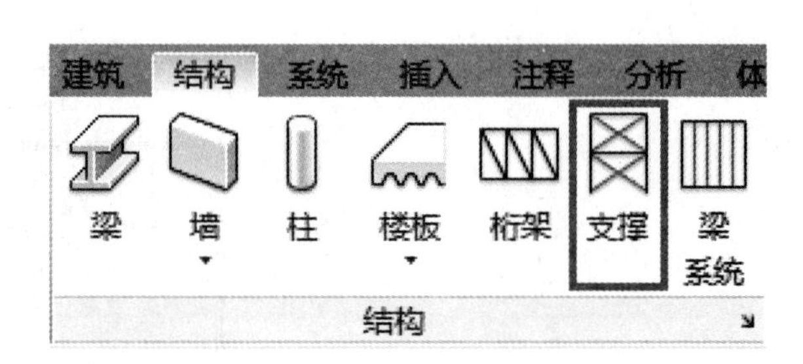

图 19-57

7）类型选择器中选择支撑类型为【Concept Brace-CHS168】。

8）按照图 19-58 所示创建支撑（提示：可以通过图 19-58 中红框内的符号进行视图调节）。

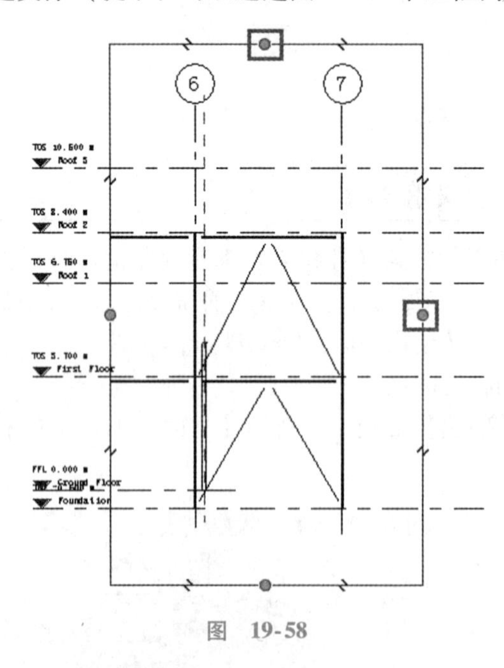

图 19-58

19.5.7 创建 A7 ~ B7 轴段的支撑

1）在【项目浏览器】中打开【结构平面：First Floor】视图。

2）重复以上步骤，于 7 号轴线创建第二个框架立面图为【Elevation 1-a】。

3）在【项目浏览器】中打开【立面（Framing Elevation）：Elevation 1-a】。

4）按图 19-59 所示放置支撑（起点和中点的附着垂直支架属性和类型可以通过结构限制条件中的可选字段进行修改）。

5）本单元练习完成，打开三维视图，完成结果如图 19-60 所示。

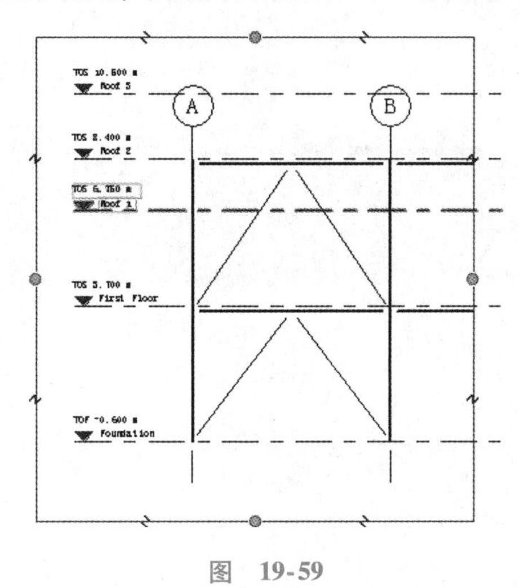

图　19-59

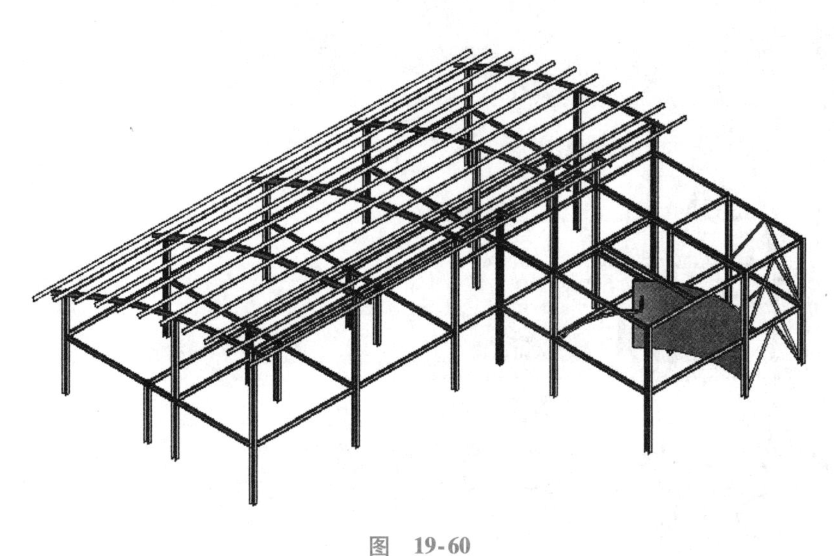

图　19-60

单元 20
基础概述、分类与创建

单元概述

本单元将介绍基础的不同类型及其创建要点，着重讲解桩基础的创建要点（图 20-1）。不同的基础类型有很多不同的外观，我们也将进一步关注 Revit 对该族群（详见族讲解单元）的应用，同时阐述它们被放置在模型内之后的性能表现。一般而言，Revit 将向下显示基础，因此会在一开始把这些基础放置在顶部，并让其向下发展。本单元将涉及大体积混凝土基础的创建和放置，但不会涉及钢筋的使用和放置。钢筋处理是一个专业话题，将会在之后的单元中进行讨论。

图 20-1

单元目标

1. 了解不同类型的基础。
2. 学习常用基础的创建。
3. 学习不同基础构件之间的联系。

20.1 基础概述

基础是将结构所承受的各种作用传递到地基上的结构组成部分。基础的尺寸和形状可能大不相同（取决于各种因素和环境）同时所有的基础都自成结构，且都负责将荷载传递到地上。因此，基础设计应该考虑组合载荷设计，并且能有效地将这些荷载传递到支撑基础的岩土上。

20.2 基础分类与创建

基础按埋置深度可分为深基础和浅基础；按构造形式可分为独立基础、桩基础、条形基础和满堂基础（包括筏形基础和箱形基础）。虽然基础的类型不同，但是 Revit 提供的创建方法会有一些相同之处。如图 20-2 所示，Revit 提供了三种创建基础的方法，用户可以根据不同的类型需求进行选择并创建。本节我们将介绍 Revit 提供的以下主要基础类型及其相关基础构件：独立基础、桩基础、条形基础、板式基础、可载入族基础、内建族基础、基础墙、墩桩和壁柱。

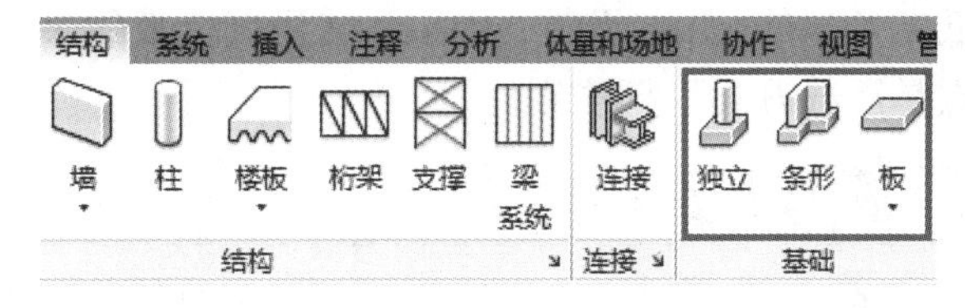

图 20-2

20.2.1 独立基础

独立基础一般是用来支承柱子的，按基础截面形式又分为坡形独立基础、阶形独立基础和杯形独立基础，如图 20-3 所示。

独立基础通过将荷载传递到地面，可用于支撑独立或多重柱体。一般来说，这些基础在平面图中的形状为正方形、矩形或圆形，其平面面积由土地的可承载压力决定。同时，平面中的基础形状由柱体形式和传递到地面上的荷载决定。基础垫层必须足够厚，以保证其所承载的压力能够被恰当分配。

Revit 程序组的相关功能将保证这些地基类型方便柱体的插入，同时，在使用图元属性时，这些基础可以经过重新配置和调整，也能够满足各种条件和要求。

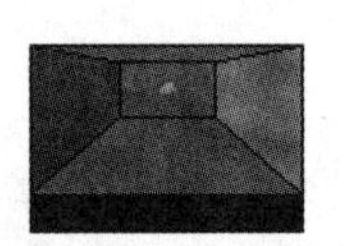
坡形独立基础

阶形独立基础

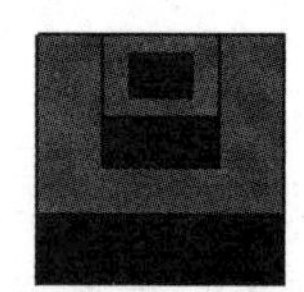
杯形独立基础

图 20-3

20.2.2 桩基础

桩基础由基桩和连接于桩顶的承台共同组成。桩基础属于深基础，通常在地面承载力不足的情况下使用。在高层建筑中，桩基础应用广泛。

桩是相对较长、较细的构件，因此可以将承载力较低的土层的荷载传递到承载力较高的土层上。这种基础在考虑经济、建筑或土地条件因素时使用，它可以很好地将荷载传递到浅基础无法触及的土层上，如图 20-4 所示。

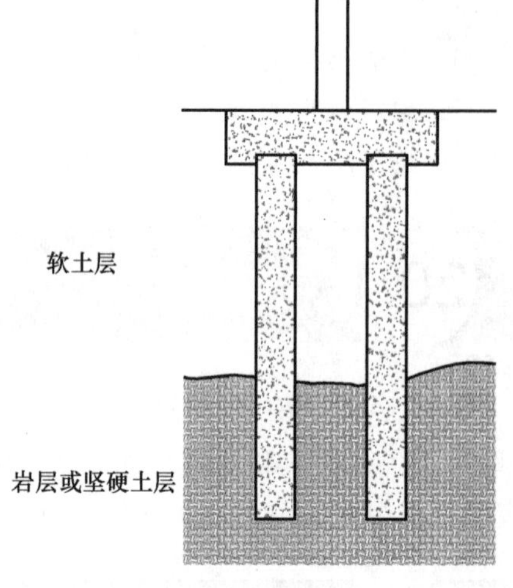

图 20-4

按照基础的受力原理可将桩基础分为端承桩和摩擦桩。

1）端承桩：使基桩坐落于承载层上（土层上）来承载构造物。

2）摩擦桩：利用地层与基桩的摩擦力来承载构造物并可分为压力桩及拉力桩，大致用于地层无坚硬之承载层或承载层较深的情况。

按照施工方式可将桩基础分为预制桩和灌注桩。

1）预制桩：通过打桩机将预制的钢筋混凝土桩打入地下。优点是省材料、强度高，适用于有较高要求的建筑；缺点是施工难度高，受机械数量限制而施工时间较长。

2）灌注桩：首先在施工场地上钻孔，当达到所需深度后将钢筋放入浇灌混凝土。优点是施工难度低，尤其是人工挖孔桩，可以不受机械数量的限制，所有桩基可以同时进行施工，大大节省时间；缺点是承载力低，费材料。

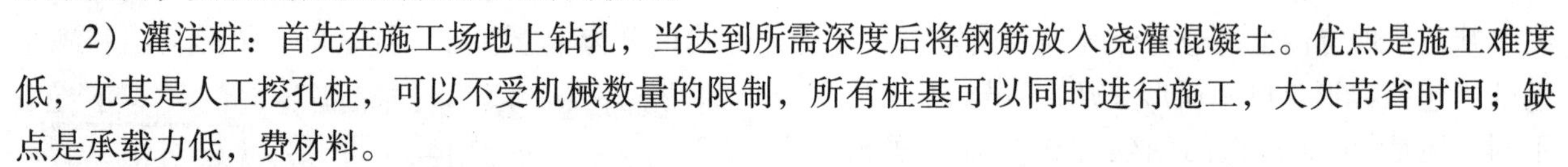

20.2.3 条形基础

条形基础是指基础长度远远大于宽度的一种基础形式。按基础的上部结构分为墙下条形基础和柱下条形基础。条形基础用于支撑线性荷载，使用条形基础的原因或是考虑到承重墙，或是柱需要支撑，但在需要支撑的地方，柱体位置太近则不能使用独立基础。

在 Revit 2017 中，有两种类型的条形基础（承重基础和挡土墙基础）可满足结构承载和固定的需求。用户可以修改这两种基础类型的属性进行设置，如图 20-5 所示。

墙下条形基础工具创建的基础以墙体为主体，基础受其所支撑的墙体限制；如果用户移动该墙体，附着在墙体上的基础也会保持附着状态，并跟着移动。

20.2.4 板式基础

板式基础在应用上与普通的楼板大不相同。一般而言，基础底板会对夯实土层或地面施压，并且为保护地基而隔离夯实土层与泥土，配备防水膜。

可以将基础底板的结构使用参数指定为基础或地平面板。如果将结构参数设为基础，那么基础底板将为与之相关联的其他图元提供支撑；如果将结构参数设为地平面板，基础底板只会支撑自身，结

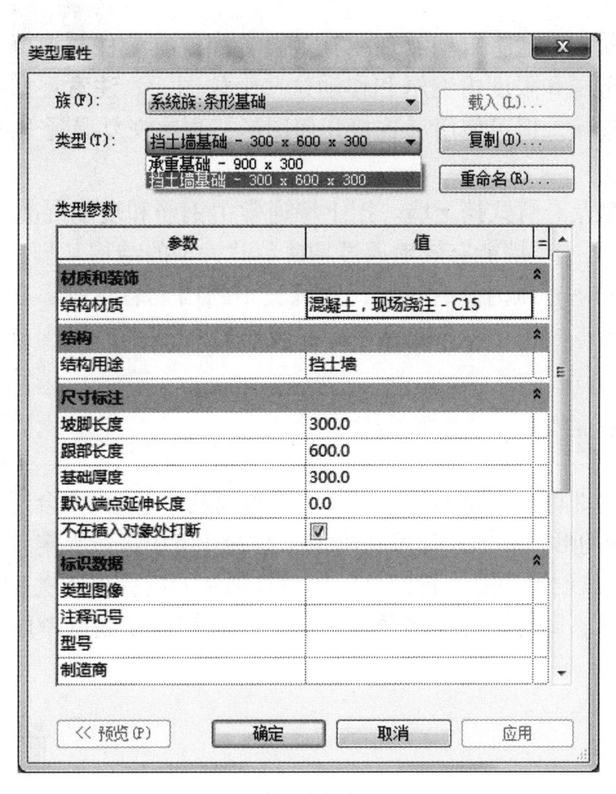

图　20-5

果是这些类型的板不要求来自于其他结构图元的支撑，并且，它们将被用来创建地平面以上的板模型以及应用在基础形状复杂且不能使用独立基础或条形基础的情况下。

相比标准结构的楼板，基础底板有其他三个特定的地基值。这些值为实例参数，包括宽度、长度和底部标高，这些值会在【属性】面板中显示出来。通过使用这些值，分析工具可以区别标准结构楼板和基础底板。

如图20-6所示，作为基础底板工具，【楼板：楼板边缘】同样位于【基础】面板中。【楼板：楼板边缘】可用于设置楼板的水平边缘形状，这些参数化的形状通常会通过选择楼板或模型线边缘，被放置在3D视图内。

创建连续性板边缘的方法是：选定板边缘，当这些边缘相遇于拐角处时，将自动斜接，形成连续的板边缘形式。

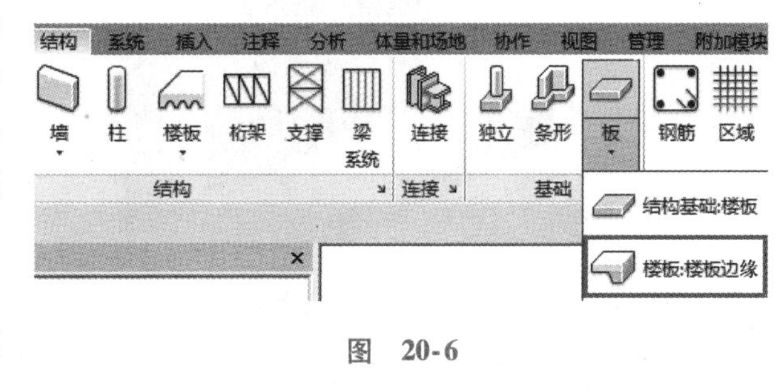

图　20-6

20.2.5 可载入族基础

可载入族（详见族讲解单元）可以在很多形式和设计类型中使用，作为不同的族群类型，我们将深入探讨基础梁和挡土墙。

1. 基础梁

基础梁是地基土层上的梁，一般用于框架结构和框架剪力墙结构。框架柱落于基础梁上或基础梁交叉点上，其主要作用是作为上部建筑的基础，将上部荷载传递到地基上。一般而言，基础梁直接依靠地面，且其两端都受墩桩支撑。

基础梁与普通混凝土梁并不存在太多不同点，将基础梁插入到模型中的方式与在模型中插入混凝土框架梁的方式相似。用户也不必为此感到困惑不安，因为Revit会以这种方式处理大多数图元。处理原则是图元的位置不应该改变图元的使用方法。

不需要用户操作，混凝土图元将自动实现相互连接，如混凝土柱与混凝土基础梁的连接。一旦连接成功，用户可以在正常范围和限度内编辑和移动这些个体图元。**注意：**如果使用不连接几何图形工具，相关图元将不能自动连接，但可使用【连接几何图形】再次恢复混凝土几何图形的这种连接能力。

2. 挡土墙

最常使用的挡土墙类型是悬臂式挡土墙。挡土墙通常由钢筋和现浇混凝土（通常为倒 T 形）组合构成，如图 20-7 所示。这种挡土墙能有效地通过悬臂负载大型的结构基脚，可把来自墙体的水平压力转化为对其以下地面所作的垂直压力。有时候，这种类型的挡土墙在前部有扶壁柱，或者在后部有扶壁（三角形的肋），以强化其对推力的承载能力。Revit 的标准数据库中含有标准的混凝土挡土墙，可以直接应用在模型中。

20.2.6 内建族基础

在面对关于具体项目的非标准地基的要求时，用户可以利用 Revit 中合适的内建族工具（详见族讲解单元）。任何非标准基础的形状和形式都可在给定方案的环境中进行界定（例如被要求放置在拥挤地区的复杂基脚）。使用内建族创建功能，我们可以创建基础和专门针对相关项目的详图。类型属性包含了大多数可编辑的功能要求，同时，对大多数所要求的领域使用参数也考虑到了各种基脚尺寸和基脚条件，如图 20-8 所示。

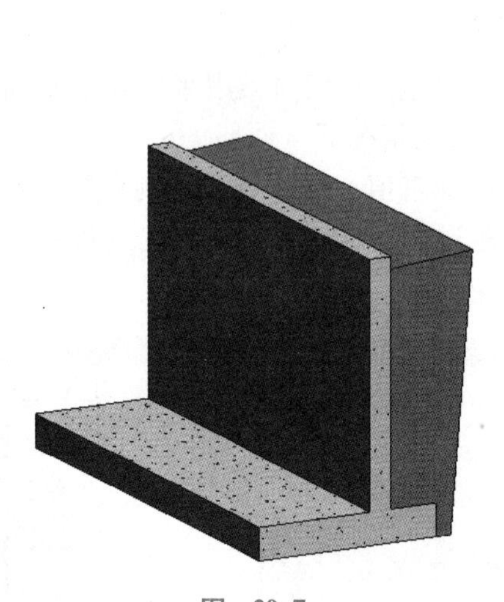

图 20-7

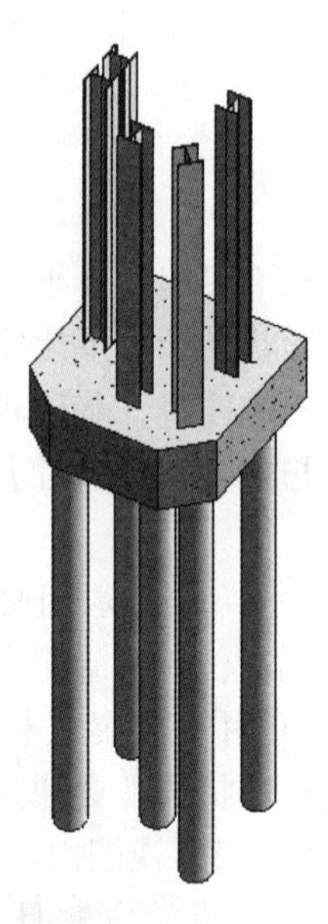

图 20-8

20.2.7 基础墙、墩桩和壁柱

如上文所述，Revit 从顶部开始插入基础墙，再往下发展，这相当于站在墙体顶部，并向下看地面。基于这种插入方法，重要的是用户须理解这对相关视图中模型可见性的影响。

因为基础墙在地面层水平以下使用，因此，Revit 的理解是从被选定的层面起，这些基础墙将向下发展到更低的层面，即基础层面或基底层面（建议使用标高来约束基础墙，而非太过依赖使用偏移）。

关键的一点在于，须保证具体约束的正确性，因为壁柱和墩桩的放置依赖于具体指定的高度。一般而言，基础墙较薄，因此沿其长度需要额外的支撑；这些支撑是通过沿着墙体长度有针对性地放置墩桩和壁柱来完成的，如图 20-9 所示。

可这样区分墩桩和壁柱：墩桩通常是墙体的整体投射；壁柱是墙体的轻微投射，且一般具备柱底和柱顶。将墩桩和壁柱放置在模型中的方式与将柱体放置在模型中的方式相同。

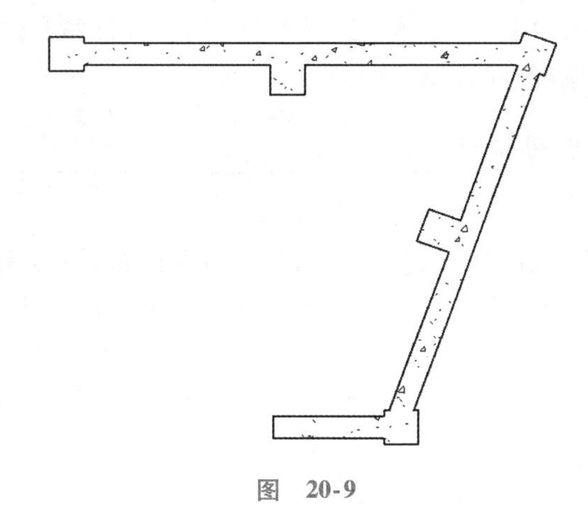

图　20-9

在沿着混凝土基础墙放置了墩桩和壁柱以后，相同材质（如混凝土）的图元将自动连接。因此，为了加强基础墙，放置了正方形柱体以后，系统将对该正方形柱体的剖面图进行必要的裁剪。

20.3 单元练习

本单元练习为独立基础和桩基础的使用提供了实践案例，目的在于让读者理解 Revit 中不同类型基础的放置和表现。我们将放置一些基础墙、墩桩、壁柱、基础底板和抗震基础，并通过创建简单的基础基底来探索这些图元。

20.3.1 练习创建基础墙

1）打开起始文件 WFP-RST2015-20-FoundationsA. rvt。
2）在【项目浏览器】中打开【结构平面：Foundation】视图。
3）放大轴网 E5 到 C7 视图。
4）在【结构】选项卡下【结构】面板中选择【墙：结构】（图 20-10）。
5）在类型选择器中选择墙类型为【基本墙 Foundation-300mm Concrete】（图 20-11）。

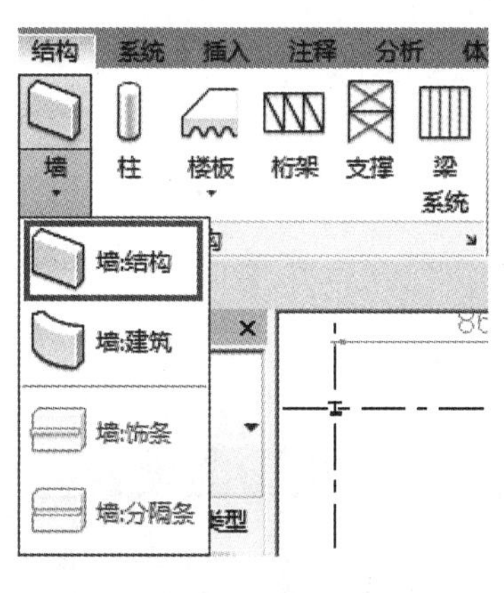

图　20-10

属性
基本墙
Foundation - 300mm
Concrete

图　20-11

6）按图 20-12 所示，核对选项栏中的设定。

修改 | 放置 结构墙　深度：　Basem　2500.0　定位线：墙中心线　☑ 链　偏移量：0.0

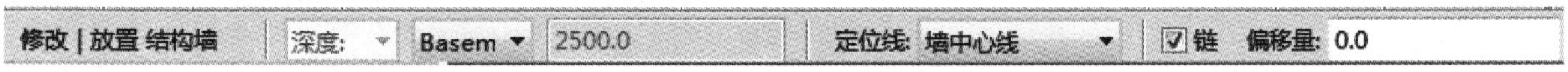

图　20-12

7）在视图窗口中，于轴网之间添加墙体，如图 20-13 所示（**注意**：通过单击锁定，墙体将被锁定在与之相关的轴网中，并将随轴网一起移动）。

20.3.2 练习创建墩桩和壁柱

按图 20-13 中所示的尺寸和位置，放置墩桩和壁柱。

1）基础视图保持打开状态，在【结构】选项卡下【结构】面板中选择【柱】。

2）在类型选择器中选择柱类型为【Concrete Square 600 ×600mm】（图 20-14）。

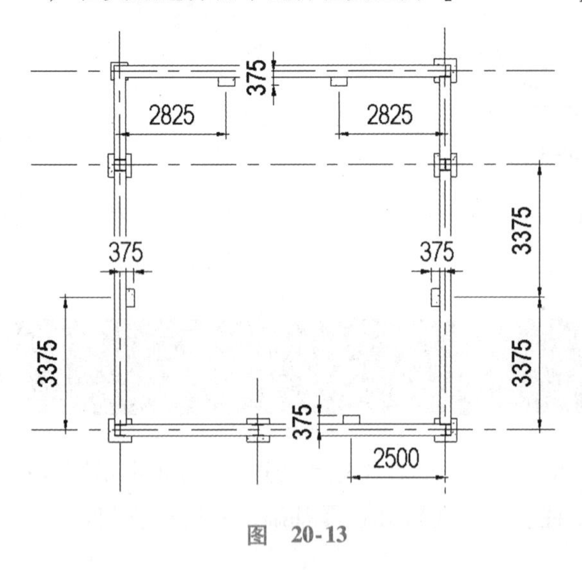

图　20-13

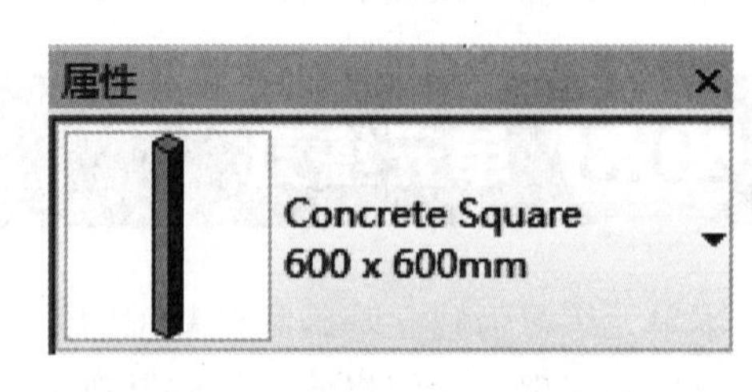

图　20-14

3）按图 20-15 所示，核对选项栏中的设定。

图　20-15

4）在平面视图中，按图 20-16 所示，在标记处添加 600mm ×600mm 的墩桩。

5）为了添加壁柱，在类型选择器中选择柱类型为【Concrete Square 450 ×450mm】（图 20-17）。

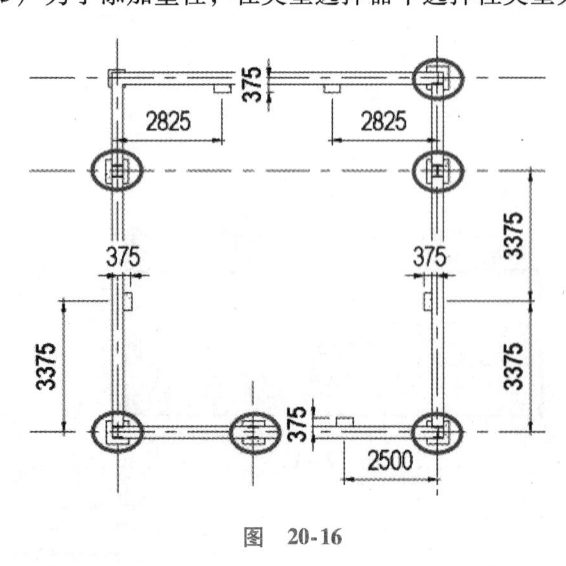

图　20-16

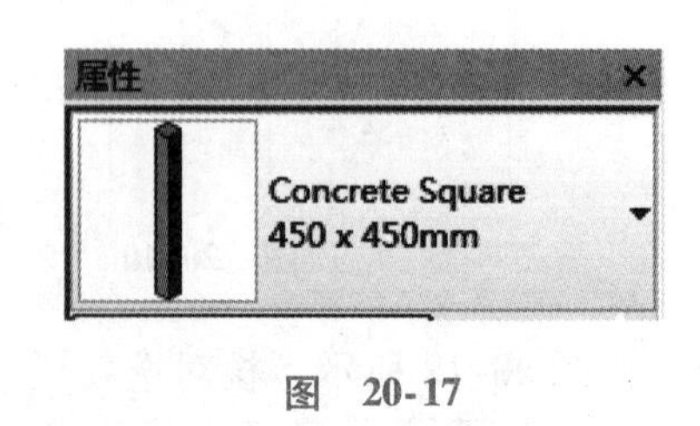

图　20-17

6）按图 20-18 所示，核对选项栏中的设定。

7）按图 20-16 所示，在平面视图中非标记处添加 450mm ×450mm 的壁柱。

图 20-18

20.3.3 练习创建基础底板

注意：基础底板将被插入到模型中它们被绘制的层面的下一层。现在要在基底层放置一块底板，我们首先要勾画板的边界，再应用类型。

1）在项目浏览器中，打开【结构平面：Basement】视图。

2）放大轴网 E5 到 C7 视图。

3）在【结构】选项卡下【基础】面板中，选择【板】下拉菜单中的【结构基础：楼板】。

4）按图 20-19 所示，核对选项栏中的设定，将【偏移】设置为【650.0】。

图 20-19

5）在【绘制】面板中，选择【拾取墙】。

6）依次选择四个基础墙来界定基础底板。**注意**：当光标悬停在墙体上时，偏移显示为蓝色虚线。反向箭头用于将偏移方向从外部改变为内部，如图 20-20 所示。

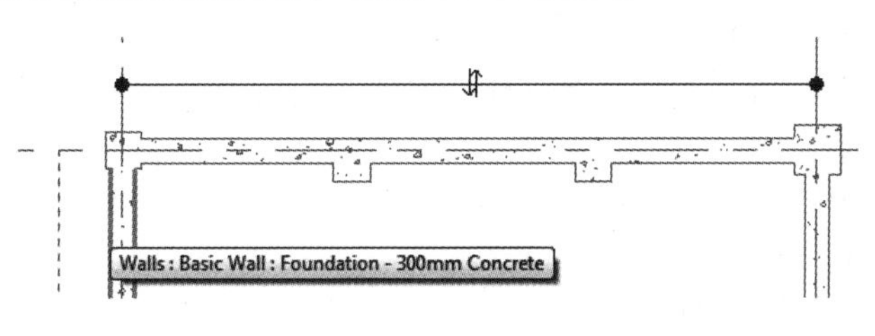

图 20-20

7）为关闭草图模式，可单击【√】（图 20-21）以完成编辑。

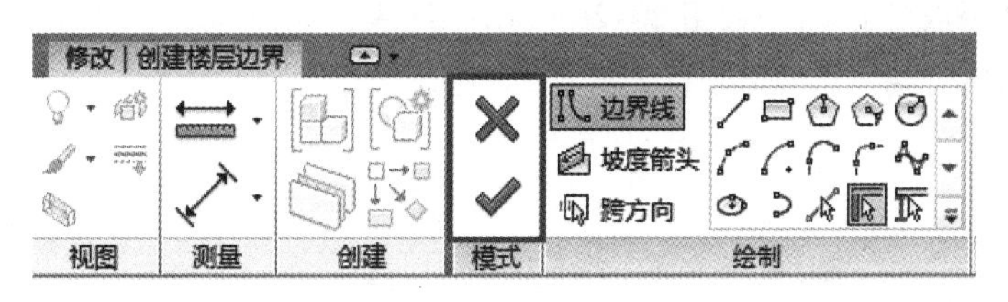

图 20-21

8）默认的基础底板类型是【基础底板 Concept 300mm】（图 20-22）。在【项目浏览器】中打开【三维视图：3D】视图，检查基础底板的位置。为了说明底板边缘工具的用法，我们现在要创建基础底板的底板边缘。

9）保持打开【三维视图：3D】视图（如已关闭请重新打开）。

10）放大网格 E5 到 C7 区域。

11）在【结构】选项卡下【基础】面板中，选择【板】下拉菜单中的【楼板：楼板边】（图 20-23）。

12）在类型选择器中保证默认选项为【楼板边缘 Concept 600×300mm】。

13）将光标悬停在要求的边缘上时，它将呈高亮显示，再单击选择并应用边缘，如图 20-24 所示。

14）为了选择地板底部四边的所有边缘，旋转 3D 视图依次单击生成板边缘（图 20-25）。**注意**：地板边缘将自动在其交叉的拐角处斜切。为了清晰显示，一些钢制图元不可见。

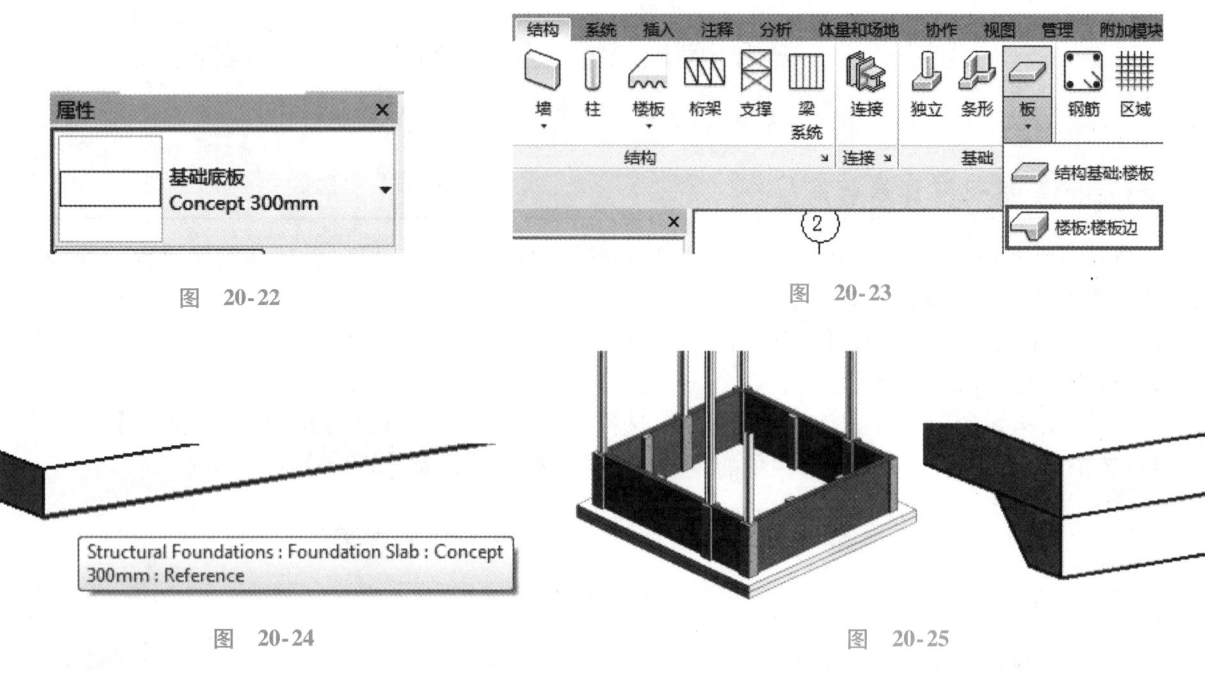

图 20-22

图 20-23

图 20-24

图 20-25

20.3.4 练习创建独立基础和桩基础

这些独立的基础类型可以由用户自己创建，也可以从 Revit 族库中预先载入。它们属于可载入族而非系统族（详见族讲解单元），也是我们最常使用的基础类型，我们将放置简单的独立基础和两个不同种类的桩基础。

1）在【项目浏览器】中打开【结构平面：Foundation】视图。

2）放大办公区轴网 A4 到 C7 区域。

3）在【结构】选项卡下【基础】面板中选择【独立】。

4）在类型选择器中，选择基础类型为【Concept Footing Rectangular 1500×1000×450mm】（图 20-26）。

5）将基础放置在如图 20-27 所示的六个位置上，修改并完成地基尺寸使用。现在，打开 3D 视图和南立面，确定位置是否放置正确，如图 20-28 所示。**注意：**在平面视图中放置基础时，该基础可通过在插入之前使用空格键，按 45°增量旋转。

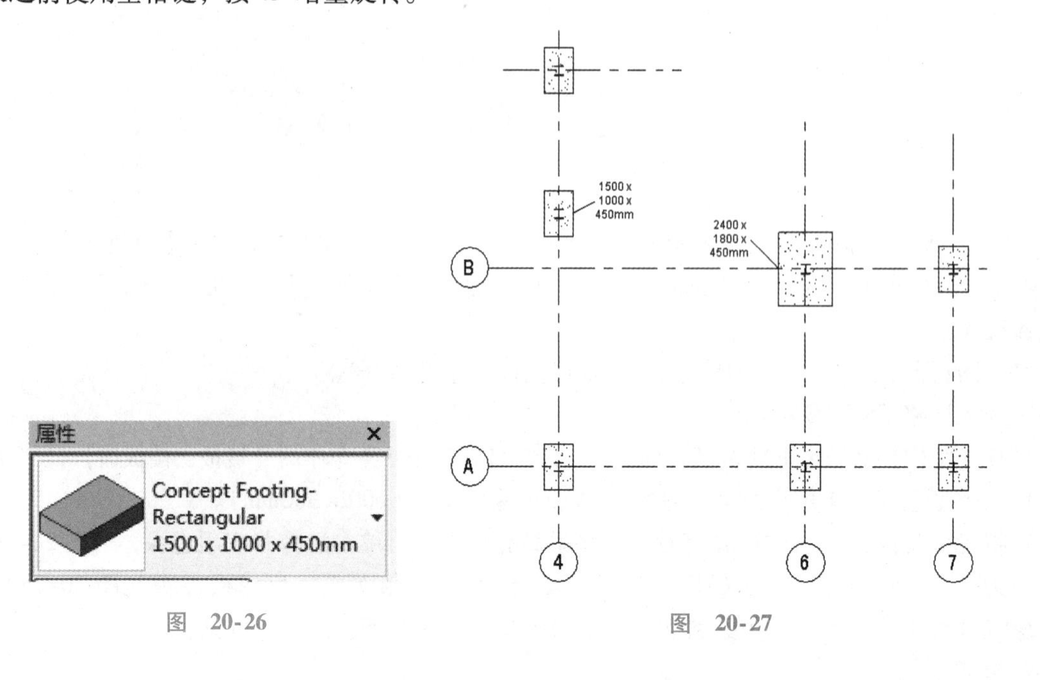

图 20-26

图 20-27

现在要将规格为 2400mm × 12000mm × 450mm 的基础添加在轴网 B6 中。

6）在【项目浏览器】中打开【结构平面图：Foundation】视图。

7）在【结构】选项卡下【基础】面板中选择【独立】，并在类型选择器中选择基础类型为【Concept Footing Rectangular 2400 × 1800 × 450mm】（图 20-29）。

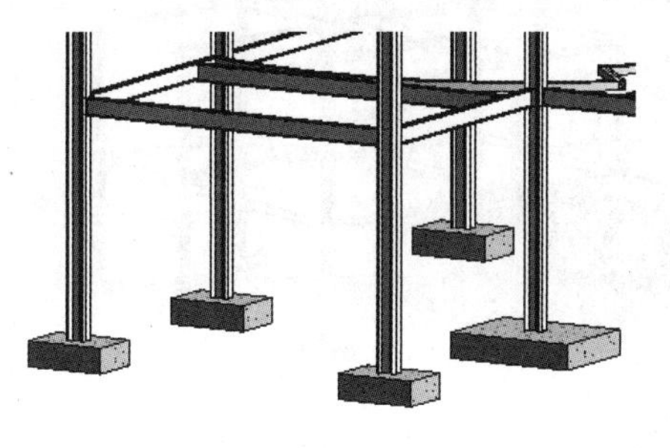

图　20-28

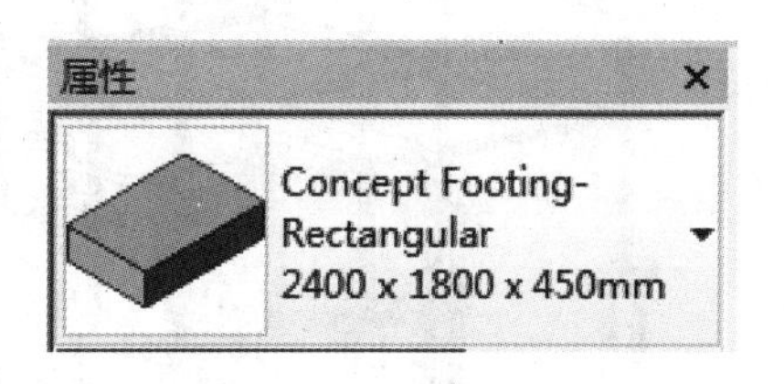

图　20-29

8）将基础放置在轴网 B6 中，修改并完成设置。打开 3D 视图和南立面，检查位置是否正确。对于建筑中剩下的柱体，我们现将放置桩基础。

9）在【项目浏览器】中打开【结构平面图：Foundation】视图。

10）在【结构】选项卡下【基础】面板中选择【独立】。

11）在类型选择器中选择桩类型为【Pile Cap-2 Round Pile Standard】（图 20-30）。

12）将桩基础放置在如图 20-31 所示的十个位置上。

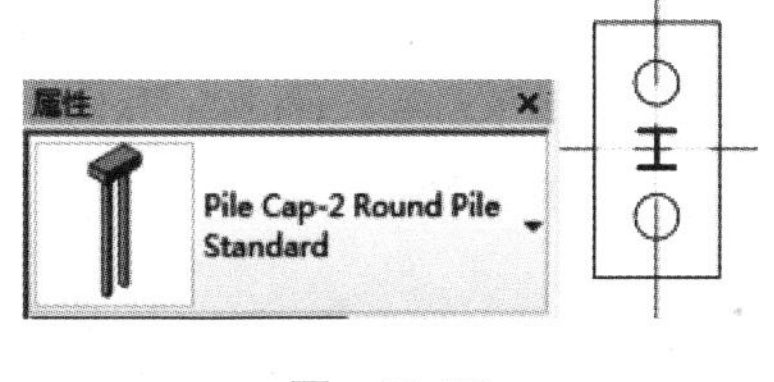

图　20-30

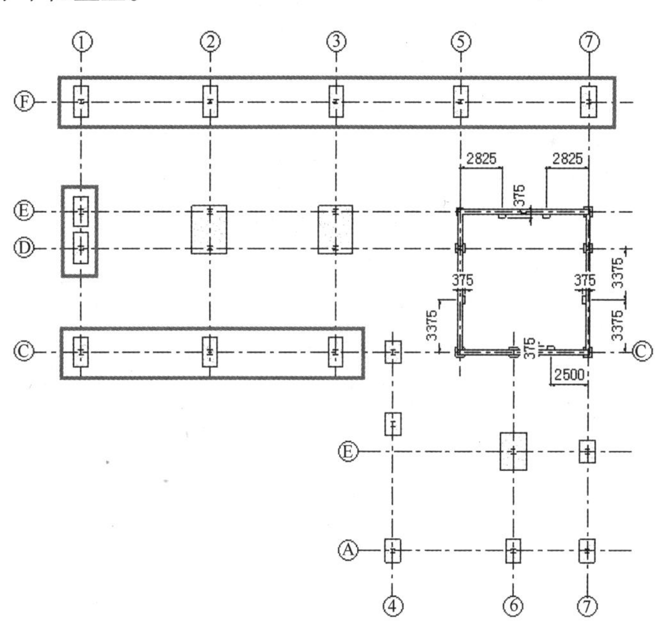

图　20-31

13）在类型选择器中选择桩类型为【Pile Cap-4 Round Pile Standard】（图 20-32）。

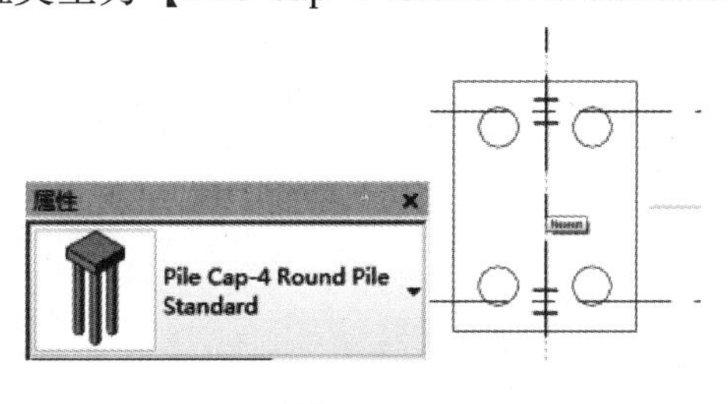

图　20-32

14）将桩放置在平面视图中剩余的两个位置上，修改并完成。打开 3D 视图，对比放置结果，如图 20-33所示。

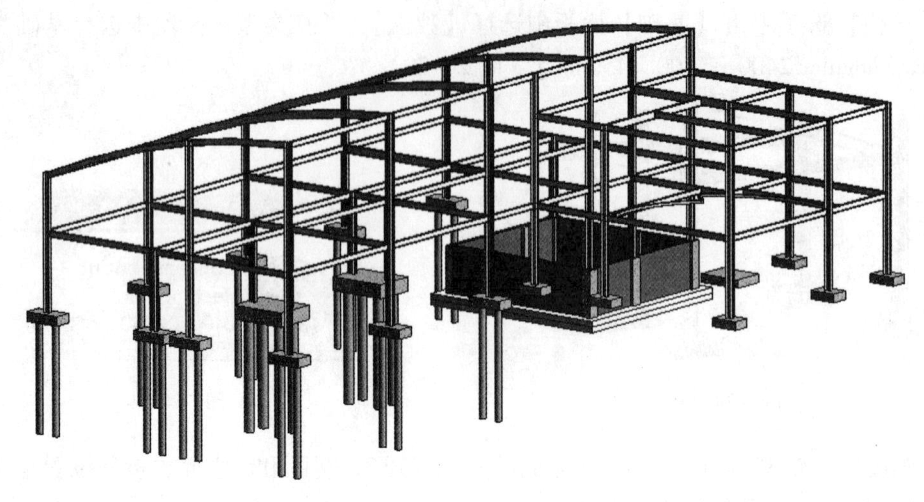

图 20-33

单元 21
梁和桁架系统

单元概述

本单元主要向读者介绍结构性梁和桁架系统，把梁和桁架放在一起是因为它们在操作特性上有很多相似之处，而且对Revit建模环境很有帮助。理论部分主要讲解两者的基本使用和操作方法，以及所有与其相关的选项、优势和劣势，指导读者进行基本操作，介绍多种构成梁和桁架的零构件的术语和导航，贯穿简单的建筑楼层和更加复杂的与桁架系统和坡面相关的模型。练习部分对每种系统各举出了一个实例进行实践操作。

单元目标

1. 了解梁系统和桁架系统。
2. 学习梁系统的创建要点。
3. 学习桁架系统的创建要点。

21.1 梁系统

梁系统（图21-1）可以由两个工作流创建。较为简单的方式是通过选择支座的方式自动创建梁系统，而在有平面板的情况下就要使用另一种方式，即绘制系统边界创建。两种方式都依赖于结构性支承物的存在，比如主梁和承重墙。比较常用的方式是先创建支承结构，再创建梁系统，并且确保支承结构都在正确位置上（首先是柱子而后是梁或者是适当的支承墙）。不论用户通过自动还是手动的方式创建，这些支撑图元都会被用来定义梁系统的边界。一旦定义了梁系统的边界，用户就可以指定梁的方向、间隔、尺寸和类型，同时也可以按照要求对齐以填补空白。

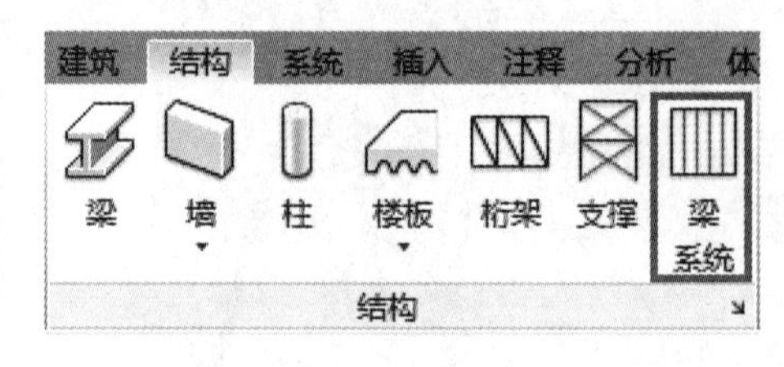

图 21-1

21.1.1 自动创建梁系统

在默认情况下使用如下正确的条件，很快就能用单击的方式自动创建梁系统（图21-2）。然而，一旦梁系统创建完成，就可以修改系统以适应变化。

1）仅可以在平面视图下插入梁系统，而且必须是水平的绘制平面。如果不能同时满足以上条件，那么Revit会恢复至手动定义边界的方式。

2）定义和支承梁系统的主梁和墙必须形成一个闭合环路，否则，则需手动定义边界。

3）创建的梁系统须平行于选中的支承构件，如图21-3所示。**注意：**曲面墙和主梁也可以用于创建部分闭合环路支承边界，但是，这些图元并不适合定义梁系统构件的方向，系统中的梁必须是笔直的。

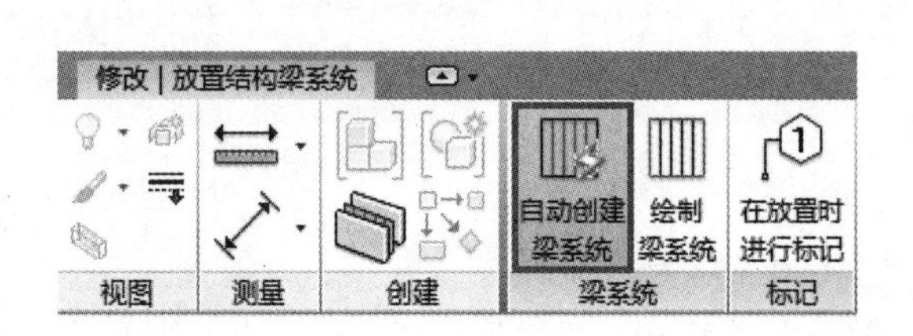

图 21-2

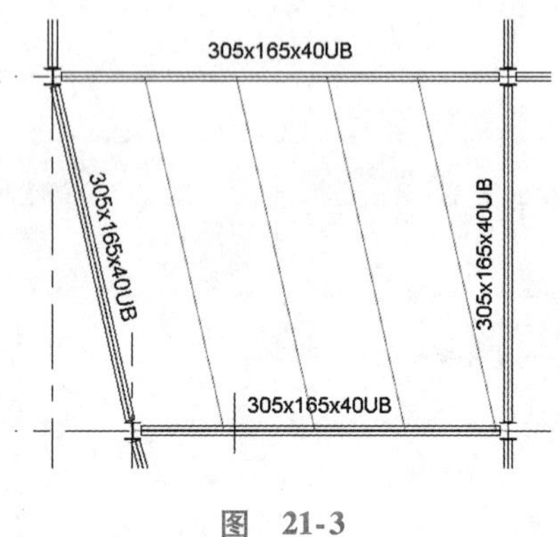

图 21-3

21.1.2 绘制梁系统

绘制梁系统（图 21-4）的边界也有两种方式。第一种方式是拾取依存于计划在建的梁系统的承重主梁或墙；第二种方式是使用绘图工具绘制支承结构的轮廓。推荐使用【拾取支承物】，因为它会将梁系统锁定到这些支承物上，所以，任何位置上的更改都会自动应用到梁系统。挑选支承物定义边界时，第一个选择的支承构件决定了系统内梁的方向。

如图 21-5 所示，为边界选择的第一个支承物是左侧的梁，两侧的短线表示系统预期跨距方向，也就是说，所有的梁都会平行于这条线。用直线和弧绘制边界时可应用相同的绘制原则，而不是选择支承物。因为第一个绘制的边界线将按照默认定义跨距方向。当然，也可以根据要求进行修改。所以，梁系统的自动创建方法需要在水平面操作，手动方法需要在其他视图定义边界，只要在选择支承物之前定义好工作平面，就能在倾斜的水平面上进行手动操作。同理，也可以在涉及平面的斜坡上选择边界，在这样的情况下，它们会紧贴平面，悬在空中，如果在系统属性中标记了 3D 框，那么，即便基础系统是平行的，图元也会沿着斜坡排列。如图 21-6 所示，在该图梁系统中：屋顶斜坡的一侧有一个脊状构件，通过定义与顶部支承钢筋一致的斜面可以创建右侧的构件；左侧的工作平面是水平的，且与屋檐齐高；左侧属性采用 2D，而右侧则是 3D 框标记；在相同的 3D 视图下，按照同样的方式选择支承物，得到的结果自然也是类似的。但是，系统中单个构件的差别就在于左侧的构件是垂直于平面的，而右侧的构件是垂直于斜面的。因此，两种结果都适用，但是要注意其中的差别。

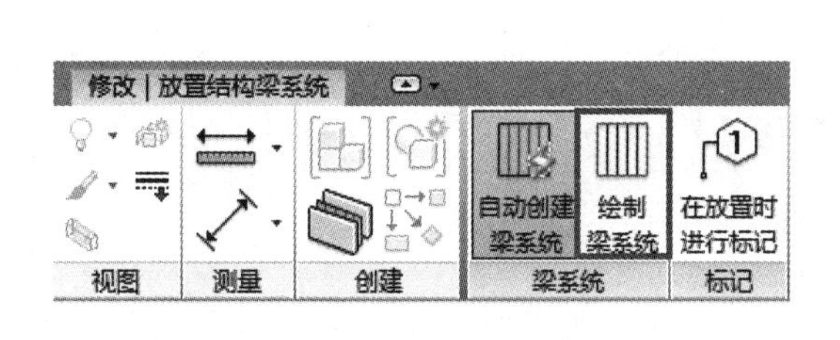

图 21-4

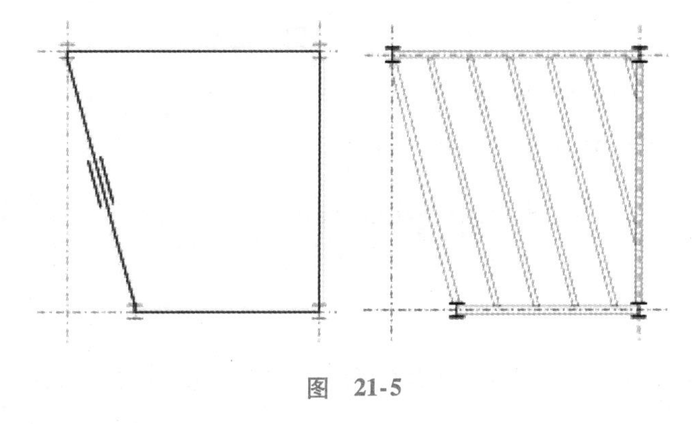

图 21-5

如有错误，可以通过扭转同一系统内的单个构件的断面来纠正。但同时也要记住必须要在绘制的平面中指定构件间距和对齐，然后再调整高度和扭转，如图 21-7 所示。

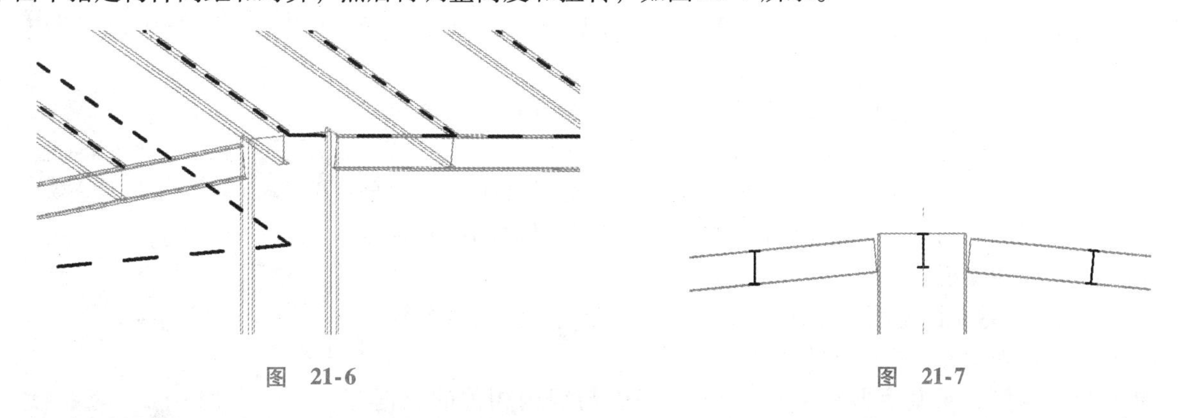

图 21-6

图 21-7

如若需要不平行于其中一条边界线的跨距方向，那么，应用直线来绘制梁方向，如图 21-8 所示。

21.1.3 梁系统属性

定义梁系统边界后，根据梁系统属性指定的样式将梁放置在指定区域内。由于大部分图元都是 Revit 内的，所以很可能要修改许多属性。如图 21-9 所示，【属性】面板中显示的是实例参数，也可

以查看类型参数。其中很多选项也可以通过选项栏进行查看。

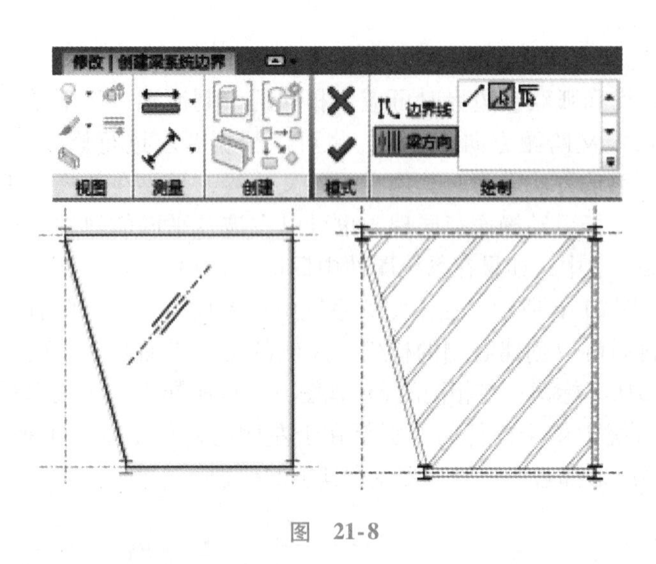

图 21-8

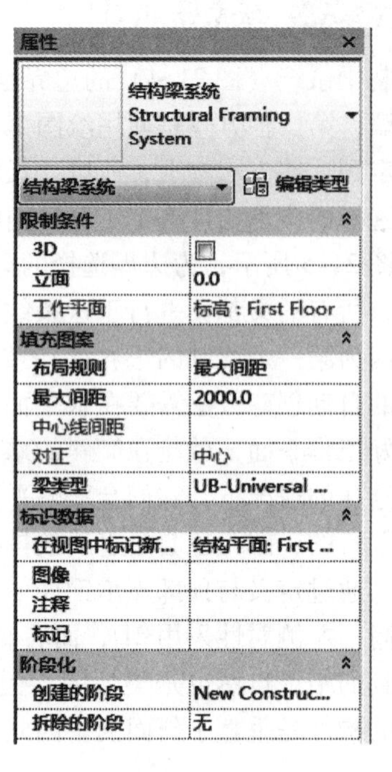

图 21-9

在绘制模式下，在选项栏中单击相应字段以修改数值是有必要的，比如梁类型、对正规则、布局规则等，如图 21-10 所示。

图 21-10

21.1.4 梁系统的布局规则和样式

在系统内定义布局样式有多种方式，而且这些方式在 Revit 中有很多相似的特性。这些布局规则基于自动放置的四种逻辑布局：

1）固定距离：指定各个梁中心线之间的测量距离，计算相应梁数量。

2）固定数量：与上述方式相反，指定梁数量，并且在梁系统中均匀地分布。

3）最大间距：与固定距离方式类似，这个规则给予间距更高的自由度，所以，样式之间间隔着最小数量的构件，这些构件之间的间距尽可能地与最大间距接近。

4）净间距：这是固定距离方式的另一种变形方式，但是每个构件之间都是测量的净距离，把构件的宽度考虑在内。

根据以上规则，某些字段将主动为 Revit 提供与规则相关的数据，比如，如果用户选择了固定数量规则，那么，将会有一个字段主动输入所需要的值，如图 21-11 所示。在梁系统特性外放置常规梁时，所提供的梁类型与载入到项目中的梁列表保持一致，并且与类型选择器下拉菜单中的选项相匹配。如若列表中没有所需的梁尺寸，那么用户需要重新载入。

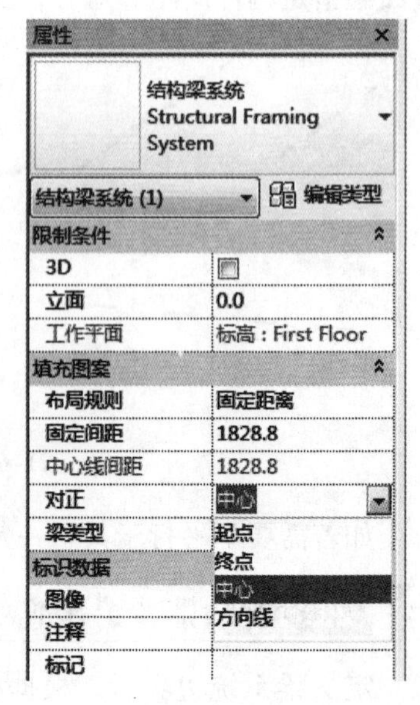

图 21-11

对齐选项仅在选择固定距离或净间距的布局规则下才能被激活，而且被选项决定了系统中第一个梁的位置，后续梁位置也按照各自制定的布局规则放置。选项分为左对齐、右对齐和居中，如图21-12所示。

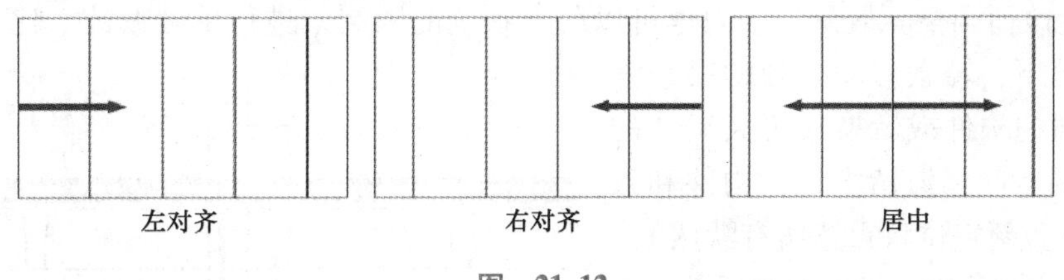

图　21-12

21.1.5　混凝土楼板框架系统

梁系统工具也可以用来制定混凝土楼板框架系统的放置位置，包括形成部分大型复合图元的系统，比如井字楼板或者平底格栅楼板。使用合适的布局规则应用平底格栅楼板，放置方向有两个选择，要么就如上述所说；要么如图21-13所示按照单一方向放置；要么如图21-14所示交叉垂直放置，形成井字楼板。通常情况下，我们会定义一个楼层来代表格栅形成一体后加固的混凝土楼板，从而形成一个完整的楼层系统，而当各个图元之间是相同材料时，它们会自动合并在一起。

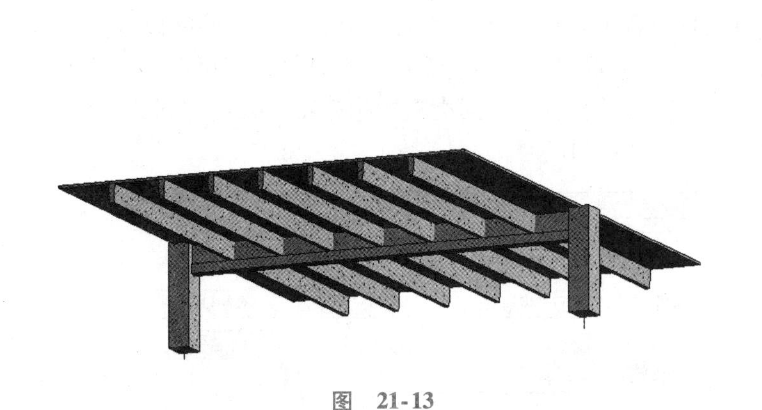

图　21-13

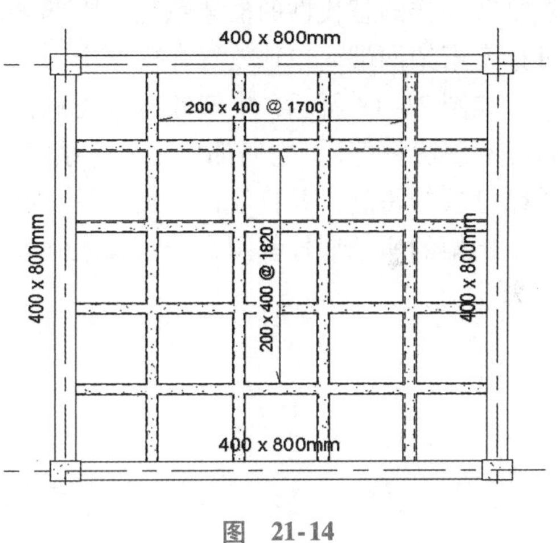

图　21-14

21.1.6　预制混凝土支承楼板

【梁系统】也可以用于布局没有间隙的图元，并且有效形成一个连续的图元，同步映射通过此类方式创建的预制混凝土图元的施工过程。标准库中有一些非常好的构件例子，包括T形、L形、TT形以及空心板等，如图21-15所示。使用这些构件的一大好处就是可以单独与预制制造商商讨方案。

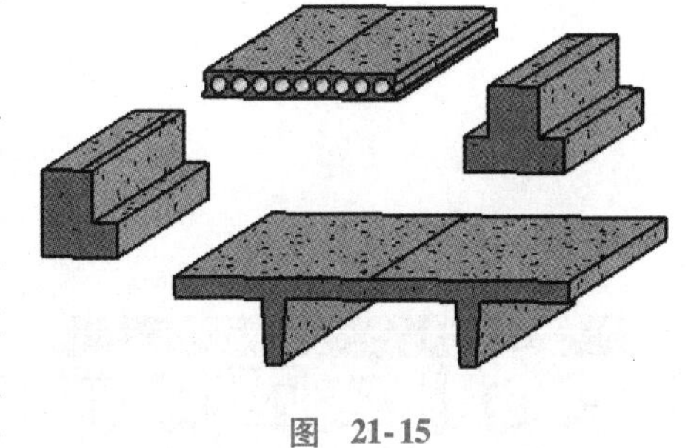

图　21-15

通过使用这些原则，可以把模型图元放置得很精确，虽然最后它们很可能会被长长的楼板覆盖或者被后续图元遮盖。在前面单元中，讲述了模型发展的方法原则，推荐了构件的分级以及尽量使得模型外观简洁的方法，这些也要在这个过程中优先考虑，而不是盲目使用高水平的3D几何细节的构件。过分复杂的建模会影响模型的性能，同时，也不需要斜面和凹线来生成精确的2D制造绘图，它们都可以在断面和细节视图中添加。

21.1.7 梁系统辅助设置

梁系统中的独立构件受制于系统，它们的放置位置会根据布局规则的改变而改变；它们的形状也会随着梁类型的更改而调整。但是，它们也可以脱离系统的限制，进行单独修改。比如，可以在不破坏其余样式的情况下，轻微移动单独的梁来满足需求，删除相同的构件或者换成更大尺寸的构件来填充多余的空间。但请牢记：构件和系统之间总有关联，重新定位将重置所有默认值。

在所有的混凝土图元中，可以在必要的地方加固，可以作为3D图元直接加固到模型；也可以在2D详图注释中加固，如图21-16所示。

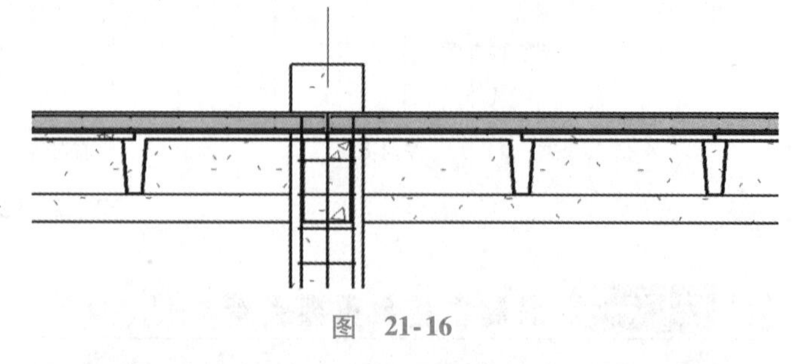

图 21-16

21.2 桁架系统

在Revit中，【桁架】（图21-17）是一个适应性非常强的有力工具，有待进一步探究，主要用于开发复杂多样的替代性的框架系统。Revit标准库包含了许多广泛使用的桁架形状，并且这些参数族都通过指定桁架两端简单地放置在模型中。或者也可以在族编辑器中定义新的桁架形状。

如图21-18所示，桁架族（详见族讲解单元）包含了几个重要的图元（上弦杆、下弦杆以及竖向腹杆和斜腹杆等），它们都代表了连系材料和支撑构件。根据已选的桁架族，多种构件都可以在参数上遵循已选的跨度，并且值得一提的是，放置桁架族后，所有后续的同类型的桁架都会采用相同的布局。每个桁架的实例属性都用来控制其限制条件、结构性设置和尺度。

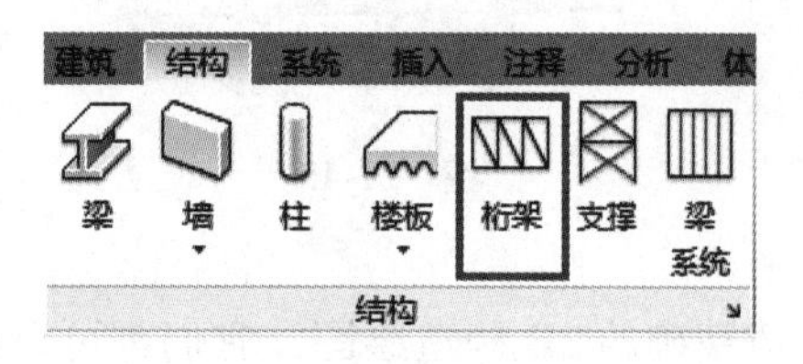

图 21-17

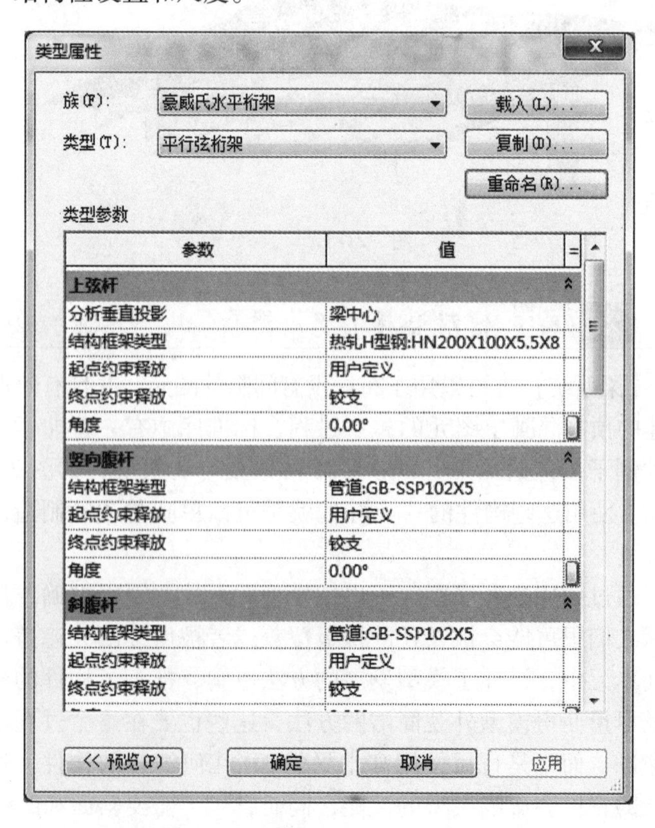

图 21-18

虽然本单元不会就族的创建进行深入讲解，但是会详细解释由色彩标记线条组成的典型的桁架布局族，代表多种桁架构件的路径，比如上下弦杆和内部网格构件。应用构件尺寸的中线将会被指派到这些路径上。可以在族编辑器中修改或添加路径的布局和所需要的参数，也可以添加公式和定义逻辑规则，如图21-19所示。

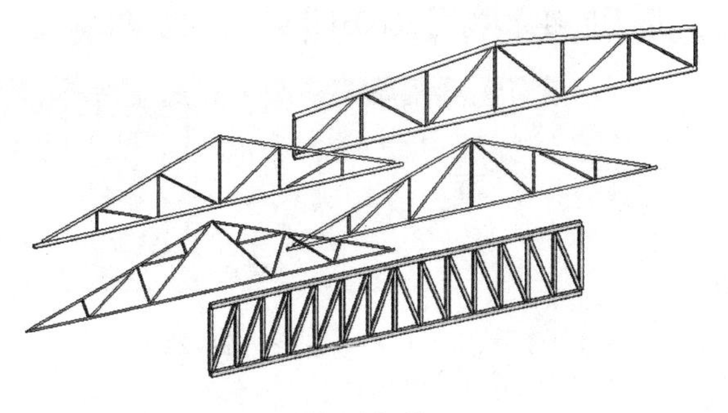

图　21-19

通过选择【桁架】和理想的桁架风格，可以在任何视图下放置桁架，同时，该桁架受制于设定的工作平面。其放置过程十分简单，就是选择起点和终点。然后，Revit调整桁架布局以适应指定的跨距并指派相应的构件尺寸来生成最终的桁架。

桁架最突出的特性就是可以连接并且紧贴屋顶和楼板的形状。桁架的上下弦杆可以定义为上下楼层定义的形状，这样才能有效支承图元。楼层的改变也会引起所关联的桁架形状上的改变。

通过将平面桁架定义在平面正确的位置，该操作与使墙面与楼层连接的操作有许多相似之处；选中桁架，使用【连接】工具识别形成形状的图元，桁架就会伸展开以适应楼层表面，弦的形状也改为与层楼形状一致，如图21-20所示。

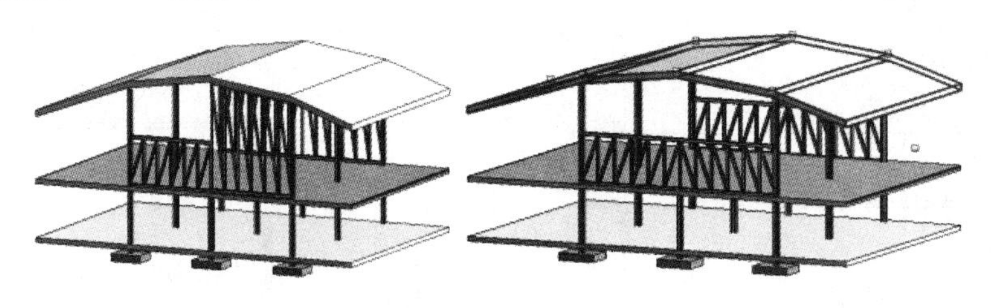

图　21-20

管理桁架连接的操作有很多规则：

1）上弦杆必须低于要连接的屋顶、楼层，或者下弦杆必须高于要连接的屋顶、楼层。

2）上弦杆必须高于下弦杆，可以重叠，但不可以交叉。

3）屋顶或结构性楼层的宽度必须等于或大于桁架的宽度，否则就无法连接桁架。

21.3 单元练习

本练习分为两个部分，提供了梁和桁架系统的实际应用，重要目标就是理解梁和桁架系统的创建和放置工具。

21.3.1 使用自动梁系统放置一个梁系统

1）打开起始文件WFP-RST2015-21 – BeamTrussSystemsA. rvt。

2）在【项目浏览器】中打开【结构平面：First Floor】视图。

3）在【结构】选项卡下【结构】面板中选择【梁系统】，如图21-21所示。

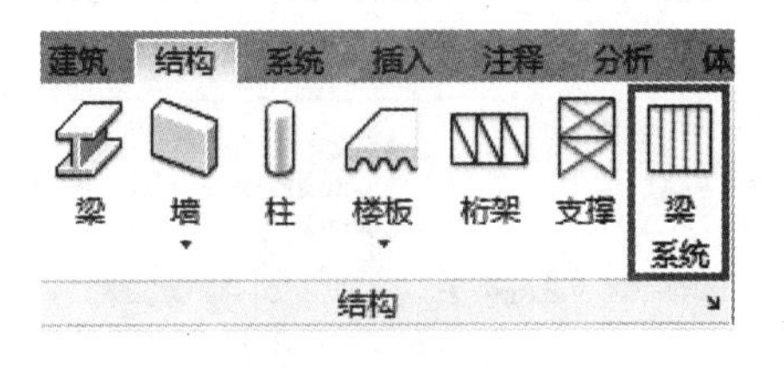

图　21-21

4）在【修改｜放置结构梁系统】上下文选项卡下【梁系统】面板中选择【自动创建梁系统】（图21-22）。

5）确保类型选择器中选择的梁系统类型为【结构梁系统Structural Framing System】（图21-23）。

6）如图 21-24 所示，确保选项栏中为如下设置：【梁类型】为【254×102×28UB】和【布局规则：最大间距】为【2000.0】。

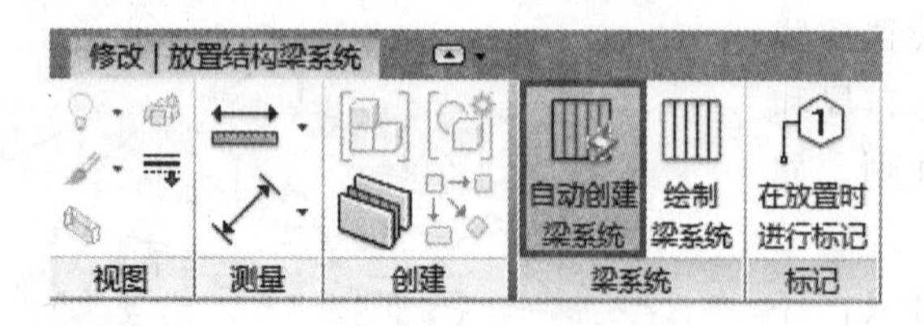

图 21-22

图 21-23

修改 | 放置 结构梁系统　梁类型: 254x102x28UB　对正: 中心　布局规则: 最大间距　2000.0

图 21-24

7）将光标停留在 E1～F1 和 F1～F2 网格的主梁上，观察梁系统的方向是如何自动平行于主梁的，如图 21-25 所示。

8）将梁系统放置在网格 F1 到 B7 之间，如图 21-26 所示。**注意**：如果在【标记】面板中选择了【在放置时进行标记】，系统则会自动标记。

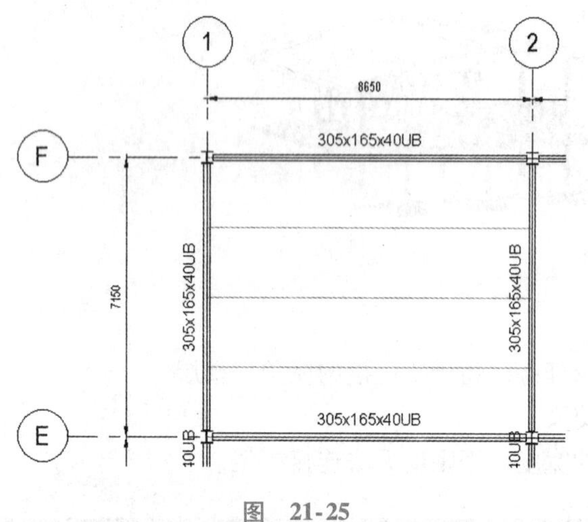

图 21-25

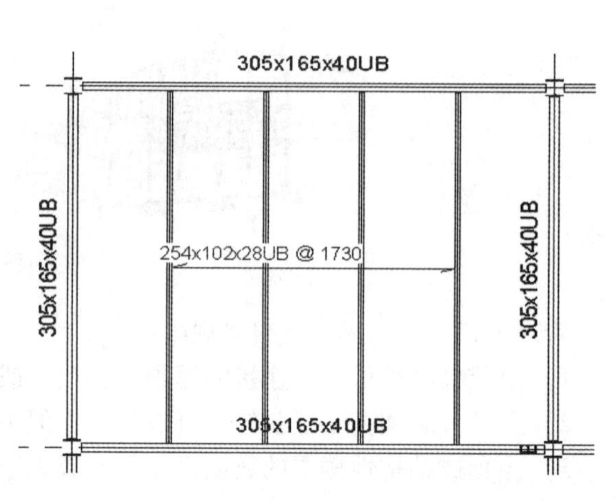

图 21-26

21.3.2 练习使用【绘制梁系统】，并且定义梁系统的参数

1）在【项目浏览器】中打开【结构平面：First Floor】视图。

2）在【结构】选项卡下【结构】面板中选择【梁系统】。

3）这次选择【绘制梁系统】（图 21-22）。

4）确保类型选择器中选择了理想的梁系统——【结构梁系统 Structural Framing System】（图 21-27）。

5）在【绘制】面板中选择【边界线】（图 21-28），选择【直线】绘图选项，并且绘制边界轮廓使之包含网格 A6～B7。提示：如果使用矩形工具只要一步便可以完成。如果使用【拾取支承物】或者【拾取线】，那么就有必要修剪或者延伸线条以创建一个闭合环路，第一条绘制的边界线决定了系统内第二个梁的方向。

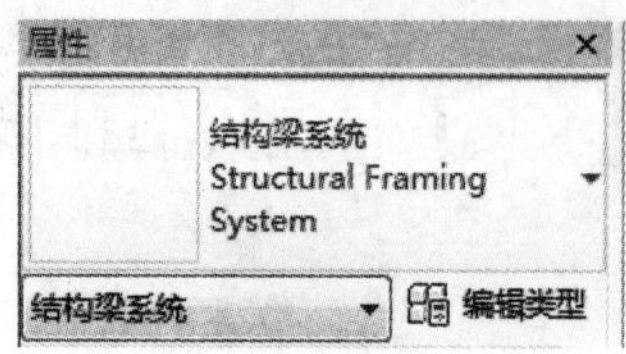

图 21-27

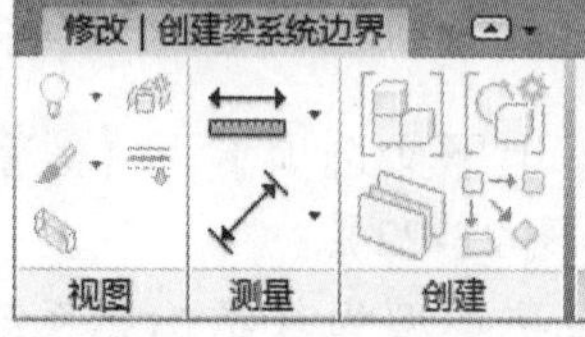
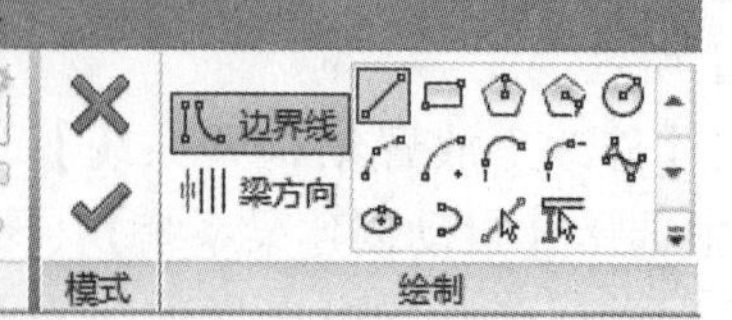

图 21-28

6）如图 21-29 所示，梁系统的方向是两条平行的线，单击【模式】面板中的【完成编辑】，创建此处的梁系统，如图 21-30 所示。提示：读者可以自行练习其他的绘制工具。

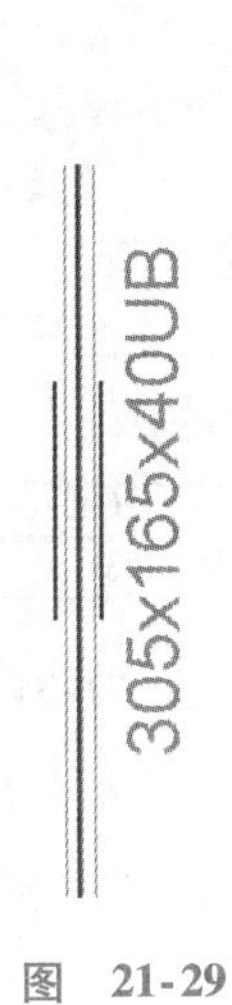

图　21-29

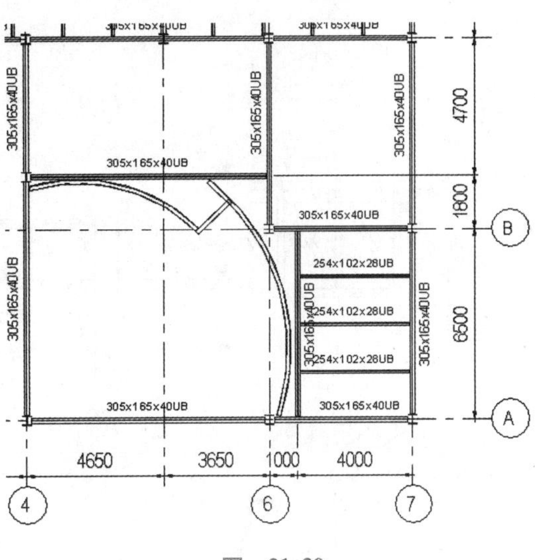

图　21-30

21.3.3 创建一个参数性桁架并且在模型中放置这个桁架

请记住，放置之前要在【编辑类型】面板中设置好【类型属性】，否则，Revit 将会为了构架构件的轮廓而使用当前的默认设置。

1）在【项目浏览器】中打开【结构平面：Roof 2】视图。

2）在【结构】选项卡下【结构】面板中选择【桁架】。

3）确保类型选择器中选择了正确的桁架类型——【M_Howe Flat Truss WFL Standard】（图 21-31），同时在选项栏中选择【放置平面】为【标高 Roof 2】。

图　21-31

4）在网格 D1 到 D5 之间放置桁架，如图 21-32 所示。提示：在放置桁架后，确保其【属性】面板中的【起点/终点标高偏移】都设置为【0.0】。

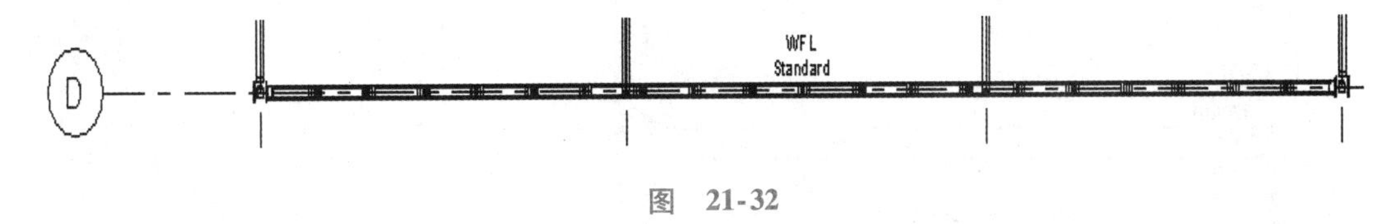

图　21-32

5）在【项目浏览器】中打开【剖面：Section Grid D】。为了调整桁架高度（图 21-33），对其属性进行调整。如图 21-34 所示，在【属性】面板中，将【起点标高偏移】设置为【－800.0】，【终点标高偏移】设置为【－800.0】，【桁架高度】设置为【2000.0】。

6）现在桁架已经调整到了正确的高度上。在【项目浏览器】中打开【剖面：Section Grid 2】并且检查上弦的位置，如图 21-35 所示。

现在，在【类型属性】对话框中修改桁架的上下弦。将弦从当前的方管断面改为 203×203×46UC 断面，如图 21-36 所示。

7）在当前的视图下选中桁架，在其【属性】面板中选择【编辑类型】。

8）在【类型属性】对话框中按图 21-37 所示调整上弦杆和下弦杆。

9）单击【确定】按钮保存类型。

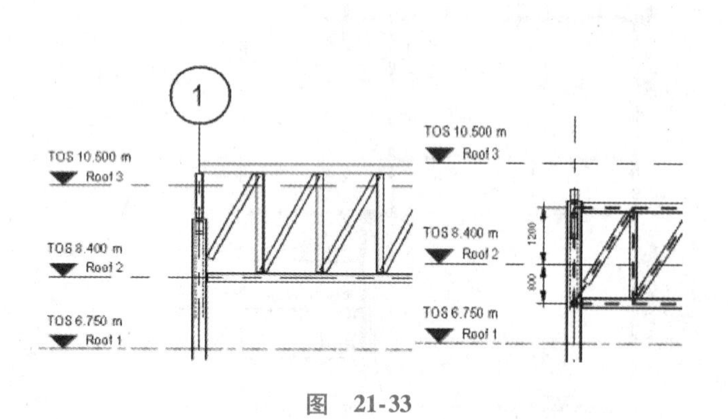

图　21-33

图　21-34

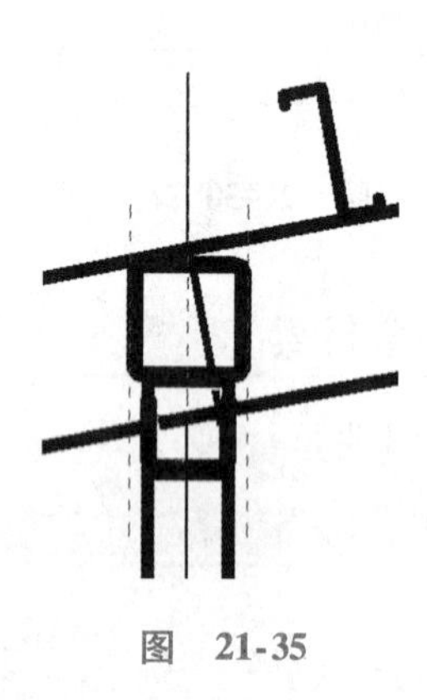

图　21-35

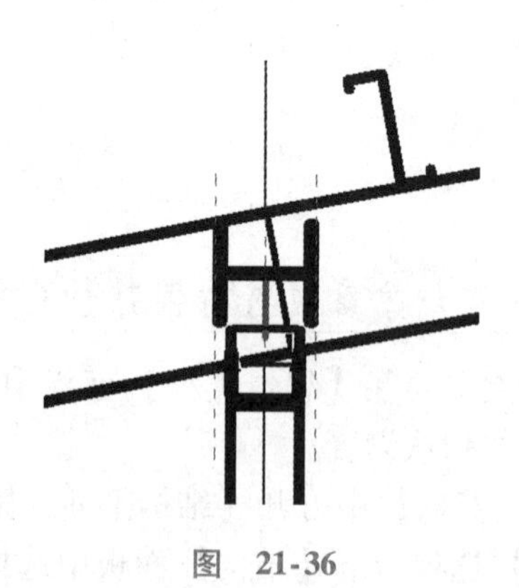

图　21-36

10）放大桁架来确定结构桁架类型的改变是否正确，如图 21-38 所示。提示：使用【编辑类型】做出的改变对桁架中所有类型产生影响，而使用【实例属性】做出的改变只对项目中的实例产生影响。

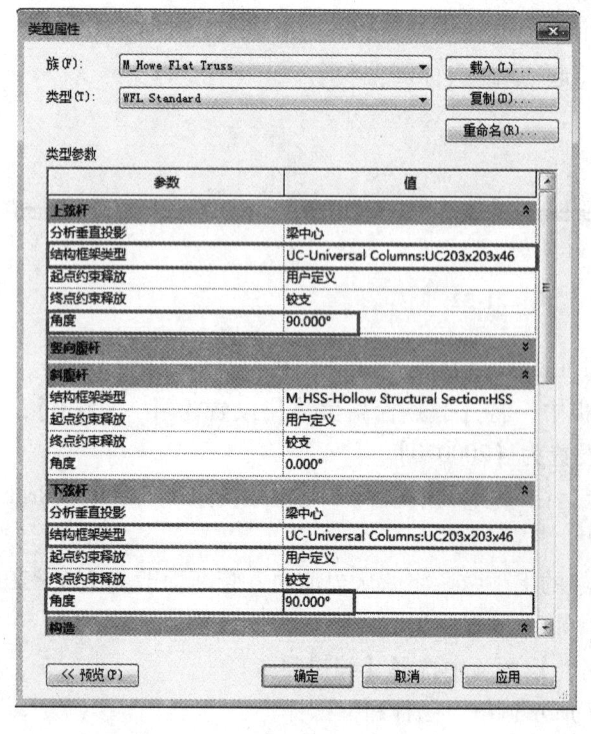

图　21-37

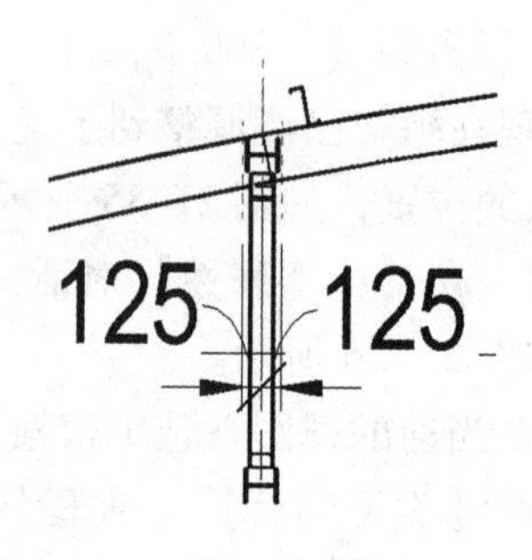

图　21-38

21.3.4 修改剖面【Section Grid 2】和【Section Grid 3】的梁，并且将它们剪切到预先设置好的参照平面上

1）在【项目浏览器】中打开【剖面：Section Grid 2】视图。

2）查找并放大上弦和梁的交点，在【修改】选项卡下【修改】面板中选择【拆分图元】（图21-39）。如图21-40所示，在交点处隔开此段梁。

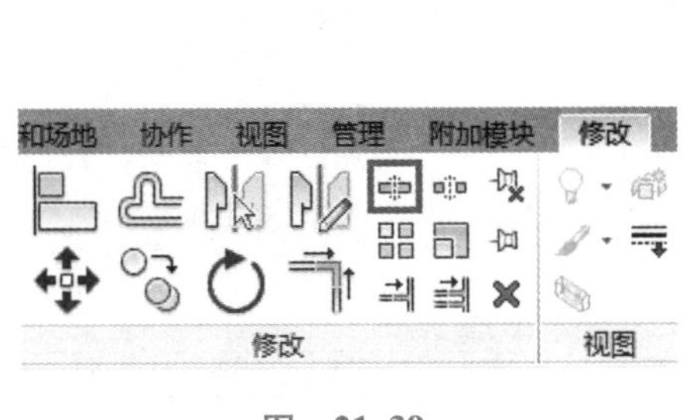

图　21-39

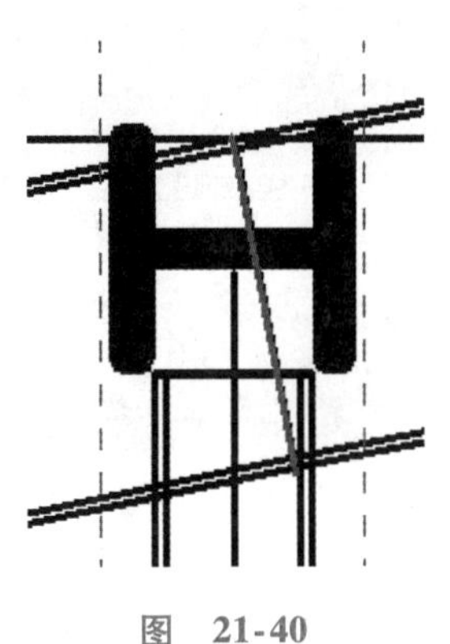

图　21-40

3）在【修改】选项卡下【几何图形】面板中，选择【剪切】下拉菜单中的【剪切几何图形】。

4）如图21-41所示，首先选择左侧梁，然后选择左侧参照平面。接着选择右侧椽，选择右侧参照平面并且修改，关闭对话框。这就完成了剖面【Section Grid 2】中梁的剪切，如图21-42所示。

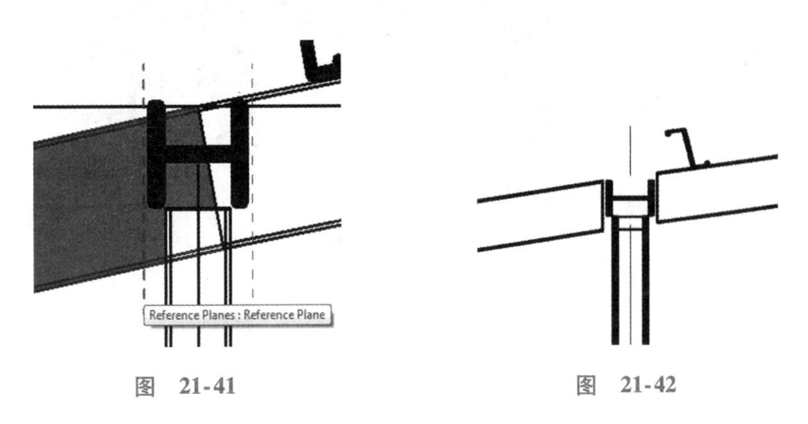

图　21-41　　　　图　21-42

5）在【项目浏览器】中打开【剖面：Section Grid 3】视图。

6）选择【剪切几何图形】，并且重复上述步骤剪切该剖面中的梁。

7）为了清除多余视图，在【视图】选项卡下【图形】面板中选择【可见性/图形】（快捷键为 <VV>）。

8）在【注释类型】选项卡中取消勾选【参照平面】，如图21-43所示。

9）单击【确定】按钮，关闭对话框。打开3D视图进行检查，如图21-44所示。

剖面: Section Grid 2的可见性/图形替换
模型类别
注释类别
分析模型类别
导入的类别
过滤器
在此视图中显示注释类别(S)
如果没有选中某个类别，则该类别将不可见。
过滤器列表(F):
<全部显示>
可见性
投影/表面
线
半色调
剖面框
卫浴装置标记
参照平面
参照点
参照线
喷头标记
图框
场地标记
基础跨方向符号
墙标记
多类别标记
天花板标记
全选(L)
全部不选(N)
反选(I)
展开全部(X)
根据“对象样式”的设置绘制未替代的类别。
对象样式(O)...
确定
取消
应用(A)
帮助

图 21-43

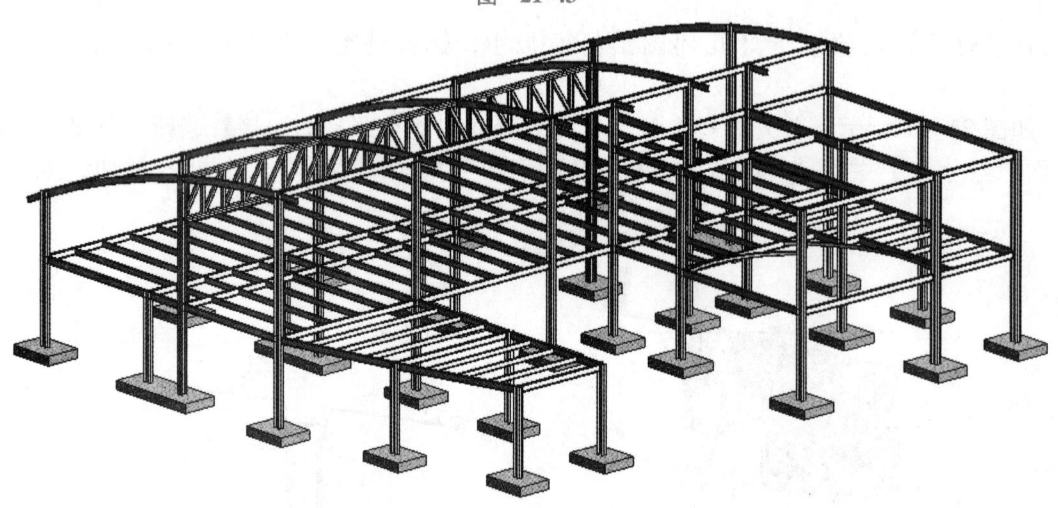

图 21-44

单元 22
阶段设置

单元概述

每个在建项目都有特定的施工流程，每个流程由多个关键的、具有里程碑意义的事件构成，这些事件就是所谓的阶段。简单的小项目只需要分析现状和规划新工程即可，而大型项目则要涉及收购、修建、委托和交接等多个周期，每个周期又可以细分为更小的阶段。接下来我们要研究如何将四维元素（时间）应用到建模中，探索建立施工步骤所需的技巧，这就是 Revit 的阶段设置功能。我们可以利用这个功能，模拟在建筑过程中不同时间段需要新建或拆除的图元，明确区分现有的、临时的和最终留下的图元。

单元目标

1. 理解 Revit 阶段设置的意义。
2. 了解阶段属性。
3. 学习如何创建项目阶段。
4. 学习在项目中如何应用阶段设置。

22.1 阶段介绍

Revit 不支持常规操作中图元叠加的做法，如果需要呈现多个版本以浏览更多的备选方案或实际修改方案，那么我们需要使用其他的工具和工作流程。单元 23 专门介绍设计方案的选择和各种先进工具，但是本单元只着重探讨设置阶段所需的工具以及相关图元的图形控制。

阶段设置（图 22-1）不仅可以有效管理多种模型类型，还可将现实生活中的构建逻辑应用到虚拟环境中。当我们为模型设置施工阶段时，需要把理想的设计结果和施工过程纳入考虑，我们还可以考虑起重机、脚手架、材料供应及储存、机动车道、人行道、卫生安全、围栏等，从而帮助用户更好地理解项目的施工状况，预见问题，如图 22-2 所示。

图 22-1

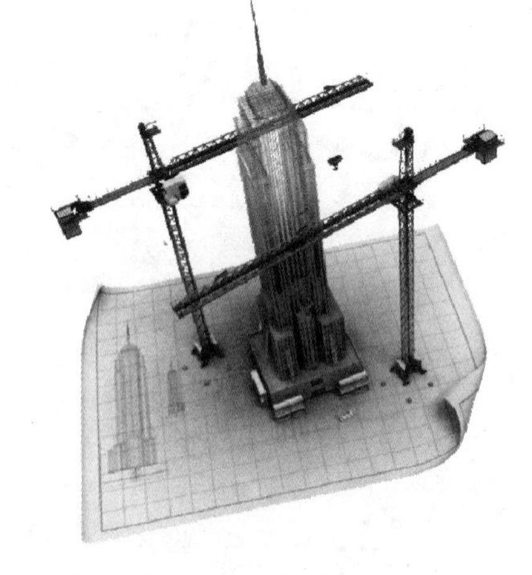

图 22-2

Revit 并不具备完整的甘特图表示功能，只提供和每个图元相关的数据及倍数，可以设置进度代表施工项目中的重要阶段，可以决定新建还是拆除图元，可以合并不同阶段，但不可以重新排列，所以不建议设置过细的阶段。**注意**：Revit 提供的模板有两个默认阶段：现有和新建，如果不使用阶段设置工具，项目中的所有图元创建都将默认在新建阶段，而且没有拆除阶段。

公共设施建设和翻新工程能让阶段设置工具大展身手，因为需要翻新的建筑即使在施工过程中仍在使用。这种情况通常涉及临时搭建和居民保护工程以及不同阶段的责任分配和交接工作。设置进度是为了正确反映并执行对现有建筑的改动，认识到这一点很重要。举个例子，如果需要重新安置墙体上的洞口，那么就要拆除现有洞口并创建新洞口，而不能简单地移动现有洞口。这将确保改动的精确执行，明细表可以反映目前的施工情况。

一旦根据施工阶段分配好图元，每个视图就代表一个阶段，可以通过【可见性/图形替换】对话框应用阶段过滤器，控制建模图元在视图里各个不同时间点（过去、现在、未来）的呈现方式。可以修改或扩展过滤器，但是这里我们主要关注的是模板设置里面的默认术语。

阶段过滤器用预设好的图形替换呈现处于以下阶段的图元：

1）现有图元：在早期阶段建成，并在现阶段结束时仍然存在的图元。

2）拆除图元：在早期阶段建成，在现阶段将被拆除的图元。

3）临时图元：在现阶段建成，并在现阶段结束之前被拆除的图元。

4）新建图元：在现阶段建成，并在现阶段结束时仍然存在的图元。

5）未建图元：在将来阶段建成，目前阶段不可见的图元。这种情况只是假设，在视图替换和阶段设定中没有这种设置。

因为过滤器独立于分配阶段单独使用，只把焦点调整到其他阶段，就算过滤器和其他设置都没有变，也会引起视图外观的很大改变。针对阶段较多的大型项目，创建包含具体阶段的进度表十分有用，尤其是每个阶段的图元都不相同的项目更是如此。可以为项目要求和交付成果设立进度，这样便于和供应商进行有效沟通，也能更好地了解现场的储存需求和准时交货所需的后勤支持，尤其是在封闭的建筑现场。

22.2 阶段属性

刚才已经提到，设置施工阶段将对视图和图元的特性造成影响，这种影响常常被忽略，除非有必要，通常不会作为考虑因素。虽然在新建筑设计阶段，Revit 阶段设置工具的作用有限，但是在翻新或扩建现有结构方面却能派上大用场。可以根据需求尽可能多设置施工阶段，按照阶段分配图元，对视图进行多次复制，通过各种过滤器浏览不同阶段的效果。最难的是确保团队里所有的成员能够从现阶段的角度理解现有、临时、拆除、新建、建成、替代、按类别、未显示等术语的含义。

22.2.1 视图的阶段属性

Revit 的每个视图都具备阶段属性和阶段过滤器属性，如图 22-3 所示。

1）阶段属性代表视图被分配到的阶段。不管项目有没有用到设置阶段这个功能，所有的视图都必须对应一个阶段。一旦创建了图元，阶段视图也跟着建立，所以属性就变得很重要。

2）阶段过滤器属性控制图元在阶段属性相关的视图里的呈现方式。如图 22-4 所示，第三阶段的视图里，第一阶段和第二阶段存在的图元如果在整个第三阶段都不进行修改的话，将以半色调的方式呈现，标红的是将被拆除的图元，新建图元和临时图元用其他颜色表示并标明状态，整个项目都应该通过广泛设定阶段过滤器这样的方式进行管理。

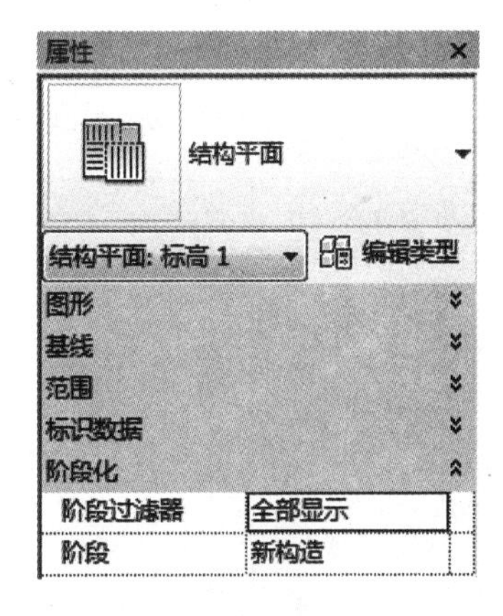

图 22-3

22.2.2 图元的阶段属性

项目中的每个图元都有阶段创建属性和阶段拆除属性，如果图元没有标记拆除，拆除属性将设为

无，如图 22-4 所示。

1）阶段创建属性定义的是将图元添加到建筑模型的阶段，属性默认值和目前视图的阶段值一致。

2）阶段拆除属性定义的是拆除图元的阶段，默认值为无。这个属性必须具体标注成“无”或者创建阶段之后的阶段。属性可以手动定义，也可以使用拆除工具。

在图 22-5 中，选定的墙体是在现有阶段建立的，在新建阶段将被拆除。拆除图元无须另设阶段，只需在某个阶段内执行即可。正因如此，没有办法根据该阶段的其他活动定义移除图元的具体时间，而且如果阶段名称只是像“新建”这样不够明确的名称，那么就要花费更长的时间。同样的，在同一个阶段创建和拆除的图元会自动标记为临时图元，没有详细信息说明具体发生的时间。但这并不能视为进一步细分阶段的理由，用户应该将此视为功能的局限性。因为我们不能为了将就施工顺序的变动而重排阶段顺序，为了真实地反应施工过程，一个阶段一个阶段地手动重新分配图元是一个耗时耗力的过程，所以这些工具不能用来安排除了总体概览之外的任何后续步骤。

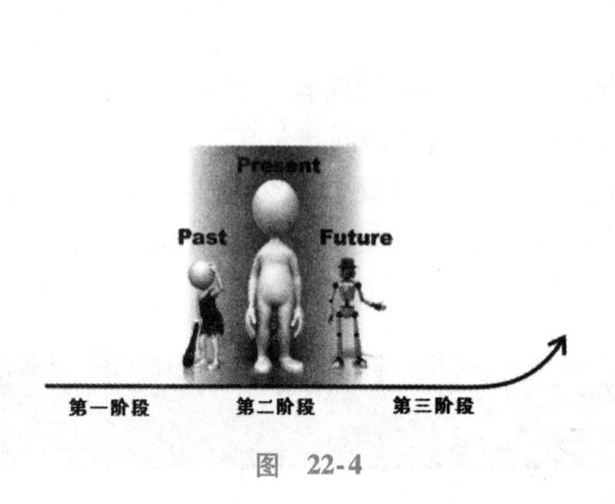

图 22-4

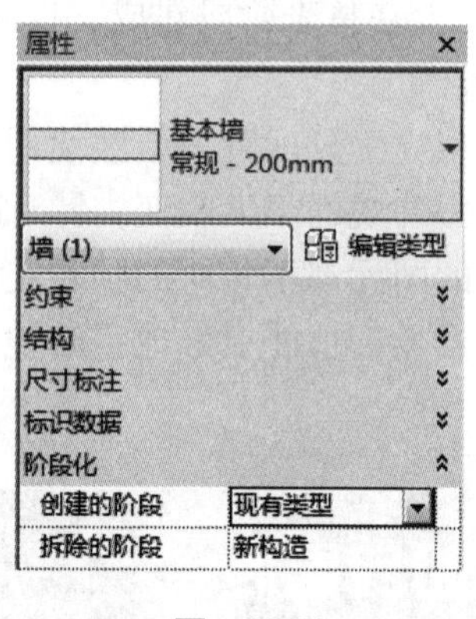

图 22-5

22.3 阶段创建

一旦对施工过程有了一定的了解，创建并命名阶段就很简单了。单击【管理】选项卡下【阶段化】面板中的【阶段】（图 22-1），打开【阶段化】对话框，这时会出现三个选项卡，涵盖了工程阶段、阶段过滤器和图形替换三个方面，如图 22-6 所示。

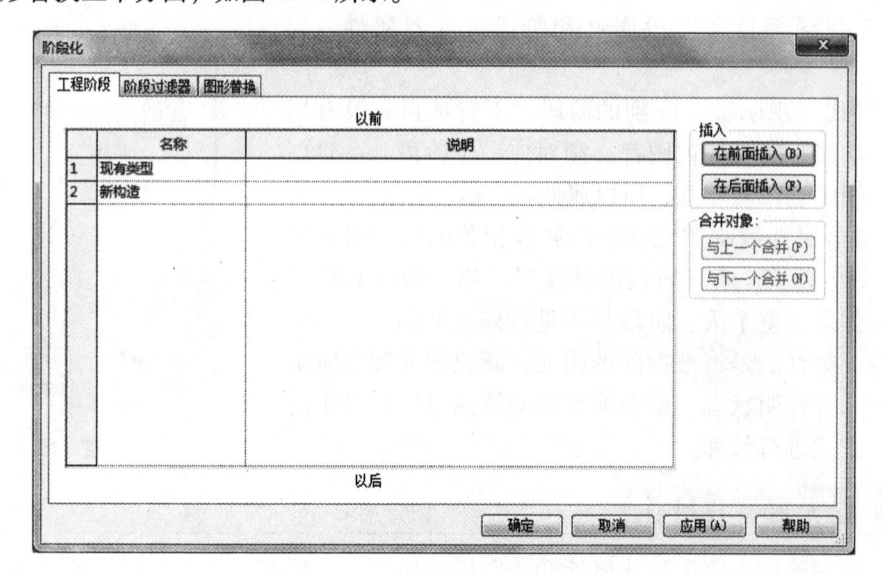

图 22-6

22.3.1 工程阶段

使用 Autodesk 模板中默认模板的新建项目将自动具备现有和新建两个阶段。要新建一个阶段，首先要标亮现有阶段，然后选择在标亮之前还是之后插入新阶段。**注意：**在创建新阶段时，一旦添加进来就不能重排顺序。不过合并多个阶段或者将图元重新分配到其他阶段的操作是可行的。当一个阶段被合并到相邻阶段时，这个阶段就被删除了，所有相关图元也就相应地被分配到了之前或之后的阶段里。

22.3.2 阶段过滤器

分配创建或者拆除阶段并不会改变实体对象，只会设定一个有限的寿命，从而两个图元可以在不同的时间出现在同一个地方；设置阶段的操作也不会影响图元在受阶段过滤器影响的环境之外的表现方式。阶段过滤器只是一种规则，用来规范视图控制图元在特定阶段状态（新建、现有、拆除或临时）的呈现方式。阶段设置的操作并不适用于图例或者工作表，虽然它会对工作表里的视图造成明显的影响。进度表有简化的阶段过滤器，可对特定阶段创建的图元进行量化。正如前面提到的，所有其他视图可以结合阶段和阶段过滤器，控制可视度。

这里有七个默认的阶段过滤器，均以现阶段为参照，显示图元的不同状态（图22-7）。

阶段化

工程阶段 | 阶段过滤器 | 图形替换

	过滤器名称	新建	现有	已拆除	临时
1	全部显示	按类别	已替代	已替代	已替代
2	完全显示	按类别	按类别	不显示	不显示
3	显示原有 + 拆除	不显示	已替代	已替代	不显示
4	显示原有 + 新建	按类别	已替代	不显示	不显示
5	显示原有阶段	不显示	已替代	不显示	不显示
6	显示拆除 + 新建	按类别	不显示	已替代	已替代
7	显示新建	按类别	不显示	不显示	不显示

新建(N)　删除(D)

确定　取消　应用(A)　帮助

图 22-7

1）全部显示：显示到现阶段位置创建的所有图元，利用图形替换可以显示图元的不同状态。可以通过任意方式移除、重命名或编辑过滤器。

2）完全显示：显示现阶段的最终结果，所有的图元都会出现，没有替代图形，任何被拆除的图元或临时图元将不可见。

3）显示原有 + 拆除：显示在现阶段刚开始时存在并将在该阶段被标记拆除的图元。

4）显示原有 + 新建：显示在现阶段刚开始时存在并在该阶段未被标记拆除的图元，已经在该阶段新建并在该阶段未被标记拆除的图元，和显示完整的作用类似，只不过这里要用到图形替代。

5）显示原有阶段：显示在现阶段刚开始时存在的所有图元，不涉及图元以后的状态。

6）显示拆除 + 新建：只显示在现阶段拆除和新建的图元。

7）显示新建：只显示现阶段新添加的图元。

注意：为了显示所有阶段出现的所有图元，不要在视图中使用阶段过滤器，避免导致多个实体在一个地方同时出现的状况。

如果需要在默认过滤器的基础上使用新的阶段过滤器，可以利用该对话框和四个状态选项轻易做到，如图 22-7 所示。值得注意的是，四个状态选项显示的是和现阶段相关的状态：

1）新建：在现阶段建成，并在现阶段结束时仍然存在。

2）现有：在早期阶段建成，并在现阶段结束时仍然存在。

3）已拆除：在早期阶段建成，在现阶段将被拆除。

4）临时：在现阶段建成，并在现阶段结束之前被拆除。

对于每个阶段状态来说，都可以明确定义图元的呈现形式：

1）按类别：按照图元在实例项目范围设定中所定义的形式显示，或者按照任意图形控制方式的替代形式显示。

2）已替代：按照图元在【图形替换】中被明确界定的方式显示。

3）不显示：图元不显示。

22.3.3 图形替换

【阶段过滤器】根据图元的划分情况和呈现形式（原来形式、替代形式或不显示）来设定标准。被替代后的图元呈现形式已经在【阶段化】对话框里的三个选项卡里被全局设定，不需要按照视图或图元进行单独设定。

【图形替换】选项卡上的设置和【可视性/图形替换】对话框上的设置类似，视图可以选择控制图元的边缘和表面，提高材质的替代能力，例如，一个被拆除的物体可以在任何着色视图中呈现为半透明的红色材料。

如果在新建或拆除图元时，和承接主体不同步，那么就需要一个填充板填补实体不存在时留下的空洞。如果图元在将来如期出现，这块补丁就是隐形的，如果图元被拆除了，补丁就会通过阶段过滤器显示出来。

可以拆除缺口，然后安插一个能够完全或部分覆盖之前图元所占面积的新图元，在这种情况下，只需在拆除和替代发生在不同阶段时创建填充板。换句话说，Revit 不会临时安插一个填充板从而改变任何一个数量明细表。

【修改】选项卡下【几何图形】面板中的【拆除】（图 22-8）是 Revit 最引人注目的工具之一，图标也很好地暗示着它的用途，那就是拆除图元，不过使用结果远没有图标那么令人振奋。【拆除】是用来标记现阶段要被拆除的图元，和图元的建立阶段无关，结果将显示现有图元的移除状况或表明一个新建的图元只是临时存在。图元被拆除后会自动受到视图阶段过滤器设置的图形替代的影响。图 22-9 中的红色部分即为拆除图元。

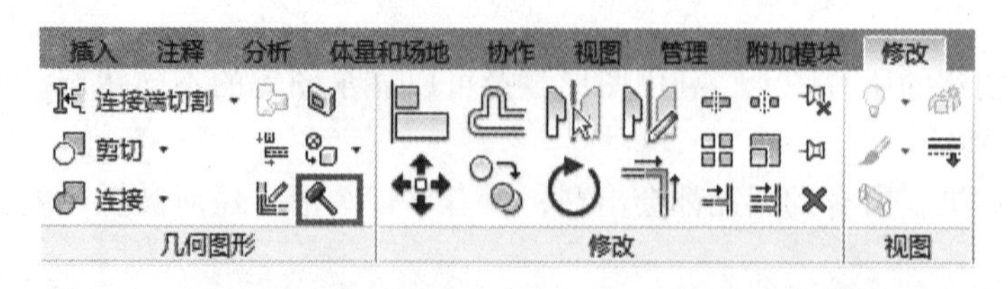

图 22-8

图 22-9

22.4 单元练习

该练习用小型建筑项目来演示阶段设置的运用。首先将整个模型设定在现有阶段，然后添加临时工程，确保居民在施工过程的安全。要拆除的部分将被剔出来，并按照要求添加新的部分。修改意图将通过一系列的三维视图传达，呈现现有、临时、拆除和新建等多个阶段，使读者学会如何标明图元的创建和拆除阶段，定义现有、新建和临时实体，创建具备视图阶段和阶段过滤器等恰当设置的视图。

本练习主要用到两个默认阶段，新建阶段涵盖所有和现有结构相关的工程，包括临时工程、拆除或新建的图元，这些并不构成工程的单独阶段。

22.4.1 基本设置

1）打开起始文件 WFP-RST2015-22-PhasingA. rvt。

2）在【管理】选项卡下【阶段化】面板中选择【阶段】。

3）将【工程阶段】选项卡中的【名称】依次改为【现有】和【计划工作】。

22.4.2 修改阶段属性

成功定义好各阶段之后，在动工之前我们要对整个建筑模型的阶段属性进行修改，将图元设定成现有状态。大多数图元已经设定成功，我们只需对个别图元进行同样设定即可。

1）在【项目浏览器】中打开【三维视图：3D】视图。可以注意到模型的大部分都是半色调而且有褪色情况出现，只有整栋建筑的结构楼板和结构桁架是例外。现在我们要将它们调整一致。

2）在模型中选定三个楼板（利用 <Ctrl> 键同时选定多个对象）。

3）在其【属性】面板【阶段化】中，将图元的阶段从【计划阶段】改为【现有】，如图 22-10 所示。

4）单击【应用】按钮，或把光标移至空白区域以完成修改，楼板将变成和模型其他结构相匹配的半色调。

注意：可以同时修改多个图元的阶段属性，但是这些图元必须属于同一种类型。所以我们不能选定整个模型或部分模型将其全部移至另一个阶段，我们必须选定同一个类型下的图元，然后按照上述步骤操作。

有的图元，如桁架和梁系统在涉及更改已建阶段时就要谨慎处理，因为它们虽然由单个构件组成，但是有时候活动起来是一个整体，所以选择正确的图元就变得至关重要，如图 22-11 所示。

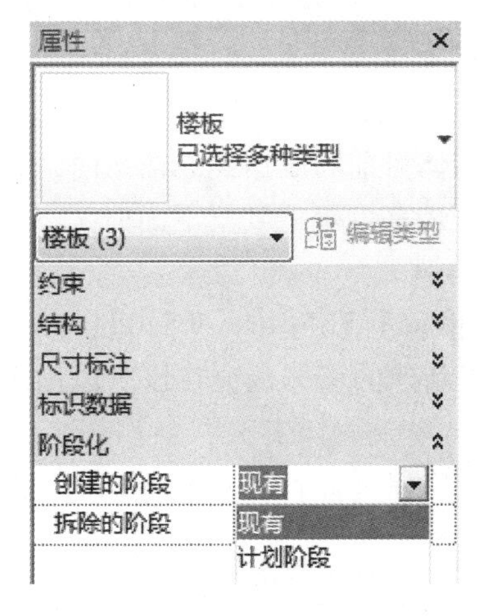

图 22-10

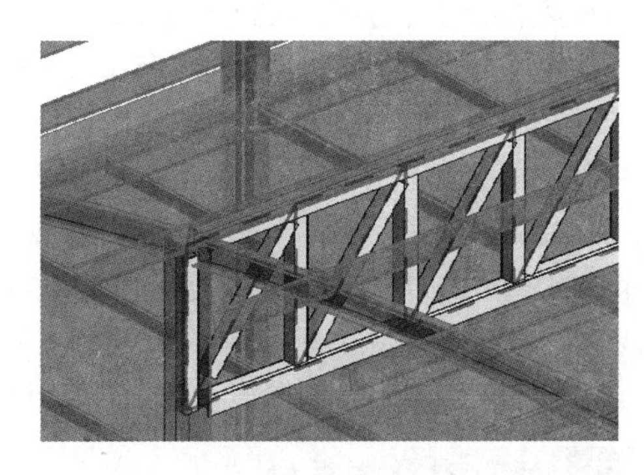

图 22-11

5）在三维视图中拉近并选定结构桁架，确保选定的是整个桁架而不是单独的构件。

6）同样将其阶段从【计划阶段】改选为【现有】，和前面楼板的操作一样。

7）单击【应用】按钮以完成修改桁架阶段。

22.4.3 检查阶段

现在我们已经为每个图元建立了正确的新建阶段，可以进一步推进施工过程，控制图元表现形式。在我们进行下一步操作之前，需要用阶段过滤器检查是不是所有的图元都正确分配到了对应的阶段。

1）打开三维视图的【属性】面板，在【阶段过滤器】里选择【Show Demo + New】，把【阶段】设置成【计划工作】，应用修改，这时候整个模型都应该消失，因为过滤器只显示在计划施工阶段新建的图元。如果在这个阶段出现任何可见的图元，我们应该修改它的属性，以求和其他部分相匹配。对信息进行确认后我们就可以调整设置，检查图元是否被正确拆除，然后方可进行到计划施工阶段。

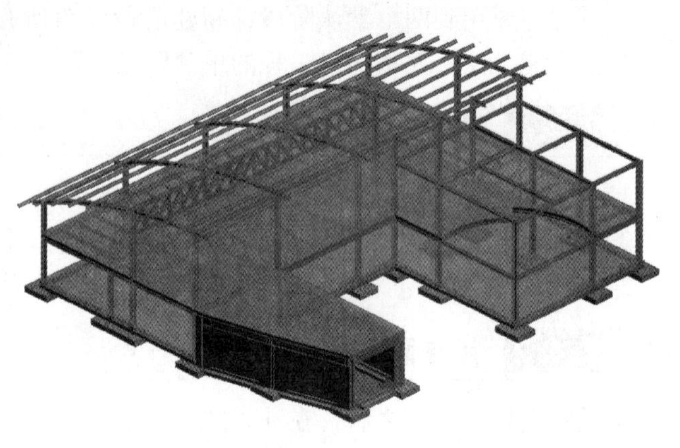

图　22-12

2）将【阶段过滤器】设定成【Show All】，将【阶段】设定成【计划阶段】，如图 22-12 所示。这样我们就有了创建记录，最好的做法就是在这时候把模型副本存档，不小心删掉图元而需要马上恢复时尤其有用。

22.4.4 在 C1 柱和 C2 柱之间放置一段墙体并修改

我们将在 C1 柱和 C2 柱之间放置一段墙体，墙体从一楼楼板升起，到达二楼梁的底部，当然这个操作必须在拆除前面的小型建筑物之前执行。**注意**：临时图元必须是在同一阶段内新建又拆除的图元。

1）在【项目浏览器】中打开【结构平面：Ground Floor】视图。

2）在【结构】选项卡下【结构】面板中【墙】的下拉菜单中选择【墙：结构】。

3）在【类型选择器】中选择墙类型为【基本墙 Concept- Ext 200mm】。

4）在【属性】面板中将【底部偏移】改成【0.0】。

5）在选项栏中按图 22-13 所示进行设置。提示：由深度改成高度的警告可以忽略。

图　22-13

6）墙体放置在处于十字网络的 C1 和 C2 两个柱子之间。墙体目前高度达到二楼平面，而二楼平面不能涵盖从同一平面降下来的梁（305 × 165 × 40UB）。我们要把墙高度降低到梁下面但又不能断开和平面的联系，要做到这一点我们可以为顶部限制添加一个负的偏移值。

7）选中新建的这段墙体，在其【属性】面板里将【顶部偏移】设为【 - 305.0】，如图 22-14 所示。一层平面图的视图设定将该阶段定义为【计划阶段】，所以新建的墙体也会在该阶段出现。我们需要设置【拆除的阶段】，并且给墙体设定一个临时状态。

8）如果墙体仍未被选中，那么在活跃视图上先选定墙体。确保【属性】面板上的【创建的阶段】和【拆除的阶段】均设为【计划阶段】，如图 22-15 所示。

22.4.5 拆除混凝土框架

建立临时墙体保护建筑和居民后，我们现在可以执行拆除操作，拆除建筑物上的混凝土框架。

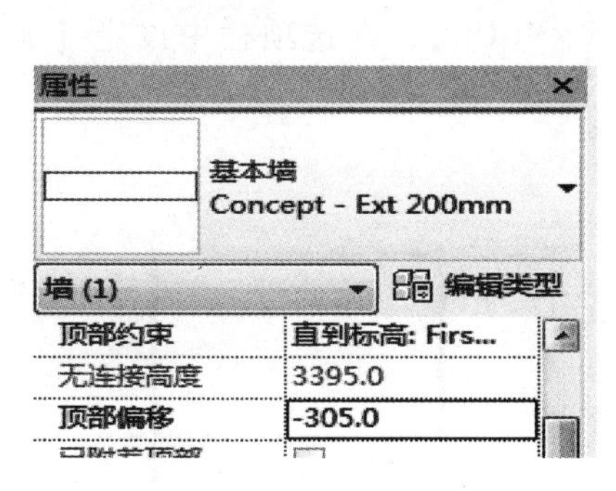

图 22-14

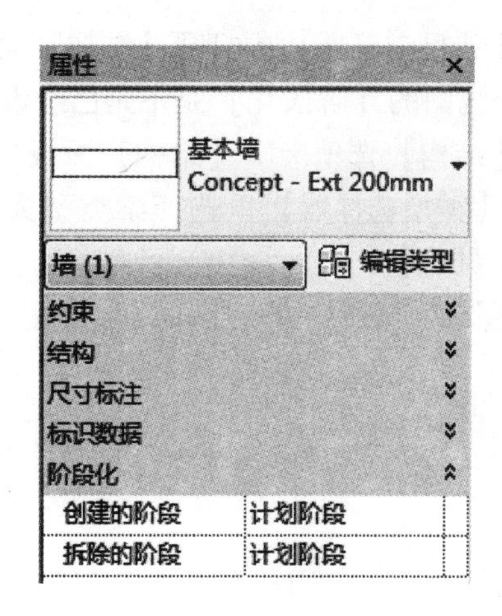

图 22-15

1）在【项目浏览器】中打开【三维视图：3D】视图。

2）检查视图的【阶段化】，应该是【Show Al】和【计划阶段】。

3）在【修改】选项卡下【几何图形】面板中选择【拆除】（图22-16）。按图22-17所示逐个选定要拆除的图元，按两次 <Esc> 键退出编辑。对现有的部分基础我们会再利用，其他基础留在原位，基础放在新建筑框架下面，地板层会将其隐藏起来。

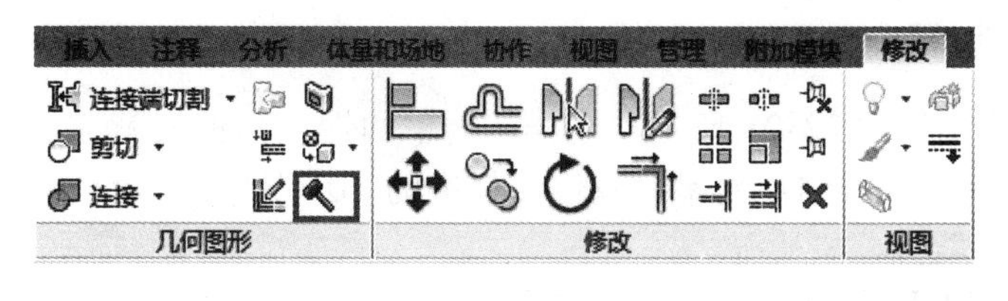

图 22-16

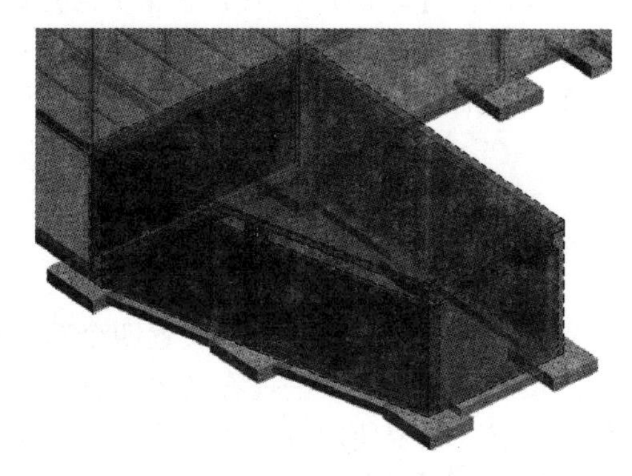

图 22-17

4）选定其中一个被拆除的图元，确认其属性的正确性。

22.4.6 创建一个用于替代的结构框架

我们要为建筑物创建一个用于替代的结构框架（用简单的钢架形式实现即可）。现有的基础再利用后，剩下的基础就会被忽略，新加入的基础要用来支撑结构，扩大结构框架。这些图元都将在设计施工的阶段创建，这一步无须定义拆除的阶段。

1）在【项目浏览器】中打开【结构平面：Foundation】视图。

2）检查【阶段化】是不是都已分别设置成【Show All】和【计划阶段】。

3）在【结构】选项卡下【基础】面板中选择【独立】，如图22-18所示，放置五个基础。在这些新放置的基础和位于2A和2B位置的再利用的基础上，我们要定位七根新柱子（图22-18），二层的梁将把柱子连接到一起，并固定在现有的结构上。

4）在【结构】选项卡下【结构】面板中选择【柱】。

5）在【类型选择器】里选择柱类型为【305×305×97UC】，在选项栏里设置【高度:】为【First Floor】。

6）把柱子分别放置在十字轴网的A103、B103、C103、A1、B1、A2和B2的位置上。

7）在【项目浏览器】中打开【结构平面：First Floor】视图。

8）检查视图的【阶段化】是不是已经设定为【Show Complete】和【计划阶段】。

9）在【结构】选项卡下【结构】面板中选择【梁】。

10）在【类型选择器】里选择梁类型为【305×165×40UB】，在选项栏中设定【放置平面】为【标高：First Floor】。

11）如图 22-19 所示在十字轴网上放置主梁。

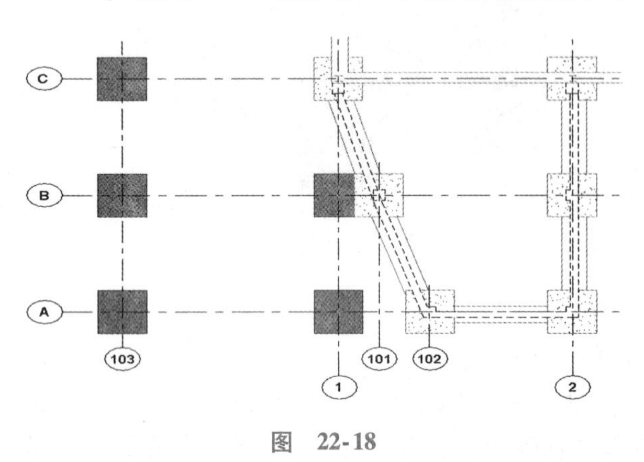

图 22-18

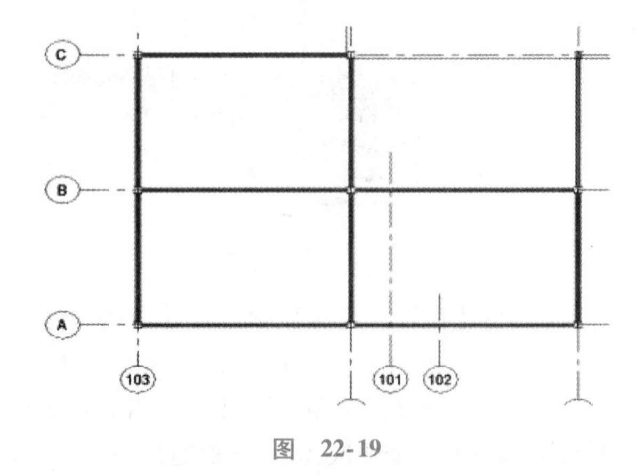

图 22-19

12）在【结构】选项卡下【结构】面板中选择【梁系统】。

13）在【类型选择器】里选择梁系统类型为【结构梁系统 Structural Framing System 】，然后按照图 22-20所示检查选项栏。

图 22-20

14）在新建的框架梁上安置四个新的梁系统，如图 22-21 所示。这样，简单的钢结构框架就完成了。接下来是在视图里查看结构，视图强调了图元的多个 4D 元素。我们在标准的 3D 视图里也可以做到这一点，只要使用显示全部的默认阶段过滤器即可。

15）在【项目浏览器】中打开【三维视图：3D】视图。

16）检查视图【属性】是否设定为【Show All】和【计划阶段】。

如图 22-22 所示，现有的建筑是灰色，临时墙体是蓝色，拆除的是红色，黑线描边的是新建的钢结构和基础。

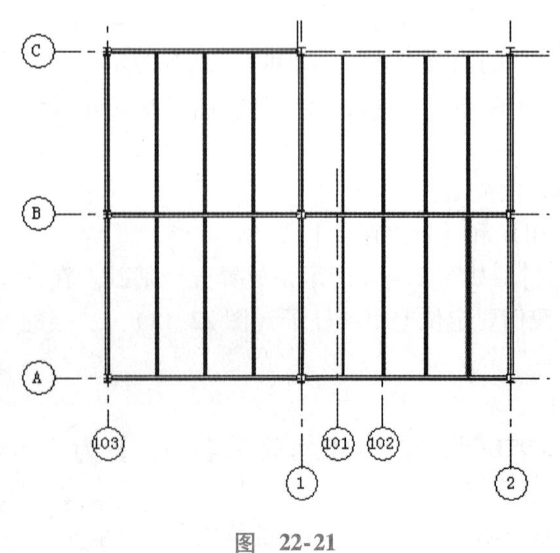

图 22-21

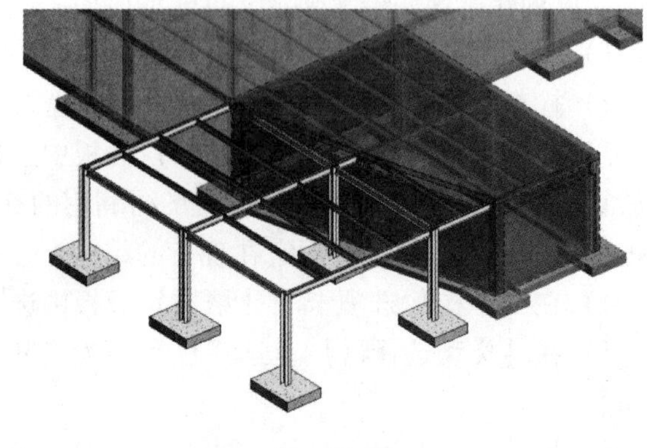

图 22-22

22.4.7 显示施工流程

最后我们要看看怎样简单地显示清晰的施工流程。只要对同一个场景进行多次呈现，每一次用不同的阶段显示即可。在该案例中，有四个三维视图，而且在每一个三维视图里，阶段和阶段过滤器已在视图设置中被定义，以呈现不同的施工要求。视图将根据不同的要求命名，然后打印出来供技术探讨。这是一种向建筑队说明建筑流程的有效又直观的方式。

1）打开【项目浏览器】，单击选中【三维视图：3D】视图。

2）单击鼠标右键，在弹出的快捷菜单中，从【复制视图】中选择【带细节复制】（图 22-23），这样就创建了一个名为【{3D} 副本 1】的视图，我们稍后要为其重命名。

3）用鼠标右键单击【{3D} 副本 1】，选择【重命名】，将名字改为【新建】，单击【确认】按钮。

4）检查视图【属性】的【阶段化】，按照图 22-24 进行设置。单击【应用】按钮或者将光标移动到空白处以应用设置，视图现在已经准备好按照要求阶段进行呈现了。

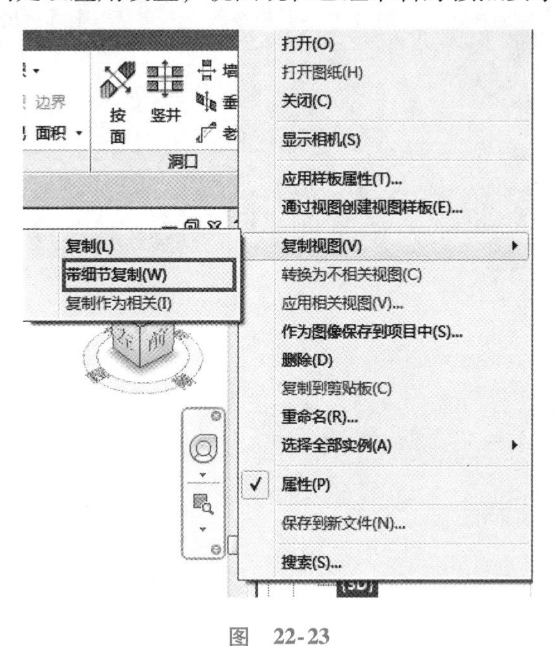

图 22-23

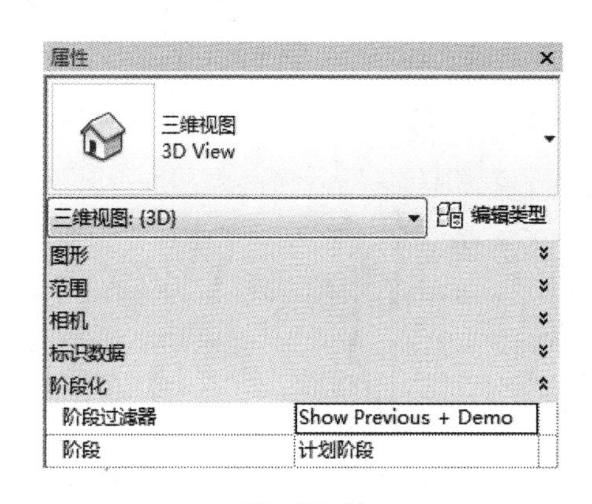

图 22-24

重复以上步骤，为临时、拆除、现有阶段创建三维视图。记住每个视图的阶段过滤器都必须准确，这样才能呈现出作品的最佳状态，如图 22-25 所示。实验过几次三维视图和多个设阶设置后，读者可以发掘设置选择的更多潜能，比如可以根据施工流程生成文档。

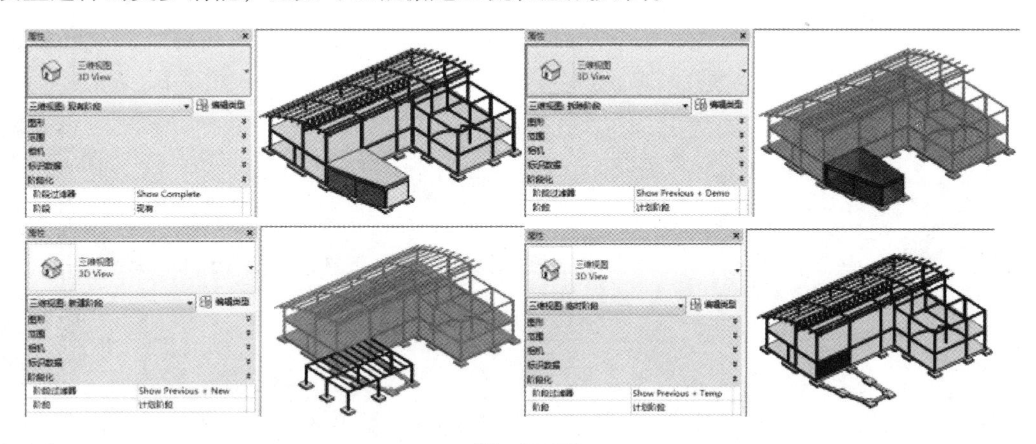

图 22-25

单元 23
设计方案选择

单元概述

本单元探讨多种允许用户对设计可选方案进行设定和评估的工具，并学习这些设定和评估结果如何在BIM数据中获取并进行传达的工作流程；将学习成组工具并利用Revit中的设计方案工具同时开发模型某一特定部分的多个版本，在此过程中并不会造成工程其余部分的延误，也不必复制模型然后同时处理几个模型复件。这些选择可在任何透视图中呈现，其中包含各版本全套的2D和3D视图以及明细表，便于用户考虑和查看，如图23-1所示。

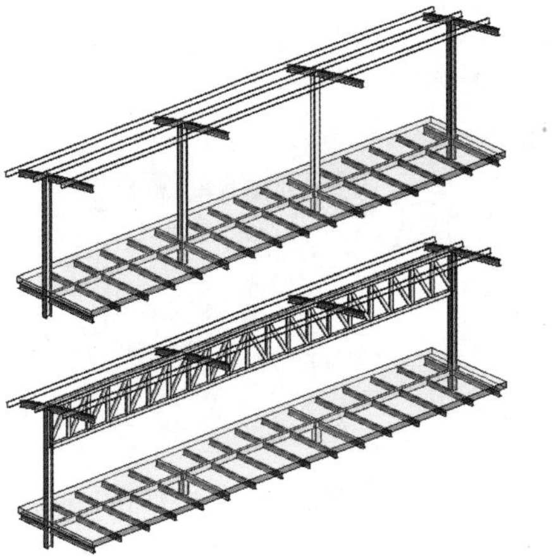

图　23-1

单元目标

1. 学习创建多种设计方案。
2. 学习管理多种方案。
3. 学习分组的创建和使用。

23.1 设计方案概述

23.1.1 方案概况

由于决策迟缓或想法改变而导致的设计延误和更改会带来一些主要的问题，并增加成本，导致设计能力的下降和付出的相应代价升高。应用BIM工作流程的一个主要好处是直到项目时间表中相对较晚的阶段仍可管理和应对设计替代方案，而不会导致过多的麻烦。在一般的设计模式中，设计替代方案是通过置换图元的简单过程实现的，在置换之前会事先放置好通用的占位符号，直到决定好采用哪一个方案时，就会置换图元。上述过程只限于置换同一类别的图元，例如，我们可以将钢结构柱置换为钢筋混凝土柱，但要将梁置换为桁架则需要采取另一种方法。

在这种情况下，就需要【模型组】（图23-2）和【设计选项】（图23-3）发挥作用了。例如，可以选择梁，将其并入组中，虽然这个“组”只含一个图元，但是可以将这个组置换为含有一个桁架或一个或多个其他图元的组。要注意组的插入点，这些对象之间可进行切换，以探讨不同替代选择的效果，不过在【选项集】中任何时候只能显示一种替代选择。

图　23-2

【设计选项】的附加功能是在同一套图纸中同时显示所有替代选择，所以可以在一张图纸上放置两个版本的视图，以显示在分别使用钢梁或桁架两种方案选项的情况下，建筑框架分别显示的情况（这也正是本单元练习的设定场景）。

【模型组】和【设计选项】都在独立的领域使用，模型的其余部分仍将正常运作。这就需要细心的管理，以避免造成混乱或设计意图的不准确传达，如图23-4所示。【设计选项】在图元的可见性基础上增加了一层复杂性，尤其是利用【工作集】以允许多用户使用或控制大型模型的时候。

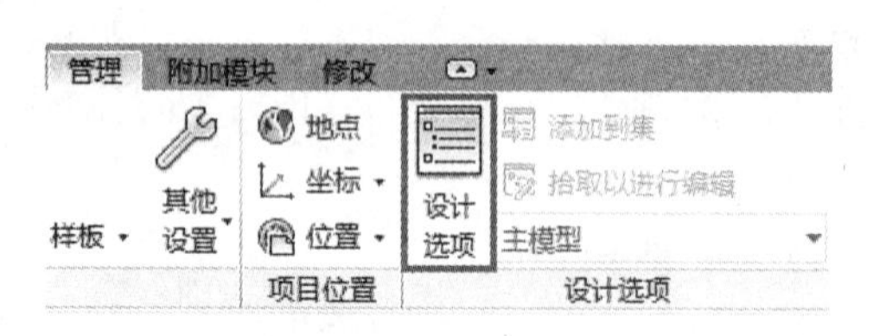

图 23-3

图 23-4

无论是在独立还是协作的环境中，【设计选项】都可以使模型在项目的某些部分还没确定或仍处于不稳定状态的情况下按照合适的速度发展。团队成员可在同一个项目文件内的指定区域中同时开发、评估和重新设计建筑构件，以形成多个版本。用户可以在不同的替换版本之间切换，对每一个版本进行开发，与此同时，团队其他成员可以继续开发主模型。

依据项目的不同规模，【设计选项】的使用在复杂程度方面也稍有差异。可以利用【设计选项】探索框架布局或建筑入口，尝试放置不同的屋顶形状和系统，或呈现有关项目某一区域如何使用的不同替代方案。在很多情况下，【模型组】也可用于实现类似的工作流程，另外还能带来一个好处，即提取模型的某些部分以在另一个文件中进行开发。无论采用哪一项工具，一般来说选项优化的过程应该随着设计的明晰化而逐渐减弱，在发展过程中随着每一个设计替代方案得到评估、采用或舍弃而变得更加集中。

23.1.2 方案术语

【设计选项】的概念非常简单，但相关术语对于新用户而言可能会造成混淆。在探讨最佳实践和工作流程之前，我们需要定义与这一概念相关的主要术语和工具，如图 23-5 所示。

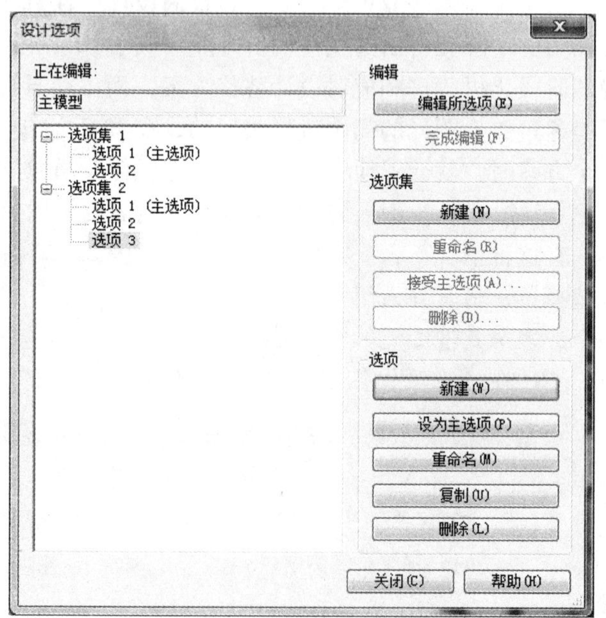

图 23-5

1）主模型：建筑模型中与设计方案无关的部分。主模型的编辑并不受与【设计选项】工具相关的额外限制的影响，其可见性通过传统的方式进行控制。

2）设计选项集：涉及模型某一单独部分的特定设计问题而产生的可选方案的集合，比如模型中的建筑入口或屋顶支护。

3）设计选项：指设计选项集内的一种可选解决方案。设计方案是设计方案集的次组分。

4）主选项：指设计选项集内当前的首选方案。比起次选项，主选项与主模型的联系更加密切，因此墙体、天花板、楼板等中的连接点在主选项与主模型之间能正确显示。**注意：**设计选项集内只有其中一个方案被称为主选项，其余的都是次选项。默认情况下，每一个项目视图会显示主模型和每一个设计选项集内的主选项。

5）次选项：设计方案集内除主选项以外的所有选择。

6）活跃选项：目前处于编辑状态的设计方案。

7）专用视图：专门用于显示某一设计方案的视图。当该视图处于编辑中的活跃状态或添加至图纸中时，Revit 会随着主模型一并显示相应的设计方案。

23.1.3 设计方案工作流程

虽然【设计选项】的使用并没有严格的规定，但下列所描述的一般性流程可以提供一个很好的指导，其中包含了确保理想效果的一些关键原则。

1）【设计选项】一般适用于现有模型中一个相对较小的部分，如果正在处理的部分涉及模型中的大部分图元，那么这一工具是否比建立几个模型的方法更加高效就不能确定了。另外，用户也不太可能在利用图元建立模型之前就生成各项设计方案，所以先从常规的方法着手，基于其中某一场景开始建立模型。**注意：**如果往建筑中添加了一些图元，后来又决定这些图元应作为设计方案的一部分，那么可以将它们从主模型中移至相应的设计选项集里。

2）为每一个需要探讨的区域创建一个设计方案集，比如分别生成屋顶和建筑入口的设计方案集。**注意：**创建了一个设计方案集以后，Revit 会自动在这个集合中创建一个设计方案，并将其作为主选项。主选项通常是优选的设计，默认情况下会在项目视图中显示。

3）按要求为每一个设计方案集创建次选项，该过程并无限制。

4）选择模型中受设计方案集影响的任何几个图元，将它们添加至该集合中的一个或多个可选方案中。实际上，任何将在某一设计方案中进行修改的图元都隶属于相应的方案而不是主模型，即使这意味着同一个图元经过细微的修改后出现在多个方案中。举个例子，如果设计中有可能往其中一个方案的墙体中添加洞口，那么这面墙必须存在于该设计方案集里的某一个方案中。**注意：**由于主模型和次选项图元之间的几何连接点不会恰当地清除，所以最好如图 23-6 所示，考虑在离边角处还有一小段距离的地方进行垂直分割，这样主模型和次选项之间的交界面就能实现平齐的对接。

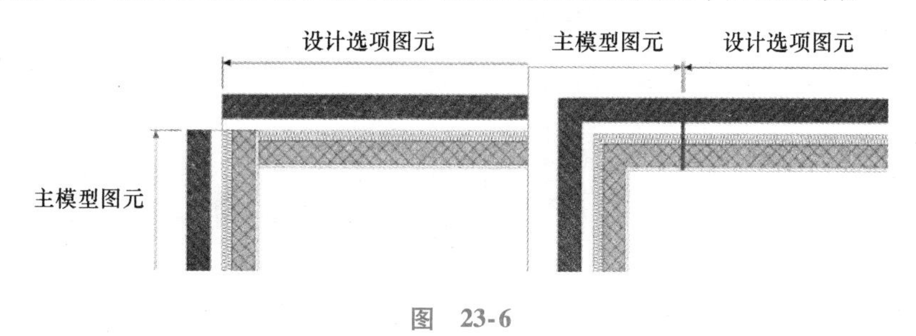

图 23-6

5）针对模型中所创建的每一个设计方案集，依次编辑其中的每一个方案，以按要求做出修改。

6）创建每一个设计方案的显示视图，在默认情况下，所有的项目视图都只显示主模型和主选项。如要查看次选项，就要创建显示相应方案的特定项目视图（即专用视图）。

7）在主模型和每一个设计方案之间进行切换，以推动设计进程。

8）如要在某个设计方案内添加详图构件或为图元加注，必须首先为该设计方案创建一个专用视图。

9）如果其中一个次选项成了首选项，就可以将其设定为本设计选项集内的首选项。

10）可以基于各设计方案创建明细表，以准确地反映和量化每一个方案。

11）一旦决定通过某一个设计方案，当该方案目前不是首选项时，则必须将其设定为首选项，然后该首选方案才会被认定。

23.2 设计方案集管理

23.2.1 创建设计方案集

认识了相关术语和工作流程以后，就可以创建设计方案集了。前面提到，设计方案集实际上是关

于某一特定区域的可选设计方案的集合。我们可以为屋顶结构创建一个设计方案集，其中包含几个不同的屋顶版本或设计方案。每一个设计方案集将包含一个首选项，并可能含有一个或若干个次选项。

在【管理】选项卡下【设计选项】面板中选择【设计选项】，弹出【设计选项】对话框。该对话框用于创建和编辑设计方案集、集合中的方案以及单个集合内的首选项。单击【设为主选项】按钮（图 23-7）可将次选项变为主选项，而原来的主选项则变为次选项。**注意：**在使用【设为主选项】时要谨慎，主模型内关于之前首选项的参考信息可能会丢失。使用这一选项以后，应检查所有尺寸参考信息和标记，确保它们提供的是相应图元的正确信息。

编辑设计方案时，用户可在列表中相应的设计方案已选中并呈高亮显示的情况下使用上述对话框中的【编辑所选项】功能；或者也可以从【管理】选项卡下【设计选项】面板中的下拉菜单中选择设计方案，如图 23-8 所示。

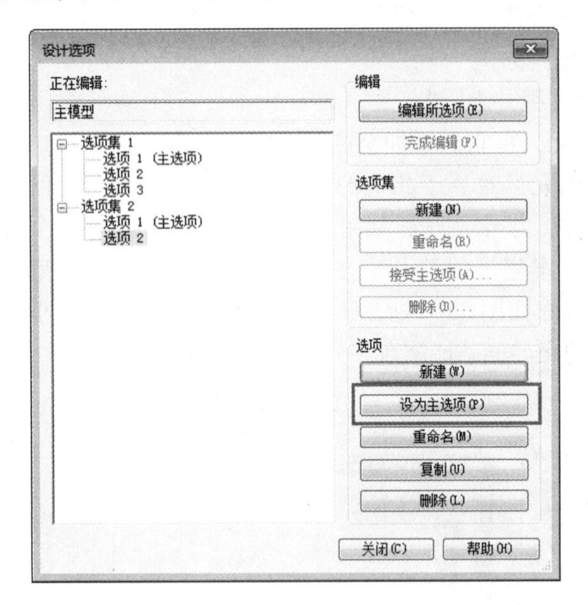

图 23-7

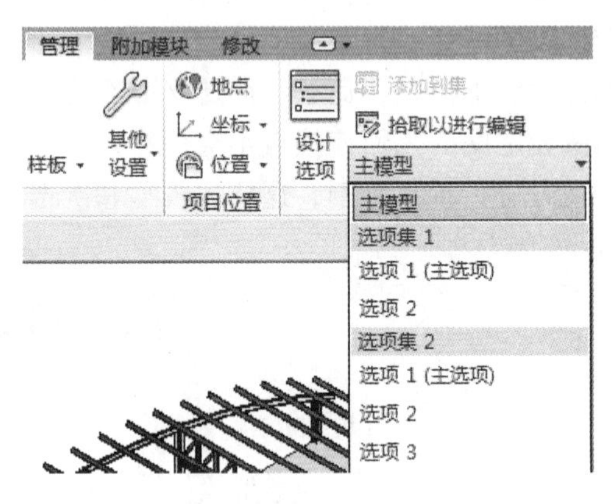

图 23-8

在设计方案中编辑图元时，主模型的图元将呈现为半色调，以便与正在编辑的设计方案图元相区分。任何视图都可用于编辑设计方案，包括那些专门用于显示其他设计方案的视图（视图中会暂时显示正处于编辑状态的方案）。**注意：**首选方案会自动在所有非专门呈现其他设计方案的视图中显示，而次选项不会自动出现在任何项目视图中。

23.2.2 使用设计方案集的考虑因素

某些图元不受设计方案性能的支持，因此需要认真考虑如何在全过程中管理这些图元。

1）标高：标高不能分配给某一设计方案，如果在编辑设计方案时往建筑模型中添加了标高，Revit 将把标高分配给主模型，该标高就会呈现为半色调的状态，表明它不属于正被编辑的设计方案的一部分。

2）视图：不能把视图添加至设计方案中，但可以为方案创建专用视图，如果设计方案被删除了，相应的专用视图也会被移除。

3）注释和详图：与视图相关的图元（例如注释和详图）不能添加至设计方案中，但可以添加至该方案的专用视图中。如要为设计方案添加注释或详图，首先创建该方案的一个专用视图，然后在视图中添加注释或详图，这些与视图相关的图元可为设计方案中的图元提供参考信息。例如，可以标注设计方案中图元的尺寸。

4）在编辑某一设计方案时，如果添加了与视图相关的图元，Revit 会将该图元添加至当前视图而不是非设计方案中，并且该图元将呈现为半色调状态，表明它不属于设计方案。为显示这个与视图相关的图元和相应的设计方案，需要更改视图的设计方案设置。

5）设计方案和工作集：Revit 的工作分配功能在本书前面单元已进行了详细的探讨，简而言之，该功能可允许团队成员同时处理同一项目模型的不同部分，并且许可是通过一个中央模型进行控制的。当设计方案与工作集共同使用时，设计方案和相关的图元必须都是可编辑或外借的，以便能进行修改。要生成某个设计方案的专用视图，就需要对应的视图设置工作集是可以编辑的，就如同图形外观可以进行修改一样。

23.2.3 管理设计方案集

1. 将图元从主模型移至设计方案中

主模型指整个建筑模型除设计方案的图元以外的所有部分。值得一提的是，主模型的图元不能承载设计方案中的图元，反之亦然，而且主模型的图元在查看设计方案时其形状和特性不会发生变化。我们可以将主模型中的一面墙等图元与首选项中的一块楼板进行连接，不过在查看次选项时可能会觉得有点奇怪，因为墙的延伸高度不对，对于存在于次选项中的一个屋顶，我们就无法进行类似的操作。所以建议的做法是把这面墙或至少墙的部分按要求添加至设计方案中。如果要在模型中添加插入的图元（例如屋顶通风口），那么就要确保用于承载的屋顶和被插入的屋顶通风口都在同一个设计方案中。

如果主模型的图元需要参考次选项中的图元信息并与之一同更新，就必须将这些图元从主模型移至相应的次要选项中。这时，这些设计方案图元就可以按要求修改了。选择【添加到集】（图 23-9），发起如图 23-10 所示的对话框以进行将图元分配至一个或多个设计方案的操作，注意，如果取消勾选，被选中的图元就不会添加至对应的设计方案中。

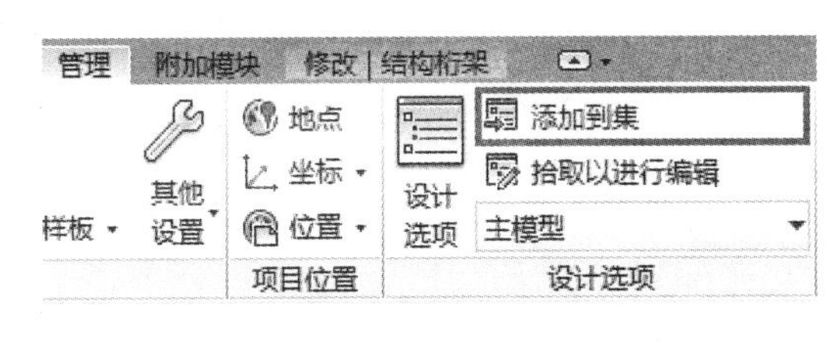

图 23-9

图 23-10

2. 决定活跃方案

活跃方案是当前活跃视图中正处于编辑状态的设计方案。如果正在编辑某个方案，当前视图中的主模型会呈现半色调状态，而活跃方案中的图元则全色显示。Revit 中有两处地方可以找到当前的设计方案，一个在 Revit 底部的状态栏，另一个在【管理】选项卡下【设计选项】面板的功能区中。在上述两种情况下，任何新创建的图元都会分配至下拉列表中当前正处于编辑状态的设计方案。如果下拉列表显示的是【主模型】，那么当前就没有设计方案处于编辑状态，如图 23-11 所示。

3. 将设计方案并入主模型中

一旦完成了对设计的审核并决定了最终设计方案，就应该实施方案并将其并入主模型中了。因此需要删除其余不再相关的方案。

在【设计选项】对话框中，选中得到认可的方案，并确保其被设定为【主选项】，然后接受该设定，以将其并入主模型中，如图 23-12 所示。由于这步操作会产生广泛影响，因此 Revit 在进行操作之

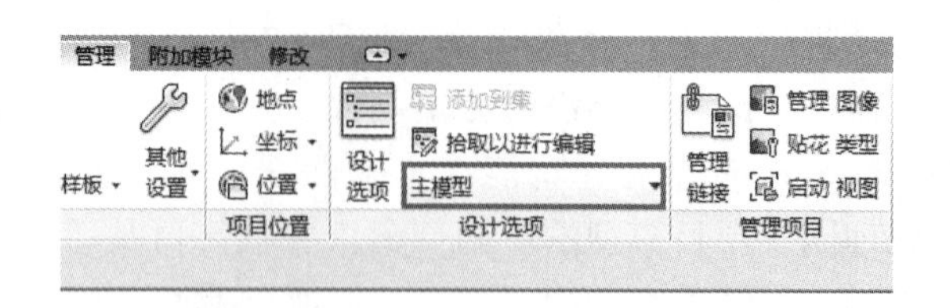

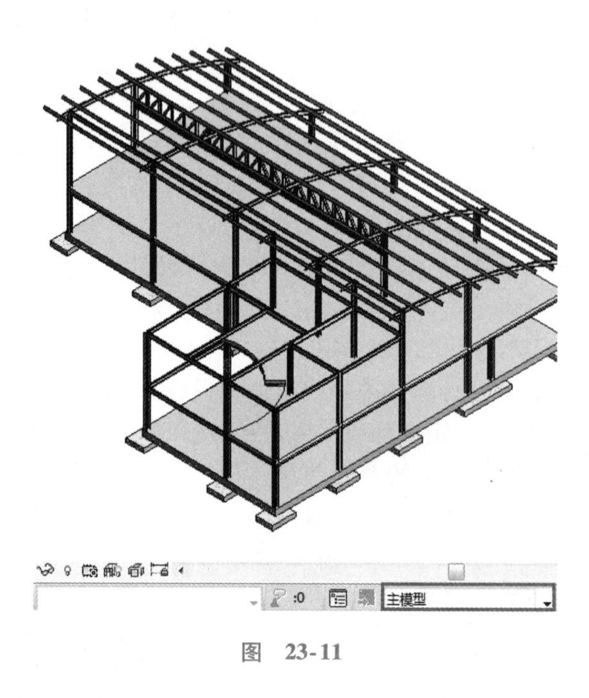

图 23-11

前会寻求确认。相应的设计方案集将不再存在，与次要方案相关的所有图元以及这些被舍弃方案的专用视图也会被一并删除。

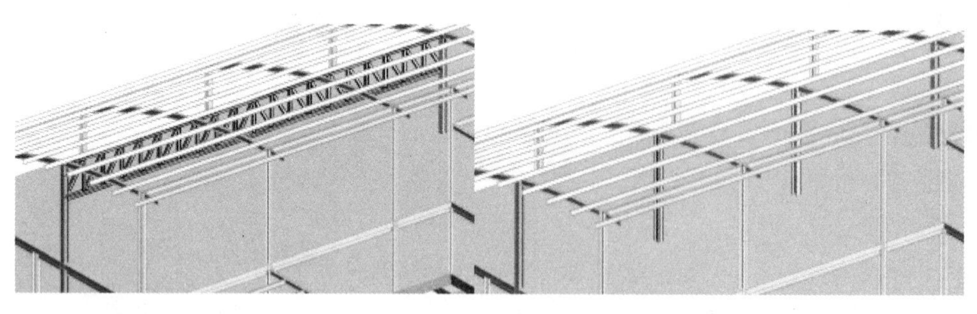

设计主选项：桁架　　　　设计次选项：钢结构柱

图 23-12

注意：接受主选项的同时会删除所有次选项和相应的设计方案集。虽然可以撤销这一步操作，但在操作前请确保不再需要其余的方案（比较稳妥的做法是在进行该项操作以前进行备份）。

23.3 分组管理

将分组这个话题纳入本单元的范畴看似并不合理，但是设计方案管理是该功能的一个普遍用途。除了可以复制普通图元，分组功能还能让我们轻松转换图元的布局。虽然在大型项目上分组的使用会占用硬盘资源，但不能否认它的确是一种有效的方法。

23.3.1 组基本要素

首先，我们了解一下组的基本功能，在此基础上进一步讨论最佳实践和方案管理。

如图23-13所示，梁的布局可能落入这样的设计平面图中。虽然使用时要谨慎小心，但不能否认这种方法在改变少数梁布局变量上花费的时间要比改变成百上千个独立隔区少得多。

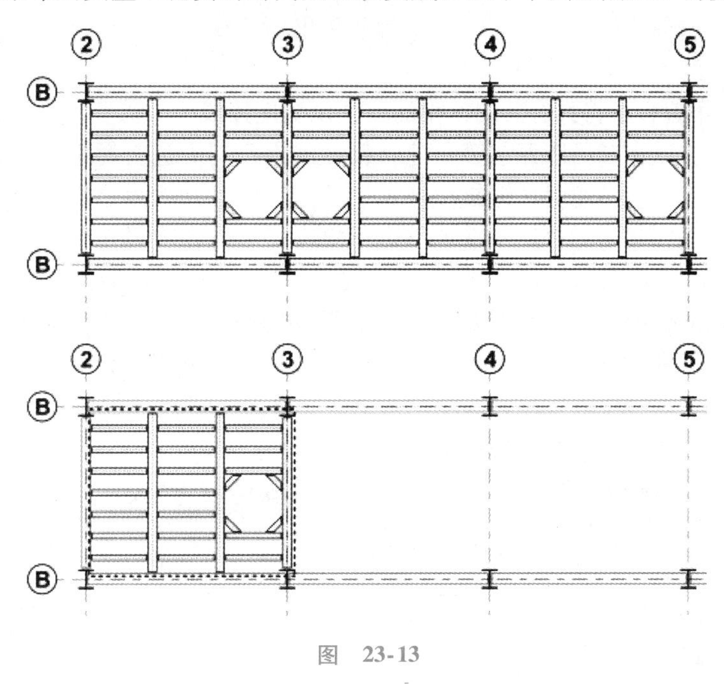

图 23-13

虽然并不推荐使用这种方法，但不可否认的是，分组可以由源自多个模型类别的图元构成，这些模型中的任何一个标注构件都能够形成一个附加的详图组。一个组内可以同时包含插入图元和非插入图元，这样能使承载图元即使不在的情况下，这些图元也在组内出现，不过这显然会限制放置的位置，这和恰当承载图元的布局是一样的。

可对一个组在不用形成变体的情况下（取决于所含图元承载方面的要求）进行对称和旋转的操作，而且任何有冲突或者多余的图元还可以从组内的实例中移除。如图23-14所示，中间隔区由对称设计实现，结果轴线3上的梁与相邻隔区的梁产生了冲突。梁可在复制中被选择或再次剔除，也就是将其从这个组内实例中移除，而且不需要再创建新的梁布局。隔区另一端的梁也可以添加到分组的外面。然后用户可根据需求在该组的任何一个实例上实施修改，就Revit而言，当前并不存在初始版本或者主要版本。这些修改可以通过【编辑组】来实现，而分组将对所有不包括在该组实例中的内容实施半色调操作，然后根据要求添加或改变图元，此时基本上整个编辑区所有的工具栏都被激活了。虽然整个模型编辑区内所有复制的内容都已完成，但这些变化还是会带来连锁反应。或者，用户也可置换新的

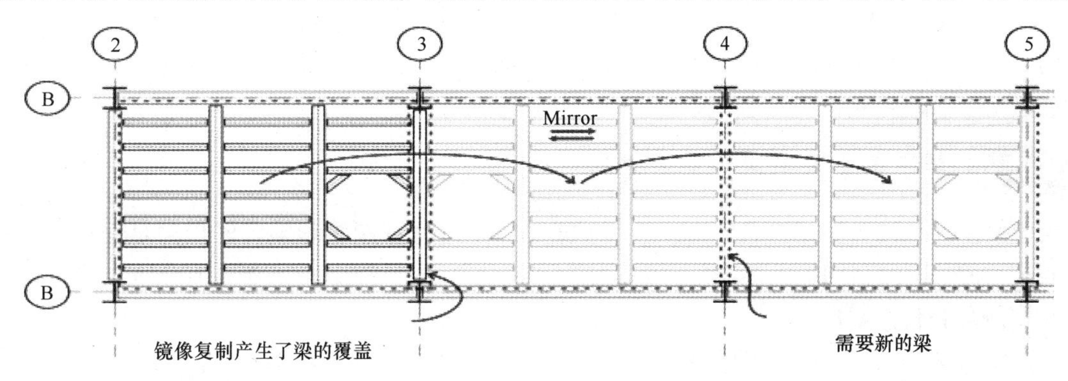

图 23-14

图元，随后这些图元将被添置到分组的一个实体中，而这个组会再次更新所有复制的内容。

23.3.2 内部组、外部组和链接

在组的基本操作中，数据的修改和管理都可在项目模型中完成，但也存在一些不太理想的场景，比如有的项目可能包含几类外形不同但内部构造相同的建筑，而且有的时候客户还会要求多个项目的图元设计保持一致。在这种情况下，最好的方法就是跳出项目模型的束缚来管理设计布局，同时将其加入构件。以下为常用的方案。

1）一个有效的工作流程是将具有共同安排的独立模型连接成一个甚至多个容器模型，后者通常包括一座建筑的独特方面。这在布局图元与多个建筑模型的设计同时进行时更为有效。它的最大优势就在于，每当用户打开这个建筑模型时该链接就能自动更新，而且用户也可以手动重新加载该链接。在建的多个建筑模型中，这些相同的普通构造能够进行更新，而这在项目初期整个设计并没有固定下来时尤为有效。相比之下，这种方法的不足之处在于，【模型组】工具的很多好处（包括对称、承载图元的分离、从实例中移除部分内容等）都难以实现，更重要的是图元也很难以图形方式得到解决，这就意味着墙壁不能在主模型和链接之间接合，而且我们也不能在划分中接合其他的几何结构。不管在哪个阶段，链接模型在这个项目中被绑定后都能转换成组（反之亦然）。通常整个工作流程的初始阶段使用链接，但随着设计的逐步明确，就会决定将其转换为组。

2）另一个可选解决该场景问题的方法就是使用【作为组载入】功能（图23-15），将组手动置换为已发布的升级版本的组。这种方法综合了链接模型以及上述使用组而非链接的诸多优势。**注意：**如果图元被排除出某一个组，那么只要这个图元拥有相同的图元身份且未被删除替代，这项操作将随着分组被重新下载的版本所替代而被记录下来。

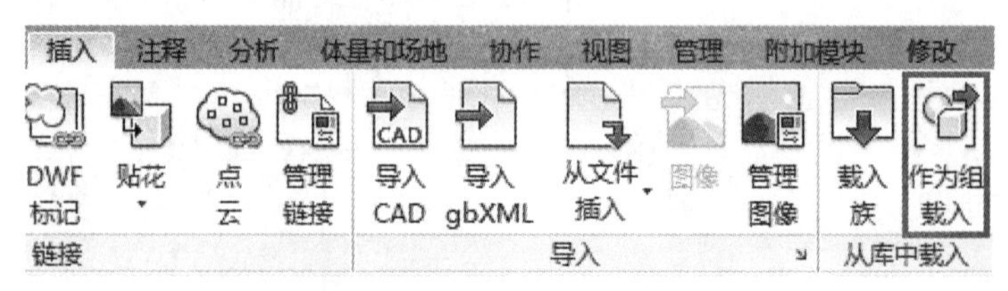

图 23-15

23.3.3 使用组查看替代方案

除了可以充分管理重复数据，组还可用来在替代工作流程中查看设计方案的替代选择。与上述正常的组活动相比，它与结构更为相关。图元可被用来填充空间，然后这项结果会归入分组中的插入点，而这个插入点会移至一个静态位置充当常量。**注意：**在默认情况下，组中的插入点通常位于立方体的中心位置，而这个立方体通常由分组中所选择的图元来定义，只要拖曳就能移动其位置。

组一旦建成，它就会从这个模型中被删除出去，但它还存在于该项目的浏览器中，随之一系列新的构件将会被放置到这个空间里。同样地，它们能够重新分组，而后这个插入点也会移至同一个静态位置。

选择第二个组将会提供如下方案，即在类型选择器的下拉菜单中选择其他分组，这就能让你在可供选择的方案中随时切换。这个工作流程对那些使用标准设计方式的设计师来说尤为有用，因为这种方式能够轻松填入外形以满足具体的要求。

23.3.4 关于组工具使用的最佳实践

在组中使用设计方案功能的优势就在于，不需要时刻进行视图管理即可轻松满足使用、展示甚至调换等需求，此外，编辑功能也很简单。如果要接受一个方案，我们只需要取消分组，然后从【项目浏览器】中删除替代方案即可。

我们已经对【模型组】这一套非常有用的工具进行了介绍，在用户迫不及待想要使用它之前，充分了解它的不足之处也尤为重要。从本质上来说，组对计算机硬件资源的消耗十分严重，这一点从那

些大型或者复杂项目上来看尤为显著。应考虑以下与组相关的几点指导意见：

1）如果可以选择的话，请使用【族】（详见族讲解单元）而非【模型组】工具。

2）请对组内几何图形如何融入组外图形加以限制。

3）使用组时不要只把图元绑定在一起。

4）删除项目中无用的组，如果用户认为这些组将来会有用，请将其在外部设置保存。

5）避免包含楼梯等位置具体的图元。

许多专家提醒，分组运用得当的话效果极佳，但如果不加节制地使用将效果不佳。

23.4 单元练习

在本练习中，将主要使用一个小型建筑来验证设计方案的实际应用。主模型是整个建筑，这对两个设计方案来说都一样。要求是为屋顶结构创建一个设计方案设置，具体包括两个设计方案，一个是结构桁架，一个是梁柱。练习的目标是创建出一个带有两个设计方案的显示模型，将现有的相关框架加入到一个方案中，在此基础上制作第二个方案，设计视图以方便这两个替代方案的协调。

23.4.1 制作一个设计方案设置，将其命名为屋顶框架

1）打开起始文件 WFP-RST2015-23-OptionsA. rvt。

2. 从【管理】选项卡下【设计选项】面板中选择【设计选项】，如图 23-16 所示。

3）在【设计选项】对话框【选项集】下单击【新建】按钮，如图 23-17 所示。**注意：**这项操作会在左边的面板中创建一个新的方案集，集合内将有一个方案被标注为主选项。

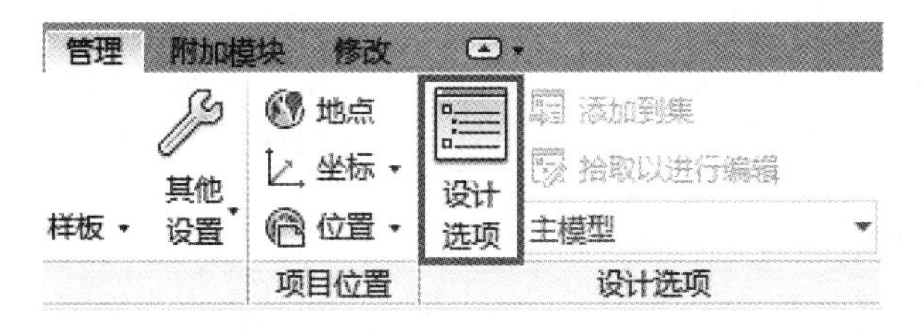

图 23-16

图 23-17

4）选中左侧的【选项集 1】，然后从【选项集】中选择【重命名】，将其重命名为【屋顶框架】，并单击【确定】按钮以完成修改。在【选项】中单击【新建】按钮，在集合内生成第二个选项方案。选中集合中的两个方案，将其分别重命名为【结构桁架】和【柱子】。如果尚未准备得当，利用【选项】下的【设为主选项】将【结构桁架】设定为主选方案。单击【关闭】按钮退出对话框。

23.4.2 移至结构桁架

虽然设计方案集和两个设计方案尚未包含任何信息，但它们现在已经创建完毕。鉴于结构桁架已经创建完毕，我们将其移至相关的设计方案：结构桁架（主选项）。

1）在【项目浏览器】中打开【三维视图：3D】视图。

2）放大并选中【结构桁架】，并确保是整个桁架而不是整个框架被选中，如图 23-18 所示。

3）从【管理】选项卡下【设计选项】面板中选择【添加到集】，弹出【添加到设计选项集】对话框。

4）取消勾选【柱子】，然后单击【确定】按钮，如图 23-19 所示。**注意**：如果取消勾选某个方案的话，任何选中的图元将不会被添加到相应的设计方案中。

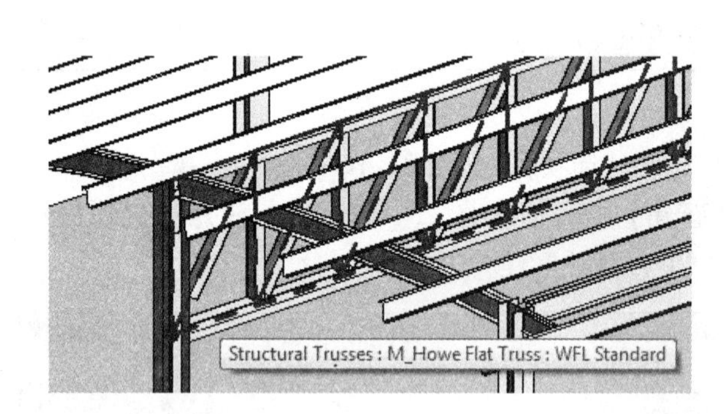

图 23-18

图 23-19

桁架现在已经被放置在了正确的设计方案中，不再是主模型的一部分了。除非再次编辑方案，否则不能选择它。屏幕上有两个地方可供设置活跃设计方案：功能区的【设计选项】面板或者位于屏幕下方的视图控制栏处（图 23-11），可以通过单击方式快速打开设计方案对话框，选择【添加到集】，这个活跃方案即可使用。**注意**：屏幕下方的视图控制栏中有一个复选框，这是指只有在活跃方案中的项目才能被选中。有时候，为了询问而非编辑图元，也可以不操作这一步。

在【三维视图：{3D} 的可见性/图形替换】对话框中，一个全新的标签即可对每个视图如何呈现设计方案设置进行控制，如图 23-20 所示。在默认情况下，所有的视图都被设置成自动模式，这就意味着任何当前设为首选的方案都会显示。如果打算在如图 23-20 所示的桁架周围设置一个视图并进行标注，最好先设置要呈现结构桁架方案，这样如果柱子方案是首选方案，而呈现桁架的这个视图也将被归入专用视图。

23.4.3 激活柱子方案

第二个替代方案是提供两根柱子（305 × 305 × 97UC），从第一层直接通向轴网 D2 和 D3 梁的位置（第三层屋顶减去 775mm）。首先，必须激活柱子方案。

1）在【项目浏览器】中打开【结构平面：First Floor】视图。

2）从【设计选项】面板或者视图控制栏的下拉菜单选择【柱子】作为活动方案。

3）移动至轴网 D2 和 D3 区域。在【结构】选项卡下【结构】面板中选择【柱】。

4）在类型选择器中选择柱类型为【305 × 305 × 97UC】，然后在选项栏中选择【高度】和【Roof 3】，如图 23-21 所示。

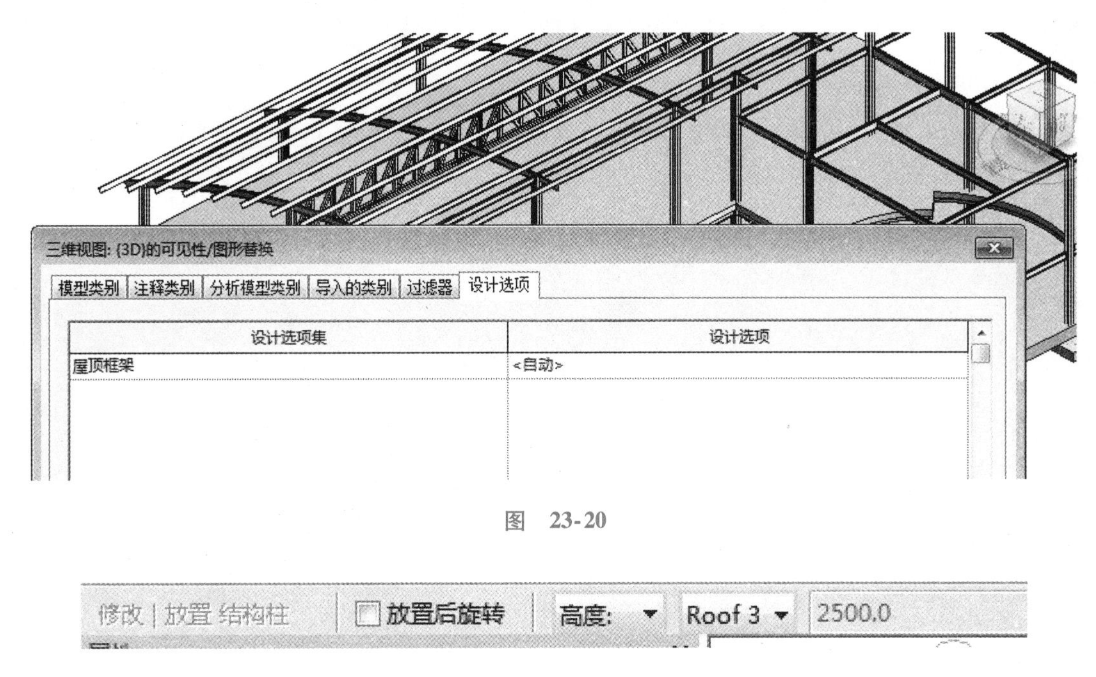

图 23-20

修改 | 放置 结构柱 放置后旋转 高度: Roof 3 2500.0

图 23-21

5）在 D2 和 D3 的每个网格交汇处放置一个柱子。

6）利用 <Ctrl> 键同时选中新建的两根柱子，然后在其【属性】面板中将【顶部偏移】设置为【-775】，如图 23-22 所示。**注意：**柱子属性表明图元属于柱子设计方案。

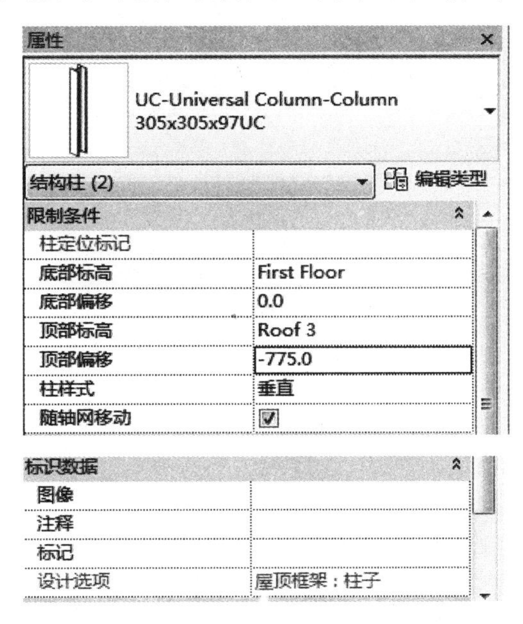

图 23-22

虽然不是首选方案，但柱子同样可在所有视图中看到，因为一旦方案被激活，用户即可在所有视图中对其进行编辑。一旦方案不再被激活，将返回到主模型中，然后视图将恢复设置。用户还可以通过设置三维视图或其他类型的视图来展示用以发布的柱子方案。

第4篇

Revit MEP

单元 24

MEP 项目的创建

单元概述

本单元介绍几种不同类型的测量单位和可供 MEP 建模或设计人员使用的图示设置；对不同的连接类型、呈现方式，以及为 Revit 模型选择的图示效果进行详细的解释；探索链接 Revit 模型的方法和一旦链接完成后怎样利用复制监视和协调查阅控制并管理变化。

简言之，本单元将涵盖从准备设置到引入参考文档为设备建模做准备等一系列项目前期的关键问题，可能所有这些操作都由每个项目中的 BIM 技术员进行操作，或已经根据规定预设好，但是让大家都知道如何更改设置也十分重要。

注意：本篇由于文件兼容性问题，请读者用 Revit 2015 进行操作，若采用 Revit 2017，将出现“接头与风管附着”的问题。为保证本书项目各专业之间的延续性，本篇暂时无法采用 Revit 2017 进行操作，带来的不便敬请谅解。

单元目标

1. 了解规程具体设置和图形控件。
2. 了解 MEP 设置。
3. 学会方案设计。
4. 了解项目开工。
5. 学会技术协作。

24.1 项目设置

24.1.1 选择项目单位

首先，要进行的操作之一是设置项目的测量单位和详细程度。Revit MEP 针对不同的规程提供了不同的测量单位，还有数值舍入功能。这些设置控制的是数据在图元、参数和明细表中的表现形式。应该指出的是，这样做并不一定能控制发布的尺寸标注的显示单位，不过显示单位可以和项目单位保持一致，或者不管项目单位如何，另外重置显示单位。举一个极端的例子，一个单位是公制的项目其显示单位可以标注为英制尺寸，反之亦然。从实用角度来说，这样的设定利于保证临时尺寸标注和放样时罗列的尺寸标注的高精度，尤其是在完工图纸上追踪其他来源的信息时，无法保证精确程度，如果没有这样的设定，出来的图纸将会不准确。

在【管理】选项卡下【设置】面板中单击【项目 单位】可以打开【项目 单位】对话框（图 24-1）。不同的单位可以按规程分组（图 24-2），每个单位格式都对应一个按钮，用于启动对话框，用户在对话框里可以对精度、符号或者后缀等进行重新设定，如图 24-3 所示。

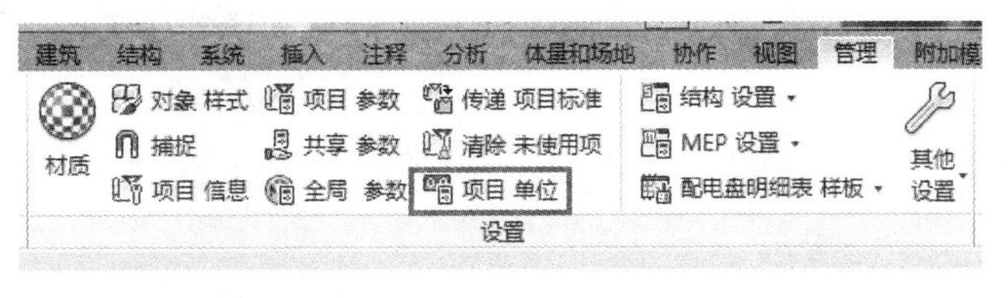

图　24-1

考虑项目单位时，项目的实际位置通常已经提出了相应的要求。BIM 和网络时代的到来让世界各地的设计团队可以利用不同的项目组高效地工作，不过最后结构的操作单位和主要承包商的要求将成为决定性因素，当然也要符合当地的建筑要求。在这种情况下，可以在传输文件之前修改单位，这种

操作会产生错误的数值，所以不推荐，但是此操作并不会对模型产生不良影响。

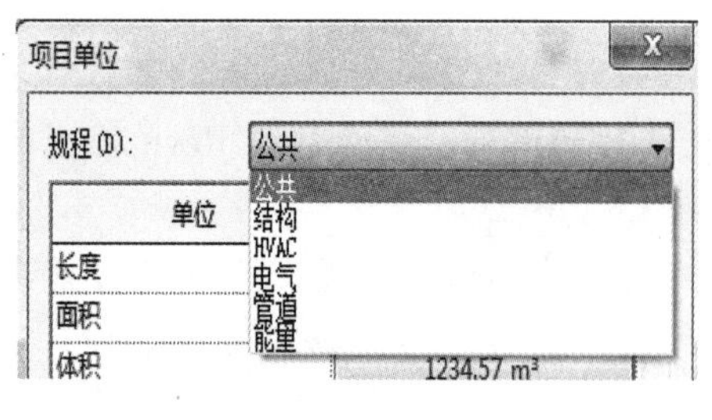

图 24-2

单位	格式
长度	1235 [mm]
面积	1235 m²
体积	1234.57 m³
角度	12.35°
坡度	12.35°
货币	1234.57
质量密度	1234.57 kg/m³

图 24-3

24.1.2 设置公用单位

在【项目单位】对话框中【规程】下拉菜单里可以选择【公用】单位。Revit 将以下单位均视为公共单位：长度、面积、体积、角度、坡度、货币、密度。

一旦选定单位，项目的整体格式也将设定，当然在尺寸标注、明细表或标签页上显示数据时，格式还可以重置。

24.1.3 设置 MEP 单位

在【项目单位】对话框中【规程】下拉菜单里依次选择【HVAC】【电气】【管道】【能量】，然后选择相应的 MEP 单位，如图 24-4 所示。

因为 Revit MEP 的数据可以链接到能源分析程序，所以早点考虑分析格式的种类和供当局审核的设计文件的单位很重要。Revit MEP 提供的格式和单位比 Revit Architecture 和 Revit Structure 提供的更多、更全，所有单位和格式在分析和设计中都很有用。可以为某个特定场景或项目类型进行单独设置，然后将这些设置保存在空白项目中，这样一来，性质相似的新项目也可以使用这些设置，从而节省了时间和成本。

24.1.4 选择 MEP 设置

项目中系统构件的外观和表现是由各个规程对应的设置确定的。在【管理】选项卡下【设置】面板中可以打开【MEP 设置】对话框。其中包含六类不同专业的设置选项（图 24-5）。下面分别介绍这六类不同的 MEP 设置选项。

图 24-4

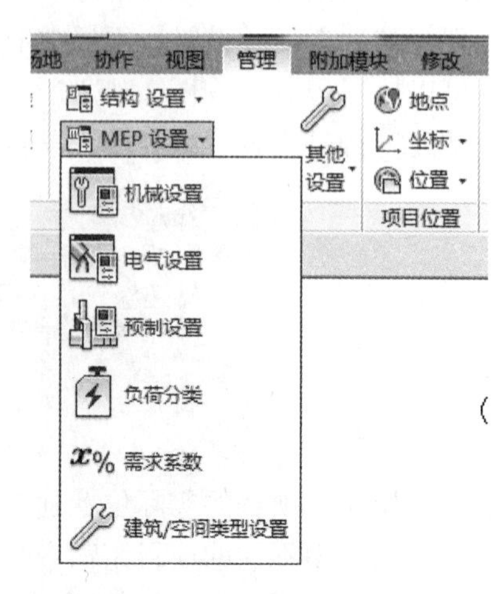

图 24-5

1. 机械设置

可以在【管理】选项卡下【设置】面板中【MEP 设置】下拉菜单中单击【机械设置】，打开【机械设置】对话框（图 24-6）。使用机械设置可以指定默认的风管和管道设置。这些设置包括可用尺寸、高程偏移量和坡度值，也可以调整空气和管道流体的参数，例如温度、黏度和密度。

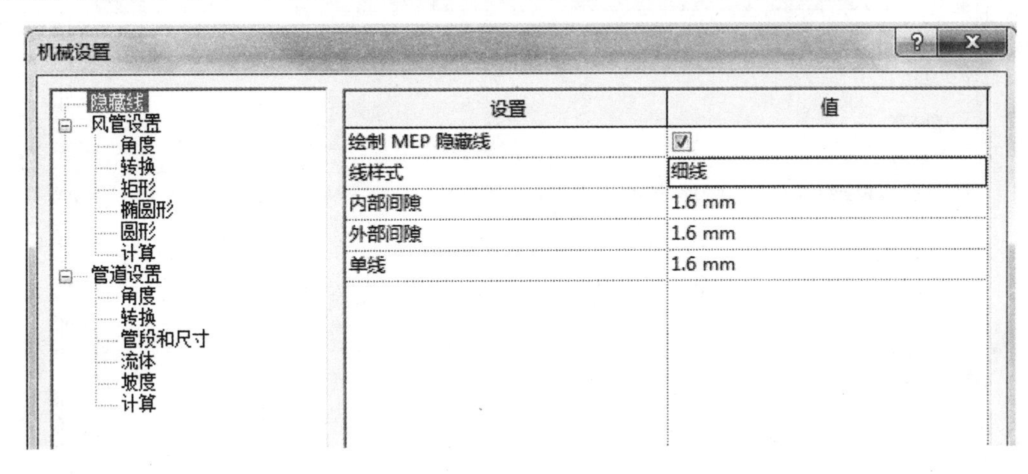

图　24-6

2. 电气设置

可以在【管理】选项卡下【设置】面板中【MEP 设置】下拉菜单中单击【电气设置】，打开【电气设置】对话框（图 24-7）。使用电气设置可以指定配线参数、电压定义、配电系统、电缆桥架和线管设置以及负荷计算和电路编号设置。

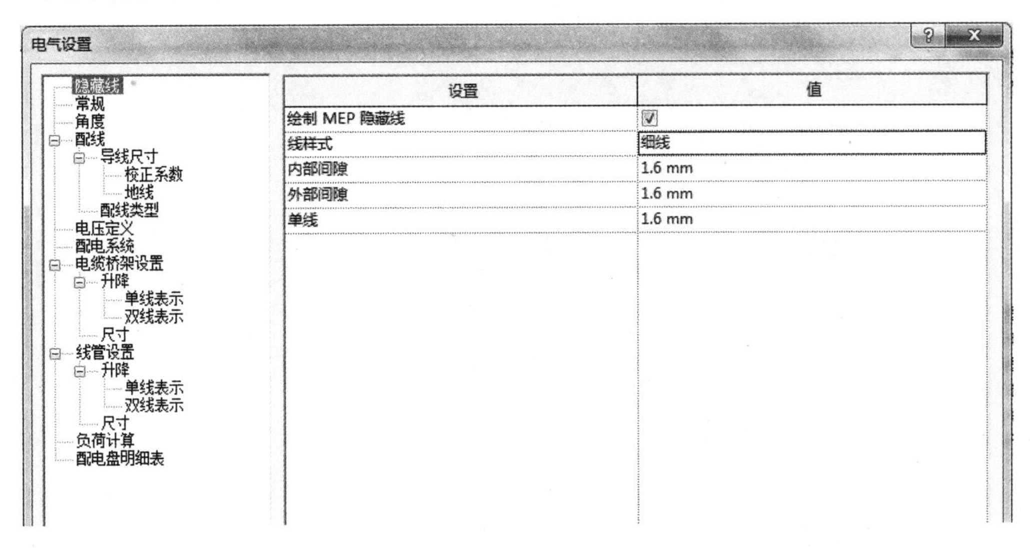

图　24-7

3. 预制设置

可以在【管理】选项卡下【设置】面板中【MEP 设置】下拉菜单中单击【预制设置】，打开【预制设置】对话框（图 24-8）。使用预制设置可以指定模型的预制部件。预制部件包括了预制内容和关联的产品数据，以便为预制和构造的协调建模和详图设计提供支持。

4. 负荷分类

可以在【管理】选项卡下【设置】面板中【MEP 设置】下拉菜单中单击【负荷分类】，打开【负荷分类】对话框（图 24-9）。使用负荷分类可以为系统创建负荷分类类型，例如制冷、照明、设备、电动机和电力。

图 24-8

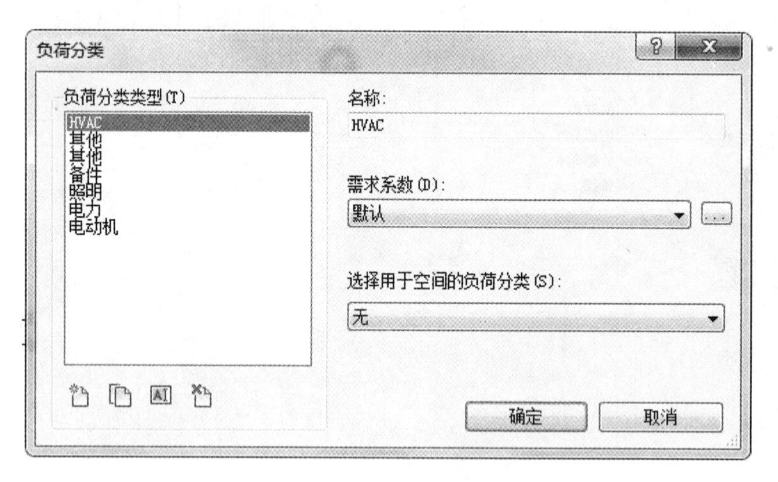

图 24-9

5. 需求系数

可以在【管理】选项卡下【设置】面板中【MEP 设置】下拉菜单中单击【需求系数】，打开【需求系数】对话框（图 24-10）。使用需求系数可以基于期望值调整建筑主设备的定额值，因为在任意给定时刻，并非所有电气设备都将在满负荷下工作。可以基于系统负荷为照明、电力、空调或项目中的其他系统指定一个或多个需求系数。将需求系数应用到配电盘，可以基于配电盘连接对象的数量百分比、总负荷、整个负荷的百分比或总数量来应用需求系数。

6. 建筑/空间类型设置

可以在【管理】选项卡下【设置】面板中【MEP 设置】下拉菜单中单击【建筑/空间类型设置】，打开【建筑/空间类型设置】对话框（图 24-11）。可以从建筑和空间类型列表中选择相应类型，然后

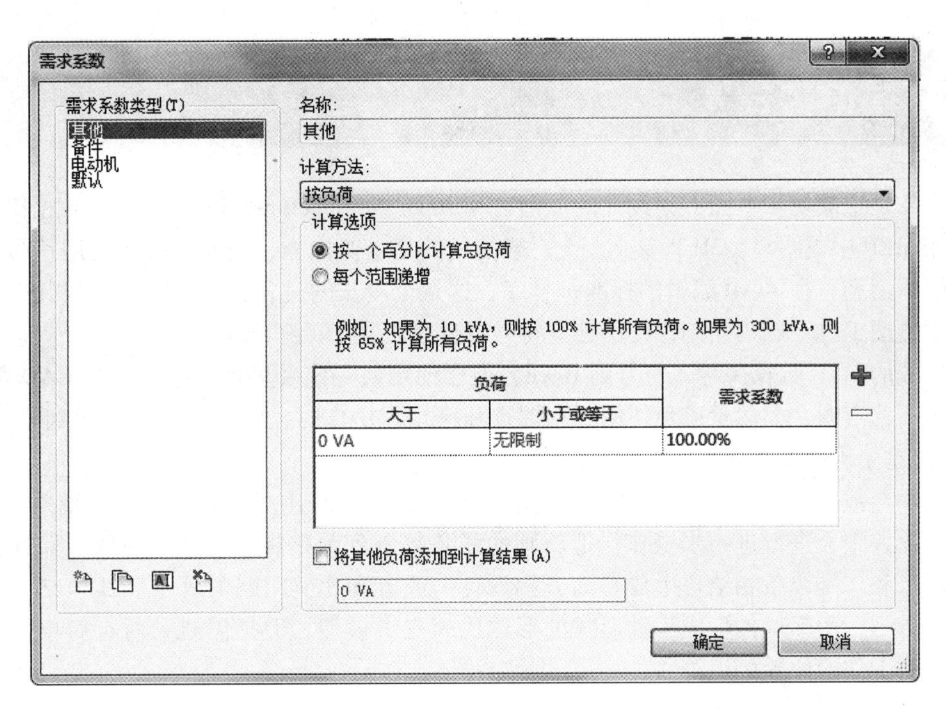

图　24-10

定义该类型的默认能量分析参数。这些参数包括人均面积和每个人的热量增加、照明负荷和电力负荷密度、正压送风系统光线分布、未占用制冷设定点，以及占用率、照明和电力明细表。

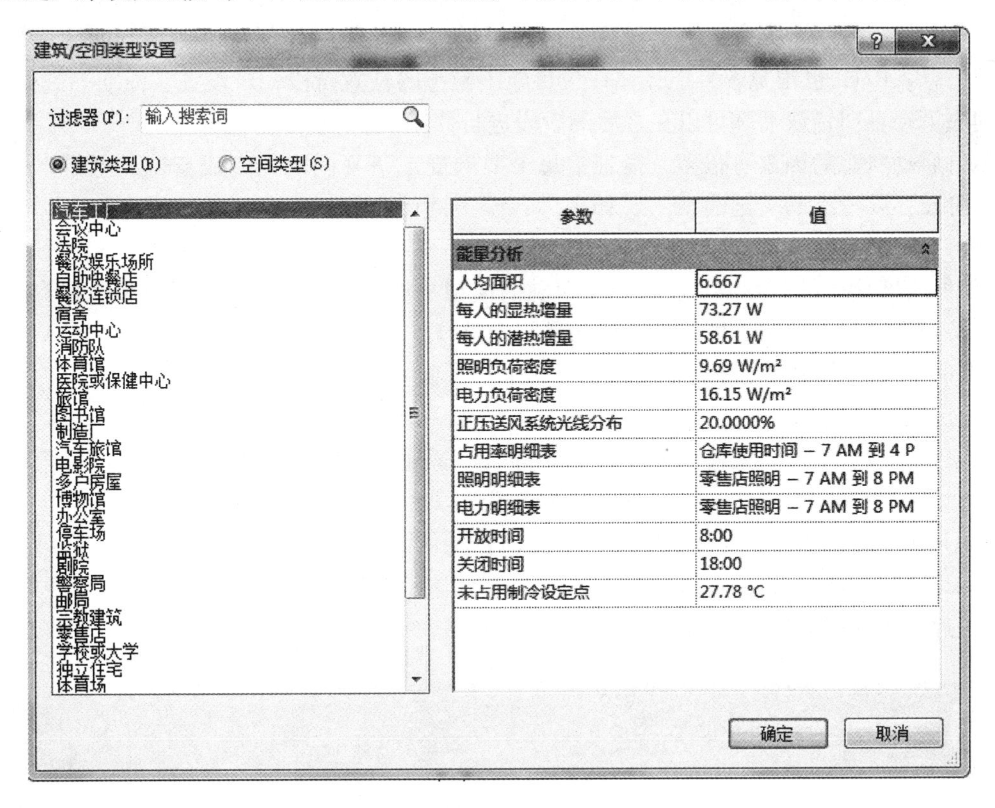

图　24-11

24.2 草图设计

符号和线条是生成初步草图方案设计的关键，和 Revit Architecture、Revit Structure 相比，符号和线条的重要性在 MEP 中更明显。MEP 专业人士一般使用的是企业标准，企业标准将通用符号和线样式结合起来，生成草图和可在 Revit 编辑的标准符号库，这是个漫长的过程，通常需要建成几个项目后才能完成。可以用绘图工具在族内绘制，使用独立符号或使用更复杂的三维构件图示均可。

可以从现成的 CAD 数据中导入符号到 Revit，但在使用时一定要多加小心，因为 CAD 数据是 Revit 项目里最大的不稳定源，要尽量避免使用。在调查和跨规程协作时，将不可避免地用到 CAD 数据，但是用 CAD 数据建立构件库的做法是不明智的。

并不是说用老数据不好。可以把 CAD 数据导入相关族，用 Revit 的绘图工具描绘线条，删掉原来的线条。有的专业人士会进行进一步操作，把新画的线条复制到剪贴板，粘贴至新族，保证构件的清晰整洁。对象可以和二维线条相结合生成平面方案设计，或者和比例粗略的管道和线缆结合生三维方案设计。后面会讲到，图库构件生成某种形式的形体代表三维模型，但是需要为所有对象制定一个标准立方，作为后面工作的位置标识符。

24.3 项目开工

在绝大多数情况下，定义好以上的设置后已经足够你收集信息并创建模型了。即使你现在还没有得到所有的信息，Revit 也很宽容，能让你在项目施工模拟的任意阶段，对设置、标准等进行重新定义，几乎所有的决策在证明错误后都可以在之后的阶段进行修正。

决定项目启动状态的因素有很多，很难给每个案例规定一套固定的完成步骤，但是在创建一个新项目的起始阶段，要考虑的关键因素主要和坐标、模型链接有关。下面列举的规则将会提供最佳解决方案，因此需要被所有的 Revit 用户所理解。

1）建议所有案例中的规程都保存为一个单独的模型文件，并把相关的位置模型也保存成单独的数据对象，交叉查阅显示上下文，即便模型最初是一个整体。

2）所有的坐标工作都应在场地模型里建立和维护，而不是在建筑模型里。

根据上文提到的规则 2）和规则 3），想象一下要在一个大工厂里建造一个大楼，再将完成的大楼作为一个对象送到建筑场地。大楼已经事先定位好，以适应工厂的内部空间，但并不是大楼的最终位置、高度和朝向。所有这些因素均可以等到运送到场地以后再调整。

影响 Revit 建模初始步骤的因素有很多。有的项目是从调查或早期的概念提案的 CAD 数据开始的；有的项目开工需和其他的规程相配合；有的项目根本无法从外部环境引入电子信息。本单元选取了一些比较常见的初始阶段会遇到的问题进行总结。

24.4 协同合作

在 BIM 的作业流程中，首要考虑的是和其他项目利益相关方的沟通和协作。那么达成共识的电子数据分享和文档生成的方式和格式到底是什么？频率是什么？准备步骤有哪些？虽然 BIM 标准提供了既定的格式流程，但是对相关的决定进行全面的检测和存档仍然十分重要。

模型的预期成品和格式将对作业流程和相关技术的选择产生一定影响。举个例子，如果模型要用于环境和能源分析，较其他方面而言，就要对房间边界图元和计算体积进行更严格的检查。从建筑机械设备的角度来看，这个规则应该应用到所有项目里，但是不能默认来自建筑专业和其他项目相关方的模型也按照同样的优先级或要求进行生成。在进行施工时，可能要修改输入模型或说服第三方调整其设计流程。

24.4.1 链接 CAD 文件

初始阶段在建模环境中导入外部信息和之前的图纸十分有用。无论是二维还是三维，这些信息可以用来创建新的 Revit 图元的基本外形，或留着作为后面设计的背景资料。

当计划将 CAD 数据导入 Revit 模型时，需要注意以下几点：

1）CAD 数据可能是 Revit 项目里最大的不稳定源，所以在使用时一定要格外注意。

2）链接 CAD 数据，永远不要将其导入 Revit，如图 24-12 所示。

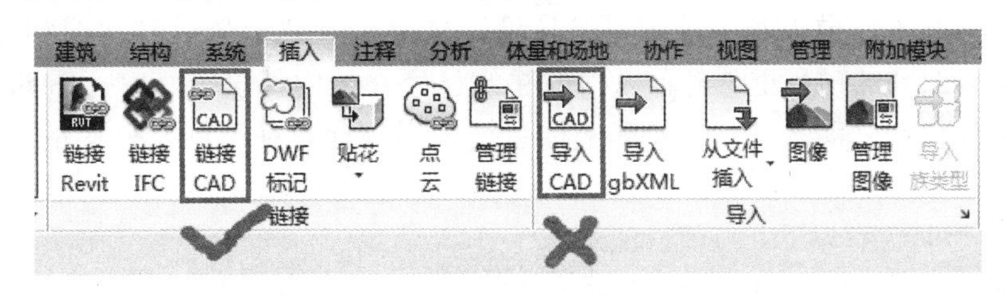

图　24-12

3）在导入 Revit 工作环境之前，CAD 文档应当确认以最恰当的格式在应用中打开，这个过程可以把多余的信息清理掉，去掉实际坐标。

4）模型里面的位置很重要。比如引入的平面图要处在恰当的平面，立面图要在正确的面向角度，以及信息是在二维里需要还是在三维里需要。

链接 DWG（图纸）文件到 Revit 的过程很简单，主要依赖的是 DWG（图纸）文件信息的预期使用目的，所以很多选项都是默认设置，如图 24-13 所示。

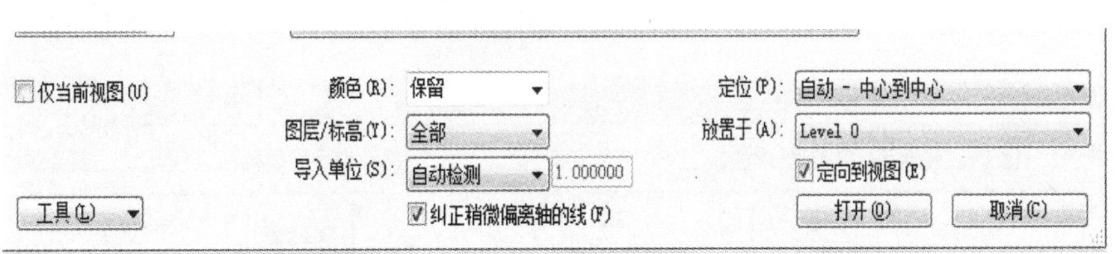

图　24-13

注意：不要只是简单地在【项目浏览器】中打开 DWG 文件，还要考虑到接下来的字段。如果没有在字段中选定正确的设置，导入的信息将受到影响。必须在信息导入前进行设置，这样操纵也容易撤销。

和视图相关的每个选项都很重要，在这个阶段尤其值得一提的是【仅当前视图】复选框，决定着导入的数据是二维视图还是三维视图。如果要提取地形信息，创建地势，不要在复选框前打钩；如果知道文档的单位，就需要完善【导入单位】下拉列表，因为自动检测功能将依赖于 DWG 文件中的设定。一旦在多个 Revit 文件之间建立起共享坐标，位置就变得十分重要。

涉及输出 CAD 格式时，不论是为满足客户、非 Revit 顾问，还是其他项目利益相关方的要求，现有的选项主要支持输出 DWG、DGN 和 DXF 格式。DWG 的互用性在这一版本里得到了改进，能够控制更多的输出设置。线样式和填充样式也可按要求绘制，除非手动重置，字体将自动与 DWG 匹配。

24.4.2 链接 Revit 文件

在【插入】选项卡下【链接】面板中，利用【链接 Revit】（图 24-14）可将不同规程的 Revit 文件链接到一个模型当中。

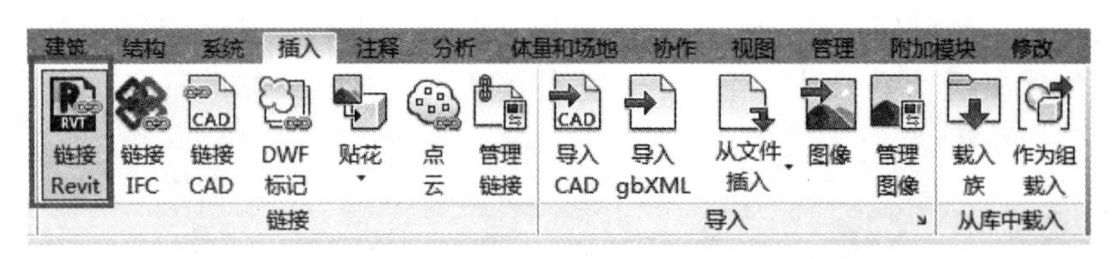

图 24-14

一般项目起始要生成 Revit 建筑模型和 Revit 结构模型，为建筑机械设备工程打下基础。根据默认设置，链接的模型在所有视图中均可见，而且在模型中将一直作为一个不可编辑的个体存在。可以像数据对象在实际模型中一样，根据类型控制图形设置，还可在实际模型中关闭或启动图形设置，而且不受同一类型的限制（比如可以关闭链接模型中的楼板，而在自己的模型里保留楼板）。根据默认设置，只有三维形体在导入时带链接，但是可以在链接里选择显示和视图相关的设置和信息。甚至在大型的涉及多领域的项目里，各种风格的建筑已经在组内部设定好时，Revit 模型仍然可以在数据上保持相对独立状态，仅通过一个共享坐标系统来管理建筑在不同文件中的相对位置以及场地设置。

在链接 Revit 模型时，有以下几点值得注意：

1）如果对要链接的模型上运用了分工技术，在模型文件里禁止该功能可帮助避免模型所有权的相关问题，最好和模型制作者就输出模型的规格达成共识，确保拿到后可以很方便地被使用。

2）在建立认可的通用坐标系统之前，请使用【自动-原点到原点】作为定位系统而不是默认的【自动-中心到中心】。

3）创建三维视图，视图规程设置为协同，以便查看左右链接数据。

4）用【可见性/图形替换】对话框控制想查看的图元和信息。

24.4.3 管理链接

在两个规程模型之间建立起链接后，可通过管理链接对话框（图 24-15）维护并管理链接。

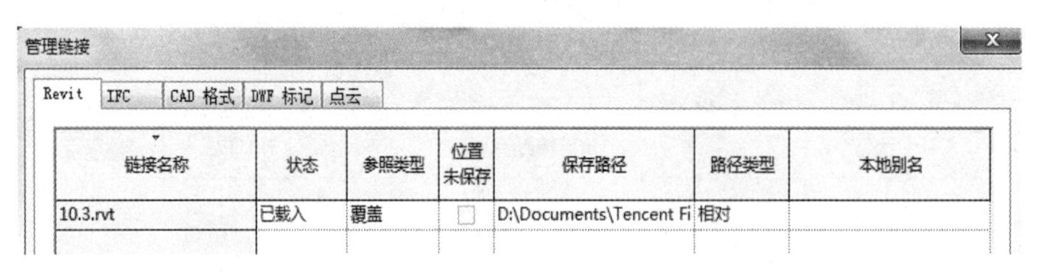

图 24-15

模型链接在大型项目的施工中同样具有一定的灵活性，因为可对链接文件里的多个图元进行标记，例如可标记空间和区域、放置笔记和放置点立面图等。每次模型重新加载后，都要检查有没有改动并对改动过的受监测图元进行提示。如果不能解决这个问题，就会造成模型之间的不协调。此时关闭警告后，警告将不再重复出现，如图 24-16 所示。

24.4.4 多规程协调

建筑师、结构工程师和机械工程师对某一建筑项目进行协作时，他们必须共享相关设计信息，以便所有团队都使用相同的设想。通过在各个规程之间协调成果，各个团队可避免出现损失很重的失误和返工。为了简化设计协调并变更管理，Revit 产品提供了下列工具，如图 24-17 所示。

1. 复制/监视

多个团队针对一个项目进行协作时，有效监视和协调工作可以帮助减少过失和损失很重的返工。

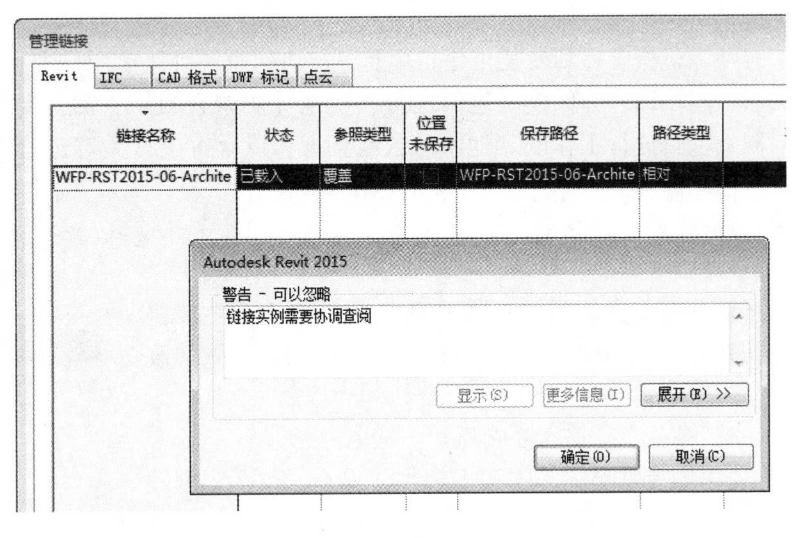

图　24-16

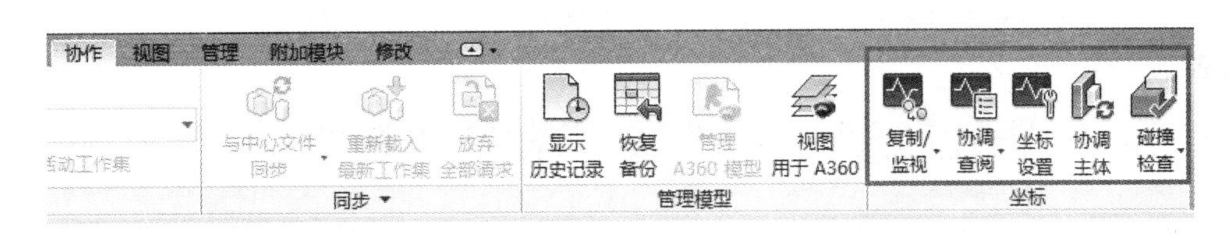

图　24-17

使用【复制/监视】可确保在各个团队之间针对设计修改进行交流。使用【复制/检测】可以在主体项目与连接模型之间或某一项目内监视图元。如果某一团队移动或修改受监视的图元，则其他团队会收到通知，以便于这些团队可以调整设计或与团队成员一起解决问题。

启动【复制/监视】时，可以选择【使用当前项目】或【选择链接】；然后，可以选择【复制】或【监视】。

1）【复制】：创建选定项的副本，并在复制的图元和原始图元之间建立监视关系。如果原始图元发生修改，则打开项目或重新载入链接模型时会显示警告进行提示（该“复制”不同于用于复制和粘贴的“复制”）。

2）【监视】：在相同类型的两个图元之间建立监视关系。如果某一图元发生修改，则打开项目或重新载入链接模型时会显示警告进行提示。

使用【复制/监视】能有效地从链接文件中提取很多有用的数据，并对之后数据的变动进行监视，以保证两个模型的协调一致。举个例子，如果一方给建筑定义了轴网，那么定义轴网的操作可复制到其他模型，每次链接都被更新时，轴网的设置都会被重新审核，任意一次改动都可通过选项识别，这样就可选择匹配修改或接受差异。这个流程可用于复制轴网、标高、墙体和楼板，虽然在复制轴网和标高时有很多限制，但该操作还是为图元之间的协同一致提供了很多便利。利用【复制/监视】可复制墙体以承接墙上构件，这个方法虽然很有用，但是图元的所有权是个问题，相关方应该讨论后就墙体的所有权问题达成共识。

当机械工程师与建筑师就某个项目进行协作时，建筑师通常会首先创建建筑模型，并在所需的位置放置装置。机械工程师随后需要在模型中添加细节，其中包括连接件、配线和管道等。要从建筑模型获取准确的信息并使这些信息保持最新，机械工程师可以将建筑模型链接到 MEP 模型，然后使用【复制/监视】将装置复制到 MEP 模型。如果建筑师添加、删除或修改装置，该软件会向机械工程师发出有关这些更改的通知，机械工程师随后可以更新 MEP 模型（如果适用的话）。

2. 协调查阅

建筑师、结构工程师和机械工程师就某个建筑项目进行协作时，可以使用【复制/监视】来监视设计的基本部分并在团队之间协调各种修改。他们也可以使用【协调查阅】查阅对受监视的图元进行更改的有关警告，与对同一项目进行工作的其他团队进行沟通，以及解决有关对建筑模型进行更改的问题。出现协调监视警告的原因如下：

1）修改、移动或删除受监视的图元。

2）在受监视的墙或楼板中添加、移动、修改或删除基于主体的图元（门、墙或洞口）。

对视图专有属性（例如视图比例和可见性）所做的更改不会生成协调监视警告。可用【协调查阅】（图24-18）检查对受监测图元所做的改动。检查的变动有：

1）受监测的图元是否被改变、移动或删除。

2）是否在墙体和楼板等受监测主体图元上添加、移动、改变、删除开口等安插图元。

其他视图特征属性的改动，如比例尺和可见性的改动，不会产生协调性监测警告。警告被审核时，需做出以下任一操作来解决问题，如图24-19所示。

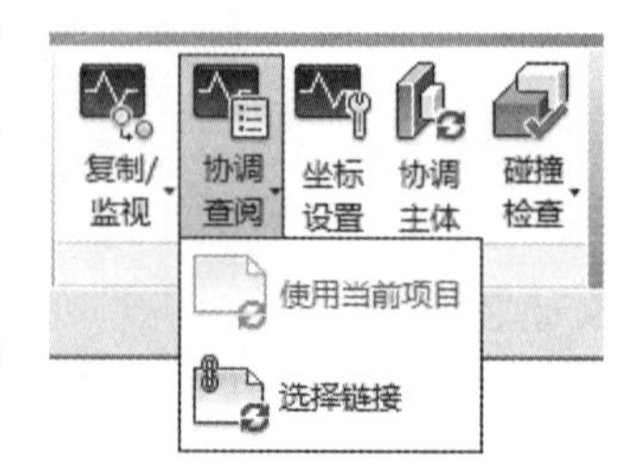

图 24-18

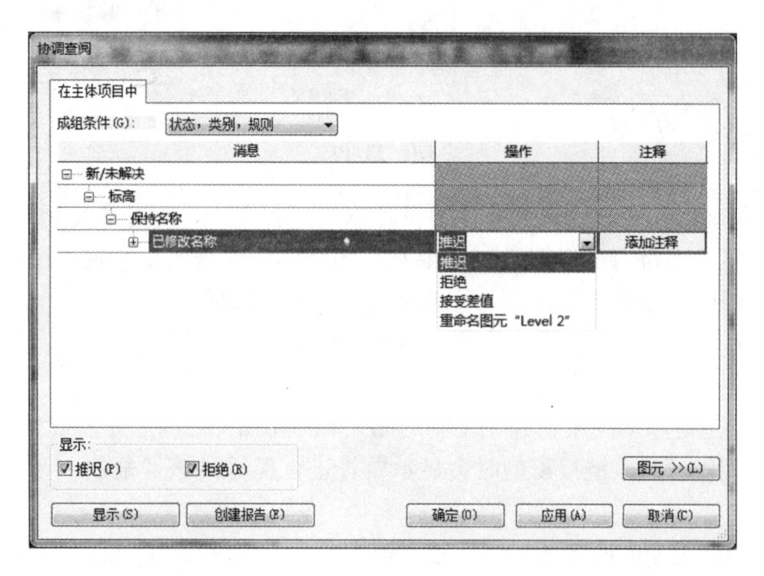

图 24-19

1）推迟：一旦选定后，每次打开文件或重新加载文件，Revit都会出现警告，直到重新选择另外一种方式。

2）拒绝：一旦选定后，在注释区将出现恰当描述，解释拒绝的原因，接下来将进行协调性检查。

3）接受差异：如果改动并没有给当前设计带来值得探讨和检查的大影响，就可选择该选项。

4）重命名图元：一旦选定后，Revit将根据新的要求重命名图元。

当协调性检查功能启动后，可以建立一个网页报表，保存所有改动、操作和相关评论的记录，或者用来和团队其他成员进行沟通，也可以在电子表格应用中打开网页文件，改进并组织信息，如图24-20所示。

3. 碰撞检查

使用【碰撞检查】可以确定某一项目中的图元之间或主体项目和链接模型间的图元之间是否相互碰撞。【碰撞检查】查找不同类型图元之间的无效交点，而【复制/监视】监视的是相同类型的图元对。

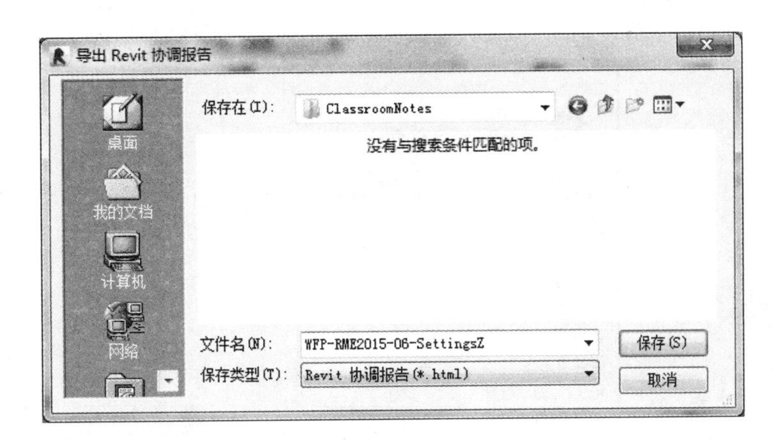

图 24-20

在设计过程中，可以使用此工具来协调主要的建筑图元和系统。使用该工具可以防止冲突，并可降低建筑变更及成本超限的风险。常用的工作流如下：

1）建筑师与客户会晤，并建立一个基本模型。

2）将建筑模型发送到拥有来自其他分支领域的成员（如结构工程师）的小组。这些成员设计自己的模型版本，然后由建筑师进行统筹链接并检查冲突。

3）小组中来自其他分支领域的成员将模型返回给建筑师。

4）建筑师对现有模型进行碰撞检查。

5）碰撞检查时会生成一个报告，并指明不希望发生的冲突行为。

6）设计小组就冲突进行讨论，然后制订出解决冲突的策略方案。

7）指派一个或多个小组成员解决所有冲突。

24.5 单元练习

本单元练习的目的主要是了解如何链接 Revit 模型，练习中将把 Revit Architecture 模型链接到 Revit MEP 模型中，然后用【复制/监测】复制标高和轴网，用于 MEP 模型中。最后做协调性测试，一旦链接的轴网被移动，将触发警告（协调性监测提醒）。

24.5.1 将模型链接到 Revit MEP 模型中

1）打开起始文件 WFP-RME2015-024-SettingsA. rvt。

2）在【项目浏览器】中打开【立面：East-Mech】视图，如图 24-21 所示。

3）在【属性】面板中，将【规程】设置为【协调】，如图 24-22 所示。

注意：这一步将确保视图在所有规程里都可显示图元（即 Architecture、Structure、MEP）。现在可以将建筑模型链接到当前项目中。

4）在【插入】选项卡下【链接】面板中选择【链接 Revit】，如图 24-23 所示。

5）在弹出的对话框中查找并选中建筑模型【WFP-RME2015-024-ArchitectModelA. rvt】，设置定位为【自动-原点到原点】，如图 24-24 所示。

6）单击【打开】按钮，在立面图查看链接模型，注意查看在【项目浏览器】底部 Revit 链接下的链接模型，如图 24-25 所示。

7）在【项目浏览器】中打开【三维视图：3D】视图，在【属性】面板中，把【规程】设置为【协调】。

图　24-21

图　24-22

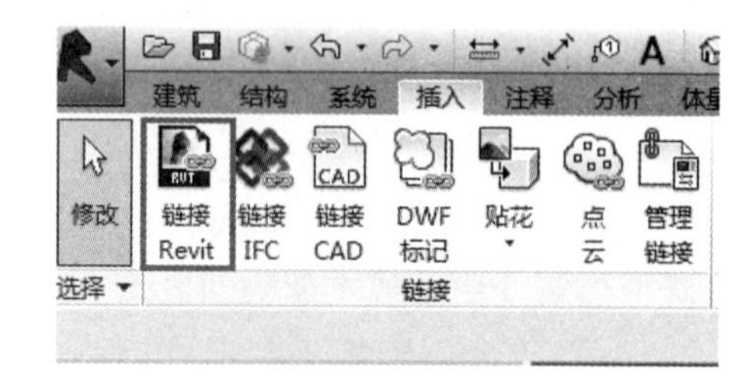

图　24-23

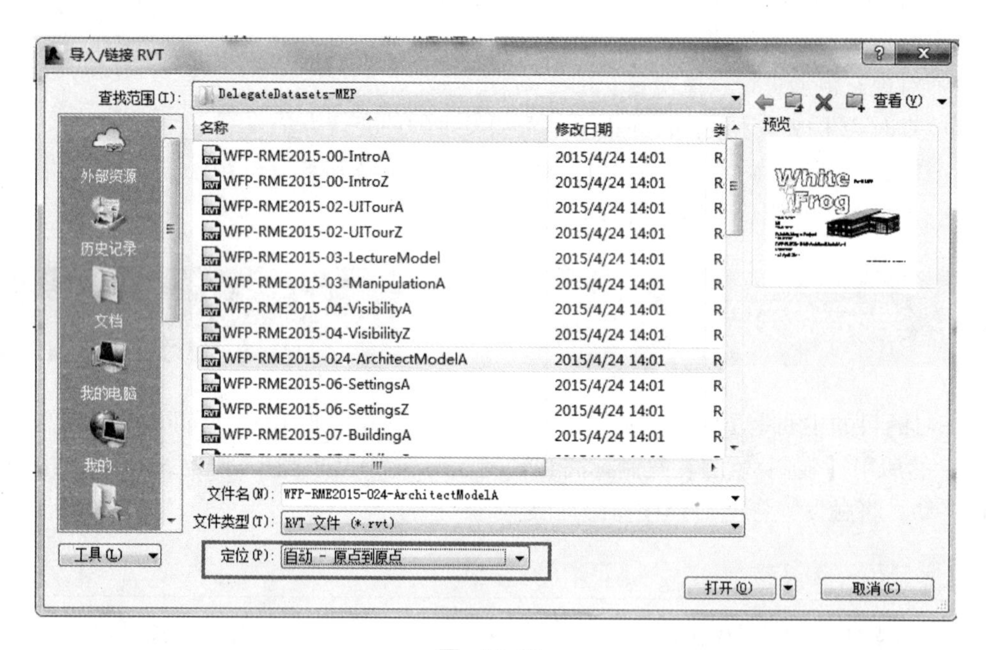

图　24-24

24.5.2 将标高复制到 MEP 模型中，并启动监测；在结构模型中建立标高和轴网，并建立相应的联系

1）在【项目浏览器】中打开【立面：East-Mech】视图。

2）在【属性】面板中，将【显示模型】设置为【半色调】，如图 24-26 所示。

从图 24-27 中我们可以看到，在该立面图里，和建筑模型（图中标亮的部分）一起链接进来的有各种标高和轴网，图中右边的标高标头属于被激活的 MEP 模型。接下来，我们需要在该结构模型里建立标高和轴网，通过复制或检测建筑模型里相同的图元，用协调的方式做到这一点。首先，将现有的标高对齐链接模型的标高，在不同规程之间建立联系，如果建筑里的标高和轴网在模型后续版本里被移动，会有通知出现。在没有对齐的标高之间也可建立联系，比如在建筑模型中显示完成楼板标高（FFL），

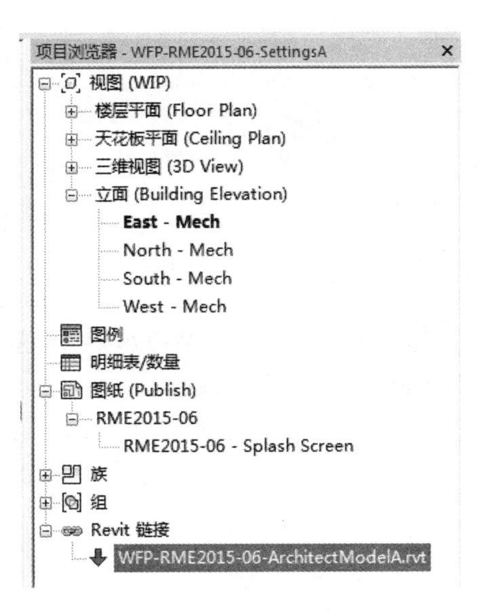

图　24-25

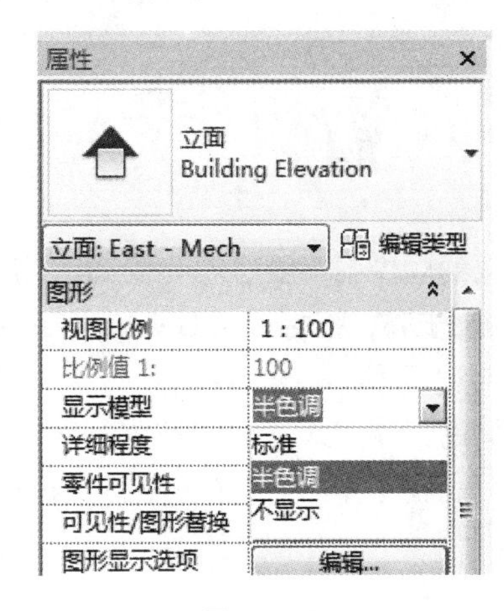

图　24-26

但在结构模型中可能需要显示结构钢标高（SSL）或钢结构顶面（TOS）。但是在本练习中，为了降低难度，复制的标高都位于同样的立面图中。

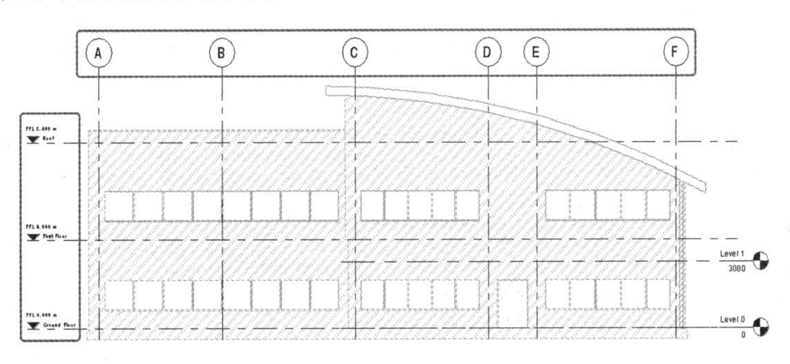

图　24-27

3）在【修改】选项卡下选择【对齐】，如图 24-28 所示。首先拾取建筑模型标高【First Floor】，然后再拾取【Level 1】，移动至 4000mm 的位置上，无须锁定挂锁，如图 24-29 所示。

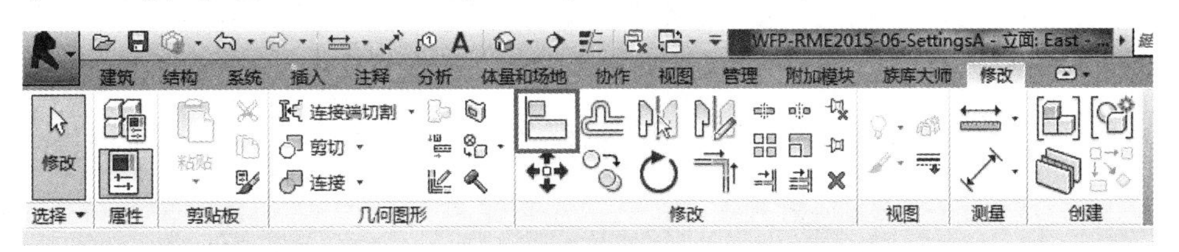

图　24-28

4）接下来要在建筑第二层和 MEP 标高 1 之间建立联系。在【协作】选项卡下【坐标】面板中，选择【复制/监视】下拉菜单中的【选择链接】，如图 24-30 所示。

5）在绘图区域拾取被激活视图上链接的建筑模型的任意一部分。

6）在【工具】面板中选择【监视】，如图 24-31 所示。

7）利用【监视】工具拾取标高【Level 0】和标高【Ground Floor】，建立联系。

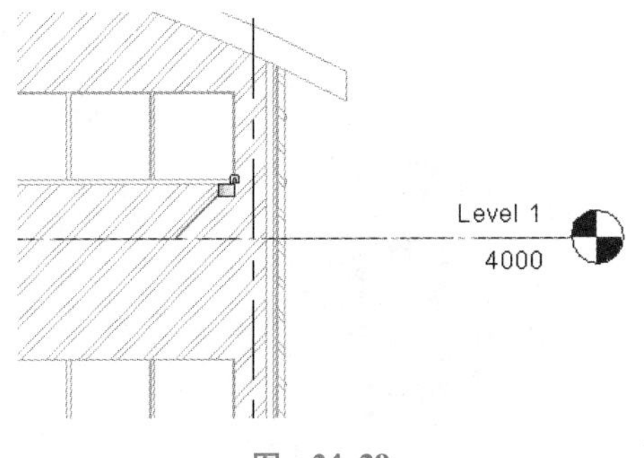

图　24-29

图 24-30

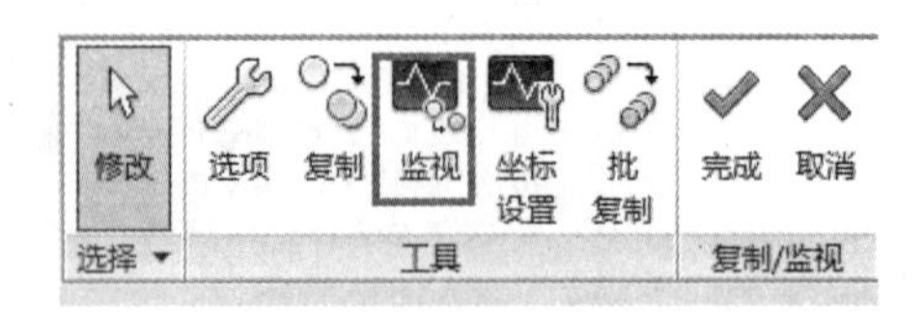

图 24-31

注意：拾取的顺序不重要。图元受到监测后，将出现相应的符号（图 24-32）表示这种关系。

8）重复以上步骤，把标高【Level 1】和标高【First Floor】联系到一起。

注意：【工具】面板（图 24-33）包括【选项】【复制】【监测】等功能相关的设置，这里需要提前定义复制工具的工作方式，比如是重复利用还是创建新的，是否要为标高和轴网的命名规范定义前后缀，是否在复制在主体图元的同时复制洞口等。

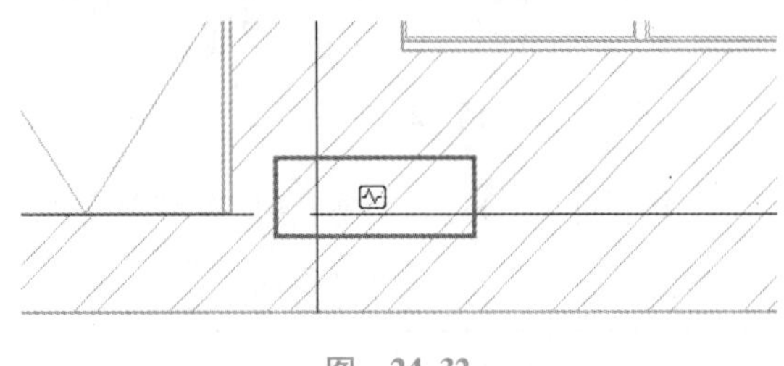

图 24-32

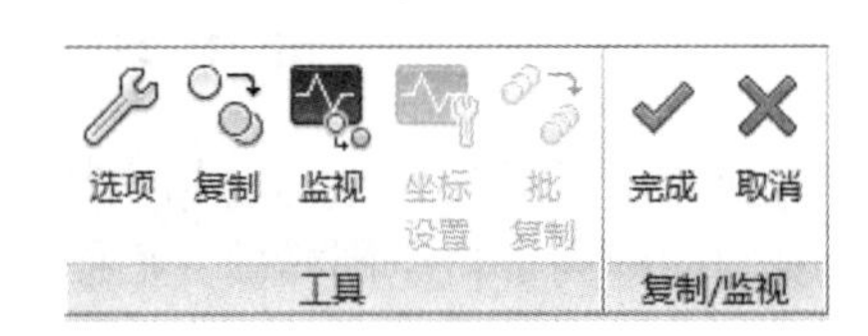

图 24-33

9）打开【复制/监视选项】对话框，查看可选设置，如图 24-34 所示。在这种情况下，在协调不同的规程是派上大用场的是复制标高和监测标高活动的选项，标高不在同一个立面图里也可以完成。例如，如果把结构钢标高（SSL）定义在完成地板标高（FFL）下 200mm，可以复制建筑项目里已完成的楼层标高，Revit 将在模型中恰当的立面视图上生成对应的结构标高。在这个例子里我们将不对设置做任何修改，通过复制建筑屋顶标高创建终极标高。

10）不做任何修改，关闭对话框。

11）在【工具】面板中选择【复制】，如图 24-35 所示。

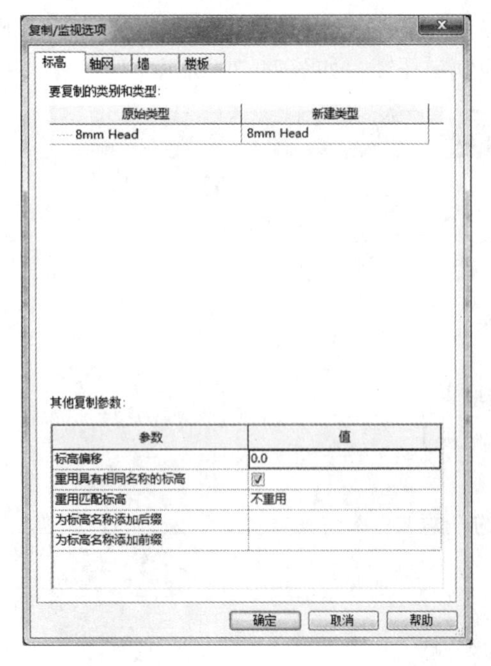

图 24-34

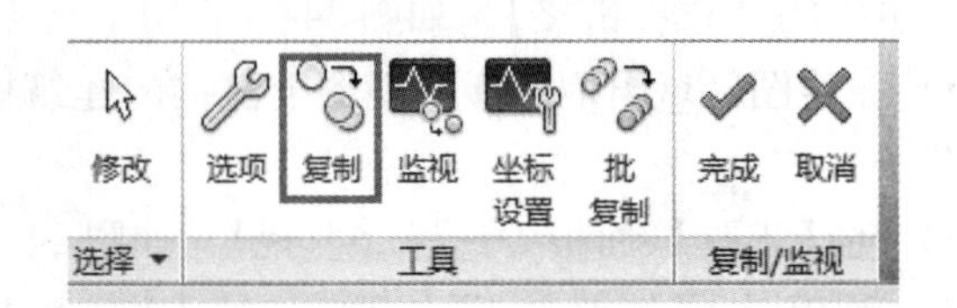

图 24-35

12）选定标高【Roof】，复制到模型中。**注意**：用选项栏上的多选复选框可一次选定多个标高；在该阶段标头是黑色的，因为这个过程并没有生成平面图，而标高的程度却要和复制的建筑标高相匹配，而不是和之前活跃的 MEP 模型的现成标高匹配。这些问题将在作业流程阶段解决。

13）单击【监制/监视】面板中的【完成】，完成复制，如图 24-36 所示。

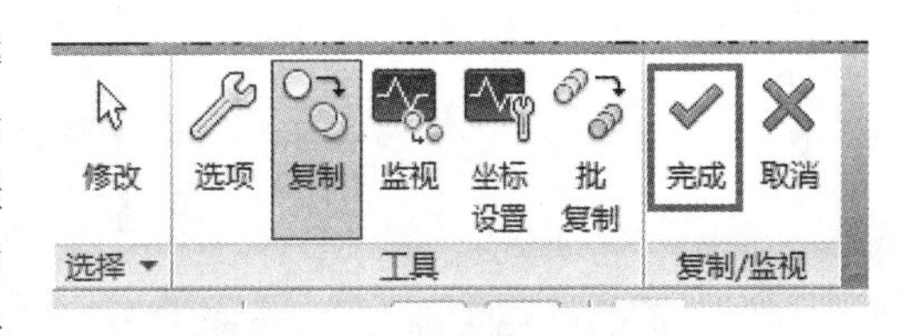

图　24-36

24.5.3　对新建的【Roof】标高进行重命名并调整标高线长

为保持一致，将遵循之前的命名规则，对新建的【Roof】标高进行重命名。因为修改图元受监测，所以该操作会触发警告，但是不会影响检测。还将调整标高线长，以匹配 Level 0 和Level 1，这个操作不会触发警告，因为不会影响到受监测的标高的表现。

1）拾取【Roof】标高，单击标头将其重命名为【Level 2】，如图 24-37 所示。

2）可以忽略警告，单击右上角的小叉，关闭警告，如图 24-38 所示。

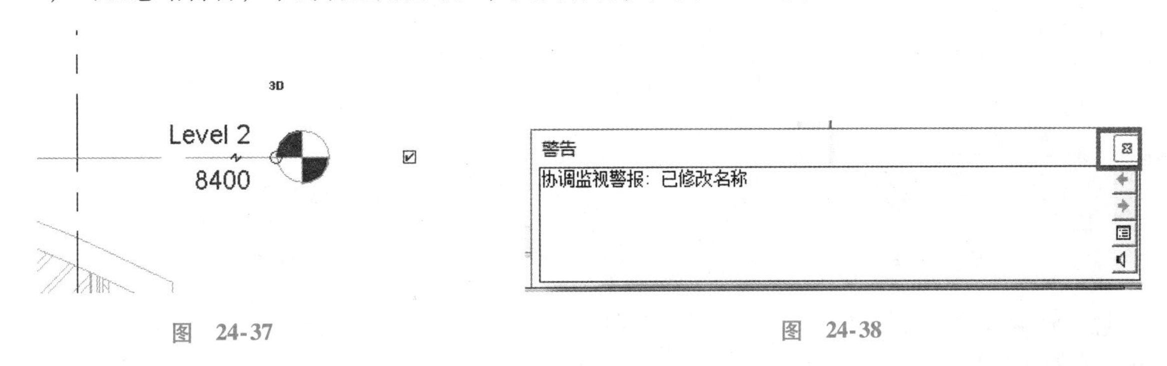

图　24-37　　　　图　24-38

3）调整标高线长的方法有很多，最迅速的方法是当标高仍然处于被选定状态时，单击鼠标右键，选择【选择全部实例】下拉菜单中的【在整个项目中】，然后再单击鼠标右键，选择【最大化三维范围】。

24.5.4　为新建标高创建平面视图

1）在【视图】选项卡下【创建】面板中，选择【平面视图】下拉菜单中的【楼层平面】，如图 24-39所示。

2）打开【新建楼层平面】对话框，确保类型选择为【Floor Plan】，选择【Level 2】，如图 24-40 所示。单击【确定】按钮，创建视图。

24.5.5　利用【复制/监测】将建筑文件里的轴网复制到模型中

1）在【项目浏览器】中展开【楼层平面】视图，双击打开【Level 0】平面视图。

2）在【协作】选项卡下【坐标】面板中，选择【复制/监视】下拉菜单中的【选择链接】，选定链接模型。

3）选中绘图区域内链接建筑模型，打开【复制/监视】选项卡。

4）在【工具】面板中，选择【复制】，在选项栏里勾选【多个】，如图 24-41 所示。

注意：现在有两组【完成】和【取消】按钮，选项栏上的一组用于完成多选，而上方的彩色图标的一组主要用于完成复制/监测操作。

5）按住 <Ctrl> 键，逐个选定所有轴网，单击选项栏中的【完成】，如图 24-42 所示。

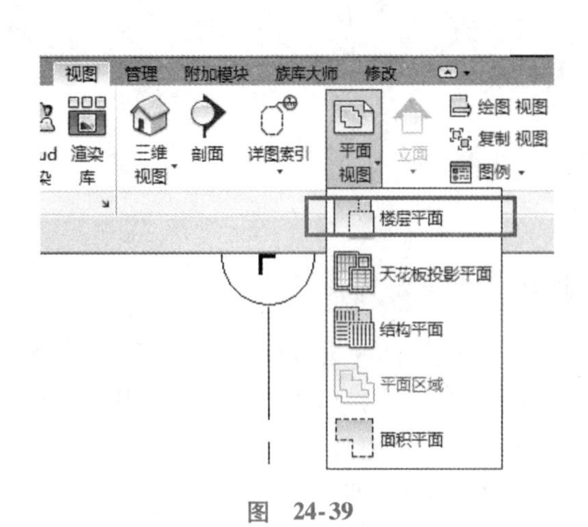

图 24-39

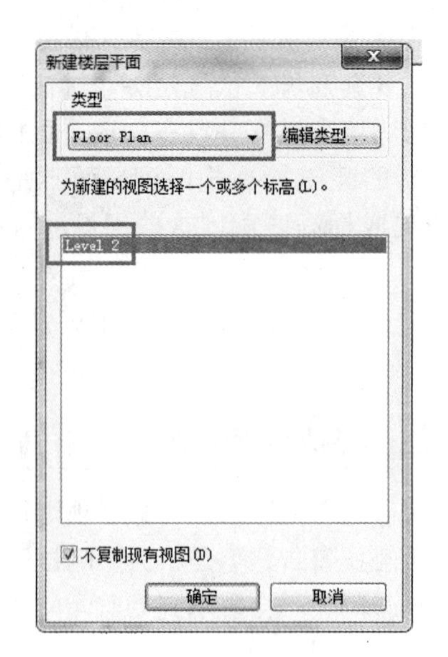

图 24-40

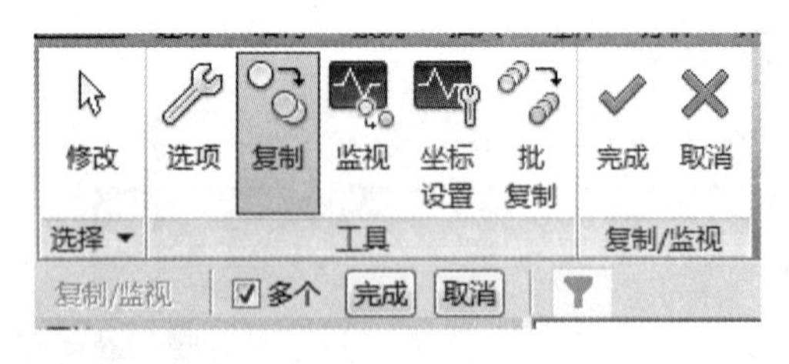

图 24-41

图 24-42

注意：轴网也可以通过图24-42中选项栏右端的蓝色漏斗【过滤器选择集】进行选择。

6）单击【复制/监视】面板中的【完成】，完成轴网的创建。

本单元练习到这里就结束了，如果还想继续练习并展示监测标高和轴网的工作流程，可以保存并关闭该MEP模型，打开建筑模型，微微地移动轴网，保存并关闭建筑模型，再次打开MEP模型，会看到一个警告，建议做一次协调性检查，然后对所有和链接建筑模型相关的变动进行一次检查，并做出决定。

单元 25
设备、固定装置和构件

单元概述

本单元主要介绍 MEP 各专业设备、装置和构件，以及图元构件的放置方法，如泵和锅炉等独立图元、通风口及开关等依附图元的放置方法。本单元还将探讨如何选择图元，如何将其摆放到指定位置以及如何记录并维护图元。

单元目标

1. 了解机械设备相关构件。
2. 了解电气设备相关构件。
3. 了解卫浴装置相关构件。
4. 掌握构件的放置方法。

25.1 机械设备

风管系统包括风管、风管管件、风管附件、风道末端和机械设备等构件，如图 25-1 所示。

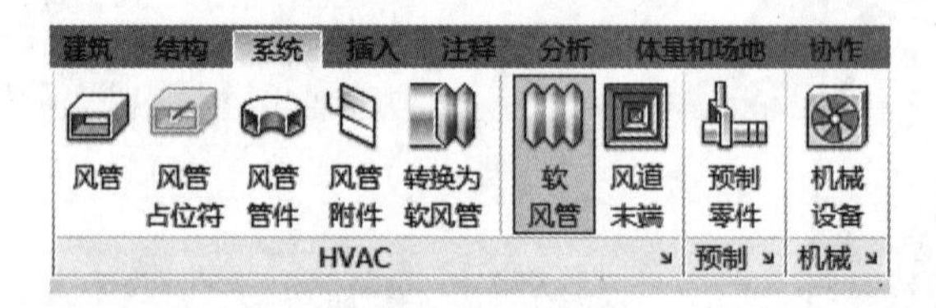

图 25-1

25.1.1 风管管件

风管管件包括弯头、T 形三通、Y 形三通、四通和其他类型的管件，如图 25-2 所示。在放置风管管件时，有些风管管件具有插入特性，可以放置在沿风管长度的任意点上。风管管件可以在任何视图中放置，但是在平面视图和立面视图中往往更容易放置。放置管件时，按空格键可以循环切换可能的连接。

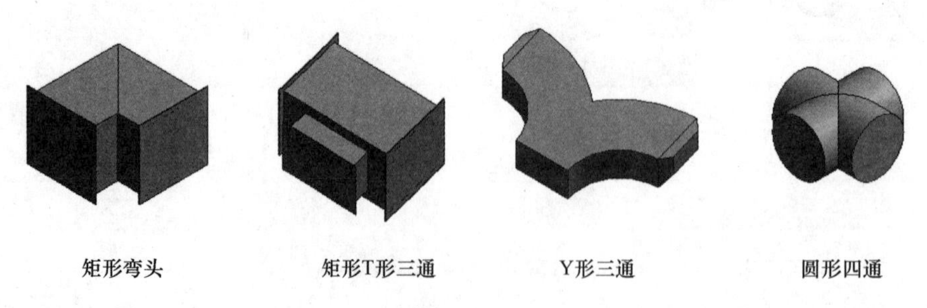

图 25-2

风管的绘制与墙体不同，风管在弯头处、三通处不会自动生成连接件，需要在风管的【类型属性】对话框中编辑风管属性，为风管添加连接件和设置连接方式，如图 25-3 所示。

25.1.2 风道附件

风管附件包括阻尼器、过滤器和烟雾探测器。在放置风管附件时，拖曳到现有的风管上可以继承该风管的尺寸。风管附件可以在任何视图中放置，但是在平面视图和立面视图中往往更容易放置。在插入点附近按 <Tab> 键可以循环切换可能的连接方式。

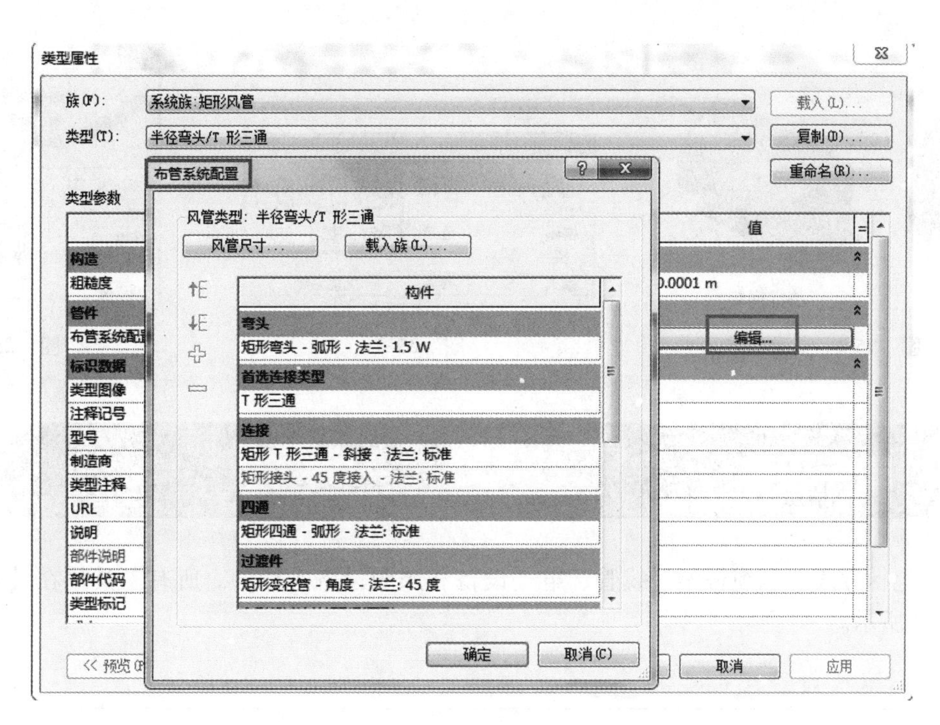

图　25-3

25.1.3 风道末端

风道末端包括风口、格栅和散流器等构件。风道末端的放置有两种情况：一种是风道末端放置在主体风管上，可以在放置末端时选择【风道末端安装在风管上】（图25-4），风道末端会自动与主体风管连接；另一种是风道末端不基于主体风管，则在放置前应在【属性】面板中指定所需的高程和偏移量（图25-5），有时可能需要调整视图范围来查看所放置的末端。在视图中放置诸如风道末端等设备时，与这些设备相关联的信息将用于计算风管系统中各空间（房间）的负荷。房间会保持送风、回风与房间提供的或从房间中抽取的排风的总流动量不变，这样有助于选择正确的风道末端大小。

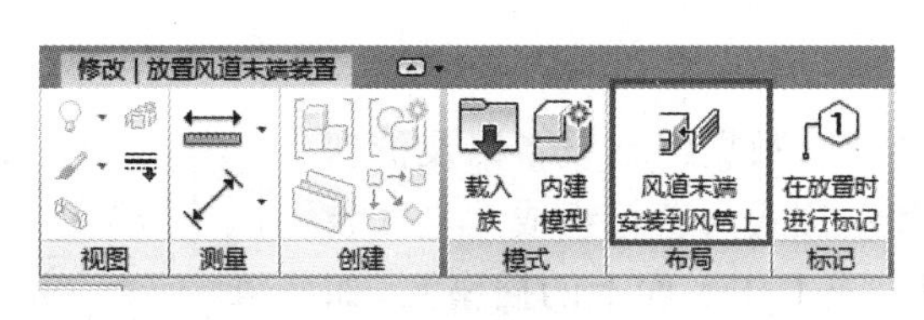

图　25-4

图　25-5

25.1.4 机械设备

机械设备包括锅炉、熔炉和风机等构件，如图25-6所示。机械设备往往连接到多种类型的系统，例如风管、电力和管道系统，如图27-7所示。在放置机械设备时，可以在【属性】面板中设置设备标高和偏移量（图25-8），将设备放入视图前，可以通过按空格键进行旋转，每按一次空格键，设备就旋转90°。

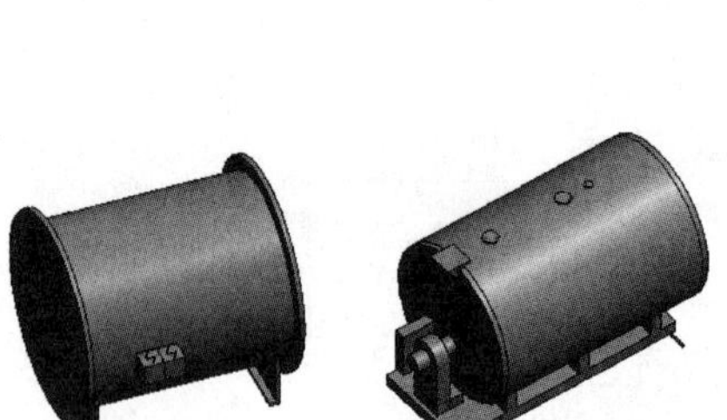

图 25-6

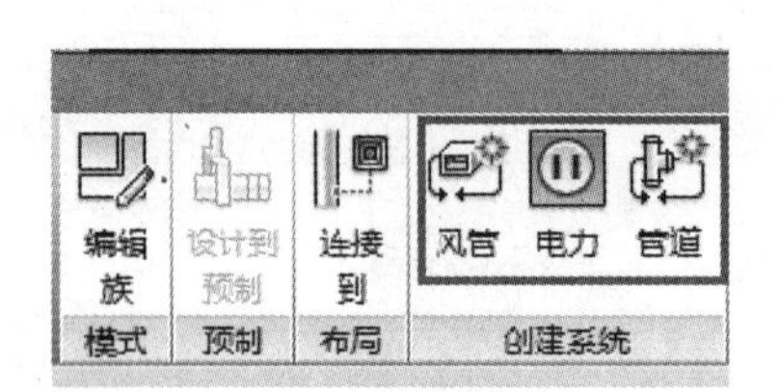

图 25-7

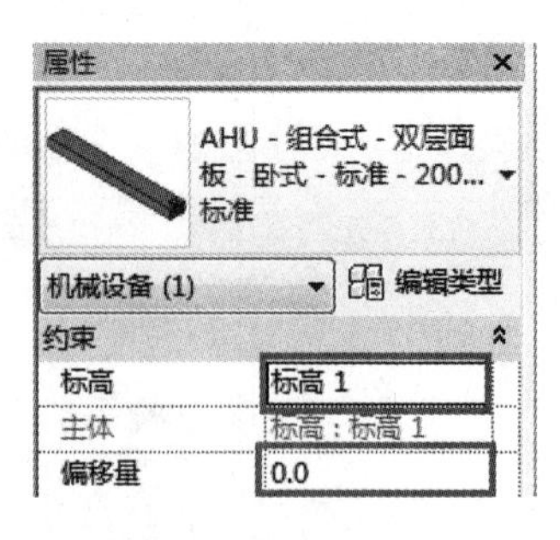

图 25-8

25.2 电气设备

电气系统包括导线、电缆桥架、线管、电气设备和照明设备等构件。所有工具均在【电气】面板中，如图 25-9 所示。

25.2.1 电气设备

电气设备由配电盘和变压器组成。电气设备可以是基于主体的构件（必须放置在墙上的配电盘），也可以是非基于主体的构件（可以放置在视图中任何位置的变压器）。在放置电气设备时同样可以在【属性】面板中设置高程和偏移量。放置电气设备后，将其选定然后可以在选项栏上指定一个配电系统（图 25-10），但必须先为设备指定线路，然后才能指定配电系统。

图 25-9

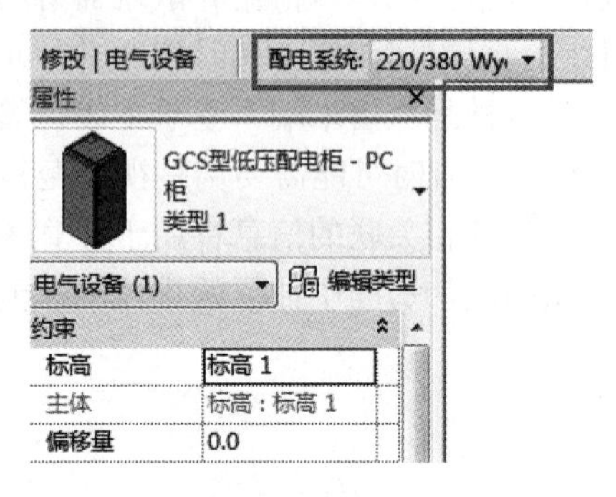

图 25-10

25.2.2 电气装置

电气装置由插座、开关、接线盒、电话、通信、数据终端设备以及护理呼叫设备、壁装扬声器、启动器、烟雾探测器和手拉式火警箱组成。电气装置通常是基于主体的构件（例如必须放置在墙上或工作平面上的插座），如图 25-11 所示。在【属性】面板中【约束】选项栏下指定一个偏移量，以指定电气装置的高程。如果装置以面为主体，则偏移量将基于主体面（而非高程）进行测量。

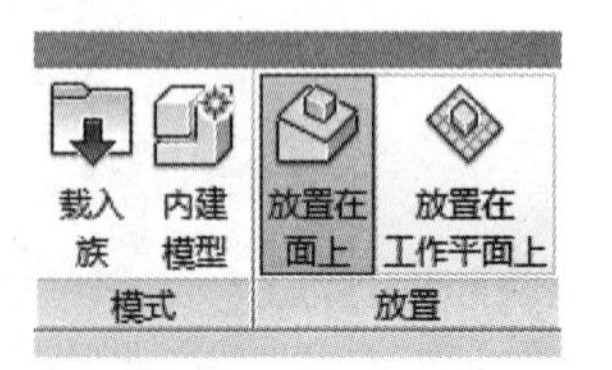

图 25-11

25.2.3 照明设备

照明设备包括天花板灯、壁灯和嵌入灯等构件。同样可以在【属性】面板中【约束】选项栏下指定一个偏移量，以指定照明设备的高程。如果装置以面为主体，则偏移量将基于主体面（而非高程）进行测量。

25.3 管道设备

管道系统包括管道、管件、管路附件和卫浴装置等构件。所有工具均在【卫浴和管道】面板中，如图25-12所示。

图 25-12

25.3.1 管件

管道管件包括弯头、T形三通、Y形三通、四通、活接头和其他类型的管件。单击【管道属性】面板中的【编辑类型】，在【类型属性】对话框中单击【布管系统配置：编辑】，打开【布管系统配置】对话框，可为管道添加管件。有些管件具有插入特性，可以放置在沿管道长度的任意点上。管件可以在任何视图中放置，但是在平面视图和立面视图中往往更容易放置。

25.3.2 管路附件

管路附件包括连接件、阀门和嵌入式热水器等构件。放置管道附件时，在现有的管道上方拖曳可以继承该管道的尺寸，附件可以嵌入放置，也可以放置在管道末端。管道附件可以在任何视图（平面视图、三维视图、剖面视图、立面视图）中放置，但也是在平面视图和立面视图中往往更容易放置。

25.3.3 卫浴装置

卫浴装置包括水槽、坐便器、浴盆、排水管和各种用具等构件，如图25-13所示。卫浴装置通常是基于主体的构件，被放置在垂直面、面或工作平面上。将装置放置在视图之前，按空格键可以旋转该装置，在【属性】面板中可以指定高程和偏移量。

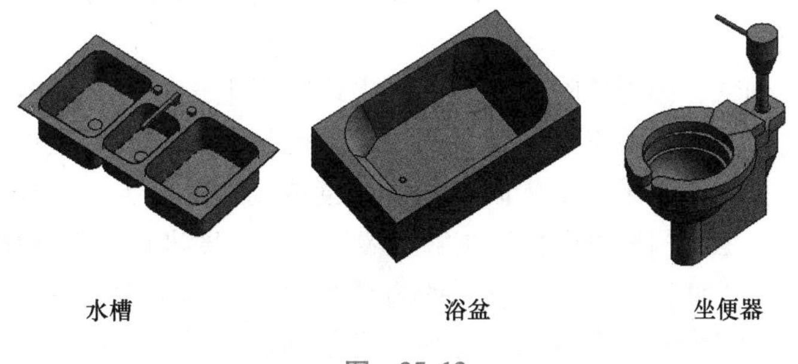

图 25-13

25.4 构件放置

构件可以依附到系统族构件如墙体或天花板等，也可以水平放置，成为独立的图元，不过图元会显示寻找依附对象的符号。如图25-14所示，两个马桶的安放方式完全一样，第一个马桶的立面图和

当前定义的工作平面相关联。第二个马桶的位置显示，虽然楼板有所偏移，但是也在同一个平面上。只有在马桶安放之前这个依附特性才起作用，而且不会改变已有对象的立面图，但是一旦定义完毕，空间关系就不可更改，如果楼板上下移动，马桶也会随之上下移动，但是和在同一个视图里的门和窗等安插图元的移动方式不同。图元和安插图元之间的关系在创建过程中定义，首先选择族样板（图 25-15），然后选定类别，可选族列表中的模板均为通用族，大多数情况下都可用，可根据具体要求调整。

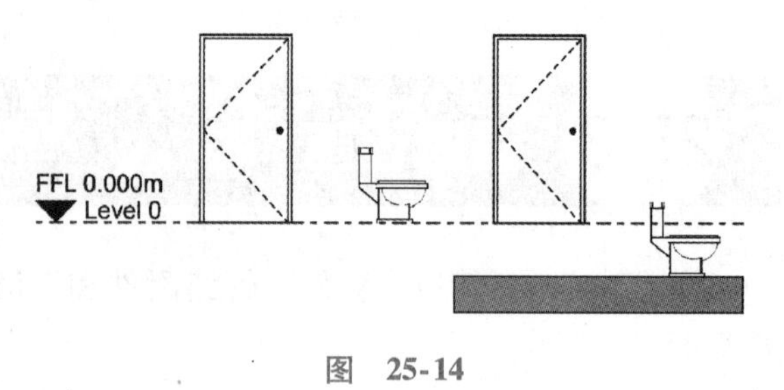

图 25-14

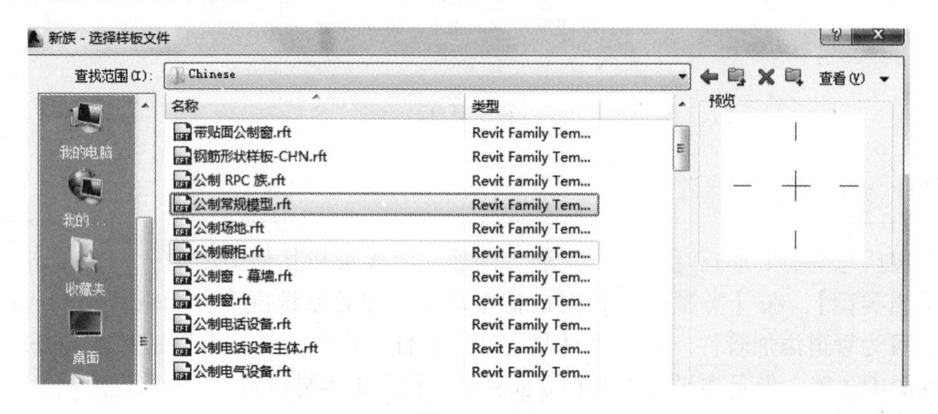

图 25-15

依附与主体的关系始终控制着图元，决定其表现方式。举个例子，一个依附在墙体的图元必须遵守以下规则：

1）只能依附在一面墙体上，只能和主体墙体互动。

2）主体墙体必须存在于项目内，移除依附图元，主体图元也会被相应移除。

3）墙体可以被其他墙体替换，但如果墙体在被替换之前已被删除，被依附图元也将被删除。

4）图元可以被再次依附，和另一个墙体保持空间关系。

5）链接对象不可依附图元，举个例子，如果墙体处于链接文件里，基于墙体的照明工具就不能依附在墙体上。

6）主体图元只能和同一类别里的图元交换，虽然一个或多个图元可以分组，组和组可以相互交换，组里包含不同类别里的图元。

依附图元会影响主体图元，因为依附图元可以在主体图元上设置可开启装置或者改变复合层的设置，同样的，依附图元也可适应调整来适合主体的要求，但是只有当族和主体的表面或中线存在空间关系并能随之移动时才可行。参数不能从依附图元直接读取到主体图元，相反也不行。也就是说门不能显示其所在墙体的厚度，但是门框可以根据接触到墙体表面厚度进行相应调整。

可在族模板里定义参考平面，并标记出图元的边缘和中心。如果用同一个类别里的图元替代一个已经尺寸标注完毕的对象，尺寸标准会自动在新图元定位到适当平面，如果一个参考平面以左边开口的形式呈现，那么在替换图元里，任何与其相关的尺寸标注都必须以左边为参照。如果对族里任何非标准参照进行了尺寸标注，那么相关的尺寸标注在替换图元时将被移除。

在依附族中，可在主体图元上挖一个孔来定义可开启装置。开口要沿着主体图元的整个宽度切割，和放置平面相平行。孔洞形式可用于定义不受以上约束的开口，但是一个族里不可以同时包含可开启装置和孔洞形式，所以孔洞形式必须完全替代开启装置的活动。

注意：使用孔洞切割而不是可开启装置切割可能有副作用，因为在【复制/监测】过程中孔洞是不可识别的，而可开启装置的改变会被警告，所以会导致不同规程之间的协调错误。所以，建议【复制/

监测】功能仅限于在平面和轴网中使用。

绝大多数图元都有一个单独的安置点，所以安置设备、风道末端装置、大门等图元时，只须单击即可，然后再根据具体情况调整其中的空间位置关系。可通过参数控制族，这样可以控制图元的数量、尺寸和对象的长度。也就是说图元的放置方式和管道的放置方式类似，不过少了添加连接部分和弯曲部分的环节。这些放置技巧可复制放置线性非标准图元的过程。墙体、楼梯灯系统族都有基面和顶层，但同时具备基面和顶层的定制图元只有柱子（图25-16）。当前工作平面放置其他图元时。图元的高度都要通过和基面的距离来确定。

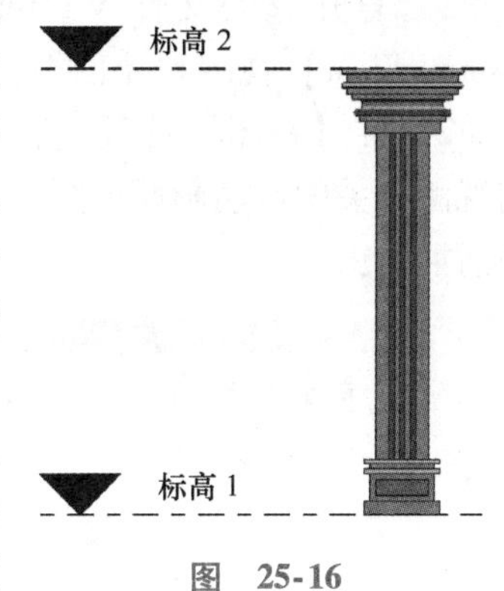

图　25-16

当涉及在模型天花板上安放MEP设备时，关于放置高度的选择可以有多种方法。当规划某个具体的建筑模型时，有的项目团队会给所有的建筑标高（FFL）用一个平面，并根据地基和屋顶结构再做调整；有的项目团队将分别为建筑标高（FFL）、结构标高（SSL）、楼层面和天花板创建不同的平面，这样整个建筑的每一层都有好几个平面，尺寸标注后锁定在一起，可以作为整体一起移动。这种方法有一个优点，图元不用逐一修改，可以批量修改。举个例子，墙体可以直接安置在和楼板平面，无须再把内墙固定在楼板底部。

这一技巧在MEP工作流程里很常用，因为MEP的工作原理与其类似，无须放一个天花板作为下面楼板平面（Floor Level）的偏移量，风道末端可以放置在天花板填充平面（Ceiling Plenum）的位置上，如图25-17所示。这样做的好处是设备无须放置在天花板上即可根据天花板的高度移动，风道末端装置、管道等可以作为根据天花板平面的偏移量进行放置。

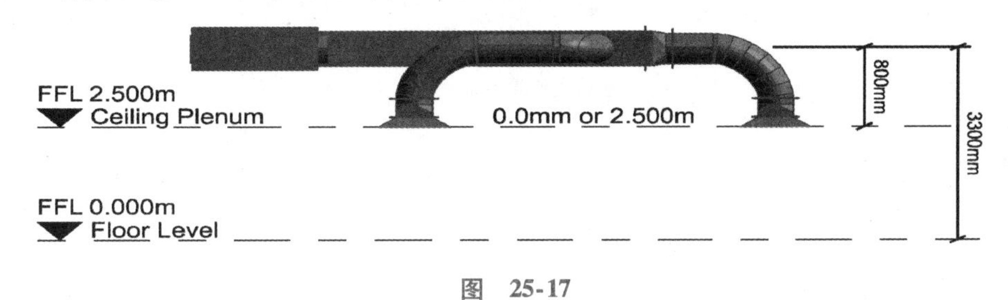

图　25-17

但是这么操作也有不便之处，会给承建阶段造成困难。因为当承包商安装设备和管道时，天花板还没有建好，不能供其参考测量，所以用户要根据自身情况进行取舍，项目小组可就此进行讨论并达成一致，避免在建筑提交数据后出现再返工的情况。

25.5 单元练习

本单元练习分为三个阶段，练习提供大量操作设备、固定装置和配件的实例。在做练习的过程中掌握如何在模型中安放图元，这里的图元既包括独立图元也包括安插图元，同时掌握控制图元可见性和使用复制工具的方法。

25.5.1 平面依附（独立）图元

平面依附的族或图元是指用非依附模板定义的族或图元，即不包含小型系统族的图元，如墙体、楼板、天花板、屋顶、面和线。有了定义好的变量，水平依附图元可在模型的任意一处被替换，所以有时候也称为独立图元。

在练习的第一部分，我们要安放用多个族类别的非依附模板创建的图元。第一个图元是个水箱，

水箱属于机械设备，放置时总是垂直平面，并可选择是否基于工作平面放置。也就是说该图元只能放在模型内部的平面上，而模型内部的平面总是水平的，不会受到所放视图的影响。

1）打开起始文件 WFP-RME2017-25-EquipmentA. rvt，在【项目浏览器】中打开【楼层平面：Ground Floor】视图和【剖面：Section 1】视图。

2）在【视图】选项卡下的【窗口】面板中选择【平铺】（图 25-18）或者利用 <WT> 快捷键平铺视图，关闭启动画面视图再次平铺视图，将两个视图并排打开（图 25-19），选定楼层平面视图作为当前活跃窗口。

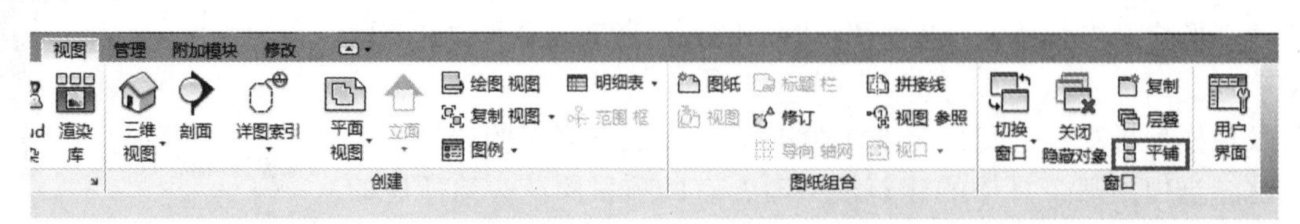

图 25-18

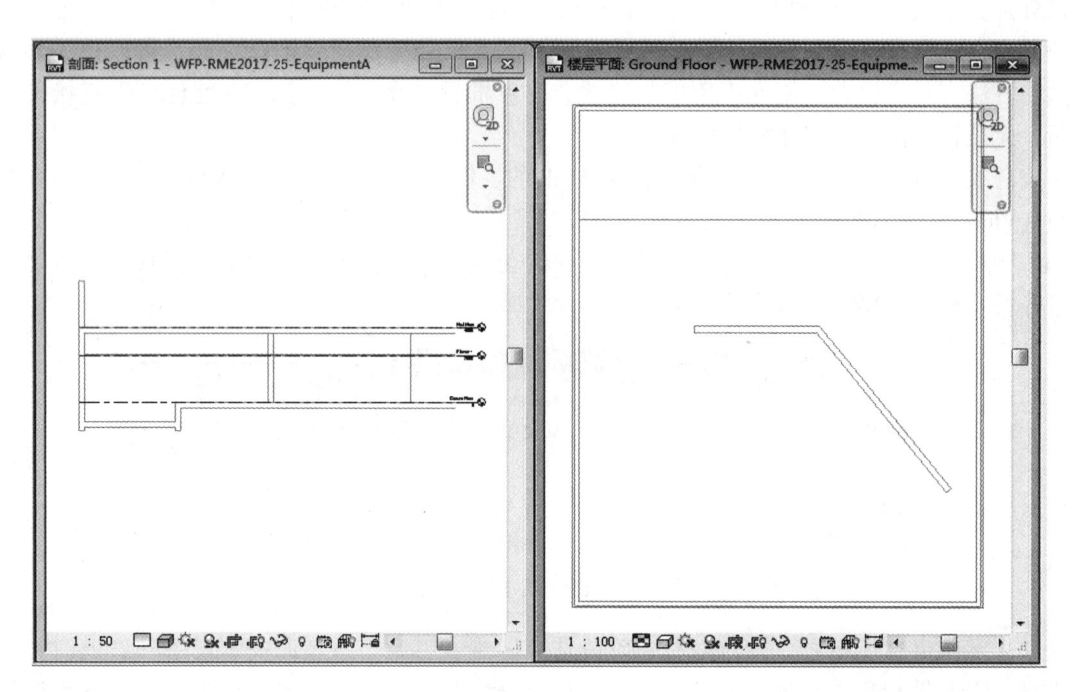

图 25-19

3）在【系统】选项卡下的【机械】面板中选择【机械设备】，并在【属性】面板类型选择器中选择水箱类型为【Storage Tank 7570L】，如图 25-20 所示。

4）将光标移至房间空白处，可按空格键调整水箱放置方向，然后单击放置图元，如图 25-21 所示。

注意：在放置图元过程中，系统默认选定了【在放置时进行标记】选项（图 25-22）。可以禁用该选项，或者在之后删除标记。标记可用于显示图元属性等信息，因为数据储存在图元里而不是在标记上，所以可在其他视图里替换标记，且不会改变属性。

5）单击【修改】工具或者连续按两下 <Esc> 键取消选择。

6）在【项目浏览器】中，依次展开【族】→【机械设备】→

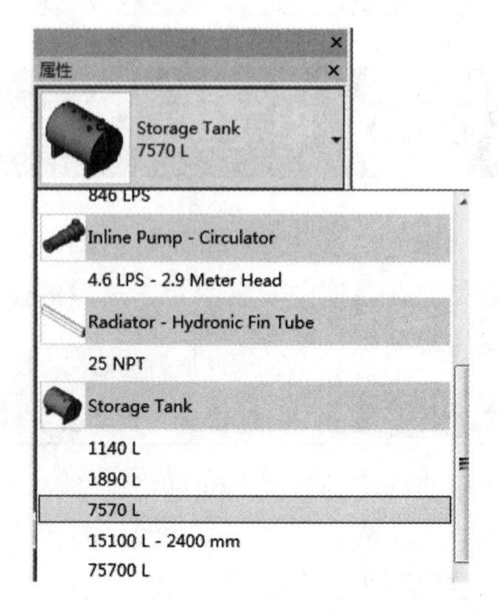

图 25-20

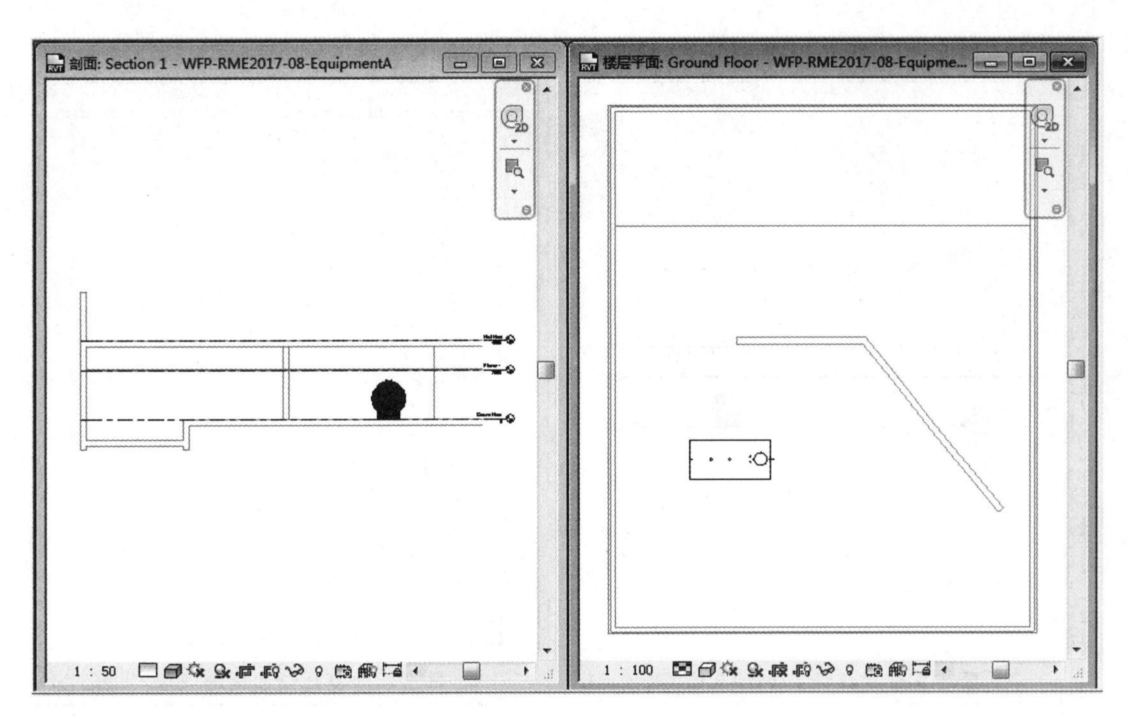

图 25-21

【Storage Tank】，选择【7570L】水箱，如图25-23所示。

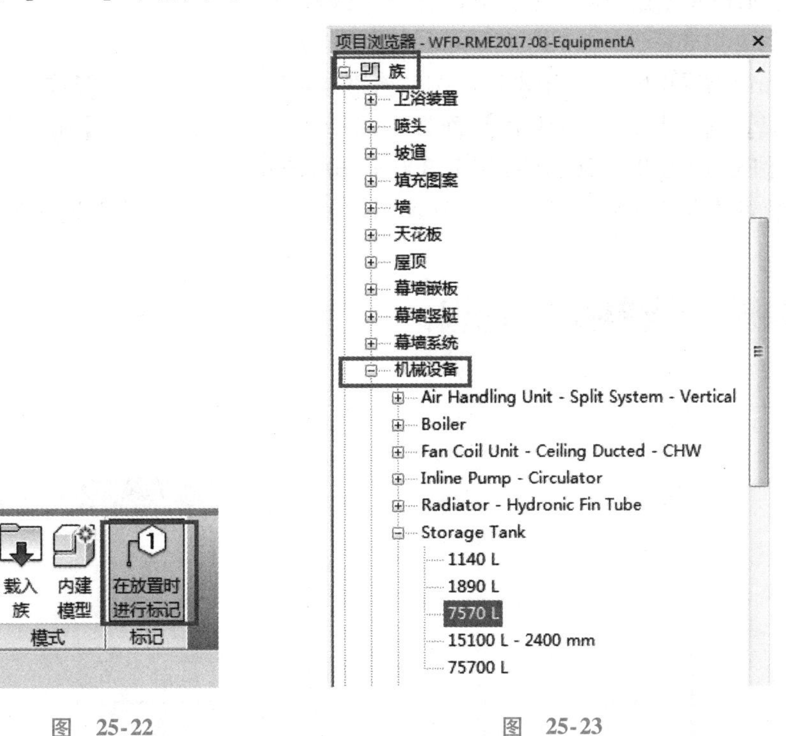

图 25-22　　　　图 25-23

注意：在该阶段使用类型很重要，类型就在项目浏览器（前面没有 +、- 号）数据结构的最下方。

7）选定并拖曳类型到平面，把第二个水箱放置在平面水平线上方位置，如图25-24所示。

注意：在该建筑剖面视图中，楼板已被设置在【Ground Floor】标高上，当偏移量设置为负值时，楼板将会向下移动。

8）再次在【项目浏览器】中选中【7570L】水箱，单击鼠标右键，选择【创建实例】。

9）在放置之前，将光标移至倾斜的墙体上并重复按空格键，观察墙体对图元旋转造成的影响。移

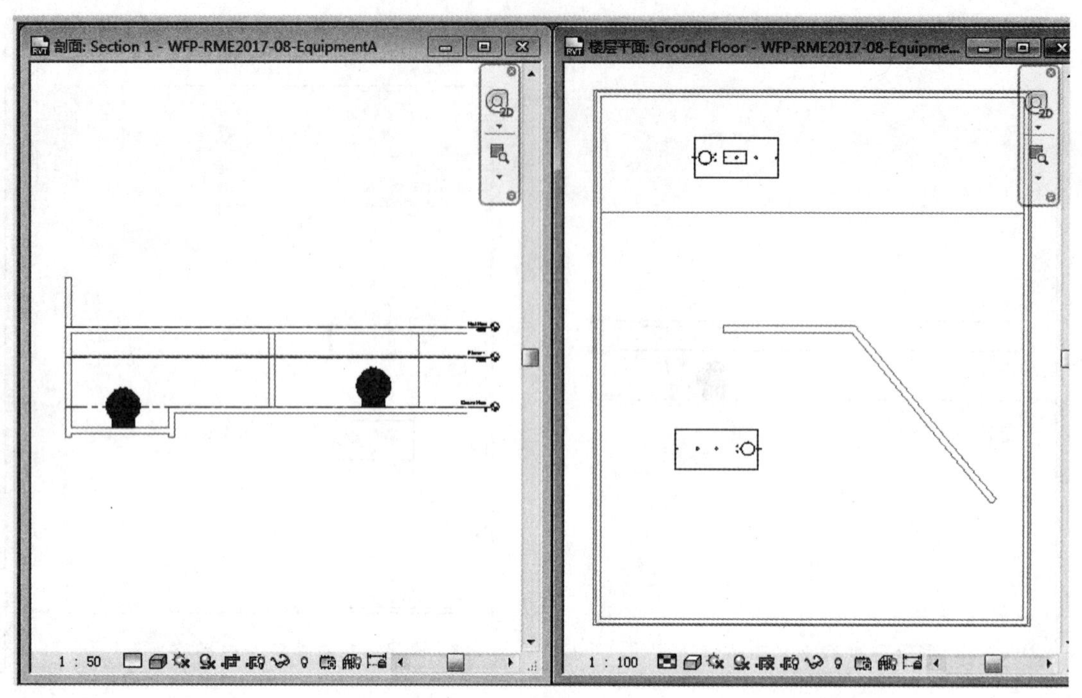

图 25-24

开墙体，将第三个水箱放置在和墙体平行的位置，如图 25-25 所示。

10）单击【修改】或者连续按两下 <Esc> 键取消选择。

11）利用 <Ctrl> 键同时选中三个水箱，按空格键，观察每个水箱是否绕放置点旋转。

12）在【系统】选项卡下的【HVAC】面板中选择【风道末端】，在【属性】面板类型选择器中选择末端类型为【Extract Grille 600 × 600 Face 300 × 300 Connection】。

13）将末端装置放在楼层平面视图里（图 25-26），单击【修改】或者连续按两下 <Esc> 键取消选择。

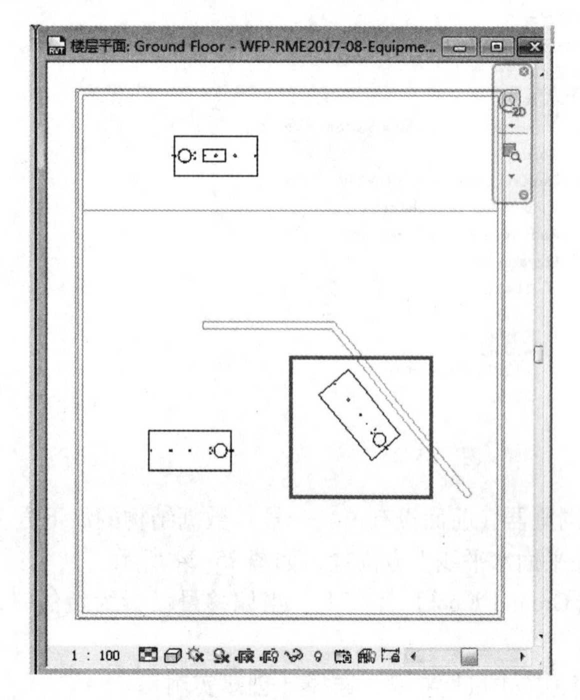

图 25-25

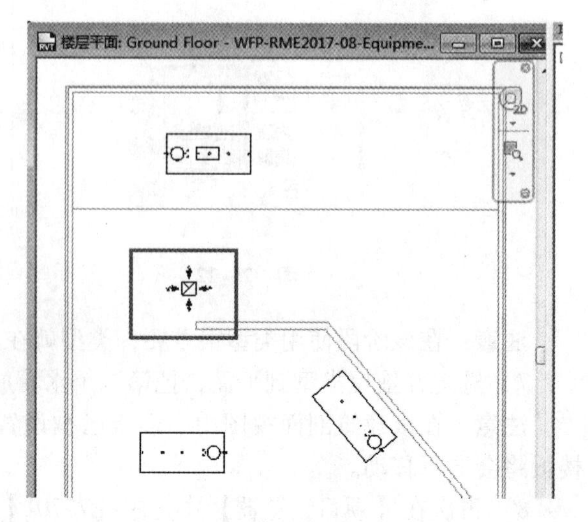

图 25-26

14）在【剖面：Section 1】视图选中刚刚放置的风道末端，并在【属性】面板中，将【偏移量】改为【2500.0】，如图25-27所示。

15）在【项目浏览器】中打开【楼层平面：Plenum 1】视图，选中刚刚放置的风道末端，选择【修改】面板里的【复制】（图25-28）。

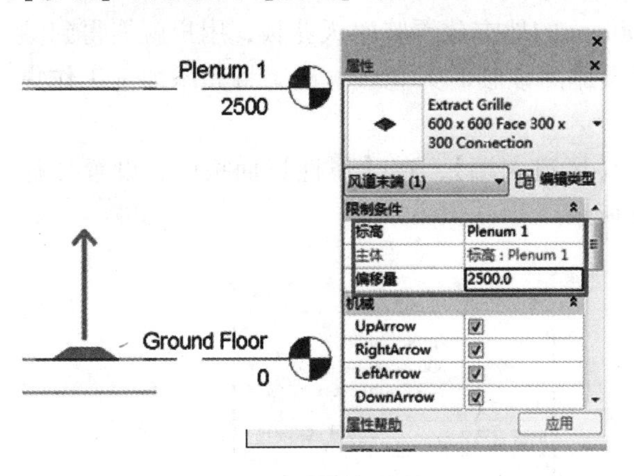

图 25-27

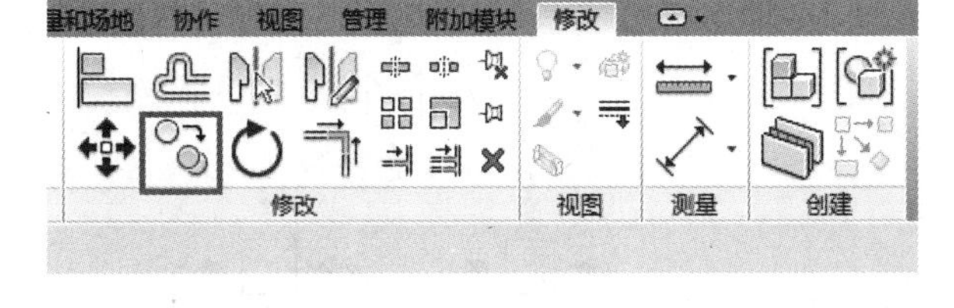

图 25-28

16）单击屏幕任意一处，从起始点开始水平移动，输入数值【3000】（图25-29），按回车键确定。

这是一个临时尺寸标注，设置的是复制命令时移动距离的数值。复制图元的数值不变，从楼板偏移3000mm。如果我们在填充层楼板平面里用风道末端工具放置第三个图元，图元相对填充层的偏移量将为0。

17）在【系统】选项卡下的【HVAC】面板中选择【风道末端】，将末端装置放置在【楼层平面：Plenum 1】视图内，如图25-30所示。

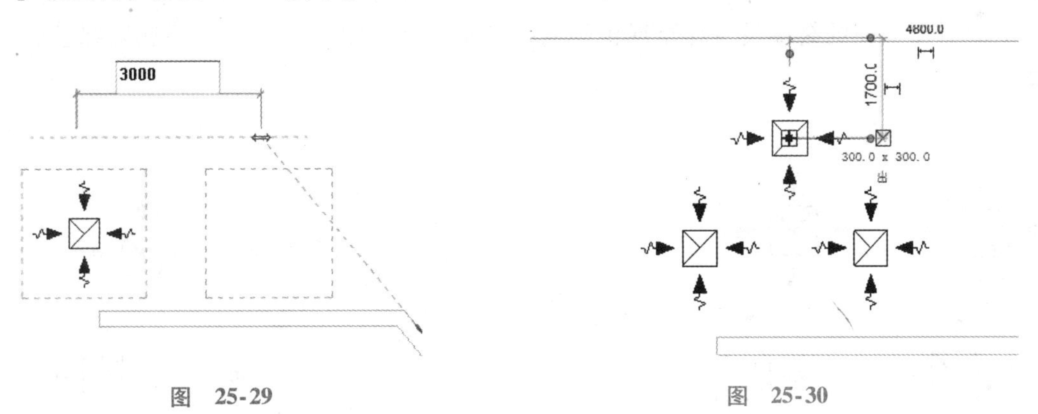

图 25-29

图 25-30

在剖面视图中，这些图元都出现在同一个位置，但因为依附的平面不同，前两个图元会根据【Ground Floor】平面的上移、下移或偏移值的调整而移动。第三个图元会根据【Plenum 1】平面的移动而移动。

18）在【系统】选项卡下的【机械】面板中选择【机械设备】，在类型选择器中选择【Fan Coil Unit-Ceiling Ducted-CHW 658 LPS】风机盘管（图25-31），放置装置时检查平面是否设定为【Plenum 1】，偏移量设置为600，利用空格键控制方向，放置在如图25-32所示位置。

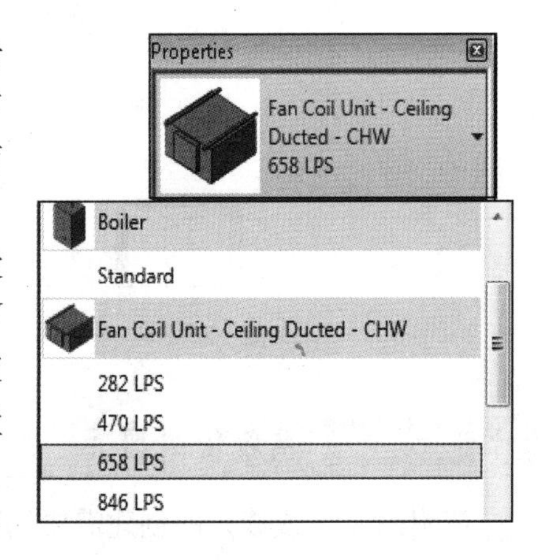

图 25-31

在上述所有的放置方法中，虽然天花板的轴网也在模型中存在，但都是不可见的。因此需要利用天花板平面图对基于天花板的设备如上述末端装置一样进行建模。不管是将图元放置在填充层平面视图还是基于楼层平面偏移的平面，必须参照根据楼层平面创建的天花板平面才能看到正确信息。

19）在【项目浏览器】中打开【天花板平面：Ground Floor Ceiling】视图。

注意：在该模型中，第二个天花板只是一个参照，协助安放风道末端装置和其他基于天花板的图元，这些图元的放置点通常在中央。在距天花板轴网 300mm 的地方放置临时天花板，用户就能得到颜色不同的参照线，根据参照线即可轻易对准图元。稍后可删除该临时天花板，或者将其添加进工作集并关闭工作集。

20）在【系统】选项卡下的【HVAC】面板中选择【风道末端】，在【属性】面板中，设置【标高】为【Plenum 1】，【偏移量】为【0.0】，如图 25-33 所示。

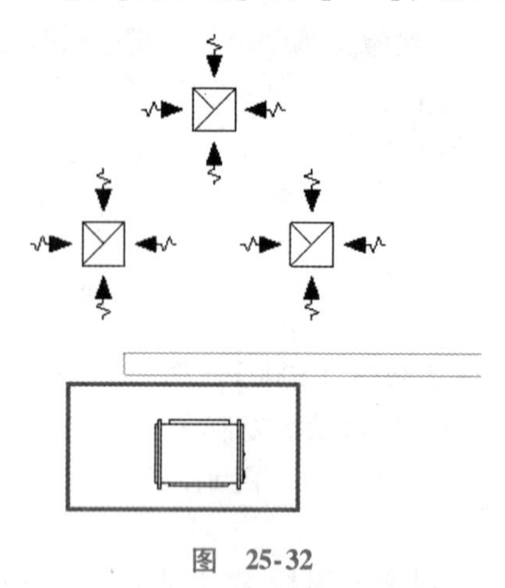

图 25-32

图 25-33

21）放置风道末端设备，确保设备的中心位于绿色天花板轴网线的交叉点上。

22）选择并把其他的终端设备移至绿色轴网线交叉点上（图 25-34），然后删除绿色天花板，如图 25-35 所示。

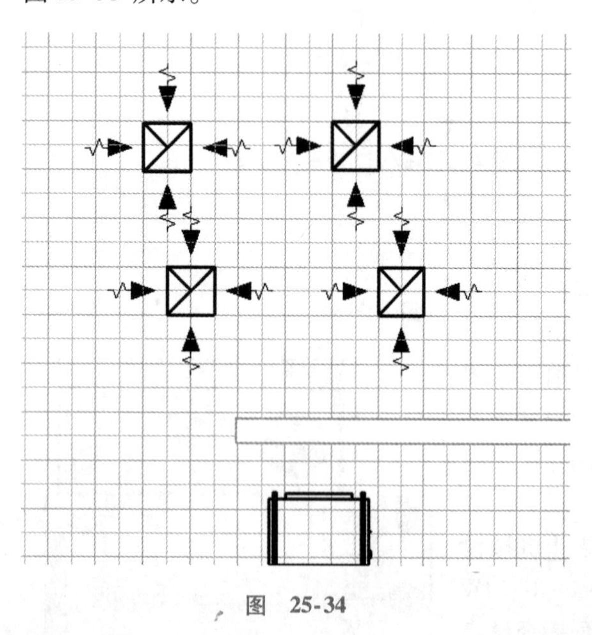

图 25-34

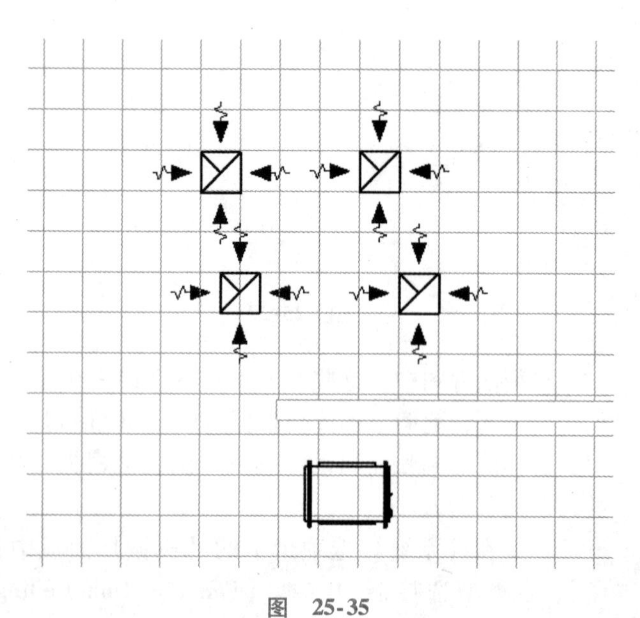

图 25-35

25.5.2 系统依附图元

依附图元（或族）的创建需要用到模板，模板包含主体图元的一小部分。举个例子，如果要创建一个新的照明设备，要选择门族模板，并包含一小部分墙体供设备依附。这部分墙体不会被载入到项目中，但会限制设备的放置。

注意：可以在所有模型视图中放置依附图元（或族），包括三维视图、平面视图、立面图和剖面视图。

1）在【项目浏览器】中打开【楼层平面：Ground Floor】视图。

2）在【系统】选项卡下的【卫浴和管道】面板中选择【卫浴装置】（图 25-36），取消勾选【在放置时进行标记】选项（图 25-37）。

图　25-36

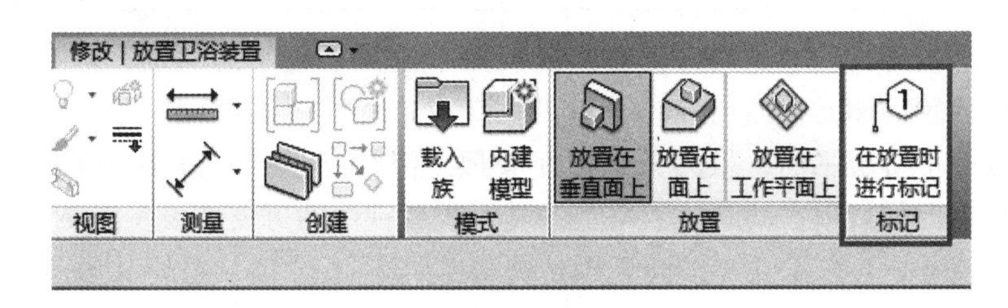

图　25-37

注意：前面已经提到，【在放置时进行标记】选项会为每个放置的图元贴上默认标记，其只能在当前视图贴标记，而当前视图通常指最佳注释视图，所以有经验的用户一般不会选择在放置时进行标记。

3）将默认类型的壁式马桶放在内墙的倾斜区域，如图 25-38 所示。

4）单击【修改】工具或者连续按两下 <Esc> 键取消选择。

5）选中刚刚放置的图元，利用【复制】工具将图元沿墙体隔 2000mm 的间距进行复制如图 25-39 所示。

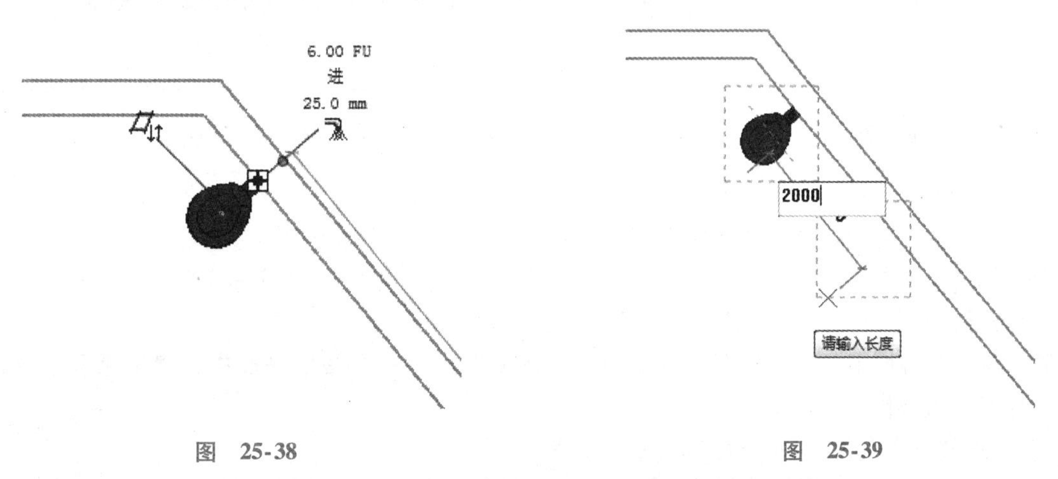

图　25-38　　　　图　25-39

注意：复制的方向必须和墙体一致，因为墙体承载着马桶。马桶和马桶的副本不能置于墙体的相对位置之外。

6）选择其中一个马桶，单击鼠标右键，在弹出的菜单中选择【创建类似实例】（图 25-40）。

7）将图元放置在如图 25-41 所示位置上。

8）单击【修改】工具或者连续按两下 <Esc> 键取消选择。

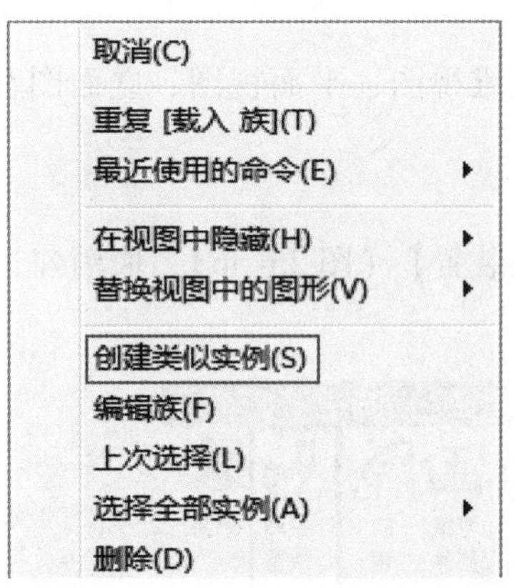

图 25-40

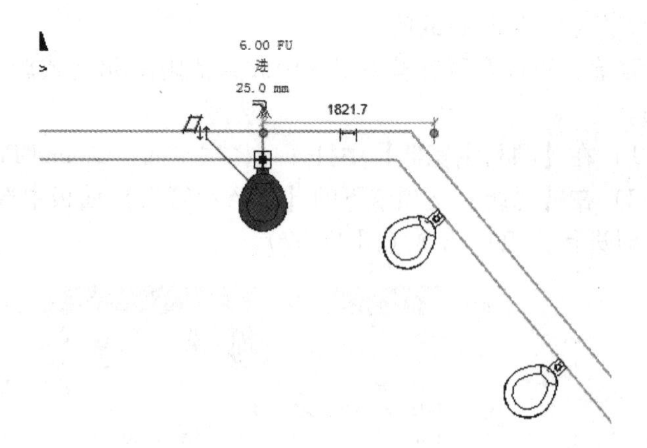

图 25-41

25.5.3 可视性控制

现在所有图元已经放到正确平面内，也在当前视图中选择了正确的类别，但有时放置图元后会弹出警告框，提示用户放置的图元在当前视图不可见。造成这种情况的原因一般是放错了平面，例如把天花板平面的图元放在了楼层平面，虽然天花板在头顶，但超出了视图范围、视图规程或可见性设置妨碍图元的当前可见性，如规程自动隐藏了一定的类别或者视图的可见性设置隐藏了个别类别。

1）在【系统】选项卡下的【电气】面板中选择【设备】下拉菜单中的【电气装置】，如图 25-42 所示。

2）在内墙的任意位置放置默认类型【Double Pole Switched Socket Outlet Standard】的电气设备，此时弹出警告对话框（图 25-43）显示图元不可见。

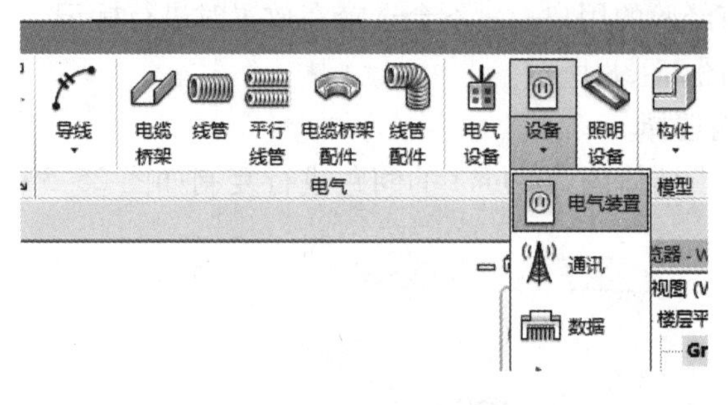

图 25-42

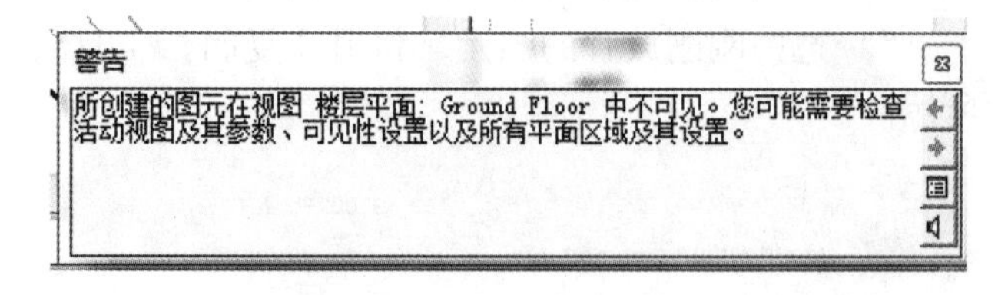

图 25-43

3）单击【修改】工具或者连续按两下 < Esc > 键取消选择。

4）利用 < VV > 快捷键打开【楼层平面：Ground Floor 的可见性/图形替换】对话框，在【过滤器列表】中选择【电气】，滚动滑条找到【电气装置】并勾选，如图 25-44 所示。

5）单击【确定】按钮关闭对话框，注意现在图元可见。

通常，在一个楼层平面放置的图元可以通过复制粘贴到下一个楼层平面中，接下来我们要探讨完成这一步所需要的操作。

6）在任意视图中利用 < Ctrl > 键选定三个水箱。

7）在【修改】选项卡下的【剪贴板】面板中，选择【复制到剪贴板】（图 25-45）。

8）在【剪贴板】面板中，选择【粘贴】选项下拉菜单中的【与选定的标高对齐】（图 25-46）。

9）在【选择标高】对话框中，选择【First Floor】，单击【确定】按钮，如图 25-47 所示。

注意：可利用 < Ctrl > 键或 < Shift > 键选定多个楼层，然后同时复制图元。

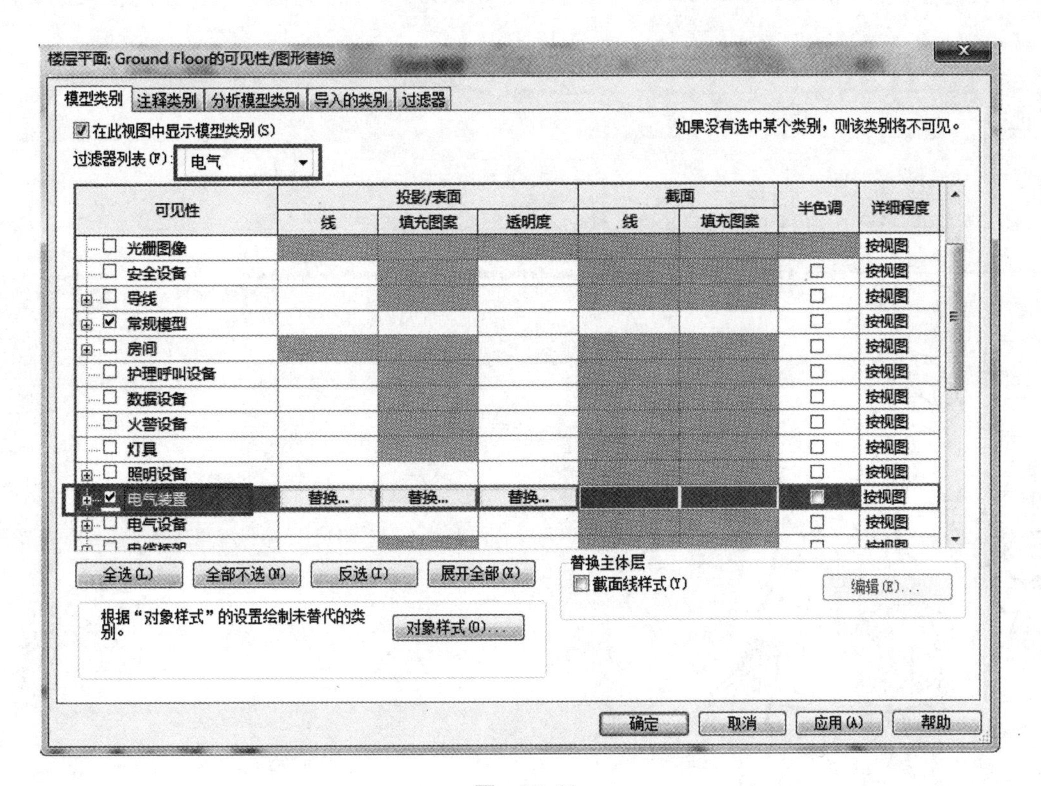

图　25-44

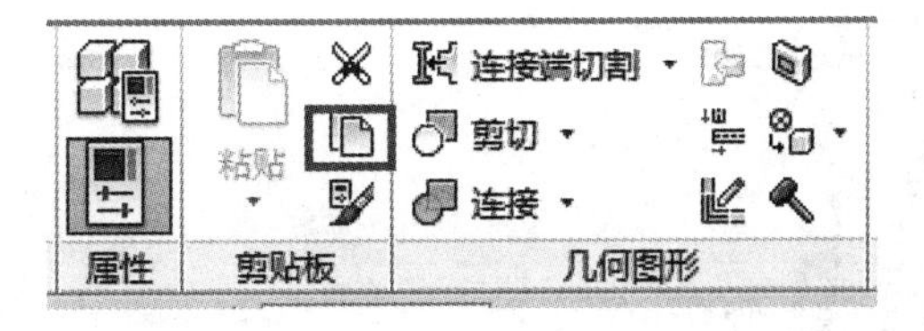

图　25-45

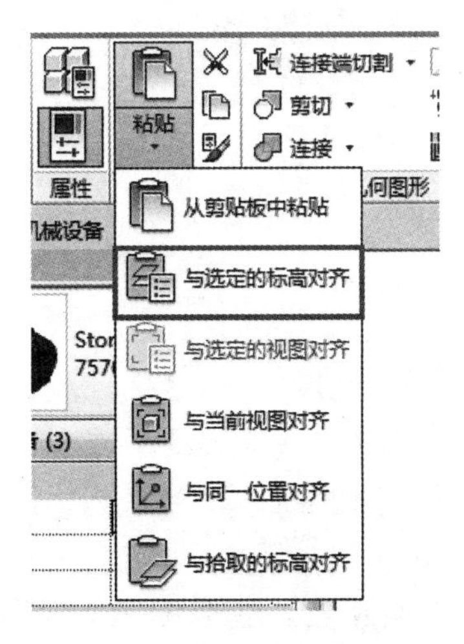

图　25-46

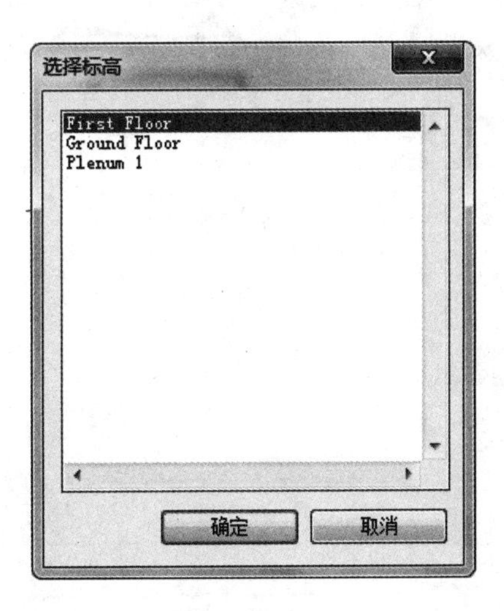

图　25-47

单元 26
MEP 系统

单元概述

本单元主要介绍 MEP 系统的概念，探讨向合适的系统类型分配图元时应遵循的基本原则和逻辑。展现在 Revit 中创建系统的重要性，以及如何正确地创建系统，同时还会介绍系统浏览器的应用。本单元通过课后练习，让读者深刻了解在创建和完善视图过程中应用到的术语和实际指导，并对每个方面的影响作出解释，提出最佳做法的建议。

我们要了解通风管系统、水管系统、电气系统和公共卫生设施的不同图元（图 26-1）是如何有效地连接在一起的。不同的系统类型中有许多常见的工具和工作流程，如果使用通风管系统操作技巧的话，同样的原则也适用于电气系统和水管系统。每个系统类型的独特方面将会在后续单元进行详细介绍。

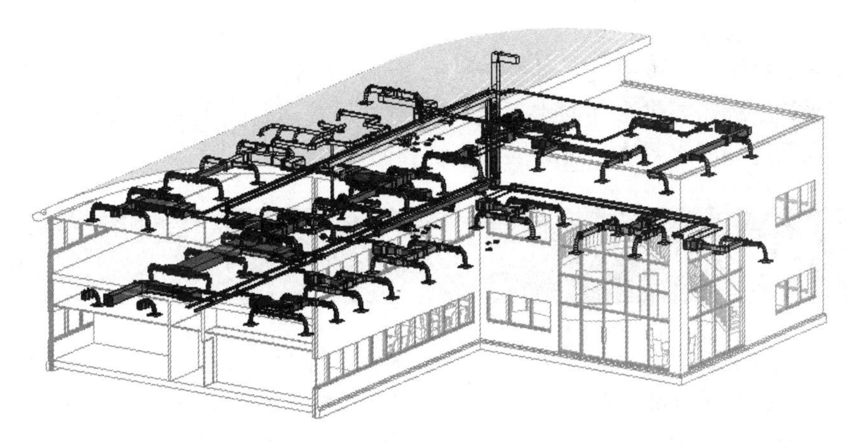

图　26-1

单元目标

1. 了解构建 MEP 项目的注意事项。
2. 了解 MEP 包含的三大系统（机械系统、电气系统和管道系统）的含义。
3. 学会使用系统浏览器和定制系统浏览器。
4. 学会向系统中添加连接件。

26.1 创建项目概况

MEP 系统可从最初的设计假设发展而来，或最好从提供以下信息的空间或房间数据而来：

1）冷/热负荷。

2）房间空气供给需求。

3）房间新鲜空气需求，如循环空气和排放废气。

创建系统的逻辑工作流程应遵循以下步骤：首先在项目中创建空间或区域，然后根据需要放置如风道末端和照明器具等图元。一旦放置好就可以创建系统，这样就将需要的图元连接到了一起，并引回供应源。系统通常被分配给 HVAC、水管、水管设施、电气和消防装置。

可以根据用户设定的不同属性，如流量、管道最大长度及损失系数来预先设定系统尺寸。并且应该在每个房间依次创建 MEP 系统，系统中应反映出空间数据表中给定的信息。

一旦构成系统，风道末端和机械设备的关键图元会自动构建好基本的 MEP 布局的模型（图 26-2），Revit 就可确认风道末端的流量及相关的机械设备的流量，这是确保正确选择每个系统的管道尺寸的关键程序。在课后的练习中会概述这些预先设定的图元是如何组合成一个系统的。

尽管 Revit MEP 是一个智能工具，但创建 MEP 系统时必须遵循许多关键步骤，因为只有这样 Revit 在指导方针和初始设计的信息的基础上，才能提供更真实准确的解决方案。这些关键步骤包括使用【折分图元】工具，预制管道的连接件和损失方法，第 27 单元会进一步详细介绍这些内容。

系统检查器是检查和改造系统非常有用的工具。系统检查器允许对流量、静压和压力损耗等系统信息进行审查，将这种审查看作检查设计是否合规的快速测试，也可以将检查信息索引到视图中高亮显示。

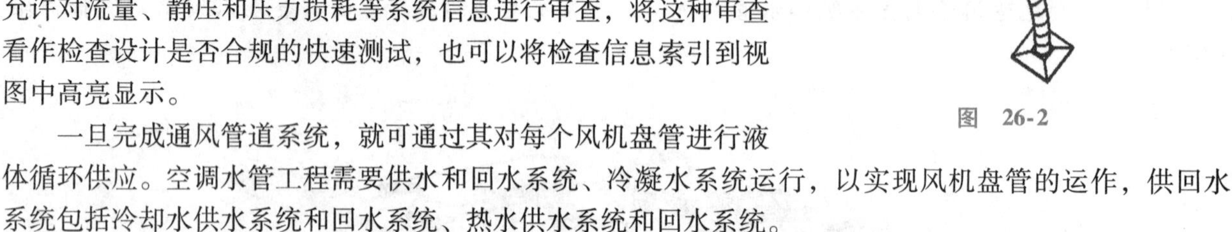

图 26-2

一旦完成通风管道系统，就可通过其对每个风机盘管进行液体循环供应。空调水管工程需要供水和回水系统、冷凝水系统运行，以实现风机盘管的运作，供回水系统包括冷却水供水系统和回水系统、热水供水系统和回水系统。

26.2 主要系统

在一个项目里系统可被看作内部相互关联的构件群组，用户为系统分配构件并可以对构件进行标记和报告。创建系统时，如果存在专门创建和命名的定制系统，MEP 图元不会再被自动分配给默认的系统，而有可能分配给这些定制系统。三个主要的系统包括机械系统、电气系统和管道系统。

26.2.1 机械系统

设计机械系统（如风管系统）来满足建筑的加热和制冷需求。可以使用工具来创建风管系统，将风道末端和机械设备放置在项目中。使用自动系统创建工具创建风管布线布局，以连接送风和回风系统构件。

风管系统是便于对管网的流量和大小进行计算的逻辑实体。用户将风道末端和机械设备放置到项目中之后就可以创建送风、回风和排风系统，以连接风管系统的各个构件。可采用以下两种方法来创建风管系统。

1）最初用户将风道末端和机械设备放置到项目中时，它们不会被指定给任何系统。而当用户添加风管以连接构件时，它们将被自动指定给系统。

2）用户可以选择构件，然后手动将其添加到系统。在构件均被指定给系统后，可以让 Revit 生成和布置管网。

26.2.2 电气系统

创建电气系统（线路）来放置项目中的装置、照明设备和电气设备。通过把照明设备、电气装置和电气设备等电气构件放入项目内创建电气系统和电路。可以将照明设备分配给项目内的特定开关，那么开关系统就会独立于照明电路和接线。第 28 单元将会对电气系统进行详细介绍。

电气系统与机械系统和管道系统不同，它是根据服务类型而不是系统类型来进行划分的。电气系统的模型是按照提供的尺寸和布局信息进行开发的，三大系统可以使用系统浏览器（图 26-3）对其他系统进行有效的检查和改进。

26.2.3 管道系统

通过在模型中放置机械构件，并将其指定给供水系统或回水系统来创建管道系统。然后，使用布局工具可以为连接系统构件的管道确定最佳布线，如图 26-4 所示。

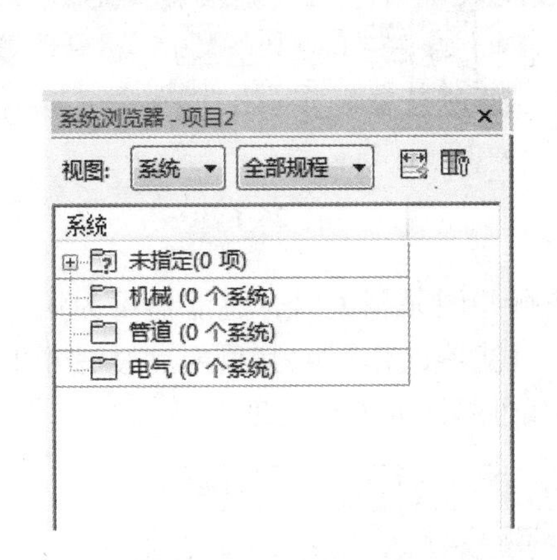

图　26-3

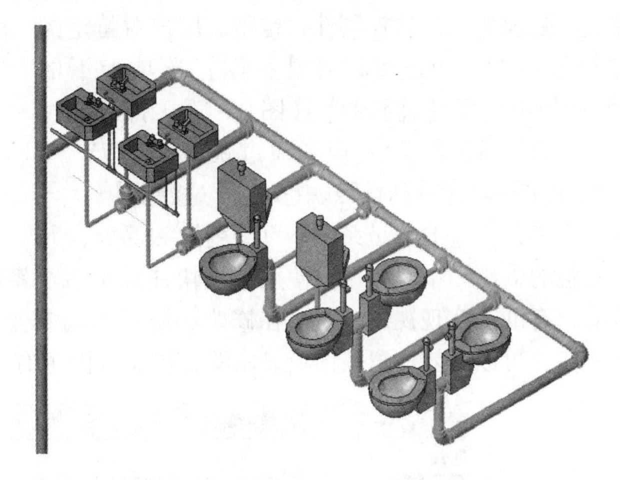

图　26-4

26.3 系统浏览器

26.3.1 系统浏览器

用户可以在【视图】选项卡下的【窗口】面板中【用户界面】选项的下拉菜单中勾选【系统浏览器】(图 26-5)，或者通过快捷键 < F9 > 打开【系统浏览器】。

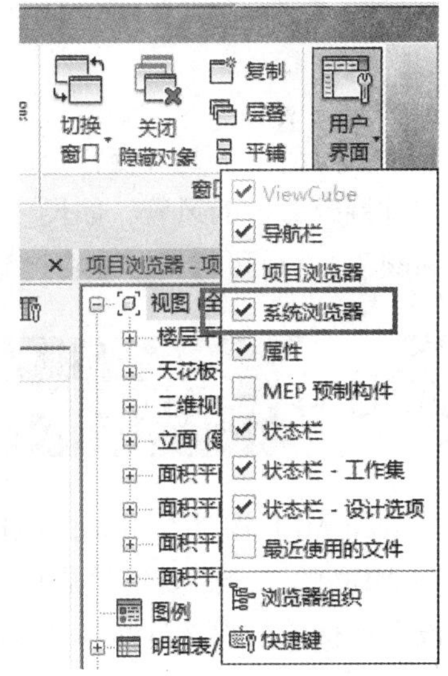

图　26-5

【系统浏览器】是一个用于高效查找未指定给系统的构件的工具。利用视图栏中的选项，用户可以在【系统浏览器】中对系统进行排序，还可以自定义系统的显示方式。

1）系统：按照针对各个规程创建的主系统和辅助系统显示构件。

2）分区：显示分区和空间。展开每个分区可以显示分配给该分区的空间。

3）全部规程：针对各个规程（机械、管道和电气），在单独的文件夹中显示构件。管道包括卫浴系统和消防系统。

4）机械：只显示“机械”规程的构件。

5）管道：只显示“管道”规程（包括管道系统、卫浴系统和消防系统）的构件。

6）电气：只显示“电气”规程的构件。

7）自动调整所有列：调整所有列的宽度，以便与标题文字相匹配。

8）列设置：打开【列设置】对话框，在该对话框中可以指定针对各个规程显示的列信息。根据需要展开各个类别（常规、机械、管道、电气），然后选择要显示为列标题的属性。也可以选择列，并单击【隐藏】或【显示】以选择在表中显示的列标题。

26.3.2 定制视图过滤器

现阶段的所有系统和服务类型都与不同的专业相关，只能通过观察颜色属性来鉴别，需要创建过滤器以便这些系统和服务类型可从视觉上辨认。在进行修改和调整时，这种视觉帮助可以使辨认专业、

系统和服务类型变得更容易。过滤器对系统应用颜色方案和显示样式进行设置，这样可以提高系统的可见度，增强模型视图的控制性，也帮助用户对特定的项目进行了协调。用户可以在【视图】选项卡下的【图形】面板中选择【过滤器】（图 26-6），打开【过滤器】对话框（图 26-7），或者通过快捷键 < VV >，在【可见性/图形替换】对话框中找到【过滤器】。

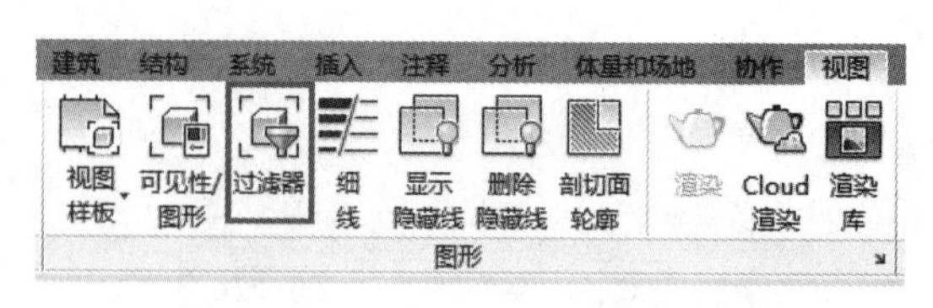

图 26-6

对用户来说，过滤器是系统不可分割的一部分，尤其对于完整的输出图纸。在用户使用系统快速确定每个系统与哪些图元相关时，过滤器可为用户提供视觉帮助，有助于实现视觉控制。在修改和协调不同专业时，过滤器的作用尤其重要。过滤器也提供了一种方式，可以有效地覆盖图形显示器，控制视图中有共同属性的图元的可见度。

图 26-7

一个典型案例是改变特定风管系统线条的填充样式和颜色：可以创建一个过滤器，用来在视图中选择有特定参数的风管，如尺寸和分类参数。一旦挑选了过滤器，定义了可见度和图形显示（通过线型和颜色），就可以简单地将过滤器应用到视图中来审查所有符合过滤器设定条件的图元。

26.4 系统连接件

Revit MEP 构件与 Revit Architecture 或 Revit Structure 构件之间的一个主要差别是连接件的概念。Revit MEP 的一个必要条件是所有的构件都需要连接件以实现智能运作。如果在创建了构件或使用构件时没有连接件，那么这些构件无法正确连接到系统中来。MEP 连接件大多是逻辑实体，用来计算项目的负荷。

为了实现荷载计算和分析，Revit MEP 保留了与项目内空间相关的荷载的信息，当装置和设备放置在空间内，Revit 会记录不同类型的负荷，如 HVAC（空调系统）、照明设备、电力设备和其他类型。所有与这些空间相关的负荷信息都可在每个空间的实例属性中查看到，同时可显示在项目内创建的任何明细表中。

附着到族的连接件见表 26-1，用于将族连接到风管系统、管道系统、电气系统和其他系统。

可以使用下列方法放置连接件：

(1) 放置在面上　在【放置】面板中选择【面】（图 26-8）可保持其点位于边环的中心。在绝大多数情况下，这是放置连接件的首选方法。在通常情况下，这种方法简单，而且在绝大多数情况下都适用。

表 26-1　连接件

类　别	功　能
电气连接件	电气连接件用于电气连接中，这些连接包括数据、电力、电话、安全、火警、护理呼叫、通信及控制
风管连接件	风管连接件与官网、风管管件及属于空调系统的其他构件相关联
管道连接件	管道连接件用于管道、管件及用来传输流体的其他构件
电缆桥架连接件	在建模时，电缆桥架连接件用于将硬梯式或槽式电缆桥架及其管件附着到构件中
线管连接件	在建模时，线管连接件用于将硬线管及线管管件附着到构件中

（2）放置在工作平面上　在【放置】面板中选择【工作平面】（图 26-9），可将连接件放置在选定的平面上。在多数情况下，通过指定平面和使用尺寸标注将连接件约束到所需位置，可起到与“放置在面上”的方法相同的作用。但是，这种方法通常要求有效地使用其他参数和限制条件。

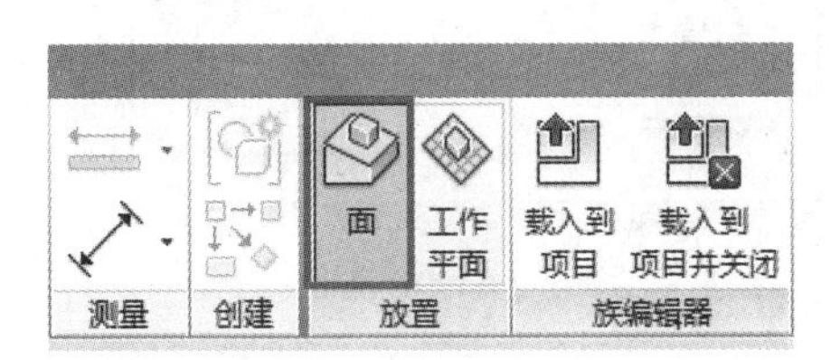

图　26-8

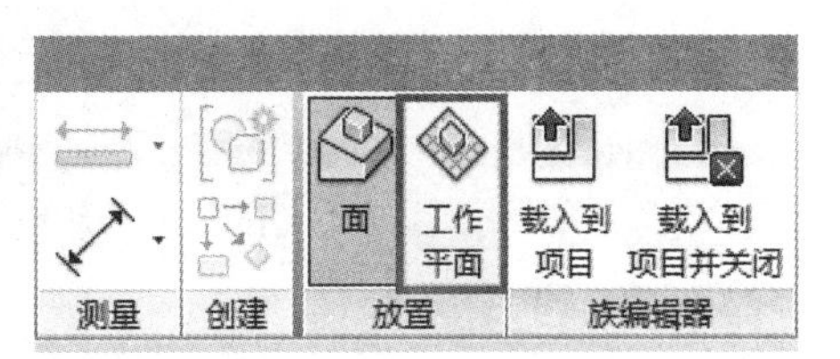

图　26-9

26.5 单元练习

本单元练习的内容包括熟悉图元（包括散流器、风机盘管设备）的放置方法、创建一个通风系统，以及如何创建和应用过滤器。

26.5.1 构件放置和创建系统

1）打开起始文件 WFP-RME2015-26-SystemsA. rvt，在【项目浏览器】中打开【楼层平面：Ground Floor】视图，并放大到临近轴网 F-2 和轴网 E-3 的视图区域，如图 26-10 所示。

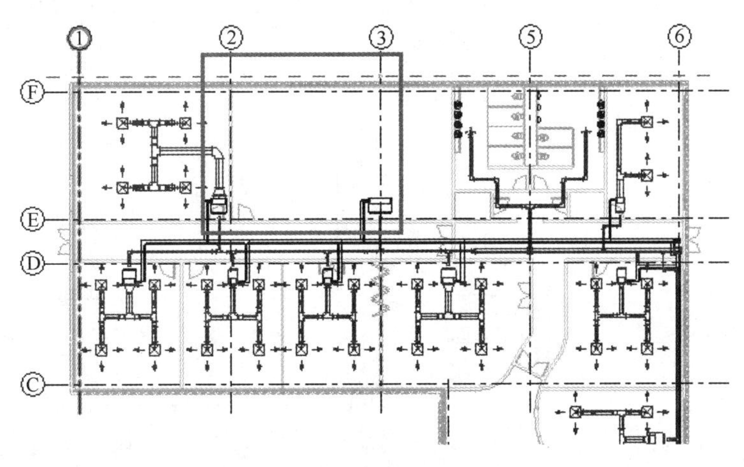

图　26-10

2）在【系统】选项卡下的【HVAC】面板中，选择【风道末端】（图 26-11），在类型选择器中选择末端类型为【Supply Diffuser-Rectangular Face Round Neck 600×600-200 Neck】的风道末端，在【属性】面板中，为末端设置属性值：【标高】为【Plenum 00】，【偏移量】为【0.0】，【Total Pressure】为

【21.00Pa】和【Flow】为【135.00L/s】，如图 26-12 所示。

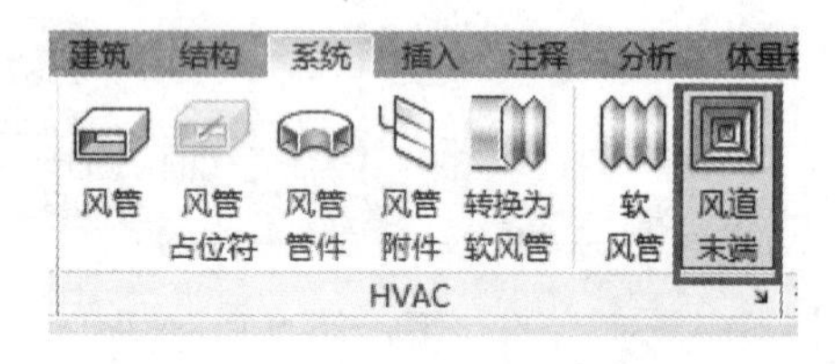

图 26-11

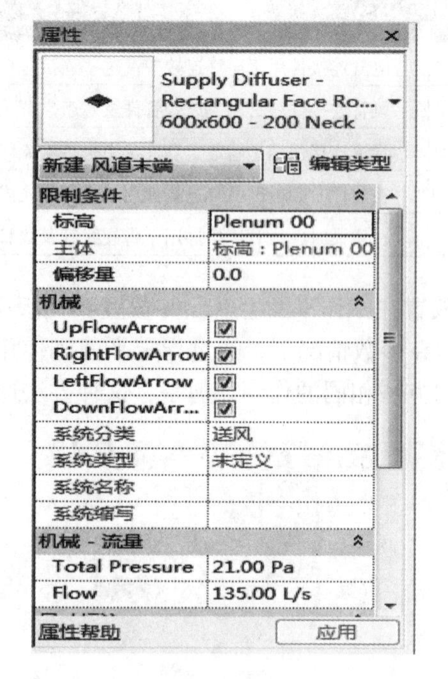

图 26-12

3）在如图 26-13 所示的大致位置，放置第一个风道末端。

4）利用【修改】面板中的【复制】工具，按照图 26-14 所示的位置距离放置其余 5 个风道末端。

5）放置完成后，在【项目浏览器】中打开【三维视图：System 3D】视图，检测图元是否在一个标高平面。发现第一个放置的风道末端与其他末端不在同一标高（此处是由于练习文件本身原因导致），如图 26-15 所示。

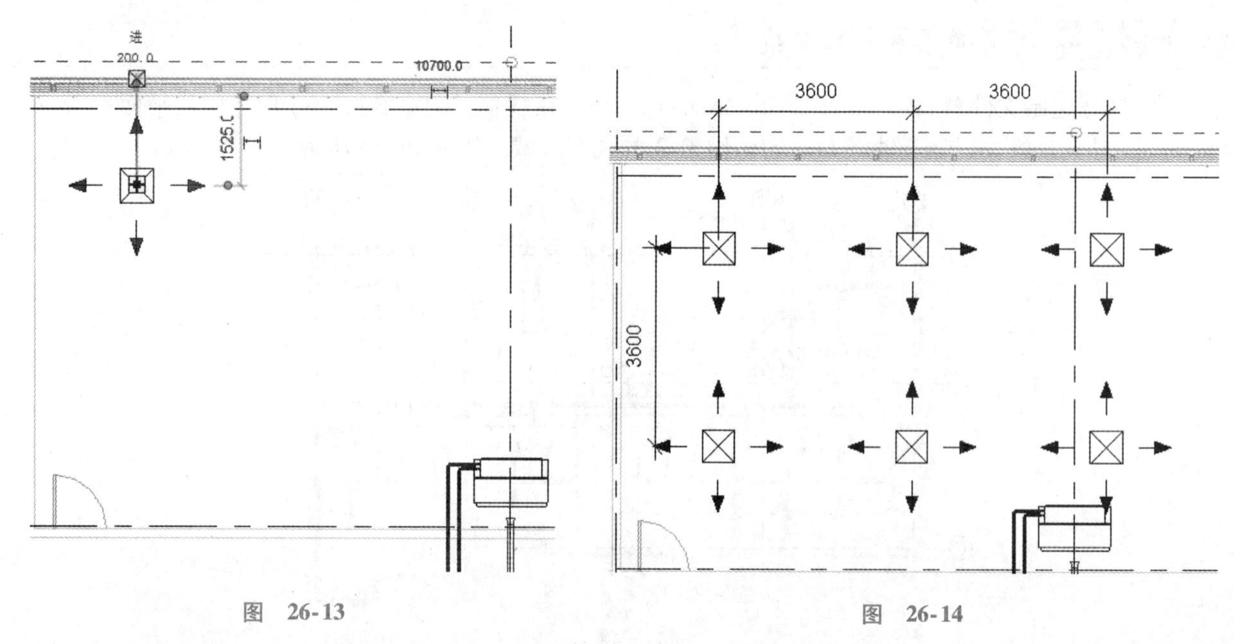

图 26-13

图 26-14

6）回到【楼层平面：Ground Floor】视图，选中第一个风道末端，利用【修改】面板中的【删除】工具（图 26-16），将其删除。

7）选中与其相邻的第二个风道末端，利用【修改 | 风道末端】选项卡下的【修改】面板中的【复制】工具，水平向左复制距离为 3600，重新复制第一个风道末端，如图 26-17 所示。

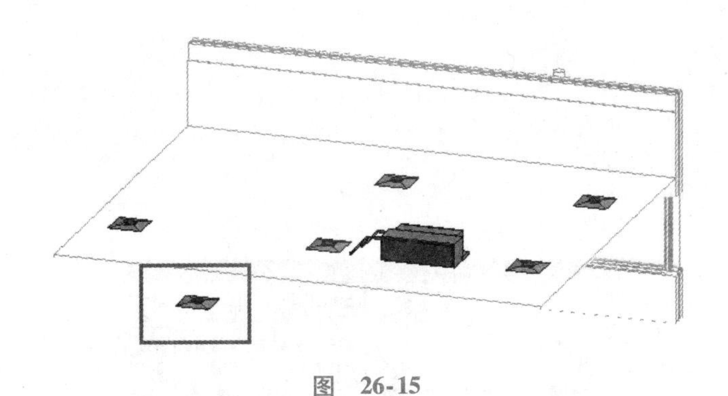

图　26-15

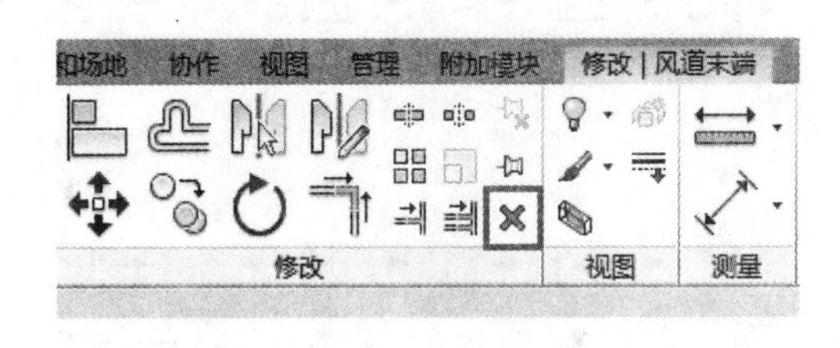

图　26-16

8）在【项目浏览器】中打开【三维视图：System 3D】视图，再次检测，所有风道末端都在一个标高平面，如图 26-18 所示。

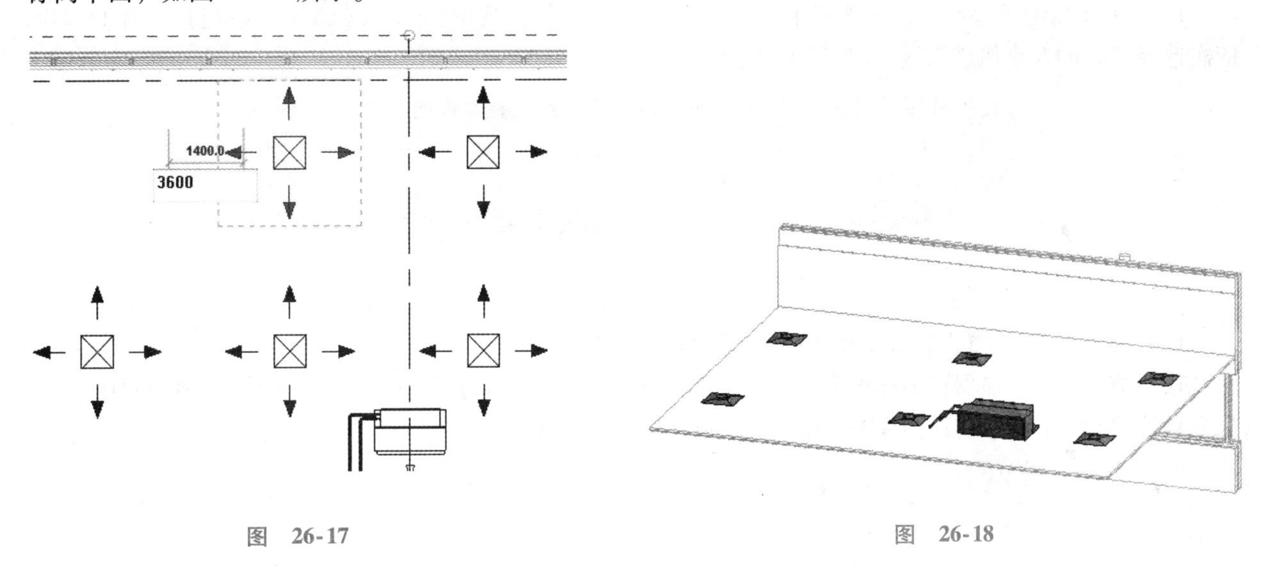

图　26-17

图　26-18

9）回到【楼层平面：Ground Floor】视图，选择任意一个风道末端。

10）在【修改 | 风道末端】选项卡下的【创建系统】面板中选择【风管】，如图 26-19 所示。

11）打开【创建风管系统】对话框，并将系统名称修改为【机械 Supply Air 房间 2】如图 26-20 所示，单击【确定】按钮关闭对话框。

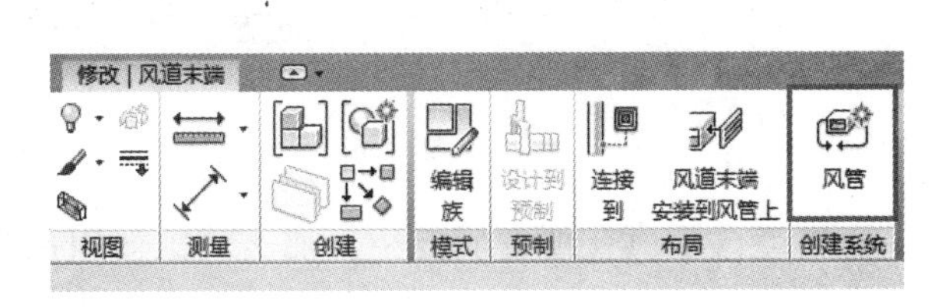

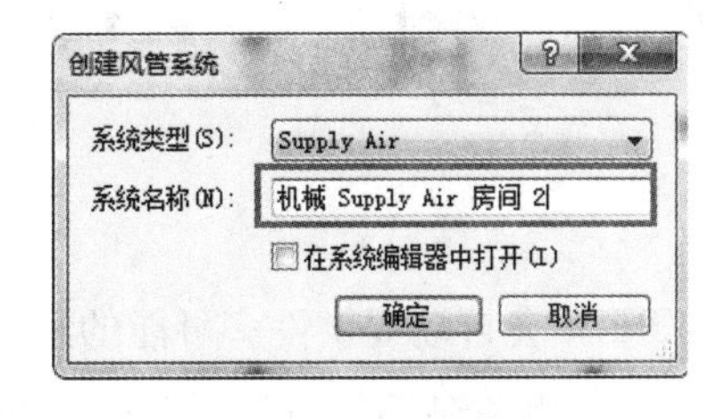

图　26-19

图　26-20

12）在【修改 | 风管系统】选项卡下的【系统工具】面板中，选择【选择设备】（图 26-21），并在绘图区域内选择风机盘管，添加系统之后的风机盘管和风道末端周围会出现蓝色亮线的虚线框，如图 26-22所示。

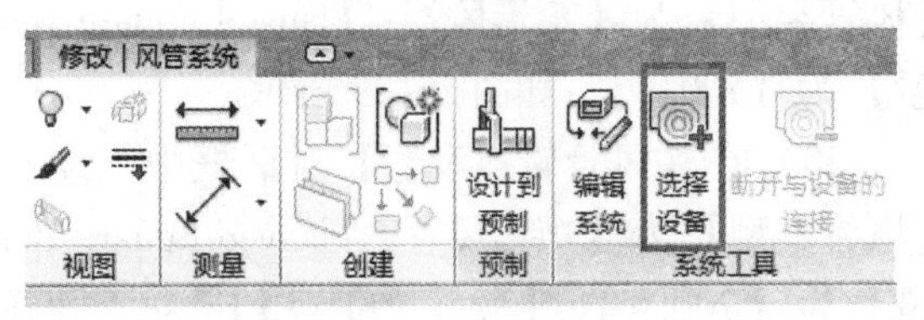

图　26-21

13）在【系统工具】面板中选择【编辑系统】（图 26-23），将其余的 5 个风道末端添加到【机械 Supply Air 房间 2】系统当中。

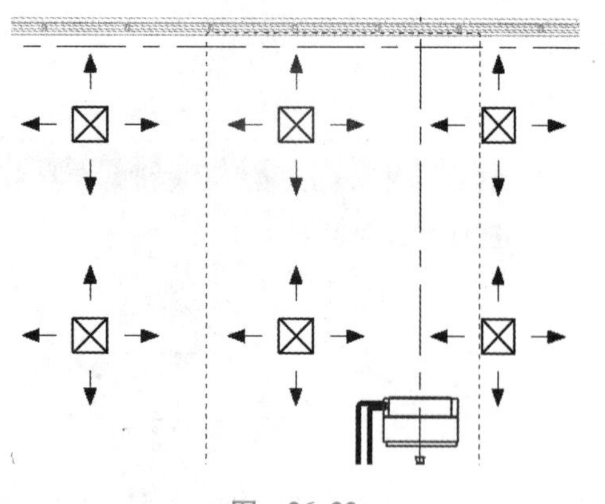

图 26-22

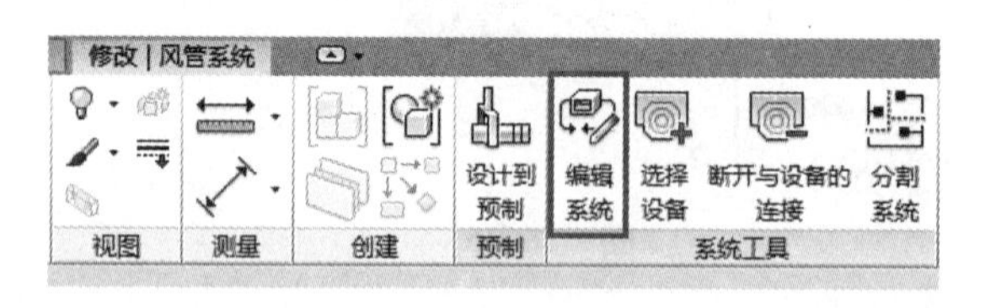

图 26-23

14）在【编辑风管系统】选项卡下的【编辑风管系统】面板中，选择【添加到系统】（图 26-24），依次选择其余的 5 个风道末端，如图 26-25 所示。

图 26-24

15）然后单击【模式】面板中的【完成编辑系统】。

16）在【项目浏览器】中打开【三维视图：System 3D】视图，选择任意一个风道末端，并在【修改 | 风道末端】选项卡下的【布局】面板中选择【生成布局】（图 26-26），为系统自动生成布局，如图 26-27 所示。

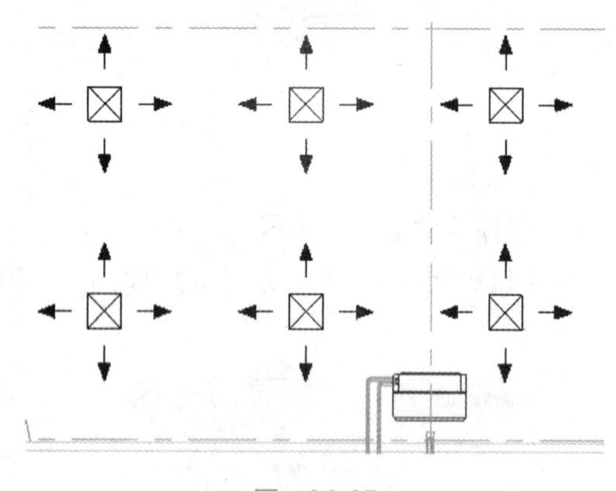

图 26-25

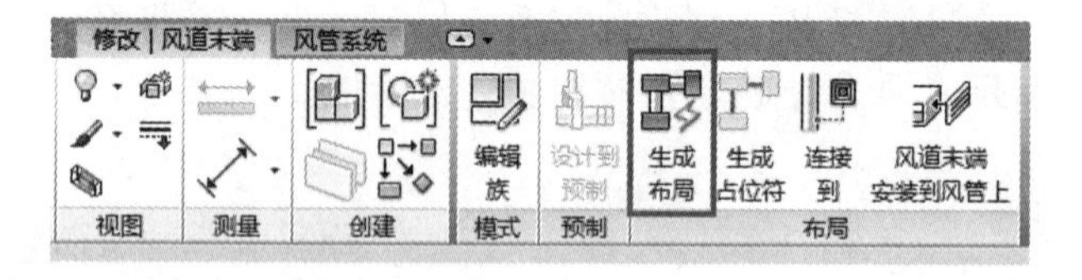

图 26-26

17）Revit 会自动提供许多可能的解决方案，如果项目中包含现有的系统，那么可以使用选项栏中的解决方案类型将新系统直接添加到这些系统中。

18）在选项栏中选择【设置】，如图 26-28 所示。

19）在【风管转换设置】对话框中，设置【干管】属性，【风管类型】为【矩形风管：Flanged Square Bend/Tee】，【偏移量】为【700.4】，如图 26-29 所示。

20）在【风管转换设置】对话框中，设置【支管】属性，【风管类型】为【矩形风管：Flanged Square Bend/Tee】，【偏移量】为【700.4】，【软风管类型】为【圆形软风管：Flex-Round】，【软风管最大长度】为【600.0】，如图 26-30 所示。

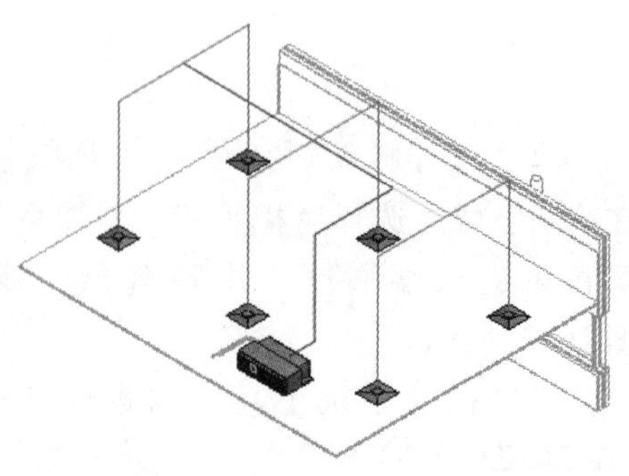

图 26-27

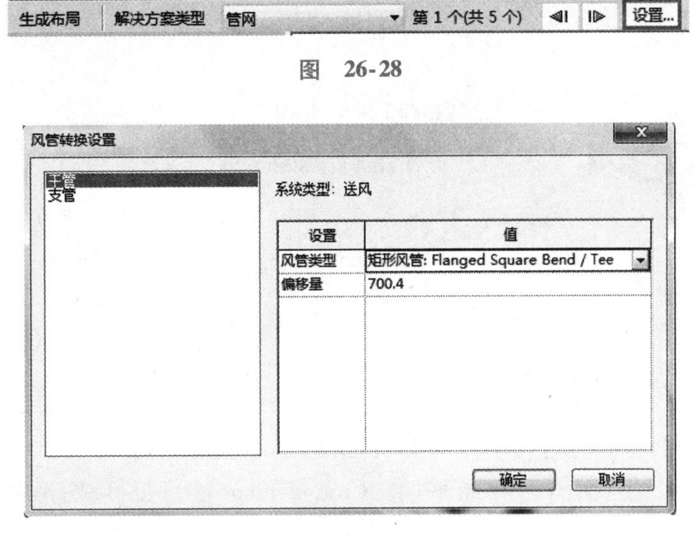

图　26-28

图　26-29

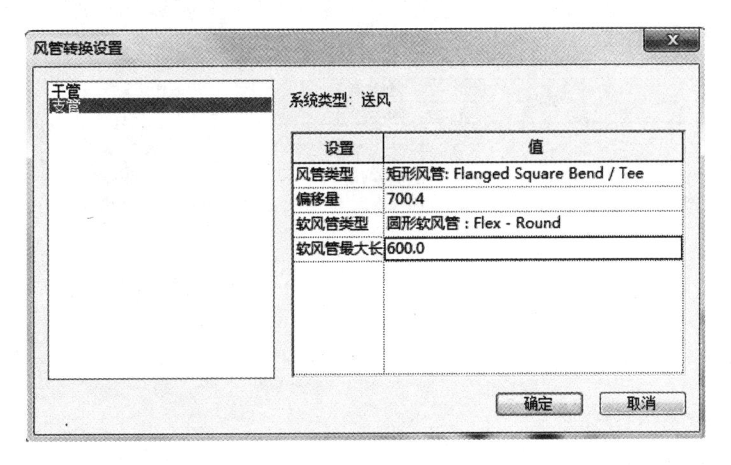

图　26-30

21）单击【确定】按钮关闭对话框。

22）在选项栏中设置【解决方案类型】为【管网】，类型为【第 1 个】（解决方案共有 5 种），如图 26-31 所示。

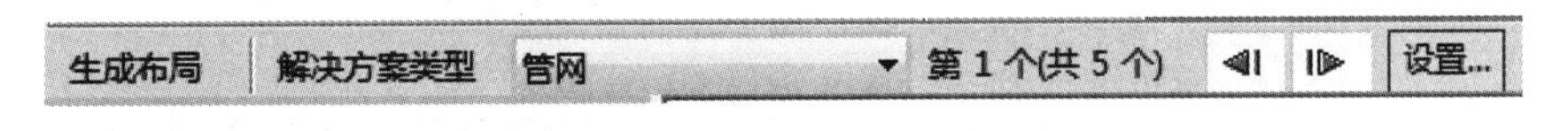

图　26-31

23）在【生成布局】面板中，选择【完成布局】（图 26-32）完成操作，生成系统布局，如图 26-33所示。

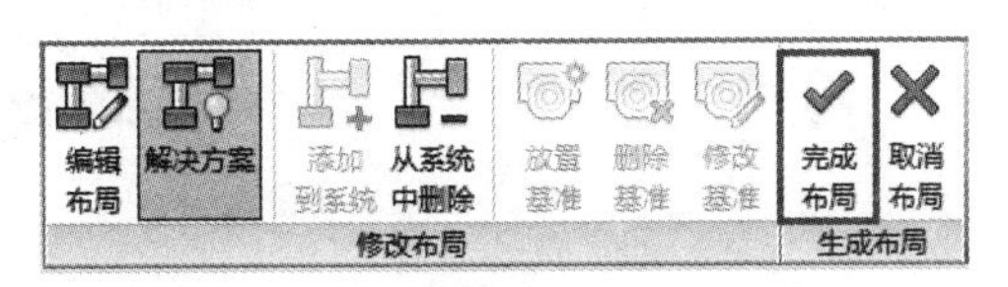

图　26-32

24）此时，在视图右下方弹出【警告】对话框（图 26-34），这表明某些项的连接不正确，在单元 27 的练习中，将继续本操作练习进行修改，此处单击视图空白处，忽略警告。

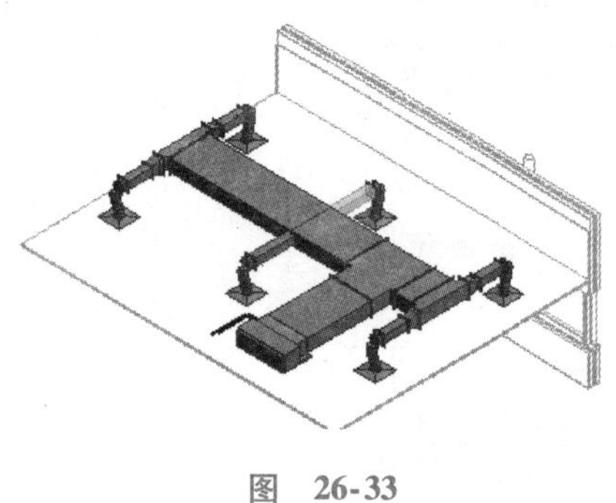

图　26-33

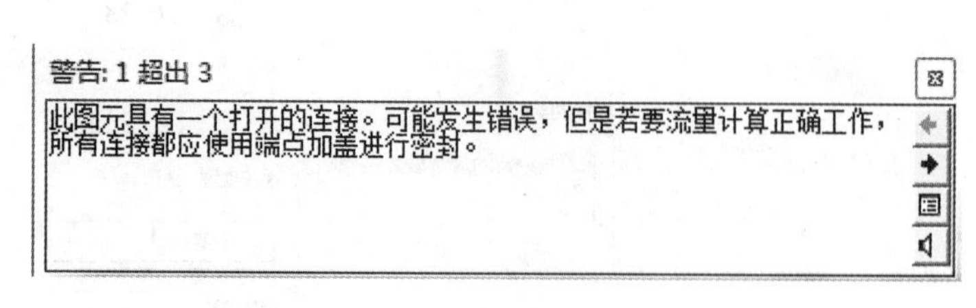

图　26-34

26.5.2 创建服务类型过滤器

1）在【项目浏览器】中打开【楼层平面：Ground Floor】视图。

2）利用快捷键< VV >键 打开【楼层平面：Ground Floor 的可见性/图形替换】对话框，切换到【过滤器】选项卡，如图 26-35 所示。

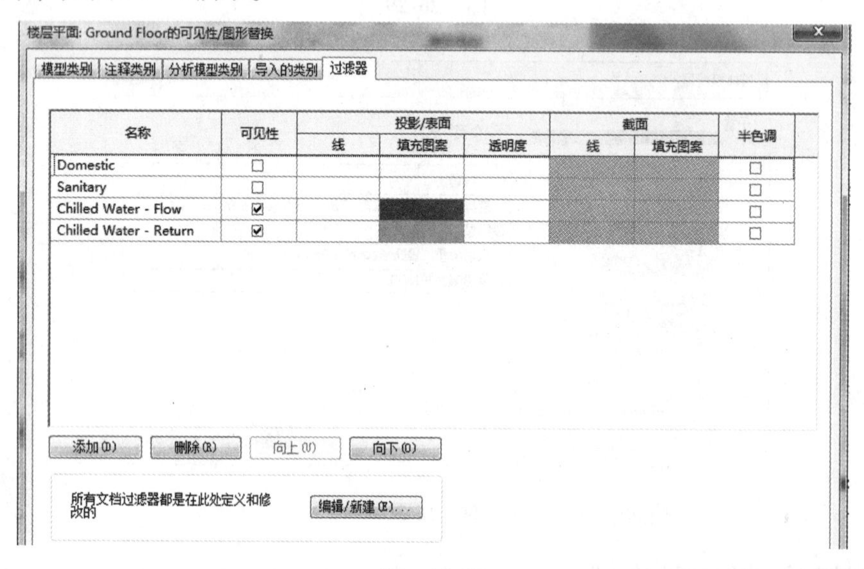

图　26-35

3）在【过滤器】选项卡下选择【添加】，打开【添加过滤器】对话框，如图 26-36 所示。

4）在【添加过滤器】对话框中，选择【Mechanical-Supply】，单击【确定】按钮关闭对话框，如图 26-37 所示。

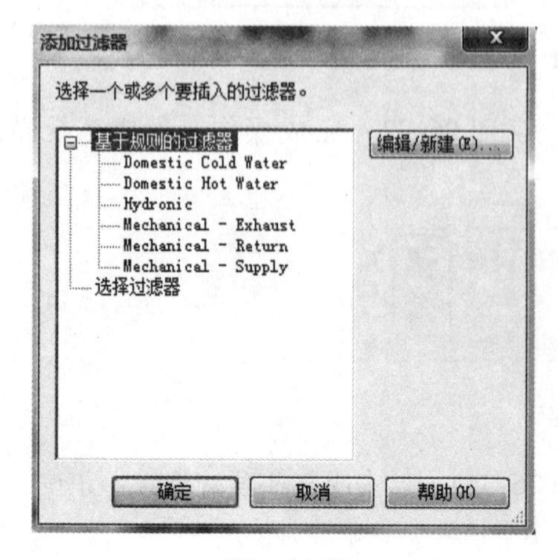

图　26-36

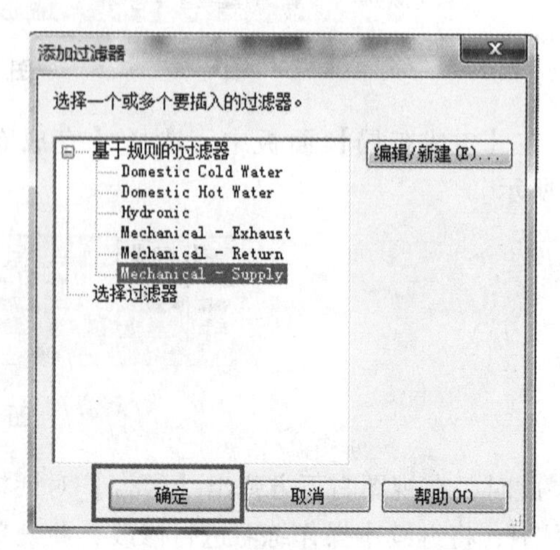

图　26-37

5）此时，【Mechanical-Supply】被添加到【过滤器】选项卡下的列表中。选中【Mechanical-Supply】，单击【编辑/新建】按钮（图 26-38），打开【过滤器】对话框，如图 26-39 所示。

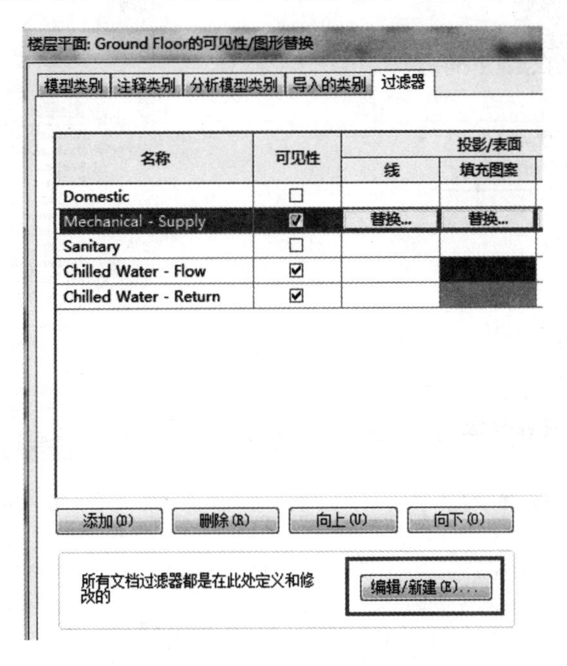

图 26-38

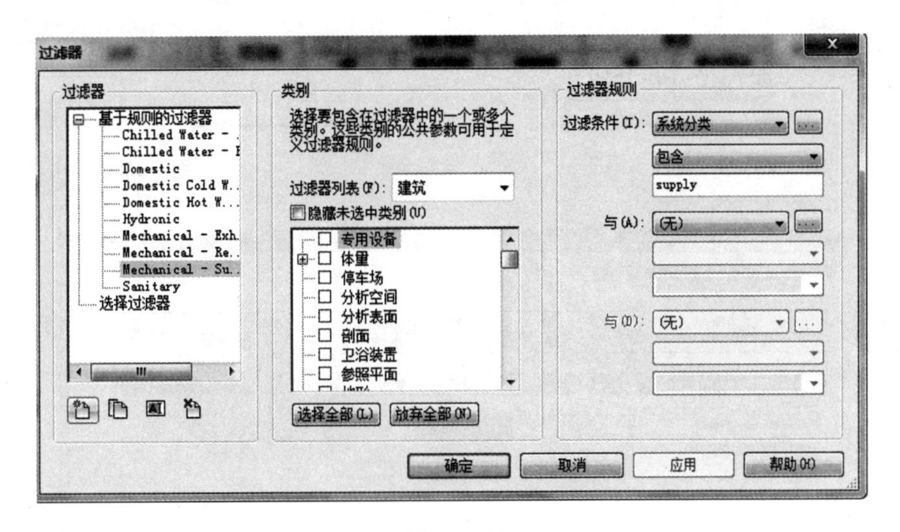

图 26-39

6）在【过滤器】列表中选中【Mechanical-Supply】，然后在【过滤器列表】中勾选过滤类别，如图 26-40 所示。

7）在【过滤器规则】面板中，设置【过滤条件】为：【系统名称】【等于】和【机械 Supply Air 房间 2】，如图 26-41 所示。

8）单击【确定】按钮，关闭【过滤器】对话框。

9）选中【Mechanical-Supply】单击【填充图案】下的【替换】，打开【填充样式图形】对话框，如图 26-42 所示。

10）设置【颜色】为【RGB 000-191-225】，【填充图案】为【Solid fill】，如图 26-43 所示，单击【确定】按钮关闭对话框。

11）单击【确定】按钮，关闭【楼层平面：Ground Floor 的可见性/图形替换】对话框，如

图 26-44 所示。

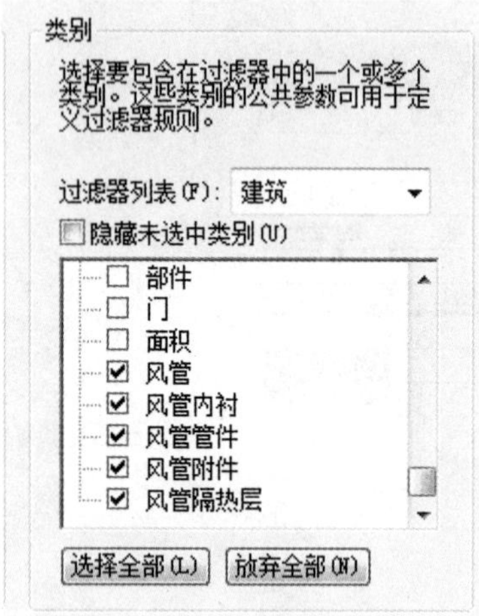

图　26-40

图　26-41

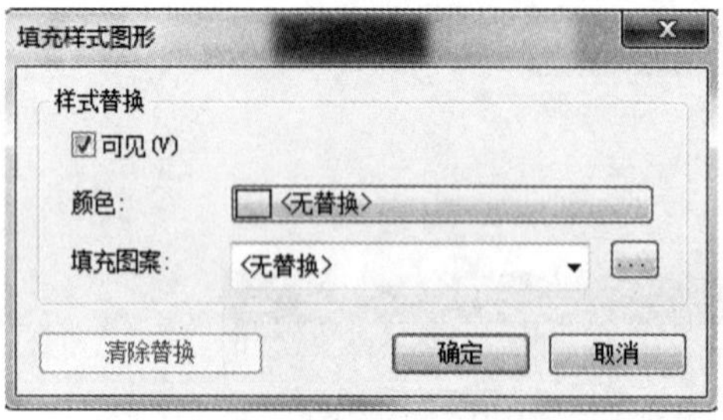

图　26-42

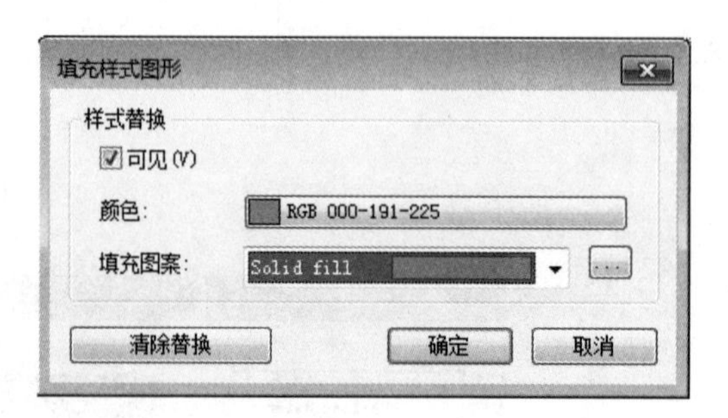

图　26-43

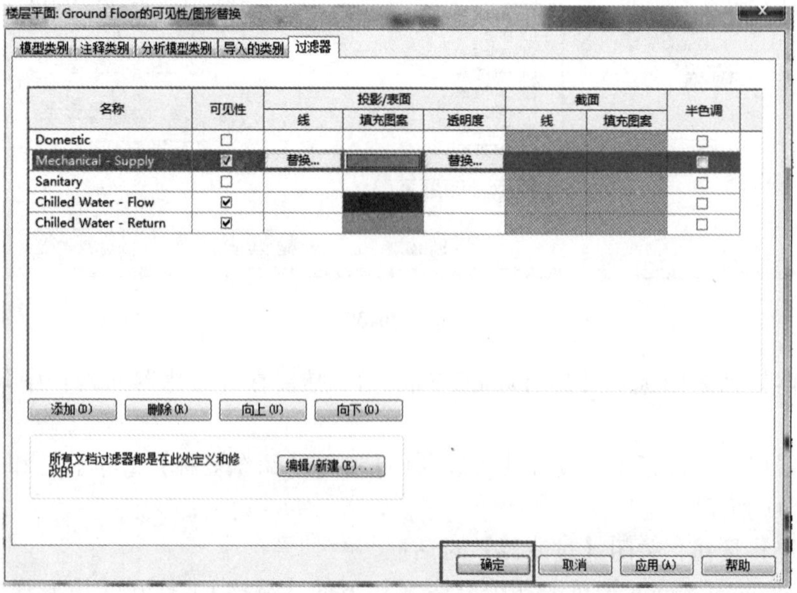

图　26-44

12）视图中所有【机械 Supply Air 房间 2】系统内的风管变成蓝色，如图 26-45 所示。同样，如果创建和定义了一个【Mechanical-Return】系统，此系统将会以指定的颜色出现。这就为检查系统和系统构件提供了一种快速、简单的视觉方式。

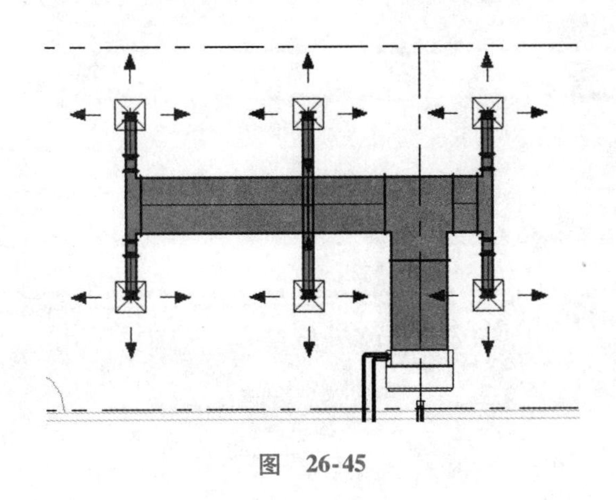

图　26-45

注意：系统类型过滤器通过系统名称挑选过滤器，且选择【等于】而非【包括】，除此之外，系统类型过滤器的创建过程与服务类型过滤器一致。

对 MEP 系统的介绍到此就完成了，需要注意的一点是电气设备和水管系统的机械运作方式相似。

单元 27
机械系统

单元概述

本单元主要讲解风管系统机械设置、装置设置及如何生成机械风管系统（图 27-1）。在之前的单元中已经介绍了系统的概念，特别是风管系统的概念，在本单元我们将会更加详细地介绍机械系统和机械系统的检查及过滤。

单元目标

1. 了解如何配置机械设置。
2. 了解不同的管道系统及其配件。
3. 了解绘制风管的方法。
4. 了解如何为风管添加保温层和内衬。
5. 了解创建风管系统的方法。

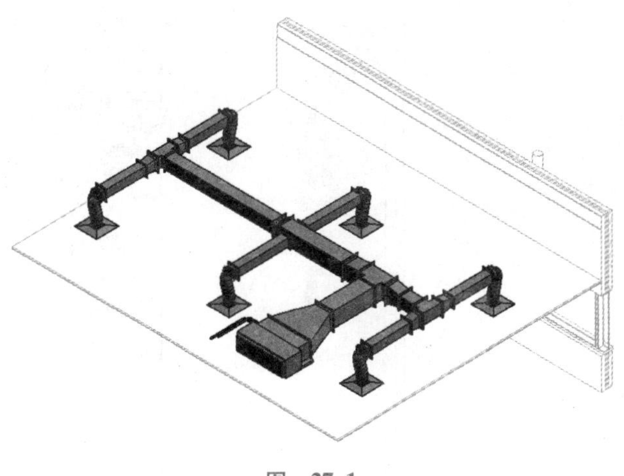

图　27-1

27.1 风管机械设置

在创建任何机械系统之前，在本公司或行业的 MEP 标准与系统默认设置不一致时，用户要对属性设置进行修改重新设定。在 Revit 软件内启动【机械设置】对话框的方法有两种：在【系统】选项卡下【HVAC】或【卫浴和管道】面板中单击右下角处的斜箭头打开【机械设置】对话框；或者在【管理】选项卡下，【设置】面板中的【MEP 设置】选项下拉列表中选择【机械设置】，启动【机械设置】对话框，如图 27-2 所示。

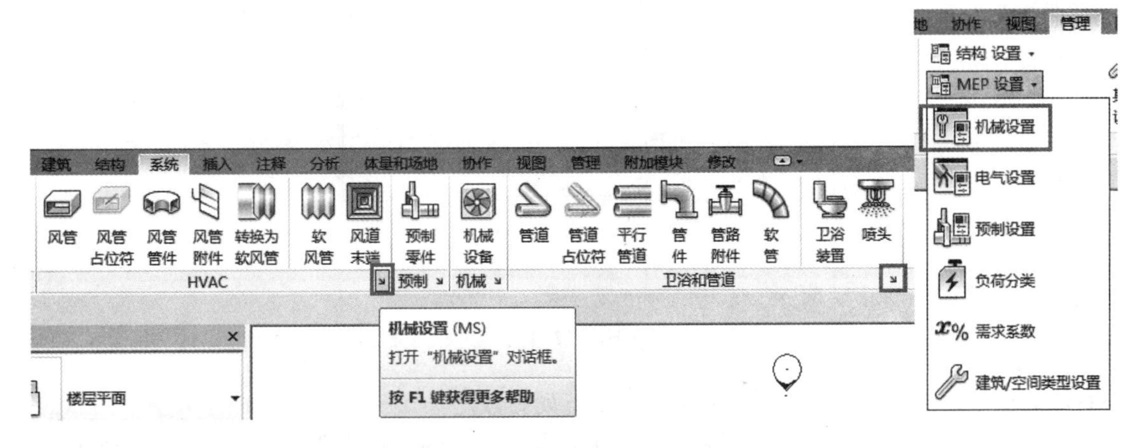

图　27-2

【机械设置】对话框（图 27-3）中的属性用来配置和指定默认的风管系统设置和管道系统设置，并包含很多不同的参数。参数包括【隐藏线】【坡度】【角度】【管段和尺寸】【流体】和【计算】等。

27.1.1 隐藏线

使用【机械设置】对话框中的【隐藏线】选项可以指定互相交叉的风管或管道（在不同平面中）在模型中的显示方式。在双线图纸中会显示交叉风管和管段，这样最远端平面中表示分段的线会以不同的样式显示，以表示它们被如图 27-4 所示的前景中的分段所隐藏，而未连接到该分段。只有选中【隐藏线】作为视觉样式时，才可以应用【隐藏线】参数。

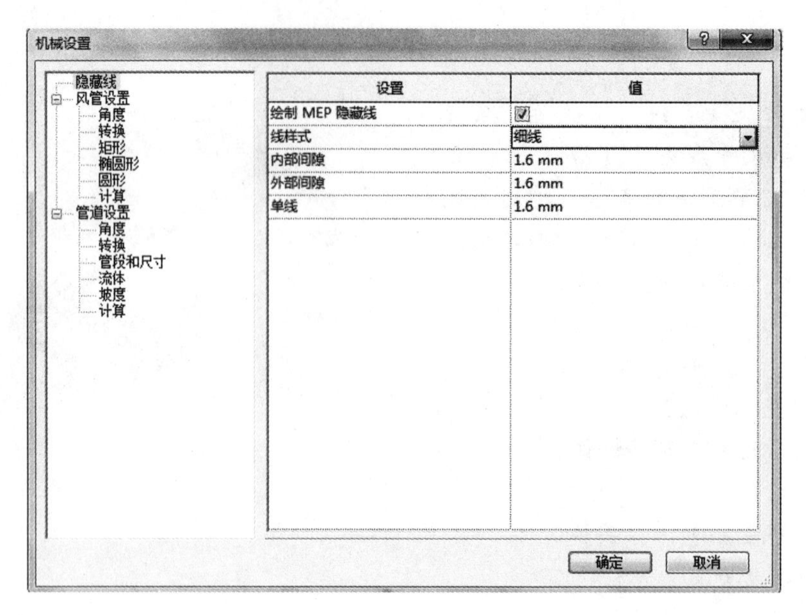

图 27-3

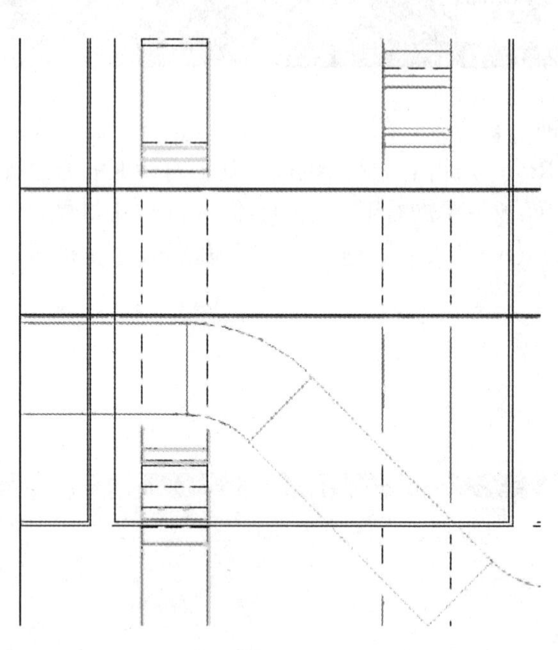

图 27-4

在右侧面板中，为线样式和该间隙的宽度指定下列参数。

1）绘制 MEP 隐藏线：选中该选项时，会使用隐藏线指定的线样式和间隙绘制风管或管道。

2）线样式：单击【值】列，然后从下拉列表中选择一种线样式，以确定隐藏分段的线在分段交叉处显示的方式。

3）内部间隙：指定交叉段内显示的线的间隙。如果选择了【细线】，将不会显示间隙。

4）外部间隙：指定在交叉段外部显示的线的间隙。如果选择了【细线】，将不会显示间隙。

5）单线：指定在分段交叉位置处单隐藏线的间隙。

27.1.2 风管设置

这些参数对一个项目中的所有风管系统都适用，同时也包含标注的比例尺和尺寸，空气密度和动态黏度，以及分隔符和后缀信息，如图 27-5 所示。

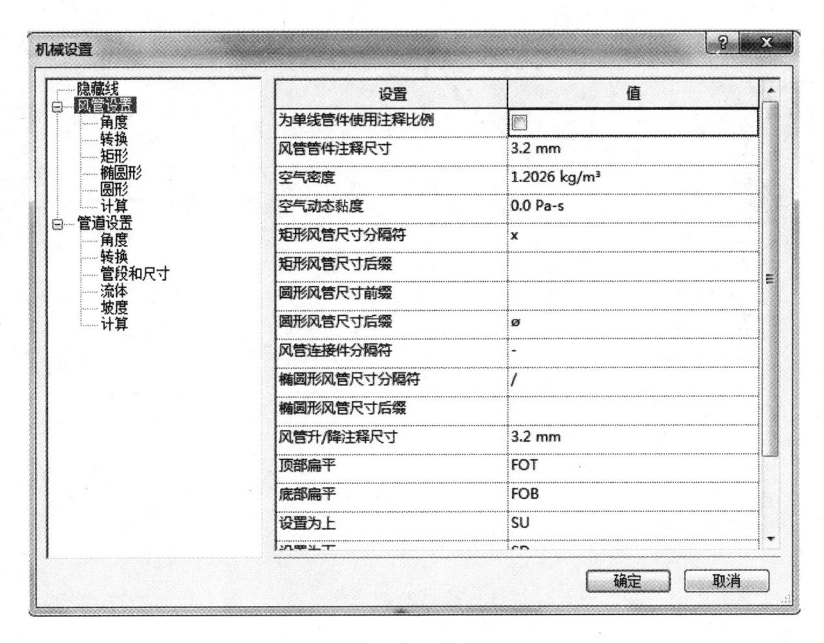

图 27-5

注意：使用【传递项目标准】功能能够将风管设置、风管大小和类型复制到另一个项目中。

27.1.3 角度

在选择【角度】后（图 27-6），可以指定 Revit 在添加或修改风管时将使用的管件角度。

1）使用任意角度：可让 Revit 使用管件内容支持的任意角度。

2）设置角度增量：指定 Revit 用于确定角度值的角度增量。

3）使用特定的角度：Revit 启用或禁用特定的角度。

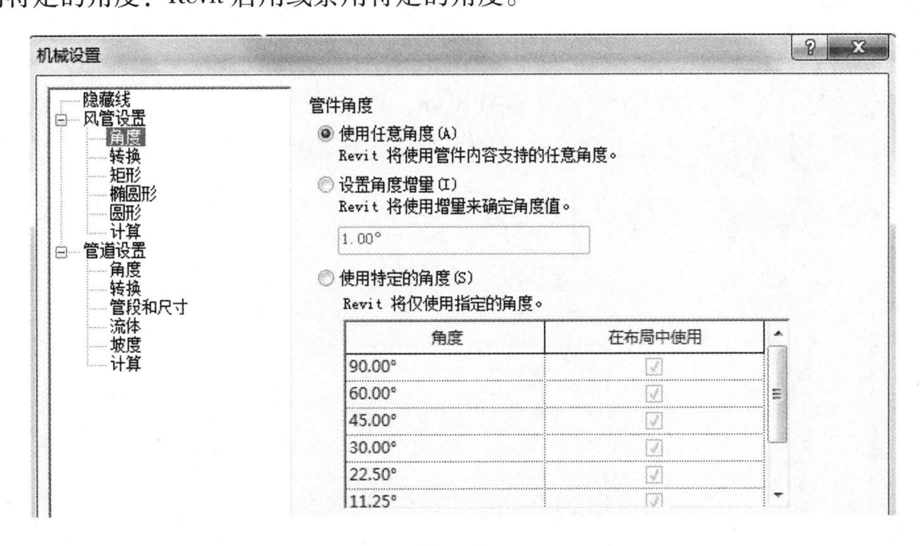

图 27-6

27.1.4 转换

在选择【转换】后可以指定参数（图 27-7），在使用【生成布局】时这些参数用来控制“干管”和“支管”管段的高程、风管尺寸和其他特征。

注意：也可以在为系统管网创建布线解决方案时，通过选项栏的【设置】按钮访问转换设置。

1）干管，可以指定每种系统分类（排风、送风和回风）中干管风管的以下默认参数。

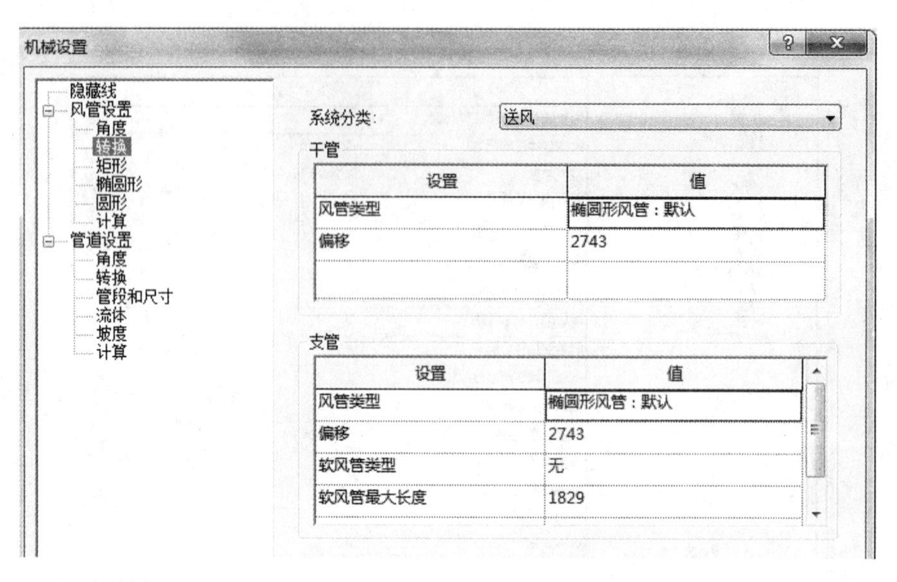

图 27-7

① 风管类型：干管管网的默认风管类型。

② 偏移：当前标高之上的风管构件高度。

2）支管，可以指定每种系统分类（排风、送风和回风）中支管风管的以下默认参数。

① 风管类型：支管管网的默认风管类型。

② 偏移：当前标高之上的风管构件高度。

③ 软风管类型：支管管网的默认软风管类型。

④ 软风管最大长度：在支管管网的布线解决方案中可用的软风管管段的最大长度。

27.1.5 矩形

如果选择【矩形】（图 27-8），右侧面板将列出项目可用的矩形风管尺寸，并显示出可以从选项栏指定的尺寸。虽然此处只有一个值可用于指定风管尺寸，但可将其应用于高度、宽度或同时应用于这两者。通过【删除尺寸】工具可从表中删除选定的尺寸。【新建尺寸】工具可以打开【风管尺寸】对

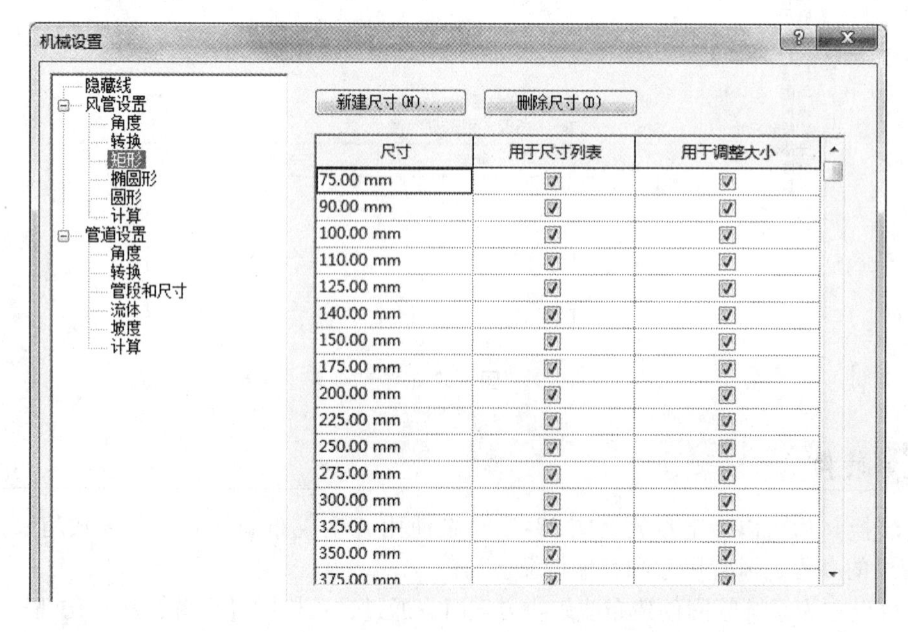

图 27-8

话框，用来指定要添加到项目中的新风管尺寸。

可以选择如何使用尺寸值，有以下两种情况。

1）用于尺寸列表：如果选定该尺寸作为特定的风管尺寸，其会在Revit中的所有列表中出现，包括风管布局编辑器、风管修改编辑器、软风管和软风管修改编辑器。如果被清除，该尺寸将不在这些列表中出现。

2）用于调整大小：如果选定该尺寸作为特定的风管尺寸，Revit将根据计算的系统气流决定风管尺寸。如果被清除，该尺寸不能用于调整大小的算法。

27.1.6 计算

在选择【计算】后（图27-9），可以指定为直线管段计算风管压降时所使用的方法。在【压降】选项卡中，从列表中选择【计算方法】，计算方法的详细信息将显示在说明字段。如果有第三方计算方法可用，将显示在下拉列表中。

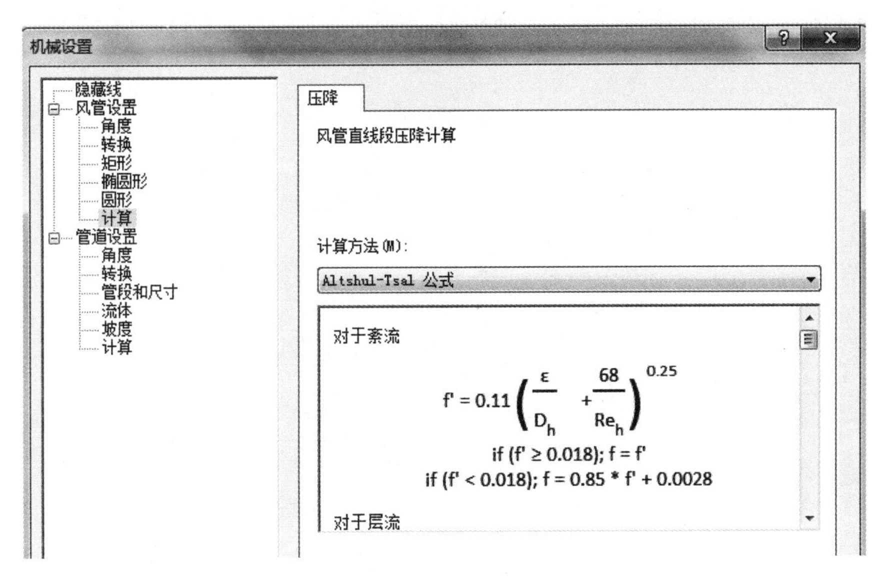

图 27-9

27.2 风管属性设置

在【系统】选项卡下的【HVAC】面板中选择【风管】，进行风管绘制。并可以在【属性】面板中进行风管类型选择和类型属性设置。在【类型属性】对话框中单击【编辑】（图27-10），可对布管系统进行配置。

在【布管系统配置】对话框中利用【载入族】工具，可以为风管添加管件（弯头、三通、四通等）及设置风管首选连接类型（接头、T形、Y形等），如图27-11所示。

绘制完风管后在【风管隔热层】面板和【风管内衬】面板中可以为风管添加风管保温和风管内衬，如图27-12所示。并在【添加风管隔热层】对话框和【添加风管内衬】对话框中设置风管隔热层的类型、材质及厚度，如图27-13所示。

2012版以后的Revit软件新增加的功能是【风管占位符】（图27-14），使用单线来对风管进行占位，在早期设计阶段绘制占位符风管可以指示风管管路的大概位置，或显示尚未完全定好尺寸的布局。占位符风管显示为不带管件的单线几何图形。使用占位符风管可以在设计仍然处于未知状态时连接良好的系统，然后在以后的设计阶段进行优化。可以将占位符风管转换为带有管件的风管。

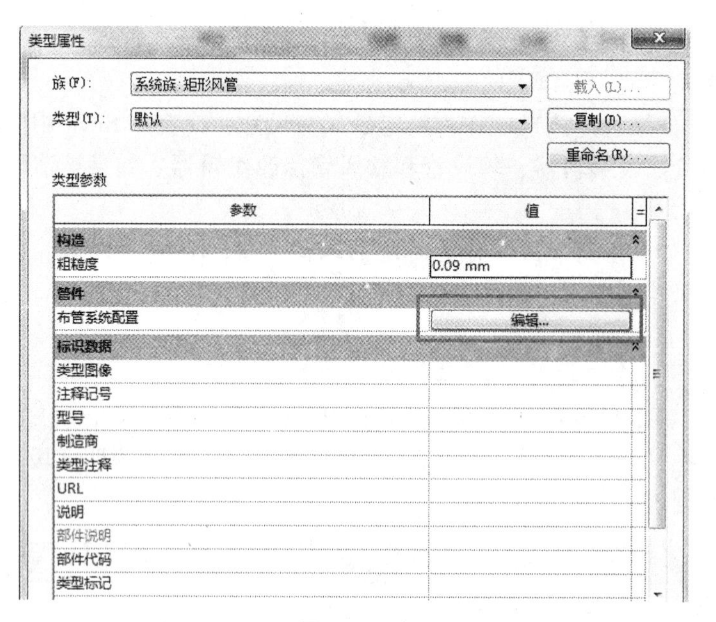

图 27-10

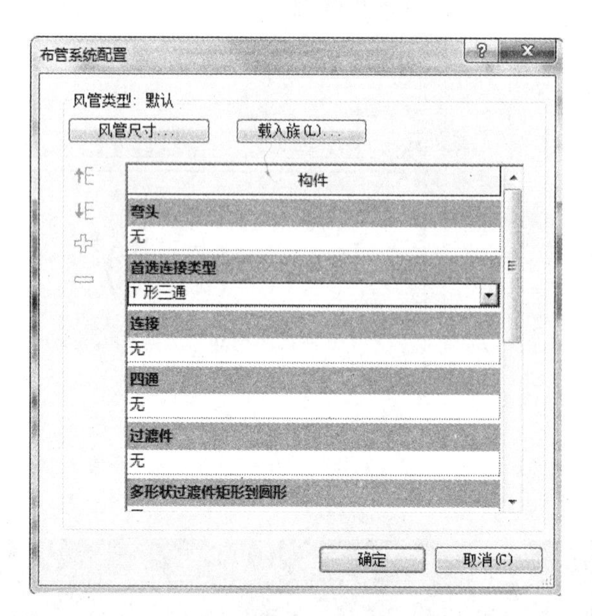

图 27-11

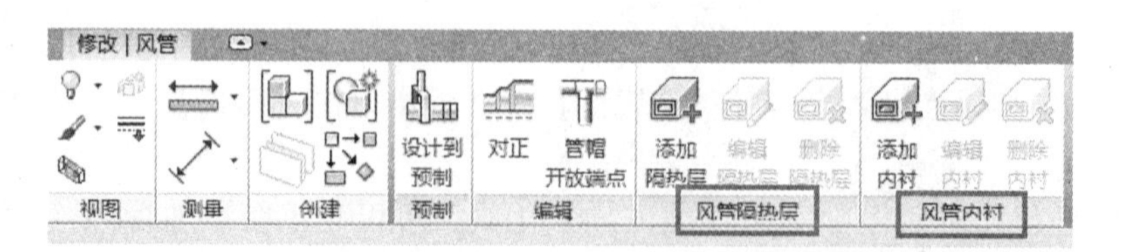

图 27-12

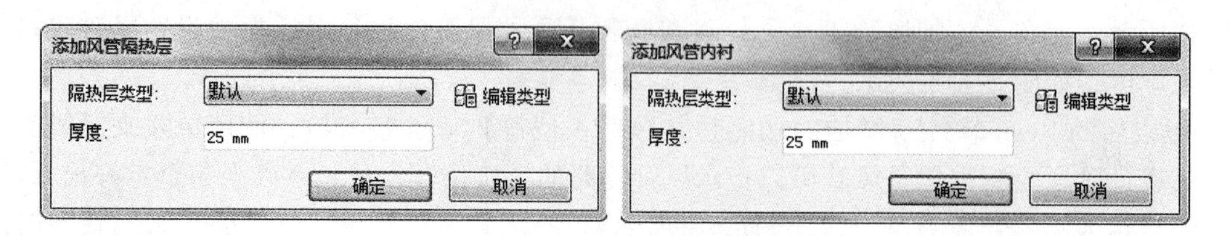

图 27-13

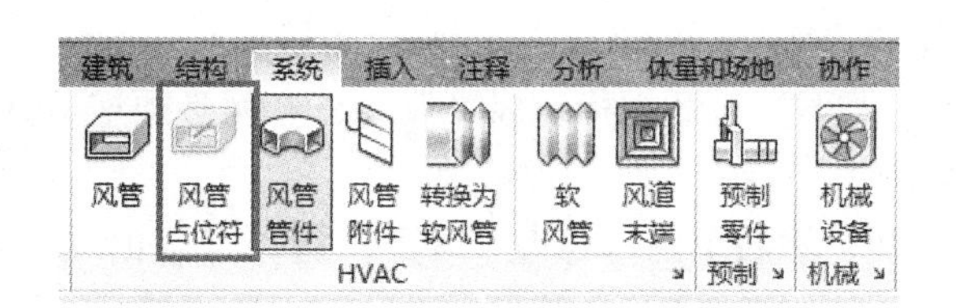

图 27-14

27.3 创建风管系统

风管系统的实体图元可以对管网的流量大小进行计算。一旦风道末端和机械设备被放置在项目中，它就能快速与供风、回风和排风系统等进行组件连接。

创建风管系统有以下两种方法：

1）最初将风道末端和机械设备放置到项目中时，它们不会被指定给任何系统。而当添加风管以连接构件时，它们将自动指定给系统。

2）可以选择构件，然后手动将其添加到系统。在构件都指定给系统后，可以让 Revit 生成和布置管网。

使用【系统浏览器】确认是否所有构件均已指定给正确的风管系统。在默认情况下，风管有 3 种系统类型：送风、回风和排风。可以创建自定义的系统类型，以处理其他类型的构件和系统。例如，可以创建高压送风系统，也可以修改系统类型的类型参数，包括图形替换、材质、计算、缩写和升/降符号。选择【项目浏览器】→【族】→【风管系统】复制现有系统类型，创建新的风管或管道系统类型（图 27-15）。复制系统类型时，新的系统类型将使用相同的系统分类，然后可以修改副本，而不会影响原始系统类型或其实例。

在项目中设计机械系统时，规程专有视图至关重要。通过这些视图，可以在系统中放置和查看构件。由于构件放置在项目空间中的特定高度，因此创建的视图应该指定适当的视图范围和规程。Revit 提供了多个样板，这些样板指定了定义规程专有视图所需的许多视图属性。

可以使用【调整风管大小】对话框（图 27-16）为项目中风管系统的管网选择动态的调整大小的方法。

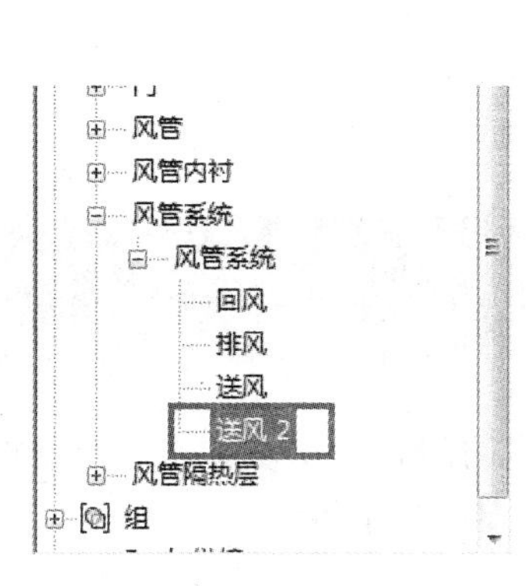

图 27-15

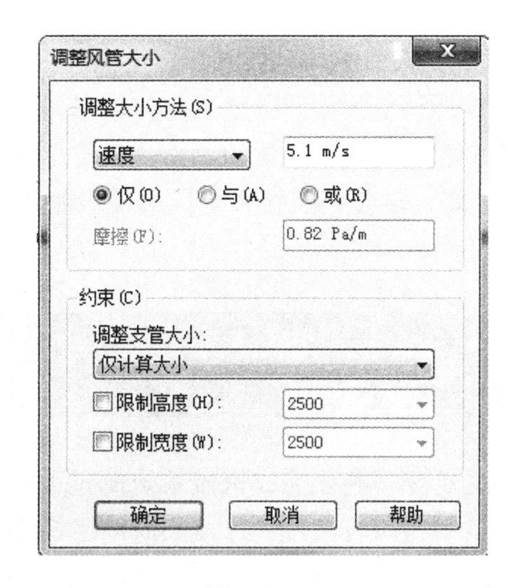

图 27-16

可以使用【摩擦】【速度】【相等摩擦】或【静态恢复】调整大小方法为风管段指定调整大小方

法。调整大小可以应用到管网的管段，也可以应用到整个系统。

注意： 要使用【调整风管大小】对话框指定风管尺寸，管网必须连接到具有有效风量的风管系统。

选择调整大小的方法步骤如下：

1）在视图中选择一段管网，然后单击【修改|风管】选项卡下的【分析】面板中的【调整风管/管道大小】，如图 27-17 所示。

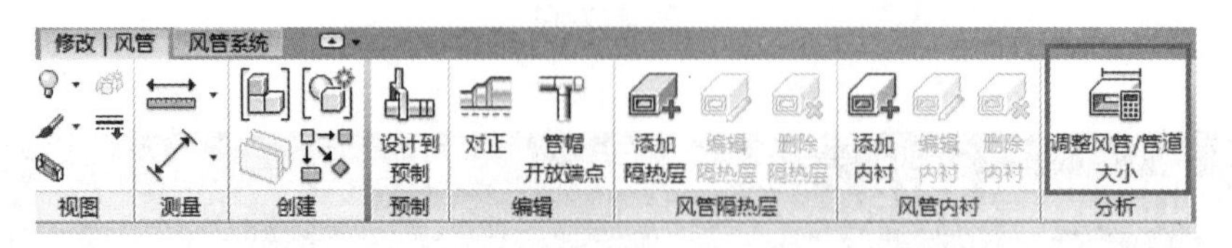

图 27-17

2）在【调整风管大小】对话框中，从下拉列表选择一种大小调整方法：【速度】【摩擦】【相等摩擦】或【静态恢复】，如图 27-18 所示。

如果选择【摩擦】或【速度】，将激活下列选项。

① 仅：根据专用于选定方法（【速度】或【摩擦】）的参数调整风管大小。

② 和：强制调整风管的大小，以满足用户为【速度】和【摩擦】指定的参数。

③ 或：允许根据【摩擦】或【速度】参数的最低限制调整风管的大小。

3）选择一种调整大小的方法，并为所选大小调整方法指定参数。

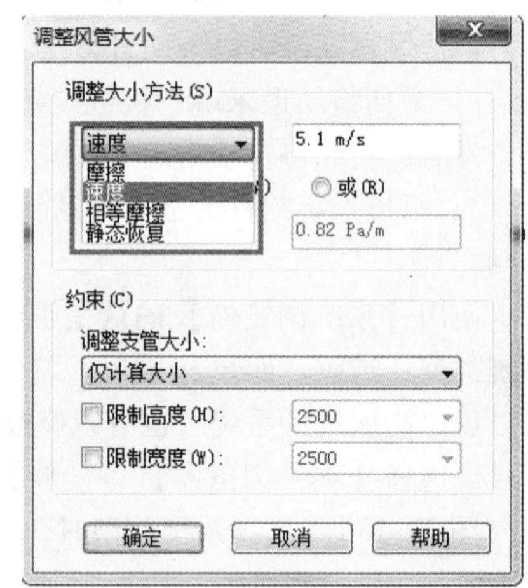

图 27-18

指定支管调整大小限制的方法如下。

1）可以限制风管管段的尺寸，从限制条件下拉列表中选择一个选项，然后使用限制大小选项指定风管尺寸的绝对限制。从下拉列表中选择下列限制条件之一。

① 仅计算大小：选定风管管段的大小由选定的调整大小的方法决定，而且不受其他条件的约束。

② 匹配连接件大小：支管中选定风管管段的大小由支管和干管之间的连接件的大小决定，上限是管网中的第一个连接。

③ 连接件和计算值中的较大者：选定风管管段的大小由两个决定因素中的较大者决定。如果连接件的大小小于按照调整大小和调整大小方法计算的大小，将使用计算大小；如果连接件的大小大于按照调整大小和调整大小方法计算的大小，将使用连接件的大小。

2）如有必要，勾选【限制高度】和【限制宽度】，然后输入一个数值，可对选定风管管段的大小指定绝对限制。

27.4 单元练习

本单元练习介绍一些在完成机械系统的过程中可能会遇到的问题的解决方法。熟悉如何修改连接器，如何拆分和修改风管系统，以及如何使用系统检查，最终完成一个机械系统。

27.4.1 完成系统

首先将两个分支连接到主管道。

1）打开起始文件 WFP-RME2015-27-MechanicalA. rvt，在【项目浏览器】中打开【楼层平面：Ground Floor】视图，并将绘图区域放大到轴网 F-2 和轴网 E-3 之间。

2）利用 <Ctrl> 键选择系统中间的 2 段分支风管，如图 27-19 所示。

3）在【属性】面板类型选择器中将风管类型更改为【矩形风管 Flanged Radius Bend/Shoe Branch】，如图 27-20 所示。

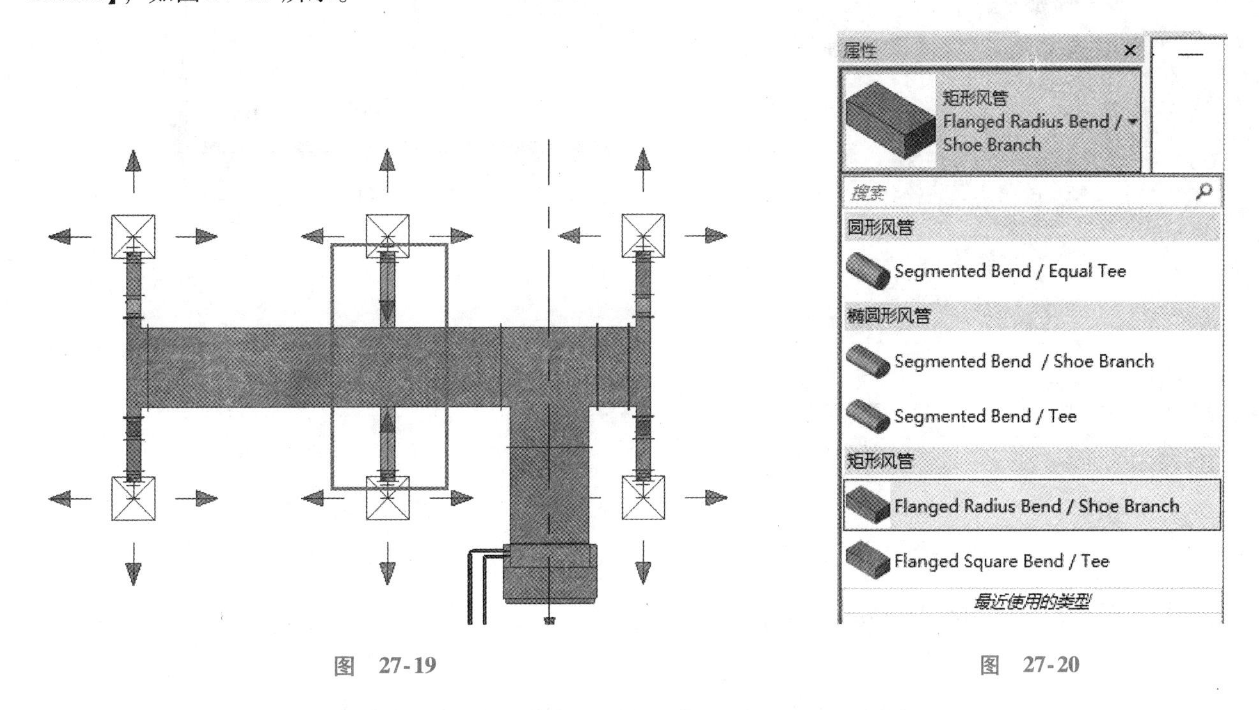

图 27-19

图 27-20

4）依次选择每个分支风管，然后拖曳终点离开主风管中心线到外边缘线上，将 2 段支管与主风管连接，如图 27-21 所示。

5）利用 <Ctrl> 键同时选择两个连接器，如图 27-22 所示。

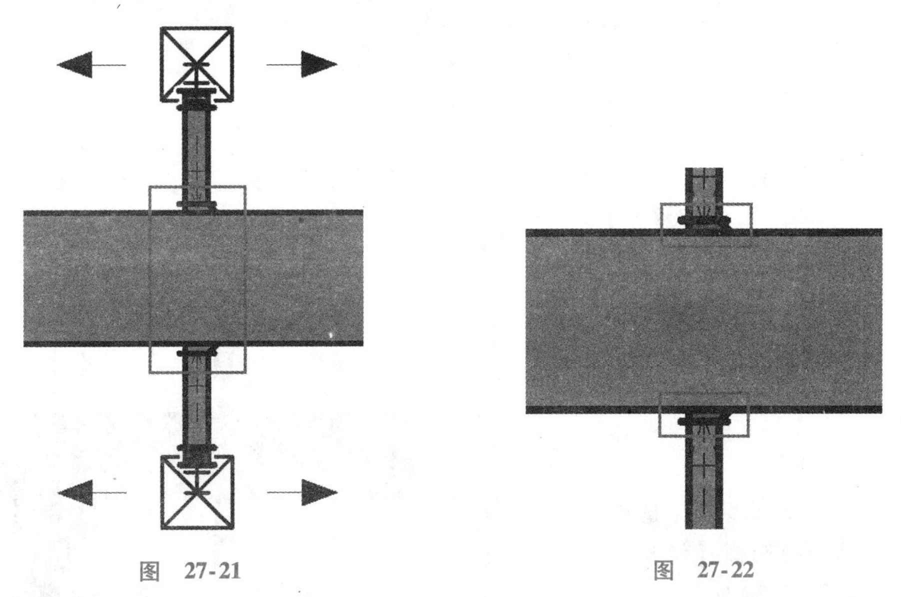

图 27-21

图 27-22

6）在【属性】面板中【损失方法】下拉列表中选择【特定系数】，如图 27-23 所示。

7）单击【损失方法设置】旁的【编辑】，在弹出的【设置】对话框中，将【特定系数】设置为【0.3】，如图 27-24 所示。

这个系统有 6 个风道末端，为了提供平衡的空气分布，主要管道需要分解和减小尺寸，否则系统

将包括一个特大型管。虽然会自动生成，用户也需要告诉 Revit 应该在哪里减小管道尺寸。

8）在【修改】选项卡下的【修改】面板中选择【拆分图元】，如图 27-25 所示。

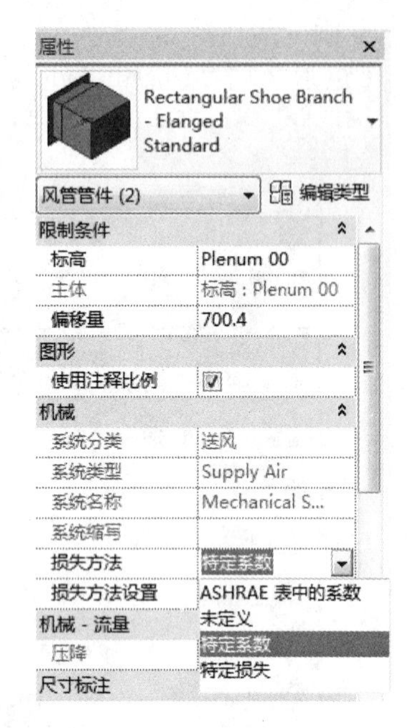

图 27-23

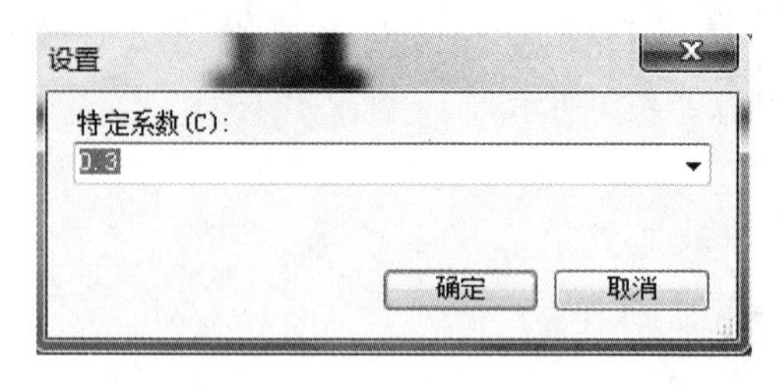

图 27-24

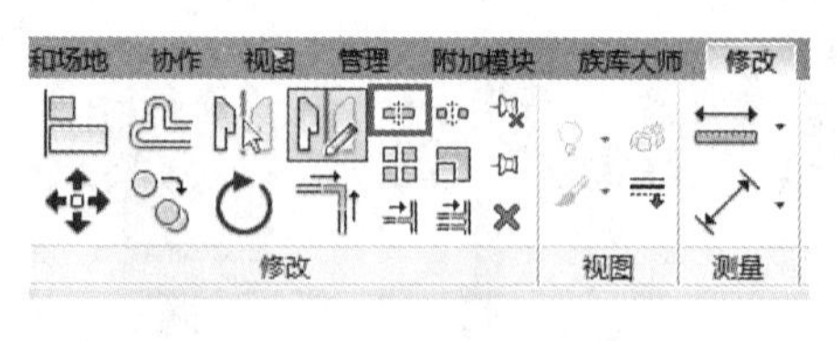

图 27-25

9）在如图 27-26 所示的红线位置处进行分割风管。

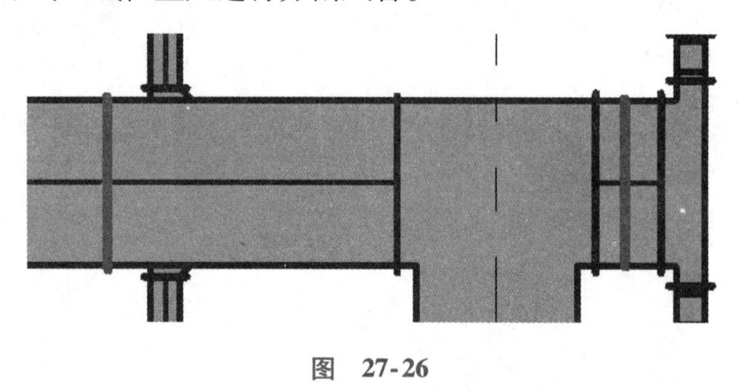

图 27-26

10）检查以确保连接到风机盘管的管道与主管道拥有相同的偏移量。

注意：要经常检查所有的偏移量，因为它们有时会随机变化，而且没有明显的原因。

11）光标悬停在一个风道末端上面，利用 <Tab> 键切换，直到所有图元高亮显示（图 27-27），然后单击选择。

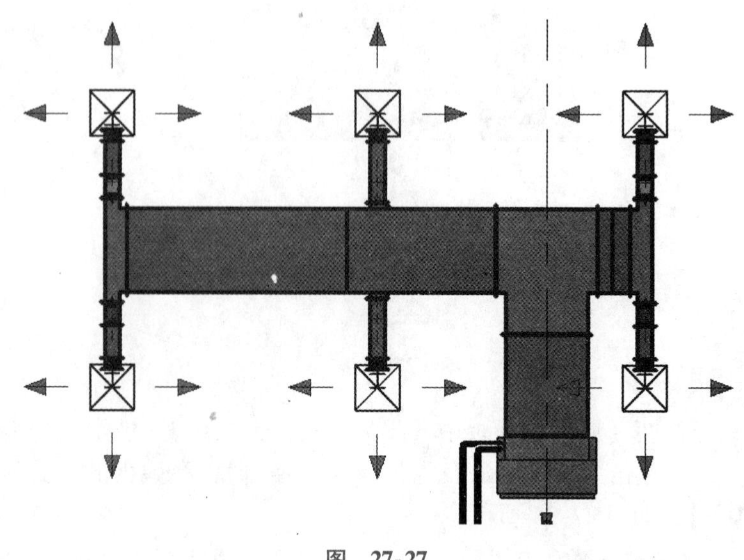

图 27-27

12）在【修改｜选择多个】选项卡下的【分析】面板中选择【调整风管/管道大小】，如图 27-28 所示。

13）在弹出的【调整风管大小】对话框中，设置限制条件为【连接件和计算值之间的较大者】（图 27-29），其余为默认设置，单击【确定】按钮关闭对话框，完成风管重置，如图 27-30 所示。

图 27-28

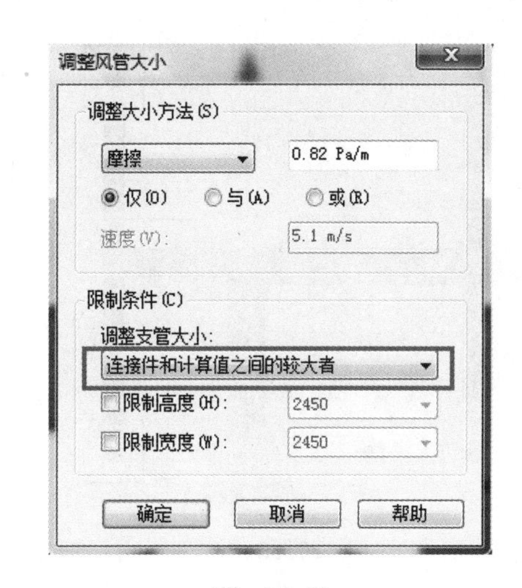

图 27-29

注意：如果上述管道右侧没有被拆分，则可能会出现一个警告说，在三通接头只允许对准管道顶部而不是中心时，Revit 将试图对准主管道的中心，并取消任何警告框。如果用户忘记将右手部分分解就可能会出现这种情况。

要完成管道系统，用户必须把右端两支小管道裁剪成一条管道（图 27-31），然后删除连接件。

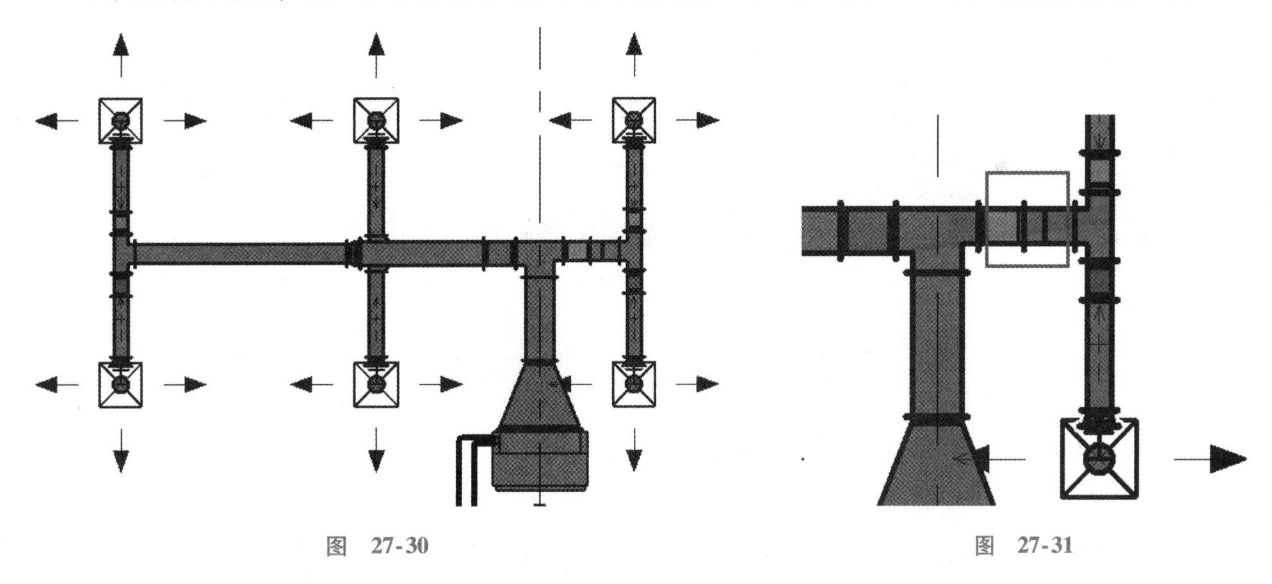

图 27-30　　　　图 27-31

14）在【修改】选项卡下的【修改】面板中选择【修剪/延伸为角】，如图 27-32 所示。

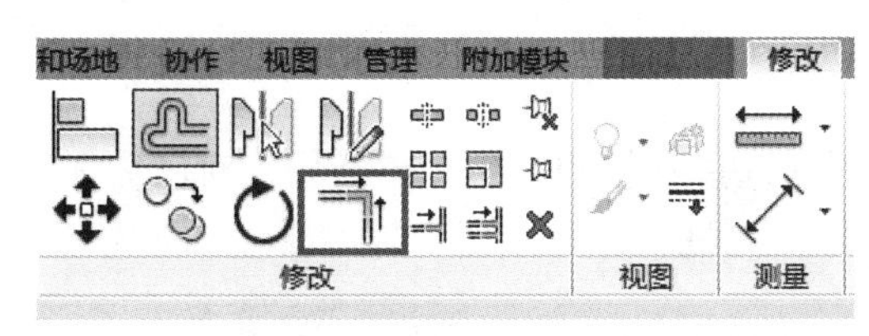

图 27-32

15）依次选择两段管道将它们连接成一条管道。

16）选择矩形组合并删除它，如图 27-33 所示。

17）在【项目浏览器】中打开【三维视图：System 3D】视图，浏览模型，如图 27-34 所示。

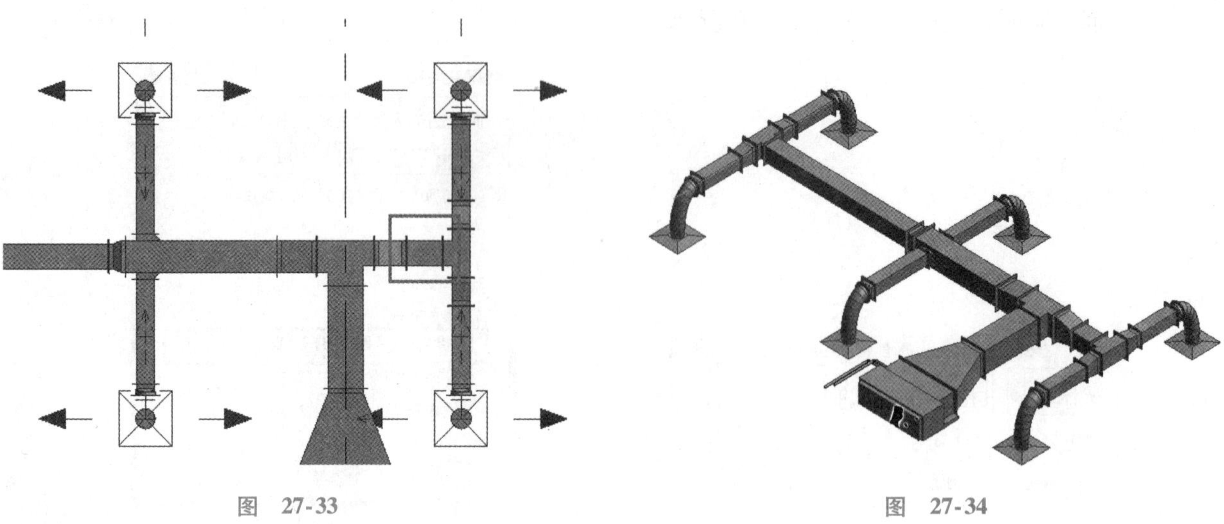

图 27-33　　　　图 27-34

27.4.2 检查系统

1）在【项目浏览器】中打开【楼层平面：Ground Floor】视图。光标悬停在风道末端或管道（任何一个系统的任何部分）上方，利用<Tab>键切换，直到整个系统高亮显示（按三次<Tab>键）（图 27-35），然后选择。

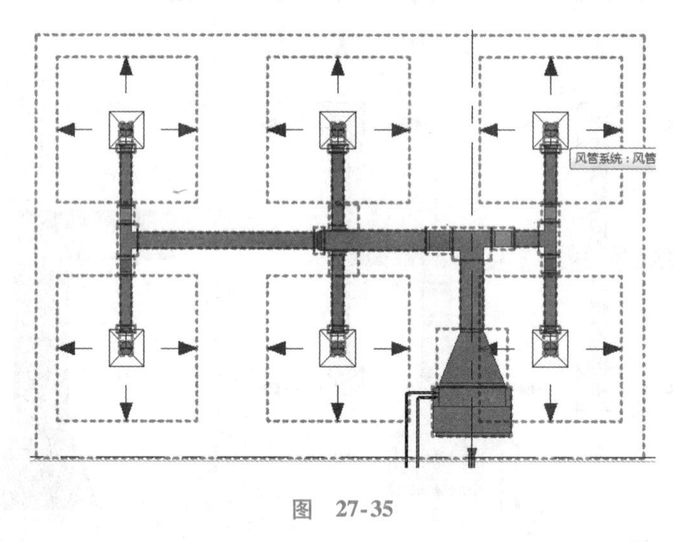

图 27-35

2）在【修改 | 风管系统】选项卡下【分析】面板中选择【系统检查器】，如图 27-36 所示。

注意：如果看不到系统检查按钮，这要么是因为系统之间的连接有问题，要么是因为管道之间没有物理连接。如果发生这样的情况，解决方案是删除与管道相关联的系统，并创建一个新的。下文会对此进一步说明。

3）在【系统检查器】面板中选择【检查】（图 27-37），对已完成系统的各个区域进行检查。光标悬停在管道上方以查看信息，包括流量、静态压力和压力损失，如图 27-38 所示。

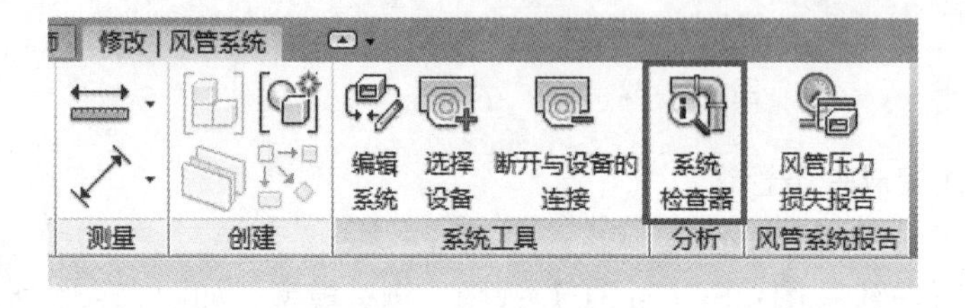

图 27-36

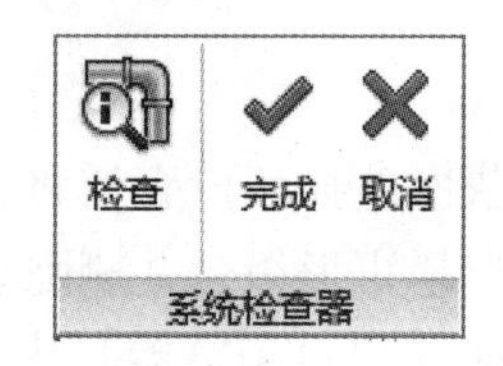

图 27-37

4）选择一段风管，启动选项栏，可以对选定的管道进行尺寸更改。修改风管尺寸将【高度】设置为【400】，如图27-39所示。

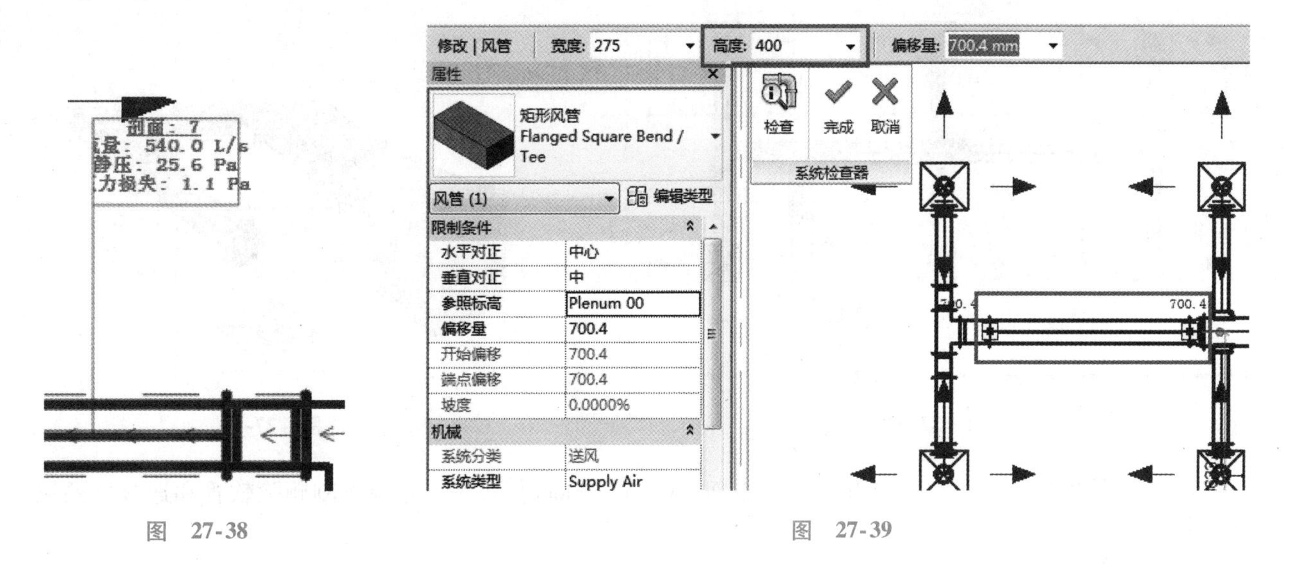

图 27-38　　　　图 27-39

5）重新定义风道的尺寸后，利用【检查】工具，查看流量、静态压力和压力损失的变化，如图27-40所示。

6）在这一视图中所进行的风管尺寸修改可以通过选择【完成】来保存（图27-41），如果检查后不保存可选择【取消】，现在选择【取消】不作保存。

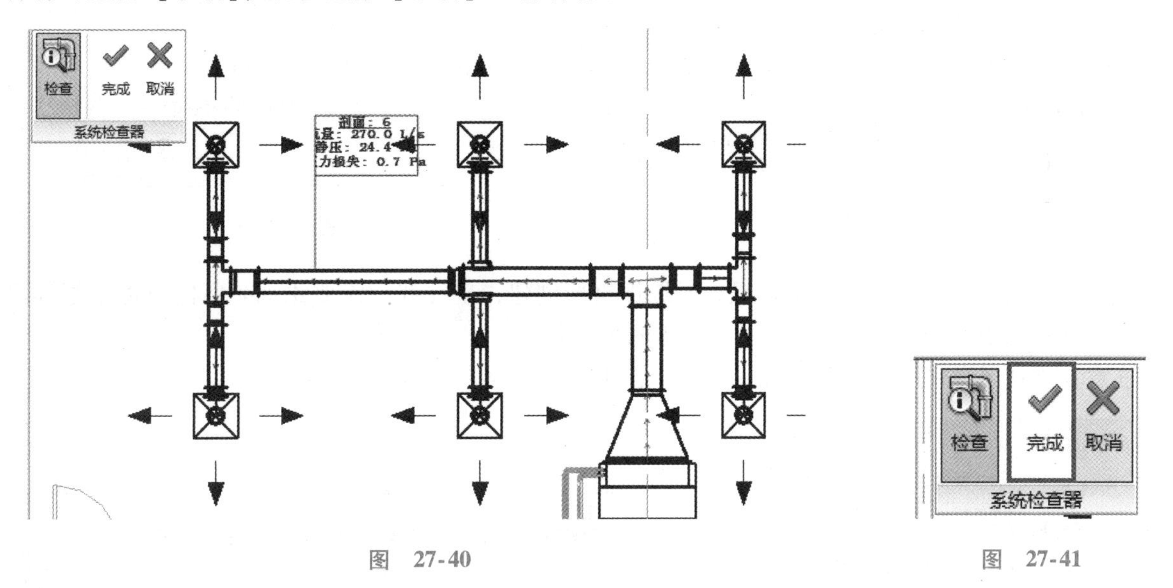

图 27-40　　　　图 27-41

连接错误的管道尺寸可能会使Revit产生问题，使得它不可能进行空气流的计算，结果是在分析面板中看不到该系统的检查按钮。如果发生这种情况，一个可能的解决方案是删除关联到管道的系统，并创建一个新的系统。

7）在【楼层平面：Ground Floor】视图中将光标悬停在任意一个末端或管道（系统的任何部分）上，利用<Tab>键进行切换，直到整个系统突出显示（按四次<Tab>键）然后进行选择，如图27-42所示。

8）按<Delete>键，将【机械 Supply Air Room 2】系统删除，重新创建系统。

9）在【项目浏览器】中打开【三维视图：System 3D】视图，并删除六个末端中任意一个末端的【圆形软风管】和【连接器】，如图27-43所示。

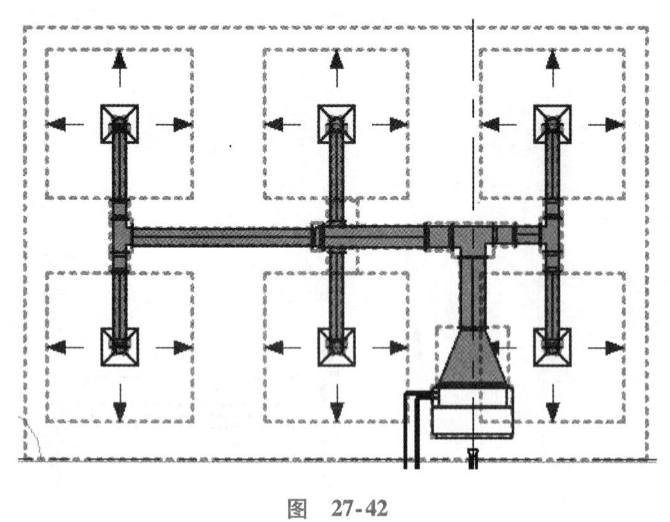

图 27-42

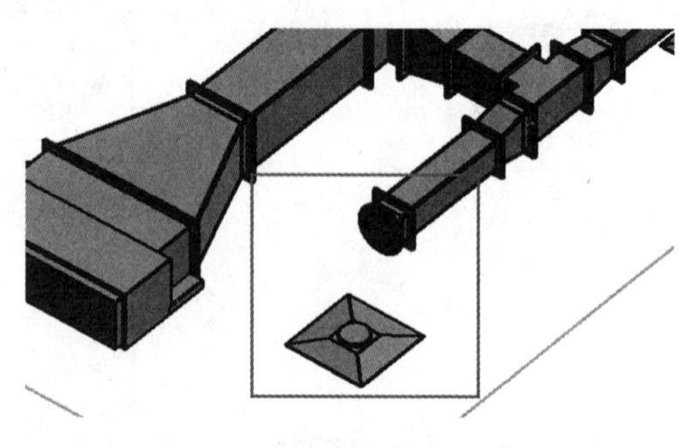

图 27-43

10）在【项目浏览器】中打开【楼层平面：Ground Floor】视图，选择刚刚删除软管和连接器的风道末端。

11）在【修改 | 风道末端】选项卡下的【创建系统】面板中选择【风管】，如图 27-44 所示。

12）启动【创建风管系统】对话框（图 27-45），将【系统名称】设置为【Mechanical Supply Air Room 2】，并在【在系统编辑器中打开】前打上钩，如图 27-46 所示。

图 27-44

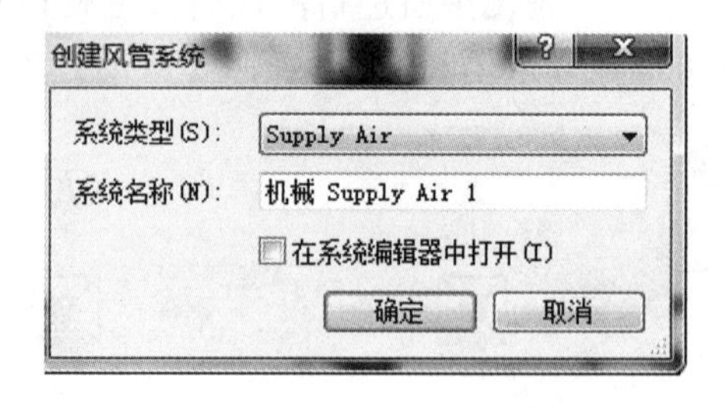

图 27-45

13）单击【确定】按钮关闭对话框，系统被重新创建，现在我们需要添加剩下的风道末端和设备风机盘管到系统中，全部选中后单击【完成编辑模式】。

注意：添加风道末端时将会弹出一个警告信息（图 27-47），可忽略此信息。

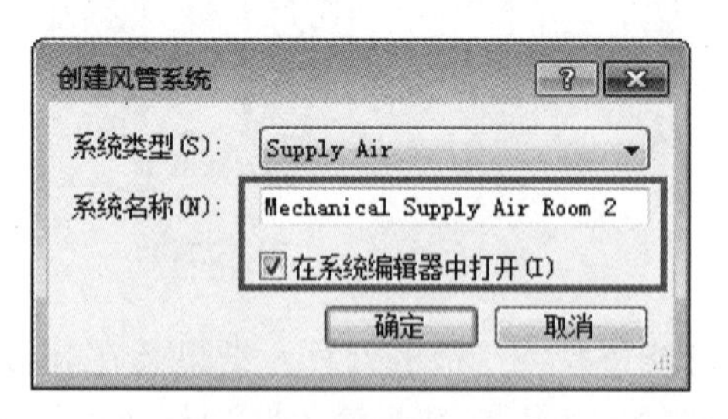

图 27-46

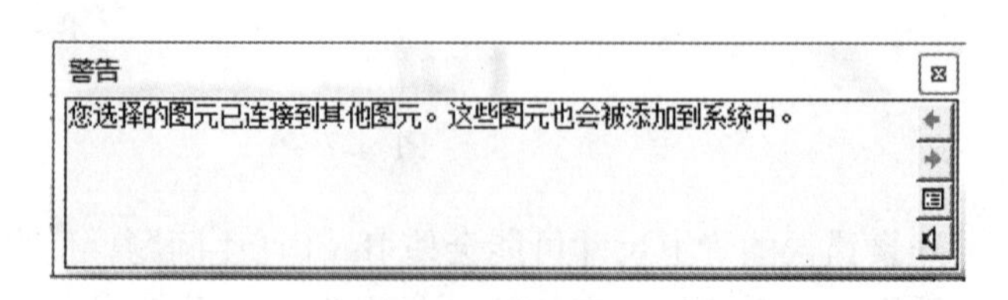

图 27-47

14）在【项目浏览器】中打开【三维视图：System 3D】视图，选择无软管连接的风道末端，将光标移到中心点上（图 27-48），单击右键在弹出的菜单中选择【绘制软风管】，如图 27-49 所示。

15）在选项栏上将软管直径修改为【224】，如图 27-50 所示。

16）将光标移动到风管连接件的中心处捕捉连接点，如图 27-51 所示。

17）利用快捷键 <F29> 打开【系统浏览器】（图 27-52），以确认【机械 Supply Air Room 2】系统，选择浏览器中的系统或组件，并在激活视图中检查其位置，反之亦然。

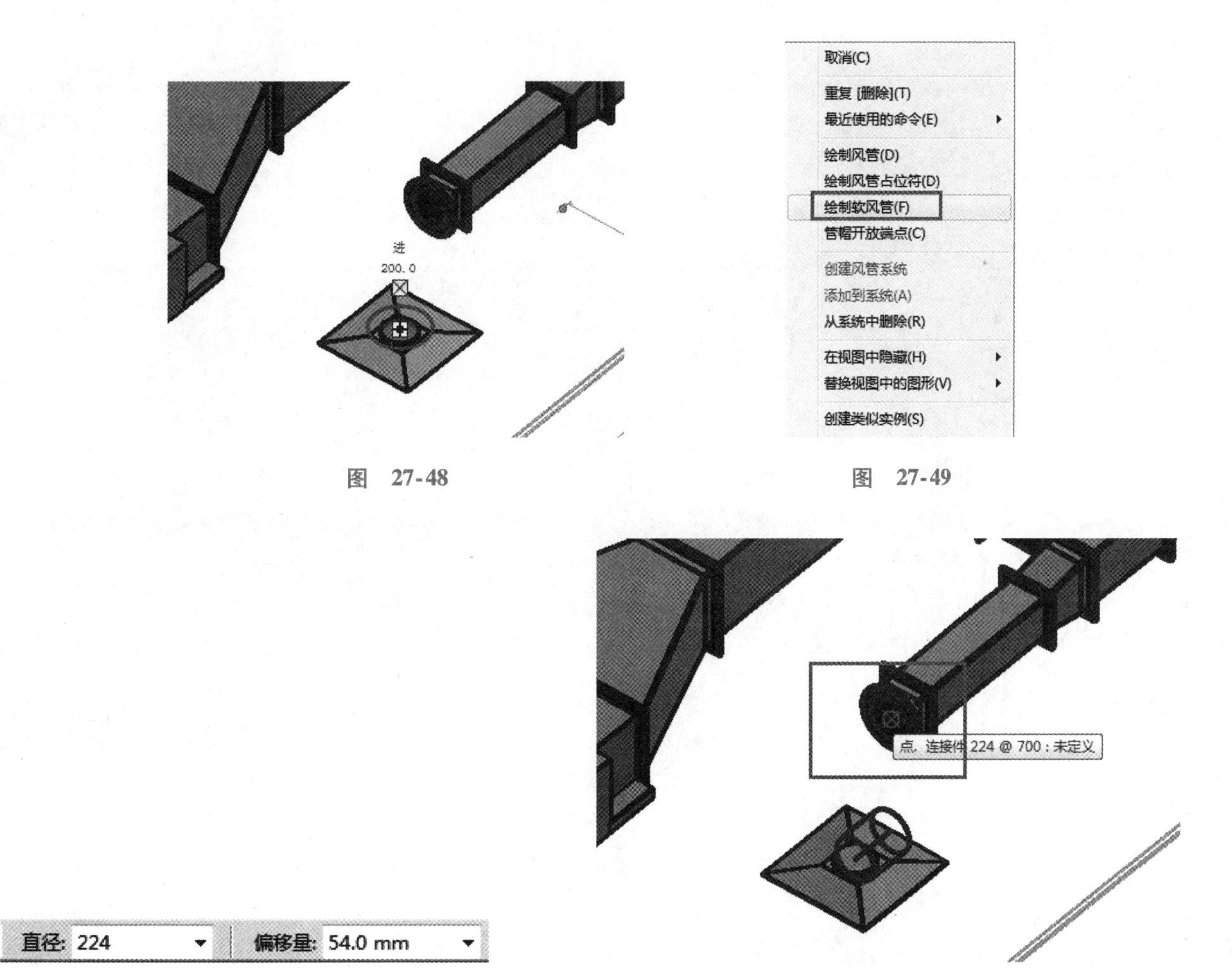

图　27-48　　　　图　27-49

图　27-50　　　　图　27-51

系统浏览器 - WFP-RME2015-12-MechanicalA

视图: 系统　全部规程

系统	流量	尺寸
Mechanical Supply Air 8	404....	
Mechanical Supply Air 9	330....	
Mechanical Supply Air 10	108....	
Mechanical Supply Air 11	344....	
Mechanical Supply Air 12	172....	
Mechanical Supply Air 13	118....	
Mechanical Supply Air 14	280....	
Mechanical Supply Air 15	360....	
Mechanical Supply Air 16	326....	
Mechanical Supply Air 17	660....	
Mechanical Supply Air 18	560....	
Mechanical Supply Air 19	540....	
Mechanical Supply Air 20	260....	
Mechanical Supply Air 21	260....	
机械 Supply Air Room 2	810....	
Fan Coil Unit with Plenu...	810....	1100...
Supply Diffuser - Rectan...	135....	200
Supply Diffuser - Rectan...	135....	200
Supply Diffuser - Rectan...	135....	200
Supply Diffuser - Rectan...	135....	200
Supply Diffuser - Rectan...	135....	200
Supply Diffuser - Rectan...	135....	200

图　27-52

单元 28
电气系统

单元概述

电气工程内容丰富多样，从数据、通信到安全，甚至连护理呼叫装置也离不开电气系统。本单元主要介绍电力系统和开关系统的基本设置和与之相关的工具及工作流程，介绍电气系统和开关系统的创建方法和流程，以及电气线路的绘制方法。

电气系统也可称为配电系统和电路（图28-1），它们在根本上都是为了将相似的图元连接起来，以分配一定的参数和负荷需求。

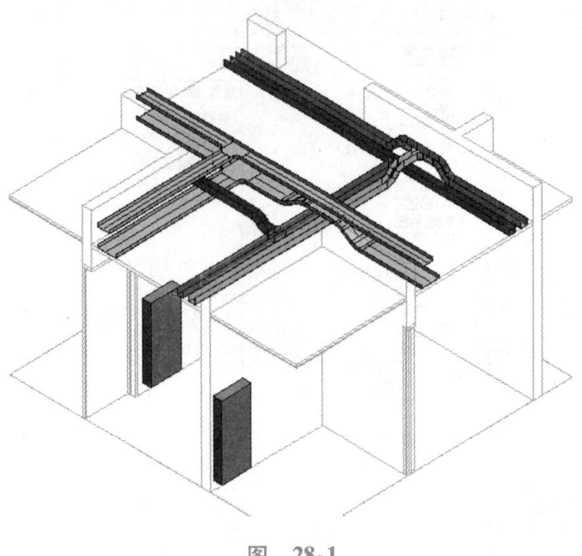

图 28-1

单元目标

1. 了解电气属性参数设置。
2. 学会导线的绘制方法和编辑。
3. 学会电缆桥架和线管的绘制方法和编辑。
4. 学会开关系统的创建。
5. 学会电力系统的创建。

28.1 电气设置

启动【电气设置】对话框的方法有两种：在【系统】选项卡下【电气】面板中，单击右下角处的斜箭头打开【电气设置】对话框；或者在【管理】选项卡下的【设置】面板中，选择【MEP 设置】选项下拉列表中的【电气设置】进入对话框，如图28-2所示。

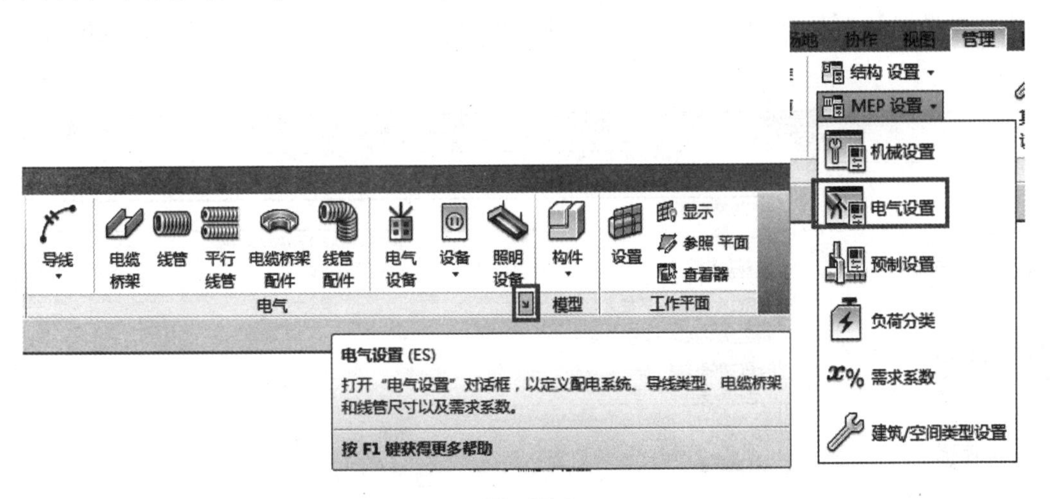

图 28-2

【电气设置】对话框（图28-3）可以指定配线参数、电压定义、配电系统、电缆桥架和线管设置，以及负荷计算和电路编号设置等。

28.1.1 隐藏线

使用【电气设置】对话框中的【隐藏线】可以指定在电气系统中如何绘制隐藏线。【隐藏线】设置属性参数包括以下内容。

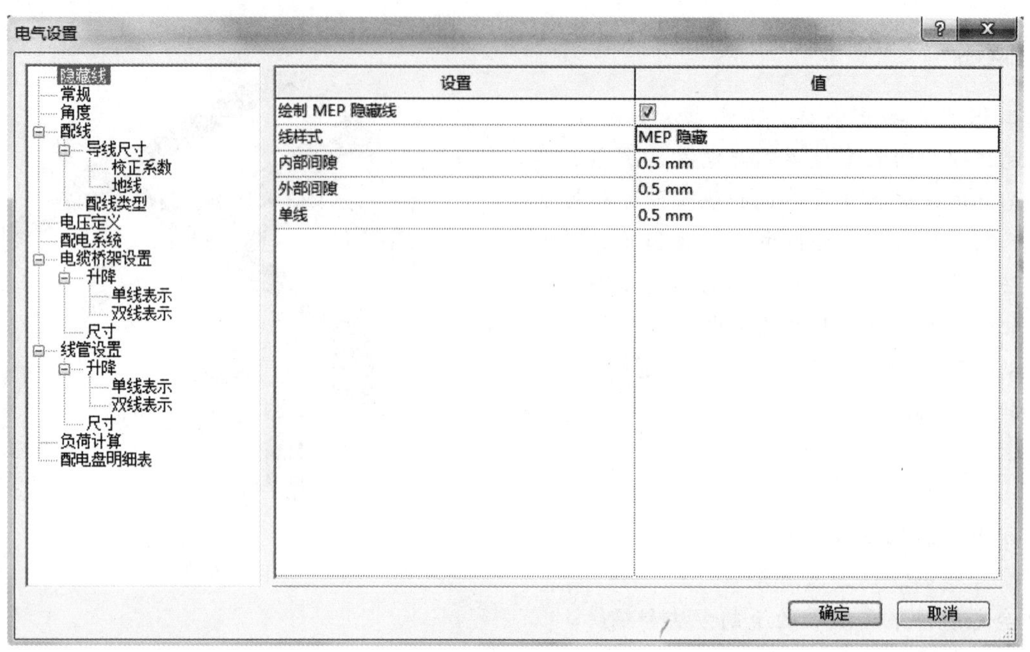

图 28-3

1）绘制 MEP 隐藏线：指定是否按隐藏线所指定的线样式和间隙来绘制电缆桥架和线管。

2）线样式：指定桥架段交叉点处隐藏段的线样式。

3）内部间隙：指定在交叉段内显示的线的间隙。

4）外部间隙：指定在交叉段外部显示的线的间隙。

5）单线：指定在交叉段位置处单隐藏线的间隙。

28.1.2 常规

使用【电气设置】对话框中的【常规】选项（图 28-4）可以定义基本参数设置电气系统的默认值。

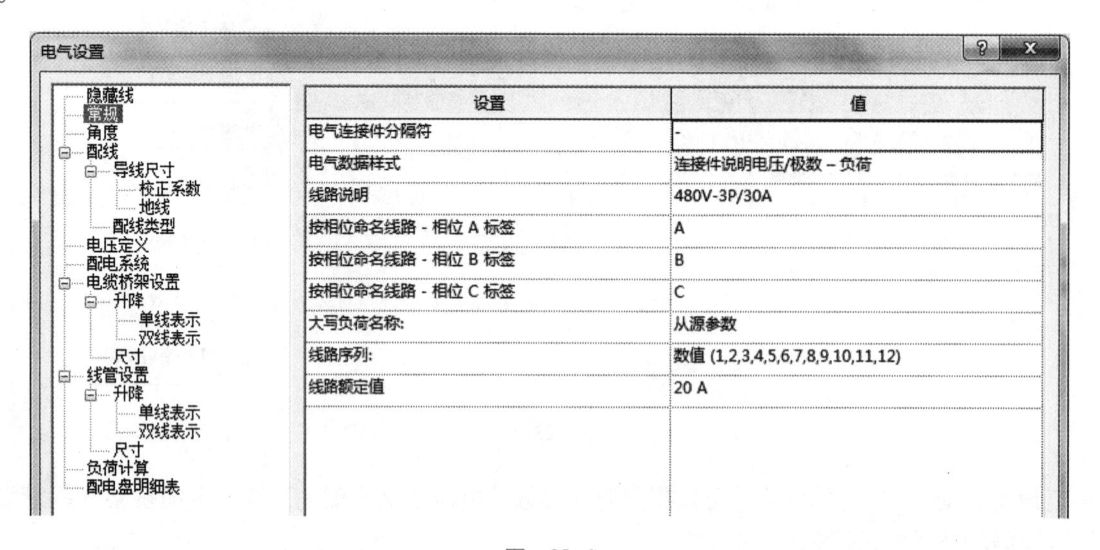

图 28-4

28.1.3 角度

使用【电气设置】对话框中的【角度】（图 28-5）可以指定在添加或修改电缆桥架或线管时要使

用的管件角度。

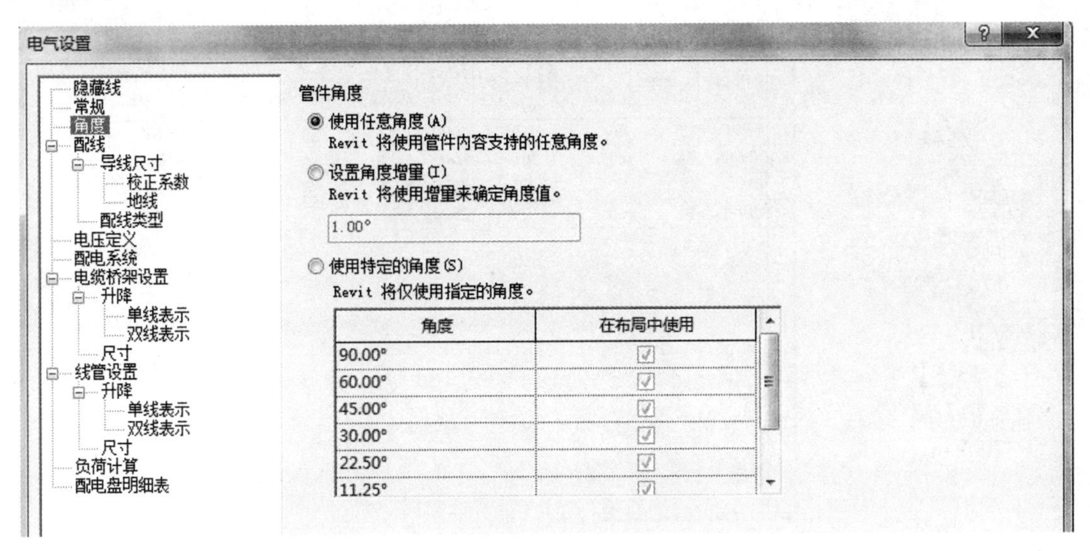

图 28-5

使用【传递项目标准】功能可以将管件角度的设置复制到其他项目中。管件角度的设置有以下几种情况。

1）使用任意角度：Revit将使用管件内容支持的任意角度。

2）设置角度增量：指定用于确定角度值的角度增量。

3）使用特定的角度：指定要使用的具体角度。

28.1.4 配线

【电气设置】对话框中的【配线】（图28-6）右侧面板中包含配线表。配线表中的设置决定着Revit对于导线尺寸的计算方式及导线在项目电气系统平面图中的显示方式。

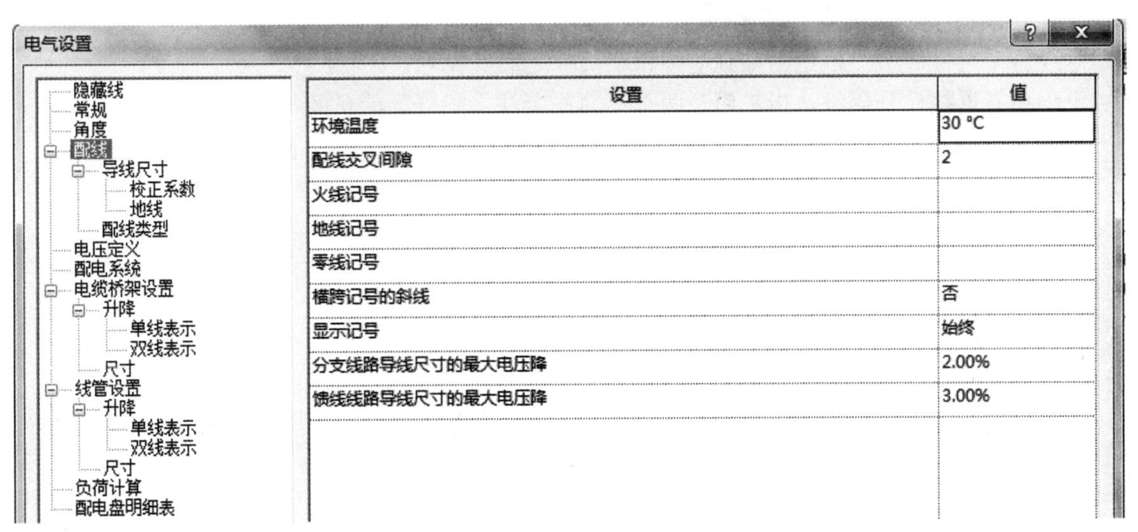

图 28-6

使用【配线类型】可以指定能在项目中使用的导线类型，可以根据需要添加或删除导线类型，如图28-7所示。可以为一个项目指定多个导线类型，在导线类型表中指定的第一项，是在项目中创建的线路所使用的默认导线类型，这应当是项目中大部分配线所用的导线类型。可以在线管的【属性】面板中为其选择其他导线类型。

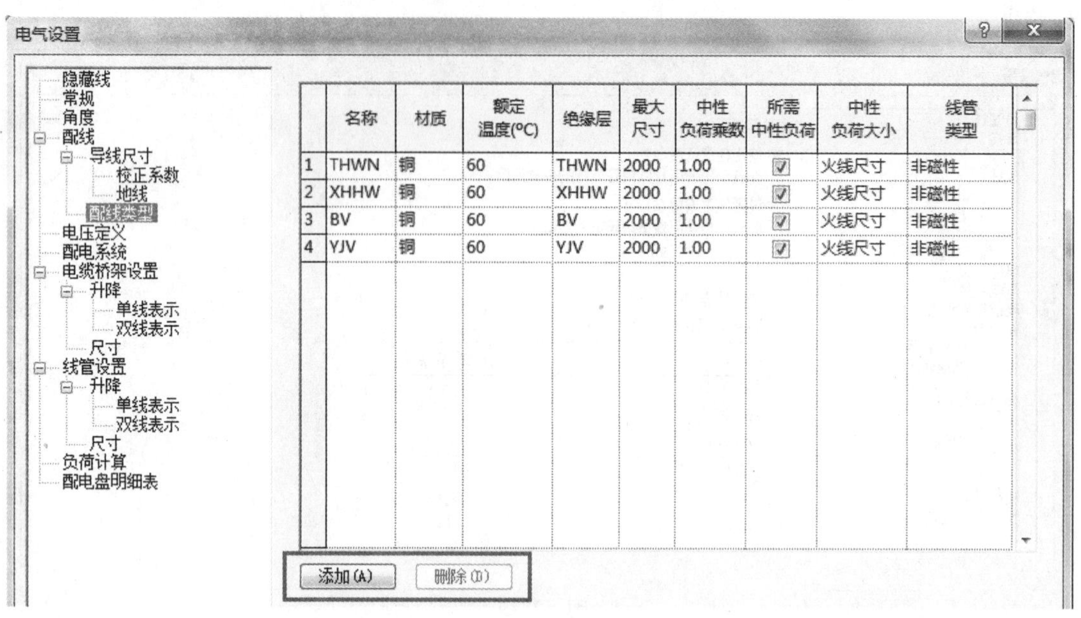

图 28-7

28.1.5 电缆桥架设置

【电气设置】对话框内的【电缆桥架设置】选项的右侧面板中（图 28-8）包含下列选项。

1）为单线管件使用注释比例：指定是否按照【电缆桥架配件注释尺寸】参数所指定的尺寸绘制电缆桥架管件。修改该设置时并不会改变已在项目中放置的构件的打印尺寸。

2）电缆桥架配件注释尺寸：指定在单线视图中绘制的管件的打印尺寸。无论图纸比例为多少，该尺寸始终保持不变。

3）电缆桥架尺寸分隔符：指定用于显示电缆桥架尺寸的符号。例如，如果使用 x，则高度为 12in、深度为 4in 的电缆桥架将显示为 12in × 4in。

4）电缆桥架尺寸后缀：指定附加到电缆桥架尺寸之后的符号。

5）电缆桥架连接件分隔符：指定用于两个不同连接件之间分隔信息的符号。

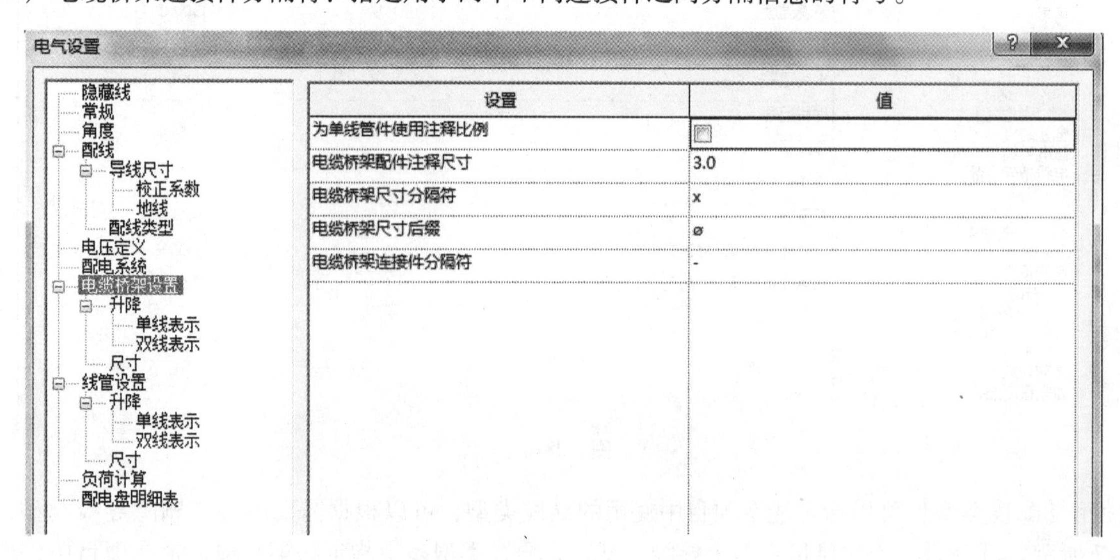

图 28-8

使用【尺寸】（图 28-9）可以指定能在项目中使用的电缆桥架尺寸，可以根据需要添加、修改或删除尺寸。针对每个缆桥架尺寸，【用于尺寸列表】参数指定该尺寸将显示在整个 Revit 内的列表中，包括电缆桥架布局编辑器和电缆桥架修改编辑器。

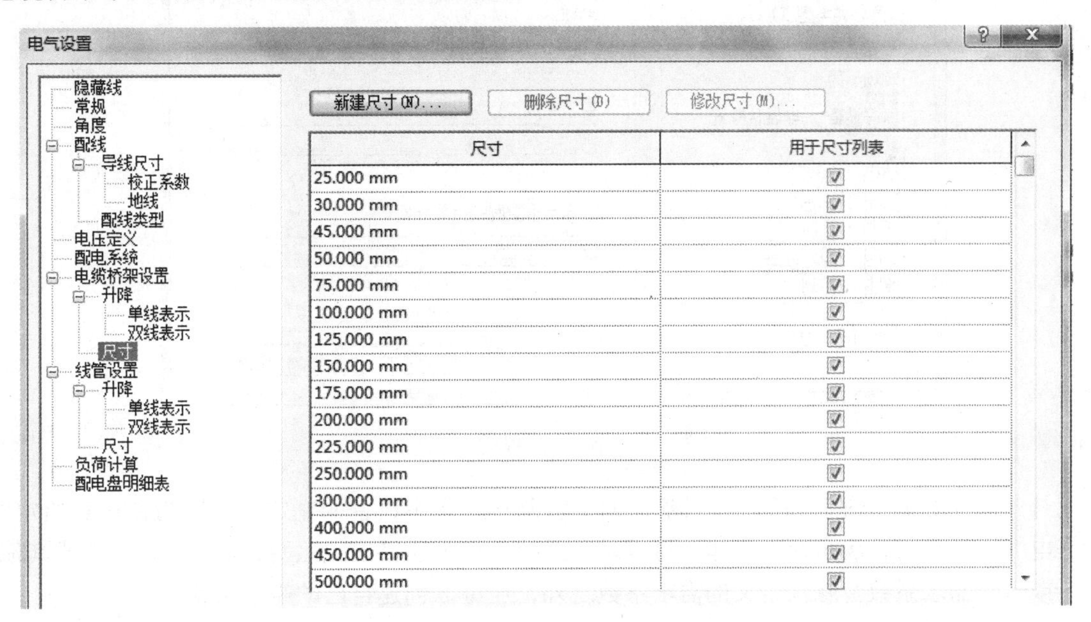

图 28-9

28.1.6 负荷计算

【电气设置】对话框内的【负荷计算】(图 28-10) 可以指定是否为空间中的负荷启用负荷计算。

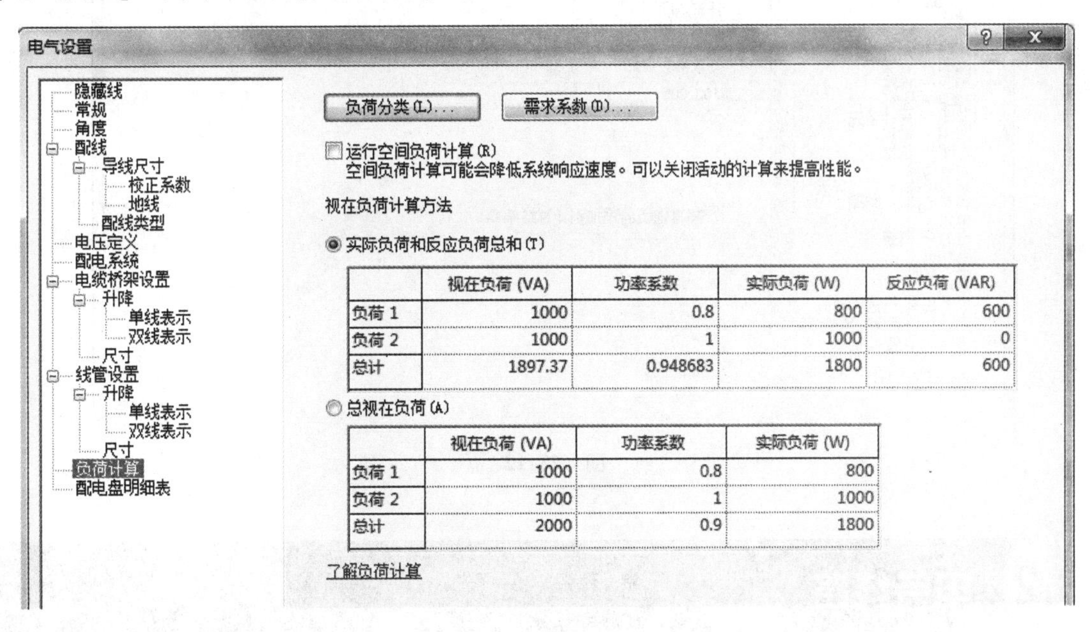

图 28-10

可以对连接到配电盘的每种类型的电气负荷进行分类（图 28-11），这些分类称为【负荷分类类型】。例如，电气连接件将具备对负荷分类的参照，可以指定需求系数并为其指定相应的负荷分类，之后这些分类会被指定给电气连接件。可以为 HVAC、照明、电机和电力等系统创建负荷分类类型，负荷分类类型可以在【MEP 设置】中进行创建和编辑，除预定义的负荷分类之外，还可以创建自己的负荷分类。

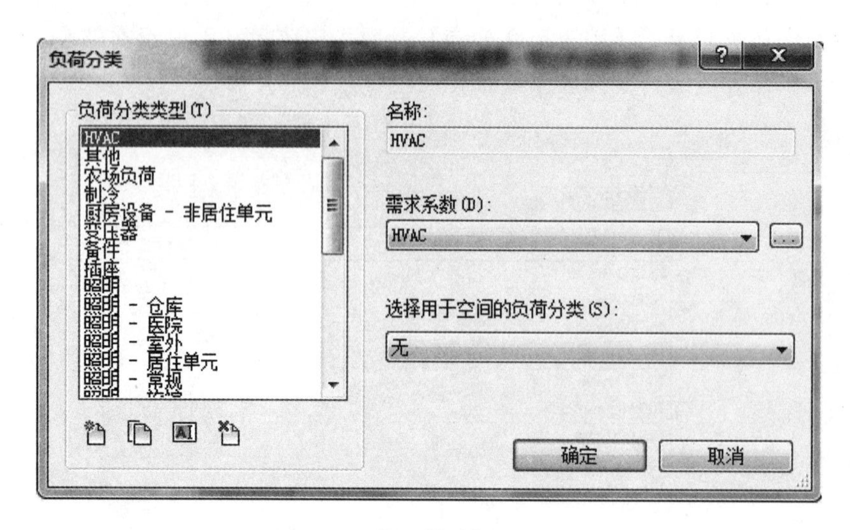

图　28-11

使用【需求系数】（图 28-12）可以基于期望值调整建筑主设备的额定值，因为在任意给定时刻，并非所有电气设备都将在满负荷下工作。可以基于系统负荷为项目中的照明、电力、HVAC 或其他系统指定一个或多个需求系数。除预定义的需求系数之外，还可以创建自己的需求系数。

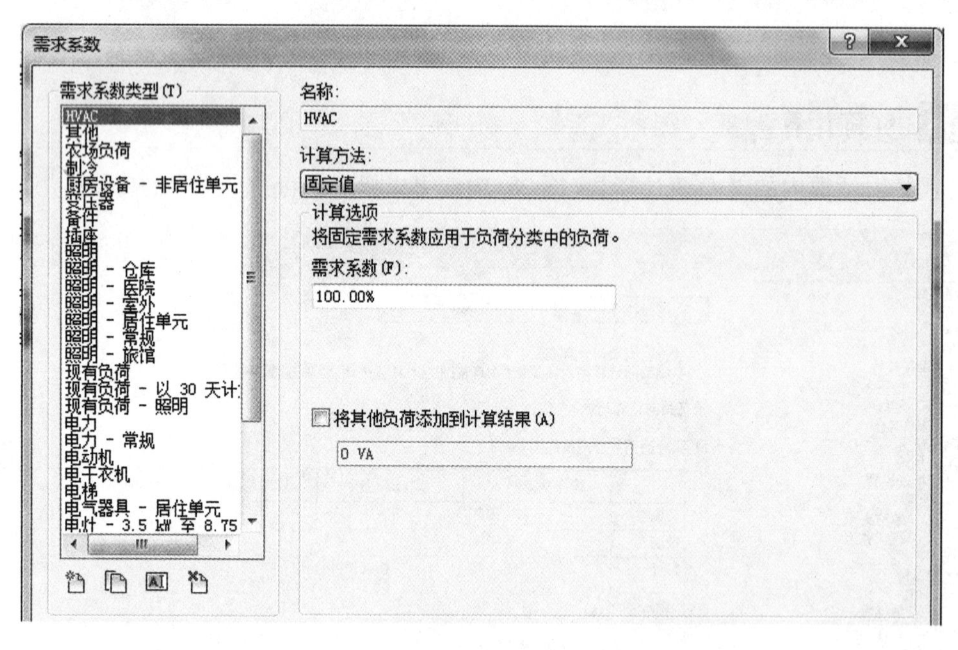

图　28-12

28.2 电气线路

电气线路包括导线、电缆桥架和线管。

28.2.1 导线

导线是 2D 图元，比起模型实体，导线更像是注释对象，并能通过用户的自行决定得以实现。为了方便电路计算负荷和成功运作，诸如照明电路和环形电路一类的互连构件模型不需要显示导线连接。Revit 软件里有三种形式的导线可供终端用户选择（图 28-13），这三种形式的导线特征相同。

1）弧形导线：呈三个点的弧状显示，这三个点分别位于开端、中端和末端。

2）样条曲线导线：将在指定的控制点之间提供平滑曲线。

3）带倒角导线：仅仅位于每个线段的交点处，将切断拐角。

在选定一种线路以后，将出现一对标记，这两种标记会为自动生成导线（弧形导线或带倒角导线），以及连接系统中的构件提供选项。每条导线的属性信息可以从这些导线连接的构件中获取，或者在图元属性面板中进行设定，如图 28-14 所示。导线是视图的特有图元，并且仅仅根据平面视图的要求进行添加。

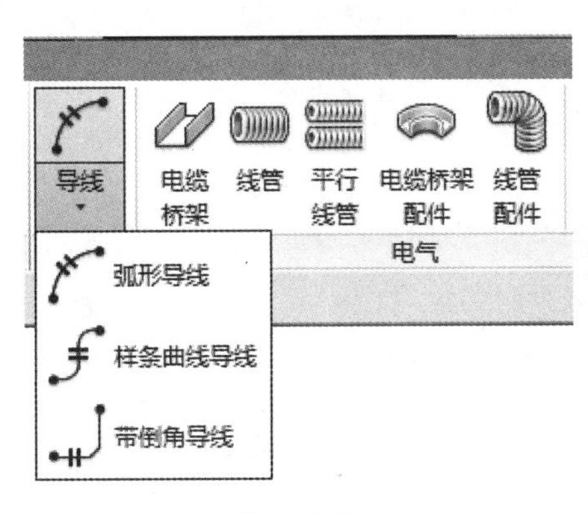

图　28-13

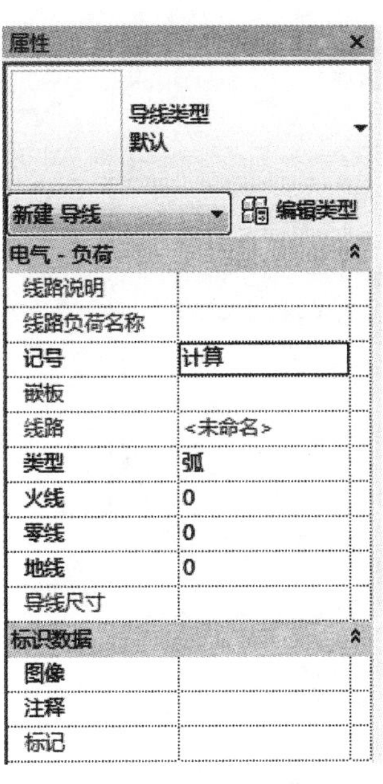

图　28-14

28.2.2 电缆桥架和线管

将电缆桥架和线管添加到设计中，这时可以使用管件也可以不使用管件，还可以在绘制好管段和管路后再添加管件。在想要进行修改时，选择电缆桥架、线管或管件。电缆桥架和线管与风管、管道及导线系统不同，因为它们不具有系统性，由用户根据其运行的地点、连接的图元和大小尺寸自行界定，如图 28-15 所示。

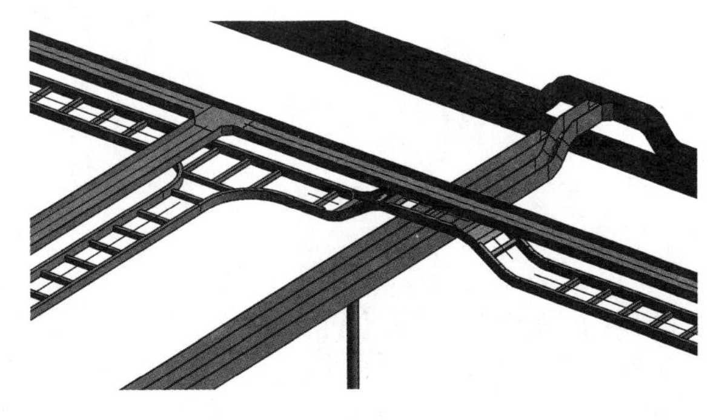

图　28-15

1. 电缆桥架

在【系统】选项卡下的【电气】面板中选择【电缆桥架】进行桥架绘制，并可以在【属性】面板中进行风管类型选择和类型属性设置。系统默认桥架类型为两大类：【带配件的电缆桥架】和【无配件的电缆桥架】，每类中又分为【梯级式电缆桥架】和【槽式电缆桥架】，如图 28-16 所示。

电缆桥架与风管和管道相似都需要管件。绘制电缆桥架之前，用户需要在【类型属性】对话框中为桥架添加各类管件，如图 28-17 所示。在 Revit 自带族库文件中【机电】→【供配电】→【配电设备】→【电缆桥架配件】载入电缆桥架各类管件，如图 28-18 所示。如果软件自带族库不能满足项目或者企业需求，可载入企业内部族构件。

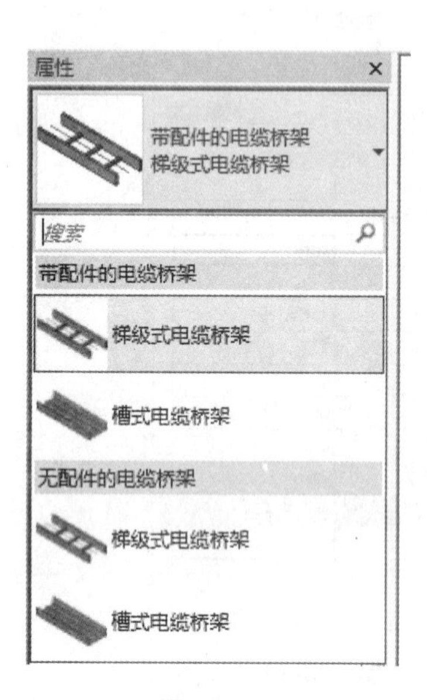

图 28-16

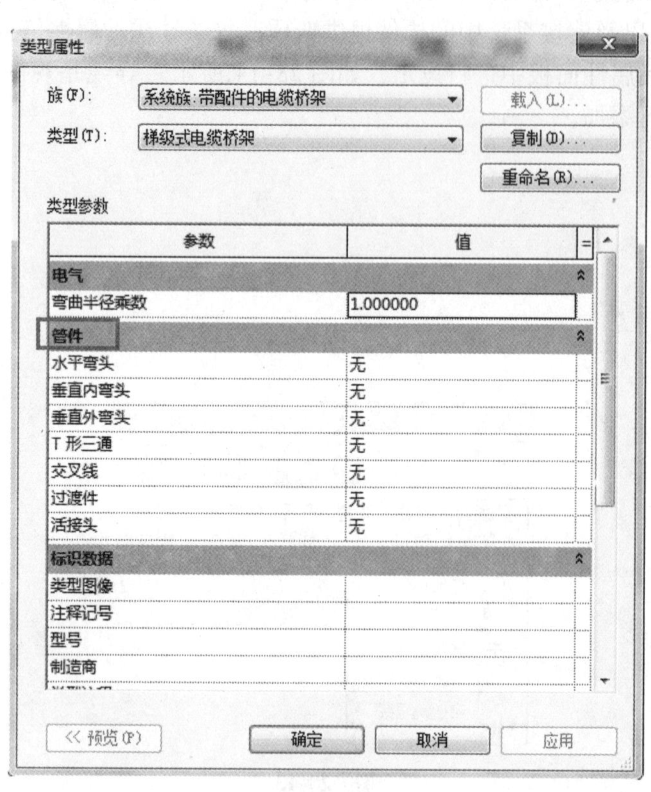

图 28-17

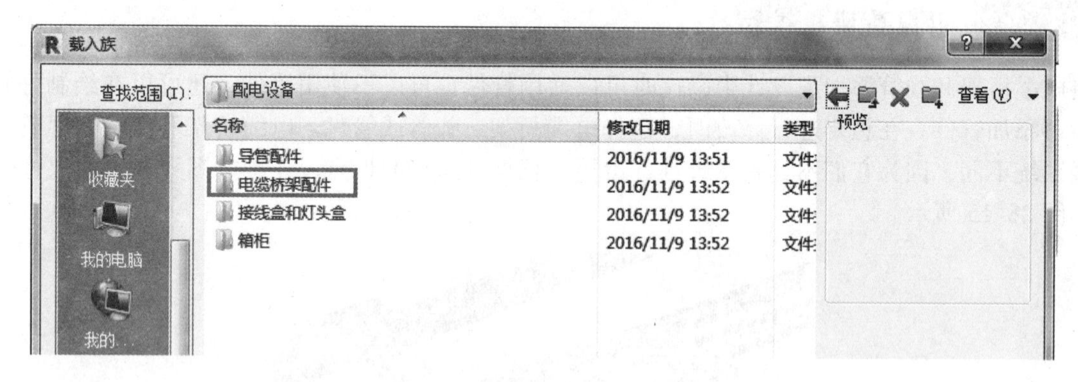

图 28-18

2. 线管

在【系统】选项卡下的【电气】面板中选择【线管】，进行绘制线管管路。系统默认线管类型为两类：【带配件的线管】和【无配件的线管】（图 28-19）。绘制线管主管路后，可以在其上添加新的管段，或者修改管路的管段，也可以将线管连接到某个电缆桥架管路。线管可以位于所连接电缆桥架的上方或下方，也可以与电缆桥架有相同的偏移量。

在绘制线管之前，同样需要在类型选择器中为线管添加管件（图 28-20），并在绘制线管时，可以在选项栏中指定【直径】【偏移量】和【弯曲半径】，如图 28-21 所示。

设置好电气管件之后，电缆桥架和线管将通过相关管件自动连接，因此如果分支被添加到了托盘的直线线路上，Revit 将自动决定恰当的连接方式并生成线路，如图 28-22 所示。

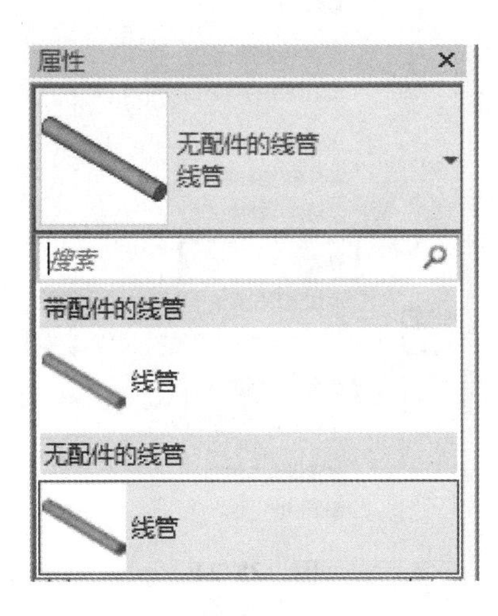

图 28-19

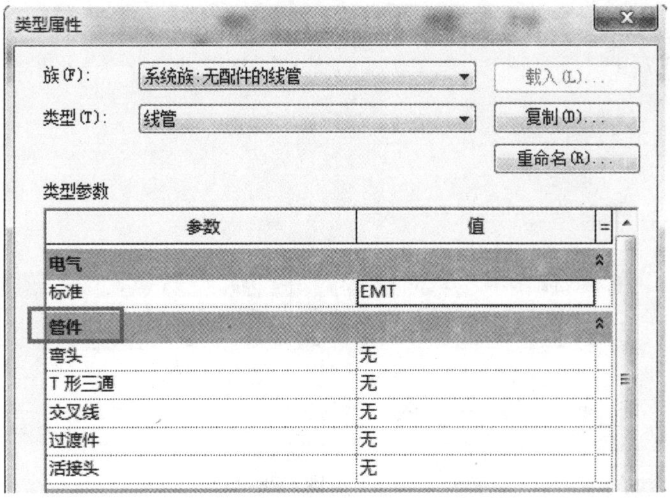

图 28-20

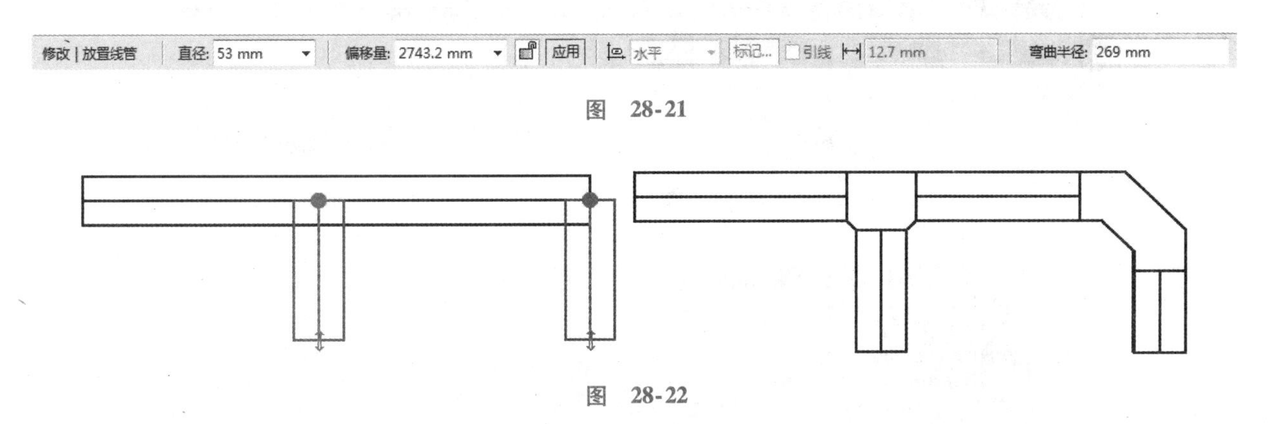

图 28-21

图 28-22

28.3 电气系统

电气系统可分为电力系统和开关系统。电力系统和电路把电流从配电盘中传递到相关的配件和装置中。电力系统和电路与风管和管道系统的工作原理相同，都是连接如插座和设备一类的配件，形成系统和负荷计算的基础。

28.3.1 开关系统

单击【修改|照明设备】选项卡下【创建系统】面板中的【开关】（图 28-23），可以将照明设备指定给项目中的特定开关。开关系统与照明线路和配线不相关。还可以通过在照明设备的连接件上单击鼠标右键，在菜单中选择【创建开关系统】来创建照明开关系统，如图 28-24 所示。

创建好开关系统后，还可以编辑开关系统，可添加或删除照明设备，选择开关或断开与开关的连接，以及查看系统和开关属性。单击【开关系统】选项卡下的【系统工具】面板中的【编辑开关系统】（图 28-25），启动编辑开关系统界面，如图 28-26 所示。

选择某个开关系统后，选项栏上会激活下列选项。

1）开关 ID：按类型列出项目中的所有开关。如果已指定一个开关 ID，则该开关 ID 会显示在圆括号中。可以在绘图区域中或从【开关 ID】下拉列表中选择开关。

2）设备数：显示当前系统中的照明设备数。在此值中不将系统的开关计算在内。

图 28-23

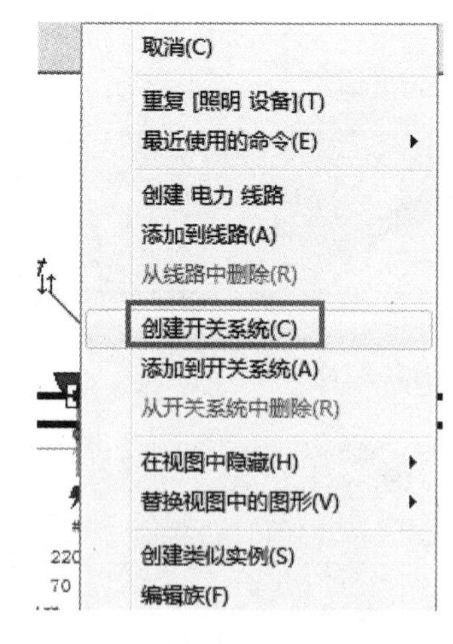

图 28-24

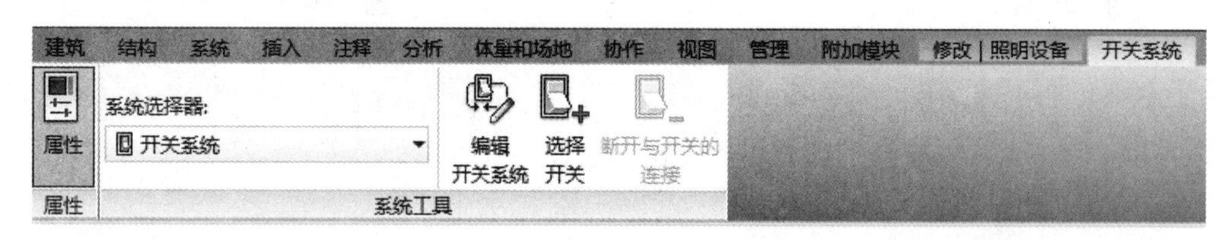

图 28-25

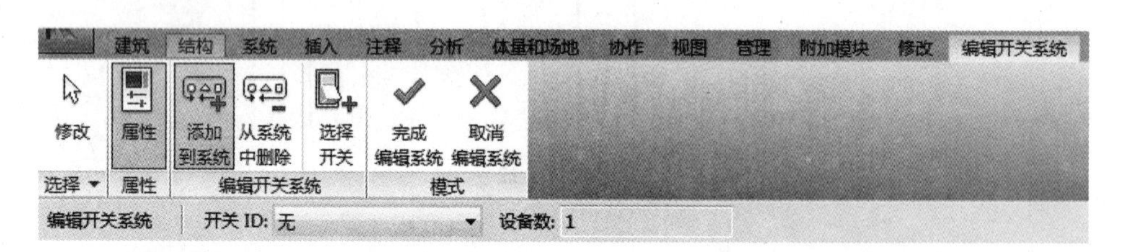

图 28-26

28.3.2 电力系统

电力系统的创建有两种方式：

单击【修改 | 照明设备】选项卡下【创建系统】面板中的【电力】（图 28-27），创建电力系统；还可以通过在电力设备的连接件上单击鼠标右键，在菜单中选择【创建 电力 线路】来创建电力系统，如图 28-28 所示。

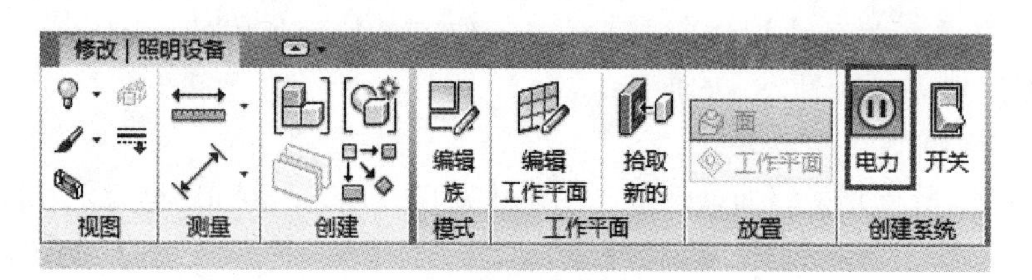

图 28-27

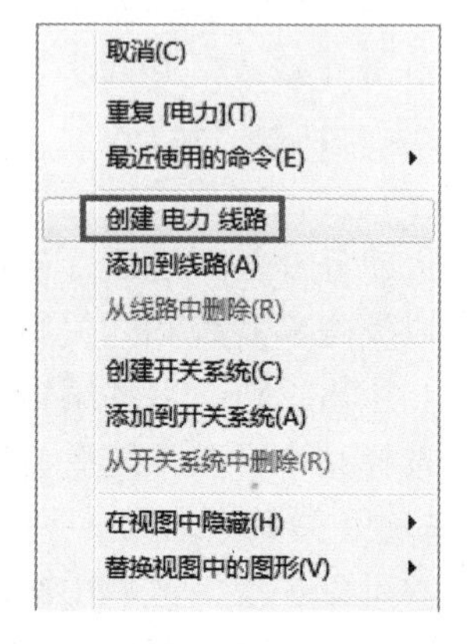

图 28-28

选中系统后，单击【修改 | 电路】选项卡下【系统工具】面板中的【编辑线路】，可以编辑电力系统内的线路，添加或删除电气构件。【选择配电盘】可以为系统添加配电设备，如图 28-29 所示。

图　28-29

28.4 单元练习

本练习提供了操作电气装置、电气系统、配电盘和过滤器的实践案例。在完成练习的过程中，用户将熟悉电气系统的创建，将电气系统连接到配电盘，添加弧形导线，以及在应用过滤器之前创建开关系统。

1）打开起始文件 WFP-RME2015-28-ElectricalA. rvt，在【项目浏览器】中打开【楼层平面：Ground Floor】视图。照明设备不是电源电路的某个部分，这些设备已经过过滤被标记成了洋红色。同时，这些照明设备所获取电力的配电盘也被标记成了红色，如图 28-30 所示。

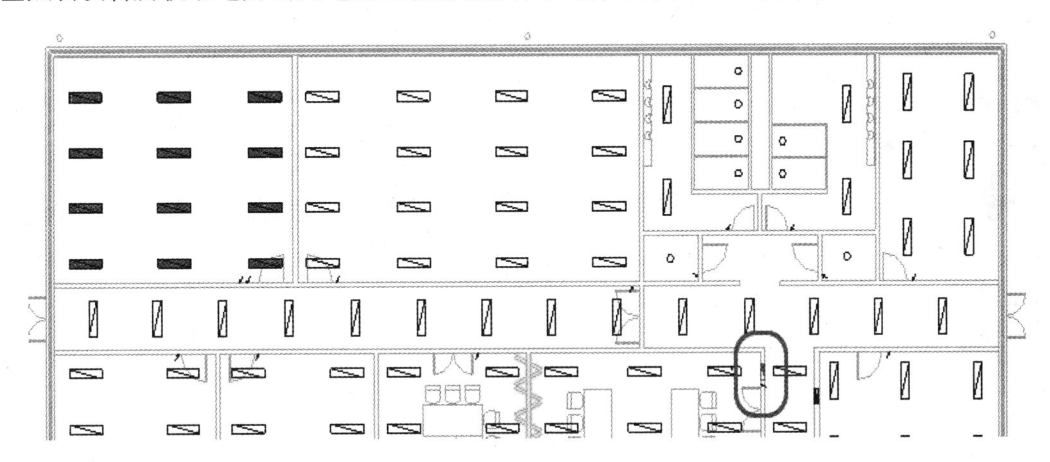

图　28-30

2）放大标记了洋红色照明设备的房间。

3）利用 <Ctrl> 键，选择第一行、第三行的照明设备和下方左侧的照明开关，如图 28-31 所示。

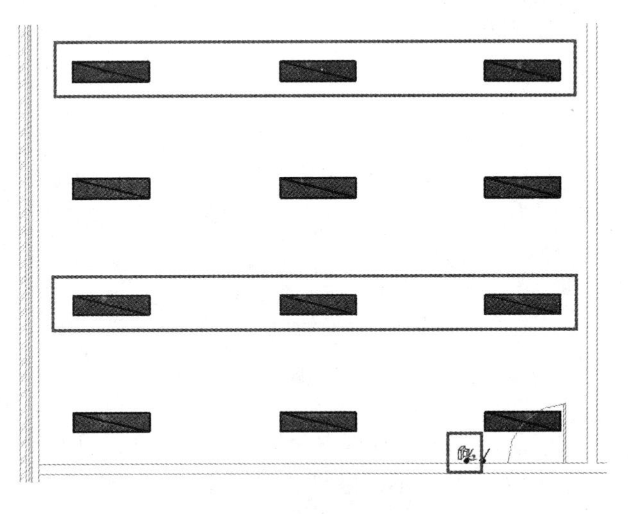

图　28-31

4）在【修改 | 选择多个】选项卡下【创建系统】面板中选择【电力】（图 28-32），为图元创建系统。

注意：蓝色虚线（图 28-33）将连接每个设备和装置，一对标记将自动生成导线配置。

现在，我们将重复此操作，为余下的 6 个照明设备创建电路系统，并创建右侧照明开关，但是我们将用其他方法完成这些操作。

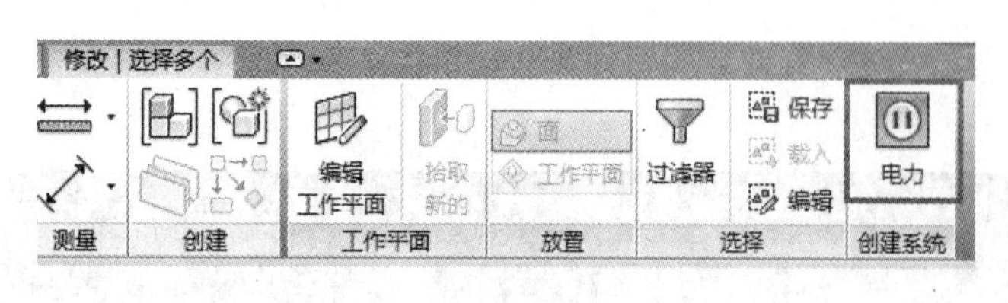

图 28-32

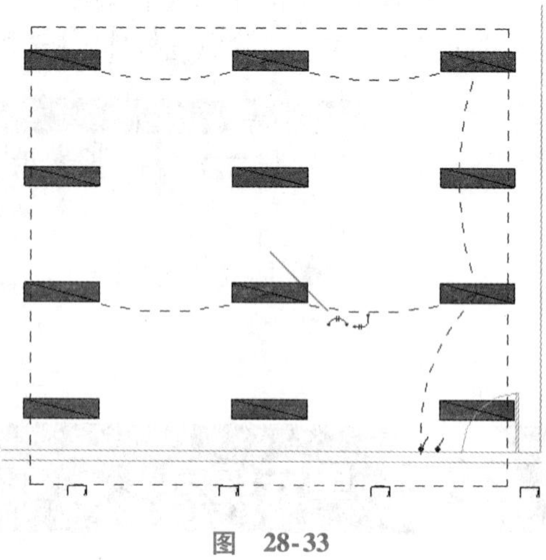

图 28-33

5）选择位于第二行的第一个照明设备，如图 28-34 所示。

6）在【修改 | 照明设备】选项卡下【创建系统】面板中选择【电力】（图 28-35），定义一个只包含一个设备的电力系统。

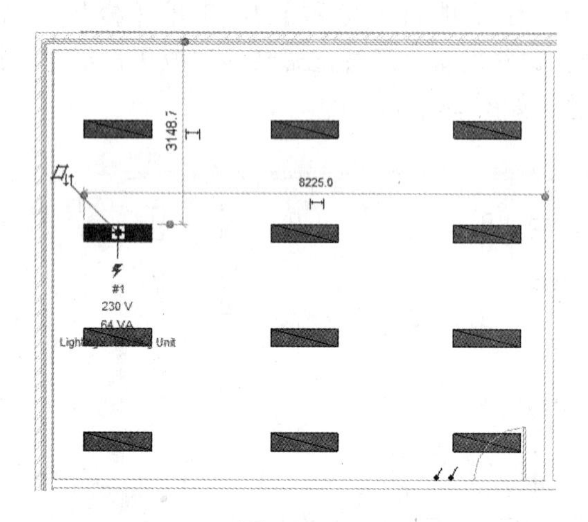

图 28-34

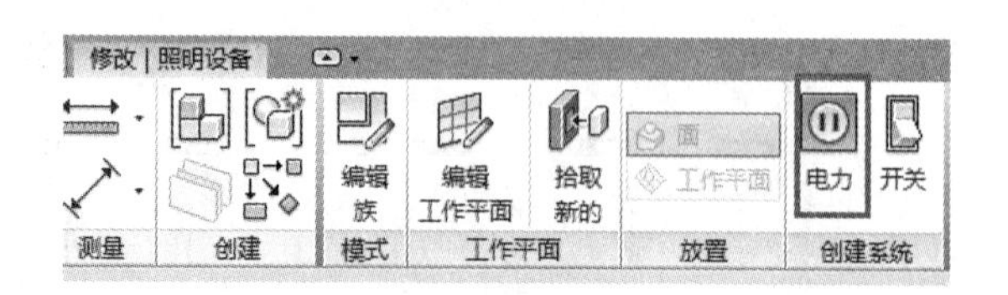

图 28-35

7）在【修改 | 电路】选项卡下【系统工具】面板中选择【编辑线路】（图 28-36），在第二行和第四行添加剩下的五个照明设备和右侧的照明开关，如图 28-37 所示。

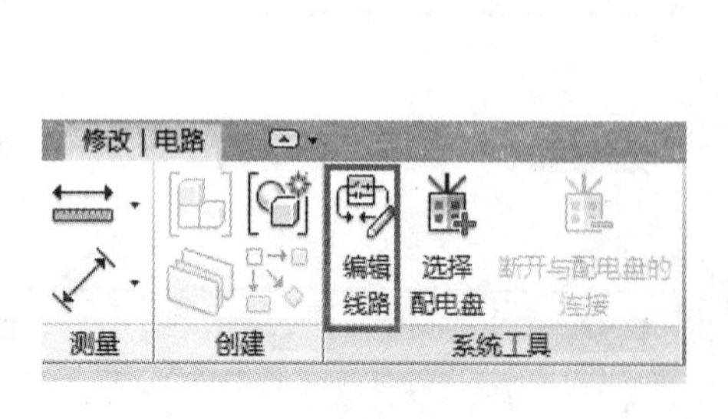

图 28-36

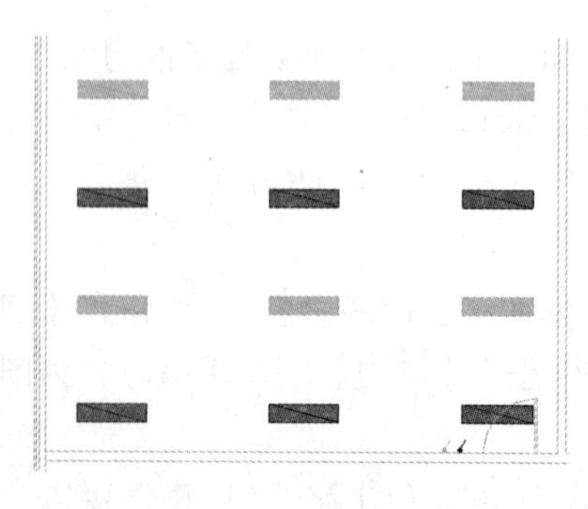

图 28-37

8）在【系统】选项卡下的【编辑线路】面板中选择【选择配电盘】（图 28-38），确定楼层平面中被标记为洋红色的配电盘，如图 28-39 所示。

9）单击【完成编辑线路】。

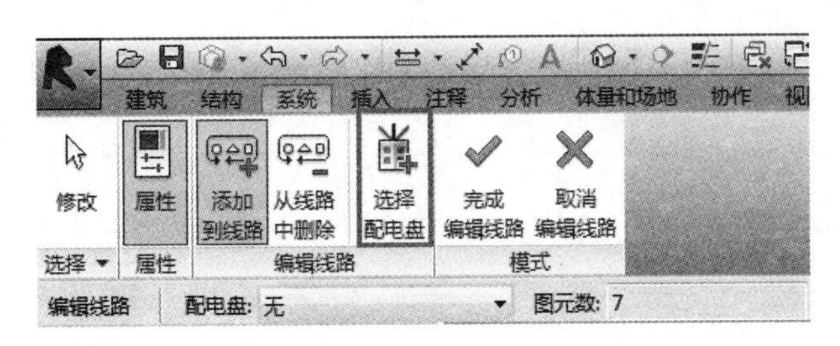

图　28-38

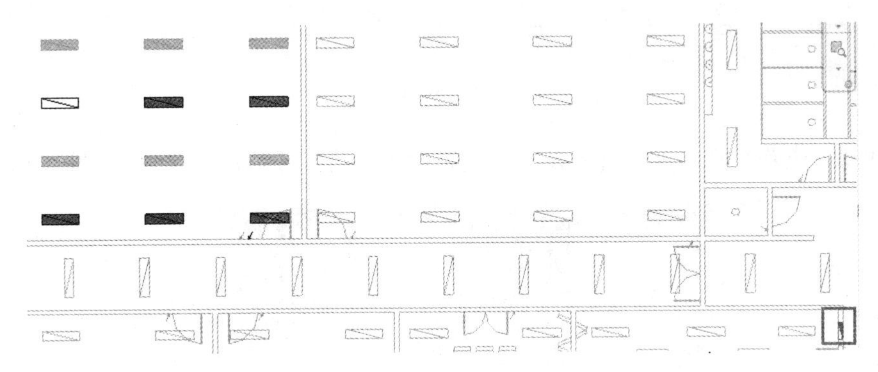

图　28-39

10）将光标悬停在第二行和第四行其中任意的一个照明设备上，使用<Tab>键切换选择这个新系统。

11）在【修改|电路】选项卡下【转换为导线】面板中选择【弧形导线】（图28-40），自动生成导线，如图28-41所示。

12）将光标悬停在第一组照明设备中的任意一个上，使用<Tab>键选择整个系统，如图28-42所示。

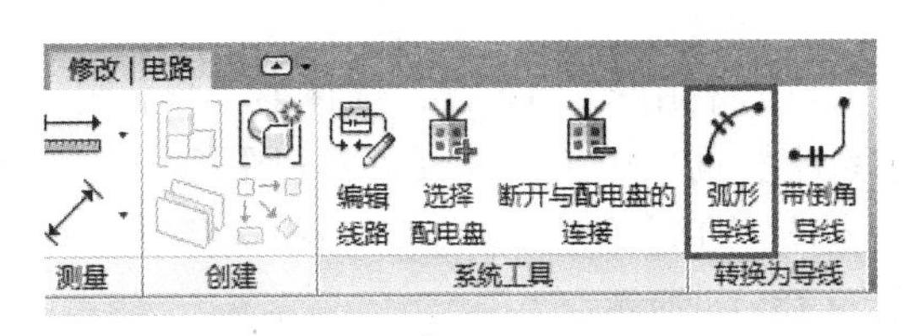

图　28-40

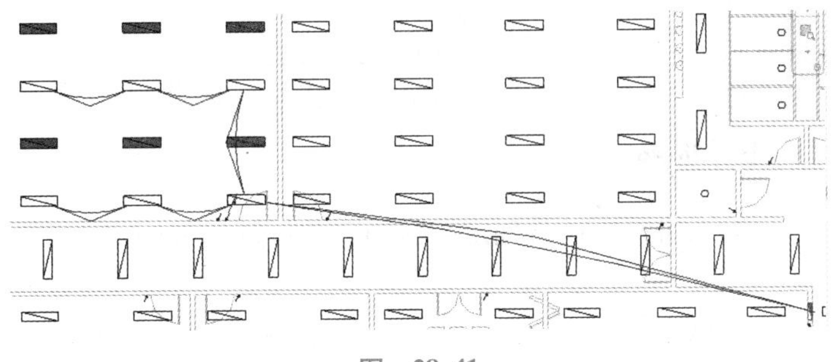

图　28-41

13）在【修改|电路】选项卡下【系统工具】面板中选择【选择配电盘】（图28-43），选择与之前相同的配电盘，如图28-44所示。

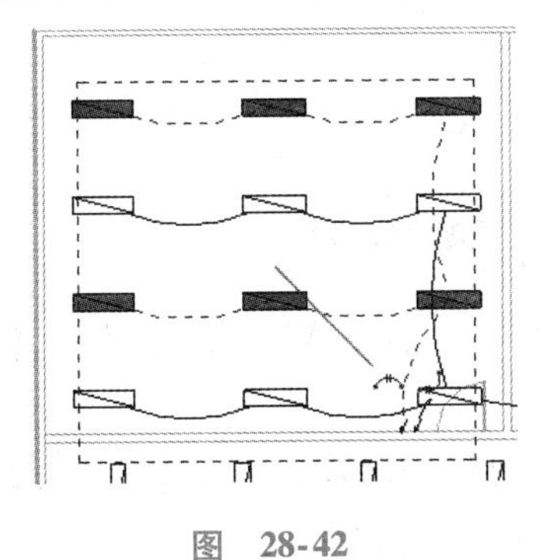

图　28-42

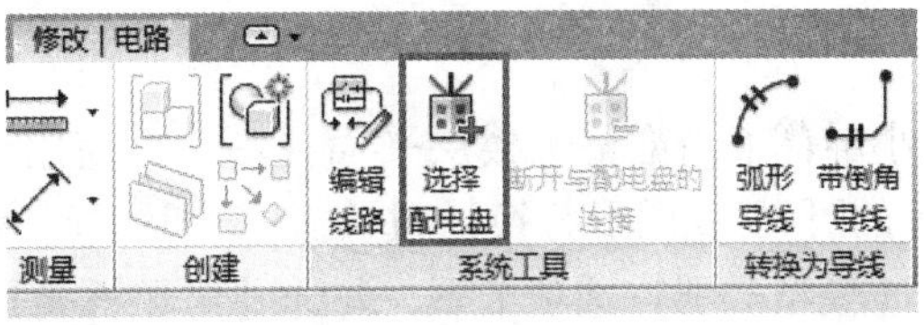

图　28-43

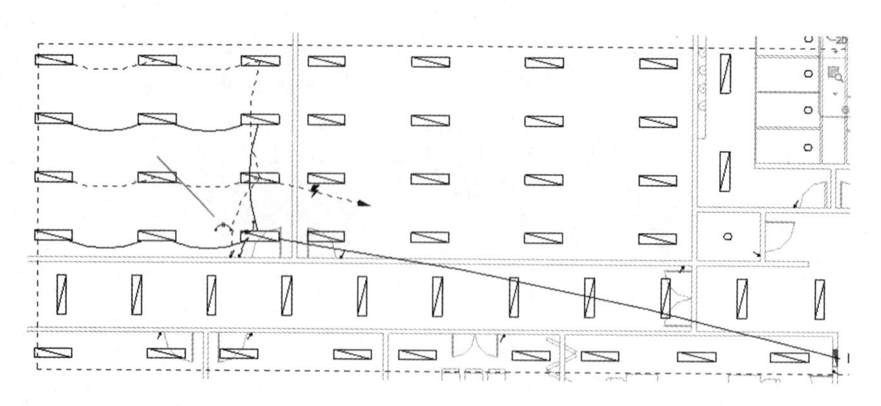

图 28-44

14）在【修改｜电路】选项卡下【转换为导线】面板中选择【弧形导线】，如图 28-45 所示。

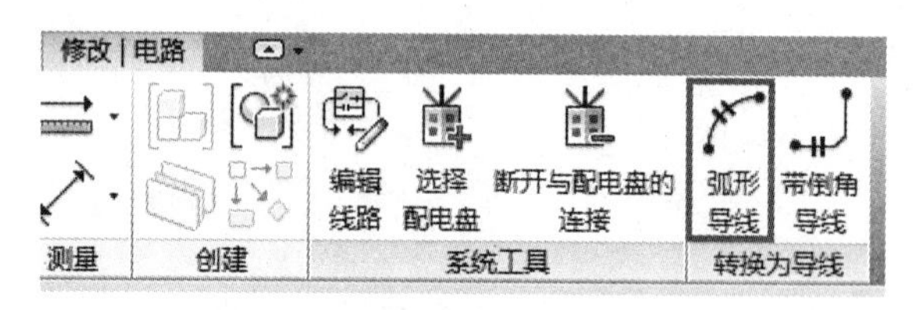

图 28-45

15）利用 <Ctrl> 键，选择第一行和第三行的六个照明设备，在【修改｜照明设备】选项卡下【创建系统】面板中选择【开关】（图 28-46），定义一个开关系统。

16）在【系统工具】面板中选择【选择开关】（图 28-47），确定相应的照明开关，生成开关系统，如图 28-48 所示。

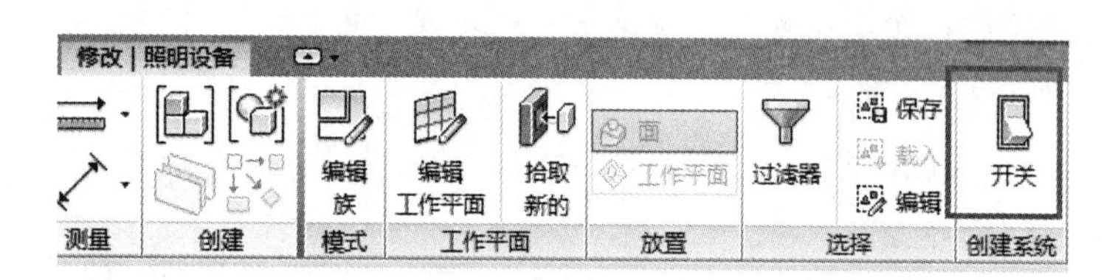

图 28-46

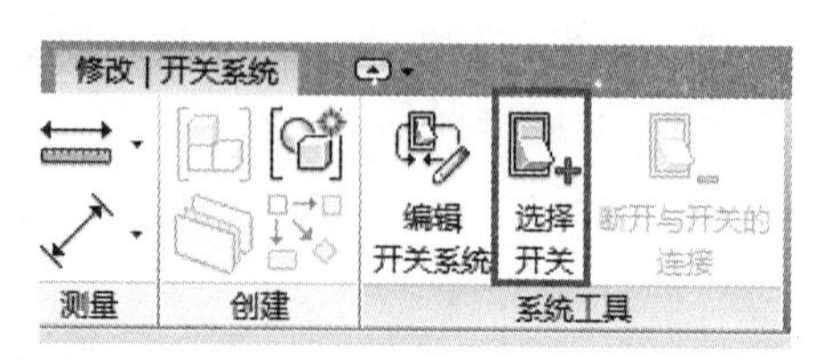

图 28-47

17）重复上述操作，为第二组照明设备确定相应的开关系统，如图 28-49 所示。

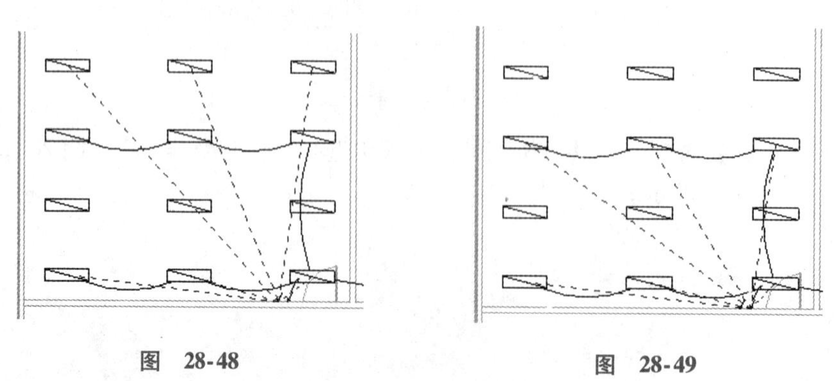

图 28-48　　图 28-49

18）缩小屏幕来浏览整个楼层平面视图，再使用快捷键 <VV> 或 <VG> 键来开启【楼层平面：Ground Floor 的可见性/图形替换】对话框。

19）在【模型类别】选项卡下，勾选【电缆桥架】和【电缆桥架配件】，以及【线管】和【线管配件】，单击【确定】按钮关闭对话框，如图 28-50 所示。

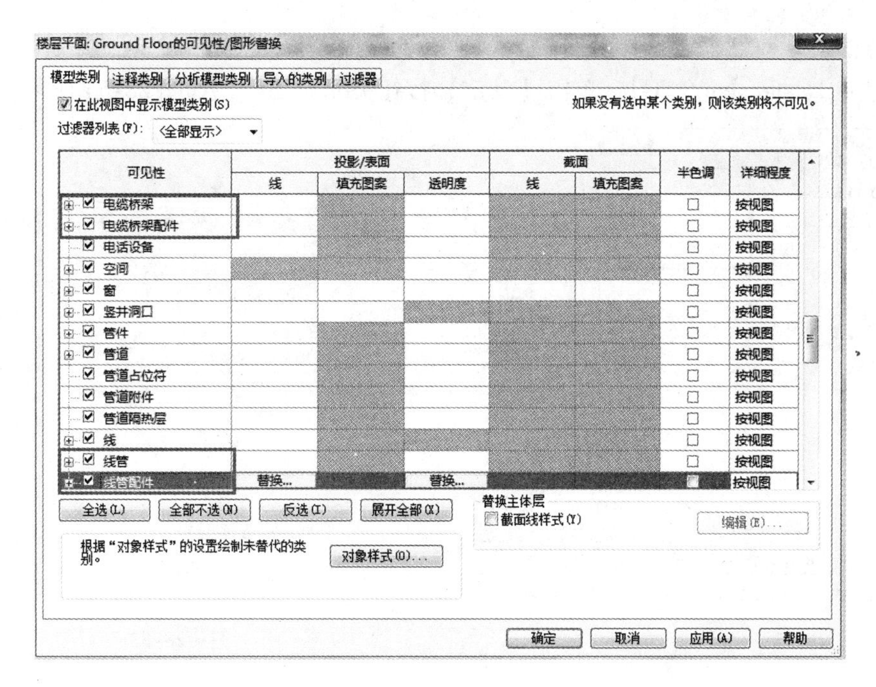

图　28-50

上述操作将显示在已经在模型中被界定的电缆桥架。现在，我们要通过设置过滤器来明确那些被分配来承载照明导线的图元。

20）同样，再次使用快捷键 <VV>，开启【楼层平面：Ground Floor 的可见性/图形替换】对话框，单击【过滤器】选项卡，如图 28-51 所示。

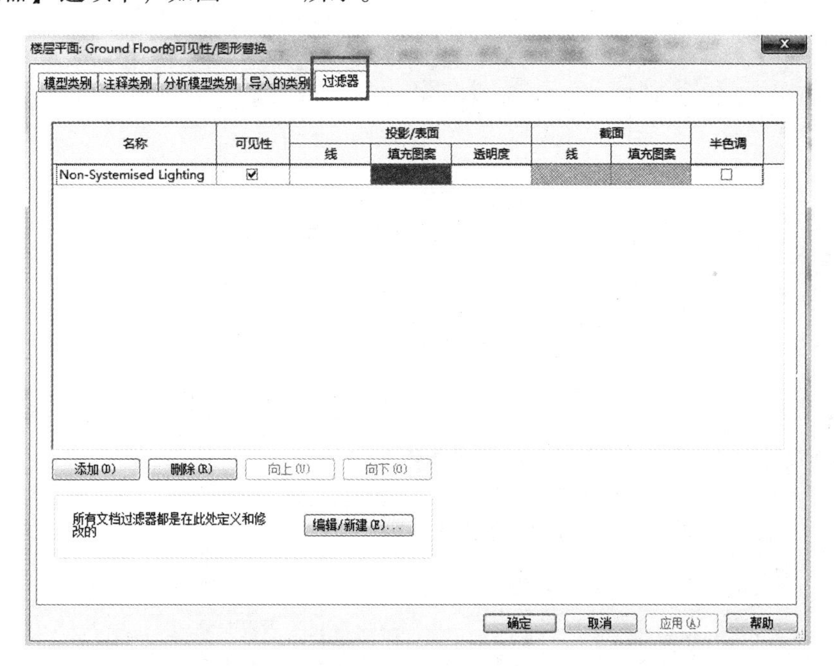

图　28-51

现存的过滤器将把未分配的照明设备标记为洋红色，所以在设定新的过滤器之前，须删除已存在的过滤器。

21）选择非系统照明设备过滤器并将其删除。

22）单击【添加】，在弹出的【添加过滤器】对话框中选择【编辑/新建】（图 28-52），来创建新的过滤器。

23）在【过滤器】对话框中选择【新建】（图 28-53），在弹出的【过滤器名称】对话框中，将新的过滤器命名为【Containment- LTG】，单击【确定】按钮关闭对话框，如图 28-54 所示。

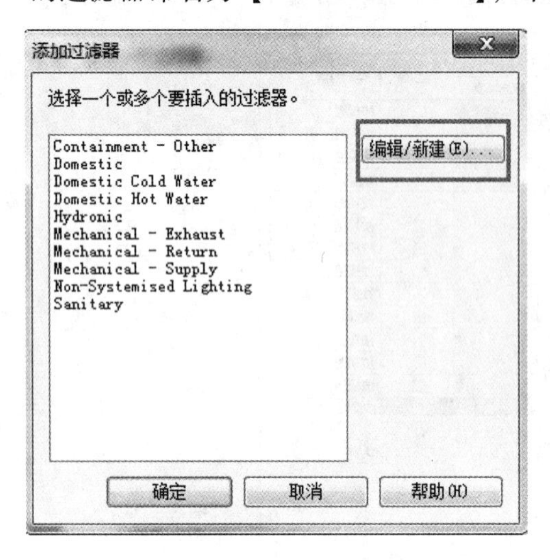

图 28-52

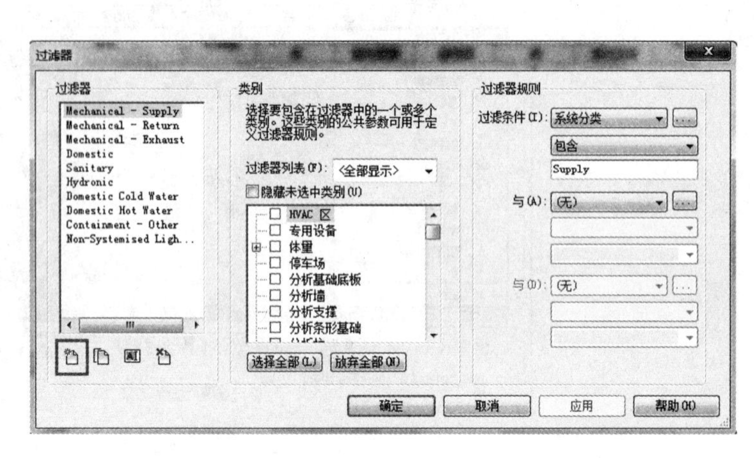

图 28-53

24）在【类别】面板下的【过滤器列表】内勾选【电缆桥架】【电缆桥架配件】【线管】和【线管配件】，如图 28-55 所示。

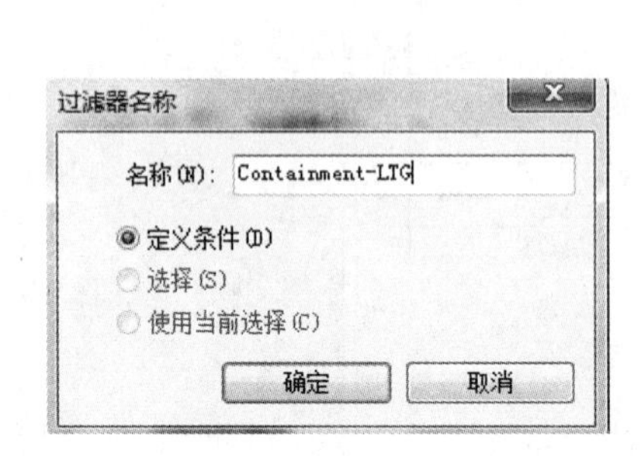

图 28-54

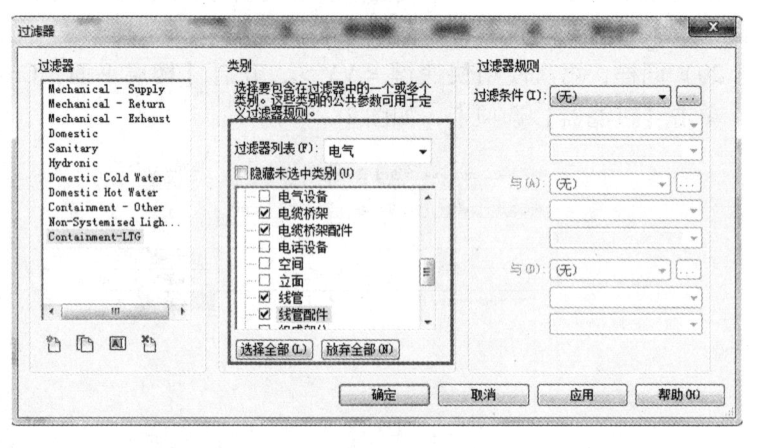

图 28-55

25）在【过滤器规则】面板下，设置【过滤条件】为【设备类型】【等于】【LTG】，如图 28-56 所示。

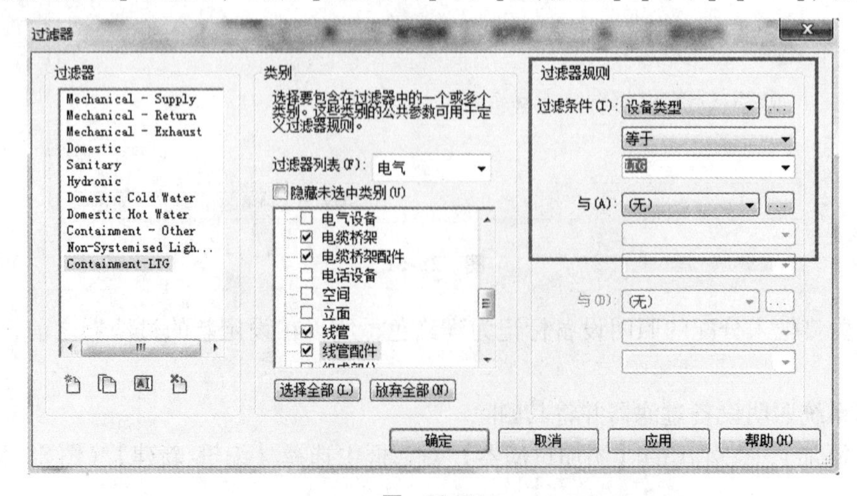

图 28-56

26）单击【确定】按钮，返回到【添加过滤器】对话框，利用 < Ctrl > 或 < Shift > 键选择新建的【Containment-LTG】过滤器和已经存在的【Containment-Other】过滤器，单击【确定】按钮，如图 28-57 所示。

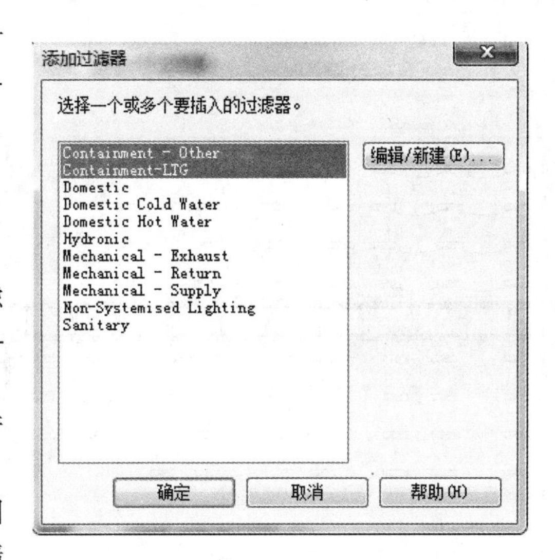

图　28-57

27）将【Containment-Other】过滤器【填充图案】设置成【颜色】为【RBG 128-255-128】，【填充图案】为【Solid fill】（图 28-58）；将【Containment-LTG】过滤器【填充图案】设置成【颜色】为【RBG 255-000-128】，【填充图案】为【Solid fill】（图 28-59）。

28）单击【确定】按钮，关闭对话框，并浏览新着色的电缆桥架，如图 28-60 所示。

通过放大之前已经连接好的配电盘的附近区域（图 28-61），我们可以发现电缆托盘通道顺着走廊对面的墙体向下发展到配电盘，因此，我们现在将为该托盘绘制一个坡道，以便把电缆放置在走廊中的正确位置上。

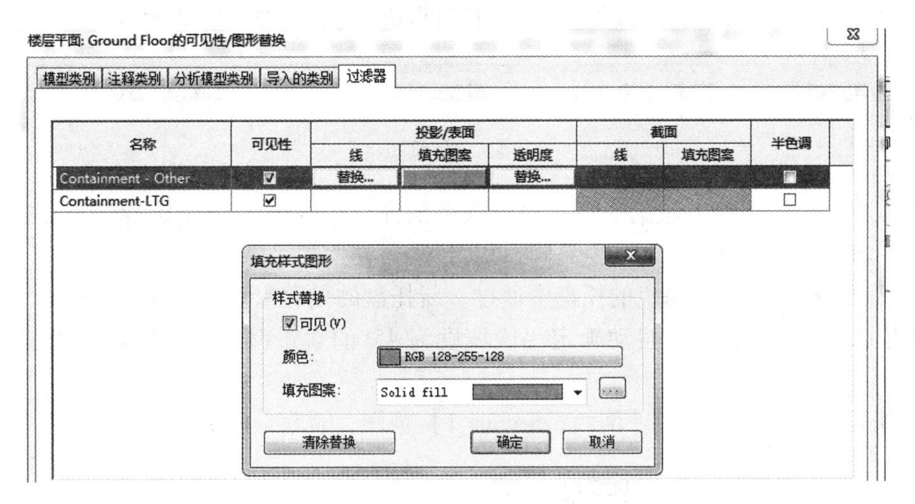

图　28-58

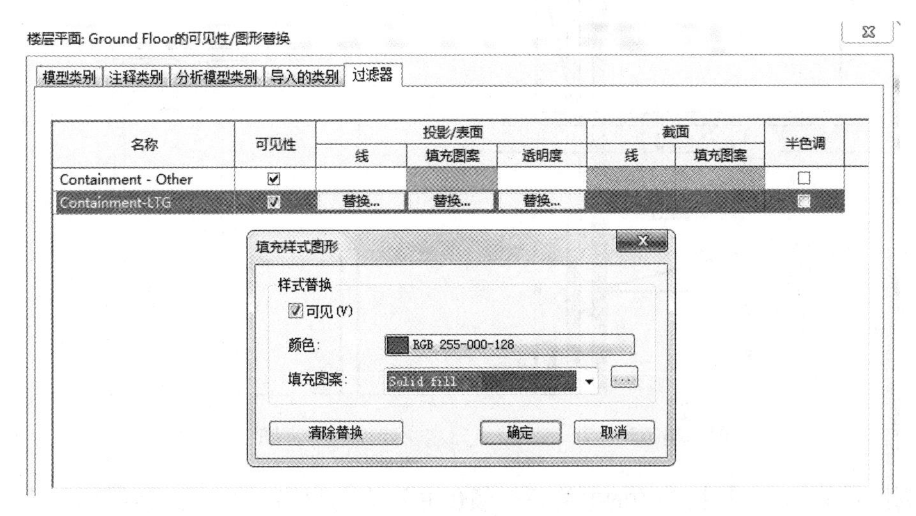

图　28-59

29）在【系统】选项卡下【电气】面板中选择【电缆桥架】。

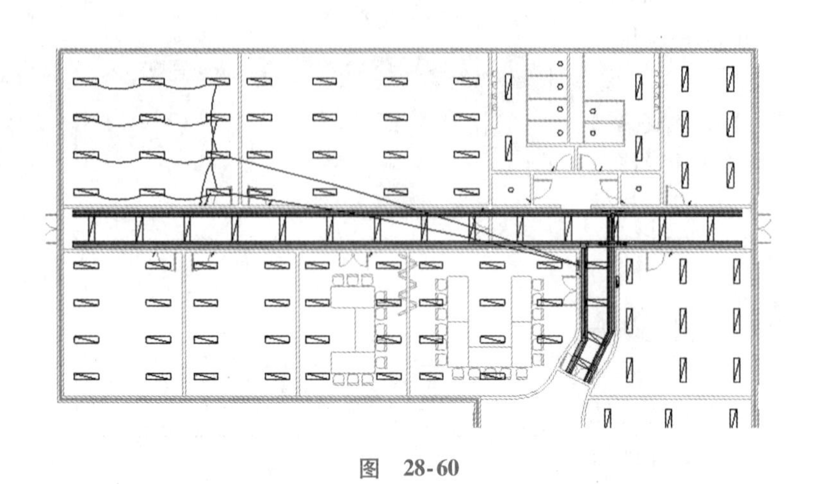

图 28-60

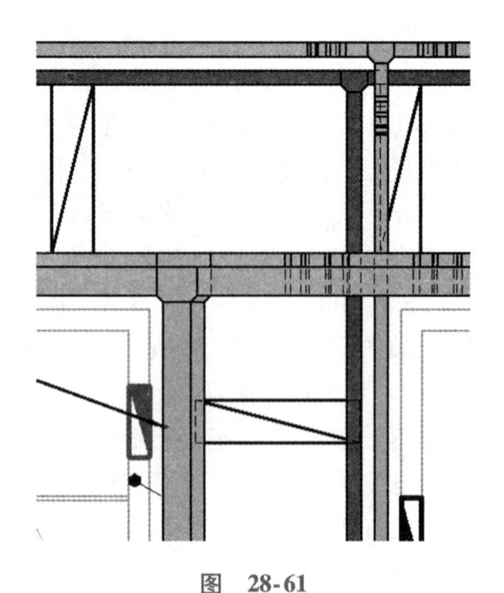

图 28-61

30）在【属性】面板中将【设备类型】设定为【LTG】，在选项栏中设置参数：【宽度】为【100mm】，【高度】为【100mm】，【偏移量】为【2700.0mm】，如图 28-62 所示。

修改 | 放置 电缆桥架　宽度: 100 mm　高度: 100 mm　偏移量: 2700.0 mm

图 28-62

31）从墙体表面开始到配电盘的一侧，穿过现存的洋红色托盘（位于走廊的另一侧）的中心线，绘制一个托盘，如图 28-63 所示。

注意：为了从左端的两条浅绿色的托盘中通过，新托盘的偏移量设置为 2700.0mm，因为已存在的托盘的偏移量是 2600mm。Revit 将自动确定一段坡度为 45°的短过渡段，并通过放置合适的配件完成设置。

32）在【项目浏览器】中打开【剖面：Section 1】视图，观察新的控制剖面，如图 28-64 所示。

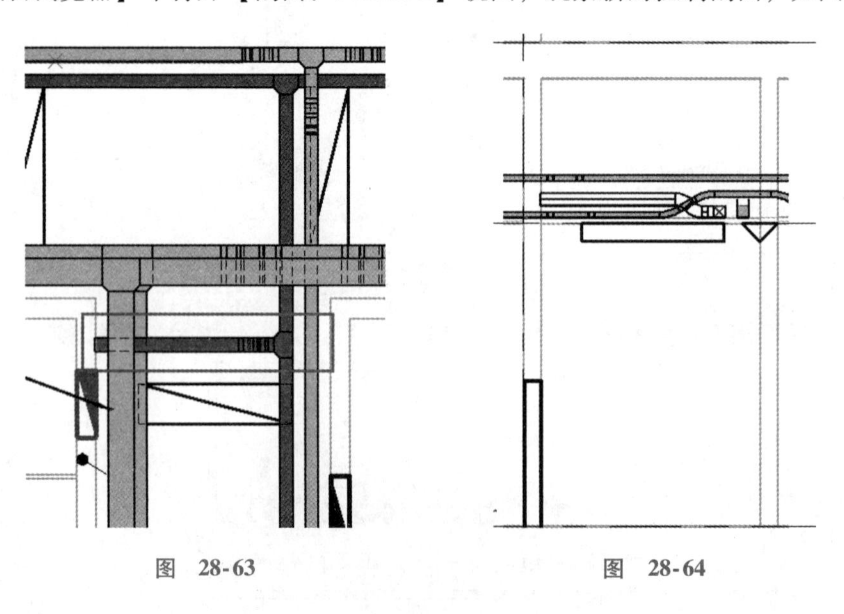

图 28-63　　图 28-64

注意：【剖面：Section 1】视图中的电缆桥架颜色并没有与设置好的过滤器颜色一致，此时，需要将【楼层平面：Ground Floor】视图中设置的过滤器新建为视图样板应用于【剖面：Section 1】视图。

单元 29
管道系统

单元概述

本单元介绍了管道系统（图29-1），包括卫浴管道、给水管道、排水管道、消防管道，在某些项目中还包含气体管道。与风管工程不同，风管工程中通常具有与系统相关的机械图元，而水管系统由于重力作用通常需要坡度来完成工作。当然这并非必然案例，因为当重力或坡度不起作用时，水管系统可受制于水泵和其他所需机械设备。

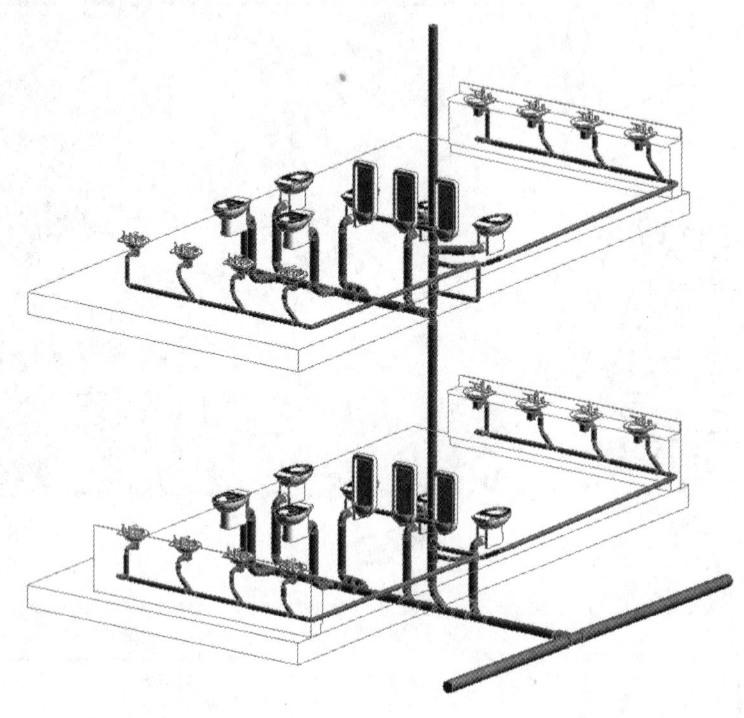

图 29-1

在之前的单元中，我们讨论了系统的概念，特别是对管道系统的创建和操作，本单元我们将学习管道系统，这里的系统意味着更多的协作选择构件，而并非自动的连接机械设备图元。

本单元所附练习指导读者完成卫浴系统并将其引入完成该系统所需的部分手动输入和工作区，然后创建一个简单的管道系统，通过使用过滤器增强系统的可视化表示来结尾。

单元目标

1. 了解管道特有的机械设置。
2. 了解管道的属性设置。
3. 学会创建不同的管道系统。
4. 了解系统浏览器的概念和用途。

29.1 管道机械设置

创建任何管道系统之前，如果Revit软件中的【机械设置】（图29-2）和企业的MEP标准不一致，无论是通过手动放置管道还是自动生成管道路径，用户都应该先对可用的设置进行详细了解，并有信息能够修改这些设置。在建筑服务行业，大多数公司已经尝试并测试应用自身系统设计的标准，并对相应的【机械设置】进行了修改。

在Revit软件内启动【机械设置】对话框的方法有两种：在【系统】选项卡下的【HVAC】或【卫

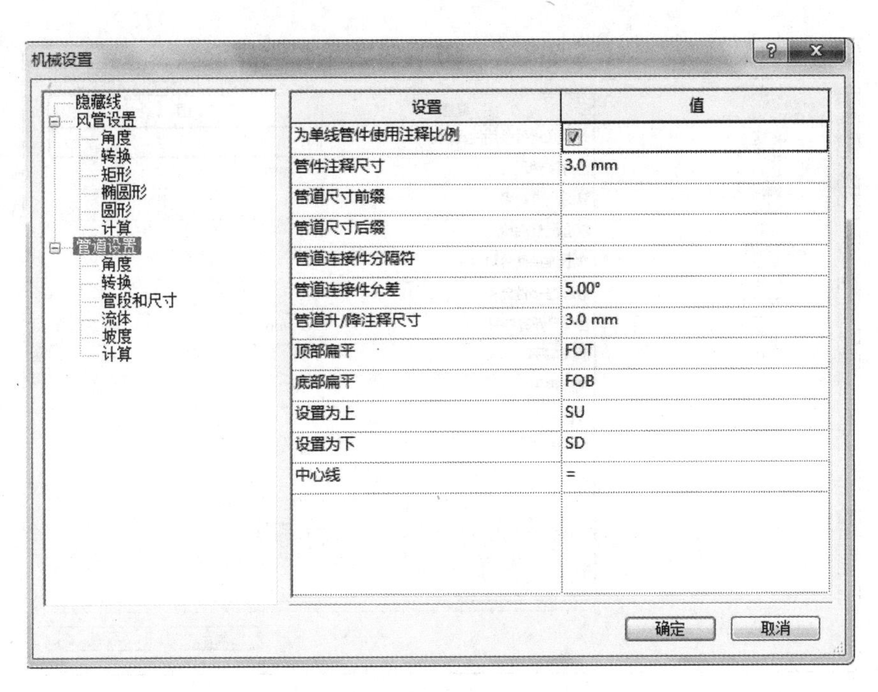

图　29-2

浴和管道】面板中单击右下角处的斜箭头打开【机械设置】对话框；或者在【管理】选项卡下的【设置】面板中，选择【MEP 设置】选项下拉列表中的【机械设置】，启动【机械设置】对话框，如图 29-3 所示。

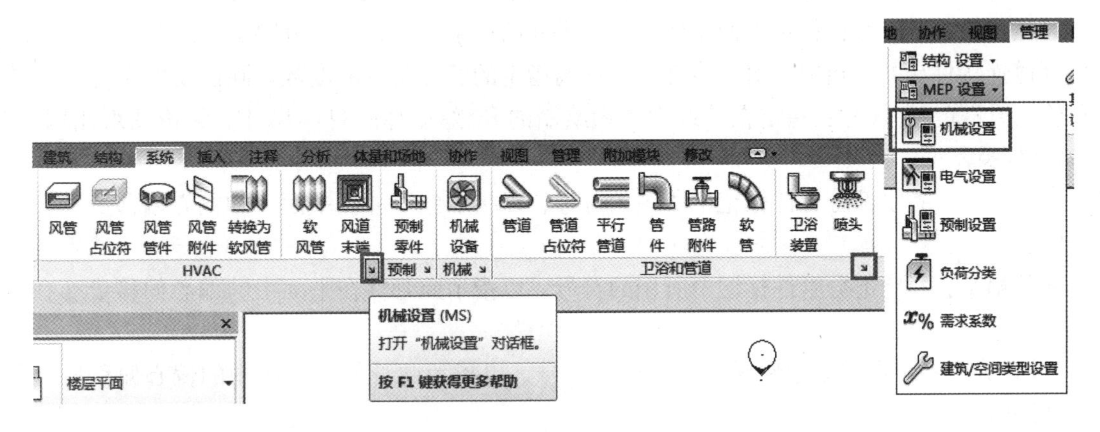

图　29-3

如果选择【管道设置】，则右侧面板中会显示项目中所有管道、卫浴和消防系统共用的参数。通过【管道设置】下的分支（【转换】【管段和尺寸】【流体】【坡度】和【计算】），用户可以定义分别应用于项目中的系统和管道的默认参数。

注意：使用【传递项目标准】功能可将管道连接类型、管道材质类型、管道明细表、管道设置、管道尺寸和管道类型从一个项目复制到另一个项目。

29. 1. 1　管道设置

在【机械设置】对话框内选择【管道设置】，则在右侧面板中（图 29-4）可以指定下列参数。

1）为单线管件使用注释比例：如果选定即表示使用【管件注释尺寸】参数所指定的尺寸来绘制管件和附件。修改该设置时并不会改变已在项目中放置的构件的打印尺寸。

2）管件注释尺寸：指定在单线视图中绘制的管件和附件的打印尺寸。无论图纸比例为多少，该尺

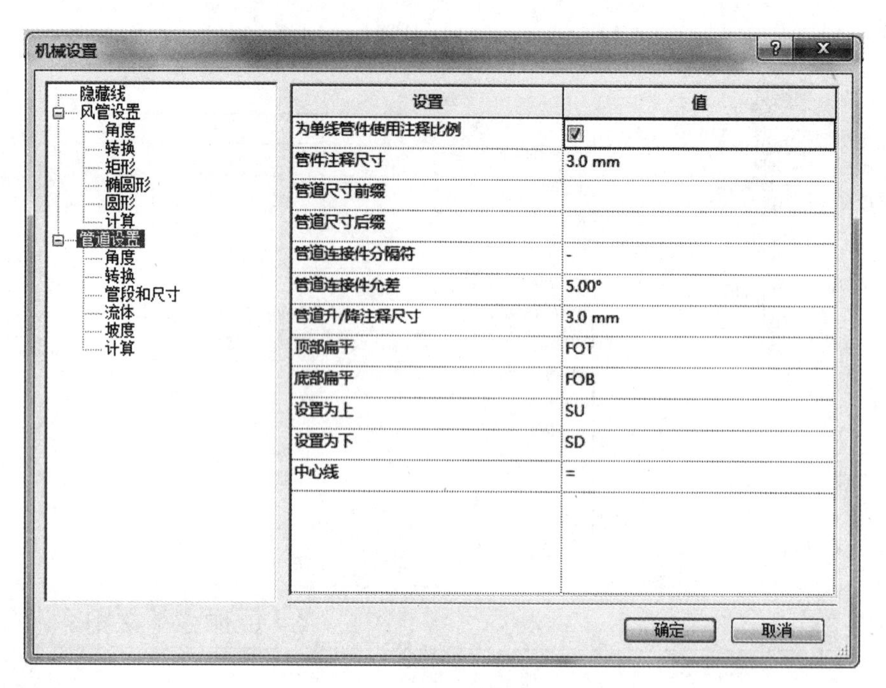

图 29-4

寸始终保持不变。

3）管道尺寸前缀：指定管道尺寸之前的符号，显示在“实例属性”参数中。

4）管道尺寸后缀：指定管道尺寸之后的符号，显示在“实例属性”参数中。

5）管道连接件分隔符：指定当使用两个不同尺寸的连接件时，用来分隔信息的符号。

6）管道连接件允差：指定管道连接件可以偏离指定的匹配角度的度数。默认设置为【5.00°】。

7）管线升/降注释尺寸：指定在单线视图中绘制的升/降注释的打印尺寸。无论图纸比例为多少，该尺寸始终保持不变。

8）顶部扁平：指定部分管件标记中所用的符号，以指示此管件在平面中的偏心偏移量（在当前视图中不可见）。

9）底部扁平：指定部分管件标记中所用的符号，以指示此管件在平面中的偏心偏移量（在当前视图中不可见）。

10）设置为上：指定部分管件标记中所用的符号，以指示此管件在平面中的偏心偏移量（在当前视图中不可见）。

11）设置为下：指定部分管件标记中所用的符号，以指示此管件在平面中的偏心偏移量（在当前视图中不可见）。

12）中心线：指定部分管件标记中所用的符号，以指示此管件在平面中的偏心偏移量（在当前视图中不可见）。

29.1.2 角度

【机械设置】对话框内选择【角度】则在右侧面板中可显示用于指定【管件角度】的选项（图29-5），在添加或修改管道时，Revit 会用到这些角度。使用【传递项目标准】功能可以将管件角度的设置复制到其他项目中。

1）使用任意角度：Revit 将使用管件内容支持的任意角度。

2）使用特定的角度：可启用或禁用布置管道管路时 Revit 使用的角度。

注意：当使用有限的角度集手动创建布局时，用户可能注意到，选择点将作为基准，并且弯曲的角度也与预览有所不同。

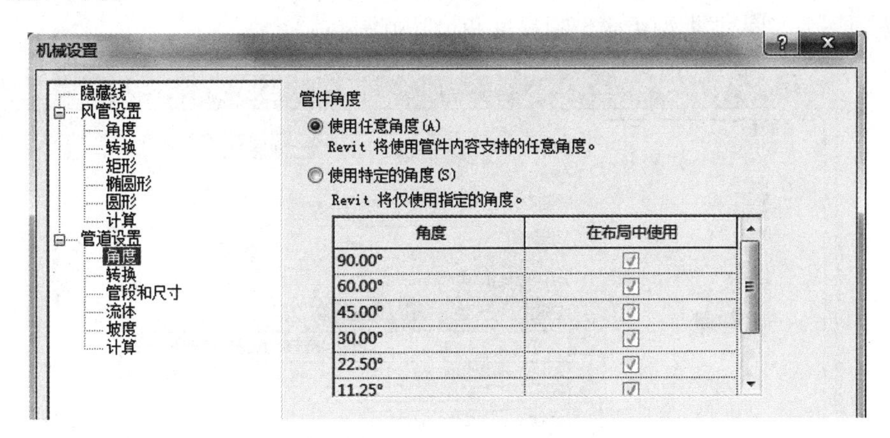

图 29-5

29.1.3 转换

可以使用【机械设置】对话框中【管道设置】下的【转换】（图29-6）指定控制在使用【生成布局】工具时创建的管道或管网的高程、管道尺寸和其他特征参数。转换设置用于指定“干管”和“支管”系统的布线解决方案使用的参数。

1）干管，可以指定各系统分类中干管的默认参数。

① 管道类型：指定选定系统类别要使用的管道类型。

② 偏移：指定当前标高之上的管道高度。可以输入偏移值或从建议偏移值列表中选择值。

2）支管，可以指定各系统分类中支管的默认参数。

① 管道类型：指定选定系统类别要使用的管道类型。

② 偏移：指定当前标高之上的管道高度。可以输入偏移值或从建议偏移值列表中选择值。

注意：使用【生成布局】为系统的管道创建布线解决方案时，也可以通过选项栏上的【设置】按钮访问【管道设置】→【转换】。

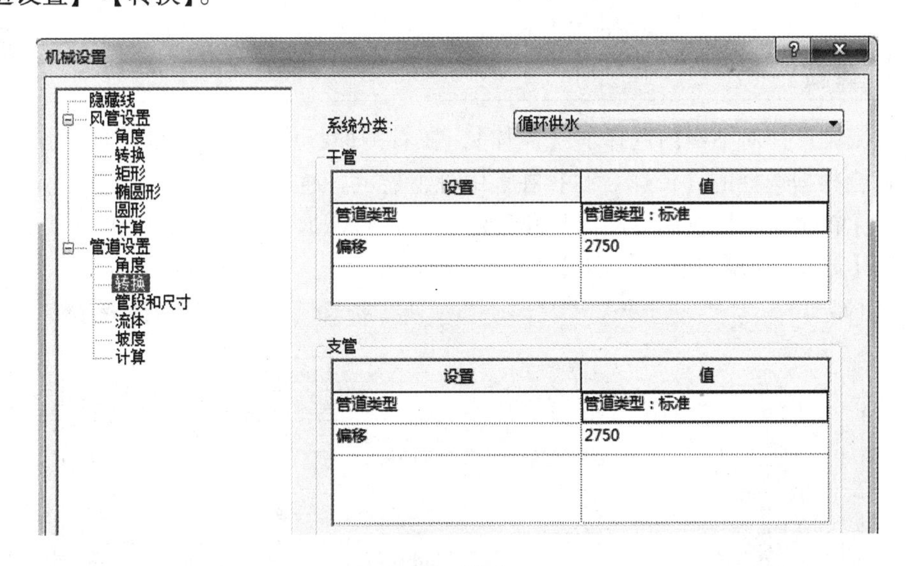

图 29-6

29.1.4 管段和尺寸

在【机械设置】对话框内选择【管段和尺寸】，则在右侧面板中会显示可在项目中使用的管道尺寸表（图 29-7）。管道尺寸按照管段分层次分组显示在表中，【管段】用于定义管道的布管系统配置。每个管段都包含材质、明细表、类型组合、粗糙度和尺寸范围。

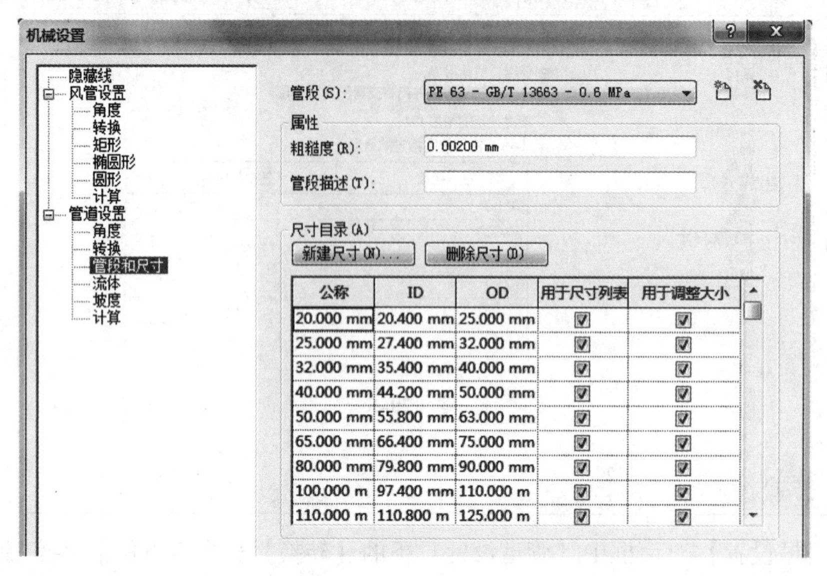

图 29-7

选择特定管段时，只能指定该管段的粗糙度。尺寸目录将列出选定管段的尺寸。可以选择在项目中使用特定管段的方式。在表中，针对某个特定管段可进行以下选择。

1）用于尺寸列表：在整个 Revit（包括管道布局编辑器和管道修改编辑器）的各列表中显示所选尺寸。如果被清除，该尺寸将不在这些列表中出现。

2）用于调整大小：通过 Revit 尺寸调整算法，基于计算的系统流量来确定管道尺寸。如果被清除，该尺寸不能用于调整大小的算法。

注意：无法在此表中编辑【管段和尺寸】信息。可以添加和删除管道尺寸，但不能编辑现有管道尺寸的属性。要修改现有尺寸的设置，必须替换该现有管道（删除原始管道尺寸，然后添加具有所需设置的管道尺寸）。

29.1.5 流体

如果在【机械设置】对话框内选择了【流体】，在右侧面板中将显示项目中可用的流体表，如图 29-8 所示。流体会根据选择的【流体名称】在表中分组显示。通过【删除温度】按钮可从表中删除选定的数值。通过【新建温度】按钮可以打开【新建温度】对话框，在该对话框中可以指定要添加到项目中的新流体的【温度】【动态黏度】和【密度】。

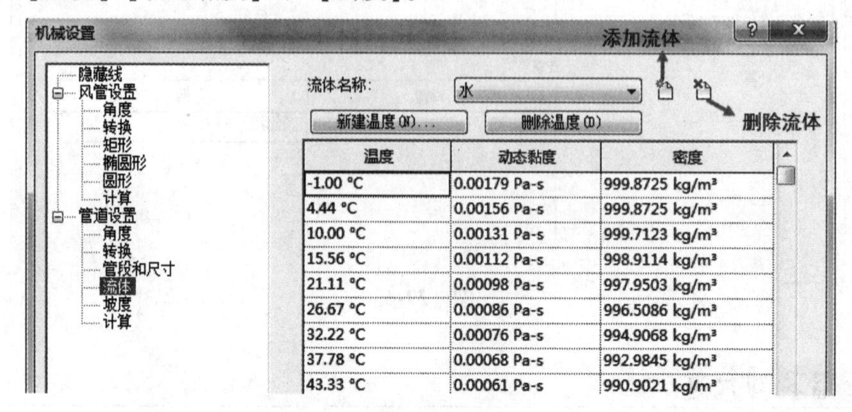

图 29-8

除了添加或删除温度，不能编辑表中的流体信息。可以添加和删除流体，但不能编辑现有流体的【动态黏度】或【密度】设置。要更改现有流体的这些设置，必须替换现有流体（以所需属性添加流体，然后删除原始流体）。

29.1.6 坡度

如果在【机械设置】对话框内选择了【坡度】，在右侧面板中将显示项目中可用的坡度值表。可以使用【传递项目标准】功能将坡度值复制到另一个项目中，可以使用【新建坡度】为项目自定义坡度值，如图29-9所示。

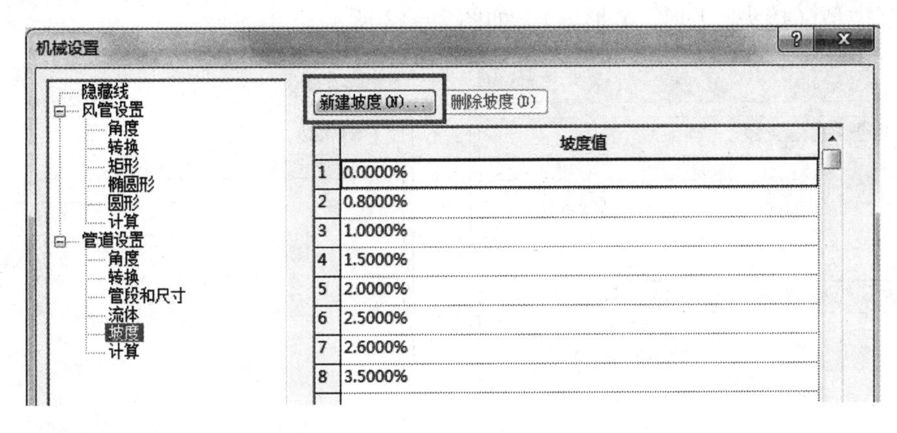

图 29-9

29.1.7 计算

如果在【机械设置】对话框中选择了【计算】（图29-10），则在右侧面板中将显示用于管道压降和流量的可用计算方法列表，如图29-10所示。

1）压降：可以指定当计算直线管段的管道压降时要使用的计算方法。在【压降】选项卡中，从列表中选择【计算方法】，计算方法的详细信息将显示在格式文本字段。如果有第三方计算方法可用，将显示在下拉列表中。

2）流量：可以指定当卫浴装置单位转换到流量时要使用的计算方法。在【流量】选项卡中，从列表中选择【计算方法】，计算方法的详细信息将显示在格式文本字段。如果有第三方计算方法可用，将显示在下拉列表中。

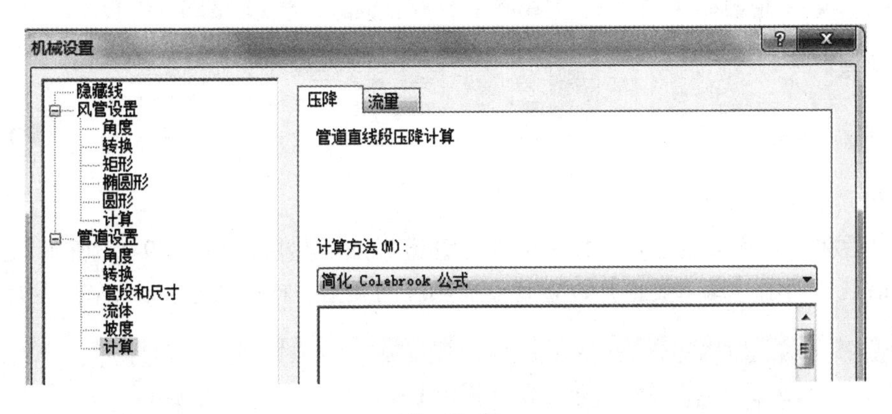

图 29-10

一旦管道机械属性设置完成，我们就可以开始绘制管道路径，以及设置管道类型、管径、标高、坡度等。

29.2 管道属性设置

在【系统】选项卡下【卫浴和管道】面板中选择【管道】，进行管道绘制，并可以在【属性】面板中进行管道类型选择和类型属性设置。在【类型属性】对话框中单击【编辑】（图 29-11），可对布管系统进行配置。

在【布管系统配置】对话框中利用【载入族】，可以为管道添加管件（弯头、三通、四通等），以及设置管道连接类型（接头、T 形、Y 形等），如图 29-12 所示。

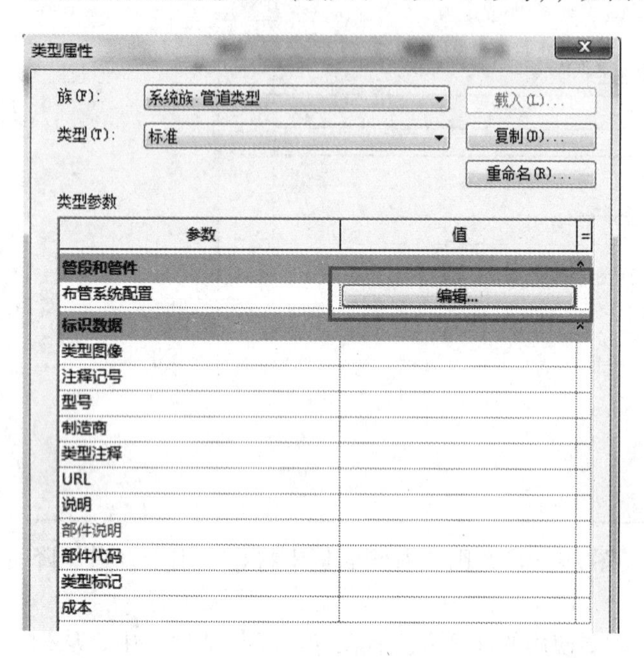

图 29-11

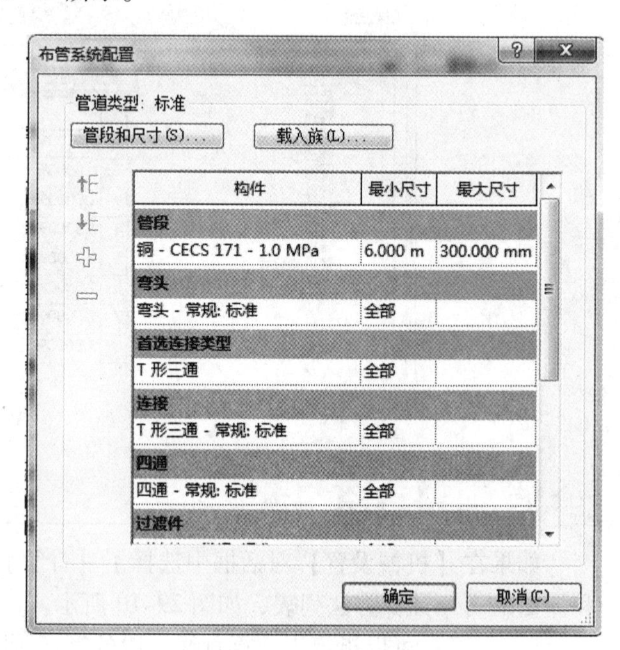

图 29-12

在绘制管道时，我们可以在【修改 | 放置管道】选项卡下进行一系列的属性设置。在【放置工具】面板中可以通过选择【自动连接】来确定是否自动连接管道路径；在【带坡度管道】面板中可以选择坡度值，绘制向上坡度或向下坡度的管道，如图 29-13 所示。

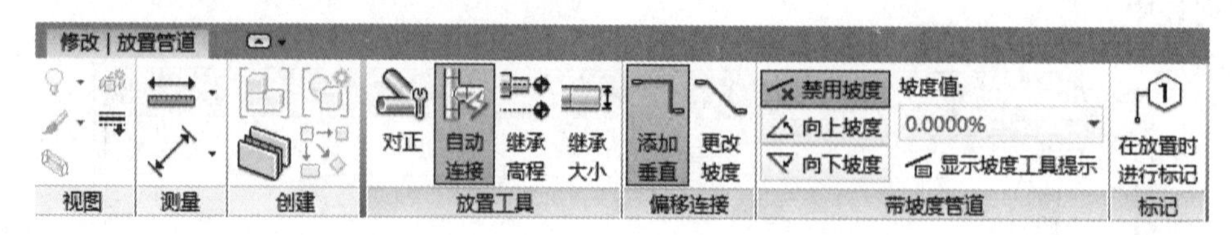

图 29-13

绘制完管道后在【管道隔热层】面板中可以为管道添加隔热层，如图 29-14 所示，并在【添加管道隔热层】对话框中利用【编辑类型】设置管道隔热层的类型、材质及厚度，如图 29-15 所示。

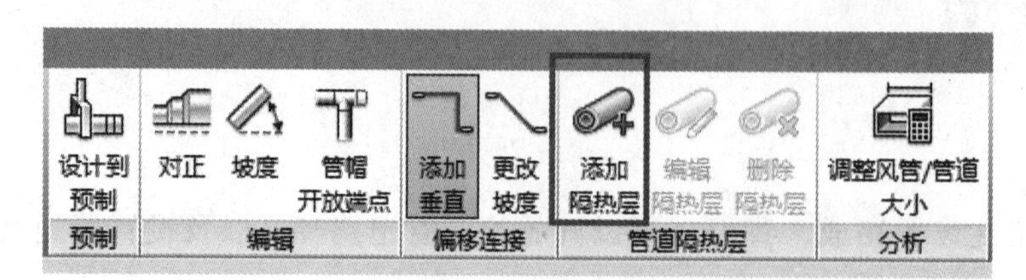

图 29-14

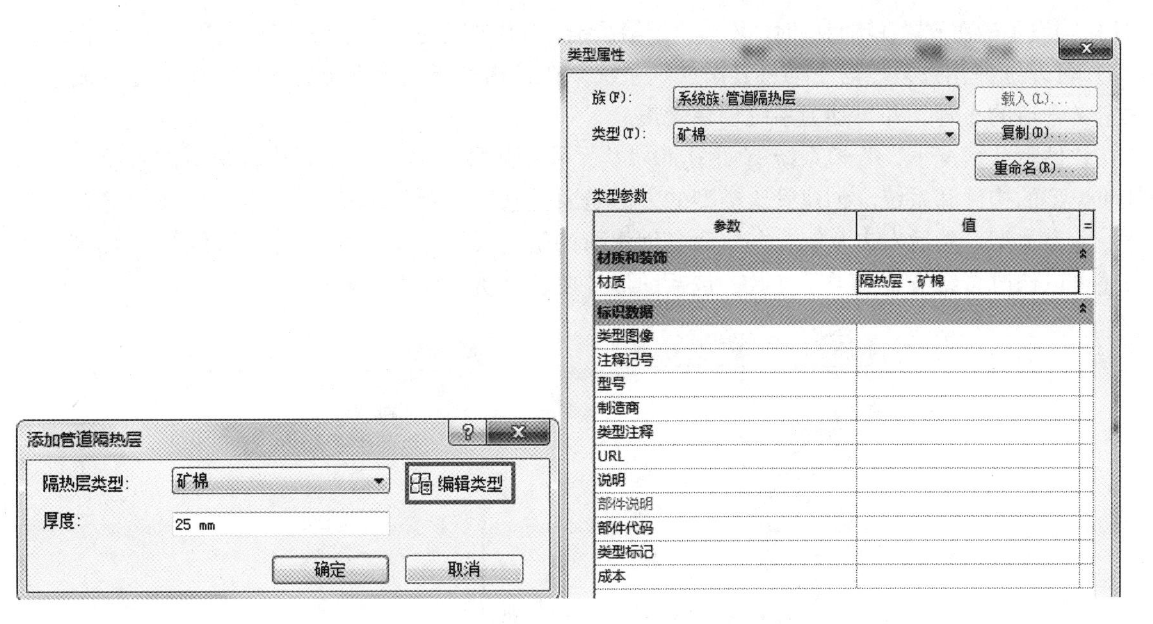

图 29-15

大多数水管固定装置（图29-16）将由建筑师指定，因为它们不仅会影响建筑物最后的美感，还可能需要符合环境和城市规划的规定。设计师们正越来越多地寻求提高建筑物能源效率的措施，同时改善住户的生活方式。

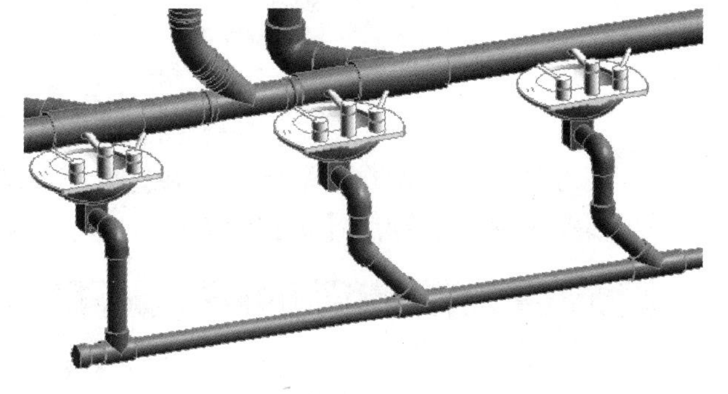

图 29-16

LEED（绿色建筑评估体系）起源于并被广泛应用于美国，并且越来越多地在英国被采用，是国际认可的绿色建筑认证系统，可对建筑或社区设计提供第三方验证，并提供相关方法来实现建筑节能、节水、减少碳排放、改善室内环境质量，以及资源的管理和对其影响程度的控制。

固定装置在水管系统中起着重要作用，必须以了解其在设计意图和性能方面的需求为前提才能做出是否放置的决定。公司经常制定内部标准和构件族以用于他们的项目，这些族往往是参数化的，并且始终针对规范和性能进行尝试和测试，它们往往是通过使用类型属性来复制和修改参数，从而创建一个新的固定装置，或其可通过创建内容的文本或CSV文件创建于族目录中，确定所需的参数，并在生成的Excel表格中进行添加。以这种方式创建的族目录可以从系统和共享参数中进行引用。

还可以使用内建族创建工具，如拉伸或旋转形式来创建固定装置。虽然这满足了视觉要求，但并不符合明细表的要求。对可拆除装置进行明细记录并将这些信息导出而用于其他应用程序，这对模型整合和有效的协作至关重要（族知识详见后面族讲解单元）。水管固定装置往往是依附组件放置于垂直面、表面或工作平面上。

29.3 创建管道系统

管道系统是便于对设备的流量和大小进行计算的逻辑实体。它们与项目中放置的用于显示管道装置之间布线和连接的管道无关。一旦将设备放置在项目中，就可以创建家用热水系统、家用冷水系统和卫生系统，以便连接管道系统的构件。可采用以下两种方法来创建卫浴系统：

1）当设备最初放置在项目中时，不会指定给系统。在添加管道以连接构件时，它们将自动指定给系统。

2）可以选择构件，然后手动将其添加到系统。在将构件指定给系统后，可以使用【生成布局】工具来定义管道的布管，并自动为系统创建管道。

在软件默认情况下，管道系统有如图 29-17 所示的几种。用户可以创建自定义的系统类型，以处理其他类型的构件和系统。创建管道类型的方法是通过选择【项目浏览器】→【族】→【管道系统】中的任意一管道类型，然后右击复制，并重命名创建新的管道类型（如【空调冷水系统】），如图 29-18 所示。还可以修改系统类型的类型参数，包括图形替换、材质、计算、缩写和升/降符号。

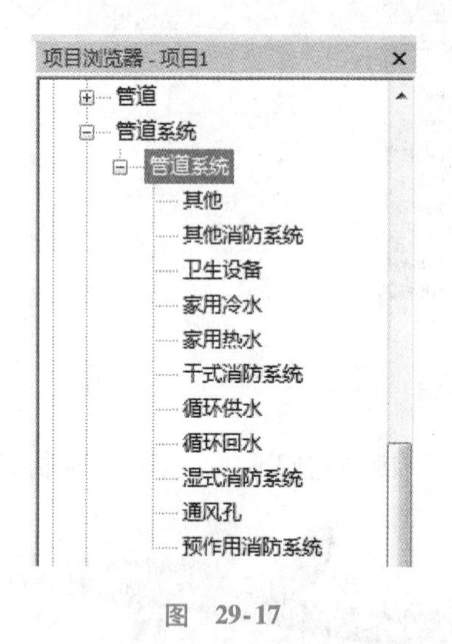

图 29-17

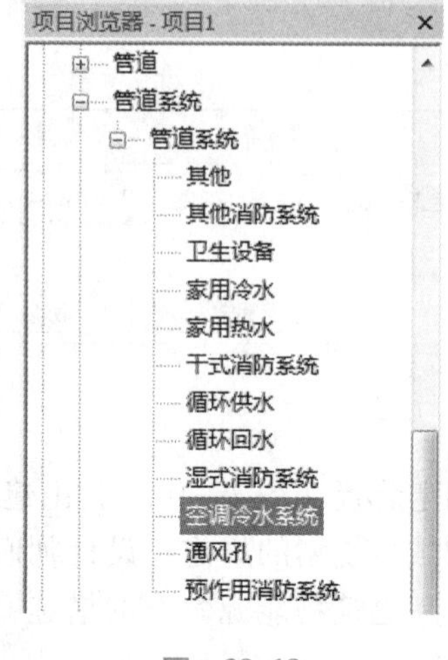

图 29-18

创建好系统后（空调冷水系统 1），在【管道系统】选项卡下的【系统工具】面板中选择【编辑系统】可以编辑该系统；利用【选择设备】可以将设备添加到该系统中，如图 29-19 所示。

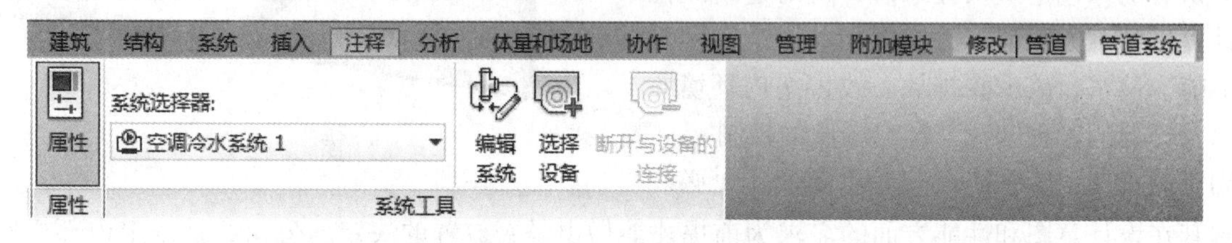

图 29-19

在项目中设计管道系统时，规程专有视图至关重要。通过这些视图，可以在系统中放置构件并进行查看。由于构件放置在项目空间中的特定高度，所以用户创建的视图应当指定适当的视图范围和规程。Revit 提供多个视图样板，这些样板可以自动指定很多定义规程专有视图所需的视图属性。

同样可以利用【调整风管/管道大小】（图 29-20）为项目中管道系统的管网进行动态调整，与风管系统的调整方法相类似，用户可参照相关单元。

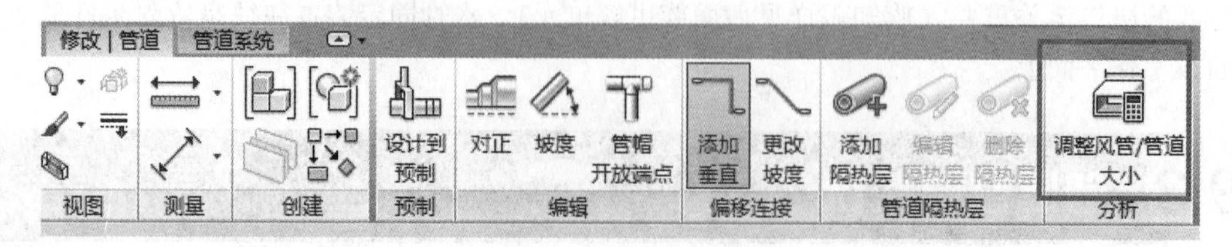

图 29-20

以创建一个卫生系统布局为例：必须将两个卫浴装置指定给卫生系统，但由于卫生系统中的流量取决于重力，因此管道应当倾斜放置。使用【生成布局】工具可以指定大部分卫生系统的布局和坡度。

但是，一些修改（例如通气管和存水弯）和不同建筑标高之间的连接必须手动进行。下面对卫生系统管道进行布局：

1）在平面视图中选择一个或多个卫浴装置。

2）单击【修改｜管道系统】选项卡下【布局】面板中的【生成布局】（图29-21），定义卫生系统中管道的布局。

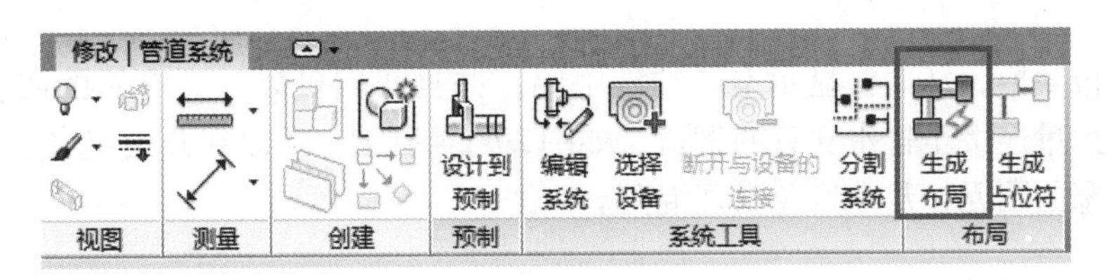

图 29-21

3）通过单击选项栏中的【设置】打开【管道转换设置】对话框，如图29-22所示。在【管道转换设置】对话框中（图29-23），指定管道的类型和卫生设备管道中干管管段和支管管段的偏移。

图 29-22

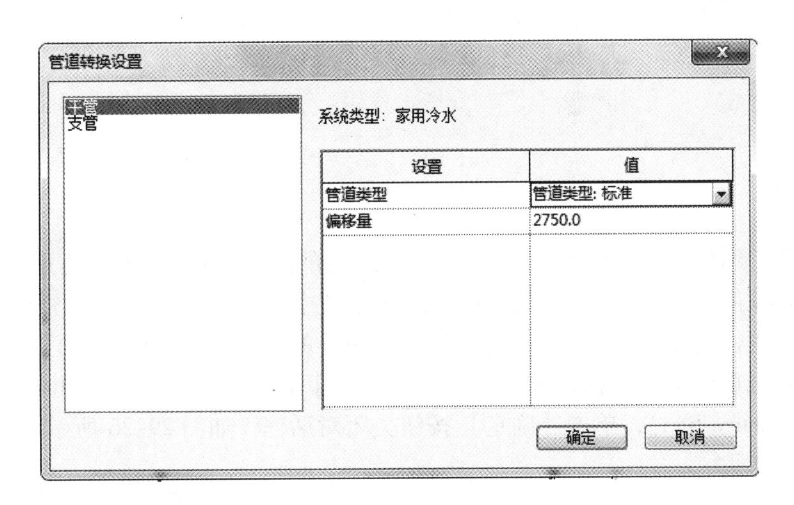

图 29-23

4）在【坡度】面板上，为管网选择一个坡度值。

5）最后单击【完成布局】，为系统生成布局。

6）可以通过升级管件、指定系统类型，以及绘制一段垂直管段生成立管来创建通气管。

29.4 单元练习

本单元练习会指导读者通过将管道固定装置连接至一个卫浴系统，对一个简单的管道系统进行绘制，并通过应用系统类型过滤器来完成颜色和模式的有效使用演示，从而协助可视化表示。

29.4.1 绘制卫生间管道

在该模型中卫生间管道已基本绘制完成，只剩下第二层需要将四个洗手盆连接到排水立管。我们可以将这些固定装置添加至现有的卫生间管道系统，或者创建一个新的卫生间管道系统。

1）打开起始文件 WFP-RME2015-29-PlumbingA. rvt，在【项目浏览器】中打开【楼层平面：First Floor Toilets】视图。

该平面视图已被裁剪，从而仅显示本层的洗手间，并且我们可以看到右侧的四个黑色洗手盆。在【Vent Stack】处有大量连接至排水立管的管道，如图 29-24 所示。所以在开始定义新的管道之前，我们将隐藏部分导致拥塞的图元，从而避免出现混乱。

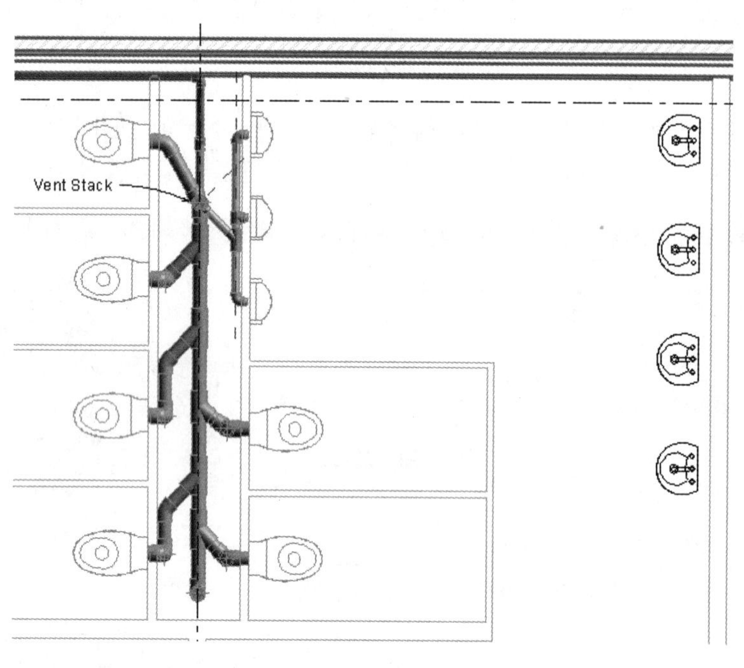

图 29-24

要简化这一过程，需创建一个选择集，其中包含不需要的图元。选择集的创建只需通过手动选中一系列图元或使用其他形式的过滤条件便可，然后保存该选择集并命名。现在，在 3D 视图中选择整个排水立管和相应的可拆除装置，创建一个名为【Stack Congestion】的选择集，仅保留我们要连接的管道。

2）在【管理】选项卡下【选择】面板中选择【载入】（图 29-25），在弹出的【恢复过滤器】对话框中选择【Stack Congestion】，单击【确定】按钮关闭对话框，如图 29-26 所示。

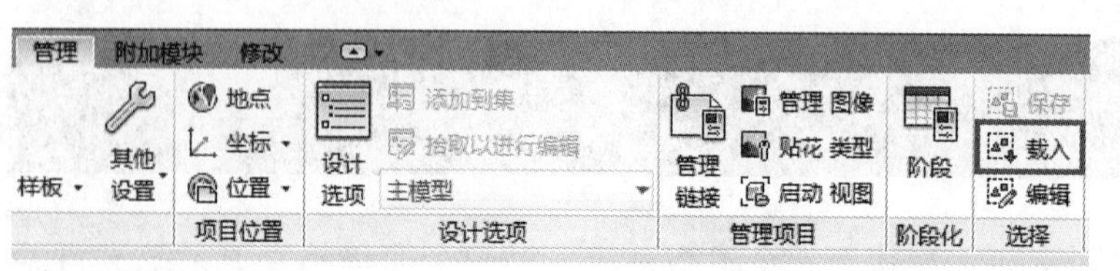

图 29-25

恢复过滤器

Stack Congestion

确定 取消 帮助

图 29-26

现在图元已被选定，我们可以使用视图功能中的【隐藏图元】从该视图中隐藏这些图元，或将其暂时隐藏。

3）在图元被选定的情况下，单击视图底部视图控制栏上的【临时隐藏/隔离】选项，在弹出的菜单中选择【隐藏图元】来隐藏图元，如图29-27所示。

注意：在屏幕区域周围会出现一个蓝色边框，表示视图中有图元被隐藏，但如果打印或导出视图，这些隐藏的图元将仍旧可见。

4）放大视图区域至最远端的洗手盆，选中图元。

如果我们想从一个固定装置中绘制一根管道，除了选择管道工具并选择合适的尺寸来匹配连接，还可以通过单击创建管道符号让Revit进行选择，这种方式可用于与固定装置或设备相关的所有连接器。简单起见，在这里洗手盆只有一个用于卫浴管道系统的连接器。

5）单击选中蓝色创建管道符号，如图29-28所示。

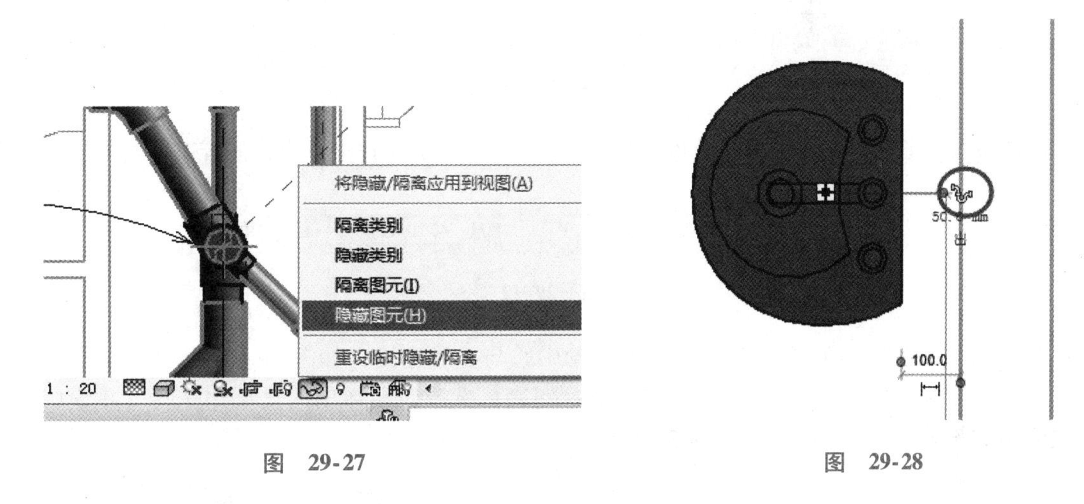

图 29-27　　　　图 29-28

6）这会启动绘制管道工具，设置管道属性：【向下坡度】为【1:80.00】（这里是系统上的最高点，所以整个管道系统都将从这里向下倾斜），【直径】为【50.0mm】，【偏移量】为【650.0mm】。

7）绘制一跟长度为180mm的水平管道，如图29-29所示。

8）将【偏移量】改为【250.0mm】（图29-30），从洗手盆后面垂直下降管道，以接近水平地面。

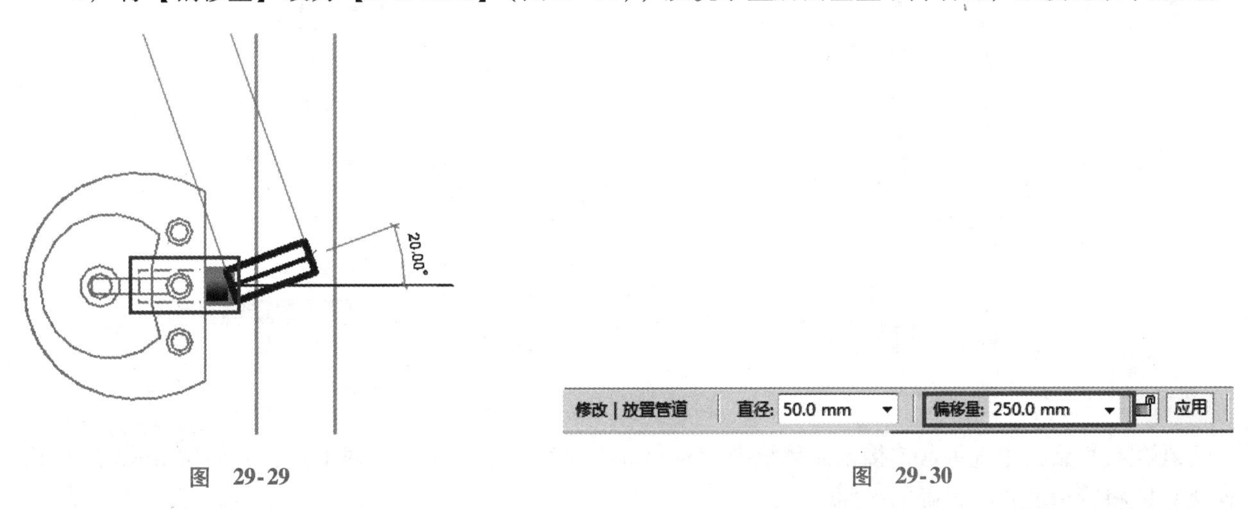

图 29-29　　　　图 29-30

9）坡度值保持不变，在墙壁内侧周围绘制一圈管道，绘制到预先设置的参照平面位置，如图29-31所示。

注意：墙壁之间的距离对这部分练习来说并不重要，对下一部分的练习可能更为重要，我们有了草绘的参照平面来进行追踪，这是有经验的用户处理复杂对象布局的一种技巧。

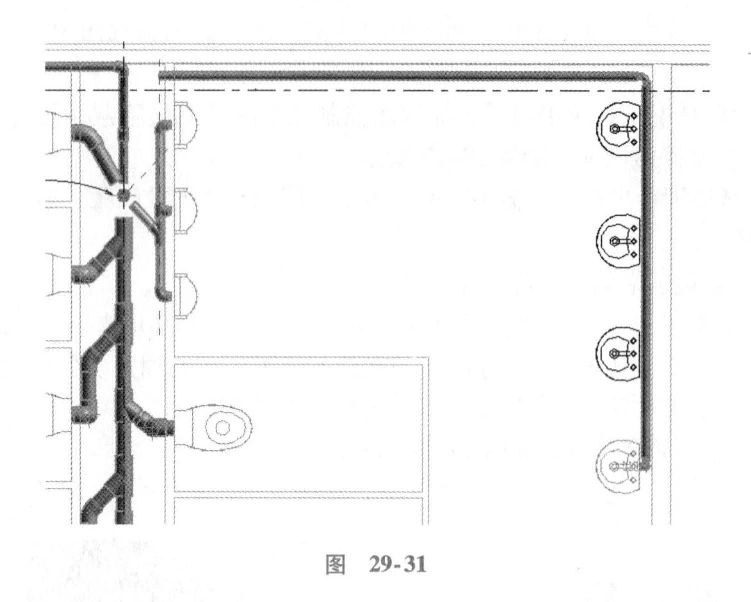

图　29-31

10）将管道与立管连接，通过将【偏移量】更改为【－400.0mm】来垂直降低管道，如图 29-32 所示。

图　29-32

11）沿着参照平面线绘制管道，通过单击立管中心与立管连接，如图 29-33 所示。

12）单击视图底部视图控制栏上的【临时隐藏/隔离】选项，在弹出的菜单中选择【重设临时隐藏/隔离】来恢复隐藏图元至可见，如图 29-34 所示。

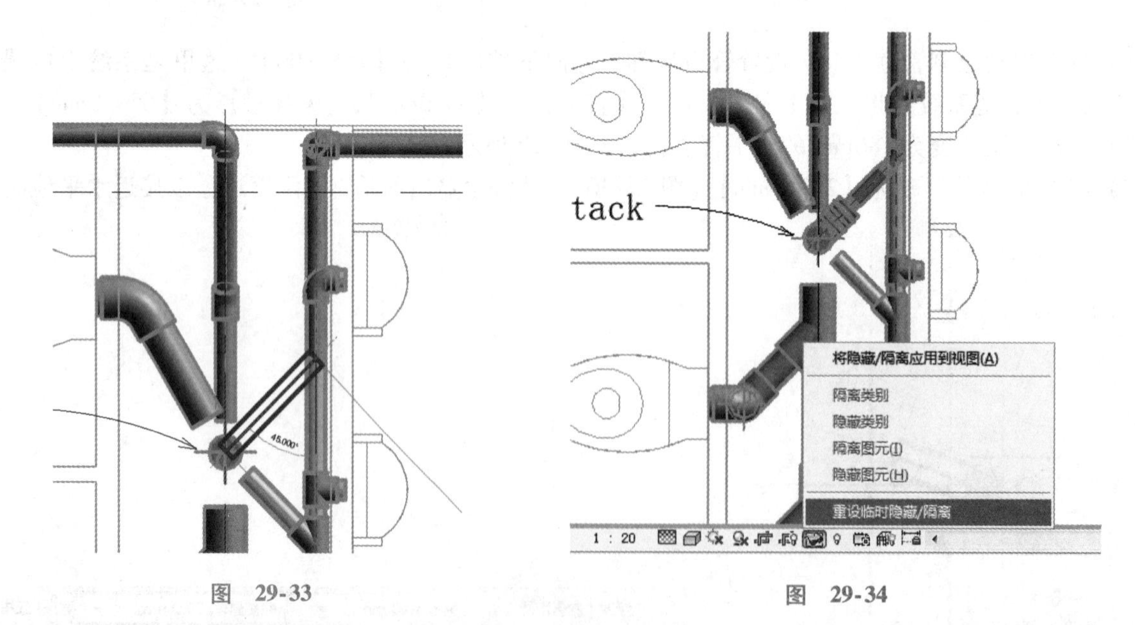

图　29-33　　　　图　29-34

现在将其余三个洗手盆连接至该系统中。我们将从管道上方操作直至洗手盆，并使用 Revit 的自动连接功能将管道放置于正确的平面。

13）在【项目浏览器】中打开【剖面：Section on Cloakroom Sinks】视图，如图 29-35 所示。

14）在【系统】选项卡下【卫浴和管道】面板中选择【管道】，如图 29-36 所示。

15）设置管道属性：【向上坡度】为【1∶80.00】，【直径】为【50mm】，【标高】为【First Floor】。

16）在现有的水平管道上选择一个点（确切位置不重要），并且绘制一根向上 45°的管道，与洗手

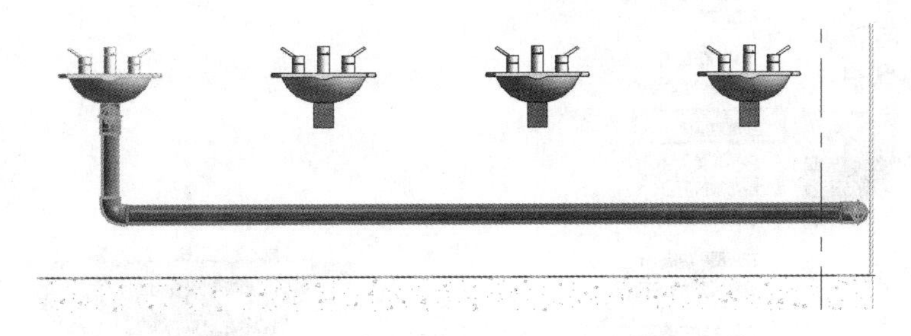

图 29-35

图 29-36

盆的垂直中心线相交，如图 29-37 所示。

17）继续向上绘制一条垂直管道，并且选中洗脸盆下方矩形中央的管道连接器，如图 29-38 所示。

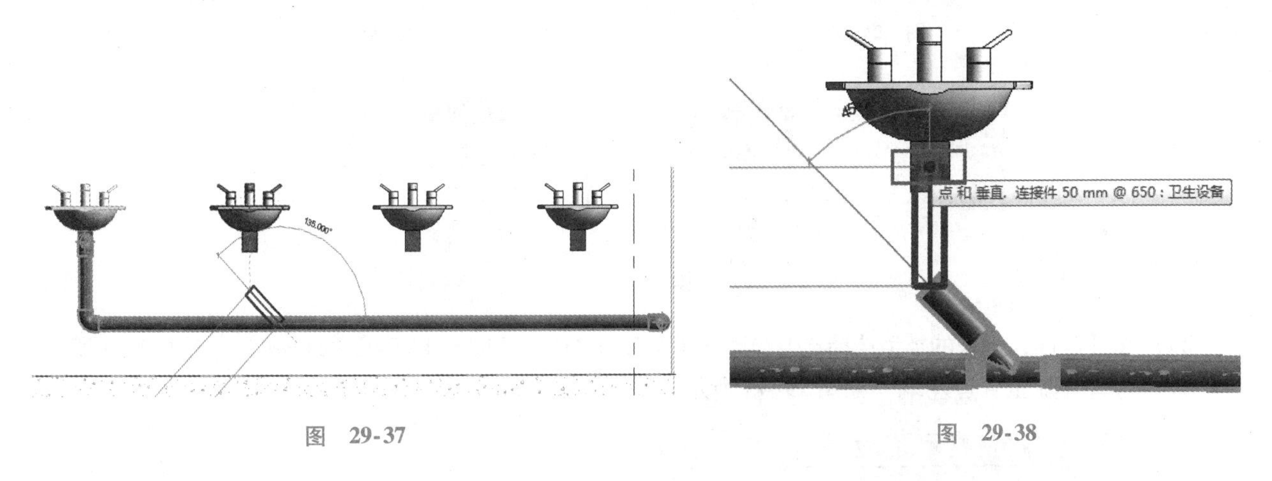

图 29-37　　图 29-38

18）重复上述步骤，将剩余洗手盆连接至水平管道上，如图 29-39 所示。

19）选择最左侧的 90°弯头，并选中加号，将弯头变成三通，如图 29-40 所示。

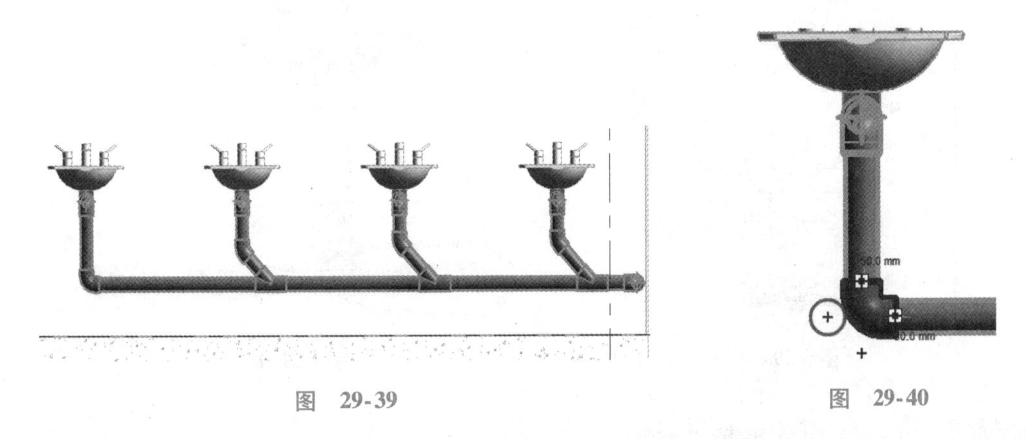

图 29-39　　图 29-40

20）选中三通，在左端连接点处右击，在弹出的菜单中选择【绘制管道】，如图 29-41 所示。

21）水平绘制一段管道，长度任意，如图 29-42 所示。

22）在【系统】选项卡下【卫浴和管道】面板中选择【管件】，如图 29-43 所示。

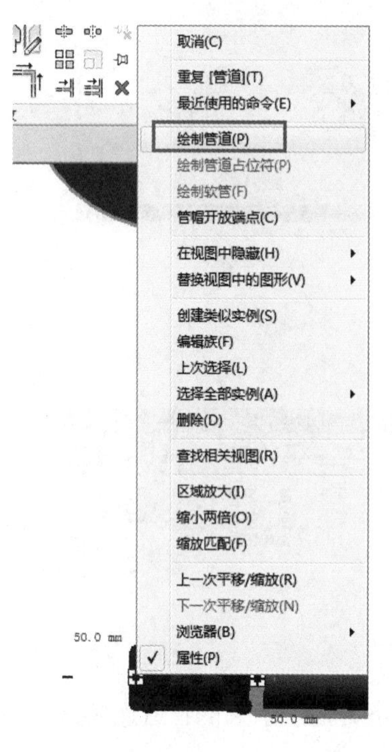

图 29-41

图 29-42

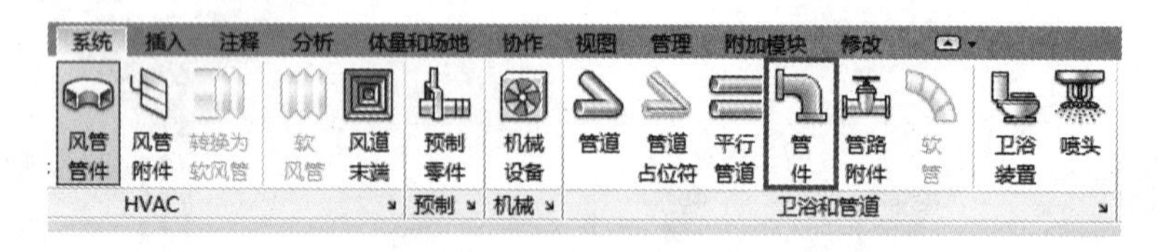

图 29-43

23）在【属性】面板的类型选择器中选择管件类型为【Cap - Plain - PVC- C Standard】，如图 29-44 所示。

24）将管件加至管道左端，如图 29-45 所示。

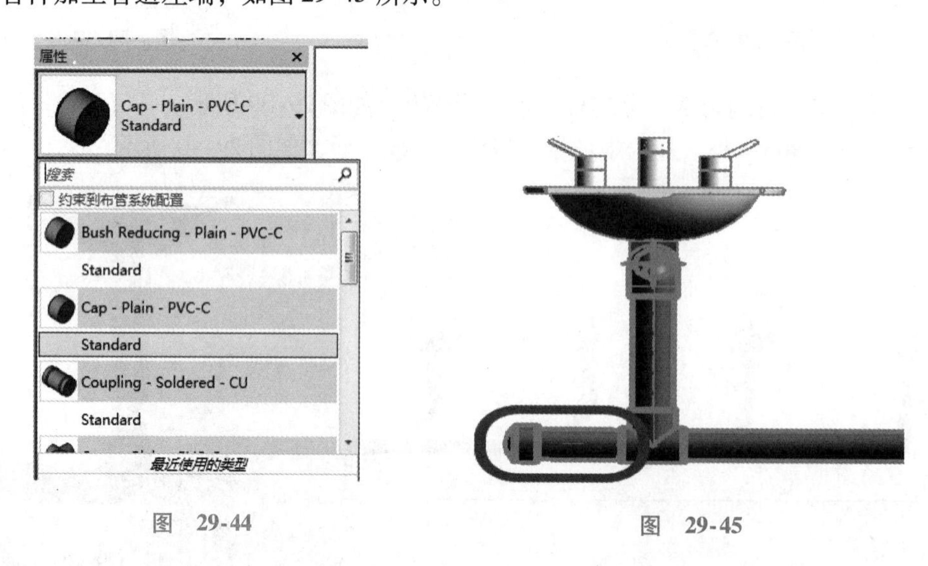

图 29-44

图 29-45

29.4.2 创建简单的管道系统

在该练习的第二部分我们将创建一个供水管道系统，其往往更易于建模，因为无坡度管道会使连接更为简单。我们将把重点放在管道的系统方面。这部分练习不会从前半部分所涉及的图元继续，不用担心前面练习操作的影响。

1）在【项目浏览器】中打开【楼层平面：Ground Floor】视图。

2）在【系统】选项卡下【卫浴和管道】面板中选择【管道】，如图29-46所示。

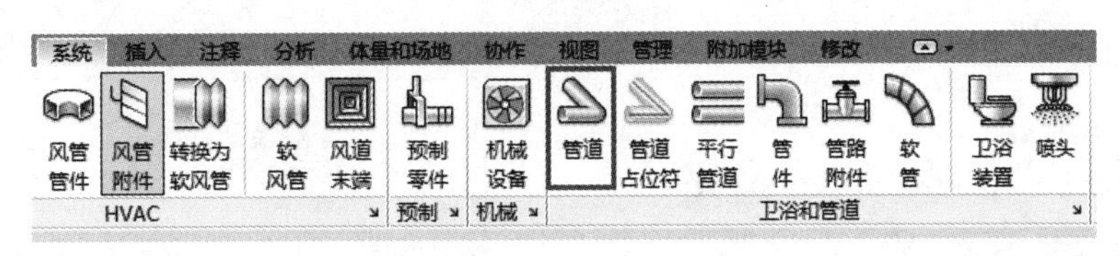

图 29-46

3）在选项栏中设置管道属性：【直径】为【50.0mm】，【偏移量】为【3500.0mm】（图29-47），并禁用管道坡度，如图29-48所示。

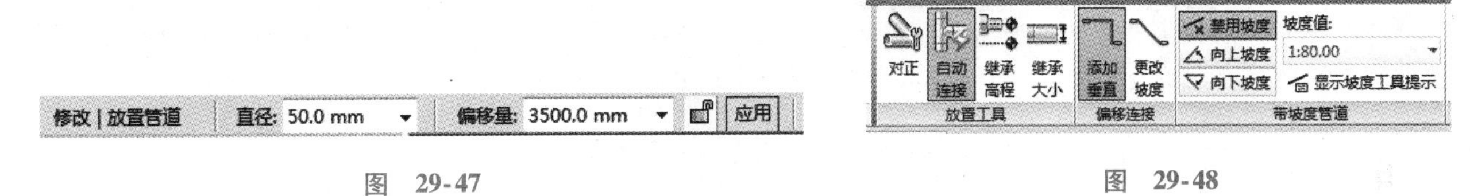

图 29-47　　　　图 29-48

4）沿走廊绘制两条平行管道，如图29-49所示。

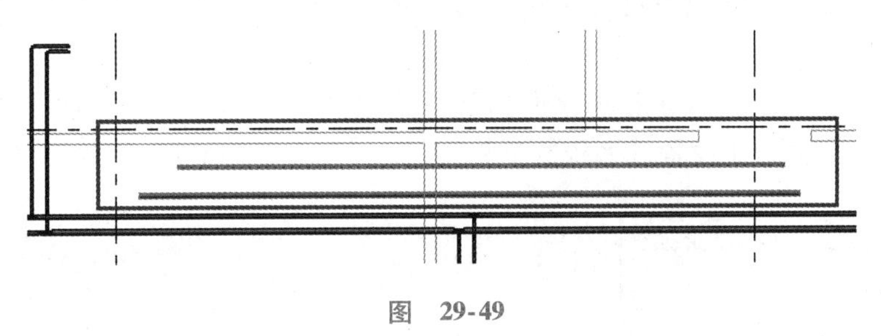

图 29-49

5）选择上方管道，在【属性】面板中将【系统类型】设置为【Hydronic Supply】（图29-50），【系统名称】自动变为【Hydronic Supply 1】。

6）选择下方管道，在【属性】面板中将【系统类型】设置为【Hydronic Return】（图29-51），【系统名称】自动变为【Hydronic Return 1】。

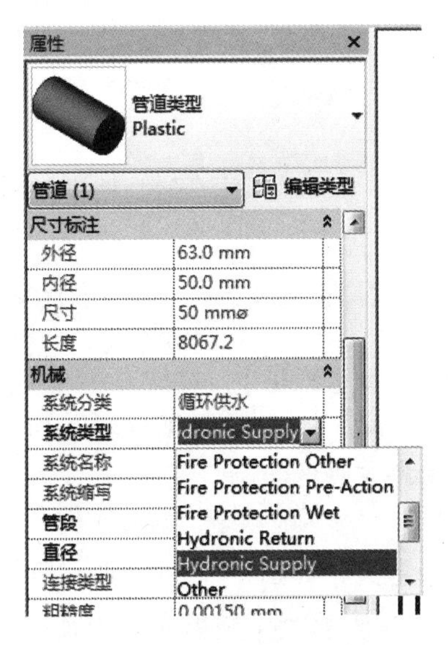

图 29-50

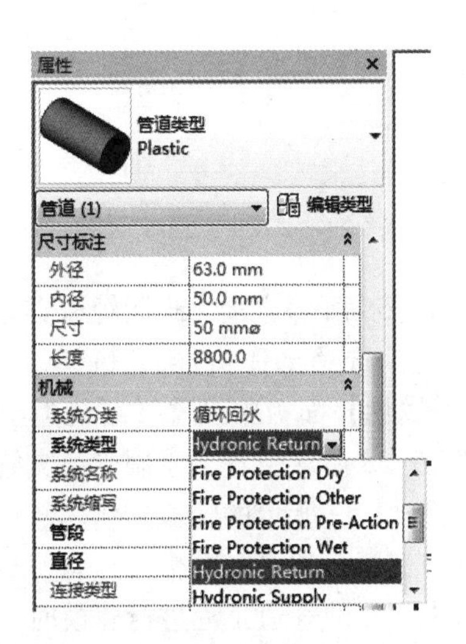

图 29-51

7）利用快捷键<F9>打开系统浏览器。

8）展开【管道】定位到【Hydronic Return】，选择【Hydronic Return 1】，如图 29-52 所示。

9）在【属性】面板中【系统名称】现在是可编辑的，将其更改为【CHW R1】，如图 29-53 所示。

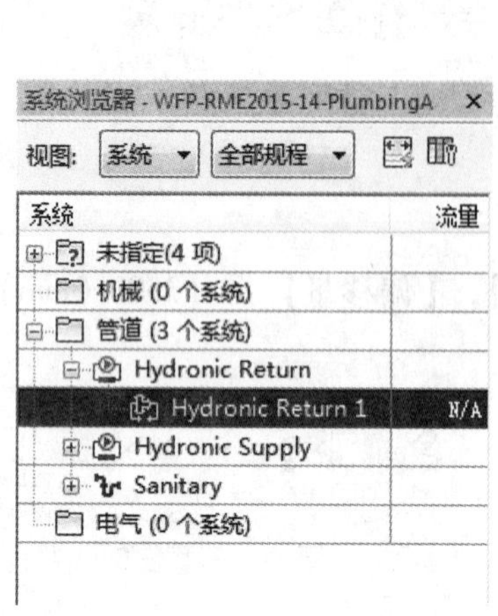
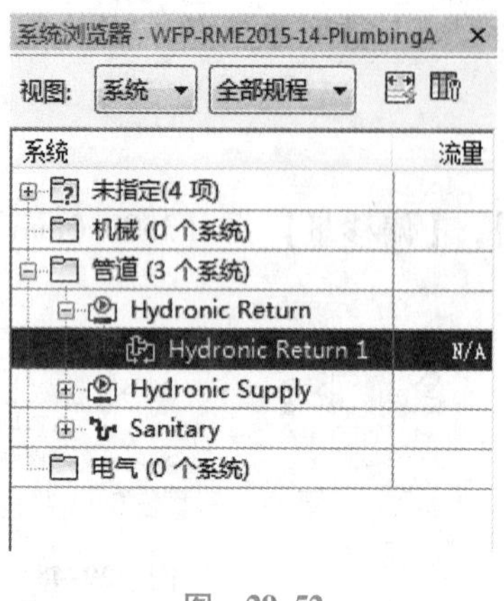

图 29-52

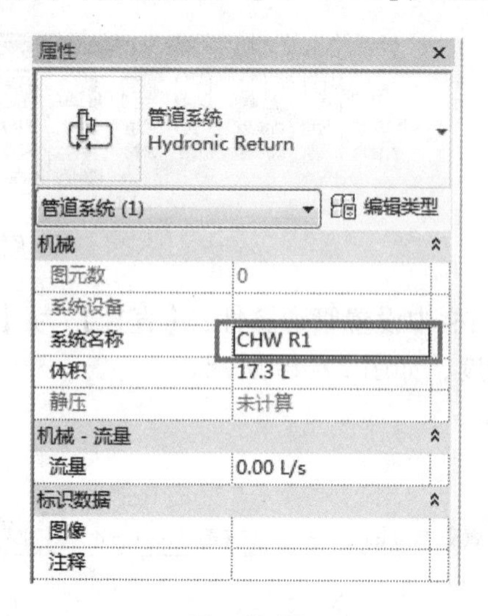

图 29-53

10）重复上述步骤，定位到【Hydronic Supply】，并将【Hydronic Supply 1】重命名为【CHW F1】，如图 29-54 所示。

11）在【系统】选项卡下【卫浴和管道】面板中选择【管道】，在选项栏中设置【直径】为【25.0mm】，在【属性】面板中设置【系统类型】为【Hydronic Supply】，如图 29-55 所示。

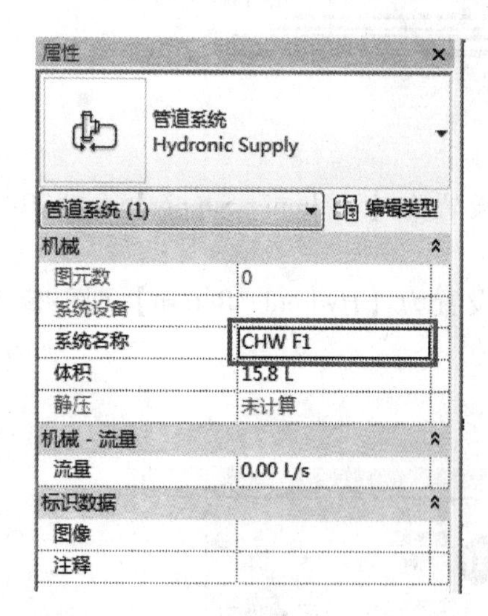

图 29-54

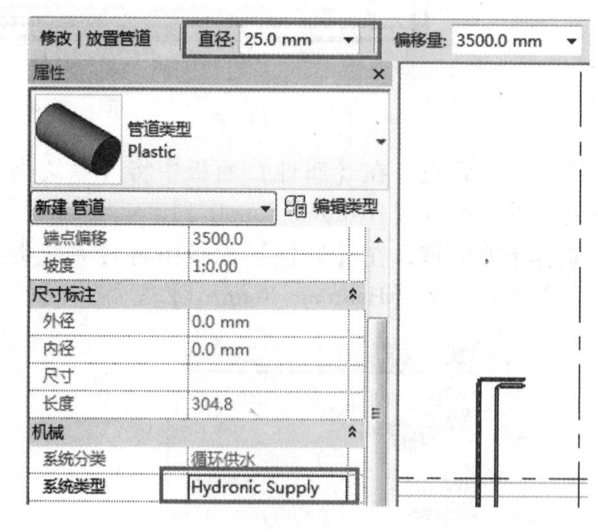

图 29-55

12）在如图 29-56 所示位置，绘制管道支管。

13）在【系统】选项卡下【卫浴和管道】面板中选择【管道】，在选项栏中设置【直径】为【25.0mm】，在【属性】面板中设置【系统类型】为【Hydronic Return】，如图 29-57 所示。

14）在如图 29-58 所示位置，绘制管道支管，完成两段支管的绘制。

15）选择如图 29-59 所示的管段，将其删除。

16）选中现有三通，单击左端减号，将三通变成一个弯头，如图 29-60 所示。

注意：当对未连接的管道工程进行建模时，Revit 会自动生成一个新的系统名称。一旦管道最终连接到其他预设系统（CHW F 或 CHW R），新默认名称将自动改变成预设的系统名称。

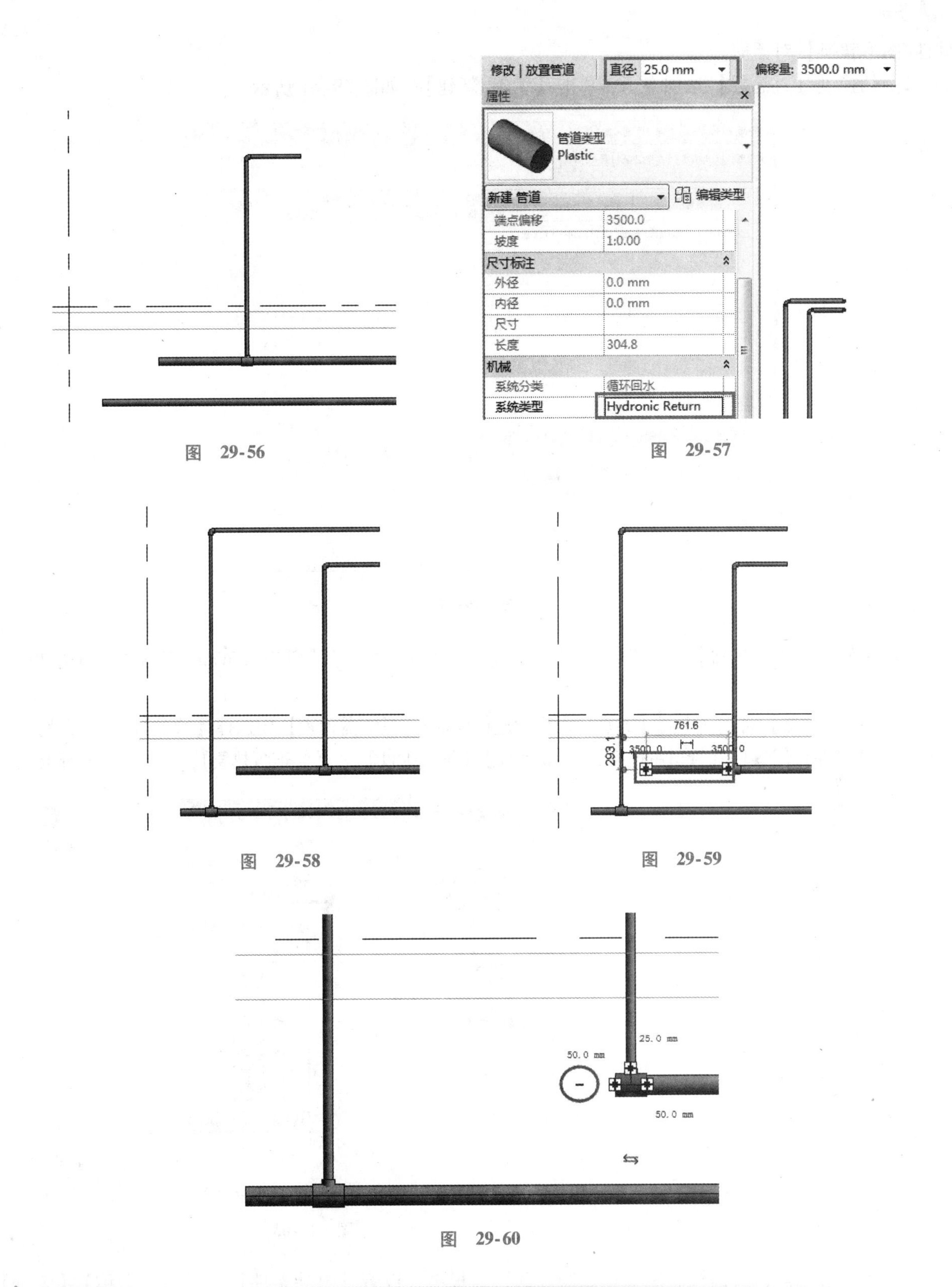

图 29-56

图 29-57

图 29-58

图 29-59

图 29-60

29.4.3 创建系统类型过滤器

过滤器对 MEP 系统来说是十分重要的，因为所有系统和服务类型均与各种规程相关，且只能通过观察其属性来进行识别。要开发这些系统和服务类型以便它们可以在视觉上进行识别，因为我们应创建过滤器。这种视觉帮助会在修改和协调时使识别规程、系统和服务类型更为容易。

1）仍在【楼层平面：Ground Floor】视图，利用快捷键 <VV> 打开【楼层平面：Ground Floor 的可

见性/图形替换】对话框。

2）切换到【过滤器】选项卡下，单击【编辑/新建】，如图 29-61 所示。

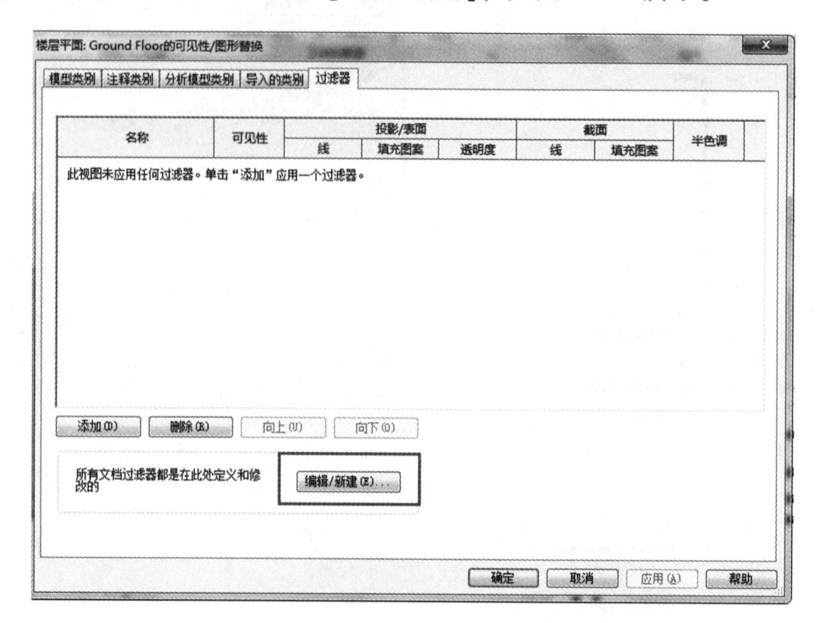

图 29-61

3）在弹出的【过滤器】对话框左侧的【过滤器】面板中选择【Chilled Water-Flow】，如图 29-62 所示。

4）在【过滤器】对话框中间【类别】面板中进行设置：【过滤器列表】中选择【管道】，在下方列表内依次勾选【管件】【管道】【管道占位符】【管道系统】【管道附件】和【管道隔热层】，如图 29-63 所示。

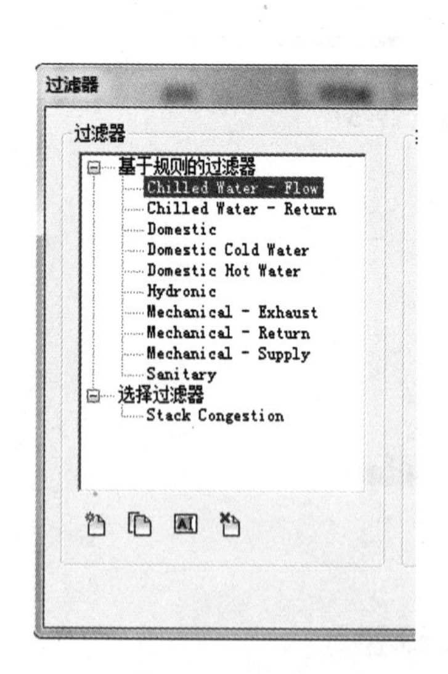

图 29-62

图 29-63

5）在【过滤器】对话框右侧【过滤器规则】面板中，设置【过滤条件】为【系统名称】【等于】【CHW F1】，如图 29-64 所示。

6）单击【确定】按钮，关闭【过滤器】对话框，回到【楼层平面：Ground Floor 的可见性/图形替换】对话框中，单击【添加】按钮新建过滤器，如图 29-65 所示。

7）在【添加过滤器】对话框中选择【Chilled Water-Flow】，单击【确定】按钮关闭对话框，如图 29-66 所示。

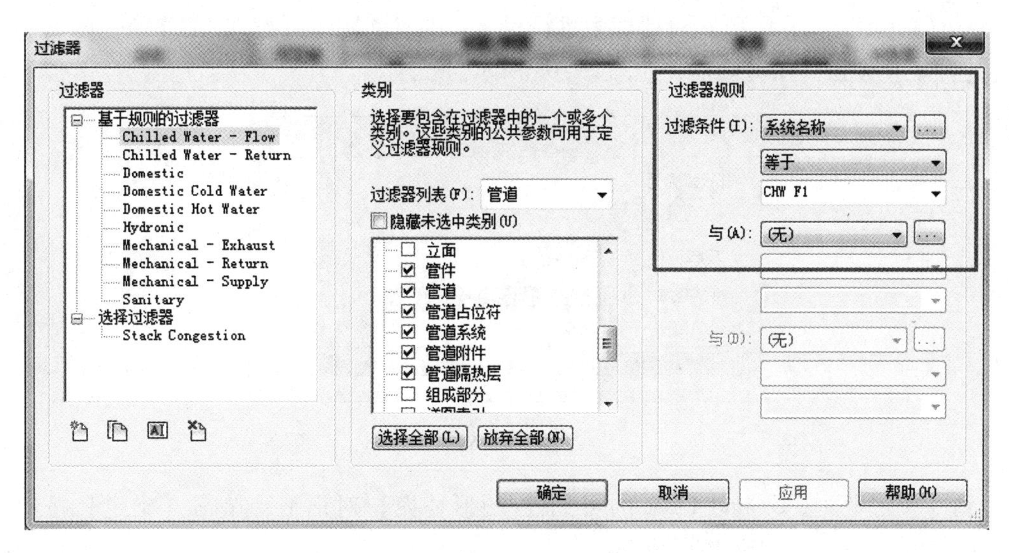

图　29-64

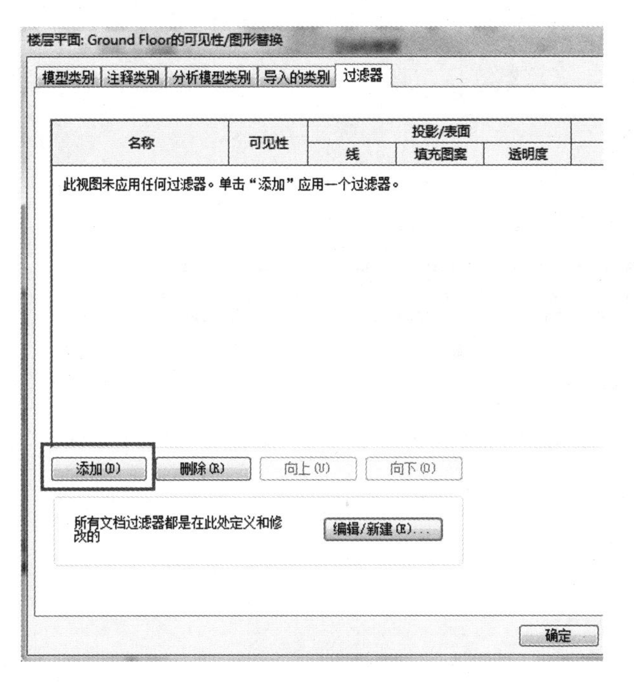

图　29-65

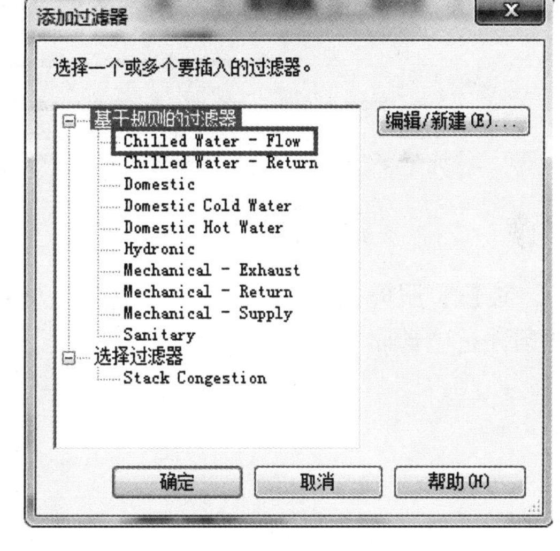

图　29-66

8）选择【填充图案】选项栏下的【替换】，如图29-67所示。

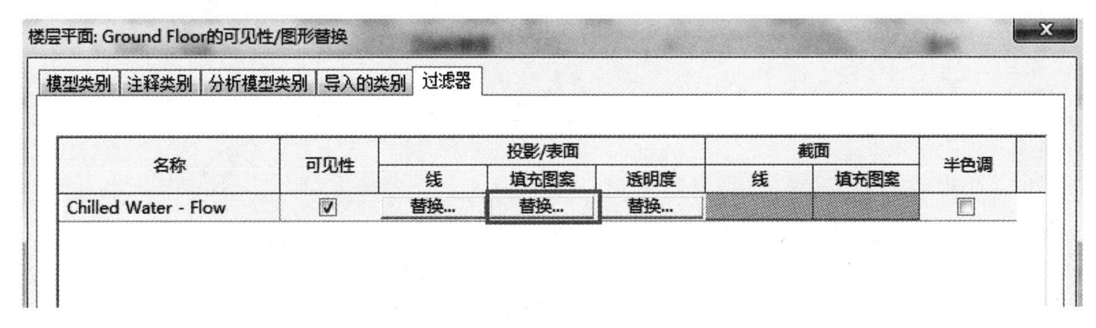

图　29-67

9）在弹出的【填充样式图形】对话框中进行设置：【颜色】为【绿色】，【填充图案】为【Solid fill】，单击【确定】按钮关闭对话框，如图 29-68 所示。

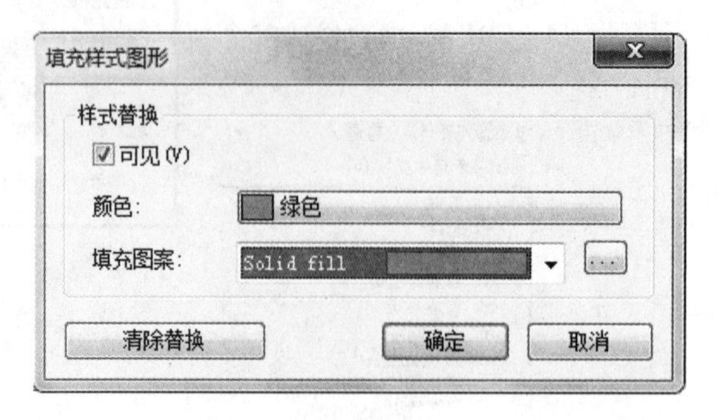

图 29-68

10）回到【楼层平面：Ground Floor 的可见性/图形替换】对话框，单击【确定】按钮关闭对话框，观察管道的颜色变化，如图 29-69 所示。

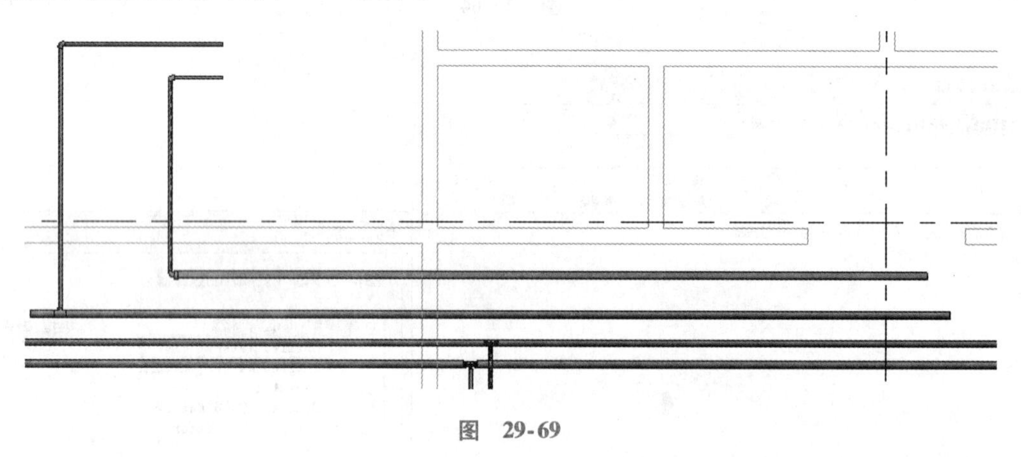

图 29-69

注意：服务类型过滤器类似于创建一个系统类型过滤器，不同点是通过服务类型选择过滤器的过滤条件是包含而非等于。

单元 30
空间数据和颜色填充

单元概述

本单元介绍的重点是空间和区域，这两者与构建服务系统有着密切的联系。同时，本单元还会简要介绍房间和面积的概念，因为这两项功能在建设工程中被广泛应用。在图元创建和数据管理过程中，我们还会简单介绍各种不同的填色功能，这些功能可以在描绘画图和明细表的某些特征时使用。

Revit 的一项重要功能是快速确定房间、空间、面积和区域，提取出尺寸和体积数据，并为这些房间附上用途、空气质量及灯光亮度等相关信息。这些功能对于产品来说是非常重要的，其相关分析工具通常能够在第一时间感应到对 Revit 的投入所获得的回报，因为这些工具在项目进行的早期阶段就能为用户提供极其重要的设计分析。

单元目标

1. 区分 Revit 中的术语如“房间”“面积”“空间”和“区域”。
2. 掌握空间及构成空间之间边界图元的放置方法。
3. 掌握空间的标签注释和明细表的生成方法。
4. 掌握面积和体积的计算方法。
5. 了解使用 Revit 以外的空间数据的方法。
6. 掌握颜色方案和图例的创建方法。

30.1 空间相关术语

理解 Revit 中各种术语的区别非常重要，如“空间”“房间”“区域”和“面积”，这些工具都有特定的功能和行为。但由于语言上的相似之处，用户很容易搞混在什么时候使用哪个工具。有关这一理论的讨论非常困难，而且容易给用户带来困惑，因此我们首先来看一下这些术语的区别。

30.1.1 房间

房间（图 30-1）属于建筑图元，房间是基于图元（如墙、楼板、屋顶和天花板）对建筑模型中的空间进行细分的部分。房间除了可以提供地板面积、周长和房间体积等数据信息以外，还可以保存例如表面材料、占用和使用面积、部门等参数信息和被墙体、地板、屋顶所包围的面积的相关数据。这些数据可用于绘图的注释，也可以给标签和明细表赋值。在房间被分配或被创建之前，可添加规格数据到明细表中。

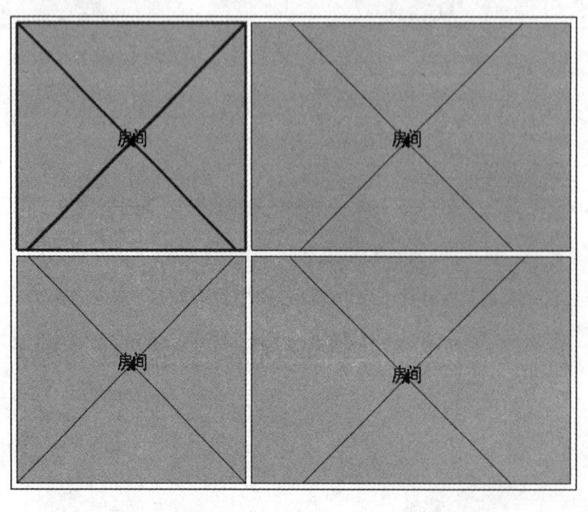

图 30-1

30.1.2 面积

面积（图 30-2）是对建筑模型中的空间进行再分割形成的，其范围通常比各个房间范围大。面积不一定以模型图元为边界。用户可以绘制面积边界，也可以拾取模型图元作为边界，面积平面视图是根据模型中面积方案和标高显示空间关系的视图。

面积和房间一样，也是一种储存建筑信息的方式。面积只能应用到面积平面视图中，用户可以在面积平面视图中对与建筑描绘相关的信息进行管理。面积平面视图也可用于审查各相关功能区空间在整体建筑（而非独立房间的组合）中的尺寸和工作流程。例如，面积平面视图可以用于呈现建筑内各楼层的部门化，或者呈现办公空间和转换空间之间的利用率，或者用于计算和呈现大型公寓大楼中每个公寓的总面积。

30.1.3 空间

在建筑模型的所有区域中放置空间（图 30-3），以存储用于在建筑模型上执行热负荷与冷负荷分析的数值。房间和空间是用途不同的不相关构件。房间是用于维护已占用面积相关信息的建筑构件。空间则专用于 MEP 规程，以进行体积分析。它们包含了用于维护它们所在区域的相关信息的参数，该信息用于执行热负荷和冷负荷分析。

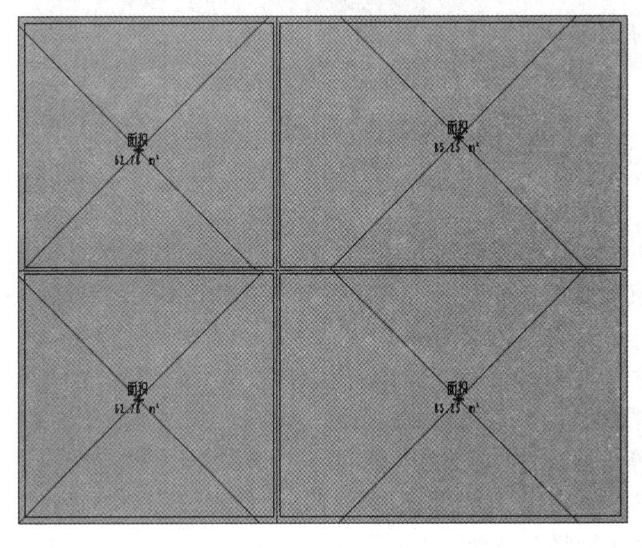

图　30-2

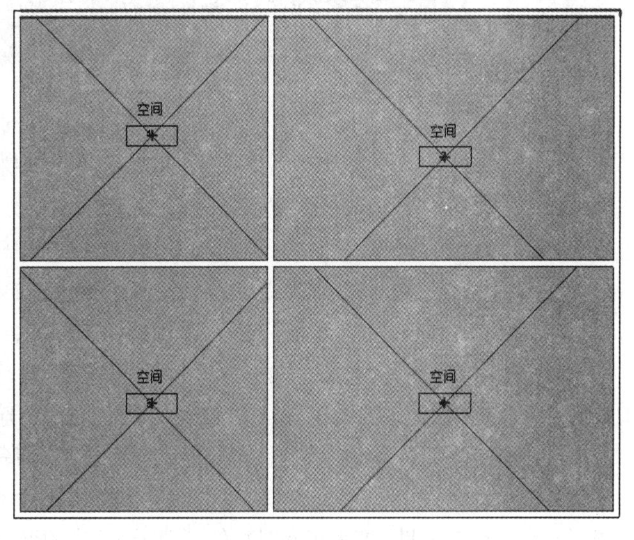

图　30-3

用户需要对空间进行分配，这样整个建筑的体积都包含在内，用户就能够实现精准的空间分析，包括天花板通风口和竖井。用户可以将与机械性能相关的空间数据，如每小时换气次数、湿度和温度，以及照明、功率和能量加载等数据输出以用于设备尺寸的计算分析。建筑中的空间越多，相关的计算也就越复杂。因此，在非常大型的建筑中，如果相邻房间会共享环境参数和房间规格，那么这些房间就可以被合并为一个空间。

30.1.4 分区

分区和空间是独立的构件，两者结合使用可以获得同样的效果。分区（图 30-4）是由一个或多个空间组成的，这些空间由用来维护共同环境（温度、湿度等）的设备所控制。创建分区可定义有共同环境和设计需求的空间，可将未占用区域中的空间（如正压送风系统）添加到分区中，还可将不同标高上的空间添加到同一分区中。用户可以通过创建分区明细表来修改分区。

MEP 项目至少有一个分区，即默认分区。空间最初放置在项目中时，会被添加到默认分区中。当

用户将某空间指定给所创建的分区时，该空间会从默认分区中删除。在使用链接模型时，所有分区（和空间）都必须在主体（本地）文件中。分区的阶段必须与添加到其中的空间的阶段相符。将所有空间都指定给分区后，可以对分区进行各种处理，包括修改分区、移动分区、重命名分区、重新指定分区、为分区创建明细表、对分区应用颜色方案及删除分区，但不能删除默认分区。

HAVC 系统中的分区空间主要目的是帮助用户轻松控制空气质量，并为建筑的大部分而非单个空间提供条件。与空间和房间一样，这一操作通常需要使用明细表。分区明细表和其他明细表的创建方法相同，用户可以在其中输入并导出模型中的信息。

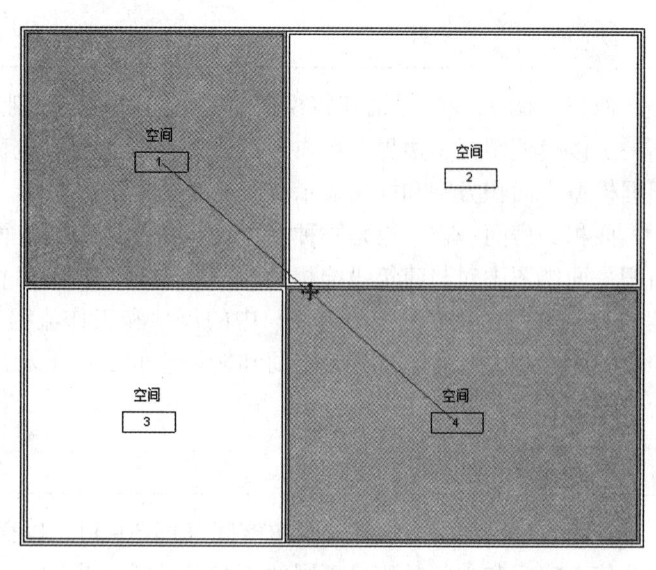

图 30-4

30.2 空间的创建

在 Revit 中，空间不是由插入的四面墙体组成的，而是一个放入模型中某个封闭位置的图元，用来识别和校对该位置的数据。空间的参数或边界通过模型中实体或理论上的图元进行区别，同时，空间不能被放置在没有边界图元界定其参数的位置上。

在【分析】选项卡下的【空间和分区】面板中可以打开【空间】，如图 30-5 所示。在使用【空间】且位置已经确定的情况下，围绕这一位置的约束构件将会被识别，同时用来组成房间图元的参数。理解边界构件的一个简单方法是：想象将（非常大的）一杯水泼洒在房间内，水会一直流，直到触及约束图元。约束图元包括：幕墙（由任何方法创建）在内的墙体、屋顶（由任何方法创建）、楼板（由任何方法创建）、天花板（由任何方法创建）、建筑柱、幕墙系统和分割线。

注意：任何依附在主体上的图元，包括门、窗等需要在主体上嵌入洞口的图元都将会被空间工具忽略，如果墙体上设置了开口，那么该空间将不会溢出并占据其相邻区域。但是，如果该开口是通过拆分墙体或编辑墙体剖面而创建的，那么相关的两个区域将会被合二为一。

在两个空间之间如果没有实际的边界，空间分隔线可用来创建虚拟的边界线（图 30-6），这和对一个大型开放式空间进行不同目的的区域切分是一个道理。可以在【分析】选项卡下的【空间和分区】面板中启动【空间分隔符】，如图 30-7 所示。

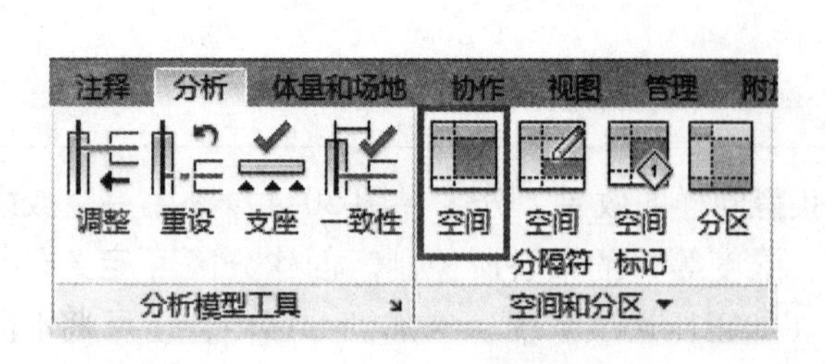

图 30-5

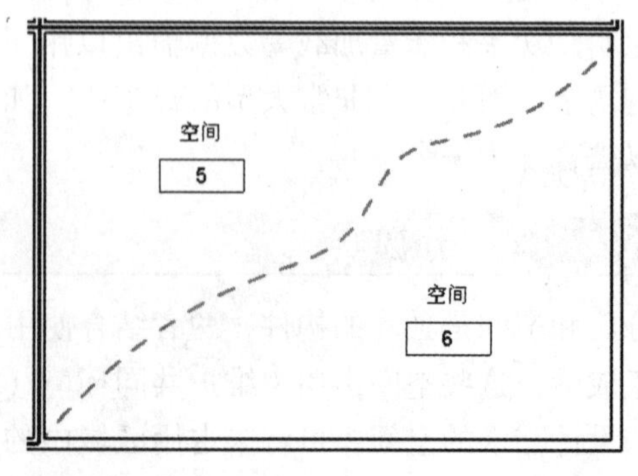

图 30-6

如果两个或两个以上的空间被放置到了同一区域，那么屏幕右下角会弹出警告对话框（图30-8），以提醒用户进行修改。虽然Revit允许这种情况存在，但是明细表仍然会将其记为两个空间，这将导致潜在的错误，甚至后建的空间会在明细表中显示为多余空间，但这种情况是可以忽略的。即使忽视了这个问题，相关警告还会与其他警告一起被储存下来，方便日后的审查和解决。

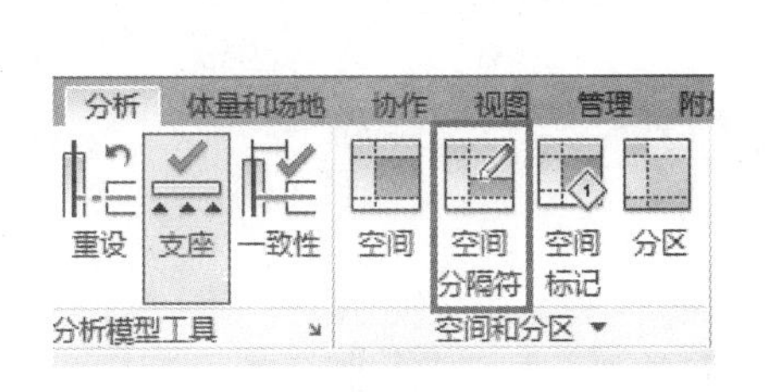

图　30-7

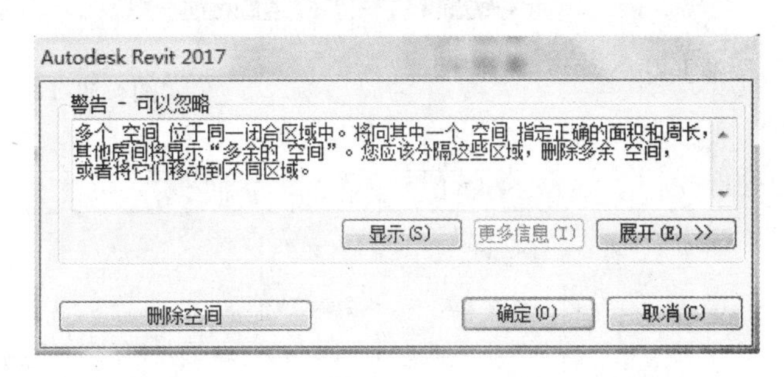

图　30-8

当空间被无意中放置在长廊的两端而非简单地在同一长廊上标记两次时，该警告栏也会出现，同样，如果当前的模型被更改，如墙体一类的约束元素被移除，该警告栏依旧会出现。在这种情况下，可以放置一面新墙再次对空间进行划分，或者移除其中一个空间。

Revit工作流程允许用户在房间数据不受损失的前提下，对建筑的部分或整体进行完全的修改。在对设计进行重新建模期间，附有大量元数据的空间会从模型中移除。该操作不同于完全删除图元，因为图元在移除后仍然会以虚拟无主体图元的方式保存在数据库中，并能够在布局确定之后进行分配。如果需要将整个空间删除，用户可在空间明细表中进行操作。在删除空间时，会弹出警告对话框（图30-9），Revit会先删除空间标记，相应空间仍然存在；再次删除空间还会弹出警告对话框（图30-10），提醒用户模型视图中的空间已被删除，但空间仍保留在此项目中。用户可以使用自动创建工具来创建Revit MEP中已打开的建筑模型中的空间，这些空间会以数字命名。

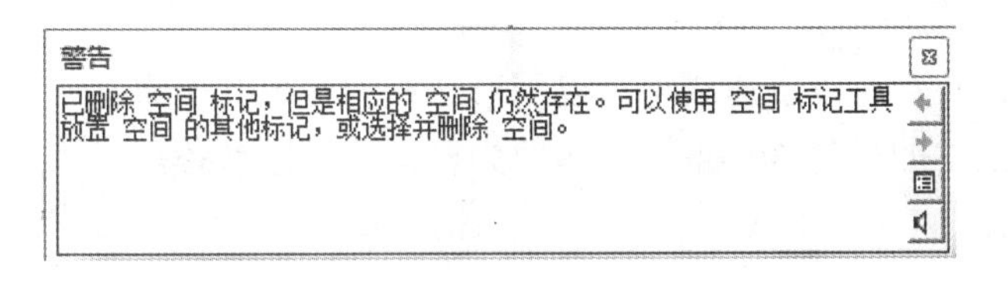

图　30-9

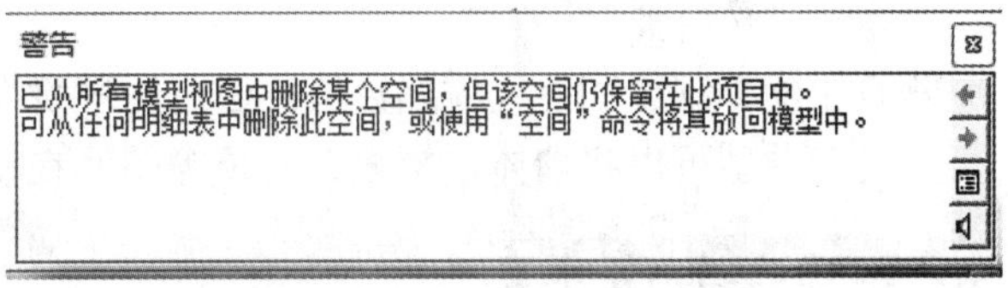

图　30-10

注意：在打开或者更新Revit 2009版本或者更早版本的Revit软件中的模型时，如果阶段和房间的分配满足相关标准，空间会自动创建。

30.3　空间类型

30.3.1　空间类型的设置

Revit为建筑和空间参数提供了默认的明细表和设置，用来计算热负荷和冷负荷。可以调整其中许多设置，以修改热负荷和冷负荷分析所用的默认值。这样即可以首先建立整体建筑模型的参数，然后再针对个别空间进行修改，从而创建准确的热负荷和冷负荷分析。用户可以在【分析】选项卡下，单击【报告和明细表】面板右下角的斜箭头（图30-11）启动【建筑/空间类型设置】对话框，如图30-12所示。

空间类型可以根据标准使用情况和房间占用情况（如办公室、酒店餐厅、图书馆或卫生间）采用

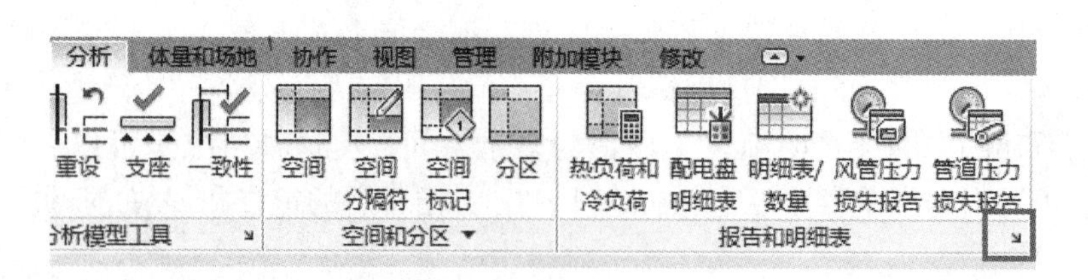

图　30-11

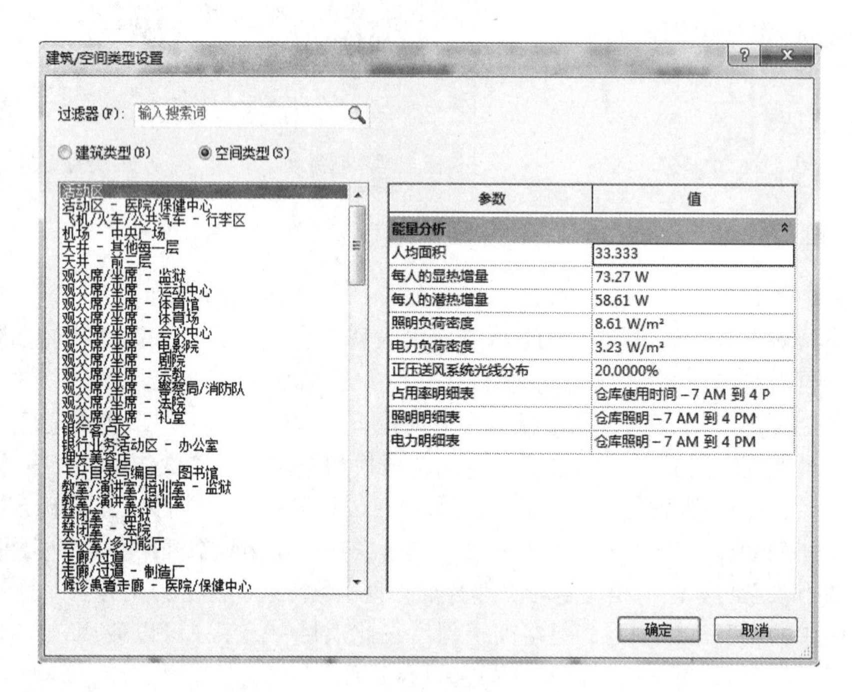

图　30-12

常见的加热、制冷和空气质量数值。通过这些设置，我们可以迅速获得可以用于分析的多数据模型。

建筑类型可以将墙体、楼板、屋顶等图元在模型中的材料进行重置，从而为模型分析做准备。

30.3.2　明细表

用户可以在【建筑/空间类型设置】对话框中指定明细表设置，为模型中的某个建筑类型和个别空间选择占用率明细表、照明明细表和电力明细表。

在默认情况下，将使用照明明细表来指定电力明细表。如果电力的时间安排与照明明细表不相符，可以根据需要创建单独的电力明细表。可以从【建筑/空间类型设置】对话框访问【明细表设置】对话框。Revit 为各种建筑和空间类型提供了默认的明细表，可以修改默认的明细表，也可以基于现有的默认明细表创建新的明细表。

有经验的 Revit 用户会使用明细表来录入和修改数据，与在其他视图中的操作一样，空间明细表可以有效地帮助用户通过多种方法进行设计开发。

空间明细表可提供关于房间面积、体积、周长等内容的及时和最新的信息，所有这些信息都来自于空间的属性。空间元数据甚至于空间本身都可以添加到明细表中，以便日后在模型中进行放置，这样一来在房间中定位隔墙或使用空间工具创建空间时，这些图元将源自事先界定好的目录，而非重新创建。空间可以从模型中移除。

空间数据的任何变化都会从各个方面显示出来，所以可以通过空间明细表、空间图元属性甚至通过编辑相关的空间标记来实现修改。

在绝大多数情况下，明细表是在一个单一的类别中产生的，如风管末端、照明设备、管道等。这会限制用户获取交叉参考数据，用户没办法在照明设备明细表中看到装有照明设备的墙体或者天花板的细节。但有一点例外就是在询问其他类别时，用户可以找到房间和空间的信息。例如，在生成风管末端明细表时，表中可以列出各个末端所在位置的空间属性，而且空间明细表会给出同一区域内所分配的房间的细节图，如图 30-13 所示。

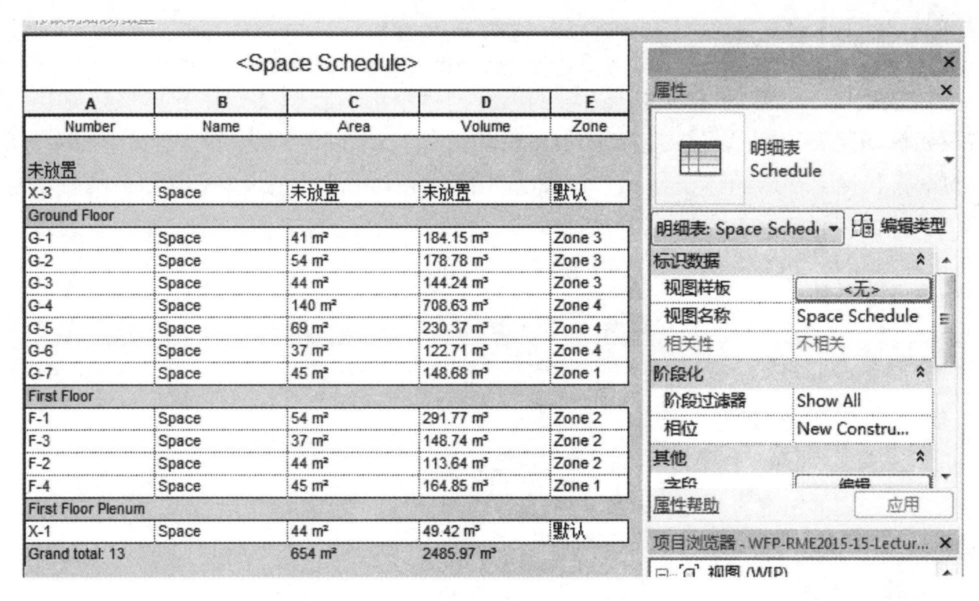

<Space Schedule>

A	B	C	D	E
Number	Name	Area	Volume	Zone
未放置				
X-3	Space	未放置	未放置	默认
Ground Floor				
G-1	Space	41 m²	184.15 m³	Zone 3
G-2	Space	54 m²	178.78 m³	Zone 3
G-3	Space	44 m²	144.24 m³	Zone 3
G-4	Space	140 m²	708.63 m³	Zone 4
G-5	Space	69 m²	230.37 m³	Zone 4
G-6	Space	37 m²	122.71 m³	Zone 4
G-7	Space	45 m²	148.68 m³	Zone 1
First Floor				
F-1	Space	54 m²	291.77 m³	Zone 2
F-3	Space	37 m²	148.74 m³	Zone 2
F-2	Space	44 m²	113.64 m³	Zone 2
F-4	Space	45 m²	164.85 m³	Zone 1
First Floor Plenum				
X-1	Space	44 m²	49.42 m³	默认
Grand total: 13		654 m²	2485.97 m³	

图 30-13

30.4 空间标记

在默认情况下，空间图元在放置时就自动贴上了标记（图 30-14），但重要的是要理解空间标记和空间是两个不同的对象。空间可以脱离空间标记而存在，或者可以被标记多次。空间实体在模型中作为图元存在，而空间标记则是特定视图中的对象，其作用是对图元进行询问并显示与某些参数相关的数值，具体参数由用户自行决定。和所有标记一样，空间标记可以在类别下的所有参数中查找相关值，并通过用户界定的字体、线条、填充区域或其他要求的图形外观以选择样式呈现这些值，用户还可以通过共享参数在标记中插入自定义的属性。

空间标记是二维特定视图对象，可在放置空间时进行自动添加，也可以使用【空间标记】（图 30-15）标记当前视图中所有尚未被标记的房间。在同一个项目甚至同一视图中，不同的标记样式可以共存，它们相互之间也可以进行信息的提取和显示。因此，总体布局可能显示每个空间的名称、编号和面积，用来审查机械数据的平面视图可以显示规定的和实际的供风和回风图像，而一个照明布局可能会显示约束表面的反射比。空间标记也可应用于剖面视图中，但是不能在该视图中创建新的空间。

图 30-14

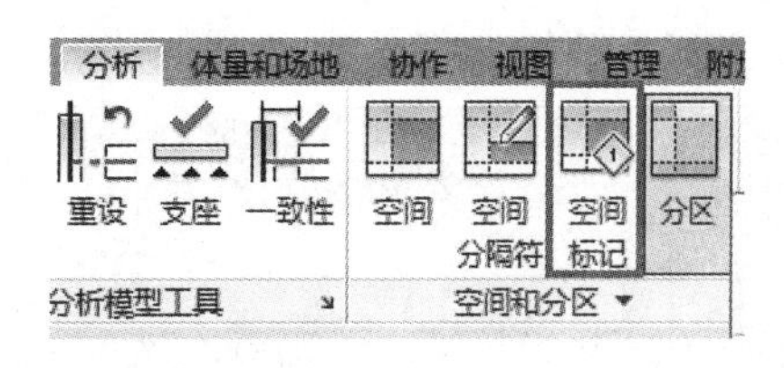

图 30-15

30.5 面积和体积选项

30.5.1 面积计算

在【分析】选项卡下【空间和分区】面板的下拉列表中可以启动【面积和体积计算】(图30-16),如果在【面积和体积计算】对话框中选择了【面积和体积】(图30-17),则额外的房间边界构件可能会决定空间的垂直长度,并影响体积计算。选择了【面积和体积】时,空间边界会捕捉到屋顶和天花板。如果选择了【面积和体积】并且空间的垂直长度与某一个房间边界构件的垂直长度相交,则会发生捕捉。【面积和体积】设置不会改变空间的底部和垂直长度属性。

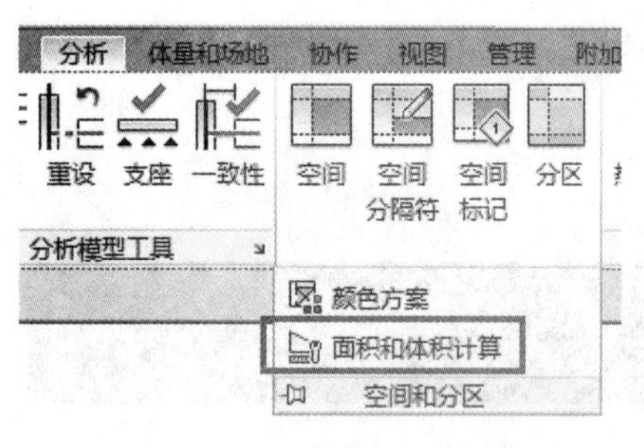

图 30-16

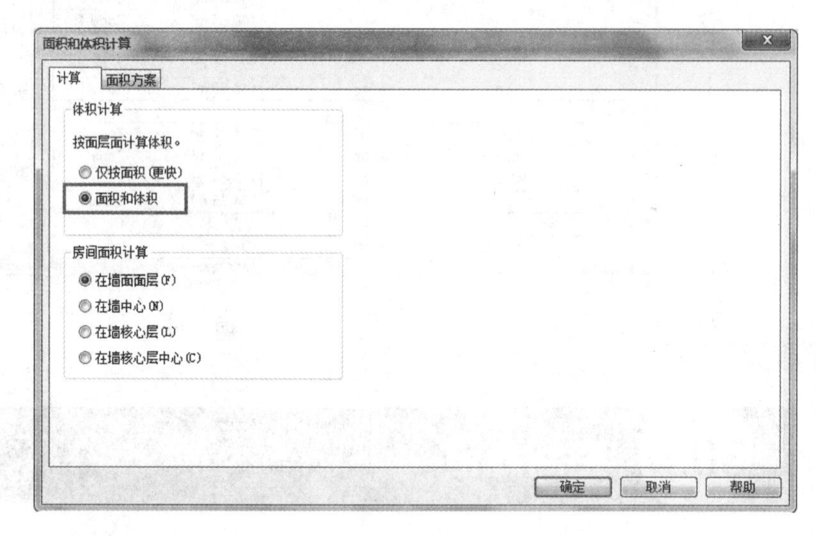

图 30-17

面积是对建筑模型中的空间进行再分割形成的,其范围通常比各个房间范围大。面积不一定以模型图元为边界。用户可以绘制面积边界,也可以拾取模型图元作为边界。添加模型图元时,面积边界不一定会自动改变。在默认情况下,Revit会根据图元的布局,在楼板标高层以上指定的高度来约束图元的布局,进而计算空间或者房间的面积。在计算空间时,该高度在默认情况下为0mm,而对于房间来说默认的计算高度为3200mm,如图30-18所示。升高计算高度会使斜面墙体下方的三角形空间在所有的面积或体积计算中都被排除在外,这种情况对于那些必须满足本地规章或者具体项目要求的房间适用,但是对于空间而言,这会造成在环境分析过程中被给予错误的数值。

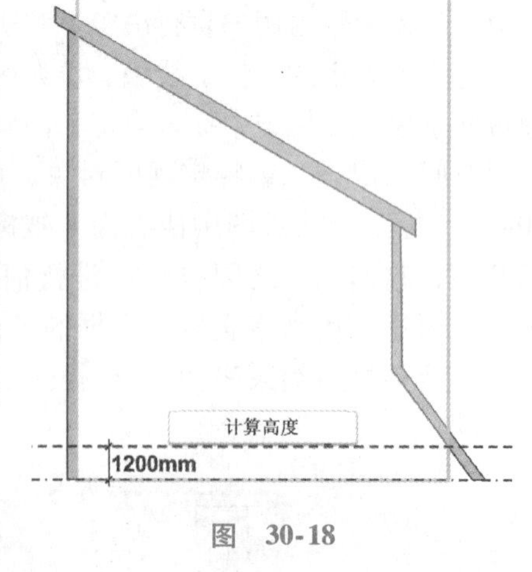

图 30-18

不管使用哪种方法,该设置都是标高标记的一个实例属性,因此如果用户想在不同于默认高度的地方进行计算,就需要进入到立面图或者剖面图中,选中与该平面视图相关的一个标高或一些标高。

在默认情况下,空间会有一个基底标高作为其当前工作标高,一般情况下该标高的上限不得超过4m,除非用户定义了不同数值或者具体规定了顶部限制标高。如果要求的交付物是基于面积信息的,那么设定正确的上限就没有必要了。

30.5.2 体积计算

Revit 还可以计算空间的体积，但是在大型项目中，由于硬件的限制，该功能将通过更改面积和体积计算对话框中的相关设置来禁止提高硬件性能，只有在模型进行能量分析之前才重新开始。空间体积的计算方法是用上文中提到的用已确定的平面面积乘以空间图元的高度，但当空间图元与其他约束图元（如天花板或楼板）有接触的情况下不能采用这种方法。

要为有加热和制冷需求的区域计算体积时需要使用空间。空间的体积计算以其房间边界构件为基础，用其基准面积乘以空间高度进行计算。在 Revit 中，面积和体积都计算到墙面（基于面层面以外的平面所计算的体积在项目升级后会有所不同）；底部计算高度由（参照）【标高】和【底部偏移】指定；底部的默认计算高度为空间参照标高上方的【0.00mm】；空间的垂直长度由【上限】和【高度偏移】指定；空间的默认垂直长度为【底部（参照）标高】上方的【2600mm】。

Revit 通过着色在平面视图和剖面视图中显示空间。除跨越多个标高的空间（竖井和墙槽）外，为空间所指定的上限不应超过空间底部标高上方的标高。应选择【面积和体积】（默认设置），以更准确地计算体积及获得更准确的加热和制冷分析。如果不选择【面积和体积】，空间边界将捕捉到其垂直长度，并且空间的【体积】属性将显示为未计算。

30.5.3 数据分析

能量分析可以通过体量模型实现，也可以通过开发的、含有被分配空间的模型实现。在通过 Autodesk 360 自带的能量分析选项或者在输出能量数据到其他分析软件时，体积信息就显得极其重要。

在创建模型进行能量分析时，千万不要在输出的能量模型上留下任何的孔洞，因为这些孔洞会造成相邻的表面在计算中被当作外部表面处理。如果使用了自动化工具，那么在覆盖区域超过 $230cm^2$ 的时候，所有的封闭面积都会失去一个空间。

30.5.4 面积方案

在【面积和体积计算】对话框中可以设置【面积方案】（图 30-19），面积方案可以在给定标准的基础上，对面积平面进行图形评审。面积方案是可定义的空间关系，例如，可以用面积方案表示楼层平面中核心空间与周边空间之间的关系。可以创建多个面积方案，在默认情况下，Revit 会创建以下两个面积方案。

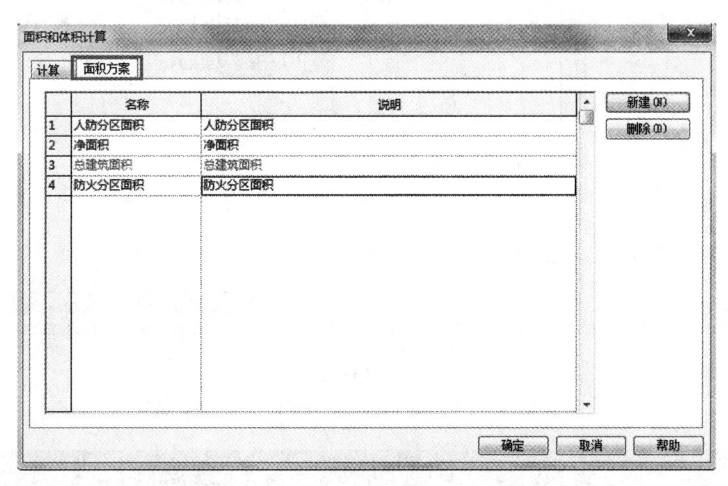

图　30-19

1）总建筑面积：建筑的总建筑面积。

2）出租面积：基于办公楼楼层面积标准测量法的测量面积。

不能编辑或删除【总建筑面积】方案，但可以修改【出租面积】方案，可以根据需要创建附加的面积方案。用户可以在选中约束图元的状态下利用逻辑法则来实现面积平面图创建的半自动化操作，但要注意该操作中的规则限制是以美国的方法为标准的。在不考虑这些规则的时候，用户可以使用手动工具来自定义准确的建筑模型的具体区域划分。

30.6 颜色方案

在【分析】选项卡下【空间和分区】面板的下拉列表中可以启动【颜色方案】(图 30-20)。颜色方案用于以图形方式表示空间类别。例如，可以按照房间名称、面积、占用或部门创建颜色方案。如果要在楼层平面中按部门填充房间的颜色，请将每个房间的【部门】参数值设置为必需的值，然后根据【部门】参数值创建颜色方案，接着可以添加颜色填充图例，以标识每种颜色所代表的部门。可以根据以下内容的参数值应用颜色方案：①房间；②面积；③空间或分区；④管道或风管。

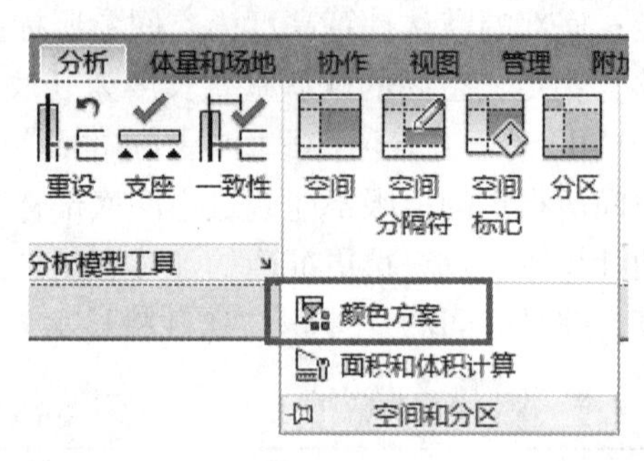

图 30-20

若要为 MEP 图元使用【颜色方案】，必须先在项目中定义房间、面积、空间、分区、管道或风管。【颜色方案】可根据模型中的空间、分区、房间或面积应用于二维视图中，这对交流设计意图和分析结果有很大意义。

空间的默认颜色方案会根据名称字段对视图进行涂色，参数中的每个具体数值也会以该名称字段为基础被自动分配不同的颜色。在利用面积、周长或者用户自定义数字参数对空间进行估算时，估算结果会根据不同的范围采用不同的颜色，如图 30-21 所示。

图 30-21

30.7 单元练习

本单元练习主要介绍空间的安放、空间分隔线的使用、给空间添加标签并操纵标签、空间明细表与其他图元的交互、将颜色方案和配色图例应用于视图。

30.7.1 定义空间

1）打开起始文件 WFP-RME2015-30-SpacesA.rvt，在【项目浏览器】中打开【楼层平面：0-Mech】视图。

2）在【分析】选项卡下【空间和分区】面板中选择【空间】，如图 30-22 所示。

3）在【修改 | 放置空间】选项卡下【标记】面板中选择【在放置时进行标记】，如图 30-23 所示。

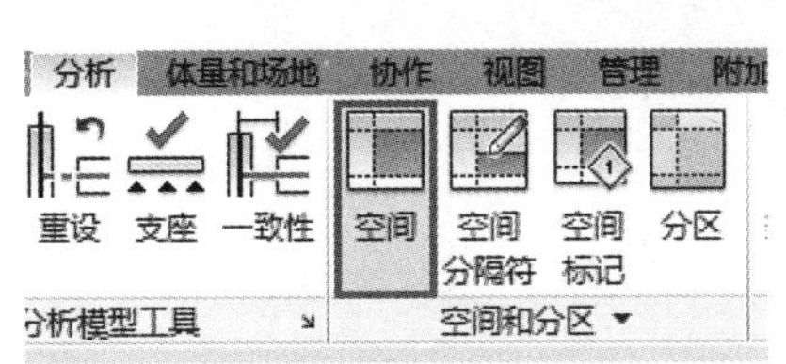
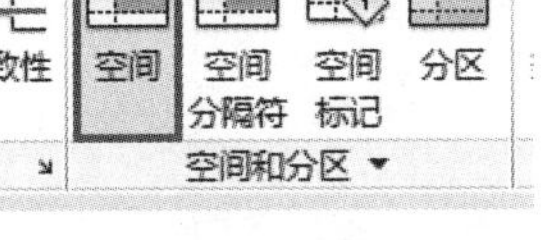

图　30-22

图　30-23

注意：该操作将自动在房间图元插入点中放置标记，且该标记会从房间中提取相关数据并显示出来。

4）在选项栏中进行下列设置：【上限】为【First Floor】，【偏移】为【0】，将标记放置设置为【水平】，且不勾选旁边的【引线】选项，【空间】为【新建】，如图 30-24 所示。

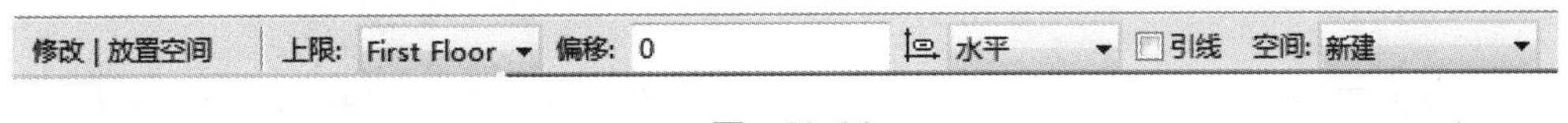

图　30-24

注意：这时候已经被放置的空间将呈浅绿色，且空间中央有一个对角交叉线，这让用户可以很容易地识别没有被分配房间的空间。

5）按照如图 30-25 所示的顺序依次单击剩余房间的中央部分，最好按照该顺序进行，但顺序并不是强制性的。

30.7.2 修改空间属性

1）在图 30-25 中标号为 1 的房间的空间标记上方按画圈的方式移动光标，直到出现对角交叉线，并将其选中。在【属性】面板中设置参数：【编号】为【0-11】，【名称】为【会议室】，如图 30-26 所示。

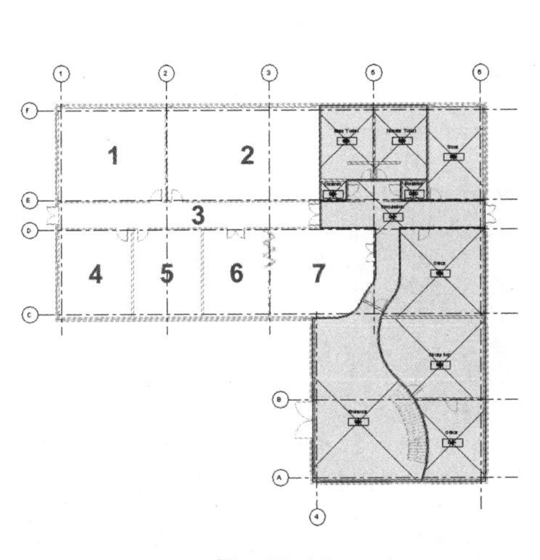

图　30-25

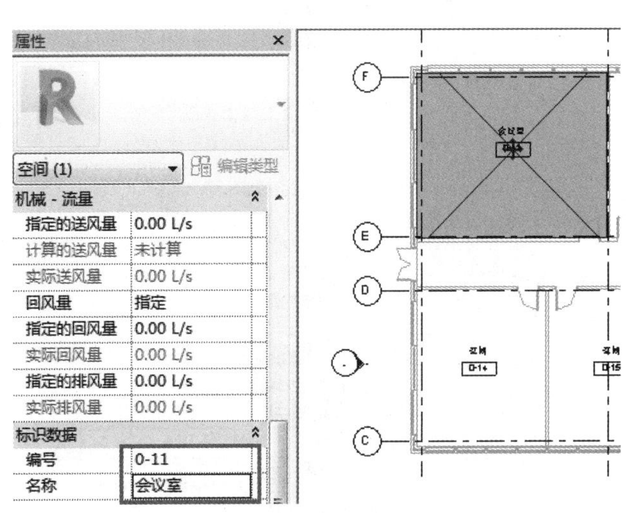

图　30-26

2）在图 30-25 中标号为 2 的房间的空间标记上方按画圈的方式移动光标，直到出现对角交叉线，并将其选中。在【属性】面板中设置参数：【编号】为【0-12】，【名称】为【技术支持】，如图 30-27 所示。

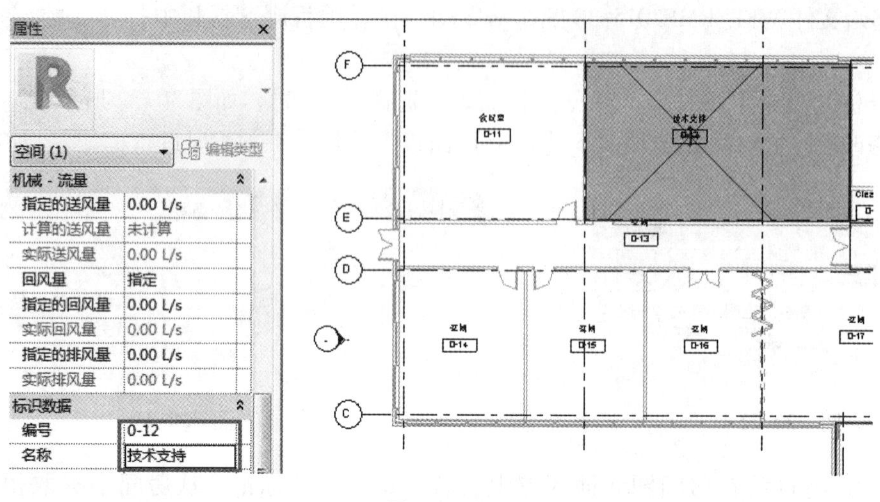

图　30-27

3）选中图 30-25 中 3 号走廊的空间标记处，分别选中数字和名称数值，并将【编号】设置为【0-13】，【名称】设置为【社交场所】，如图 30-28 所示。

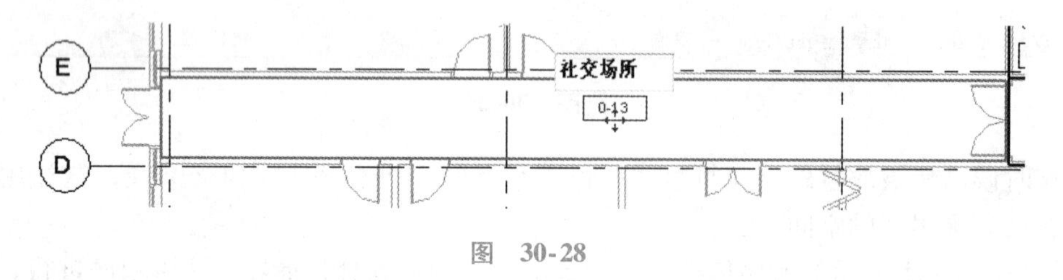

图　30-28

注意：不要双击标记，因为这样会启动族编辑器。

4）重复上述操作，设置图 30-25 中 4 号房间参数：【编号】为【0-14】，【名称】为【办公室】，如图 30-29 所示。

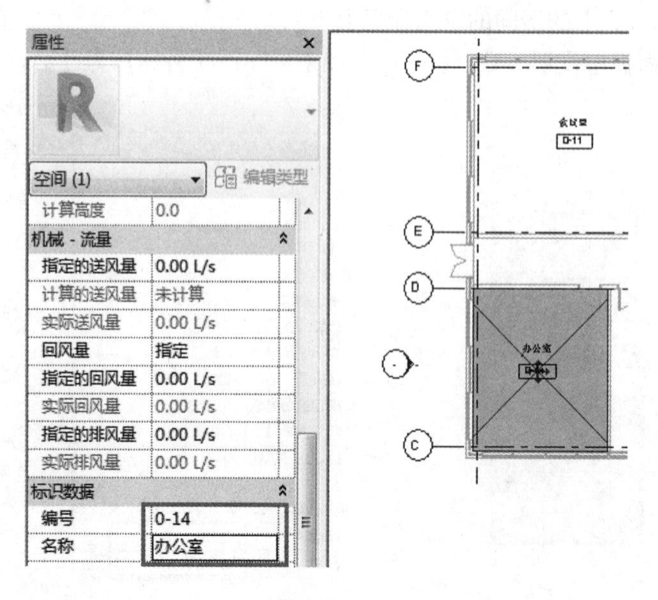

图　30-29

30.7.3 编辑明细表

1）在【项目浏览器】中打开【明细表：Space Schedule-WFP-RME2015-15-SpacesA】。

2）利用快捷键<WT>将视图平铺（图30-30），在明细表中对字段的改变将会反映在平面图内，同样，在平面图内做出的相应改变也会反映在明细表中。

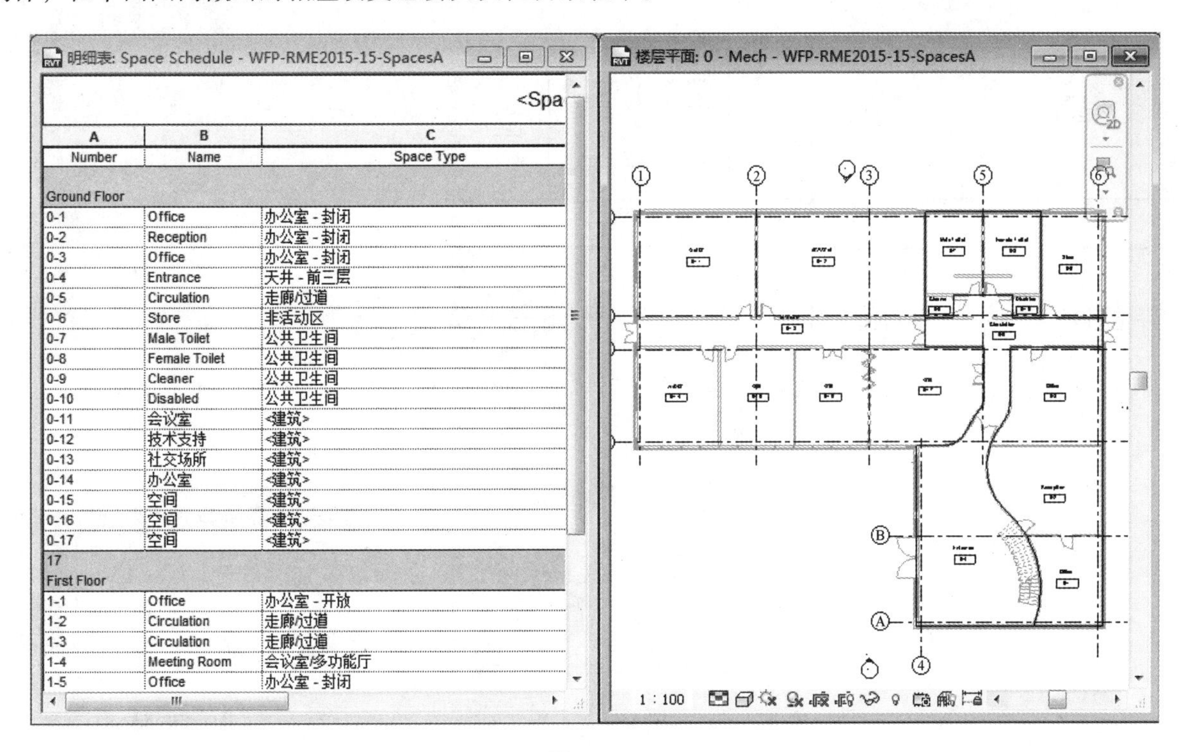

A	B	C
Number	Name	Space Type
Ground Floor		
0-1	Office	办公室-封闭
0-2	Reception	办公室-封闭
0-3	Office	办公室-封闭
0-4	Entrance	天井-前三层
0-5	Circulation	走廊/过道
0-6	Store	非活动区
0-7	Male Toilet	公共卫生间
0-8	Female Toilet	公共卫生间
0-9	Cleaner	公共卫生间
0-10	Disabled	公共卫生间
0-11	会议室	<建筑>
0-12	技术支持	<建筑>
0-13	社交场所	<建筑>
0-14	办公室	<建筑>
0-15	空间	<建筑>
0-16	空间	<建筑>
0-17	空间	<建筑>
17		
First Floor		
1-1	Office	办公室-开放
1-2	Circulation	走廊/过道
1-3	Circulation	走廊/过道
1-4	Meeting Room	会议室/多功能厅
1-5	Office	办公室-封闭

图　30-30

3）在明细表中将图30-25中标号为5、6和7的房间设置参数，其【Number】（编号）和【Name】（名称）分别设置为【0-15、办公室】【0-16、培训室】和【0-17、培训室】，如图30-31所示。

注意：在明细表名称字段有下拉列表，其中包括了所有空间的名称，也可以直接选择以创建新的名称。

4）在明细表的【Space Type】（空间类型）一栏中，为列表中的每个新建空间选择一个适当的类型描述（默认为建筑）。类型的选择对于该练习的影响不大。

这些空间类型来自行业标准表格，按照典型的用途具有各自的默认数值。通过将其中的一个类型分配给某个空间，Revit可以给各个空间属性赋予不同的值。其中一般会包括以下因素：理想温度、每小时换气量等，这些因素之后会在构建的能量分析阶段使用。同样，也可以通过明细表手动输入这些数值或直接将其输入到空间属性中。

明细表: Space Schedule - WFP-RME2015-15-SpacesA

<Spa

A	B	C
Number	Name	Space Type
Ground Floor		
0-1	Office	办公室-封闭
0-2	Reception	办公室-封闭
0-3	Office	办公室-封闭
0-4	Entrance	天井-前三层
0-5	Circulation	走廊/过道
0-6	Store	非活动区
0-7	Male Toilet	公共卫生间
0-8	Female Toilet	公共卫生间
0-9	Cleaner	公共卫生间
0-10	Disabled	公共卫生间
0-11	会议室	<建筑>
0-12	技术支持	<建筑>
0-13	社交场所	<建筑>
0-14	办公室	<建筑>
0-15	办公室	<建筑>
0-16	培训室	<建筑>
0-17	培训室	<建筑>

图　30-31

所有空间在创建后就自动被分配到默认的分区中。但由于模型是为分析而创建的，应该把空间归到由相同机械设备控制的分区内。模型当前的大部分空间内已进行了该操作，但用户必须把这一操作进行完毕，并为新的空间创建新的分区。

5）将光标在空间【0-1】【0-2】和【0-3】周围移动，直到 Revit 允许选中当前连接这三个空间的区域，如图 30-32 所示。

6）在选中该区域的状态下，选择【修改 | HVAC 区】选项卡下【分区】面板中的【编辑分区】，如图 30-33 所示。

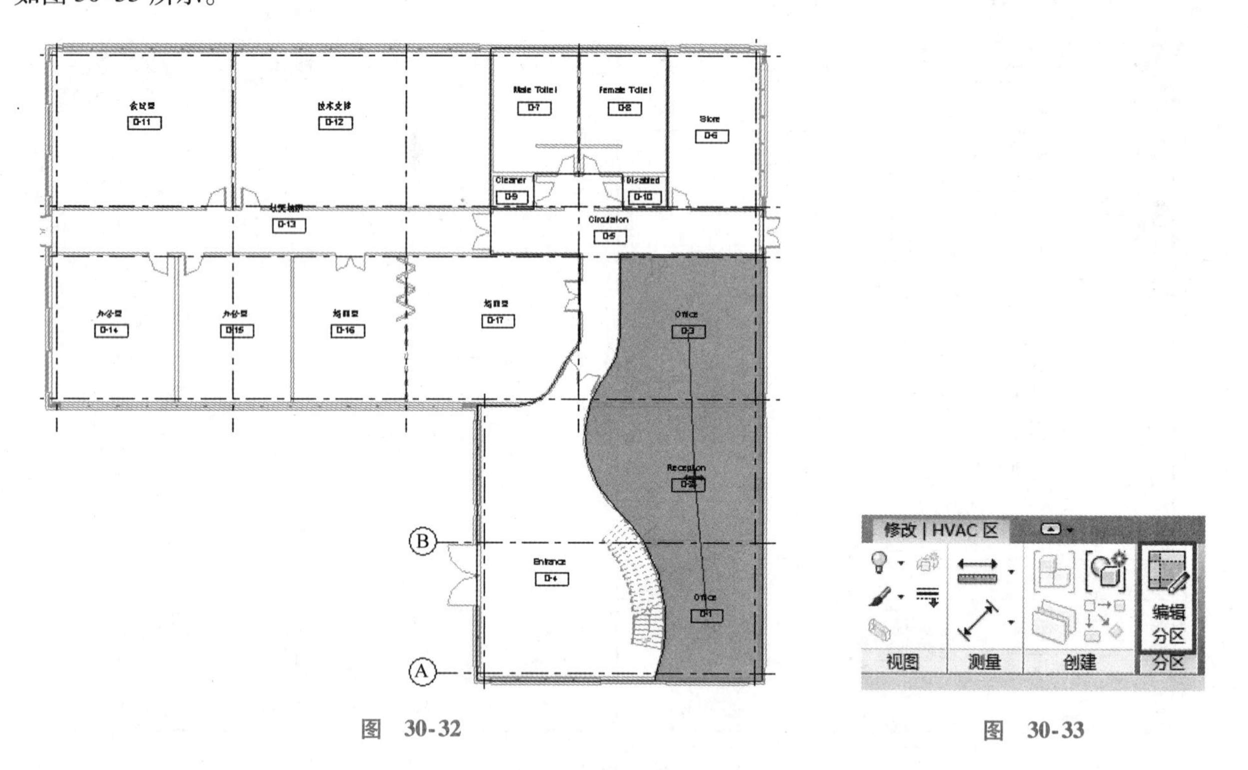

图 30-32　　　　图 30-33

7）将空间【0-6】添加到分区内，选择【完成编辑分区】，完成操作后如图 30-34 所示。

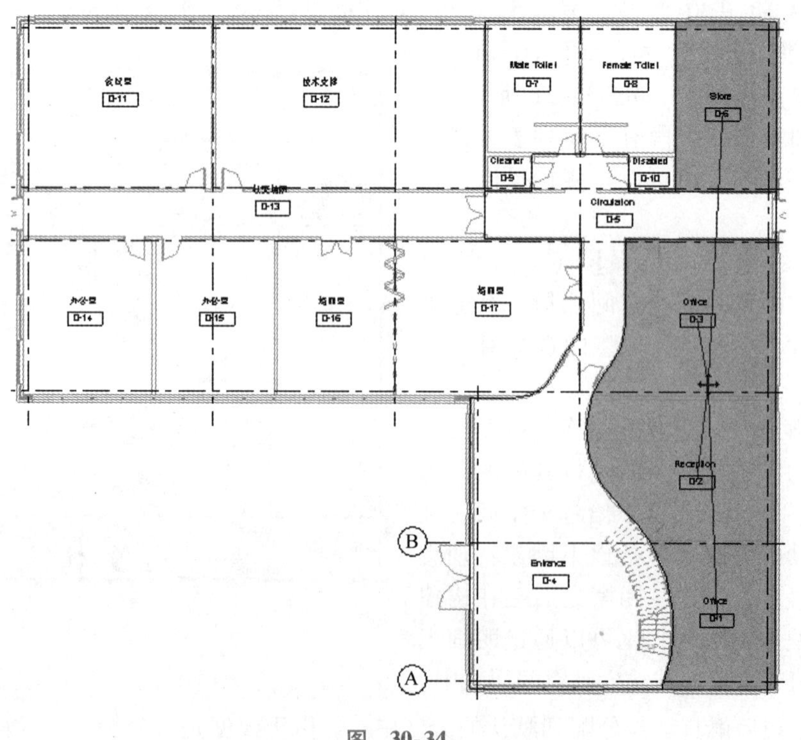

图 30-34

8）将空间【0-13】添加到连接入口和走廊的分区内，选择【完成编辑分区】，完成操作后如图 30-35 所示。

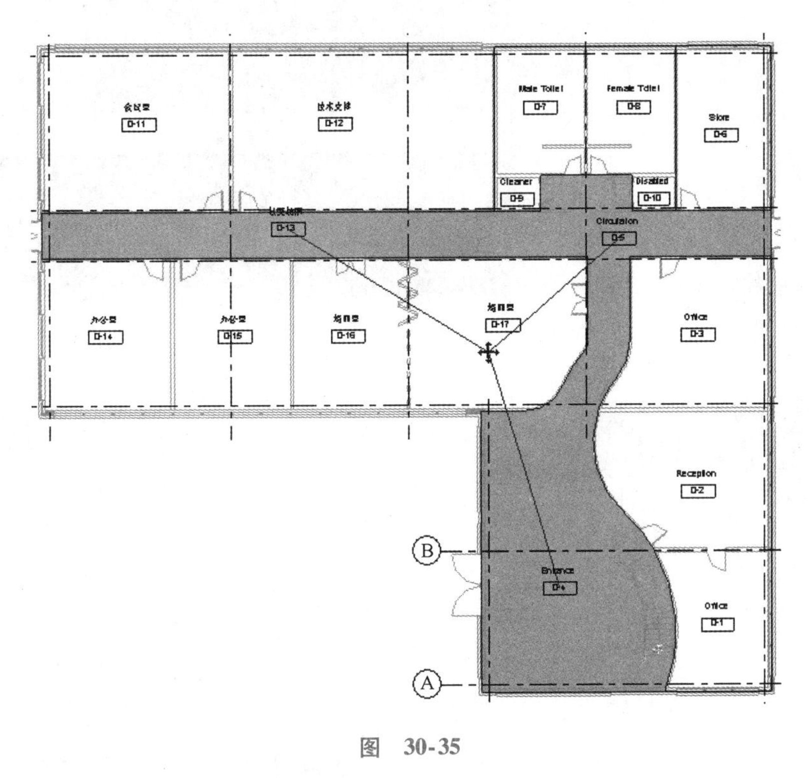

图　30-35

9）按下 <Ctrl> 键，选中剩余的六个空间（0-11，0-12，0-14，0-15，0-16 和 0-17），如图 30-36 所示。

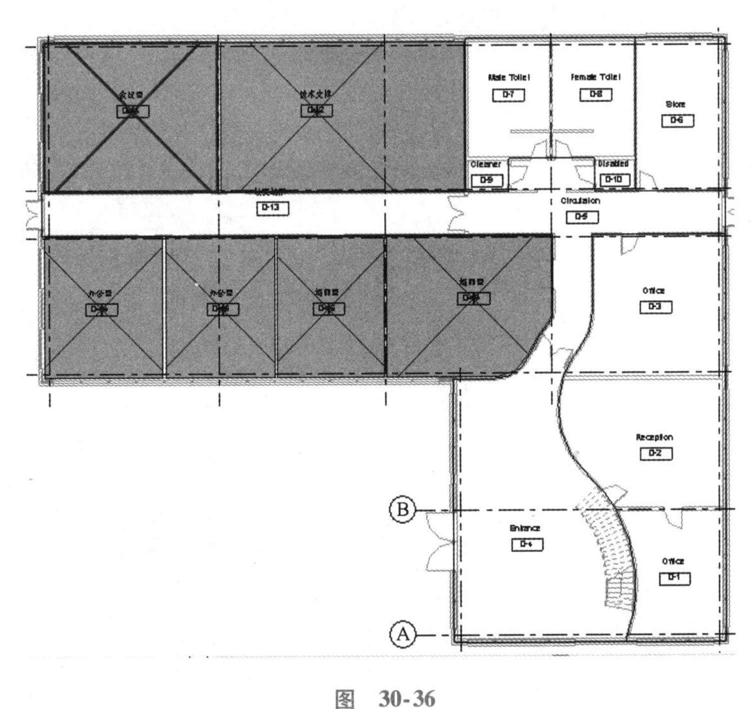

图　30-36

10）选中这些空间后，在【分析】选项卡下【空间和分区】面板中选择【分区】（图 30-37），将剩余六个空间进行分区设置，如图 30-38 所示。

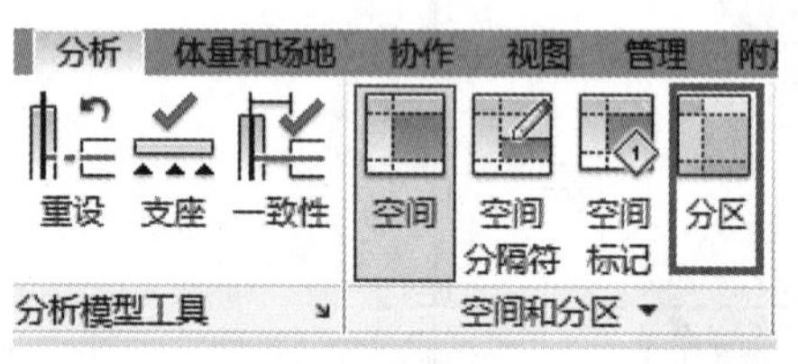

图 30-37

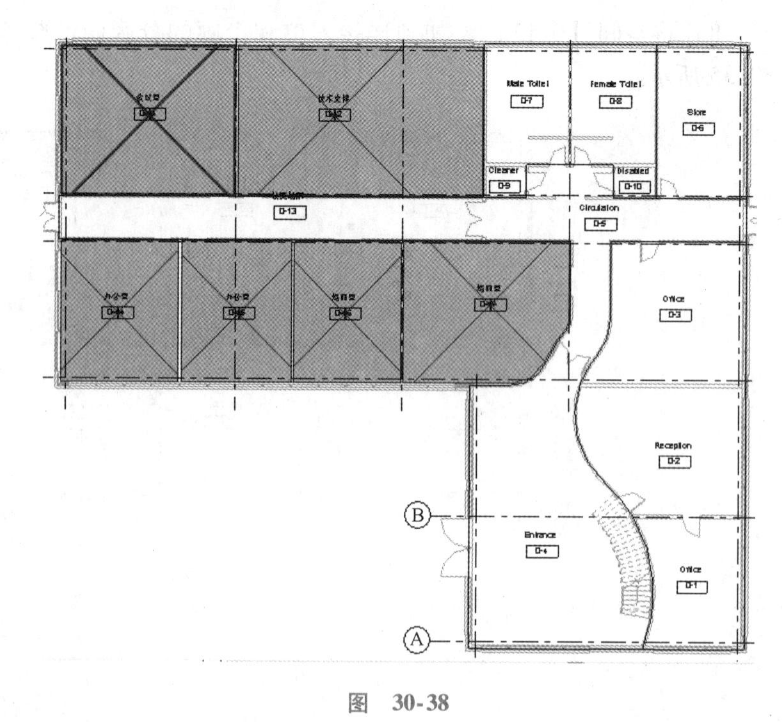

图 30-38

30.7.4 房间分隔线

房间分隔线可将大型的敞开式平面空间进一步分割成虚拟的空间或区域，即不需要添加物理边。接下来我们会在第一层进行展示，在一个大型敞开式的办公室平面的一角添加一个参照空间，之后我们会探索如何在设计的过程中重复使用一个空间。

1）在【项目浏览器】中打开【楼层平面：1-Mech】视图。

2）删除当前标记为【Office 1-1】的空间（要确定将空间和空间标记同时移除，而不能只是移除空间标记），如图 30-39 所示。

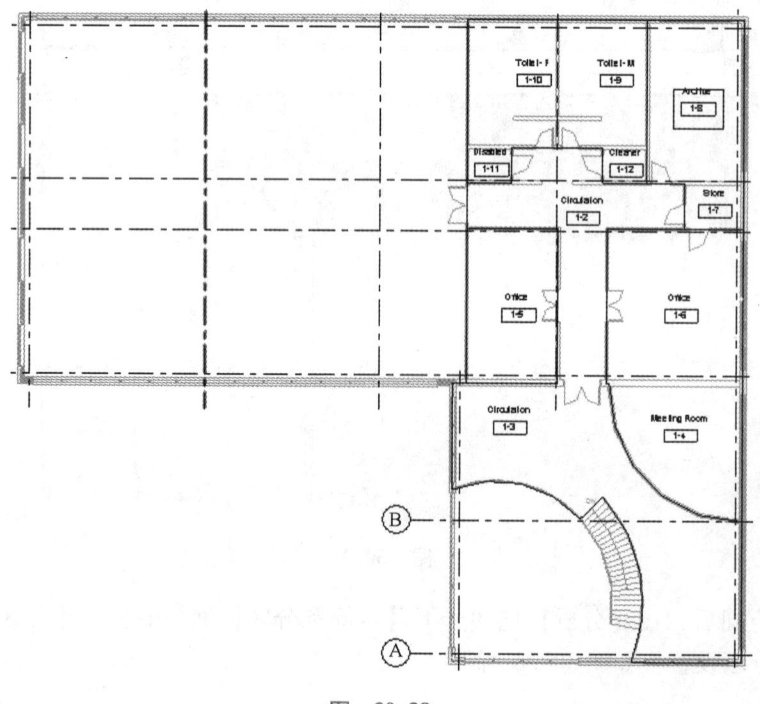

图 30-39

注意：该操作会弹出警告对话框，以强调虽然该空间已经从模型中移除，但是仍然存在在数据库中等待被放置。如果打开明细表，用户会发现空间当前并未被分配到模型中，因此不包含任何的面积或体积数据。

3）在【分析】选项卡下【空间和分区】面板中选择【空间分隔符】。

4）利用【空间分隔符】在如图30-40所示的位置确定一个新的区域，该空间的具体尺寸并不重要。

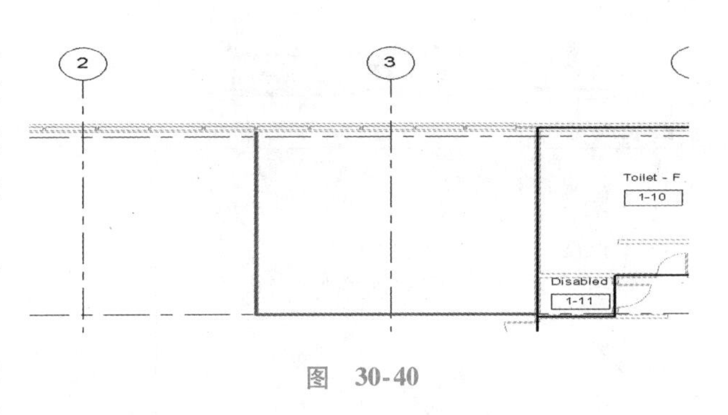

图　30-40

5）选择【空间】，在选项栏中设置参数：【空间】为【1-1 Office】，其余为默认设置，如图30-41所示。

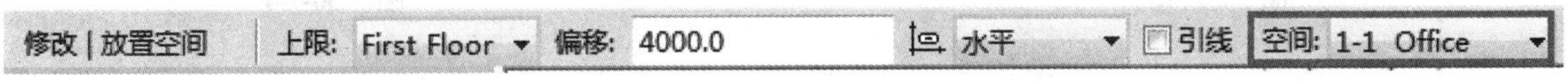

修改 | 放置空间　上限: First Floor　偏移: 4000.0　水平　引线　空间: 1-1 Office

图　30-41

6）将【1-1 Office】放置到较大房间的内部，如图30-42所示。

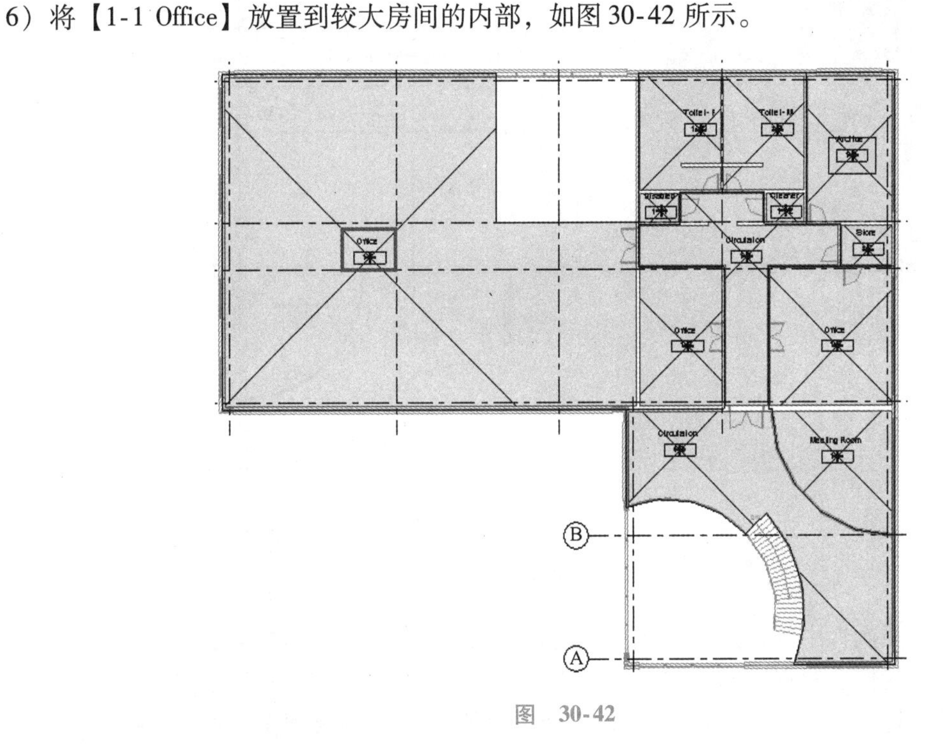

图　30-42

7）在另一个空白空间处放置一个【新建】空间，如图30-43所示。

8）将该【新建】空间重命名为【1-13 休息空间】，如图30-44所示。

9）利用<Ctrl>键选择【1-1 Office】空间和【1-13 休息空间】，在【分析】选项卡下的【空间和分区】面板中选择【分区】，将两个空间添加到一个分区当中，如图30-45所示。

30.7.5　应用颜色方案

将空间和分区分配到模型，并确定相关信息与这些空间图元之间的关联是否合适，建议用户可探索一下这些数据如何能够通过颜色填充的方式以图片显示出来，这既可以作为一种交流的方法，又可以作为一种检验数值的手段。

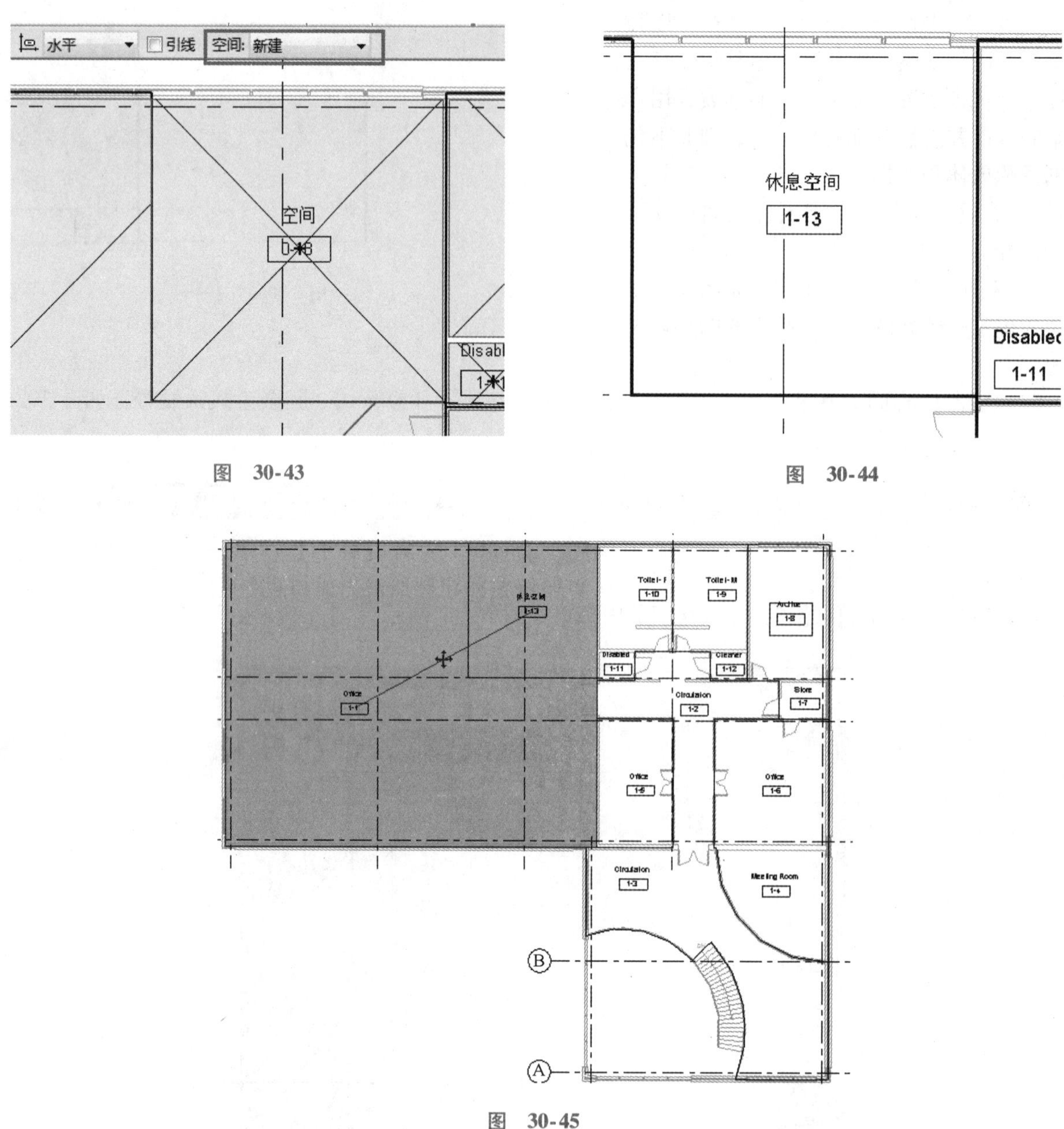

图 30-43

图 30-44

图 30-45

颜色填充是通过检验属性中的特定字段来应用的，然后用户可以为每种不同的数值赋予不同的色块。在下面的步骤中，我们会根据空间所在的区域来给视图填色，因此同一区域内的空间就会被填充上同样的颜色。该操作通常会在视图的副本中进行，但我们还会继续在练习中使用该视图。

1）在【项目浏览器】中打开【楼层平面：0-Mech】视图。

2）在视图【属性】面板中选择【颜色方案】，如图 30-46 所示。

3）在弹出的【编辑颜色方案】对话框中设置：【类别】为【HAVC 区】以及【Schema 1】方案，如图 30-47 所示。

4）单击【确定】按钮关闭对话框，查看平面图中应用的颜色方案信息，如图 30-48 所示。

5）在【注释】选项卡下【颜色填充】面板中选择【颜色填充 图例】，将光标在视图中移动，单击放置颜色方案图例，如图 30-49 所示。

注意：如果图例被应用到了一个还没有添加相关颜色方案的视图中，那么当用户将图例放置到平面图中的时候系统会自动应用合适的颜色方案。

图　30-46

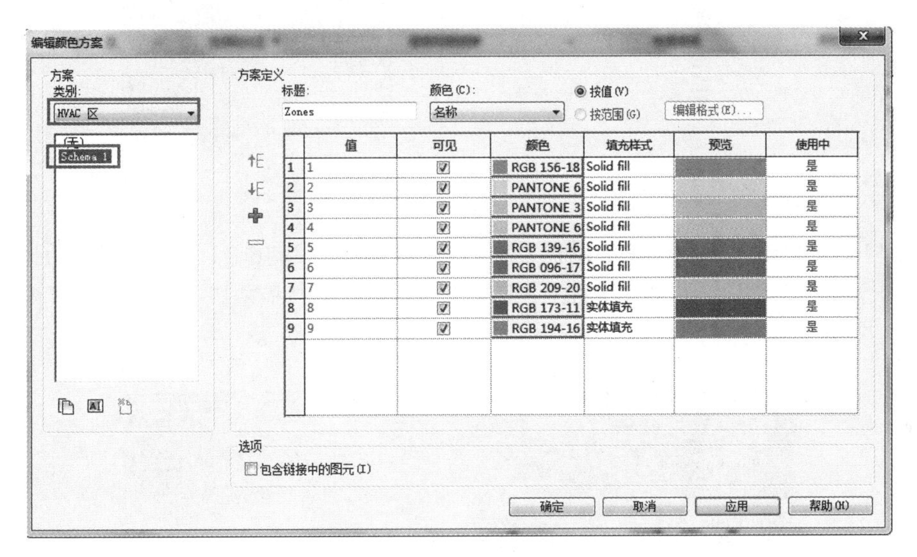

图　30-47

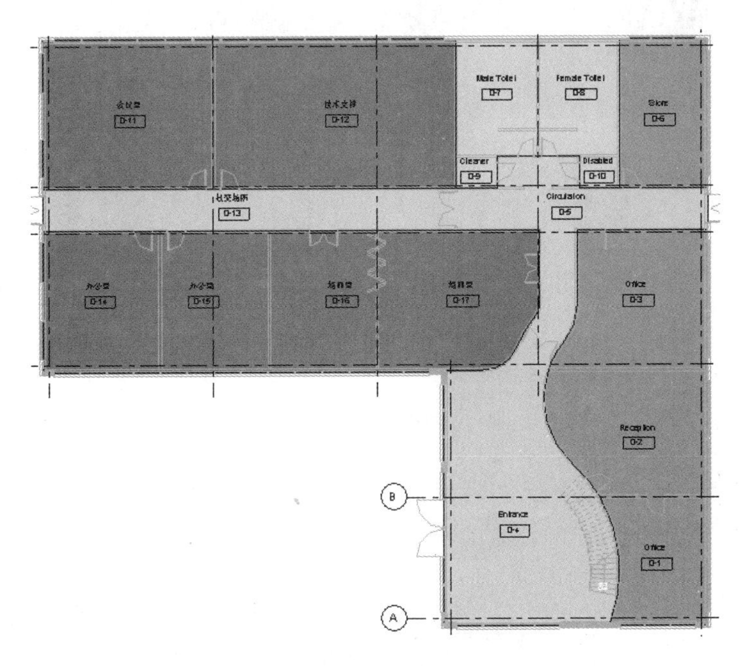

图　30-48

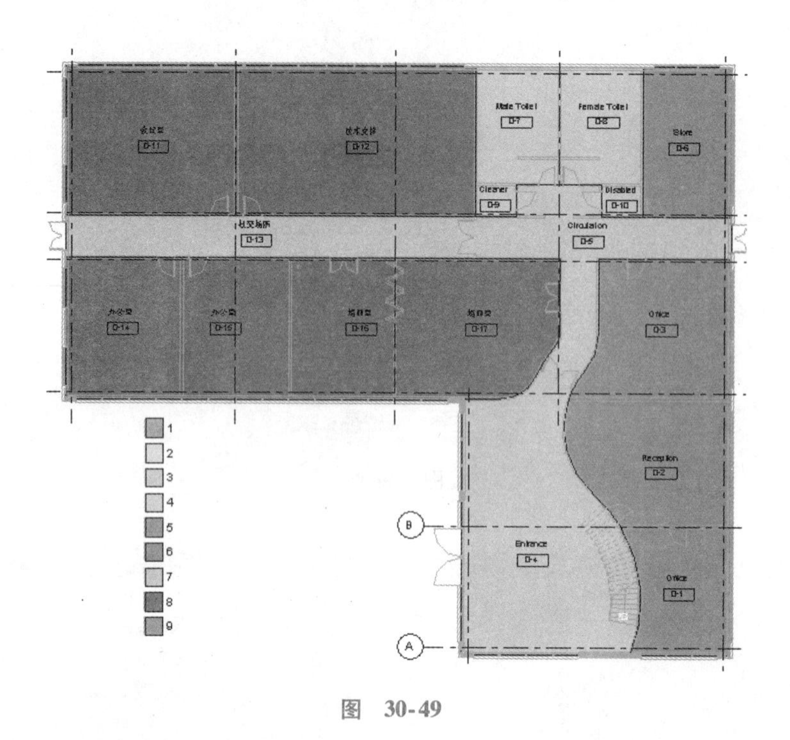

图　30-49

6）如果用户想要突出显示视图中的图例，可以拖曳视图底端的圆点使得图例按两排排列而不是排成一长列，如图 30-50 所示。图例的标题在【编辑颜色方案】对话框中，用户可以在该对话框中对图例内容修改。如果用户想调整字体特征或尺寸，可以在图例的类型属性中进行操作。

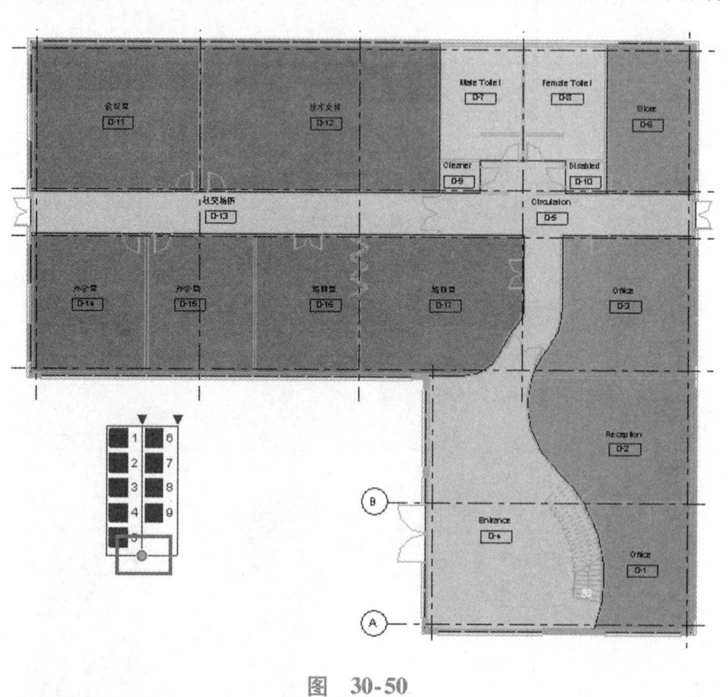

图　30-50

第5篇

族

单元 31
族的概述与系统族

单元概述

本单元将系统地讲解 Revit 中族的概念，三大类型的族（系统族、内建族、体量族）的编辑、应用以及它们之间的异同。

在使用简单通用的构件创建出概念模型以后，随着建设项目阶段的推移，BIM 应用对模型的精细度要求也会越来越高，那么使用者就需要逐步将一级的图元替换成更加复杂的图元。就系统族中的墙而言，这就需要解决不同结构墙体之间以及墙体与楼板和屋顶之间的连接问题。另外也涉及安置在这些系统族中的构件选择问题，例如选择与墙的厚度和类型相匹配的门框。

复合系统族的应用既可以通过现存的预定义图元库实现，也能作为项目内的一个新类型出现。复合材质应该包含大量数据，且尽可能地包含与制造商相关的信息。本单元将介绍系统族的创建、管理和应用，其中包含所有的内在元数据、二维细节设计和工作流程。

单元目标

1. 了解族的概念。
2. 了解系统族并掌握系统族的编辑方法。
3. 掌握系统族在不同项目间的传递与复制方法。

31.1 族概述

族是一个包含通用属性（称为参数）集和相关图形表示的图元组。属于一个族的不同图元的部分或全部参数可能有不同的值，但是参数（参数的名称与含义）的集合是相同的。族中的这些变体被称作族类型或类型。在 Revit 软件中，包含了三种类型的族：系统族、内建族和可载入族。

（1）系统族　已经在项目中预定义并只能在项目中进行创建的族类型（如墙、楼板、天花板等）。它们不能作为外部文件载入或者创建，但可以在项目和样板之间对系统族类型进行复制、粘贴和传递。

（2）内建族　内建族是在需要创建当前项目专有的独特构件时所创建的独特图元。可以在一个项目中创建多个内建图元，并且可以将同一内建图元的多个副本放置在项目中。但是，与系统族和可载入族不同，内建族不能通过复制的方式创建多种类型。

（3）可载入族　使用族样板在项目外部创建的 RFA 文件，可以载入到项目中，具有属性可定义的特征，因此可载入族是用户最常创建和修改的族。

通常用户指的族是可载入族，这类族可以从软件自带的族库中插入项目中应用，也可以从各大网站下载或根据自身需要来设计。族库的质量和内容决定着 Revit 是否能被很好地利用，当然也会对用户使用效率产生很大影响。

强烈建议不要在未经测试和检验的情况下从网站上下载任何族并应用到项目中。一些构造很差的构件可能会对整个大项目带来严重损坏，而且会在创建新项目的时候引起不正常的运行。建议建立严格的质量控制体系，保证综合数据库可以提供符合标准的构件。该数据库将会在后期成为所有项目构件的主要来源。当出现新的要求时，在草图的基础上创建图形就会更容易，建议不要使用网络上提供的对象。

31.2 系统族与系统族编辑

Revit 中的系统族包含了用于创建基本建筑构件的族类型，如墙、板、天花板等，以及控制项目和

系统设置的族类型，如标高、轴网、图纸、视口等。接下来我们将通过讲解系统族的编辑方法，带读者深入了解系统族。

建成一个具有一级细节的模型，然后我们可以增加构件的复杂性，使其接近构件组装细节的程度。这些概念墙、屋顶、楼板和天花板都是由具有一定厚度的通用材料建成的，没有考虑核心边界、包络情况、制造商元数据和精密尺寸的问题。要增强这四种系统族（图 31-1）的复杂性，采取的方法基本是一样的。

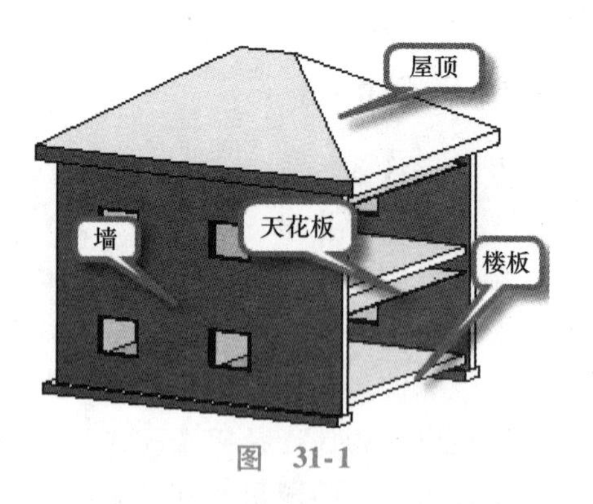

图　31-1

选中图元后，在【属性】面板中单击【编辑类型】，弹出【类型属性】对话框，单击【结构】后的【编辑】按钮，如图 31-2 所示。这将打开【编辑部件】对话框（图 31-3），它在定义墙、楼板、屋顶和天花板结构时非常重要。

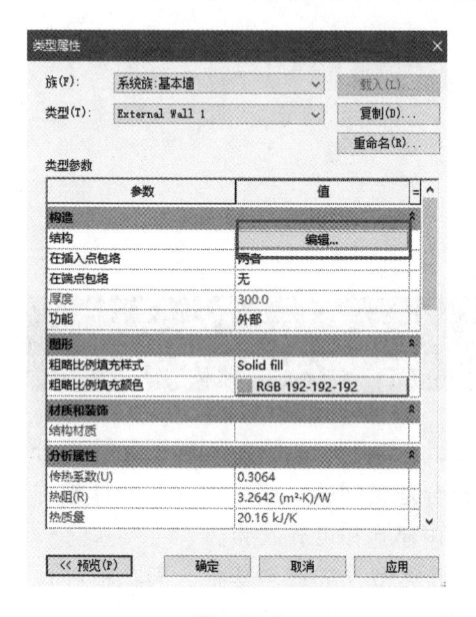

图　31-2

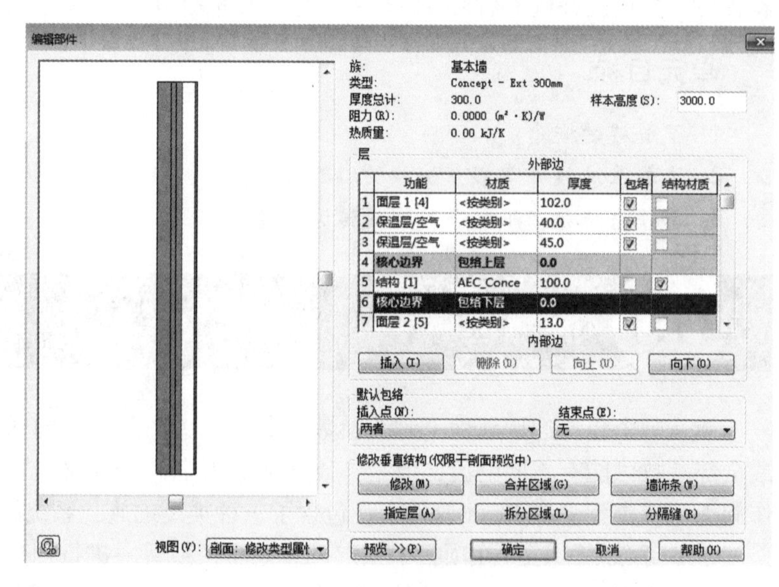

图　31-3

除了在左边和下边的突出显示区域（图 31-4）不一样以外，对话框中墙体和楼板的结构编辑几乎是一样的。这一关于墙装配的对话框还有材质包络、墙体垂直结构编辑等其他的特征设置。楼板和屋顶的对话框也有多种设置选项。

简单来说，每个结构层都可以插入、删除以及上下移动，如图 31-5 所示。对楼板、屋顶和天花板而言，操作顺序明显是从上到下；而墙的操作顺序是从外表面到内表面。

这个阶段所适用的唯一规则就是：两条核心边界不能毗邻。【功能】（图 31-6 中的红框）包含的选项，决定一个系统族中的材质层与其他系统族中的材质层进行包络的先后顺序。表示先后顺序的数字以括号形式出现，1 表示优先程度最高。优先程度最高的一层材质将处在墙的中心，其他层按照顺序先后排在这一层的外面。

特殊的情况是，【涂膜层】和【保温层/空气】可以在部件结构中的任何位置放置。当两面不同类型的墙在衔接时，2 号结构层将连续地连接到 1 号上，然后再由 3 号层连接到 2 号层上，以此类推。【面层 1 ［4］】是外层，【面层 2 ［5］】是内层，如图 31-7 所示。

在【材质】一栏中单击【编辑】按钮（图 31-8 中红色箭头所指之处）打开【材质浏览器】（图 31-9），为图元选择合适的材质。每一种材质都包含带有颜色的图示、表面图案、切口图案，同时附有与制造商或材料特性相关的元数据。材质也具有渲染外观（图 31-10），当使用渲染属性时，场景就会呈现出一种拍照般的真实感。确定每一层的厚度时，核心边界和涂膜层的厚度总是为零，其他层的厚度必须为 1 以上，如图 31-11 所示。

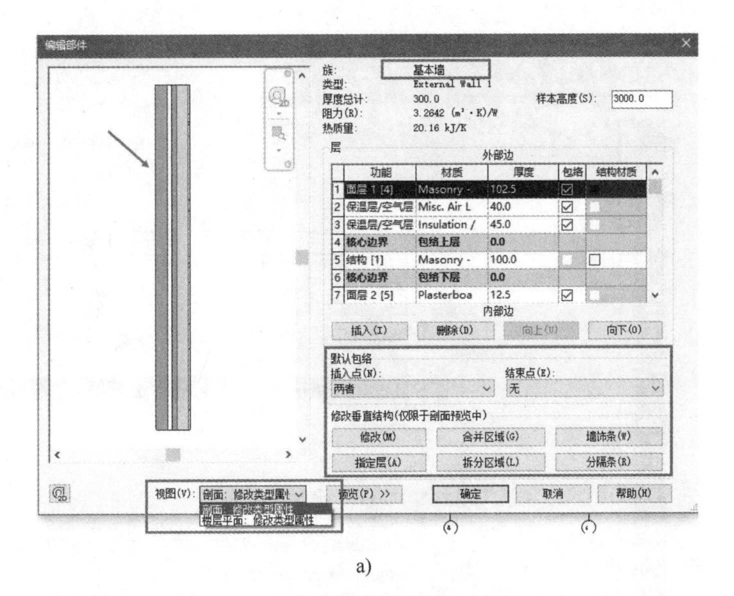

a)

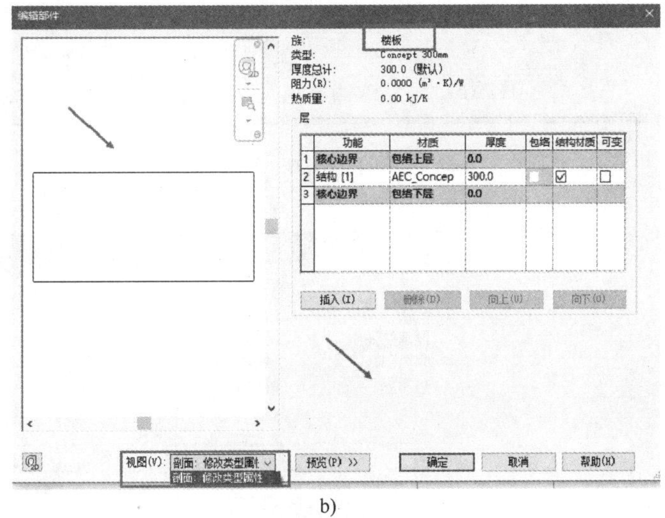

b)

图 31-4

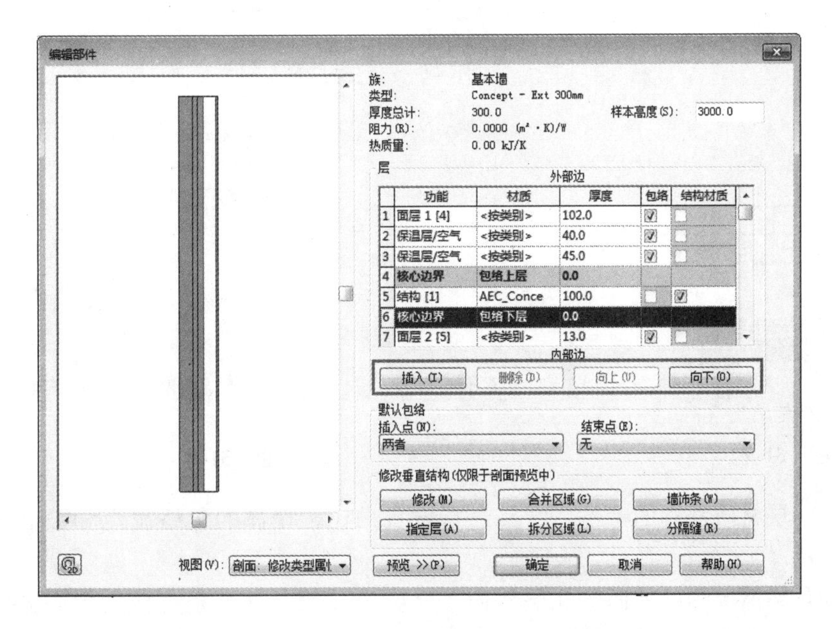

图 31-5

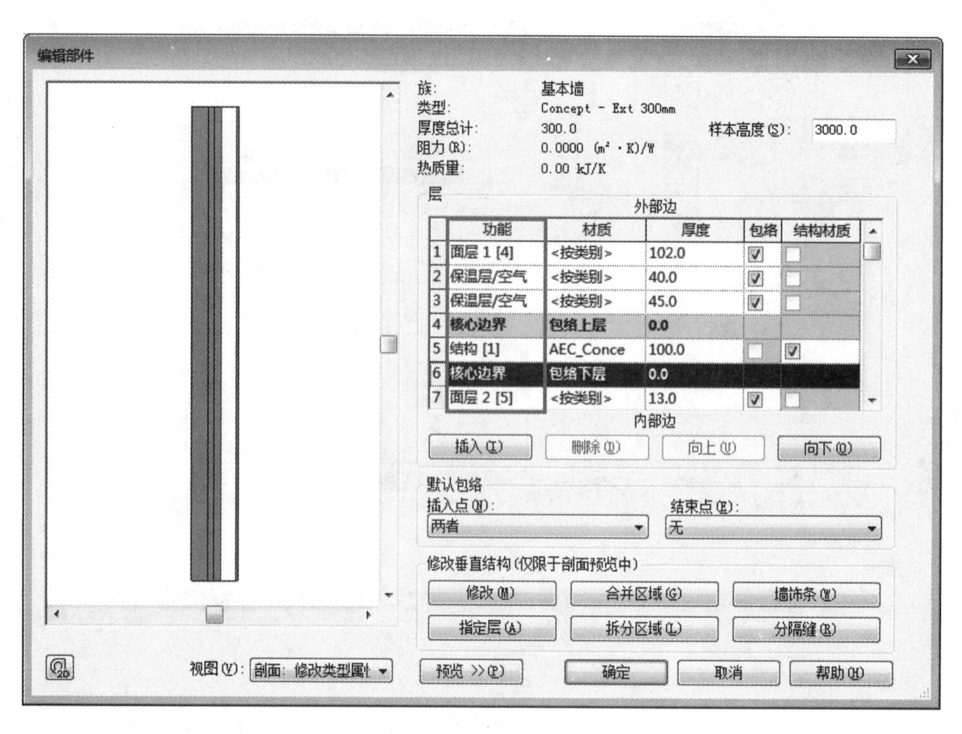

图 31-6

图 31-7

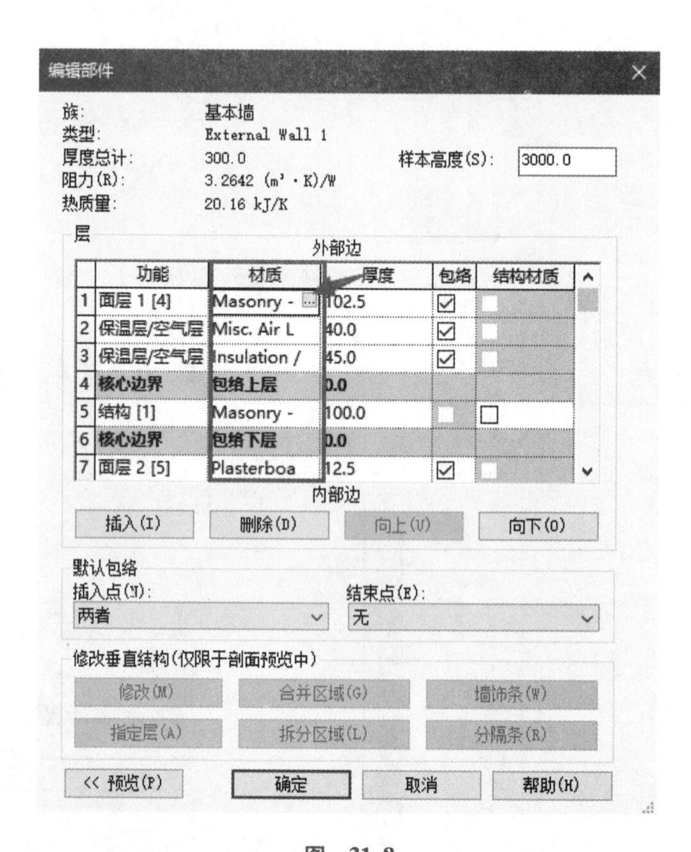

图 31-8

包络情况是每一层材质都有的特性，对其进行设置也包括墙体的包络设定和被插入图元的包络控制，如图 31-12 所示。

可以设置墙的包络情况为：外面的几层从内、外或内外兼有甚至是直接朝中心方向进行包络。这一设置可在墙尾处和墙体中打孔处有所不同。

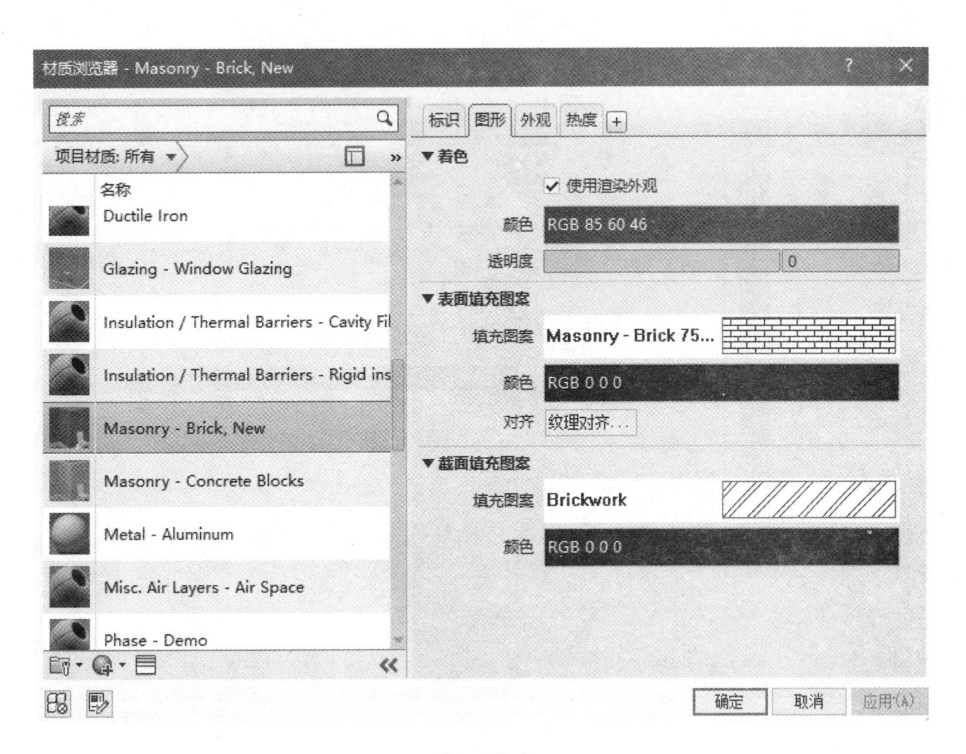

图　31-9

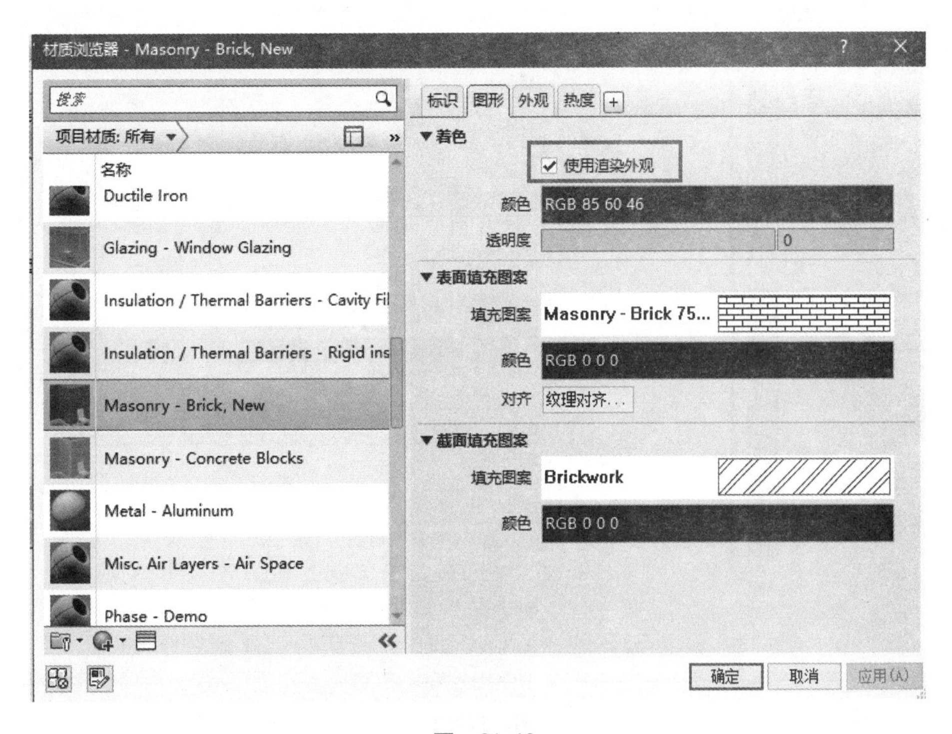

图　31-10

可选择该结构中的每一层材质是否受包络的控制。在放置一个插入图元时，不同层的包络点是由这个插入图元自身决定的。将同一插入族的两种类型图元插入到不同的墙体中时，要设定不同的数值使得族与墙体进行匹配。

一个组装结构中所定义的核心边界在一层或多层结构的两边（图31-13），有多种功能，如控制楼板与墙体的相互作用。核心层多为结构层，但在共用隔墙上，负重层之间可能会有绝缘层。墙的核心可以测出，可以以核心表面和核心中心作为定位线，对墙进行放置。

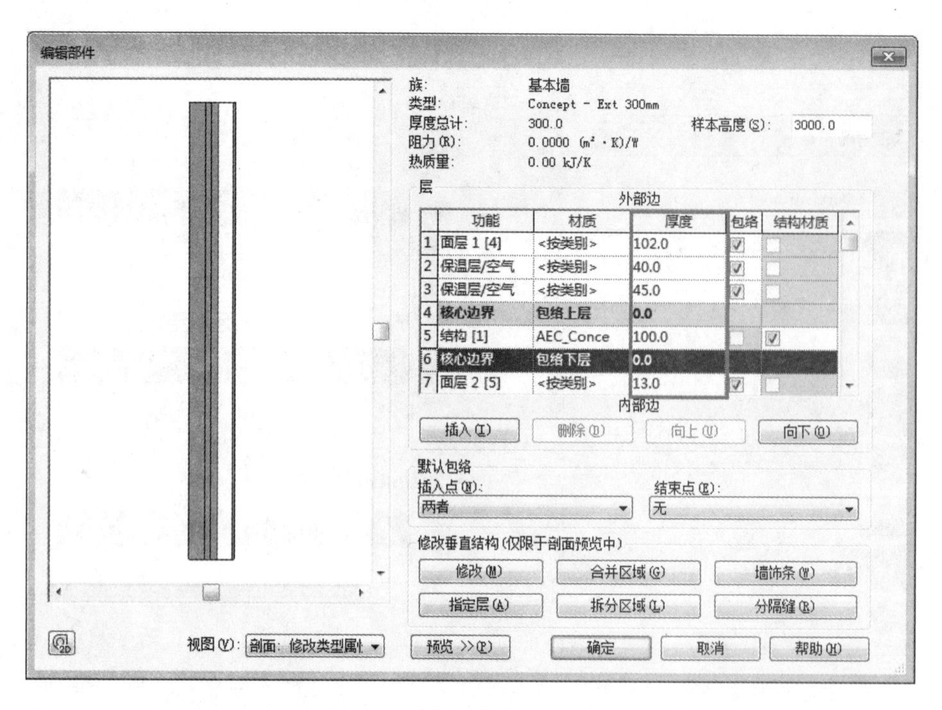

图 31-11

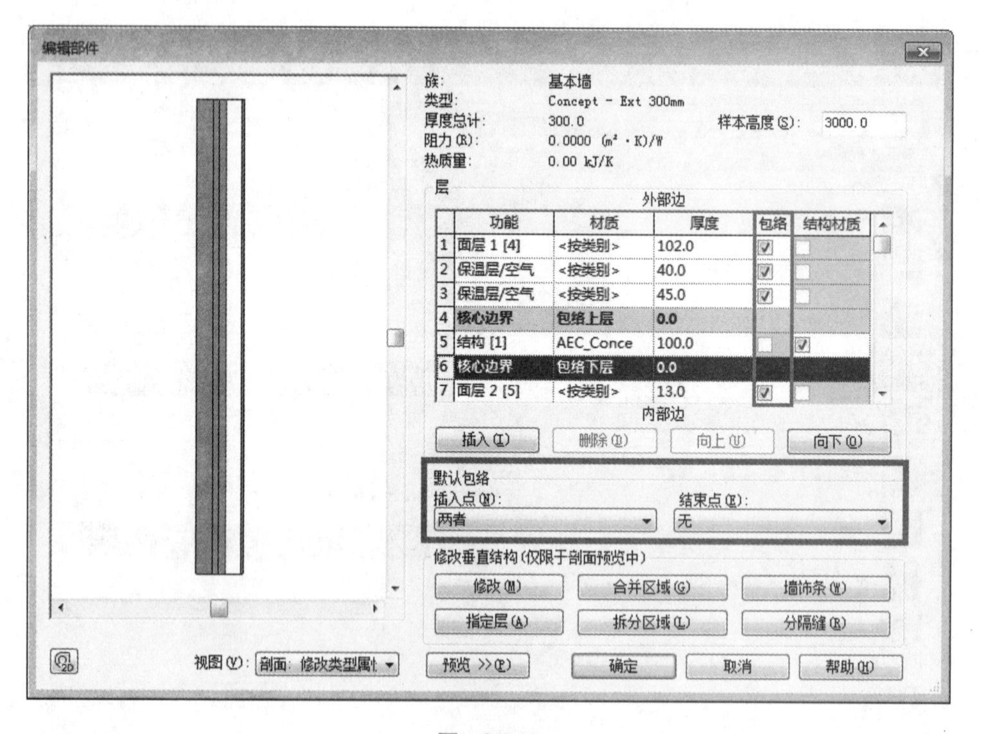

图 31-12

附加功能允许墙在自动化生成的过程中融入更复杂的特性。只有单击【预览】按钮，且【视图】类型设定为【剖面：修改类型属性】时，这些附加功能的按键才会生效，如图 31-14 所示。

用户可以载入一些轮廓以添加形状，并在墙上规定的高度处钻孔。楼板和屋顶都有额外的附加栏（图 31-15），确定哪些层（如有的话）是可变的，以应对排水系统处楼板表面的起伏。默认状态下，如果楼板的顶面设置为落差，那么楼板的厚度是恒定的，楼板的底面会和顶面的落差相匹配。一旦其中一层设置为“可变”，该楼板的拱腹将保持平直，而顶面则会倾斜。只有其中一层可以这样设置，这

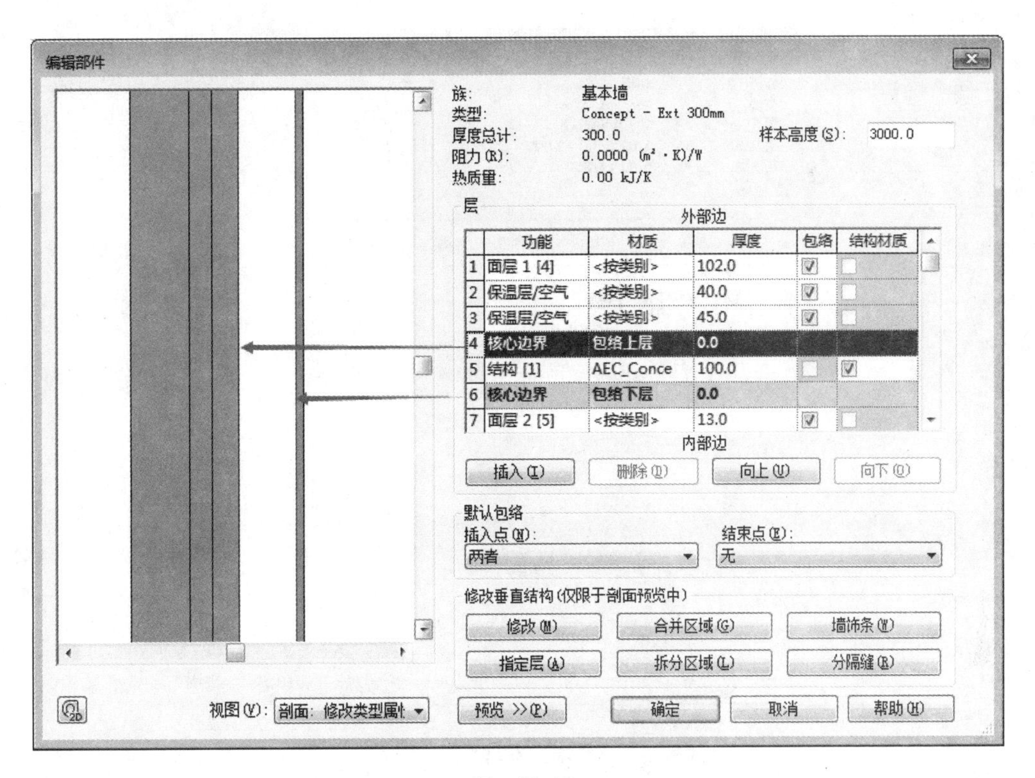

图 31-13

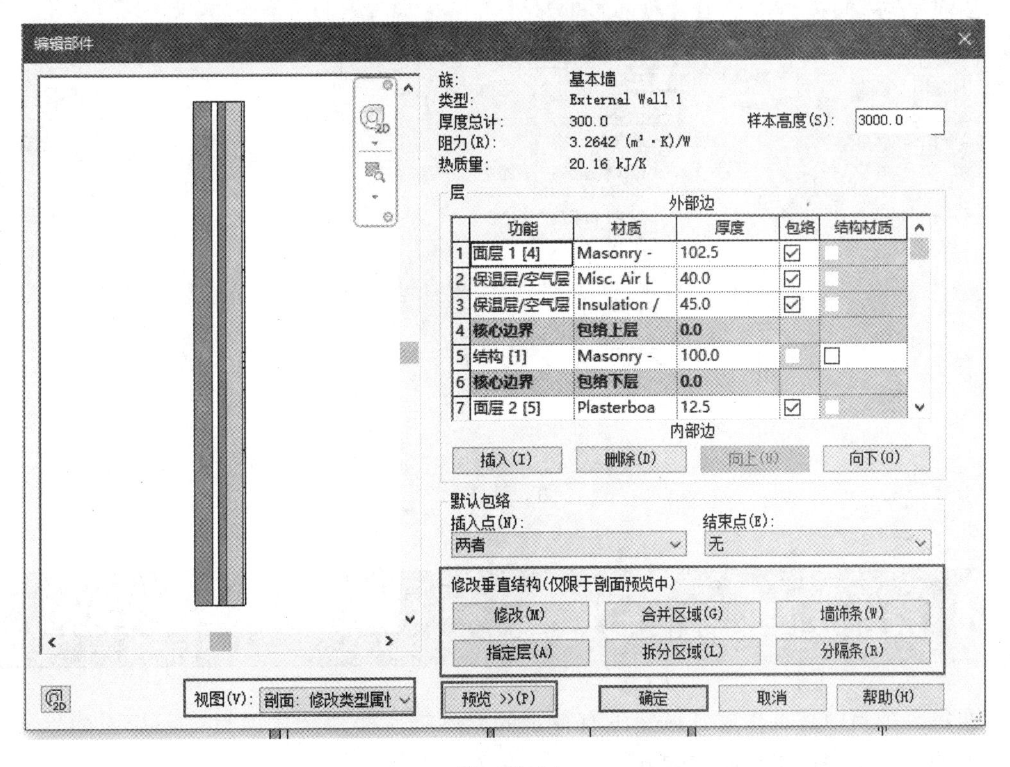

图 31-14

一功能只有在【点编辑】已用于显示落差的情况下才可适用。

墙一旦安置好，【墙连接】（图 31-16）就会进行微调优化，确保墙体连接的最佳效果。默认状态下，Revit 将一面墙与另一面墙的一边进行平接，也可以反过来，或者在适宜的情况下采用斜接的方式。当两个连接层的填充图案一样时，图案会无缝对接，如图 31-17 所示。

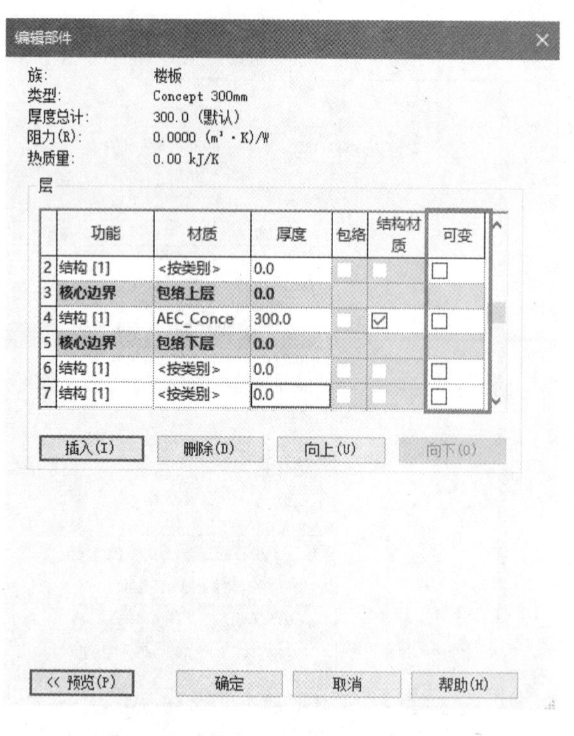

图 31-15

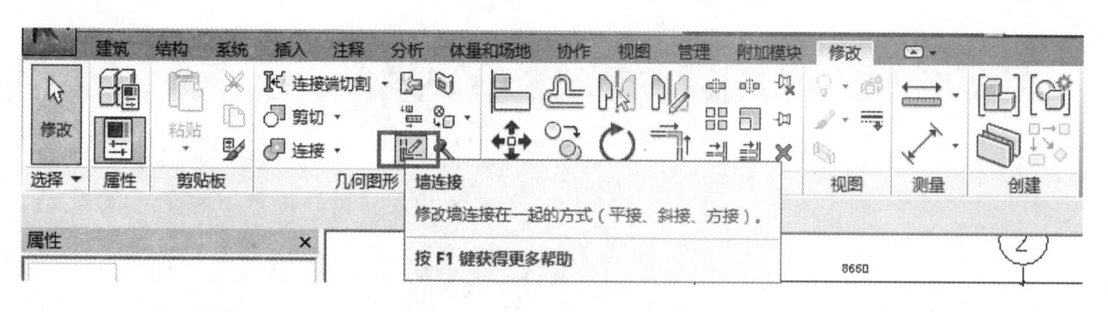

图 31-16

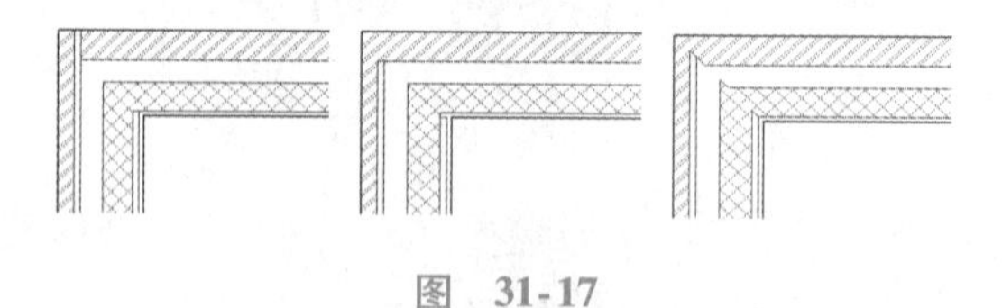

图 31-17

31.3 系统族库的制作与传递

系统族在每个项目中都有生成，虽然没有特定的族库将这些图元从项目中添加或删除，但我们还是有一个将系统族分享和存档至库中的方法。

我们有两种选择。一是创建一个包含墙、楼板、屋顶、天花板、楼梯和/或扶手的项目文档。然后打开该文档，将它们复制粘贴至现有项目中；二是把最佳的图元组合保留起来，这涉及在任何一个项目文档中绘制一个图元的小样本，然后将其组合起来，并将这个组合以标准化的形式命名。这样，这些图元就能以组的形式载入到以后的项目中再次使用。

这一过程可以往几个方向发展，从而成为高级技能。我们可以把一组墙、楼板、天花板、门、窗户、家具等组合到一起，保存为不同类型的“工作包”，例如正在做一个医院项目，打开一个通用模板，载入一个“医院包”以开始操作，那么已经设置好的医院包的系统族会随之载入你现有的文件中，如图 31-18 所示。

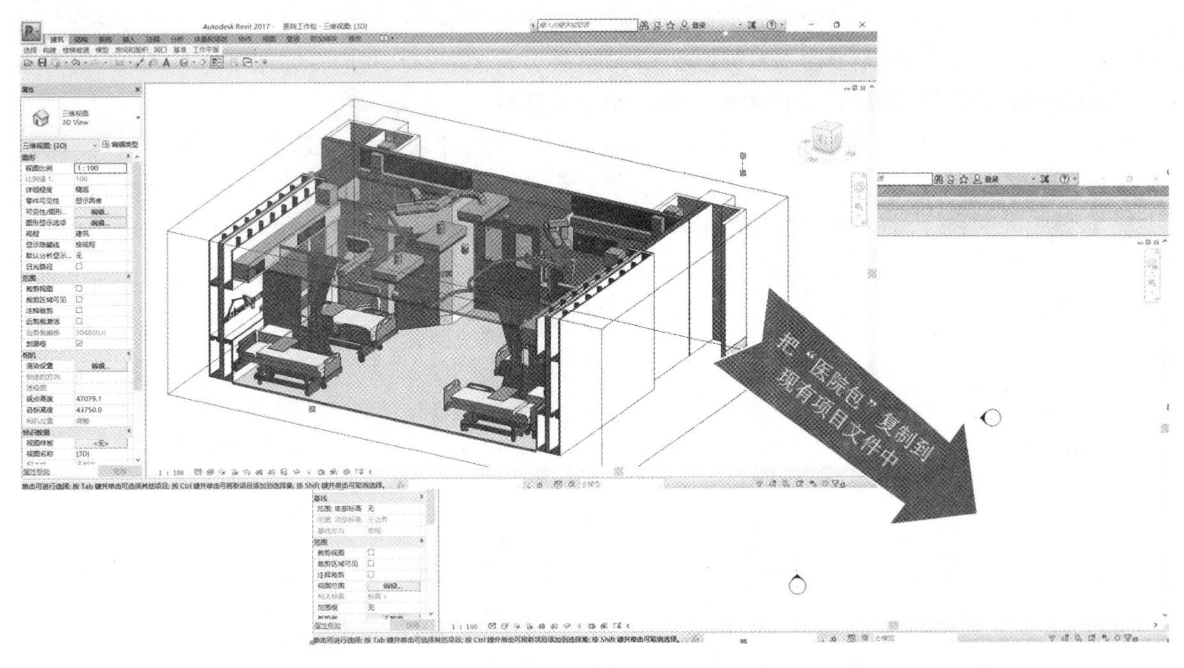

图　31-18

我们也可以使用【传递项目标准】实现不同项目之间系统族的传递，如图 31-19 所示。

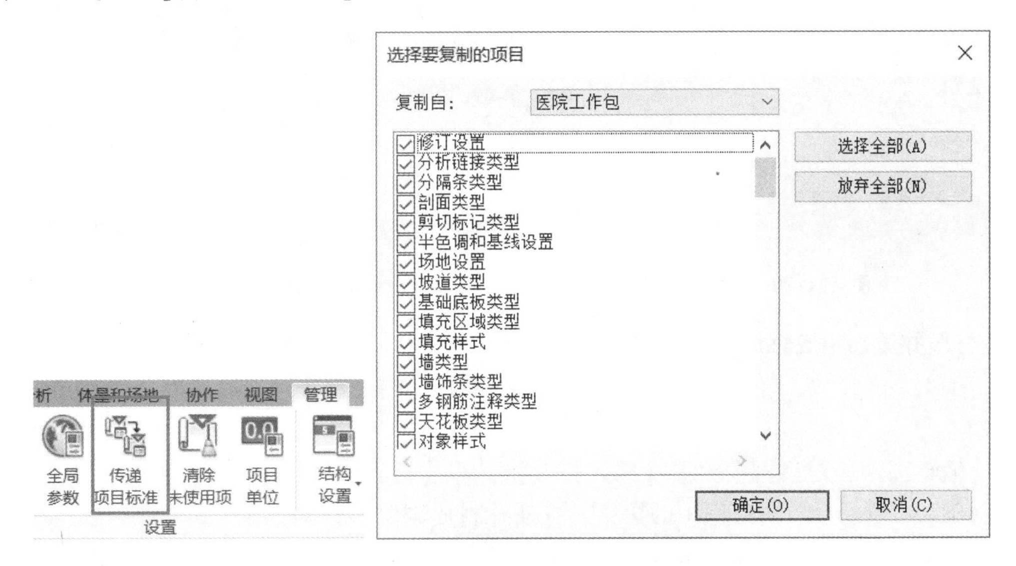

图　31-19

31.4 单元练习

本单元练习将从一个已部分完成的由系统和可载入族构件组成的概念模型着手，首先创建一个新的系统族类型，然后从外部族库中导入一个族，最后把之前的物体换成更复杂的复合几何结构。完成练习的过程中，我们会熟悉对系统族的操作，随着设计的逐步深入，熟悉如何创建族、如何把族从库

中导入以及如何更换为包含大量数据的族。

31.4.1 定义新系统族类型

打开练习文件后在绘图区域可以看到一个完成一部分且基本形状已定的概念模型。现在需要在模型中设置具体的墙体结构，以为细节化设置、数据引入和能耗分析做准备。我们将创建三种不同的外墙类型。

1. 在对一面现有墙体的结构进行编辑之前，先将其复制

1）打开起始文件 WFP-RAC2017-17-SysFamiliesA. rvt。在【项目浏览器】中找到并打开【3D 视图：{3D}】视图。

2）选择绘图区域中的任意一面外墙，在【属性】面板中单击【编辑类型】，如图 31-20 所示。在弹出的【类型属性】对话框中复制类型为【Concept-Int 300mm】的墙，将其命名为【基本墙 External Wall 1】（外墙 1）并单击【确定】按钮，如图 31-21 所示。

图 31-20

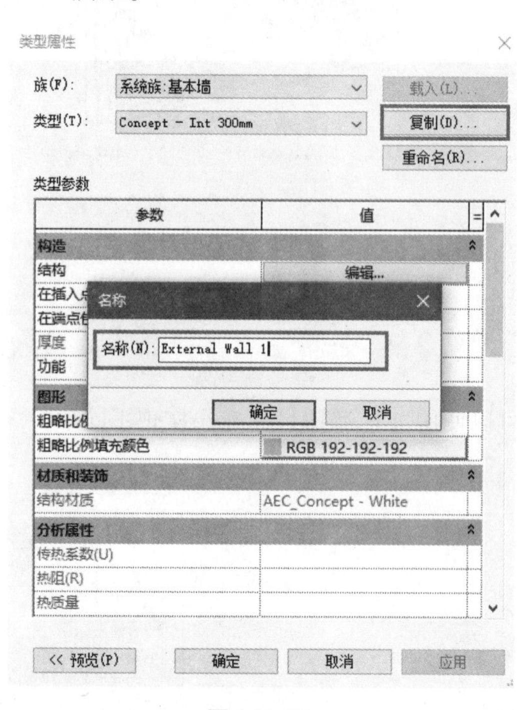

图 31-21

2. 筛选材质并添加相应性质

1）在【类型参数】中，单击【结构】右侧的【编辑】按钮（图 31-22），打开【编辑部件】对话框（图 31-23）。

2）在【编辑部件】对话框中单击【插入】按钮，在【核心边界】上方添加三层，下方添加一层。

3）如图 31-24 所示，单击红框中的按钮，打开【材质浏览器】对话框。

4）在左上角的搜索栏中输入【masonry】，按回车键，如图 31-25 所示，对材质列表进行筛选。

5）选择材质【Masonry-Concrets Blocks】。Revit 的材质从组合数据中生成，包括绘图的图形信息、透视图外观以及含有制造商、模型和其他产品数据。材质也包括与物理性质或热量性质有关的数据，不过库中也不一定总是包含这些信息。本单元练习中，我们将利用模型进行能耗分析，所以要为材质添加热量性质。

6）在【材质浏览器】对话框中，单击【外观】选项卡后的【+】，为混凝土砖的材质添加【热量】性质，如图 31-26 所示。

7）利用左上角的搜索栏再次对材质进行筛选，单击图 31-27 中标记的箭头，将【块-轻质】导入材质中。

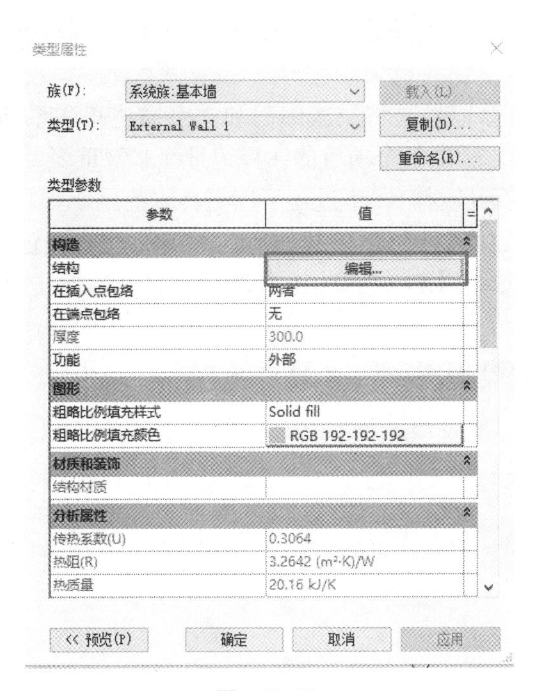

图　31-22

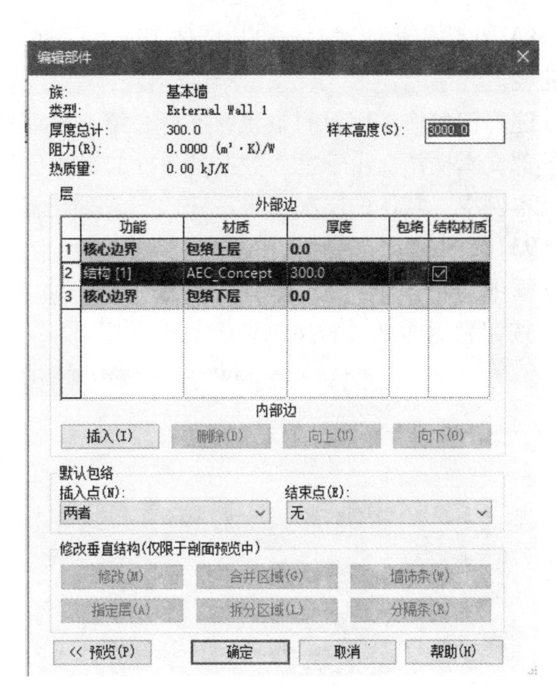

图　31-23

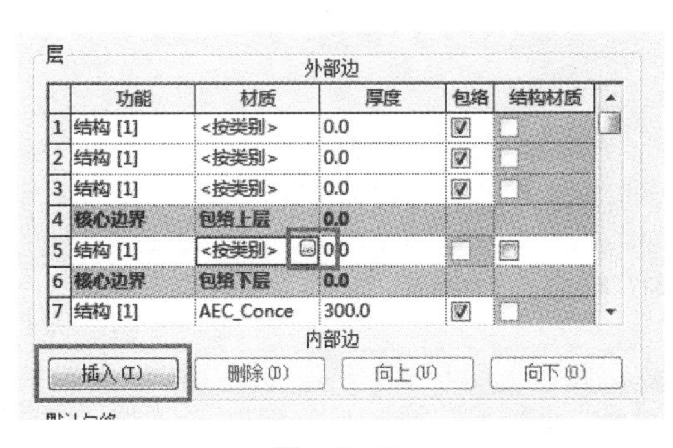

图　31-24

图　31-25

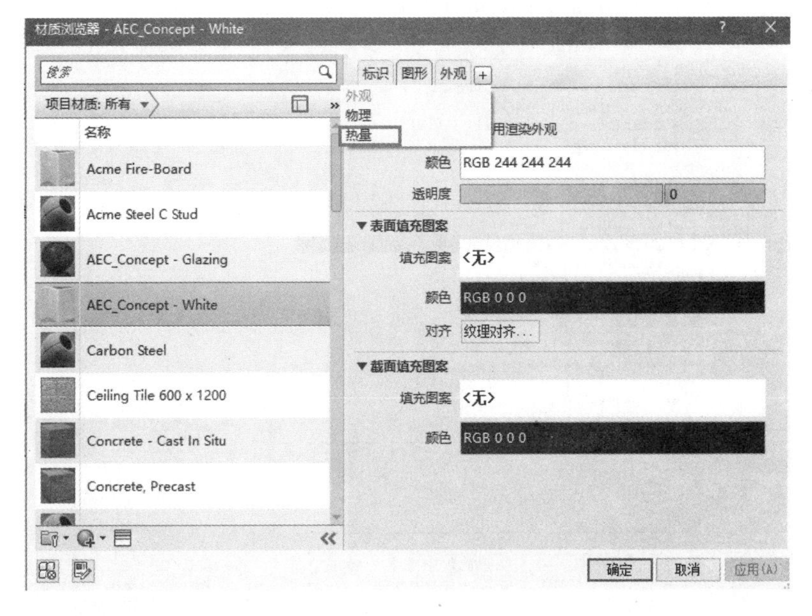

图　31-26

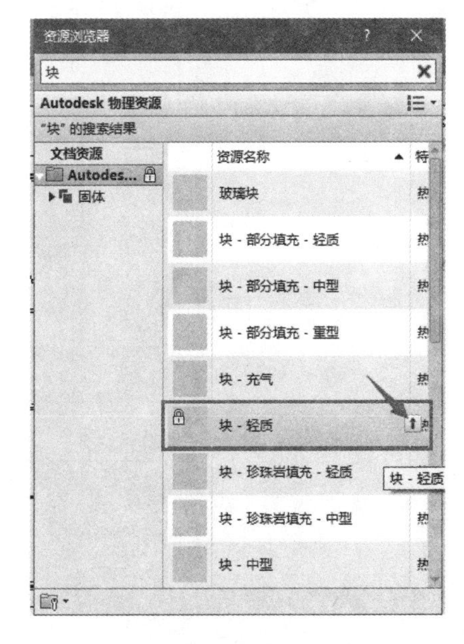

图　31-27

8）在我们将元数据与砌块墙体关联的同时，比较好的做法是指出在注释记号中能找到该材质的合适路径。

注释记号将在后面的单元中进行介绍，简而言之，注释记号是将层次编码和文字描述相联系的一个外部文本文档。由于这一数据参考外部来源且是实时的，所以每个项目的注释记号都非常重要。

本例中，默认的层次编码是【F10】，这已涵盖所有的砌墙材料，不过还可以更具体些。

9）如图 31-28 所示，单击【标识】选项卡【Revit 注释信息】后的按钮。在弹出的【注释记号】对话框中，展开【F】的选项，再展开【F10】的选项，选中【F10/350】（图 31-29），然后单击【确定】按钮，返回到【材质浏览器】对话框。

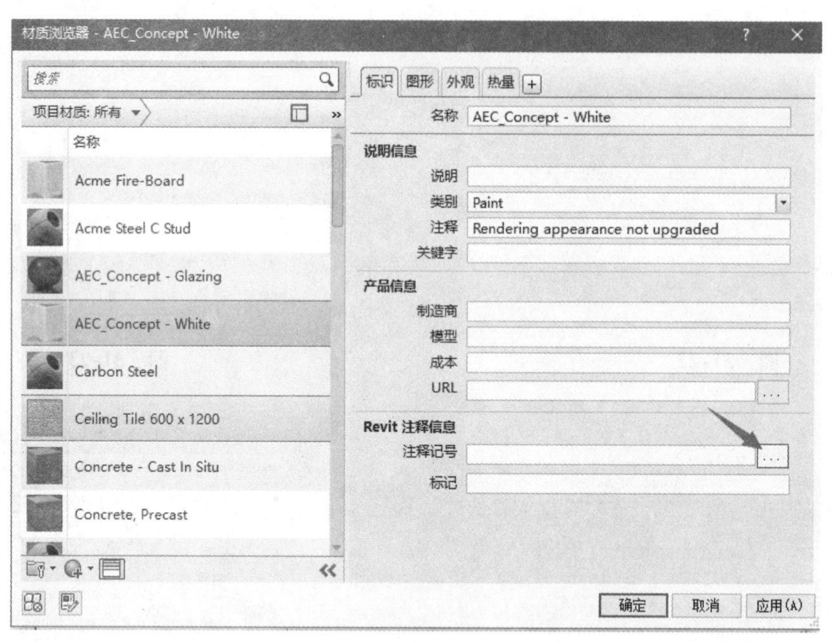

图 31-28

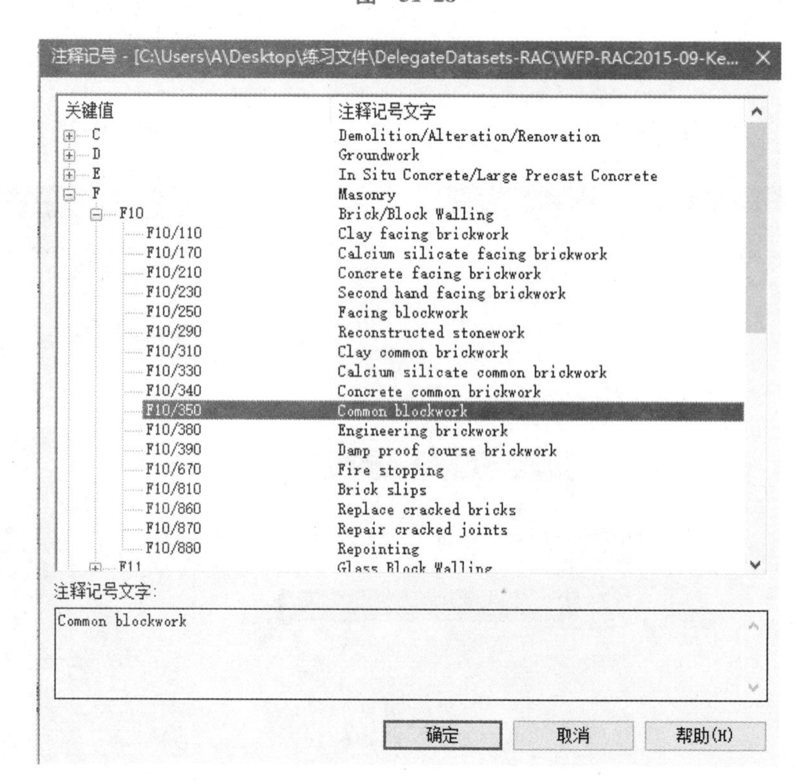

图 31-29

10）单击【确定】按钮，返回到【编辑部件】对话框。

11）将这一墙体的结构层设置为 100mm，并确认【层】面板【功能】已设定为【结构［1］】。

12）如图 31-30 所示，输入数值，完成余下部分墙的构建。完成后单击【确定】按钮，返回到场景视图。

注意：余下的所用材质已经具有合适的热量性质，所以已完成的这面墙的抗力和热质量已经计算好了。

可以看到这面墙现已呈现出外部颜色和表面光洁度（图 31-31）。接下来我们将这一新的类型应用到所有外墙中。

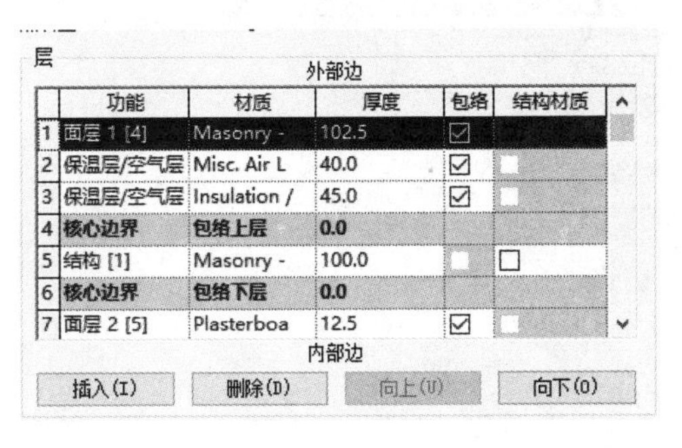

层

外部边

	功能	材质	厚度	包络	结构材质
1	面层 1 [4]	Masonry -	102.5	☑	
2	保温层/空气层	Misc. Air L	40.0	☑	
3	保温层/空气层	Insulation /	45.0	☑	
4	核心边界	包络上层	0.0		
5	结构 [1]	Masonry -	100.0		☐
6	核心边界	包络下层	0.0		
7	面层 2 [5]	Plasterboa	12.5	☑	

内部边

插入(I)　删除(D)　向上(U)　向下(O)

图　31-30

图　31-31

13）在绘图区域选中另一面外墙，单击鼠标右键。在弹出的快捷菜单中选择【选择全部实例】→【在整个项目中】，如图 31-32 所示。

14）在【属性】面板的类型选择器中将墙类型设置为【基本墙 External Wall 1】，如图 31-33 所示。

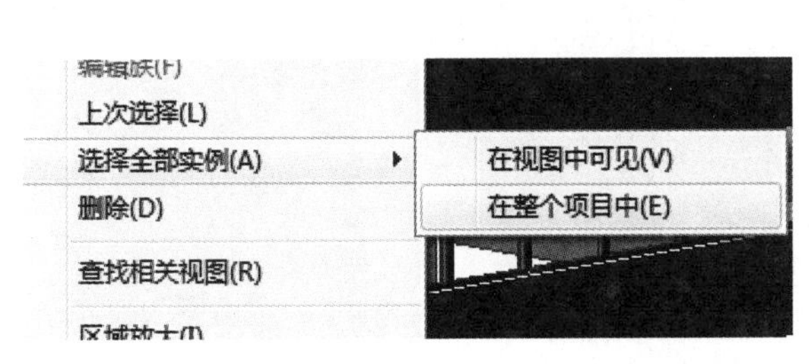

图　31-32

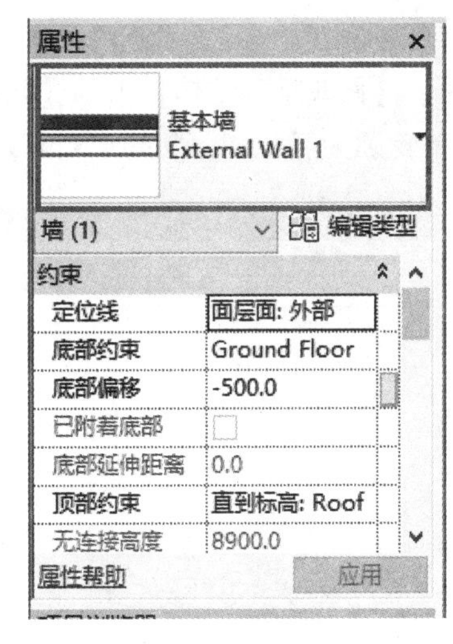

图　31-33

3. 进行墙类型的设置

接下来我们将添加一些特性，创造一些不同的样式。首先，除屋顶平台上方的区域外，为所有墙体添加一个基座，然后在屋顶平台周围的女儿墙顶部添加压顶。我们可以用同样的技巧在墙上添加墙饰条和分隔条。

1）选择模型中的任意一面外墙。

2）单击【属性】面板中的【编辑类型】，在弹出的【类型属性】对话框中单击【复制】按钮，复制之前创建的外墙类型【External Wall 1】，将新的墙类型命名为【External Wall 2】，单击【确定】按钮。在【类型参数】中，单击【结构】旁边的【编辑】按钮，打开【编辑部件】对话框。

3）在右上角的【样本高度】文本框中输入【1000.0】，单击左下角的【预览】按钮，并把【视

图】类型设置为【剖面：修改类型属性】，将【视图】切换为【剖面：修改类型属性】后，我们就能将【修改垂直结构（仅限剖面预览中）】面板中的六个功能键开启，如图 31-34 所示。

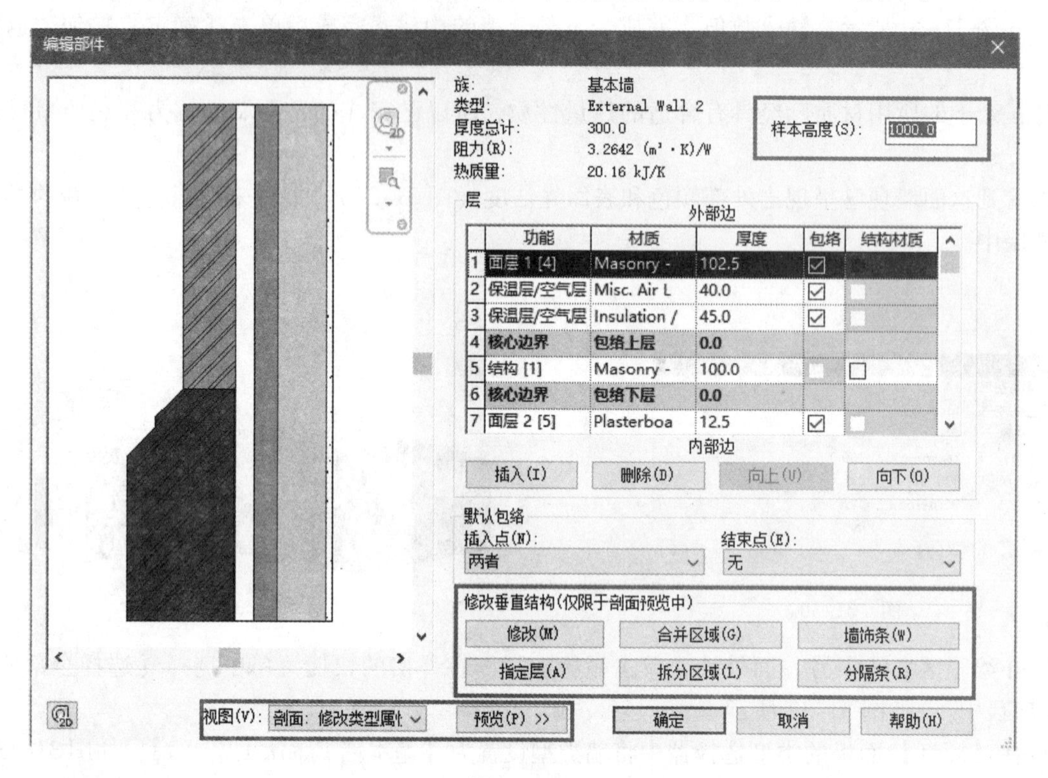

图 31-34

4）单击【修改垂直结构】中的【墙饰条】，在弹出的【墙饰条】对话框中选择【添加】（图 31-35）。设置墙饰条轮廓为【Brick Plinth Profile】，选择材质为【Masonry-Brick，New】，如图 31-36 所示。

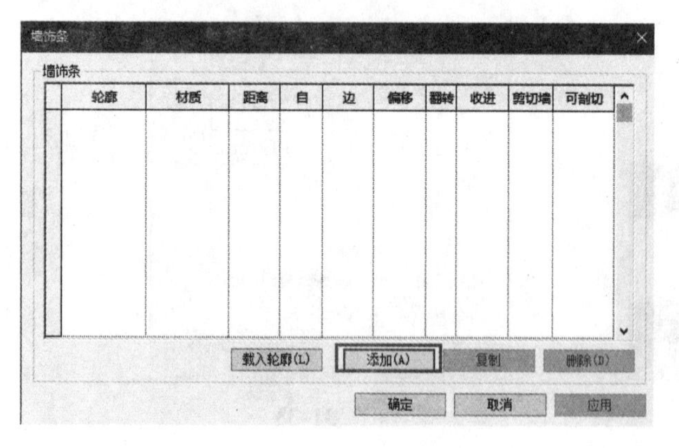

图 31-35

图 31-36

5）连续三次单击【确定】按钮，完成这一墙类型的设置。这时可以看到选中墙体下方的底座，如图 31-37 所示。

我们要把这一新的墙类型运用到所有从底层开始的外墙，但是这不包括屋顶平台上面的那一小片墙。

6）选中每一面相关的墙并在【属性】面板的类型选择器中将墙类型切换为【基本墙 External Wall 2】，如图 31-38 所示。

4. 创建一个在女儿墙顶部设置好女儿墙压顶的墙类型。

1）选择围绕屋顶平台的三面矮墙中的任意一面。

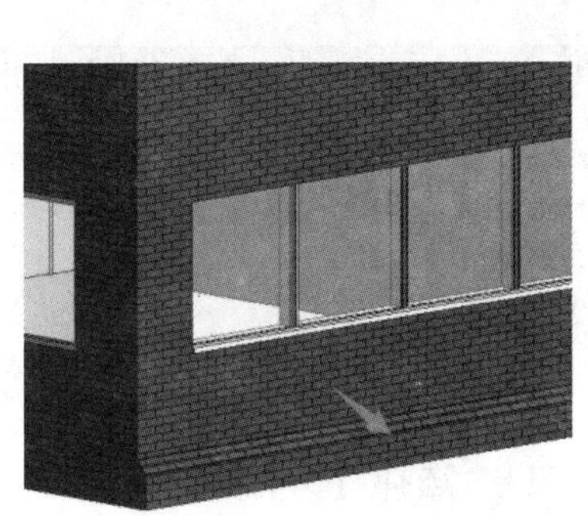

图　31-37

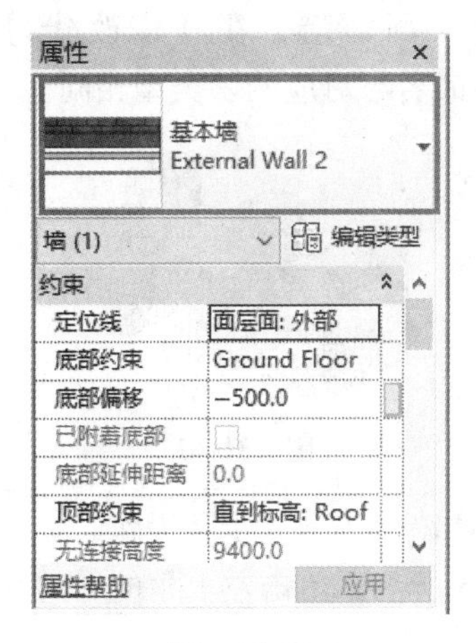

图　31-38

2）在【属性】面板中单击【编辑类型】按钮，在弹出的【类型属性】对话框中选择【复制】，将其命名为【External Wall 3】。

3）在【类型参数】中，单击【结构】旁边的【编辑】按钮，再次在【修改垂直结构】中选择【墙饰条】，打开【墙饰条】对话框。

4）单击【添加】按钮，在原有墙饰条的基础上添加新的墙饰条，这次将墙饰条的材质设置为【Precast Concrete】，如图 31-39 所示。

5）把这种墙类型应用至其余两面女儿墙中，完成后如图 31-40 所示。

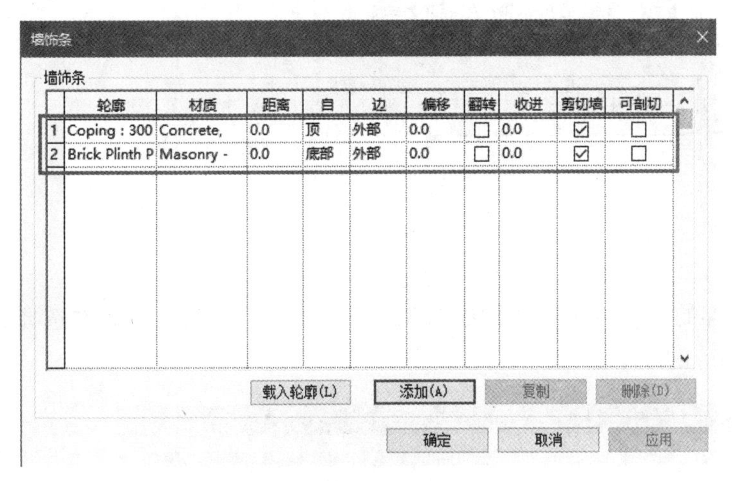

图　31-39

图　31-40

31.4.2　系统族库管理

在练习的最后阶段，我们将学习如何把这三种新的墙类型储存在库中，以备将来使用。在这些情况下，命名惯例非常重要，这样我们才有望在含有各种各样差别不大的墙体的文件夹中找到相应的墙结构。命名惯例可以体现为一套编码系统，通过阅读该系统信息获取内容；也可以体现为一个寄存器，把墙和相应的图示信息或文字说明联系起来。

1. 创建墙并保存至库中

1）在【项目浏览器】中找到并打开【楼层平面：Ground Floor】视图。

2）在【建筑】选项卡下【构建】面板中打开【墙】的下拉菜单，选择【墙：建筑】，在模型旁边的空白区域绘制任意长度的三面矮墙，它们的墙体类型分别属于我们所创建的三种外墙（External Wall 1、External Wall 2 和 External Wall 3），如图 31-41 所示。

3）选中其中一面矮墙，在【修改/墙】上下文选项卡的【创建】面板中选择【创建组】（图 31-42），组的命名与对应的墙类型相同。

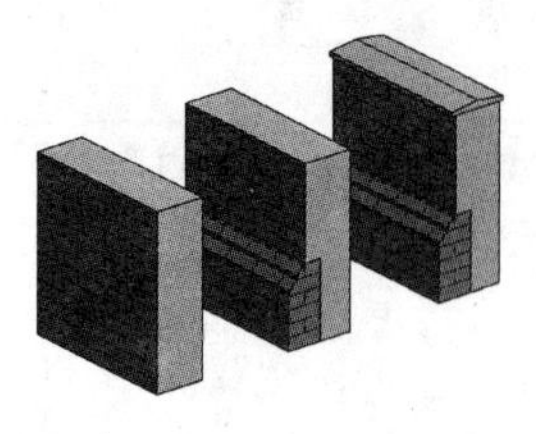

图 31-41

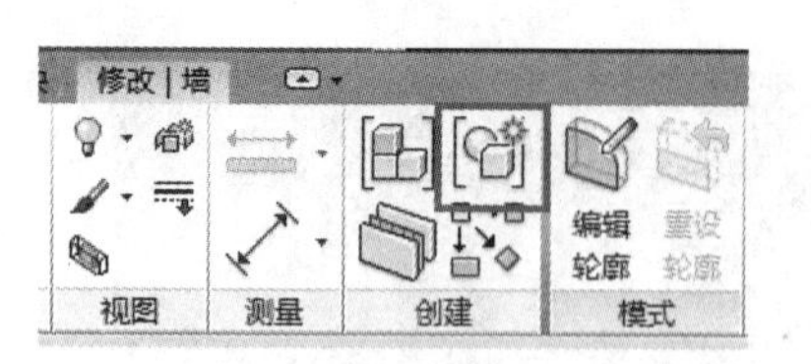

图 31-42

4）其余两面矮墙也按上述步骤操作。

5）如图 31-43 所示，单击左上角的【应用程序按钮】，选择【另存为】→【库】→【组】，打开【另存组】对话框。

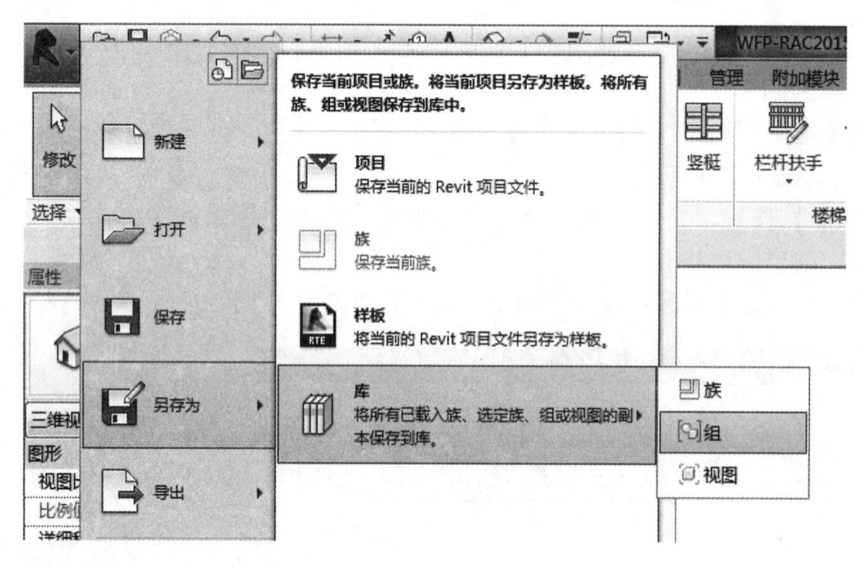

图 31-43

6）在该对话框底部，在【要保存的组】处可以看到如图 31-44 所示的下拉菜单，每次选择其中一个模型组，然后依次将它们保存至相应的库中。

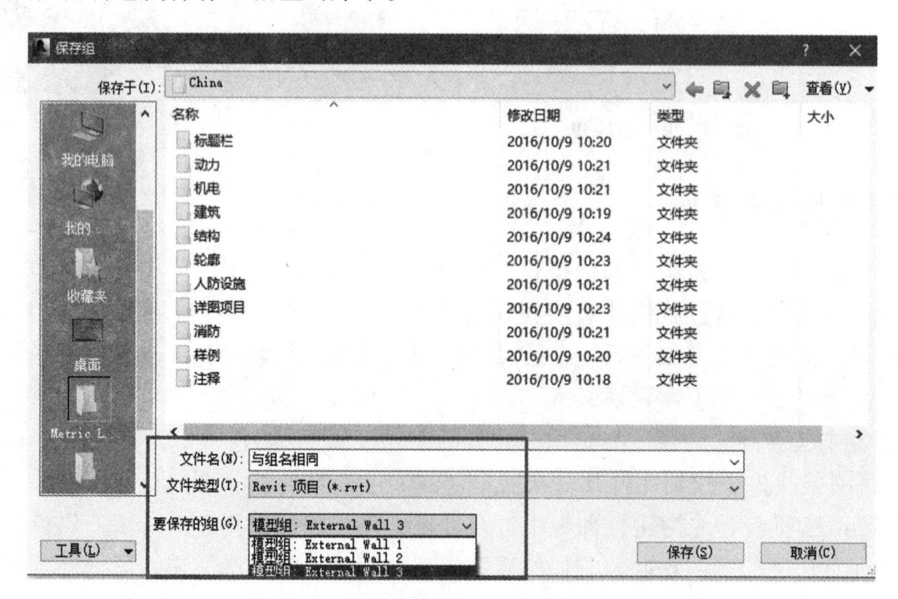

图 31-44

大多数情况下，库都是由一个指定的模型协调器在项目层面进行管理，当每一项或每一组通过某些质量评价后，该库就会提交至企业的中央资料库中。

2. 将系统族载入并用于后续项目中

1）在【插入】选项卡下【从库中载入】面板中选择【作为组载入】，并在资料组文件夹中单击 Acme-Type_F6Q_IntWall. rvt 文件，单击【打开】按钮，载入至项目中。

2）在【项目浏览器】中找到并打开【楼层平面：Callout of First Floor】平面图。

3）选择其中一面类型为【Concept - Int 150mm】的内墙，单击鼠标右键，在弹出的快捷菜单中选择【选择全部实例】→【在整个项目中】，选中项目中所有类型为【Concept - Int 150mm】的内墙。

4）在【属性】面板的类型选择器中将墙体改为刚载入的【Type F6 Q】类型，如图 31-45 所示。

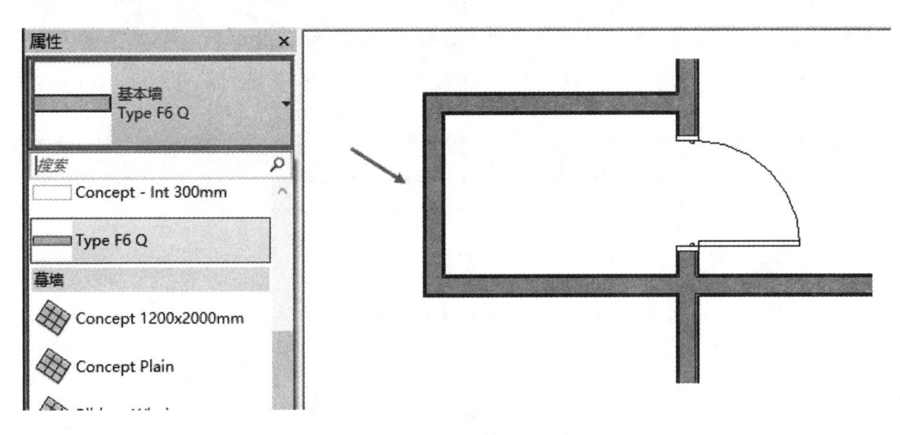

图 31-45

选择其中一面墙，通过单击【属性】面板中的【编辑类型】，打开【类型属性】对话框，可以看到当前墙体的信息，如图 31-46 所示。

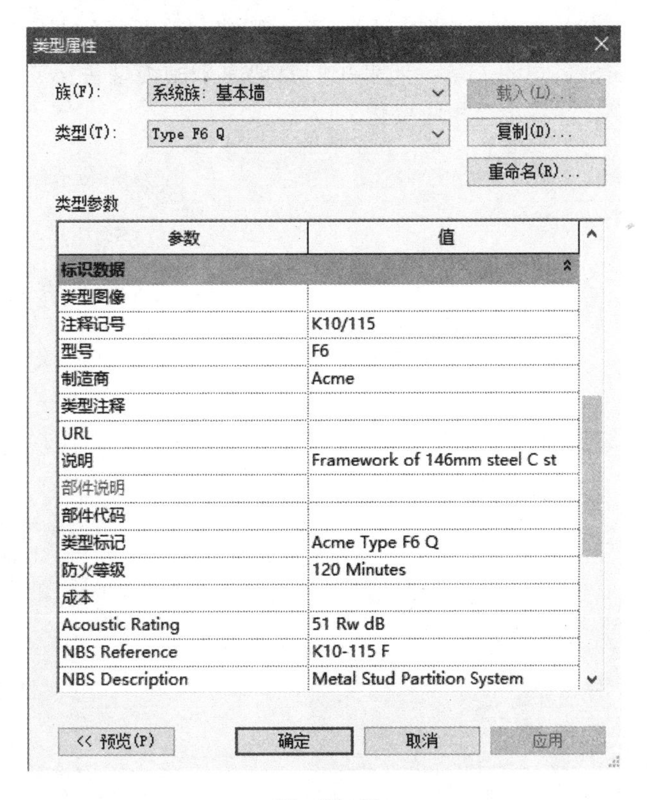

图 31-46

3. 添加标记

我们还可以往墙组中添加一些标记以及一系列适用的详图构件和重复出现的详图，这将加快我们往模型数据中添加建筑信息的速度。

1）如图 31-47 所示，在【注释】选项卡的【标记】面板中，选择【多类别】。

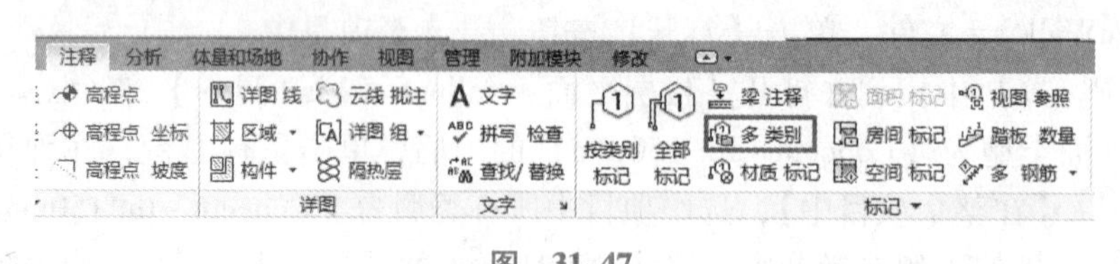

图 31-47

2）在【属性】面板的类型选择器中选择标记类型为【Description】，并单击其中一面墙，放置标记。在类型选择器中更换标记类型为【NBS Ref/Des/Type】，选中另外一面墙，放置新的标记，如图 31-48 所示。

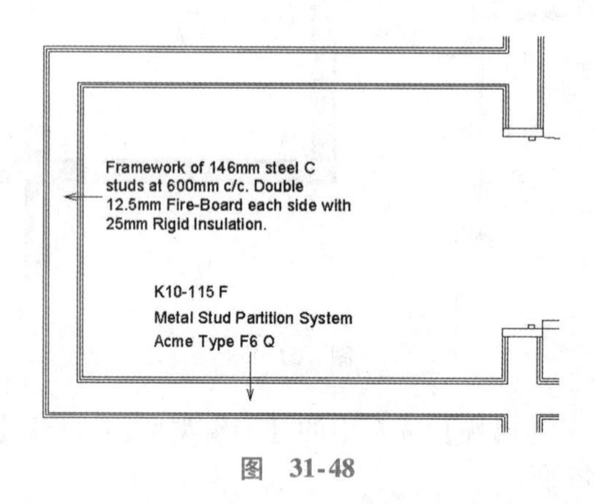

图 31-48

这个例子很好地展示了 BIM 在实际中的运用，里面既储存着图元的图示和非图示信息，也表明该图元与其他图元以及周围模型之间的关系。如果我们要把原来的类型替换成同一个库中的另一种墙类型，那么不仅图示信息会变，注释也会相应变化。

单元 32
形体构造和内建族

单元概述

本单元将采用讲-练结合的方式为读者讲解 Revit 中内建模型（即内建族）的创建方法。让读者深入洞察和了解构建所有 Revit 项目所需的各种基础几何模型，了解 Revit 运行的原理和逻辑，从而让读者为创建可载入族做好准备。

单元目标

演示和体验是学习本单元最佳途径，所以，练习之前不会提供任何参考提示，但是在练习过程中会提供所需的信息。

1. 学习创建基础的 3D 形状，如图 32-1 所示。

1）拉伸：在工作平面上绘制图形的二维轮廓，然后拉伸该轮廓使其与绘制它的平面垂直。

2）融合：用于创建实心三维形状，该形状将沿其长度发生变化，从起始形状融合到最终形状。

3）旋转：通过绕轴放样二维轮廓，可以创建三维形状。

4）放样：通过沿路径放样二维轮廓，可以创建三维形状。

5）放样融合：放样融合的形状由起始形状、最终形状和指定的二维路径确定。

6）空心形状：包含以上所有形状但都是空心的。

2. 切割或合并实心和空心的模型。

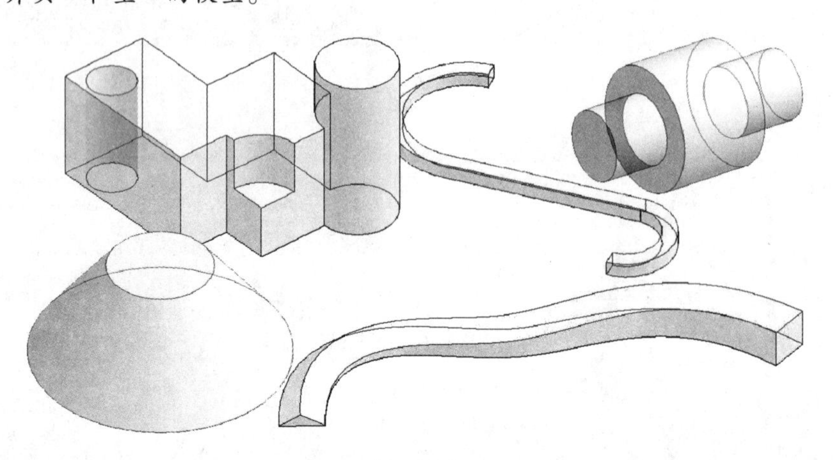

图 32-1

32.1 拉伸

1）打开 Revit 软件，新建一个建筑样板文件，单击【确定】按钮。

2）在【项目浏览器】中打开【楼层平面：场地】视图。

注意：由于使用计算机自带的默认模板，所以练习过程中模板的命名会有所不一。在练习过程中，标高层并不重要，但是练习过程中使用同一标高层十分重要，为避免混淆，特别指明的情况除外。

3）在【建筑】选项卡下【构建】面板中选择【构件】下拉菜单中的【内建模型】，如图 32-2 所示。弹出【族类别和族参数】对话框，在【过滤器列表】中选择【建筑】，选择【常规模型】，单击【确定】按钮，如图 32-3 所示。弹出【名称】对话框，输入构件名称，单击【确定】按钮，如图 32-4 所示。

注意：不论是创建内建族、可载入族族还是其他族，类别的选择对于图元的编辑操作和指令都非常重要。在这个例子中，由于只学习基础原理，所以通用模式已经可以满足需求。但是，在通常操作过程中，还是需要选择默认的类别。

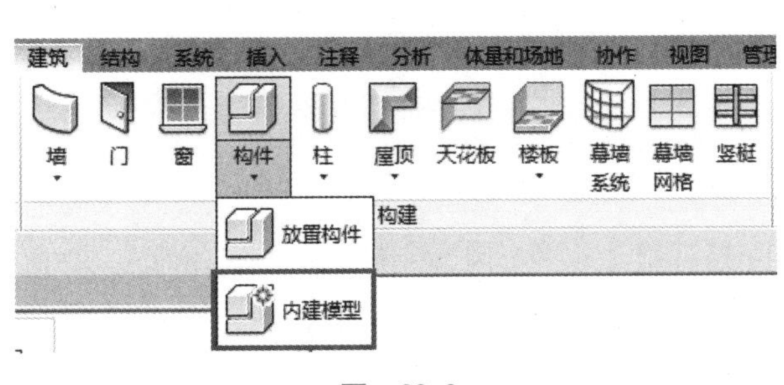

图 32-2

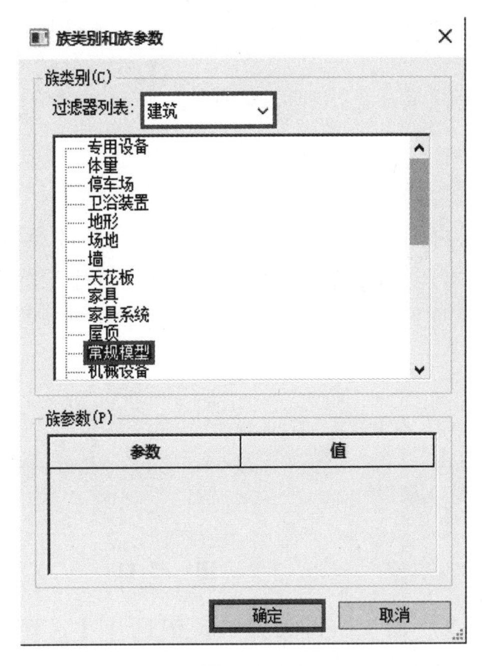

图 32-3

4）在【创建】选项卡下【形状】面板中选择【拉伸】，如图 32-5 所示。然后使用【绘制】面板中的【直线】（图 32-6）绘制边壁线，但必须是封闭的。可以是任意形状，但在现阶段还是选择简单形状为好，如图 32-7 所示。**注意：**多个边壁在单个图形中一一排列，或者一个边壁包含在另外一个边壁中，但互不接触。

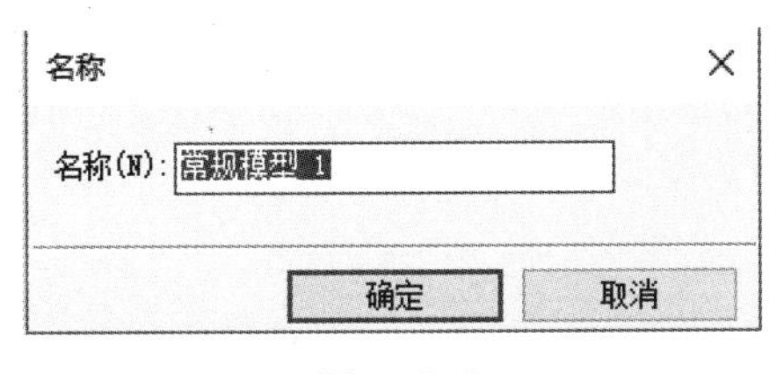

图 32-4

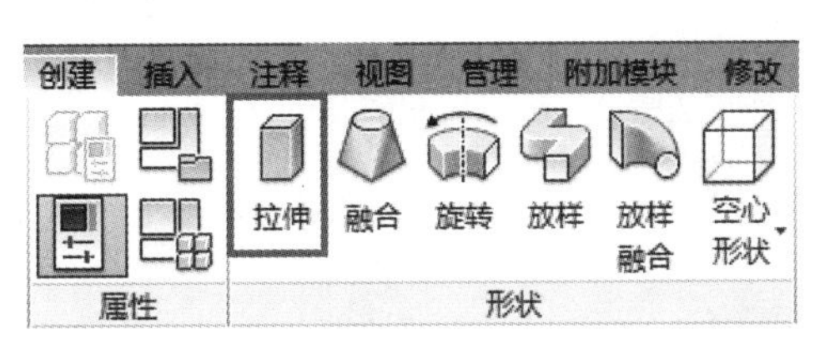

图 32-5

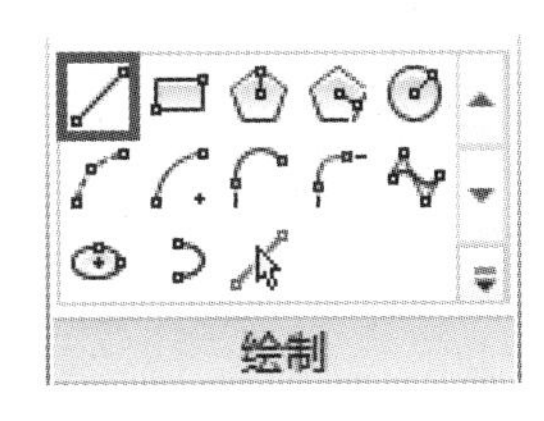

图 32-6

5）在图元【属性】面板的【拉伸起点】和【拉伸终点】中输入数值（图 32-8），单击【完成编辑模式】。切换到三维视图查看结果，如图 32-9 所示。

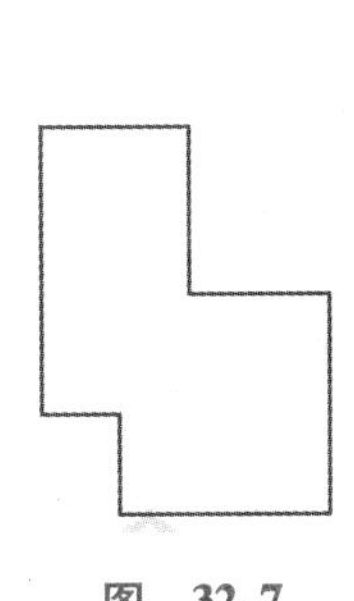

图 32-7

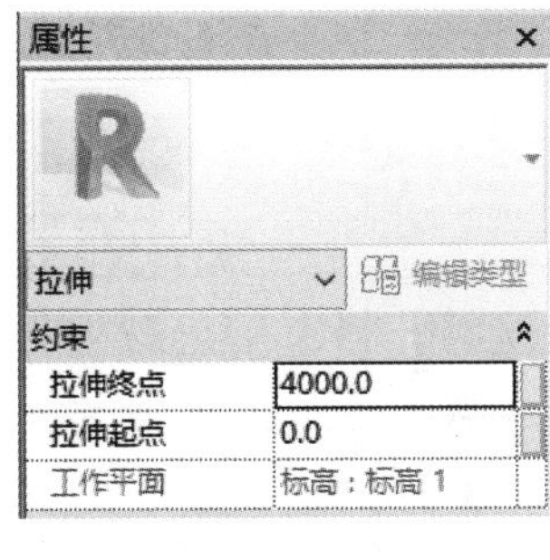

图 32-8

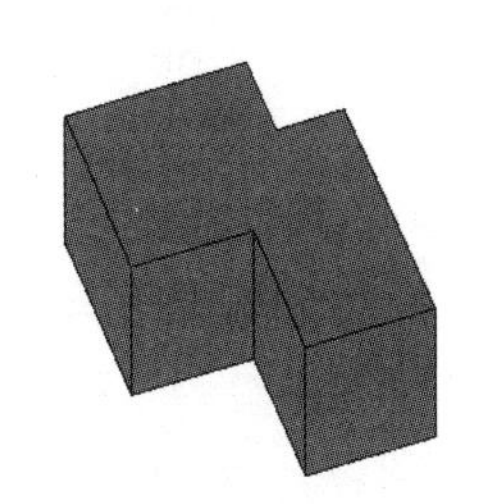

图 32-9

6）在【项目浏览器】中打开【楼层平面：场地】视图，选择形状，在【修改 | 拉伸】选项卡下【模式】面板中选择【编辑拉伸】，如图 32-10 所示。使用【绘制】面板中的【圆形】添加一个圆形（图 32-11），完全包含在边壁之内，单击【完成编辑模式】并且查看。

7）再次在【创建】选项卡下【形状】面板中选择【拉伸】，然后在【绘制】面板中选择【圆形】

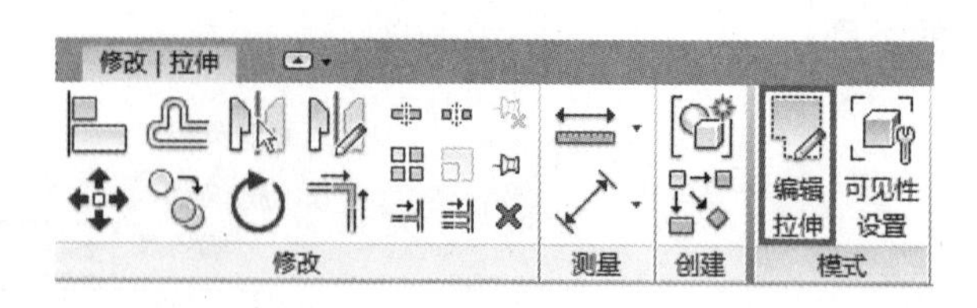

图 32-10

另外再画一个圆，形成圆柱体，覆盖住原本的形状（图 32-12），最后单击【完成编辑模式】。

8）复制新建好的圆柱，使得两个形状都覆盖第一个形状，如图 32-13 所示。

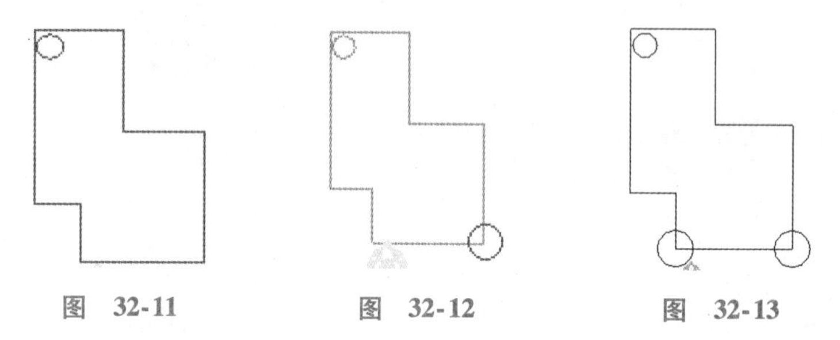

图 32-11　　图 32-12　　图 32-13

9）在【项目浏览器】中打开【三维视图：三维】视图，选中其中一个圆柱体，拉高它的底部，使之高于第一个形状底部，然后在【属性】面板中，将【实心】改为【空心】，如图 32-14 所示。

注意：空心形状工具可以创建空心模型，生成完全相同的形状。不论是从空心到实心，还是从实心到空心，都可以生成一个新的模型。先创建实心模型而后将其转化为空心模型的优点是它不会自动切除与其接触的物体，同时又允许用户对需要切除的构件进行更加仔细的筛选。

10）在【修改】选项卡下【几何图形】面板中使用【剪切】（图 32-15），同时选中空心和原有实心模型，如图 32-16 所示。

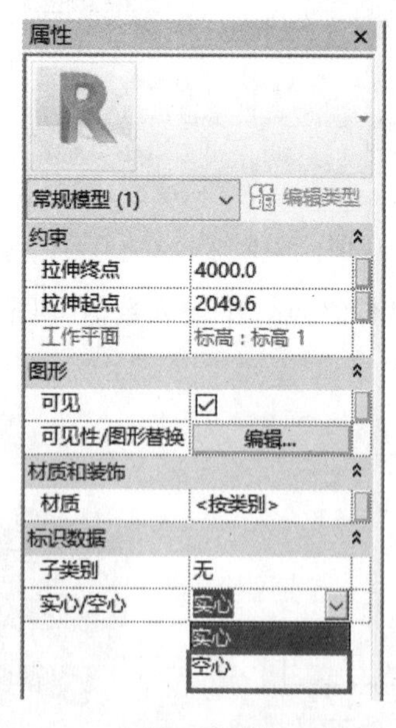

图 32-14

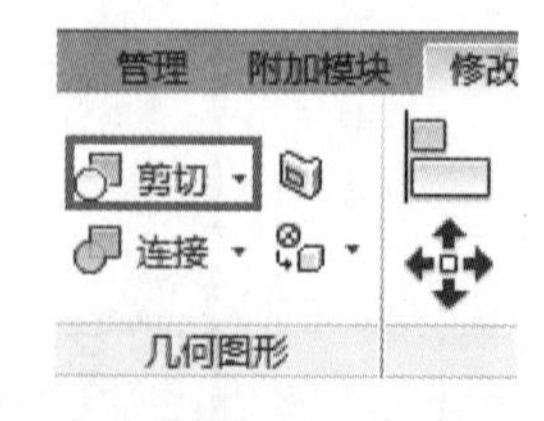

图 32-15

注意：这展示了在原有形体上打洞的不同方法，同时也强调了各中不同之处。编辑形状和加一条边都会穿过整个模型，所以，那个洞必须在形状以内。通过空心来打洞，我们可以切除一切不需要的部分，同时也可以更好地控制切除的方法和部分。

11）选中另外一个圆柱体，拉高其顶部。在【修改】选项卡下【几何图形】面板中使用【连接】，同时选中主要形状和高一截的圆柱体，如图 32-17 所示。单击【完成模型】，在编辑模式下生成的各种模型现在就是以单个模型的形式存在。

注意： 通过连接功能，虽然现在它们还处于编辑阶段而且还是分离的部件，但是两个图形已经紧密地结合在一起了。

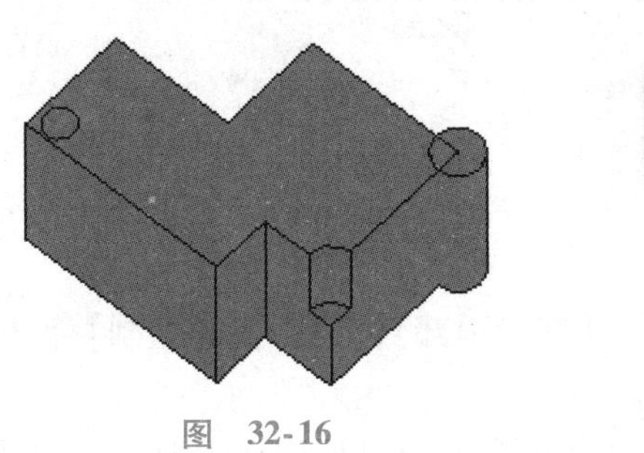

图　32-16

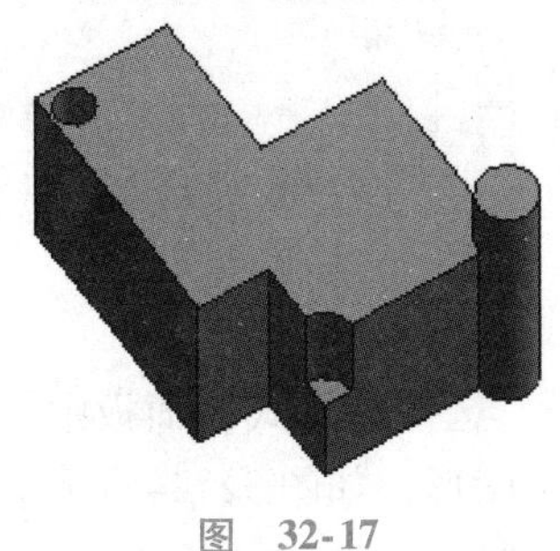

图　32-17

32.2 融合

1）在【项目浏览器】中打开【楼层平面：场地】视图，删除之前的图形或者将其移至一旁。

2）在【建筑】选项卡下【构建】面板中选择【构件】下拉菜单中的【内建模型】（图 32-18）。

3）在【族类别和族参数】对话框中，选择【常规模型】（图 32-19），弹出【名称】对话框，在对话框中，接受建议名称，单击【确定】按钮，如图 32-20 所示。

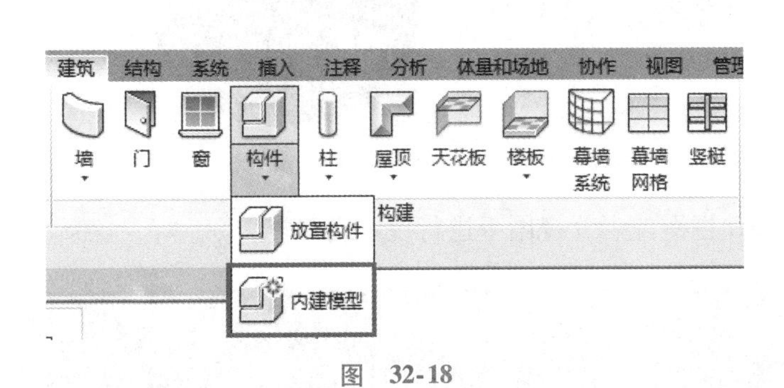

图　32-18

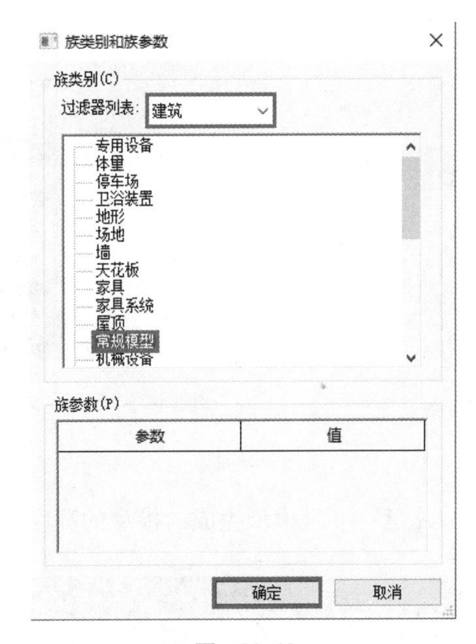

图　32-19

4）在【创建】选项卡下【形状】面板中选择【融合】，如图 32-21 所示。

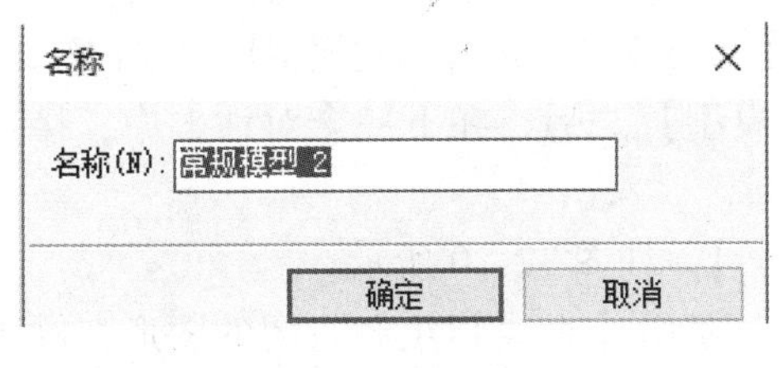

图　32-20

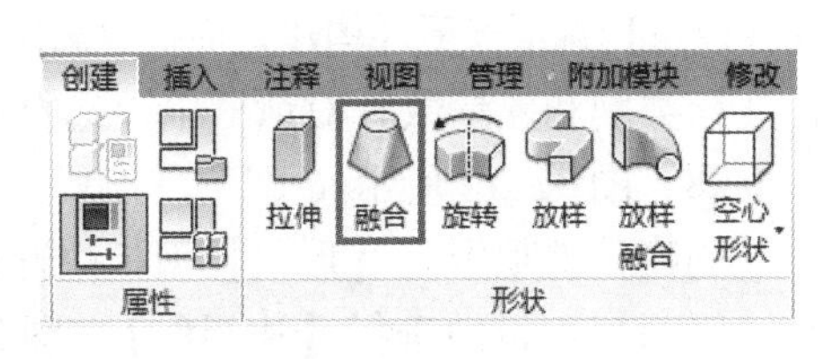

图　32-21

5）在【绘制】面板中选择【圆形】（图 32-22），绘制一个圆形，如图 32-23 所示。

图　32-22

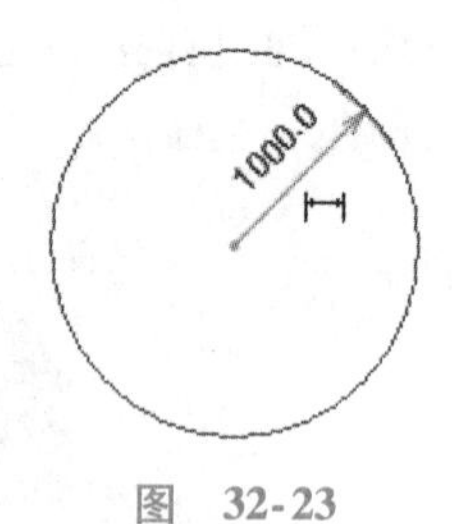

图　32-23

6）在同一视图下，选择【模式】面板中的【编辑顶部】，然后在【绘制】面板中选择【圆形】为模型顶端绘制另外一个图形，如图 32-24 所示。

注意：两个边壁形状融合的方式可以之后再进行编辑，但是往往需要匹配好边壁形状的点的个数才能得出最佳结果。所以，如果要绘制正方形和圆形，那么用圆形的四条弧线匹配正方形的四条边会得出更加美观的模型。

7）在图元【属性】面板中输入【第二端点】和【第一端点】的值（图 32-25），单击【完成编辑模式】。

8）在【项目浏览器】中打开【三维视图：三维】视图查看结果，如图 32-26 所示。

图　32-24

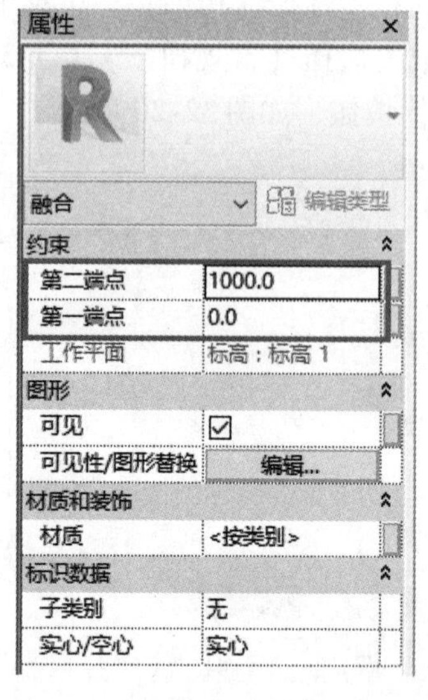

图　32-25

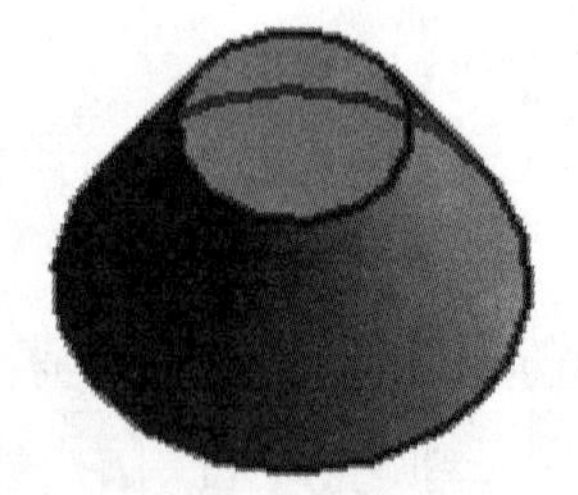

图　32-26

注意：一旦模型生成，模型的高度可以在 3D 视图或者立视图下进行设定或调整。

32.3 旋转

1）在【项目浏览器】中打开【楼层平面：场地】视图，删除之前的图形或者将其移至一旁。

2）在【建筑】选项卡下【构建】面板中选择【构件】下拉菜单中的【内建模型】，如图 32-27 所示。

3）在【族类别和族参数】对话框中，选择【常规模型】之后，在下一个对话框中，接受建议名称，如图 32-28、图 32-29 所示。

4）在【创建】选项卡下【形状】面板中选择【旋转】，如图 32-30 所示。

5）在【绘制】面板中选择【边界线】（图 32-31），使用【直线】绘制封闭的图形，画出半个横截面图，如图 32-32 所示。

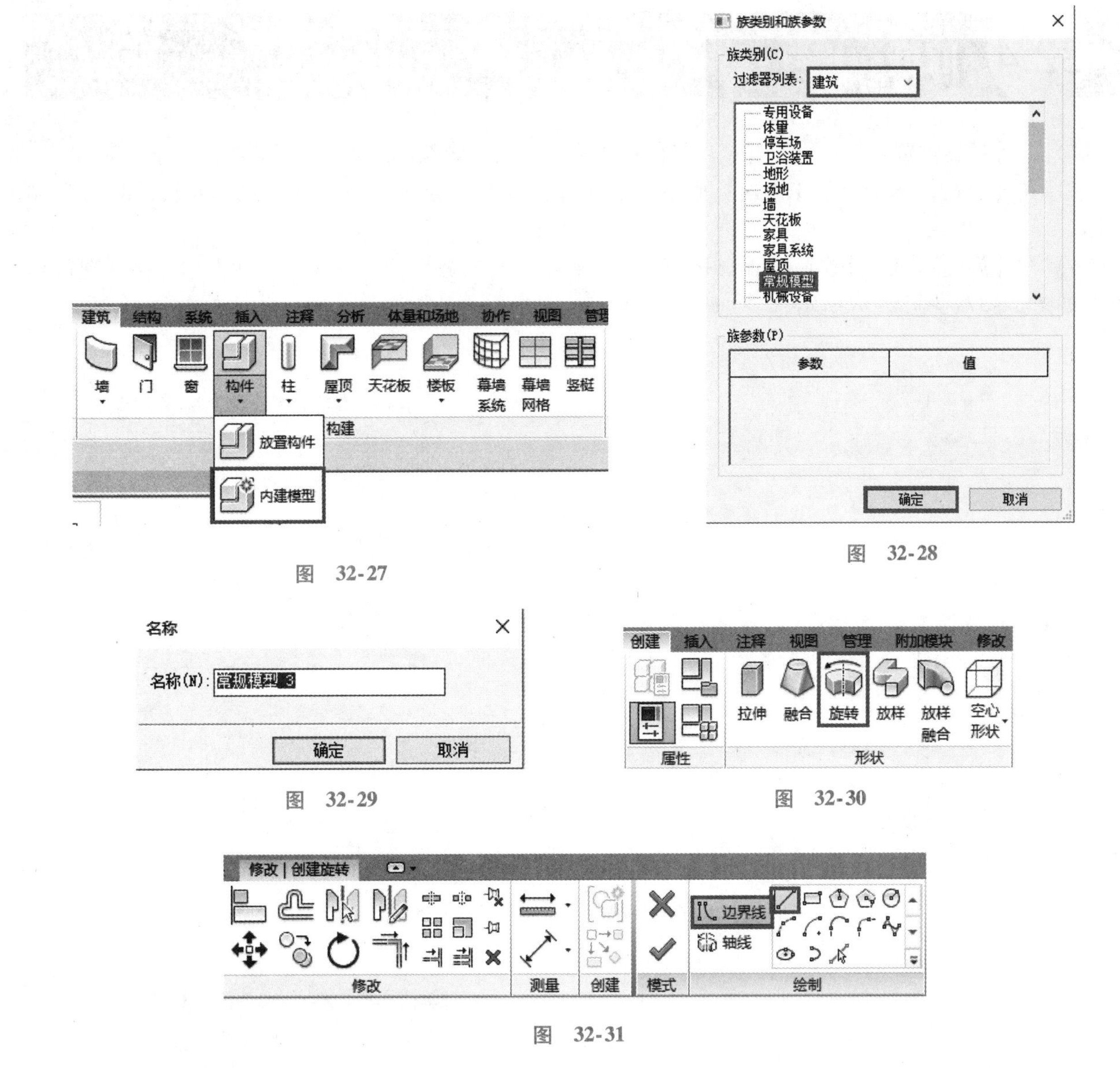

图　32-27

图　32-28

图　32-29

图　32-30

图　32-31

6）在【绘制】面板中选择【轴线】，使用【直线】绘制轴线，如图 32-33 中蓝线所示。**注意：**轴线仅限于平面范围，因此，轴线可以是任意长度。

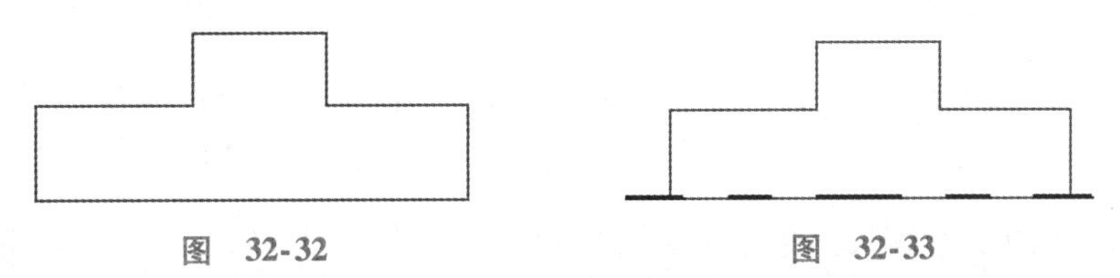

图　32-32　　　　图　32-33

7）单击【完成编辑模式】，然后在【在位编辑器】面板中选择【完成模型】，如图 32-34 所示。

8）在【项目浏览器】中打开【三维视图：三维】视图，检查结果，如图 32-35 所示。

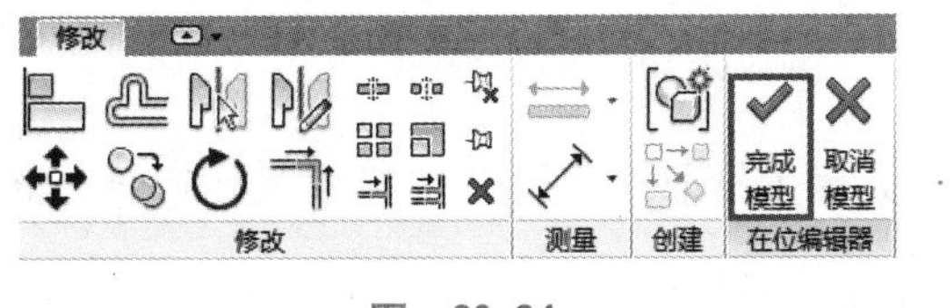

图　32-34

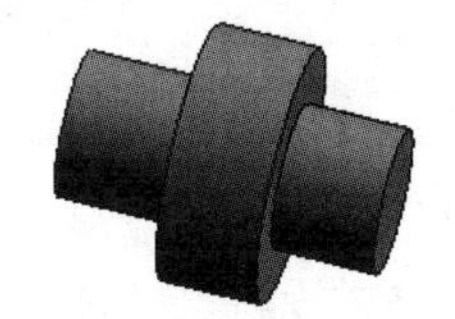

图　32-35

32.4 放样

1）在【项目浏览器】中打开【楼层平面：场地】视图，删除之前的图形或者将其移至一旁。

2）在【建筑】选项卡下【构建】面板中选择【构件】下拉菜单中的【内建模型】，如图 32-36 所示。

3）在【族类别和族参数】对话框中，选择【常规模型】之后，在下一个对话框中，接受建议名称，如图 32-37、图 32-38 所示。

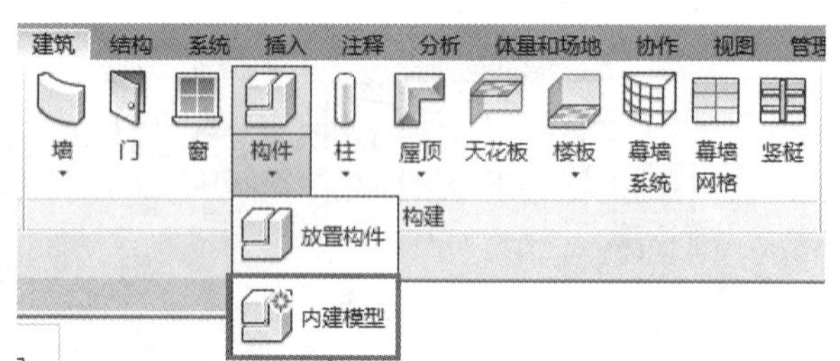

图 32-36

图 32-37

4）在【创建】选项卡下【形状】面板中选择【放样融合】，如图 32-39 所示。

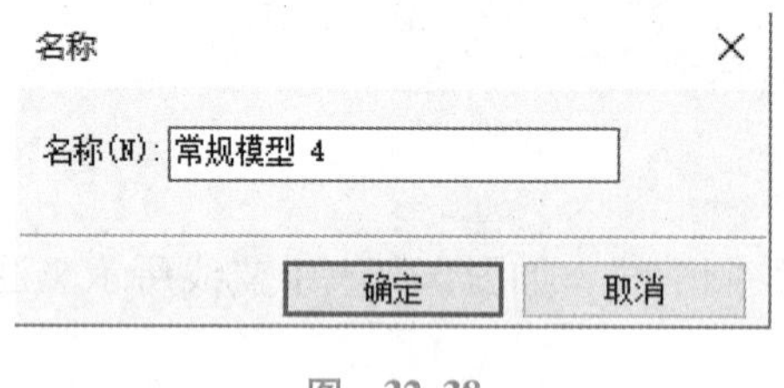

图 32-38

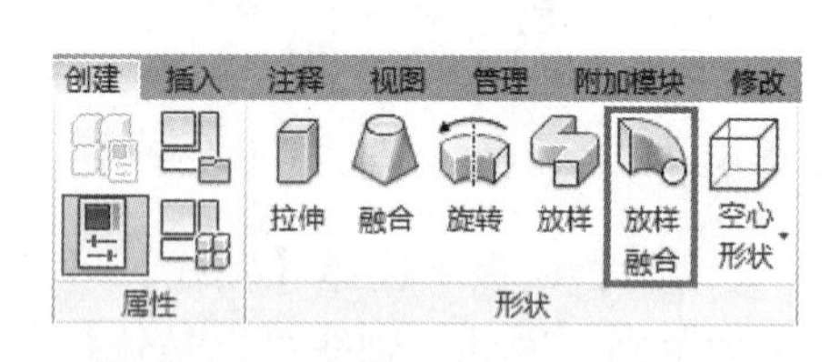

图 32-39

5）选择【放样】面板中的【绘制路径】（图 32-40），使用【绘制】面板中的【样条曲线】（图 32-41），绘制一条路径（图 32-42），路径可以是开口的，也可以是封闭的。

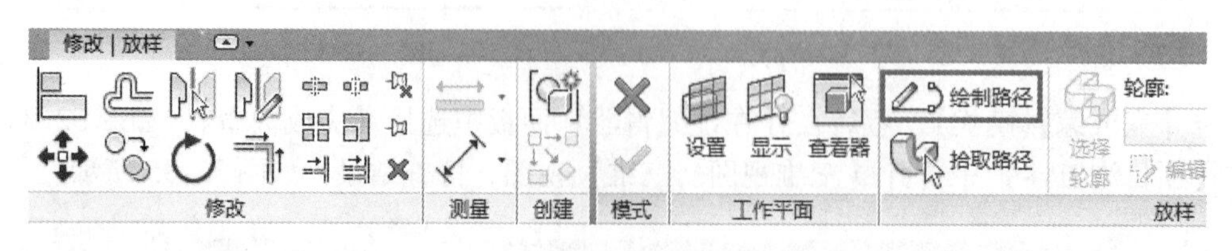

图 32-40

注意：使用拾取路径，而非草图路径，是因为拾取路径可以选择形状的边缘，同时也可以生成 3D 路径，这是草图路径不支持的功能。

6）单击【完成编辑模式】。

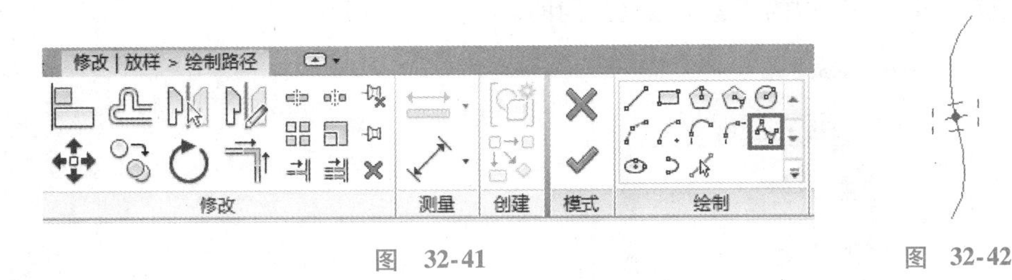

图　32-41　　　　图　32-42

7）单击【放样】面板中的【编辑轮廓】（图32-43），弹出【转到视图】对话框（图32-44），在绘制选项中绘制封闭的三角形，如图32-45所示。**注意：**现在需要变换视图，因为剖面必须以垂直方式在路径平面图上进行绘制，所以不能在平面视图上定义剖面。

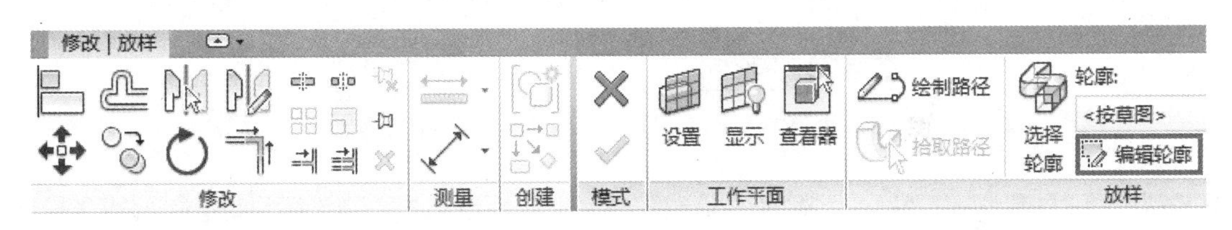

图　32-43

8）连续两次单击【完成编辑模式】，单击【完成模型】。

9）打开【三维视图：三维】视图检查结果，如图32-46所示。

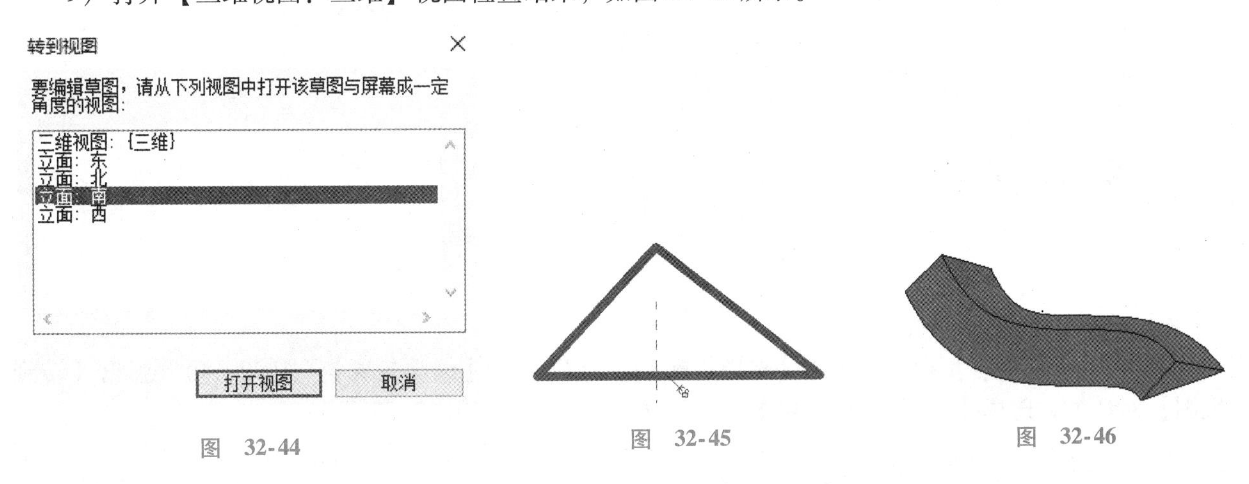

图　32-44　　　　图　32-45　　　　图　32-46

32.5 放样融合

1）在【项目浏览器】中打开【楼层平面：场地】视图，删除之前的图形或者将其移至一旁。

2）在【建筑】选项卡下【构建】面板中，选择【构件】下拉菜单中的【内建模型】，如图32-47所示。

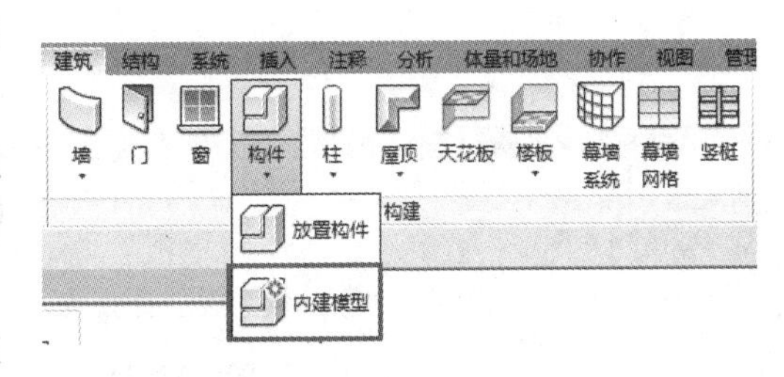

图　32-47

3）在【族类别和族参数】对话框中，选择【常规模型】之后，在下一个对话框中，接受建议名称，如图32-48、图32-49所示。

4）在【创建】选项卡下【形状】面板中选择【放样融合】，如图32-50所示。

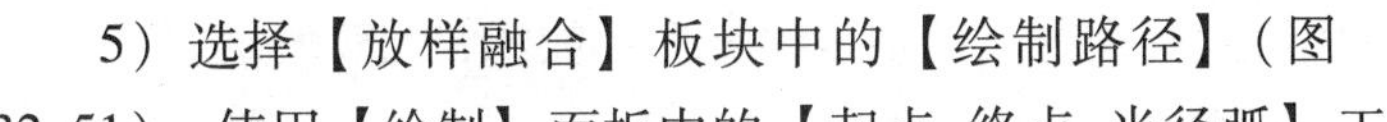

5）选择【放样融合】板块中的【绘制路径】（图32-51），使用【绘制】面板中的【起点-终点-半径弧】工具（图32-52），为放样融合绘制一条路径

（图 32-53），路径可以是开口的，也可以是封闭的。

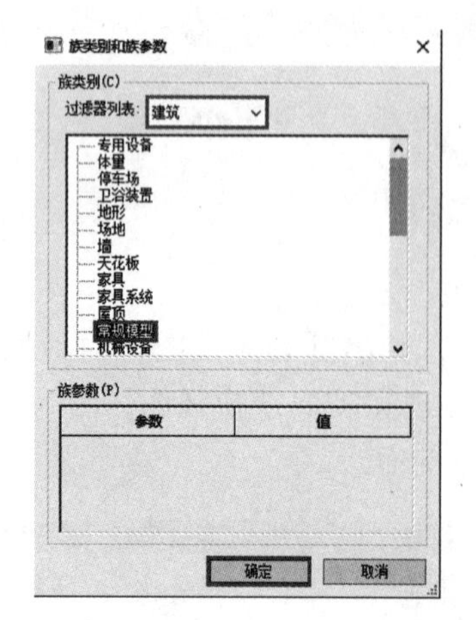

图 32-48

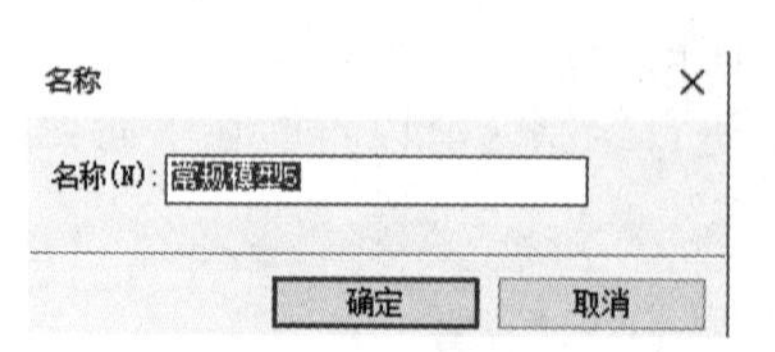

图 32-49

图 32-50

图 32-51

图 32-52

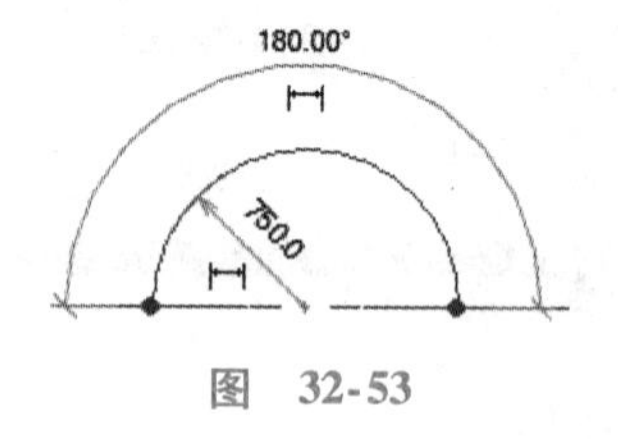

图 32-53

6）单击【完成编辑模式】。

7）在【放样融合】板块中选择【选择轮廓 1】，然后单击【编辑轮廓】（图 32-54），弹出【转到视图】对话框，选择【立面：南】，单击【打开视图】按钮，如图 32-55 所示。

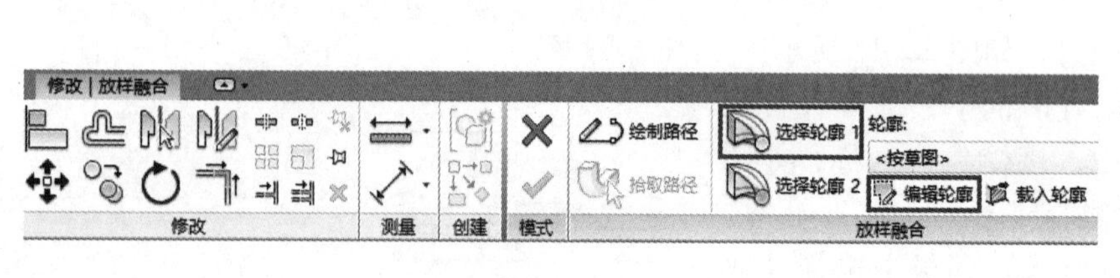

图 32-54

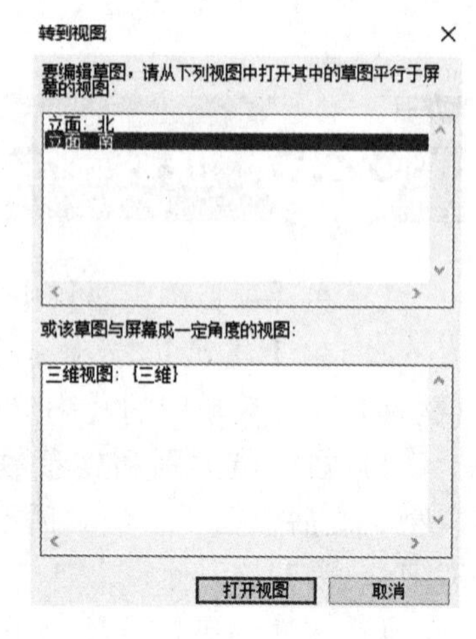

图 32-55

8）使用【绘制】面板的工具为第一个轮廓绘制一个封闭的边壁线矩形，如图 32-56 所示。

9）单击【完成编辑模式】。

10）重复上述步骤，创建第二个轮廓，用【编辑轮廓2】（图32-57），绘制一个三角形，如图32-58所示。

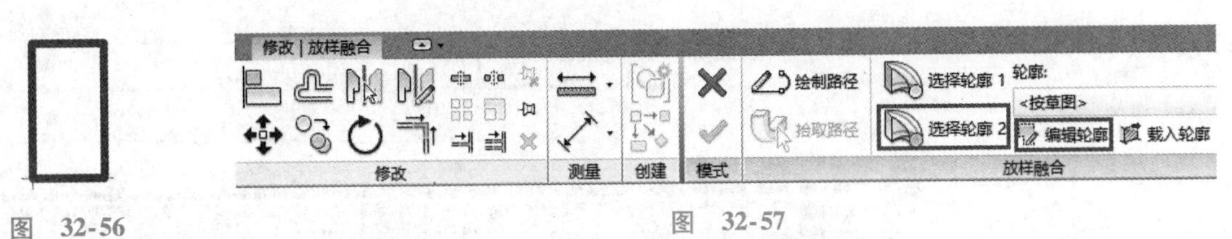

图　32-56　　　图　32-57

11）连续两次单击【完成编辑模式】，单击【完成模型】来完成放样融合。

12）打开【三维视图：三维】视图检查结果，如图32-59所示。

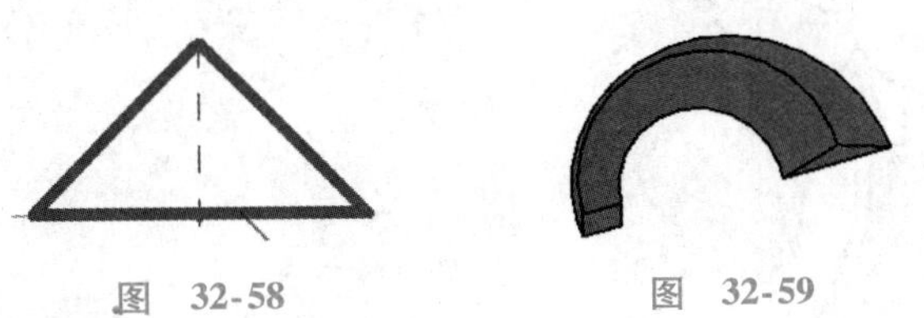

图　32-58　　　图　32-59

单元 33
参数化与可载入族

单元概述

本单元将向读者介绍族编辑器的基本原理和成功创建图元所需遵循的基本规则。这里说的图元形式很简单，但是包括了足够的变体和复杂性，足以涵盖所有的基本话题。本章练习将探讨并解释十个简单阶段背后的原理，这十个步骤反过来又能巩固练习。十步法在族编辑器广泛使用的基础上应运而生，当然读者也可以不遵循“十步法”按部就班地建族，只是遵守规则能够保证建模的过程和结果稳定一致和图元库的有效产出。复杂的族可能需要使用附加功能和更先进的技术，但是仍要依赖本章阐述的原理。

单元目标

1. 了解创建一个稳定参数族的流程。
2. 学习怎么运用几何参数进行控制。
3. 学会二维线、三维线和桌子的制作。
4. 了解为图元添加数据的方法。
5. 学会在图元建造的每个阶段对其进行测试。

33.1 参数与参数化

参数也称为参变量，属于一种变量。

参数化设计是 Revit 建筑设计的一个重要特征。其主要分为两部分：参数化图元和参数化修改引擎。

其中，在 Revit 建筑设计过程中的图元都以构件的形式出现，这些构件之间的不同是通过参数的调整反映出来的，参数保存了图元作为数字化建筑构件的所有信息。

而参数化修改引擎提供的参数更改技术则可以使用户对建筑设计或文档部分做的任何改动自动地在其他相关联的部分反映出来。Revit 建筑设计工具采用智能建筑构件、视图和注释符号，使每一个构件都可以通过一个参数引擎互相关联，而且构件的移动、删除和尺寸的改动所引起的参数变化会引起相关构件的参数产生关联的变化，任一视图下所发生的变更都能参数化地、双向地传播到所有视图，以保证所有图纸的一致性，不必逐一对所有视图进行修改，从而提高了工作效率和工作质量。

33.2 创建族

33.2.1 族的创建流程

在开始定义和创建族之前，要做好准备工作。原则上来说，了解构件的使用环境和实物形式的变体是必须的，但另一方面，又很容易在添加无用或无价值的变量上浪费很多时间，所以当复制单一尺寸下公制的构件时，无须将其参数化。

用骨骼支撑，然后再加上所有重要的内部细节，最后用一张漂亮的皮把一切包裹起来就完成了动物的制作！这个比喻和 Revit 建模过程有异曲同工之效。

在三维基本图形中加入二维详图线，体现了 BIM 的一条重要原则。因为二维里出现的图形与在三维形体里的表现形式有差异，和基本类型相关的数据会提供所有的重要信息支持图形。一个典型的例子就是灯具开关，其三维形态是墙上一个简单的长方体。二维的则非常不同，行业所认可的标志一点都不像长方

形的拉伸。这时附加的图元数据就变得至关重要，能帮助我们找到技术信息和修正参考信息。

前面提到的详图线的使用和模型线不同，模型线虽然厚度为零，但展现形式为三维。使用模型线是为了降低三维形体的复杂性。整个建族的过程可分为十步：

1. 确认图元类型

图元类别的确认对 Revit 的使用至关重要，因为类别确认能够准确找到便于控制对象可见性、列表及 CAD 格式导出的层分配的图元。不要轻易选择通用对象，只有在不需要列表的时候方可考虑。创建内建族时，应提示用户为图元选择相应类别，但是新建练习里的可载入族时，选择正确的模板才能进行类别确认（族文件以 . rft 为后缀）。

2. 布局

确定构件的主要特征，将构件使用参照平面作为骨骼框架，在此基础上再添加二维线条和三维形体。只有在建立角度参数时方可使用参照平面，应当特别注意，不要移动模板提供的参照平面上的原始准线，尤其是在使用等距标注控制布局时更是如此。只有这样，镜像工具才能辅助定义对称对象。

3. 应用规则

大部分规则主要应用于尺寸标注使用。它们要么是固定用于修正比例关系，实现等距标注；要么用特别的标记形成参数。对齐和阵列这样的工具也可以用来设置规则。

4. 第一次测试

族类型列出的数值在对话框修改后可以用于拉伸多个维度，而拉伸维度会反过来影响参照平面上各对象的相对位置。

5. 二维线条

如果需要的话可以对二维效果和三维模型形体进行区分。这种区分让用户在创建新对象时除了使用合理的形体之外还能使用二维视图中自动修正的功能，并且细节也会更完善。这种创建对象的方式对计算机资源要求不高，而且在二维线条的基础也可以录入制作人的数据库。

6. 第二次测试

运用二维线条绘制参照平面框架之后我们需要测试它是否能够正确移动。

7. 三维形体

运用模型线条描述构件，并且随时随地将形体锁定在参照平面上，尽可能地简化。

8. 第三次测试

这里的三维形体必须确保能在参数和规则下进行正确的移动和弯曲。

9. 确认子类别

如需要图元更好的可见性、外观、输出控制等因素，也可以在二维线条和三维形体中定义。

10. 定义数据和类型

类型只是在同一个名称下预设好的一组参数值，在【族类型】对话框里可以进行定义。应用族时这些类型均提供默认选择，而且包含除规格和除形体控制信息以外的运行信息。

33. 2. 2 非图元信息

非图元信息的创建中，最明显的一点就是能看出是哪些设置定义了图元的图形外观，以及图元是如何被安插进模型并且表现在草图上的。

图像表现可以通过二维或三维线条定义，通过规则成型或控制，但是若没有相关信息，那么我们所做的只是三维 CAD，而不是建筑信息模型（BIM）。

图形和数据之间的联系决定着 BIM 在编写内容库时，需考虑图元示意图和与其相关并一起受到管理的非图形信息。

具体在何处进行数据核对和管理还有待考量。当考虑族构件应录入多少非图形数据时，有一个比较实用的方法，就是估测数据会在哪出现，如果草图需要信息，毫无疑问应该录入数据。但是对于非

Revit 用户来说，Revit 是不是最佳信息储存地还有待考究，只要能准确对接 Revit 对象和信息，信息就无须储存在同一个库里。

33.3 单元练习一

下面的练习中已标明了创建完整参数化桌子所必须遵循的几个步骤，这个参数化的桌子可能是读者建的首个族。虽然这里已经包括了顺利完成练习所必需的所有信息，但是仍应清楚各个步骤和背后的原理。同样的原理也适用于新族创建，不论独特的内建族还是可存进族库便于将来使用的可载入族。

学会使用参考平面工具、尺寸标注工具，包括锁定、等距标注和标记等方式，二维线条、三维线条还有创建形体的多种方式，学会对照和管理关联数据，这和前面提到的“十步法”一致。图例或可载入族是可以重复使用的。请自行练习，最好从 Revit 的默认模板开始。

打开 Revit 软件，单击【应用程序菜单】→【新建】→【族】，或者单击最近文件起始页中族类选项的【新建】，弹出【新族-选择样板文件】对话框，如图 33-1 所示。

图 33-1

33.3.1 确认图元类别

选择正确的类别至关重要，因为它关系到列表的准确性、对象和构件的可见性控制以及图元的行为和使用。在选择样板文件中，选择【公制家具】作为族样板，如图 33-2 所示。

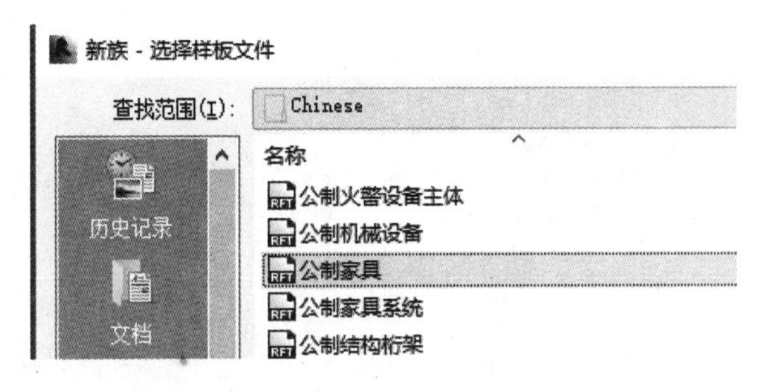

图 33-2

建议尽量少用视图，避免非故意过度限制对象。在这种情况下，我们只用平面视图和立面视图进行布局和限制构件。

33.3.2 布局

先用参照平面定义框架，然后再挂上二维和三维的线条和形体。下面的案例因为较简单，所以这一步显得不太重要，但是随着形式复杂度的增加，布局的重要性也会增加。

如果应用规则能够正确操控参照平面，请尽管放心描绘参照平面上的线条形体，因为平面可以正确弯曲。

注意：在接下来的步骤里采取参照平面而不是参照线，参照线的作用是控制图元的转动角度，有别于参照平面。

1）在【项目浏览器】中打开【楼层平面：参照标高】视图。

2）在【创建】选项卡下【基准】面板中选择【参照平面】（图 33-3）。简单绘制一个桌面轮廓图（33-4），再选中上面的两个参照平面，然后在【修改|参照平面】选项卡下选择【修改】面板中的【镜像-拾取轴】，然后拾取轴线（图 33-5），同理镜像得到如图 33-6 所示的效果。

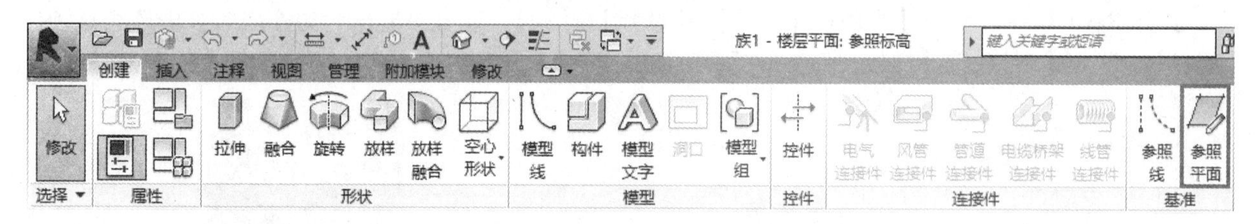

图 33-3

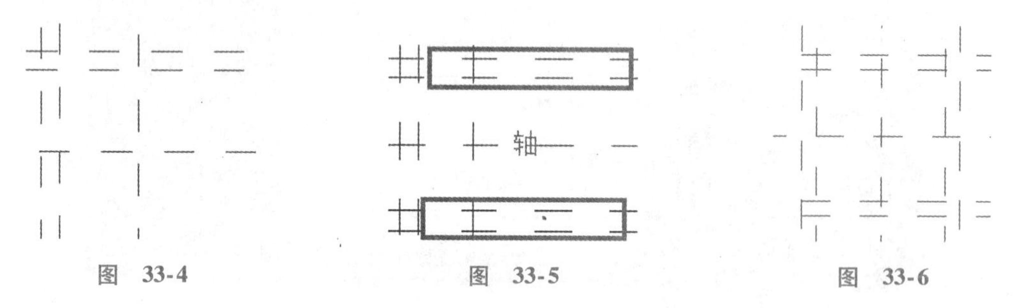

图 33-4　　图 33-5　　图 33-6

3）在【注释】选项卡下【尺寸标注】面板中选择【对齐】，添加水平和垂直的尺寸标注，定位参照平面，如图 33-7 所示。

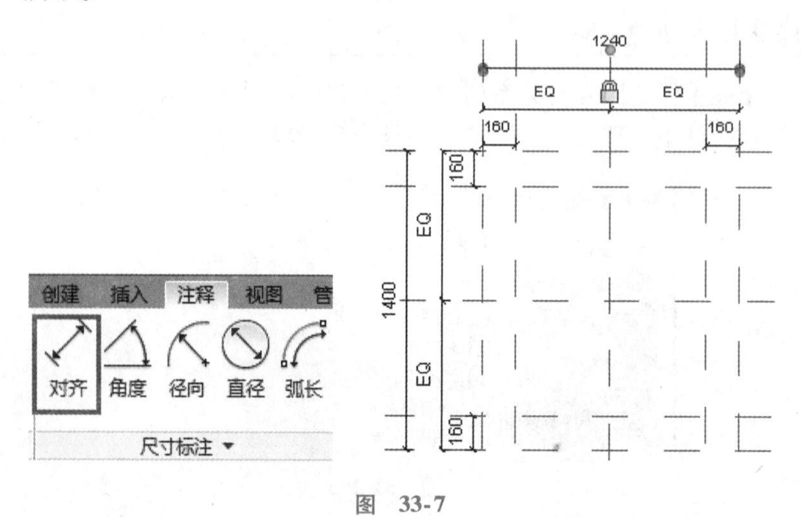

图 33-7

4）将最外面的尺寸标注进行锁定（🔒）控制总体大小，选定等距标注（EQ），等距标注中间的十字准线，保证原点或插入点位于桌面中心。里面的尺寸标注控制和关系到桌面外延的桌腿的位置。

注意： 有两个或两个以上数值的尺寸标注线可以被等距标注，而单个数值的尺寸标注只能被锁定或参数化。不要在等距标注或标记后再锁定尺寸标注，否则会过度限制模型。

33.3.3 应用规则

标记尺寸标注便于我们在项目环境里的图元【属性】面板里进行控制。

1）选择一个定位桌腿的尺寸标注，然后在选项栏中单击【标签】下拉菜单中的【添加参数】，如图 33-8 所示。

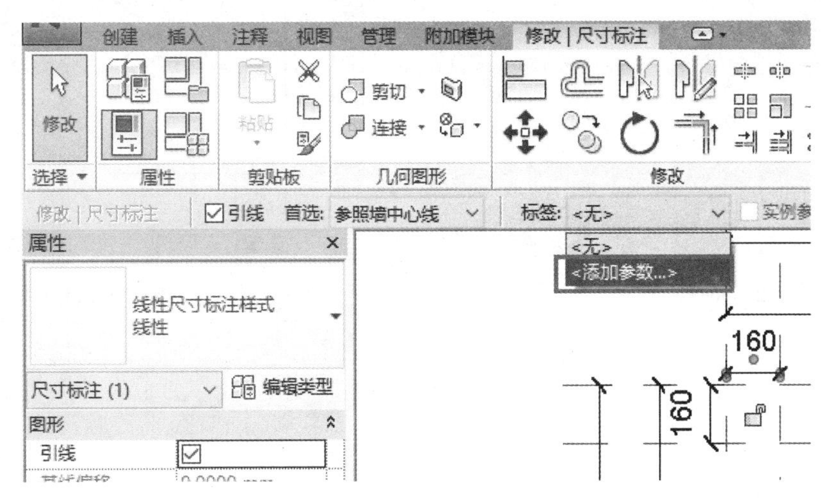

图　33-8

2）打开【参数属性】对话框，在【名称】文本框中输入【腿偏移量】，剩下的参数接受默认设定，单击【确定】按钮，如图 33-9 所示。同一个标签下可能有多个尺寸标注，由同一个参数控制。

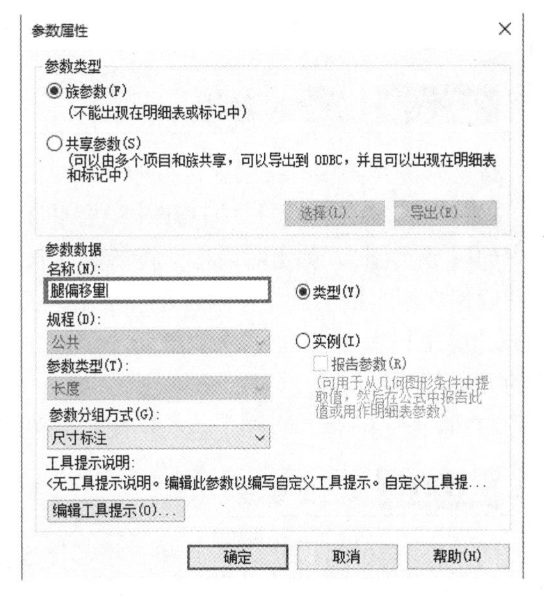

图　33-9

注意： 添加参数前，本例中的尺寸标注已设定为等值，这是值得借鉴的做法，否则有可能显示错误。

3）同时选择剩下的三个定位桌腿的尺寸标注，在选项栏中单击【标签】下拉菜单，选择已命名为【腿偏移量】的标签，使四个尺寸标注统一由一个参数值控制，如图 33-10 所示。如果构件只有一种尺寸可选，就无须添加参数。为了最大化对桌子的控制，我们对所有构件进行了标记。

4）本练习要同时在垂直和水平方向标记外围尺寸标注。需先选定尺寸标注，然后单击鼠标右键，选择快捷菜单中的【标签】，定义新参数长和宽，如图 33-11 所示。

5）在【项目浏览器】中打开【立面：左】视图。

6）绘制一个参照平面代表桌面的顶部和底部，并定义厚度，从基准面到最高的参照平面应使用尺寸标注，并标注其高度，桌面厚度只设为 50mm，并且按照前面讲到的添加参数的方法，对高度添加参数，命名为【高度】，如图 33-12 所示。

注意： 记住一点，改变尺寸标注无须选择尺寸标注本身，必须选择随尺寸标注改变而改变的构件。换句话说，选定你想移动的对象。

7）一旦完成尺寸标注，两个参照平面的相对定位也已完成，选择尺寸标注并锁定，这么做是为了确保不论桌子表面怎么移动，桌腿的高度也会随之移动。

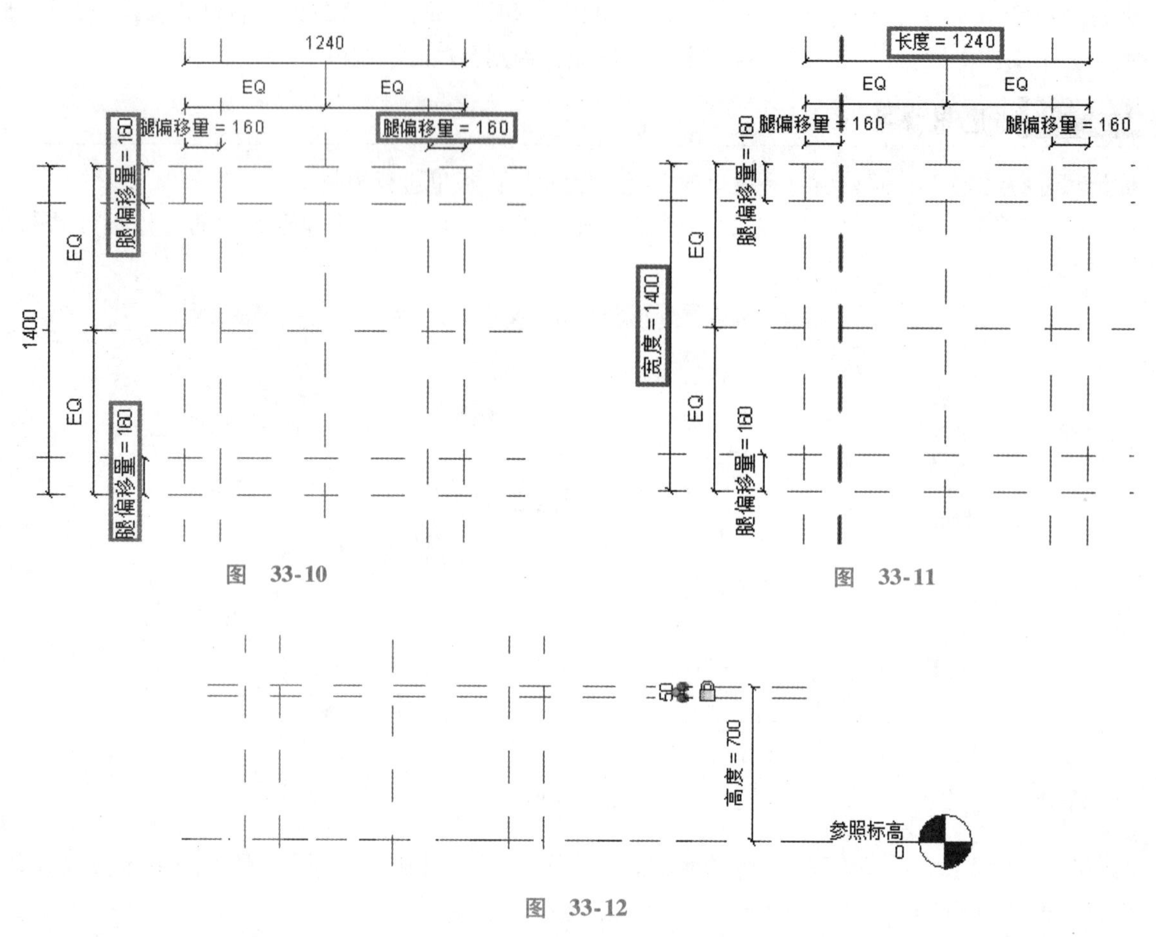

图 33-10

图 33-11

图 33-12

33.3.4 第一次测试

接下来的步骤中，我们要进行的是测试，先设定尺寸标注的值，确保参照平面正确运行。

1）在【项目浏览器】中打开【楼层平面：参照标高】视图，单击【创建】选项卡下【属性】面板中的【族类型】，弹出对话框，将参数【长度】数值 1240 改为 1400，单击【应用】按钮，要仔细检查并确保参照平面会随之移动，保持参照平面之间的正确关系，将参数【宽度】数值 1400 改为 1200，单击【应用】按钮，如图 33-13 所示。此方法可用于检测参数。参数必须逐个检查，一次检查一个参数的方法便于我们发现错误。

2）检查完毕后，单击【确定】按钮，关闭对话框。

33.3.5 二维线条

同一种对象分别用二维线条和三维形体表示，呈现效果可能全然不同，但是我们可以控制二维线条和三维形体的呈现方式和时机，也可以控制各参考平面的细节。

如本例所示的一件家具中，我们需对三维形体平面图进行限制，避免将来和填色图相冲突，最重要的一点是为了减少更新平面视图对硬件的要求。想象一下，更新平面视图时，Revit 必须关注每个对象，并决定哪部分隐藏，哪部分显现，如果三维形体自动关闭，那么 Revit 就无须再计算视觉效果。

鉴于以上种种原因，我们画一个长方形代表桌子，然后在平面图里查看。

1）确保【楼层平面：参照标高】是当前视图。

2）在【注释】选项卡下【详图】面板中选择【符号线】，如图 33-14 所示。然后在【修改｜放置符号线】选项卡下【绘制】面板中选择【矩形】，描绘出参照平面的轮廓，即为桌面的边缘，将每个

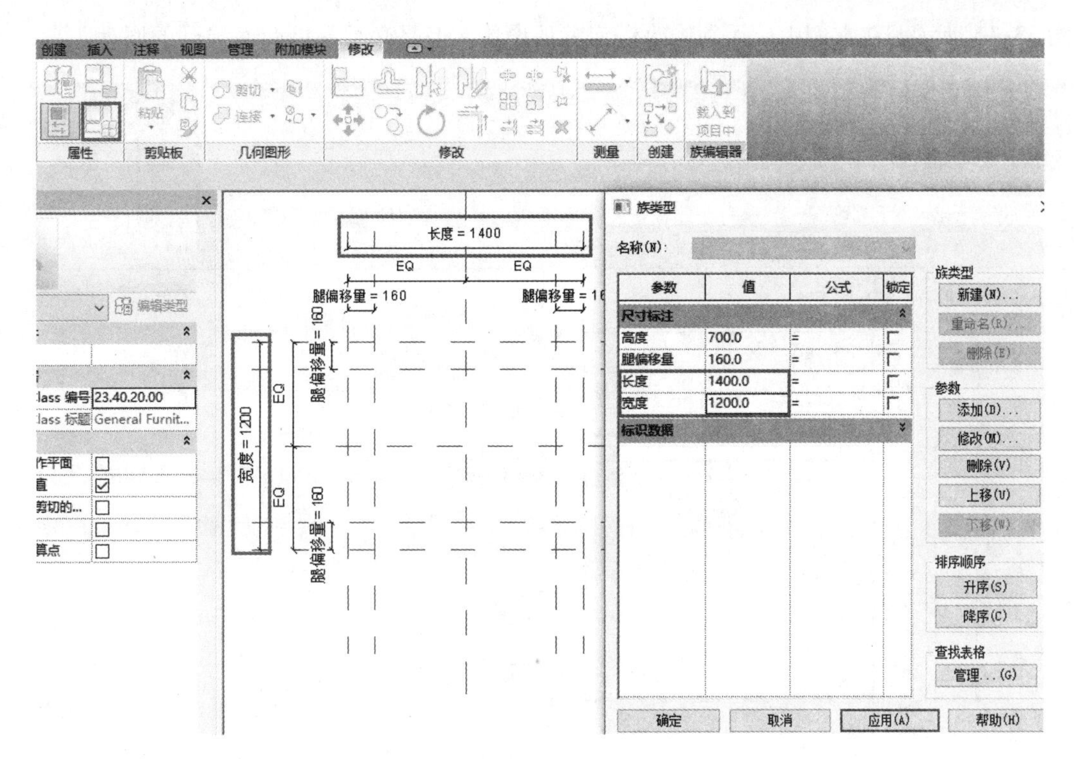

图 33-13

出现的挂锁逐个上锁，和参照平面建立起联系，如图33-15所示。

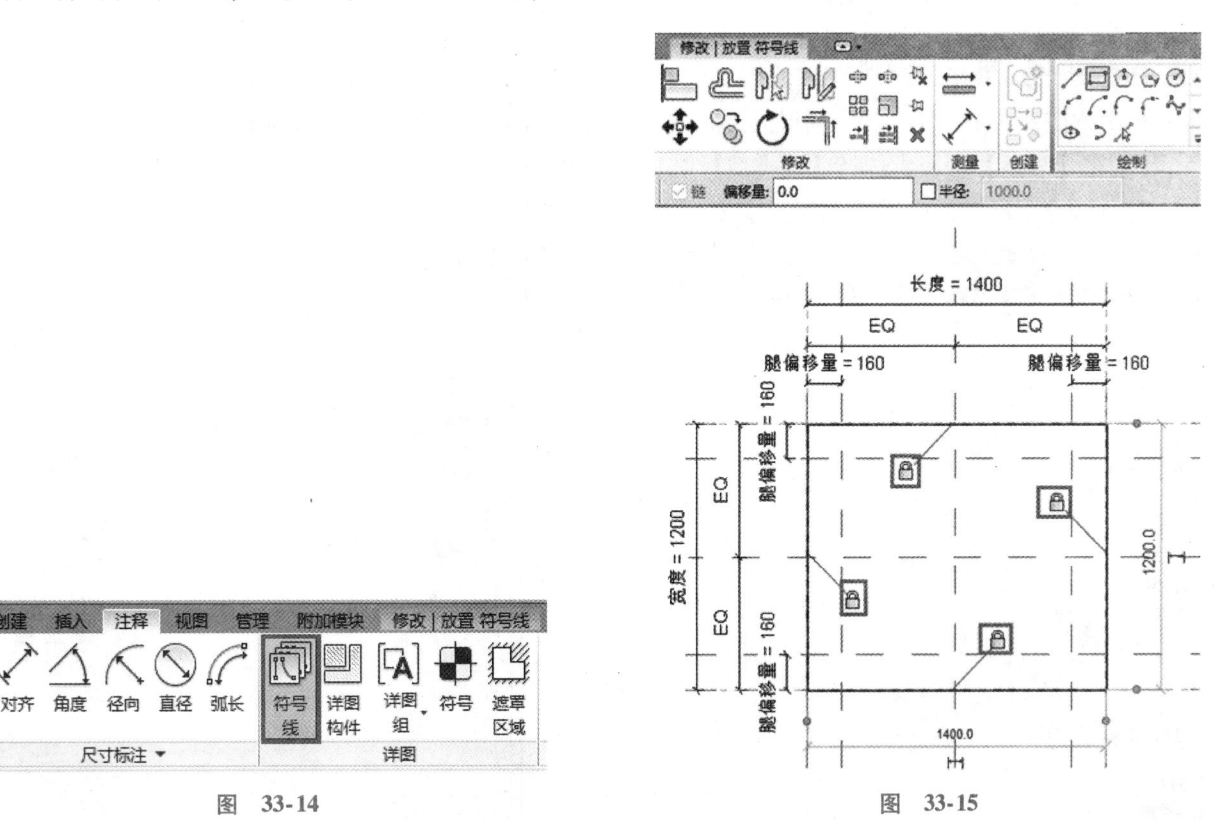

图 33-14　　　　图 33-15

3）单击选中其中一条线。选择之前光标应在线条上面悬停一会，以确保选择的是详图线而不是参照平面。

4）将线条标亮后，单击【可见性】面板中的【可见性设置】，弹出【族图元可见性设置】对话

框，如图 33-16 所示。在本例中，无须修改任何默认设置，但是必须掌握前面提到的原理。

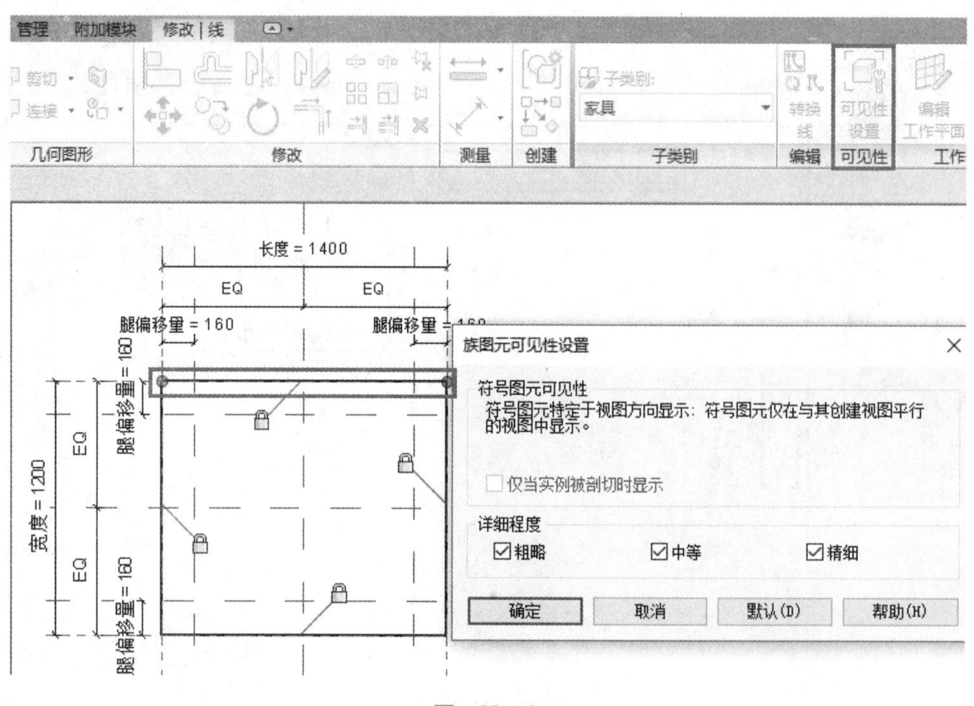

图 33-16

5）单击【确定】关闭对话框。

33.3.6 第二次测试

再次改变参数值观察变化，确保二维线条会随着参数的改变而做出位置的调整。

1）在【属性】面板中选择【族类型】工具，弹出对话框。

2）输入参数替代值，单击【应用】按钮，检查二维线条是否按要求随参照平面移动而移动，如图 33-17 所示，检查完之后再把替代值换回原来的数值，单击【确定】按钮，如图 33-18 所示。

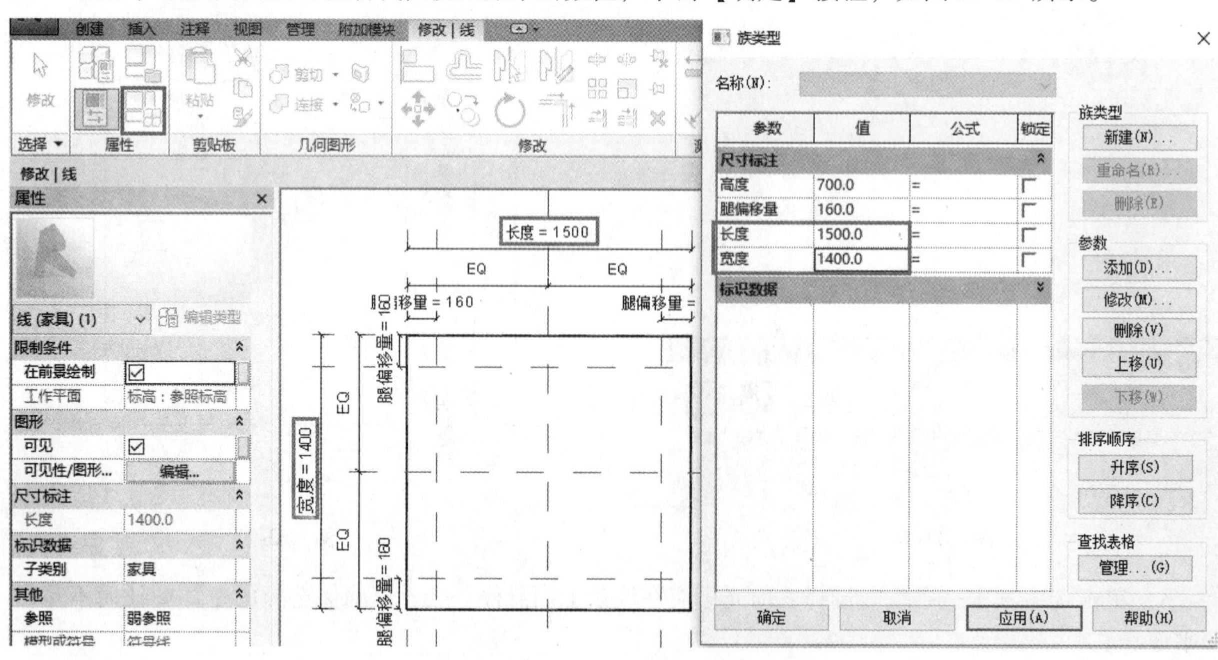

图 33-17

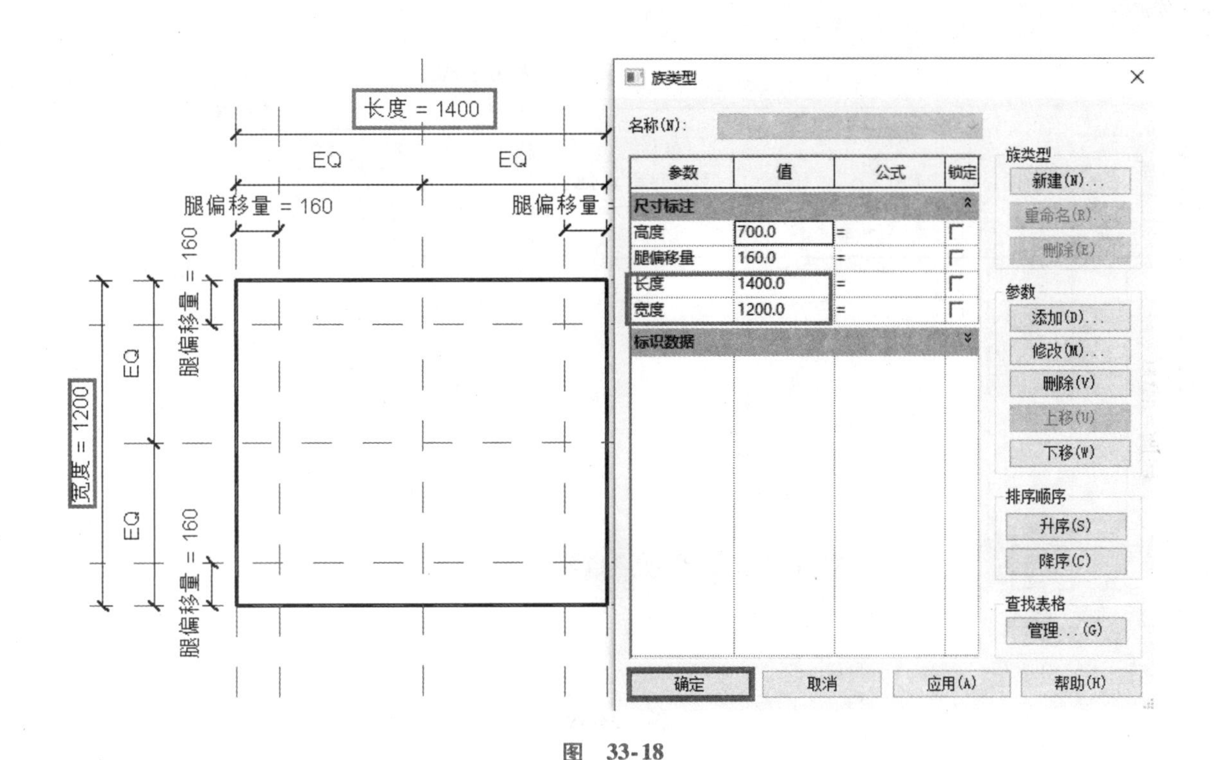

图　33-18

这一步的重要性随着图形复杂度的增加而增加，一旦设计里加入曲线或片状结构，这步测试能帮我们在转化成三维形体之前找到问题。

33.3.7　三维形体

我们可以任意组合六种基本的空心和实心形状，创建自己想要的三维形体。

注意：当我们将参照平面变为二维或者三维形状时，Revit通常会生成既定的空间位置关系或通过挂锁推荐用户自定义关系。同样的，同一个位置上的线条和形体也会自动生成束缚关系。举例说明，在定义三维桌面时，草图可以和参照平面线相关联，或者和第五步绘制的二维线条相关联。只有把线锁在参照平面上才能确保它们能作为一个整体移动。如果要移动或者替换线条，上锁这一步很重要，否则打破原有的关系链后，形体将不受约束悬浮在屏幕上。

建议将所有既定的或用户自定义的连接线条和形状的关系链都锁定在参照平面上，而不是相互锁定。鉴于此，推荐将二维线条暂时隐藏的做法，这样三维草图将和参照平面联系。

1）将光标箭头放在二维线条上，按住键盘上的<Tab>键同时单击，全选二维线条，然后用绘图区域底部的【临时隐藏/隔离】选择【隐藏图元】，将所有的线条暂时隐藏起来。

2）这一步虽然是在隐藏线条，但是有的数据也被隐藏了，因为绘图区域出现了蓝色边框，同时左上角有“临时隐藏/隔离”的字样，如图33-19所示。

3）继续创建三维形体。在【创建】选项卡下【形状】面板中选择【拉伸】，如图33-20所示。在本例中，我们可以选择五个基本形式中的四个来创建形状，有六个不同方向可以选择。形体形态和方向的选择会对成型后的形状变化产生影响，但由于我们已经将参照平面定义为对象框架，形态草图是受到严格控制的，所以这个选择在这里就变得无关紧要了。

4）定义和模型线二维形状相匹配的三维形体。重复之前的步骤，画一个长方形，描出桌面边缘，使用挂锁锁定（养成将形体锁在参照平面上的习惯非常重要），这样无论参照平面怎样移动，形体都将随之移动，当然有的时候锁定也不是必须的，但是在你彻底理解什么时候必须上锁和什么时候无须上锁前，最好都锁上，如图33-21所示。

5）这个阶段仍处于草图模式，只有当单击【完成编辑模式】后才能创建实心对象。

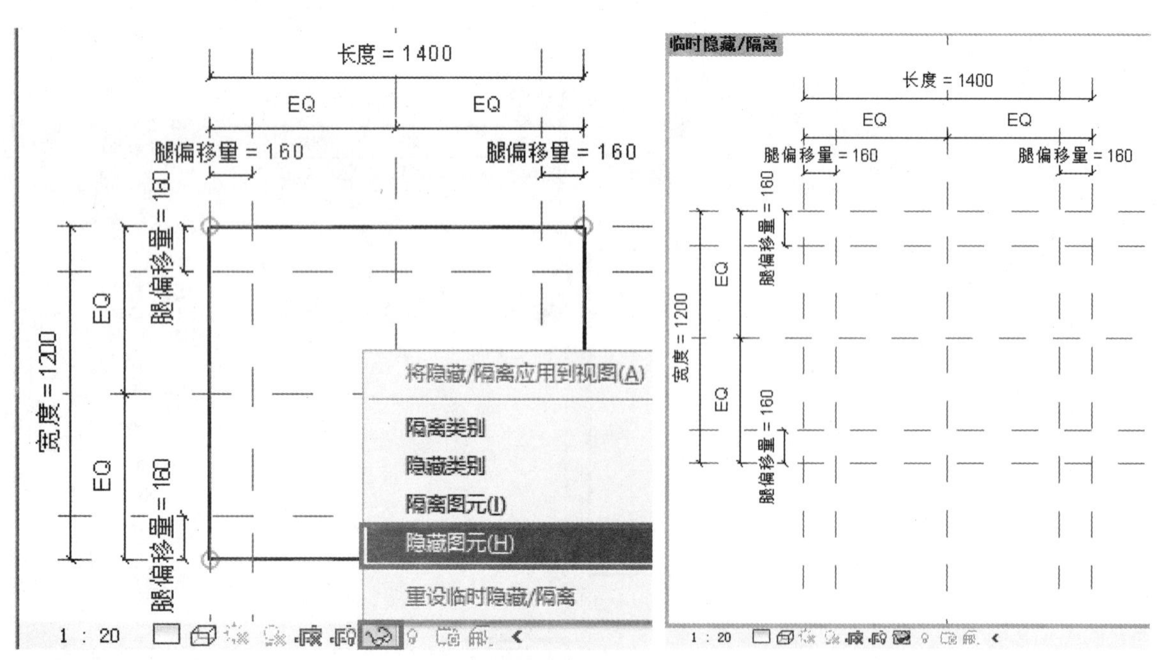

图 33-19

图 33-20

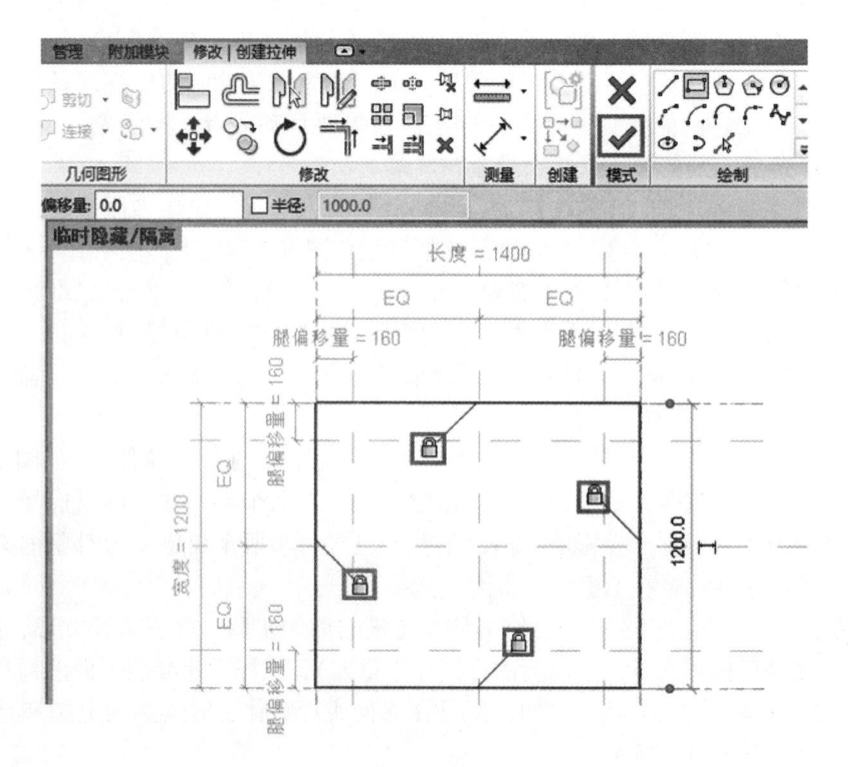

图 33-21

拉伸定义平面上的形状时可以按要求输入高度和厚度，但是在本例中，使用拉伸效果时我们并没有考虑形状的厚度，拉伸后的形态将和立面的参照平面相关并受参数控制，所以不用给厚度规定一个数值。

当实心对象选定之后，造型操纵柄随之出现（图33-22）以便于拖动形状，因为形状要和参考平面对齐，挂锁将提示用户将两者联系起来。

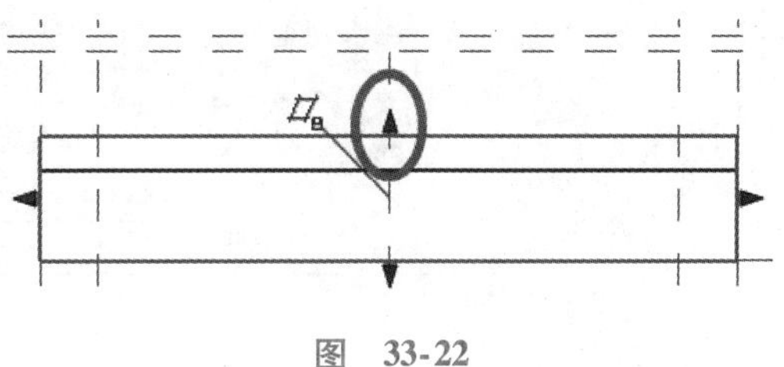

图 33-22

6）在【项目浏览器】中打开【立面：左】视图，将最上面蓝色的节点【造型操纵柄】拖住，和最上面的参照平面对齐，用挂锁定义关系这一步必不可少。对下面的对象重复以上操作，如图33-23所示。

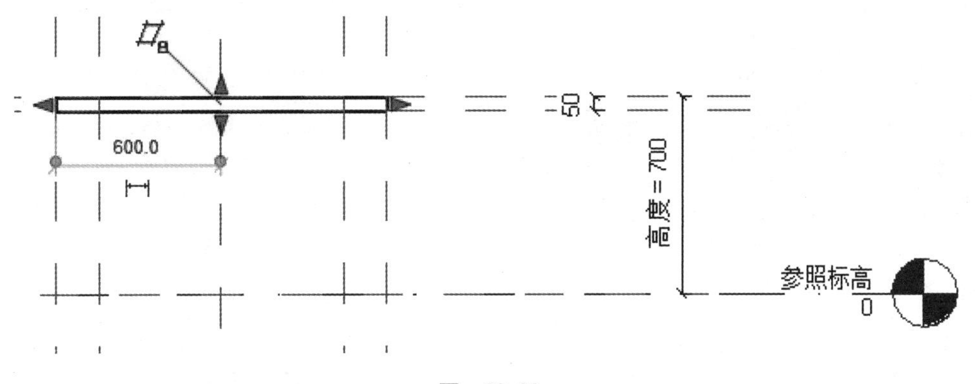

图 33-23

7）在【项目浏览器】中打开【楼层平面：参照标高】视图，用同样的方式创建桌腿。【临时隐藏/隔离】已完成使命，可以关闭了。单击绘图区域底部的【临时隐藏/隔离】工具，选择最后的【重设临时隐藏/隔离】。

8）选择【创建】选项卡中【形状】面板里的【拉伸】。

9）选择【绘制】面板中的【圆形】，在选项栏中勾选【半径】选项，预设为50mm。

10）在参照平面每个桌角的位置选定交点，如图33-24所示。

11）单击【完成编辑模式】，只要形状不相互干扰，所有的桌腿都可以用一个标签控制，桌腿仍然会根据参数腿偏移量的移动而移动。

注意：虽然每个桌腿的位置都接受单独控制，但是这里的四个桌腿都用一种拉伸描述。拱形和圆形在参数环境里控制起来很棘手，这里的圆形之所以还算顺利是因为我们选定了参照平面的交点，并将圆形锁定在受控制的环境里。

12）在【项目浏览器】中打开【立面：左】视图，可以通过拖动拉伸的顶部配合较低参照平面的方式将桌腿的高度和桌面下侧联系起来。

要在形体和参照平面框架之间形成永久的关系，挂锁的运用十分重要。

注意：在拉伸形状中间会出现蓝色三角形节点。在本例中，拉伸形状包括四条桌腿，所以蓝色节点的出现位置在中间或者空白区域。

这一步唯一不可控的就是桌腿的大小，因为缺少弯曲的参照平面，建好的形体也不能像其他形状那样可以被拖动或锁定（图33-25）。所以必须在对象上直接应用尺寸标注，这种做法看似和十步法的原理相悖（因为十步法强调所有规则都必须应用于参照平面，然后再把图元锁定在平面上），但是这一步操作例外。

这个例外也有一个十分清楚的规则。简而言之，当需要直接限制弯曲对象时，必须在草图阶段就开始限制，不能等到三维对象已经建好之后。所以在这个例子中，必须先编辑定义桌腿形体的草图，然后直接在草图线条上添加标记好的尺寸标注。

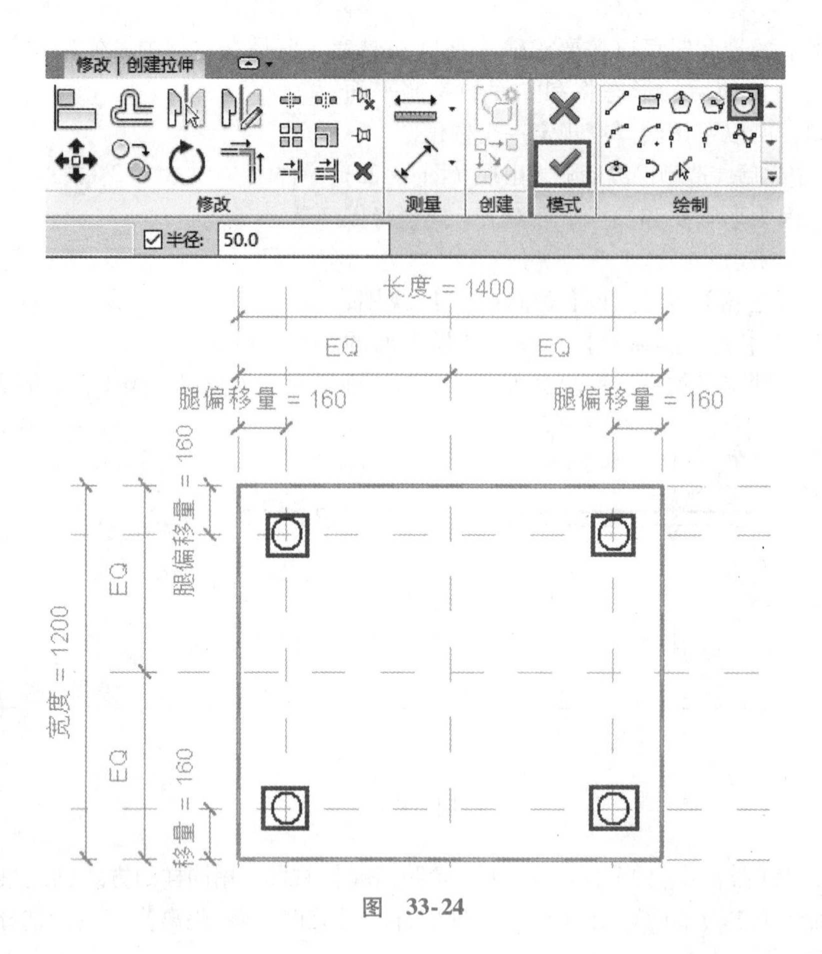

图 33-24

13）在【项目浏览器】中打开【楼层平面：参照平面】视图，在【模式】面板里面选择【编辑拉伸】，如图 33-26 所示。

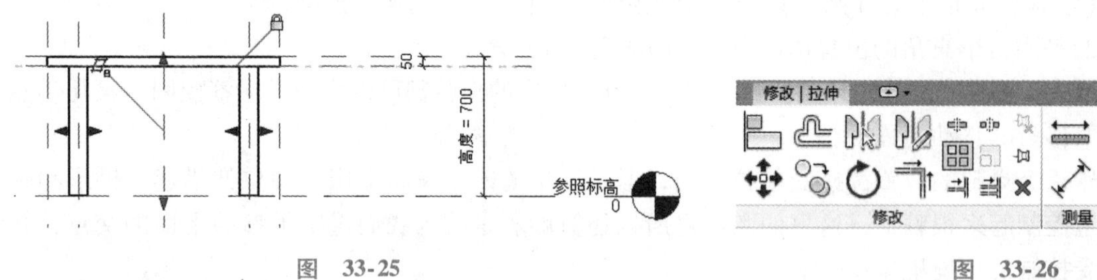

图 33-25　　图 33-26

14）圆形添加尺寸参数有两种方法。第一种是：在编辑模式中，【测量】面板有径向尺寸标注下拉列表，从中可以选择【径向尺寸标注】标记圆形桌腿；另一种是：按要求创建尺寸标注，就是把临时尺寸标注转为永久尺寸标注，这是目前最有效的方法，尤其是形状已经事先定义好。

选择一个圆，临时半径尺寸标注会出现（会有一个符号），选择将临时尺寸标注转为永久尺寸标注即可，如图 33-27 所示。

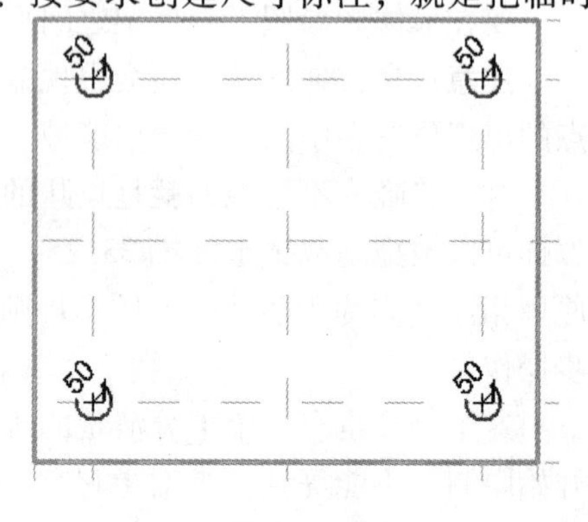

图 33-27

15）不论用哪种方法创建尺寸标注，都用同样的参数命名为【桌腿半径】。

16）单击【模式】面板里的【完成编辑模式】，如图 33-28 所示。

桌腿半径的尺寸标注在草图环境以外不可视，这也是为什么除弧形外，其他形状不建议这么操作，因为如果看不见规则应用

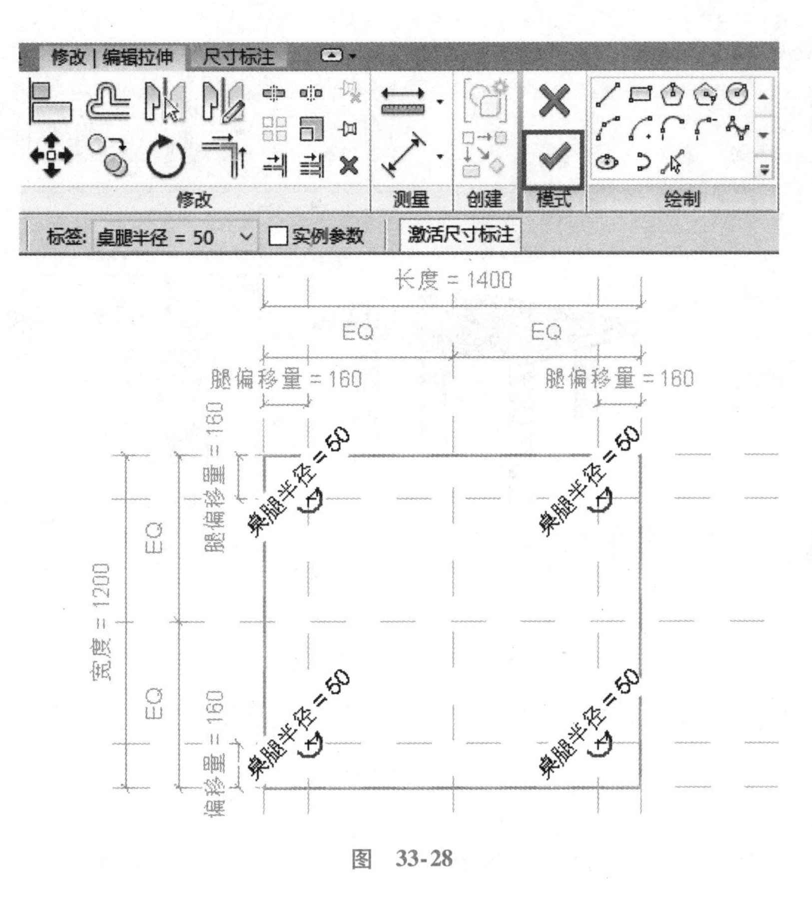

图 33-28

的地方，很难修改图元。

33.3.8 第三次测试

1）在【项目浏览器】中打开【三维视图：视图 1】视图。

2）按键盘上的<Z+A>键定位屏幕中间的对象，按<S+D>键对视图进行着色。按住键盘上的<Shift>键，并滚动鼠标中轮，旋转模型到一个令人满意的角度，或者单击【ViewCube】上面任意一角，获得等距视点。

3）在【属性】面板中单击【族类型】，弹出【族类型】对话框，输入数值，单击【应用】按钮，检查三维形体是否根据参照平面正常运动。这回我们要关注的是三维形体是否能正常运动，例如桌面上下运动的时候桌腿高度是不是保持一致，如图 33-29 所示。

注意：如果桌腿的大小和间隔设定完毕后，拉伸草图里的圆重合，那么这个形状会失败，Revit 也会出现错误信息。

4）在三维视图中同时选中桌面和桌腿，在【模式】面板中单击【可见性设置】，在弹出的对话框中取消勾选【平面/天花板平面视图】，控制形体可见性，如图 33-30 所示。

注意：在族编辑器里，即便进行了可见性设置，形体在半色调状态下仍然可见，这主要是为了便于创建。一旦将对象带进项目，可见性设置就可以按预期进行应用。

现在，平面视图的二维线条和所有其他视图的三维形体均可见，这样有利于细节在视图中更完整的展现出来。

5）在【管理】选项卡下【设置】面板中选择【材质】，如图 33-31 所示。

注意：在项目环境里丰富的材料清单在族模板里并没有。要扩大族的规模，只能选择模板文件提供的标准默认材料。新内容的创建者可以选择创建新材料、导入现有材料，或者将材料选择这一步留到图元载入项目之后再完成。这很大程度上依赖于构件是否有特定的或者与项目有关的材料。

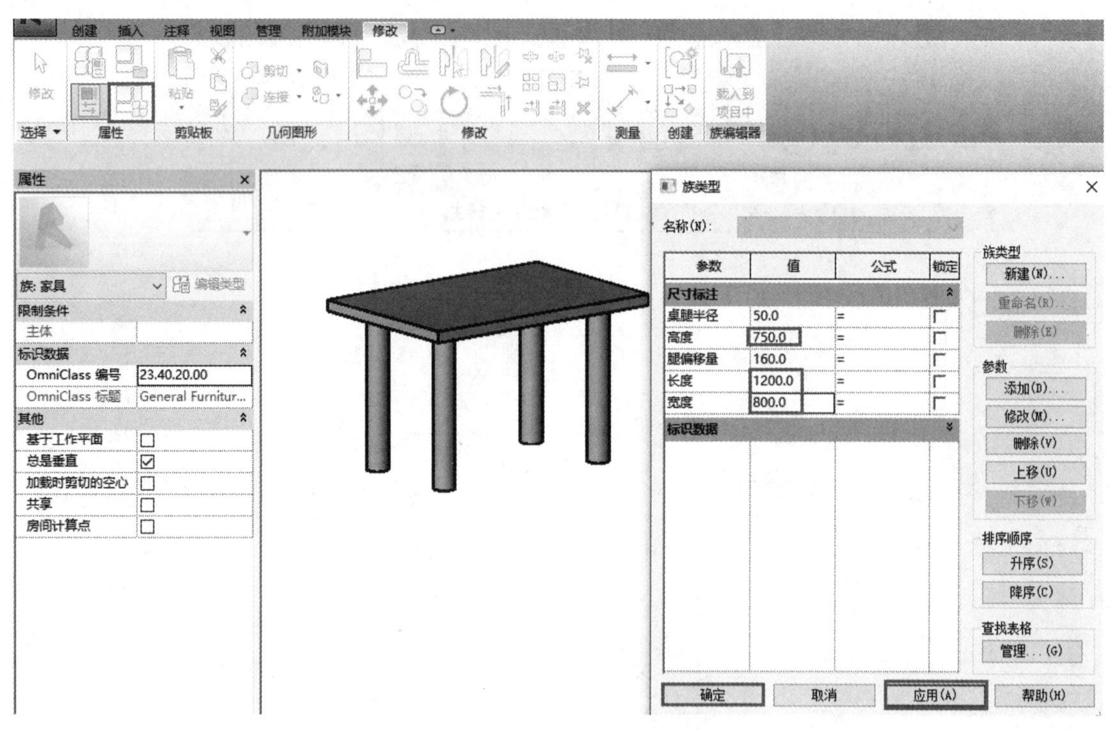

图 33-29

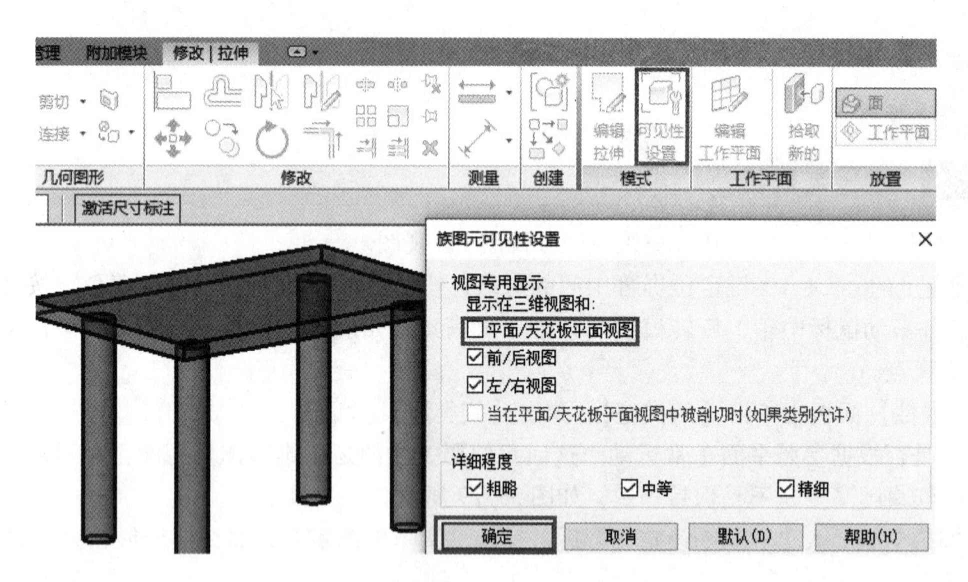

图 33-30

Revit 有内置的金属光渲染引擎，能够很好地展示演示图像和 Autodesk 其他产品的共享材质库。这些材料还能应用到三维动画制作中，在三维动画制作中控制越严格，效果越好。

图 33-31

我们可以把材料应用到形体中去，并且将对象永久地设定成给定的材料。我们的目的是能够控制桌子不同零件的材料定义，所以在练习时，我们为形体材料设定了一个参数，并且在项目环境中应用合适的材料。

6）在【三维视图】中选中桌腿，然后在【属性】面板中选择【材质参数】，弹出【族关联参数】

对话框，单击【添加参数】按钮，弹出【参数属性】对话框，创建参数，命名为【腿完成】，单击【确定】按钮，如图 33-32 所示。

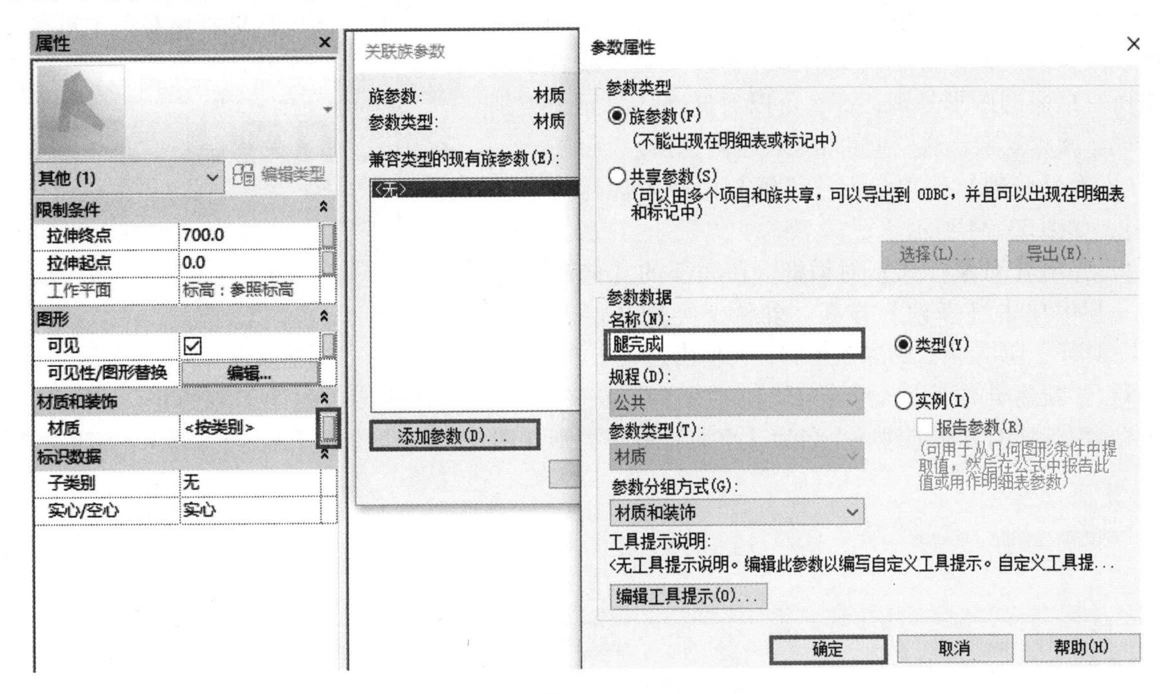

图　33-32

7）重复以上步骤，创建一个名为【面完成】的参数控制桌面材料，单击【确定】按钮。

注意：完成之后【材质：按类别】处会变灰，这意味着该参数值受到其他方式的控制，所以除非变更参数，否则不能编辑数值。

打开【族类型】对话框，注意有两个新参数添加到了列表顶端，改变参数会改变和参数关联的对象，如图 33-33 所示。

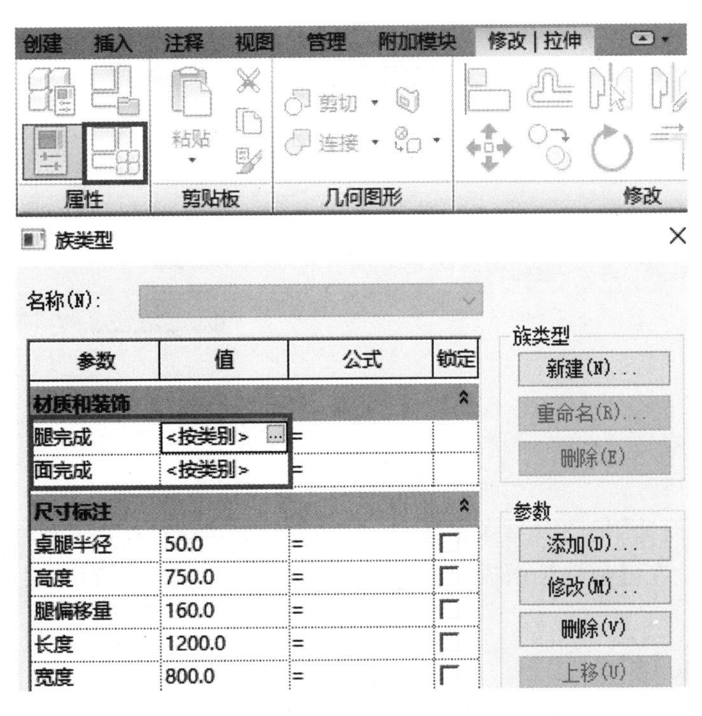

图　33-33

33.3.9 确认图元子类别

另一个要仔细考虑的问题就是子类别确认。确认子类别后才能在一个项目里实现对单个对象构件的控制。如果我们只想看到桌面部分而非桌腿，或者手动控制所有桌面的图形外观，那么可以通过确认图元子类别来实现。族越复杂，这一步的相关性也就越强。

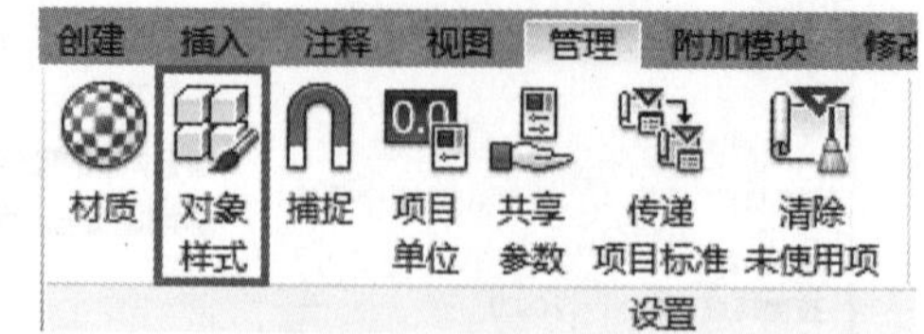

图 33-34

1）在【管理】选项卡下【设置】面板中选择【对象样式】，如图 33-34 所示。

2）弹出【对象样式】对话框，在底部的【修改子类别】一栏中单击【新建】按钮。确认子类别还能实现对 DWG、DXF、DGN 格式的输出控制，在输出过程中，每个子类别对应一个图层。

3）给新建子类别命名为【桌腿】，注意所有定义对象外形的选项都在这个子类别里。

4）用同样的方法创建一个名为【桌面】的子类别（图 33-35），单击【确定】按钮，关闭对话框。

图 33-35

创建子类别的做法既适用于二维线条也适用于三维形体，可以在【图元属性】对话框里形成关联。

5）选择桌面形体，在【属性】面板中子类别设定为桌面（图 33-36），用同样的方法为桌腿设定子类别。

33.3.10 定义类型

最后在构件有通用尺寸的地方可以定义所有的参数并将参数值保存为“类型”，类型只是在同一个

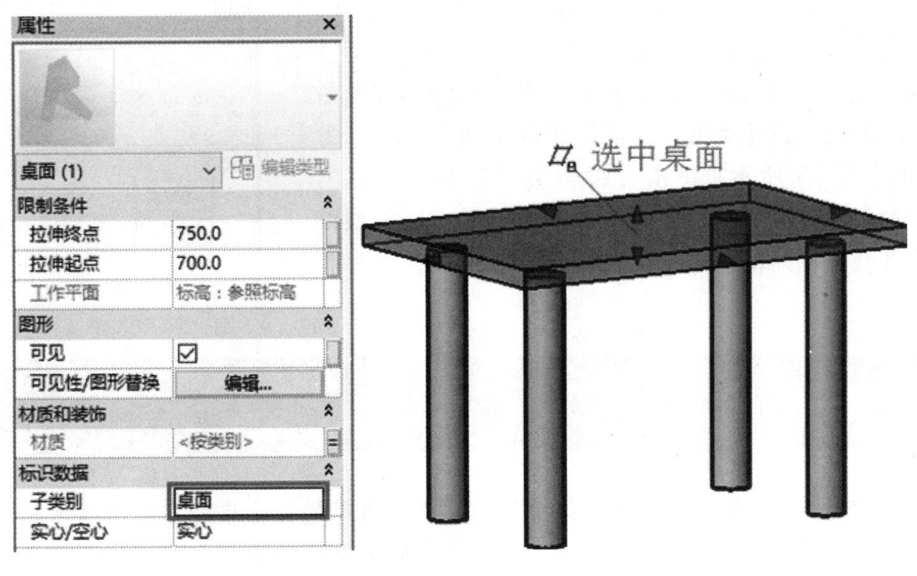

图　33-36

名称下预设好的一组参数值。

类别名称通常具有描述性质，比如“小”“中”“大”或者直接给出大小的做法更一目了然，我们创建并命名类型，设定数值并应用。

1）在【族类型】对话框里单击【新建】按钮，将族类型取名为【餐桌】，将桌子长度设定为 1200mm，宽度 800mm，高度 900mm。单击【应用】按钮，为每一次变化都创建一个类型，就能得到一个完整的选择目录，如图 33-37 所示。

注意：要先创建【族类型】再命名，与先命名再创建的方式刚好相反。

2）重复以上步骤创建一个咖啡桌，长、宽均设为 750mm，高为 500mm。

3）从列表中选定不同类型并应用数值，确保参数化后的桌子按要求调整。

直到现在，我们已经成功创建了一个可用于今后多个项目的全面参数化的桌子。

该形式的桌子可以应用的范围很广，不管是要制做一个红木咖啡桌还是不锈钢玻璃面餐桌都可以使用，而且不用更改原族文件。

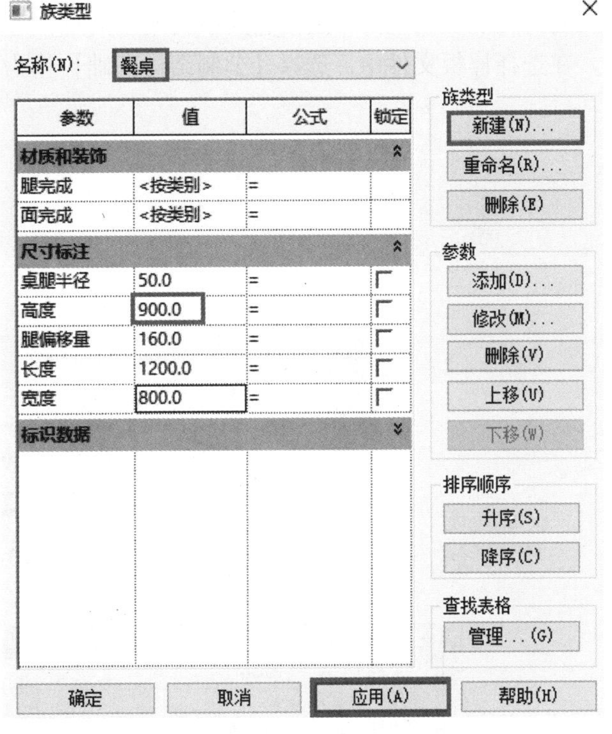

图　33-37

建议针对自己的要求创建一个构件库，和 Revit 的加载库分开运行。因为软件会定期更新，若不分开运行，那么在更新过程中就会丢失自己的劳动成果。如果项目已经在后台打开，如果想使用构件，单击【族编辑器】面板里的【载入到项目中】按钮便可以载入构件以备用。

注意：推荐做法是在单击【载入到项目中】按钮之前先对族进行保存并命名。否则 Revit 只会自动给族安插一个序列号，设为默认，而项目最后会包含许许多多被命名为族 1、族 2 等名称的族，看不出其的身份和目的。

在项目环境里【插入】选项卡下【从库中载入】面板中选择【载入族】，从库里载入构件，或者

可以将族"套件"分类，加速载入多个和具体建筑类型相关的图元，可以单击【作为组载入】按钮载入图元。

在【创建】选项卡的【模型】面板中使用【构件】放置图元时，【属性】面板里的【类型选择器】将提供两种类型作为预定备选，如图 33-38 所示。单击【编辑类型】按钮，弹出【类型属性】对话框，通过调整，使预定值得以更改，新类型得以创建。用这种办法创建的类型只能在这个项目中存在，不能更改库里的图元。

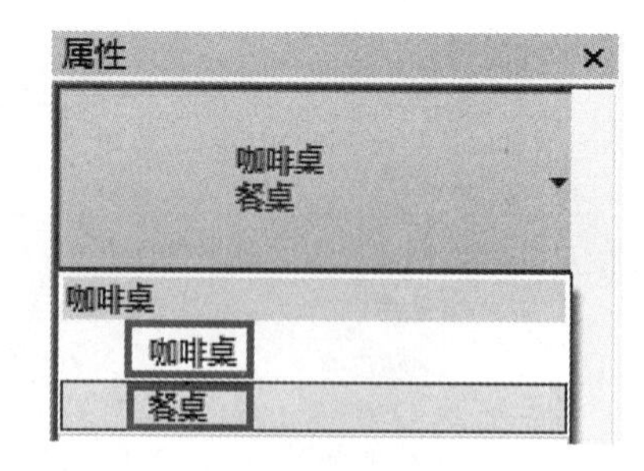

图 33-38

33.4 单元练习二

下面的练习中已标明了创建完整参数化桩基础所必须遵循的几个步骤。虽然这里已经包括了顺利完成练习所必需的所有信息，但是读者仍应清楚各个步骤和背后的原理。同样的原理也适用于新族创建，不论独特的内建族还是可存进族库便于将来使用的可载入族。

33.4.1 确认图元类别

打开 Revit 软件，单击【族】中的【新建】（图 33-39），弹出【新族-选择样板文件】对话框。选择正确的类别至关重要，因为它关系到列表的准确性、对象和构件的可见性控制以及图元的行为和使用。在选择样板文件中，选择【公制结构基础】作为族样板双击打开，如图 33-40 所示。

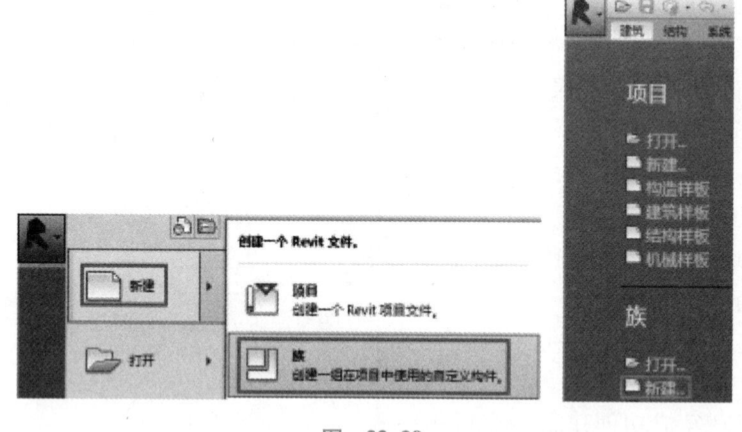

图 33-39

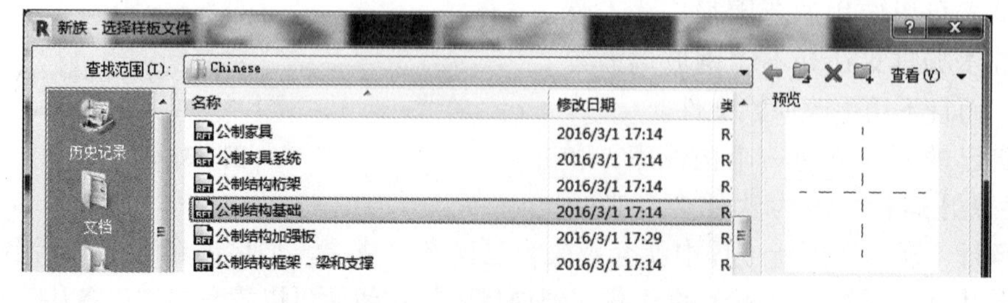

图 33-40

33.4.2 布局

模板包含一系列的默认视图，我们将尽可能地少用默认视图，避免过度限制对象。在该例中，只用到平面视图和左立面图限制构件。主要原理是先用参照平面定义框架，为构件搭建基本的骨架，然后再挂上二维和三维的线条和形体作为肌肉，以此创建图元。

从参照平面开始而不是从三维形体开始的操作在简单的练习中无法体现其重要性，但是随着构件复杂性的增加，对象对动作的反应将取决于创建的方式，这样一来将造成一些意想不到的结果，布局的重要性会逐步增加。如果我们遵守规则，正确操作，就可以把形体锁定在参照平面上，这样形体就能正常运转了。

注意：在接下来的步骤里采取参照平面而不是参照线，参照线的作用是控制图元的转动角度，有别于参照平面。

1）选定模板后，在【项目浏览器】中打开【楼层平面：参照标高】视图。放大范围，将基准线视图最大化。

2）在【创建】选项卡下【基准】面板中选择【参照平面】（图 33-41），以十字准线的交叉点为中心画两个矩形，代表桩帽和桩中心。

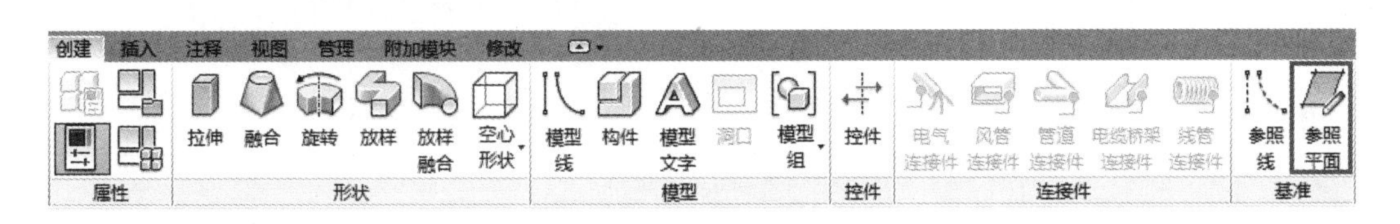

图　33-41

3）在距离十字准线中心 1000mm 和 1250mm 的地方，各绘制两条水平和垂直的线，然后利用【镜像-拾取轴】将这些线镜像复制，如图 33-42 所示。

33.4.3　应用规则

1）在【注释】选项卡下【尺寸标注】面板中选择【对齐】（图 33-43）。

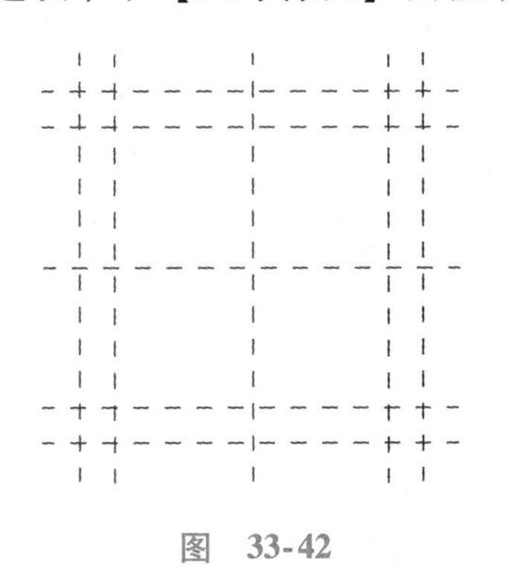

图　33-42

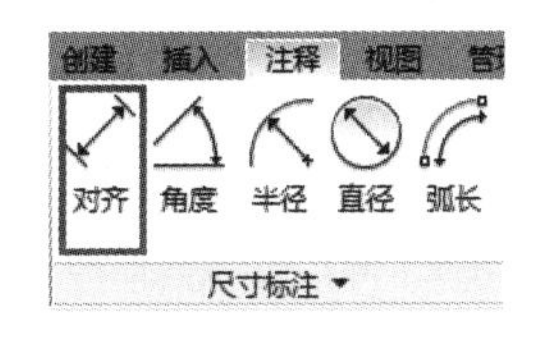

图　33-43

2）如图 33-44 所示添加水平和垂直的尺寸标注。最外面的尺寸标注控制桩帽总体大小。对下面的线选定等距标注（EQ）后，等距标注中间的十字准线，保证原点或插入点位于中心，里面的尺寸规则主要由尺寸标注定义，我们可以通过锁定、等距或参数化尺寸标注来控制对象。

尺寸标注控制桩的空间关系，仍然以交叉点为中心。一旦对参照平面进行放样设置后即可应用规则。数值不重要，只要确保水平方向和垂直方向的尺寸标注相匹配即可。

注意：尺寸标注值并不重要，但是如果要让同一个控制参数控制多个尺寸标注，应在参数应用前把它们的值设定成一样，在该例中，确保水平和垂直方向的尺寸标注相互匹配。

3）选中最上边为【2500】的标注线，从【修改 | 尺寸标注】上下文选项卡【标签尺寸标注】面板中选择【创建参数】（图 33-45）。

4）在【参数属性】对话框中进行如下设置，如图 33-46 所示：【名称】为【桩帽_宽度】；【参数

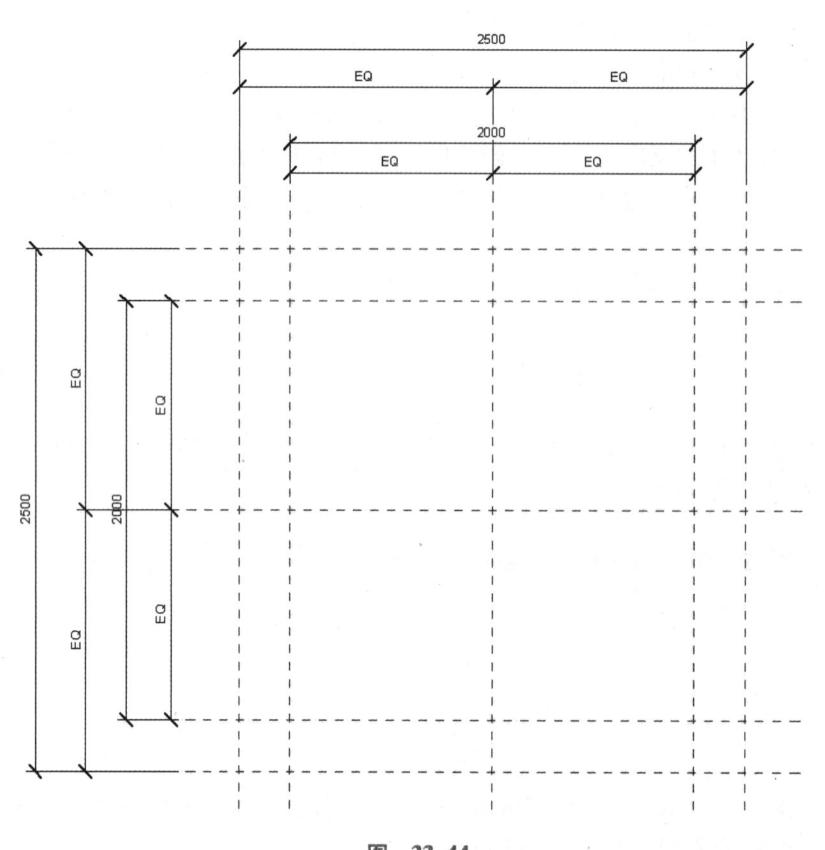

图 33-44

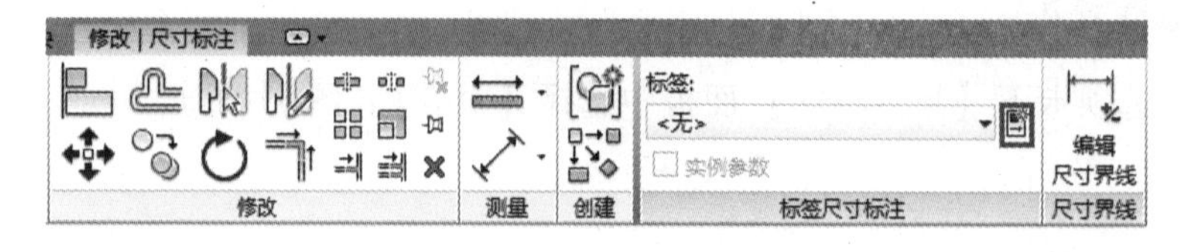

图 33-45

分组方式】为【尺寸标注】。

5）设置完成后单击【确定】按钮。**注意**：参数不比有标记的尺寸标注复杂。通过选定一个尺寸标注并对其命名，我们可以更好地控制改尺寸标注。

6）重复以上步骤添加【桩_空间】尺寸标注，如图33-47所示。**注意**：在其他方向重复的尺寸标注，可以通过【标签】的下拉菜单进行选择，无须重新创建标签。如果一个构件只能有一种尺寸，那么就无须运用参数，如果想在明细表里给定一个尺寸，那么可以用到参数，但只有在需要时才对其锁定。

7）打开【立面图：左】视图，依照相同的创建步骤，新建参照平面并对齐标记，然后将其按图33-48所示进行定义。通过这两个视图，我们可以有效控制整个构件的形体形式。

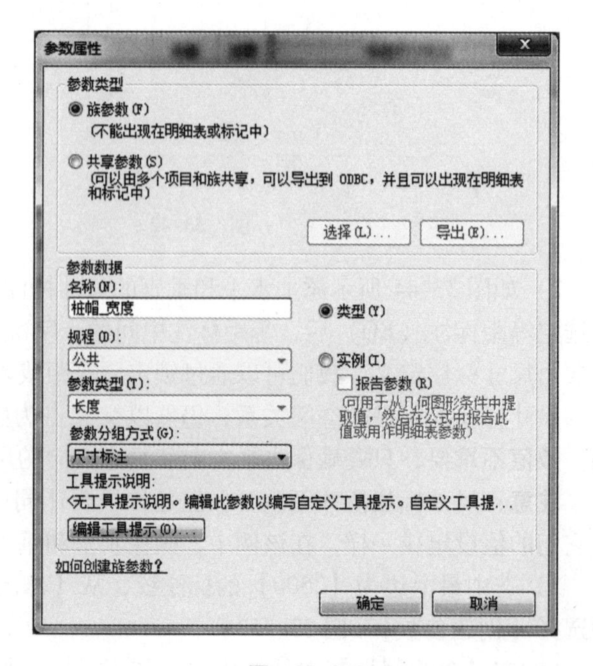

图 33-46

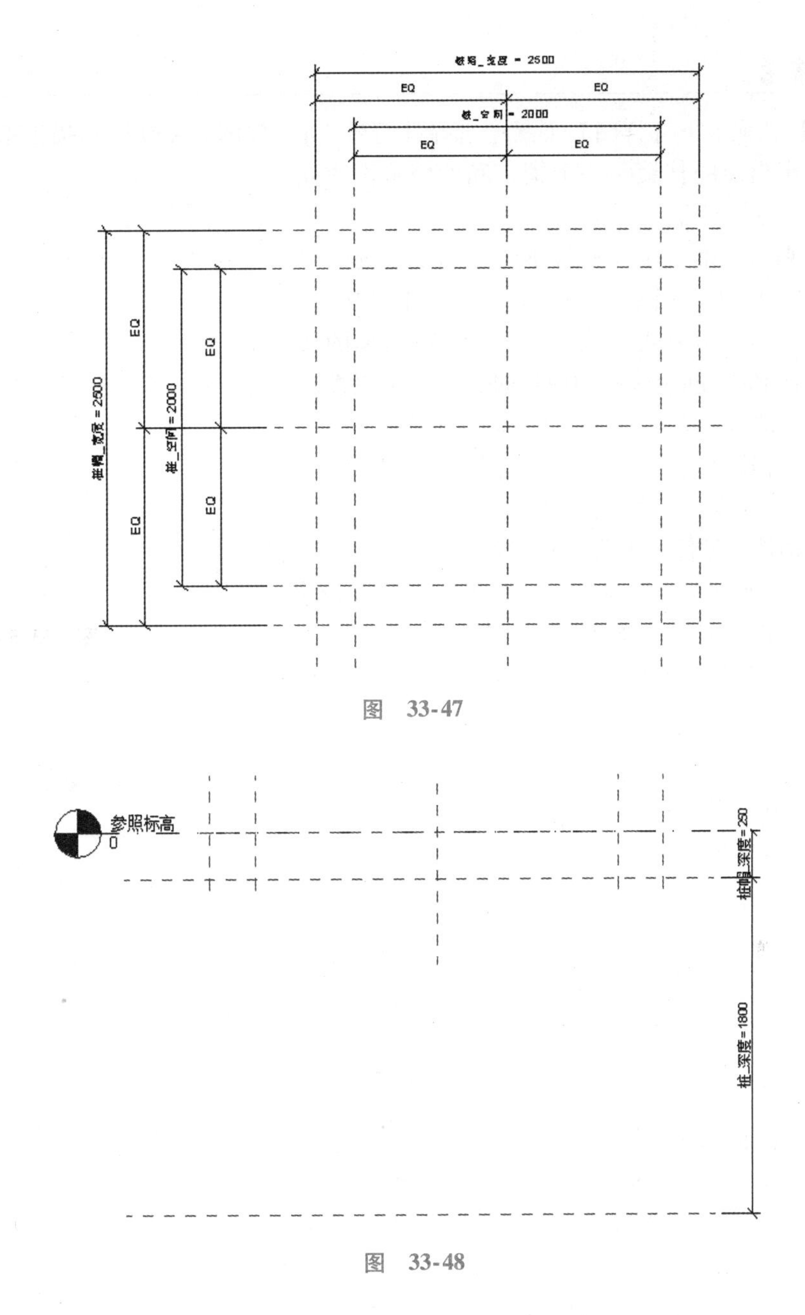

图　33-47

图　33-48

33.4.4 测试一

1）在【修改】选项卡下【属性】面板中选择【族类型】（图33-49），打开【族类型】对话框。

2）为【桩_深度】和【桩帽_深度】键入任意替代值，单击【应用】按钮观察视图是否随之变化。测试完成后改回原有数值，单击【确定】按钮，关闭对话框。

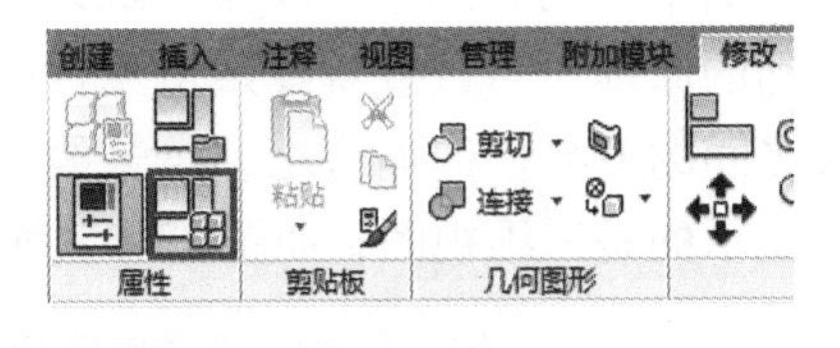

图　33-49

3）继续测试平面视图，打开【楼层平面：参照标高】视图，依然在【族类型】对话框中为水平尺寸标注键入任意替代值，应用修改，观察平面视图是否随之更改，以确认参数的准确性，确定无误后改回原有数值，进行接下来的操作。

从这一步开始，每项内容都要测试。要养成测试的习惯，因为通过测试，我们可以简单地修改标记后尺寸标注的数值，确保所有的参照平面不管是相对于彼此还是插入点都正确运行，如果参照平面正常运行（弯曲），那么二维线条和三维实心形体也会正常运行。

33.4.5 线条

1）在【注释】选项卡下【详图】面板中选择【符号线】，按图 33-50 所示描出参照平面，即为桩帽的边缘，并将每个出现的挂锁一一上锁，和参照平面建立联系。

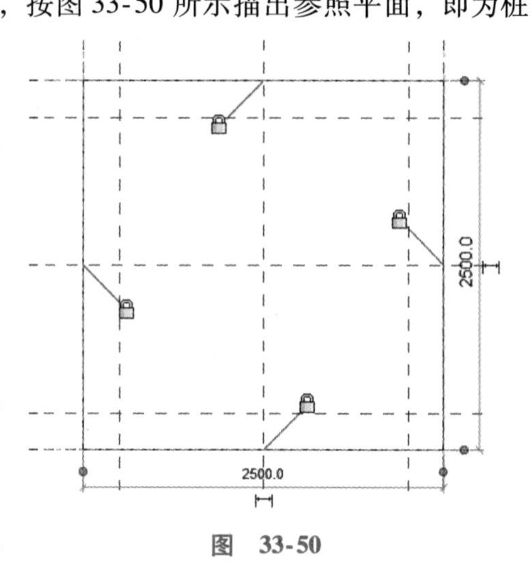

图 33-50

同一种对象分别用二维线条和三维形体表示，呈现效果可能全然不同。其中最好的一个例子就是开关这个电气构件。根据行业标准，其二维表示方式只是一个符号，和对象的实际外形并不相像。在 Revit 创建这样的项目时，我们可以控制二维线条和三维形体的呈现方式，也可以控制详细程度。

2）再一次选择【符号线】，但是这一次在【子类别】中将线条类型改为【隐藏线（投影）】。二维线条也可以再分类，不仅可以控制构件可见性，也可控制其外观。

3）在【绘制】面板中将画图工具设为【圆形】（图 33-51），在选项栏中将【半径】设为 150mm，如图 33-52 所示。事先设定好半径可以加快相似圆形的放置速度，设置一次后半径不会一成不变。

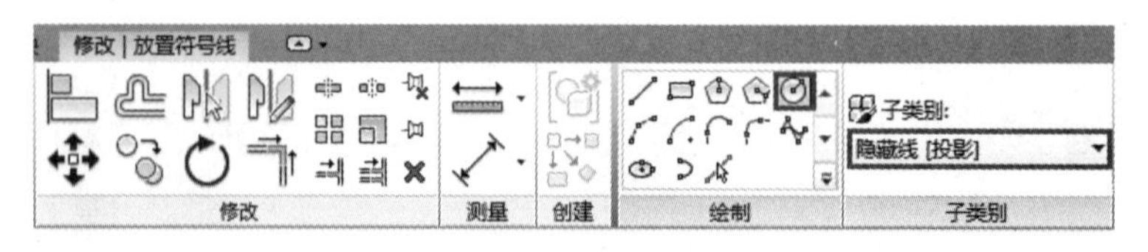

图 33-51

修改 | 放置符号线　放置平面: 标高 : 参照标高　☑链　偏移量: 0.0　☑半径: 150.0

图 33-52

4）在内部参照平面上的四个交叉点上各放置一个圆形。每次放置圆圈时，参考平面就会标亮，意味着位置已经锁定。虽然挂锁不会出现，但是圆圈会随着相关参考平面的移动而移动，如图 33-53 所示。

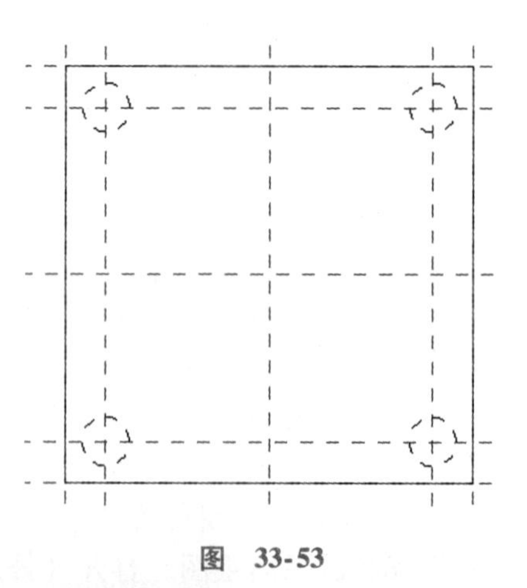

图 33-53

5）连续按两次 <Esc> 键退出编辑模式。

6）选择其中一条符号线或圆形，在【修改 | 线】上下文选项卡【可见性】面板中选择【可见性设置】（图 33-54）。在本例中，我们无须修改任何默认设置，但是必须掌握前面提到的原理。通过查看线条可见性，可以看到符号线和模型线之间的差异。简而言之，符号线显示的是二维信息，模型线显示的是三维视图，如图 33-55 所示。单击【确定】按钮。

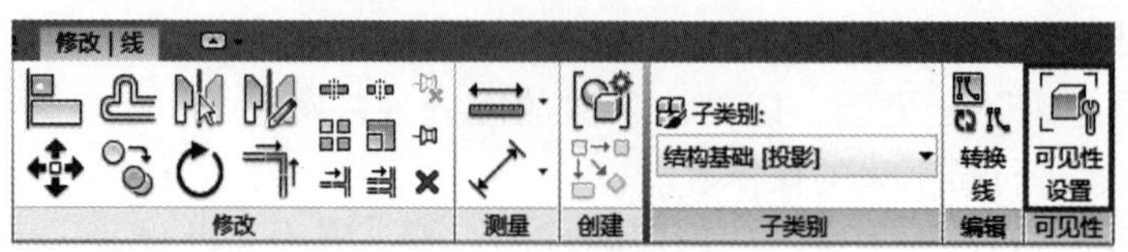

图 33-54

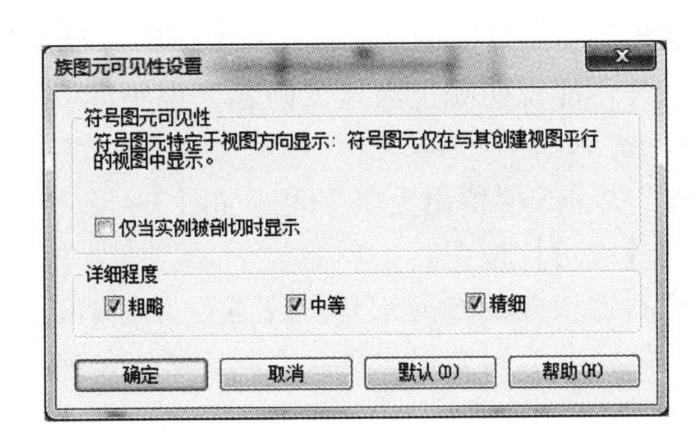

图　33-55

33.4.6 测试二

1）从【修改|线】上下文选项卡【属性】面板中再次打开【族类型】对话框。

2）键入参数替代值，单击【应用】按钮，检查符号线条是否按要求随参照平面移动而移动而且彼此之间保持着正确的空间关系，确认无误后返回原数值。无须再检查深度值，因为符号线不受影响。检查二维线条是否按要求随参照平面移动而移动这一步的重要性随着图形复杂度的增加而增加。一旦设计里加入曲线或片状结构，这步测试能帮我们在转化成三维形体之前找到问题。

3）还是在【族类型】对话框，单击【新建参数】按钮（图33-56）。

4）创建一个新的参数，【名称】为【k】，【参数类型】为【数值】，【参数分组方式】为【集】，如图33-57所示。单击【确定】按钮。

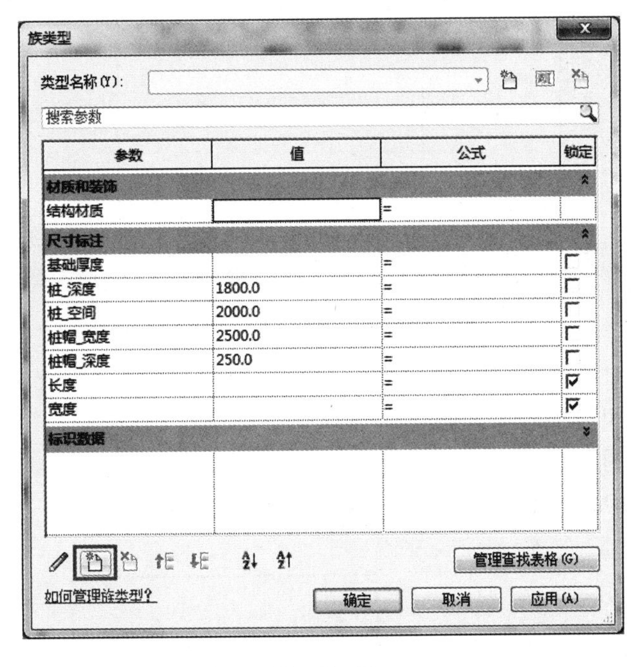

图　33-56

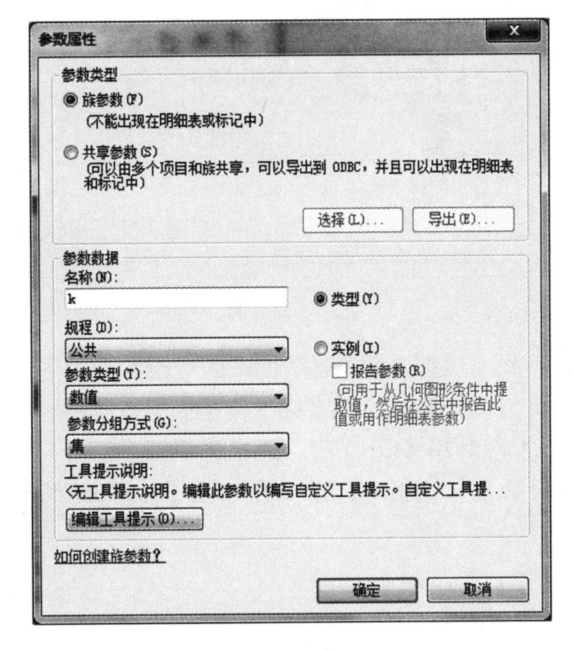

图　33-57

5）重复以上步骤，创建名为【桩_直径】的参数，【参数类型】设为【长度】，【参数分组方式】为【尺寸标注】。

6）用同样的方法创建【桩_半径】参数，【参数类型】设为【长度】，【参数分组方式】设为【集】。为参数【k】键入数值【3】。为参数【桩_半径】键入数值【300】。**注意：**为了让方程式正常运行，有的数值设置不能为零。

注意：在这一步里，Revit要求关闭再重新打开对话框以确认各种参数，然后才能进行到下一步。

如果用户创建了一个参数，但如果不关闭对话框，直接在其中运用方程式，Revit 就无法看见该方程式，从而会出现错误指令。错误指令并不能说明哪里出现了问题，也不能知道怎么解决，但结果就是让我们徒劳一场。

7）放大【族类型】对话框，为公式栏留出更多空间。如图 33-58 所示，在和相关参数一栏的文本框里输入公式，输入完成后单击【确定】按钮。

现在可以看到很少的参数控制着很多的图元形体。**注意：**方程式通常被视为高级族编辑器技巧，但是背后的原理却十分简单；案例稍有不同方程式就会不同，所以复制的时候确保用的是固定的参数名称。

8）在【楼层平面：参照标高】平面视图中，选定代表桩的圆形。需要添加尺寸标注到圆圈，这样才能标记尺寸标注，当然其他操作也可以实现这一点。使用【注释】选项卡下【尺寸标注】面板中的【半径尺寸标注】工具，可以对桩半径进行尺寸标注。还有一种也是更快的办法，就是使此临时尺寸标注成为永久性尺寸标注，选定圆形后修改即可（Revit 会有提示），如图 33-59 所示。

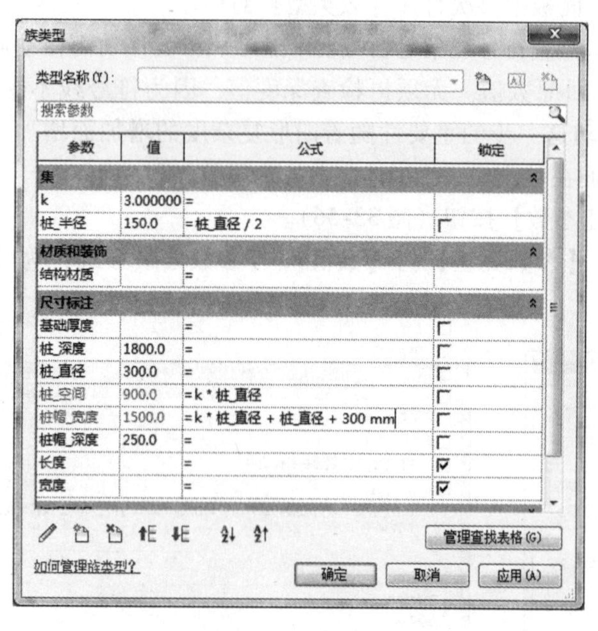

图 33-58

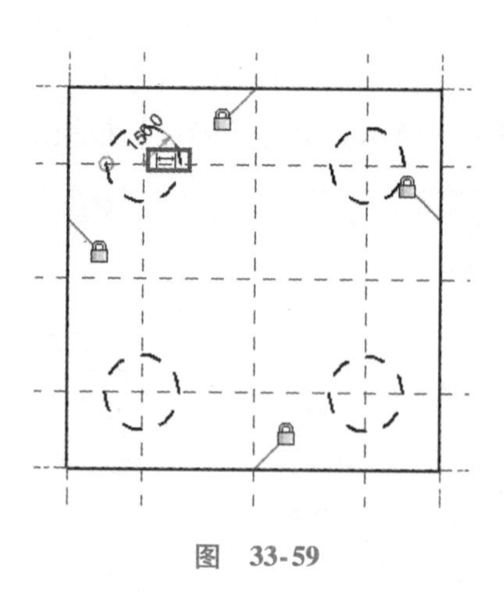

图 33-59

我们现在要做的就是把桩的规模参数，通过尺寸标注和标记符号线的方式，与桩联系起来。这一步有悖“十步法”的规则，但是如果有圆形符号，可以破例这样操作，因为这也是最简单的方法。

9）利用 <Ctrl> 键，逐个选定四个半径尺寸标注。在【修改|尺寸标注】上下文选项卡下【标签尺寸标注】面板中选择【桩_半径】（图 33-60），形成如图 33-61 所示。

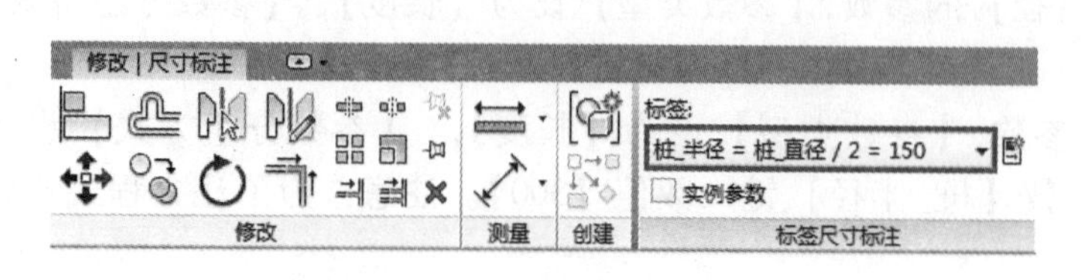

图 33-60

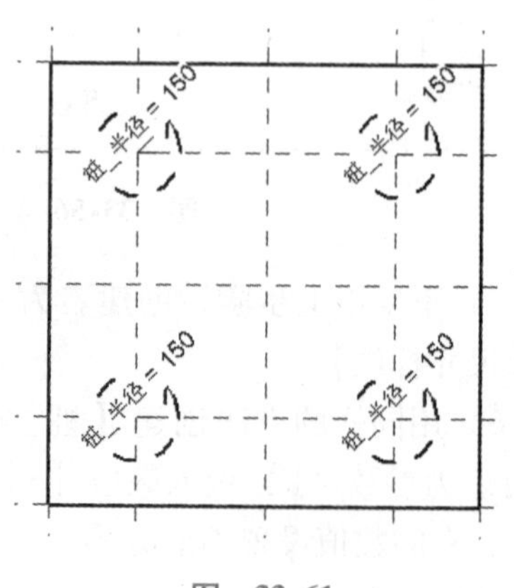

图 33-61

10）再次打开【族类型】对话框，为参数【桩_直径】键入任意替代值，单击【应用】按钮。这一步应该只改变桩的大小，但是对其他几个尺寸标注也会产生连锁反应。确认无误后返回原数值，继续练习。

33.4.7 三维模型

1）在【创建】选项卡下【形状】面板中选择【拉伸】（图33-62）。

接下来的内容很有趣！我们可以尽可能地创造想要的形状，结合四个基本的建模工具任意定义实心或空心形状。我们现在要定义与符号线二维形状相匹配的三维形体，重复之前的步骤，绘制一个长方形，描出桩帽的边缘，用挂锁工具锁定形体，如图33-63所示。

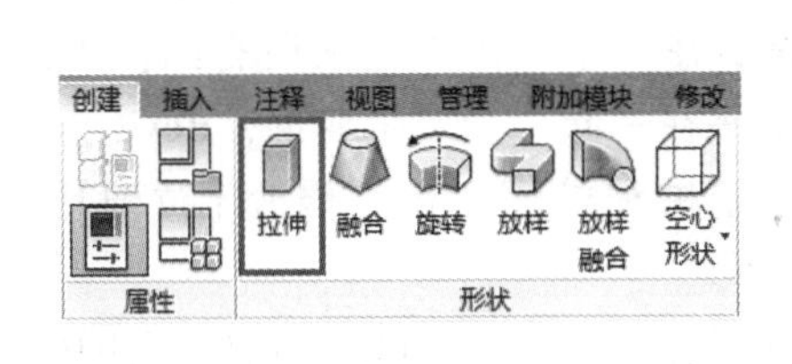

图　33-62

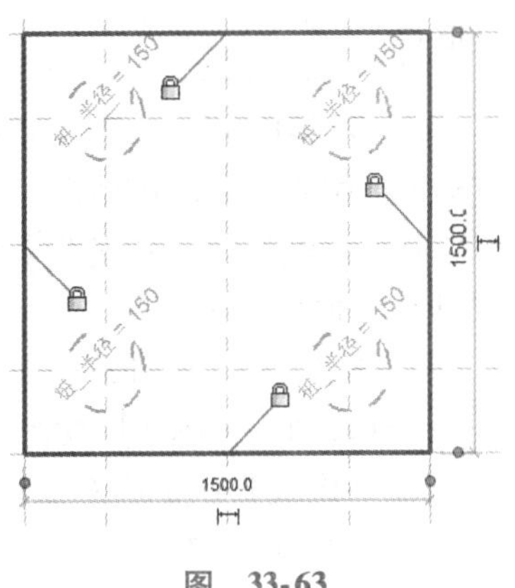

图　33-63

2）单击【完成编辑模式】。在这个阶段，我们仍处于草图模式，只有当我们单击【完成编辑模式】完成拉伸时我们才能创建实心对象。**注意：**养成将形体锁在参照平面上的习惯非常重要，这样无论参照平面怎样移动，形体都将随之移动。

拉伸就像一个面团切分器，定义平面上的形状时可以按要求输入高度和厚度，在本例中，使用拉伸效果时我们并没有考虑形状的厚度。拉伸后的形态将和立面的参照平面相关，受参数控制，所以不用给厚度规定一个数值。

3）打开【立面：左】视图，标注新绘制的拉伸对象，拖动蓝色箭头使桩帽与参照平面吻合，并锁定位置，如图33-64所示。

4）回到【楼层平面：参照标高】视图。**注意：**虽然我们想独立地控制每一个桩，但是这里我们可以用一种拉伸描述四个桩。这样操作之所以可行是因为我们将拉伸的草图锁定在一个固定的环境中。

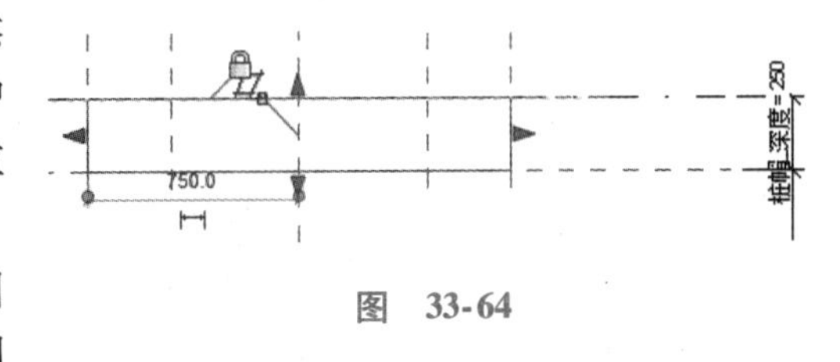

图　33-64

我们创建拉伸时并没有注意到厚度和形状，这是因为我们想把拉伸锁定在参照平面，我们可以从侧边做到这一点。当实心对象选定之后，控制节点随之出现，便于我们拖动形状。因为形状要和参照平面对齐，挂锁将提示用户将两者联系起来。

5）再次利用【形状】面板的【拉伸】。在【绘制】面板中选择【拾取线】（图33-65），为每个桩选定虚线圆形，使其成为拉伸模型。

注意：在一个拉伸草图里创建四个桩不会造成不良影响，它们将跟随桩空间参数移动。记得要把草图里面的每一个圆形锁定到背景的虚线上，或者选定拾取工具，切换锁定复选框，自动锁定关系。

6）单击【完成编辑模式】按钮以完成编辑。**注意：**这一步不需要再把尺寸标注应用到拉伸或者已经定义好的二维线条上。

7）打开【立面：左】视图，调整桩的顶部和底部，注意锁定，如图33-66所示。

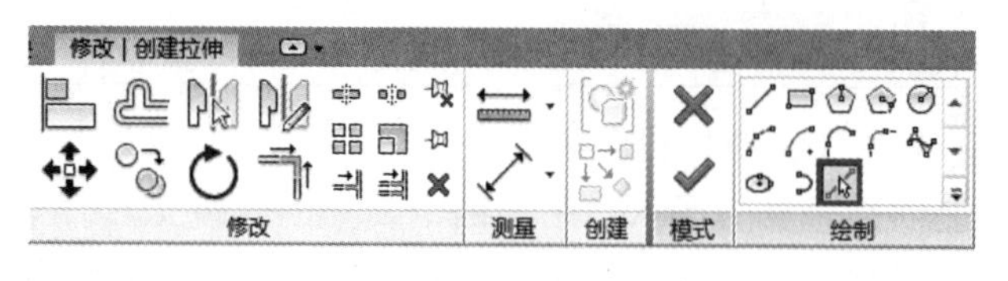

图 33-65

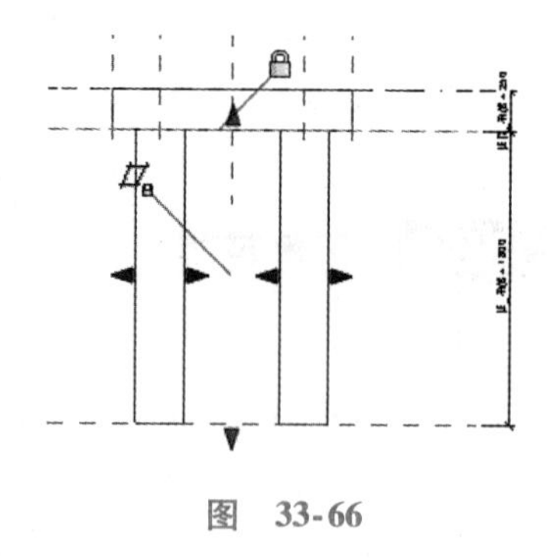

图 33-66

33.4.8 测试三

1）打开【三维视图：视图 1】视图，利用鼠标中键缩放对象，按 < D > 键给视图打上阴影。按住 < Shift > 键，并滚动鼠标中键，旋转模型到一个令人满意的角度。

2）从【属性】面板再次打开【族类型】对话框，键入替代值，重新定位建筑线，单击【应用】按钮，检查三维形体是否根据参照平面正常运动。**注意：**在一个草图上定义所有的桩可能会引发问题，因为桩的尺寸和空间已经定义好，拉伸草图上的圆圈重叠在一起，会发生变形，Revit 会出现错误信息。

3）依然处在【三维视图：视图 1】视图，同时选定桩和桩帽。在【修改 | 拉伸】选项卡下【模式】面板中选择【可见性设置】（图 33-67），打开对话框。

4）我们已经在平面图上用二维符号线对桩帽的外观做了定义，但目前我们不想同时看到三维形体。在【族图元可见性设置】对话框中取消勾选【平面/天花板平面视图】，限制形体可见性，如图 33-68 所示。

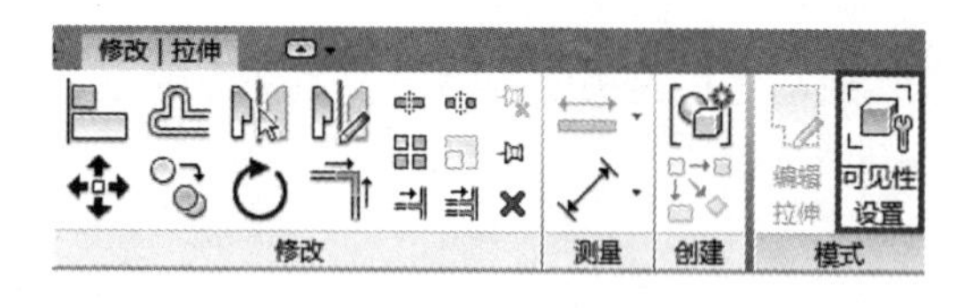

图 33-67

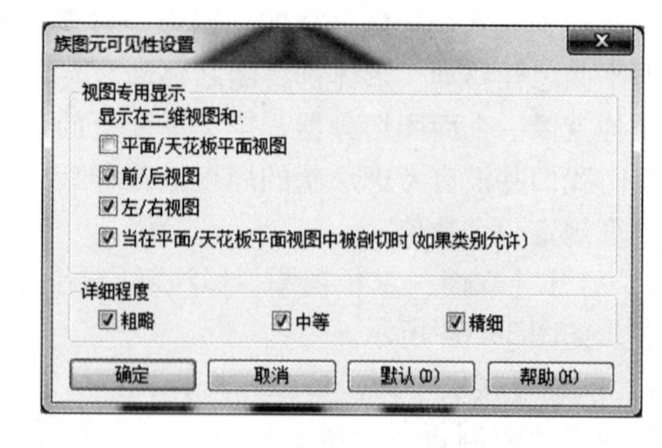

图 33-68

在族编辑器里，形体将以半色调的形式可见，促进族创建，一旦在项目中引进对象，即可运用可见性设置。现在二维线条在平面图上可见，三维形体在其他视图上可见。

5）确保桩和桩帽同时选定，对其【属性】面板中的【材质】一栏（图 33-69）进行编辑，设置为【混凝土-现场浇筑混凝土】材质。

如图 33-70 所示，选定基础模板，假设需要混凝土材料，所以这里选择混凝土材料。如果构件需要其他默认设置，也可在这里做修改。可以复制已有的材料，作为创建新材料的基础，材料创建出来之后可以根据需要命名，建立一个材料命名系统很实用。没有这样一个命名系统，很有可能在一个项目里同一种材料出现很多种形式，当需要通过修改材料更新模型时，就会无从下手。

6）在三维视图中标亮【桩帽】，进入其【属性】面板。单击【材质】的【关联族参数】按钮（图 33-71），弹出【关联族参数】对话框，将材料和构件通过参数联系到一起。我们可以把材料应用到形体，把这些对象长期设置成某种固定材料。单击这个【关联族参数】按钮，可以进入材料库，即可从列表中选取所需材料。我们需要控制构件各个部分的材质定义，但是每个参数都有默认的参数值。

材料参数还没有定义，所以【关联族参数】对话框中的列表是空白的。单击【新建参数】按钮（图 33-72 中红框处）。为参数命名为【桩帽】，划分在【材质和装饰】分组下。

图　33-69　　　　图　33-70

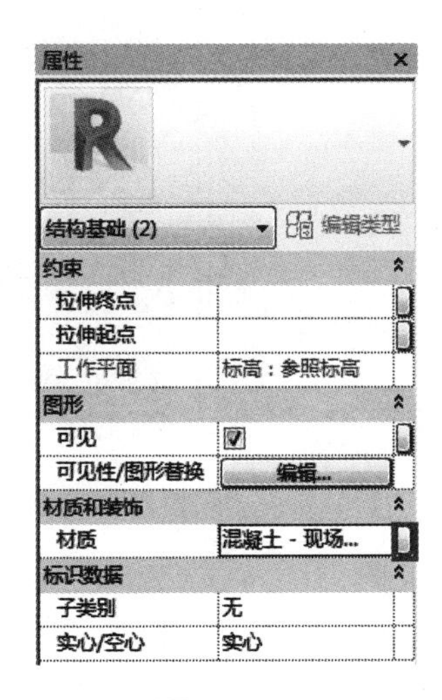

图　33-71

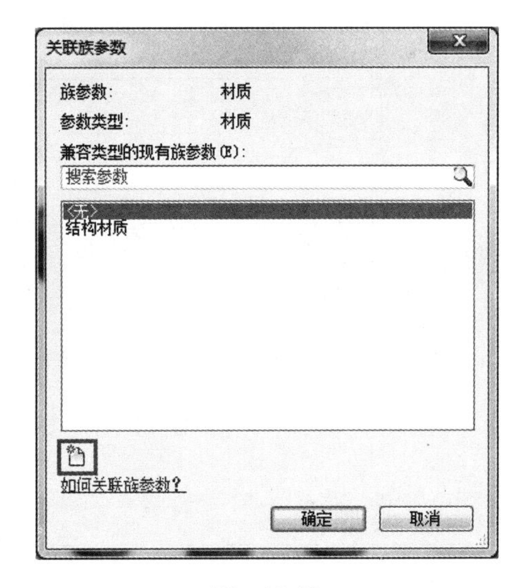

图　33-72

7）重复上述步骤，设定一个【桩】参数，完成后单击【确定】按钮。

给参数分组只是一个归档问题，并不会影响到对象。如果用户想通过【族类型】创建参数，那么分类就要手动进行，而且这一步不容忽视，如果想创建更复杂的对象，这个分组文档能帮助用户节省不少时间。

33.4.9 确认图元子类别

1）在【管理】选项卡下【设置】面板中选择【对象样式】（图 33-73），打开【对象样式】对话框。

2）单击【新建】按钮弹出对话框，将新建子类别分别命名为【桩帽】和【桩】，如图 33-74 所示。

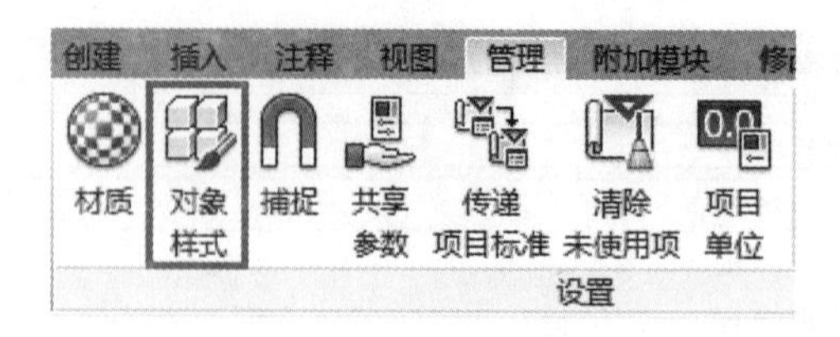

图 33-73

3）创建完成后，单击【确定】按钮，关闭对话框。

另一个要仔细考虑的问题就是子类别确认，确认子类别后才能在一个项目里实现对单个对象构件部件的控制。如果我们只想看到桩帽而非桩，可以通过确认图元子类别来实现。

4）在三维视图中选定桩帽，在其【属性】面板中将构件的【子类别】设为【桩帽】（图 33-75），确认设置。按照同样的方法将桩的子类别设置为【桩】并确认设置。

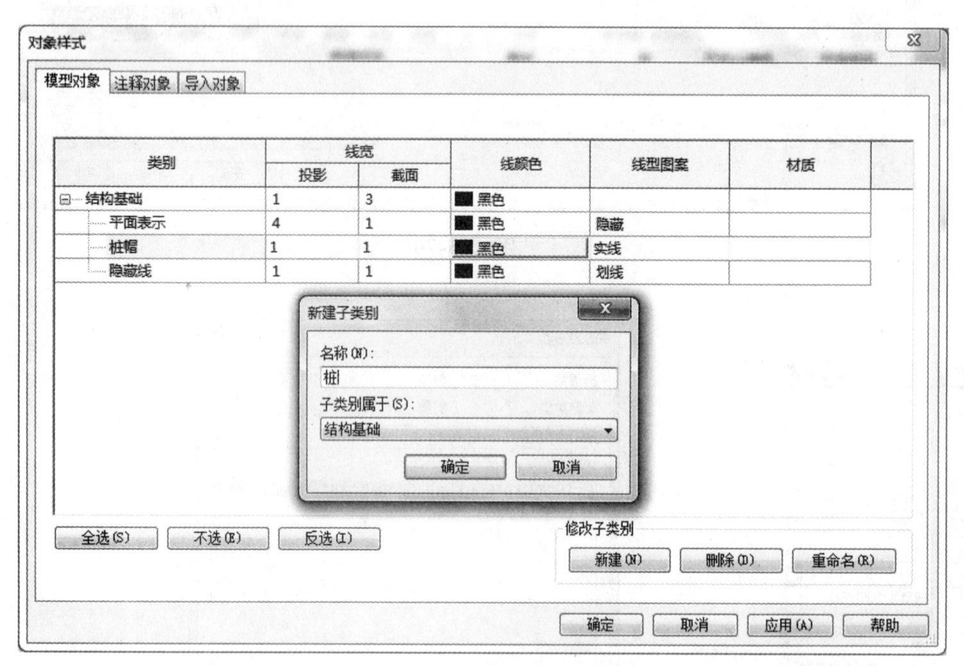

图 33-74

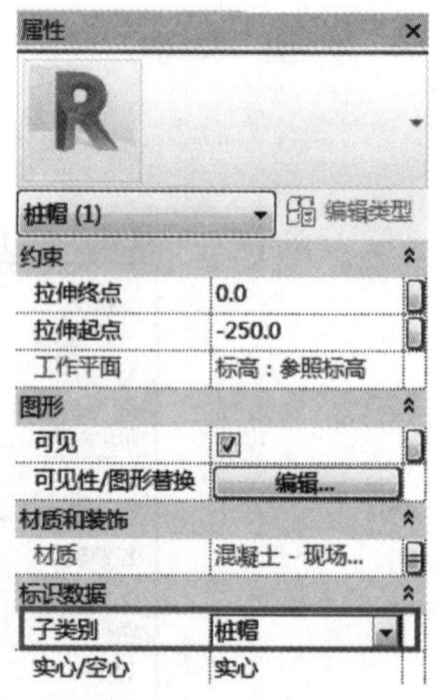

图 33-75

33.4.10 定义类型

1）在【族类型】对话框选择【新建类型】，创建一个名为【直径 150mm】的新类型，并做如（图 33-76）所示的设定：【桩帽_深度】为【400.0】；【桩_直径】为【150.0】；【桩_深度】为【3000.0】。

2）设置完成后单击【确定】按钮。

按照上述步骤我们可以创建其他新类型，以供项目实际需求选择。

3）创建完成后可以通过【载入到项目】（图 33-77）将其载入到项目中进行使用。

现在，我们已经成功创建了一个可用于今后项目的全面参数化的桩基础。将桩基础保存到库里，以便后期使用。建议针对不同的要求创建一个构件库，和 Revit 的加载库分开运行。因为软件要定期更新，任何人都不想在更新过程中丢掉自己的劳动成果。如果需要，可以对构件库进行管理和发展。

图　33-76

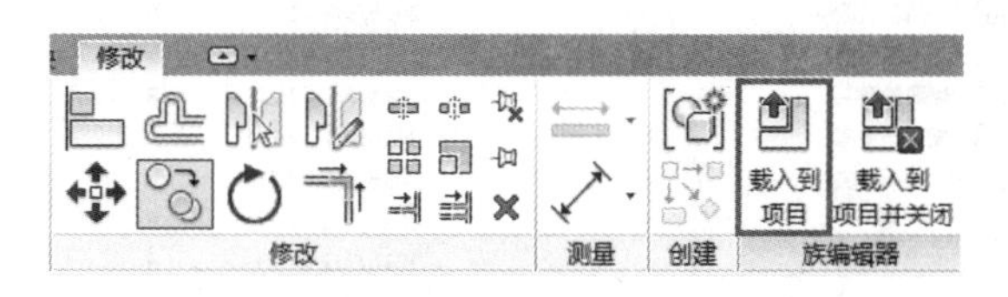

图　33-77

33.5 单元练习三

本单元练习中将阐述创建完整参数化表格所必须遵循的几个步骤，以及如何通过“十步建族法”创建一个风机设备。

33.5.1 确认图元类别

选择正确的族类别至关重要，因为它关系到明细表、构件对象可见性控制以及它下面组件的准确性，同时会影响构件行为和使用。

打开 Revit 软件，新建族（图 33-78），在【新族-选择样板文件】对话框中选择【公制机械设备】族样板文件并双击打开，如图 33-79 所示。

33.5.2 布局

1）在【项目浏览器】中打开【楼层平面：参照标高】视图。

2）在【创建】选项卡下【基准】面板中选择【参照平面】，在视图中绘制参照平面进行布局，如图 33-80 所示（图中红色虚线为原有基准参照平面线，绿色虚线为绘制的参照平面线）。

如果要求线条在交叉点两侧的距离必须相等，可以先在交叉点的一侧画线，另一侧的线条用【镜像-拾取轴】完成。模板包含一系列的默认视图，我们将尽可能地少用默认视图，避免过度限制对象。在该例中，只用到平面视图和左立面图限制构件，不过我们还会用到前视图为表面进行拉伸。

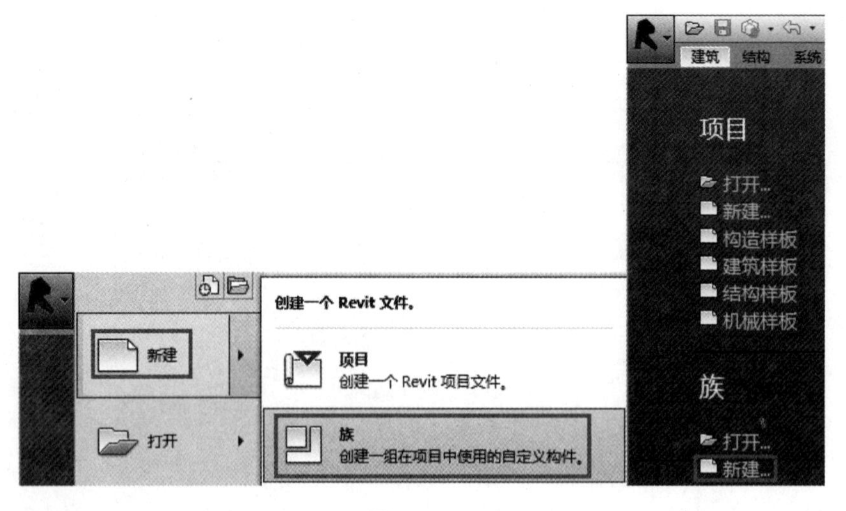

图 33-78

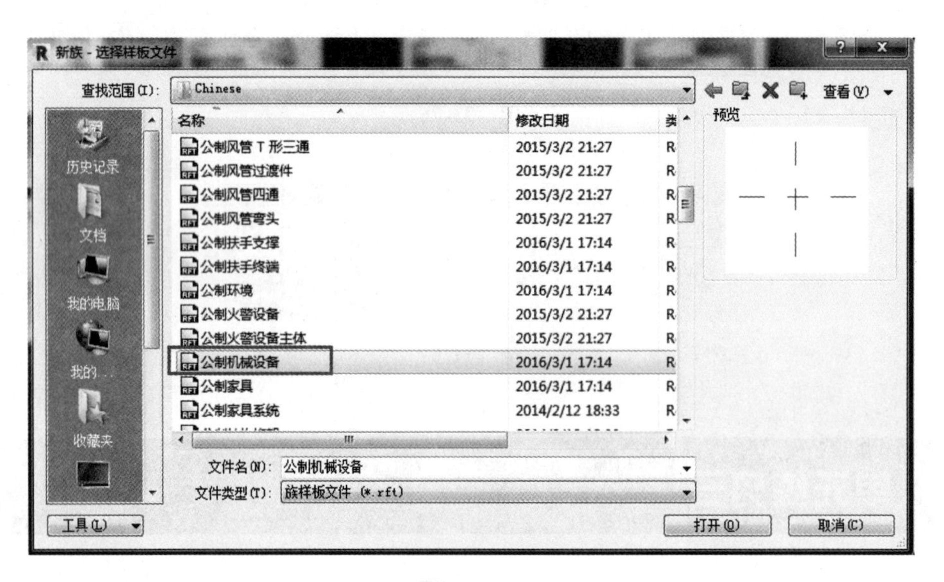

图 33-79

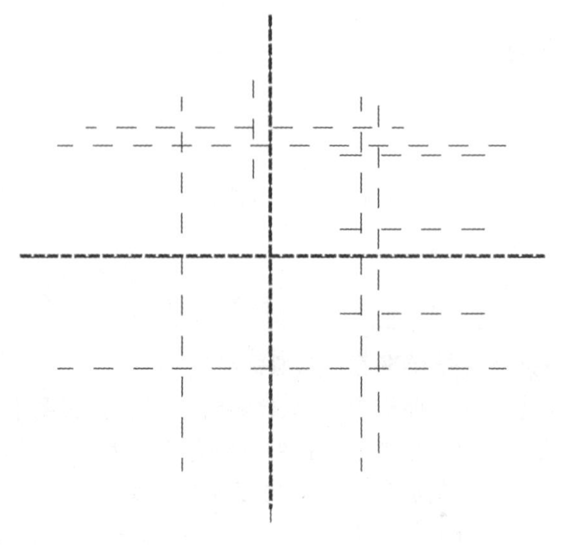

图 33-80

33.5.3 应用规则

用参照平面搭建出构件的主要轮廓特征之后，即可应用规则。规则主要由尺寸标注定义，我们可以通过锁定、等距或参数化尺寸标注来控制对象。两个或两以上数值的尺寸标注线可以被等距标注，而单个尺寸标注线只能被锁定或参数化。

1）在【注释】选项卡下【尺寸标注】面板中选择【对齐】，为参照平面线进行尺寸标注，如图33-81所示。

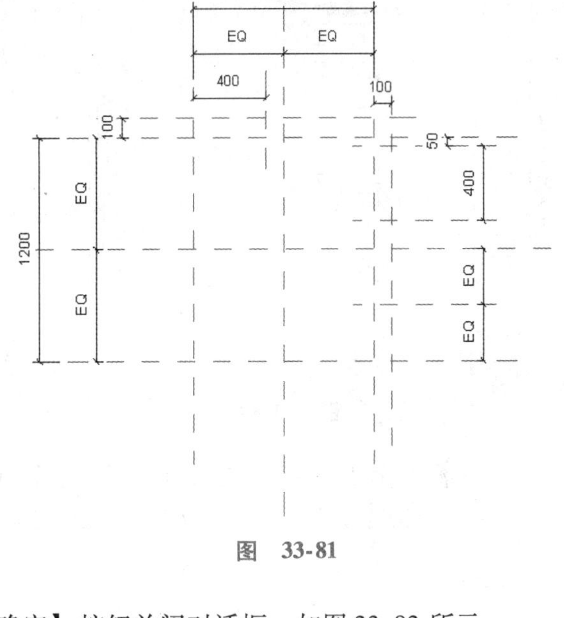

图 33-81

最外面的尺寸标注控制风机盘管总体大小。对内部的线选定等距标注（EQ）后，等距标注中间的十字基准线，保证原点或插入点位于风机盘管的中心，以及定位各种从这个主体风机凸显出来的风管、管道和电气接头连接件的位置。

2）选择最左边的尺寸标注【1200】，然后在【修改|尺寸标注】选项卡下【标签尺寸标注】面板中选择【创建参数】，如图33-82所示。

3）在【参数属性】对话框中设置参数：【名称】为【设备-长度】，其他各项均设为默认设置，单击【确定】按钮关闭对话框，如图33-83所示。

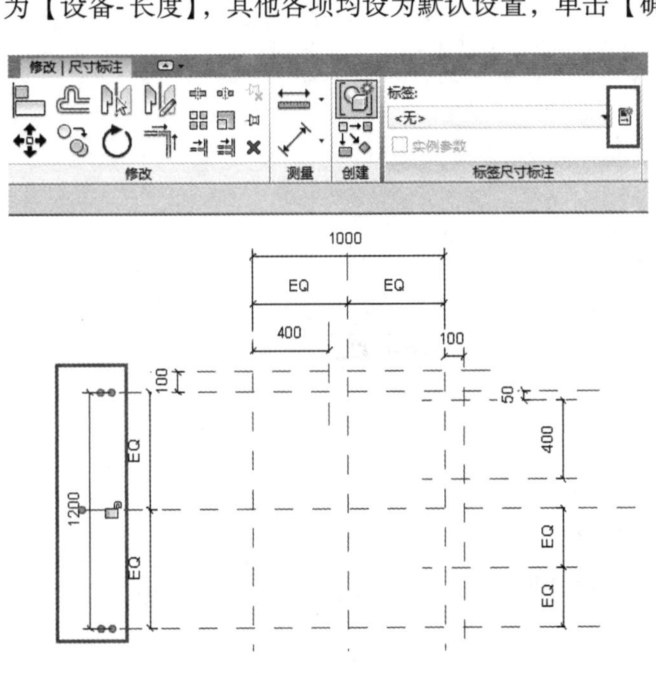

图 33-82

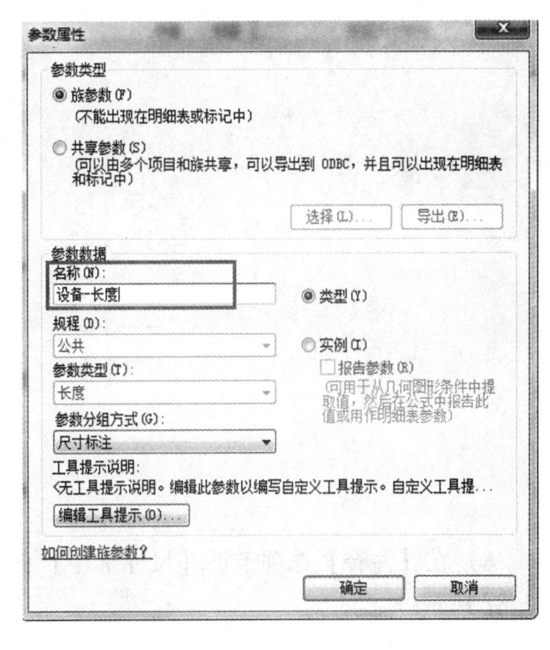

图 33-83

4）重复上述操作，分别添加参数：【设备-宽度】【送风口-宽度】【水管-位置】，其他各项均设为默认设置，单击【确定】按钮关闭对话框，如图33-84所示。

5）选中视图中数值为【100】的尺寸标注，将其锁定，如图33-85所示。同理，将另一个数值为【100】和【50】的尺寸标注也分别锁定。

通过选定一个尺寸标注并对其命名，我们便可以在后续操作中对其控制。为了减少大型参数图元的复杂性，将参数按照之前自动预设的类型归类。如果需要可以手动进行调整，这一步与存档类似，并不会影响到参数的变化。同一个类别下可以有多个尺寸标注，只要确保数值相等即可；如果一个构件只能有一种尺寸，那么就无须运用参数，在该例中，我们主要控制的是管道的尺寸和位置。

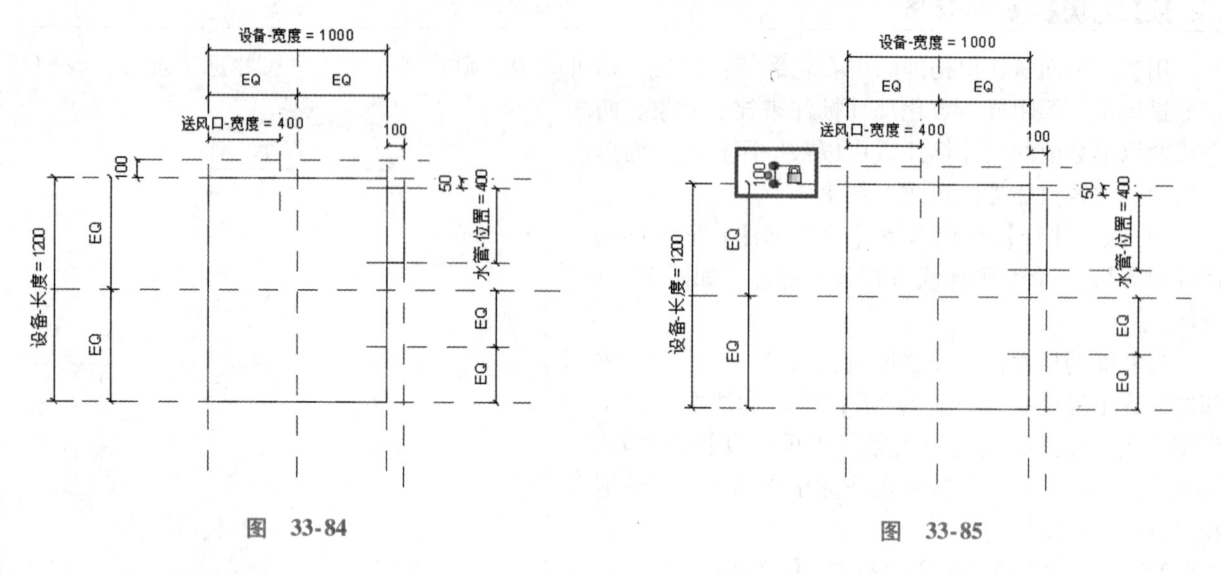

图 33-84　　图 33-85

6）在【项目浏览器】中打开【立面：左】视图。

7）在【创建】选项卡下【基准】面板中选择【参照平面】，绘制四条水平参照平面线，如图 33-86 所示。

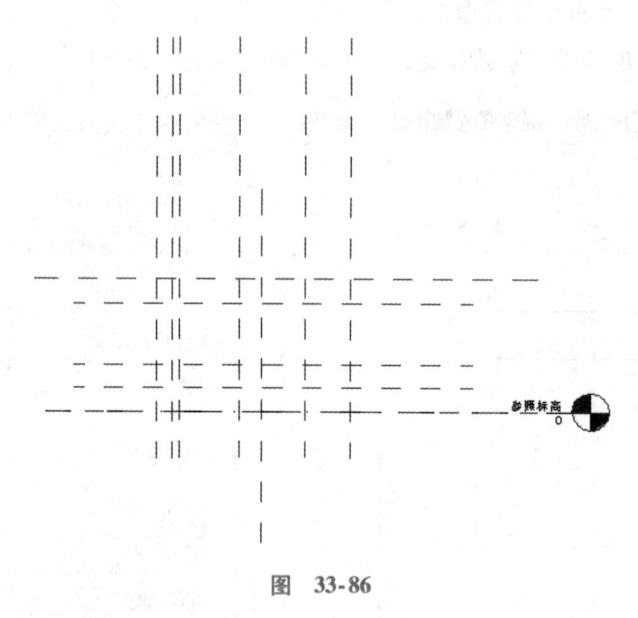

图 33-86

8）在【注释】选项卡下【尺寸标注】面板中选择【对齐】，为参照平面线进行尺寸标注，如图 33-87 所示。

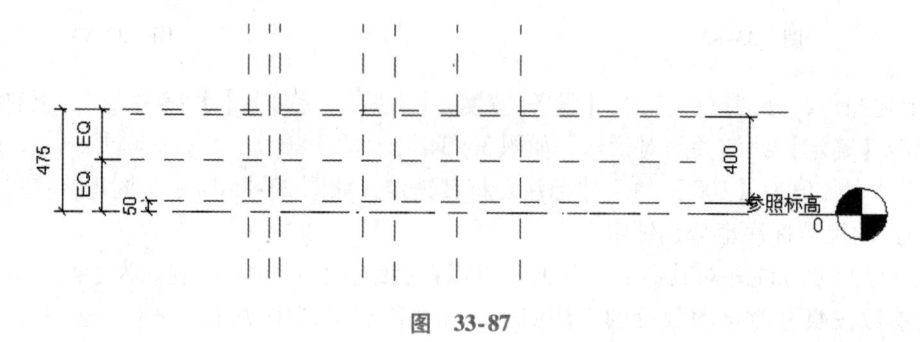

图 33-87

注意：记住一点，要改变尺寸标注不能选择尺寸标注本身，而须选择要随尺寸标注改变的构件。换句话说，选定你想移动的对象。

9）选择最左侧的尺寸标注【475】，然后在【修改|尺寸标注】选项卡下【标签尺寸标注】面板中选择【创建参数】，为其添加参数【设备-高度】，如图33-88所示。

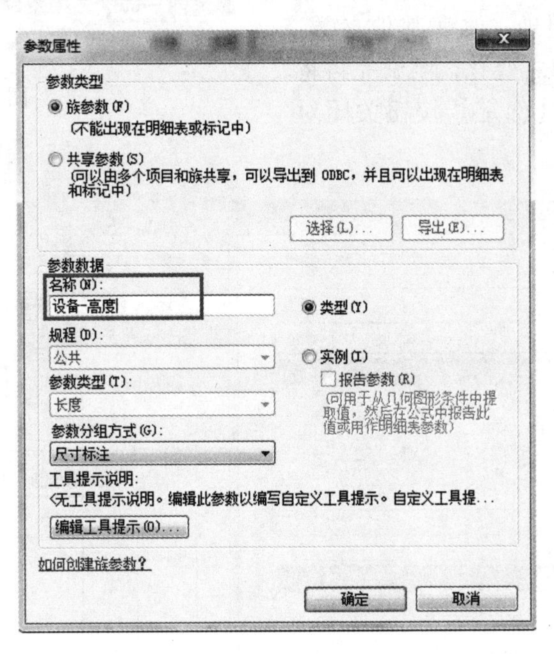

图　33-88

10）同样选择右侧尺寸标注【400】，按上述步骤为其添加参数【送风口-高度】，如图33-89所示。

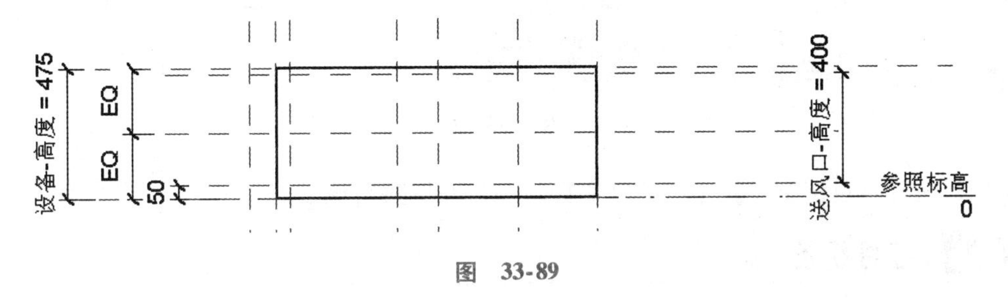

图　33-89

11）选中视图中数值为【50】的尺寸标注，将其锁定，如图33-90所示。

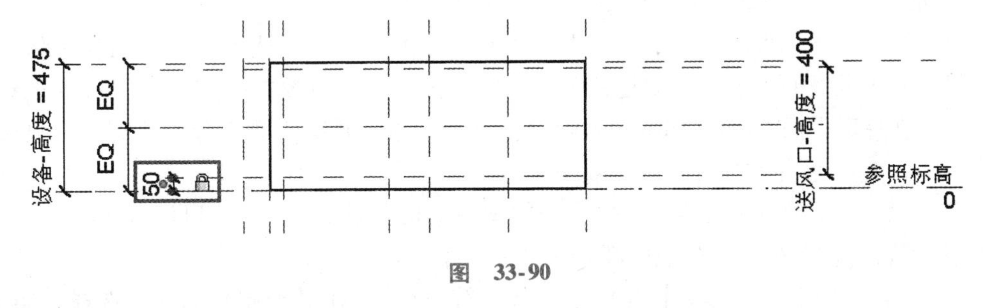

图　33-90

33.5.4　测试

通过测试，我们可以简单地修改标记后尺寸标注的数值，确保所有的参照平面相对于彼此正确运行。

1）在【项目浏览器】中打开【楼层平面：参照标高】视图。在【修改】选项卡下【属性】面板

中选择【族类型】，如图 33-91 所示。

2）在【族类型】对话框中，将【设备-宽度】设置为【1500.0】，单击【应用】按钮，可以在视图中观察到两参照平面线间的距离变为1500，如图 33-92 所示。同理，改变其他参数，观察视图中参照平面是否随之变化，测试完再将数值改为原来数值，单击【确定】按钮关闭对话框。

图 33-91

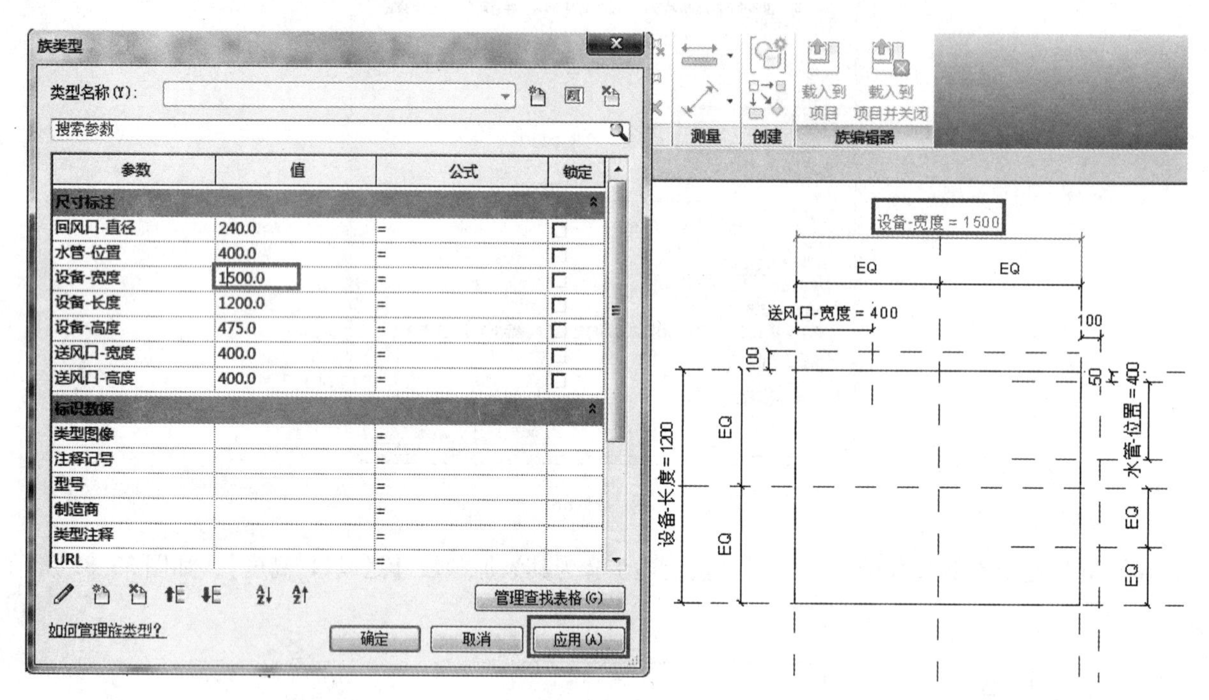

图 33-92

3）同理，在【项目浏览器】中打开【立面：左】视图进行测试。

33.5.5 二维线条

同一种对象分别用二维线条和三维形体表示时，呈现效果可能全然不同。但是我们可以控制什么时候，以及如何观看二维线条和三维形体，也可以控制详细程度。

对于本例这样的设备，可能需要限制三维形体的平面图，以更好地表示有可能和实际外形并不相像的二维符号，其中最好的一个例子就是开关这个电气构件。更重要的一点是为了减少更新平面视图对硬件的要求，在更新平面视图时，Revit 必须关注每个对象，并决定哪部分隐藏哪部分显现，如果三维形体自动关闭，Revit 就无须再计算视觉效果。

基于以上原因，当俯视或者仰视观察时，我们画一个长方形就可以代表风机盘管。

1）确保视图在【楼层平面：参照标高】视图。

2）在【注释】选项卡下【详图】面板中选择【符号线】；在【绘制】面板中选择【矩形】，绘制一个矩形，并将矩形四个边锁定，如图 33-93 所示。

3）在【绘制】面板中选择【直线】绘制一条对角线，如图 33-94 所示。

4）选择这条对角线，在【可见性】面板中，利用【可见性设置】可以启动【族图元可见性设置】对话框（图 33-95），在本例中，无须修改任何默认设置，但是必须掌握可见性设置的原理，单击【确定】按钮关闭对话框。

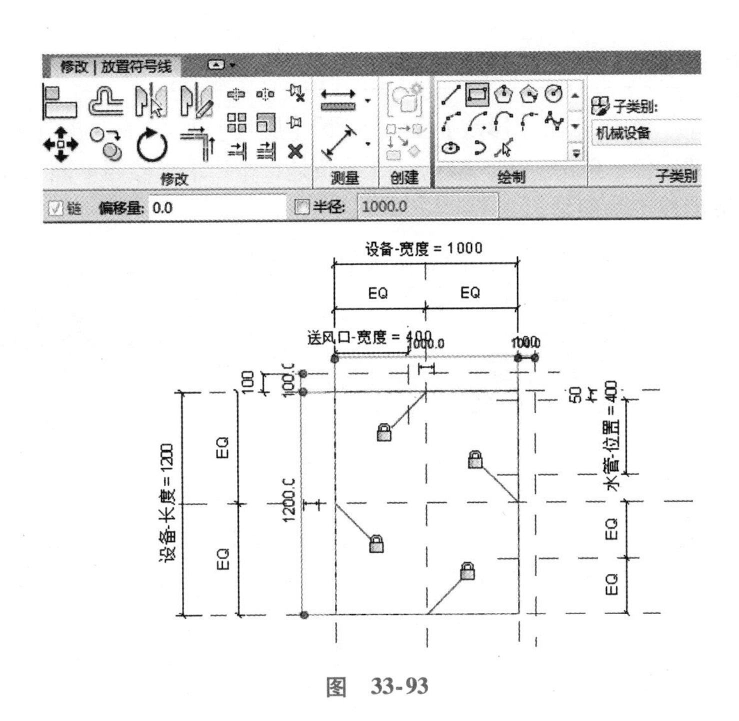

图　33-93

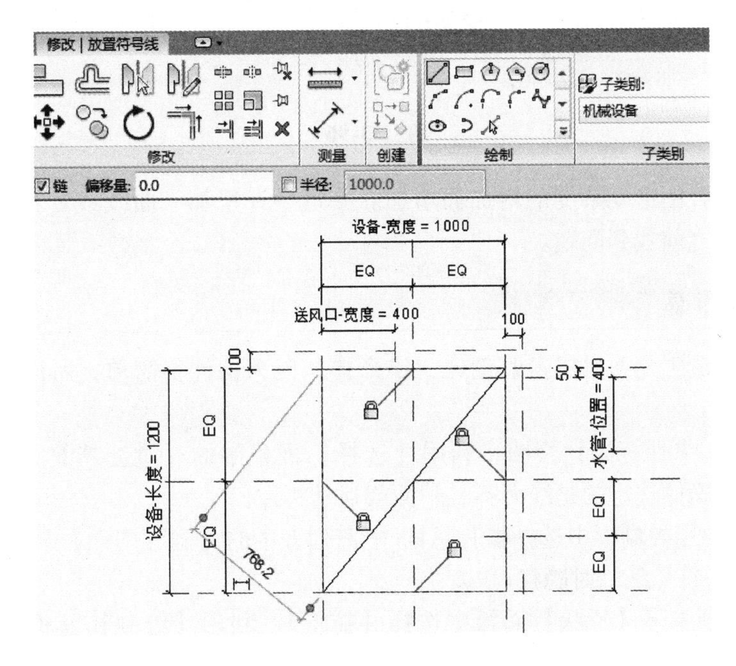

图　33-94

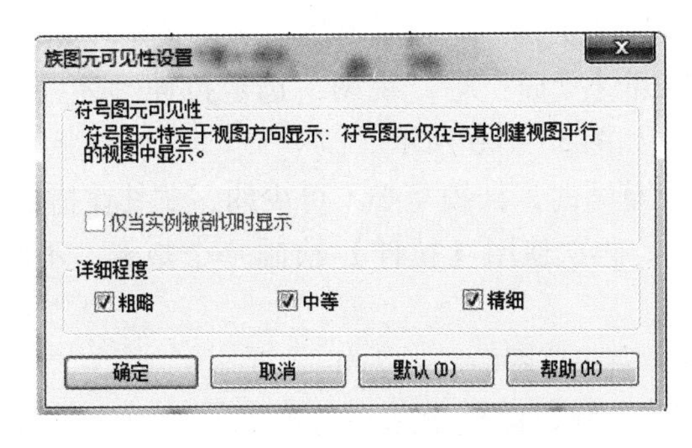

图　33-95

33.5.6 测试

同理上文中的"测试"操作，在【修改】选项卡下【属性】面板中选择【族类型】，打开【族类型】对话框。输入参数替代值，单击应用，检查二维线条是否按要求随参照平面移动而移动（图 33-96），测试操作完成后，参数值修改为原数值。

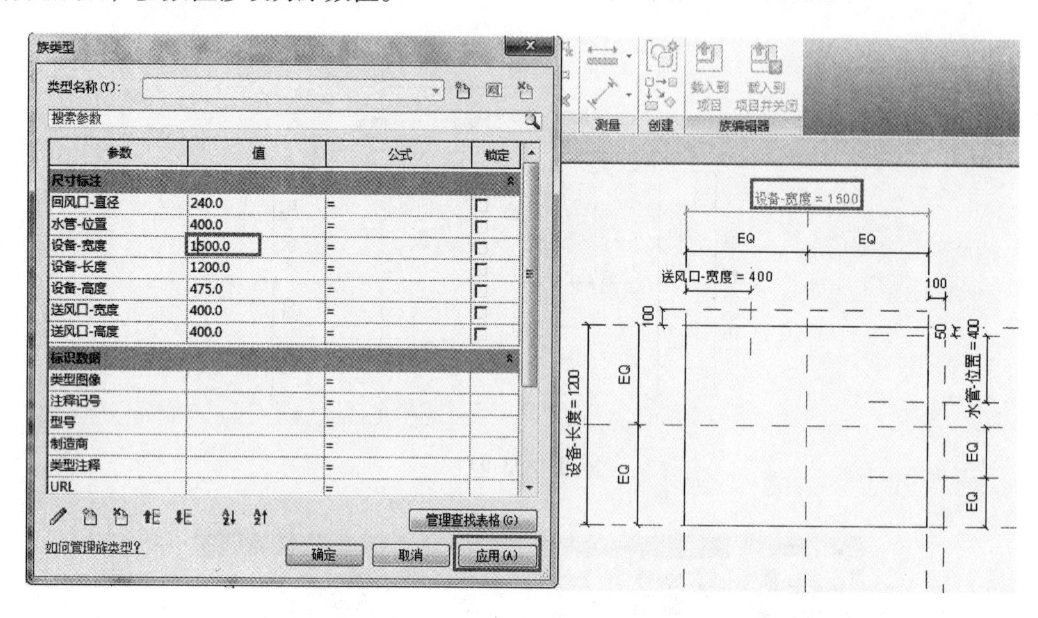

图 33-96

这一步的重要性随着图形复杂度的增加而增加。一旦设计里加入曲线或片状结构，这步测试能帮用户在转化成三维形体之前找到问题。

33.5.7 三维形体

我们将使用形体构造工具为风机盘管创建三维形体。因为构件很简单，所以我们只用得到拉伸一项工具。

1）在【楼层平面：参照标高】视图，利用【选择】面板中的【过滤器】（图 33-97），选定刚刚绘制的所有二维线条，确保选定的是线而不是平面或尺寸标注。

2）在屏幕下方的视图控制栏中选择临时隐藏/隔离列表中的【隐藏图元】（图 33-98）或者通过快捷键 <HH>，将绘制的符号线临时隐藏。

3）在【创建】选项卡下【形状】面板中选择【拉伸】，利用【绘制】面板中的【矩形】在视图中绘制一个矩形，并锁定矩形的四个边，如图 33-99 所示。

4）单击【完成编辑模式】，创建实心对象。

在此阶段我们无须注意创建对象的深度，但是深度将手动锁定在立面图的几何形体上。

5）在【项目浏览器】中打开【立面：左】视图，选定拉伸形体并拖曳最上方的边，直至与顶部的参照平面线重合，锁定对象，如图 33-100 所示。

注意：在描画参照平面定义草图时，挂锁是必不可少的，尤其在拖曳对象对齐某物时更是如此。

6）在【立面：左】视图中，再次使用【拉伸】绘制一个矩形，不必锁定，绘制风机盘管的送风口如图 33-101 所示。

7）单击【完成编辑模式】，完成草图。

8）再次选择【拉伸】，在【绘制】面板中选择【圆形】，在参照平面的两个交点处定义每个管道中心，绘制两个半径为【30】的圆形（圆形的大小在该阶段不重要），如图 33-102 所示。

图　33-97

设备-宽度 = 1000
EQ
EQ
送风口-宽度 = 400
100
设备-长度 = 1200
水管-位置 = 400
将隐藏/隔离应用到视图(A)
隔离类别
隐藏类别
隔离图元(I)
隐藏图元(H)
重设临时隐藏/隔离

图　33-98

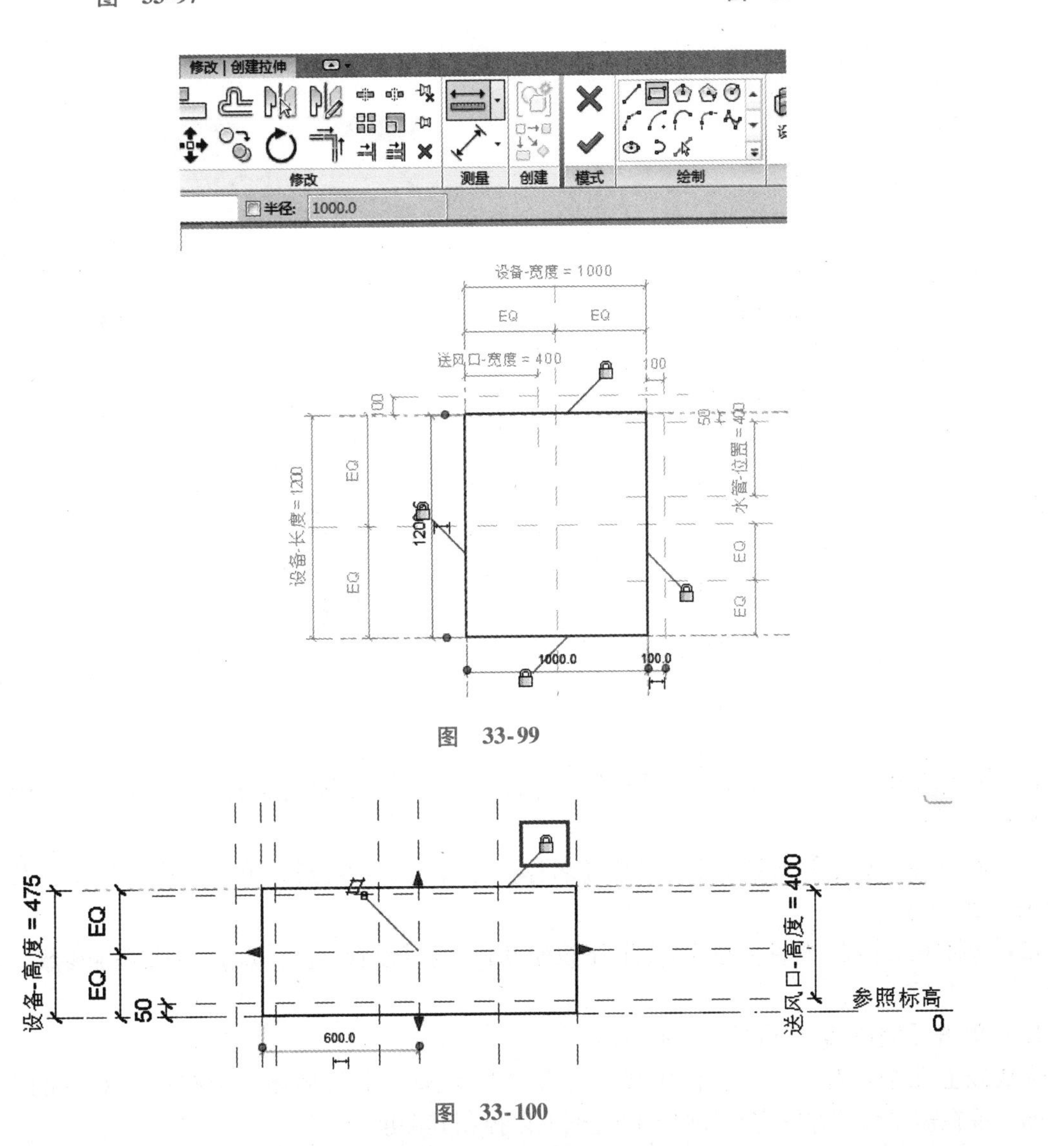

图　33-99

图　33-100

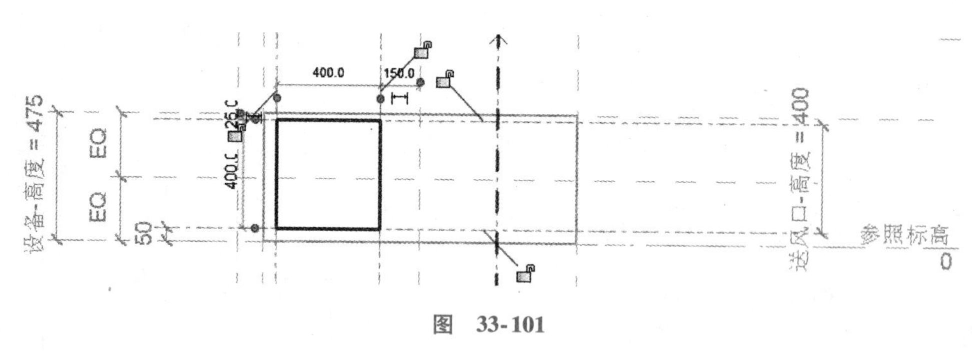

图　33-101

9）在【注释】选项卡下【尺寸标注】面板中选择【直径】（图 33-103），依次为两个圆形添加尺寸标注，如图 33-104 所示。

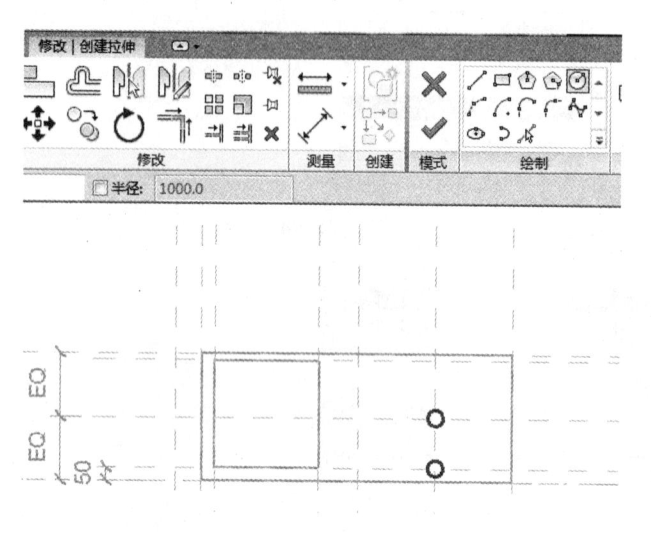

图　33-102

图　33-103

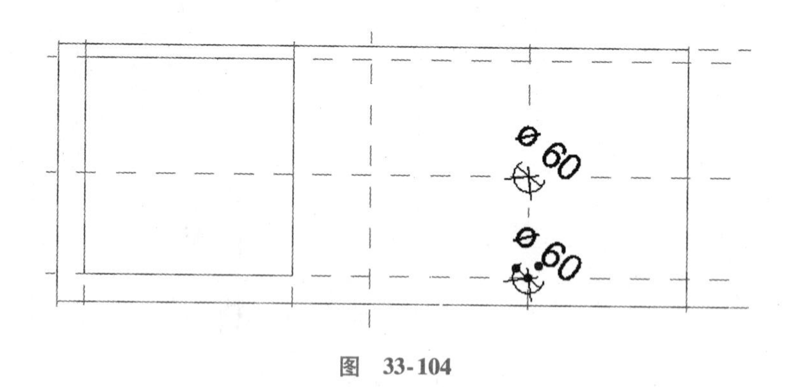

图　33-104

10）选择其中一个尺寸标注，在【标签尺寸标注】面板中选择【创建参数】（图 33-105），为标注添加参数。

11）在【参数属性】对话框中，设置【名称】为【水管-直径】，单击【确定】按钮关闭对话框，如图 33-106 所示。

12）选择第二个尺寸标注，在【标签】下拉列表中选择【水管-直径 =60】，为其添加参数，如图 33-107 所示。

13）单击【完成编辑模式】，完成草图。

完成以上几个步骤后，在主体中线上已经创建出来三个新形体。所有拉伸对象的默认深度是 250mm，现在需要将拉伸锁定在参照平面边框上以控制其深度。

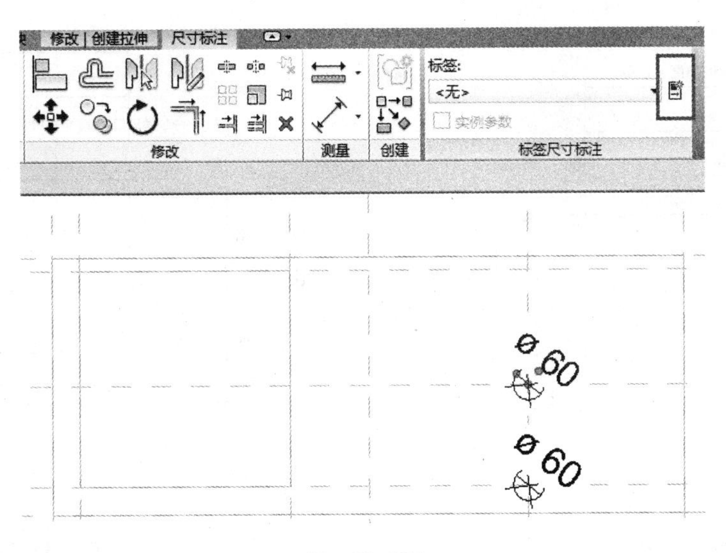

图　33-105

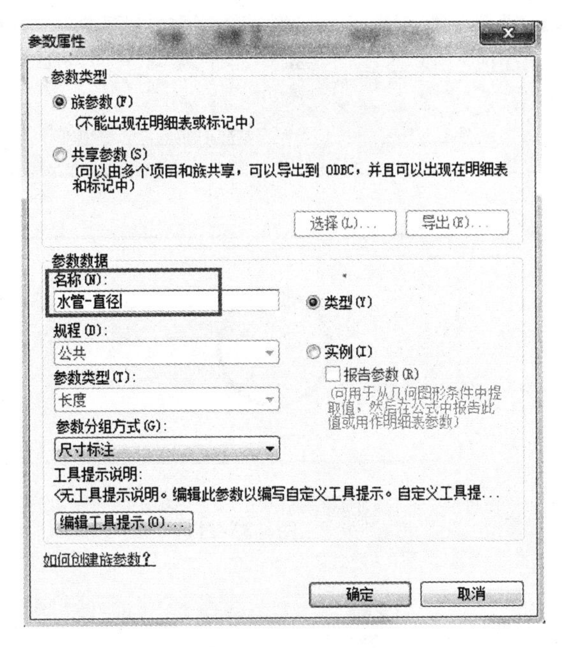

图　33-106

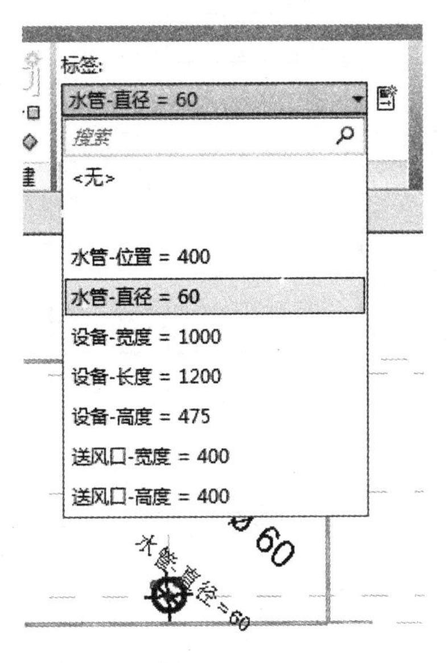

图　33-107

14）在【项目浏览器】中打开【楼层平面：参照标高】视图，拖曳矩形风管右侧，让其右边缘与参照平面衔接，对齐后并锁定，如图33-108所示。

15）拖曳矩形风管左侧，让其左边缘与参照平面衔接，对齐后并锁定，如图33-109所示。

16）同样，拖曳水管两端，让其左右两边分别与参照平面衔接，对齐后分别锁定两端，如图33-110所示。

17）在【项目浏览器】中打开【立面：前】视图，在【创建】选项卡下【形状】面板中选择【拉伸】。

18）以参照平面交叉点为中心，画一个半径为【120.0】的圆形拉伸，如图33-111所示。

19）在【注释】选项卡下【尺寸标注】面板中选择【直径】，为其添加尺寸标注，如图33-112所示。

20）为直径尺寸标注添加参数【回风口-直径】，如图33-113所示。

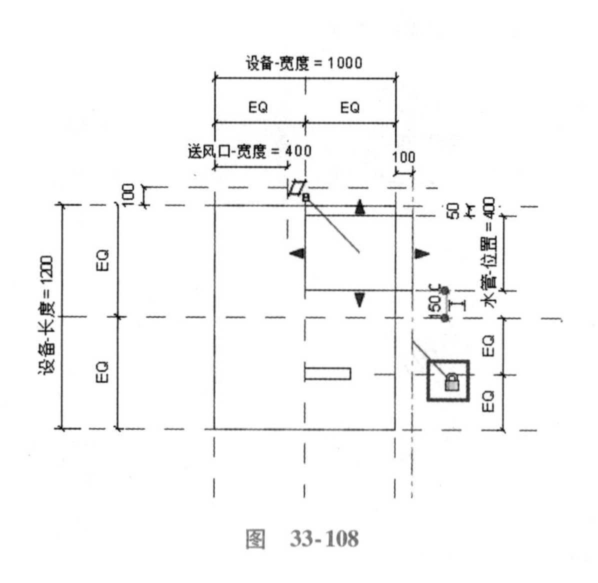

图 33-108

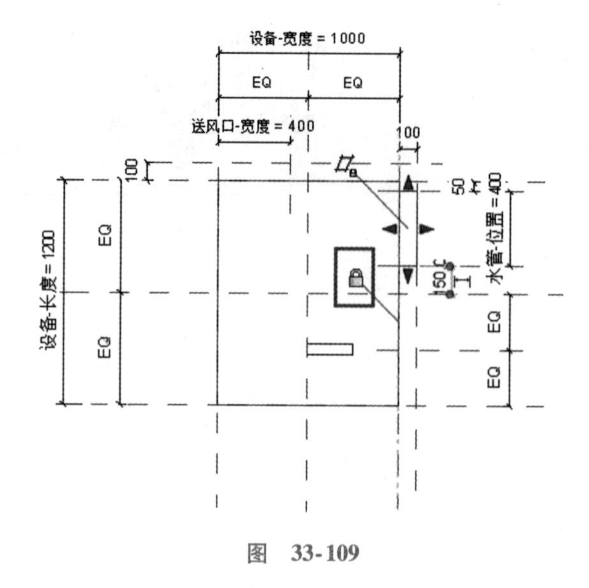

图 33-109

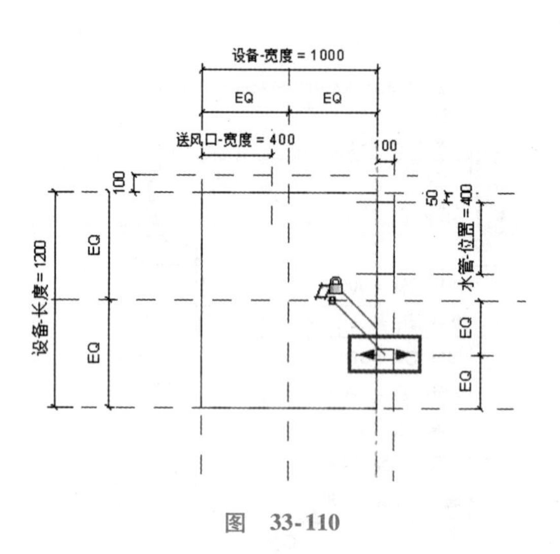

图 33-110

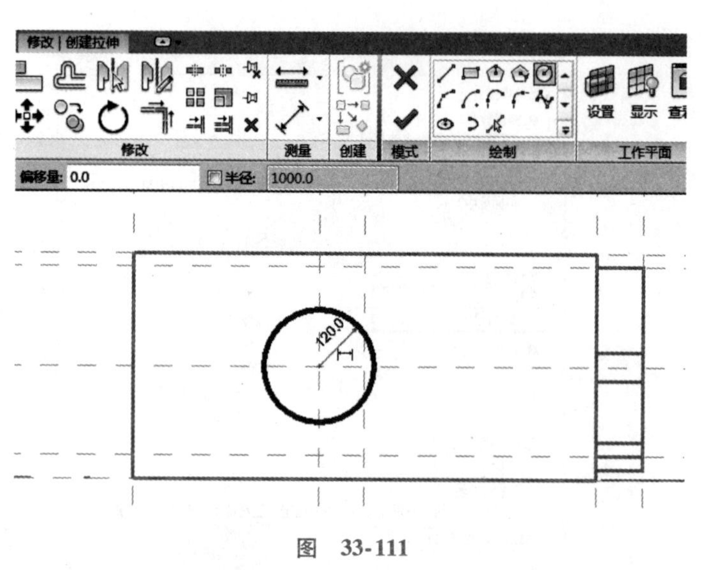

图 33-111

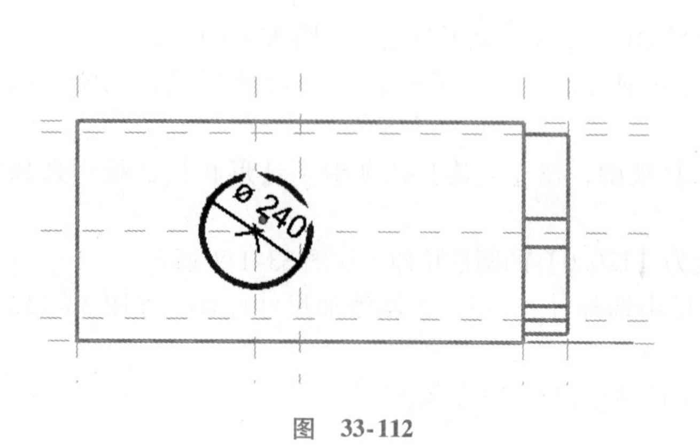

图 33-112

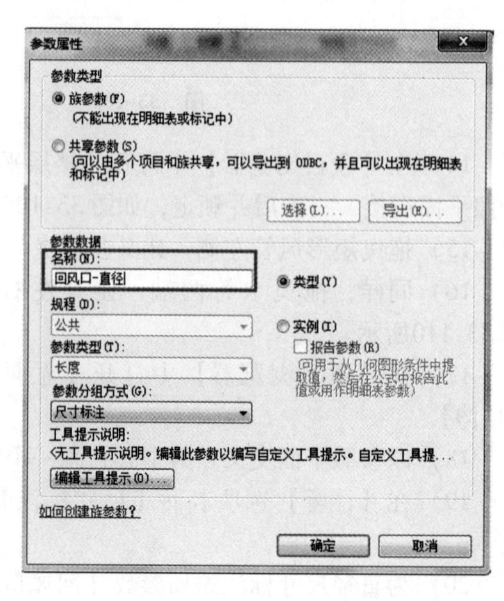

图 33-113

21）单击【完成编辑模式】，完成草图。

22）回到【楼层平面：参照标高】视图，拖曳回风口的上端，让其上边缘与参照平面衔接，对齐后并锁定，如图33-114所示。

23）同理，拖曳回风口的下端，让其下边缘与参照平面衔接，对齐后并锁定，如图33-115所示。

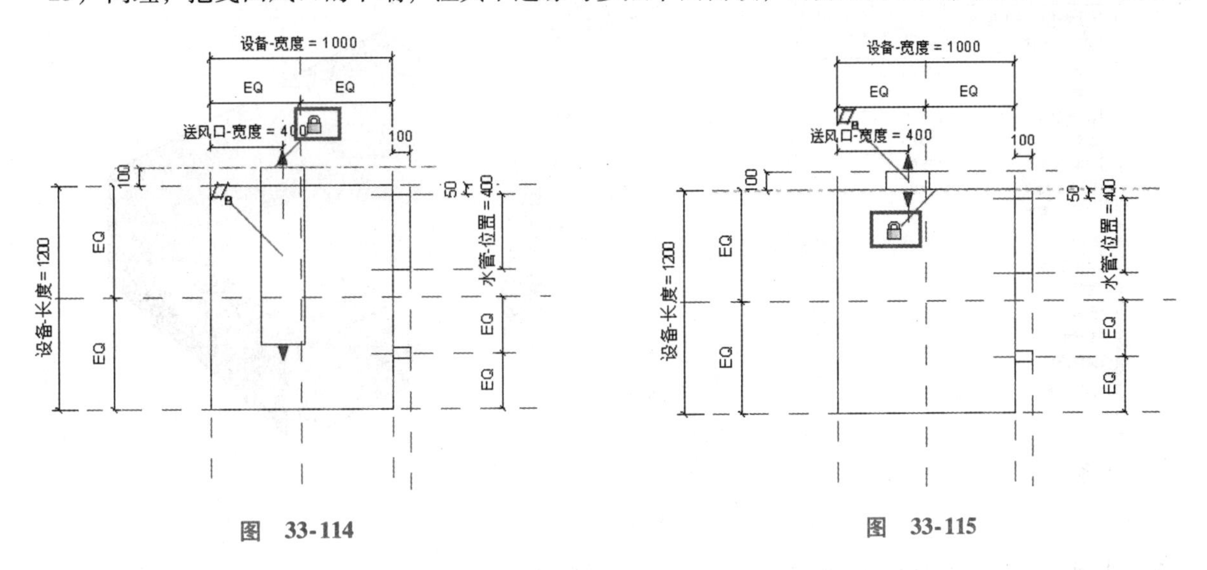

图　33-114　　　　图　33-115

24）在【项目浏览器】中打开【三维视图：视图1】视图，观察三维模型，已生成风机盘管设备的模型雏形，如图33-116所示。

此时，三维形体在所有视图中是可见的，但是在平面视图里三维形体和二维线条还是有相冲突的现象。因此，需要在平面视图中隐藏形体，而保留它在其他视图中的可见性。

25）框选模型，在【模式】面板中选择【可见性设置】，在【族图元可见性设置】对话框中，取消勾选【平面/天花板平面视图】，如图33-117所示。

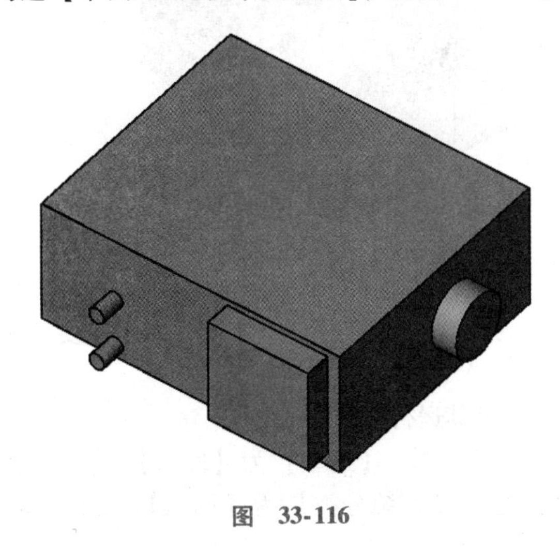

图　33-116

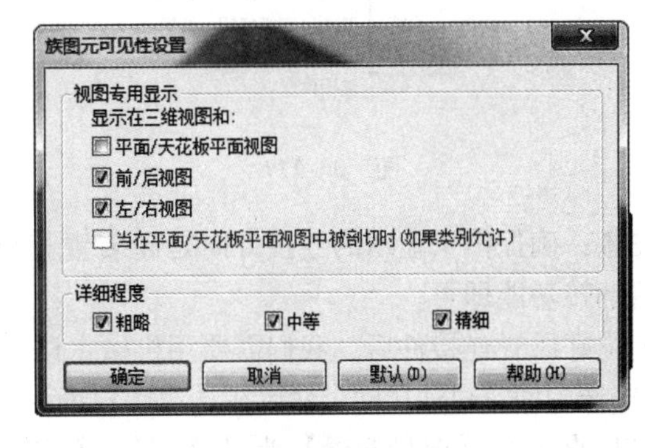

图　33-117

33.5.8　测试

1）与33.5.4、33.5.6同理，只是在三维视图中变换参数值，观察三维模型是否随参数值的改变而变化，如图33-118所示。

保证测试没有问题后，我们可以定义管件连接件了。

2）在【三维视图：视图1】视图中，在【创建】选项卡下【连接件】面板中选择【风管连接件】，如图33-119所示。

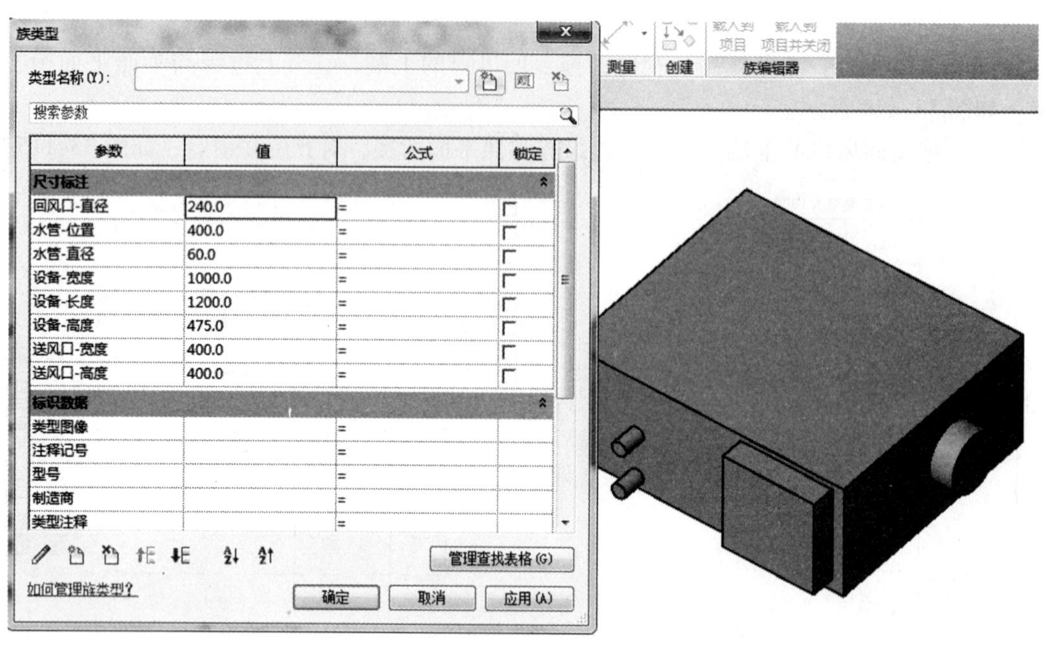

图 33-118

3）为风机回风口添加风管连接件，完成后如图 33-120 所示。

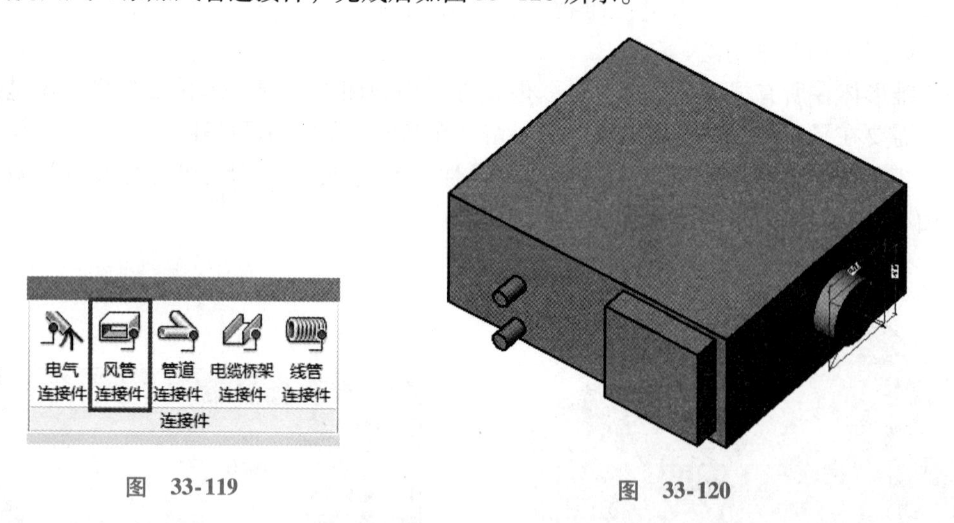

图 33-119

图 33-120

注意：确保箭头显示的连接方向是和装置相反的，因为箭头并不显示介质流向。如果需要调转方向，用翻转功能即可。

定位好风管连接件后，我们需要用机械术语定义连接件及其运行方式。

4）选中回风口连接件，然后在【属性】面板中设置连接件参数：【造型】为【圆形】，【直径】为【回风口-直径】，【流量配置】为【计算】，【流向】为【进】，【系统分类】为【回风】，如图 33-121 所示。

通过让连接件的直径和【回风口-直径】相等，我们可以确保同一个参数既可以控制几何形体也可以控制连接件。

5）在【创建】选项卡下【连接件】面板中选择【管道连接件】，如图 33-122 所示。

6）分别为两个水管添加管道连接件，完成后如图 33-123 所示。

7）选择下端的管道连接件，在【属性】面板中设置连接件参数：【直径】为【水管-直径】，【流量配置】为【计算】，【流向】为【进】，【系统分类】为【循环供水】，如图 33-124 所示。

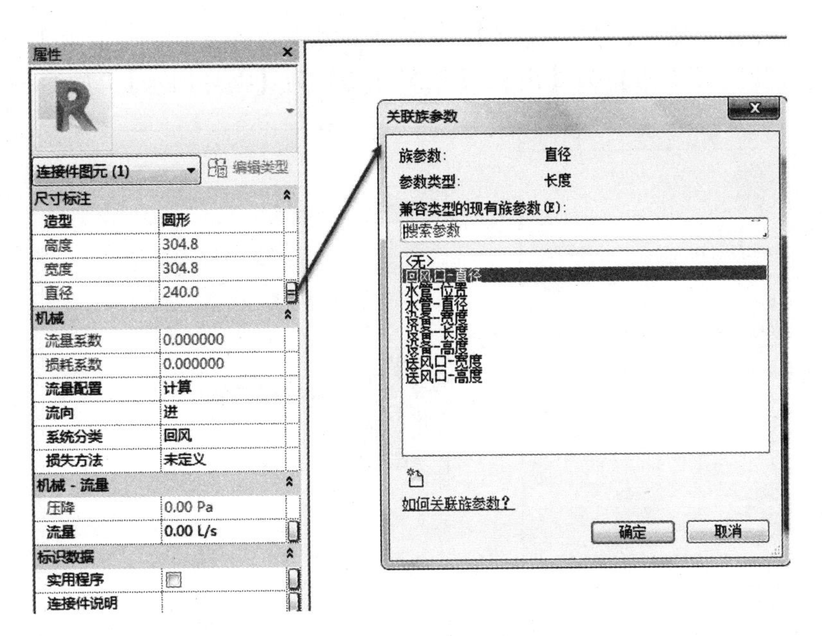

图 33-121

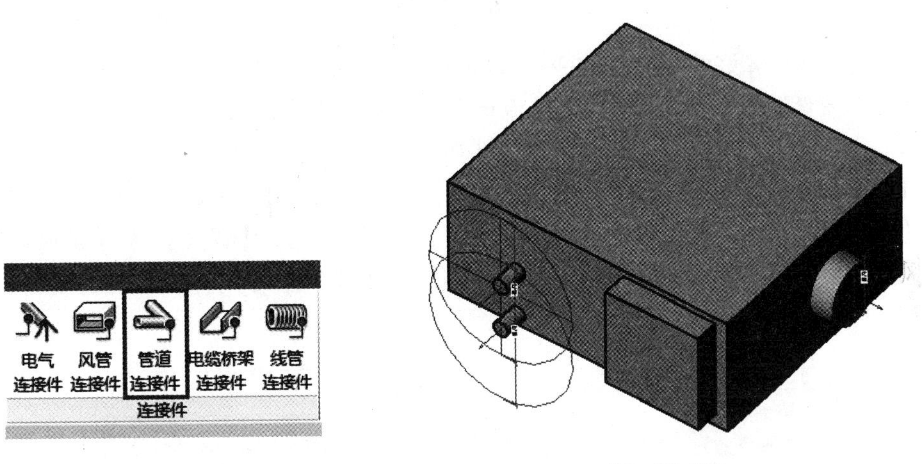

图 33-122

图 33-123

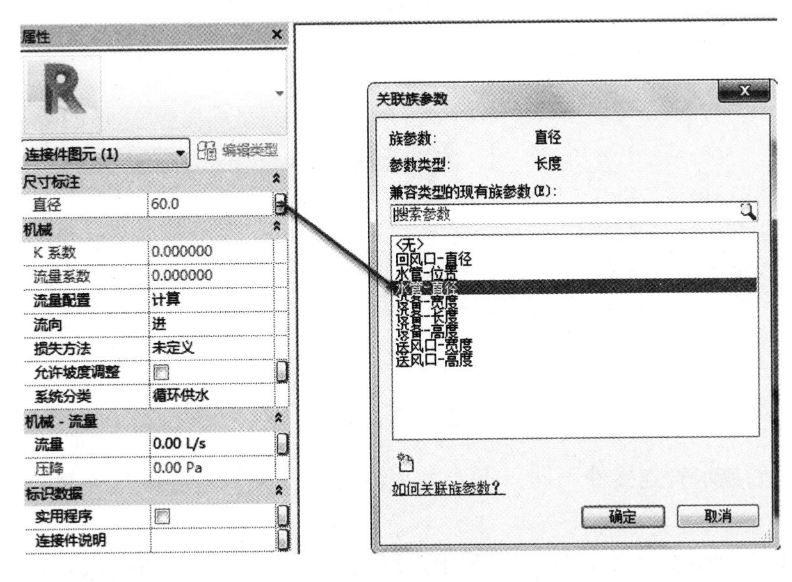

图 33-124

8）选择上端的管道连接件，在【属性】面板中设置连接件参数：【直径】为【水管-直径】，【流量配置】为【计算】，【流向】为【出】，【系统分类】为【循环回水】，如图 33-125 所示。

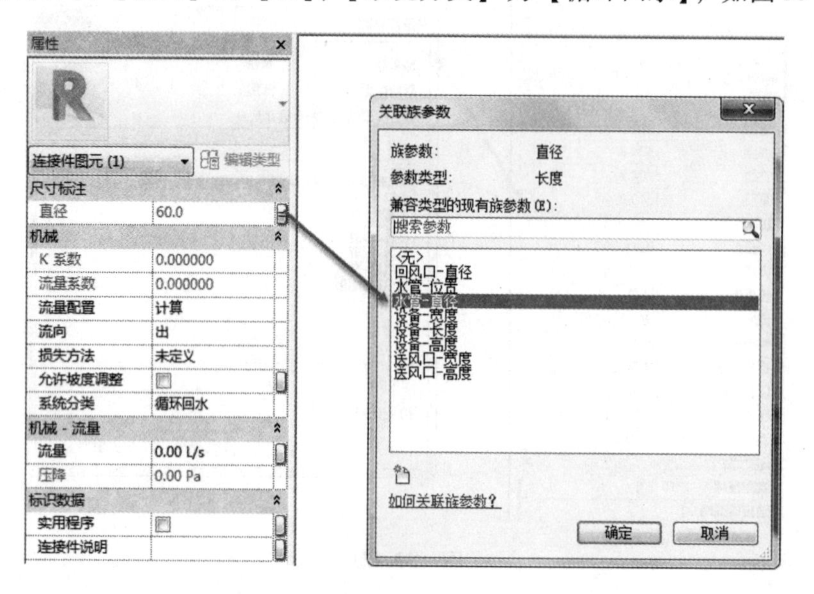

图 33-125

注意：预先设定或计算好的气流分布——这些名称决定着改变系统尺寸（如管道系统）时图元的运用方式。如果【流量配置】设为【预设】，流量和压力决定着计算的开始；如果设定成【计算】，会接到一个数值，数值的大小由其他构件决定，构件在添加进系统时已经预先设定好参数值。

9）在【创建】选项卡下【连接件】面板中选择【风管连接件】，为矩形送风口添加风管连接件。

10）在【属性】面板中设置连接件参数：【造型】为【矩形】，【宽度】为【送风口-宽度】，【高度】为【送风口-高度】，【流量配置】为【计算】，【流向】为【出】，【系统类型】为【送风】，如图 33-126 所示。

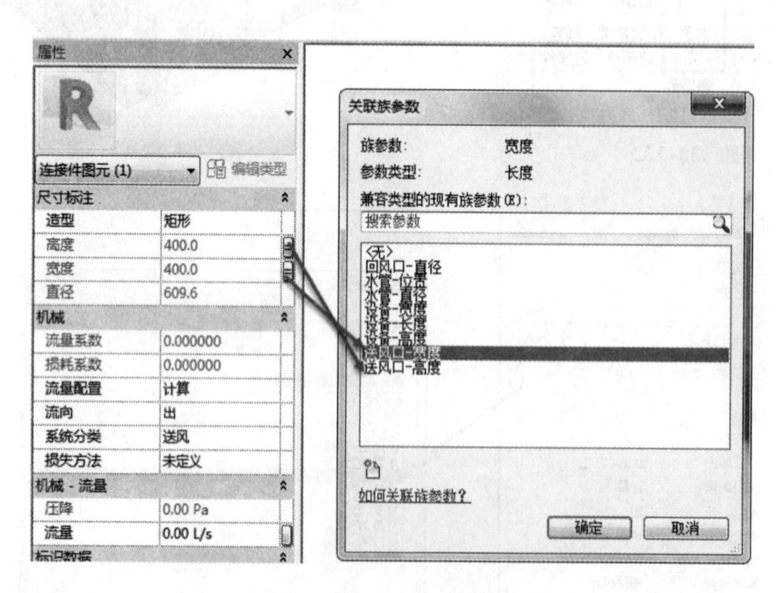

图 33-126

电气连接件和风管或水管连接件不同，不要太关注尺寸，无须担心电气连接器会无法安插到一个尺寸类似的形体中。

11）在【创建】选项卡下【连接件】面板中选择【电气连接件】，将电气连接放在回风口的对立面上，如图 33-127 所示。

12）可根据制造商规格为电气连接件设定恰当的数值。

再测试一次，重新打开【族类型】对话框，确保所有图元处于原来位置不变，并能够按照参数值变化而随之移动。

33.5.9　确认子类别

另一个要仔细考虑的问题就是子类别的确认，在一个项目里此操作可以实现对单个对象构件下属部件的控制。如果我们只想看到设置主体而非连接件，或者如果想重新定义所有连接件的图形表现形式，可以通过确认图元子类别来实现。

确认子类别还有另一个用处，如在同一个机械设备类型下有不同的设备种类，这一步可以通过图示和可见性将设备区别开。确认子类别还能实现对 DWG、DXF、DGN 格式的输出控制。在输出过程中，每个子类别对应一个图层。

1）在【管理】选项卡下【设置】面板中选择【对象样式】，如图 33-128 所示。

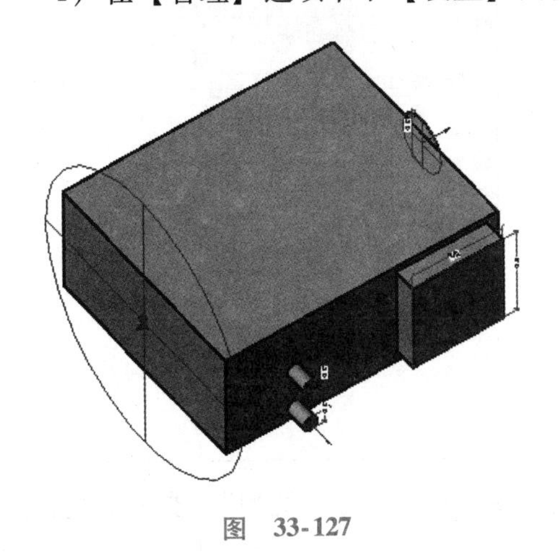

图　33-127

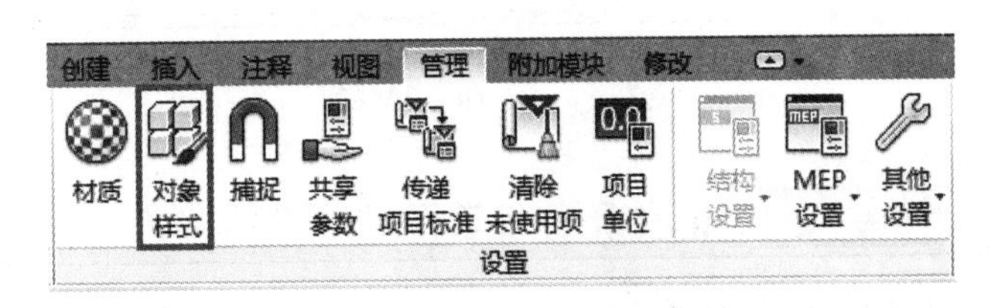

图　33-128

2）在【对象样式】对话框中，选择修改子类别【新建】工具，在弹出的【新建子类别】对话框中，设置【名称】为【风机盘管】，单击【确定】按钮关闭对话框，如图 33-129 所示。

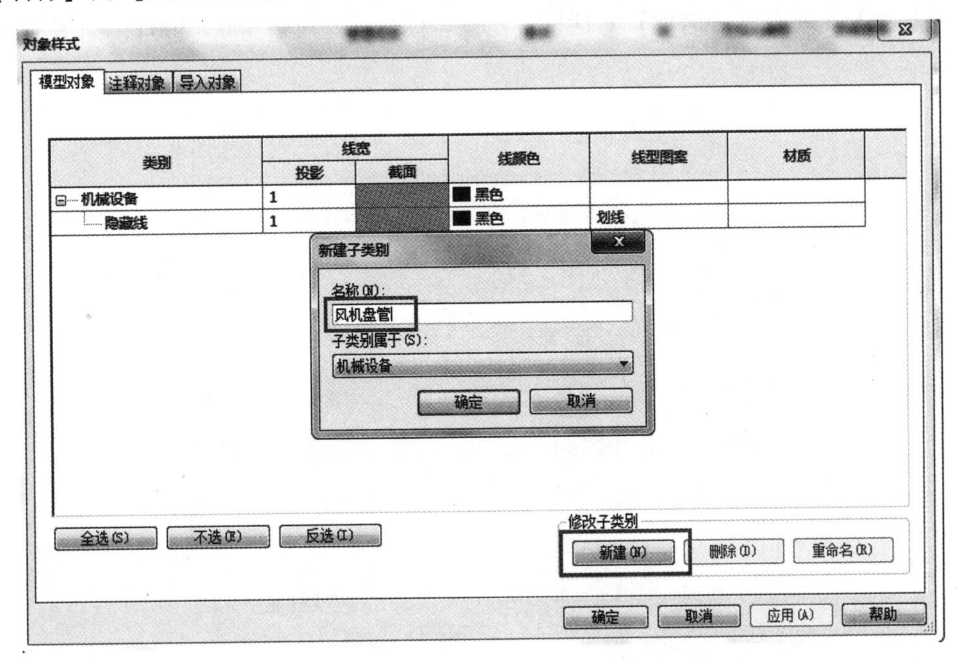

图　33-129

3）利用光标框选所有图元，在【选择】面板中选择【过滤器】，在弹出的【过滤器】对话框中只勾选【机械设备】，然后选择【选择全部】，单击【确定】按钮关闭对话框，如图 33-130 所示。

4）在【属性】面板中，设置【子类别】为【风机盘管】，如图 33-131 所示。

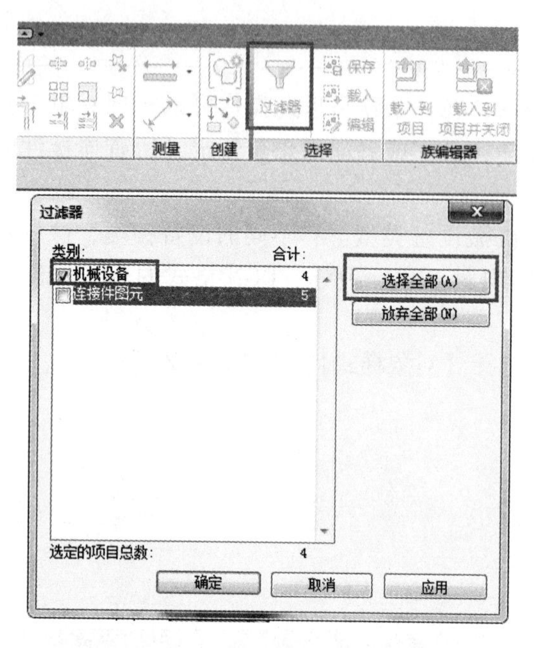

图 33-130

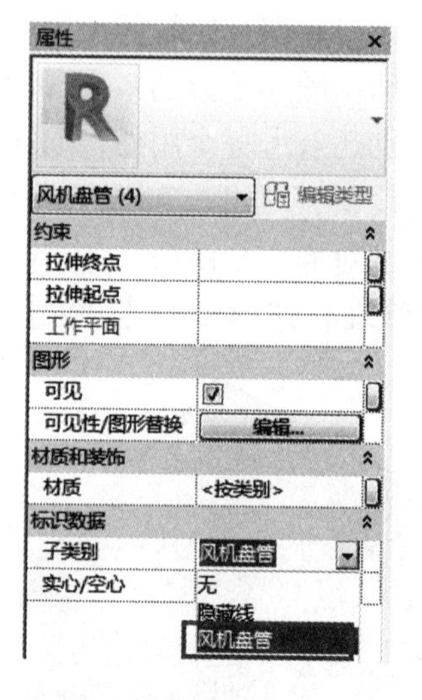

图 33-131

33.5.10 定义数据和类型

最后在构件有通用尺寸的地方我们可以定义所有的参数并将参数值保存为“类型”。类型只是在同一个名称下预设好的一组参数值。类别名称通常具有描述性质，如“小”“中”“大”或者直接给出大小的做法更一目了然，如“1200mm×1400mm”。

1）在【修改】选项卡下【属性】面板中选择【族类型】，打开【族类型】对话框，在对话框右上角选择【新建类型】工具打开【名称】对话框，设置名称为【送风口 400＊400】，如图 33-132 所示。

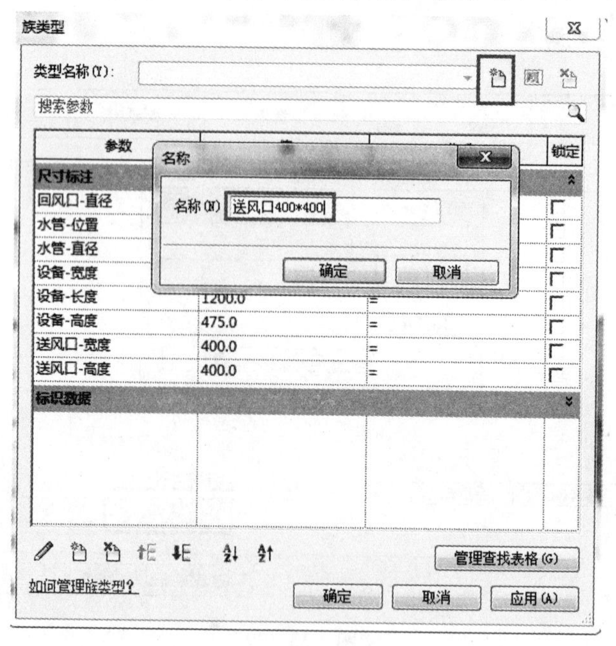

图 33-132

为每一次变化都创建一个类型，我们就能得到一个完整的选择目录。我们已经成功创建了一个可用于今后项目的全面参数化的构件族。建议用户针对自己的要求创建一个构件族库，并和 Revit 本身的加载族库分开运行。因为软件要定期更新，避免在更新过程中丢掉自己的劳动成果。

2）单击【保存】工具将该族保存到指定位置或族库中，如果项目已经在后台打开，用户想使用构件，可在【族编辑器】面板中选择【载入到项目】（图 33-133），即可载入构件到项目中以备用。

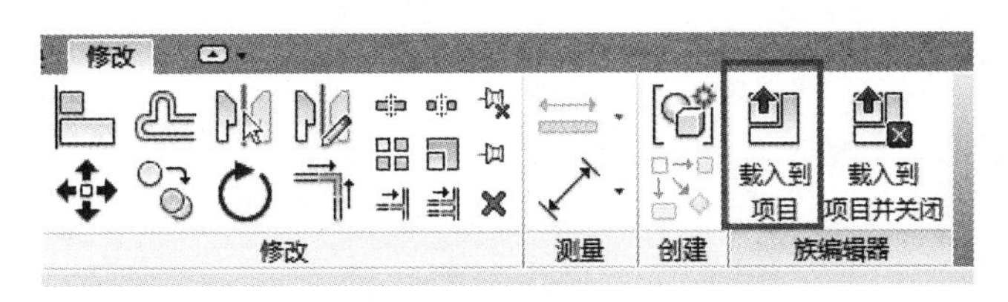

图　33-133

注意：比较推荐的做法是在单击【载入到项目】之前，先对族进行保存并命名。否则 Revit 会自动给族命名一个名称设为默认，而项目最后会包含许多叫【族 1】【族 2】等名称的族，这样就看不出族的类别了。

在项目环境里，可以单击【插入】选项卡下【从库中载入】面板中的【载入族】载入构件，或者可将多个相关图元通过【作为组载入】载入到项目中，如图 33-134 所示。

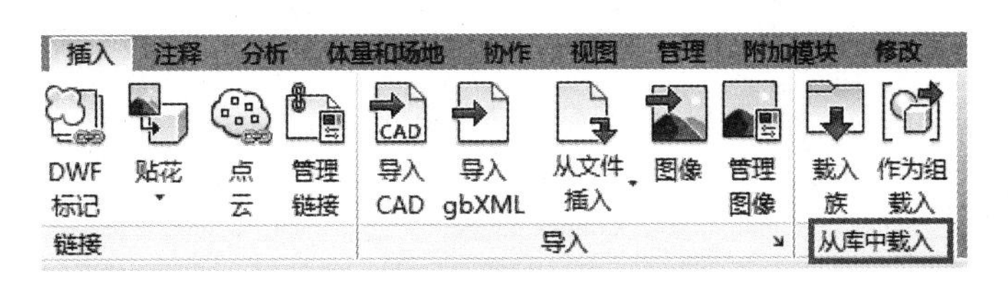

图　33-134

【属性】面板中的【编辑类型】工具，可以实现预定值的更改或新类型的创建。用这种办法创建的类型只能在这个项目中存在，不会更改族库里的图元。